AF577518

SCHAFWOLLE
VERARBEITEN

ulmer
Margit Röhm
Katrin Sonnemann
Ulrike Claßen-Büttner
SCHAFWOLLE VERARBEITEN
Schafrassen
Wollkunde
Filzen
Spinnen

INHALT

WOLLKUNDE 18

SCHAFRASSEN 100

EINFÜHRUNG ODER: „GIBT ES JETZT KEIN GARN MEHR ZU KAUFEN?“

Von Martina Fischer, 1. Vorsitzende der Handspinngilde e. V.

Handarbeiten begleiten mich schon mein ganzes Leben lang. In einer meiner frühesten Kindheitserinnerungen sitze ich bei meiner Oma am Schoß und „helfe“ ihr bei Nähen – damals noch an einer stromlosen Tretnähmaschine. Meine Oma lehrte mich auch Stricken, Häkeln und Sticken, noch bevor ich eingeschult wurde. Damals stand Handarbeiten als Fach noch selbstverständlich auf dem Stundenplan für Mädchen.

Woher das Garn kam, das wir da verstrickten? Darüber machte ich mir noch keine Gedanken. Obwohl man in Tirol, wo ich aufgewachsen bin, bei Wanderungen in den verschiedensten alpinen Gebieten auf Schafe stößt, die frei im Gelände unterwegs sind und scheinbar niemandem gehören und hinkönnen, wo sie wollen. Erst später, Anfang der Achtzigerjahre, begann ich, mich mit der Frage zu beschäftigen, wo Wolle eigentlich herkommt. Es war die Zeit der Aussteiger nach dem Motto: „Wir ziehen auf einen Bauernhof und züchten Schafe.“

Nein, ich zog nicht auf einen Bauernhof. Aber ich kaufte mir ein Spinnrad und begann, mein erstes eigenes Garn zu spinnen. Das Spinnrad habe ich immer noch. Aber inzwischen ist mein Wissen über Schafe und Wolle ungleich größer geworden.

MENSCH UND SCHAF – EINE LANGE BEZIEHUNG

Wie kam es dazu, dass das Schaf eines der wichtigsten Haustiere des Menschen wurde und auch heute noch ganze Gesellschaften und Industrien von seinen Produkten leben?

Unsere heutigen Schafrassen stammen vom wild lebenden Mufflon ab. Irgendwann vor 9 000 bis 10 000 Jahren entdeckten Menschen in Vorderasien, dass es einfacher war, die Tiere an den Menschen zu gewöhnen und in der Nähe der Behausungen zu halten, als ihnen mühsam auf der Jagd nachzustellen. Vermutlich zogen am Anfang die Menschen den wild lebenden Herden hinterher, bis sie auf die Idee kamen, die Tiere einzupferchen, um eine bessere Kontrolle über sie zu haben. Ursprünglich dienten Schafe mit großer Wahrscheinlichkeit als Fleisch- und Felllieferanten. Die Verwendung der Wolle begann erst später. Die Schafhaltung breitete sich über Jahrtausende hinweg von Vorderasien über ganz Europa aus. In der Alpenregion ist sie durch Funde seit etwa 6 000 Jahren nachgewiesen. Die Viehzucht und der Beginn des Ackerbaus wandelten die frühen Gesellschaften grundlegend um. Aus Jägern und Sammlern wurden nach und nach sesshafte Bauern und Hirten.

Aus verschiedenen Funden kann man ersehen, dass bis etwa zum Ende der Jungsteinzeit nur wenige Tiere gehalten wurden. Die Gesellschaften lebten teilweise noch von der Jagd, erst ab der Eisenzeit

überwog dann die Viehhaltung. Als frühe Form der Haustierhaltung entwickelte sich die Wander-Weidehaltung. In der Mongolei wird das teilweise heute noch praktiziert. Die Familien ziehen mit all ihrem Hab und Gut den Herden hinterher.
Mit der Zeit wurde die Jagd durch Ackerbau und Viehzucht verdrängt und war nicht mehr so wichtig für die Versorgung mit Fleisch, Leder und Fellen.

Die ältesten Funde

Ab wann die Wolle der Schafe genutzt wurde, kann man nur vermuten. Wollfasern haben leider die Jahrtausende nur schlecht oder gar nicht überstanden. Sie wurden größtenteils vollständig zersetzt. Pflanzenfasern sind da robuster, sie überstehen den Zersetzungsprozess im Boden besser. Daher gibt es sehr viel mehr ältere interessante Funde von Pflanzentextilien. Die Archäologen sind sich sicher, dass Pflanzenfasern schon in der Steinzeit genutzt wurden, um Bekleidung herzustellen. Die Funde von Spinnwirteln belegen große handwerkliche Fähigkeiten unserer Vorfahren. In der Frühbronzezeit überwiegt noch das Leinen. Ab dem 16. Jahrhundert v. Chr. wurden aber vermehrt Wolltextilien verwendet.
Auch wenn man davon nichts gefunden hat: In sumerischen Schriften aus dem 3. Jahrtausend v. Chr. werden Wolle und Milch schon als wichtige Erzeugnisse der Schafhaltung erwähnt.

Zu den ältesten gefundenen Wolltextilien gehört ein Stück verkohltes Wollgewebe aus der Schweiz, datiert auf etwa 2900 v. Chr. Ungefähr 4000 Jahre alt ist ein wollenes Gewebe aus einem Baumsarg in Dänemark. In China wurde bei einer Ausgrabung ein Stück einer wollenen Hose eines Reiternomaden aus dem 10. bis 13. Jahrhundert v. Chr. gefunden.
Etwa 500 v. Chr. waren Schafzucht und Wollverarbeitung im antiken Griechenland und Rom bereits so verbreitet, dass auch Schriftsteller in ihren Werken darüber berichteten. Vergil und Varro schrieben über Schafzucht und erwähnten Schaffarmen mit bis zu 10000 Tieren.

Veränderungen durch die Zucht

Die Domestizierung löste eine bis heute andauernde Veränderung der Schafe aus. Durch ökologische Anpassung, natürliche Selektion und Zucht entstanden im Lauf der Zeit zahlreiche verschiedene Schafrassen. Durch züchterische Auslese veränderte sich auch das Fell der Schafe. Das kürzere Fell der Haarschafe entwickelte sich zum dichten Vlies der Wollschafe. Auch der natürliche Fellwechsel wurde weggezüchtet. Man wollte die kostbare Wolle ja nicht von den Büschen sammeln, sondern geplant „ernten". Eine Folge davon ist, dass heute fast alle Schafrassen geschoren werden müssen. Die Tiere wären allein in der Wildnis nicht

Die Verarbeitung von Wolle ist ein traditionsreiches Handwerk.

mehr überlebensfähig. Bei vielen Rassen setzte sich im Lauf der Zeit die Farbe Weiß durch. Helle Wolle kann besser gefärbt werden.

Im Mittelalter florierte in Europa der Handel mit Schafwolle. Die wichtigsten Produzenten feiner Wolle waren Spanien und England. Diese war ein wichtiges Handelsgut für die Länder und begehrt bei den Tuchmanufakturen in Flandern und Italien. Gezielte Zucht veränderte auch den Feinheitsgrad der Wolle. Besonders begehrt war die feine Wolle der spanischen Merinoschafe. Spanien wollte seine Monopolstellung aber nicht so ohne Weiteres aufgeben, und so blieb die Ausfuhr von Merinoschafen bis zum 18. Jahrhundert bei Todesstrafe verboten. Erst als das Ausfuhrverbot fiel, traten die Merinos ihren Siegeszug um die ganze Welt an. In Deutschland ist das Merinolandschaf mit einem Anteil von etwa 30 Prozent heute die am meisten gehaltene Rasse.

Die Blütezeit der Schafzucht in Deutschland war das 19. Jahrhundert. Schafe wurden hauptsächlich der Wolle wegen gehalten. Es gab damals ungefähr 30 Millionen Tiere in Deutschland. Das Aufkommen der Dampfschifffahrt begünstigte jedoch den vermehrten Import feiner Schafwolle aus Übersee. Zudem brachte die Intensivierung der Landwirtschaft gegen Ende des 19. Jahrhunderts einen Verlust von Weideflächen mit sich. Damit war die einheimische Wolle bald nicht mehr konkurrenzfähig. Die zunehmende Verwendung von Baumwolle, das Aufkommen billiger chemischer Fasern und der Import günstiger Wolle – all das und der damit verbundene Preisverfall führte zu einem drastischen Rückgang der Schafhaltung.

Die größten Wollproduzenten weltweit sind heute Australien, Neuseeland und zunehmend auch China. Da die Haltungsbedingungen auf den großen Schaffarmen in Australien vermehrt unter Kritik gerieten, sind deutsche Wollhändler teilweise auf mulesingfreie Wolle aus Südamerika umgestiegen. Als Mulesing wird das Entfernen der Haut rund um den Schwanz von Schafen bezeichnet. Es ist ein in Australien gebräuchliches Verfahren, um einen Befall mit Fliegenmaden zu verhindern, der für die Tiere tödlich enden kann. Leider wird das Mulesing zu einem großen Teil ohne Betäubung durchgeführt.

SCHAFE: WOLLLIEFERANTEN UND LANDSCHAFTSPFLEGER

Schafe sind die weltweit am häufigsten genutzten Haus- und Wirtschaftstiere. Es gibt sie in nahezu allen Klimazonen – nur zu feucht und heiß bekommt ihnen nicht. Vom Schaf kann alles verwendet werden. Lebend spendet es Milch als Nahrung und Wolle für Bekleidung. Nach dem Schlachten erhält man Fleisch, Leder und Felle. Sogar Knochen und Sehnen konnten früher verwendet werden, absolut nichts wurde verschwendet.

In Europa werden Schafe heute hauptsächlich zur Fleischerzeugung gehalten. Großbritannien bildet da eine Ausnahme. Dort ist die Wertschätzung für die Wolle nie ganz verloren gegangen. In Großbritannien leben etwa 35 Millionen Schafe. Zum Vergleich: in Australien sind es ca. 125 Millionen, in Deutschland nur noch etwa 1,2 Millionen. Weltweit gibt es etwa 1 Milliarde Schafe. Sie produzieren ungefähr 2,2 Millionen Tonnen Wolle jährlich.

Natürliche Lebensbedingungen

Schafe sind die letzten Nutztiere, die unter annähernd natürlichen Bedingungen leben dürfen. Im Lauf der Jahrtausende haben sich verschiedene Haltungsformen herausgebildet. Neben vielen Mischformen sind es hauptsächlich die Wanderschäferei, die Koppelhaltung und die Weidehaltung.

Die Wanderschäferei hat ihren Ursprung im 14./15. Jahrhundert. Die wachsende Wollindustrie benötigte mehr Rohstoff, die Schafherden wurden größer. Hirten zogen mit ihnen umher, um Flächen abzuweiden, die als Ackerland ungeeignet waren. Dabei entstand ein ausgedehntes Triebnetz, das noch jahrhundertelang benutzt wurde. Bei der Wanderschäferei zieht der Schäfer mit seiner Herde und seinen Hunden umher. Abends werden die Schafe eingepfercht, um so die Nacht zu verbringen.

Ich kann mich noch gut an die Herden erinnern, die später, als ich auf die Schwäbische Alb gezogen war, zweimal jährlich vorbeikamen, auf ihrem Weg von den Winterweiden im Rheintal zu den Sommerweiden im Alpenvorland und zurück. Solche langen Wanderwege sind heute eher selten.

Auf der Transhumanz überqueren die Schafe einen Gletscher und eine Staatsgrenze.

Es wird für die Wanderschäfer immer schwieriger, geeignete Wege und Wiesen zum Grasen für ihre Herden zu finden. Wachsende Siedlungen und Industriegebiete, ein dichtes Netz an Straßen und immer mehr Ackerflächen, die mit Energiepflanzen für Biogasanlagen bepflanzt sind, haben die Bedingungen in den letzten Jahren stark verschlechtert. Viele Wanderschäfer bleiben heute im weiteren Umkreis (ca. 50 km) ihrer Heimatbetriebe. Teilweise verbringen die Tiere den Winter auch in Ställen. Zumindest die trächtigen Tiere werden zum Lammen in Ställen untergebracht.

Eine besondere Form der Schafwanderung ist die Transhumanz. Bei ihr gibt es Sommer- und Winterweiden. Die Herden weiden zum Beispiel im Winter nahe der Mittelmeerküste. Im Frühling ziehen sie Richtung Alpen. In Süddeutschland wandern Schäfer mit ihren Herden vom klimatisch milden Rheintal über die Alb hinunter ins Donautal. Am bekanntesten ist die Transhumanz zwischen dem Südtiroler Schnalstal und dem Nordtiroler Ötztal. Das Wort Transhumanz bedeutet „auf die Gebirgsweide führen“ und geht auf das französische Wort „transhumer“ (Wandern mit Herden) zurück. Die Transhumanz zwischen Nord- und Südtirol wird seit Jahrhunderten durchgeführt und ist Teil des immateriellen Kulturerbes. Als einziger Schaftrieb der Welt führt er über einen Gletscher und eine Staatsgrenze. Den Sommer verbringen die Schafe auf den Hochweiden im hinteren Ötztal, bevor es im Herbst wieder zurückgeht nach Südtirol.

Eine andere Form der Schafhaltung, die vor allem von den zahlreichen Hobbyschäfern und Nebenerwerbslandwirten praktiziert wird, ist die Koppelhaltung. Die Schafe grasen auf eingezäunten Weiden, die regelmäßig gewechselt werden. Der Schäfer kontrolliert die Tiere ein- bis zweimal täglich.

Besonders in den Alpen ist die Weidehaltung gebräuchlich. Die Tiere leben den ganzen Sommer auf den hochgelegenen Almen und können sich dort in einem relativ großen Gebiet frei bewegen. Hirten kontrollieren die freilebenden Tiere regelmäßig.

Schafhaltung als Beruf

In Deutschland gibt es nicht einmal mehr tausend Berufsschäfer, und ihre Zahl geht weiterhin stetig zurück. Mit der Wolle lässt sich kein ausreichendes Einkommen erzielen. Auch der Fleischabsatz ist schwierig. Leider findet man in den Supermärkten oft nur tiefgefrorenes Lamm aus Neuseeland und nicht das regionale Fleisch.

Eine immer wichtigere Einnahmequelle für Schäfer ist allerdings die Landschaftspflege. Schafe weiden hauptsächlich auf Flächen, die für den Ackerbau nicht geeignet sind. Sie sind wesentlich leichter als zum Beispiel Rinder und belasten darum den Boden nicht so stark. Der Tourismus auf der Schwäbischen Alb zum Beispiel lebt von so besonderen Landschaften wie der Wacholderheide. Diese Kulturlandschaft ist nur durch die regelmäßige Beweidung durch Schafherden entstanden. Die Beweidung verhindert die Verbuschung und damit den Verlust dieser einzigartigen Biotope. Die Wacholderheide ist eine heideartige Biotopform, in der die Wacholderstauden das Landschaftsbild prägen. Niedrige Pflanzen bekommen Licht zum Wachsen, Insekten und allerlei Kleingetier wird durch die Schafe nicht gestört. So erhöht sich ganz allgemein die Biodiversität. Diese wichtige Landschaftspflegearbeit, die zur Erhaltung ganz spezieller Ökosysteme beiträgt, sollte meiner Meinung nach besser honoriert werden, sowohl finanziell als auch durch mehr gesellschaftliche Anerkennung.

SCHAFRASSEN – VOM AUSSTERBEN BEDROHT

Weltweit gibt es rund sechshundert Schafrassen. Nur wenige werden intensiv wirtschaftlich genutzt; viele sind gefährdet, weil ihr Bestand zu klein ist. Eine Rasse gilt als gefährdet, wenn es davon weniger als 1500 Tiere gibt. In mehreren Ländern haben sich Initiativen gebildet, die gezielt solche Rassen züchten. Das ergibt auch deshalb Sinn, weil die regionalen Schafrassen bestens an die jeweiligen Verhältnisse angepasst sind. Moderne Rassen haben zwar einen höheren Milch-, Woll- oder Fleischertrag, sie sind dafür aber auch anfälliger für Krankheiten. Der Nachteil: Viele der alten Schafrassen sind nicht weiß, sondern braun, fast schwarz oder scheckig. Die Industrie kann mit diesen „bunten" Wollen nicht viel anfangen. Sie lassen sich nicht einheitlich färben, die Wollqualitäten sind zu unterschiedlich und auch nicht fein genug.

In Deutschland hat sich die GEH – die Gesellschaft zur Erhaltung alter und gefährdeter Haustierrassen – das Ziel gesetzt, dass keine weitere Haustierrasse mehr aussterben darf. Die Vielfalt soll erhalten bleiben.

Für jede Wolle gibt es einen idealen Verwendungszweck. Manche sind für weiche Schals und Babykleidung, andere besser für robuste Teppiche geeignet. Die einen Wollen filzen, andere nicht, und deshalb können zum Beispiel Socken aus solch einer Wolle in der Waschmaschine gewaschen werden.

Wichtig ist, für jede Wolle den richtigen Verwendungszweck zu finden.

Zum Glück gibt es immer mehr Projekte, in denen regionale Wolle verarbeitet wird. Einige Beispiele sind die „Kollektion der Vielfalt" mit Produkten aus Wolle vom Aussterben bedrohter Schafrassen, das „Goldene Vlies" mit seinen Produkten aus Coburger Fuchs, die Albmerinowolle von Schoppel aus einer Wanderschäferei auf der Schwäbischen Alb oder die Schafpatenwolle von Opal, um nur einige wenige Beispiele zu nennen. Sie alle tragen dazu bei, den Wert und die Schönheit der einheimischen Wolle besser zu schätzen und das Bewusstsein der Kunden für nachhaltige regionale Produkte zu wecken.

Schönheiten wie diese Weiße gehörnte Heidschnucke gehören zu den gefährdeten Haustierrassen.

WOLLE – WUNDERFASER UND WERTVOLLES NATURPRODUKT

Trotzdem müssen wir feststellen, dass die Wolle in Deutschland heute nur mehr ein Nebenprodukt ist. Oft wird sie als lästig empfunden, weil man sich um die Schur kümmern muss und dann nicht weiß, wohin mit den Wollbergen. Dabei ist Wolle ein wertvolles Naturprodukt. Sie ist ein nachwachsender Rohstoff, für den keine extra Ackerbauflächen benötigt werden.

In ihrem Buch Wolle vom Schaf schreiben Martin Novak und Gislinde Forkel: „Würde eines Tages berichtet, dass eine Textilfaser entdeckt worden sei, die unter freiem Himmel oder in einfachen Gebäuden mit geringem Energieverbrauch und ohne gefährliche Abfallprodukte erzeugt werden kann, dazu noch in verschiedenen Feinheiten und Längen, unser Interesse wäre geweckt. Würde weiters bekannt, die Faser sei leicht zu veredeln, zu färben und mit anderen Fasern zu mischen, sei giftfrei und hautfreundlich, elastisch, lärmdämpfend, wärme- und feuchtigkeitsausgleichend, schmutz- und wasserabstoßend, schwer entflammbar, leicht zu reinigen und fast knitterfrei, wiederverwendbar und hundertprozentig biologisch abbaubar, welchen Namen würden wir dieser Faser geben? Wahrscheinlich würde man von einer Wunderfaser sprechen."

Wolle ist tatsächlich eine Wunderfaser. Wer sich einmal angewöhnt hat, Wollenes zu tragen, wird dies das ganze Jahr über tun.

- **Wolle wirkt temperaturausgleichend.** Es muss im Sommer natürlich kein dicker Wollpulli sein. Aber ein dünnes Wollshirt ist auch bei höheren Temperaturen angenehm zu tragen.
- **Wolle ist feuchtigkeitsausgleichend und geruchshemmend.** Wollfasern können bis zu 30 Prozent ihres Gewichtes an Feuchtigkeit aufnehmen, ohne sich nass anzufühlen. Durch die Aufnahme von Feuchtigkeit reduziert Wolle die Menge an Schweiß am Körper. Dadurch entsteht auch weniger unangenehmer Schweißgeruch. Das haben inzwischen auch die Hersteller von Sporttextilien erkannt. Von allen bekannten Marken gibt es inzwischen Sportshirts aus Wolle.
- **Wolle ist schmutzabweisend.** Ein Restgehalt an Wollfett macht Wolle unempfindlich gegen äußere Einflüsse. Wolltextilien müssen nicht so oft gewaschen werden. Das spart Waschmittel, Energie und Wasser. Wollkleidung kann aufgefrischt werden, indem man sie einfach an die Luft hängt, an einem nebligen Tag draußen oder in der dampfigen Luft des Badezimmers.
- **Wolle wirkt lärmdämpfend und wärmeregulierend.** Dies wird durch den Einschluss von Luft zwischen den Wollfasern bewirkt.
- **Wolle ist schwer entflammbar,** auch ohne chemische Ausrüstung. Selbst bei Temperaturen über 570 °C schmilzt Wolle nicht auf der Haut. Das ist der Grund, warum Feuerwehrleute und Formel-1-Piloten weltweit Unterwäsche aus Wolle tragen.
- **Wolle ist antistatisch.** Den Unterschied zwischen synthetischen Fasern, die sich beim Tragen aufund beim Ausziehen entladen, und einem Pullover aus reiner Wolle haben sicher die meisten schon bemerkt.
- **Wolle ist knitterfrei.** Die Kräuselung der Wollfasern bewirkt, dass sie nach dem Tragen, spätestens beim Waschen wieder in ihren Ausgangszustand zurück wollen. Im Gegensatz zu Textilien aus Baumwolle und Leinen müssen Wollstoffe deshalb seltener gebügelt werden.
- **Wolle hat einen natürlichen UV-Schutz** bis zum Faktor 30+.
- **Wolle ist biologisch abbaubar.** Sie wird auf natürliche Weise an Land und im Wasser abgebaut. Versuche in Neuseeland haben ergeben, dass Wollfasern nach 90 Tagen im Salzwasser schon zu 20 Prozent abgebaut waren. Und, besonders wichtig, Wolle trägt nicht zur Umweltverschmutzung durch die Abgabe von Mikroplastikpartikeln bei, wie die meisten sogenannten Funktionsstoffe und synthetischen Textilien.
- **Wolle wirkt heilend.** Rohwolle kann dank des enthaltenen Lanolins positiv bei Rheuma, Gelenk- und Nervenentzündungen, Verstauchungen, Zerrungen, Muskel- und Nervenschmerzen, Bronchitis und Halsweh wirken. Vielen ist auch die Verwendung von Heilwolle zur Linderung des wunden Pos von Babys bekannt.

All diese wunderbaren Eigenschaften machen Wolle zu einem idealen Rohstoff für viele Anwendungsgebiete. Am bekanntesten ist die Verwendung für Textilien. Aber auch technische Bereiche schätzen die antistatische Wirkung und die schwere Entflammbarkeit. Wolle wird von der Bauindustrie zur Dämmung verwendet, und neuerdings kann man seinen Garten mit Wollpellets düngen.

Die Feinheit der Wollfasern beeinflusst stark den Verwendungszweck. Die Feinheit wird in Micron angegeben. Das ist der Faserdurchmesser in Tausendstelmillimeter. Besonders feine Merinowolle hat zum Beispiel 16 Micron, grobe Teppichwolle auch mal mehr als 40 Micron.

WOLLVERARBEITUNG: VOM HANDWERK ZUM HOBBY

Es gibt also viele Gründe, Wolle zu tragen. Aber muss man sich deswegen so viel Arbeit machen? Ohne Zweifel ist die Verarbeitung der Fasern von der Schur bis zum fertigen Kleidungsstück eine sehr aufwendige Angelegenheit. Auf die einzelnen Schritte der Verarbeitung wird in den weiteren Kapiteln dieses Buches im Detail eingegangen. Wolle kann gefilzt oder gesponnen und das Garn anschließend verwoben oder verstrickt werden. Filzen ist wahrscheinlich die älteste Form der Wollverarbeitung. Schon die Griechen und Römer der Antike beherrschten die Kunst des Filzens. Durch Ausgrabungen belegt ist ebenso, dass die Kelten, wie auch Griechen und Römer, Lodenstoffe verwendeten. Loden ist gewobenes und dann gewalktes Tuch. Durch das Walken verfilzen die Wollfasern, und das Tuch wird dichter und wasserundurchlässiger. Die Kunst der Textilverarbeitung war also auch vor 2 000 bis 3 000 Jahren schon sehr weit fortgeschritten.

In Keltengräbern fand man zum Beispiel Textilien, die aus so dünnen Fäden hergestellt wurden, dass man selbst mit modernen Mitteln bei der Rekonstruktion an Grenzen stößt. Diese Textilien müssen zu ihrer Zeit von unschätzbarem Wert gewesen sein. So berichtet Rosemarie Stadler in ihrem Buch Die Tracht der frühkeltischen Frau, dass sie bei der Rekonstruktion eines Frauengewandes allein 400 Stunden zum Spinnen des Garns gebraucht hat – mit dem Spinnrad, nicht wie die Kelten mit der Handspindel.

Problematische Entwicklungen und neue Chancen

Jahrtausende lang stellten die Menschen die Produkte, die sie für das tägliche Leben brauchten, selber her. Allmählich fand aber eine Spezialisierung statt. Der steigende Wohlstand der städtischen Bürger und die Führungsstellung des Adels machten es ihnen möglich, handwerkliche Arbeiten in Auftrag zu geben. Nur die bäuerlichen Haushalte waren bis Ende des 19. Jahrhunderts Selbstversorger auf fast allen Gebieten des täglichen Bedarfs, oft allerdings mehr der Not gehorchend.

Bereits die Kelten spannen sehr feines Garn mit Hilfe von Handspindeln.

Durch die industrielle Revolution verloren das handwerkliche Spinnen und Weben an Bedeutung. Die Industrie konnte Textilien billiger und schneller herstellen. Dadurch litt aber auch die Qualität. Wohin das im Endeffekt führt, kann man heute gut am Phänomen der problematischen Fast Fashion sehen. Die Mode muss so schnell wie möglich vom Laufsteg in die Regale der großen Textil-Discounter und zu den Kundinnen. Ein T-Shirt für 2 Euro erfährt aber auch keine Wertschätzung und wird gedankenlos durch ein genauso billiges ersetzt.
Aus Kostengründen wurden die einzelnen Produktionsschritte großteils ins Ausland verlagert und sind somit nicht mehr sichtbar. Dazwischen legen die Kleidungsstücke unglaubliche Strecken zurück. Die Produktion oder der Anbau der Faser passiert in einem Land, gefärbt wird woanders. Wieder in einem anderen Land wird gesponnen, gewoben und genäht. Die traditionell am Rande der Schwäbischen Alb beheimateten Textilverarbeitungsbetriebe konnten bei diesem internationalen Wettrennen um den niedrigsten Preis nicht mithalten und sind leider zum großen Teil verschwunden.
Zum Glück ändert sich in diesem Bereich aber gerade sehr viel. Immer mehr Menschen legen beim Kauf von Textilien inzwischen wieder Wert auf Nachhaltigkeit und Regionalität. Hier liegen große Chancen für die regionale Textilwirtschaft. Das Land Baden-Württemberg fördert beispielsweise ein Reallabor der Universität Ulm und der Hochschule Reutlingen zur nachhaltigen Transformation der Textilwirtschaft in der schwäbischen Stadt Dietenheim. Zudem gibt es eine immer größer werdende Zahl von Menschen, die viel Zeit in die Verarbeitung und die Herstellung von hochwertigen Kleidungsstücken investieren.
Eine Zeitlang war Stricken aus der Mode. Es war eine Domäne der Socken strickenden Omas. Kratzige Socken wollte aber eigentlich niemand mehr anziehen. Ende der 1970er, Anfang der 1980er Jahre – mit dem Beginn der Ökobewegung – fand dann ein Umdenken statt. Viele jüngere Frauen begannen wieder zu stricken. Demonstrativ und überall – in der Vorlesung, im Gemeinderat, in der Öffentlichkeit. Die Strickstücke, meist schlabbrige Pullis in Naturfarben aus oft kratziger Wolle, waren außerhalb der eingeschworenen Gemeinschaft aber nicht sehr begehrt.
Das Image des Strickens, ganz allgemein des Handarbeitens hat sich in den letzten Jahren aber sehr verändert. Seit DIY (Do it yourself) in vielen Bereichen ein Trend ist, wird damit beinahe jede alte Handarbeitstechnik aufgepeppt und mit neuem Namen unters Volk gebracht. In den meisten Schulen steht Handarbeit leider nicht mehr auf dem Lehrplan. Dafür findet man im Internet jede Menge Anleitungen. Filmstars und Sportlerinnen stricken, und ihre Fans eifern ihnen nach. Es gibt wieder mehr Wollläden, und nach einer Phase der Synthetikgarne kann man inzwischen aus einer großen Palette von Garnen aus Naturmaterialien auswählen.

Spinnt ihr?

Und doch gibt es eine stetig wachsende Zahl von Menschen, hauptsächlich Frauen, die schon beim Garn über Farbe, Zusammensetzung und Gestaltung bestimmen wollen und selber spinnen.
„Mama, gibt es jetzt gar kein Garn mehr zu kaufen?", war die Frage meines fassungslosen Sohnes, als er mir dabei zusah, wie ich das Spinnen mit der Handspindel übte. Wohlweislich über einem dicken Teppich, denn die Spindel stürzte am Anfang ziemlich oft ab. Natürlich gab es genug Garn zu kaufen. Ich wollte aber unbedingt mein eigenes herstellen.
Warum tut man sich das an und macht sich die ganze Arbeit?
Viele haben eigene Schafe und möchten die Wolle ihrer Tiere selber verarbeiten. Es ist ja schon etwas Besonders, wenn man sagen kann: „Dieser Pulli ist aus der Wolle von Paula, und das ist ein Foto von ihr." Bei anderen steht mehr der Gedanke im Vordergrund, mit den eigenen Händen etwas zu schaffen.
Und für viele ist Spinnen einfach ein schönes Hobby. Ich finde, es wirkt sehr beruhigend. Nach einem stressigen Arbeitstag helfen schon zehn Minuten am Spinnrad, um die Hektik des Tages abzustreifen. Ich finde es auch sehr befriedigend, jeden Arbeitsschritt vom Schaf zum Kleidungsstück zu kennen und selber ausführen zu können.
Oft wird gefragt: „Wie lang spinnt man für einen Pulli?" Oder: „Verkaufst du auch selbst gespon-

Vom Schaf zum Kleidungsstück: die Wollverarbeitung ist ein sehr befriedigendes und nachhaltiges Hobby.

nenes Garn?“ Die erste Frage ist schwer zu beantworten. In ihrem Buch Von Schafen, Hirten und warmer Wolle schreibt Waltraud Holzner, dass man für das Verspinnen der Wolle eines einzigen Bergschafes (ca. 1,5 kg) 130 Stunden braucht. Da gibt es aber keine Aussage, wie dick oder dünn das Garn ist oder wie es verzwirnt ist. Die Dauer des Spinnens hängt von zahlreichen Faktoren ab und kann sehr unterschiedlich sein. Die Spanne reicht von einer halben Stunde für ein dickes Teppichgarn bis zu 8 Stunden für das Garn für ein Paar Socken und noch viel mehr Zeit für ein dünnes Lacegarn.

Die zweite Frage ist einfach beantwortet. Nein, ich verkaufe mein selbst gesponnenes Garn nur in Ausnahmefällen und dann völlig unter Wert, weil den tatsächlichen Zeitaufwand niemand bezahlen würde. Zumindest habe ich noch niemanden gefunden. Lieber fertige ich daraus Dinge für mich und meine Familie.

Von der Spinnstube …

In den bäuerlichen Lebensgemeinschaften war das Spinnen von Flachs und Wolle eine Beschäftigung für die langen Winterabende. Im Sommer gab es auf den Feldern und mit dem Vieh genug zu tun. Im Winter hatte man Zeit zur Herstellung von allerlei benötigten Gegenständen. Die Männer reparierten Werkzeuge, drechselten und schnitzten. Die Frauen widmeten sich der Herstellung von Textilien für alle Angehörigen des Hausstandes fürs ganze Jahr.

Um nicht alleine zu Hause zu sitzen und vor allem auch, um Licht und Heizung besser auszunutzen, traf man sich reihum in den Bauernhäusern und arbeitete gemeinsam.

Spinnstuben gab es schon im Mittelalter, als noch mit Rocken und Handspindel gesponnen wurde. Üblicherweise begann man mit den Treffen um Martini (11. November). Je nach Region wurden die Spinnabende bis Lichtmess (2. Februar) oder Maria Verkündigung (25. März) abgehalten. Hauptteilnehmerinnen waren die noch nicht verheirateten Mädchen.

Man kann sich gut vorstellen, dass die Spinnstuben auch gesellige Treffpunkte waren. Die Abende endeten oft mit Musik und Tanz. In einer Zeit, in der man sonst keine Nachrichtenquellen hatte, waren sie wichtige soziale Treffpunkte, Nachrichtenbörsen und Heiratsmärkte. Die Teilnahme von jungen Männern an Treffen wurde von der Obrigkeit argwöhnisch beobachtet. In katholischen Ländern klagte man zwar auch über Spinnstuben als Stätten des Lasters. Es gab aber kaum Verbote. In den reformierten Ländern wurde dagegen Männern zeitweise der Zutritt zu den Spinnstuben komplett untersagt.

Gegen Ende des 19. Jahrhunderts, als das Handspinnen von Maschinen abgelöst worden war, wurde das Spinnen durch andere Arbeiten wie Häkeln, Stricken oder Nähen ersetzt.

Gemeinsam ist spinnen noch schöner: Spinnräder eines Spinntreffs.

... zum Spinntreffen

Auch heute noch ist Spinnen eine gesellige Angelegenheit. Es macht einfach Spaß, gemeinsam zu spinnen. Beim Surren der Rädchen kann man sich wunderbar unterhalten. Viele Spinngruppen gibt es schon sehr lange. Schön ist, dass vermehrt auch junge Frauen – und ein paar wenige Männer – mit dem Spinnen anfangen. Die Spinngruppen tragen dazu bei, dass das Wissen über die Jahrtausende alte Technik nicht verloren geht. Nicht zuletzt sind die Spinnerinnen ein nicht zu unterschätzender Wirtschaftsfaktor. Man kann moderne Spinnräder in den unterschiedlichsten Preisklassen kaufen, dazu wunderschöne Spindeln und überhaupt allerlei Zubehör und Geräte zur Wollverarbeitung. Damit Frau nicht nur naturfarbene Schafwolle verarbeiten muss, gibt es ein unglaubliches Angebot an bunten Kammzügen und Mischungen mit anderen Fasern.
Allein auf der Homepage der Handspinngilde sind 79 Spinngruppen quer durch Deutschland aufgelistet. In sehr vielen Bauernhofmuseen gibt es Gruppen, die sich dort regelmäßig zum Spinnen treffen.
Außerdem hat die Spinnerei schon längst das Internet und die sozialen Medien erobert. In Gruppen in Ravelry (www.ravelry.com) und auf Facebook kann man mit Teilnehmerinnen aus dem In- und Ausland über die verschiedensten textilen Themen diskutieren und eigene Werke zeigen. Auf YouTube gibt es zahlreiche Lehrvideos.

Die Handspinngilde

Eine gute Gelegenheit, Mitspinnerinnen zu finden und seine Kenntnisse zu erweitern bietet die Handspinngilde. Ziel dieses bundesweiten Vereins mit inzwischen über tausend Mitgliedern, auch aus dem benachbarten Ausland, ist die Förderung des Handspinnens als zentrale Kulturtechnik der Menschheit. Um dieses Ziel zu erreichen, werden zum Beispiel Kurse und Workshops angeboten. Ein wichtiger Teil des Vereinslebens sind das jährlich stattfindende große Spinntreffen und die zweimal jährlich erscheinende Vereinszeitung. Außerdem präsentiert sich die Handspinngilde auf zahlreichen Veranstaltungen im ganzen Land und bringt so diese alte Kulturtechnik ins Bewusstsein der Besucher zurück.

Die Handspinngilde setzt sich dafür ein, dass das Spinnen als immaterielles Kulturerbe von der UNESCO anerkannt wird. Leider wurde dieser Antrag aber schon einmal abgelehnt.
Spinnen war nie als eigenes Handwerk anerkannt und auch nie ein Ausbildungsberuf. Deshalb ist es auch kein eigenständiger Teil der seit 2011 existierenden Ausbildung zum Textilgestalter im Handwerk. Diese Ausbildung vereinigt in sich die alten Berufe des Stickers, Strickers und Handwebers. Dazu kommt noch Klöppeln, Posamentieren und Filzen. Handspinnen ist dabei nur ein kleiner Unterpunkt und beim Weben untergebracht.
Spinnen mit Spinnrad oder Handspindel wurde immer schon quer durch alle gesellschaftlichen Schichten ausgeübt. Daher stammt auch der Spruch:

„Spinnen am Abend erquickend und labend.
Spinnen am Morgen bringt Kummer und Sorgen."

Dieser Spruch hat nichts mit den achtbeinigen Krabbeltieren zu tun. Er bedeutet, dass es jedem gut geht, der am Abend als Ausgleich und Freizeitbeschäftigung spinnen kann. Diejenigen, die schon morgens spinnen müssen, um ein kärgliches Einkommen zu haben, sind dagegen zu bedauern.
Ich bin sehr froh, dass wir modernen Spinnerinnen zur ersten Sorte gehören. Für mich ist Spinnen ein wunderschönes Hobby, das ich hoffentlich noch lange ausüben kann.

Herzlich, Ihre
Martina Fischer

WOLL-
KUNDE

In diesem Kapitel geht es um den Aufbau, das Wachstum und den Charakter der Wolle. Daraus leiten sich die vielfältigen Eigenschaften der Wolle ab.

FEINBAU VON SCHAFHAUT UND -HAAR

Die Schafhaut ist die Grundlage, aus der, je nach Rasse, die schönsten Wollfasern in großer Vielfalt wachsen. Dieses Kapitel nimmt Sie mit auf eine wollige Entdeckungsreise, die Sie zu den elementaren Grundlagen und der Entstehung der Wolle in der Haut führen wird.

Das Erste was bei einem Schaf auffällt, ist sein Fell. Bei der Wollverarbeitung ist der Fachbegriff dafür „das Vlies". Es gibt unter anderem Auskunft darüber, welche Rasse und Vliesart wir vor uns haben.

DIE HAUT: DECKE DES KÖRPERS

Das Vlies steht für Wollverarbeiterinnen im Vordergrund. Umgangssprachlich als „Haut" bezeichnet, hat die Körperdecke verschiedene Aufgaben. Sie schützt den Körper vor Einflüssen aus der Umwelt, grenzt ihn zu dieser ab. Auch die Wahrnehmung der Umwelt und die chemische Kommunikation mit Artgenossen erfolgt über die Körperdecke. Aus der Haut entwickeln sich außer den Haararten auch alle Hautanhangsgebilde (Hautadnexen) wie Hörner, Klauen und die Euter mit Milchdrüsen. Beim Schaf ist die Haut nur durchschnittlich 2 bis 3 mm dick.

DIE AUFGABEN DER KÖRPERDECKE

Die Körperdecke hat viele wichtige Aufgaben:

» **Schutz:** Die Körperdecke schützt den Körper vor Flüssigkeitsverlust sowie dem Eindringen von Mikroorganismen wie Bakterien, Pilzen, Viren und Parasiten. Außerdem dient sie der Temperaturregulation.

» **Wahrnehmung:** Dafür verfügt die Haut über ein ausgedehntes Hautnervensystem, das Berührungen und Temperaturen wahrnimmt und diese Informationen weiterleitet.

» **Kommunikation über Duftstoffe:** Die Haut enthält zahlreiche Drüsen, die Duftstoffe absondern können. Sie ermöglichen es dem Schaf Markierungen zum Beispiel an Sträuchern zu setzen oder durch den spezifischen Eigengeruch von Artgenossen erkannt zu werden.

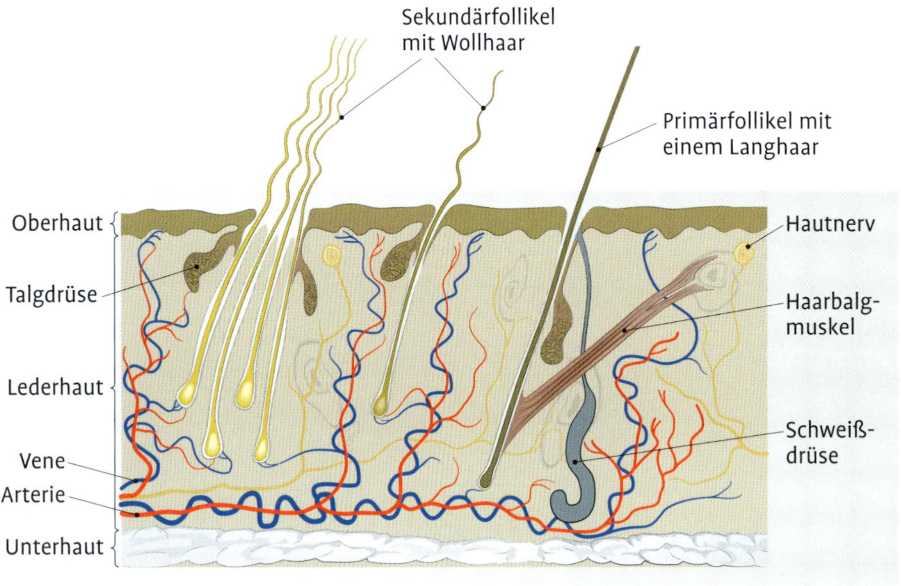

Aufbau der Haut mit verschiedenen Haaranlagen (nach Gorter)

» **Speicherung und Ausscheidung:** Fett, Wasser und Salze können in der Unterhaut gespeichert werden. Zur Ausscheidung finden sich in der Körperdecke zahlreiche Drüsen. Dazu gehören Talg- und Schweißdrüsen, aber auch spezialisierte Drüsen wie die Milchdrüse.

Die Hautschichten

Von innen nach außen findet man folgende Hautschichten:

» **Unterhaut (*Subcutis*):** Ein lockeres Bindegewebe, das den Übergang zwischen Haut und Körper bildet. Der lockere Aufbau macht die Haut an manchen Körperstellen verschiebbar.

» **Lederhaut (*Dermis*):** Aus dieser Hautschicht wird das Leder hergestellt. In ihr befinden sich die Blutgefäße und die Haarfollikel mit ihren Schweiß- und Talgdrüsen sowie, je nach Follikelart, einem Haarbalgmuskel. Aufgrund ihres netzartigen Aufbaus weist die Lederhaut eine hohe Zugfestigkeit auf.

» **Oberhaut (*Epidermis*):** Die abschließende dichte Hautschicht der Oberhaut bildet eine dünne Hornschicht die von Keratinozyten gebildet wird. In der Epidermis finden sich noch andere Zelltypen:

- Melanozyten zur Pigmentbildung in Haut
- Langerhans-Zellen und Lymphozyten zur Abwehr von Krankheitserregern
- Merkel-Zellen, die die Wahrnehmung von Druck ermöglichen.

„Viele Haare – dünne Haut“

Eine Haut mit dichter, langer Behaarung (Ratte, Katze, Schaf) ist dünner als eine spärlich oder dünn behaarte Haut (Schwein, Mensch, Pferd).

Ein Flechtwerk aus elastischen Fasern, den Hautbrücken, bietet den Haararten in der Vliesstruktur in der dünnen Oberhaut eine stabile, aber elastische Verankerung. Die Anordnung der Hautbrücken auf dem Körper bildet die Spaltlinien (siehe Foto unten). Sie sind die Bewegungsfalten am Schaf, die wir manchmal in der Struktur der Vliese oder auch bei Lämmern einiger Rassen erkennen können.

Das Gefäßsystem der Haut

In der Haut finden sich zwei Blutgefäßnetze und ein ausgedehntes Lymphgefäßsystem. Die Oberhaut wird über feinste Kapillaren, die im oberen Bereich der Lederhaut liegen, versorgt. Darunter, am Übergang von Leder- zu Unterhaut, findet sich ein Blutgefäßnetz, das für die Druck- und Wärmeregulierung zuständig ist.

Coburger Fuchsschaf mit sichtbaren Spaltlinien/Hautbrücken auf der Haut

DIE ENTWICKLUNG DES HAARES

Von der Haut geht es nun weiter mit einer wirklich haarigen Sache, nämlich mit dem Feinbau des Haares. Durch eine feine Haarspalterei können wir sogar ins Innere der Wollfasern blicken. Um das begehrte Hautanhangsgebilde, nämlich die wunderbare Wolle der Schafe, geht es im folgenden Kapitel. Haare sind zugfeste, elastische, dünne Fäden aus Horn, die sich aus den Follikeln in der Lederhaut entwickeln. In der Wollfaser sind Prinzipien einer biologischen Verbundfaser verwirklicht.

Die Aufgabe der Haare ist es, den Organismus vor Verletzungen, Auskühlung oder Überhitzung zu schützen oder Reize aus der Umwelt wahrzunehmen. Je nach Tierart gibt es unterschiedliche Haararten: Tasthaare dienen beispielsweise der Orientierung, Deckhaare (D) sind feste Haare, die die charakteristische Farbe des Tieres festlegen und es vor Witterungseinflüssen schützen. Die Wollfaser (W), die vor allem im Winter sehr dicht wird, ist die Haarart, die das Schaf durch seine spezielle Struktur warmhält.
Bei Wildschafen, den wilden Vorfahren der domestizierten Schafe, werden durch den periodischen Haarwechsel bestimmte Haararten erneuert. Über die Jahrtausende hat sich das durch die Domestikation und gezielte Zuchtauswahl zum überwiegenden Teil geändert. Die Wollfasern sind die dünnsten und feinsten Haare. Sie erreichen je nach Tierart die höchste Dichte von bis zu 20 000 Haaren pro Quadratzentimeter.

Was ist eine Wollfaser?

Im biologischen Sinn ist „Wolle" auch als „Haar" zu bezeichnen. Die Wollfaser des Schafes ist eine spezielle Haarart, das „Wollhaar". Beim Schaf werden in der Umgangssprache aber oft nur glatte, wenig gewellte und gröbere Haararten als „Haare" bezeichnet. Um die einzelnen Haararten sprachlich genauer zu bezeichnen, werden die echten, feinen Wollhaare des Schafes als „Wollfaser" bezeichnet.

DIE FOLLIKEL: HAARE ENTSTEHEN

Während der vorgeburtlichen Entwicklung kommt es an einigen Stellen zu vermehrtem Wachstum der Oberhautzellen. Das führt zur Ausbildung eines schmalen Trichters. Die gesamte trichterförmige Einbuchtung, die bis tief in die Lederhaut reicht und in der das Haar gebildet wird, heißt Haarfollikel. Innerhalb des Haarfollikels finden sich verschiedene Keimschichten und die Haarpapille, die für eine Reihe von haarbildenden und -abbauenden Prozessen verantwortlich sind. Außerdem verankern die Follikel die Haare in der Haut.

Der Aufbau des Haarfollikels und das Haarwachstum

Der Follikel ist im Wesentlichen aus folgenden Strukturen aufgebaut:
Haarzwiebel: Sie ist der untere Bereich des Haarfollikels, der wie eine Zwiebel verdickt ist. Die Haarzwiebel besteht aus dem unteren Teil der Wurzelscheide sowie der Haarpapille. Diese ragt von unten in die Haarzwiebel hinein. Dieser Bereich wird von einem dichten Kapillarnetz

versorgt, das von einem Gefäß ausgeht. In der Haarzwiebel beginnt an der Papille in verschiedenen komplexen Schritten das aktive Haarwachstum: Keratinfilamente werden gebildet und in die haarbildenenden Zellen, die Keratinozyten eingelagert. Die Kerationozyten wandern nach oben, differenzieren sich, reifen und schrumpfen. Dabei vernetzen sich die Keratine und verhornen (keratinisieren), sodass eine feste Haarstruktur entsteht.
Je nachdem in welcher Form und Verteilung die in der Keimschicht vorhandenen Melanozyten Luftbläschen (Erscheinungsbild der grauen Haare) oder Pigmentgranula (Melanosomen) in das wachsende Haar einlagern, ergibt sich die Färbung der Haare.

Wurzelscheide: Sie umgibt die Haarwurzel und gliedert sich in drei Schichten: Die bindegewebige Wurzelscheide umgibt die äußere und die innere epitheliale Wurzelscheide. Die innere epitheliale Wurzelscheide liegt eng um die geschuppte Haarrinde (Haarkutikula). Die geschuppte Oberfläche ist Richtung Haarspitze orientiert. Ein Negativ dieser Schüppchenstruktur, orientiert in Richtung Haarwurzel, findet sich an der inneren epithelialen Wurzelscheide. Haar und Haarwurzelscheide sind so ineinander verzahnt, dass das Haar trotz der Wachstumsverschiebungen innerhalb der Haarwurzelscheide fest verankert ist. Die Zellen der inneren Haarwurzelscheide lösen sich im im oberen Bereich der Wurzelscheide vom Haar ab und werden abgebaut.

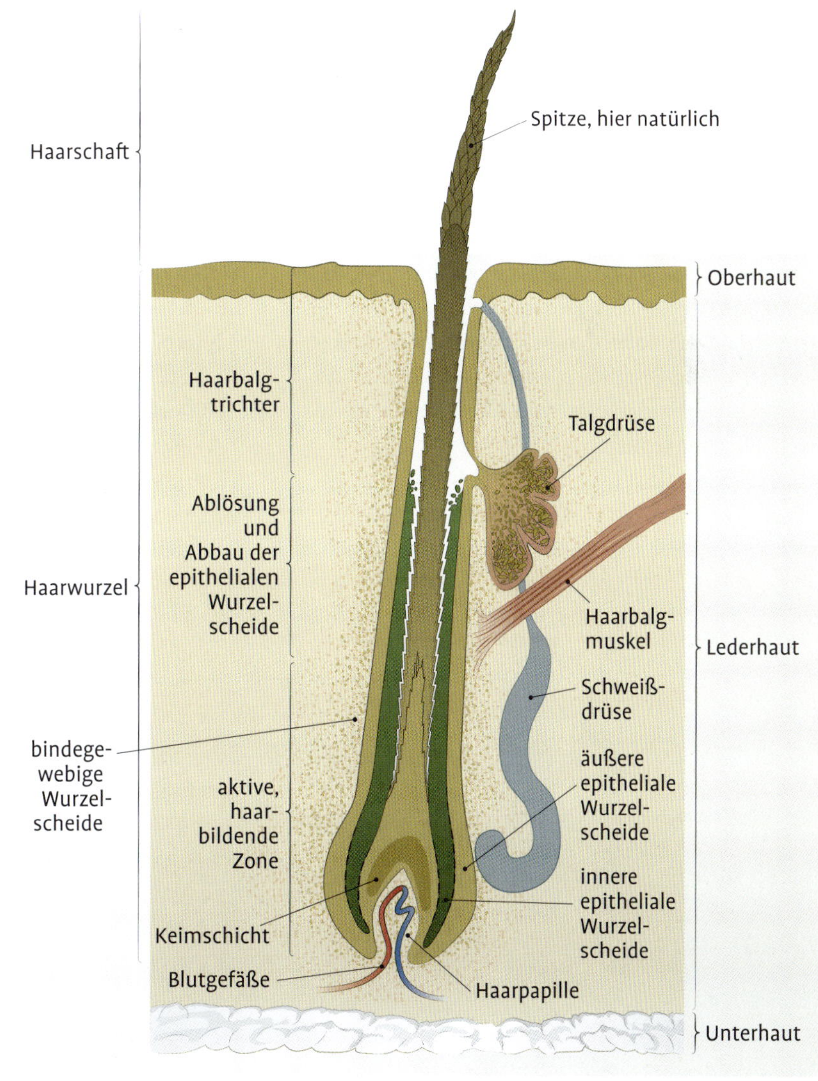

Ein einzelner Primärfollikel mit Haaranlage (Haarwachstumszonen vereinfacht nach Zahn et al. 2012)

Haarbalgtrichter: Aus dieser Epidermispore tritt das Haar aus der Haut heraus. Im Bereich des Haarbalgtrichters finden sich die Austrittsöffnungen der Talg- und Schweißdrüsen.

Streckmuskel, Schweiß- und Talgdrüse

Ob sich an einem Follikel eine Talg-, eine Schweißdrüse und/oder ein Streckmuskel befindet, hängt davon ab, ob es sich um einen primären oder sekundären Follikel handelt. Mit dem glatten Streckmuskel können Haare aufgerichtet werden (Gänsehaut beim Menschen). Beim Schaf dient dieser Mechanismus dazu, bei einem Kältereiz im Vlies mehr Raum für warme Luft zu schaffen.
Es gibt beim Schaf Haare, die aus **primären Follikeln** entstehen (sie haben einen Streckmuskel, eine Schweiß- und eine Talgdrüse), und Haare, die aus **sekundären Follikeln** entstehen (sie haben nur eine Talgdrüse, die auch fehlen kann). Zu letzterem Haartyp gehören die Wollfasern. Die Talgdrüse endet beim Schaf im Haarbalgtrichter. Von der Seite gesehen, mündet zuerst die Talgdrüse in den Haarbalgtrichter. Darüber, direkt unter der Hornschicht der Haut, mündet die Öffnung der Schweißdrüse. Bei diesen Schweißdrüsen handelt es sich um innen liegende (apokrine) Schweißdrüsen, da das Sekret in den Haarbalgtrichter entleert wird. Die primäre Haaranlage, bestehend aus einem Haar, der Talg- und der Schweißdrüse, wird als „Epidermistrias" bezeichnet.
Die Schweiß- und Talgdrüsen bilden den Wollschweiß (engl. *suint*) sowie das Wollwachs (engl. *wool grease*). Beides sind Erzeugnisse des tierischen Stoffwechsels. Die Emulsion der beiden Sekrete wird Wachsschweiß (engl. *yolk*) genannt. Der Wachsschweiß zieht, unter Freigabe von Wärme, teilweise in die Faser ein und erwärmt das Schaf zu einem gewissen Grad.

DAS HAAR

Ein Haar lässt sich von unten nach oben folgende Bereiche unterteilen: Die **Haarwurzel** ist der Bereich, der in der Haut verborgen ist, dazu gehört auch die Haarzwiebel. Der **Haarschaft** ist der sichtbare Teil des Haares, dessen oberster Abschnitt die Haarspitze ist (siehe Seite 23).
Schneidet man ein Haar quer durch und betrachtet es unter dem Mikroskop entdeckt man folgende Schichten: Die **Haarkutikula**, den **Haarkortex** und bei manchen Haaren findet man in der Mitte das **Haarmark**.

Haarkutikula, Schuppendecke (*Cuticula*)

Die Haarkutikula, auch Schuppendecke genannt, besteht aus verhornten Zellen. Die Kutikulazellen bestehen (von außen nach innen) aus:

» **Epicuticula:** Diese setzt sich von außen nach innen zusammen aus:

- F-Lage (engl. *F-Layer*), bestehend aus Lipiden. Lipide sind wasserunlöslich. Das erklärt die schlechte Benetztbarkeit der Wolle mit Wasser.
- A-Lage (engl. *A-Layer*), bestehend aus Proteinen. Deren besondere Zusammensetzung erklärt die mechanische Zähigkeit und chemische Beständigkeit der Wolle (Zahn et al. 1997).

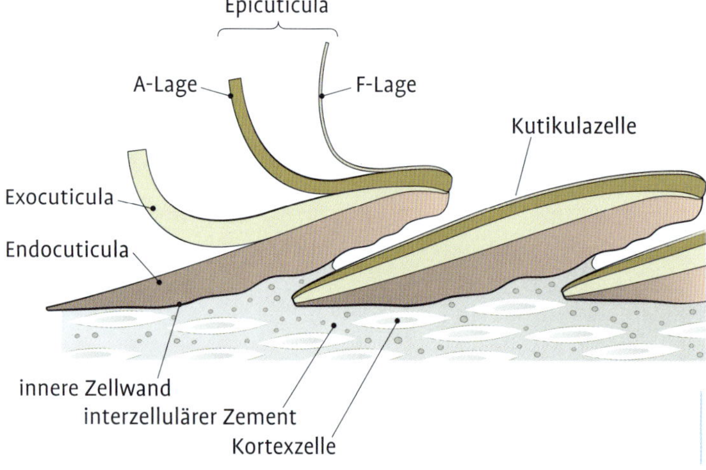

Die schuppenförmigen Kutikulazellen (oben) und Kortexzellen im schematischen Querschnitt

» **Exocuticula**

» **Endocuticula**

Die Matrix, ein interzellulärer Zement, schafft die Verbindung zwischen den Schuppenzellen und der Faserschicht im Inneren.

Die gesamte Schuppendecke hält die innere Faserschicht (Kortex, lat. *cortex*) zusammen und verhindert das Auseinanderreißen bei mechanischer Beanspruchung der Faser. Wasserdampf gelangt bevorzugt von der Schuppenzellkante über die weiche, innere Endocuticula ins Faserinnere. Kutikulazellen sind schuppenförmig und stehen einzeln für sich. Zur inneren Seite hin sind sie wie ein Tragflächenprofil etwas dicker geformt. Nur bei Merinowolle sind die Schuppen an der dem Inneren zugewandten Seite sehr dünn und an der freiliegenden Schuppenkante dicker. Bei gröberen Haaren (Lang- und Kurzhaar) liegen die Schuppen mehrseitig (polygonal) plattenförmig aneinander und überlappen sich nicht. Bei feinen Wollen sind sie wie Dachziegel übereinander gelagert, bei noch feineren Fasern stecken sie tütenförmig ineinander. Desweiteren können sie in mehreren Lagen übereinandergestapelt sein, je nachdem, ob sie an der im Inneren liegenden Faserschicht des Ortho- oder Paracortex anliegen. Es gibt viele verschiedene Formen und Anordnungen von Schuppen, die oft charakteristisch für einen bestimmten Fasertyp sind. Die englischen Rassen mit glänzenden Locken weisen einen unregelmäßigen Mosaiktyp auf. Wird eine Wollfaser gedehnt oder zieht sie sich wieder zusammen, passen sich die Schuppen der Bewegung an. Sie gleiten auseinander und schieben sich wieder zusammen.

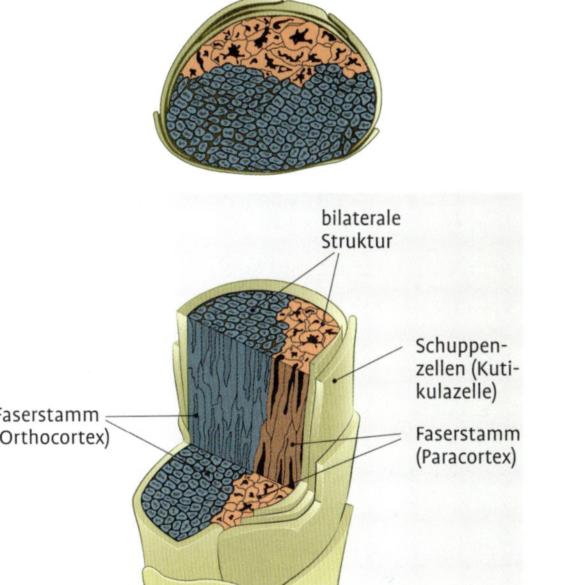

Haarquerschnitt mit Haarkutikula und Haarkortex, der in Ortho- und Paracortex unterteilt ist

Die Haarspitze

Die Spitze hat in der Vliesstruktur die Aufgabe, Wasser vom Vlies nach außen abzuleiten. Als äußerstes Ende des Haares sind die Spitzen nur bei einem Lamm und bei selbst abwollenden Schafen in ihrer natürlichen Form vorhanden. Nach der ersten Schur ist die Spitze immer abgeschnitten und etwas „scharfkantig". Auch durch ihre exponierte, der Witterung ausgesetzte Lage ist die Haarspitze meist beschädigt. Dadurch ist sie mit weniger Wollwachs behaftet. Beschädigungen an der Spitze können von leichten, kaum zu merkenden Veränderungen bis zum völligen Verlust durch Brüchigkeit gehen. Besonders die Spitzen der Lammwolle sowie der Erstschuren sind sehr empfindlich.

Eine leichte, sehr häufige, aber nicht als solche wahrgenommene Beschädigung ist das Ausbleichen der Vliesfarbe. Dadurch ist der erste Eindruck von der Vliesfarbe eines Schafes sehr ungenau. Will man die Vliesfarbe im Wollwachsschweiß feststellen, kommt man um eine Scheitelprobe am Schaf nicht herum.

Haarmark, Markkanal (*Medulla*)

Aus der Keimschicht, die an der Spitze der Haarpapille anliegt, bilden sich bei einer entsprechenden rassenspezifischen Veranlagung und bei gröberen primären Follikeln Haarmarkzellen. Diese Zellen teilen sich ständig, verlieren durch degenerative Veränderungen meist ihre Pigmentierung und nehmen Luftbläschen in die Zellen auf. Manchmal lösen sich die Markzellen vollständig auf, und es entsteht in der Faser eine mit Luft gefüllte Röhre. In anderen Fällen bilden die keratinisierten Zellwände ein röhrenförmiges Netzwerk, das ebenfalls Luft enthält. Solche Haararten, meistens Kurzhaare, auch tote Haare oder engl. *kemp* genannt, zeigen einen Fettglanz mit kalkweißem Aussehen.

Nur primäre Haare und heterotype Haararten besitzen im Inneren einen Markkanal, der auch unterbrochen sein kann. Die echten Wollhaare (Wollfasern) der Schafe haben keinen Markkanal.

Haarkortex, Faserschicht (*Cortex*)

Die Faserschicht setzt sich aus spindelförmigen Para- und Orthokortexzellen zusammen. Die Zwischenräume zwischen den Spindelzellen sind mit einem interzellulären Zement aus ungerichtetem Keratin gefüllt. Dieses Keratin ist hydrophil, was bedeutet, dass seine Moleküle fähig sind, an Wassermoleküle zu binden. Deshalb kann Wolle so viel Feuchtigkeit aufnehmen. Die Faserschicht schließt neben unpigmentierten Zellen auch Pigmentzellen mit Melaningranula ein. Die Dichte der Melaningranula bestimmt die Farbe des Haares.

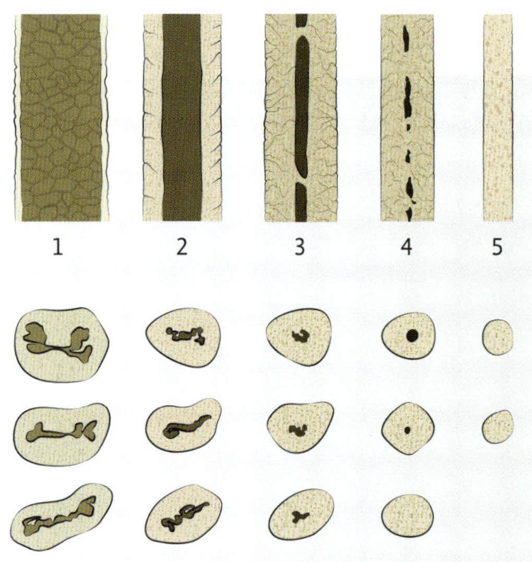

Verschiedene Markkanäle und Faserdurchmesser (nach Wildman 1954) – Durchgehende Typen:
1 Gittermark
2 normaler Markkanal, einfach
Unterbrochene Typen:
3 Markkanal noch deutlich, aber schon unterbrochen
4 nur noch kleine unterbrochene Abschnitte
5 Wollfaser, ohne Mark

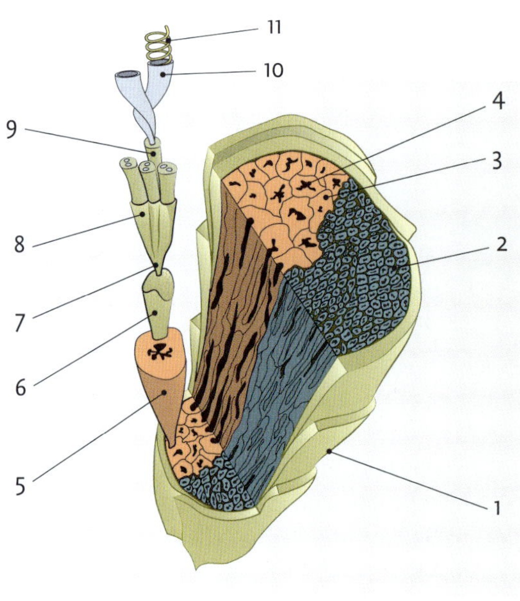

Der Mikroaufbau einer Wollfaser:
1 Kutikulazelle
2 Orthocortex
3 Paracortex
4 Zellkernrest
5 Paracortexzelle
6 Makrofibrille (besteht aus hunderten Mikrofibrillen)
7 Interfilamentmaterial
8 Mikrofibrille (besteht aus vier Protofibrillen)
9 Protofibrille (besteht aus zwei Protofilamenten)
10 Protofilament
11 Keratinmolekül

Mikroaufbau der Faserschicht (*Cortex*)

Die Spindelzellen sind ein Verbund aus länglichen Makrofibrillen und einer Matrix. Die Makrofibrille ist für die wichtigen mechanischen Eigenschaften der Wollfaser Dehnbarkeit und Elastizität verantwortlich. Die Makrofibrille setzt sich aus Hunderten von Mikrofibrillen und eingebetteten Strukturkomponenten zusammen.

Eine Mikrofibrille besteht aus vier Protofibrillen und diese aus zwei Protofilamenten. Ein Protofilament besteht aus Heterodimeren. Ein einzelnes Heterodimer schließlich ist aus zwei Proteinuntereinheiten aufgebaut und hat in seinem Mittelteil eine Superhelix-Grundstruktur, welche aus zwei unterschiedlichen Keratinmolekülen besteht (Zahn et al. 1997).

Ortho- und Paracortex – das Gummibandmodell

Orthocortex (B- Cortex): Basenfreundlich, befindet sich immer auf der Außenseite der Wollfaser, seine Spindelzellen (in der Abb. blau), sind nicht so dicht gepackt und größer. Der Orthokortex wächst etwas schneller, ist weniger stabil, hat weniger Spannung. Er nimmt mehr Feuchtigkeit auf und quillt dadurch stärker. Die Schuppenschicht auf der Außenseite besteht nur aus einer Schuppe.

Paracortex (A- Cortex): Säurefreundlich, befindet sich immer auf der Innenseite der Wollfaser, seine Spindelzellen sind kleiner und kürzer, dabei dichter sowie kompakter gepackt. Der Paracortex wächst etwas langsamer, ist sehr stabil und hat mehr Spannung. Die Schuppenschicht, die auf der Außenseite an der Parakortexseite anliegt, ist durch Mehrlagigkeit dicker.

Verständlich wird der Effekt der unterschiedlichen Spannungen mit dem „Gummiband-Versuch“. R. Ritter und K. Tomopulos haben nachgewiesen, wie sich die unterschiedlichen Kortexarten bei zweiseitiger Anordnung in der Faserschicht auf die Kräuselung der ganzen Wollfaser auswirken. Dazu wurden zwei kantige Gummibänder längsseits mit unterschiedlicher Spannung, eines im gespannten, das andere im entspannten Zustand, aufeinandergeklebt. Wird das Band losgelassen, nimmt es zum Ausgleich der Spannung eine Spiralform ein.

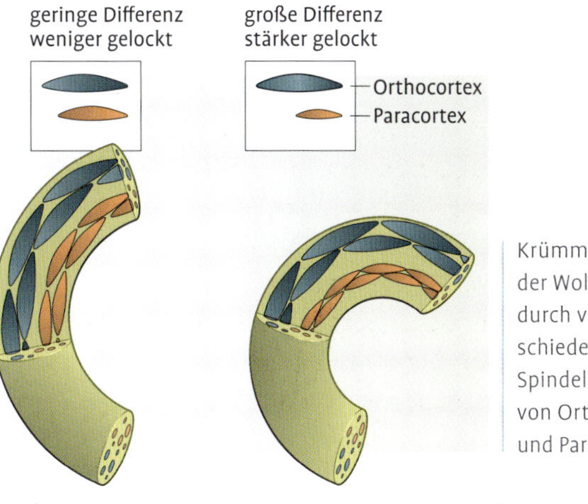

Krümmung der Wollfaser durch verschieden lange Spindelzellen von Ortho- und Paracortex

Der Verbund der unterschiedlichen Kortexarten hat, je nach Stärke der Kräuselung, verschiedene Strukturen. Die Faserschicht kann zweiseitig angeordnet aus Ortho- und Paracortex bestehen, aber auch konzentrisch angeordnet sein.
Die Wollsorten, deren Faserschichten konzentrisch angeordnet sind, weisen nur eine grobwellige Kräuselung auf. Hier ist der Orthokortex zentral angeordnet und von einer röhrenförmigen Schicht aus Paracortex umgeben.
Eine zweiseitige Struktur der Spindelzellen des Faserstammes bewirken den deutlichen Kräuseleffekt der Wollfaser, wie zum Beispiel bei sehr feinen Merinowollen. Neben der zweiseitigen Kräuselung können sich in den Haararten auch gemischte Kräuselungsarten finden. Das bedeutet, das auf die Länge des Haares gesehen die Gewichtung von Ortho- und Paracortex unterschiedlich sein kann. Auch können sie nur aus einer Kortexart bestehen.

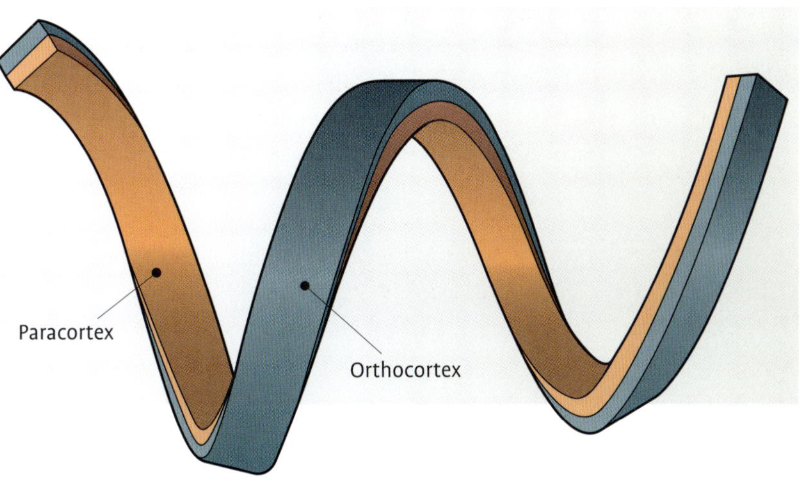

Ortho- und Paracortex im Gummibandmodell (nach Horio 1960)

VOM HAAR ZUM VLIES

Das Vlies auf einem Schaf kann mit einem Wald verglichen werden, bei dem verschiedene Bäume sowie große und kleine Sträucher ein auf bestimmte Art und Weise geformtes Ganzes bilden. Das Vlies von Schafen setzt sich je nach Rasse aus verschiedenen Haararten und deren Anordnungen zusammen. So wird ein rassetypisches Vlies mit seinen speziellen Eigenschaften gebildet.

Von einem Vlies im engeren Sinne wird dann gesprochen, wenn das Haarkleid eines Schafes nach der Schur ein zusammenhängendes Ganzes bildet und nicht in Einzelteile zerfällt. Im weiteren Sinn und um die Bezeichnung zu vereinfachen, gelten auch ein auseinanderfallendes Vlies und die Wollbedeckung auf dem Schaf (also vor dem Scheren) als Vlies. Die einzelnen Haare wachsen in der Haut und entstehen in sogenannten Follikeln (siehe Abb. Seite 23).

ZWEI FOLLIKELTYPEN

Bei allen Schafen werden zwei verschiedene Follikeltypen unterschieden:

- Primäre- oder Leithaarfollikel (P)
- Sekundäre- oder Gruppenhaarfollikel (S)

Die beiden Follikeltypen unterscheiden sich durch ihre Anatomie: Der primäre Follikel (P) ist mit einer Schweißdrüse, einem glatten Streckmuskel und einer Talgdrüse ausgestattet. Haararten, die

Merinolangwollschafe sind das Ergebnis einer langen Zuchtgeschichte. Ihre feinen Wollfasern entspringen sekundären Follikeln.

aus einem primären Follikel wachsen, weisen einen durchgehenden oder wenigstens einen durchbrochenen Markkanal auf und haben einen haarigen Charakter. Die einzige Ausnahme bilden die schweren Vliese der Langwoller, deren primäre Langhaare keinen Markkanal haben. Die sekundären Follikel (S) haben dagegen nur eine Talgdrüse; manchmal fehlt auch diese. Die aus ihr wachsenden Wollfasern haben keinen Markkanal.
Beim Schaf findet man folgende **Haararten** (sortiert nach Follikeltypen): Die groben, kurzen und farbgebenden Deckhaare, die beim Wildschaf den ganzen Körper und beim domestizierten Schaf die unbewollten Körperstellen bedecken, werden ebenso von primären Follikeln erzeugt wie die Lang-, Kurz- (Stichelhaare) und die kurzhaarähnlichen (heterotypen) Langhaare (kLH).
Aus den sekundären Follikeln wächst die winterliche Flaumwolle der wilden Schafe und die echten Wollhaare (Wollfasern) der domestizierten Schafe. Je nach genetischer Veranlagung des Schafes ordnen sich die zwei Grundtypen zu Follikelgruppen an. Darauf können alle bedeutenden Eigenschaften der Vliese quantitativer und qualitativer Art zurückgeführt werden.

Vom Einzelfollikel zur Gruppe

Durch die Zusammenfassung von Einzelfollikeln zu verschiedenen Gruppen bilden sich je nach Schafrasse unterschiedliche Vliestypen aus. Bei Wildschafen besteht eine Follikelgruppe aus einer Basisgruppe von drei in Reihe angeordneten primären Follikeln und einer unterschiedlichen Anzahl sekundärer Follikel, die sich um die primären gruppieren. Während der Domestikation vom Urschaf über die verschiedenen Schafrassen bis zum Merino veränderte sich diese Anordnung, und sie verändert sich weiterhin. Die Reihenbildung und andere Eigenschaften – zum Beispiel periodisch-jahreszeitlicher Haarwechsel – werden verwischt und verändert, je mehr sich die Rassen dem Merino annähern, bis sie im Vlies nicht mehr zu erkennen sind.

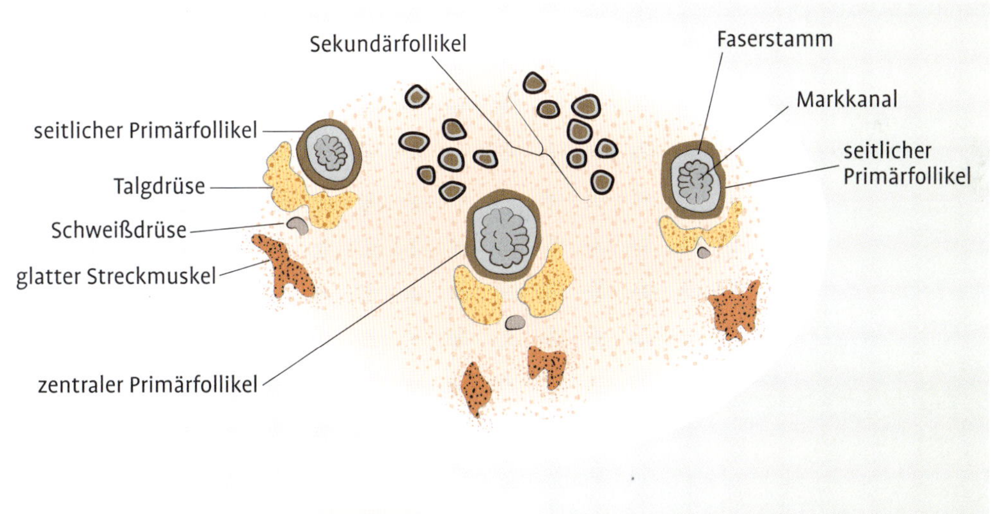

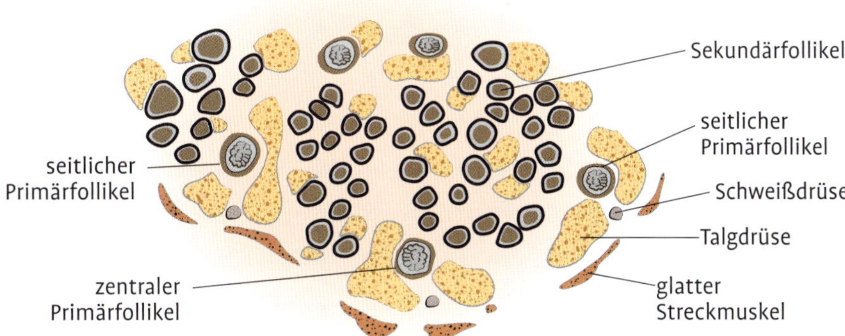

Follikelgruppen bei Mufflon (oben) und Merino (unten) (nach Carter 1955)

Das Geburtsvlies lässt Schlüsse auf das Vlies der älteren Tiere zu

Die Primärfollikel entwickeln sich zwischen dem 35. und 40. Tag der Trächtigkeit, also ziemlich früh im Leben des Fötus. Die Sekundärfollikel entwickeln sich am Ende der Tragzeit, manchmal sogar erst nach der Geburt. Diese beiden Arten von Follikeln werden nicht nur daran unterschieden, wann sie sich entwickeln, sondern auch nach den Arten von Fasern, die sie produzieren. Die aus den Primärfollikeln gewachsenen Kurzhaare oder Heterotype finden sich in den Geburtsvliesen der Lämmer und in den ausgewachsenen Vliesen aller Schafrassen. Mit einer Ausnahme: Im ausgewachsenen Vlies der Merinos finden sich diese Haararten nicht mehr, sie werden abgeworfen, wenn das Lamm heranwächst. Es hängt von der Rasse ab, welchen Fasertyp die Primärfollikel anschließend bilden. Detaillierte Kenntnisse über die verschiedenen Follikelarten, ihre Entstehung und Identifikation sind bei der Beurteilung des Geburtsvlieses von Vorteil. Dadurch können bei Lämmern, die ein gut entwickeltes Vlies haben, Rückschlüsse auf das künftige Vlies des älteren Schafes gezogen werden. Bei älteren Tieren finden sich keine so präzisen Unterscheidungsmöglichkeiten mehr.

EINTEILUNG DER SCHAFRASSEN NACH PRIMÄREN UND SEKUNDÄREN HAARARTEN

Die zahlreichen Schafrassen werden nach dem Vorkommen der verschiedenen Woll- und Haararten eingeteilt. Aus dieser Aufstellung wird ersichtlich, dass auch Wild- und Haarschafe primäre und sekundäre Follikel haben, aus denen entsprechend primäre und sekundäre Haararten entspringen. Schon bei den schlichtwolligen Schafen sind die Unterschiede zwischen den einzelnen Haararten sowohl in der Länge als auch in der Feinheit sehr verwischt. Bei den Feinwollern sind sie überhaupt nicht mehr vorhanden.

- **Wildschafe:** Die Unterschiede zwischen primären Haararten und sekundären Haararten sind sehr groß. Die Haare stehen dicht und in deutlichen Reihen. Der Haarwechsel erfolgt periodisch nach Jahreszeit. Die Follikel liegen schräg in der Haut und wachsen nahezu gerade.
- **Haarschafe:** Die Unterschiede zwischen primären und sekundären Haararten sind noch ziemlich groß. Beide stehen noch in deutlichen Reihen. Die Dichte der Haare ist mittel, mit einem jahreszeitlich bedingten Wechsel der Haare.

Stapelformen vom ursprünglichen Schaf zum Merino: **1** Soayschaf; **2** Krainer Steinschaf; **3** Alpines Steinschaf; **4** Rauwolliges Pommersches Landschaf, Lamm; **5** Coburger Fuchsschaf; **6** Blaues Texel; **7** Shropshire; **8** Merinofleischschaf

- **Mischwollschafe:** Im Vergleich zu Wild- und Haarschafen ist der Unterschied in Dicke und Länge zwischen den primären- und sekundären Haararten schon verringert. Sie bilden aber noch deutliche Reihen. Die Dichte der Haare ist gering. Der Haarwechsel ist jahreszeitlich bedingt, aber fließender und nur die Unterwolle wird gewechselt.
- **Schlichtwollschafe:** Die Unterschiede zwischen primären und sekundären Haararten in Dicke und Länge sind undeutlicher. Besonders die sekundären Haararten neigen dazu, sich in der Dicke und Länge den primären anzugleichen, die Wolle vergröbert. Die Dichte der Haare ist unregelmäßig, mit einem fortlaufenden, gedrosselten Haarwechsel.
- **Feinwollschafe:** Die Unterschiede zwischen primären und sekundären Haararten in Dicke und Länge sowie die Bildung von Reihen sind nicht mehr sichtbar. Die Haardichte ist sehr groß und Binderhaare machen die Reihen oft vollständig unkenntlich. Der Haarwechsel ist sehr gedrosselt, andauernd oder findet gar nicht mehr statt.

EINTEILUNG DER SCHAFRASSEN IN WOLLTYPEN

Die Schafrassen lassen sich zusätzlich aufgrund ihrer Vlieszusammensetzung in sechs Wolltypen einteilen. Für die Erzeugung von Wolle sind vor allem die feinwollige, ausgeglichene Merinogruppe (Wolltyp 6) und die Langwollgruppe (Wolltyp 4) mit schweren, glänzenden Vliesen von einer gewissen Faserdicke und Länge von Bedeutung. Wo immer ein hoher Reinwollgehalt in Verbindung mit bester Qualität verlangt wird, ist mindestens einer dieser beiden Typen zur Einkreuzung verwendet worden.

Verschiedene Vliesstrukturen: **1** Jakobschaf, Aue; **2** Rauwolliges Pommersches Landschaf, Aue; **3** Juraschaf, Aue; **4** Moorschnucke, Aue; **5** Braunes Bergschaf, Aue; **6** Texel, weiß; **7** Gotland Pelzschaf, Aue; **8** Ungarisches Zackelschaf; **9** Soayschaf, Aue; **10** Coburger Fuchsschaf, Lamm

Graue gehörnte Heidschnucken haben ausgeprägt mischwollige Vliese.

- **Wolltyp 1 – haarig:** Erzeugung von Fleisch. Z. B. Kameruner, Wiltshire Horn, Nolana.
- **Wolltyp 2 – mischwollig:** Erzeugung von Milch, Käse und Pelzen sowie Wolle für die Herstellung von Teppichen und Wolldecken. Z. B. Schottisches Schwarzkopfschaf, Herdwick, Karakul, Zackelschaf, Heidschnucken, Skudde.
- **Wolltyp 3 – schlichtwollig:** Landschaftspflege, Wolle für Tuche, Fleisch. Z. B. Coburger Fuchs, Rauwolliges Pommersches Landschaf, Leineschaf, Bentheimer, Jakobschaf.
- **Wolltyp 4 – langwollig:** Grundwolltyp zur Erzeugung von schweren Vliesen und größeren Schlachtkörpern, zur Wollverbesserung bei schlicht- und mischwolligen Schafrassen. Erzeugt weiche, lange, zum Teil glänzende Vliese. Z. B. Devon Longwool, Wensleydale.
- **Wolltyp 5 – kurzwollig:** frühreife Fleischrassen. Z. B. Schwarzköpfiges Fleischschaf, Suffolk, Charollais.

Wolltyp 6 – feinwollig: Grundwolltyp zur Erzeugung von Faserfeinheit und -Ausgeglichenheit. Z. B. Merinofleischschaf, Merinolandschaf, Merinolangwollschaf.

HAAR- UND WOLLFORMEN IM VLIES

In jedem Vlies existieren verschiedene Haar- und Wollformen nebeneinander. Hier eine Übersicht über die verschiedenen Haararten im Schafvlies (Reumuth & Doehner 1964; Kun 1995).

» **Lang- oder Grannenhaare (LH):** Langhaare wachsen aus primären Follikeln. Sie sind je nach Vliesart lang, relativ steif und kräftig oder kaum von den Wollhaaren zu unterscheiden. Ihre Follikel wurzeln in der Unterhaut. Sie können dick, leicht gewellt bis stark gekräuselt, vollständig oder unterbrochen markhaltig sein. Bei langwolligen Rassen kann das Mark auch fehlen. Sie unterliegen nicht dem Haarwechsel. Die Kutikulaschuppen sind sechseckig, fast glatt bis glänzend und liegen wie Platten aneinander. Die Form der Schuppen könnte eine Erklärung sein, weshalb die Wollen mancher Rassen nicht oder schwer filzen.

» **Kurz- oder Stichelhaare (KH, engl. *kemp*):** Kurz- oder Stichelhaare kommen in unterschiedlichen Längen von etwa 3–7 cm vor. Sie sind im Vergleich zu allen anderen Haaren stets kürzer, wachsen aus primären Follikeln, sind unregelmäßig, grob gewellt und starr. Deshalb sind sie schlecht verspinn- oder filzbar und färben nur ungenügend an. Durch ihr ausgeprägtes Mark sind sie oft kalkweiß und brechen leicht. Sie unterliegen dem Haarwechsel und sind als tote Haare u. a. für Verfilzungen im Vlies verantwortlich. Sie können farbig sein und kommen im ganzen Vlies oder vermehrt dort vor, wo Haut am Knochen anliegt. Es gibt sie im Stapel in folgenden Formen:

- **Kurzhaare 1 (KH1):** Bereits abgestoßene und hochgewachsene Kurzhaare (tote Haare, falsche Binder).
- **Kurzhaare 2 (KH2):** nachgewachsene Kurzhaare. KH1 und KH2 bilden in den Stapeln oft farbige, horizontale Streifen von kürzeren Kurzhaarstücken.

Haararten lassen sich nicht immer bestimmen

Abschließend kann gesagt werden, dass die Haar- und Wollarten oft nicht sicher bestimmt werden können. Das liegt an variierenden Faserlängen durch unregelmäßige Haarwechsel, der großen Spannweite der Faserdurchmesser und der Vielfalt der Kräuselung.

Mischwolliger Stapel: Kreuzung von Grauer gehörnter Heidschnucke und Coburger Fuchsschaf. Der rote Streifen: KH1. Der schwarzgraue Streifen: KH2.

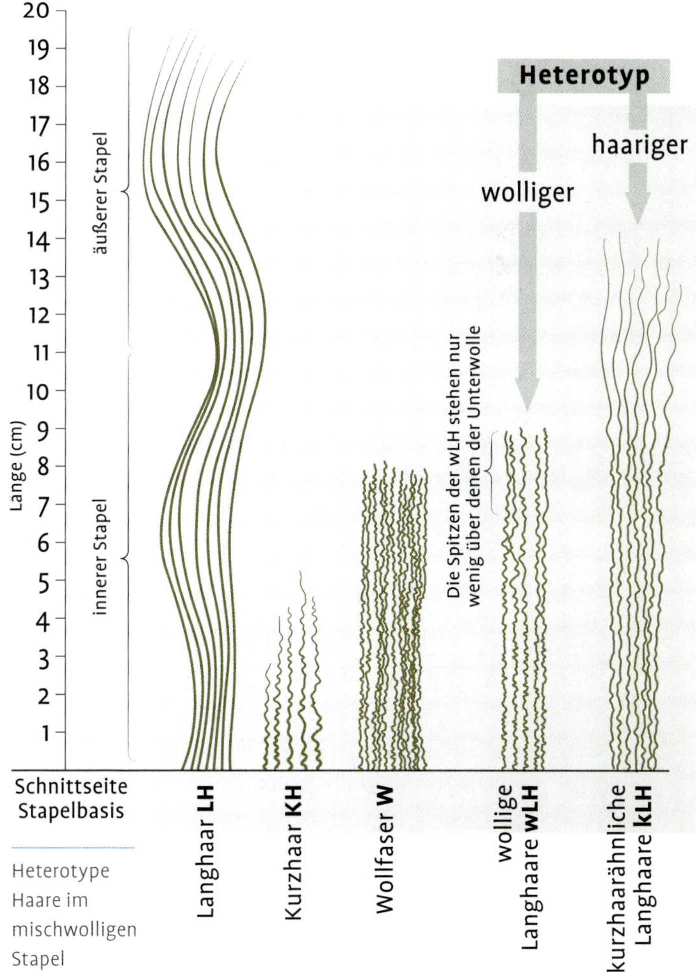

Heterotype Haare im mischwolligen Stapel

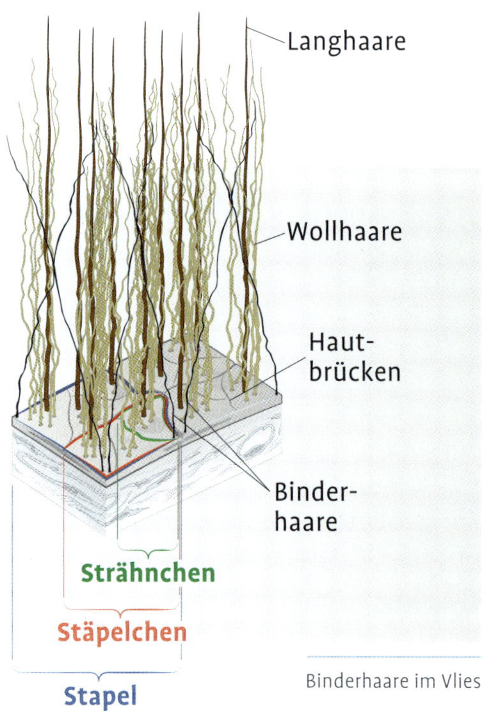

Binderhaare im Vlies

» **Heterotype Haararten:** Ein Sonderfall sind die heterotypen Haare. Das sind Haare, die Strukturen von Wollfasern sowie Lang- und Kurzhaaren aufweisen. So kann ein Haar von seiner Struktur her mehr einem Langhaar oder einer Wollfaser zugeneigt sein. Zum Beispiel kann das äußere Ende einen Markkanal aufweisen und dem Langhaar gleichen, während der innere Stapel der Wollfaser ähnlich ist. Diese Haare finden sich in ausgeprägt mischwolligen Vliesen, zum Beispiel bei der Grauen gehörnten Heidschnucke, dem Islandschaf und anderen Rassen mit ähnlicher Vliesstruktur. Sie werden beim Sortieren durch Trennen meistens übersehen und verbleiben in der Fraktion der weichen Wollfasern, was zu kratzigen Garnen führt.

Die heterotypen Mischformen sind:

- **Wollige Langhaare (wLH):** Heterotype, mehr wollig.
- **Kurzhaarähnliche Langhaare (kLH):** Heterotype, kurzhaarähnlicher.

» **Echte Wollfasern (W):** Die echten Wollhaare der Schafe werden zur besseren Unterscheidung zu den übrigen Haararten als „Wollfasern“ bezeichnet, biologisch gesehen, handelt es sich aber um eine Haarart. Sie wachsen aus einer Gruppe sekundärer Follikel. Echte Wollfasern sind fein bis sehr fein, unterschiedlich stark gekräuselt und stets markfrei. Je nach Rasse wachsen die Follikel mehr oder weniger spiralig gedreht in Gruppen aus der Mitte der Lederhaut. Echte Wollfasern sind, je nach Rasse, vom Haarwechsel betroffen. Ob die folgenden Fasertypen eigene Haararten oder den Wollfasern zuzuordnen sind, ist in der Literatur noch nicht abschließend geklärt:

» **Flaum (F):** Flaumfasern sind fein, weich, sehr kurz, markfrei. Sie entspringen aus sekundären Follikeln in der Mitte der Lederhaut. Beim Wildschaf bilden sie die Unterwolle. Bei Schafen zeigt das reine Flaumhaar die stärkste Vliesbildung, zum Beispiel bei der Heidschnucke. Manchmal kommt es auch als kurze, flockenartige Faseransammlung bei Mischwolligen vor. Flaum ist vom Haarwechsel betroffen.

» **Binderhaare (B):** Binderhaare sind etwas dicker als die Wollfasern. Sie halten das Vlies netzartig zusammen. Aus den in der Haut je nach Rasse gruppenweise angeordneten sekundären Follikeln entstehen Strähnchen. Zwischen ihnen finden sich schräg in den Hautnähten wurzelnde stärkere Haare, die sogenannten Binder. Ihre Aufgabe ist es, die Strähnchen zu Stäpelchen und wiederum zu Stapeln zu vereinen. Daraus bilden sich Stapel, die durch die Kräuselung und den Fettschweiß zu einem Vlies zusammengehalten werden.

Haararten im Stapel erkennen

Beim Trennen von mischwolligen Vliesen ist es von Vorteil, wenn die Haararten auseinandergehalten werden können. Verbleiben zum Beispiel die Heterotypen oder Kurzhaare in der Unterwolle, wird das Garn bei der folgenden Verarbeitung kratzig. Auf das Trennen von mischwolligen Vliesen zur Fasergewinnung wird ab Seite 257 eingegangen.

VOM STRÄHNCHEN ZUM STAPEL

Bisher war von Entwicklung und Wachstum des Haares die Rede. Im Folgenden werden aus den Haarfollikelgruppen Strähnchen, Stäpelchen und Stapel, aus denen sich das Vlies des Schafes zusammensetzt.

VLIESBILDUNG

Die Anordnung der Haararten in der Haut ist genetisch bedingt und für die Bildung des Vlieses von großer Bedeutung. Jedes Strähnchen wird in der Haut von Hautbrücken umschlossen, eine Gruppe Strähnchen wiederum auch, genauso wie der Stapel. Bei jeder folgenden Gruppierung wird die Hautbrücke etwas breiter.

Wann sprechen wir von einem Vlies?

Als „Vlies“ wird das abgeschorene, aber zusammenhängende Fell eines Schafes bezeichnet. Im weiteren Sinn sind damit auch ein auseinanderfallendes Vlies sowie die Wollbedeckung auf einem Schaf gemeint.

Das Strähnchen, die kleinste Einheit im Stapel

Im Idealfall wachsen die Haare eines Schafes aufgrund der aneinandergeschmiegten Anordnung der Follikel, dicht und geordnet aus der Hautoberfläche. In Vliesen kommen gekräuselte Haare in allen Wellungsformen, aber auch ungekräuselte Haare vor. Die Bildung der Strähnchen lässt sich auf die gruppenförmige Anordnung der Haarfollikel in der Haut, die Feinheit der Haare sowie maßgeblich deren Kräuselung zurückführen.

Stapelaufbau: vom Strähnchen übers Stäpelchen zum Stapel

Durch den Wachsschweiß wird die Vereinigung erleichtert.

Die Form der Kräuselungsbögen hat Einfluss auf die Bildung der Strähnchen: Je feiner die Wolle ist, desto regelmäßiger legen sie sich aneinander. Bei überbogigen Fasern (siehe Seite 51) sind die Strähnchen deutlich sichtbar. Es sind aber wenige Fasern in den Strähnchen.

Bei Fasern mit schlichten Kräuselungsbögen können sich die Fasern nicht miteinander verbinden und die Spitzen streben auseinander. So entstehen offene Vliese.

Das Stäpelchen

Die Strähnchen vereinigen sich zu den etwas größeren Wolleinheiten, den Stäpelchen. Diese schließen sich wieder zu Stapeln zusammen. Die Ausbildung der Stapel, der Stäpelchen und der Strähnchen ist sehr variabel. Bei mischwolligen Landschafen finden sich noch Stapel, aber Strähnchen und Stäpelchen sind unsichtbar. Bei schlichtwolligen Schafen und gröberen Merinos ist die Strähnchenbildung zum Teil sehr stark verringert, es finden sich nur noch Stäpelchen in den Stapeln. Beim Wollfehler Zwirn (siehe Seite 75) besteht der Stapel nur noch aus aufgelösten Strähnchen.

Binder- und Schleierhaare

Die Strähnchen-, Stäpelchen- und Stapelstrukturen lassen sich oft an der Vliesoberfläche erkennen: sie ist durch verschieden breite Hautbrücken unterteilt. Ihren Zusammenhalt bekommen die Strähnchen und Stäpelchen durch außerhalb in den Hautbrücken wachsende Schleierhärchen. Die Strähnchen und Stäpelchen haben einen größeren Zusammenhalt als die nächstgrößeren Stapel untereinander. Die Stapel bilden sich mit Hilfe der Binderhaare, die aus etwas breiteren Hautbrücken schräg in die Stapel wachsen. Diesen natürlichen Aufbau erkennt man deutlich, wenn ein abgeschorenes Vlies ausgespannt wird. Es wirkt wie ein Netz, bei dem die Stapel die Knoten sind.

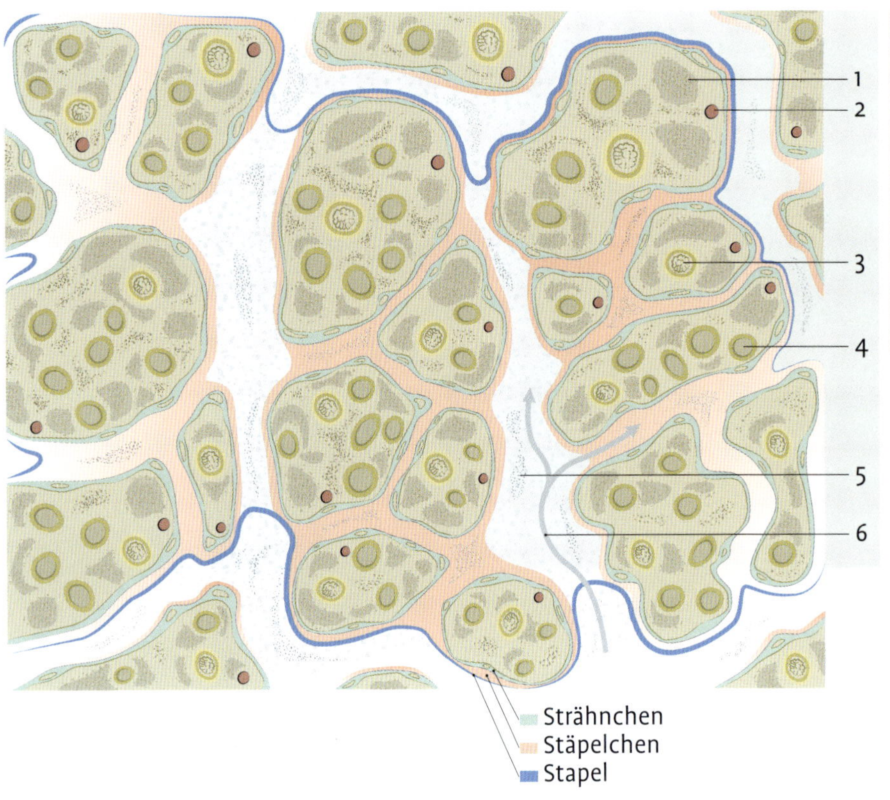

Hautquerschnitt: Mehrere Strähnchen, die durch Bindegewebsstreifen getrennt sind, schließen sich zu einem größeren Stäpelchen zusammen.

1 Talgdrüse
2 Schweißdrüsenausmündung
3 Primärer Follikel
4 Gruppe sekundärer Follikel
5 Muskel
6 Längs verlaufende Bindegewebestränge

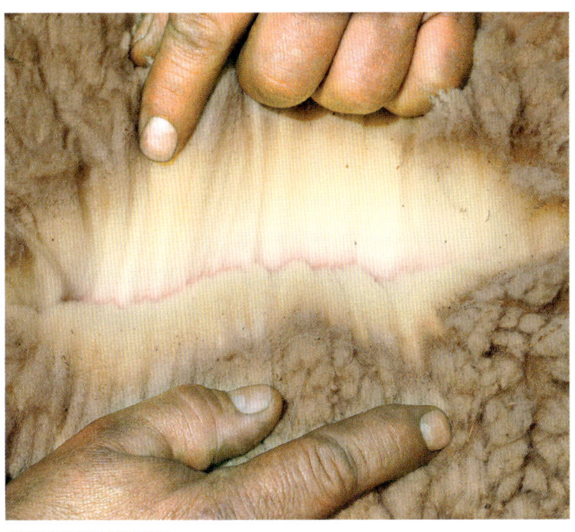

Leichtteiliges Vlies

Schwerteiliges Vlies

Schleierhärchen und Binder im Vlies

Bei zu vielen Schleierhärchen sind die Strähnchen kaum noch erkennbar. Solche Stapel werden „verschleiert“ genannt. Bei einer verminderten Anzahl von Binderhaaren haben die Stapel weniger Zusammenhalt untereinander und stehen eher einzeln, das Vlies ist offen. Diese Stapelstruktur ist in allen Abstufungen bei Misch- und Schlichtwolligen zu finden. Solche Vliese fallen beim Scheren oft auseinander. Sind beide Haararten ausgewogen ausgebildet, lässt sich das Vlies auf dem Schaf leicht bis zur Haut scheiteln. Das Vlies wird „leichtteilig“ genannt.

Leichtteilige Vliese

Stapel von leichtteiligen Vliesen lassen sich leicht zu einem feinen Haarschleier auseinanderziehen. Eine weitere Verarbeitung ist vereinfacht, weil diese Struktur das Vereinzeln während des Aufbereitungsprozesses erleichtert – „die Wolle fließt leicht“.

Sind die Hautbrücken verbreitert, wird der Stapelstand noch lichter. Die Binder treten weiter zurück, sie verbinden die Stapel kaum noch untereinander. Das Vlies wird „freiteilig“ genannt. Ein loses Streichen über das Vlies öffnet es bereits – das ist zum Beispiel beim Wensleydale der Fall. Ein luftig oder flüchtig gewachsenes Vlies, bei dem keine Binder mehr vorhanden sind, wird „freiständig“ genannt. Das Vlies zerfällt in seine Stapel. Dies ist typisch für Lammwolle und das Gotländische Pelzschaf. Treten die Binder dagegen im Übermaß auf und verlaufen durch mehrere Stapelgruppen, wird das Vlies „schwerteilig“ genannt. Die Scheitelprobe am Schaf ist bei solchen Vliesen nur dann möglich, wenn Binderhaare zerrissen werden oder mit Kraft Richtung Haut gezogen wird. Wenn die Binderhaare sehr stark ausgebildet sind, gelingt es nicht, das Vlies bis auf die Haut zu scheiteln. So ein Vlies wird „bodig“ oder „untrennbar verfilzt“ genannt.

DER STAPEL

Stapel sind die Gruppen, zu denen sich die Strähnchen und Stäpelchen vereinigen. Sie sind in rassentypischen Formen und Gruppierungen an der Vliesoberfläche zu sehen. Dieser Aufbau wird Stapelung genannt.

ÄUSSERER UND INNERER STAPEL

Die Oberfläche eines Schafvlieses auf dem Schaf bildet sich aus dem Zusammenschluss der Stapel mit ihren sichtbaren Stapelspitzen und wird als „äußerer Stapel“ bezeichnet.

Die Innenflächen der Stapel, die vom unteren Ende der Spitzen bis zur Haut oder zur Schnittseite reichen, bilden den inneren Stapel. Wird ein Vlies auf dem Schaf gescheitelt, zeigt es die Stapelinnenseiten mit einer leicht anders gefärbten und strukturierten Spitzenfärbung. Der innere Stapel zeigt den Aufbau der Stapel im Inneren des Vlieses, zum Beispiel wie die Kräuselung beschaffen ist oder ob das Vlies leichtteilig ist.

DER ÄUSSERE STAPEL – DIE VLIESOBERFLÄCHE

Eine Vliesoberfläche kann unterschiedlich geformt sein. Von offenen bis hin zu geschlossenen Oberflächen sind die Übergänge fließend. Bei einem offenen Stapel sind die Stapelspitzen deutlich erkennbar. Bei den geschlossenen Formen sind keine ausgeprägten Spitzen erkennbar.

Ein geschlossener Stapel besteht eher aus feinen, dicht stehenden Haaren. Die Stäpelchen und Stapel schließen sich eng aneinander und bilden so eine relativ feste, nach außen geschlossene Fläche. Staub, Futtereste und Feuchtigkeit können dadurch kaum in den inneren Stapel eindringen. Eine geschlossene Vliesoberfläche hält auch kalte

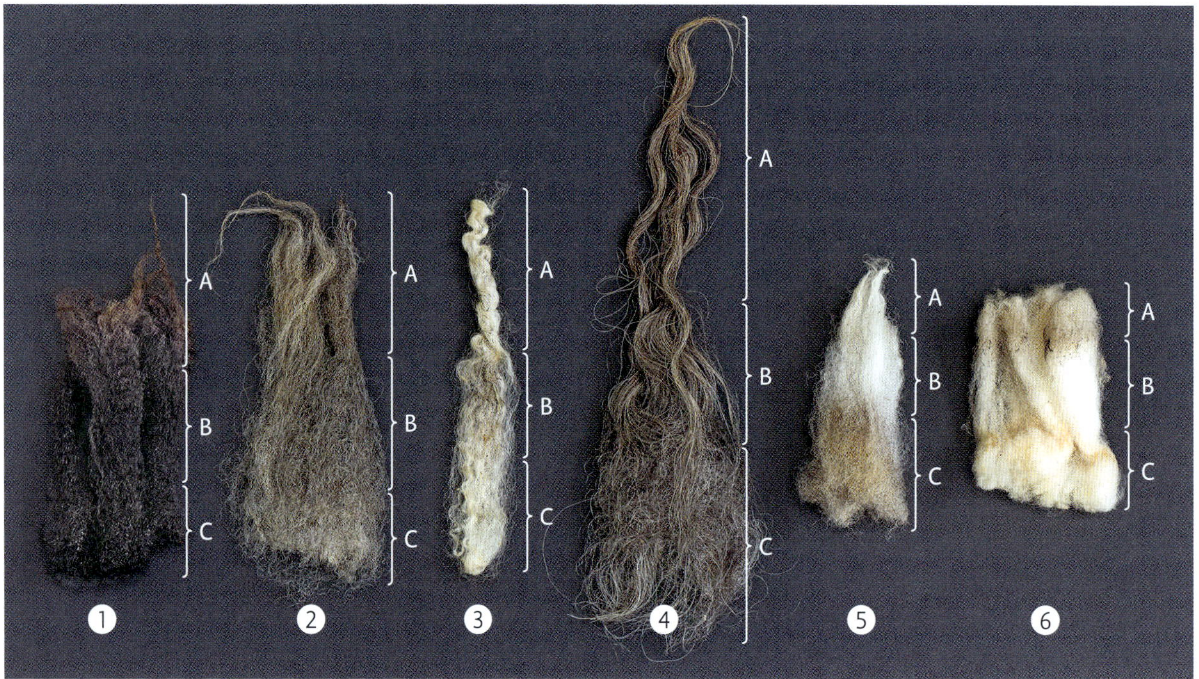

Spitzen (**A**), äußerer Stapel (**B**) und innerer Stapel (**C**):
1 Ostfriesisches Milchschaf; **2** Rauwolliges Pommersches Landschaf; **3** Wensleydale; **4** Ungarisches Zackelschaf; **5** Coburger Fuchsschaf; **6** Shropshire

Verschiedene Vliesoberflächen: **1** Merinofleischschaf (Aue): geschlossen; **2** Spaelsau (Aue): offen; **3** Shropshire (Aue): geschlossen; **4** Herdwick (Erstschur): geschlossen; **5** Wensleydale (Aue): offen; **6** Coburger Fuchsschaf (Erstschur): geschlossen

Luft ab, sodass das Wollwachs flüssig bleibt. Solche Vliese zeichnen sich durch saubere Wolle mit hohem Reinwollgehalt aus.

Mit Zunahme der Haardicke lockert sich der Stapelschluss. Es kommt zum offenen Vlies. Dies ist typisch für die meisten grob-, misch- und schlichtwolligen Schafrassen.

Kleingebaute, geschlossene Stapel

» **Zylindrischer Stapel:** Die ideale Stapelform.

» **Rapskornstapel:** Hier verkleben die sehr feinen Haare an den Spitzen zu kleinen Knötchen oder Kügelchen. Die Oberfläche sieht aus wie mit Rapskörnern bestreut. Werden die Haare gröber, liegen die Stapelenden weiter auseinander.

» **Nadelkopfstapel:** So nennt man die noch feiner zu kleineren Kügelchen zusammengelagerten Stapel.

» **Blumenkohlstapel:** Die Stapelenden ziehen sich aufgrund ihrer Elastizität zu blumenkohlförmigen Wölbungen zusammen.

» **Moosiger Stapel:** Hier lösen sich die Stapelenden etwas auf, sodass keine glatte Vliesoberfläche mehr vorhanden ist. Diese Stapelform bezeichnet den Übergang zum offenen Stapel und beruht auf dem Auftreten gröberer Haare.

Kleingebaute, offene Stapel

Die Stäpelchen setzen sich aus spitzen bis konischen Strähnchen zusammen, deren Spitzen zum Auseinanderfallen tendieren, was zu einem offenen, losen Vlies führt. Offene Vliese haben oft verklebte Spitzen.

» **Kurzgespitzter Stapel:** Eine kleingebaute, dichtstehende Stapelform bei der der innere Stapel zylindrisch ist. Der äußere Stapel endet in einer Spitze. Wird der Stapel dünner, die Kräuselung überbogig und die Spitzen länger, ist das der Übergang zum spießigen Stapel.

» **Spießiger Stapel:** Diese Form findet sich oft beim ersten Vlies der Lämmer. Die Wolle ist sehr zart und weich mit natürlichen Spitzen und wenig Wachsschweiß. Durch diese Gegebenheiten können sich noch keine zusammenhängenden Vliese bilden. Bei der Schur zerfällt ein Lammvlies in einzelne Stapel oder kleine Stapelgrüppchen.

Großgebaute, geschlossene Stapel

Bei dieser Stapelform sind die Hautbrücken, die jeden Stapel umschließen, deutlich breiter als bei den kleingebauten. Diese Form findet sich bei Rassen mit etwas gröberen Wollen und groben Kreuzungswollen von ca. 21–28 Mikrometer (μm).

» **Quaderstapel:** Wächst zylindrisch nach oben und kommt recht häufig vor. Der äußere Stapel unterteilt sich in größere, vielkantige, dichtgeschlossene Flächen, die wiederum mosaikartig unterteilt sind. Einzeln herausragende Spitzen sind nicht erkennbar.

Großgebaute, offene Stapel

Sie betreffen hauptsächlich schlichte bis flachbogige und grobe Stapelformen und sind für Landschafrassen typisch. Die Stapel erhalten ihre Form, weil die Kräuselung flachbogig ist. Dazu kommt ein Mangel an Wachsschweiß, sodass die Strähnchen nur in losen Gruppen in die Höhe wachsen und sich kaum zu richtigen Stapeln zusammenschließen.

» **Flachsiger Stapel:** Strähnchen und Stäpelchen sind nicht zu erkennen. Die Kräuselung ist oft unregelmäßig schlicht oder flachbogig, nur die Spitzen können mehr oder weniger stark gekräuselt sein. Dies ist die typische Stapelform bei den Landschafrassen.

» **Loser Stapelbau:** Zu wenige Binderhaare und mangelnder Fettschweiß verhindern den Stapelbau. Die Wollhaare wachsen in losen Gruppen, ohne sich zu Strähnchen zu vereinen. Verschiedene Übergänge von mischwolligen Formen bis hin zur Pelzstruktur (Gotland-Pelz, Wensleydale) sind möglich.

Variationen:

- **Mischwolliger Stapel**
- **Pelzstapel**

DER INNERE STAPEL

Weitere Informationen über die Eigenschaften der Wolle bekommen wir im Inneren der Stapel. Dazu wird das Vlies auf dem Schaf auf etwa eine Handlänge gescheitelt und dadurch geöffnet, sodass die Innenseiten der Stapel sichtbar werden. Die Erkenntnisse über den äußeren Stapel werden durch die des inneren vervollständigt. Beide zusammen zeigen den Vliesaufbau noch genauer. Die Grundformen des inneren Stapels sind:

- konisch oder spitz
- keulen- oder trichterförmig
- zylindrisch

Der konische oder spitze Stapel

Die Wolle steht dicht auf der Haut, Richtung Vliesoberfläche verjüngen sich die Stapelenden und laufen spitz zu. Dadurch bilden sich Zwischenräume zwischen den einzelnen Stapeln, welche das gesamte Vlies loser wirken lassen.
Die Ursache sind dickenuntreue Haare, welche an der Spitze feiner werden. Infolge einer größeren Feinheit schmiegen sich die Kräuselungsbögen enger aneinander. Möglich ist, dass sich im unteren Teil mehr Wolle befindet, weil Haare später gewachsen sind und sich dadurch in der Länge unterscheiden. Misch- und schlichtwollige Stapel gehören der konischen Form an.

Der keulenförmige Stapel

Er verbreitert sich nach oben, sodass das obere Ende dichtwolliger erscheint. Diese Wolle wird „hohl", genannt. Sie entsteht, wenn nach der Schur die Fettschweißbildung zu gering oder zu dünnflüssig ist, sodass sich die Wollhaare nicht zu Strähnchen vereinigen.
Dickenuntreue im oberen Haarbereich kann zu hohler Wolle führen. Auch ein partieller Haarwechsel führt dazu. Es fallen nur einzelne Haare aus, die sich Richtung Vliesoberfläche bewegen. Dort bleiben sie in den oberen, dichteren Stapelspitzen hängen. Dadurch sind in diesen Bereichen mehr Haare als im unteren Bereich der Stapel.

Der zylindrische Stapel

Die Stapel stellen zylindrische Säulchen dar. Sie wachsen gleichmäßig in Länge und Umfang nach oben und bilden eine geschlossene ebene Oberfläche. Die zylindrische Form gilt als die Ideale Stapelform.

CHEMISCHE EIGENSCHAFTEN DER WOLLFASER

Seit Jahrtausenden wird die Schafwolle von Menschen wegen ihrer herausragenden Eigenschaften genutzt. Erst Anfang des 19. Jahrhunderts wurde aber begonnen, die Ursachen dieser Eigenschaften durch chemisch-physikalische Untersuchungen zu erforschen. Dadurch konnten die Erkenntnisse über die Proteine, welche die Wolle aufbauen, stark erweitert werden. Trotzdem bleiben weiterhin Fragen offen.

Reine, saubere Wolle besteht im Wesentlichen aus Proteinen (Eiweiße). Die Bestandteile können durch die Ernährung und Einflüsse der Umwelt unterschiedlich sein. Man spricht bei Wolle auch von einer Protein- oder Eiweißfaser im Gegensatz zur pflanzlichen Zellulosefaser.

Feuchtigkeit und Verformbarkeit der Wolle

Wolle ist eine semikristalline Faser und verfügt damit über eine Glastemperatur. Das ist die Temperatur, bei der zum Beispiel Glas vom festen, spröden Zustand in einen flüssigen, verformbaren Zustand übergeht. Die Glastemperatur der Wolle ist stark von ihrem Wassergehalt und damit der Luftfeuchtigkeit der Umgebung abhängig. Je höher die Luftfeuchtigkeit, desto niedriger die Glastemperatur der Wolle. Da Wolle oberhalb der Glastemperatur leicht und unterhalb schwer verformbar ist, bestimmt ihr Wassergehalt auch wesentlich ihre Eigenschaften bei der Verarbeitung. (Zahn et al. 1997)

Hauptbestandteil der tierischen Haare, auch der Wolle, sind Faserproteine, die man als Keratine bezeichnet. Keratine bilden Stütz- und Gerüstsubstanzen und besitzen eine fadenförmige oder faserige Struktur, die meist unlöslich ist. Sie sind Produkte des tierischen Eiweißstoffwechsels und bestehen aus Aminosäuren. Es gibt 21 proteinogene Aminosäuren, welche in unterschiedlichsten Kombinationen alle Proteine von Menschen, Tieren und Pflanzen bilden.

Wolle ist eine Faser von höchster Komplexität. Die chemische Zusammensetzung erklärt die einzigartigen physikalischen Eigenschaften und damit auch die textilen Vorteile der Wollfaser. Im Folgenden seien einige genannt. Die Komplexität der zugrunde liegenden chemischen und physikalischen Vorgänge würden jedoch den Rahmen dieses Buches übersteigen.

Die herausragenden Eigenschaften der Wolle:

- Hervorragende Elastizität
- Wärmeisolierung
- Hohe chemische Widerstandskraft
- Großes Aufnahmevermögen für Wasserdampf relativ zur Luftfeuchtigkeit und verzögerte Abgabe bei sinkender Luftfeuchtigkeit (hygroskopische Faser)
- Geringe Benetzbarkeit mit Wasser
- Aufnahmefähigkeit von Schadstoffen
- Formbarkeit und Fixierung der Wolle im Verbund
- Selbstreinigung
- Ein Filzvermögen, wie wir es bei keiner anderen Faser finden

- Verliert die Form bei zu heißem Waschen
- Struktur wird bei zu hoher trockener Temperatur, z. B. bei zu heißem Bügeln, zerstört
- Wolle ist leicht färbbar

DIE ELEMENTARE ZUSAMMENSETZUNG DER WOLLFASER

Proteine setzen sich aus den Elementen Kohlenstoff, Wasserstoff, Sauerstoff, Stickstoff und Schwefel zusammen. Anzumerken ist, dass Wolle, aber auch andere Tierhaare sich aufgrund ihres hohen Schwefelgehalts von anderen Proteinfasern wie zum Beispiel Seide unterscheiden.

Bei Wolle liegt der größte Teil des Schwefels in Form der Aminosäure Cystin vor. Der Gehalt an Cystin ist für die mechanischen und chemischen Eigenschaften von großer Bedeutung. Er ist bei verschiedenen Wollen unterschiedlich und schwankt auch in der Längsrichtung innerhalb einer Faser.

Durch Einwirkung von Licht und Luft ist an der Wurzel der Gehalt von Schwefel am höchsten und nimmt in Richtung der Spitze ab.

ELEMENTARANALYSE WASSERFREIER WOLLE

Element	Anteil
Kohlenstoff (C)	50–52 %
Wasserstoff (H)	6,5–7,5 %
Sauerstoff (O)	22–25 %
Stickstoff (N)	16–17 %
Schwefel (S)	3–4 %
Asche	0,5 %

(Zahn et al. 1997)

QUALITÄTS- UND WERTBESTIMMENDE EIGENSCHAFTEN DES VLIESES

Die Haararten der Schafe haben eine große Anzahl sehr wertvoller Eigenschaften, die sich vor allem aus ihrem Aufbau aus unterschiedlichen Proteinen ergibt. Zudem ist das Vlies als Ganzes wiederum aus unterschiedlichsten Haararten aufgebaut. Für ein Vlies ergeben sich damit eine Vielzahl unterschiedlicher Eigenschaften.

Je nach Anwendungszweck und Anspruch werden Wollhandwerkerinnen diese Eigenschaften unterschiedlich beurteilen und nutzen. Diese Bewertung kann objektive Aspekte einbeziehen, wird aber immer individuell und ein Stück weit subjektiv sein.

EIGENSCHAFTEN DER EINZELNEN FASER

Eigenschaften der Faserform	
Geometrische Eigenschaften	Feinheit, Gleichmäßigkeit der Feinheit, Faserquerschnittsformen, Faserlänge, Gleichmäßigkeit der Länge, Kurzfaseranteil, Zahl der Kräuselungsbögen, Tiefe der Kräuselung
Zugfestigkeit bei Nässe oder Trockenheit	Natürliche und wahre Länge, Dehnung bis zum Bruch der Faser
Biegeeigenschaften	Festigkeit und Steifigkeit beim Biegen unter Dauerbelastung. Fähigkeit der Erholung von Knitterfalten
Farbe	Farbton des Weißes bei weißer Wolle. Vorhandensein von dunklen Haararten und Kurzhaaren.Diese Merkmale sind bei der industriellen Verarbeitung wichtig, weil davon die Reinheit und Färbbarkeit der Produkte abhängt. Für Wollhandwerkerinnen werden diese Merkmale eher unwichtig sein. Gerade farbige Vliese haben ihren eigenen Reiz.
Glanz	Je flacher die Schuppen der Kutikula angeordnet sind, desto mehr Glanz hat die Faser. Glanz wird an der gewaschenen, trockenen Faser bestimmt, da Fettschweiß und Feuchtigkeit das Bild verfälschen können.
Reibungswiderstand, Richtungsgebender Reibungseffekt (engl. *Directional Frinction Effect*, DFE)	Die Form der Kutikulaschuppen bedingt die Beweglichkeit der Einzelfasern im Verbund. Dies beeinflusst die Filzfähigkeit der Fasern bei der Bearbeitung und im Vlies am Schaf.

(nach Henning 1961)

Eigenschaften der Fasersubstanz	
Chemische Zusammensetzung	Je ausgewogener die chemische Zusammensetzung, desto gesünder ist die Wollfaser.
Hygroskopizität	Fähigkeit der Fasern zur Feuchtigkeitsaufnahme, nicht zu verwechseln mit der Benetzbarkeit der Oberfläche
Sorption	Aufnahmefähigkeit und chemische Bindung von Schadstoffen

(nach Henning 1961)

EIGENSCHAFTEN DER FASERN IM VERBUND

Eigenschaften eines Faserbausches	
Eigenschaften bei Druckbeanspruchung	Bauschkraft, Erholung nach Druck
Filzfähigkeit, Reibungswiderstand	Die Form der Kutikulaschuppen bedingt die Beweglichkeit der Einzelfasern im Verbund. Der Richtungsgebender Reibungseffekt ist wichtig für die Filzfähigkeit der Fasern bei der Bearbeitung und im Vlies am Schaf.
Vorkommen von Verunreinigungen	Menge von Pflanzenteilen, Futterresten, klettenartigen Pflanzen, verklebten Spitzen
Eigenschaften der Zugbelastung	Elastizitätsprüfung der Stapel
Eigenschaften bei der Verarbeitung	
Zusammenhalt der Faserbänder	Halt eines Krempelvlieses oder Kammzuges oder Vorgarnes
Anfall von Ausschussfasern	Wie viele Fasern werden bei der Bearbeitung zerbrochen und fallen heraus?
Spinnbarkeit der Fasern	Welche Garnfeinheiten können mit der Faser gesponnen werden?
Band- und Garngleichmäßigkeit	Noppenfreie Bänder und Garne
Faserverhalten bei Färbungen	Farbaufnahme, Farbton, Haltbarkeit der Färbung beim Waschen, im Licht
Eigenschaften des Werkstückes	
Geometrische Eigenschaften	Dicke, Feinheit
Festigkeitseigenschaften (in Starre, Bewegung, Trockenheit, Nässe)	Verhalten beim Spannen von Werkstücken und Garnsträngen
Biegeeigenschaften	Biegesteifheit der Fasern, Fall eines Garnes oder Gewebes Festigkeit bei Dauerbiegung, Erholung von Knitterfalten
Verhalten bei Druckbeanspruchung	Bauschkraft, Erholung nach Druck
Oberflächeneigenschaften	Reibungswiederstand, Filzfähigkeit, Schimmer und Glanz, Glätte, Haarigkeit und Rauigkeit, Schuppenstruktur (Faserrichtungsgarne)
Textilhygienische Eigenschaften	Wärmeschutz und Gefühl von Kälte, Luftdurchlässigkeit
Widerstandsfähigkeit gegen Scheuerbeanspruchung	Scheuertüchtigkeit, Neigung zur Pilling-Bildung

(nach Henning 1961)

UNTERSCHIEDLICHE WERTE: INDUSTRIE UND WOLLHANDWERKERINNEN

Die Wertvorstellungen von Spinnerinnen und Filzerinnen in Bezug auf die Rohwolle sind in erster Linie von denen der wollverarbeitenden Industrie beeinflusst. Im Gegensatz zur Wollhandwerkerin braucht die Industrie aber große Mengen an Wolle, die in Länge, Feinheit, Sauberkeit und Farbe (reines Weiß) ausgeglichen ist. Diese Qualitäten stammen in der Regel von Schafrassen, die auf diese Attribute hin gezüchtet sind und kommerziell gehalten werden. Überwiegend sind das Wollen von Merino-Rassen und merinoartigen Wollschafen.

WERTEORDNUNG DER WOLLINDUSTRIE UND DER WOLLHANDWERKERINNEN

	Industrielle Werteordnung	Werteordnung von Wollhandwerkerinnen
Sortierungen	Nur gleichmäßige, einheitliche Sortierungen in großen Partien können verarbeitet werden.	Projektbezogene oder spaßbetonte Faserauswahl
Farbe	Reinweiße Wolle wird bevorzugt, weil sie bei der Färbung die Farben nicht beeinflusst.	Reinweiße Wolle ist für die Färberei von Bedeutung, sonst sind reinweiße Töne eher zweitrangig. Naturfarbige Vliese sind für Spinnerinnen sehr interessant.
Faserlänge	Faserlängen der Wolle haben Einfluss auf die Art der Verarbeitung: Streichgarn verlangt kurze Fasern von 18–60 mm Kammgarn verlangt längere Fasern von 60–120 mm	In der Handspinnerei werden mit kleinen Abweichungen die Faserlängen der industriellen Verarbeitung übernommen. Streichgarn: 18–60 mm (ideale Längen). Oft sind die Fasern auch länger. Kammgarn: ab 70 mm bis alle Langhaarlängen Die Geräteauswahl lässt das Spiel mit Faserlängen zu.
Kräuselung	Eine möglichst feine, gleichmäßige Kräuselung in der gesamten Wollpartie wird bevorzugt.	Alle sind verarbeitbar.
Feinheit	Feinheit der Wolle, die verarbeitet werden kann, von fein bis mittel. Die Faserfeinheit und ihre Gleichmäßigkeit in der gesamten Partie bestimmt, was aus der Wolle hergestellt werden kann.	Alle Feinheiten in einem Vlies und im gesamten Stapel können individuell verarbeitet werden.
Fehler	Die Gleichmäßigkeit der Wolle beinhaltet auch, dass die Partie frei von Fehlern und Verunreinigungen ist. Je fehlerfreier und sauberer die Wollpartie ist, desto höher der erzielbare Preis.	Die Wolle soll möglichst frei von Fehlern, Verunreinigungen und Filz sein. Solange eventuelle Fehler die Elastizität nicht beeinträchtigen, können solche Fasern verarbeitet werden. Leichter Filz kann geöffnet und verarbeitet werden. Unerwünschte Haararten und Verunreinigungen können durch entsprechende Bearbeitungstechniken entfernt werden.
Gesundheit der Wolle	Gesunde Wolle wird bevorzugt.	Das Wissen und der Vergleich, was gesunde Wolle ausmacht, ist bei Wollhandwerkerinnen noch sehr unterschiedlich. Ist das Wissen vorhanden, wird gesunde Wolle bevorzugt.

	Industrielle Werteordnung	Werteordnung von Wollhandwerkerinnen
Elastizität	Elastizität der Stapel wird vor der Verarbeitung eingehend geprüft, weil davon die weitere Verarbeitung abhängt.	Die Prüfung der Elastizität ist nicht zwingend notwendig, aber wichtig für die Kammgarnspinnerei, Haltbarkeit und Eigenschaften der Garne.
Werte-prüfung	Objektiv und subjektiv: Subjektiv durch beurteilende Personen, die eine geschulte Wahrnehmung und Fachkompetenz haben. Objektiv durch die Untersuchung der Faserarten und Feinheiten mit Messgeräten	Subjektiv, seltener objektiv: Subjektiv durch die Scheitelprobe am Schaf und Elastizitätsprobe nach der Schur beim Sichten, Bewerten und Sortieren der Vliese. Werteprüfung meistens durch den „Griff“. Eigene Gefühle, Vorlieben und Erfahrungen, beeinflussen die Werteprüfung.

Die ermittelten Wollwerte werden bei den Wollhandwerkerinnen sehr individuell für Projekte eingesetzt. Dabei werden auch Bewertungen aus der Industrie mit einbezogen, die bei den verschiedenen Arbeiten rund um das Rohwollvlies einen sicheren, fachkompetenten Rahmen geben. Wichtig sind hier die Kenntnisse, die bei der Auswahl, Beurteilung und dem Sortieren der Rohwolle angewendet werden können.
Alle genannten Eigenschaften der Faserformen werden bei der Bewertung der Wolle durch Wollhandwerkerinnen subjektiv in der Qualität erfasst.

SUBJEKTIVE UND OBJEKTIVE WOLLBEURTEILUNG

» **Subjektive Wollbeurteilung:** Die Wolle wird mit Hilfe von angeborenen Sinnen und erlernten Erfahrungen in der Gesamtheit ihrer sichtbaren Eigenschaften beurteilt. Dabei werden im Wesentlichen Feinheit, Stapellängen, Kräuselung, Gleichmäßigkeit, Vliesstruktur, Beschaffenheit und Pflege am Tier, Farbe, Glanz und Glätte, Reinheit und Sauberkeit, Bauschigkeit und Bruchfestigkeit geprüft und bewertet. Dies geschieht sowohl einzeln wie auch in ihrer Wirkung auf- und miteinander. Die mit der subjektiven Methode ermittelte Qualität, bezogen auf ein bestimmtes Vlies, ist erheblichen Schwankungen unterworfen. Dies liegt in erster Linie an der beurteilenden Person, die mehr oder weniger sicher arbeitet.

» **Objektive Wollbeurteilung:** Sie ist eine Bewertung, die ohne den Einfluss persönlicher Gefühle oder Befangenheiten vorgenommen wird. Visuelle Beurteilung und Fasereinschätzung sind grundlegende Aspekte der Faserbeurteilung, jedoch zur genauen Identifizierung des durchschnittlichen Faserdurchmessers eine ungenügende Beurteilungsmethode. Mit Instrumenten können Fasern mit einer Genauigkeit von einem Zehntel Mikrometer gemessen werden. Daneben können auch die Länge, Kräuselung und Reißfestigkeit mit Geräten ermittelt werden. Am gebräuchlichsten ist die Feinheit, die international in Mikrometern gemessen wird. Je gröber eine Faser ist, umso größer ist der Mikrometerwert. Je feiner eine Faser ist, umso kleiner ist dieser Wert. Extrafeine Wollsorten bewegen sich zwischen 14,0 und 15,4 Mikrometern. Das Kurzzeichen ist µm. Der Unterschied zwischen einer Probe mit einem Durchschnitt von 20,5 Mikrometern und einer Probe mit 22,5 Mikrometern ist sehr gering, aber im Hinblick auf die kommerzielle Nutzung und die Preisstruktur von entscheidender Bedeutung.

Was ist ein Mikron (Micron)?

Ein Mikron ist eine alte Bezeichnung für einen Mikrometer. Ein Mikrometer entspricht einem millionstel Meter. 0,000001 m = 1 µm.

BEURTEILUNG VON WOLLQUALITÄTEN

Um die verschiedenen Faserarten und ihre Feinheiten in der industriellen Verarbeitung optimal ausnutzen und erfassen zu können, werden die Rohwollvliese in regional unterschiedliche Klassifizierungs- und Sortierungssysteme (Bewertungssysteme) eingeordnet. Diese Systeme sind in der Regel für kommerzielle Wollschafrassen eingeführt worden. Sie können auch als Grundlage für das Einschätzen und Sortieren von anderen Rassen verwendet werden.

Um die sehr unterschiedlichen Wollqualitäten für die Wollindustrie verarbeitbar zu machen, werden die Vliese erst klassifiziert und danach sortiert. Bei der Klassifizierung, die während der Schur stattfindet, wird das Vlies als Einheit beurteilt, bevor einzelne Stücke davon entfernt und mit gleichen Stücken von anderen Vliesen zu einer Partie zusammengefasst werden.
Die nachfolgende Wollsortierung findet im Verarbeitungsbetrieb statt. Dabei werden die Vliese oder Partien nochmals in einer Reihe von Sortierungen aufgeteilt. Je nach Betrieb können die Sortiervorschriften unterschiedlich sein.

Über die Wollsortierungen

Im Zuge der Industrialisierung der Wollverarbeitung, erst in Manufakturen und später in Fabriken, sind verschiedene Wollsortiertabellen erstellt worden. In erster Linie versuchten die Wollhändler, die vorhandenen, subjektiv ermittelten Qualitäten in gleichbleibende Kategorien einzuordnen. Diese Tabellen der industriellen Wollsortierung wurden von zwei unterschiedlichen grundsätzlichen Einheitensystemen beeinflusst. Das erste ist das metrische System, welches von einigen Ausnahmen abgesehen in allen Ländern anerkannt und verwendet wird. Das zweite ist das imperiale Einheitensystem, das in den USA, Großbritannien und einigen anderen Ländern verwendet wird. Das metrische System beruht auf dem Dezimalsystem, während das imperiale Einheitenmaß mit Inch, Gallone usw. arbeitet.

In der Frühzeit der industriellen Wollverarbeitung, als noch keine Messgeräte zur Bestimmung der Wollfeinheit zur Verfügung standen, wurden Feinheiten ausschließlich durch die sinnliche und die erlernte Erfahrung der Fachleute bestimmt

VERSCHIEDENE BEURTEILUNGSSYSTEME

Für industrielle Verarbeiter sind die Beurteilungssysteme wichtig, weil sie ihnen die Möglichkeit geben, Krempelvlies, Band, Kammzug oder Garn in ihrer Qualität zu beschreiben. Dadurch kann die Verwendung sowie der Preis bestimmt werden. Professionelle Verarbeiter nutzen die Systeme, um stets gleichbleibende Qualitäten und ausgeglichene Rohwollklassifizierungen erwerben zu können. Je nach Erzeugerland gibt es unterschiedliche Einteilungssysteme. Sogar für die Merinos gibt es eigene Feinheitsklassifizierungen in den jeweiligen Erzeugerländern.

Das englische Bradford-System

Dieses von englischen Wollhändlern in Bradford verfasste System bezieht sich auf gereinigte, vorbereitete Wolle. Es definiert die Anzahl der Garnstränge, die aus einem Pfund Wolle gesponnen werden können. Das kleine „s“ ist die Abkürzung für das englische Wort *skein* (Wollstrang). Ein englischer Wollstrang hat 560 Yards/lb (1,129 km/kg). Ein englisches Pfund entspricht 0,4536 kg.

Von der Schur zum Verkauf an die Wollverarbeiter

Nach der Schur werden die Vliese klassifiziert, in Wollballen gepackt und an einen Wollhändler geliefert. Dort werden sie zu ähnlichen Partien sortiert und wieder in Ballen zusammengefasst. Aus jedem Ballen wird eine Kernprobe gezogen, die auf Länge, Farbe, Stapelelastizität, Feinheit und pflanzliches Material hin untersucht wird. Aus diesen Ergebnissen wird ein Vorverkaufszertifikat erstellt, das bis zur Verarbeitung bei der Verkaufspartie bleibt. Die so zusammengestellten Verkaufspartien werden meist per Auktion an die Wollverarbeiter verkauft.

Das deutsche System mit Großbuchstaben

Die Buchstaben haben keinen Bezug zum Verwendungszweck oder zu züchterischen Zusammenhängen und sind rein subjektive Bezeichnungen. Mit den Buchstaben wird die Gesamtheit der Wollqualität eines Schafes ausgedrückt.

Das amerikanische Blood-System

Dies ist ein subjektives Klassifikationssystem, das Anfang des 19. Jahrhunderts in Amerika entwickelt wurde, um die Einkreuzungen von spanischen Merino-Anteilen in andere Schafrassen darzustellen. Mit Begriffen aus der Züchtung hat die Methode nichts zu tun.
Merinowolle brachte damals die erstrebenswerten Feinheiten bei der Erzeugung von Wolle.
Heute wird das System nur noch beim Sortieren von Wolle verwendet.

Das Messen von Mikrometern

Um die durchschnittliche Feinheit der Wolle von einem Schaf genau bestimmen zu können, werden einzelne, 20 mm lange Wollproben von der Schulter (S), Flanke (F) und Keule (K) genommen.
Die Proben werden nach ihrem Entnahmeort am Schafkörper (S, F, K) und mit der Tiernummer beschriftet.
Im Labor wird von jeder einzelnen Probe der Durchmesser von 100 Wollfasern mit einem Lanameter gemessen.
Die subjektiven Klassifizierungs- und Sortiersysteme sind nach wie vor weltweit in der wollverarbeitenden Industrie und im Handel in Gebrauch.

VERGLEICH DER GÄNGIGEN BEWERTUNGSSYSTEME

England (Bradford)	Mittlerer Durchmesser in µm	Deutschland	Länge in cm	Amerikanisches Blood-System	Wolltyp
subjektiv	objektiv	subjektiv	objektiv	subjektiv	objektiv
120 s	15,4–14,0				extra fein
100/90 s	16,70–15,55	AAAA		extremely fine	extra fein
80 s	17,70–19,14	AAA	5–8	very fine	fein
70 s	19,15–20,59	AA	3–5	fine XX	fein
64 s	20,60–22,04	A	2–3	fine medium	fein
62 s	22,05–23,94	A/AB	6–8	high half blood	mittel
60 s	23,50–24,94	AB/B	8–10		mittel
58 s	24,95–26,39	B	10–12	half blood	mittel
56 s	26,40–27,84	BC	10–12	low half blood	mittel
54 s	27,85–29,29	C	12–15	low ³⁄₈ blood	mittel
50 s	29,30–30,99	CD	15–18	¼ blood	mittel
48 s	31,00–32,69	D	15–18	low ¼ blood	grob
44 s	34,00–36,19	DE	16–18	common wool	grob
40 s	36,20–38,09	E	18–20	common wool	sehr grob
36 s	38,10–40,20	EE	20–22	braid wool	sehr grob
mehr als 36 s	über 40,20	F		very low	sehr grob

DIE WICHTIGSTEN EIGENSCHAFTEN DER EINZELFASERN UND FASERN IM VERBUND

Die Eigenschaften der Einzelfasern und der Fasern im Verbund werden im Folgenden noch einmal genauer betrachtet. Die Zusammenhänge zu kennen, ist für das Verhalten der Fasern bei der weiteren Verarbeitung wichtig.

Feinheit, Ausgeglichenheit, Kräuselung und Faserlänge sind entscheidende Faktoren, die bestimmen, wie die Wolle verarbeitet werden kann und welche Produkte daraus entstehen können.

DIE FEINHEIT

Für die Definition des Begriffs „Feinheit" wird die Form des Querschnitts der einzelnen Haare als besonders wichtig angesehen.
1847 wurde festgestellt, dass die Wollfaser in der Regel einen rundlichen Querschnitt hat, aber bei dickeren, langen Haararten verschiedene Formen durch Verflachung vorkommen. Das Haar hat dabei keine durchgehende, gleichmäßige Form wie bei einem Draht, sondern verändert über die gesamte Länge die Form seines Querschnitts.
Die Unterschiede der Querschnittsformen von groben und feinen Haaren sind bei mischwolligen Rassen am stärksten ausgeprägt. Je ausgeglichener und gleichförmiger die Haararten sind, desto geringer werden die Unterschiede.
Bei schlichtwolligen Schafen sind zum Beispiel in der Länge und Feinheit keine bedeutenden Unterschiede zu sehen. Bei Feinwolligen sind sie gänzlich verschwunden. Die Feinheit gilt von allen qualitätsbestimmenden Wolleigenschaften als die wichtigste.
Für die Verarbeitung von Fasern ist ihre Feinheit ein charakteristisches Merkmal der Faserform. Sie bestimmt die Verarbeitbarkeit von Fasern sowie die Eigenschaften von Garnen und Filzen.

DIE AUSGEGLICHENHEIT

Die wollverarbeitende Industrie braucht möglichst feine, gleichmäßige Vliese. Um solche Wolle zu erhalten, wurden die Merinorassen gezüchtet. In Australien, Neuseeland, Südamerika und China werden heute riesige Herden von Merinos gehalten, um den Faserhunger der Industrie zu stillen. Ein Vlies, das in seiner Stapellänge und Haardicke einheitlich gewachsen ist, wird als „gleichmäßig" oder „treu" bezeichnet. Sind die Stapellängen und Haardicken verschieden, werden sie als „ungleichmäßig" oder „untreu" bezeichnet.
Je nach Körperzone kann ein Vlies unterschiedlich lange und dicke bzw. feine Haararten aufweisen. Am Rücken und Bauch sind die Stapel meistens kürzer, an der Keule gröber und länger, an den Flanken lang und feiner. Diese Verteilung ist beim Sortieren des Vlieses zu beachten.
Für Wollhandwerkerinnen sind absolut ausgeglichene Vliese zwar schön, es können aber auch andere, selbst sehr unausgeglichene Vliese verarbeitet werden. Der Gestaltung sind keine Grenzen gesetzt, weil auf jede strukturelle Gegebenheit mit Wissen und speziellen Verarbeitungsverfahren eingegangen werden kann.

DIE KRÄUSELUNG

Die Art der Kräuselung hat große Bedeutung für Wollhandwerkerinnen. Sie gibt Auskunft über die Feinheit, Weichheit, Elastizität, Schmiegsamkeit und Filzfähigkeit der Wolle, ist also gleichbedeutend mit Qualität. Wolle fühlt sich wärmer an, je mehr Luft sie zwischen ihren Kräuselungsbögen, Kavernen genannt, speichern kann. Bevor es Geräte zur Bestimmung der objektiven Wollfeinheiten gab, wurde die Wollbewertung subjektiv über die Feinheit der Kräuselung bestimmt.

Bei der Ausformung der Kräuselung kommen drei mögliche Arten vor: 1. Kräuselung durch die zweiseitige Faserstruktur durch Ortho- und Paracortex, 2. die primäre und 3. die sekundäre Kräuselung.

Wie die Kräuselung von Ortho- und Paracortex funktioniert, wird auf Seite 27 beschrieben.

Primäre Kräuselung

Die primäre Faserkräuselung könnte durch eine unregelmäßige Zellteilung in stark gekrümmten, schräg und parallel zur Oberfläche in der Haut verankerten Follikeln verursacht werden. Beim Merinoschaf, das auf die gleichmäßige Haarwuchsphase (Anagen) selektiert wurde, produzieren diese Follikel Wollfasern mit sehr regelmäßiger Kräuselung. Im unteren Follikel werden dabei Kräfte des Drucks und Gegendrucks wirksam. Die Abmessung der Kräuselungsbögen wird durch den Punkt bestimmt, an dem die Verhornung abgeschlossen ist. Das würde die starke Beziehung zwischen Follikel, Follikelkrümmung und Faserkrümmung erklären. Ein späteres Aushärten des Hornmaterials bedeutet, dass die Faser länger biegsam bleibt der Druckunterschied und die Biegung der Fasern verringert wird. So können selbst stark gebogene Follikel eine gerade Faser produzieren, wenn die Keratinisierung ausreichend verzögert ist. Das ist zum Beispiel bei Zink- und Kupfermangel der Fall oder wenn die Keratinisierung durch Krankheit oder den Fellwechselimpuls gestört wird.

Die Zellen im Follikel zeigen je nach Rasse eine unterschiedliche Wachstumsintensität und Verhornung. Haarfollikel mit einem kurzen Haarzyklus werden Perioden durchlaufen, in denen die Raten der Zellversorgung und Keratinisierung nicht konstant sind. Die Folge sind unregelmäßige Kräuselung oder gar ein Dünnerwerden des Haardurchmessers bis hin zum Abwerfen.

Verschieden gekräuselte Stapel zeigen die theoretischen Wellungsformen.

Sekundäre Kräuselung

Die sekundäre Faserkräuselung entsteht durch Kräfte, die die Faser nach dem Austritt aus dem Follikel formen. Rund um das Haar wachsen weitere Wollfasern aus der Haut, die einen seitlichen Druck erzeugen. Dieser drückt die spiraligen Windungen zusammen. Dazu kommt die Wirkung des Wollwachsschweißes, der die Wollfasern zu Strähnchen, Stäpelchen und schließlich zu Stapeln zusammenklebt. Geringer Wollwachsschweiß mit weniger klebenden Eigenschaften kann besonders gröbere Haararten nicht stark genug aneinanderbinden. Es kann sich deshalb nur eine flachbogige Kräuselung oder Wellung bilden, die keine kompakten Stapel formen kann. Solche Vliese sind lose, lassen sich leichter scheiteln und fallen nach der Schur auseinander.

Die Ausbildung der Kräuselung ist abhängig von:

- der Form des Bogens
- der Höhe des Bogens
- den Längen von Wellen/Bögen
- der Rasse
- dem genetischen Haarwechselimpuls
- dem Bau des markfreien oder -losen Haares
- der Haltung und Fütterung des Tieres
- der Feinheit des Haares

Physik der Kräuselung

In den Vliesen kommen vollkommen glatte, ungewellte, aber auch regelmäßig oder unregelmäßig wellenförmig gewellte und gekräuselte Haare vor. Die Formen der Wellungen und Kräuselungen verlaufen eher räumlich, als in einer Ebene.
Verläuft eine Kräuselung gleichmäßig über die ganze Haarlänge und ist deutlich im Stapel zu sehen, wird von „Wellentreue" gesprochen. Eine wellentreue Kräuselung findet sich z. B. bei Merinorassen sowie Shetland-Schafen. Ist die Kräuselung unregelmäßig und im Stapel undeutlich oder nicht zu sehen, wird von „Wellenuntreue" gesprochen. Diese Wellenuntreue findet sich in Vliesen vom Rauwolligen Pommerschen Landschaf. Auch viele Unterwollen sind wellenuntreu. In den meisten Fällen ist die Kräuselung nicht so klar und rein geometrisch in den Stapeln zu finden, wie hier gezeigt. Sie kommt auch als Mischform vor, oft sogar innerhalb eines Haares. Die Faserkräuselung ist zusammen mit der Feinheit von größter Wichtigkeit für die Wollverarbeitung. Besonders die Industrie hat verschiedene Methoden für die Messung der Kräuselung gefunden.

Wellenlänge und Höhe ergeben die Form der Kräuselung (nach Bohm 1873)

Flachbogig

Die Wellenlänge der Bögen ist größer als die Höhe.
» **Schlicht:** Oft Langhaar der Heidschnucken.
» **Gedehnt:** Die Wellenlänge ist größer als die Höhe der Wellung. Die Wellung ist deutlich sichtbar. Meistens bei schlichtwolligen Landschafen.
» **Flachbogig:** Die Höhe ist noch etwas größer mit deutlicher ausgeprägter Wellung.

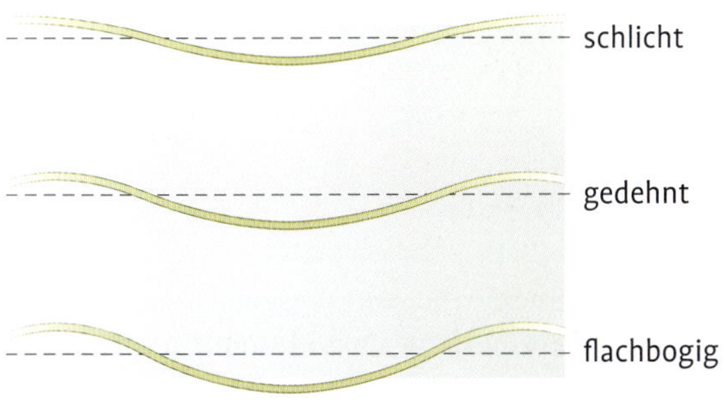

Wellenlängen und Höhen: flachbogig (nach Bohm 1873)

Normalbogig

Die Wellenlänge der Bögen gleicht der Höhe.
» **Normalbogig:** Wellenlänge fast so groß wie die Höhe, mit nahezu halbkreisförmigem Bogen.
» **Gedrängt bogig:** Die Bögen wirken zusammengedrängt.

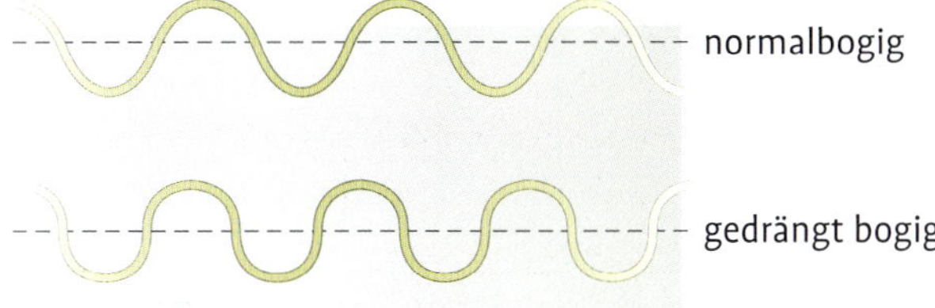

Wellenlängen und Höhen: normalbogig (nach Bohm 1873)

Hochbogig und überbogig

Die Wellenlänge der Bögen ist kleiner als die Höhe.
» **Hochbogig:** Höhe ist deutlich größer als die Wellenlänge.
» **Überbogig:** Wellenlänge hochbogig ausgebildet. Bögen nähern sich der Vollkreis-Form.
» **Stark überbogig oder gezwirnt:** Wellenlänge noch gedrängter, tropfenförmig.

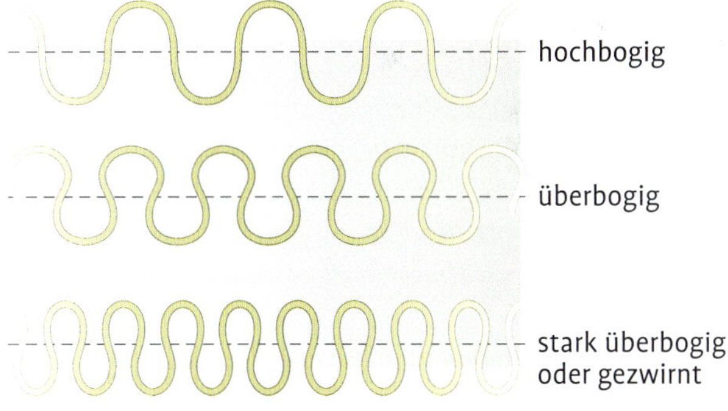

Wellenlängen und Höhen: hochbogig und überbogig (nach Bohm 1873)

Kräuselung und Feinheit

Noch heute ist die Kräuselung eine wichtige subjektive Eigenschaft beim Klassifizieren und Sortieren von Wolle.

Früher glaubte man, dass es einen Zusammenhang zwischen Kräuselung und Feinheit gibt. Heute weiß man: Zwischen Kräuselung und Feinheit besteht kein Zusammenhang.

Wellungsformen: **1** Zwartbles, überbogig; **2** Blue Faced Leichester, überbogig; **3** Devon Longwool, überbogig; **4** Merinofleischschaf, hochbogig; **5** Charrolais, normalbogig; **6** Merinofleischschaf, normalbogig; **7** Suffolk, normalbogig; **8** Rhönschaf, flachsig, flachbogig; **9** Braunes Bergschaf, flachbogig

Der Einfluss der Kräuselung auf die Handspinnerei

Wichtig für die Handspinnerei sind die Anzahl der Wellen pro Zentimeter und das Verhältnis von natürlicher zu wahrer Länge. Durch sie ergeben sich der Stil und das Aussehen des Garns, das wir herstellen können.

Die Kräuselung

- erhöht die Elastizität des Garns
- erzeugt Lufträume (Kavernen) im gesponnenen Garn, diese Lufteinschlüsse tragen zu den besonderen thermischen Eigenschaften von Wolle bei
- beeinflusst die Garngestaltung, wenn der Spinndrall der Wellenlänge angepasst wird (siehe Kapitel „Spinnen“, Seite 465).

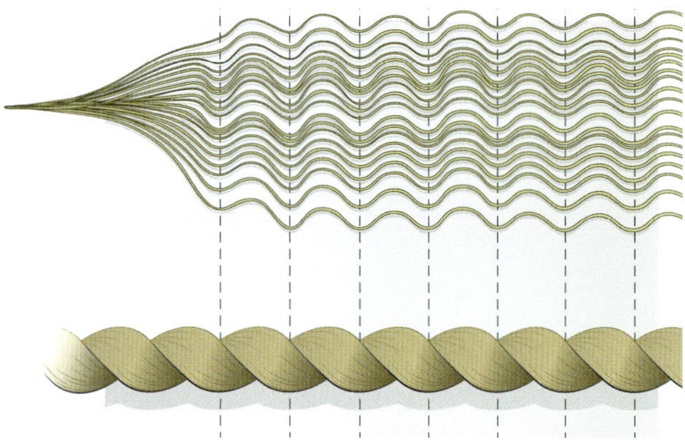

Die Garnstruktur kann nach der Wellenlänge der Stapel gestaltet werden.

NATÜRLICHE UND WAHRE LÄNGE

Die Stapellängen sind abhängig von genetischen Bedingungen und Beeinflussungen durch die Umwelt. Außer beim Merinovlies variieren Kräuselung, Feinheit und Länge bei den meisten Rassen sehr stark. An verschiedenen Stellen im Vlies sind die Stapellängen meistens unterschiedlich. An den Seiten sind die Stapel oft am längsten, gefolgt von den Keulen, die aber auch etwas länger sein können. Auf dem Rücken sind die Stapel oft am kürzesten.

Neben der Feinheit und der Kräuselung, ist die Faserlänge bei Wolle eine wichtige Eigenschaft. Dabei unterscheidet sich die natürliche Länge von der wahren Länge.

Die natürliche Wolllänge ist sehr leicht auf dem Schaf oder beim abgeschorenen Vlies messbar. Sie wird als Stapeltiefe bezeichnet und kann mit einem normalen Metermaß ermittelt werden.

Bei Wollschafrassen, die kein durch den Haarwechsel begrenztes Wollwachstum haben, ist das Längenwachstum unbegrenzt.

Das Längenwachstum der Wolle beträgt in den ersten sechs Lebensmonaten des Schafs ca. 55 Prozent des gesamten Wachstums. Beeinflusst wird dieses Wachstum durch Umweltfaktoren sowie Trächtigkeit und Nährstoffangebot.

Der Einfluss der Schuren auf die Wollmenge

Eine zweimalige Schur bringt zwar kürzere Wolle, aber das Gesamtergebnis der beiden Halbschuren ist etwas mehr als das der jährlichen Schur. Die zweimalige Schur hat noch andere Vorteile: bessere Zunahmen der Lämmer und schönere, unverfilzte Wolle. Besonders die Herbstvliese sind deutlich sauberer. Schafe, deren Vliese zum Filzen auf dem Körper neigen, haben einen besseren Wärmehaushalt, wenn das Vlies seine lockere, natürliche Struktur hat.

DIE WAHRE LÄNGE ERMITTELN

Um die wahre Länge zu ermitteln, wird ein bleistiftdicker Stapel aus dem Vlies genommen und vorsichtig in die Länge gezogen. Bei stark gekräuselten Fasern ist darauf zu achten, dass die Fasern bei der Entkräuselung nicht überdehnt werden. Die so gedehnte Faser wird an ein Lineal angelegt und die wahre Länge abgelesen. Um die verschiedenen Stapellängen in einem Vlies zu ermitteln, kann an den wichtigen, oben genannten Körperstellen gemessen werden, oder es können aus dem geschorenen Vlies Proben genommen werden.

Faserlänge und Verarbeitung

Der Schurzeitpunkt bestimmt die Wolllänge. Die Wolllängen haben, im Zusammenhang mit einer feinen Kräuselung, Bedeutung für die Wollverarbeitung:

Lange Stapel: Kammgarnspinnerei

Lange Stapel ergeben reißfeste, glatte und dichte Garne mit viel Drall. Die langen Fasern im Garnkern erzeugen während des Spinnens mehr Druck. Kammgarne enthalten weniger Luft und fühlen sich kühler an. Ist die Faserstruktur gleichmäßig, elastisch und sauber, fallen bei der Verarbeitung weniger Kämmlinge an. Ideale Stapellängen zum Kammgarnspinnen:

» **Kammwolle:** ab 7 cm, Stapel von schlicht- und mischwolligen Rassen, getrennte Unterwolle.
» **Feine Kammwolle:** 7 bis 10 cm, möglichst feine, gleichmäßige Kräuselung. Wolle von feinwolligen Rassen.
» **Grobe Kammwolle:** 12 bis 30 cm, z. B. Stapel von langwolligen Rassen mit Glanz, sowie Stapel getrennter Langhaare.

Kurze Stapel: Streichgarnspinnerei

Kurze Stapel ergeben lose gesponnene Garne mit wenig Drall. Diese sind weicher und geschmeidiger im Griff. Sie besitzen ein größeres Volumen mit einem besseren Wärmehaltungsvermögen.
» **Streichgarn:** Stapellängen von 2 bis 6 cm
Kürzere Fasern ergeben einen raueren Faden mit vielen herausstehenden Faserenden. Wird hier mit zu viel Drall gesponnen, werden die Garne sehr kratzig.

Ungleichmäßige Fasern

Ein bestimmter Mindestgrad an Gleichmäßigkeit in Faserfeinheit und -länge ist für die Garngleichmäßigkeit unbedingte Voraussetzung. Faktoren, die zu einer ungleichmäßigen Faser führen, sind

- unterschiedlich lange und dicke Fasern
- Fehler bei der Sortierung
- beschädigte Fasern.

Ungleichmäßige Fasern können natürlich auch zur Garngestaltung verwendet werden.

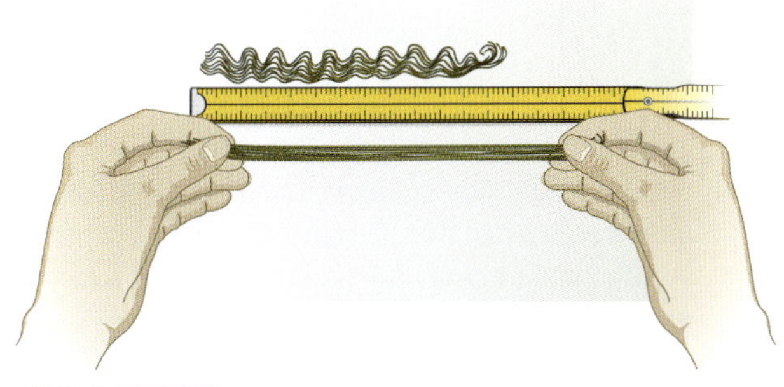

Natürliche und wahre Stapellänge

Was sind Kämmlinge?

Kämmling nennt sich der Faserabfall, der beim Kämmen oder Ausbürsten im Gerät zurückbleibt. Oft sind diese Faserreste unbrauchbar zur weiteren Verarbeitung, weil Pflanzenteile und Kurzhaare den Kämmling unattraktiv machen. Wenn die Ausgangsfaser jedoch frei von Pflanzenteilen und Kurzhaar war, ist der Kämmling oft farblich interessant und deutlich weicher als die restliche Wolle. Daraus lassen sich schöne weiche Streichgarne und Mischungen kardieren. Bekannte Garne mit Kämmlingen sind Tweed-Garne.

FESTIGKEIT

Die Industrie prüft die Festigkeit der Einzelfaser nach DIN EN ISO 5079–199602. Geprüft werden die Reiß- oder Bruchlast, Zugfestigkeit und Reißdehnung. Weil die Wollfasern von Natur aus ungleichmäßig sind, müssen sehr viele Haare oder Faserbüschel geprüft werden. Dennoch ist eine gewisse Fehleranfälligkeit gegeben.
Ob die Wolle nass oder trocken ist, spielt in Bezug auf ihre Festigkeit auch eine Rolle. Nasse Wolle verliert 10–20 Prozent ihrer Festigkeit. Je gröber das Haar, desto mehr nimmt auch die Zugfestigkeit ab.
Die Festigkeit können die Wollhandwerkerinnen durch die subjektive Elastizitätsprüfung feststellen.

FESTIGKEIT BESTIMMEN: DIE ELASTIZITÄTSPRÜFUNG

Aus dem geschorenen Vlies wird vom Rücken, der Schulter, der hinteren Flanke und vom Hinterschenkel jeweils ein etwa bleistiftdicker Stapel genommen. Dieser wird mit Daumen und Zeigefinger beider Hände gefasst und ruckartig auseinandergezogen. Ist die Stapelstruktur gesund, wird sie nicht nachgeben und zerreißen, sondern einen Ton erzeugen, der klingenden Saiten eines Musikinstrumentes ähnelt. Wird der gespannte Stapel mit dem Mittelfinger angezupft, gibt er einen mehr oder weniger hohen Ton von sich. Bei dem erzeugten akustischen Ton wird vom „Metall“ der Wolle gesprochen. Die Zugbelastung soll dabei mit Maß und Ziel erfolgen, damit der Stapel nicht zerreißt.

Die zugelastischen Eigenschaften

Von großem praktischem Interesse ist die Eigenschaft, dass die Wolle nach einer Zugbelastung wieder in ihre natürliche Form zurückfindet. Das bedeutet, dass sich die Wolle beim Verarbeitungsprozess und dem anschließenden Gebrauch wieder erholen kann. Dieser Entspannungseffekt kann beim Entspannungsbad von fertig gesponnen Garnsträngen genutzt werden. Die Entspannung wird durch das Baden oder Waschen der Stränge in mindestens 40 °C warmem Wasser beschleunigt und verstärkt.
Unterschiede bestehen, wenn die Wolle unter der Einwirkung von kaltem Wasser oder heißem Wasserdampf gedehnt wird. Dehnungen, die im Kalten fixiert wurden, bilden sich bei der Entspannung in kaltem Wasser wieder zurück, während Dehnungen, die im heißen Wasserdampf fixiert wurden, bleibende Fixierungen sind. Sie bilden sich auch nach der Entspannung in kochendem Wasser nicht zurück.

Einwirkung von kaltem Wasser

Auf ein Wollgewebe auftreffende Wassertropfen bleiben in Kugelform auf der Oberfläche liegen oder rollen ab. Das einzelne Haar bleibt trocken. Schafwolle ist bei kleinen Feuchtegehalten wasserabweisend. Die Oberfläche der Wolle wird erst benetzbar, wenn mehr Feuchtigkeit auf die Wolle einwirkt. Sie kann dann eine beträchtliche Menge Wasser in ihrem Inneren hygroskopisch binden. Beim Aufquellen nimmt die Wollfaser 1,2 Prozent in der Länge und 18 Prozent in der Breite sowie 38 Prozent zum Umfang des Querschnittes zu. Das Wasser greift die Faser nicht an, aber die Angreifbarkeit durch chemische Stoffe, Licht und Luft steigt.
Durch kaltes Wasser entsteht eine zusammenhaltende (kohäsive) Fixierung. Sie verschwindet in kaltem Wasser wieder. Bei einer Dehnung nasser Wolle über 30 Prozent wird die Faser mechanisch geschwächt.

Einwirkung von heißem Wasserdampf

Wird beim Spannen, zum Beispiel von Garnsträngen oder Bekleidung, heißes Wasser oder Wasserdampf über 70 °C bei der Wolle angewendet, so entsteht eine temporäre oder permanente Fixierung.

» **Zeitweilige (Temporäre) Fixierung:** Wird ein Garnstrang in kaltem Wasserbad entspannt, bleibt die Fixierung vom Drall und Form beständig. Sie verschwindet, wenn der Strang mit kochendem Wasser behandelt wird.

» **Permanente, dauerhafte Fixierung:** Diese Fixierung bleibt auch nach dem Entspannen bei 100 °C bestehen. Beispiel: Kochendes Wasser schädigt Wolle ähnlich wie alkalische Stoffe, wenn auch wesentlich langsamer. Beim Kochen von Wolle in Gegenwart von Schwermetallen (Eisen, Kupfer) lagern sich diese in Form von Sulfiden in die Fasern ein. Damit lassen sich ausgeprägte Farbeffekte erzielen.

GLANZ

Glanz hängt vom Blickwinkel, der Einfallsrichtung vom Licht, aber auch von der Beschaffenheit der betrachteten Oberfläche und der darunter liegenden Schichten ab. (Lehmann, 1920) Zudem kann Glanz auf Wolle einen sehr unterschiedlichen Charakter haben: matter, silbriger Glanz, satinartiger Glanz, seidiger oder glasähnlicher Schimmer. Wie stark eine Wolle glänzt, hängt von der Kräuselung und der Struktur der Kutikulaschuppen ab. Rohwolle hat oft einen stärkeren Glanz als gewaschene Wolle.

Der Wollwachsschweiß kann einen Glanz zeigen, den die gewaschene Faser nicht zeigt.

Glänzende Wollen finden sich unter anderem bei den englischen Langwollrassen (Wensleydale und Teeswater sind zwei der bekannteren). Bei den einheimischen Rassen sind es die Wollen des Kärntner Brillenschafes mit einem seidigen Schimmer sowie der Walliser Schwarznasen mit einem satinartigen Glanz. Der glasige Glanz tritt oft bei eher starren Haararten auf. Diese sind wie auch Kurzhaare in der industriellen Verarbeitung unerwünscht, weil sie nur schwer verspinn- und färbbar sind.

Mit der Spinntechnik kann der Glanz einer Faser in einem Garn gefördert werden.

EIGENSCHAFTEN DER FASERN IM VERBAND

Die Eigenschaften der einzelnen Wollfasern verstärken sich im Verband. Die wichtigsten Eigenschaften sind:

- Formbarkeit
- Bauschelastizität
- Feuchteverhalten
- Verhalten bei Nässe und Trocknung
- Filz- und Walkfähigkeit sowie Filzkrumpfung

Formbarkeit (Plastizität)

Wolle im Verband ist plastisch und zugleich elastisch, wobei die Eigenschaft der Elastizität überwiegt. Die daraus entstehenden Eigenschaften sind das Ergebnis der chemischen und physikalischen Eigenschaften der Einzelfasern. Fasern, die aus primären Follikeln wachsen, lassen sich weniger gut verformen als jene aus sekundären Follikeln. Subjektiv wird die Formbarkeit der Wolle durch den „Griff“ festgestellt.

Um Wolle in bestimmte Formen zu bringen, wird sie bei der Formung mit Druck und Dampf bearbeitet. Durch eine Trocknung in den Formen wird die so erhaltene Gestalt fixiert.

Bauschelastizität

Eine vorteilhafte elastische Eigenschaft des aus Stapeln zusammengesetzten Vlieses ist das Bestreben der Wolle, sich nach einem Zusammendrücken wieder in ihr ursprüngliches Volumen zurückzubewegen. Beim Sichten der Vliese nach der Schur kann die Bauschelastizität geprüft werden. Dazu wird eine Handvoll Wolle mit der Hand zusammengedrückt. Die Wolle setzt diesem Versuch einen gewissen Widerstand entgegen. Beim Öffnen der Hand wird sie eine Gegenkraft erzeugen, die fühlbare Bauschelastizität. Verschiedene Wollsorten reagieren unterschiedlich auf das Zusammendrücken.

» **Die Bauschigkeit** gibt an, wie viel Volumen eine Masse von Fasern einnimmt, wenn sie nicht zusammengedrückt ist.

» **Die Schmiegsamkeit** sagt aus, wie leicht sich eine Faser für eine bestimmte Belastung, Spinnen, Filzen, Weiterverwendung der Garne, verformen lässt.

» **Die Lebendigkeit** oder Sprungelastizität ist die Kraft, die einen zusammengedrückten Wollbausch wieder in seine ursprüngliche Form zurückkehren lässt.
Eine gute Elastizität hängt nicht von der Feinheit einer Wolle ab, sondern auch von ihrer Bauschigkeit, Schmiegsamkeit und Lebendigkeit sowie von ihrer Kräuselung. Bei der parallelisierenden Vorbereitung der Fasern, dem Kardieren, Kämmen sowie beim Spinnen durch die Drehung der Faser wird die Bauschelastizität im Garn erlebbar.

Feuchteverhalten

Das Feuchteverhalten der Wolle besteht aus der Benetzbarkeit der Faseroberfläche und der Fähigkeit, Feuchtigkeit im Inneren aufzunehmen. Wolle hat bei 65 Prozent Luftfeuchte und 20 °C normalerweise eine Feuchte von 10 bis 15 Prozent. Sie kann bis zu 33 Prozent an Feuchtigkeit aufnehmen und diese auch wieder abgeben. Selbst eine mit Wasser gesättigte Wolle behält ihre Wärmeleitfähigkeit und fühlt sich nicht nass an. Ob eine Wolle antistatisch ist, hängt von ihrem Gehalt an Wasser ab. Trockene Wolle kann sich aufladen.

Statische Aufladung bei der Verarbeitung von Wolle

Bei der Bearbeitung, besonders beim Kämmen und Ausbürsten, lädt sich gewaschene und trockene Wolle gerne auf. Die Haare spreizen sich in alle Richtungen, fliegen im Raum oder haften an Gegenständen. Um das zu verhindern, wird die Wolle mit einer „Schmälze", einer Emulsion aus Wasser und Ölen besprüht. Die Schmälze kann einfach aus dem fertigen Garn ausgewaschen werden und greift die Geräte nicht an. Ein Rezept für Schmälze ist im Kapitel „Kämmen" (siehe Seite 230) zu finden.

Die Fähigkeit zur Wasseraufnahme und -abgabe ist für die Wollverarbeitung und die Nutzung für Bekleidung wichtig. Bei der Verarbeitung der Wolle zu Garnen liegt die optimale Luftfeuchte für Streichgarne bei 20 bis 25 Prozent, während Kammgarne idealerweise bei 60 bis 70 Prozent relativer Luftfeuchte bearbeitet werden sollten. Deshalb wurden in der Vergangenheit Wollverarbeitungsbetriebe oft in Flusstälern gebaut, um neben der Wasserkraft auch die Feuchtigkeit in den Tälern zu nutzen. Bearbeitungsmaschinen wurden im Keller oder im Nordteil des Gebäudes platziert.
Bei der Wolle ist die lipidhaltige äußere Schuppenschicht der Wollfasern und Haararten wasserabweisend (hydrophob), während das Innere durch einen chemisch-physikalischen Vorgang Wasser aufnehmen und binden kann.
Diese Eigenschaft von Fasern, Wasser anzuziehen oder zu binden, wird „hygroskopisch oder hydrophil" genannt. Bei hoher Luftfeuchtigkeit und Sättigung des Faserinneren wird auch die Wolloberfläche benetzbar.

Wollverhalten bei Nässe und Trocknung

Wie viel Feuchtigkeit aufgenommen werden kann, hängt von Temperatur und Luftfeuchte ab. Bei 100 Prozent relativer Luftfeuchte können nur etwa 33 Prozent aufgenommen werden, bei 30 Prozent relativer Luftfeuchte etwa 10 Prozent. Wird die Wolle bis zur Sprödigkeit getrocknet, verliert sie ihre guten physikalischen Eigenschaften, erlangt sie aber bei einer relativen Luftfeuchte von 50 Prozent bei ca. 20 °C zurück. Auch die verschiedenen Behandlungen beim Waschen, Färben, Dampfbügeln und Tragen beeinflussen den Gehalt an Feuchtigkeit.
Das unterschiedliche Feuchteverhalten der Wolle hat auch auf die Physiologie der Bekleidung Einfluss, also auf die Trageeigenschaften.

Wolle hat ein Gedächtnis

Garnstränge, die nach der Wäsche mit einem Gewicht getrocknet werden, um das Garn glatt zu ziehen, werden sich nach einer weiteren Wäsche wieder in ihre ursprüngliche Form zurückbegeben. Erst das Spannen bei über 70 °C und 100 % Luftfeuchte wird zum Erfolg führen.

Der richtunggebende Reibungseffekt

Die Bewegungen, die aufgrund der Schuppigkeit der einzelnen Wollfasern entstehen, werden richtunggebender Reibungseffekt oder englisch „*Directional Friction Effect*“ (DFE) genannt. Die Reibung ist von der Bewegungsrichtung der beschuppten Wollfasern zueinander abhängig. Wird die Bewegung der Reibung gegen die Schuppen ausgeführt, ist die Reibungskraft (der Widerstand der Schuppen) größer als bei einer Bewegung mit ihnen. Dieser Effekt findet beim Filzen und beim Spinnen von Faserrichtungsgarnen praktische Anwendung.

Filz- und Walkfähigkeit, Filzkrumpfung

Schafwolle ist von Natur aus filzfähig. Die Fähigkeit zum Filzen ist abhängig von der Oberflächenstruktur (Schuppen), der Kräuselung, dem Faserdurchmesser, der Elastizität und Plastizität, von der Verformbarkeit und den Reibungseigenschaften. Auch die Einwirkung verschiedener Hilfsmittel spielt beim handwerklichen Filzen eine Rolle. Der Filzvorgang selbst wird im Kapitel „Filzen“ (ab Seite 294) eingehend beschrieben. Die Filzfähigkeit wird durch einen losen, nicht orientierten Faserverband (abgeschorenes Vlies) gefördert. Wird ein loser Faserverband bewegt, werden die einzelnen Fasern immer Richtung Haarende ausweichen. Ein orientierter Faserverbund auf einem Schaf wird nicht verfilzen, wenn die Vliesstruktur frei von partiellem Haarwechsel, toten Haaren und zu vielen Bindern ist.

DEN RICHTUNGGEBENDEN REIBUNGSEFFEKT (DFE) ERLEBBAR MACHEN

Um den DFE zu verstehen, können zwei Fichtenzapfen helfen. Ihre Oberflächen sind der Schuppenoberfläche von Wollfasern sehr ähnlich.

» **Material:** Für den Versuch werden zwei feuchte, geschlossene Fichtenzapfen gebraucht.

» **Anleitung:** Einen Zapfen in die Hand nehmen und mit den Fingern von der Spitze zum Zapfenende streichen. Man wird einen deutlichen Widerstand spüren. Das kommt daher, dass gegen die Wuchsrichtung der Zapfenoberfläche gestrichen wird. In der entgegengesetzten Streichrichtung ist der Widerstand geringer. Nun in jede Hand einen Zapfen nehmen, die Zapfenspitze des einen weist von uns weg. Beide liegen parallel zueinander. Die beiden Zapfen jetzt in verschiedenen Richtungen aneinanderreiben wie es auf der Zeichnung zu sehen ist. Werden beide Zapfenspitzen gegeneinander geschoben, ist die Bewegung schwierig, weil sich die leicht abstehenden Schuppen ineinander verhaken. Die Reibungskraft durch den Widerstand der Schuppen ist größer. Geht die Bewegung in die entgegengesetzte Richtung, ist kein Widerstand zu spüren und die schuppigen Oberflächen gleiten widerstandslos voneinander weg.

Der richtunggebende Reibungseffekt ist abhängig von der Zugrichtung der Wollfasern zu- oder gegeneinander, hier verdeutlicht mit dem Fichtenzapfen-Versuch.

DER WOLLWACHS-SCHWEISS IN DER ROHWOLLE

Rohwollfreunde empfinden die Berührung mit ungewaschener Wolle meist als angenehm. Wer oft mit Rohwolle zu tun hat, bemerkt die hautpflegenden Eigenschaften an den Händen. Aber was ist nun genau der Wollwachsschweiß, der von vielen immer noch als „Lanolin" bezeichnet wird? Wie entsteht er, und was ist seine Aufgabe?

Beim Umgang mit Rohwolle fallen zuerst die Haptik (tastendes „Begreifen" im wahrsten Sinne des Wortes) und der Geruch auf. Sie werden wahrscheinlich einige Worte kennen, die die sinnlichen Eigenschaften von Rohwolle beschreiben:
Es riecht vielleicht nach Heu, Gemüse, Kräutern, Urin, nach Bock und Erde, aber auch Schimmel, Hefe, Moder und Muff sind möglich. Gesunde Rohwolle riecht oft gut.
Die Rohwolle fühlt sich weich, rau, klebrig, ölig, fettig, wachsartig, nass, feucht oder trocken, kräftig, zart, bauschig, vital, schwach, schlaff, kraftlos, dünn, warm oder kühl und fließend an.
Die Haptik des Wollwachsschweißes lässt sich subjektiv als angenehm oder unangenehm beschreiben. Aus diesen Begriffen kann im Wesentlichen etwas über seinen Zustand und damit auch über die Qualität eines Vlieses erfahren werden. Diese Erkenntnisse sind für die spätere Verarbeitung grundlegend wichtig.

WOLLWACHSSCHWEISS: WIE ER ENTSTEHT UND WOFÜR ER GEBRAUCHT WIRD

Der Wollwachsschweiß ist eine Emulsion von Talg und Schweiß. Die beiden Komponenten sind Ausscheidungen der Talg- und Schweißdrüsen, die sich im Follikel befinden. Der Ausgang der Schweißdrüse liegt im Haarbalgtrichter etwas über dem der Talgdrüse (siehe Seite 23). So trifft das wässrige Sekret innerhalb des Haarbalges auf das von unten heranwachsende Haar, das bereits mit einer Talghülle umgeben ist.
Das nun mit Wollwachsschweiß überzogene Haar ist gegen Witterungseinflüsse und auch vor Verschmutzungen geschützt. Der Wachsschweiß bildet einen Schutzfilm auf den Haaren und der Haut und ist auch für den charakteristischen Geruch der Tierart im Fell verantwortlich.
Die Rohwolle, auch Schweißwolle (engl. *greasy wool*) genannt, setzt sich direkt nach der Schur aus fünf Bestandteilen zusammen:

Produkte des tierischen Stoffwechsels

- Die Wolle, also eigentlich alle Haararten, aus denen sich ein Vlies zusammensetzt
- Das Wollwachs (engl. *wool grease*)
- Der Wollschweiß (engl. *suint*)

Fettnapf 1

Schweiß und Talg bilden zusammen den „Wollwachsschweiß". Hier von Wollfett zu sprechen wäre falsch, weil es kein Fett, sondern eine Art Wachs ist.
(Genauer erklärt im Fettnapf 2 auf Seite 61.)

Erkenntnisse aus der Wollforschung

Für die Entstehung der Wolle und des Wollwachsschweißes ist ein gesunder Stoffwechsel des Schafs ausschlaggebend. Das Wollwachs ist ausschließlich ätherlöslich und setzt sich aus Estern sowie geringen Mengen freier Säuren, Alkoholen und Kohlenwasserstoffen zusammen. Der Schweiß dagegen ist wasserlöslich. Er besteht aus Kaliumsalzen von Fettsäuren und Peptiden.

Produkte, die ihren Ursprung in der Umwelt haben

- Schmutz
- Feuchtigkeit

Der Wachsschweiß trägt zur Bildung der Vliesstruktur bei. Die mehr oder weniger klebenden Eigenschaften der wachsartigen Emulsion halten das Haar geschmeidig und elastisch. Durch die Schuppenstruktur der Fasern und die reibende Bewegung des Faser- und Stapelverbundes innerhalb des Vlieses werden Verunreinigungen gebunden und Richtung Vliesaußenseite geschoben. Das funktioniert aber nur dann optimal, wenn die grundlegende Struktur des Vlieses in Ordnung ist.

DEN WOLLWACHSSCHWEISS NÄHER KENNENLERNEN

Durch eine Waschprobe verschiedener Rohwollstapel bei unterschiedlichen Waschtemperaturen lässt sich das Verhalten des Wachsschweißes in der Rohwolle besser kennenlernen.

Benötigtes Material pro Waschtemperatur

Je zwei typische Stapel Rohwolle von möglichst unterschiedlichen Schafrassen und Vliesbereichen. Für die einzelnen Proben je ein Etikett mit Rasse, Alter, Geschlecht, Herkunft und Schurjahr beschriften.

Benötigte Werkzeuge

- Alte große Badehandtücher
- Zwei große Waschschüsseln
- Einmachtopf mit Thermostat, um 35 bis 70 °C warmes Wasser zu erzeugen
- Einkoch- oder Kesselthermometer
- Wasserfester Stift und feste Pappetiketten, am besten wasserbeständiges Aquarellpapier
- Fotoapparat

Arbeitsablauf

Die verschiedenen Stapel sollen probehalber bei verschiedenen Temperaturen von kalt bis heiß gewaschen werden, z. B. bei unter 35 bis 40 °C, dann innerhalb dieser Temperatur und bei 70 °C.

» **Vorbereitung:** Wasser im Einmachtopf stufenweise erwärmen, um jeweils ein paar Stapel jeder Wollprobe mit dieser Temperatur zu waschen. Pro Waschgang ein Etikett mit Angaben zur Temperatur und Wasserhärte beschriften. Zwei Badehandtücher auf einen Tisch auslegen. Jeweils einen ungewaschenen Stapel der Wollproben mit einem der Etiketten auf eines der Handtücher legen.

» **Die Wäsche:** Die anderen Stapel nacheinander pro Temperatur ohne Waschmittel waschen und immer eine Vorwäsche und ein Ausspülen durchführen. Die so gewaschene Wolle in dem zweiten Handtuch einwickeln und einigermaßen trocken frottieren, dabei leicht kneten. Nun die Wollprobe auswickeln und neben die ungewaschene Probe legen.

» **Ergebnis:** Der gewaschene Teil hat sich deutlich verändert. Er zeigt nun seine eigentliche Vliesfarbe und eine durch das Waschen und Frottieren veränderte Struktur. Obwohl die Wolle noch nicht ganz trocken ist, fühlt sie sich weicher an als im rohen Zustand. Möglich ist auch, dass jetzt Fehler im Wachsanteil des Wollwachsschweißes sichtbar werden.

Fühlen sich die Stapel nach dem Trocknen noch immer klebrig an, den Versuch abändern und bei einer höheren Temperatur mit verschiedenen Waschmitteln waschen.

Mit der Waschprobe kann auch festgestellt werden, ob das Wollwachs normal und leichtlöslich oder schwerlöslich ist.

DER REINWOLLGEHALT: WIE VIEL WOLLE HAT EIN SCHAF?

Wollwachsschweiß, Feuchtigkeit und Verschmutzungen in der Wolle können 15 bis 80 Prozent des Vliesgewichtes ausmachen. Der Reinwollgehalt bezeichnet den prozentualen Anteil der reinen Wollfasern am gesamten Rohwollgewicht in einem Vlies. Dabei hat feine Wolle weniger Reinwollgehalt als gröbere.

DEN REINWOLLGEHALT SELBST ERMITTELN

Es ist interessant zu sehen, wie hoch der Reinwollgehalt Ihrer Rohwolle ist. Dazu wiegen Sie einfach die Rohwolle, gleich nach der Schur oder nachdem Sie sie bekommen haben. Das Wiegen wird nach jedem Arbeitsschritt (Sortieren, Waschen, Kardieren oder Kämmen und Spinnen) wiederholt und das Ergebnis notiert.

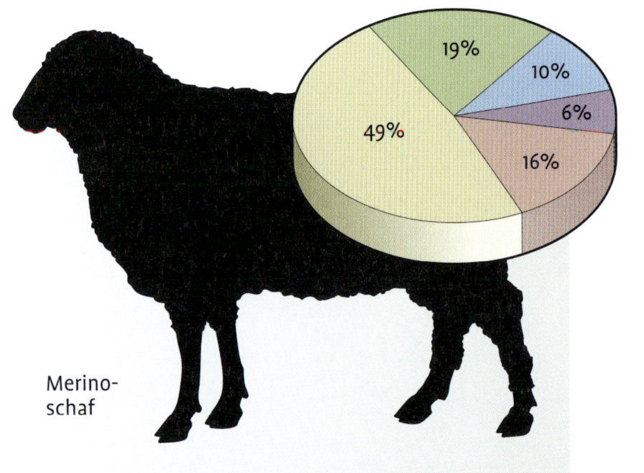

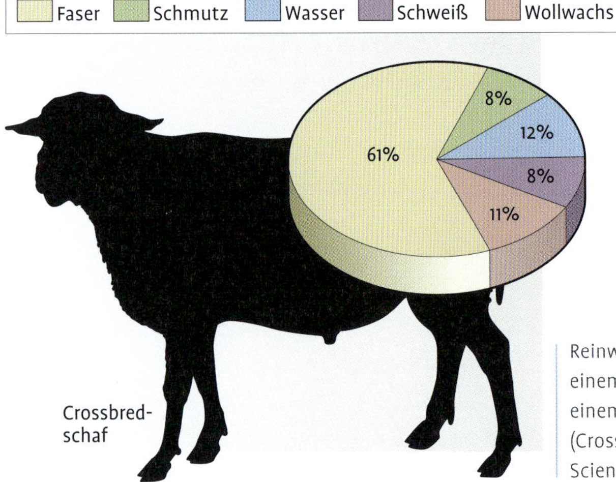

Reinwollgehalt von einem Merinoschaf und einem Kreuzungsschaf (Crossbred) (nach Wool Science Review 1951)

DURCHSCHNITTLICHER REINWOLLGEHALT DEUTSCHER SCHAFRASSEN

Schafrasse	Altersklasse	Reinwollgehalt in %
Merino-Fleischschaf, Vollschur	Mutter	38
Merino-Landschaf	Mutter	42–45
Schwarzköpfiges Fleischschaf	Mutter	46
Suffolk	Mutter	55–60
Texelschaf, weiß	Mutter	55–60
Ostfriesisches Milchschaf	Mutter	60–70
Rhönschaf	Mutter	45
Weiße, hornlose Heidschnucke	Mutter	57
Graue, gehörnte Heidschnucke	Mutter	58
Bentheimer Schaf	Mutter	55
Karakul	Mutter	54
Weißes Bergschaf	Mutter	63–65 Halbschur im Herbst

Reumuth & Doehner 1964, 295

WOLLWACHSSCHWEISS: QUANTITÄT UND QUALITÄT

Bei der Verarbeitung von Rohwolle verschiedener Schafrassen fällt auf, dass der Gehalt an Wollwachsschweiß unterschiedlich sein kann. Die Menge und die Beschaffenheit des Wollwachses im Wollwachsschweiß sind individuell und rassetypisch verschieden. Dabei spielen Haltungsbedingungen, Klima, Bodenbeschaffenheit und Fütterung sowie erblichen Veranlagung eine Rolle. Zusätzlich ist der Wachsschweißgehalt je nach Körperregion und Geschlecht unterschiedlich.

Wollwachs

Das ungereinigte Wollwachs unterscheidet sich von allen anderen tierischen und pflanzlichen Fetten. Chemisch gesehen ist es ein Gemisch aus glycerinfreien Estern sowie Wachs- und Fettsäuren, also meist langkettigen, gesättigten Fettsäuren. Da Wollwachs jedoch keine Glyceride (Glycerinester) enthält, ist es ein Wachs.
Im Vlies auf dem Schaf hat das Wollwachs wasserabweisende, schmutzbindende Eigenschaften. Es trägt dazu bei, die Haut und das Haar elastisch und geschmeidig zu erhalten. Außerdem werden durch das mehr oder weniger klebrige Wollwachs die Kräuselung, der Stapel bzw. der Vliesverband fixiert.
Frisch geschorene Rohwolle enthält, je nach Rasse, etwa 5 bis 25 Prozent ihres Gewichts an rohem Wollwachs. Ein Merinoschaf produziert pro Schur etwa 250 bis 300 ml rückgewinnbares Wollwachs. Die Menge an Wollwachs ist je Rasse unterschiedlich.

Herstellung von Lanolin (*Adeps lanae*)

Bis etwa 1880 war es gängig, das Waschwasser aus den Wollwäschereien ungeklärt in Abflusskanäle und Gewässer zu leiten. Diese Abwässer vernichteten alles Leben in den Gewässern und erzeugten außerdem einen üblen Geruch. Weil dadurch auch wertvolle Rohstoffe verloren gingen, wurde das Ablassen in Abflusskanäle und Gewässer gesetzlich verboten. Eine industrielle Gewinnung des Wollwachses gibt es allerdings erst seit 1885. Im Zuge dieser Entwicklung entstand das Kunstwort „Lanolin".
Beim Waschen der geschorenen Wolle geht der Rohwollwachsschweiß zunächst in das Waschwasser über. Durch das Einleiten von Druckluft oder von Säure wird das Rohwollwachs freigesetzt und durch Zentrifugieren wird es daraus abgeschieden und in Behälter gefüllt. Das so gewonnene Rohwollwachs muss weitere Bearbeitungsschritte durchlaufen, um Verunreinigungen zu entfernen.
Durch Aufschmelzen, Bleichen, Neutralisation/Verseifung, Lösungsmittel-Rückgewinnung und Reinigung, Dehydration und Destillation entsteht das Lanolin. Optional kann es noch mit Antioxidantien gemischt werden. Vor dem Abfüllen erfolgt die Analyse. Mit ihrer Hilfe wird festgestellt, welche Qualität das Lanolin hat. Die Qualität bestimmt, für welchen Einsatzbereich es verwendet werden kann. Wollwachs in verschiedenen Aufbereitungsformen wird in der Kosmetik, Pharmazie, Veterinärmedizin und in der Technik verwendet.
Wollwachs-Gewinnung findet heute hauptsächlich in China, Chile, Südafrika, Australien und Neuseeland statt. In Europa ist die Gewinnung leider rückläufig.

Fettnapf 2

Ungereinigtes Wollwachs war im Altertum als „Oesypus" verbreitet. Bis 1885 vergessen, wurde es von Oskar Liebreich als gereinigtes Wollwachs unter dem Namen „Lanolin" bekannt gemacht. Als „Lanolin" wird ausschließlich das gereinigte Wollwachs bezeichnet.

Das umgangssprachliche Wort ist „Wollfett", was aber im Fall von Wollwachs unzutreffend ist. Fette bestehen aus Glycerinestern, die im Wollwachs nicht zu finden ist. Das, was sich auf dem Schaf ölig oder fettig anfühlt, ist eine Emulsion von Wollwachs und -schweiß.

Typische Eigenschaften von gereinigtem Wollwachs, Lanolin (*Adeps lanae*)

Lanolin ist eine komplexe Mischung aus Wachsestern, Alkoholen, freien Fettsäuren und Kohlenwasserstoffen. Es ist nicht in Wasser löslich, sondern nur in Äther, Chlorform, Petroleumbenzin und siedendem, absolutem Alkohol.
Lanolin ist sehr schwer verseifbar, es wird nicht ranzig und wirkt antistatisch. Es ist sehr gut emulgierfähig und kann das bis zu Zwanzigfache des eigenen Gewichts an Wasser binden. Die Qualität von Lanolin schwankt je nach Herkunft. Die Qualität bestimmt die weitere Verwendung.
Wollwachs ist wasserabweisend und besitzt sehr gute hautpflegende Eigenschaften. Es kann besser

zur Wundheilung beitragen als Produkte auf Erdölbasis. Ein weiterer Vorteil ist die Tatsache, dass die Gewinnung von Wollwachs für die Schafe vollkommen unschädlich ist. Ein großes Problem ist dagegen die mögliche Belastung mit Schadstoffen, weshalb man nur auf Produkte vertrauenswürdiger Hersteller (Testergebnisse sind eine Hilfe) zurückgreifen sollte.

Leicht- und schwerlöslicher Wollwachsschweiß

Wie schon beschrieben, ist es auffällig, wie unterschiedlich sich der Wollwachsschweiß anfühlen kann. Auch kann der Wachsanteil im Wachsschweiß beim Verarbeiten, insbesondere beim Waschen, unterschiedlich reagieren.
Im Wesentlichen wird man es mit zwei Formen von Wollwachsschweiß zu tun haben: dem leichtlöslichen und dem schwerlöslichen.

Zweimal Scheren macht besseren Wollwachsschweiß

Bei mischwolligen Rassen oder solchen mit starkem Wollwachstum bewirkt die zweimalige Schur eine geringere Neigung zum Verfilzen. Das unverfilzte Vlies wiederum regelt den Wärmehaushalt des Schafes und die Hautatmung besser. Das Vlies hat insgesamt eine bessere, saubere Qualität, und es kommt seltener zu Ansammlungen von schwerlöslichem Wollwachsschweiß.

Es gibt aber noch mehr Vorteile: Nicht nur ist das Stallklima besser; die Gewichtszunahme ist bei Lämmern um mehrere Kilo höher. Die Mutterschafe können leichter und sauberer lammen, und die Lämmer finden das Gesäuge eher.

Leichtlöslicher Wollwachsschweiß

Der leichtlösliche Wollwachsschweiß ist eine Emulsion aus Talg und Schweiß. Die Wachsbestandteile fühlen sich ölig an und gleiten gut durch die Finger, ohne stark zu kleben. Die Farbe des leichtlöslichen Wachsschweißes ist weiß oder gelblichweiß bis dottergelb. Ist er in ausreichender Menge vorhanden, stellt er einen guten Stapelschluss her. Zu wenig Wachsschweiß lässt das Vlies lose auseinanderfallen. Solche Vliese sind von heller Färbung. Bei Erstschuren ist das typisch und kein Fehler. Besonders oft beobachtet man diesen Zustand am Rückenbereich der Vliese. Hier ist die Wolle permanent durch die Vliesstruktur und durch die Lage dem Wetter ausgesetzt, der Wachsschweiß wird schneller ausgewaschen. Die Wolle kann sich trocken und spröde anfühlen. Zu viel Wachsschweiß wiederum deutet auf eine fehlerhafte Haltung und Fütterung hin.
Leichtlöslicher Wachsschweiß tritt manchmal in Form von Flocken an bestimmten Stellen im Vlies, ausgelöst durch den Haarwechselimpuls, auf. Diese Flocken können auch schwerlöslich sein.

Schwerlöslicher Wollwachsschweiß

Der schwerlösliche Wollwachsschweiß ist auf einem Rohwollvlies im frischen Zustand noch nicht zu erkennen. Ob der Wachsschweiß schwerlöslich ist, hat auf die weitere Bearbeitung aber einen entscheidenden Einfluss. Das schwerlösliche Wollwachs ist harzig und klebend. Seine Färbung kann weiß, grünlich, dunkel-, orange- bis rötlichgelb sein. Der schwerlösliche Wollwachsschweiß kann in Klümpchen, Flocken und Streifen auftreten. Er lässt sich, im Gegensatz zum leichtlöslichen, nicht mit normalen Waschmitteln aus der Wolle auswaschen. Nach einer Wäsche und Trocknung wird die Wolle zwar sauber sein, aber mehr oder weniger klebrig bleiben, als wäre sie ungewaschen.
Es kann übrigens passieren, dass sich der leichtlösliche Wachsanteil im Wollwachsschweiß nach längerer Lagerung der Rohwolle zum schwerlöslichen verändert. Das ist aber nicht grundsätzlich bei jedem eingelagertem Vlies der Fall. Gerade bei Vliesen, die schon länger im Lager sind, ist eine Waschprobe angebracht.

Schwerlöslicher Wollwachsschweiß in Form von Flocken, die nach einer Wäsche bernsteinfarben bleiben

Schwerlöslichen Wachsschweiß auswaschen
Haben Sie es tatsächlich einmal mit schwerlöslichem Wachsschweiß zu tun, ist noch längst nicht alles verloren. Vielmehr bietet es sich an, ein paar Reinigungsversuche zu machen. Dazu werden jeweils ein paar Wollproben des Vlieses bei hoher Temperatur (um die 70 °C) mit unterschiedlichen Waschmitteln gewaschen. Eins dieser Waschmittel sollte echtes Terpentinöl sein. Es lohnt sich, die Ergebnisse dieser Waschproben zu dokumentieren. Sie brauchen dazu:

- Schutzhandschuhe und -brille
- Pro Wollprobe eine kleine hitzebeständige Schüssel
- Zwei größere Waschschüsseln aus Edelstahl
- Elektrischer Einmachtopf mit Thermostat oder Wasserkocher und Thermometer
- Große alte Frotteehandtücher
- Verschiedene wollgeeignete Waschmittel, darunter Soda, Pottasche, Haushaltsnatron und echtes Terpentinöl

Gelber Wachsschweiß oder Gilb?
Bereits auf dem Schaf, aber auch nach längerer Lagerung kann Rohwolle eine gelbe Farbe bekommen. Lässt sich der gelbe Farbton entfernen, handelt es sich nur um Wachsschweiß. Wenn der Farbton jedoch auch mit einer Wäsche bei 70 °C nicht entfernt werden kann, handelt es sich um Gilb.

Eine solche gelbe Verfärbung im Vlies kann verschiedene Ursachen haben:

» **Wollfäule (Regenfäule):** Räumlich begrenzte, deutliche, horizontale Streifenbildung in Gelb, Rosa, Braun und Blaugrün. Die Wolle an diesen Stellen wirkt zerrupft und bildet Kavernen durch Zusammenkleben der Stäpelchen in den Stapeln.

» **Bakterielle Stoffwechselprodukte:** Großflächige, diffuse Begrenzung der gelben Bereiche im Vlies von hell- bis goldgelb

» **Verfärbungen durch Urin:** Betrifft nur die Spitzen bis zur Mitte des inneren Stapels. Meist an den Hinterschenkeln und überall, wo das Schaf beim Liegen Kontakt mit dem Boden hat.

Schwere Geschütze

Die wollverarbeitende Industrie hat für die Entfernung von schwerlöslichem Wachsschweiß sehr viel stärker lösende Reinigungsmittel zur Verfügung. Durch diese Reinigung wird die Wolle aber oft alkalisch geschädigt.

BEKLEIDUNGS-PHYSIOLOGISCHE EIGENSCHAFTEN DER WOLLE

Wolle ist ein hervorragendes Material für Bekleidung aller Art. Sie ist nicht nur ein nachwachsender Rohstoff, sondern wirkt auch temperaturausgleichend, wasser- und schmutzabweisend, muss seltener gewaschen werden als andere Materialien und hat einen großen Wohlfühleffekt.

Um die Eigenschaften von Wolle in Bezug auf Bekleidung zu beschreiben, sind zwei Bereiche wichtig: die Bekleidungsphysiologie und der thermophysiologische Komfort, der sich wiederum in den hautsensorischen Komfort (Gefühl des Materials auf der Haut) und den ergonomischen Komfort (Bewegungsfreiheit beim Tragen eines Kleidungsstücks) aufteilen lässt. Ein weiterer wichtiger Punkt ist die Bekleidungstechnik, also die Frage, mit welchen Methoden Kleidung hergestellt wird.

BEKLEIDUNGSPHYSIOLOGIE

Die Bekleidungsphysiologie untersucht die physikalischen und biologischen Einflüsse von Bekleidung und ihren Materialien auf den menschlichen Körper. Kleidung soll schützen und wärmen. Außerdem soll sie das Wohlbefinden und die Bewegungsfreiheit erhalten.

Thermoregulation kurz erklärt

Der Begriff der Thermoregulation beschreibt in der Biologie die Fähigkeit eines Lebewesens, relativ unabhängig von der Außenwelt seine Körpertemperatur zu regeln. Diese Fähigkeit ist willentlich nicht zu steuern und läuft unbewusst ab. Im Tierreich, zu dem auch der Mensch gehört, gibt es drei verschiedene Arten von Thermoregulation:

» **Thermokonforme** (poikilotherme) sind wechselwarme Tiere (Reptilien, Amphibien, Fische). Ihre Körpertemperatur passt sich der Umgebung an.

» **Heterotherme** sind Tiere, die die eigene Körpertemperatur für kurze Zeit und beschränkt auf bestimmte Körperbereiche um wenige Grad der Umgebung angleichen können.

» **Thermoregulatoren** (homöotherme) sind gleichwarme Tiere, das heißt, ihre Körpertemperatur bleibt in einem gewissen Spektrum immer gleich, unabhängig von der Umgebungstemperatur (Vögel, Säugetiere, Mensch).

THERMOPHYSIOLOGISCHER KOMFORT

Der thermophysiologische Komfort beschreibt das Vermögen von Kleidung, beim Tragen Feuchte und Wärme zu regulieren. Obwohl es moderne Textilfasern gibt, ist Wolle in dieser Hinsicht ein unerreicht vorzügliches Material.

Hautsensorischer Komfort

Sehr wichtig ist das Gefühl, das beim Tragen von Kleidung auf der Haut entsteht. Es wird hautsensorischer Komfort genannt. Zum hautsensorischen Gefühl gehört, dass durchgeschwitzte Kleidung oder kratziges Material als unangenehm empfunden wird.

Der „Wollapostel" Gustav Jäger, Pionier der Bekleidungsphysiologie

Als einer der Ersten machte sich der deutsche Zoologe und Mediziner Gustav Jäger Gedanken darüber, wie die menschlichen Stoffwechselvorgänge durch die Materialien der Bekleidung beeinflusst wurden. Für ihn war Schafwolle das für den Menschen am besten geeignete Material für Bekleidung aller Art.

1860 forschte Gustav Jäger zu Hygiene, Gesundheitspflege und der Bedeutung von Geruchsstoffen. Aufgrund seiner Theorie über die menschlichen Eigenduftstoffe (er nennt diesen Eigenduft „Anthropin") entwickelte er ein Bekleidungssystem, das vollständig aus reiner, naturfarbener Wolle besteht. Jäger nannte sie „Normalkleidung". Damit traf er den damaligen Nerv der Zeit mit der zunehmenden Vorstellung, man könne die eigene Gesundheit selbst mit natürlichen Mitteln verbessern. Viele, teilweise berühmte und begeisterte Anhänger wie George Bernhard Shaw und Oskar Wilde waren Träger der „Normalkleidung". Sogar die Polarforscher Fridtjof Nansen und Sir Ernest Shackleton wurden für ihre Expeditionen mit der Jägerschen Normalkleidung ausgerüstet.

Während die Normalkleidung nach dem Ersten Weltkrieg in Deutschland in Vergessenheit geriet, lebte seine Idee in England weiter. In den 70er Jahren flammte das Interesse an natürlicher Kleidung im Sinne von „zurück zur Natur" wieder auf. Auch das „Selbermachen" wurde modern. Neben der Wiederentdeckung von alten Handwerks- und Handarbeitstechniken, zum Beispiel der Wollverarbeitung, breitete sich die Bewegung auf Lebensmittel und Bekleidung aus. Bioläden und Anbieter für natürliche Textilien entstanden. Eine Rückbesinnung auf die einheimische Schafwolle begann.

Ergonomischer Komfort

Beinhaltet den Bewegungskomfort von Bekleidung. Durch die Auswahl von anpassungsfähigem Material wie Maschenware, Schnittgestaltung und Konstruktion der Kleidung soll eine möglichst uneingeschränkte Beweglichkeit des Körpers erreicht werden.

BEKLEIDUNGSTECHNIK

Die Schafwolle hat beste Eigenschaften. Andererseits ist die Kratzigkeit und die Filz- und Schrumpffähigkeit, bei der Textilpflege störend. Um diese und andere Eigenschaften zu verbessern, wurde das „Total Easy Care-Programm" in den 1970er Jahren entwickelt. Dessen Ziel ist es, die natürlichen und künstlich erzeugten Eigenschaften der Wolle so zu erhalten oder zu verbessern, dass Wolle problemlos mit modernen Reinigungsgeräten und -verfahren gereinigt werden kann.

Für die Wäsche heißt das,

- dass Wollbekleidung in einer modernen Waschmaschine gewaschen werden kann,
- dass die Wolle dabei nicht verfilzt,
- dass die Oberfläche nicht gebügelt werden muss.

Für die chemische Reinigung heißt das,

- dass die Form von Bekleidung erhalten bleibt,
- dass Bügel- und Plissierfalten erhalten bleiben.

Für die Trageeigenschaften und den Gebrauch bringt das

- verbesserten Mottenschutz,
- beste Unempfindlichkeit gegen Schmutz und Flecken,
- haltbare Bügel- und Plissierfalten,
- Beibehaltung der Resistenz gegen Knitterfalten und Erholungsvermögen bei solchen Falten.

Arten der Textilausrüstung

Um die oben genannten Wolleigenschaften zu erreichen bzw. die natürlichen Eigenschaften der Wolle zu erhalten, werden chemische und mechanische Ausrüstungen auf die Wolle aufgebracht. Meistens werden die Verfahren in Kombination in aufeinander folgenden Maschinen angewendet. Die wichtigsten Verfahren sind

- chemische Ausrüstung
- mechanische Ausrüstung
- thermische Ausrüstung

Chemische Ausrüstungen

- Mottenschutz
- Karbonisieren
- Bleichen
- Färben und Drucken
- Anti-Filz-Ausrüstung

» **Mottenschutz:** Eulanisieren heißt das Verfahren, bei dem die Wolle in einer Permethrin-Lösung gebadet wird. Im Bad öffnet sich die Schuppenstruktur der Wolle, und die Wirkstoffe des Insektizids können tief in die Faser eindringen. Beim Trocknen legen sich die Schuppen wieder an, und das Permethrin wird in der Wolle eingeschlossen. Der Wirkstoff an der Oberfläche verbleibt bei Benutzung nicht lange dort. Wenn die Mottenlarven die behandelte Wolle verdauen, sterben sie ab. Permethrin soll bei bestimmungsgemäßem Gebrauch für den Menschen unbedenklich sein.

» **Karbonisieren:** Wolle, die viele Pflanzenreste enthält, wird nach der Wäsche in 2- bis 7-prozentiger Schwefelsäure gebadet. Anschließend wird sie bei 30 bis 50 °C vorgetrocknet, damit sie bei der folgenden Verkohlung der Pflanzenteile bei 70 bis 90 °C keinen Schaden nimmt. Die Wolle wird anschließend gewalzt, damit die verkohlten Pflanzenteile zerbröseln und ausgeklopft werden können. Das Karbonisieren wird ausschließlich für Wolle angewendet, die zu Streichgarn versponnen wird.

» **Bleichen:** Wolle wird gebleicht, weil weiße Wollen von der Industrie bevorzugt werden. Die Bleiche muss einen sauren pH-Wert haben. Eine gängige Bleiche ist die mit Wasserstoffperoxid, das dem letzten Spülbad bei der industriellen Wollwäsche zugefügt wird. Die eigentliche Bleiche findet während der Trocknung statt. Eine andere Methode ist die reduktive Bleiche, die mit Natrium-Formaldehyd-Sulfoxylaten ausgeführt wird. Ebenso wie das Karbonisieren beschädigt auch das Bleichen die Substanz der Wolle.

» **Färben und Drucken:** Die Industrie färbt Wolle nutzungsbedingt mit unterschiedlichen Farbstoffen. Meist wird im Ausziehverfahren mit Säurefarben bei Kochtemperatur gefärbt. Dabei schwimmt das Färbegut in einer Färbeflotte. So heißt der große Behälter, der mit Wasser und Farbstoffen gefüllt ist und in dem die Wolle erhitzt wird. Eine Färbung kann mehrere Stunden dauern und durchdringt die Faser vollständig. Mit der modernen Technik des digitalen Drucks können Wollstoffe auch mit Säurefarben bedruckt werden. Bei der häuslichen Färbung kann nach der Wäsche und während des gesamten Bearbeitungsprozesses mit Naturfarben oder Säurefarben gefärbt werden. Es sind Faser-, Garn-, Rohwarenfärbung möglich.

Urin, das Reinings- und Färbermittel der Vergangenheit

Abgestandener, geklärter Urin, wurde schon in der Antike bei der Wäsche von Bekleidung und Aufbereitung von Stoffen (Walken) sowie für die Färberei verwendet. Geklärter Urin wurde z. B. in römischen und mittelalterlichen Städten systematisch gesammelt und besteuert. Um geklärten Urin zu erhalten, musste er einige Tage oder Wochen in Behältern aus Holz oder Keramik gesammelt werden. Urin von Kindern galt als der beste, der von Personen, die Alkohol getrunken hatten, als minderwertig.

Gut mit einem Deckel aus Holz verschlossen und mit Tüchern aus Wolle bedeckt, muss er an einem warmen Ort 3 bis 4 Tage gelagert und anschließend durch Filtern geklärt werden. Dazu wird der Urin vor der Verwendung, ohne den Bodensatz aufzuwirbeln, durch ein dicht gewebtes Tuch abgegossenen.

Der so geklärte Urin ist nun zur weiteren Verwendung fertig. Mit geklärtem Urin, der Ammoniumsalze enthält, wurden u. a. Kupferdächer patiniert, er wurde in der Gerberei eingesetzt, und noch im 20. Jahrhundert wurde damit Rohwolle gewaschen.

» **Anti-Filz-Ausrüstung** (*super wash*): Damit Textilien aus Wolle waschmaschinen- und trocknergeeignet werden, wird ihre Oberfläche chemisch oder physikalisch verändert. Nach der Rohwollwäsche oder bei den fertigen Kleidungsstücken werden die Schuppenenden der Kutikula oxidativ mit Chlor entfernt. Anschließend wird die Wolle teilweise mit speziellen Polymeren überzogen, die bei der Wäsche aufquellen und so die Schuppenkanten kaschieren. So sind die Fasern geglättet und können nicht mehr verfilzen; die Wolle fühlt sich weich an. Allerdings nutzt sich dieser Überzug sich mit der Zeit ab. Dabei werden gesundheitsschädliche Halogenverbindungen freigesetzt und können sich in Organismen anreichern. Ebenso werden die Polymere abgerieben und als Mikroplastik freigesetzt. Es kann von Kläranlagen nicht herausgefiltert werden und gelangt über die Flüsse ins Meer und in die Nahrungskette. Inzwischen gibt es auch modernere, ein wenig umweltfreundlichere Verfahren der Anti-Filz-Ausrüstung. Das Verfahren mit Chlor wird dabei durch natürliche Oxidationsmittel ersetzt, aber bei der Kaschierung werden noch immer Polymere verwendet.
Ein Verfahren, das auf rein physikalischer Basis nur mit einem Plasmafeld und Luft arbeitet, macht die Wollfasern maschinenwaschbar und trocknergeeignet. Bei dem Verfahren wird die Wolle in einem Plasmafeld durch Elektronen, die mit den gebildeten Ionen wechselseitig auf die Wolle einwirken, oxidiert. Dabei werden winzige Löcher im Nanobereich in den Schuppen erzeugt. Die Löcher erhöhen die Oberflächenreibung der gesamten Faser, während die Schuppen intakt bleiben. Der Vorteil dieser Methode ist: Die Behandlung der Fasern ist dauerhaft. Die positiven Eigenschaften der Wolle bleiben im Wesentlichen erhalten. Die Aufnahme der Feuchtigkeit geht schneller als normalerweise. Es werden keine Polymere auf die Faser aufgebracht und kein Mikroplastik abgegeben.

Mechanische Ausrüstungen

» **Walken:** Bevor es Maschinen zum Walken gab, wurde durch Schlagen mit einer Keule, Treten mit den Füßen und Kneten per Hand gewalkt. Die Gewebe oder Gestricke wurden beim Walken mit warmem Wasser benetzt. Weitere Zusätze waren geklärter Urin und Fullererde (siehe Kasten unten). Diese wirken schwach alkalisch und die Fullererde durch Reibung, was den Walkvorgang, der ja ein Filzen ist, etwas beschleunigt.
Im Hochmittelalter (1000 bis 1250 n. Chr.) kamen wasserbetriebene Walkmühlen in Gebrauch. Nach dem Walken wurden die Stoffe in große Rahmen gespannt und getrocknet. Eine Walkmühle ersetzte 40 Walker, das durch die Mühle gewalkte Tuch galt aber als minderwertig. Dies führte dazu, dass an einigen Orten die Mühlen verboten wurden oder nur minderwertige Stoffe bearbeitet wurden. Heute werden zum Walken außer den alten Hammerwalken auch große, moderne Maschinen verwendet.
Vor dem Walken wird das Tuch auf Verunreinigungen wie Pflanzenteile kontrolliert; diese werden entfernt. Dieser Arbeitsschritt heißt „Noppen". Dann wird das Tuch gewaschen und noch einmal genoppt.
Durch Kneten, Stauchen, Drücken und Ziehen wird das gewebte Wolltuch mechanisch in riesigen Trommeln bei 30 bis 40 °C mit einem Zusatz von Chemikalien oder Kernseife bearbeitet. Dabei wird es aufgeraut, verdichtet, verfilzt und läuft in Länge und Breite ca. 40 % ein. Die Stoffe sind nach dem Walken nicht mehr als Gewebe zu erkennen, sehr strapazierfähig, knitterarm und

Erde zum Walken

Fuller's Erde oder Walkerde ist ein Tonmaterial, das aus Palygorskit, einem Aluminium-Magnesium-Silikat, oder Bentonit besteht. Beide Mineralien entfalten nur gemahlen ihre Wirkung. Die herausragende Eigenschaft ist ein hohes Aufnahmevermögen für Flüssigkeiten. Die Walkerde wurde beim Walken eingesetzt, um den Stoff von Spinnölen und anderen Verunreinigen zu befreien und den Walkprozess durch Reibung zu unterstützen.

winddicht. Sie wärmen durch ihre Dicke und die Lufteinschlüsse hervorragend.
Weitere Arbeitsschritte bis zum fertigen Walktuch (Loden) sind Färben des Stoffes, langsames Trocknen, das Rauen und Scheren. Bei diesem letztgenannten Arbeitsschritt werden die durch das Rauen herausstehenden Härchen abgeschoren. Zum Abschluss wird ein letztes Mal genoppt und dekatiert.

Walken mit Musik

In der keltisch-schottischen Tradition wurden beim Walken sogenannte Walklieder (engl. *walking song*) gesungen. Die Gesänge dienten dazu, die Walkbewegungen in einen gleichmäßigen Takt zu bringen und die eintönige Arbeit etwas kurzweiliger zu gestalten. Das Lied beginnt langsam und steigert seine Geschwindigkeit bis zum Ende. Dabei schieben die Frauen, die um einen langen Tisch herumsitzen, die an beiden Enden zusammengenähte Tuchbahn knetenderweise erst vor und zurück und dann nach links, um das Gewebe zu bearbeiten. Es nach rechts zu bewegen sollte Unglück bringen.

» **Das Rauen:** Mit Hilfe von mit Metallhäkchen besetzten Walzen, an denen der Stoff vorbeigeführt wird, wird er aufgeraut. Dadurch wird der Griff weicher, und ein feiner Flor entsteht. Die Fasern werden durch die Metallhäkchen aus dem Tuch gezogen und aufgerichtet.
Bis Anfang des 20. Jahrhunderts und zum Teil noch bis heute wurden die Tuche mit den getrockneten Fruchtständen der Weberkarde (*Dipsacus sativus*) aufgeraut. Dazu wurden die Fruchtstände in kleinen Rahmen zusammengefasst und mit einem Griff versehen; später wurden sie auf Walzen aufgebracht und in Kratzenraumaschinen eingebaut. Von Vorteil ist, dass es beim Rauen mit Weberkarden zu keiner elektrostatischen Aufladung kommt.
» **Das Scheren:** Tuche werden geschoren, um vorstehende Fasern zu entfernen. Eine glatte Tuchoberfläche ist die Voraussetzung, um Stoffe bedrucken zu können. Je hochwertiger beispielsweise der Loden ist, desto öfter wurde er geraut und geschoren.
» **Krumpfen oder Dekatieren:** Der gewebte Stoff wird so bearbeitet, dass er später nicht mehr einläuft. In der Industrie wird dazu eine Probe des Stoffes genommen und gewaschen, bis sie nicht mehr weiter einläuft. Nach diesem messbaren Ergebnis wird die Krumpfmaschine eingestellt.

Thermische Ausrüstungen
» **Gasieren oder Sengen:** Abbrennen von vorstehenden Fasern bei Wollstoffen. Früher sengten die Bauern ihre selbst hergestellte Wollkleidung über dem offenen Feuer ab. Dadurch wurde die Oberfläche der kratzigen Kleidung etwas weicher. Im Vergleich zum Abscheren hinterlässt das Sengen weichere Haarenden.
» **Plissieren:** Das Plissieren ist ein chemisch-technischer Vorgang, bei dem mit Hilfe von Chemikalien und feuchter Hitze Falten im Wollstoff fixiert werden. Der Stoff erholt sich danach besser von Knitterfalten, und das Antifilz- und Schrumpfverhalten wird verbessert.

EINWIRKUNG ÄUSSERER FAKTOREN AUF WACHSTUM UND QUALITÄT DER WOLLE

Der Zustand der Wolle, ob noch auf dem Schaf oder abgeschoren, wird durch verschiedene äußere Faktoren beeinflusst.

Wichtige Faktoren, die das Wollwachstum beeinflussen, sind Klima, Boden und Ernährung, Haltung, Fortpflanzung sowie Krankheiten.

KLIMA

Klimatische Einflüsse wie Licht, Temperatur und Tageslänge beeinflussen ein Schaf und damit auch sein Wollwachstum. Ursprünglich stammen Schafe aus eher trockenen Gebieten, sie kommen durch ihre Anpassungsfähigkeit aber auch mit anderen Klimabedingungen zurecht. Lediglich feucht-heiße Gebiete sind als Lebensraum ungeeignet.
Durch den Einfluss der Witterung wird das Vlies auf dem Schaf, je nach Vliesstruktur und Wollgesundheit, mehr oder weniger stark beschädigt. Durch Regen wird permanent Wollwachs und Schweiß aus den Spitzen gewaschen und nicht ersetzt, weshalb die Niederschlagsmenge wesentlich die Festigkeit der Spitzen beeinflussen kann. Am Rücken ist die Wolle stärker betroffen als an den Seiten. Ist die Vliesstruktur offen und unzusammenhängend, können die schädigenden Einflüsse bis ins innere Vlies vordringen.
Durch Einwirkung des Sonnenlichts kommt es zu einem Ausbleichen der Vliesfarbe an den Spitzen. Bei der Scheitelprobe am Schaf ist die Farbe des äußeren Vlieses eine andere als im Inneren. Äußerlich braune Schafe sind meist im inneren Vlies schwarz.
Regenmengen, wie sie in unserem Breiten vorkommen, machen eine Haltung eher mischwolliger Schafe erforderlich. Schafe mit dicht gestapeltem Vlies würden bei hiesiger Haltung im Freien nicht richtig abtrocknen. Das Risiko, an Regenfäule zu erkranken, wäre erhöht.
Aus genau diesem Grund werden Schafe mit fest gestapelten, feinen Vliesen bevorzugt in trockenem, warmem Klima gehalten. Die dort häufige Staubentwicklung schadet einem dicht geschlossenen Vlies kaum. Die Vliesstruktur verhindert ein Eindringen des Staubes in das innere Vlies.

Jahreszeitlicher Haarwechsel

Alle Tierarten, die der Witterung ausgesetzt sind, wechseln ihr Haarkleid jahreszeitlich bedingt.
Die Mechanismen der Regulation sind je Tierart verschieden. Es gibt von der Tageslänge abhängige (photoperiodischen) Regulationsmechanismen und Mechanismen, bei denen die Tageslichtlänge keine Rolle spielt.

Lebendig und schön: ausgeblichene Vliese

Vliese und Stapel, die durch die Sonneneinstrahlung im äußeren und inneren Vlies unterschiedlich gefärbt sind, ergeben interessante Garne, wenn direkt aus der Flocke gesponnen wird.

Photoperiodische Regulationsmechanismen haben den Vorteil, dass sie den Zyklus der Jahreszeiten mit astronomischer Genauigkeit widerspiegeln. Werden die Tage kürzer, ist das für die Tiere die Ankündigung des Winters. Länger werdende Tage kündigen Frühjahr und Sommer an.

Der Zweck des Fellwechsels ist, dass im Sommer die vom Tier erzeugte Körperwärme leicht abgegeben werden kann, sodass bei erhöhten Außentemperaturen keine Überhitzung eintritt. Außerdem können Niederschläge leicht an den Langhaaren oder Stapelspitzen ablaufen. Im Winter wird durch die reichlich vorhandene Unterwolle die Wärmestrahlung des Tierkörpers zurückgehalten. So bleibt er auch bei niedrigen Außentemperaturen warm. Der Fellwechsel kann bei den verschiedenen Schafrassen periodisch oder unregelmäßig, total oder partiell sein.

Der Haarzyklus wird durch die Hormongruppe der Steroide gelenkt. Dazu gehören auch Sexualhormone. Zum Beispiel wirkt sich eine Kastration positiv auf das Wollwachstum aus. Die Wolle von einem kastrierten Bock gilt als qualitativ besser als die vom Mutterschaf, vorausgesetzt, dass eine genetische Grundlage für gute Wolle gegeben ist. Diese Hormone vermindern den Haarwechsel und beeinflussen Länge, Dichte, Farbe und die Wachstumsgeschwindigkeit.

Hormone bei der Schafschur

In Australien wurde 1998 ein „biologisches" Mittel auf hormoneller Basis in den Handel gebracht. Es sollte den Farmern eine Schafschur ohne Scherapparat möglich machen. Dadurch sollte die Arbeit reduziert, die Wollqualität und die Gesundheit der Schafe verbessert werden.

» **Das Verfahren:** Um die Wolle zu „ernten", werden Schafe einmalig mit dem Epidermalen Wachstumsfaktor (EGF) geimpft. Unter die Haut gespritzt, verursacht das Mittel etwa nach einer Woche einen Wachstumsabbruch der Wollfasern in den Follikeln. Nach 24 Stunden normalisiert sich der Vorgang wieder, und die Wolle beginnt wieder zu wachsen. Das abgetrennte Vlies wird abgestoßen. Um das Vlies aufzufangen, wird jedem Jungschaf ein elastisches Rückhaltenetz aus Kunststoff angezogen, ähnlich wie beim Verpacken eines Weihnachtsbaums. So bleibt die abgestoßene Wolle am Schaf und kann bequem im Ganzen entfernt werden. Das Vlies samt Netz wird dem Schaf in einem speziellen Bearbeitungsstand von Hand abgenommen.

Weil die Nachteile die Vorteile überwogen, setzte sich das Verfahren nicht durch.

Hormone regeln den Haarwechsel

Für den Haarwechsel sind die Hormone der Nebennieren verantwortlich. Diese übermitteln über den Blutkreislauf ein endokrines Signal an die Zielzellen.

Die Wachstumszyklen beim Haar

Haarfollikel werden in ihrem ganzen Leben vom Wechsel der **Haarbildung** (anagen), der **Rückbildung** (katagen) und dem **Ruhestadium** (telogen) beeinflusst. Das Ruhestadium wird noch in eine Ausfallphase (exogen) sowie eine nachfolgende Phase, in der der Follikel leer bleibt (kenogen), unterteilt.

Der individuelle Haarwechsel, den wir bei einzelnen Schafen beobachten können, beruht auf der erblichen Veranlagung des Tieres. Die jeweiligen Umweltverhältnisse (Klima, Wärme, Kälte), aber auch Trächtigkeit usw. beeinflussen den Fellwechsel zusätzlich. In der Regel ist das Wollwachstum im Sommer stärker als im Winter.

Die anagene Phase der Haarbildung wird bei Merinos, deren Kreuzungen sowie den Rassen, die auf Wolle gezüchtet sind, durchgehend aufrechterhalten. Es können zwar einige Follikel in der Rückbildung (katagen) und in der Ruhephase (telogen) gefunden werden, diese sind aber relativ selten. Wenn ein Wechsel der Haare beginnt, verkleinert sich der Follikel. Unter dem Follikel wächst die neue Haarpapille, aus der das neue Haar wachsen wird.

Bei einigen Tieren werden keine neuen Haare wachsen, weil das Haarkleid für den Sommer dünner sein soll. Auch ein Mangel an Nährstoffen kann dazu führen, dass Haare abgestoßen werden und keine neuen Haare nachwachsen. Davon sind mehr die Woll- als die Langhaare betroffen. Erst bei einer Verbesserung der Versorgung mit Nährstoffen oder der Abnahme der Tageslichtlänge im Herbst wachsen wieder Haare nach.

Angedeuteter Haarwechsel bei Landschafrassen

Besonders die Landschafrassen und deren Kreuzungen sind vom angedeuteten Haarwechsel im Vlies betroffen. Diese unvollständigen Fellwechsel bringen oft Vliese, die dünne, brüchige Haare in verschiedenen Positionen im Stapel haben. Weil abgestoßene, sogenannte tote Haare im Vlies sind und diese wegen der dichten Vliesstruktur nicht ausfallen können, bilden sich mehr oder weniger verfilzte Schichten im Vlies. Die toten Haare sind oft Kurzhaare. Bereiche am Hals, dem Rücken, den Schenkeln oder sogar das komplette Vlies können betroffen sein. In früheren Zeiten wurden Böcke mit toten Haaren im Vlies von der Zucht ausgeschlossen.

Stapel mit typischen Haarwechsel-Merkmalen: farblich unterschiedliche Schichten oder in der Haarstärke abgesetzte, dünne Wolle, Wachsschuppen, Filz

BODENZUSAMMENSETZUNG UND ERNÄHRUNG

Durch die geologische Beschaffenheit der Böden werden die Nährstoffgehalte der Futterpflanzen beeinflusst. Bei fast ausschließlicher Weidehaltung bedingen die Nährstoffe der Futterpflanzen das Wollwachstum. Standweiden oder Stallhaltung sind dabei ungünstiger als Hütehaltung, bei der sich die Schafe ihre Futterpflanzen selbst wählen können.

Die Wollerzeugung hängt in erster Linie von den Proteinen ab, die vom Schaf verdaut werden. Bei Kobalt- und Kupfermangel im Boden und damit im Futter verschlechtert sich die Vliesqualität. Die Kräuselung wird undeutlicher, kann sogar ganz verschwinden, farbige Vliese werden heller. Kobalt- und Kupfermangel bewirken bei Schafen eine Blutarmut und treten häufig gemeinsam auf ein und derselben Weide auf. Daher ist ein Wissen über die Mineralstoffe der Weide- und Ackerböden hilfreich für den Schafhalter. Defizite zu erkennen und diese mit ergänzenden Futtermitteln zu beheben, ist ein Garant für umfassende Tiergesundheit. Die Bodenbeschaffenheit wirkt sich auch auf die Verschmutzung der Vliese aus. Leichte Böden stauben offene Vliese bis in den inneren Stapel ein und machen die Wolle mürbe.

HALTUNGSBEDINGUNGEN

Die Haltung hat einen großen Einfluss auf die Qualität der Wolle. Durch entsprechende Anpassungen bei der Haltung kann die Wolle positiv beeinflusst werden.

Rund um die Weide

Der Zustand der Weideflächen und ihr Bewuchs haben einen direkten Einfluss auf die Sauberkeit der Vliese. Sind die Weiden ungepflegt, finden sich mehr Pflanzenteile, Samen und Fruchtstände in der Wolle.

Maßnahmen zur Weidepflege sind:

- Abstimmung der Weideart und -größe auf die Schafrasse und Anzahl der Tiere.
- Regelmäßiges Abmähen von Pflanzen, die ungern gefressen werden. Dadurch können sich diese nicht ausbreiten. Dabei seltene Arten schonen.

- Mähgut teilweise abräumen, um die Artenvielfalt zu fördern. Fein gehäckseltes Mähgut vom Mulchmäher trägt zur Düngung der Weiden bei, führt aber auch zur Artenarmut.
- Pflanzen mit klettenartigen Fruchtständen eindämmen.
- Eine große Weide in mehrere kleine Parzellen unterteilen, sodass die Fläche gezielt beweidet und gepflegt werden kann. So können sich auch die Parzellen besser erholen.

Rund um den Stall

Auch der Zustand des Stalles und seiner Einrichtung sowie die Art und Weise der Betreuung der Schafe haben direkten Einfluss auf die Wolle.
Ein idealer Stall ist groß genug, hell und trocken. In engen, feuchten Ställen entstehen leichter mikrobielle Belastungen. Auch das Ammoniak- und Schwefelwasserstoffaufkommen ist höher. Temperatur und Feuchtigkeit sind ungünstiger. In diesem Klima können schwerlösliches Wollwachs, Vergilbung der Wolle, Urinwolle und Filz im Vlies entstehen.
Der ideale Stall ist leicht zu reinigen, sodass sich Ungeziefer nicht festsetzen kann.
Bei einer durchdachten Fütterung durch Heuraufen mit Nackenbrett und Trog unter der Raufe kann kein oder wenig Heu in die Vliese gelangen. Als Einstreu sollte grannenarmes oder -freies Stroh verwendet werden.

Wollfehler durch falsche Haltung

Zwei unangenehme Wollfehler, die bei der Haltung entstehen können, sind der schwerlösliche Wollwachsschweiß und die Vergilbung der Wolle. Neben dem Stoffwechsel des Schafes spielen auch das Mikroklima im Vlies, die Temperatur, die Feuchtigkeit der Umgebung sowie der Ammoniak- oder Alkalien-Gehalt der Einstreu und Stallluft eine Rolle. Einen starken Einfluss hat somit die Haltung, besonders eine Stallhaltung.
Schwerlöslicher Wollwachsschweiß entsteht im Schafstoffwechsel, wenn wenig Ölsäure, aber viele feste Fettsäuren wie Palmitin- und Stearinsäuren vorhanden sind.
Verantwortlich für eine Vergilbung sind Abbauprodukte der aromatischen Aminosäuren der Wollproteine, Phenylalanin, Tyrosin und Tryptophan, die von Bakterien zersetzt werden.

Vergilbung durch Bakterienstoffwechsel mit Pechspitzen in der Wolle. Rechts vor der Wäsche, links danach

Dinge, die im Vlies zu finden sind: tote und lebende Insekten, Samen, Pflanzenteile, farbige Viehmarkierungen, verfilzte Strähnen oder Flocken in den Stapeln

Vergilbte Wolle überfärben

Sind die vergilbten Wollstapel noch fest, kann der gelbe Farbton für Mischfärbungen verwendet werden. So lassen sich einfach Orange- und Grüntöne färben. Dafür sind natürliche wie auch Säurefarben anwendbar.

Der Farbton der Abbauprodukte ist eher dottergelb bis hellgelb und im inneren Vliesbereich zu finden. Die Stapelspitzen sind meistens nicht betroffen. Bei Vliesen mit Vergilbung wachsen die dafür verantwortlichen Bakterien während der Lagerung weiter. Das Wachstum kann aber durch eine heiße Wäsche (mindestens 40 °C) gestoppt werden. Eine zweite Quelle für gelbe Wolle ist Urineinwirkung. In diesem Fall sind normalerweise nur die Stapelspitzen betroffen, auf denen das Schaf liegt. Der Farbton ist dann eher ockergelb bis gelbbraun. Oft sind die Spitzen hart und verklebt, was sich aber durch Auswaschen beseitigen lässt. Die Vergilbung lässt sich in beiden Fällen allerdings nicht auswaschen.

FORTPFLANZUNG

Durch Brunst, Deckzeit, Trächtigkeit, Lammung und Säugen der Lämmer wird ein Schaf verschieden stark in Anspruch genommen. Nährstoffe für die Wollbildung sowie körpereigene Nährstoffreserven werden in dieser Zeit zusätzlich verbraucht, sodass sie für den Körpererhalt und das Wollwachstum nicht zur Verfügung stehen. Das Ergebnis sind geringere Haardurchmesser. Im Vlies kann sich dieser Mangel als dünner, abgesetzter horizontaler Streifen zeigen. Er kann das gesamte Vlies betreffen. Eine karge Fütterung beeinflusst diesen Vorgang zusätzlich negativ. Kraftfuttergaben für Böcke während der Deckzeit sowie das Verabreichen von nährstoffreichem Futter während der Tragzeit und dem Säugen der Lämmer sind empfehlenswert. Diese Fütterung dient dazu, die Entwicklung der Lämmer wie auch des Eutergewebes zu verbessern. Bei einer bedarfsgerechten Fütterung wird die Qualität und Menge der Wolle im Wesentlichen erhalten bleiben.

KRANKHEITEN

Krankheiten können ebenfalls das Wollwachstum beeinträchtigen. Sind Tiere krank, äußert sich das, neben anderen Merkmalen, häufig über die Beschaffenheit des Vlieses. Die Haare sind stumpf und glanzlos, in ihrer Beschaffenheit geschädigt, sträuben sich, werden abgescheuert, von Sekreten verschmutzt oder fallen aus.

Möglichkeiten der Haaranalyse

Durch eine Untersuchung der Haardicke können Schwankungen innerhalb der Dicke und damit die Reißfestigkeit der Faser festgestellt werden. Für die industrielle Verarbeitung ist das ein wichtiger Hinweis bezüglich der weiteren Verarbeitung. Durch eine Haaranalyse können zudem Spurenelemente und Toxine im Haar gefunden werden. Besonders gut lassen sich Blei, Arsenverbindungen und Nikotin nachweisen. Während der Verhornung lagern sich solche Stoffe oder deren Abbauprodukte in der Haarstruktur ein und bleiben dort auch nach längerer Zeit nachweisbar. Die Haaranalyse wird in der Umweltmedizin bei Menschen und Tieren angewendet.

WOLLFEHLER

Fehler beeinträchtigen die Beschaffenheit der Werkstücke. Die Ursachen sind in der Zucht, Haltung und Behandlung zu suchen.

Die meisten Bewertungen von Wollfehlern entspringen den Beurteilungskriterien der Wollindustrie, beziehen sich also auf die maschinelle Verarbeitbarkeit.
Es ist von Vorteil, diese Fehler zu kennen, aber im Gegensatz zur Industrie können Handspinnerinnen und -filzerinnen eine deutlich größere Bandbreite der verschiedensten Fasern verarbeiten. Ob eine fehlerhafte Wolle verarbeitbar ist, bestimmt die Fasergesundheit.

ZÜCHTUNGSFEHLER

Wollfehler, die sich aus Züchtungsfehlern ergeben, sind bleibender Art und können sich, wenn keine entsprechenden Maßnahmen ergriffen werden, in die Nachzucht vererben. Die beiden wichtigsten Fehler aus industrieller Sicht sind zu offene und zu geschlossene Vliese.

Offene Vliese

Alle offenen Stapelformen und Vliese, besonders bei feinwolligen Schafrassen, gelten als fehlerhaft. Aufgewirbelter Staub kann tief in das offene Vlies eindringen und die Wolle spröde machen, verfärben sowie den schon geringen Zusammenhalt weiter zerstören.
Beim stieligen Stapelbau (z. B. Landschafrassen) sind die Stapelspitzen oft bis auf die Haut verklebt beziehungsweise mit Schmutz oder Kot beladen.

Geschlossene Vliese

Diese bleiben sauberer, solange der Stapelschluss nicht zu fest wird. Die Faserausbeute ist hoch, es besteht allerdings das Risiko, dass die Wolle durch mangelnde Belüftung vergilbt. Außerdem kann es zu Absonderung von fehlerhaftem Fettschweiß kommen.

Überhaar

Ein weiterer genetischer Fehler ist das Überhaar, das in mehr oder weniger fest gestapelten Vliesen vorkommt. Es sind gröbere Binderhaare, die schräg durch die Stapel wachsen und über die Vliesoberfläche hinauswachsen. Das betrifft besonders Landschafe und Kreuzungen mit diesen.

Kurzhaarigkeit und Medullation

Zu grobe Haare an den Keulen werden „hundshaarig“ genannt. Sie haben einen glasigen Glanz, sind meistens markhaltig und spröde. Äußerlich erkennt man schon ab der Kruppe und über den Keulen ein gewisses Gröberwerden der Haare. Bei hochgezüchteten Merinorassen sind Kurzhaare sehr selten. Es finden sich aber heterotype, kurzhaarähnliche Haare in ihren Vliesen.

Unausgeglichenheit des Vlieses

Die meisten Schafrassen in Europa, auch sehr durchgezüchtete, weisen in ihren Vliesen wesentliche Schwankungen innerhalb der Wollfeinheit, -länge und -struktur auf.

Unausgeglichenheit des Vlieses

Tote Haare, falsche Binder

Hier handelt es sich um glasige Kurzhaare, die partiell dem Haarwechsel unterliegen, abgestoßen werden und sich im Vliesschichten verfangen können. Das führt zu Filz im Vlies. Böcke sind auf das Vorhandensein von toten Haaren zu prüfen und aus der Zucht zu nehmen.

Filz

Wenn in einem Vlies die Fasermasse in Unordnung gerät, zum Beispiel durch lose, tote Haare, kommt es zum Verfilzen des Vlieses am lebenden Schaf. In erster Linie sind die Binderhaare dafür verantwortlich, die ja eigentlich nur die Stapel miteinander verbinden, um einen festen Zusammenhalt im Vlies zu erreichen. Gibt es zu viele Binderhaare, wird das Vlies schwerteilig und wird „binderig" genannt. Scheitelt man ein Vlies, werden die Binderhaare sichtbar. Diese verlaufen horizontal und diagonal zwischen den Stapeln. Verlaufen die Binder bei einem schwerteiligen Vlies nur in Hautnähe, sodass sich ein abgeschorenes Vlies nicht netzartig ausbreiten lässt, wird das „bodig" genannt. Der Übergang zum Filz ist fließend und kann das gesamte Vlies oder nur einige Stellen betreffen. Leichte Verfilzungen lassen sich bei entsprechender Bearbeitung öffnen, sodass die Wolle verarbeitet werden kann.

Filz in der Wolle

Verfilzte Vliese verarbeiten

Um möglichst viel von einem verfilzten Vlies zu nutzen, können die betroffenen Vliese auch zu Filzfellen verarbeitet werden. Dazu muss die Schnittseite einige Zentimeter bis zum Filz offen und unverfilzt sein, die Stapel müssen noch teilbar sein. Solche Filzfelle werden aber oft weniger schön, als die aus unverfilzten Vliesen.

Einzelne Stapel lassen sich z. B. durch die „Stapelzug-Methode" verspinnen, wenn die Verfilzung nicht so stark ist. Dazu einzelne Stapel senkrecht aus dem Vlies ziehen, waschen und mit der Flickkarde beidseitig ausbürsten.

Zwirn

Zwirn ist das Ergebnis von anormaler Feinheit, überbogiger Kräuselung, wenigen Bindern und verminderte Bildung von Wollwachsschweiß sowie einem losen Stand und Einzelstand der Stapel. Unterscheidbar sind leichter und schwerer Zwirn:

- Sind noch einzelne Strähnchen erkennbar, die wie verstricktes, aufgeräufeltes Garn aussehen, handelt es sich um **leichten Zwirn**.
- Bei **starkem Zwirn** wirkt die Wolle wie ein Gemisch krauser Fäden, deren Spitze sich zu einem Knötchen zusammenrollt.

Zwirn kann bei schwacher Konstitution, bei schlechter Haltung- und Ernährung sowie bei Kreuzungen von Land- und Fleischschafrassen vorkommen.

Verarbeitung von zwirnigen Stapeln

Die Wolle fällt durch ihren lockigen, wensleydaleartigen bis frotteeartigen Stapelbau im Vlies auf. Sie kann kraftlos und brüchig, aber durchaus auch elastisch und gesund sein. Ein Elastizitätstest gibt Auskunft über die Verarbeitbarkeit. Zwirnige Stapel eignen sich gut zum Färben und für Artyarn.

Verarbeitung von Wolle mit fehlerhaftem Wollwachsschweiß

Übermäßiges Schwitzen und zu starker Wachsanteil im Schweiß verändern den Wollcharakter. Kräuselung und Struktur werden dadurch so stark beeinflusst, dass die Wolle fälschlich gröber beurteilt wird, als sie ist. Die Waschprobe einzelner Stapel gibt Aufschluss über die Beschaffenheit und Weichheit der Wolle.

Der Reinwollgehalt von solchen wachsigen Vliesen ist geringer. Bei längerer Lagerung im Sack vergilben die Vliese leichter. Es empfiehlt sich, die Vliese nach der Schur bald wachslösend zu waschen.

Fehlerhafter Wollwachsschweiß

Die Absonderung von fehlerhaftem Wollwachsschweiß kann erblich sein. Früher trat übermäßiger Wachsschweiß in der Wolle hauptsächlich bei den sehr feinen Vliesen von Merinorassen auf. Ein übermäßig dichter Stand und der dadurch verursachte feste Stapelschluss verstärkt den Effekt. Gründe für starkes Schwitzen können eine unsachgemäße Haltung oder eine genetische Veranlagung sein.

Gelber Wollwachsschweiß und andere Abweichungen

Der natürliche Wachsschweiß kann unterschiedliche Farben und Konsistenzen haben. Die Farbe kann hellgelb bis braun und bei normaler Wäsche leicht- oder schwerlöslich sein. Schwerlöslich bedeutet, dass der Wachsanteil im Schweiß mit gängigen Waschmitteln nicht oder nur teilweise auswaschbar ist. Der Griff in die Wolle, der haptische Eindruck, wie trocken oder klebrig sie sich anfühlt, sagt nichts darüber aus, wie schwer- oder leichtlöslich der Wachsschweiß ist. Das Gleiche gilt auch für seine Farbe. Eine Stapel-Waschprobe in heißem Wasser mit Waschmittel gibt Auskunft über die Art des Wachsschweißes.
Im unteren Teil des Stapels finden sich oft gelbliche, nach dem Waschen weiße Wachsschuppen, Klümpchen oder feste, wachsähnliche, goldgelbe Strähnen. Dabei handelt es sich um schwerlösliche Wollwachsablagerungen, die mit dem Fellwechsel oder dem Stoffwechsel zusammenhängen können. Diese Ablagerungen sollten aussortiert oder mit einer Flickkarde entfernt werden
Die Wachsschuppen lassen sich nach der Wäsche, im getrockneten Zustand, am besten durch Ausbürsten oder Kämmen entfernen. Beim Kardieren verteilen sie sich in der gesamten Wolle und sind dann nur noch schwer zu entfernen.

WOLLFEHLER DURCH HALTUNG ODER BEHANDLUNG

Eine mangelhafte Fütterung und Pflege der Schafe, sowie die unsachgemäße Behandlung der Wolle bei der Schur und Verarbeitung können zu Wollfehlern und Beschädigungen führen.
Solche Fehler entstehen bei

- schlechter Wollpflege infolge mangelhafter Haltung, Fütterung und Schur,
- ungenügender Sortierung, Verpackung und Lagerung,
- Reinigung durch Waschen, Trocknen oder sogenanntes Fermentieren,
- Verarbeitungsschritten wie Pickern, Kardieren, Ausbürsten und Kämmen.

Mangelhafte Haltung und Fütterung

Nur eine artgerechte Haltung und bedarfsgerechte Ernährung des Schafes erzielt eine gute Vliesqualität. Zeichen für Fütterungsfehler sind abgesetzte, brüchige Wollen mit horizontalen, gelblichen oder grauen Streifen oder blasse Farben bei farbigen Vliesen. Neben Futterumstellung, Mangelernährung und Mineralstoffmangel hinterlassen auch ein angedeuteter Fellwechselimpuls oder die Trächtigkeit Spuren im Vlies.

Eingefütterte Wollen

Pflanzen die ihre Samen per Anhaftung (Epichorie) über Tiere, hier insbesondere im Vlies der Schafe

Eingefütterte Wolle mit vielen Pflanzenteilen, die tief in die Vliesstruktur eingedrungen sind

verbreiten, finden sich auch in der Wolle wieder. Dann spricht man von eingefütterter Wolle. Bei Schafen, die in der Landschaftspflege eingesetzt werden, ist das kaum vermeidbar. Ein weiterer Grund für Einfütterung kann die Art der Heufütterung sein. Wird das Heu mittels Heugabeln in die Raufen verteilt, fallen Heuteile auf die Schafe. Ist an der Raufe weder ein Trog noch ein Nackenbrett vorhanden oder der Abstand der Raufenstäbe zu groß, rieseln beim Fressen Heupartikel auf den vorderen Rücken und Nacken.

Schafe als Helfer der Artenvielfalt

Für Wollverarbeiterinnen mögen eingefütterte Vliese ärgerlich sein. Trösten kann dabei, dass dies auch der Artenvielfalt dient: Wandernde Schafe transportieren in ihrem Vlies Sporen, Pflanzenteile, Samen sowie Insekten und kleine Tiere. Auch bedrohte Tier und Pflanzenarten können so wieder verbreitet werden.

Verklebte Spitzen, sogenannte Pechspitzen, hier an Lammwolle

Verklebte Stapelspitzen

Verklebungen an den Stapelspitzen entstehen beim Pferchen auf feuchten Wiesen, vor allem, wenn die Schafe unmittelbar vor der Schur so untergebracht werden. Betroffen sind offene Vliese mit stieligen, spießigen Spitzen. Bei Pechspitzen sind die Stapelspitzen mit einer schwarzen Masse aus Wachsschweiß, der auch verharzt sein kann, oder Staub und Kot bedeckt. Die Masse kann fest angetrocknet sein oder eine Konsistenz wie Knete haben. Manche Verklebungen lassen sich auswaschen, einige nicht. Dieser Fehler kann durch Pferchen auf trockenen Plätzen vermieden werden.

Schäden durch Kennzeichnung

Markierungen durch Farbe sollen am Schaf lange sichtbar bleiben. Dieser Wunsch des Schafhalters widerspricht jedoch den Bedürfnissen der wollverarbeitenden Industrie, die reinweiße Wolle verlangt. Farbmarkierungen lassen sich oft nicht oder nur unvollständig auswaschen. Für Wollverarbeiterinnen sind farbliche Markierungen kein Problem.

Verschmutzen aufgrund von Durchfall

Durch eiweißreiches Futter im Frühjahr verflüssigt sich der Kot, setzt sich in der Wolle fest und trocknet dort zu großen und kleinen sogenannten Bollen und Klunkern oder zu verschmutzten Stapelspitzen. Das ist für den Scherer unangenehm, kann zu Krankheiten führen und erschwert das Sortieren der Wolle. Um diese unschönen Kotansammlungen zu vermeiden, werden die Schafe vor dem Austrieb oder im Spätherbst am Schwanz und an den Keulen ausgeschoren.

Verarbeitung verschmutzter Wolle

Verschmutzte Wolle gibt einen hervorragenden Gartendünger ab. Vor dem Bepflanzen ins Beet eingraben oder kompostieren.

Behandlungsfehler während und nach der Schur

Die Schur wird am besten nach den Bedürfnissen von Scherer, Schaf und Schafhalter geplant und organisiert. Nur trockene, gesunde Schafe, die nur wenig gefressen und gesoffen haben, sollten geschoren werden. Stehen die Schafe in der Fangbox zu dicht zusammen, kann die Wolle durch Urin und Kot verschmutzen. Wie schon zuvor beschrieben, lassen sich verklebte Spitzen, einmal richtig angetrocknet, oft in der Wäsche nicht mehr entfernen.
Die Wahl des Schurplatzes ist von grundlegender Wichtigkeit: Der beste Schurplatz ist frei von Einstreu und leicht sauber zu halten. Ist die Schur auf Einstreu unvermeidlich, hat sich das Abdecken mit Schaltafeln, die auf einen Rahmen aus Kanthölzern geschraubt werden, bewährt. Damit kann auch ein Schurplatz auf unebenem Untergrund in Waage gebracht werden. Auch geeignet ist die Rückseite alter Teppiche.
Der Sortierplatz sollte im Schatten liegen, da die UV-Strahlung des Sonnenlichts die Wolle austrocknet und spröde macht. Auch die Scherer werden es zu schätzen wissen. Alte Bettlaken sind gut für den Transport der abgeschorenen Vliese vom Scher- zum Sortierplatz geeignet. Ein Sortiertisch ist von Vorteil, weil die Vliese so in einer angenehmen Arbeitshöhe begutachtet werden können. Große Säcke für das Sortieren der Qualitäten und Abfallwolle sind bereitzuhalten.

Lagerfehler

Wollwachsschweißige Rohwolle, deren Zusammensetzung fehlerhaft ist, kann bei schlechten Lagerbedingungen altern (siehe auch „Haltungsfehler“, Seite 76). Dabei bilden besonders die Öl- und Wachselemente des Wachsschweißes mit dem Luftsauerstoff schwerlösliches Wollwachs, das sich nur schwer oder gar nicht auswaschen lässt. Das betrifft nicht jedes Vlies, sondern ist individuell unterschiedlich.
Wenn Vliese gelbe Bereiche aufweisen, kann es hilfreich sein, das Bakterienwachstum nach der Schur und vor dem Einlagern durch eine heiße Wäsche zu stoppen. Wird dies versäumt, vermehren sich Bakterien bei der Lagerung weiter, das Vergilben ist ein Effekt von Stoffwechselprodukten dieser Bakterien.
Schlechte Lagerbedingungen für Rohwolle sind:
- zu dunkel
- zu eng und gepresst
- zu feucht, Gefahr von Schimmelbildung
- längere Zeit luftdicht gelagert

Gute Lagerbedingungen sind:
- gleichmäßige, kühle Temperaturen im Lager
- helle Räume
- trockene Räume
- Lagerung in luftiger Verpackung

Alte Rohwolle – noch verwendbar?

Alte Rohwolle kann nicht mehr verarbeitet werden? Das kann man so pauschal nicht sagen. Es kommt immer auf die Gesundheit der Wolle und auf die Lagerbedingungen an, wie lange ein Vlies gesund und bearbeitbar bleibt. Gute Rohwolle ist da durchaus mit guten Weinen vergleichbar.

Schäden, die bei der Bearbeitung entstehen

Durch ungeeignete scharfkantige Geräte, eine unsachgemäße Wäsche und falsche Bearbeitung können Schäden an der Wolle entstehen.
Während der Schur können Verletzungen der Wolle und des Schafes entstehen. So finden sich in der Wolle Nachschnitte, angeschnittene Stapel und gelegentlich abgetrennte Hautstücke.
In Sonne und Wind getrocknete Rohwolle wird spröde, die Elastizität wird beeinträchtigt. Die UV-Strahlung trocknet die Fasern zu schnell und zu stark aus, sodass die Schuppen schrumpfen. Die zerstörerische Kraft der Sonneneinstrahlung macht sich zuerst an den Spitzen der Stapel bemerkbar. Je nach chemischer Struktur der Fasern kann das bis zum Verlust der Spitzen führen. Schäden durch eine zu schnelle Trocknung können nur sehr schwer oder gar nicht durch die Zugabe von Wasser behoben werden.
Heuschnüre aus Jute, Sisal oder Kunststoff, Klauenschnitt, Zigarettenkippen, Metallteile und Müll in der gesackten Wolle sind Verunreinigungen die für industrielle Verarbeiter nur schwer zu entfernen sind.
Mit Pflanzenteilen eingefütterte Vliese zwingen den Verarbeiter mitunter zur Karbonisierung, also einer Behandlung mit Säure und anschließendem Verkohlungsprozess für die Zelluloseanteile. Diese Behandlung verbraucht viel Energie und belastet die Umwelt. Eine Alternative ist die mechanische Entfernung von Pflanzenteilen mit einer schweren, polierten Presswalze am Ende der ersten Krempelmaschine.
Schäden entstehen auch sehr häufig beim ersten, auflockernden Arbeitsschritt, dem Pickern von Wolle, vor allem dann, wenn die Picker-Zinken zu dünn sind und angeschliffen wurden. Durch den Schliff bilden sich scharfkantige Grate an den Zinken, die die Fasern beschädigen können. Wolle, die in industriellen Reißkrempeln bearbeitet wird, wird mit einer Schmälze, einer Emulsion aus Ölen und Wassern benetzt. Die Fasern werden dadurch weniger beschädigt und gleiten besser durch die Maschinen. Rezepte für das Schmälzen sowie Hinweise zur Verarbeitung und zum Spinnen finden sich auf Seite 230.

pH-Wert beachten!

Bei Beachtung des pH-Wertes können die Bereiche vermieden werden, in denen Wolle besonders leicht Schäden davonträgt. Das sind die sauren pH- Werte 1–5 und der basische pH-Wert 11–12. Bei einem pH-Wert zwischen 5,3 und 6,1, fühlt sich Wolle am wohlsten.

Schäden durch die Reinigung und das Färben der Wolle

Beim Reinigen können Wollschäden durch die Verwendung alkalischer Waschmittel wie Kernseife und eine zu starke Entfettung der Fasern entstehen. Besonders bei hartem Wasser bildet sich Kalkseife in der Wolle, die sich nur unvollständig auswaschen lässt. Zu starke Entfettung zeigt sich in Quellung, Kräuselung und Verfilzung der Fasern. Die Wolle bekommt dann einen harten, manchmal klebrigen Griff und lässt sich nur schwer verarbeiten und spinnen, sie „läuft nicht gut". Beim Färben der Wolle können Schäden durch zu kräftiges Kochen bis zur Auflösung der Fasern, eintreten. Hier ist besondere Aufmerksamkeit gefordert.

Nasse und trockene Hitze

Der Wasserhaushalt der Fasern spielt ebenfalls eine wichtige Rolle. Durch zu viel und zu schnelle Hitze bei der Trocknung leidet die Faser sehr, weil ihr Wasserhaushalt gestört wird. Die Fasern werden spröde, ihre ursprünglichen Elastizitäts- und Festigkeitseigenschaften leiden. Die zu trockene Wolle lässt sich nur schwer oder gar nicht mehr regenerieren.
Eine zweite große Gefahr bei der Trocknung ist das Vorhandensein von Alkalienresten in der Wolle. Dadurch kann sich deren Ausgangskonzentration unter Einwirkung von Wärme in relativ kurzer Zeit steigern und zu Schäden führen, speziell bei vorheriger Faserschädigung.

KRANKHEITEN DER WOLLE

Krankheiten und Parasiten können die Wolle schädigen. Schäden machen sich bei der Schur, Beurteilung, im Lager und bei der Verarbeitung bemerkbar.

Wollkrankheiten, Parasiten (Ekto- und Endoparasiten) sowie Infektionen mit den unterschiedlichsten Erregern, aber auch die Behandlung mit Arzneimitteln können sich negativ auf die Wolle auswirken. Hier werden nur die Krankheiten beschrieben, die für die händische Wollverarbeitung von Bedeutung sind.

Was man über Wollschäden unbedingt wissen muss

Wollschädigungen treten selten oder nie gleichmäßig auf, unabhängig von der Ursache. Im Übrigen sind Wollschäden nur selten auf eine einzige Ursache zurückzuführen. „Oft multiplizieren oder potenzieren sich Wollveränderungen, auch schon die naturbedingten, durch ein oder zwei Verarbeitungsprozesse". (Reumuth & Doehner 1964, 430)

KRANKE WOLLE ERKENNEN

Durch Krankheit beschädigte Vliese sind oft an ihrer Beschaffenheit zu erkennen. Ein erster Hinweis auf ein geschädigtes Vlies am Schaf ist sein Aussehen. Es kann unregelmäßig, zerrupft, glanzlos und stumpf wirken. Allerdings sehen auch Schafe, die ihre Wolle selbst verlieren, oft so aus. Der „Griff", also das Handgefühl der Wolle, ist bei kranker Wolle dünn, kraftlos und trocken. Die Elastizitätsprüfung einzelner Stapel gibt zusätzlichen Aufschluss: Geschädigte Stapel zerreißen schon zu Beginn der Prüfung oder geben unter Zug ein knisterndes Geräusch von sich (siehe „Elastizitätsprüfung", Seite 54). Nur ein gesundes Schaf, das sich wohlfühlt und optimal ernährt und gepflegt wird, kann eine gute Vliesqualität liefern.

RISIKOFAKTOREN FÜR KRANKE WOLLE

Folgende Faktoren begünstigen kranke Wolle:

Auf dem Schaf:

- Wollrelevante Erkrankungen des Schafes
- Äußerlich und innerlich vorkommende Parasiten (Ekto- und Endoparasiten)
- Mikrobielle Erkrankungen des Schafes
- Einwirkungen von Arzneimitteln auf die Wolle

Nach der Schur:

- Lagereinflüsse auf die Wolle
- Wollschädlinge

Äußerlich vorkommende Parasiten

Einen hohen Risikofaktor bilden Außenparasiten. Sie erzeugen Hautreizungen mit Juckreiz und Entzündungen. Diese können auch andere Krankheiten nach sich ziehen wie einen Befall mit Fliegenmaden. Alle Erkrankungen der Haut behindern ein gesundes Haarwachstum. Außenparasiten leben auf oder in der Haut sowie im Vlies. Die Übertragung geschieht durch Stalleinrichtungen und von Tier zu Tier. Schafe sind von den folgenden Außenparasiten betroffen:

- Milben
- Haarlinge
- Zecken
- Lausfliege
- Fliegenmaden
- Kriebelmücken

Milben

Die verschiedenen Milbenarten befallen unterschiedliche Körperstellen. Symptome sind Scheuern, Beknabbern mit Hautveränderungen und gerupft aussehendes Vlies. Durch die Untersuchung von Hautgeschabseln können die Milben nachgewiesen werden.
Die Kopfräude wird durch die Grabmilbe (*Sarcoptes ovis*) verursacht, die Körperräude durch die Saugmilbe (*Psoroptes ovis*). Erstere führt zu Hautveränderungen am Kopf, letztere befällt Körperstellen an Hals, Rücken, Rumpf und Flanken.

Lausfliegen entfernen

Bei kleinen Schafbeständen können Lausfliegen regelmäßig abgesammelt werden. Dabei werden die Insekten mit den Fingern aus dem Vlies entfernt und in einen Behälter mit Wasser und Spülmittel geworfen. Die dunkelbraunen, ovalen Puppen werden einfach zerdrückt.

Haarlinge (*Bovicola ovis*)

Haarlinge ernähren sich von Hautschuppen, die sie auf dem Wirtstier aufnehmen. Der Parasit ist streng wirtsspezifisch, ca. 1 bis 2 mm lang und im Vlies gut festzustellen. Vor allem im Winter verursachen sie einen starken Juckreiz, der die ganze Herde in Aufruhr versetzt. Die Vliesschäden entstehen, wenn die Schafe sich an Gegenständen scheuern, um den quälenden Juckreiz zu lindern.

Zecken

Der Holzbock (*Ixodes ricinus*) sowie die Schafzecke (*Dermacentor marginatus*) sind hier von Bedeutung. Der Holzbock ist die häufigste Zecke in unseren Breiten, sie kommt in ganz Deutschland vor und ist vorwiegend ab dem frühen Frühjahr bis in den Spätherbst aktiv. Die Schafzecke ist auf Süddeutschland begrenzt und eher im Frühjahr aktiv.
Im Vlies sind die Zecken an den Innenschenkeln, im Genick und Nacken zu finden; bei starkem Befall kommt es zu Unruhe und Juckreiz. Als Überträger von ansteckenden Krankheiten sind die Zecken für Tiere und Menschen problematisch. Für das Schaf sind sie relevant als Überträger des Q-Fiebers.

Lausfliege (*Melophagus ovinus*)

Die Lausfliege gehört zu den Fliegen (Brachyzera), hat aber keine Flügel. Sie ist 4 bis 6 mm lang, sehr platt, gräulich und rostbraun. Die Tiere ernähren sich vom Blut der Schafe und führen zur Beunruhigung der Tiere. Nach jeder Schafschur reduziert sich der Befall. Die Lausfliege kommt nur noch selten vor.

Fliegenmaden

Der Befall wird Myiasis genannt. Von den Gold- und Schmeißfliegen-Arten, die Schafe befallen, ist die Goldfliege (*Lucilia sericata*) die bekannteste. Sie fällt durch ihren grünblau metallisch glänzenden Körper auf.
Die Fliegen sind in unseren Breiten traditionell zwischen Juni und Oktober aktiv; in milden Regionen sind die aktiven Zeiten heute ausgedehnter. Bei einem Befall legen die Fliegen ihre Eier in die Wolle, bevorzugt an Stellen, die vorgeschädigt, feucht, verkotet oder verfilzt sind. Aus den Eiern können in wenigen Stunden Maden schlüpfen, die sich tief ins Gewebe fressen. Befallene Tiere müssen schnellstens durch Ausscheren der befallenen Stellen sowie eine Verabreichung entsprechender Insektizide behandelt werden.
Um einem Befall vorzubeugen, ist es hilfreich, die Schafe vor der Flugzeit dieser Insekten mit abwehrenden Mitteln zu behandeln und oft zu kontrollieren. Wegen der besseren Wirkung wird eine Behandlung aber erst sechs bis acht Wochen nach der Schur empfohlen.

Kriebelmücken (Simuliidae) und Gnitzen (Ceratopogonidae)

Das sogenannte Sommerekzem ist eine Überreaktion auf Sekrete, die zur Verhinderung der Blutgerinnung beim Blutsaugen von diesen Insekten in den Körper des Schafes abgegeben werden. Es kommt zu einem starken, brennenden Juckreiz und gelegentlich zu allergieähnlichen Reaktionen. Es bilden sich Quaddeln, die noch tagelang jucken. Die Gnitzen sind Überträger der Blauzungen-Krankheit.

Kriebelmücken und Gnitzen haben bestimmte Zeiträume, in denen sie aktiv sind: jeweils eine Stunde vor und nach Sonnenauf- und -untergang. Weiden und Weidezeiten sind entsprechend zu wählen; Ställe sind möglichst so einzurichten, dass ein Befall gering bleibt oder sich die Schafe in einen abgedunkelten Stall mit Türvorhängen zurückziehen können.

Innerlich vorkommende Parasiten

Innenparasiten sind zum Beispiel Bandwürmer, Magen-Darm-Rundwürmer (Nematoden) und Einzeller (Protozoen), die Kokzidien. Sie richten in Schafhaltungen große Schäden an, die sogar zum Tod von Tieren führen können.
Ein Wurmbefall macht sich u. a. durch struppiges Vlies und schlechten Allgemeinzustand bemerkbar. Er ist mit Arzneimitteln gut zu behandeln, der Erfolg einer Entwurmung, mit welchem Mittel auch immer, steht und fällt jedoch mit der richtigen Dosierung.

Mikrobielle Krankheiten

Auch einige durch bakterielle oder virale Infektionen hervorgerufene Krankheiten des Schafes können sich nachteilig auf die Wolle auswirken. Besonders hervorzuheben ist dabei die Wollfäule oder Regenfäule (engl. *wool rot*). Diese Krankheit wird durch Feuchtigkeit und bakterielles Wachstum auf der Haut verursacht. Dabei kann es zu entzündlichen Wundausscheidungen (Exsudat) kommen, die als krustige Ablagerungen in der Wolle zu finden sind. Diese Ablagerungen sind in der Regel nur im Rückenbereich, an begrenzten Stellen als horizontaler, angefilzter, farbiger Streifen in der Wolle zu finden. Die bakterielle Aktivität führt oft zu einer Verfärbung des Vlieses, wobei Farben wie Grün, Rot, Orange, Rosa, Violett, Blau, Gelb, Braun und Grau auftreten können. Ursache ist ein zu dichtes Vlies und zu nasses Wetter.

Einwirkungen von Arzneimitteln

Bei der Injektion von Wurmmitteln oder einer äußerlichen Anwendung von chemischen Insektenmitteln können Struktur- und Pigmentschäden in der Wolle die Folge sein. Bei Ersterem bilden sich in der Wolle ovale bis kreisrunde weißliche Stellen um die Injektionsstelle, die wie „bemehlt“ wirken und brüchig sind. In dunklen Vliesen sind sie deutlich zu sehen. Bei der Anwendung mit einem Mittel zur Bekämpfung von Fliegen, zum Beispiel am Rücken, schrumpft die Wolle ein, bekommt graue Stellen im Inneren und an den Spitzen. Die Faser wirkt brüchig und zwirnig.

Mulesing

Besonders in Australien ist der Schaden an den Merinoschafen, deren zahlreiche Hautfalten im warmen Klima von Fliegenmaden der Art *Lucilia cuprina* befallen werden, beträchtlich. Der Befall ist eine Qual für die Tiere. Um dem vorzubeugen, wird den Lämmern die After-Schwanzfalte entfernt, indem die Haut und der Schwanz unter dem dritten Schwanzwirbel abgeschnitten wird. Dieser Eingriff darf in Australien nur von einer Person mit fachkundiger Ausbildung durchgeführt werden. Der Eingriff wird aber oft ohne Betäubung durchgeführt und ist für das Tier sehr schmerzhaft. Die Methode ist sehr umstritten. In einigen Ländern, z. B. Neuseeland, ist Mulesing verboten, in anderen Ländern (z. B. Südafrika) ist es aufgrund anderer klimatischer Bedingungen oder anderer Schafrassen nicht notwendig. Alternative Maßnahmen wie das Scheren der Tiere in der Afterregion, das Separieren und Behandeln befallener Tiere usw. gelten für die großen australischen Herden aber oft als zu aufwendig. Als längerfristige Alternative wird die Zucht von Schafen diskutiert, die weniger von den Fliegen befallen werden. Verbraucherinnen können beim Kauf von Merinowolle auf Mulesing-freie Wolle achten.

VORBEUGENDE MASSNAHMEN

Gegen Parasiten hilft eine regelmäßige Ausschur der Schafe um den Schwanz und das Hinterteil, vorzugsweise im Spätherbst vor der Lammung oder im Frühjahr sowie nach bzw. vor einem weidebedingten Durchfall. Mittel zur Abwehr von Insekten können durch Baden der Schafe, Begießen, Einsprühen oder Injektion angewendet werden. Außer den Arzneimitteln der Tiermedizin gibt es auch verschiedene Methoden und Mittel, die der Naturheilkunde entstammen. Es gilt immer zu beachten, dass diese Mittel auch für Schafe zugelassen und geeignet sind.

GEFAHREN FÜR DIE WOLLE NACH DER SCHUR

Auch nach der Schur bestehen einige Risiken für die Wolle und ihre Qualität, darunter: schädigende Natureinflüsse, Lagereinflüsse und Wollschädlinge.

Schädigende Natureinflüsse

Gesunde Wolle ist von Natur aus, besonders wenn sie einen normalen Wachsschweißgehalt hat, relativ widerstandsfähig gegen äußere Einflüsse. Vliese sind fast immer mehr oder weniger stark natürlichen Einflüssen wie Sonnenlicht, Wind, Regen und Verunreinigungen ausgesetzt. Krankheiten der Schafe, Ernährungsstörungen, Trächtigkeit der Mutterschafe und andere Ereignisse im Lebenslauf können die Qualität der Wolle zusätzlich beeinträchtigen. Auch durch bestimmte Haltungsbedingungen können Schäden an der Wolle entstehen. Durch Kot und Urin gelangen Bakterien ins Vlies, was sowohl die Haardicke als auch die Festigkeit und Gesundheit der Haare beeinträchtigt. Für alle Bearbeitungstechniken und den weiteren Gebrauch der Textilien ist gesunde Wolle wichtig.

Lagereinflüsse

Neben der Vergilbung der Wolle und der Wollfäule entstehen Schäden durch Pilze und Bakterien auch nach der Schur.

Frisch geschorene Vliese enthalten eine Feuchtigkeit von etwa 17 Prozent. Sie sollten vor dem Verpacken in große Säcke vollständig abtrocknen. Bei einem Feuchtegehalt von 20 bis 40 Prozent, einem Wärmestau, der Anwesenheit wärmeliebender Mikroorganismen sowie dem Vorhandensein ausreichenden Nährstoffs wird Fäulnis begünstigt. Im Ballen entstehen Verfärbungen, und die Wolle wird klamm, brüchig, muffig und zuletzt schimmelig werden. Auch der Befall mit Mehltau und Stockflecken durch Spaltpilze und Bakterien in feuchten Ballen sind möglich. Es kommt zu einem Zerfall der Spindelzellen, Fibrillen sowie zum Abwerfen der Schuppen oder ganzen Schuppensegmenten. Das kann zum Faserbruch führen. BigPacks und Ballen mit Rohwolle müssen bei 5 bis 25 °C, trocken, unter Dach und ohne Bodenkontakt, zum Beispiel auf Paletten gelagert werden.

> **Sicherheitshinweis: Gesundheitsschäden vermeiden**
>
> Wolle die durch Bakterien und Pilze angegriffen wurde, erkennt man an ihrem muffigen Geruch nach Schimmel. Durch Sporen in der Wolle kann es zu gesundheitlichen Problemen beim Verarbeiten kommen. Solche Wolle sollte man besser entsorgen.

Veränderungen des Wollwachsschweißes im Lager

Ein spezielles Mikroklima im Vlies ist neben der Temperatur, Feuchtigkeit, Ammoniak- und Schwefelwasserstoffgehalt und bei Veränderungen des Wachsschweißes von Bedeutung. Während einer längeren Lagerung von Rohwolle und Oxidation durch Luftsauerstoff können sich die Schweißsalze im Wollwachsschweiß vom leicht- zum schwerlöslichen Wachsschweiß verändern.

Wollschädlinge

Um die richtigen Maßnahmen zum Schutz der Wolle im Lager zu ergreifen, ist es wichtig, die Insekten und deren Lebensweise zu kennen, die der Wolle schaden können. Das betrifft vor allem die Kleidermotte (*Tineola bisselliella*), die Pelzmotte (*Tinea pellionella*) und den Teppichkäfer (*Anthrenus scrophulariae*).

Kleidermotten

Kleidermotten sind Schmetterlinge und gehören zur Familie der Echten Motten. Die unscheinbaren erwachsenen Falter werden 4 bis 8 mm groß, bei einer Flügelspannweite von 12 bis 16 mm. Der Körper samt vorderem Flügel ist beige bis ockerfarben

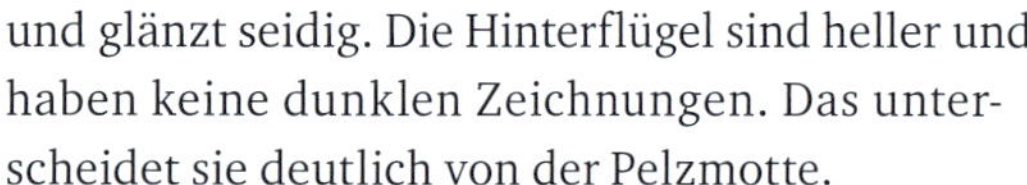
Kleidermotte (*Tineola bisselliella*), erwachsenes Tier

Kleidermotte (*Tineola bisselliella*), Larve mit Gespinst

und glänzt seidig. Die Hinterflügel sind heller und haben keine dunklen Zeichnungen. Das unterscheidet sie deutlich von der Pelzmotte.

» **Ernährung / Wachstumsbedingungen:** Mit 7 bis 9,5 mm Länge sind die weißlich bis leicht gelblichen Raupen gut an ihrem gelb-brauen Kopf zu erkennen. Sie können für erhebliche Fraßschäden an Vliesen und Wolltextilien sorgen. Nur die Puppe und der erwachsene Falter brauchen keine Nahrung.

Temperaturen um 24 °C und hohe Luftfeuchtigkeit sind ideal für Kleidermotten. Ungünstig sind Temperaturen unter 15 °C und über 30 °C. Trockenheit mögen Kleidermotten nicht.

» **Lebensraum und Verhalten:** Die Kleidermotte ist in warmen Räumen das ganze Jahr zu finden. Besonders mag sie dunkle Ecken. Die bevorzugte Flugzeit ist ungefähr Mai bis August. Währende die Weibchen selten fliegen, sind es meist die Männchen, die man herumfliegen sieht. Allerdings können beide Geschlechter so weit fliegen, dass sie sich von Haus zu Haus bewegen können. Die größte Gefahr sich einen Befall einzuhandeln, ist die durch befallene Wolle aus externen Quellen. Kleider und-Pelzmotten fliegen zappelig und werden nicht von Lichtern angezogen.

» **Fortpflanzung:** Motten durchlaufen mehrere Stadien der Entwicklung wie Ei, Raupe, Puppe und Falter. In einem Zeitraum von maximal vier Wochen werden von den Weibchen ca. 50 bis 250 Eier direkt in die Wolle oder eine andere geeignete Futterquelle gelegt. Die Eier sind nur etwa 0,6 mm groß. Aus ihnen schlüpfen die Raupen.

Mottenbefall erkennen

Kleidermotten werden meist erst erkannt, wenn sie in der Wolle aufgescheucht herumlaufen oder -flattern. Als lichtscheue Tiere versuchen sie sofort in den Schatten zu flüchten. Für einen Kleidermotten-Befall sind seidig-durchscheinende, weiß-hellgraue Gespinströhren kennzeichnend. Sie finden sich in oder auf befallenen Vliesen. Die Röhren dienen den Raupen als Schutz und Rückzugsort. In ihnen verpuppen sie sich auch. Ein Befall mit Kleidermotten kann daran erkannt werden, dass Kot aus der Wolle rieselt. Dieser hat oft die Farbe der befallenen Wolle und erinnert an gemahlenen weißen Pfeffer. Ein akustisches Indiz beim Sichten von eingelagerten Vliesen ist ein deutliches Rieselgeräusch, wie von Sand, wenn unter dem Sortiertisch eine Plastikplane ausgelegt wurde. Man sollte aber die Wolle weiter untersuchen, weil es natürlich auch Sand sein kann. Motteneier sind oval, durchscheinend, glänzend und nicht klebrig. Sie sind mit bloßem Auge nicht erkennbar. Die Fraßspuren sind klein, unregelmäßig und gruppiert über das Vlies verteilt oder räumlich begrenzt. Fraßschäden in unverarbeiteter Wolle zeigen sich als zerteilte Stapel, die für die Verarbeitung zu kurz werden.

Die Dauer ihrer Entwicklung sowie ihr Überleben ist abhängig von den Bedingungen ihrer Umgebung. Normalerweise dauert ein Entwicklungszyklus 65 bis 90 Tage, bei sehr guten Bedingungen sind pro Jahr bis zu 4 Generationen möglich. Bei ungünstigen Bedingungen kann der Zyklus auf mehrere Jahre gestreckt werden.
Beide Mottenarten sind ausschließlich Materialschädlinge. Sie haben keine gesundheitlichen Risiken für den Menschen.

Pelzmotten *(Tinea pellionella)*
Die Pelzmotte wird wie die Kleidermotte zur Familie der Echten Motten (Tineidae) gezählt. Die Flügel der Pelzmotten haben eine Spannweite von 9 bis 17 mm, die vorderen Flügel sind schmutzig ockergelb und haben oft ein bis drei dunkle, undeutliche Punkte. Die kleineren Hinterflügel schillern hellgrau bis beige und sind in Ruhestellung unter den Vorderflügeln verborgen. Der Hinterrand beider Flügelpaare ist gefranst. Die Raupen der Pelzmotte sind weiß bis gelblich gefärbt. Sie besitzen eine bräunliche Kopfkapsel mit einer deutlich braunschwarzen Zeichnung am Schild dahinter. Sie erreichen eine Länge von 10 bis 11 mm und leben in einer Röhre aus Spinndrüsensekret. Diese Röhre trägt die Raupe mit sich herum, was ihr im Englischen den Namen „*case making clothes moth*“ eingebracht hat.

Pelzmotte, Falter von der Seite

Pelzmottenraupe (*Tinea pellionella*), Raupe mit Köcher und einer schwarzbraunen Zeichnung am Schild

Achtung Pelzmotte!

Die Pelzmotte ist im Gegensatz zur Kleidermotte sowohl ein Vorrats- als auch ein Materialschädling. Nur die Larven der Pelzmotte sind verantwortlich für Fressschäden an tierischen und pflanzlichen Vorräten in der Speisekammer.

» **Ernährung und Lebensweise:** Wie die Larve der Kleidermotte, so ernährt sich auch die Larve der Pelzmotte hauptsächlich von keratinhaltigen Materialien, befällt aber auch pflanzliche Vorräte. Im Falterstadium nimmt sie keine Nahrung auf. Pelzmotten kommen ursprünglich wahrscheinlich aus Europa, weil sie gemäßigte, kühle Landstriche bevorzugen. Im Haus mögen sie kühle, feuchte Räume. In beheizten Häusern ist sie eher selten anzutreffen. Mittlerweile erstreckt sich ihr Verbreitungsgebiet auch auf Nordamerika, Australien und Neuseeland.

» **Fortpflanzung und Verhalten:** Die weibliche Pelzmotte lebt etwa einen Monat. In dieser kurzen Zeit kann sie bis zu 100 Eier, vereinzelt oder gruppiert, in der Wolle ablegen. Nach etwa einer Woche schlüpfen die Larven und spinnen sich sofort eine an beiden Seiten offene Röhre. Darin leben sie und strecken nur zum Fressen und Kriechen den Kopf und das erste Brustsegment aus der Röhre. Die Entwicklung der Larven ist nach ca. 50 Tagen und drei bis vier Häutungen abgeschlossen. Dann erfolgt die Verpuppung in der Larvenröhre, deren Enden mit einem Sekret der

Spinndrüse verschlossen wird. Schon nach etwa zwei Monaten kann der vollständige Lebenszyklus vollendet sein. Die Motte kann in Mitteleuropa zwei Generationen ausbilden.
Das Verhalten gleicht im Wesentlichen dem der Kleidermotten. Die Männchen können gut fliegen, die Weibchen legen nur kürzere Distanzen zurück. Auch sie werden nicht von Lichtquellen angezogen.

Speckkäfer

Die drei hier beschriebenen Speckkäferarten sind oft vertretene Schädlinge in Häusern.
Der Teppichkäfer, auch Braunwurzblütenkäfer (*Anthrenus scrophulariae*) genannt, ist am häufigsten anzutreffen. Seine Verwandten sind der Kabinettkäfer (*Anthrenus museorum*) und der Wollkrautblütenkäfer (*Anthrenus verbasci*).
Der Teppichkäfer (*Anthrenus scrophulariae*) hat eine Länge von 3 bis 4,5 mm. Der Körper ist rundlich-oval, die Körpergrundfarbe ist schwarz. An den Kanten der Flügeldecken, dort wo sie auf dem Rücken zusammenstoßen, findet sich eine rötlich-orangefarbene, unregelmäßige, bandförmige Zeichnung. Die Deckflügel sind mit drei angedeuteten wellenförmigen, hellen Querbändern gezeichnet. Der Halsschild hat seitlich beige-weißliche, orangerot geränderte Flecken. Die Mitte des Halsschildes ist schwarz.
Der Käfer kommt in verschiedenen Ausprägungen vor. Eine davon ist eine gelbe anstatt orangerote Färbung. Die Käferunterseite ist mit Schuppen bedeckt und farbig gemustert, die Fühler sind elfgliedrig, die letzten drei Glieder sind keulenförmig. Die Larven des Teppichkäfers werden etwa 5 mm lang, sie sind oval, schwarzbraun bis rötlichbraun, mit helleren Ringen, dicht behaart und tragen zusätzlich Pfeilhaare.

» **Ernährung und Lebensweise:** Im Ökosystem beseitigen Teppichkäfer, ebenso wie Kleider- und Pelzmotten, Tierkadaver mit Fell. In Häusern werden nur keratinhaltige Stoffe wie Wolle, Pelze und Felle von den Larven der Speckkäferarten befallen, was besonders in Museen zu Schäden führt. Bei Mischgeweben wird der Wollanteil befallen. In Wolltextilien hinterlassen sie ähnliche Löcher wie die Kleidermotte, allerdings ohne die charakteristischen Gespinste. Getragene Textilien, die mit Schweiß verunreinigt sind, ziehen den Käfer an. Die erwachsenen Käfer fressen Pollen und Nektar. Sie bevorzugen weiße Blüten.

» **Verhalten und Lebensraum:** Der Käfer ist einheimisch. Er lebt in Gebäuden und in der Natur. Anzutreffen ist er unter Baumrinde oder in Nestern. Durch Vogelnester an der Hauswand, kann er ins Haus gelangen.

» **Fortpflanzung:** Das Weibchen legt einmal im Jahr bis zu 20 Eier an geeigneten Materialien ab. Nach wenigen Tagen schlüpfen daraus lichtscheue Larven, die innerhalb eines Jahres mit mehreren Häutungen zum adulten Insekt heranwachsen.

Teppichkäfer (*Anthrenus scrophulariae*), Larve

Teppichkäfer (*Anthrenus scrophulariae*), erwachsener Käfer

WOLLSCHÄDLINGE BEKÄMPFEN

Wie im vorhergehenden Kapitel bereits beschrieben, stellen Wollschädlinge ein erhebliches Risiko für die Wolle dar. Da sich der Kontakt mit solchen Schädlingen nicht vermeiden lässt, muss über die Möglichkeiten zur Vorbeugung oder Bekämpfung gesprochen werden.

Eine passende Abwehr setzt voraus, dass man die Lebensweise der Materialschädlinge kennt. Um Wollvorräte zu schützen, haben Sie die Möglichkeit einer vorbeugenden Vergrämung oder der Bekämpfung, wenn ein Befall aktiv ist. Zur Verfügung stehen Mittel natürlichen und chemischen Ursprungs. Natürliche Mittel sollten bevorzugt werden, weil sie Umwelt und Mensch weniger oder kaum belasten. Chemische Mittel müssen im Fachhandel gekauft und unter Sicherheitsvorkehrungen angewendet werden.

Gesunde Vliese bevorzugen

Die Erfahrung zeigt, dass Materialschädlinge, besonders Motten, kranke oder geschädigte Wolle bevorzugen. Durch die Wahl von gesunden, vitalen Vliesen kann ein Befall beeinflusst werden.

Natürliche Mittel zur Vorbeugung von Schädlingsbefall

Zahlreiche Pflanzen sind zum Schutz vor Materialschädlingen geeignet. Sie können, zum Beispiel als Sud angewendet, benutzt werden, um die Wolle damit zu besprühen oder sie hineinzutauchen. Eine klassische Anwendung schon seit dem Mittelalter sind getrocknete Kräuter als Fußbodenstreu und Kräutersäckchen.

Sicherheitshinweis

Empfindlichen Menschen wird geraten, vor einer Anwendung zu testen, ob sie die vorgeschlagenen Pflanzen vertragen. Bei der Anwendung wird das Tragen von Handschuhen, bei Pflanzen in pulverisierter Form eine Staubmaske und Schutzbrille empfohlen. Bei der Anwendung nicht rauchen, trinken oder essen.

Lavendel ist ein natürliches Mittel gegen viele Wollschädlinge.

Hier folgt eine Liste einheimischer Pflanzen, die zum vorbeugenden Schutz eingesetzt werden. Einige können auch im Garten kultiviert werden. Von den meisten Pflanzen gibt es außerdem ätherische Öle zu kaufen.

EINHEIMISCHE PFLANZEN ZUM SCHUTZ VOR WOLLSCHÄDLINGEN

Deutscher Name	Wissenschaftlicher Name	Verwendung
Lavendel, Echter	*Lavandula angustifolia*	Blüten, Auszug
Speik-Lavendel	*Lavandula latifolia*	Blüten, Auszug
Lavandin, Hybrid-Lavendel	*Lavandula × intermedia*	Blüten, Auszug
Frauenminze/Balsamkraut	*Tanacetum balsamita*	Kraut, Auszug
Echter Haarstrang	*Peucedanum officinale*	Kraut (in Deutschland gefährdet), Auszug
Schöllkraut	*Chelidonium majus*	Wurzel, Auszug
Thuja	*Thuja occidentalis*	Giftig, Nadeln, Zweige, Auszug, Holz
Thuja, Riesen-Lebensbaum	*Thuja plicata*	Giftig, Nadeln, Zweige, Auszug, Holz
Zirben	*Pinus cembra*	Holz, Späne, auslegen Nadeln, Auszug
Virginischer Wacholder	*Juniperus virginiana*	Duftende „Zedern"-Holz Produkte werden aus diesem Baum hergestellt
Estragon	*Artemisia dracunculus*	Alte Wurzel, Auszug
Zwergholunder / Attich	*Sambucus ebulus*	Giftig, ganze Pflanze, Auszug, getrocknete Pflanzenteile
Holunder	*Sambucus*-Arten	Giftig, ganze Pflanze, Auszug, getrocknete Pflanzenteile
Meerrettich	*Armoracia rusticana*	Wurzel, Auszug
Steinklee	*Melilotus officinalis*	Kraut
Tomate	*Lycopersicon esculentum*	Ganze Pflanze
Essigbaum	*Rhus typhina*	Reizender Pflanzensaft, Blätter und Blüten
Walnuss	*Juglans regia*	Blätter
Beifuß	*Artemisia vulgaris*	Kraut
Waldmeister	*Galium odoratum*	Kraut
Wermut	*Artemisia absinthum*	Kraut
Gartenraute	*Ruta graveolens*	Kraut
Balsamkraut	*Tanacetum balsamita*	Kraut
Wacholder, Baum	*Juniperus communis*	Holz
Steinweichsel	*Prunus mahaleb*	Holz, getrocknete Blätter

EXOTISCHE PFLANZEN

Deutscher Name	Wissenschaftlicher Name	Verwendung
Gewürznelke	*Syzygium aromaticum*	Ätherisches Öl, Auszug
Patschuli	*Pogostemon cablin*	Ätherisches Öl aus den Zweigspitzen
Vetiver	*Vetiveria zizanioides*	Ätherisches Öl aus der Wurzel
Perillia	*Perillia frutescens*	Samen, gemahlen, Sud
Chinesische Reisblume	*Aglaia odorata*	Ätherisches Öl
Mottenkönig/ Weihrauchpflanze	*Plectranthus coleoides*	Ganze Pflanze, nicht mit dem echten Weihrauch verwandt
Weihrauch-Baum	*Boswellia sacra* und weitere Arten	Boswellienharz von verschiedenen Arten, Räuchern
Niembaum	*Azadirachta indica*	Alle Teile, Medizin und Landwirtschaft

Mottenschutz mit chemischen Mitteln

Chemische Mottenbekämpfungsmittel sind sowohl für die Materialschädlinge als auch für alle anderen Lebewesen inklusive den Menschen toxisch.
Natürliche Pyrethrine, aus Chrysanthemen extrahiert, werden eingesetzt. Da diese im Licht nicht stabil sind, wird eine Wirkverstärkung in Form von Piperonylbutoxid (PBO) hinzugefügt.
Chemisch nachgebaute Pyrethrine sind: Cypermethrin und Prallethin.
So weit möglich, sollten solche Mittel vermieden werden. Die Kombination von Vorsorge- und natürlichen Bekämpfungsmaßnahmen ist meist völlig ausreichend. Bei hartnäckig wiederkehrendem Befall kann ein sachkundiger Schädlingsbekämpfer helfen.

Bewährte vorbeugende Maßnahmen

- Helle, luftige, trockene und kühle Lagerung der Wolle
- Schränke, Fugen und Ritzen regelmäßig auswischen und saugen
- Vliese ausgebreitet in Regalen lagern, am besten auf ausziehbaren Regalböden
- Wolle locker in Kartons oder durchsichtigen Plastikboxen mit Kräutersäckchen oder Mottenpapier verpacken und fest verschließen

Sicherheitshinweis

In Mottenpapier befindet sich als aktiver Bestandteil das weniger geruchsintensive Paradichlorbenzol (PDCB). Es ist aber ebenfalls gesundheitsschädlich und umweltgefährdend.

- Wolle öfter kontrollieren
- Garne, Textilien und unverarbeitete Fasern vor dem Einlagern mit Kieselgur (Kleine Partikel aus natürlicher Kieselsäure oder fein gemahlenen Kieselalgen) behandeln. Das Pulver auch an den Verstecken der Tiere ausstreuen. (Schädlinge müssen damit in Kontakt kommen.)
- Den Raum mit Düften tarnen. Dazu eigenen sich Kräuter, die lose auf dem Fußboden verteilt werden und durch das Betreten Duftstoffe freigeben. Ebenfalls geeignet sind Kräuterbündel oder -säckchen, die zwischen der Wolle verteilt werden, je mehr, desto besser. Auch das Verdampfen von natürlichen Raumdüften (ätherische Öle) und das Räuchern mit Baumharzen und Kräutern kann zur Tarnung dienen.
- Ganze Rohwollvliese in Laken aus Baumwolle oder Leinen einrollen. Die Laken eventuell vorher mit Kieselgur bestäuben.

- Gewaschene, aber unverarbeitete Wolle oder Garne in Neemöl oder einem Sud aus den Pflanzen der Tabelle tauchen und trocknen lassen. Sehr sichere Methode, Neemöl muss aber importiert werden.
- Wolle schnell verarbeiten und nicht lange einlagern
- Zeitungspapier auf der Wolle verteilen oder sie darin einwickeln
- Wolle in Duftmüllsäcke verpacken oder diese mit in den Karton, die Box, legen
- Befallskontrolle mit Pheromon-Fallen. Diese Fallen enthalten weibliche Sexulalockstoffe. Nur die paarungsbereiten Männchen lassen sich anlocken und bleiben auf den Klebeflächen haften. Die Fallen zeigen aber eher das Vorhandensein von Kleidermotten an, als dass sie eine aktive Bekämpfung darstellen.

Natürliche Mittel bei einem Befall

Wird ein Befall festgestellt gilt es, schnell zu handeln. Alle Lagerbehälter müssen überprüft werden. Befallene Wolle muss entsorgt werden. Das gesamte Lager sollte anschließend gereinigt werden, wenn möglich mit einem Heißdampfgerät. Möbel, Boden und Behälter sollten mit verdünntem Essig, Kräutersud oder Neemöl ausgewaschen werden.

Zusätzlich mögliche Maßnahmen

- Schlupfwespen einsetzen. Im Fachhandel werden Kärtchen angeboten, die mit parasitierten Eiern der Kleidermotte beklebt sind. Daraus schlüpfen die winzigen Schlupfwespen (*Trichogramma evanescens*). Sie können nicht fliegen, sondern finden durch ihre Sinne und kriechend zu den Motteneiern, in die sie wiederum ihre Eier legen. Aus diesen schlüpfen so lange Schlupfwespen, wie es Kleidermotteneier gibt.
- Bei wertvollen Vliesen können die befallenen Teile großräumig abgetrennt und bei über 40 °C gewaschen werden
- Die befallene Wolle einer Hitzetherapie von mindestens 60 °C für ca. eine Stunde, aussetzen. Trockene Hitze (Sauna) ist faserschonender als feuchte. Dabei die Wolle gut ausbreiten, denn die Hitze muss auch ins Innere der Wolle gelangen. Wolle kann auch in schwarzen Plastiksäcken in die Sonne gelegt werden, um sie aufzuheizen.
- Direkte Sonnenbestrahlung tötet Larven und Eier durch Austrocknen, beschädigt aber auch die Wollfasern.
- Die Wolle bei mindestens –18 °C für eine Woche einfrieren, den Vorgang nach drei Wochen wiederholen
- Extreme Temperaturschwankungen können hilfreich sein, speziell bei nicht-waschbaren bzw. größeren Mengen

Trost bei Wollschäden

Es ist zweifellos ärgerlich, wenn ungebetene Insekten sich an den Wollvorräten bedienen. Ein Befall zeigt, dass es irgendwo eine Lücke in der Abwehr gibt. Doch bei allem Aufwand, der zum Schutz der Wollvorräte betrieben werden kann, gilt es eines zu bedenken: Jedes Jahr gibt es wieder neue, interessante Vliese.

GEWINNUNG DER WOLLE

Die Erzeugung der Rohwolle beginnt beim Schafhalter; er ist verantwortlich für ihre Qualität. Gesunde, saubere Vliese lassen sich nur durch die Auswahl von guten Zuchttieren, eine durchdachte, artgerechte Haltung und bedarfsgerechte Fütterung erzeugen. Wenn das alles erfüllt ist, gipfelt die Ernte der Wolle in einer fachgerechten, sauberen Schur.

Bei den ersten Schafschuren der Frühzeit dürfte die Wolle durch Raufen geerntet worden sein. Dabei wird die Wolle, wenn der Fellwechsel eingetreten ist, vom Schafkörper gerupft. Frühe Belege in Form von Aufzeichnungen auf Steinplatten berichten über die Schafzucht und Schur etwa 3 000 v. Chr. in der mykenischen Stadt Knossos. Bügelscheren, wie sie auch heute noch bei der Schafschur verwendet werden, sind ab 1 000 v. Chr. belegt. Zuerst wurden die Scheren aus Bronze hergestellt, ab der La-Tène-Zeit um 500 v. Chr. sind auch solche aus Eisen belegt.

Wolle, der Schmutzmagnet

Wolle, ob roh oder gewaschen, hat die Eigenschaft, dass Pflanzenteile wie Heu und Stroh, aber auch alle anderen kleinen Krümel in ihr hängen bleiben. Solche Teilchen in der Wolle sind nur mit großem Aufwand zu entfernen. Besser, sie gelangen gar nicht erst in die Wolle.

EINIGE GEDANKEN VOR DER SCHUR

Die Tiere sollten gesund und trocken sein. Vor der Schur sollten sie die Nacht auf einer mageren Weide eingepfercht und vor der Schur nicht voll gefüttert und getränkt werden. So ist es für sie angenehmer beim Scheren.

Gesunde, sauber geschorene Vliese lassen sich besser verkaufen und sind besonders bei den Rohwollhandwerkerinnen begehrt. Die meisten Schafrassen müssen mindestens einmal im Jahr geschoren werden. Bei einigen Rassen, deren Wollwachstum über dem Durchschnitt liegt, ist eine zweimalige Schur besser. Das ist z. B. bei vielen Bergschafrassen der Fall. Traditionell wird die erste Schur im Frühsommer (nach den Eisheiligen ab Mitte Mai) oder im Juni zwischen dem 4. und 20. Juni (also nach der Schafskälte) durchgeführt. Wenn die Schafe im Winter nicht aufgestallt werden, ist der Herbstschurtermin Anfang Oktober. So kann bis zum Winter genügend Wolle nachwachsen, sodass die Schafe auch in Offenstallhaltung draußen sein können. Eine Zweitschur kann auch im Januar erfolgen, bevor die Schafe in den Stall kommen.

VIER SCHURARTEN

Für die Schur können elektrische Handschermaschinen ebenso verwendet werden wie einfache Handscheren.

Die Bankschur ist die in Deutschland am meisten angewendete Methode. Vor dem Scherer steht ein bankähnliches Podest, auf dem das Schaf auf sein Hinterteil aufgesetzt und an den Scherer gelehnt geschoren wird.

Bei der Bodenschur, der zweiten Schurart, liegt das Schaf auf einem glatten Holzboden. Diese Methode wurde vor etwa 150 Jahren in Australien entwickelt.

Eine dritte, urtümliche Art ist es, das Schaf auf den Boden zu legen, ihm die Läufe zusammenzubinden und es so zu scheren. Diese Methode wurde im Mittelalter angewandt. Heute ist dieses Vorgehen noch vereinzelt in Großbritannien,

der Bretagne sowie im osteuropäischen Raum zu finden.
Das Schaf kann auch auf einem Klauenpflegestand stehend, den Kopf fixiert, geschoren werden. Diese Art ist für den Scherer besonders Rückenschonend.

Gut vorbereiten!

Eine Schur will gut vorbereitet sein, damit sie für alle Beteiligten stressfrei und wollfreundlich durchgeführt werden kann. Befindet sich der Schurplatz im Stall oder unter freiem Himmel? Für genug kräftige, ausdauernde Helfer und gute Verpflegung in den Pausen muss ebenfalls gesorgt sein.

Bankschur mit einer elektrischen Schermaschine

DIE WOLLFREUNDLICHE SCHUR

Um eine wollfreundliche Schur durchführen zu können, sollte der Schurplatz gut vorbereitet sein. Im Wesentlichen heißt das, bei allen Schurarbeiten darauf zu achten, dass die Wolle frei von Heu, Stroh und Verschmutzungen bleibt.

Schur im Stall

Vor der Schur sollte dafür gesorgt werden, dass die Schurfläche hell, einstreufrei und sauber ist. So können während der Schur keine Pflanzenteile in die Vliese gelangen. Für den Motor der Schurmaschine muss eine stabile Aufhängung gebaut werden, außerdem wird eine Stromquelle mit Verlängerungskabel gebraucht. Muss auf Einstreu geschoren werden, dann sollte dieser Bereich abgedeckt werden. Dazu eignen sich feste, breite Holzbretter wie alte Türen oder Schaltafeln und feste Planen. Die Unterlage sollte so groß gewählt werden, dass beim Scheren die Wolle nicht in die Einstreu fallen kann. Gleichzeitig sollte sie so glatt sein, dass sie abfegbar ist, aber so rau, dass niemand ausrutschen kann.

Ein Schurplatz unter freiem Himmel

Soll die Schur draußen stattfinden, liegt der Platz dafür idealerweise im Schatten mit viel Platz für Pferche, um die Schafe zu händeln. Auch hier sollte die Schurfläche abfegbar sein.
Der Schurplatz muss unbedingt sauber gehalten werden, denn die Vliese können bereits im Pferch, während die Schafe warten, durch Kot und Urin verschmutzen. Von Einstreu aus Sägespänen oder neu aufgeschüttetem Stroh in Fangbuchten ist abzuraten, da diese sich fest in die Wolle setzt. Je nach Untergrund sollte ein Besen oder eine Fächerharke bereitstehen.

Genug Platz ist das A und O

Für Schurplätze drinnen oder draußen gilt: Man sollte genug Platz außerhalb der aktiven Schur für die Klassifizierung und Lagerung der Wolle einplanen. Wenn man diesen Platz außerdem noch mit Planen unterlegt, erleichtert das die Lagerung der Wolle und das Aufräumen des Platzes erheblich.

Nachschnitt

Schurfehler

Ein lästiger Schurfehler, der die Qualität des Vlieses stark beeinträchtigt, sind Nachschnitte und angeschnittene Stapel. Nachschnitte sind sehr kurze Wollflocken, die entstehen, wenn der Scherer etwas Wolle auf dem Körper stehen lässt und diese beim nächsten Zug mit abschert. Angeschnittene Stapel entstehen, wenn die Schere ungleichmäßig geführt wird, sodass Stapelteile erfasst werden. Kurze Fasern und Stapel mindern den Wert des Vlieses und erschweren die Verarbeitungsmöglichkeiten.

Bei der Schur klassifizieren oder sortieren?

In wollproduzierenden Ländern werden die Vliese noch während der Schur klassifiziert. Dabei wird der verschmutzte kurze Rand entfernt, das Vlies fachgerecht eingerollt und in Säcke verpackt. Das spätere Sortieren in verschiedene Qualitäten findet beim Verarbeiter oder Wollhändler statt (siehe Seite 198). In Deutschland wird die Wolle meistens einfach in Säcke gestopft. Ideen um Wolle besser zu nutzen gibt es auf Seite 96.

Klassifizieren für Wollhandwerkerinnen

Schöne Vliese, bei denen nur der verschmutzte Rand entfernt wurde, sollte man fachgerecht einrollen und einzeln, separat sammeln. Sie werden von Wollhandwerkerinnen gern abgenommen und wertgeschätzt.

Um die verschiedenen Wollqualitäten zu klassifizieren, muss eine ausreichende Zahl von Wollsäcken bereitgehalten werden. Möglicherweise lassen sich beim Wollaufkäufer mit detailliert klassifizierten Vliesen bessere Preise erzielen: Fragen Sie ihn danach. Einige Qualitäten die klassifiziert werden können:

- Weiße Wolle: fein oder grob
- Farbige Wolle: gemischt oder nach Farben sortiert
- Sehr grobe und haarige Wolle
- Saubere, weiße Wolle ohne haarige Anteile
- Abfallwolle: Bauch, Beine / Schenkel, Kopf, Schwanz, Verfilztes

Verpackung

Die Vliese müssen vor dem endgültigen Einsacken vollständig getrocknet sein. Fachgerechtes Einrollen der Vliese ist für die weitere Bearbeitung sehr wichtig (siehe Seite 191). Für einen kurzen Transport können sie auch leicht tierfeucht sein, so wie sie vom Scheren kommen, sollten danach aber zügig zum Trocknen an einem luftigen und schattigen Platz ausgebreitet werden.

SCHAFWOLLE: ABFALL ODER BEGEHRENS-WERTER ROHSTOFF?

Schafwolle – ein wertvoller Rohstoff? Ganz so einfach ist es nicht. Der gesetzliche Rahmen ist eng und einem wertschätzenden Umgang mit Wolle nicht förderlich. Die historische Entwicklung der Schafzucht in Deutschland beeinflusst unsere Auffassung vom Wert der Wolle.

1957 wurde im Vertrag vom Rom die EWG gegründet und festgelegt, dass Wolle kein landwirtschaftliches Erzeugnis ist. Bis heute, über 60 Jahre später, sorgt diese Bestimmung für Unmut bei Schafhaltern und Wollhandwerkerinnen, weil die Verordnung die freie Vermarktung und den Umgang mit der Rohwolle behindert

WOLLWERTE IN DER VERGANGENHEIT

Bis 1890 hatte das Deutsche Reich das Exportmonopol für feinste Merinowolle. Zeitweise wurden in Deutschland bis zu 30 Millionen Schafe gehalten. Zwischen 1810 bis 1890 gab es vier Merinorassen mit spezialisierten Wolleigenschaften für die industrielle Verarbeitung.
Das Ende der Merinozucht in Deutschland wurde eingeleitet durch die Produktion von zu großen Mengen an Feinwolle, die einen Preisverfall nach sich zog. Hinzu kam der Einsatz von Dampfmaschinen, der den Transport von Wolle aus Übersee günstiger machte. Außerdem machte es die technische Entwicklung der wollverarbeitenden Industrie möglich, auch aus gröberen Wollqualitäten bessere Garne herzustellen.
Ein weiterer Faktor war die Erfindung des Kunstdüngers um 1910 und sein zunehmender Einsatz.

DIE VIER MERINORASSEN UND IHRE ZUCHTZIELE

Rasse	Stapellänge	Wollfeinheit	Schweißwolle	Reinwollgehalt	Zuchtziel Körperform
Eskurialschaf (Deutsches Edelschaf) 1810 bis 1850	3–5 cm	unbekannt	unbekannt	unbekannt	Feine Wolle mit höherem Vliesgewicht
Merinotuchwollschaf 1830 bis 1860	3–5 cm	18–22 Mikron	4–5 kg	unbekannt	Große, schwere Schafe, faltenloser Rumpf, dichtes, längeres Vlies
Merinostoffwollschaf 1830 bis 1870	7 cm	unbekannt	4,5 kg	30–32 %	längere Stapel, höheres Vliesgewicht
Merinokammwollschaf 1830 bis 1900	6–9 cm	22–25 Mikron	4–5 kg	30–35 %	mehr Fleischertrag, längere Stapel

(nach Strittmatter 2011)

So konnten Flächen, die ursprünglich nur für die Schafhaltung tauglich waren, nun für die intensivere Rinderhaltung genutzt werden. In der Folge wurde das Merinokammwollschaf zwischen 1890 und 1900 zum Merinofleischschaf umgezüchtet. 1903 wurde es als Rasse mit der Zuchtrichtung Wolle und Fleisch anerkannt.

Die weitere Entwicklung zog eine Spezialisierung zugunsten der Fleischproduktion nach sich. Sie wurde nur durch die Autarkiebestrebungen des Dritten Reiches unterbrochen, als die Produktion von Wolle noch einmal an Wert gewann. In dieser Zeit gab es nur noch zwei Merinorassen:

- Merinoschafe mit dem Zuchtziel Wolle: A bis AA und darüber, mit Feinheiten von maximal 25 µm
- Merinofleischschafe mit dem Zuchtziel Wolle: A bis AB, mit 25 bis 26 µm

Nach 1945 wurde die Zucht der Merinos in der BRD fast vollkommen auf die Produktion von Fleisch umgestellt. Nur in der DDR war die Zucht auf Wolle und Fleisch immer noch wichtig, um von teuren Importen unabhängig zu sein. Dort entstand um 1970 das Merinolangwollschaf, das heute wie das Merinofleischschaf von der GEH – der Gesellschaft zur Erhaltung gefährdeter Haustiere – als gefährdet bzw. stark gefährdet eingestuft wird.

Durch unplanmäßige Einkreuzungen anderer Rassen und mangelndes züchterisches Wissen erfolgte eine Vergröberung der Wolle. Dadurch und durch billige feinere Wollimporte aus Übersee war sie für die noch vorhandene einheimische wollverarbeitende Industrie nicht mehr verwertbar. Ab den 1970er Jahren wurde die Zucht auf Wolle vollständig zugunsten der Fleischerzeugung aufgegeben.

WAS MACHT MAN HEUTE MIT DER WOLLE?

Über viele Generationen hinweg lebte der Schäfer vom Wollertrag, und der Wert eines Schafes definierte sich über die Wolle, die es auf seinem Rücken trug. Gleichzeitig galt gute Wolle als Qualitätsmerkmal eines guten Schäfers.

Die meisten Schafe, die heute weltweit gehalten werden, sind nach wie vor Wollschafe. In Deutschland ist das anders. Vielfach wird Rohwolle eher als Problem betrachtet, denn es wird so wenig für Mischwolle gezahlt, dass sich die Verbesserung der Wolle bei der Zucht, Haltung und Schur nicht lohnt. Auch von staatlicher Seite gibt es keine Angebote zur sinnvollen Nutzung von Rohwolle. Und die Beseitigung der Rohwolle, die nicht vermarktet werden kann und sogar als „Abfall“ betrachtet wird, ist teuer.

Den Wert erhöhen

Nur saubere, weiße und relativ feine Wolle oder reine Sortierungen von bestimmten, gesuchten Landschafrassen erzielen bessere Preise. Für völlig unsortierte Mischwolle gibt es nur geringe Preise. Nach welchen Kriterien sortiert werden soll, ist am besten beim Aufkäufer zu erfragen.

Tatsächlich gibt es mittlerweile Initiativen zur Zucht von Schafen, die ihre wenige, kurze Wolle selbst verlieren und nicht mehr geschoren werden müssen. In den Augen von Wollhandwerkerinnen stehen diese modernen Schafe für den Verfall der Wollkultur sowie des züchterischen Wissens rund um die Wollerzeugung.

Es gibt zu wenige organisierte Strukturen, um die Wolle nach Sorten zu sammeln und zu vermarkten. Österreich, die Schweiz und andere europäische Länder sind da schon etwas weiter. Um Vermarktungswege zu finden, sind kreative Eigeninitiativen der Schafhalter und Verarbeiter gefragt.

Die „Deutsche Wollverwertung“ – eine Selbsthilfeorganisation

In den 1920er Jahren gründeten Schäfer aus Süddeutschland die Selbsthilfeorganisation „Deutsche Wollverwertung“. Mit ihrer Hilfe sollte der Absatz von Wolle gefördert werden. Es gab Annahmestellen für Wolle, größere Mengen wurden versteigert. Die Initiative verfügte sogar über eine Fertigwarenabteilung, in der die Schäfer Kleidung, Bettwaren und Strickwolle herstellen lassen konnten. 1996 kam das Ende: Die Deutsche Wollverwertung wurde geschlossen (Häckh 2013).

Solche Initiativen haben es aber schwer, denn in Deutschland und der EU gilt Rohwolle als Abfall und nicht als landwirtschaftliches Produkt.

BESSERER WOLLABSATZ

Jeder Schafhalter möchte, dass mit den Wollbergen seiner Schafe, die jedes Jahr ein- oder zweimal anfallen, etwas Sinnvolles geschieht. Denn die Wolle ist ein wertvoller Rohstoff mit unübertroffenen Eigenschaften und zudem vollständig biologisch abbaubar, dabei düngt sie noch den Boden.

Ein Teufelskreis?

Weil die Preise wegen mangelnder Qualitäten schlecht sind, wird wenig bezahlt. Weil es für die Rohwolle wenig gibt, lohnt es sich nicht, die Wollerzeugung zu verbessern. Es liegt an jedem einzelnen Schafhalter, den Wollhandwerkerinnen und letztlich den Konsumenten, diesen Teufelskreis zu beenden!

Anregungen für große Herden

- Züchterisches Wollwissen, eine Haltung, die die Wollsauberkeit berücksichtigt, und eine fachlich einwandfrei ausgeführte Schur sind die Voraussetzungen für bessere Wolle.
- Den Wollaufkäufer fragen, wie die Wolle klassifiziert oder sortiert werden soll, damit ein besserer Preis erzielt werden kann.
- Eine Eigeninitiative beginnen und z. B. Bettdecken, Garne, Kardenbänder zum Spinnen und Filzen und Ähnliches herstellen lassen.
- Alte bedrohte oder seltene Schafrassen halten, denn deren Wolle wird wieder vermehrt gesucht.
- Ein Bio-Zertifikat beantragen, um mit höheren Preisen verkaufen zu können.
- Schließen Sie sich mit anderen Schafhaltern zusammen und kaufen Sie gemeinsam eine Pelletiermaschine. So kann die Wolle zu einem hochwertigen natürlichen Dünger verarbeitet werden. Bieten Sie auch eine Lohnpelletierung für andere Schafhalter an.

Anregungen für kleine Haltungen

- Wollfreundliche Zucht und Haltung erzeugen bessere Vliesqualitäten.
- Sich mit anderen Herdenbesitzern zusammentun und die Wolle gemeinsam verarbeiten lassen oder in größerer Menge an Wollaufkäufer verkaufen.
- Bei einem kleinen Lohnverarbeiter können sogar einzelne Vliese zu Garn, Filz oder Spinnwolle verarbeitetet werden.
- Gerade rauere und bauschige Wolle kann wunderbar zu Bettdecken verarbeitet werden.
- Einige Wolleinkäufer kaufen Rohwolle von seltenen Landschafrassen auf, um daraus Funktionskleidung zu machen.
- Besonders schöne und saubere Einzelvliese können an Spinnerinnen und Filzerinnen verkauft werden. Natürlich kann man sie auch verschenken, eintauschen oder für die Schurkosten abgeben.
- Die Wolle kann als Mulch und für Pflanzungen im Garten verwendet werden.
- Die Wolle zu Düngerpellets verarbeiten lassen oder gemeinsam mit anderen Haltern eine Pelletiermaschine kaufen.
- Das Spinnen am Spinnrad oder das Filzen erlernen. Die Handspinngilde e.V., der Verein für die Förderung der Handspinnerei, hilft gerne weiter.

WAS SONST NOCH FÜR MEHR WERTSCHÄTZUNG DER ROHWOLLE GETAN WERDEN KANN

- Über die Schafzuchtverbände auf die Politik einwirken, damit die EU-Verordnung zur Wolle geändert wird. Viele Schafhalterinnen und Rohwollverarbeiterinnen wünschen sich, dass Rohwolle wieder uneingeschränkt vermarktet, transportiert und verarbeitet werden kann.
- Die kunsthandwerkliche Verarbeitung von einheimischer Wolle auf Märkten, bei Spinntreffen und an anderen Orten der Öffentlichkeit präsentieren.
- In Sachen Rohwollvermarktung schauen, was in anderen europäischen Ländern funktioniert.

Letztendlich liegt es bei jedem Einzelnen, wie wichtig ihm eine sinnvolle Nutzung der selbst erzeugten Rohwolle ist und wie viel er dafür tun möchte, dass die wertvolle Rohwolle den ihr zustehenden Wert wiedergewinnt und aus der Abfallecke geholt wird.

TIERSCHUTZ IN DER SCHAFHALTUNG

Wertschätzung für die Wolle setzt Wertschätzung für das Schaf voraus. Wer Schafe hält, hat als Mensch die Verantwortung, seine Tiere, die seine Mitgeschöpfe sind, zu schützen, artgerecht zu halten und optimal zu versorgen. Das Tierschutzgesetz (TierSchG) mit seinen ergänzenden Bestimmungen, Leitlinien und Empfehlungen regelt den Umgang mit Tieren und gilt auch für Nutztiere.

SCHAFE ARTGERECHT HALTEN

Eine Schafhaltung kann jeder ohne Genehmigung beginnen. Der Halter muss die Schafe art- und tiergerecht gemäß dem Tierschutzgesetz und den 19 Rechtsvorschriften der EU (Cross Compliance) halten. Die Tierhaltung muss bei der zuständigen Veterinärbehörde registriert werden. „Alle Nutztierhaltungen unterliegen der Viehverkehrsordnung, die Bestandsmeldungen, individuelle Tierkennzeichnungen, zum Beispiel durch Ohrmarken, die Führung eines Bestandsregisters und bestimmte Stichtagmeldungen vorschreibt." (Rieder 2017, 10)

Ein Stallbuch anlegen

Alle biozertifizierten Haltungen müssen ein Stallbuch anlegen und führen. Unabhängig davon ist ein Stallbuch für jede Tierhaltung eine schöne Sache, weil darin alle Vorkommnisse einer Haltung in Wort und Bild aufgezeichnet werden. Das Stallbuch ist ein Nachschlagewerk und Wissensschatz für zukünftige Generationen.

Aus mangelnder Sachkenntnis oder „weil man es schon immer so gemacht hat" werden bei der Schafhaltung jedoch oft gravierende Fehler begangen. Weil Schafe anders leiden als Menschen oder Pferde und auch für den Menschen weniger deutlich ausdrücken, wenn es ihnen schlecht geht, werden die Auswirkungen von mangelnden Haltungsformen oder schlechtem Umgang oft nicht rechtzeitig erkannt.

Schafe brauchen immer Zugang zu genügend frischem Wasser und Raufutter. Sie brauchen einen genügend großen Auslauf für den Winter und eine Weide mit Unterstand für alle Tiere, die ihren rassetypischen Ansprüchen genügt. Eine Moorschnucke hat andere Ansprüche an die Weide und den Stall oder Unterstand als ein Wensleydale oder ein Ostfriesisches Milchschaf. Die Plätze, an denen sich Schafe befinden, müssen frei von Verletzungsgefahren sein. Werden unterschiedliche Tierarten auf einer Fläche gehalten, müssen die Kleineren jeweils eigene Bereiche zum Fressen und Ruhen aufsuchen können. Kranke Tiere müssen sofort behandelt werden.

Folgende drei Grundsätze sind bei der Schafhaltung als Mindeststandard immer einzuhalten (Korn 2016, 305): Wer ein Tier hält, betreut oder zu betreuen hat,

- muss das Tier seiner Art und seinen Bedürfnissen entsprechende angemessen ernähren, pflegen, und verhaltensgerecht unterbringen.
- darf die Möglichkeit des Tieres zu artgerechter Bewegung nicht so einschränken, dass ihm Schmerzen oder vermeidbare Leiden oder Schäden zugefügt werden.

- muss über die für eine angemessene Ernährung, Pflege und verhaltensgerechte Unterbringung des Tieres erforderlichen Kenntnisse und Fähigkeiten verfügen.

Schafhaltung kann man lernen

Die Schulung für das Zertifikat „Sachkundiger Schafhalter" wird von der Landwirtschaftskammer angeboten. Die Teilnahme ist freiwillig und vermittelt die Grundlagen der Schafhaltung.

Auch für professionelle Schäfer bietet die Landwirtschaftskammer Beratungen und Dienstleistungen zur Schafhaltung, Fütterung und Tiergesundheit an.

DIE WICHTIGSTEN GESETZLICHEN BESTIMMUNGEN UND LEITLINIEN

An erster Stelle steht das Tierschutzgesetz (TierSchG), folgende darin enthaltene Bestimmungen sind für die Schafhaltung von Belang:

- § 2 (Erfordernis artgerechter Haltung)
- § 17 (Straftatbestand Tierquälerei)
- § 18 (Tatbestand Ordnungswidrigkeit) und
- § 16a (Anordnungsbefugnisse der Veterinärbehörden).

Behörden und Gerichte orientieren sich zudem an der Tierschutz-Nutztierhaltungsverordnung und den Europaratsempfehlungen für Schafe von 1992. Außerdem greifen sie auf verschiedenen Leitlinien und Empfehlungen zurück. Diese Leitlinien und Empfehlungen werden von den Behörden herangezogen um feststellen zu können, ob bei einer Schafhaltung die für dass Wohl der Tiere erforderlichen Mindeststandards eingehalten wurden.

WAS WOLLHANDWERKERINNEN FÜR MEHR TIERSCHUTZ TUN KÖNNEN

Wollhandwerkerinnen, die direkt beim Schäfer einkaufen, tragen eine Mitverantwortung für das Wohl der Schafe und die Wertschätzung, die den Tieren entgegengebracht wird. Über ihr Einkaufsverhalten können sie eine Macht ausüben, die immer noch unterschätzt wird.

Wer bei der Schur oder beim Ab-Hof-Verkauf tierschutzrelevante Missstände feststellt, sollte diese ansprechen oder das zuständige Veterinäramt informieren. Mit dem Kauf von Vliesen bei Schäfern und Schafzuchtbetrieben, denen das Wohl der Tiere am Herzen liegt, kann man den Tierschutz direkt fördern. Auch den Erhalt seltener Schafrassen können Wollhandwerkerinnen durch die Wertschätzung dieser Vliese fördern.

Im Übrigen gilt natürlich auch für den Einkauf von Wolle über einen Händler oder aus dem Ausland: Es zeugt von Verantwortungsbewusstsein als Verbraucher, wenn man sich vor dem Kauf über die Haltungsbedingungen informiert.

Das Tierschutzgesetz reicht nicht aus

Im Tierschutzgesetz wird auf die Bedürfnisse des Schafes teilweise noch zu wenig Bezug genommen. Zum Beispiel werden neue Erkenntnisse zum Schmerzempfinden neugeborener Lämmer noch nicht berücksichtigt (von Korn 2017). Das betrifft die Kastration von Böcken und das Kürzen (Kupieren) der langen Schwänze bei Lämmern. Das Kupieren wird meistens ohne Betäubung und nachhaltige Wundversorgung durch die Applikation eines Gummiringes durchgeführt. Hier gilt es, sich als mündige Verbraucherin fachkundig zu informieren und durch das eigene Einkaufsverhalten möglichst tierfreundliche Haltungen zu bevorzugen.

SCHAFRASSEN

Schaf ist nicht gleich Schaf und damit ist Wolle nicht gleich Wolle. In der 10 000 Jahre alten Zuchtgeschichte der Hausschafe ist eine Vielzahl unterschiedlicher Schafrassen entstanden, die sehr unterschiedliche Wolle hervorbringen. Erst wer die Eigenschaften der Schafrassen zu unterscheiden vermag, kann ihren individuellen Wert erkennen und schätzen.

GESCHICHTE DER SCHAFRASSEN

Mit der Domestizierung der Schafe beginnt auch die Geschichte der Schafrassen. Bereits um 10 000 v. Chr. wurden in Vorderasien Wildschafe als Hausschafe gehalten.

Neuesten Untersuchungen zufolge stammen alle Hausschafrassen vom Mufflon ab und wurden vorzugsweise zur Fleisch- und Fellgewinnung gehalten. Da das Mufflon ein Haarschaf ist, ergab sich die Nutzung der Wolle erst viel später und war das Ergebnis einer langen, intensiven Zuchtauslese. Angeblich zeigt eine Tonstatuette aus der Zeit um 6 000 v. Chr. das erste Wollschaf und markiert damit den Startpunkt für die Wollnutzung durch den Menschen. Zahlreiche archäologische Funde belegen den Werdegang der Schafzucht in der Geschichte der Menschheit und die Entwicklung der Schafrassen. Die Vielfalt der Rassen ist dabei nicht nur der Nutzbarmachung der Ressourcen Fleisch, Milch oder Wolle geschuldet; vielmehr spielen auch der Lebensraum und die Haltungsbedingungen eine große Rolle. Viele Rassen sind perfekt an eine oft karge und lebensfeindliche Umgebung angepasst und ermöglichen es dem Menschen, Landschaften nutzbar zu machen, die ihnen ohne diese Schafrassen verschlossen blieben.

SPEZIALISIERUNG

Leider kam es Mitte des 20. Jahrhunderts im Zuge der Intensivierung der Landwirtschaft zur massiven Rassenspezialisierung, wodurch viele Schafrassen stark gefährdet wurden oder sogar ausgestorben sind. Zum Glück erkannten bereits in den 80er Jahren einige Idealisten, dass nur die genetische Vielfalt eine zukunftssichere Landwirtschaft gewährleisten kann, und begannen, die bedrohten Rassen zu schützen. Auch wenn der Erhalt mancher Rassen noch nicht vollständig gesichert ist, so können wir doch aus einer überwältigenden Rassevielfalt schöpfen. Allein in Deutschland werden rund 60 verschiedene Schafrassen gezüchtet. Oft werden in benachbarten Ländern ähnliche oder gleiche Rassen unter einem anderen Namen gezüchtet. Diese sind genetisch zwar nicht vollständig gleich, gelten aber als äquivalent und werden hier als „Äquirassen“ aufgeführt.

URALTE WIRTSCHAFTSTIERE

Schafe sind gemeinsam mit den Ziegen nicht ohne Grund die ältesten Wirtschaftstiere des Menschen: Von ihnen kann man Fleisch, Milch und Häute/Felle/Wolle nutzen, außerdem die Hörner für Werkzeuge und den Dung als Brennmaterial. Woll- und Milchgewinnung haben in der deutschen Schafzucht heute eine untergeordnete Bedeutung; wirtschaftlich interessant sind eigentlich nur die Produktion von Lammfleisch und die häufig durch Fördergelder unterstützte Landschaftspflege (Deiche, Heide, Moore).
Die Wolle für die einheimische Bekleidungsindustrie wird weitgehend importiert. Dabei wird fast ausschließlich die feine, weiche Merinowolle genutzt. Die Schafschur bei den in Deutschland gehaltenen Schafen ist in erster Linie eine Pflegemaßnahme. Doch auch wenn die Wolle von einheimischen Schafrassen nicht so fein ist wie importiere Merinowolle, so hat sie doch ihren Reiz und ihre ganz besonderen Eigenschaften. Für traditionelle, wetterfeste Bekleidung und haltbare Textilien lässt sie sich ebenso verwenden wie für besondere Projekte und künstlerische Gestaltung.

EINHEIMISCHE RASSEN

In Deutschland werden die Schafrassen nach ihrer Eignung in vier Hauptgruppen unterteilt: Landschafrassen (darunter Nordische Kurzschwanzrassen, Bergschafe, Steinschafe und Langwoller), Merinorassen, Milchschafrassen und Fleischschafrassen.

DAS MUFFLON

Das Mufflon gilt heute als Urvorfahr sämtlicher Hausschafrassen. Unter der Bezeichnung Mufflon (*Ovis Gmelin*) werden mehrere Arten von Wildschafen zusammengefasst.

GESCHICHTE

Hier soll nur von einer Unterart des Mufflons – dem Europäischen Mufflon – die Rede sein. Sich über die Geschichte des Mufflon Gedanken zu machen, scheint auf den ersten Blick vollkommen unnötig, gilt es doch als Urvorfahr der Hausschafrasse und aller domestizierten Schafrassen. Es war also „immer schon" da, zumindest in evolutionären Zeiträumen gedacht. Interessant wird es erst, wenn man sich das europäische Mufflon ansieht, das war nämlich nicht immer schon da. Vor der Ankunft der steinzeitlichen Menschen ist das Mufflon in Europa nicht nachweisbar. Es gibt deshalb zwei Theorien darüber, wie es nach Europa kam. Entweder, es gelangte in Begleitung der steinzeitlichen Menschen vor etwa 7 000 Jahren nach Europa, oder aber, was ebenfalls sehr wahrscheinlich ist, das Europäische Mufflon ist gar kein Wildschaf, sondern die verwilderte Form eines ursprünglichen Hausschafes. Als Herkunftsregionen des Europäischen Mufflons werden Korsika und Sardinien angegeben. In seinen Ursprungsregionen war das Europäische Mufflon lange vom Aussterben bedroht, sein Bestand konnte aber inzwischen stabilisiert werden.

ERKENNUNGSMERKMALE

Das Wildschaf zeichnet sich durch seine typische dunkelbraune Wildfärbung mit schwarzer Mähne und einer hellen Schnauze, hellem Bauch und Beinen aus. Die männlichen Tiere tragen ein imposantes schneckenförmiges Gehörn und eine deutliche schwarze Mähne, während die weiblichen Tiere wesentlich unauffälliger, meist in relativ einheitlichem Braun gefärbt sind. Im Winter tragen beide Geschlechter ein dunkles Winterfell. Mufflons leben bevorzugt in Gebirgsregionen, die weiblichen Tiere in großen Mutterherden, während sich die Böcke nur während der streng saisonalen Brunstzeit bei den Herden aufhalten. Mufflons sind sehr standorttreu. Auch wenn sie größere Gebiete bewandern, bleiben sie trotzdem ihrem Territorium verbunden.

WOLLE

» **WOLLTYP:** Wild. Es gibt keine sichtbare Wolle, sondern ein Fell aus kurzen, steifen Deckhaaren. Je nach Jahreszeit ist auch eine feine Unterwolle vorhanden. Da die Mufflons wie alle Haarschafe im Frühling selbstständig die Winterwolle verlieren, ist die Wolle zur Verarbeitung irrelevant.

MERINOSCHAFE

Die Merinoschafe bilden eine eigene Rassegruppe und stellen weltweit die größte Gruppe der wollliefernden Schafe. Die Rassegruppe der Merinos hat sich im Laufe der Zeit in viele verschiedene Rassen aufgeteilt, da sie züchterisch an viele örtliche Gegebenheiten angepasst wurde. In Deutschland sind heute noch drei Merinorassen gängig.

GESCHICHTE

Das ursprüngliche Merinoschaf, das wir heute als Lieferanten für feine Merinowolle kennen, stammt aus Nordafrika und kam im 14. Jahrhundert nach Spanien. Schon dort wurde es mit anderen Schafrassen gekreuzt. Die Wolle war damals an Feinheit nicht zu überbieten, weshalb es unter Androhung der Todesstrafe verboten war, das Merinoschaf in andere Länder auszuführen. Im Jahre 1765 gelang es dem Land Sachsen, eine Genehmigung zur Einfuhr von 92 Böcken und 128 Auen zu bekommen. Daraus entstand bis in die Mitte des 19. Jahrhunderts in Deutschland und Frankreich eine lebhafte Merinozucht. Von 1820 bis ca. 1870 galten die beiden Länder als führend in der Weiterentwicklung der Merinozucht, und es entstanden teils durch Reinzucht, aber auch durch Einkreuzung einheimischer Landschafrassen insgesamt sechs Merinorassen. Durch die fortschreitende Technisierung in der Textilindustrie und Veränderungen in der Landwirtschaft büßte Deutschland jedoch die Vorherrschaft als Erzeuger von Feinwolle ein, und die deutschen Merinorassen verloren an Bedeutung. Heute sind in Deutschland noch drei Merinorassen vertreten, wovon einzig die Merinolandschafe als nicht gefährdet gelten.

ERKENNUNGSMERKMALE

» **WOLLTYP:** Feinwollig.

Die Merinorassen sind mittelgroße bis rahmige Schafe, bei denen beide Geschlechter hornlos sind. Charakteristisch ist die bewollte Stirn mit leicht hängenden, mittellangen Ohren sowie die, je nach Rasse, bewollten Beine. Alle unbewollten Körperteile sind weiß behaart. Merinoschafe sind ganzjährig paarungsbereit (asaisonal) und sehr frohwüchsig. Die gute Fruchtbarkeit und der schnelle Wuchs bei gleichzeitig gutem Wollertrag machten die Merinorassen zu optimalen Zweinutzungsrassen, die sich zur Weide- und Hütehaltung und für die Landschaftspflege eignen. Die Wollfeinheit erstreckt sich in Deutschland von 22 bis 32 Mikrometer. Australische Wollen erreichen bis 10,3 Mikrometer.

ZUCHT- UND WOLLDATEN DER DREI MERINORASSEN

Bezeichnung der Merinorassen mit Kürzel	Zeitraum des Einsatzes	Feinheit in Mikrometer	Schurertrag in kg	Stapellänge in cm	Rendement in %
Merino Fleischschaf MFS	1866 bis heute gefährdet	22–28	3,5–7	5–7	45–50
Merino Landschaf MLS	1822 bis heute	26–28	4–4,5	–	50
Merino Langwollschaf MLW	1971 bis heute stark gefährdet	28–32	4–6	–	48–55

MERINO-LANDSCHAF

Kürzel: MLS
Äquirasse: Est à Laine Mérinos (Frankreich)

Vorrangig im süddeutschen Raum wird das Merinolandschaf in der Hütehaltung zur Landschaftspflege eingesetzt und stellt inzwischen deutschlandweit mehr als 30 Prozent des Schafbestandes. Die Rasse entstand durch Kreuzung von Vollblutmerinos mit heimischen Landschafrassen und dem Merinofleischschaf. Ziel dieser Zucht war es, die Marschfähigkeit der Rasse zu verbessern, um sie für die in Deutschland übliche Wanderschäferei nutzbar zu machen. Noch heute prägen Herden von mehr als 500 Tieren das Landschaftsbild auf der Schwäbischen Alb. Sie sind dort zur Pflege der landschaftstypischen Wacholderheide nicht wegzudenken. Und auch wenn die Wolle wirtschaftlich noch keine große Rolle spielt, so findet sie doch zunehmend wieder Verwendung.

MERINO-FLEISCHSCHAF

Kürzel: MFS
Äquirasse: Német húsmerinó (Ungarn); Ovina Merina (Spanien)

Als die Feinwollproduktion in Deutschland an Bedeutung verlor, wurden viele Rassen vor allem auf Fleischleistung gezüchtet. So entstand in den Dreißigerjahren des 20. Jahrhunderts die Rasse des „Merinofleischschafes“ mit gemeinsamem Zuchtziel.

Der fehlende Zugang zum Weltmarkt führte in der DDR zur Rückbesinnung auf die feine Wolle der Merinoschafe, und man legte bei der Zucht wieder Wert auf feinste Wolle. So liefert das Merinofleischschaf heute die feinste Wolle der einheimischen Merinoschafe. Das Vlies ist sehr ausgeglichen und gut gestapelt mit deutlich gekräuselter Wolle. Seit der Wiedervereinigung verschwand das Merinofleischschaf zunehmend und stellte schließlich nur noch 3,9 Prozent des Gesamtschafbestandes in Deutschland. Es gilt heute als stark gefährdet.

MERINOLANGWOLLSCHAF

Kürzel: WLW
Äquirasse: Keine

Auch das Merinolangwollschaf verdankt seine Existenz der ehemaligen DDR und deren mangelndem Zugang zum Welthandel. In den 70er Jahren wurde die wollbetonte Rasse für den heimischen Wollmarkt gezüchtet. Die Wolle ist wie bei allen Merinorassen gut gestapelt, sehr dicht und gekräuselt, bei ausgeglichener Länge und Feinheit. Allerdings erreicht das Merinolangwollschaf nicht die gleiche Wollfeinheit wie die anderen Merinorassen. Hauptverbreitungsgebiet ist bis heute Thüringen, wobei die Rasse als stark gefährdet eingestuft wird.

WOLLE DER MERINOSCHAFE

Merinowolle profitiert von der züchterischen Bearbeitung zugunsten einer gleichmäßig feinen Wolle. Die meist weiße Wolle bildet ein netzartiges Vlies aus dichten, gleich langen Stapeln mit feiner, gleichmäßiger Kräuselung.
Merinowolle wird üblicherweise im späten Frühjahr geschoren. Teilweise findet die Schur auch im Winter statt, falls die Schafe eingestallt werden. Dabei kommt es aber häufig zu starker Einfütterung vor allem im Nackenbereich. Merinowolle neigt aber nicht zu Verfilzungen am Tier, sodass sich Einstreu und Einfütterungen in den aller-

meisten Fällen auszupfen lassen. Die Wolle steht im Vlies in sehr dichten Stapeln; so dringen auch Schmutz und Erde selten in tiefere Schichten der Wolle vor. Das typische Erscheinungsbild einer Merino-Rohwolle zeigt sich deshalb häufig wie folgt: Schnittseite gelblich bis bernsteinfarben durch starken Wollfettüberzug, hier können sich auch kleine Wollfettklümpchen zeigen. Spitzen durch Erde und Kot verschmutzt, teilweise verkrustet.

VERARBEITUNGSHINWEISE

» VORBEREITEN / WASCHEN / AUFBEREITEN: Vorgehen wie im Kapitel „Die Vorbereitung der Wolle" (Seite 195) beschrieben. Beim Waschen besteht Filzgefahr, deshalb wird strukturschonende Stapelwäsche im Tuch empfohlen. Zur Aufbereitung sind alle Techniken möglich.

» SPINNEN: Merinowolle ist weltweit die meistversponnene Wolle, sowohl in der industriellen Verarbeitung wie auch unter Hobbyspinnerinnen. Sie ist die feinste aller Wollen, und für uns „moderne" Menschen, die Kleidung von der Stange gewöhnt sind, ist sie fast die einzige, die nicht nur für Oberbekleidung verwendet wird, sondern die wir auch direkt auf der Haut ertragen können. Bei Merinowolle aus den großen wollexportierenden Ländern können die Fasern bis zu 10 µm fein sein. Die in Deutschland gehaltenen Merinokreuzungen erreichen – auch aufgrund des Klimas – diese Feinheit nicht. Durch die mittlere Faserlänge und das völlige Fehlen von Grannen ist Merinowolle sehr gut zu verspinnen.

» FILZEN: Die Wolle der deutschen Merinorassen unterscheidet sich optisch nur minimal, deshalb ist es umso erstaunlicher, dass sie sich filzerisch trotzdem unterschiedlich verhält. Während die Wolle der Merinolandschafe sehr bereitwillig filzt und sich sehr schnell zu einem dichten, festen Filz mit glatter Oberfläche verdichtet, filzen sowohl die Wolle des Merinolangwollschafes als auch die des Merinofleischschafes außerordentlich träge. Der Filz wird auch bei intensiver Bearbeitung nicht wirklich fest, die Oberfläche bleibt locker. Sehr wahrscheinlich ist dies auf die Einkreuzung von Fleischschafen zurückzuführen, die sich in der Oberflächenstruktur der Wolle niederschlägt.

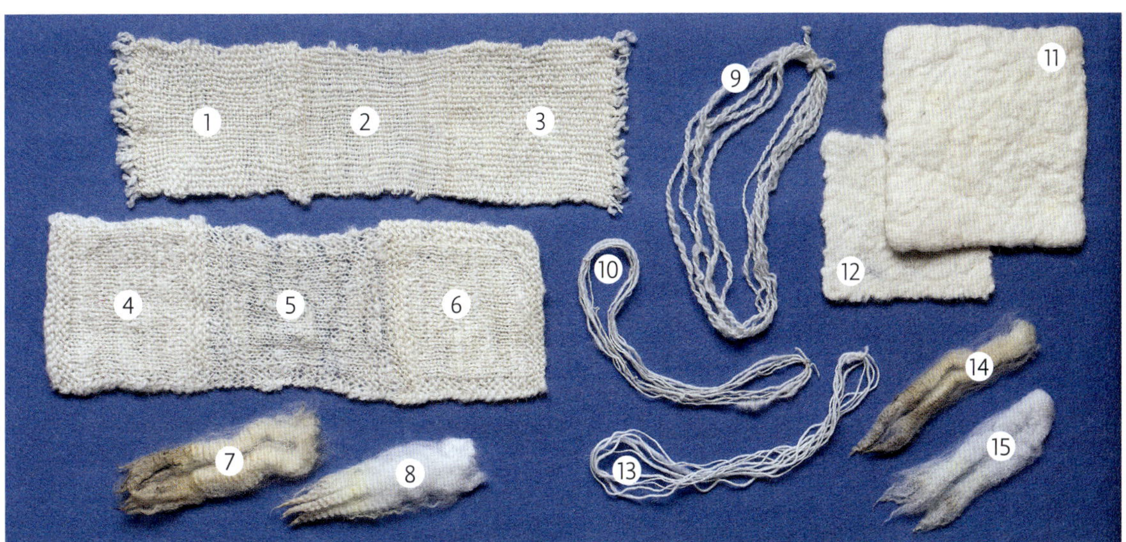

Verarbeitungsproben Merinolandschaf, Aue: 1 Faserrichtungsgarn; **2** Kämmlingsgarn; **3** Streichgarn ganzes Vlies, kardiert; **4** Streichgarn ganzes Vlies, kardiert; **5** Kämmlingsgarn; **6** Faserrichtungsgarn; **7** Stapel gewaschen; **8** Stapel roh; **9** Kämmlingsgarn; **10** Kämmlingsgarn; **11** Filzprobe dick; **12** Filzprobe dünn

Verarbeitungsproben Merinofleischschaf, Aue: 13 Faserrichtungsgarn; **14** Stapel roh; **15** Stapel gewaschen

STEINSCHAFE

Als Steinschafe werden die Schafe des Ostalpenraumes bezeichnet. Alle Steinschafrassen stammen vom urzeitlichen Torfschaf ab und bestanden früher aus vielen regionalen Einzelrassen, die sich im Laufe der Zeit zunehmend zu den vier Hauptrassen zusammenfanden. Heute zählen zu den Steinschafen die Rassen Montafoner Steinschaf, Tiroler Steinschaf, Krainer Steinschaf und das Alpine Steinschaf. Auch wenn die Steinschafe alle einer gemeinsamen Linie entspringen und regional sehr eingeschränkt auf den Alpenraum entstanden, so sind sie neueren Untersuchen zufolge doch genetisch eindeutig zu unterscheiden und als eigenständige Rassen zu bezeichnen.

ALPINES STEINSCHAF

Kürzel: AST
Herkunft: Einheimisch

GESCHICHTE

Während das Alpine Steinschaf zu Beginn des 20. Jahrhunderts noch im gesamten Alpenraum vorkam, begann in den 50er Jahren eine systematische Verdrängung dieser ursprünglichen Schafrasse, die sie bis an den Rand der Ausrottung brachte. Erst in den 80er Jahren wurden erste Erhaltungsbemühungen unternommen. Seit 1999 wird die Rasse des Alpinen Steinschafes wieder planmäßig gezüchtet. Das Alpine Steinschaf repräsentiert zusammen mit dem Krainer Steinschaf noch den Typ des alten mischwolligen, asaisonalen Steinschafes ohne Bergamasker-Einkreuzung. Diese beiden ursprünglichen Rassen der Steinschafgruppe haben eine sehr alte Abstammung, deren Ursprung auf das Zaupelschaf bzw. das neolithische Torfschaf zurückgeht. Damit sind sie die ältesten Schafrassen des Ostalpenraumes.

ERKENNUNGSMERKMALE

Das Alpine Steinschaf ist ein eher kleines, drahtiges Schaf, das sich hervorragend zur Haltung in kleineren Gruppen im Hochgebirge eignet. Seine fast zierliche Gestalt macht es sehr leichtfüßig, es ist sehr robust und genügsam, hat aber trotzdem eine gute Milchleistung und wird deshalb auch vorzugsweise zur Milchproduktion gezüchtet. Es hat spitze, abstehende oder leicht nach vorne hängende Ohren und eine gerade Gesichtslinie. Böcke tragen meist Hörner, während die weiblichen Tiere häufig nur Hornansätze haben. Aber auch sie können behornt sein. Steinschafe haben einen langen, bewollten Schwanz, während die Beine und das Gesicht unbewollt sind. Hohe Fruchtbarkeit, gute Zuwachsleistungen und eine besondere Fleischqualität bei reinen Grundfuttergaben sind die herausragenden Eigenschaften der Rasse. Gute Futterverwertung, Robustheit und Genügsamkeit machen das Alpine Steinschaf zu einer echten Extensivrasse.

WOLLE

» **WOLLTYP:** Nicht ausgeprägt mischwollig bis schlichtwollig.
Das Vlies ist eine haarige Misch- oder Schlichtwolle mit eher kurzen, oft leicht gewellten Langhaaren und feinen bis groben Wollhaaren. Ein großer Unterschied von Unterwolle und Langhaar ist nicht erkennbar. Die Vliese sind, je nach Körperregion, unterschiedlich strukturiert. Die Stapel an den Seiten sind länger, als die am Rücken. Der Bauch ist unbewollt.
» **DIE FARBEN:** Schwarz, weiß, braun, grau und gescheckt; ungleiche Schattierungen innerhalb eines Vlieses sowie Kurz- und tote Haare sind unerwünscht. Erstschuren sind deutlich weicher und wolliger. Im Alpenraum ist es üblich, die Schafe zweimal im Jahr zu scheren. Solche Vliese sind unverfilzt.
» **WOLLERTRAG:** Bock 3,5 kg, Aue 2,5–3,0 kg
» **STAPELLÄNGE:** Wollhaare bis 15 cm, Langhaar bis 20 cm, Kurzhaare 1–4 cm
» **FEINHEIT:** Langhaar 30–70 µm, Wollhaare 10–35 µm

VERARBEITUNGSHINWEISE

» **VORBEREITEN / WASCHEN / AUFBEREITEN:** Es können vermehrt Kurzhaare, vor allem an den Rändern, dem Schulterkreuz und dem Aalstrich auftreten. Solche Partien sollten aussortiert werden. Eventuell vorhandene Wollfettflocken einer Waschprobe unterziehen, sie können aber auch aus dem gewaschenen Stapel ausgebürstet werden. Als Waschmethode empfiehlt sich die Tuch- und die ungeordnete Methode, da die Wolle leicht filzt.
Wenn es die Vliesstruktur anbietet, können die Langhaare herausgetrennt werden. So lassen sich weichere Qualitäten erzielen. Kardieren, Kämmen und Ausbürsten sind möglich.
» **SPINNEN:** Gut verspinnbare Wolle. Wie bei den meisten misch- und schlichtwolligen Schafen empfiehlt sich die Herstellung von Streichgarn. Sind die Langhaare nicht weich, sollten sie entfernt werden. Ausgekämmte Langhaare können zu Kammgarn versponnen werden.
» **FILZEN:** Die Wolle des Alpinen Steinschafes ist sehr gut zum Filzen geeignet; es entsteht ein sehr fester, stabiler fast starrer Filz, der eine sehr gute Tragfähigkeit aufweist. Allerdings stören die vielen Kurzhaare die Haptik des fertigen Filzes sehr, da sie aus dem Filz herausstehen und sich unangenehm anfühlen. Bereits beim Walken lösen sich diese Stichelhaare aus dem Filz und werden als störend empfunden. Für Gebrauchsgegenstände wie größere Taschen oder Körbe und für alle festen Gebrauchsgegenstände ist sie aber sehr gut geeignet.

Verarbeitungsproben vom Alpinen Steinschaf, Aue: 1 Filzprobe dick; **2** Stapel gewaschen; **3** Stapel roh; **4** Stapel gewaschen

Verarbeitungsproben Erstschur: 5 Stapel gewaschen; **6** Faserrichtungsgarn; **7** Kämmlingsgarn; **8** Streichgarn ganzes Vlies, kardiert; **9** Faserrichtungsgarn; **10** Faserrichtungsgarn; **11** Kämmlingsgarn

KRAINER STEINSCHAF

Kürzel: KST
Äquirasse: Bovska ovca (Slowenien) und Plezzana (Italien)
Herkunft: Österreich, Slowenien, Italien

GESCHICHTE

Das Krainer Steinschaf war in Kärnten, Slowenien und dem Friaul lange stark verbreitet und wurde dort vor allem wegen seiner guten Milchleistung gehalten. Zwar wurden häufig Ostfriesische Milchschafe eingekreuzt, um die Milchleistung zu erhöhen, in vielen Gebieten blieb jedoch die Urform erhalten. Die Rasse kam stark unter Druck, als im Jahre 1938 eine Rassebereinigung durchgeführt wurde, die die Zucht des Steinschafes zugunsten der Bergschafe verbot. Mitte der 80er Jahre des letzten Jahrhunderts besann man sich dann aber der alten Rassen, und es setzte eine neue gezielte Zucht der Krainer Steinschafe ein, die seit 1992 wieder als Herdbuchzucht geführt wird. Trotzdem gilt auch das Krainer Steinschaf als stark gefährdete Nutztierrasse.

ERKENNUNGSMERKMALE

Das Krainer Steinschaf zeichnet sich durch einen feingliedrigen, eher kleinen Körperbau mit dünnen, aber kräftigen Beinen aus. Das unbewollte Kopfprofil ist gerade, die Ohren stehen meist waagerecht ab oder sind nur leicht hängend. Der Schwanz muss bewollt sein. Die Tiere sind eher hornlos, nur etwa 10 Prozent tragen Hörner. Diese sind bei den Böcken schneckenförmig gedreht, während sie bei den weiblichen Tieren nur sichelförmig werden.
In seiner Heimat Slowenien wird das Krainer Steinschaf Bovska-Schaf genannt und ausschließlich als Milchschaf gehalten. Dort konnte seine ursprüngliche Form in den slowenischen Alpen, im Gebiet um den Triglav-Nationalpark, unter traditionellen Haltungsbedingungen erhalten werden. Der bekannte Hartkäse Bovec ist eine geschützte Marke der Region. Weitere Produkte sind das wohlschmeckende, natürlich gewachsene Fleisch sowie die ursprüngliche Mischwolle. Seine widerstandsfähige Natur und genügsame Lebensweise, bei sehr guter, asaisonaler Fruchtbarkeit, machen es zu einem wirtschaftlichen Mehrnutzungsschaf, das vor allem die Hochlagen beweidet.

WOLLE

» **WOLLTYP:** Mischwollig, sehr große Bandbreite der Strukturen. Manchmal angedeutet schlichtwollig mit Überhaar.
Die Schafe werden zweimal, im Frühjahr und Herbst, geschoren. Die eher grobe, je Tier sehr unterschiedliche Mischwolle wird vielseitig eingesetzt und bildet einen wesentlichen Wirtschaftsfaktor bei der Haltung von Steinschafen. Die Vliese können

ausgeglichen haarig oder gröber, mit oder ohne weiche Unterwolle, sein. Im Vlies finden sich alle Haararten. Die Farben sind Weiß oder lichtechtes Schwarz. Braune oder graue Tiere sind selten.
» **WOLLERTRAG:** Bock 2–3 kg, Aue 2,5–3 kg
» **STAPELLÄNGE:** Langhaar bis 30 cm von weich bis grob und starr; Kurzhaar unterschiedliche Länge; Wollhaare 8–10 cm
» **FEINHEIT:** 31–36 µm

VERARBEITUNGSHINWEISE

» **VORBEREITEN / WASCHEN / AUFBEREITEN:** Die Ränder, das Schulterkreuz und der Aalstrich enthalten vermehrt Kurzhaare und Wollwachsansammlungen. Sehr grobe, kurzhaarhaltige Partien aussortieren und für robuste Garne oder als Gartenwolle verwenden. Je nach Vliesstruktur können durch das Trennen von Wollhaar und Langhaar weichere Qualitäten erreicht werden, wenn entsprechende Unterwolle vorhanden ist. Beim Waschen die Wollfettflocken einer Waschprobe unterziehen (Seite 203). Durch Kämmen oder Ausbürsten der gewaschenen Stapel können sie entfernt werden. Als Waschmethode empfiehlt sich die Tuch- und die ungeordnete Methode, da die Wolle leicht filzt.
Wenn es die Vliesstruktur anbietet, können die Langhaare herausgetrennt werden. So lassen sich weichere Qualitäten erzielen. Kardieren, Kämmen und Ausbürsten sind möglich.
» **SPINNEN:** Gut verspinnbare Wolle. Wie bei den meisten misch- und schlichtwolligen Schafen empfiehlt sich die Herstellung von Streichgarn. Sind die Langhaare nicht weich, sollten sie entfernt werden. Ausgekämmte Langhaare können zu Kammgarn versponnen werden.
» **FILZEN:** Die Wolle filzt grundsätzlich sehr gut und ergibt einen extrem festen, standfesten Filz – allerdings hat das Vlies stellenweise viele Stichelhaare, die nicht nur lästig sind, sondern auch den Filzprozess stören können. Bei fertig gekämmten Steinschafvliesen sind diese Kurzhaare aber so gut verteilt, dass sie den Filzprozess nicht mehr stören.

Die Heimat des Krainer Steinschafs

„Krain“ und verwandte Namen in anderen Sprachen sind immer Bezeichnungen für Grenzregionen. Die Heimat des Krainer Steinschafs ist eine Region in Slowenien, war früher ein eigenes Land und Herzogtum und gehörte wechselnd zu Österreich oder Slowenien, später zu Jugoslawien.

Verarbeitungsproben vom Krainer Steinschaf, Aue: 1 Stapel roh; **2** Stapel gewaschen; **3** Webprobe; **4** Strickprobe; **5** Faserrichtungsgarn; **6** Streichgarn ganzes Vlies, kardiert; **7** Filzprobe grau dünn; **8** Filzprobe grau dick; **9** Filzprobe dünn und dick

BERGSCHAFE

Häufig werden alle Gebirgsschafe zu den Bergschafrassen gezählt, was den Rassen aber nicht gerecht wird. Am bekanntesten sind aus dieser Gruppe die Braunen, Weißen, Schwarzen und Gescheckten Bergschafe. Die einzelnen Rassen der Bergschafe sind eng miteinander verwandt und unterscheiden sich im Wesentlichen nur in der Farbe, werden aber separat geführt. Anders als beim Steinschaf macht schon diese Tatsache deutlich, dass die Wolle einen wesentlichen Wirtschaftsfaktor darstellt und man mit den getrennten Rassen vor allem die Farbreinheit der Wolle bewahren möchte.

GESCHICHTE

Alle vier Rassen gehen auf das Zaupel- bzw. Steinschaf sowie insbesondere auf das norditalienische Bergamaskerschaf zurück. Diese Rassen breiteten sich von der Lombardei über Oberitalien nach Kärnten und in die Steiermark sowie bis in die bayerische Alpenregion aus. Ausgehend von diesen Zuchtlinien gab es ursprünglich viele verschiedene Schläge, die in Deutschland in den 1930er Jahren zusammengefasst und vereinheitlich wurden.
Seit etwa den 70er Jahren wurden wieder drei Zuchtlinien unterschieden. Das Braune Bergschaf und das Weiße Bergschaf werden seither in getrennten Herdbüchern geführt, während das Gescheckte Bergschaf als Rasse zwar anerkannt ist, aber kein eigenes Herdbuch hat.
Das Schwarze Bergschaf war lange keine anerkannte Rasse, sondern es gab nur vereinzelte Tiere, die in den weißen Herden selten vorkamen. Mit beginnender synthetischer Färbung wurden die schwarzen Tiere nach und nach ausgemerzt und vollkommen verdrängt. Erst mit Beginn des 21. Jahrhunderts begann eine gezielte Zucht dieses Farbschlages, der 2003 als Rasse anerkannt wurde. Nach wie vor ist das Schwarze Bergschaf extrem vom Aussterben bedroht.

Schwarzes Bergschaf

ERKENNUNGSMERKMALE

Das Bergschaf ist vor allem an seiner Kopfform gut von anderen Schafrassen zu unterscheiden. Es hat einen schmalen Kopf mit nach außen gewölbter Stirn-Nasen-Linie (Ramsnase), ist hornlos und trägt lange, breite, hängende Ohren. Das Bergschaf ist mittelgroß bis groß, hat kräftige Beine mit straffen Fesseln und harten Klauen. Sein Schwanz endet am Sprunggelenk.
Es zeichnet sich durch große Trittsicherheit auch im Gebirge aus und eignet sich deshalb auch für unzugängliche Hochlagen. Durch die harten Klauen, die Wollstruktur und die gute Trittsicherheit ist das Bergschaf für niederschlagsreiche Gegenden bestens geeignet.
Alle vier Rassen sind asaisonal brünstig, sodass sie das gesamte Jahr ablammen und folglich auch ganzjährig Schlachtlämmer angeboten werden können. Sie werden zweimal im Jahr geschoren.
Alle Bergschafrassen zeigen eine Resistenz gegen die gefährliche Krankheit Scrapie.

BRAUNES BERGSCHAF

Kürzel: BBS
Äquirasse: Schwarzbraunes Bergschaf, Farbschlag braun (Südtirol); Engadiner Fuchsschaf (Schweiz)

Das Vlies der braunen Bergschafe ist schlichtwollig und mitteldicht. Der Griff ist fest, etwas haarig, je nach Altersklasse auch weich. In der Farbe hell cognacfarben bis dunkelbraun mit hellen, creme- bis ockerfarben ausgeblichenen Spitzen. Es soll ausgeglichen, glänzend und frei von Überhaar (zu langen Bindern) sein. Die Wolle hat wenig Kräuselung, die treu oder/und untreu sein kann. Die Feinheit ist 32–36 µm, Böcke geben 6–7 kg und Mutterschafe 4–6 kg Rohwolle. Das braune Bergschaf ist etwas kleiner als das Weiße.

GESCHECKTES BERGSCHAF

Kürzel: GBS
Äquirasse: Keine

Das Gescheckte Bergschaf wird auch Buntes Bergschaf genannt. Es wird seit etwa 1977 als eigenständige Rasse gezüchtet. Das Vlies ähnelt dem der anderen Bergschafe. Es ist schlichtwollig und mitteldicht. Die Farben sind Schwarz-Weiß sowie verschiedene Brauntöne und Weiß, die meistens in rundlichen Flecken das Vlies überziehen. Die Farbverteilung soll gleichmäßig und abgegrenzt zum Weiß sein. Auch hier können die Spitzen zu interessanten Tönen ausbleichen. Die der Schwarzfleckigen bleichen wenig oder nicht aus. Hier ist die Verwandtschaft zum Schwarzen Bergschaf zu erkennen, dessen Wolle nahezu vollständig tiefschwarz bleibt. Das Bunte Bergschaf ist extrem vom Aussterben bedroht.

SCHWARZES BERGSCHAF

Kürzel: SBS
Äquirasse: Schwarzbraunes Bergschaf, Farbschlag schwarz (Südtirol)

Es ist ein mittelgroßes bis großes, ganzfarbiges Landschaf. Die Feinheit der lang gewachsenen Wolle beträgt 31–35 µm bei über 4 kg Vliesgewicht. Das schlichtwollige Vlies soll ausgeglichen sein und einen seidigen Glanz haben. Es muss frei von weißen Haaren und darf nicht zu grob sein. Die Wolle der Schwarzen Bergschafe ist tiefschwarz, die Spitzen bleichen nur gering zu einem sehr dunklen Braun aus. Das Schwarze Bergschaf ist vom Aussterben bedroht. Das Schwarze Bergschaf ist vom Braunen eindeutig durch den schwarz behaarten Kopf zu unterscheiden, beim Braunen Bergschaf ist der Kopf eher rötlich-braun behaart.

WEISSES BERGSCHAF

Kürzel: WBS
Äquirassen: Tiroler Bergschaf (Österreich), Schnalser Schaf (Südtirol) und Bergamasker Schaf (Italien)

Das Weiße Bergschaf ist mittelgroß bis groß, mit einer Wollfeinheit von 32–36 µm, bei 4–8 kg Vliesgewicht. Die Wolllänge beträgt 15–20 cm bei zweimaliger Schur. Im Vlies unerwünscht sind rote und farbige Haare. Die Wolle ist lang abwachsend, leicht gewellt und seidig glänzend.

WOLLE DER BERGSCHAFE

» **WOLLTYP:** Schlichtwollig bis leicht mischwollig. Farbe und Struktur sollen ausgeglichen, glänzend und frei von Überhaar sein. Bergschafe werden zweimal im Jahr geschoren. Bei zweimaliger Schur ist kaum ein zusammenhängendes Vlies zu bekommen, die Wolle fällt dann locker in einzelnen Stapeln. Ein weiterer Vorteil der Halbschur im Herbst ist, dass die Wolle so gut wie filzfrei und in der Regel sauberer ist als die Frühsommerschur. Die Erstschuren sind deutlich weicher, rötlicher, mit schönen ausgeblichenen Spitzen. Die Wolle lässt sich sehr gut färben.

» **WOLLERTRAG:** Bock 6–7 kg, Aue 4–5 kg
» **STAPELLÄNGE:** 7–9 cm, zweimalige Schur
» **FEINHEIT:** 31–36 µm

VERARBEITUNGSHINWEISE

» **VORBEREITEN / WASCHEN / AUFBEREITEN:** Bei einem Vollschurvlies ist es möglich, dass Teile verfilzt und eingefüttert sind. Solche Partien werden abgetrennt. Augenmerk ist auf die in der Regel gröberen Schenkelwollen zu legen. Bei einem Halbschurvlies ist selten Filz im Vlies, sodass es nach dem Sortieren auf Wollfeinheiten hin projektbezogen gewaschen werden kann.

Die Vliese haben oft stark ausgeblichene Spitzen. Diese können matt ockerfarben, pappkartonbraun, fast weiß, creme- und goldockerfarben sein. Wenn die Wolle unkardiert aus der Flocke gesponnen wird, sind die Spitzen als farbige Flammen im Garn zu sehen. Wird sie dagegen gekämmt oder kardiert, hat sie einen Umbraton. Mit den vorhandenen Vliesfarben und Haarstrukturen kann durch die Wahl der Aufbereitung wunderbar gestaltet werden.

Die Vliese vom Schwarzen und Gescheckten Bergschaf werden genauso verarbeitet. Die Wolle der älteren Tiere kann etwas dickere, herausstehende Spitzen haben, die getrennt werden können. Dadurch werden etwas weichere Wollen erreicht.

» **SPINNEN:** Die Wolle lässt sich gut verspinnen. Die eher groben Garne werden gerne für Loden- und Trachtenjacken verwendet. Wenn das Vlies ausgeblichene Spitzen hat, ergeben sich farblich interessante Garne. Auch ein Verspinnen als Faserrichtungsgarn ist möglich.

» **FILZEN:** Bergschafwolle ist eine weit verbreitetste Filzwolle. Sie filzt sehr gut und vor allem sehr zügig, sodass auch große Objekte mit vertretbarem Aufwand herstellbar sind. Bergschafwolle ergibt einen sehr festen, tragfähigen Filz, der aber durch die eher dicken Fasern nicht vollständig geschlossen ist.

Bergschaf Stapel gewaschen: 1 Braunes Bergschaf; **2** Schwarzes Bergschaf; **3** Weißes Bergschaf

Verarbeitungsproben vom Braunen Bergschaf, Aue: 4 Filzprobe dick; **5** Filzprobe dünn; **6** Garn aus der Flocke gesponnen; **7** Garn aus der Flocke gesponnen

Verarbeitungsproben vom Braunen Bergschaf, Erstschur: 8 Faserrichtungsgarn; **9** Kämmlingsgarn; **10** Garn aus der Flocke gesponnen; **11** Streichgarn ganzes Vlies, kardiert; **12** Filzprobe dick; **13** Filzprobe dünn

BRILLENSCHAF

Kürzel: BRI
Äquirassen: Spiegelschaf (CH), Villnösser (I), Jezersko-solčavska pasma, Seeländerschaf (SL), Kärntner Brillenschaf (Ö)
Herkunft: Einheimisch

GESCHICHTE

Das Brillenschaf, auch Spiegelschaf oder Kärntner Brillenschaf genannt, stammt vom Kärntner Steinschaf ab und gehört zur Gruppe der alpinen Bergschafrassen. Im 18. Jahrhundert entstand durch Einkreuzungen des Paduaner- und des Bergamaskerschafes das heutige Brillenschaf. Das Paduanerschaf sollte vor allem die Wollqualität verbessern, was außerdem den seidigen Glanz der Wolle mit sich brachte, der zum Namen Spiegelschaf führte.

So entstand mit dem Kärntner Brillenschaf die erste bedeutende Bergschafrasse, die auf viele der heutigen Bergschafrassen Einfluss genommen hat. Das ursprüngliche Zuchtgebiet war das südliche Kärnten mit dem Ort Seeland als Zuchtzentrum. Daher wird das Brillenschaf in Slowenien auch als Seeländer Schaf bezeichnet.

ERKENNUNGSMERKMALE

Wie alle alpinen Bergschafrassen ist das Brillenschaf ein großrahmiges Schaf mit reinweißer Wolle. Nur um die Augen hat das Brillenschaf die typische dunkle Pigmentierung. Diese soll die Augen gleichmäßig umgeben; auch die Ohren können bis zu zwei Drittel dunkel gefärbt sein. Außerdem kommt es an der Unterlippe und am Kinn zu schwarzen Flecken. Das Brillenschaf zeigt ansonsten viele Eigenschaften, die wir vom Bergschaf kennen. Der hornlose Kopf ist unbewollt, ramsköpfig und hat lange, hängende Ohren mit schwarzen Spitzen. Es zeichnet sich durch seine feine, dichte Wolle aus, die einen seidigen Glanz hat.

WOLLE

Spiegelschaf

Die Schweizer Rassebezeichnung „Spiegelschaf" bezieht sich auf die glatte, unbewollte Stirn dieser Schafe. Diese tritt durch die dunkle Augenzeichnung besonders gut zutage und wird auch Spiegel genannt.

» **WOLLTYP:** Schlichtwollig.
Das schlichtwollige Vlies ist reinweiß und soll frei von Kurz- und Langhaaren sein. Die Wolle ist sehr unterschiedlich, von lang, auffallend fein und seidig glänzend bis kurzfaserig und schlicht. Das Brillenschaf wird zweimal im Jahr geschoren. Das Vlies am Schaf lässt sich leicht scheiteln. Auch hier ist die Wolle der Hinterschenkel grober und am Rücken kürzer.

» **WOLLERTRAG:** Bock 4–6 kg, Aue 3–5 kg

» **STAPELLÄNGE:** 10–15 cm

» **FEINHEIT:** 31–35 µm

VERARBEITUNGSHINWEISE

» **VORBEREITEN / WASCHEN / AUFBEREITEN:** Beim Sichten der Vliese ist auf Kurz- und dickere Langhaare im Vlies zu achten. Letztere finden sich oft an den Hinterschenkeln. Diese Partien am besten aussortieren.
Das Projekt bestimmt die Waschmethode. Durch das Heraustrennen der Langhaare können weichere Garne erzeugt werden. Alle Bearbeitungstechniken können angewendet werden.

» **SPINNEN:** Das Brillenschaf hat eine gut spinnbare Wolle, deren seidiger Schimmer durch Kammgarntechniken hervorgehoben werden kann.

» **FILZEN:** Das Brillenschaf ist eng mit den Bergschafen verwandt, und die Wolle verhält sich auch so: Sie filzt sehr schnell und gibt einen festen, einigermaßen dichten Filz. Die Wolle der Erstschur ist deutlich feiner und lockiger als die der erwachsenen Tiere, der Filz ist deshalb sehr viel dichter und standfester.

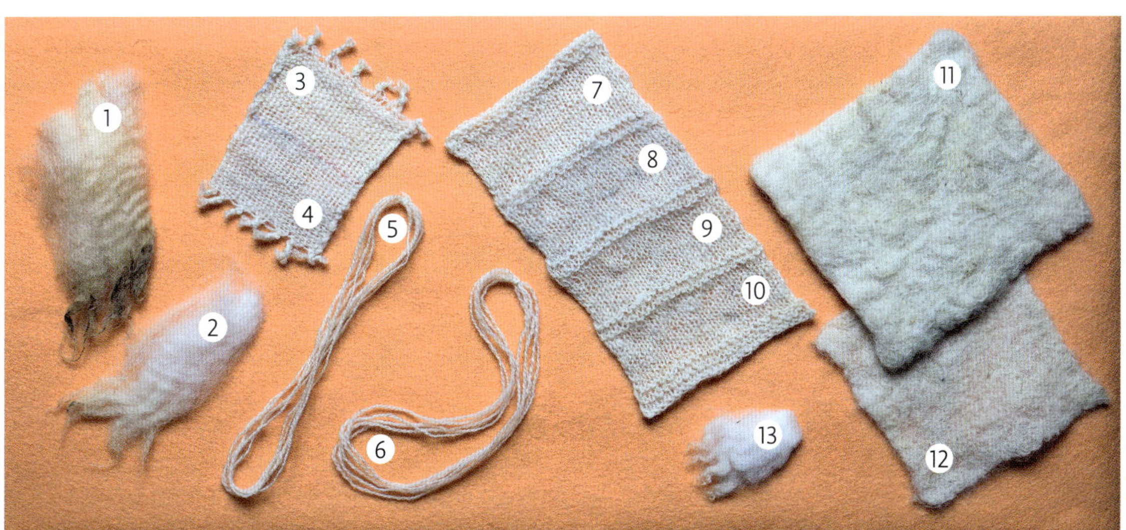

Verarbeitungsproben vom Brillenschaf, Aue: 1 Stapel roh; **2** Stapel gewaschen; **3** Garn aus der Flocke gesponnen; **4** Garn aus der Flocke gesponnen single; **5** Garn aus der Flocke gesponnen; **6** Faserrichtungsgarn; **7** Faserrichtungsgarn; **8** Kämmlingsgarn; **9** Kämmlingsgarn; **10** Garn aus der Flocke gesponnen; **11** Filzprobe dick; **12** Filzprobe dünn

Verarbeitungsproben Erstschur: 13 Stapel gewaschen

JURASCHAF, ELBSCHAF

Kürzel: JUS
Äquirasse: Schwarzbraunes Bergschaf (Schweiz)
Herkunft: Schweiz

GESCHICHTE

Ursprünglich stammt das Juraschaf aus der Schweiz und entwickelte sich dort aus der Zusammenführung der regionalen Schafrassen Jura-, Saanen-, Frutigschaf, Simmentaler Schaf und Roux de Bagnes. Die einzelnen Landschläge verschmolzen zunehmend und wurden im Jahre 1941 zum Begriff Schwarzbraunes Bergschaf vereinheitlich. Bereits seit 1977 breitet sich diese Rasse auch in Österreich und Süddeutschland aus. 1979 wurde es in der Schweiz als eigenständige Rasse anerkannt.

ERKENNUNGSMERKMALE

Das Juraschaf bzw. Elbschaf ist ein mittelgroßes Schaf, tief und breit gewachsen. Man unterscheidet zwei Schläge: einen dunkel- bis rötlichbraunen und einen hellbraunen (falben), Elb genannt. Sie sind als eine gemeinsame Rasse anerkannt.

Das Jura- bzw. Elbschaf ist widerstandsfähig und anspruchslos, es hat eine robuste, kräftige Konstitution. Es eignet sich bestens zur Nutzung von Hochalpen, dort ist es standorttreu.
Der Kopf ist hornlos, unbewollt, mit gerader Nasenlinie und breitem Maul. Die Ohren sind mittellang und getragen. Der Körper ist tief mit gutem Wuchs und einheitlich dunkelbraun, rötlich oder hellbraun bewollt. Kopf und Beine sind glänzend schwarz behaart (bzw. braun bei Elbschafen).

WOLLE

» **WOLLTYP:** Feinwollig.
Die Wolle des Juraschafes wird häufig als merinoartig beschrieben, was auf der Vliesstruktur und der damit einhergehenden Weichheit beruht. Die wahre Länge der Wollfasern in den Stapeln ist groß; die Wolle ist eine der elastischsten, die es gibt. Das gesamte Vlies ist sehr ausgeglichen, zeigt aber keine deutliche Kräuselung wie beim Merino. Lediglich an den Hinterschenkeln sind die Fasern leicht gröber. Juraschafe werden in der Regel zweimal im Jahr geschoren.

In manchen Vliesen finden sich Stellen mit zwirniger Wolle, an denen die Stapel, ähnlich wie bei einem Wensleydale, einzeln stehen und eine deutliche Kräuselung aufweisen. Diese Stapel können brüchig sein. Besonders hervorzuheben sind die zwei Farbschläge schwarz/schwarzbraun und falbfarben.

» **WOLLERTRAG:** Bock 3,5–4 kg, Aue 3–3,5 kg
» **STAPELLÄNGE:** 6–8 cm ungestreckt bei zweimaliger Schur
» **FEINHEIT:** 26–30 µm

Das Juraschaf ist kein Bergschaf

Die Bezeichnung „Schwarzes Bergschaf" ist irreführend und kann zu Verwechslungen mit dem echten Schwarzen und Brauen Bergschaf führen. Die beiden letzteren, echten Bergschafe, haben große hängende Ohren und bewollte Köpfe, auch die Körperform unterscheidet sich von der des Juraschafes.

VERARBEITUNGSHINWEISE

» **VORBEREITEN / WASCHEN / AUFBEREITEN:** Das Vlies ist dem eines Merino entfernt ähnlich und kann auch so verarbeitet werden. Es kommen aber auch schlichtwollige Vliesstrukturen vor, weswegen eine sorgfältige Vorsortierung sinnvoll ist. Auf Stapelfestigkeit achten.
Über die Waschmethode entscheidet das Projekt. Aus der Wolle lassen sich Kammgarne wie auch Streichgarne herstellen. Besonders weich werden Garne aus Kämmlingen.

» **SPINNEN:** Gut spinnbare Wolle. Kämmen und Kardieren ist möglich. Aus dem kardierten Vlies oder den Kämmlingen lassen sich im langen Auszug weiche, elastische Garne spinnen. Interessante Garnprojekte sind durch Kombination der beiden Farbschläge möglich.

» **FILZEN:** Juraschafwolle wird häufig als merinoartig beschrieben, das Filzverhalten lässt aber leider weder darauf noch auf eine Verwandtschaft mit den Bergschafen schließen: Juraschafwolle filzt extrem schlecht. Auch bei intensiver Bearbeitung schrumpft sie fast gar nicht und verbindet sich deshalb nicht zu einem festen Filz. Die Wolle lässt sich aber sehr schön zu standfesten Fellen filzen, die hellen Spitzen ergeben dabei eine besonders interessante Optik.

Verarbeitungsproben vom Juraschaf, Aue: 1 Faserrichtungsgarn; **2** Kämmlingsgarn; **3** Garn aus der Flocke gesponnen; **4** Stapel gewaschen; **5** Stapel roh; **6** Streichgarn ganzes Vlies, kardiert; **7** Streichgarn ganzes Vlies, kardiert; **8** Filzfell; **9** Filzprobe dick; **10** Filzprobe dick

NORDISCHE KURZSCHWANZSCHAFE

Zu den nordischen Kurzschwanzschafen gehören unzählige Rassen, die in Nordeuropa von Island über Großbritannien und Skandinavien bis zum Ural beheimatet sind. Die südliche Grenze des Verbreitungsgebiets der nordischen Kurzschwanzrassen verläuft etwas südlich vom Ärmelkanal über Norddeutschland und den Ostseeraum bis zum Ural. Kurzschwanzschafe sind bis auf wenige Ausnahmen meist regionale, im Typ einer Zweinutzungsrasse stehende Schafrassen. Sie sind gut an das Klima ihrer Ursprungsgebiete angepasst und damit robust und genügsam. Viele dieser Rassen haben wirtschaftlich an Bedeutung verloren und werden heute hauptsächlich in der Landschaftspflege eingesetzt. Wie der Name schon vermuten lässt, ist das typische Merkmal dieser Rassen der unbewollte kurze Schwanz.

OSTPREUSSISCHE SKUDDE

Kürzel: SKU
Herkunft: Norddeutschland

GESCHICHTE

Die ostpreußische Skudde ist bereits seit gut 3 000 Jahren bekannt und war vor allem in den baltischen Ländern und Ostpreußen beheimatet. Die Rasse war als kleinste Rasse Deutschlands für die leistungsorientierte Landwirtschaft zu Beginn des 20. Jahrhunderts aber uninteressant, und so verringerte sich der Bestand bis nach dem Zweiten Weltkrieg dramatisch. Die Rasse konnte nur durch eine kleine Zuchtherde aus dem Münchner Zoo wiederbelebt werden und ist heute noch gefährdet.

ERKENNUNGSMERKMALE

Die Skudde ist eine sehr robuste, widerstandsfähige und ursprüngliche Landschafrasse, die das gesamte Jahr im Freien gehalten werden kann. Die weiblichen Tiere erreichen eine Widerristhöhe von 50 cm, während die Altböcke maximal 60 cm groß werden. Damit ist sie die kleinste nicht zwergige einheimische Schafrasse in Deutschland. Der keilförmige Kopf wird bei den männlichen Tieren von einem beeindruckenden schneckenförmigen Gehörn geziert, das bei den Auen meist fehlt; aber auch sie können kleine Hörner ausbilden. Die kleinen Ohren stehen waagerecht vom Kopf ab, und zumindest bei den Böcken kommt es zu einer regelrechten Mähnenbildung. Die Brunst ist asaisonal.

WOLLE

» **WOLLTYP:** Mischwollig.
Die Wolle der Skudden ist eine feine, einfarbige Mischwolle, die im Gesamtvlies ausgeglichen sein soll. Das heißt, dass die Haararten in etwa gleich lang sind. Beim Bock kann es zusätzlich zur Bildung einer Mähne kommen. Skuddenwolle ist häufig sehr sauber, da die Tiere ganzjährig im Freien gehalten werden. Bedingt durch saisonalen selbstständigen Haarwechsel und einmalige Schur neigt sie stark zur Verfilzung am Tier.
Inzwischen sind vier Farbschläge anerkannt: Weiß, Braun, Rotbraun und Schwarz. Bunte Tiere werden nicht anerkannt und lediglich von Hobbyhaltern gezüchtet.
» **WOLLERTRAG:** Bock 2–2,5 kg, Aue 1–2 kg
» **STAPELLÄNGE:** Langhaare bis 20 cm, Kurzhaare 1–4 cm, Heterotype 6–13 cm, Wollfasern 8–10 cm
» **FEINHEIT:** Kurzhaare 69 µm, Langhaare 44 µm, wollige Langhaare 41 µm, Wollfasern 24,7 µm

VERARBEITUNGSHINWEISE

» **VORBEREITEN / WASCHEN / AUFBEREITEN:**
Das Sichten und Vorsortieren ist projektbezogen. Besonders ist auf die Beschaffenheit des Wollfettschweißes zu achten.
Es kommt auf die Wolle und das Projekt an, welche Waschmethode gewählt wird: Für Kamm- und Faserrichtungsgarn empfiehlt sich die Tuchwaschmethode. Kardierte Wolle kann unkontrolliert im Ganzen im Behälter gewaschen werden.
Die mischwollige Struktur und die außerordentliche Weichheit der Unterwolle bieten eine Bearbeitung durch Trennen der Faserarten an.
» **SPINNEN:** Skudden haben eine eher grobe, aber einigermaßen gut spinnbare Wolle. Es ist möglich, die einzelnen Faserfraktionen zu trennen, um Garne mit unterschiedlichen Eigenschaften zu spinnen. Die Wolle wird gerne im Bereich von Reenactment und Living History verwendet, weil es sich um eine nachweislich sehr alte Schafrasse handelt.
» **FILZEN:** Als typische Mischwolle ergeben sich beim Filzen von Skuddenwolle einige Schwierigkeiten. Die nicht filzenden Lang- und Stichelhaare stören nicht nur beim Auslegen, sie verhindern auch, dass ein wirklich fester Filz entsteht.

Verarbeitungsproben von der Skudde: 1 Bock – Filzprobe dick; **2** Aue – Filzprobe dünn; **3** Aue – Filzprobe dünn; **4** Aue – Faserrichtungsgarn aus der Unterwolle; **5** Aue – Garn aus der Flocke gesponnen; **6** Aue – Streichgarn ganzes Vlies, kardiert; **7** Aue – Kämmlingsgarn; **8** Aue – Streichgarn ganzes Vlies, kardiert; **9** Bock – Stapel roh; **10** Aue – Stapel gewaschen

SCHNUCKEN

Offiziell gilt die Herkunft des Wortes „Schnucke" als ungeklärt. Teilweise wird das norddeutsche Wort für „Schnökern", was so viel bedeutet wie „Naschen" als Ursprung gedeutet. Denkbar ist aber auch, dass der Name von dem mittelhochdeutschen Wort „Snukke" (auch „Snikke"), stammt, das wohl eine lautmalerische Bedeutung hat und auf das Blöken zurückgeht, ähnlich dem norddeutschen „snukken" das für „schluchzen, blöken, meckern" steht.

GESCHICHTE

Die Schnucken gehören wie die Skudden und andere Rassen zu den nordischen Kurzschwanzschafen und somit zu den ältesten Schafrassen in Mitteleuropa. In Deutschland trat die Heidschnucke erstmals in der Lüneburger Heide in Erscheinung und prägt das Bild der Heidelandschaft. Durch die Schafe wird die Verbuschung der Heidegebiete verhindert.

Es gibt inzwischen drei verschiedene Schnuckentypen, die als eigenständige Rassen geführt werden:

- Graue gehörnte Heidschnucke
- Weiße gehörnte Heidschnucke
- Weiße hornlose Heidschnucke, auch Moorschnucke

Ursprünglich wurden alle Schnuckentypen als eine Rasse betrachtet. Die Graue gehörnte Heidschnucke war der übliche Typ und somit auch der älteste. Erst ab Mitte des 19. Jahrhunderts kamen weiße Tiere immer häufiger vor, bis man schließlich zu Beginn des 20. Jahrhunderts die beiden Farbschläge als eigene Rassen betrachtete. Erst knapp 20 Jahre danach wurde die Weiße hornlose Heidschnucke (Moorschnucke) als weitere Rasse anerkannt.

Während die Graue Heidschnucke weit verbreitet ist und einen stabilen Bestand darstellt, sind beide weißen Schnucken akut vom Aussterben bedroht.

Die Böcke der Grauen gehörnten Heidschnucke haben imposante schneckenartige Hörner.

GRAUE GEHÖRNTE HEIDSCHNUCKE

Kürzel: GGH

ERKENNUNGSMERKMALE

Die Heidschnucken gehören mit einer Widerristhöhe von 60–70 cm zu den größeren Schafrassen. Beide Geschlechter sind behornt, wobei die Auen sichelförmige nach hinten gebogene und die Böcke schneckenartige Hörner tragen. Der gesamte Kopf ist unbewollt und behaart. Die Ohren sind auffallend kurz und getragen.

Die rassetypische graue Vliesfarbe tritt erst im Laufe der ersten Lebensjahre zutage, die Lämmer kommen mit schwarzer gelockter Wolle auf die Welt. Während sich die Wolle mit zunehmendem Alter heller färbt, bleiben der Kopf und die Beine schwarz, und die schwarze Farbe führt sich in der Halsmähne fort, sodass die Tiere einen schwarzen Latz tragen.

Heidschnucken sind streng saisonal brünstig und bringen meist nur ein Lamm zur Welt, sodass sie keine hohe Reproduktionsrate haben.

WEISSE GEHÖRNTE HEIDSCHNUCKE

Kürzel: WGH

ERKENNUNGSMERKMALE

Die Weiße gehörnte Heidschnucke ähnelt der grauen Ursprungsrasse sehr; sie ist etwas kleiner, und das Wollvlies ist weiß. Auch die Lämmer kommen bereits weiß zur Welt. Man geht davon aus, dass die Weiße gehörnte Heidschnucke als Selektionszucht aus der Rasse der Grauen Heidschnucke hervorging und mit dieser eng verwandt ist. Da die Wolle bei den Heidschnucken keine wirtschaftliche Rolle spielt, ist dieser Farbschlag stärker vom Aussterben bedroht als die Graue Heidschnucke.

WEISSE HORNLOSE HEIDSCHNUCKE, MOORSCHNUCKE

Kürzel: WHH

ERKENNUNGSMERKMALE

Die Moorschnucke wird aufgrund ihrer besonderen Widerstandsfähigkeit gegenüber Nässe und ihrer festen Klauen gern auf Moorlandschaften eingesetzt. Sie ist die kleinste der drei Schnuckenarten, und im Gegensatz zu den anderen sind beide Geschlechter hornlos. Moorschnucken sind seit Jahrhunderten im Raum Diepholz (Niedersachsen) heimisch.
Die Böcke können ein Gewicht von 60–70 kg und die Auen ein Gewicht von ca. 40–50 kg erreichen. Wie bei den Heidschnucken sind Kopf, Schwanz und Beine unbewollt und weiß behaart.

WOLLE DER SCHNUCKEN

» **WOLLTYP:** Mischwollig.
Das mischwollige Vlies besteht aus vier Haararten: Unterwolle, heterotype Haararten, Kurzhaar und Langhaar. Die Unterwolle wird bezüglich seiner Feinheit mit der vom Merino verglichen.
Die Rohwollvliese der Böcke sehen imposant aus, da sie sehr groß sein können und bei den Grauen Heidschnucken durch die unterschiedlichen Grautöne eine wunderbare Textur aufweisen. Die Optik wird durch die langen, manchmal massig wirkenden Langhaare dominiert. Die Vliese von Erstschuren sind deutlich zarter und weicher. Die Spitzen der Langhaare bleichen bei den Grauen Heidschnucken durch die Sonne zu schönen verschiedenfarbigen Brauntönen aus. Bei einem richtigen Schurzeitpunkt ist im Erstschurvlies das gröbere Erwachsenenvlies noch nicht oder nur wenig ins Vlies gewachsen, sodass sich die steiferen Haararten leichter entfernen lassen.
» **WOLLERTRAG:** Bock 3,0–4,0 kg, Aue 1,7–2,5 kg
» **STAPELLÄNGE:** Grannen 20–35 cm natürliche Länge, Wollhaare 8–16 cm, Stichelhaare 1–5 cm, Heterotype 15 cm
» **FEINHEIT:** 38–40 μm,
Unterwolle 22–25 μm

VERARBEITUNGSHINWEISE

» VORBEREITEN / WASCHEN / AUFBEREITEN: Beim Sichten und Vorsortieren wird die Wolle projektbezogen sortiert. Bei der Auswahl der Vliese ist es gut, auf genügend Unterwolle zu achten. Je Tier kann das sehr unterschiedlich sein. Die Farbvielfalt von Grau- und Brauntönen der verschiedenen Altersklassen sowie das Trennen von Unterwolle und Langhaar lassen eine interessante Gestaltung der Garne zu.
Die Waschmethode ist projektabhängig. Es empfiehlt sich, die Wolle über 50 °C und mit Waschmittel zu waschen. So wird das Wollfett entfernt. Soll getrennt werden, ist es nützlich, dass die Vliesstruktur erhalten bleibt. Das wird erreicht, indem ganze Teile oder die Stapel mit der Tuchmethode gewaschen werden. So wird ein Verfilzen der Unterwolle minimiert. Auf die Beschaffenheit des Wollfettschweißes ist zu achten, er kann schwer löslich und in Form von Flocken vorhanden sein (siehe auch Seite 62 und 63).
Die Mischwolligkeit bietet das Trennen der Fasern an. Die positiven Eigenarten der Fasern können so gezielt für Projekte genutzt werden. Das Trennen wird im Teil „Wollverarbeitung“ (ab Seite 257) beschrieben. Die ungetrennte Wolle kann auch auf einer Trommelkarde kardiert werden. Die meisten Lohnkardierereien nehmen keine derart langhaarigen Wollen an, es sei denn, sie haben eine Enthaarungsmaschine.

» SPINNEN: Unsortierte Heidschnuckenwolle lässt sich schwer verspinnen, das grobe Garn ist nur für die Teppichweberei interessant. Macht man sich aber die Mühe, die feinere Wolle von den groben Langhaaren zu trennen, und ist diese nicht verfilzt, eignet sie sich durchaus auch für Bekleidung.

» FILZEN: Heidschnuckenwolle ist zum Filzen nicht geeignet. Zwar lässt sich die Wolle teilen, und dann erhält man aus der Unterwolle eine schöne, feine Filzwolle, die auch tatsächlich einen sehr schönen festen und geschlossenen Filz ergibt. Das Teilen ist aber extrem aufwendig und bringt kaum Ertrag. Beim Filzen mit der Gesamtwolle stören die langen Grannen den Filzvorgang derart, dass kein brauchbarer Filz entsteht. Auch Felle lassen sich aus Heidschnuckenwolle zwar sehr einfach herstellen, leider fallen aber auch nach kräftiger Schrumpfung die Grannen aus dem fertigen Fell aus, was auch das Fell unbrauchbar macht.
Die Moorschnuckenwolle ist aber durchaus zum Filzen geeignet. Der wesentlich größere Anteil an Wollfasern und die leichte Wellung der Grannen verbessert die Filzeigenschaften erheblich. So sind auch gefilzte Felle aus Moorschnuckenwolle durchaus haltbar und haaren nicht.

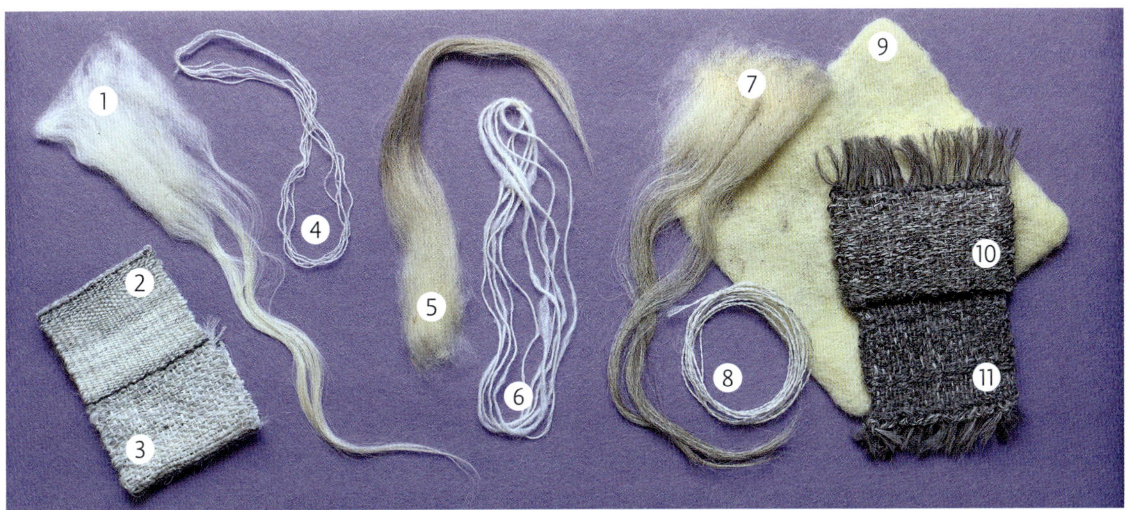

Verarbeitungsproben von der Heidschnucke, Aue: **1** Stapel, gewaschen; **2** Faserrichtungsgarn aus der Unterwolle; **3** Garn aus der Flocke gesponnen; **4** Faserrichtungsgarn aus der Unterwolle; **5** Stapel roh; **6** Garn aus der Flocke gesponnen **7** Stapel roh; **8** Faserrichtungskammgarn vom Langhaar; **9** Filzprobe dick

Verarbeitungsproben Erstschur: **10** Faserrichtungsgarn aus dem Langhaar; **11** Faserrichtungsgarn aus der Unterwolle

GOTLÄNDISCHES PELZSCHAF

Kürzel: GPS
Herkunft: Schweden, Insel Gotland

GESCHICHTE

Das Gotländische Pelzschaf entstand in den 1920er Jahren durch gezielte Selektionszucht aus den damaligen Freiweideschafen Schwedens.

ERKENNUNGSMERKMALE

Das Gotländische Pelzschaf ist ein Kurzschwanzschaf aus der Gattung der nordischen Schnucken. Es ist ein mittelgroßes, anspruchloses Landschaf, das sowohl in großen Herden als auch in kleinen Gruppen gehalten werden kann. Beide Geschlechter sind hornlos mit schmalem Kopf und langer, leicht geramster Nase. Der Kopf ist mit schwarzen Haaren besetzt und wie die Beine unbewollt. Bestens zu erkennen sind die Gotländischen Pelzschafe an ihrer unverwechselbaren grauen Lockenwolle. Die Farbe kann von Hellgrau bis Dunkelgrau in allen Zwischenstufen meliert sein. Die Wolle wird noch als mischwollig angegeben, die Kurzhaare verschwinden aber zunehmend aus dem Vlies, weshalb sie oft auch als feinwollig eingestuft wird.
Die Fasern variieren je nach Tier von sehr fein bis grob. Bei den Böcken lässt sich leichte Mähnenbildung erkennen. Die Lämmer kommen mit einem schwarzen Vlies zur Welt und färben sich bis zum zweiten Lebensmonat silbergrau. Wenige bleiben schwarz.

WOLLE

Charakteristisch für die Gotländischen Pelzschafe sind die dichten, kurzen, dicken und glänzenden Locken. Sie sollen ein regelmäßiges, welliges Erscheinungsbild über das gesamte Vlies zeigen.
An verschiedenen Körperstellen haben die Locken unterschiedliche Größen: kleine, enge Locken an Hals und Wirbelsäule, mittlere bis große weiche Locken an der Flanke. Eine gleichmäßige Dreidimensionalität der Locken von 10–15 mm Durchmesser wird angestrebt. Es kommen aber auch Locken vor, die länger herabhängen. Die Bildung der Locken ist vom Kupferanteil im Futter abhängig. Unterwolle kommt bei dieser Rasse nicht vor und ist unerwünscht. Die Wolle wird, wie die der Wensleydale, zur Gruppe der Langwoller gezählt. Obwohl die Vliese nicht so groß und voluminös sind, fühlt sich die Wolle schwer an. Das ist typisch für die Wolle der Langwoller.

» **WOLLERTRAG:** Bock 5,5–6 kg, Aue 3,8–4,2 kg
» **STAPELLÄNGE:** 7,5–18 cm
» **FEINHEIT:** 28–45 µm

Gotlandschafe

Beim Thema Gotlandschaf entbrennen regelmäßig Diskussionen, welches Schaf denn nun gemeint sei. Dabei ist es eigentlich recht einfach: Es handelt sich um zwei vollkommen unterschiedliche Rassen, die sich beide aus den gotländischen Wildrassen entwickelten und eigenständige Rassen bilden. Wir sprechen heute auf der einen Seite vom Gehörnten Gotlandschaf, das auch als Guteschaf bekannt ist, und vom Gotländischen Pelzschaf mit seinen charakteristischen Löckchen.

Oft wird angenommen, dass das Guteschaf die ältere Rasse darstellt, weil es optisch deutlich näher an den Wildrassen liegt als das Pelzschaf. Tatsächlich begann die Zucht beider Rassen etwa zur selben Zeit. Wer also die älteren Rechte auf den Namen Gotlandschaf hat, wird sich daraus nicht ableiten lassen.

VERARBEITUNGSHINWEISE

» **VORBEREITEN / WASCHEN / AUFBEREITEN:** Weil die Wolle kostbar und teuer ist, werden für alle Vliesteile Projekte empfohlen. Das Vlies sichten und von pflanzlichen Verschmutzungen befreien. Stark verschmutzte Ränder entfernen und für gröbere Projekte sammeln. Vor der Wäsche in kurze und lange Stapel teilen. Da die Wolle sehr gute Filzeigenschaften hat, werden die Stapel am besten mit einer kontrollierten Waschmethode gewaschen. Je nach Projekt vorgehen: Die langen Stapel eignen sich gut für Kammgarne, sie werden dafür mit Kämmen, auf einer Kammstation oder mit einer Flickkarde bearbeitet. Kurze Fasern können kardiert werden.

» **SPINNEN:** Die Wolle vom Gotländischen Pelzschaf lässt sich sehr angenehm verspinnen und hat einen schönen Glanz. Sie ist für Kamm- und Streichgarne geeignet.

» **FILZEN:** Die imposante Wolle der Pelzschafe ist außerordentlich gut zum Filzen geeignet. Die feine Lockung ergibt Filze mit feiner Struktur und durch das natürliche Farbspiel der Haare eine lebendige Farbvielfalt. Die Wolle lässt sich mit einiger Sorgfalt zu schönen, lockigen Fellen und Fellbesätzen verfilzen.

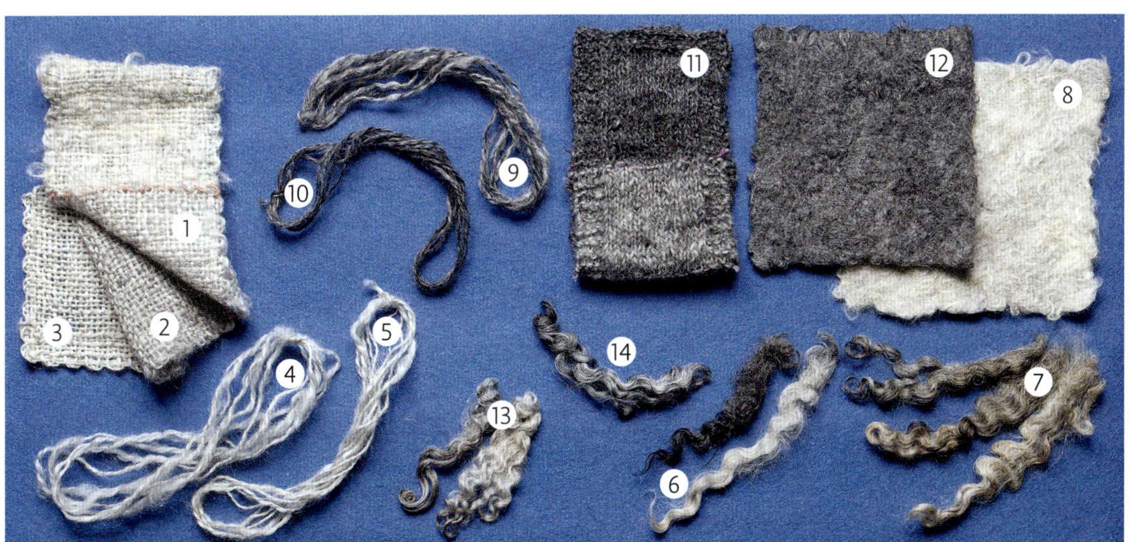

Verarbeitungsproben vom Gotländischen Pelzschaf, Aue: 1 Garn aus der Flocke gesponnen; **2** Kämmlingsgarn; **3** Faserrichtungsgarn; **4** Streichgarn ganzes Vlies, kardiert; **5** Garn aus der Flocke gesponnen; **6** Stapel gewaschen; **7** Stapel roh; **8** Filzprobe dünn

Verarbeitungsproben Erstschur: 9 Garn aus der Flocke gesponnen; **10** Faserrichtungsgarn; **11** Strickprobe; **12** Filzprobe dick; **13** Stapel roh; **14** Stapel gewaschen

GEHÖRNTES GOTLANDSCHAF, GUTESCHAF

Kürzel: GLS
Herkunft: Schweden, Insel Gotland

GESCHICHTE

„Gute" ist eine alte gotländische Bezeichnung und bedeutet so viel wie „aus Gotland stammend", hat also nichts mit dem deutschen Adjektiv „gut" zu tun. Die Ursprünge des Guteschafes liegen weit zurück; es handelte sich um mehrere Landschafrassen, die in Schweden beheimatet waren. Im 18. Jahrhundert verschwanden diese Landschafrassen durch Einkreuzung von Merinoschafen zunehmend und standen schließlich vor dem Aussterben. In den 1940er Jahren gab es nur noch eine Herde Gehörnter Gotlandschafe und wenige Einzeltiere. Privaten Züchtern ist es zu verdanken, dass die Rasse trotzdem erhalten blieb und schließlich 1977 zur Gründung des Vereins ‚Föreningen Gutefåret" führte. Während sich in Schweden die Bezeichnung Gutefår als Rassebezeichnung durchgesetzt hat, ist in Deutschland der Name Gehörntes Gotlandschaf weiterhin gebräuchlich.

ERKENNUNGSMERKMALE

Der grazile Bau der Guteschafe ist auch bei starker Bewollung an den schlanken Beinen zu erkennen. Sie gehören zu den mittelgroßen Schafrassen; beide Geschlechter tragen Hörner. Diese sind leicht gedreht und beim Bock sehr ausgeprägt, während die Mutterschafe nur schmale Hörner tragen. Der Zuwachs des Gehörns ist an den Rillen, den „Jahresringen", gut zu erkennen. Der Kopf ist unbewollt, schmal mit ausgeprägter Stirn, mit relativ kleinen, waagerecht getragenen Ohren. Das Fell der Guteschafe kann in der Farbe von fast weiß bis fast schwarz variieren und besteht aus einer nicht sehr ausgeprägten Mischwolle. Die Lämmer kommen teilweise schwarz, manche auch gescheckt oder grau meliert zur Welt. Die Farbvarietät der Tiere ist ausdrücklich gewünscht und wird vom Zuchtverband gefördert.

WOLLE

» **WOLLTYP:** Mischwollig/schlichtwollig.
Ein gutes Vlies besteht aus feiner Unterwolle, gröberem Langhaar sowie schwarzen und weißen Kurzhaaren. Die Vliesstruktur macht die Tiere widerstandsfähig gegenüber Kälte, Wind und Nässe. Die Spitzen bleichen oft zu helleren Tönen aus. Häufig ist der Haarwechselimpuls sehr ausgeprägt, wodurch die Schafe vollständig oder teilweise das Vlies verlieren. Das Vlies kann also auch durch „Raufen" gewonnen werden. Böcke tragen eine ausgeprägte Mähne aus dunkleren, oft schwarzen, drahtigen Haaren. Bei weiblichen Tiere ist der Mähnenbereich nur kräftiger bewollt. Das Langhaar steht nur wenig über der Unterwolle und wirkt deshalb eher wie eine Mischung von mischwollig und schlichtwollig. So ist es schwierig, die Kurzhaare zu entfernen. An den Rändern, der Wirbelsäule und an den Beinansätzen finden sich häufig vermehrt dicke, markhaltige, schwarze

und weiße Kurzhaare, die aber auch fehlen können. Die Unterwolle kann sehr weich bis in den Bereich der Kaschmirwolle gehen, aber auch gröber sein. Es ist zu empfehlen, die individuellen Gegebenheiten bei den Vliesen zu beachten. Vor allem die Erstschuren verdienen Aufmerksamkeit, da sie deutlich weicher und interessant gefärbt sind. Ist der Schurzeitpunkt günstig, sind die Kurzhaare noch nicht oder nur wenig in das Vlies hineingewachsen, sodass sie leichter entfernt werden können.

» **WOLLERTRAG:** Aue: 2–2,5 kg (Reinwollanteil: 85–90 %)

» **STAPELLÄNGE:** bis 15 cm

» **FEINHEIT:** Unterwolle 17 µm, Langhaar bis 40 µm

VERARBEITUNGSHINWEISE

» **VORBEREITEN / WASCHEN / AUFBEREITEN:** Ein Problem ist der natürliche Filz, wie er oft bei mischwolligen Rassen auftritt, die nur einmal im Jahr geschoren werden. Meistens findet sich der Filz am Hals und Rücken, er zieht sich bisweilen bis zu den Flanken herunter. Aus dem leicht angefilzten Bereich kann ein Filzfell gemacht werden, wenn die Vliesstruktur das zulässt, während die losen Stapel versponnen werden können.
Da die Wolle leicht filzt, sollte die Wäsche kontrolliert oder in kleinen Portionen erfolgen.
Es ist möglich, die kurzen, etwas festeren Langhaare per Hand zu entfernen. Zurück bleibt die weichere Wolle. Besonders die farbigen Spitzen der Erstschurlanghaare eignen sich hervorragend, um daraus in Faserrichtung Kammgarn zu spinnen. Auch ist es möglich, die Wolle professionell enthaaren zu lassen.

» **SPINNEN:** Guteschafwolle lässt sich gut verspinnen. Aus den Langhaaren lässt sich Kammgarn spinnen. Die Unterwolle ergibt feines Garn.

» **FILZEN:** Die stark ausgeprägte Mischwolle filzt gut und ergibt einen festen, belastbaren Filz. Auffällig ist dabei, dass sowohl die langen Grannen als auch die Wollfasern gut filzen und einen homogenen Filz ergeben. Die teilweise sehr zahlreichen Stichelhaare machen den Filz aber unangenehm haarig und lassen ihn sehr kratzig erscheinen. Ein Entfernen der Stichelhaare ist in größeren Mengen nicht möglich. Filze aus Guteschafwolle bleiben deshalb grob und sehr kratzig.

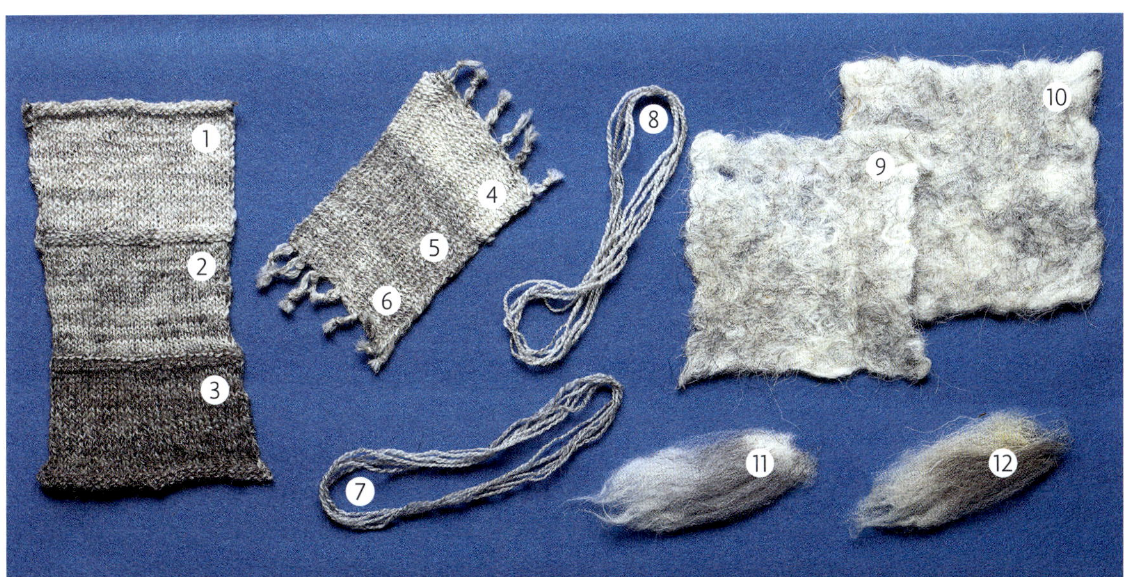

Verarbeitungsproben vom Guteschaf: 1 Erstschur – Faserrichtungsgarn; **2** Erstschur – Streichgarn ganzes Vlies, kardiert; **3** Erstschur – Kämmlingsgarn; **4** Aue – Faserrichtungsgarn; **5** Aue – Kämmlingsgarn; **6** Aue Streichgarn – ganzes Vlies, kardiert; **7** Bock – Streichgarn ganzes Vlies kardiert; **8** Erstschur – Faserrichtungsgarn; **9** Aue – Filzprobe dünn; **10** Aue – Filzprobe dick; **11** Aue – Stapel gewaschen; **12** Aue – Stapel roh

NORSK SPÆLSAU

Kürzel: Noch nicht vergeben
Herkunft: Norwegen

GESCHICHTE

Wie bei vielen alten Schafrassen muss man auch beim Spælsau (sprich: Spälsö) den „alten Typ" und den „neuen Typ" unterscheiden. Spælsau des alten Typs wurden schon von den Wikingern gehalten. Man nennt diese Rasse heute auch Villsau oder Alte Norweger. Die Wikinger fertigten aus der Wolle wohl die Segel für ihre Schiffe, die Grannen wurden zu Tauen für die Takelage verarbeitet. Diese Schafrasse hat noch einen natürlichen Fellwechsel und kommt in vielen Farbschlägen vor. Beim Spælsau des alten Typs sind die Grannen und die feinen Wollhaare noch gleich lang. Durch Einkreuzung des Island-, Färöer- und Finnschafes entstand die Rasse Spælsau des neuen Typs. Diese Schafe sind meist weiß und deutlich größer als die des alten Typs. Außerdem ist ihre Wolle wesentlich feiner, wobei die Grannen hier mindestens doppelt so lang sind wie die sehr feine Unterwolle.

ERKENNUNGSMERKMALE

Das Spælsau ist ein eher kleines und leichtes Schaf, bei dem beide Geschlechter üblicherweise hornlos sind: Nur etwa 10 Prozent der Tiere tragen Hörner. Auffällig sind die bewollte Stirn und die kleinen, waagerecht abstehenden Ohren. Das Spælsau gehört zu den nordischen Kurzschwanzschafen, auch wenn der bewollte Schwanz durch die lange Wolle viele länger wirkt.

WOLLE

» **WOLLTYP:** Mischwollig.
Mischwollig mit sehr fein gekräuselter Unterwolle und langen, schimmernden, gewellten Langhaaren, je nach Typ mischwollig oder ausgeglichenerer in der Haarlänge. Auch beim Spælsauvlies finden sich kurze und heterotype Haararten. Sehr interessant sind die verschiedenen Farbkombinationen, die sich in den natürlichen Vliesfarben finden. Während die meisten Schafe des modernen Typs weiß oder schwarz sind, dominieren beim alten Typ Brauntöne, Rot, Beige und auch Grau. Auch gescheckte Tiere in allen Variationen kommen vor. Bei älteren Schafen vergraut das Vlies zu schönen Farben.

» **WOLLERTRAG:** 2–4 kg
» **STAPELLÄNGE:** Langhaare bis 30 cm, Wollhaare 5–15 cm
» **FEINHEIT:** Langhaar bis 57 µm, Unterwolle bis 31,5 µm

VERARBEITUNGSHINWEISE

» **VORBEREITEN / WASCHEN / AUFBEREITEN:** Wie bei allen mischwolligen Rassen kann die Unterwolle von den Langhaaren getrennt werden. Die Ähnlichkeit zum Islandschaf ist deutlich. Mit der Weichheit und Farbigkeit dieser Haararten lassen sich wunderschöne Projekte realisieren. Viele Vliese, besonders die von älteren Schafen, sind schon auf dem Schaf verfilzt. Je nach Filzstärke und Ausprägung können solche Vliese zu Filzfellen verarbeitet werden.
Damit die Zartheit und Struktur der Stapel erhalten bleibt, wird am besten die Waschmethode im Tuch angewendet. Durch diese kontrollierte Waschmethode bleibt die Vliesstruktur weitgehend erhalten, und das Filzrisiko bei der Wäsche ist minimiert. Das macht das Trennen deutlich einfacher. Die Wolle kann als Ganzes kardiert, im Ganzen oder getrennt gekämmt oder mit Flickkarden ausgebürstet werden. Ist die Struktur weich und besonders farbig, können ganze Stapel auch, etwas aufgezupft, aus der Flocke versponnen werden. Um wirklich reine, weichste Unterwolle beim Trennen zu erhalten, werden auch die Heterotypen, meistens wollige Langhaare (wLH), herausgezogen (siehe ab Seite 257).
» **SPINNEN:** Trennt man Unterwolle und Langhaare, lassen sich beide Fasern gut verspinnen und für unterschiedliche Garne einsetzen.
Die gekämmten Fasern eignen sich für Faserrichtungsgarn, die Kämmlinge ergeben weiches Streichgarn. Da es sich um eine alte Schafsrasse handelt, wird die Wolle gerne im Reenactment- bzw. Living-History-Bereich verwendet.
» **FILZEN:** Spælsauwolle hat beim Filzen den entscheidenden Nachteil, dass die langen Grannen zwar schön anzusehen sind und wunderbare Felle ergeben, aber leider selbst nicht filzen, was bedeutet, dass die Gesamtwolle nur einen sehr losen Filz ergibt. Da sich die Wolle vergleichsweise leicht trennen lässt, kann aber ein sehr schöner, feiner Filz mit der Unterwolle gemacht werden. Felle sind durch die gut filzende Unterwolle einfach herzustellen. Die Langhaare filzen gut genug, dass die gefilzten Felle verwendet werden können.

Verarbeitungsproben vom Norsk Spælsau: 1 Aue – Stapel gewaschen; **2** Aue – Stapel gewaschen; **3** Erstschur – Faserrichtungsgarn aus der Unterwolle; **4** Aue – Faserrichtungsgarn aus dem Langhaar; **5** Erstschur – Stapel roh; **6** Aue – Faserrichtungsgarn aus dem Langhaar; **7** Aue – Kämmlingsgarn; **8** Aue – Filzprobe dick; **9** Erstschur – Streichgarn ganzes Vlies, kardiert; **10** Erstschur – Garn aus der Flocke gesponnen

ISLANDSCHAF

Kürzel: Noch nicht vergeben
Herkunft: Island

GESCHICHTE

Auf Island sind tatsächlich nur Islandschafe zu finden, und es ist inzwischen verboten, andere Schafe auf Island einzuführen, was auf einen schlimmen Ausbruch des Maedi-Visna-Virus in den 1930er Jahren zurückgeht. Damals wurden Zuchtversuche mit eingeführten Schafrassen unternommen, die trotz Quarantäne das Virus einschleppten, was in der Folge zu verheerenden Krankheitsfällen führte. Trotz konsequenter Keulung von insgesamt etwa 150 000 Tieren dauerte es 30 Jahre, bis die Insel wieder als Maedi-Visna-Virus-frei galt. Dieses Risiko wollte man auf Island nicht mehr eingehen. Die Vorfahren der heutigen Islandschafe wurden von den norwegischen Einwanderern im 9. und 10. Jahrhundert auf die Insel mitgebracht. Islandschafe gehören zur Kategorie der nordischen Kurzschwanzschafe, zu denen u. a. auch Heidschnucken, Skudden und Spælsau zählen.
Das Islandschaf ist die vermutlich älteste und reinste domestizierte Schafrasse der Welt. Es hat sich perfekt den klimatischen Bedingungen auf Island angepasst und gilt als sehr robust. Obwohl die Schafe weltweit für ihre Wolle berühmt sind, werden sie in Island für die Fleischgewinnung gezüchtet. Dennoch haben die Züchter den Faktor Wolle bei der Zucht nie außer Acht gelassen.

ERKENNUNGSMERKMALE

Islandschafe sind mittelgroße, recht breit gebaute Schafe, die anspruchslos im Futter sind. Beide Geschlechter können hornlos oder gehörnt sein. Wie bei vielen alten Rassen sind auch die Islandschafe saisonal brünstig. Die Muttertiere gelten als sehr fruchtbar, und Zwillingsgeburten sind die Regel, je nach Bewirtschaftung können es auch Drillinge werden. Bis auf etwas kurze Wolle zwischen den kleinen Ohren ist das Gesicht unbewollt und kurz behaart. Das Islandschaf ist eine typische Mehrnutzungsrasse für Fleisch, Wolle, Felle und Milch. Die Tiere leben während der Weidesaison verstreut im Hochland.

WOLLE

» **WOLLTYP:** Mischwollig.
Das Vlies setzt sich aus sehr feiner, gekräuselter Unterwolle und langen, mehr oder weniger gewellten Langhaaren zusammen. Herausragend sind die etwa 30 verschiedenen Farbschläge. Die Vliesstruktur ist je nach Tier unterschiedlich. In Vliesen von älteren Schafen finden sich verfilzte Partien. Das Vlies wird traditionell getrennt verarbeitet. Die feine Unterwolle heißt *Þel* (sprich „Thäl“ mit „th“ wie im Englischen). Die langen, gröberen Langhaare werden Tog. genannt. Aus den beiden verschiedenen Fasern wurden Textilien mit speziellen Eigenschaften hergestellt. Die Islandschafe werden zweimal im Jahr geschoren. Dabei liefert die erste Schur die bessere Wollqualität.
» **WOLLERTRAG:** 1–2 kg je Schur
» **STAPELLÄNGE:** Langhaare bis 30 cm, Unterwolle 5–8 cm
» **FEINHEIT:** 20–26 µm, Unterwolle 20 µm, Langhaare 27 µm

VERARBEITUNGSHINWEISE

» VORBEREITEN / WASCHEN / AUFBEREITEN: Wie bei allen mischwolligen Rassen kann die Unterwolle von den Langhaaren getrennt werden. Das hat in Island schon lange Tradition (siehe Seite 257).

Viele der Vliese, besonders die von älteren Schafen, sind schon auf dem Schaf verfilzt. Erstschuren können auch ungetrennt versponnen werden. Die Herbstschuren enthalten oft wenig Fettschweiß und können ohne vorherige Wäsche verarbeitet werden.

Durch die kontrollierte Waschmethode im Tuch bleibt die Vliesstruktur weitgehend erhalten, und das Filzrisiko wird gemindert.

Tatsächlich lassen sich die Stapel deutlich besser trennen, wenn sie ungewaschen sind und die Struktur unbeeinträchtigt bleibt. Durch die Wäsche wird die natürliche Struktur zu sehr durcheinander gebracht. Zum Trennen der Langhaare von der Unterwolle ist eine maximal gut erhaltene Vliesstruktur am besten. Um wirklich ausschließlich die weiche Unterwolle zu erhalten, werden auch die heterotypen Haare aus den Stapeln entfernt.

» SPINNEN: Die Wolle der Islandschafe wird gerne im Reenactment- und Living-History-Bereich verwendet. Die langen Fasern lassen sich sehr gut spinnen, und man bekommt manchmal sehr feine Qualitäten, die auch empfindliche Personen auf der Haut tragen können. Die besonders weichen Langhaare der Erstschuren ergeben ein schönes Kammgarn. Die Isländer verwenden Garn aus den Langhaaren für besonders strapazierte Bereiche in Strickstücken wie Ellbogen, Ränder, Sockenfersen und -spitzen. Es eignet sich auch zum Brettchenweben, Seilern, Knüpfen und Flechten.

» FILZEN: So schön und fein die Wolle auch sein mag: Auch bei der Islandwolle filzen die Grannen nicht. Allerdings haben die Grannen keinen so großen Anteil an der Gesamtwolle, sodass sich durchaus ein akzeptabler Filz ergibt. Wer sich die Mühe macht, die Wolle zu trennen, erhält aber eine sehr gut filzende, sehr feine Unterwolle, die sich einfach verfilzen lässt. Die Langhaare hingegen sind zum Filzen vollkommen ungeeignet. Deshalb ist auch von Fellen aus Islandwolle abzuraten. Die Optik der Wolle verleitet zwar dazu, Filzfelle herzustellen, mehr als Dekorationsobjekte werden aber nicht daraus werden, weil die Haare bei Gebrauch ausfallen.

Verarbeitungsproben vom Islandschaf, Aue: 1 Stapel roh; **2** Faserrichtungsgarn aus der Unterwolle; **3** Faserrichtungsgarn aus dem Langhaar; **4** Kämmlingsgarn; **5** Faserrichtungsgarn aus der Unterwolle; **6** Faserrichtungsgarn aus der Unterwolle; **7** Garn aus der Flocke gesponnen; **8** Stapel gewaschen; **9** Faserrichtungsgarn aus dem Langhaar; **10** Filzprobe aus der gesamten Wolle; **11** Filzprobe aus der Unterwolle

Verarbeitungsproben Erstschur: 12 Garn aus der Flocke gesponnen; **13** Streichgarn ganzes Vlies, kardiert

FINNSCHAF, FINNISCHES LANDSCHAF

Kürzel: FIN
Herkunft: Finnland

GESCHICHTE

Diese alte Landschafrasse ist in Finnland die einzige Schafrasse mit wirtschaftlicher Bedeutung. Sie gehört zu den nordischen Kurzschwanzschafen und ist noch sehr eng mit den Wildschafen verwandt. Wegen ihrer hohen Fruchtbarkeit und der genetisch verankerten Kurzschwänzigkeit werden Finnschafe gerne in andere Schafrassen eingekreuzt. In Neuseeland werden Merinos durch Kreuzungen mit Finnschafen zur Kurzschwänzigkeit gezüchtet. So kann das Schwanzkupieren und Mulesing vermieden werden.

ERKENNUNGSMERKMALE

Das meist reinweiße Finnschaf ist mittelgroß, feingliedrig, überwiegend hornlos und hat einen unbewollten Kopf. Die kleinen Ohren stehen waagerecht ab, der Nasenrücken ist gerade. Gelegentlich sind graue, schwarze oder braune Tiere zu beobachten. Widder haben ein Gewicht von 68 bis 90 kg, Auen sind mit einem Gewicht von 55 bis 86 kg etwas leichter. Herausragend ist die große Fruchtbarkeit, die sich in Mehrlingsgeburten mit mehr als zwei Lämmern äußert.

WOLLE

» **WOLLTYP:** Schlichtwollig, selten mischwollig. Die Wolle ist eher fein mit etwas unregelmäßigen Wellen. Die Stapelstruktur ist offen, die Stapel heben sich voneinander ab und können gut vereinzelt werden. Die Wolle ist mehr seidig als flauschig und zeigt einen schönen Schimmer. Die Spitzen stehen einzeln und sind oft sonnengeschädigt. Weil sie als hautverträglich gilt, kann Finnschafwolle auch von empfindlichen Personen verwendet werden. Ursprünglich war das Vlies mischwollig, heute sind die meisten Vliese ausgeglichen und wenig fettig. Finnschafe werden zweimal im Jahr geschoren. Aufgrund des Erbes tauchen ab und zu noch mischwollige Vliese auf.
» **WOLLERTRAG:** 1,8–3,6 kg
» **STAPELLÄNGE:** einmalige Schur: 7,5–15 cm, zweimalige Schur: 7,5–10 cm
» **FEINHEIT:** 23–31 µm

VERARBEITUNGSHINWEISE

» **VORBEREITEN / WASCHEN / AUFBEREITEN:** Das Vlies sichten und von pflanzlichen Verschmutzungen reinigen. Die Ränder, wenn verschmutzt oder zu grob, entfernen. Vor der Wäsche in kurze und lange Stapel teilen. Weil die Wolle wenig Wollfett enthält, kann sie gut ohne Wäsche aus der Flocke gesponnen werden.
Kurze Stapel werden unkontrolliert gewaschen, lange kontrolliert im Tuch. Beim unkontrollierten Waschen muss unbedingt auf die Temperatur und Bewegung geachtet werden, da die Wolle leicht filzt. Wegen des möglicherweise geringen Wollfettes genügt eine Wäsche mit heißem Wasser. Trennen, Kämmen, Ausbürsten und Kardieren ist möglich. Kurze Stapel werden am besten kardiert, während die längeren Stapellängen perfekt zum Kämmen geeignet sind.
» **SPINNEN:** Sehr schöne Spinnwolle, aus der schimmernde Kamm- und weiche Streichgarne gesponnen werden können. Die Löckchen eignen sich für Artyarns und ergeben auch direkt aus dem Stapel gesponnen interessant strukturierte Garne.
» **FILZEN:** Die Wolle ist sehr kurz, aber gut gelockt und sehr fein. Sie lässt sich zwar schwierig auslegen, filzt dann aber bereitwillig und legt sich sehr flach an. Die Locken sind im Filz später gut zu erkennen, und der Filz hat eine sehr feine Struktur. Die Wolle ist extrem fein, was sich auch in einem sehr feinen, dicht geschlossenen Filz widerspiegelt.

Verarbeitungsproben vom Finnschaf, Aue: 1 Faserrichtungsgarn; **2** Garn aus der Flocke gesponnen; **3** Stapel roh; **4** Faserrichtungsgarn; **5** Kämmlingsgarn; **6** Streichgarn ganzes Vlies, kardiert; **7** Garn aus der Flocke gesponnen; **8** Filzprobe dick; **9** Stapel gewaschen

ROMANOVSCHAF

Kürzel: ROM
Herkunft: Russland

GESCHICHTE

Wie der Name schon vermuten lässt, stammt das Romanovschaf aus Russland, wo es Ende des 17. Jahrhundert gezüchtet wurde. Es geht aus Schafrassen aus der Gegend um die Stadt Romanova (heute: Jaroslawl) hervor. Als Rasse wird es erstmals 1802 genannt.

ERKENNUNGSMERKMALE

Das Romanovschaf gehört zu den nordischen Kurzschwanzschafen und trägt wie diese einen kurzen Schwanz, und auch das mischwollige Vlies dieser Rassegruppe ist ihm eigen.
Typisch für das Romanovschaf ist der schwarze Kopf, der vor allem bei den Böcken ausgeprägt ramsnasig ist, aber sehr selten Hörner trägt. Die Schafe zeigen auf Stirn und Nase eine weiße Blesse, die sehr unterschiedlich geformt sein kann und auch in der Größe stark variiert. Teilweise ist fast der gesamte Kopf weiß.
Der Körper ist mit blaugrauer Mischwolle besetzt, die beim Bock eine imposante Hals- und Schultermähne in Schwarz zeigt. Der Kopf und die feingliedrigen Beine sind unbewollt und mit schwarzen oder weißen (die Blesse) Kurzhaaren bedeckt. Das Romanovschaf ist außerordentlich fruchtbar, es sind bis zu zwei Lammungen mit ein bis sechs Lämmern möglich. Durch die asaisonale Brunst ist ganzjährig mit Lämmern zu rechnen. Diese werden mit schwarzem Fell geboren, das aber schnell ins Blaugraue wechselt.

WOLLE

» **WOLLTYP:** Mischwollig.
Die Wolle der Romanovschafe ist eine mäßig ausgebildete Mischwolle, bei der das Langhaar nur

wenig über die Unterwolle hinausragt. Das Vlies besteht aus weißen, oft gewellten Langhaaren, weißen Wollfasern und sehr unterschiedlich vielen Kurzhaaren. Durch zweimalige Schur wird Verfilzen am Tier verhindert, da auch das Romanovschaf teilweise einen saisonalen Fellwechsel vollzieht.

» **WOLLERTRAG:** Auen 1,8–2,8 kg, Erstschuren 1,5–2,0 kg

» **STAPELLÄNGE:** 10–13 cm

» **FEINHEIT:** 29–55 µm, Unterwolle 16–22 µm

VERARBEITUNGSHINWEISE

» **VORBEREITEN / WASCHEN / AUFBEREITEN:** Projektbezogen sortieren. Eine kontrollierte Wäsche wird empfohlen. Zur Aufbereitung sind alle Techniken geeignet.

» **SPINNEN:** Die lockigen Fasern lassen sich gut verspinnen.

» **FILZEN:** Romanov-Wolle filzt gut, die vielen Stichelhaare stören aber und gehen schon beim Filzen aus. Es entsteht ein sehr fester und gut geschlossener Filz, der aber sehr haarig wirkt und unangenehm sticht. Beim Filzen von Fellen schwimmen anschließend die Stichelhaare im Filz und fallen beim Schütteln aus, die Felle sind deshalb zwar sehr schön anzusehen, fordern den Benutzer aber in der ersten Zeit durch ausfallende Stichelhaare heraus.

Die berühmten „Walenki"-Stiefel sollen früher aus Romanovwolle hergestellt worden sein. Das Wort Walenki kommt vom Russischen „*waljat*" (walken).

Verarbeitungsproben vom Romanovschaf: 1 Erstschur – Kämmlingsgarn; **2** Erstschur – Kämmlingsgarn; **3** Aue – Filzprobe dick; **4** Aue – Stapel roh; **5** Aue – Stapel roh; **6** Aue – Faserrichtungsgarn; **7** Aue – Faserrichtungsgarn

OUESSANTSCHAF

Kürzel: OUS
Herkunft: Île d'Ouessant, Bretagne, Frankreich

GESCHICHTE

Auf der kleinen Insel Ouessant vor der Westküste der Bretagne entwickelte sich diese sehr kleine, robuste Schafrasse. Die Ursprünge des Ouessantschafes sind vermutlich sehr alt. Archäologen bargen bei Ausgrabungen mehrere Tausend Schafknochen, die auf den Zeitraum 750 bis 450 v. Chr. datiert wurden. Die frühesten schriftlichen Quellen, die Schafe auf der Insel belegen, stammen aus dem 17. Jahrhundert.

Die landwirtschaftlich genutzte Fläche der Insel war zwar in privatem Besitz, konnte aber nicht ganzjährig ausschließlich vom Eigentümer genutzt werden. Am 15. März jeden Jahres wurden die Schafe in entlegene, nicht kultivierte Bereiche der Insel verbracht und dort in einer Einfriedung eingepfercht. Diese Flächen waren Gemeindeland; für den Erhalt der Mauern war eine Kopfpauschale pro Tier zu entrichten. Die traditionellen Getreidesorten wurden bis zum 15. Juli geerntet; an diesem Tag wurden die Schafe befreit. Die Tiere konnten sich also zwei Drittel des Jahres frei auf der Insel bewegen. In dieser Zeit galt Weidefreiheit. Lediglich die eingefriedeten Gärten waren tabu, ansonsten durfte niemand ein Schaf daran hindern, zu fressen, wo es wollte.

Ab Mitte des 19. Jahrhunderts verlor die Wolle an Bedeutung, und die Landwirtschaft veränderte sich stark. Aus historischem Bildmaterial lässt sich eine dramatische Veränderung der Schafbestände ableiten. Während die weißen Schafe bis dahin in der Minderheit waren, konnte man schon 1913 fast nur noch weiße und auch deutlich größere Schafe beobachten. Die Rasse Ouessant war weitgehend verloren.

Seit der Einrichtung einer Fährverbindung zur Insel Ouessant im Jahre 1880 hatten aber erste Touristen die kleinen Schafe auch auf das Festland gebracht und hielten sie dort aus Liebhaberei.

Aus diesen kleinen Hobbyhaltungen entstanden schließlich die heutigen Bestände.

ERKENNUNGSMERKMALE

Bei dieser kleinsten Schafrasse Europas sollten Böcke weniger als 50 cm, Auen unter 47 cm messen. Dabei sind Ouessantschafe relativ hochbeinig. Der schmale Kopf ist gleichmäßig und nur bei den Böcken leicht geramst. Männliche Tiere haben ein mächtiges, weites Gehörn mit einem einzigen Bogen. Weibliche Tiere sind hornlos, wobei kleine unverknöcherte Hornstummel vorkommen können. Die Ohren sind klein, kurz und leicht aufgerichtet. Der bewollte Schwanz endet kurz über dem Sprunggelenk. Die Glöckchen, „Anhängsel" am Hals, die man eher von Ziegen kennt, sind in Frankreich ein Ausschlusskriterium, kommen aber relativ häufig vor.

Ouessantschafe haben ein halbgeschlossenes mischwolliges Vlies mit sehr feiner Unterwolle. Bei den Böcken ist eine Mähnenbildung im Bereich des Unterhalses, Nackens und der vorderen Oberschenkel erwünscht. Während in Frankreich nur weiße und schwarze Tiere anerkannt sind, gibt es anderenorts auch graue, hell- und dunkelbraune sowie schimmelfarbene Tiere. Die Färbung sollte das gesamte Jahr einfarbig sein. Die Mähne kann bei gleicher Farbe dunkler sein.

WOLLE

» **WOLLTYP:** Mischwollig, nicht ausgeprägt.
Die Vliese haben eine nicht sehr ausgeprägte Mischwolle. Langhaare sind weich und im äußeren Stapel gekräuselt oder gewellt. Sie unterscheiden sich in der Länge nicht stark von der Unterwolle. Beim Bock ist das Vlies gröber, bei den Erstschuren noch weicher und zarter. Kurzhaare können an den Rändern und am Schulterkreuz vorhanden sein, sind aber eher selten. Das halboffene Vlies zeigt einen angedeuteten bis vollen Fellwechsel, was das Verfilzen am Tier begünstig. Fellwechselvliese können auch gerauft werden.
Die Farbe des Vlieses muss einheitlich sein, es gelten aber Ausnahmen. Im Vlies finden sich an der Schnittseite oft Ablagerungen von schwer löslichen Fettflocken beziehungsweise Hautschuppen.
» **WOLLERTRAG:** Bock 0,6–1,8 kg, Aue 0,6–1,5 kg
» **STAPELLÄNGE:** 7–12 cm bei einmaliger Schur
» **FEINHEIT:** 25–28 µm

VERARBEITUNGSHINWEISE

» **VORBEREITEN / WASCHEN / AUFBEREITEN:** Bei der Vliesauswahl auf Verfilzungen und Einfütterungen, Fettablagerungen sowie Kurzhaare achten. Projektbezogen sortieren.
Da die Wolle leicht filzt, ist eine kontrollierte Waschmethode angebracht.
Lässt es die Struktur der Wolle zu, kann das Langhaar von der Unterwolle getrennt werden. Durch Kämmen oder Ausbürsten können Verschmutzungen aus der gewaschenen Wolle entfernt werden. Insgesamt weiche Vliese können im Ganzen kardiert oder unaufbereitet verwendet werden.
» **SPINNEN:** Ouessantwolle lässt sich gut verspinnen, kann aber kratzende Stichelhaare enthalten. Kamm- und Streichgarne sind möglich.
» **FILZEN:** Die Wolle des Ouessant ist hervorragend zum Filzen geeignet. Allerdings hat die Wolle je nach Wollpartie eine stark unterschiedliche Qualität, und die Stichelhaare sind vor allem im Rückenbereich stark ausgeprägt, was den Filz haarig und kratzig erscheinen lässt. Die Wolle der Flanke ist dagegen deutlich angenehmer. Filzfelle sollten aus der Flankenwolle oder der Mähne gemacht werden. Dort finden sich die längsten Haare, die dem Filzfell eine imposante Optik verleihen.

Verarbeitungsproben vom Ouessantschaf, Aue: 1 Streichgarn ganzes Vlies, kardiert; **2** Stapel roh; **3** Stapel gewaschen; **4** Stapel roh; **5** Stapel gewaschen; **6** Faserrichtungsgarn; **7** Streichgarn ganzes Vlies, kardiert; **8** Kämmlingsgarn; **9** Garn aus der Flocke gesponnen; **10** Faserrichtungsgarn; **11** Filzprobe dick

SOAYSCHAF

Kürzel: SOY
Herkunft: Schottland, St. Kilda-Inselgruppe

GESCHICHTE

Das Soayschaf ist wohl der ursprünglichste Typ des Hausschafes und entspricht einem Schaftyp der ersten Domestizierung in der Jungsteinzeit. Diese Schafe wurden vermutlich von den Wikingern auf die Insel Soay gebracht und verwilderten dort. Noch heute leben auf der Insel verwilderte Soayschafe; sie stellen einen der letzten reinrassigen Bestände dar. Da diese Rasse wenig wirtschaftlichen Nutzen hat, wird sie hauptsächlich zu Einkreuzung und Rückzucht verwendet, was das Erkennen reinrassiger Soayschafe und Bestände extrem schwer macht. Es gibt aber Bestrebungen, die Rasse in Reinzucht zu erhalten.
Früher ruderten die Bauern von St. Kildans im Sommer von Hirta nach Soay, um die Wolle von den dort lebenden Schafen zu sammeln. Die gesammelte und geraufte Wolle wurde nach Hirta zurückgebracht. In den dunklen Wintermonaten wurde die Wolle zum Spinnen und Weben vorbereitet und, weil sie so weich war, zu Unterwäsche verarbeitet.

ERKENNUNGSMERKMALE

Das Soayschaf hat eine auffällige Ähnlichkeit mit dem Europäischen Mufflon, was durch die imposanten Hörner, aber vor allem durch die wildfarbene Zeichnung deutlich wird. Die Böcke tragen große, kreisförmig abwärts gerichtete Hörner, bei den weiblichen Tieren ist die Hornbildung weniger ausgeprägt. Das gilt auch für die Mähne, die die

Soay auf der Karte finden

Der Name *Soay* ist nordischen Ursprungs und bedeutet „Schafsinsel" (Altnordisch *Seyðoy*; modernes Isländisch *Sauðey*). Soay ist eine 0,97 km² große unbewohnte Insel im schottischen St.-Kilda-Archipel, der abgelegensten Inselgruppe Großbritanniens.

Böcke im Hals- und Kehlbereich entwickeln. Der schmale Kopf ist unbewollt und hat einen gerade bzw. leicht konkaven Nasenrücken.
Die Wolle der kleinwüchsigen Soayschafe ist bis auf wenige Körperpartien braun und wird saisonal selbstständig abgeworfen. Es werden haarbetonte und wollbetonte Tiere sowie der helle und der dunkle Farbschlag unterschieden. Durch die lange Isolation auf der Insel Soay verhalten sich Soayschafe wie Wildschafe und sind deshalb nicht durch Hütehunde lenkbar, weshalb sie auch zur Hütehaltung nicht geeignet sind.

WOLLE

» **WOLLTYP:** Ursprünglich-kurzwollig.
Das Vlies besteht aus sehr kurzer, dichter, gekräuselter Wolle; dabei variiert die Wolligkeit und der Gehalt an Kurzhaaren je nach Tier stark. Normalerweise fällt die Wolle im Frühjahr von selbst ab und kann dann gesammelt werden. Soayschafe werden üblicherweise nicht geschoren. Bei Tieren, die nicht regelmäßig gedeckt und weniger wild gehalten werden, verschwindet der Fellwechselimpuls. Beim Raufen und Abzupfen der Wolle vom Schaf bleiben die primären Kurzhaare am Schaf, nur die reine Wolle wird geerntet. Es lohnt sich, mit dieser einzigartigen Wolle zu arbeiten.
» **WOLLERTRAG:** 0,6–1,0 kg
» **STAPELLÄNGE:** 4–8 cm
» **FEINHEIT:** 9–48 µm

VERARBEITUNGSHINWEISE

» **VORBEREITEN / WASCHEN / AUFBEREITEN:** Sehr kurze Stapel von Längeren trennen; kurzhaarhaltige Partien entfernen. Eine kontrollierte Wäsche wird empfohlen, um die Faserstruktur zu erhalten. Zur Aufbereitung lange Fasern kämmen, kurze ausbürsten. Kämmlinge und kurze Fasern kardieren.
» **SPINNEN:** Wenn man das Glück hat, ein paar Flocken Soaywolle aufsammeln zu können, wird man beim Spinnen feststellen, dass die Fasern recht kurz sind und eine gewisse Herausforderung darstellen. Leider ist die Wolle oft grob und enthält Stichelhaare.
» **FILZEN:** Die Wolle ist sehr kurz, die Spitzen sind feinlockig und ausgeblichen, was ein wunderschönes Fell gibt, das sich auch leicht herstellen lässt. Flächenfilze sind sehr aufwendig, weil die Wolle sehr spät anfängt zu filzen und dann nur zögerlich schrumpft.

Verarbeitungsproben Soayschaf, Aue: 1 Faserrichtungsgarn; **2** Kämmlingsgarn, Einfachgarn; **3** Einfachgarn aus der Flocke gesponnen; **4** Filzprobe dick; **5** Stapel roh; **6** Stapel gewaschen; **7** Faserrichtungsgarn; **8** Kämmlingsgarn, Einfachgarn; **9** Streichgarn ganzes Vlies, kardiert; **10** Einfachgarn aus der Flocke gesponnen; **11** Faserrichtungsgarn; **12** Kämmlingsgarn

SONSTIGE LANDSCHAFRASSEN, SCHLICHTWOLLER

Wir haben bislang die Spezialgruppen der Landschafrassen vorgezogen, da sie meist deutlich bekannter sind. Die nun folgenden Schafrassen gehören ebenso zur Gruppe der Landschafrassen. Viele dieser Rassen zeichnen sich durch eine lokal begrenzte Ausbreitung und durch ihr meist schlichtwolliges Vlies aus.

In der Wollkunde von 1929 heißt es zu den schlichtwolligen deutschen Landschafrassen: „Bei den verschiedenen Schlägen des deutschen schlichtwolligen Schafes bildet das Vlies wie bei den englischen Down-Schafen schon eine geschlossene Decke, während die Wolle eine Stapeltiefe von etwa 12 bis 18 cm erreicht. [...] Der Prototyp des alten schlichtwolligen deutschen Schafes ist das Rhönschaf, das in seinem Wollcharakter sich den Mischwolligen aufs engste anschließt und den Übergang darstellt. [...] ferner finden sich hauptsächlich auf Keulen und Schwanzwurzel zuweilen Stichelhaare, [...] Die Wolle ist mäßig rau, aber von guter Elastizität und Widerstandsfähigkeit.“

BENTHEIMER LANDSCHAF

Kürzel: BLS
Äquirasse: Schoonebeecker Schaf (NL),
Herkunft: Grafschaft Bentheim

GESCHICHTE

Das Bentheimer Landschaf wurde erst 1934 als eigenständige Rasse anerkannt. Allerdings wurde in der Literatur schon 1869 ein Schaf erwähnt, das dem Bentheimer Landschaf sehr ähnelt. Die Rasse hat ihren Ursprung in der Grafschaft Bentheim im Weser-Emsland.
Entstanden ist das Bentheimer Landschaf wohl aus einer Kreuzungszucht, in der das aus dem Schoonebeecker und dem Drenthe Heideschaf entstandene Schoonebeecker eingekreuzt wurde. Das Schoonebeecker Schaf aus den Niederlanden wird heute als nahezu identische Schwesterrasse angesehen. Wie viele Rassen in Deutschland, kam auch das Bentheimer Landschaf in der Mitte des 20. Jahrhunderts stark unter Druck und stand kurz vor der Auslöschung. Ein Rasseerhalt ohne Inzucht war bereits nicht mehr möglich, sodass man sich entschloss, französische Cousses du Lot

mit zur Zucht hinzuzuziehen, was die Rasse noch einmal veränderte und vor allem die Wolle deutlich verbesserte. Der gezielte Rasseerhalt führte dazu, dass heute wieder mehrere Tausend Tiere zu verzeichnen sind.

ERKENNUNGSMERKMALE

Das Bentheimer Landschaf ist das größte deutsche Heideschaf. Es hat lange Beine, die Böcke haben eine Widerristhöhe von 70–80 cm und wiegen 80–90 kg, die Auen sind meist 10 cm kleiner und mit 60–70 kg auch leichter. Beide Geschlechter sind hornlos und haben einen langen, bewollten Schwanz.
Der Kopf ist länglich und schmal, unbewollt und ramsnasig. Um die Augen herum finden sich schwarze Abzeichen; meist haben die langen, abstehenden Ohren schwarze Spitzen. Häufig kommen auch dunkle Flecken an den Beinen vor. Die Wolle am Körper des Schafes ist reinweiß.

WOLLE

» **WOLLTYP:** Schlichtwollig.
Einzelne, weiße Kurzhaare kommen vor. Die Lang- und Wollhaare sind nahezu gleich dick. Spitzenbildung und offene Vliese sind möglich. Die Stapel sind lang und weisen eine sichtbare, unregelmäßige Kräuselung der Fasern auf. Die Vliese der Erstschuren sind deutlich weicher als die der älteren Schafe.
» **WOLLERTRAG:** Bock 4,5–5 kg, Aue 3–4 kg
» **STAPELLÄNGE:** 12–20 cm
» **FEINHEIT:** 34–38 µm

VERARBEITUNGSHINWEISE

» **VORBEREITEN / WASCHEN / AUFBEREITEN:** Projektbezogen sortieren. Auf unterschiedliche Haardicken an Schenkeln und Rändern achten. Projektbezogene Wäsche. Eine kontrollierte Waschmethode wird empfohlen.
Projektbezogen sind Kämmen und Kardieren möglich. Weiche Wolle ergeben die Kämmlinge, die beim Kämmen oder Ausbürsten der Stapel anfallen. Wenn überstehende, dickere Langhaare herausgezogen werden, ergeben sich weichere Fasern.
» **SPINNEN:** Eher grobe Spinnwolle für Kamm- und Streichgarne. Garne aus den Kämmlingen werden weicher.
» **FILZEN:** Bentheimer Landschafwolle filzt grundsätzlich sehr gut, allerdings ergibt sich durch die sehr unterschiedliche Kräuselung und die dicken, sehr starren Langhaare ein eher unregelmäßiger Filz.

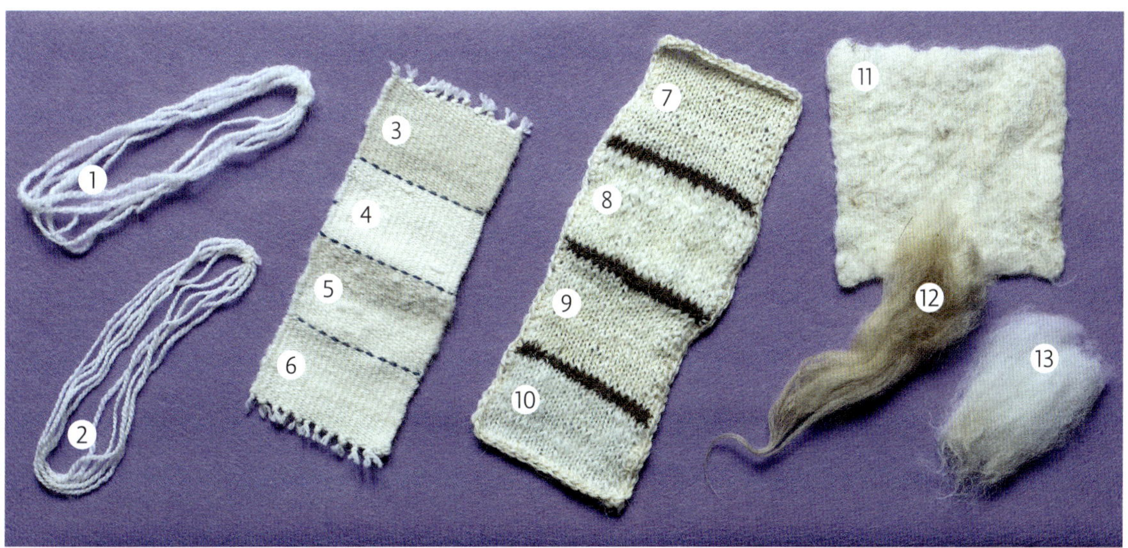

Verarbeitungsproben vom Bentheimer Landschaf, Aue: 1 Kämmlingsgarn; **2** Faserrichtungskammgarn; **3** Faserrichtungsgarn; **4** Kämmlingsgarn; **5** Garn aus der Flocke gesponnen; **6** Streichgarn ganzes Vlies, kardiert; **7** Faserrichtungsgarn; **8** Kämmlingsgarn; **9** Garn aus der Flocke gesponnen; **10** Streichgarn ganzes Vlies, kardiert; **11** Filzprobe dick; **12** Stapel roh; **13** Stapel gewaschen

COBURGER FUCHSSCHAF

Kürzel: COF
Herkunft: Deutschland, Coburger Land

GESCHICHTE

Das Coburger Fuchsschaf wurde erst 1966 von der DLG als Rasse anerkannt, stammt aber von jahrhundertealten Landschafrassen der europäischen Mittelgebirge ab. Die Rassen Eifeler und Hunsrücker Rotköpfe, Westerwälder, Eisfelder und Oberpfälzer Füchse flossen in die Rasse mit ein. Auch in Nordafrika und Nordamerika sind ähnliche Tiere nachweisbar. Der Name stammt von der Provinz Coburg, in der Anfang des 20. Jahrhunderts 60 Prozent der Schafe fuchsköpfige Schlichtwollschafe waren.

ERKENNUNGSMERKMALE

Das Coburger Fuchsschaf ist ein mittelgroßes, edles Schaf mit dem charakteristischen goldenen Vlies, gut zu erkennen am rotbraunen Kopf und den ebenfalls rotbraunen Beinen. Der Kopf ist schmal, hornlos und unbewollt mit meist gerader Nase, wobei eine leichte Ramsnase vorkommen kann. Die kleinen Ohren sind leicht nach vorne geneigt. Die Wolle der Coburger Füchse hat durch eine feine Melierung einen goldenen Farbton und viel Glanz. Die Lämmer kommen mit rotbrauner Wolle zur Welt und hellen mit zunehmendem Alter auf. Die Farbe ist bei erwachsenen Tieren sehr vielfältig zwischen einem hellen Melange bis zu einem dunklen Goldton, dem sogenannten „Goldenen Vlies“. Die rotbraunen Stichelhaare sind immer vorhanden.

Da die Rasse über wenig genetische Vielfalt verfügte, wurden zur Blutauffrischung verwandte Rassen eingekreuzt. Vor allem die französische Rasse Solognote veränderte die Merkmale der Coburger Fuchsschafe; diese Schafe zeichnen sich durch einen größeren, massigeren Körperbau aus, und sie bekommen auch breitere Köpfe, die mit dunkelrotbraunen Haaren besetzt sind. Auch das Vlies hat sich verändert: Die Wolle ist rauer und zeigt weniger Glanz, die Farbe neigt zu einem gräulichen Rot mit dunklen Kurzhaaren. Während der ursprüngliche Typ des Coburger Fuchsschafes nicht zum Verfilzen am Tier neigt, kann dies bei Coburgern mit Solognote-Einschlag durchaus vorkommen.

WOLLE

» **WOLLTYP:** Schlichtwollig, lange Stapel. Rassetypisch ist die Wolle, wenn sie frei von Grautönen ist und einen zarten, rötlich-ockerfarbenen Creme-Ton zeigt. Die Stapel sollen weich, lang, mit Glanz und möglichst wenigen hellrotbraunen Kurzhaaren sein. Die Kräuselung ist treu, aber unregelmäßig. Die Struktur der Stapel ist schlichtwollig und flachsig, mit Spitzenbildung und eher offenem Vlies. Der Goldton der Rohwolle entsteht durch den gelblichen Wollwachsschweiß und durch die rotbraunen Kurzhaare. Diese sind immer im Vlies vorhanden, sie sollen hellrotbraun sein. Nach der Wäsche zeigt die Wolle ein helles Ecru bis hin zu einem cremefarbenen, zarten Gold-Ocker. Solche Vliese finden sich in letzter Zeit leider weniger. Erstschuren, die früh geschoren wurden, können noch Reste der Lammfarbe und Weichheit zeigen.
» **WOLLERTRAG:** Bock 4,0–5,0 kg, Aue 3,0–4,0 kg
» **STAPELLÄNGE:** Aue 6–15 cm, Lamm 4–7 cm
» **FEINHEIT:** 28–31 µm

VERARBEITUNGSHINWEISE

» **VORBEREITEN / WASCHEN / AUFBEREITEN:** Die gröbere Schenkelwolle entfernen, Stapel auf Festigkeit prüfen. Projektbezogene Vorbereitung: Nach langen Stapeln, guten Weichheiten und besonders intensiv gefärbten Spitzen und Stapeln für ein Faserrichtungsgarn Ausschau halten. Lammvliese fallen oft locker auseinander.
Lange Stapel werden kontrolliert mit der Tuchmethode gewaschen, kurze unkontrolliert.
Zu empfehlen ist die Methode des Kämmens und Ausbürsten mit der Flickkarde. Nur so gelingt es, die Kurzhaare zu entfernen. Die Wolle wird dadurch weicher und bekommt einen, je nach Ausgangswolle, pastelligen, cremigen Farbton und Schimmer.
» **SPINNEN:** Die Wolle des Coburger Fuchsschafes ist eine gute Empfehlung als Anfängerwolle. Durch die eher langen Fasern und die Kräuselung lässt sie sich angenehm verarbeiten. Direkt auf der Haut getragen ist sie etwas kratzig. Kammgarne aus Stapeln mit rötlichen Spitzen ergeben zarte Tönungen im Garn.
» **FILZEN:** Fuchsschafwolle ist beim Filzen immer eine kleine Herausforderung. Sie lässt sich extrem Zeit, bis sie endlich anfängt zu filzen. Sie filzt dann aber sehr zuverlässig und ergibt einen schönen, festen und dichten Filz. Die schöne Farbigkeit und ihr zögerliches Filzverhalten macht sie aber zu einer erstklassigen Fellfilzwolle, die einfach zu verarbeiten und optisch ein Highlight ist und ihre polsternde Wirkung auch bei längerer Verwendung nicht verliert.

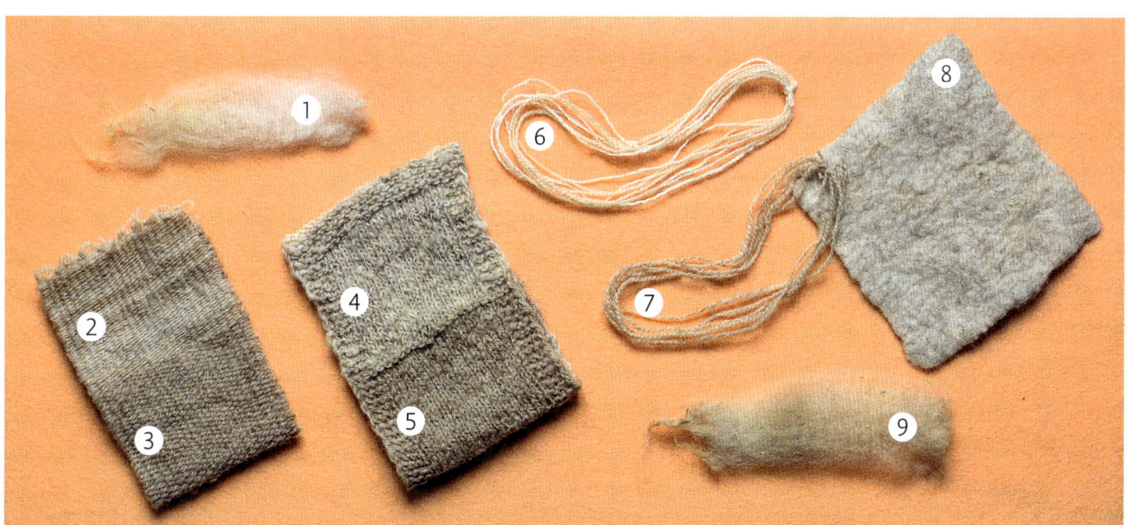

Verarbeitungsproben vom Coburger Fuchsschaf: **1** Aue – Stapel gewaschen; **2** Erstschur – Faserrichtungsgarn; **3** Erstschur – Kämmlingsgarn; **4** Aue – Garn aus der Flocke gesponnen; **5** Aue – Streichgarn ganzes Vlies, kardiert; **6** Aue – Faserrichtungsgarn; **7** Aue – Steichgarn ganzes Vlies, kardiert; **8** Aue – Filzprobe dick; **9** Aue – Stapel roh

JAKOBSCHAF

Kürzel: JAS
Herkunft: Großbritannien

GESCHICHTE

Das Jakobschaf, auch Vierhornschaf oder Mehrhornschaf genannt, ist ein vermutlich aus Kleinasien stammendes, heute in Großbritannien verbreitetes Schaf. Es hat seinen Namen aus der Bibel, laut der der Hirte Jakob für seine Herde die gefleckten Tiere bekam (1. Moses 30,25–43) bzw. diese züchtete. Die Rasse in ihrer heutigen Form entstand wohl aus einer Herde, die im 18. Jahrhundert in einem Park in England gehalten wurde. Zunächst wurden sie nur als Zierschafe gehalten. Erst 1969 gründete sich eine Züchtergemeinschaft, und die Rasse etablierte sich als Fleisch- und Wolllieferant. Die Vierhörnigkeit geht vermutlich auf Wikingerschafe zurück.

ERKENNUNGSMERKMALE

Das Jakobschaf ist ein mittelgroßes Schaf mit geflecktem Fell und ein typischer Vertreter der Mehrnutzungsschafe. Es wird hauptsächlich in der Landschaftspflege eingesetzt und dient als Woll- und Fleischlieferant. Herausragendes Merkmal der Jakobschafe sind ihre Hörner. Beide Geschlechter tragen zwei, vier oder sogar sechs Hörner, weshalb die verbreitete Bezeichnung Vierhornschaf auch nicht ganz richtig ist. Zwar sollen die oberen Hörner nach hinten wachsen und die unteren nach vorne, ohne das Tier zu behindern, tatsächlich findet sich aber eine große Variationsvielfalt im Hornwachstum. Teilweise werden die Hörner auch sehr störend für die Tiere. Die kleinen, getragenen Ohren verschwinden optisch meist hinter den Hörnern.
Das Fell, das den ganzen Körper bis zum Hornansatz und bis zu den Fesseln bedeckt, ist weiß mit klar abgegrenzten schwarzen Flecken. Das Verhältnis soll bei 60 Prozent Weiß zu 40 Prozent Schwarz liegen. Der Kopf ist unbewollt und schwarz mit weißer Blesse, die sehr unterschiedlich groß sein kann.

WOLLE

» **WOLLTYP:** Schlichtwollig.
In den Beschreibungen als mischwollig angesprochen, hat die Wolle des Jakobschafs deutlich die Struktur von schlichtwollig mit feiner bis mittlerer Qualität. Vereinzelt wird Langhaar gebildet, die Feinheit und Kräuselung der Fasern sowie die Farbigkeit sind stark unterschiedlich. Derzeit wird großer Wert auf feine Wolle gelegt, weshalb das Langhaar zunehmend verschwindet und inzwischen nur noch selten zu finden sind. Das Vlies ist offenstapelig und seidig glänzend. Der Griff ist weich bis sehr weich. Besonders weich und zart sind die Erstschuren.
» **DIE FARBEN:** Weiß mit schwarzen, braunen oder beige-grauen (engl. *lilac*) Flecken. Die Farbe

„Lilac“ (Flieder) bezeichnet ein kühles, leicht bräunlich-beiges Grau. Es wirkt einen Hauch fliederfarben, ohne farbig zu sein, ähnlich den Alpakafarben Rose Grey und Fawn. Allzu viel Melierung der Farben ist unerwünscht.

» **WOLLERTRAG:** Bock 2,5–4,0, Aue 1,5–3 kg

» **STAPELLÄNGE:** 10–15 cm

» **FEINHEIT:** 25–33 µm

VERARBEITUNGSHINWEISE

» **VORBEREITEN / WASCHEN / AUFBEREITEN:** Die Haarstruktur kann sehr unterschiedlich sein. Empfohlen wird, das Vlies sorgfältig zu sortieren. Eine projektbezogene Bearbeitung ist ein erstes Auswahlkriterium.
Projektbezogen waschen, entweder kontrolliert oder unkontrolliert.
Alle Aufbereitungsarten sind möglich.

» **SPINNEN:** Die Wolle ist für alle Spinntechniken geeignet. Aus den verschiedenen Farben können schöne Farbverläufe gesponnen werden. Vliese, deren Spitzen zu helleren Brauntönen ausgeblichen sind, ergeben interessante Faserrichtungsgarne.

» **FILZEN:** Jakobschafwolle verhält sich beim Filzen sehr zögerlich, und auch wenn sie irgendwann zu Filzen beginnt, bleibt die Verdichtung langsam und braucht extrem viel Zeit. Man kann damit einen festen Filz herstellen, braucht aber Geduld und Kraft. Die Lammwolle zeigt sich noch etwas bereitwilliger und verdichtet sich auch besser; das mag an den noch etwas feineren Fasern liegen.

Jakob ohne s

Der Name des Jakobschafes geht zwar auf das „Schaf des Jakob“ zurück, die Namensgeber dieser Schafrasse haben aber auf das Genitiv-S im Namen verzichtet. Es heißt also richtig Jakobschaf und nicht Jakobsschaf.

Verarbeitungsproben vom Jakobschaf: 1 Aue – Kämmlingsgarn; **2** Erstschur – Stapel gewaschen; **3** Erstschur – Stapel roh; **4** Aue – Stapel gewaschen; **5** Aue – Stapel roh; **6** Erstschur – Garn aus der Flocke gesponnen; **7** Erstschur – Faserrichtungsgarn; **8** Aue – Streichgarn ganzes Vlies, kardiert; **9** Aue – Kämmlingsgarn; **10** Aue – Faserrichtungsgarn; **11** Aue – Streichgarn ganzes Vlies, kardiert; **12** Aue – Filzprobe dick

LEINESCHAF

Kürzel: LES
Herkunft: Norddeutschland

GESCHICHTE

Die Geschichte des Leineschafes ist sehr bewegt. Es stammt ursprünglich von den „Rheinischen Landschafrassen" ab, die mit verschiedenen englischen Rassen gekreuzt wurden. Die im 19. Jahrhundert entstandene Rasse bekam 1906 ein einheitliches Zuchtziel und verbreitete sich vor allem entlang des namengebenden Flusses Leine zwischen Göttingen und Hannover sowie im Eichsfeld.
Nach dem Zweiten Weltkrieg begann allerdings der Niedergang der Rasse. Intensive Landwirtschaft und der Verfall des Wollpreises brachten sie stark unter Druck. So wurden verschiedene leistungsfähige Schafrassen zur Milch- oder Fleischproduktion eingekreuzt, und die ursprüngliche Rasse starb bis auf eine kleine Herde im Erfurter Zoo in Deutschland aus. Erst eine Rückführung aus Polen, wo das Leineschaf nach einer Reparationszahlung in Form von 1500 Leineschafen nach dem Zweiten Weltkrieg überlebte, brachte die ursprüngliche Rasse nach Deutschland zurück. Nach dem Umbruch im Ostblock starb die Rasse in Polen hingegen vollständig aus.
Seit der Rückführung aus Polen wurden in Deutschland zwei verschiedene Leineschafrassen gezüchtet: das „Ursprüngliche Leineschaf" und das „Leineschaf". Beide Rassen wurden 2016 wieder zusammengeführt und werden nun als Landschafrasse geführt.

ERKENNUNGSMERKMALE

Das Leineschaf sieht exakt so aus, wie man sich gemeinhin ein Schäfchen vorstellt: mittelgroßes Schaf mit langem Kopf, hornloser, nicht bewollter Kopf, schlanke, ebenfalls unbewollte Beine. Die Ohren sind im Vergleich zu anderen Schafrassen mittellang und nur sehr leicht nach vorne geneigt. Auffällig ist, dass die Böcke deutlich größer sind als die weiblichen Tiere. Sie sind mit 100–115 kg doppelt so schwer wie die Auen, die nur 55–70 kg wiegen.
Das Leineschaf gilt als robuste, anpassungsfähige Landschafrasse, die sich auch wegen ihrer ausgeprägten Marschfähigkeit gut zur Landschaftspflege eignet.

WOLLE

» WOLLTYP: Schlichtwollig.
Das Vlies ist reinweiß, schlichtwollig, mit Schimmer und offenen Spitzen. Es ist dicht und lang gestapelt. Die bis zu 12 cm langen Stapel sind mittelfein und deutlich gekräuselt. Da die beiden Leineschaftypen züchterisch noch nicht so lange vereinheitlicht sind, kann es zu sehr unterschiedlichen, interessanten Strukturen von Tier zu Tier kommen. Der Griff ist ziemlich weich.
Schon früher bevorzugten die Leineschafhalter wie auch die örtlichen „Spinnstuben" im Verbreitungsgebiet die charakteristisch glänzende, schlichte Wolle als besonders haltbare „Sockenwolle".
» WOLLERTRAG: Bock 5,0–6,0 kg, Aue 3,5–4 kg
» STAPELLÄNGE: 12 cm
» FEINHEIT: 31–36 µm

VERARBEITUNGSHINWEISE

» VORBEREITEN / WASCHEN / AUFBEREITEN: Auf Filz, Elastizität und grobe Fasern untersuchen. Grobes heraussortieren. Projektbezogen nach Stapellänge und/oder Weichheit sortieren. Auf Nachschnitt kontrollieren.
Projektbezogen waschen, entweder ein kontrolliertes oder wildes Verfahren wählen.
Die langen Stapel lassen sich hervorragend kämmen oder ausbürsten. Die Kämmlinge können pur oder in Mischungen kardiert werden. Durch Herausziehen von Langhaaren werden die Garne weicher.
» SPINNEN: Schöne Spinnwolle, die wegen der langen Stapellängen gut für Kammgarne geeignet ist. Aus den Kämmlingen lassen sich weiche Streichgarne spinnen.
» FILZEN: Zwar sind beide Zuchtlinien wieder zu einer Rasse zusammengeführt, es steht aber zu befürchten, dass sich die eingekreuzten Rassen in der Feinstruktur der Wolle noch teilweise bemerkbar machen, was der Grund dafür sein könnte, dass sich Leineschafwolle beim Filzen nicht einheitlich verhält. Die hier verarbeitete Wolle ergibt einen schönen, gleichmäßigen Filz mit guter, geschlossener Struktur. Es gibt aber durchaus auch Leineschafwolle, die sehr zögerlich filzt und nicht wirklich fest wird. Es wird wohl noch viele Jahre dauern, bis sich eine einheitliche Aussage über die Filzfähigkeit der Leineschafwolle treffen lässt.

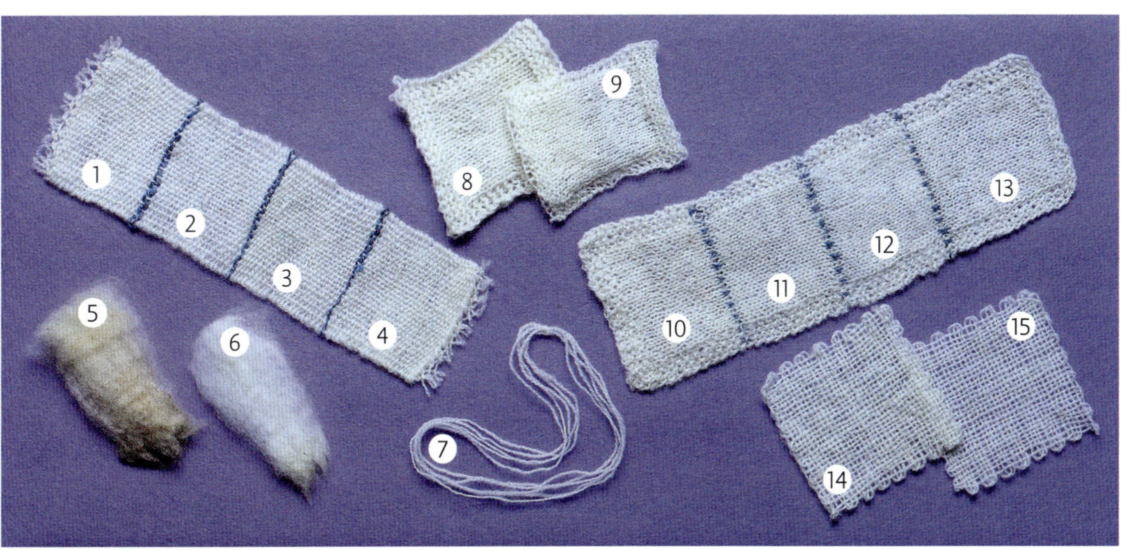

Verarbeitungsproben vom Leineschaf: 1 Erstschur – Faserrichtungsgarn; **2** Erstschur – Kämmlingsgarn; **3** Erstschur – Streichgarn ganzes Vlies, kardiert; **4** Erstschur – Garn aus der Flocke gesponnen; **5** Aue – Stapel roh; **6** Aue – Stapel gewaschen; **7** Aue – Faserrichtungsgarn; **8** Aue – Garn aus der Flocke gesponnen; **9** Aue – Faserrichtungsgarn; **10** Erstschur – Garn aus der Flocke gesponnen; **11** Erstschur – Streichgarn ganzes Vlies, kardiert; **12** Erstschur – Kämmlingsgarn; **13** Erstschur – Faserrichtungsgarn; **14** Aue – Kämmlingsgarn; **15** Aue – Faserrichtungsgarn

RAUWOLLIGES POMMERSCHES LANDSCHAF

Kürzel: RPL
Herkunft: Mecklenburg-Vorpommern

GESCHICHTE

Auch das Rauwollige Pommersche Landschaf gehört zu den sehr alten Hausschafrassen, was sich anhand eines 3 600 Jahre alten Handschuhs beweisen ließ: Er ist nachweislich aus einer Wolle hergestellt, die der des Pommernschafes exakt gleicht. Die vom Zaupelschaf abstammende Rasse war ursprünglich vor allem in Mecklenburg, Pommern, Ostpreußen und Schlesien verbreitet. Noch in der Mitte des 20. Jahrhunderts zählten die Bestände Tausende Tiere, sie fielen dann aber dem allgemeinen Vereinheitlichungsdrang zum Opfer und wurden rasch weniger. Wie so oft war es ein paar Idealisten zu verdanken, dass die Rasse heute wieder gezüchtet wird und von der UNO auf die Liste der vom Aussterben bedrohten Haustierrassen gesetzt wurde. Die neuerliche Zucht, die vor allem auf feine Wolle Wert legt, ist zwar umstritten, wird langfristig aber der Rasse das Überleben sichern.

ERKENNUNGSMERKMALE

Deutlichstes Erkennungsmerkmal der Pommernschafe ist ihr blaugraues Vlies, das alle Farbnuancen von fast schwarz bis fast weiß annehmen kann. Ganz weiße und ganz schwarze Tiere sind zur Zucht allerdings nicht zugelassen. Vollständig schwarz sind nur die neugeborenen Lämmer, deren Wolle im ersten Lebensjahr zunehmend ausbleicht und dann eher braun erscheint. Bei den erwachsenen Tieren kommt gelegentlich ein Aalstrich vor, ansonsten soll das Vlies einheitlich gefärbt sein, wobei die Böcke eine schwarze Mähne tragen. Der Kopf ist bis auf einen Schopf zwischen den beiden kleinen, getragenen Ohren unbewollt und mit schwarzen Haaren bedeckt und trägt bei beiden Geschlechtern keine Hörner.
Die Pommernschafe sind sehr genügsame Tiere, die deshalb wertvolle Dienste in der Landschaftspflege leisten. Die mittelrahmigen Tiere haben außerdem gute Muttereigenschaften mit guter Milchleistung. Sie wurden früher deshalb auch zur Selbstversorgung mit Milch genutzt.

WOLLE

» **WOLLTYP:** Schwach mischwollig, Tendenz zur Schlichtwolligkeit.

Rauwollige Pommersche Landschafe tragen ihren Namen eigentlich zu Unrecht: So richtig rau ist die Wolle gar nicht. Das schwach mischwollige Vlies besteht zwar aus verschiedenen Fasertypen, diese sind aber fast gleichlang, sodass es sich der Schlichtwolligkeit annähert. Es kommen blockförmige, geschlossene Stapel, aber auch solche mit relativ langen Spitzen vor. Die Vliese mit blockförmigen Stapeln ergeben zwar eine einheitlichere Wolle, sind aber häufig zu kurz für das angestrebte Zuchtziel von 20–25 cm. Noch in den 1920er Jahren wurde eine Wolllänge von 28–36 cm angestrebt. Die Wolle besteht dabei aus Wollhaaren, Langhaaren, Binderhaaren sowie Heterotypen und ca. 12–24 Prozent Kurzhaaren. Das Grau der Altschafe kommt durch eine Mischung aus schwarzen und weißen Fasern zustande.

» **WOLLERTRAG:** 4–6 kg

» **STAPELLÄNGE:** 20–25 cm, meistens 12–15 cm

» **FEINHEIT:** 28–40 µm

VERARBEITUNGSHINWEISE

» **VORBEREITEN / WASCHEN / AUFBEREITEN:** Die Vorbereitung ist projektbezogen. Grobe Stapel von den Hinterschenkeln und Partien, an denen vermehrt Kurzhaare sind, werden entfernt.

Die Wäsche ist projektbezogen. Kontrollierte Wäsche für Kammgarne.

Die schwarzen Kurzhaare können durch Kämmen oder Ausbürsten teilweise bis vollständig entfernt werden. Zurück bleibt eine fast weiße bis hellsilberne Faser, die zu schönen Kammgarnen versponnen werden kann. Entfernt man die herausstehenden Langhaare, wird das Garn weicher.

» **SPINNEN:** Wie der Name schon andeutet, ist die Wolle nicht gerade fein, lässt sich aber gut spinnen und ergibt feste, strapazierfähige Garne. Erstschuren können hervorragend aus der Flocke versponnen werden.

» **FILZEN:** Pommernwolle filzt leider sehr unterschiedlich und hat auch sehr unterschiedlich viele Stichelhaare. Die hier verwendete Wolle filzte zwar langsam, aber zuverlässig und ergab, abgesehen von den abstehenden Stichelhaaren, einen guten, dichten Filz. Andere Vliese filzen schlechter und werden bisweilen nicht wirklich fest.

Verarbeitungsproben vom Rauwolligen Pommerschen Landschaf: 1 Aue – Faserrichtungsgarn; **2** Aue – Kämmlingsgarn; **3** Aue – Streichgarn ganzes Vlies, kardiert; **4** Aue – Garn aus der Flocke gesponnen; **5** Aue – Stapel gewaschen; **6** Aue – Stapel roh; **7** Aue – Filzprobe dick; **8** Erstschur – Stapel gewaschen; **9** Erstschur – Streichgarn ganzes Vlies, kardiert; **10** Aue – Faserrichtungsgarn; **11** Aue – Garn aus der Flocke gesponnen; **12** Erstschur – aus der Flocke gesponnen; **13** Erstschur – Steichgarn ganzes Vlies, kardiert; **14** Erstschur – Kämmlingsgarn; **15** Erstschur – Faserrichtungsgarn

RHÖNSCHAF

Kürzel: RHO
Herkunft: Deutschland, Rhön

GESCHICHTE

Das Rhönschaf gehört zu den ganz alten deutschen Schafrassen. Namentlich erwähnt wurde es erstmals 1846. In der gleichen Quelle wird auch darauf hingewiesen, dass in der Rhön seit dem 16. Jahrhundert nur eine Schafrasse gehalten wird. Da die Rhön zu jener Zeit ein sehr abgelegenes Gebiet war und das Rhönschaf durch seine in Deutschland einzigartige Färbung auffällt, mag man dieser Behauptung eine gewisse Glaubwürdigkeit zusprechen. Die ersten Abbildungen dieser Schafe zeigen einen Typ, dem es auch heute noch entspricht. Einkreuzungen mit Merinos und Fleischschafen brachten zwar größere Tiere mit besserer Wolle, doch bewährte sich die Nachzucht nicht in den gegebenen Umweltverhältnissen, sodass man diese Versuche zugunsten der Reinzucht einstellte.
Die Rasse fiel dann ab der 2. Hälfte des 19. Jahrhunderts wie die meisten einheimischen Schafrassen den Wollimporten und dem Umbau der Landwirtschaft zum Opfer. Ein weiterer Tiefschlag war die Teilung Deutschlands und somit des damaligen Hauptzuchtgebietes Bayern, Hessen und Thüringen nach dem Zweiten Weltkrieg. Nach einigem Auf und Ab in den 1960er und 1970er Jahren konnte sich die Rasse schließlich wieder einigermaßen im Bestand fangen.

ERKENNUNGSMERKMALE

Das mittelgroße bis große Rhönschaf ist die einzige Schafrasse mit schwarzem Kopf und weißen Beinen. Der hornlose, leicht ramsnasige Kopf ist bis hinter die Ohren behaart, dann erst beginnt die lange, schlichte weiße Wolle.

Gibt es ein Graues Rhönschaf?

Das sogenannte Graue Rhönschaf ist eine Kreuzung aus drei Schafrassen und gilt unter Kennern als genetisch gefestigt, ist aber als Rasse nicht anerkannt. Seine Wolle unterscheidet sich wesentlich von der des Rhönschafes und kann damit nicht verglichen werden. Die Wolle der einzelnen Tiere ist noch so unterschiedlich, dass das Graue Rhönschaf hier nicht behandelt wird.

Besonders hervorgehoben wird neben einer guten Marschfähigkeit und Widerstandsfähigkeit gegen „schlechtes" Wetter in rauen Lagen die Frohwüchsigkeit der Lämmer. Diese wird unter anderem dadurch erreicht, dass die Mutterschafe bis zu sechs Monate lang eine ausgezeichnete Milchleistung erbringen. Die Rasse ist asaisonal brünstig.

WOLLE

» **WOLLTYP:** Schlichtwollig.
Die Rhönwolle ist eine typische offenvliesige Schlichtwolle. Die Fasern sind fast gleichmäßig lang, dick, mit etwas Glanz. Die Stapel sind grobwellig bis unregelmäßig gekräuselt mit kleinen Spitzen. Der Griff ist je nach Körperpartie weich bis etwas steif. Die Erstschur ist deutlich weicher und zarter. Kurzhaare, wenn vorhanden, sind auf einzelne Körperpartien begrenzt.
» **WOLLERTRAG:** Bock 5 kg, Aue 3–4 kg
» **STAPELLÄNGE:** 10–15 cm
» **FEINHEIT:** 32–38 µm

VERARBEITUNGSHINWEISE

» **VORBEREITEN / WASCHEN / AUFBEREITEN:** Es wird empfohlen, die groben Schenkel- und kurzen Randwollen zu entfernen und die Festigkeit der Rückenwolle zu prüfen. Rhönwolle filzt schlecht, was sich sehr positiv auf das Waschverhalten auswirkt. Bei der Wäsche muss nicht zu sehr auf Bewegung und Temperatur geachtet werden. Kontrollierte Waschmethoden sind vor allem anzuwenden, um die Vliesstruktur zu erhalten. Es kann kardiert oder gekämmt werden. Sehr weich sind die Kämmlinge, die beim Kämmen oder dem Ausbürsten mit einer Flickkarde als Reste bleiben. Diese können hervorragend pur oder in Mischungen verwendet werden. Wenn überstehende dickere Langhaare herausgezogen werden, ergeben sich weichere Fasern und Garne.
» **SPINNEN:** Aus der eher groben, aber gut spinnbaren Wolle können Kamm- und Streichgarne gesponnen werden.
» **FILZEN:** Es ist sehr schwer, eine einheitliche Aussage über die Filzfähigkeit der Rhönwolle zu machen. Alle Wollproben, die zur Verfügung standen, verhielten sich sehr unterschiedlich. Eines lässt sich deshalb mit Sicherheit sagen: Die Wolle ist in Bezug auf ihre Filzfähigkeit nicht einheitlich. Teilweise filzt die Wolle überhaupt nicht und verhält sich wie Milchschaf- oder Texelwolle. Teilweise kann ein ganz ordentliches Filzergebnis erzielt werden, wobei die Wolle trotz allem sehr lange braucht und der Filz nie wirklich fest wird. Ausnahmen lassen sich bestimmt auch hier finden.

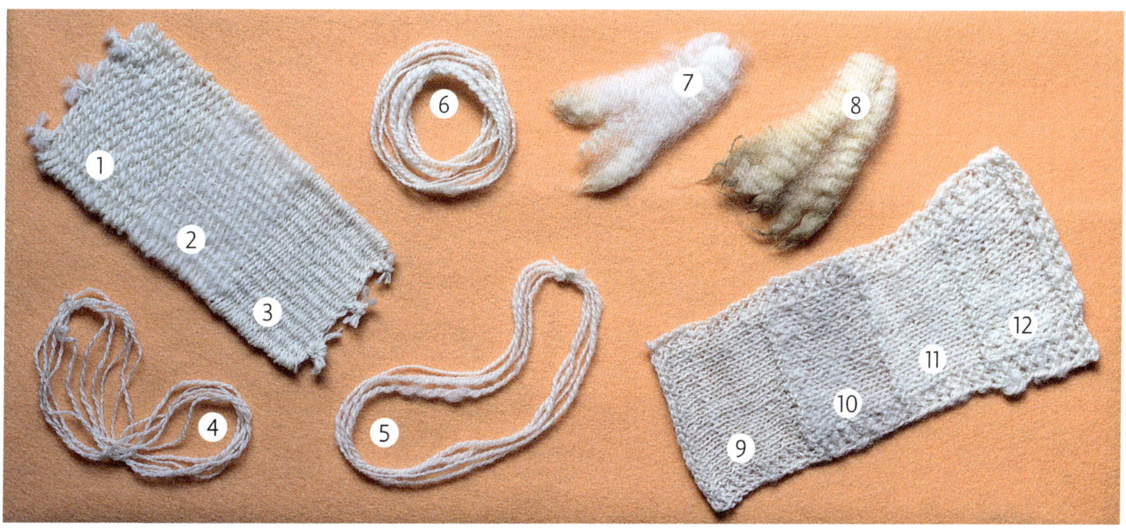

Verarbeitungsproben vom Rhönschaf: 1 Aue – Garn aus der Flocke gesponnen; **2** Aue – Kämmlingsgarn; **3** Aue – Faserrichtungsgarn; **4** Aue – Faserrichtungsgarn; **5** Erstschur – Streichgarn ganzes Vlies, kardiert; **6** Erstschur – Garn aus der Flocke gesponnen; **7** Aue – Stapel gewaschen; **8** Aue – Stapel roh; **9** Erstschur – Faserrichtungsgarn; **10** Erstschur – Kämmlingsgarn; **11** Erstschur – Strichgarn ganzes Vlies, kardiert; **12** Erstschur – Garn aus der Flocke gesponnen

WALLISER LANDSCHAF

Kürzel: WAL
Herkunft: Schweiz

GESCHICHTE

Das Walliser Landschaf ist im wahrsten Sinne des Wortes ein Überbleibsel, und es grenzt an ein Wunder, dass diese Rasse bis heute erhalten blieb. Mit den Zuchtgesetzen der Jahre 1884 und 1915 wurden dem „Roux du Valais" jegliche Unterstützung durch Zuchtverbände entzogen, da die Rasse als nicht würdig erachtet und nicht gefördert wurde. Ein zusätzlicher Stolperstein bei der Erhaltung der Rasse waren großangelegte Ausmerzaktionen nach dem Zweiten Weltkrieg, die zur Bekämpfung der Tuberkulose und des Malta-Fiebers in Walliser Schafherden durchgeführt wurden. Aber auch das konnten einzelne kleinere Herden überstehen. Erst in den 80er Jahren des 20. Jahrhunderts begann eine gezielte Erhaltungszucht der Rasse in zwei Farbschlägen, sodass heute wieder mehr als tausend Tiere in der Schweiz anzutreffen sind und inzwischen auch nach Deutschland exportiert wurden.

ERKENNUNGSMERKMALE

Auffallend beim Walliser Landschaf, das übrigens nicht mit dem Walliser Schwarznasenschaf verwandt ist, sind die ausgeprägte Ramsnase und die korkenzieherartig gedrehten Hörner, die beide Geschlechter tragen. Der Kopf ist mindestens bis zur Stirn, teilweise bis zur Nase bewollt und trägt mittellange, leicht hängende Ohren. Die unbewollten Teile des Kopfes sind wie die Beine mit kurzen, dunklen Haaren besetzt. Das Walliser Landschaf kommt in zwei Farbschlägen vor: dem rotbraunen, „älwen" genannten Schlag und dem schwarzen, Lötschen- oder Lötschschaf genannten Schlag. So lebt das frühere schwarze Lötschenschaf, das als eigene Rasse als ausgestorben gilt, als schwarzer, seltener Farbschlag innerhalb der Walliser Landschafe weiter. Beide Schläge tragen lange, gewellte bis gelockte Wolle, die bei den schwarzen Walliser Landschafen im Alter ergraut. Die Lämmer kommen schwarz zur Welt und werden im ersten Lebensjahr zunehmend braun.

WOLLE

» **WOLLTYP**: Schwach bis mittel mischwollig. Das Vlies soll gleichmäßige, einheitliche Wolle haben. Die Struktur hat langgestapelte, grobe, mehr oder weniger stark gewellte Langhaare mit gekräuselter Unterwolle. Die Vliesfarben sind Rotbraun oder Schwarz, im Alter ergrauend. Schön sind die oft ausgeblichenen Spitzen. Die Wolle wächst schnell, weshalb zweimal geschoren wird; die Qualität ist dann deutlich besser, und die Vliese sind weniger verfilzt. Herbstschuren sind sauberer als die Frühjahrsschur. Vliese der Erstschuren sind viel weicher und zeigen oft stärker gewellte Langhaare. Die Wolle wurde früher für Bauernkleidung gebraucht. Der Vorteil war, dass sie für die Herstellung des Bauerntuches, „Trillich" genannt, nicht gefärbt werden musste. Die aus den Garnen gefertigten Strümpfe und Unterwäsche sollen sehr warm und gesund sein. Viele Oberwalliser Schafzüchter bestätigen die Wirksamkeit speziell gegen Gelenk- und Rheumaerkrankungen.

» **WOLLERTRAG:** Bock 4,5 kg, Aue 4,0 kg

» **STAPELLÄNGE:** ca. 10–15 cm, 5 cm in 180 Tagen

» **FEINHEIT:** ca. 30 µm

VERARBEITUNGSHINWEISE

» **VORBEREITEN / WASCHEN / AUFBEREITEN:** Nach verschiedenen Weichheiten, Farbigkeit der Spitzen, Strukturen und Stapellängen sortieren. Herbst- und Erstschuren sind deutlich weniger verfilzt und letztere auch weicher. Der Wollwachsschweiß fühlt sich manchmal trocken-klebrig an und könnte schwer löslich sein. Eine Waschprobe wird angeraten.

Eine Wäsche bei 50 °C mit Waschmittel wird empfohlen, um den Wollwachsschweiß sicher zu lösen. Die Wolle ist nach der Wäsche oft deutlich weicher. Projektbezogen waschen.

Langhaare, wenn vorhanden, können ziemlich steif und grob sein. Das Trennen der Stapel ist angeraten. Das kann durch händisches Ausziehen der Langhaare oder Ausbürsten der Unterwolle passieren. Die Kämmlinge sind, abhängig von der Vliesstruktur, weich. Sie können in Mischungen oder pur kardiert werden. Um die braune Vliesfarbe zu unterstreichen, kann sie mit Krapp überfärbt werden.

» **SPINNEN:** Wenn man Langhaare und Unterwolle trennt, kann man aus den Langhaaren Kammgarne mit leinenartigem Fall und Griff spinnen. Die Unterwolle ist etwas weicher. Grobe Partien kann man zu Bindfäden verarbeiten.

» **FILZEN:** Walliser Landschafwolle filzt sehr schnell und ergibt einen sehr festen, dichten Filz, der trotz geringer Schrumpfung sehr standfest wird. Selbst dünne Filze werden noch einigermaßen dicht. Die Oberfläche bleibt aber haarig. Die Filzfelle aus Walliser Landschafwolle sind zwar schön anzusehen, aber durch das gute Filzverhalten nicht einfach herzustellen. Optisch sind sie allerdings durch die Locken und die abwechslungsreiche Farbigkeit sehr schön.

Verarbeitungsproben vom Walliser Landschaf, Aue, verschiedene Farbschläge: 1 Filzprobe dick; **2** Filzprobe dünn; **3** Stapel, gewaschen; **4** Faserrichtungsgarn; 5 Kämmlingsgarn; **6** Steichgarn ganzes Vlies, kardiert; **7** Garn aus der Flocke gesponnen; **8** Faserrichtungsgarn; **9** Kämmlingsgarn; **10** Stapel roh; **11** Faserrichtungsgarn; **12** Garn aus der Flocke gesponnen

WALLISER SCHWARZNASENSCHAF

Kürzel: WSN
Herkunft: Schweiz

GESCHICHTE

Beheimatet ist das Walliser Schwarznasenschaf, wie der Name schon sagt, ursprünglich im Kanton Wallis in der Schweiz, wo die Rasse auch heute noch sehr beliebt ist. Dort finden sich auch erste schriftliche Erwähnungen der Rasse. 1948 gründete sich der Oberwalliser Schwarznasenschafzuchtverband, die Rasse wurde aber erst 1962 anerkannt. Die Zuchtziele passten sich im Laufe der Zeit immer wieder den veränderten Lebensbedingungen der Züchter und Schäfer an; damit änderte sich auch das Aussehen der Walliser Schwarznasenschafe. Inzwischen gibt es Zuchtbemühungen, die den Kopf und die Beine möglichst frei von langer Wolle halten wollen, um den Aufwand der Schur so gering wie möglich zu halten, da die schwarze Wolle zum Verkauf meist von der weißen getrennt werden muss.

ERKENNUNGSMERKMALE

Bei den Walliser Schwarznasen tragen beide Geschlechter korkenzieherartig gedrehte, seitlich vom Kopf abstehende Hörner. Auffällig ist aber vor allem die charakteristische Färbung des ramsnasigen Kopfes. Die Augen sowie die Nase sind schwarz pigmentiert, während der Rest des Kopfes weiß ist. Auch die kurzen hängenden Ohren und die Knie tragen schwarze Wolle, weswegen man die Walliser Schwarznasenschafe auch „Knieschonerschafe“ nennt. Der kurze, ramsnasige Kopf ist vollständig bewollt, was den Tieren ein sehr niedliches Aussehen verleiht. Das Walliser Schwarznasenschaf ist ein typisches Gebirgsschaf mit guten Muttereigenschaften, guter Milch- und Fleischleistung und hoher Widerstandskraft, die dafür sorgt, dass es ausgezeichnet mit den kargen Hochgebirgsbedingungen zurechtkommt.

WOLLE

» **WOLLTYP:** Zwischen misch- und schlichtwollig. Körper, Kopf und Beine der Walliser Schwarznasenschafe sollen gleichmäßig bewollt sein, wobei das Vlies abgesehen vom Kopf einheitlich weiß ist. Die Wolle hat einen leichten Schimmer und ist spiralförmig gelockt, nicht wie bei anderen Langwollrassen gewellt. Die Vliesstrukturen reichen von sehr gut definierten, lockigen Stapeln bis zu Vliesen mit federigem Aussehen. Während Altschafe eine recht grobe Wolle haben, ist die Wolle der Erstschuren deutlich feiner, mit 6–8 cm langen Locken. Bei einmaliger Schur im Jahr sind die Vliese häufig verfilzt, weshalb oft zweimal geschoren wird, was auch wegen der winterlichen Stallhaltung von Vorteil ist. Die Locken werden deutlich langgezogener, wenn die Schafe unter Kupfermangel leiden. Kurzhaare, Zwirn und übermäßig grobgewellte Langhaare sind bei der Rassezucht unerwünscht.

» **WOLLERTRAG:** Bock 3,5–4,5 kg, Aue 3,0–4,0 kg

» **STAPELLÄNGE:** 15–30 cm,
bei Halbjahresschur 10–15 cm

» **FEINHEIT:** 27–36 µm

VERARBEITUNGSHINWEISE

» **VORBEREITEN / WASCHEN / AUFBEREITEN:** Unverfilzte Vliese aus Herbst- und Erstschuren bevorzugen. Die Vliese auf besondere Lockenformen, Längen und Feinheiten sortieren.
Da die Wolle leicht verfilzt, ist eine kontrollierte Wäsche vorzuziehen.
Stapel können gut ausgebürstet oder gekämmt werden. Kämmlinge sind weicher als die Langhaare, sie eignen sich für Streichgarne. Die Wolle kann sehr gut gefärbt werden.

» **SPINNEN:** Die Wolle ist zwar eher grob, aber die wunderschönen langen, gelockten Fasern lassen sich sehr gut verspinnen. Die beim Kämmen abfallenden Kämmlinge ergeben schöne Streichgarne.

» **FILZEN:** Die Wolle hat durch ihre Locken einen ganz außerordentlichen Charakter und filzt ausgesprochen gut. Sie ist durch die gleichmäßige Haarstruktur gut auszulegen und schnell zu verarbeiten. Allerdings ist der Filz anschließend sehr grob und rau. Bestens geeignet für stabile Gefäße und Gebrauchsgegenstände sowie Teppiche. Filzfelle aus Walliser Schwarznasenwolle sind nur mit äußerster Vorsicht herzustellen, sind aber dann sehr standfest und imposant anzusehen.

Verarbeitungsproben vom Walliser Scharznasenschaf: 1 Aue – Stapel gewaschen; **2** Aue – Stapel roh; **3** Aue – Filzprobe dick; **4** Aue – Garn aus der Flocke gesponnen; **5** Aue – Faserrichtungsgarn; **6** Aue – Garn aus der Flocke gesponnen; **7** Aue – Faserrichtungsgarn; **8** Aue – Kämmlingsgarn; **9** Erstschur – Filzfell; **10** Aue – Faserrichtungsgarn

UNGARISCHES ZACKELSCHAF

Kürzel: ZAK
Herkunft: Ungarn

GESCHICHTE

Die Ursprünge des Zackelschafes gehen auf das Urial, ein Wildschaf aus dem südwestasiatischen Raum zurück. Das Urial wurde dort vor ungefähr 5000 Jahren domestiziert und führte schließlich vor ca. 1100 Jahren durch Vermischung einiger Karpatenrassen zum heutigen Zackelschaf. Damals gab es in Südosteuropa eine Vielfalt von lokalen Rasseschlägen, von denen aber nur wenige erhalten geblieben sind. Wie viele andere Schafrassen auch war das Zackelschaf zum Anfang des 19. Jahrhunderts vom Aussterben bedroht, und nach dem Zweiten Weltkrieg war auch von dieser Rasse nur noch eine geringe Zahl von Tieren erhalten geblieben. Durch intensive Zuchtbemühungen in Deutschland und Ungarn beträgt der gesamte Bestand der ungarischen Zackelschafe derzeit ca. 3500 Tiere.

ERKENNUNGSMERKMALE

Das bekannteste und sichtbarste Merkmal dieser mittelgroßen, robusten und sehr widerstandsfähigen Tiere sind die korkenzieherförmig gedrehten Hörner. Die V-förmig abstehenden Hörner sind bei dieser Rasse bei beiden Geschlechtern vorhanden. Sie werden bei den Auen bis zu 40 cm lang; bei den Böcken können sie bis zu einem Meter Länge erreichen.
Zackelschafe sind nicht nur äußerst genügsam, was das Futter angeht, sondern auch sehr lebhafte und wachsame Tiere, die schnell flüchten.
Die Rasse gilt als mäßig fruchtbar und ist streng saisonal brünstig. Die Auen bekommen im zeitigen Frühjahr meist nur ein Lamm, das sie fürsorglich aufziehen. In der ungarischen Puszta werden die Zackelschafe bis heute gemolken.
Es gibt Zackelschafe in einem dunklen und einem hellen Farbschlag. Während die Lämmer des dunklen Farbschlages mit seidig schwarz glänzenden Locken auf die Welt kommen und im Laufe der Jahre immer mehr ergrauen, haben die Lämmer des hellen Farbschlages zu Beginn eine rötlichbraune Färbung, die mit der Zeit immer stärker aufhellt.
In der Heimat der Zackelschafe wird heute noch die traditionelle Hirtenkleidung aus dem Fell und der Wolle der Zackelschafe hergestellt. Dabei sind drei Kleidungsstücke besonders bekannt: der Guba, ein Wollmantel, bei dem Wollbüschel in den Stoff eingewebt werden, der Suba (sprich: Schuba), ein Umhang aus den Fellen, sowie der Bunda, ein Mantel mit Ärmeln, der ebenfalls aus den Fellen der Zackelschafe hergestellt wird.

WOLLE

» **WOLLTYP:** Ausgeprägt mischwollig.
Je nach Vlies finden sich individuell unterschiedliche Haartypen und Feinheiten. Die Zackelschafe neigen zu einer ausgeprägten Mähne, in der sich auch die schönsten Locken finden. Es sind zwei

Farbschläge vorhanden: das dunkle, das etwas gröbere Wolle hat, und das helle, dessen Wolle etwas feiner ist und auch eine feinere Wellung zeigt. Allerdings sind die weißen Tiere nicht reinweiß, sondern haben einen rötlich beigen Ton. Die Wolle der dunklen Tiere bleicht an den Spitzen teilweise in schöne Brauntöne aus, was eine sehr abwechslungsreiche Färbung ergibt.
Die Wolle hat saisonal bedingt mehr oder weniger Unterwolle. Da die Zackelschafe zum Verfilzen am Tier neigen, werden sie häufig zweimal im Jahr geschoren, die Sommerwolle hat dann weniger Unterwolle. Kurzhaare kommen vor, sind aber nicht zahlreich. Die Ausbildung der Locken ist vom Kupfergehalt der Nahrung abhängig. Die schönsten Locken bekommen Schafe, die dem weißen Schlag angehören und als Lämmer am Kopf und den Gliedmaßen braun und am Körper gelblich weiß waren.
» **WOLLERTRAG:** Bock 4–5 kg, Aue 2–3 kg
» **STAPELLÄNGE:** 20–30 cm (dunkler Schlag kürzer)
» **FEINHEIT:** Unterwolle: 16–30 µm, Langhaare 60–80 µm

VERARBEITUNGSHINWEISE

» **VORBEREITEN / WASCHEN / AUFBEREITEN:** Beim Vlies auf Filz achten. Leicht Verfilztes kann noch verarbeitet werden. Die schönsten Locken aussortieren, der Rest kann zum Spinnen aufgearbeitet werden.
Die Wolle hat eine starke Neigung zum Verfilzen. Eine kontrollierte Waschmethode ist von Vorteil. Bei genügender Unterwolle kann getrennt werden.
» **SPINNEN:** Die Spinneigenschaften der Wolle unterscheiden sich beim Zackelschaf oft von Tier zu Tier. Allgemein lässt sie sich gut spinnen. Alle Garnarten sind möglich. Die kurzen Locken eignen sich für Artyarns. Die Unterwolle kann sehr fein sein, ist aber oft verfilzt.
» **FILZEN:** Auffallend bei der Zackelschafwolle ist, dass alle Haare extrem gut filzen. Selbst die lockigen Langhaare lassen sich gut in den Filz einarbeiten. Das macht die Verarbeitung zum Filzfell sehr aufwendig, da sehr gut aufgepasst werden muss, dass die imposanten Locken nicht einfilzen. Flächenfilze aus Zackelschafwolle werden sehr standfest und belastbar. Allerdings sind sie eher rau. Die Wolle der Erstschur filzt noch besser und ist deutlich feiner.

Verarbeitungsproben vom Ungarischen Zackelschaf: 1 Aue – Stapel roh; **2** Aue – Stapel roh; **3** Erstschur – Garn aus der Flocke gesponnen; **4** Aue – Streichgarn ganzes Vlies, kardiert; **5** Aue – Stapel gewaschen; **6** Aue – Stapel gewaschen; **7** Erstschur – Faserrichtungsgarn; **8** Erstschur – Garn aus der Flocke gesponnen; **9** Aue – Faserrichtungsgarn; **10** Aue – Kämmlingsgarn; **11** Aue – Filzprobe dick; **12** Aue – Filzprobe dick

WALACHENSCHAF

Kürzel: WLS
Äquirasse: Valaška Tschechien.
Herkunft: Alte Rasse der Slowakei / Tschechien

GESCHICHTE

Wie der Name schon sagt, kommt das Walachenschaf ursprünglich aus der Walachei, einer Region in Rumänien. Die Rasse gehört zur Gruppe der Zackelschafe und wurde zwischen dem 13. und 16. Jahrhundert von walachischen Hirten aus den Karpaten in die Slowakei eingeführt. In den folgenden drei Jahrhunderten entwickelte es sich zu einer eigenständigen Rasse in der Region Tschechien, Slowakei und Südpolen. Während der Zeit des Kalten Krieges wurden in der ČSSR und in Polen Fleisch- und Milchschafrassen eingekreuzt, was zum Verlust der Rasse führte. Der Initiative privater Züchter ist es zu verdanken, dass in der hohen Tatra ein Restbestand erhalten blieb, der in Deutschland durch Erhaltungszucht auf etwa hundert Tiere angewachsen ist. Seit 1991 wird das Walachenschaf auch in Tschechien wieder gezüchtet.

ERKENNUNGSMERKMALE

Die hervorstechende Eigenschaft der Walachenschafe ist ihre Robustheit und Genügsamkeit. Das macht sie zu sehr widerstandsfähigen Schafen, die ganzjährig im Freien gehalten werden können. Die Walachenschafe sind kleinrahmige bis mittelgroße Schafe, die sich durch ihre Feingliedrigkeit und ihr edles Aussehen auszeichnen. Der bis auf die Stirn unbewollte Kopf hat einen geraden Nasenrücken und ist teilweise fleckig pigmentiert. Die Böcke tragen ein großes, spiralförmiges Gehörn, das seitlich absteht, während die Auen nur selten Hörner haben. Auffallend klein sind die Ohren, die waagerecht vom Kopf abstehen.
Die Schafe haben lange, wellige, grobe Mischwolle, die heute in Deutschland in Reinweiß vorkommt; im Ursprungsland kommen vereinzeln noch schwarze, braune und graue Tiere vor. Zwar zeichnet sich derzeit eine Nutzung als Milchschaf ab, die Walachenschafe gelten aber traditionell als Dreinutzungsrasse. Sie werden gemolken und dienen zur Woll- und Fleischproduktion. Sie sind streng saisonal brünstig.

WOLLE

» **WOLLTYP:** Ausgeprägt mischwollig.
Die Langhaare sind fest bis etwas weicher und zeigen langgestreckte oder feinere Wellen. Etwas haarige Unterwolle ist vorhanden. Erstschuren sind zarter und stärker gelockt. Der Kupfergehalt des Futters hat Einfluss auf die Stärke der Kräuselung. Das Altschafvlies besteht aus bis zu vier Haararten: grobes, mittelsteifes bis leicht weiches Langhaar, kurzhaarähnliche Langhaare und wollige Langhaare (beides Heterotype) sowie sehr wenig feine, echte Wollfasern. Bei einmaliger Schur liefern die Schafe ein zusammenhängendes bis verfilztes Vlies mit sehr langem, gewelltem Langhaar. Erstschuren haben oft welligere, zartere Langhaare und zeigen eine deutlich weichere, längere, leicht haarige Unterwolle. Früher wurden damit Decken, Teppiche, traditionelle Bekleidung, Socken, Handschuhe und Filzunterlagen hergestellt.
» **WOLLERTRAG:** Bock 4–5 kg, Aue 1,5–2,0 kg
» **STAPELLÄNGE:** Langhaar 15–30 cm, Wollhaare 15–20 cm
» **FEINHEIT:** 33–43 µm

VERARBEITUNGSHINWEISE

» **VORBEREITEN / WASCHEN / AUFBEREITEN:** Erstschuren und Vliese aus zweimaliger Schur sind weniger verfilzt. Die Herbstschur bringt oft die besseren Vliese. Projektbezogen sortieren. Da die Wolle sehr gut filzt, ist beim Waschen eine kontrollierte Methode von Vorteil.
Um die weichere, lange Unterwolle zu nutzen, wird Trennung empfohlen. Erstschuren haben oft mehr Unterwolle im Vlies. Die Langhaare sowie die Unterwolle können für Faserrichtungsgarne vorbereitet werden. Im Ganzen kardiert, ergibt sich ein kratziges Garn.
» **SPINNEN:** Oft ist die Wolle zu verfilzt, um sie gut spinnen zu können. Da sie eher grob ist und sich gut verdichtet, eignet sie sich aber für wetterfeste Oberbekleidung.
» **FILZEN:** Die Walachenwolle ist der Zackelschafwolle sehr ähnlich und verhält sich auch so. Die gesamte Wolle filzt hervorragend und lässt sich gut verdichten. Die extrem langen Grannenhaare sind schwierig auszulegen, ergeben aber bei dünnen Filzen eine schöne Optik. Felle und Lockenbesätze aus Walachenwolle sind aufwendig herzustellen, da die Locken schnell einfilzen und deshalb äußerste Vorsicht geboten ist. Die Wolle ist aber sehr grob und deshalb nicht für Kleidung geeignet.

Verarbeitungsproben vom Walachenschaf, Aue: **1** Filzprobe dick; **2** Faserrichtungsgarn; **3** Stapel roh; **4** Garn aus der Flocke gesponnen; **5** Streichgarn ganzes Vlies, kardiert; **6** Kämmlingsgarn; **7** Faserrichtungsgarn; **8** Faserrichtungsgarn; **9** Kämmlingsgarn; **10** Streichgarn ganzes Vlies, kardiert; **11** Garn aus der Flocke gesponnen; **12** Stapel gewaschen; **13** Kämmlingsgarn

DEUTSCHES KARAKULSCHAF

Kürzel: KAR
Herkunft: Ursprünglich vermutlich Arabien, jetzt Deutschland

GESCHICHTE

Das Karakulschaf ist eine sehr alte Rasse. Schon vor tausend Jahren wurden Lockenschafe in Zentralasien gezüchtet. Seit 1850 etwa setzte ein verstärkter Handel mit den lockigen Lammfellen nach Europa ein. In diese Zeit fällt sehr wahrscheinlich auch die Namensgebung des Karakulschafes, auch wenn sich die Quellen darüber nicht einig sind.
Der Name „Karakul“ könnte von einem Karawanensammelplatz im Bezirk Karakool abgeleitet sein. Hier wurden die kostbaren Felle verladen und begannen ihren langen Weg nach Europa. Eine andere Auslegung besagt, dass der Name ursprünglich von assyrisch „kara-gjull“ bzw. türkisch „kara gül“, übersetzt „Schwarze Rose“, stammt. Eine weiter verbreitete Deutung ist die Herkunft aus „kara kul“ und „kara köl(e)“, beides türkisch für „schwarzer Sklave“ oder „kara kül“ für „schwarze Asche“ bzw. „kara göl“ für „schwarzer See“. Alle diese Bezeichnungen lassen sich auf das Haarbild des schwarzen Lammes zurückführen.
Genau dieses Haarbild ist aber leider auch ein Sinnbild für das Schicksal der Karakulschafe. Die Lämmer tragen das eindrucksvolle Haarkleid nur einige Tage oder Wochen und werden deshalb zur Gewinnung der Felle bereits wenige Stunden nach der Geburt geschlachtet. Zumindest in Deutschland sind die sogenannten Persianerfelle aus der Mode gekommen, deshalb trifft diese grausame Praxis die deutschen Karakulschafe nicht mehr. Erst 1903 bis 1906 kamen Karakulschafe nach Deutschland und wurden auch hier zur Pelzgewinnung gezüchtet. Bereits Ende der 30er Jahre zählte der Bestand an deutschen Karakuls mehr als zehntausend Tiere. Der Rückgang der Pelznachfrage in den 70er Jahren führte aber zum drastischen Rückgang der Karakulbestände, bis diese fast vor dem Aussterben standen.

ERKENNUNGSMERKMALE

Ganz besonders bemerkenswert ist beim Karakul neben der ausgeprägten Ramsnase der beeindruckende Fettschwanz. Für die Steppentiere war es überlebensnotwendig, sich Reserven in Form von Fett anzufressen, um magere Zeiten und vor allem Trockenheit zu überstehen. Das Fett aber am ganzen Körper anzulagern, ist wegen der enormen Hitze nicht vorteilhaft, und so entwickelte sich, ähnlich wie bei Kamelen der Höcker, der Fettschwanz als Notpolster.
Ansonsten ist das deutsche Karakul ein mittelgroßes Schaf mit einer Höhe von 65–70 cm. Die weiblichen Tiere sind hornlos, während die Böcke meist gedrehte Hörner tragen. Teilweise kommt es zu sogenannten Krüppelhörnern. Die Zucht berücksichtigt dies nicht.

WOLLE

» WOLLTYP: Mischwollig, grob.
Altschafe tragen eine sehr grobe, zottig anmutenden Mischwolle in den Farben Schwarz (arabi), Grau (schiras) oder Braun (kombar). Schwarz ist am häufigsten, graue und braune Tiere sind seltener. Mit zunehmendem Alter hellt die Farbe der lang abgewachsenen Mischwolle zu Grauschwarz oder Graubraun auf. Es gibt auch graue, braungeschimmelte, gescheckte, sowie surfarbene Tiere (helle Spitzen, dunkler Grund).
Die Struktur der Vliese ist je nach Tier leicht unterschiedlich, der Griff kann mit haarig, drahtig bis weich beschrieben werden. Es kommen gewellte, glatte und wollige Partien oft auch an einem Schaf vor. Die kurze Bauchwolle ist wesentlich weicher und kürzer, da ihr die Langhaare fast vollständig fehlen und nur wenige Kurzhaare zu finden sind. Eine zweimalige Schur ist angeraten, weil die Vliese bei einmaliger Schur am Schaf verfilzen. Erstschuren haben zartere Vliese mit zum Teil schön gelockten Spitzen.
» WOLLERTRAG: Bock 4,0 kg, Aue 2,5–3,0 kg
» STAPELLÄNGE: bis zu 20 cm
» FEINHEIT: 31–43 µm

VERARBEITUNGSHINWEISE

» VORBEREITEN / WASCHEN / AUFBEREITEN: Projektbezogen sortieren. Weil die Wolle schnell filzt, wird zur einer kontrollierten Waschmethode geraten.
Ob die Vliese getrennt werden, hängt von der Beschaffenheit, Struktur und natürlich dem Projekt ab. Das ganze Vlies kann auch kardiert werden. Langhaar und Unterwolle können gekämmt oder ausgebürstet werden.
» SPINNEN: Die langen Fasern der Karakulwolle lassen sich gut spinnen und werden traditionell zu Teppichgarnen verarbeitet. Aber auch Kamm- und Streichgarne sind bei entsprechender Fasertrennung möglich.
» FILZEN: Karakulwolle filzt sehr gut und ergibt einen außerordentlich festen, standfesten Filz. Vor allem für extreme Belastungen wie für große Behälter ist sie sehr gut geeignet. Sie zeigt dabei ein außerordentliches Schrumpfvermögen, was einen sehr dichten Filz zur Folge hat. Der Filz wird aber als sehr grob und kratzig empfunden.

Verarbeitungsproben vom Deutschen Karakulschaf: 1 Aue – Stapel gewaschen; **2** Erstschur – Garn aus der Flocke gesponnen; **3** Erstschur – Faserrichtungsgarn; **4** Erstschur – Kämmlingsgarn; **5** Erstschur – Streichgarn ganzes Vlies, kardiert; **6** Aue – Garn aus der Flocke gesponnen; **7** Aue – Faserrichtungsgarn aus dem Langhaar; **8** Aue – Kämmlingsgarn; **9** Aue – Streichgarn ganzes Vlies, kardiert; **10** Erstschur – Garn aus der Flocke gesponnen; **11** Erstschur – Stapel roh; **12** Aue – Stapel gewaschen; **13** Aue – Faserrichtungsgarn; **14** Aue – Filzprobe dick; **15** Erstschur – Filzprobe dünn

WALDSCHAF

Kürzel: WAD
Äquirasse: Cikta-Schaf (Ungarn) und Šumavská-Schaf (Böhmerwaldschaf, Tschechien)
Herkunft: Bayerischer Wald, Tschechien, Österreich

GESCHICHTE

Das Waldschaf stammt vom ausgestorbenen Zaupelschaf ab. Ende des 19. Jahrhunderts wurde das erste Mal der Name „Wäldlerschaf" erwähnt, der sich aber eher auf die Region des Bayerischen Waldes bezog. In Anlehnung an diesen Namen wurde der Name Waldschaf später als Rassebezeichnung festgelegt. Die Erhaltungszucht begann beim Waldschaf erst sehr spät. In den späten 1980er Jahren begann man die letzten Lebendbestände in Deutschland, Österreich und Tschechien zu suchen und unternahm mit ca. hundert Tieren die ersten Versuche zur Erhaltung der Rasse.

ERKENNUNGSMERKMALE

Professor Sambraus, Tiermediziner und Verfasser des Farbatlas Nutztierrassen, wird häufig mit der Aussage zitiert: „Das typische Waldschaf ist ein untypisches", was sich auf das vielfältige Erscheinungsbild der Waldschafe bezieht. Bei der Erhaltungszucht der Waldschafe wird besonderer Wert auf die genetische Vielfalt gelegt; deshalb existiert eine große Varietät an Größe, Wollqualität und Pigmentierung. Trotzdem haben die Tiere dieser Rasse natürlich gemeinsame Eigenschaften.
Das Waldschaf gehört zu den kleinen bis mittelgroßen Landschafen. Der Kopf ist recht kurz, leicht geramst, und die kleinen Ohren stehen seitlich, fast gerade ab. Das feingliedrige Schaf hat einen langen, bewollten Schwanz und eine bewollte Stirn, die auch „Schaupe" genannt wird. Beide Geschlechter können gehörnt sein. Bei den Böcken sieht man meist schön gedrehte Schneckenhörner. Die Hörner der Auen sind, sofern vorhanden, deutlich kleiner und zierlicher und erinnern oft an die Hörner weiblicher Heidschnucken.
Waldschafe kommen in fast allen Farbschlägen der Schafe vor, man findet weiße, schwarze, graue, braune und gescheckte Tiere. Der Kopf ist bis auf die Stirn unbewollt und kann bei den weißen Tieren schwarze Flecken haben.

WOLLE

» **WOLLTYP:** Mischwollig, Tendenz zur Schlichtwolle.
Die Wolle ist nicht so ausgeprägt mischwollig wie die der Heidschnucken. Sie besteht aus Lang- und Kurzhaaren mit einem größeren Anteil an feinen

Wollhaaren. Im Vergleich zu Berg- oder Brillenschafen hat das Waldschaf mehr feine Unterwolle. Die Vielfalt der Wollstruktur- und Farbvariationen lässt keine genaue Festlegung zu. Die meisten Schafe sind weiß; sie haben eine feinere Wolle als die farbigen, deren Wolle deutlich gröber ist. Bei nur einer Schur im Jahr verfilzen die Vliese teilweise bis zur Unbrauchbarkeit direkt am Schaf, deshalb sind die Herbstschuren in der Qualität meist besser. Die Erstschuren sind bei den Waldschafen wie bei fast allen Schafrassen deutlich weicher.
» **WOLLERTRAG:** Bock 3,5 kg, Aue 3,0 kg
» **STAPELLÄNGE:** 7–15 cm
» **FEINHEIT:** insgesamt 20–50 µm, Unterwolle 20 µm, Kurz- und Langhaar 40–50 µm

VERARBEITUNGSHINWEISE

» **VORBEREITEN / WASCHEN / AUFBEREITEN:** Die große Faservielfalt in einem Vlies erfordert ein genaues Sortieren der Stapelvariationen. Die Sortierung ist projektbezogen.
Die Unterwolle und die zarteren Erstschuren verfilzen leicht. Eine kontrollierte Waschmethode ist angebracht. Färbbarkeit: Unterwolle normal, Kurz- und Langhaare schwächer.
Um eine bessere Weichheit der Garne zu erhalten, werden die Stapel getrennt. Die deutlich weichere Unterwolle kann kardiert werden. Enthält sie viele Kurzhaare, können von einem Lohnwollverarbeiter, der einen Faserseparator besitzt, die unerwünschten Haare entfernt werden.
» **SPINNEN:** Waldschafwolle lässt sich gut verspinnen, ergibt bei ungetrennten Vliesen jedoch eher kratzige Garne. Längere Fasern können zu Kammgarnen versponnen werden. Aus den Kämmlingen kann man je nach Menge der Kurzhaare weichere Streichgarne spinnen.
» **FILZEN:** Waldschafwolle ist eine durchaus brauchbare Filzwolle. Wie so oft, kommt es vor allem auf die Qualität des Lieferanten an. Die weiße Wolle filzt wunderbar und ergibt einen schönen, gleichmäßigen festen Filz, der eine einigermaßen geschlossene Oberfläche aufweist. Bei der langen braunen Wolle dominieren die Störfasern so sehr, dass der Filz eher offen und faserig wirkt und nicht belastbar erscheint. Dünne Filze sind nur sehr eingeschränkt möglich. Die Erstschur ist deutlich besser geeignet, weil sie feiner ist und weniger Störfasern hat.

Verarbeitungsproben vom Waldschaf: 1 Aue – Filzprobe dick; **2** Erstschur – Filzprobe dünn; **3** Aue – Filzprobe dünn; **4** Aue – Faserrichtungsgarn; **5** Aue – Stapel gewaschen; **6** Aue – Stapel roh; **7** Erstschur – Stapel gewaschen; **8** Aue – Faserrichtungsgarn aus der Unterwolle; **9** Aue – Faserrichtungsgarn aus dem Langhaar; **10** Aue – Garn aus der Flocke gesponnen; **11** Aue – Faserrichtungsgarn aus dem Langhaar; **12** Aue – Faserrichtungsgarn aus der Unterwolle; **13** Aue – Streichgarn ganzes Vlies, kardiert

DRENTHE HEIDESCHAF

Kürzel: In Deutschland keines vergeben
Herkunft: Niederlande

GESCHICHTE

Die Zuchtgeschichte der Drenthe Heideschafe ist nicht ganz einfach zusammenzufassen. Das ursprüngliche Heideschaf in der Provinz Drenthe gehört mit Sicherheit zu den ersten domestizierten Schafrassen Westeuropas. Es geht vermutlich auf Einwanderer aus dem heutigen Frankreich zurück und reicht bis in das Jahr 4 000 v. Chr. zurück. Allerdings kam auch diese alte Schafrasse stark in Bedrängnis, als die moderne Landwirtschaft zunehmend an Bedeutung gewann. Vor allem die Einkreuzung des Schoonbeeker-Schafes brachte die ursprüngliche Rasse an den Rand des Aussterbens. Die Schafherden, die man heute in der Provinz Drenthe vorfindet, sind meist Drenthe Heideschafe neuen Typs, die eine bessere Wirtschaftlichkeit zeigen und deshalb sehr beliebt sind.
Die Rasse der alten Drenthe Heideschafe war fast ausgestorben, als im Jahr 1948 mit einer einzelnen Herde, die aus verschiedenen Restbeständen zusammengeführt worden war, die Zucht fortgeführt wurde. Erst 1985 entstand der Zuchtverband „Nederlandse Fokkersvereiniging het Drentse Heideschaap“ der die verschiedenen Hobbyzüchter vereint und zum vorrangigen Ziel den Erhalt der Drenthe Heideschafe alten Typs hat. Anders als bei anderen Zuchtverbänden ist hier die Diversität der Rasse ausdrücklich erwünscht, und bei der Zucht wird nicht prämiert oder selektiert, um diese Diversität zu erhalten. Die Vielfalt zeigt sich auch in den verschiedenen Farbschlägen der Tiere. Trotz intensiver Zuchtbemühungen ist das Drenthe Heideschaf alten Typs immer noch sehr selten.

ERKENNUNGSMERKMALE

Das Drenthe Heideschaf alten Typs ist von seinem Erscheinungsbild her noch ein sehr ursprüngliches Schaf, dessen kleinrahmiger, schlanker Körperbau stark an Wildschafe erinnert. Der naturbelassene Typ zeigt sich auch an den vor allem bei den Böcken ausgeprägten Hörnern und an der deutlichen Mähnenbildung. Die Mähne ist bei den weiblichen Tieren nur wenig ausgeprägt; sie sind häufig auch hornlos. Der Kopf ist ansonsten unbewollt, mit geradem Nasenrücken und kleinen, waagerecht getragenen Ohren. Die Bewollung kann allerdings bereits zwischen den Hörnern beginnen, wodurch sich ein Wollschopf bildet. Auch der Schwanz ist vollständig bewollt und reicht bis zur Ferse, was deutlich zeigt, dass es nicht mit den Heidschnucken verwandt ist.
Die Farbvarietät der Rasse ist sehr hoch, obwohl einzelne Zeichnungen unerwünscht sind. Vor allem die behaarten Körperpartien zeichnen sich durch eine Vielzahl an Farbvariationen aus. So

kann der Kopf unabhängig von der Vliesfarbe von weißlich bis ganz schwarz, aber auch hell- bis dunkelbraun sein. Während Pigmentflecken im Vlies unerwünscht sind, können Flecken, Blessen und Tupfen auf den behaarten Körperpartien in vielen Variationen vorkommen. Das Vlies ist einheitlich braunweiß und nur bei wenigen Tieren schwarz; diese sind dann aber meist komplett schwarz.
Die Haltung der Drenthe Heideschafe ist unkompliziert, da sie zwar eine enge Bindung zu ihrem Halter aufbauen, aber wenig Betreuung brauchen und sich größtenteils selbst versorgen.

WOLLE

» **WOLLTYP:** Mischwollig.
Typische Mischwolle mit langen, strähnigen Langhaaren und feiner Unterwolle, welche mit dicken Kurzhaaren durchsetzt ist. Die Wolle ist glatt und herabhängend, sie soll keine Wellung zeigen. Die Kurzhaare sind bei schwarzen Schafen schwarz, bei hellen rötlich. Erstschuren sind deutlich weicher.
» **WOLLERTRAG:** 1–2 kg
» **STAPELLÄNGE:** ca. 20 cm
» **FEINHEIT:** 35–40 µm

VERARBEITUNGSHINWEISE

» **VORBEREITEN / WASCHEN / AUFBEREITEN:** Projektbezogen. Auf verfilzte Vliese und Ansammlungen von Kurzhaaren achten.
Die Unterwolle filzt hervorragend, deshalb wird zu einer kontrollierten Waschmethode geraten. Unterwolle eventuell vom Langhaar trennen. Die Unterwolle kann, wenn sie lang genug ist, gekämmt werden. Durch Ausbürsten oder Kämmen können möglicherweise die Kurzhaare entfernt werden.
» **SPINNEN:** Gute, jedoch eher grobe Spinnwolle, die leider mit kratzenden Stichelhaaren durchsetzt ist. Die Langhaare lassen sich zu Kammgarnen verspinnen.
» **FILZEN:** Die Wolle filzt ordentlich, trotz der vielen Langhaare. Dünner Filz schließt sich aber nicht, wird stark strukturiert und neigt zur Schlaufenbildung. Bei dicken Filzen reicht die Unterwolle, um einen kompakten Filz zu erzielen. Filzfelle lassen sich hervorragend herstellen, die Grannen filzen sehr langsam bis gar nicht, was die Bearbeitung sehr einfach macht, trotzdem fallen die Haare in einem Filzfell später nicht aus.

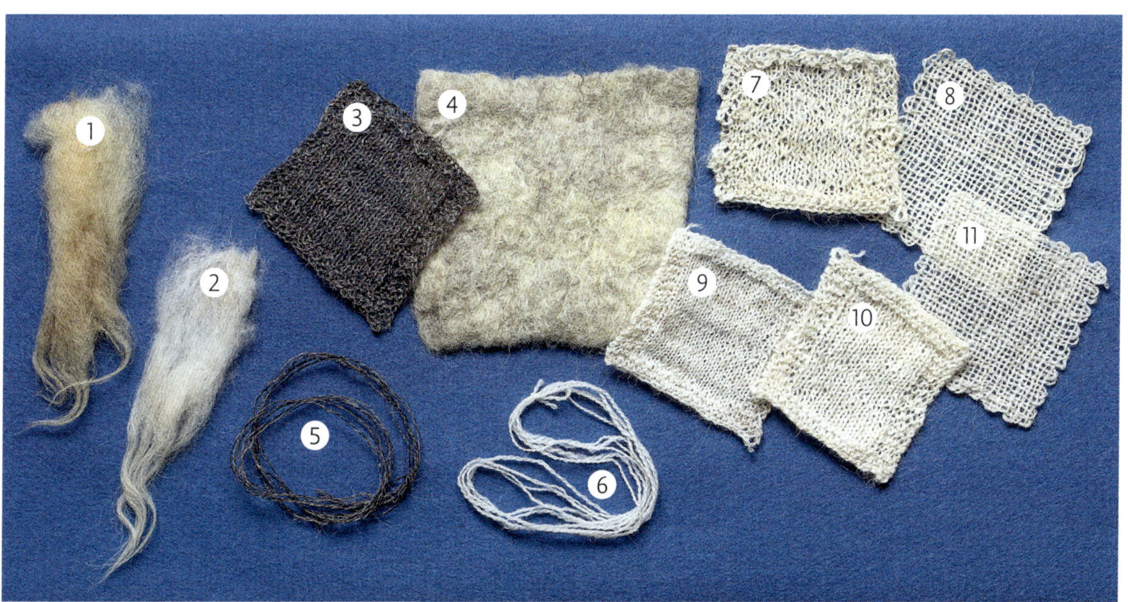

Verarbeitungsproben vom Drenthe Heideschaf, Aue: **1** Stapel roh; **2** Stapel gewaschen; **3** Faserrichtungsgarn aus der Unterwolle; **4** Filzprobe dick; **5** Faserrichtungsgarn aus dem Langhaar; **6** Faserrichtungsgarn aus der Unterwolle; **7** Faserrichtungsgarn aus dem Langhaar; **8** Faserrichtungsgarn aus dem Langhaar; **9** Garn aus der Flocke gesponnen; **10** Faserrichtungsgarn aus der Unterwolle; **11** Faserrichtungsgarn aus der Unterwolle

FLEISCHSCHAFE

Die Bezeichnung der Rassengruppe verdeutlicht bereits, dass es sich hier um Schafrassen handelt, die vor allem zur Fleischgewinnung gezüchtet werden. Das Augenmerk liegt hier auf hoher Fruchtbarkeit und möglichst schnellem Wachstum. Die Wolle und der Wollertrag spielen eine untergeordnete Rolle, trotzdem liefern auch die Fleischschafrassen eine zum Teil bemerkenswerte Wollqualität.

SCHWARZKÖPFIGES FLEISCHSCHAF

Kürzel: SKF
Äquirasse: Oxford Down
Herkunft: Einheimisch

GESCHICHTE

Die Zuchtgeschichte des schwarzköpfigen Fleischschafes beginnt Anfang des 19. Jahrhunderts, als Bestrebungen, vor allem die Fleischproduktion zu steigern, neue Schafrassen hervorbrachten. Die Rasse entstand aus einer Kreuzung einheimischer Landschafrassen mit aus England eingeführten Tieren der Rassen Hampshire, Oxford und Suffolk. Ursprünglich vor allem in Westfalen beheimatet, ist das schwarzköpfige Fleischschaf heute in ganz Deutschland vertreten und hat einen Anteil am Gesamtbestand der Schafe von 17 Prozent. Damit ist es die zweitbeliebteste Rasse Deutschlands.

ERKENNUNGSMERKMALE

Wie alle Fleischschafrassen sind auch die Tiere dieser Rasse neben ihrem schwarzen Kopf vor allem an der stämmigen Statur und der guten Bemuskelung der Fleischpartien und der vorgeschobenen Brust zu erkennen. Kopf und Beine sind dunkelbraun bis schwarz behaart und weitgehend unbewollt.
Der eher kurze Kopf mit breitem, geradem Nasenrücken wirkt ebenfalls eher breit, was durch die seitlich abstehenden Ohren noch unterstützt wird. Beide Geschlechter sind hornlos. Das restliche Tier ist reinweiß bewollt mit einer eher kurzen, einheitlich langen, gut gestapelten Wolle. Die Rasse eignet sich gut sowohl für die Hüte- als auch für die Koppelhaltung, die Schafe sind saisonal brünstig und neigen zu Mehrlingsgeburten.

WOLLE

» **WOLLTYP:** Kurzwollig, Crossbredwolle.
Die Wolle der Schwarzköpfigen Fleischschafe ist eine typische Crossbredwolle. Sie ist fast weiß, sehr dicht und weich. Die Wolle ist gleichmäßig lang und deutlich gekräuselt, wobei sie Spitzen- oder Blockstapel ausbildet. Obwohl die Rasse sehr einheitlich gezüchtet ist, sind Unterschiede in Farbe, Feinheit und Struktur der Wolle sichtbar. Vor allem bei regennassen Schafen lassen sich im Spätsommer vielerlei Vliesstrukturen erkennen.
» **WOLLERTRAG:** 4–7 kg
» **STAPELLÄNGE:** 8–10 cm
» **FEINHEIT:** 30–35 µm

VERARBEITUNGSHINWEISE

» **VORBEREITEN / WASCHEN / AUFBEREITEN:**
Auf grobe Stapel/ Partien achten und aussortieren. Projektbezogen sortieren.
Eine unkontrollierte oder halb kontrollierte Wäsche wird empfohlen.
Alle Techniken zur Aufbereitung sind geeignet.
» **SPINNEN:** Die Wolle des Schwarzköpfigen Fleischschafs lässt sich gut verspinnen und enthält keine Stichelhaare. Alle Spinntechniken sind möglich.
» **FILZEN:** Filzt extrem langsam und wird nicht wirklich kompakt, die Oberfläche bleibt offen, und die Wolle legt sich nur widerwillig an. Das Filzverhalten ist aber noch zufriedenstellend.

Verarbeitungsproben vom Schwarzköpfigen Fleischschaf: **1** Erstschur – Garn aus der Flocke gesponnen; **2** Erstschur – Streichgarn ganzes Vlies, kardiert; **3** Erstschur – Kämmlingsgarn; **4** Erstschur – Faserrichtungsgarn; **5** Aue – Stapel gewaschen; **6** Aue – Faserrichtungsgarn; **7** Erstschur – Faserrichtungsgarn; **8** Erstschur – Kämmlingsgarn; **9** Aue – Garn aus der Flocke gesponnen; **10** Aue – Faserrichtungsgarn; **11** Aue – Streichgarn ganzes Vlies, kardiert; **12** Aue – Kämmlingsgarn; **13** Aue – Stapel roh

TEXEL

Kürzel: TEX weißes Texel, BTX blaues Texel
Herkunft: Niederlande, Nordseeinsel Texel

GESCHICHTE

Bevor im Jahr 1845 auf der Insel Texel die Einfuhr fremder Schafrassen verboten wurde, wurden englische Schafrassen mit den heimischen Landschafrassen gekreuzt, um eine bessere Fleischleistung zu erzielen. Danach entstand das heutige Texelschaf durch Selektionszucht. Im Jahr 1909 wurde das Texel-Schapenstam-Buch gegründet und damit die Rasse anerkannt. Ursprünglich nur auf der Insel Texel beheimatet, breitete sich die Rasse Mitte des 20. Jahrhunderts zuerst nach Nordrhein-Westfalen aus und ist heute in ganz Deutschland verbreitet. Als reine Fleischschafrasse ist sie sehr beliebt und wird wie viele wirtschaftlich bedeutende Rassen züchterisch weiterentwickelt. Wegen seines dünnen, kurzen Schwanzes wurde das Texelschaf lange als „Pielsteert“ (Nadelschwanz) bezeichnet. Erst seit ca. 25 Jahren wird das etwas größere Blaue Texel als Farbvariante des Texelschafes gezüchtet.

ERKENNUNGSMERKMALE

Das Texelschaf ist gut an seinem extrem kurzen, breiten Kopf mit breitem Kiefer zu erkennen. Der Kopf ist unbewollt und mit weißen bis grauen Haaren besetzt, wobei die Haut an Maul, Nase und Augen schwarz ist. Der breite Nasenrücken ist leicht konkav. Das Texelschaf trägt keine Hörner und hat sehr kurze, leicht nach oben stehende Ohren. Auffällig sind auch der kurze, stark bemuskelte Hals und Rumpf des Tieres, die es teilweise sehr bullig erscheinen lassen, was durch den breiten Rücken noch unterstützt wird. Texelschafe sehen wegen ihrer gedrungenen Form aus der Ferne oft aus wie Schweine. Sie tragen eine kurze Wolle, die oft einen deutlichen gelben Schimmer hat. Schwarze Flecken oder Haare sowohl in der Wolle als auch in den behaarten Körperpartien sind unerwünscht und zur Zucht nicht zugelassen. Anders hingegen beim Blauen Texel, das zwar eine vollständig schwarze Wolle trägt, weiße Abzeichen sind aber typischerweise an Kopf, Ohren und Beinen vorhanden und werden auch geduldet.

Warum ist Texel in England gelb oder orange?

Die Vliese werden bei Wettbewerben gelb eingefärbt, um die Schafe verkaufsfähiger zu machen. Der Farbstoff hebt die natürlichen Farben hervor. Die Färbung dient auch dazu, die Tiere auf den Hügeln leichter zu finden und Viehdiebe abzuhalten.

WOLLE

» **WOLLTYP:** Crossbredwolle.
Die Wolle ist ausgeglichen mit geschlossenen Stapeln, mittelfein, sichtbar und gleichmäßig stark gekräuselt. Die Binder sind ausgewogen, weshalb sich das Vlies sehr einfach scheiteln lässt und nie am Schaf verfilzt. Erstschurvliese sind weicher und lockerer als die von Altschafen. Die Farben sind Weiß und Blaugrau.
» **WOLLERTRAG:** 3,5–6 kg
» **STAPELLÄNGE:** 10–15 cm
» **FEINHEIT:** 33–35 µm

VERARBEITUNGSHINWEISE

» **VORBEREITEN / WASCHEN / AUFBEREITEN:** Projektbezogen sortieren. Auf grobe Vliesanteile und Gilb im Vlies achten.
Alle Waschmethoden und auch alle Techniken zur Aufbereitung sind möglich.
» **SPINNEN:** Texelwolle enthält keine kratzenden Stichelhaare und lässt sich angenehm verspinnen.
» **FILZEN:** Reinrassige Texelwolle ist nicht zum Filzen geeignet. Die Wolle kann mit etwas Aufwand zum Fell gefilzt werden, dazu muss aber eine gut filzende Wolle als Basis verwendet werden. Die Felle bleiben dann aber sehr standfest und polstern wunderbar.

Verarbeitungsproben vom Texelschaf: 1 Erstschur – Garn aus der Flocke gesponnen; **2** Erstschur – Stapel gewaschen; **3** Erstschur – Garn aus der Flocke gesponnen; **4** Erstschur – Kämmlingsgarn; **5** Aue – Faserrichtungsgarn; **6** Aue – Faserrichtungsgarn; **7** Erstschur – Streichgarn ganzes Vlies, kardiert; **8** Erstschur – Kämmlingsgarn; **9 bis 12** Aue – Stapel gewaschen, Farbenvielfalt; **13** Aue – Stapel roh; **14** Aue – Stapel gewaschen

ZWARTBLES-SCHAF

Kürzel: ZWS
Herkunft: Niederlande

GESCHICHTE

In den Niederlanden wurde in den 1920er Jahren begonnen, aus den Rassen Schoonebeecker Heideschaf, Texelschaf und Milchschafen eine Rasse zu züchten, die eine gute Milchleistung erbringen sollte, sich aber auch durch gute Fleischleistung auszeichnete. Dadurch entstand die sogenannte verbesserte Schoonebeecker, später Zwartbles-Schaf genannte Rasse, die heute in den Niederlanden vor allem bei Hobbyhaltern weit verbreitet ist und vorrangig der Fleischproduktion dient.

ERKENNUNGSMERKMALE

Das Zwartbles ist ein sehr großrahmiges, kräftiges Schaf, das vor allem durch seine namengebende Blesse am Kopf auffällt. Diese Blesse beginnt noch hinter den Ohren und zieht sich über den gesamten, geraden Nasenrücken bis zum Maul. Darüber hinaus wird das braune Vlies nur durch mindestens zwei weiße Füße und eine weiße Schwanzspitze unterbrochen. Das Vlies erscheint aber nur wegen der ausgebleichten Spitzen braun, im Inneren des Vlieses ist die Wolle tiefschwarz. Die Ohren stehen waagerecht vom Kopf ab. Beide Geschlechter sind hornlos. Kopf und Beine sind unbewollt und schwarz behaart.

WOLLE

» **WOLLTYP:** Kurzwollig oder schlichtwollig. Zwartbles-Wolle ist mittelfein bis fein und kann in zwei verschiedenen Strukturen vorliegen. Es kommen Vliese vor mit geschlossenen, kurzen Stapeln und einer verwischten Kräuselung, oder die Vliesstruktur ist schlichtwollig, etwas offener mit längeren Stapeln und Spitzenbildung. Die Fasern weisen eine schlichte bis deutliche Kräuselung auf und dürfen nicht haarig sein. Die Farbe ist einheitlich schwarz oder schwarzbraun, oft mit schwarzbraun bis goldockerfarben ausgeblichenen Spitzen. Ältere Tiere zeigen gelegentlich feine weiße, glänzende Haare, die dem Vlies ein graumeliertes Aussehen geben. Die Vliese sind je nach Tier sehr unterschiedlich in der Stapellänge, Feinheit und Weichheit. Es wirkt, als ob die Weichheit an die Stapellänge gebunden ist, denn Vliese mit geschlossenen, blockigen Stapeln fühlen sich oft rauer an.

» **WOLLERTRAG:** Bock 4–5 kg, Aue 3,5–4 kg

» **STAPELLÄNGE:** 5–12,5 cm

» **FEINHEIT:** 30–38 µm

VERARBEITUNGSHINWEISE

» **VORBEREITEN / WASCHEN / AUFBEREITEN:** Das Vlies lässt sich wegen seiner dunklen Farbe nicht so einfach sortieren. Kotverschmutzungen sind nur schwer zu erkennen. Grobe Partien sollten am besten aussortiert werden. Die Zwartbles-Wolle eignet sich für alle Bearbeitungstechniken. Projektbezogen waschen. Entweder kontrolliert für Kammgarn oder unkontrolliert zum Kardieren und fürs Spinnen aus dem Stapel.

Die Wolle eignet sich hervorragend für leichte, dichte Bekleidung.

» **SPINNEN:** Zwartbles-Wolle lässt sich gut verspinnen. Sie ist nicht besonders fein, lässt sich aber trotzdem auf der Haut tragen, weil keine Stichelhaare enthalten sind. Sie kann kardiert, gekämmt oder aus der Flocke gesponnen werden. Letzteres, im langen Auszug gesponnen, bringt die hellen Spitzen im Garn zur Geltung.

» **FILZEN:** Sehr fein gekräuselte Wolle, die schön filzt. Sie braucht etwas Zeit, wird dann aber dicht und hat dabei eine schöne glatte Oberfläche. Wenn eine Wolle noch als merinoartig bezeichnet werden darf, dann bestimmt das Zwartbles. Allerdings kann das Filzverhalten variieren, da auch die Vliese sehr unterschiedlich sein können.

Verarbeitungsproben vom Zwartbles-Schaf, Aue: 1 Filzprobe dick; **2** Garn aus der Flocke gesponnen; **3** Garn aus der Flocke gesponnen; **4** Streichgarn ganzes Vlies, kardiert; **5** Faserrichtungsgarn; **6** Kämmlingsgarn; **7** Garn aus der Flocke gesponnen; **8** Faserrichtungsgarn; **9** Stapel, roh; **10** Stapel gewaschen; **11** Faserrichtungsgarn

CHAROLLAIS

Kürzel: CHA
Äquirasse: Charollais Suisse (Schweiz)
Herkunft: Region Charollais in Mittelfrankreich

GESCHICHTE

Die Rasse Charollais entstand im 19. Jahrhundert in der Provinz Charollais in Burgund im Zentrum Frankreichs durch Kreuzung einheimischer Rassen mit importierten englischen Leicester-Longwool-Böcken. Die schnell wachsende, muskulöse Rasse mit beachtlicher Wollleistung wurde 1974 offiziell anerkannt. In der Schweiz entwickelte sich daraus durch Verdrängungskreuzung der Weissen Alpenschafe mit französischen Charollaiswiddern das Charollais Suisse. Allerdings finden sich in der Schweiz durchaus auch reinrassige Bestände, die seit 1992 im Herdbuch geführt werden.

ERKENNUNGSMERKMALE

Wie bei Fleischschafen üblich, zeichnet sich auch das Charollais durch seine Fleischqualitäten und dabei vor allem durch den breiten, langen Rücken und die vollen Keulen aus. Es ist zwar nur ein mittelgroßes Schaf, das aber außerordentlich schwer werden kann. Die Böcke erreichen ein Gewicht von bis zu 140 kg; sie werden hauptsächlich zur Zucht verwendet. Die Auen erreichen ein Gewicht von 110 kg.

Die Schafe tragen eine kurze, einheitlich lange Wolle; die Beine und der Kopf sind mit kurzen, weißen Haaren besetzt. Die Ohren sind rosa bis grau und stehen im Winkel von ca. 45 ° nach oben vom Kopf ab. Das Charollais hat eigentlich einen langen, bewollten Schwanz, der aber in den allermeisten Fällen kupiert wird.

Charollaisschafe sind robust und widerstandfähig und passen sich leicht an die äußeren Bedingungen an. Sie werden hauptsächlich in Koppelhaltung gehalten, da die Marschfähigkeit der schweren Tiere eingeschränkt ist. Sie sind streng saisonal brünstig, sodass die Lämmer alle im zeitigen Frühjahr zur Welt kommen.

WOLLE

» **WOLLTYP:** Kurzwollig.
Einheitliches Vlies mit kurzer, gut gekräuselter Wolle, die dicht und von guter Qualität sein soll. Die Wolle sollte frei von pigmentierten Wollhaaren sein. Durch die Kurzwolligkeit ist die Wolle vom Charollais eine echte Herausforderung.
» **WOLLERTRAG:** Bock 2,5 kg, Aue 2 kg
» **STAPELLÄNGE:** 4–7 cm
» **FEINHEIT:** Charollais 26–29 µm, Charollais Suisse 23–27 µm

VERARBEITUNGSHINWEISE

» **VORBEREITEN / WASCHEN / AUFBEREITEN:** Vlies auf Stapelfestigkeit prüfen. Längere Stapel für Kammgarne aussortieren.
Kontrollierte oder wilde Waschmethoden können angewandt werden.
Durch die Kurzfaserigkeit ist eine Bearbeitung zu Kammgarnen schwierig. Kardieren oder Einmischen sind möglich. Die Wolle kann sehr gut gefärbt werden.
» **SPINNEN:** Charollaiswolle ist relativ fein und enthält keine Stichelhaare. Die Fasern sind allerdings recht kurz und stellen daher eine gewisse Herausforderung dar. In erster Linie für Streichgarn geeignet.
» **FILZEN:** Die Wolle ist sehr kurz, was dem Filzfell eine besondere Standfestigkeit gibt. Sonst ist Charollaiswolle nur sehr schlecht zum Filzen geeignet. Sie verdichtet sich auch bei intensiver Bearbeitung fast gar nicht.

Verarbeitungsproben vom Charollais-Schaf: **1** Aue – Filzprobe dick; **2** Aue – Streichgarn ganzes Vlies, kardiert, langer Auszug; **3** Erstschur – Garn aus der Flocke gesponnen; **4** Aue – Streichgarn ganzes Vlies, kardiert, kurzer Auszug; **5** Aue – Stapel gewaschen; **6** Aue – Stapel roh; **7** Erstschur – Garn aus der Flocke gesponnen; **8** Erstschur – Streichgarn ganzes Vlies, kardiert, langer Auszug; **9** Erstschur – Streichgarn ganzes Vlies, kardiert, kurzer Auszug; **10** Aue – Streichgarn ganzes Vlies, kardiert, kurzer Auszug; **11** Aue – Steichgarn ganzes Vlies, kardiert, langer Auszug; **12** Aue – Garn aus der Flocke gesponnen; **13** Aue – Filzfell

MILCHSCHAFE

Wie schon bei den Fleischschafen, so ist auch bei den Milchschafrassen der Name Programm. Sie werden vorzugsweise zur Milchproduktion, eigentlich vor allem zur Käseproduktion gehalten. Auch wenn andere Schafrassen ebenfalls eine ordentliche Milchleistung erbringen können, so hat sich doch die nachfolgende Rasse in der Milchproduktion etabliert.

OSTFRIESISCHES MILCHSCHAF

Kürzel: OFM
Herkunft: Ostfriesland

GESCHICHTE

Wen würde es wundern, dass der Ursprung des Ostfriesischen Milchschafes in Ostfriesland liegt. Dort wurden in den 1850er Jahren die beheimateten Marschschafe des Groningerschafes und Friesenschafes zum Ostfriesischen Milchschaf zusammengefasst. Das Milchschaf war aber lange vor allem bei Hobbyschafhaltern beliebt, da es sich zur Mehrfachnutzung eignet und gut in kleinen Gruppen gehalten werden kann. Im Vergleich zu anderen europäischen Ländern produziert Deutschland bis heute nicht viel Schafmilch. Erfreulicherweise ist der Anteil nach ökologischen Standards produzierter Milch aber erstaunlich hoch. Ostfriesische Milchschafe werden auch längst nicht mehr nur in Ostfriesland gehalten.

ERKENNUNGSMERKMALE

Milchschafe werden in zwei Farbschlägen gezüchtet. Es gibt ein reinweißes Schaf, das keine Pigmentflecken haben soll, und den schwarzbraunen Schlag, der seinerseits frei von hellen Stellen und Flecken sein soll. Da die Milchschafe vorrangig zur Milchproduktion gehalten werden, darf die Wolle den Melkvorgang nicht behindern, weshalb sich Schafe mit spärlich bewolltem Bauch durchgesetzt haben. Ansonsten ist das Vlies geschlossen, wobei der gesamte Kopf und die Beine unbewollt und nur mit kurzen Haaren besetzt sind. Milchschafe zeichnen sich durch einen schmalen Kopf aus, der keine Hörner trägt; die Ohren sind mittelgroß und stehen waagerecht vom Kopf ab. Die Tiere sind großrahmig mit langem Rücken und ausgeprägtem Euter, sie sind meist sehr zahm und fühlen sich in kleinen Herden am wohlsten.

WOLLE

» **WOLLTYP:** Schlichtwollig/Crossbred-Wolle. Das Vlies ist schlichtwollig, die Struktur ist je nach Tier unterschiedlich. Das Zuchtziel sind geschlossene, ausgeglichene Vliese. Die Vliese sind oft sehr groß mit langen Stapeln. Sie sind an den Spitzen offen, die Kräuselung ist flauschig-schlicht. Spitzen haben oft Überhaare. Das schwarze Schaf hat im Vlies oft weiße Haare. Die Spitzen bleichen zu schönen Brauntönen aus. Von zarter Struktur sind Erstschuren.

» **WOLLERTRAG:** 5–7 kg

» **STAPELLÄNGE:** 8–15 cm

» **FEINHEIT:** 27–38 µm

VERARBEITUNGSHINWEISE

» **VORBEREITEN / WASCHEN / AUFBEREITEN:** Sehr grobe Schenkelwolle aussortieren. Trennen macht den Rest weicher.
Kaum Filzgefahr beim Waschen.
Alle Techniken zur Aufbereitung sind geeignet.

» **SPINNEN:** Schöne langfaserige Spinnwolle ohne kratzende Stichelhaare. Alle Spinntechniken und Garnarten sind möglich.

» **FILZEN:** Milchschafwolle filzt nicht oder sehr schlecht und ist deshalb nicht zum Filzen geeignet. Mit etwas Aufwand lassen sich Felle herstellen, die dann sehr standfest und belastbar sind.

Verarbeitungsproben vom Ostfriesischen Milchschaf: 1 Aue – Faserrichtungsgarn; **2** Aue – Garn aus der Flocke gesponnen; **3** Erstschur – Stapel roh; **4** Aue – Steichgarn ganzes Vlies, kardiert; **5** Aue – Faserrichtungsgarn; **6** Aue – Garn aus der Flocke gesponnen; **7** Aue – Stapel gewaschen; **8** Aue – Stapel gewaschen; **9** Aue – Stapel roh; **10** Aue – Faserrichtungsgarn; **11** Aue – Steichgarn ganzes Vlies, kardiert

ENGLISCHE SCHAFRASSEN

Bereits im 18. Jahrhundert wurde in England gezielte Zucht durch den Einsatz bestimmter Zuchtböcke betrieben. Dieses Verfahren unterschied sich deutlich von der sonst üblichen Selektionszucht, denn so konnten Eigenschaften deutlich schneller beeinflusst werden.

Entsprechend bildeten sich gerade in Großbritannien viele Schafrassen mit sehr speziellen Eigenschaften heraus, die später auch zur Einkreuzung in kontinentaleuropäische Rassen verwendet wurden. Besonders die Langwollrassen mit ihren imposanten Locken sind heute bei uns sehr beliebt, die Schafrassen der Insel haben aber weit mehr zu bieten. Wir wollen hier nur eine kleine Auswahl der englischen Schafrassen präsentieren, um vor allem die Zuchtgeschichte näher zu beleuchten.

WENSLEYDALE

Kürzel: In Deutschland keines vergeben
Herkunft: North Yorkshire, Wensleydale, England
Rassentyp: Langwoller

GESCHICHTE

Die Rasse entstand in den 1830er Jahren durch Kreuzung eines Dishley-Leicester-Bockes mit einer regionalen Langwollrasse namens Muggs. Wie so häufig, bezieht sich der Name Wensleydale auf die regionale Herkunft der Rasse aus den Tälern Yorkshires in Nordengland.

Die Rasse gehört zu den englischen Langwollrassen und wurde erst 1876 als Rasse anerkannt und erfreute sich bis in die 1920er Jahre großer Beliebtheit. Aber auch die Wensleydales kamen durch den Verfall der Wollpreise stark unter Druck, und so stand die Rasse vor dem Aussterben, bis sie vom Rare Breeds Survival Trust im Jahre 1973 auf die Liste gefährdeter Haustierrassen gesetzt und die Erhaltungszucht gefördert wurde. Seit 1980 steigt die Zahl der Tiere wieder, und auch in Deutschland sind 300 bis 400 Tiere zu verzeichnen.

ERKENNUNGSMERKMALE

Die Wensleydale-Schafe sind uns vor allem durch ihre feingelockte Wolle bekannt, die als die begehrteste und teuerste der Welt gilt. In England werden dabei zwei Farbschläge in unterschiedlichen Zuchtbüchern geführt. Die weißen Wensleydale-Schafe haben reinweiße Wolle, nur die Nasenspitze und die Ohren sind dunkel gefärbt. Im Zuchtbuch der grauen Tiere werden alle grauen und schwarzen Tiere zusammengefasst. Die Wensleydales stellen die größte Schafrasse in England und gelten deshalb auch als Zweinutzungsrasse.

Abgesehen von ihrem erhöhten Kupferbedarf stellen Wensleydale-Schafe keine großen Ansprüche an die Haltung, brauchen aber im Winter einen Unterstand oder Offenstall. Sie sind streng saisonal brünstig und bekommen häufig Zwillinge. Sie gelten als temperamentvoll, können bei richtigem Umgang aber sehr zutraulich werden.

WOLLE

» **WOLLTYP:** Langwollig.
Das Vlies besteht nur aus primären, feinen Fasern ohne Heterotype, Kurzhaare und Unterwolle. Die Eigenschaft heißt „central checking" und ist erblich. Ungleich lange Wolle im Vlies ist unerwünscht. Die Farben Ecru/Silberweiß, Schwarz- und Grautöne kommen vor. In einem Vlies kommen verschiedene Grautöne vor. Die Spitzen bleichen zu Brauntönen aus. Die Locken der dunklen Schafe sind weniger fein gekräuselt und lang. Die Vliese sind sehr fettig und schwer. Ein gutes Vlies glänzt stark, fühlt sich weich und zugleich kühl an. Jährlinge vor ihrer ersten Schur können mit klarem Wasser gewaschen werden.
» **WOLLERTRAG:** bis 5–9 kg
» **STAPELLÄNGE:** Jährlinge 12–35 cm, Alttiere 12–25 cm
» **FEINHEIT:** 33–35 µm

VERARBEITUNGSHINWEISE

» **VORBEREITEN / WASCHEN / AUFBEREITEN:** Die wertvolle Wolle möglichst vollständig verarbeiten.
Vorsichtige, kontrollierte Stapelwäsche.
Alle Techniken zur Aufbereitung sind möglich.
» **SPINNEN:** Die wunderbaren, glänzenden Engelslocken der Wensleydalewolle lassen sich effektvoll in Artyarns einsetzen. Gekämmt oder kardiert lässt sich die langfaserige Wolle mit etwas Fingerspitzengefühl auch gut zu ganz besonderen, kühlen und glänzenden Garnen verspinnen. Für Anfänger ist sie aber ungeeignet.
» **FILZEN:** Wensleydalewolle ist hervorragend zum Filzen geeignet. Die langen, gelockten Fasern geben dem Filz eine auffällige Struktur, die die Wolle vor allem für durchscheinende Objekte perfekt geeignet macht. Da die Fasern außerdem sehr lang sind, wird der Filz nicht steif, sondern bleibt flexibel und anschmiegsam. Darüber hinaus eignet sich Wensleydale zur Oberflächengestaltung und zum Auffilzen von Locken, es ist aber nur mit extremem Aufwand möglich, das Verfilzen der Stapel zu Dreadlocks zu verhindern. Das erklärt auch, warum Felle aus Wensleydale so extrem aufwendig sind.

Verarbeitungsproben vom Wensleydale-Schaf: 1 Aue – Garn aus der Flocke gesponnen; **2** Aue – Faserrichtungsgarn; **3** Aue – Stapel roh; **4** Aue – Filzprobe dick; **5** Erstschur – Streichgarn ganzes Vlies, kardiert; **6** Erstschur – Streichgarn ganzes Vlies, kardiert; **7** Erstschur – Faserrichtungsgarn; **8** Erstschur – Faserrichtungsgarn; **9** Aue – Garn aus der Flocke gesponnen; **10** Aue – Garn aus der Flocke gesponnen; **11** Aue – Faserrichtungsgarn; **12** Aue – Faserrichtungsgarn; **13** Erstschur – Stapel roh; **14** Aue – Stapel gewaschen

DEVON LONGWOOL, CORNWALL LONGWOOL

Kürzel: In Deutschland nicht vergeben
Herkunft: Großbritannien
Rassentyp: Langwoller

GESCHICHTE

Im 18. Jahrhundert wurden in den Grafschaften Devon und Cornwall in England die beiden Rassen Bamton Nott und Southam Nott gehalten. Diese wurden mit Lincoln und Leicester-Schafen zu den Rassen Devon Longwool im nördlichen Teil und South Devon im südlichen Teil weiterentwickelt. Die Unterschiede der Rassen waren nicht wesentlich, und so wurden sie im Lauf der Jahrzehnte immer ähnlicher und schließlich im Jahr 1977 zur Rasse „Devon and Cornwall Longwool" zusammengefasst.

ERKENNUNGSMERKMALE

Als klassische Zweinutzungsrasse ist das Devon und Cornwall Longwool ein eher großrahmiges Tier mit guter Bemuskelung und beträchtlicher Wollleistung. Der Kopf ist bis tief ins Gesicht bewollt, nur die Schnauze ist mit feinen, kurzen Haaren besetzt. Beide Geschlechter sind hornlos und tragen kleine, waagerecht abstehende Ohren. Zu erkennen sind die Devon und Cornwall Longwools vor allem an ihrer imposanten gelockten Wolle, die in langen Schillerlockensträhnen über den gesamten Körper gleichmäßig abfällt. Die Wolle ist allerdings nicht besonders fein. Mit einer Faserdicke von bis zu 42 µm sind die Fasern etwa gleich dick, wie die Grannen der Schnucken.

WOLLE

» **WOLLTYP:** Langwollig, halbglänzend.
Die klassische Langwoll-Lockenform in Cremeweiß ist mittel- bis sehr lang, unregelmäßig, groß gewellt, aber glatt und mit lockigen Spitzen. Sie soll frei von Lang- und Kurzhaaren sein, dabei nicht so glänzend und glatt wie beim Wensleydale. Der innere Stapel verfilzt gerne. Die Wolle der Altschafe wird zur Mantel- und Teppichherstellung verwendet. Die Vliese der Erstschuren sind zarter.
» **WOLLERTRAG:** Bock bis 15 kg, Aue 6–8 kg
» **STAPELLÄNGE:** 20–25 cm
» **FEINHEIT:** 36–42 µm

VERARBEITUNGSHINWEISE

» **VORBEREITEN / WASCHEN / AUFBEREITEN:**
Sehr grobe Stapel sowie Verfilztes aussortieren. Da die Wolle filzanfällig ist, wird eine kontrollierte Wäsche empfohlen.
Das Ausbürsten mit der Flickkarde ist besser als Kämmen. Es ist weniger kraftaufwendig und geräteschonender.
» **SPINNEN:** Wie der Rassenname schon besagt, haben diese Schafe eine sehr langfaserige Wolle, die eher nicht für Anfänger geeignet ist. Sie ergibt eher grobe Garne.
» **FILZEN:** Die Wolle fühlt sich zwar sehr steif an, filzt dann aber sehr zügig und ergibt einen erstaunlich festen Filz. Die Struktur ist durch die Locken vor allem bei dünnem Filz sehr schön. Je älter jedoch die Schafe werden, desto steifer wird die Wolle.

Langwolle und Langhaar

Es irritiert viele Menschen, dass ein Langwoller keine Langhaare haben darf. Das erklärt sich einfach dadurch, dass bei den Langwollrassen die Wollfaser lang gewachsen ist, während die Langhaare weggezüchtet wurden und im Vlies fehlen.

Verarbeitungsproben vom Devon-Longwool-Schaf: 1 Erstschur – Garn aus der Flocke gesponnen; **2** Aue – Faserrichtungsgarn; **3** Aue – Garn aus der Flocke gesponnen; **4** Aue – Streichgarn ganzes Vlies, kardiert; **5** Aue – Kämmlingsgarn; **6** Aue – Faserrichtungsgarn aus der Unterwolle; **7** Aue – Stapel gewaschen; **8** Aue – Faserrichtungsgarn aus der Unterwolle; **9** Aue – Kämmlingsgarn; **10** Aue – Streichgarn ganzes Vlies, kardiert; **11** Aue – Garn aus der Flocke gesponnen; **12** Aue – Stapel roh; **13** Aue – Filzprobe dünn

BLUEFACED LEICESTER

Kürzel: BFL
Herkunft: Großbritannien
Rassentyp: Langwollig

GESCHICHTE

Die Geschichte der Bluefaced-Leicester-Schafe beginnt im 18. Jahrhundert und geht auf einen Züchter namens Robert Bakewell zurück. Er gilt als einer der Ersten, die durch gezielten Einsatz einzelner Böcke Eigenschaften der Nachkommenschaft beeinflussten und durch weitere Selektion die Schafrasse der sogenannten „Dishley Leicesters" entwickelten. Noch bis ins 20. Jahrhundert wurde die so entstandene Rasse weiterentwickelt und war lange als Hexham Leicester bekannt. Diese Rasse starb bald nach Bakewells Tod aus, die Rasselinie findet sich aber heute noch in den Bluefaced Leicester wieder. Heute werden vor allem die Böcke gerne zur Kreuzungszucht verwendet, und so existieren unzählige Kreuzungsrassen der Bluefaced Leicester. 1963 wurde in England die „Bluefaced Leicester Sheep Breeders Association" gegründet, um die Zucht voranzutreiben und die Einhaltung der Rassestandards zu gewährleisten.

ERKENNUNGSMERKMALE

Anders als man beim Namen erwartet, haben Bluefaced Leicesters keinesfalls einen schwarzen Kopf. Die schwarze Pigmentierung beschränkt sich bei den Tieren auf die Haut des Kopfes, die aber mit kurzen weißen Haaren bedeckt ist. Zuchtziel der rassereinen Bluefaced Leicester ist ein Durchscheinen dieser schwarzen Haut, keinesfalls aber pigmentierte oder schwarze Flecken. Die Schafe sind gut von anderen Rassen zu unterscheiden: Der hornlose Kopf ist wie oben erwähnt mit weißen Haaren besetzt, hat eine deutliche Ramsnase und aufrecht stehende Ohren. Bluefaced Leicesters haben einen außerordentlich langen, nur bis zum Nacken bewollten Hals, einen geraden, breiten Rücken und eine starke Brust- und Hinterpartie. Der Körper ist mit einer fein gelockten Wolle bedeckt, wobei der Bauch, Teile des Halses, die Beine und der Schwanz unbewollt sind. Die Schafe tragen also eher einen Wollumhang als ein geschlossenes Vlies. Die Wolle soll reinweiß sein, während die restlichen Körperpartien durchaus Pigmentflecken haben dürfen.

Ein Pionier der Schafzucht

Robert Bakewell war nicht nur einer der Ersten, die gezielt Rassemerkmale durch Zuchtauswahl beeinflussten, er war auch der Begründer der ersten Züchtergemeinschaft. So gründete er im Jahre 1793 die „Dishley Society“, deren Mitglieder sich verpflichteten, einige Zuchtregeln zu befolgen, um die Rassereinheit zu erhalten.

WOLLE

» **WOLLTYP:** Langwollig, halbglänzend.
Eng geschraubte, feine, dichte, saubere Stapel mit leichtem Glanz, die sich beim Scheiteln zum Körper hin leicht öffnen lassen und ein einheitliches Vlies bilden. Durch die Kräuselung sehr elastisch. Frei von Lang- und Kurzhaar. Es kommen hauptsächlich weiße, seltener graue und schwarze Vliese vor. Fehler sind Pflanzenteile in der Wolle, brüchige oder verfilzte Stapel, Tendenzen zum Abwerfen der Wolle.
» **WOLLERTRAG:** 1–2 kg
» **STAPELLÄNGE:** 7–15 cm
» **FEINHEIT:** 24–28 µm

VERARBEITUNGSHINWEISE

» **VORBEREITEN / WASCHEN / AUFBEREITEN:** Stapel auf Festigkeit prüfen. Erste-Wahl-Partien aussortieren, Stapel vereinzeln.
Filzgefahr, deshalb eine kontrollierte Waschmethode wählen.
Kämmen oder mit der Flickkarde lockern und direkt aus dem Stapel verspinnen. Kurze Fasern und Kämmlinge kardieren.
» **SPINNEN:** Bluefaced-Leicester-Schafe haben eine schön glänzende und sehr gut spinnbare Wolle, die auch bei Anfängern beliebt ist.
» **FILZEN:** Die Wolle des Bluefaced Leicester ist hervorragend zum Filzen geeignet, die feine Wolle ist vor allem für Kleidung und feine Objekte einsetzbar, und die feine Kräuselung ergibt eine interessante Struktur. Der Filz bleibt anschmiegsam und flexibel. Durch die gute Filzbarkeit sind Felle mit mehr Aufwand verbunden, da sehr darauf geachtet werden muss, dass die imposanten Löckchen nicht verfilzen und keine unangenehmen Knötchen entstehen. Es lohnt sich aber, da die fein gelockte Optik sehr überzeugend ist.

Verarbeitungsproben vom Bluefaced-Leicester-Schaf: 1 Aue – aus der Flocke gesponnen; **2** Aue – Streichgarn ganzes Vlies, kardiert; **3** Aue – Stapel gewaschen; **4** Aue – Filzprobe dünn; **5** Aue – Filzprobe dick; **6** Aue – Stapel roh; **7** Erstschur – Kämmlingsgarn; **8** Aue – Faserrichtungsgarn; **9** Erstschur – Kämmlingsgarn; **10** Erstschur – Faserrichtungsgarn

HERDWICK

Kürzel: HDW
Herkunft: Großbritannien

GESCHICHTE

Der Ursprung dieser Schafrasse ist nicht bekannt. Diverse Gerüchte aus dem Volksmund, wonach die Schafe nach einem Schiffsunglück nach Großbritannien kamen, sind eher unwahrscheinlich. Sicher ist, dass im Jahr 1844 eine Zuchtgenossenschaft für die Rasse „Herdwick" gegründet wurde und die Rasse seit 1916 anerkannt ist. Sie soll genetisch von den nordischen Kurzschwanzschafen abstammen. Allerdings ist das Herdwick-Schaf nicht kurzschwänzig. Phillip Walling, der die Rasse in seinem Buch ausführlich beschreibt, hält es für am wahrscheinlichsten, dass es sich beim Herdwick um eine Kreuzung zwischen Schafen handelt, die Wikinger im 9. und 10. Jahrhundert auf die Britischen Inseln mitbrachten, und solchen, die bereits in Cumbria gehalten wurden.

Der Name Herdwick leitet sich mit Sicherheit von Herdwyke ab, einem altnordischen Wort für Schafweide. Als Herdwick wurden mutmaßlich früher alle Schafrassen bezeichnet, die in den Hügeln des Lake Districts weideten.

ERKENNUNGSMERKMALE

Wer das Herdwick zum ersten Mal sieht, wird sofort die verdrehten Farben feststellen. Während wir es von anderen Schafrassen kennen, dass die Beine und der Kopf eher dunkler gefärbt sind als die Wolle, fallen beim Herdwick sofort der weiße bis hellgraue Kopf und die stämmigen hellen Beine ins Auge. Die Wollfarbe variiert von Hellgrau bis Dunkelgrau. Während die Lämmer bei der Geburt meist dunkelgrau bis schwarz sind, zeigen sich ältere Tiere oft in zunehmend heller werdendem Wollkleid. Die Beine sind bis zum Knie und teilweise bis zum Sprunggelenk bewollt, was sie noch stämmiger wirken lässt. Der Kopf ist

weitgehend unbewollt und stark ramsnasig; die Böcke tragen schneckenförmige Hörner.
Mit einer Widerristhöhe der Böcke von ca. 75 cm und der Auen von ca. 70 cm gehört das Herdwick zu den mittelgroßen Schafen, mit einem Gewicht von 75–90 kg bei den Böcken und 60–65 kg bei den weiblichen Tieren. Diese sind streng saisonal brünstig und bekommen im April ein Lamm.
Herdwicks gelten als ausgesprochen robust und genügsam, was ihnen in der kargen Landschaf und dem rauen Klima des Lake Districts sehr zugute kommt. Sie gelten als außerordentlich standorttreu und kommen angeblich auf die Weiden zurück, auf denen sie aufgewachsen sind.

WOLLE

» **WOLLTYP:** Mischwollig.
Die Wolle setzt sich aus etwa gleichlangen Haararten, etwas weicherer Unterwolle, heterotypen Haararten, Kurz- und Langhaaren zusammen. Lämmer werden schwarz geboren. Erstschuren sind weicher, die Spitzen braun ausgeblichen. Durch die Struktur mit Kurzhaaren ist das Vlies wasserabweisend und trocknet schnell. Die Wolle eignet sich für wasserabweisende Bekleidung. In neuerer Zeit gibt es im Lake District Initiativen, die Herdwickwolle mit Erfolg zu Matratzen, Stoffen und Teppichen zu verarbeiten.

» **WOLLERTRAG:** Bock 1,5–2 kg, Aue 1,5–2 kg
» **STAPELLÄNGE:** 8–10 cm
» **FEINHEIT:** bis 38–40 µm

VERARBEITUNGSHINWEISE

» **VORBEREITEN / WASCHEN / AUFBEREITEN:** Projektbezogen sortieren.
Alle Wascharten sind möglich.
Die Wolle kann kardiert oder gekämmt beziehungsweise ausgebürstet werden.
» **SPINNEN:** Herdwickwolle ist eine eher grobe Wolle, die leider viele Stichelhaare enthält, sich aber prinzipiell gut verspinnen lässt.
» **FILZEN:** Die Filzfähigkeit von Herdwickwolle zu beurteilen ist extrem schwer. Eigentlich filzen die Wollfasern sehr gut, allerdings sind in der Wolle teilweise derart viele Kurzhaare, die nicht filzen und durch ihre extreme Dicke den Vorgang außerdem stören, dass kein guter Filz entstehen kann. Bei einem guten Mischungsverhältnis von Kurz-, Lang- und Wollhaaren ist Herdwickwolle bestimmt für grobe Filze geeignet, das im Voraus zu beurteilen ist aber immer schwierig.

Verarbeitungsproben vom Herdwickschaf: **1** Aue – Stapel roh; **2** Erstschur – Stapel gewaschen; **3** Aue – Faserrichtungsgarn aus der Unterwolle; **4** Erstschur – Garn aus der Flocke gesponnen; **5** Erstschur – Filzprobe; **6** Aue – Faserrichtungsgarn aus dem Langhaar; **7** Aue – Faserrichtungsgarn aus der Unterwolle; **8** Erstschur – Streichgarn ganzes Vlies, kardiert; **9** Erstschur – Garn aus der Flocke gesponnen

SHROPSHIRE

Kürzel: SHR
Herkunft: Großbritannien, Shropshire

GESCHICHTE

Wer an seinen Weihnachtsbaum denkt, erinnert sich vielleicht auch an die Schäfchen in der Krippe. Es gibt aber noch eine andere Verbindung zwischen Schafen und Weihnachten: Mit großer Wahrscheinlichkeit hat nämlich ein Shropshire-Schaf die Zwischenräume zwischen den Weihnachtsbäumen von Gras und Beiwuchs befreit, sodass der schöne Tannenbaum ungestört wachsen konnte. Dafür wird das Shropshire-Schaf häufig eingesetzt.

Das Shropshire-Schaf stammt, wie der Name schon vermuten lässt, aus dem englischen Shropshire. Dort wurde es in der ersten Hälfte des 19. Jahrhunderts aus lokalen Schafrassen gezüchtet und gilt seit 1859 als anerkannte Rasse. Die Beliebtheit der Rasse stieg zu Beginn rasant an, sodass sie zum Ende des 19. Jahrhunderts zur vorherrschenden Fleischschafrasse in England wurde. Auch in den USA schätzte man diese Rasse wegen ihrer Anpassungsfähigkeit sehr, was sie auch dort zur zahlenmäßig größten Rasse werden ließ.

Die Spezialisierung der Rasse auf Wollleistung brachte aber einige Nachteile mit sich, die sie ab der Mitte des 20. Jahrhunderts stark in Bedrängnis brachte. Erst die Rückkehr zu den ursprünglichen Rassemerkmalen, die sie zur Zweinutzbarkeit prädestiniert, ließ die Zahlen wieder steigen, sodass wir heute in den USA größere Bestände finden.

In England und Europa blieb die Zahl bis in die 1990er Jahre besorgniserregend gering. Erst die Entdeckung, dass sie im Gegensatz zu allen anderen Schafrassen keine Koniferentriebe anfrisst, rettete die Rasse vor dem Aussterben. Shropshire-Schafe werden deshalb vor allem bei der Pflege von Weihnachtsbaum- und Obstbaumkulturen eingesetzt, da sie weder die Triebe der Nadelbäume verbeißen, noch die Rinde der Obstbäume schälen.

ERKENNUNGSMERKMALE

Das Shrophshire-Schaf ist ein mittelgroßes Fleischschaf mit einem langen, tiefen Rumpf und breitem Rücken. Das reinweiße Vlies ist schlichtwollig bei mittlerer Feinheit. Auffällig ist der kurze Kopf, der noch kürzer erscheint, weil er bis tief in die Stirn oder bis zu den Backen bewollt ist. Unbewollte Partien sind mit kurzen schwarzen oder dunkelbraunen Haaren besetzt. Die Ohren stehen seitlich vom Kopf ab, beide Geschlechter sind hornlos. Auch die kurzen, stämmigen Beine sind teilweise bis zur Ferse weiß bewollt. Shropshire-Schafe sind vor allem für ihre gute Anpassungsfähigkeit und gute Konstitution bekannt. Auch bei sehr kargem Futterangebot können sie aufgrund ihrer sehr guten Grundfutterverwertung noch hohe Leistungen erbringen.

WOLLE

» **WOLLTYP:** Kurzwollig.
Die kurze Crossbredwolle ist gleichmäßig weiß, dicht und weich. Die Kräuselung ist fein, aber untreu, daher sehr elastisch-bauschig. Die natürliche Länge kann kurz sein, lässt sich bei der Bearbeitung durch ihre Elastizität aber zur wahren Länge ziehen. Vliese können verklebte Spitzen und Einfütterungen haben, manchmal sind sie am Rücken brüchig.

» **WOLLERTRAG:** Bock 3–4 kg, Aue 2,5–3,5 kg
» **STAPELLÄNGE:** 5–9 cm
» **FEINHEIT:** 26–31 µm

VERARBEITUNGSHINWEISE

» **VORBEREITEN / WASCHEN / AUFBEREITEN:** Vliese auf Brüchigkeit prüfen. Auf Länge sortieren. Im unkontrollierten Verfahren waschen. Versprödet bei hartem Wasser und zu viel Bewegung. Elastische Wolle eignet sich für Streichgarne; alle Kardiertechniken sind möglich. Längere Fasern kämmen.
» **SPINNEN:** Die Shropshirewolle enthält keine Stichelhaare und lässt sich gut verspinnen. Sie wird meist zu Streichgarnen versponnen, aber auch Kammgarne sind möglich.
» **FILZEN:** Shropshirewolle filzt überhaupt nicht. Schon beim Anfeuchten sträubt sie sich gegen jede Feuchtigkeit, was sich auch mit viel Seife nur sehr schlecht beheben lässt. Das fehlende Quellverhalten ist wohl auch für das Fehlen jeder Filzneigung verantwortlich. Zwar lässt sich aus Shropshirewolle ein Fell filzen, die Fasern halten aber nur bedingt, da sie sich nicht mit dem restlichen Filz verbinden. Die Wolle ist aber perfekt als nicht filzende Zwischenschicht geeignet.

Verarbeitungsproben vom Shropshire-Schaf: 1 Aue – Garn aus der Flocke gesponnen; **2** Erstschur – Faserrichtungsgarn; **3** Aue – Stapel gewaschen; **4** Aue – Stapel roh; **5** Aue – Faserrichtungsgarn; **6** Aue – Kämmlingsgarn; **7** Erstschur – Filzfell; **8** Erstschur – Faserrichtungsgarn; **9** Erstschur – Kämmlingsgarn; **10** Erstschur – Streichgarn ganzes Vlies, kardiert; **11** Erstschur – Garn aus der Flocke gesponnen

ROHWOLLE

VERARBEITEN

Natürlich kann man Wolle als Material fürs Stricken, Weben oder Filzen auch ganz einfach im Fachgeschäft kaufen. Doch richtig spannend wird es für Wollhandwerkerinnen, wenn sie die Gelegenheit haben, den gesamten Prozess von der Rohwolle bis zum fertigen Produkt zu durchleben. Dieser Weg wird in den folgenden Kapiteln nachgezeichnet.

WOHER UND WIE BEKOMMT MAN ROHWOLLE?

Die erste und beste Quelle ist, die Wolle von eigenen Schafen zu verarbeiten. Das ist aber natürlich nicht allen Wollhandwerkerinnen möglich. Zum Glück sind Schafhalter meistens froh, wenn jemand etwas mit der Rohwolle ihrer Schafe anfangen kann. Außerdem kann man Rohwolle über Anzeigen in Zeitungen oder im Internet kaufen. Eine weitere Möglichkeit ist, Rohwollvliese bei Wollfesten und Schafausstellungen zu erwerben.

BEZUGSQUELLEN FÜR ROHWOLLE: VOR- UND NACHTEILE

Wolle der eigenen Schafe verarbeiten

- **Vorteil:** Der Halter kann durch Auswahl der Schafe, Haltung, Fütterung und Schur die Wollqualität unmittelbar beeinflussen.
- **Nachteil:** Setzt wollkundliches Wissen und Mehraufwand bei der Haltung voraus.

Rohwolle von Schafhaltern aus der Region

- **Vorteil:** Die Haltung der Schafe kann angeschaut werden. Über in Aussicht gestellte bessere Bezahlung der Rohwolle, wenn diese eine gute Qualität hat, ist es möglich, die Schafhalter zu beeinflussen. Mithilfe bei der Schur kann im Tausch gegen Rohwolle erfolgen. Es ist eine schöne Möglichkeit, Schafhalter durch Rohwolleinkäufe zu unterstützen und den Halteralltag kennenzulernen.
- **Nachteil:** Oft sind die Halter an der Qualität der Wolle nicht interessiert. Rohwolle wird verschenkt. „Bei einem geschenkten Sack Wolle schaut man erst zu Hause nach der Qualität.“ Eingeschränktes Angebot an Schafrassen.

Rohwolle aus dem Internet und über Anzeigen

- **Vorteil:** Großes Angebot an verschiedenen Schafrassen. Der Einkauf erfordert Sachverstand und Vertrauen in das Fachwissen des Verkäufers. Ein gutes Angebot kann die Vliese optimal subjektiv beschreiben. Detaillierte Fotos vom Schaf und dem abgeschorenen Vlies sind zu sehen, mit Angabe zum Alter, der Rasse, dem Geschlecht und dem Vliesgewicht. Das Vlies sollte über eine Kennung (Zahl oder Ähnliches) zuzuordnen sein. Ab-Hof-Einkäufe sind am besten, weil die Wolle, Schafe und Haltungsbedingungen angeschaut werden können.
- **Nachteil:** Rohwolle aus unbekannten Haltungen. Mangelhafte Angebote führen oft zu „Katze-im-Sack-Käufen“. Diese Fehler sind in den Angeboten zu finden:
  - Es wird immer dasselbe Bild mit schöner, sauberer Wolle für verschiedene Angebote verwendet.
  - Keine Rassen- oder Altersangaben.
  - Die Wolle wird von der sauberen Schurseite fotografiert.
  - Sie hat keine Kennung.
  - Die Halter haben kaum Fachwissen und verkaufen Vliese samt Kot-, Bauch-, und Schmutzwolle. Wolle aus dem Bigpack ist oft zerrissen, von unterschiedlichen Vliesen, oder es ist Abfallwolle.

Rohwolle vom professionellen Händler

- **Vorteil:** Großes Angebot an verschiedenen Schafrassen, oft aus eigener oder bekannter Haltung. Fachkundige Beschreibung, professionell gerollte Vliese und Rückgaberecht. Versand oder Verkauf am Geschäftsort möglich.
- **Nachteil:** Weite Anfahrtswege zum Geschäft.

Rohwolle aus dem Ausland

- **Vorteil:** Exotische Rassenvielfalt ist zu finden. Rohwolle aus dem englischsprachigen Raum hat oft eine bessere Qualität als einheimische.
- **Nachteil:** Rohwolle aus unbekannten Haltungen. Teurer Versand. Einschleppen von Krankheiten und fremden Organismen möglich.

SINN UND ZWECK VON FACHGERECHT EINGEROLLTER WOLLE

Sehr wichtig ist, wie Vliese zur weiteren Bearbeitung verpackt werden. Bei der Schur in wollproduzierenden Haltungen, z. B. in Australien, werden die Vliese sofort nach der Schur von den verschmutzten Rändern befreit, nach einem bestimmten Schema gerollt und eingesackt. Erst beim Verarbeiter werden sie von einem Wollsortierer wieder ausgerollt und endgültig nach Qualitäten getrennt, sortiert und gemischt.
Dieses Einrollen hat für die Wollhandwerkerin entscheidende Vorteile: Durch das Einrollen bleibt die Vliesstruktur mit ihrem rassetypischen Stapelbau weitgehend erhalten. Ein Vlies lässt sich so bei der Schur sichern, wenn keine Zeit ist, die Vliese in Ruhe zu klassifizieren, zu prüfen und zu sortieren. Schematisch gerollte Vliese drücken aber auch eine Wertschätzung dem Material gegenüber aus, die „in den Sack gestopfte" Wolle nicht erfahren hat.

VLIESE FACHGERECHT ZUSAMMENLEGEN UND EINROLLEN

» **VORBEREITUNG:** Das Vlies sollte für das Zusammenlegen und -rollen eine zusammenhängende Struktur haben. Sind die Vliese zu locker, können sie nur mit Mühe wieder vollständig ausgerollt und ausgebreitet werden. Sehr lockere Vliese, die auseinanderfallen, können auf einem Stoff, zum Beispiel ein altes Betttuch, ausgelegt und mit diesem zusammengefaltet werden. In den Stoffen können zur Mottenvergrämung auch Kräuter mit dem Vlies zusammen eingerollt werden.

» **SCHRITT 1:** Breiten Sie das Vlies auf dem Sortiertisch aus, die Schurseite nach unten, die Stapelspitzen nach oben. Bestimmen Sie, wo Kopf und Hinterteil sind. Wenn das Vlies locker ist, die Wolle so zusammenschieben, dass die Stapel so dicht zusammenstehen, wie sie auf dem Schaf waren.

» **SCHRITT 2:** Die Randbereiche an beiden Längsseiten des Vlieses nach innen falten.

» **SCHRITT 3:** Beide Seiten nochmals bis zur Rückenmitte falten.

» **SCHRITT 4:** Das Vlies möglichst eng vom Kopf her Richtung Hinterteil aufrollen.

» **SCHRITT 5:** Die Wolle vom Hinterteil am Schwanzansatz mit einer Hand etwas herausziehen und daraus einen Strang drehen, der so lang sein soll, dass Sie ihn einmal um die Vliesrolle winden und das Ende unter den Anfang stecken können.

» **WEITERE VERARBEITUNG:** Das fachgerecht eingerollte Vlies kann zur weiteren Bearbeitung wieder geordnet ausgerollt werden.

Das fachgerechte Einrollen eines Vlieses

Schritt 1 und 2: Vlies, ausgelegt. Linker Rand (im Foto oben) schon nach innen gefaltet.

Schritt 3: Der linke Rand wird noch einmal nach innen bis zur Rückenmitte gefaltet. Das Gleiche geschieht von der anderen Seite her.

Schritt 4: Aufrollen vom Kopf her

Schritt 5 A: Herausziehen der Hinterteilwolle, um daraus den Sicherungsstrang zu drehen (Drehung des Vlieses)

Schritt 5 B: Aus der Wolle vom Hinterteil wird ein Strang gedreht.

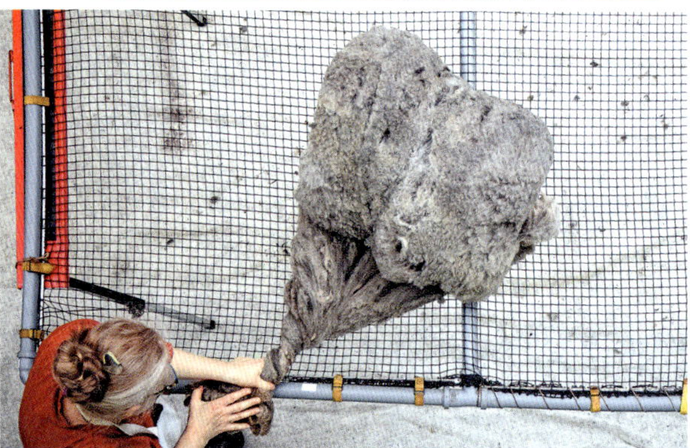

Schritt 5 C: Strang um die Vliesrolle wickeln

Die fertige Vliesrolle

Zusammenbinden mit einer Schnur

Das Vlies kann auch ohne die verschließende Bindung auskommen oder alternativ mit einer Schnur aus grober Wolle gebunden werden. Schnüre aus Pflanzenfasern oder Kunststoff sind ungeeignet, weil Reste von Bindfadenfasern sich nur schlecht wieder aus der Wolle entfernen lassen. Das ist vor allem dann wichtig, wenn die Vliese von einem Lohnkardierer verarbeitet werden sollen.

Rohwolle verschicken

Für einen Versand muss die Rohwolle in einer abwaschbaren, geruchs- und wasserdichten Verpackung verpackt werden. Der Empfänger freut sich über ein fachgerecht eingerolltes Vlies. Gut geeignet sind dafür Müllsäcke aus festem Kunststoff. Durch Zusammenpressen oder Luftabsaugen mit einem Staubsauger lässt sich die Wolle auf ein deutlich kleineres Packmaß bringen.

Die luftdichte, gepresste Verpackung schadet der Rohwolle in der Regel nicht, wenn sie nach der Ankunft sofort ausgepackt und zum Regenerieren der feuchten Nachtluft ausgesetzt wird.

GEDANKEN VOR DER BEARBEITUNG VON ROHWOLLE

Die Auswahl an Schafrassen mit den verschiedensten Vliesqualitäten ist so vielfältig, dass es nützlich sein kann, sich vor dem Besuch einer Schafschur und dem Kauf ein paar Gedanken zu machen.

Heute steht uns die gesamte Welt der Rohwolle offen, wir können Wolle aus der ganzen Welt ausprobieren. Doch auch in unserem Land ist sehr gute Rohwolle von unterschiedlichen, oft alten oder gefährdeten Rassen zu bekommen. Wollhandwerkerinnen können durch den Einkauf von Wolle aus regionaler Erzeugung einen Beitrag dazu leisten, dass diese Schafrassen, die unser Kulturerbe sind, nicht aus der Landschaft verschwinden.

Gute Wolle hat allerdings ihren Preis. Das, was wir bereit sind, für gute Qualitäten zu bezahlen, bringt die Schafhalter vielleicht dazu, mehr Wert auf die Wolle ihrer Schafe zu legen.

„Hand"-Werk Wollbearbeitung

Für die Bearbeitung von Rohwolle werden eigentlich nur wenige Geräte gebraucht. Ein Blick in die Vergangenheit der Wollbearbeitung zeigt, dass z. B. die Kelten feinste Gewebe aus Wolle herstellen konnten, obwohl es weder feinwollige Merinos noch gute Beleuchtung und Kardiermaschinen gab. Sie arbeiteten nur mit einfachen Geräten wie Handkämmen und Handspindeln, noch dazu bei diffusem Licht. Werkzeuge, die mit Wissen um die Bedürfnisse der Wollbearbeitung hergestellt wurden, erleichtern natürlich die Bearbeitung. Die Wollverarbeitung ist auch mit Lust verbunden: in die Wolle zu greifen, die Haptik der Fasern, die Struktur und ihre natürlichen Farben zu einer kreativen Schöpfung werden zu lassen, die schließlich in einem greifbaren Projekt endet … „Der Weg ist das Ziel" umschreibt die Freude, die Wollhandwerkerinnen an der Wollverarbeitung haben.

Wollberge nach der Schur einer Wensleydale-Mischlingsherde

DIE AUSWAHL VON VLIESEN

Folgende Fragen sollte man sich vor der Beschaffung von Rohwolle stellen:

- Mag ich mit schmutziger, wollwachsschweißiger Rohwolle umgehen?
- Was soll aus dem Vlies gemacht werden?
- Wie viel Erfahrung ist vorhanden?
- Wie viel Zeit kann für die Verarbeitung aufgebracht werden?
- Wie viele Vliese können gelagert werden?
- Gibt es ausreichend Platz für die Verarbeitung?
- Welche Geräte sind vorhanden?

Wichtige Aspekte bei der Auswahl

An erster Stelle steht, dass das Vlies gefallen muss. In die Bearbeitung werden Sie viele Stunden investieren, und das macht deutlich mehr Freude, wenn die Wolle Ihnen wirklich gefällt. Andererseits ist die Erfahrung, die mit einem nicht so perfekten Vlies gesammelt werden kann, enorm.

„Gerettete Wolle“

Rohwolle zu retten oder geschenkt zu bekommen, die sonst vernichtet würde, ist für Wollhandwerkerinnen sehr verlockend. Es ist die Gelegenheit, eine erste intensive Erfahrung mit einem ganzen Sack Wolle zu machen. Ein „Sack Wolle“ kann die Größe eines x-beliebigen Müllsacks haben, es kann sich aber auch um einen Bigpack handeln, vollgestopft mit 50 kg ungeordneter Rohwolle. Dass Erfahrungen gemacht wurden, weiß man allerdings immer erst später. Sicher ist: Solche Wollberge machen viel Arbeit und verlangen Einiges an Erfahrung bei der Bearbeitung. Holen Sie sich Hilfe bei den regionalen Ansprechpartnerinnen der Handspinngilde, in den Wollgruppen der Sozialen Medien und bei Spinngruppen in Ihrer Nähe.

Rohwolle – Struktur – Werkstück

Bei geschenkter oder geretteter Wolle werden die vorhandenen Wollstrukturen die Sortierung der Vliese sowie die Wollvorbereitung und die anschließende Verarbeitung vorgeben. Anders ist es, wenn die Verarbeiterin die Farbe, Struktur und Rasse nach ihren Vorlieben und ihrem Können auswählen kann.

Die Vliesstruktur setzt den Rahmen

Die Vliesstruktur bestimmt die Bearbeitung und über die Garnart die Eigenschaften des Werkstückes. Umgekehrt bestimmt aber auch das Werkstück, aus welcher Vliesstruktur es am vorteilhaftesten herzustellen ist. Eine raue Faser macht keine weiche Unterwäsche und eine sehr weiche, kurze Faser ergibt keinen strapazierfähigen Teppich. Wie Weichheit wahrgenommen wird, hängt natürlich von individuellen Vorlieben ab.

Auswahlkriterien für Rohwolle

Welches Vlies ideal ist, wird von individuellen Vorlieben abhängig sein. Dennoch gibt es einige grundsätzliche Auswahlkriterien, die die meisten Wollverarbeiterinnen aus Erfahrung schätzen: Das Vlies sollte möglichst sauber und frei von Pflanzenteilen oder Verschmutzungen, das Wollwachs leichtlöslich und die Wolle ohne Filz sein. Möglichst feine, weiche, langgestapelte, elastische Wolle (oder bauschig und elastisch) ist sehr gesucht. Eine interessante natürliche Farbe oder bestimmte Rassen sind ist bei den Spinnerinnen ebenfalls beliebt. Wenn Sie mit der Rohwollverarbeitung schon Erfahrungen gesammelt haben, entwickeln Sie bestimmt Ihre Vorlieben und Ihre „Komfortecke“, was die Auswahl der Vliese, Fasern und Strukturen betrifft. Es lohnt sich aber, auch mal etwas anderes auszuprobieren. Sind Sie Anfängerin, steht Ihnen die ganze Vielfalt der Schafrassen zur Verfügung, um die Bearbeitung der Wollqualitäten zu entdecken. Seien Sie kreativ, verlassen Sie die traditionellen Bearbeitungsmethoden, entdecken Sie sonst unbeliebte Fasern mit neuen Techniken. Im Schafrassenteil dieses Buches wurde genau das umgesetzt. Alle Rassen wurden in drei bis vier verschiedenen Bearbeitungs- und Spinntechniken zu fantastischen Mustern verarbeitet.

DIE VORBEREITUNG DER WOLLE

Ein wenig theoretisches Wissen über Schafwolle lohnt sich für Wollhandwerkerinnen allemal. Denn wenn man die Rohwolle gut beurteilen und vorbereiten kann, hat man wunderbare Möglichkeiten, am Ende zu schönen Garnen und Filzen zu gelangen.

DAS VLIES KLASSIFIZIEREN UND SORTIEREN

Rohwolle, die mit der richtigen Technik und mit viel Sorgfalt zur Spinnfaser verarbeitet wird, dankt diesen Aufwand der Wollhandwerkerin mit wunderbaren Endprodukten: Beim Spinnen können so feine, gleichmäßige Garne entstehen, die sich später mühelos weiterverarbeiten lassen.

Der Arbeitsplatz zum Klassifizieren und Sortieren der Rohwolle

Wie schon bei der Schur ist auch beim Klassifizieren und Sortieren ein gut eingerichteter, heller und trockener Arbeitsplatz von Vorteil. Der Boden sollte glatt und leicht durch Fegen zu reinigen sein. Ein unebener Boden kann mit einer Plane abgedeckt werden. Die Lichtqualität im Raum ist sehr wichtig, um alle Merkmale der Wolle zu erkennen. Sollen die Vliese fotografisch dokumentiert werden, ist der Kauf von blendfreien Fotolampen ratsam.

Ein Sortiertisch in ausreichender Größe und rückenschonender Höhe ist für die Vliesbearbeitung wichtig. Darauf können auch große Vliese flach ausgebreitet werden. Beim Klassifizieren wird bei ausreichender Maschengröße der Bespannung sehr viel von losen Krümeln und Nachschnitt aus dem Vlies auf den Boden fallen. Auf einer Ecke des Tisches kann eine kleine Holzplatte als Schreibunterlage befestigt werden. Die Platte bietet auch Platz für Arbeitsmaterialien wie:

- wasserfester, dicker Filzstift
- Kugelschreiber
- Metermaß mit Zentimetereinteilung
- digitale Kofferwaage
- Schere
- Pappkarten aus einseitig bedruckten Pappverpackungen, die auf ca. DIN-A6 geschnitten werden
- Frühstückstüten und größere Obsttüten aus Papier, um von Vliesteilen und Stapeln Waschproben zu nehmen
- Eimer mit Wasser und alte Handtücher um vor Ort Waschproben zu machen
- ein Paar Gartenhandschuhe, um bekotete Vliesteile sowie Kletten und Dornen aus der Wolle zu entfernen

Weitere wichtige Hilfsmittel zur Erfassung und Dokumentation sind die Stapelskala und eine Aufnahmetabelle. Die Stapelskala kann aus einer festen Graupappe mit dem Maß 43,5 × 58 cm und 2 mm Dicke nach der Vorlage (siehe Zeichnung Seite 196) angefertigt werden.

Die Stapel werden je nach Körperregion oder Haarart auf der Skala eingeordnet. Jedem Vlies wird auf einer Pappkarte z. B. eine Kennzahl gegeben, damit die Vliese nicht verwechselt werden. Die ermittelten Vliesparameter wie Stapellänge, Farbe, Kräuselung und Gewicht können zusätzlich notiert werden.

Graupappe aus der Druckerei

Fragen Sie bei einer Druckerei nach Graupappe. Solche Pappen werden zum Trennen großer Papierstapel eingesetzt und in der Regel entsorgt. Lackieren Sie die beschriftete Pappe mit einem Mattlack, dann ist die Oberfläche unempfindlich gegen den Wollwachsschweiß.

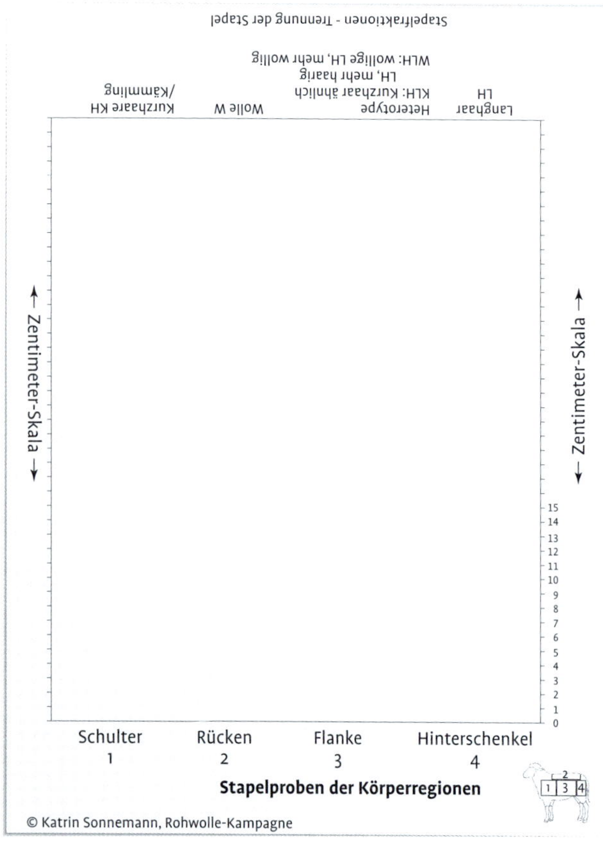

Stapelskala auf Graupappe. Auf dem neutralen Untergrund können Farbunterschiede und Haarstrukturen gut erkannt werden.

Vlies-Karte						
Schafrasse						
Vliesnummer						
Alter, Herkunft						
Farbe						
Stapellänge (cm) natürliche:						
wahre:						
Fehler: vegetabile Masse (VM): Nachschnitt (NS): Filz:						
Kurzbeschreibung:						
Bearbeitungsempfehlung:						
Gewicht:						

Tabelle für einfache Vliesparameter

Um den Arbeitsplatz zu vervollständigen, werden noch stabile Säcke für die Abfallwolle sowie Behälter für die sortierten Vliese oder die Vliesfraktionen gebraucht.
Die stabilsten und umweltfeundlichsten Säcke sind alte Kaffee-, Getreide- oder Mehlsäcke aus Jute, Leinen oder Hanf. Der Nachteil ist, dass die Wolle sich nur schwer wieder aus den vollgestopften rauwandigen Säcken herausziehen lässt. Säcke und Taschen aus Kunststoff sind leichter und deutlich einfacher zu handhaben, aber sie sind durch die Absonderung von Mikroplastik nicht umweltfreundlich.

Der Sortiertisch

Ein professioneller Sortiertisch ist sehr groß und schwer. Er besteht aus Holz oder Metall. Die Tischfläche ist aus sehr glatten Rundhölzern, runden Metallstangen oder Gittern. Maschenweiten können ab 2 × 2 cm bis 4 × 4 cm und der Abstand der Hölzer 2,5 cm haben.

Vorteile eines selbst gebauten Sortiertisches

Mit verstellbaren Unterstellböcken hat ein selbst gebauter Sortiertisch den Vorteil, dass er in einer guten, rückenschonenden Arbeitshöhe aufgestellt werden kann. Es gibt Unterstellböcke, bei denen die Beine einzeln verstellt werden, sodass er auch auf unebenem Grund gerade ausgerichtet werden kann. Das ist sehr praktisch, wenn im Gelände auf einer Wiese geschoren wird. Bei einer Größe von 2,50 × 1,50 m können auch große Vliese ausgebreitet werden. Die Bespannung ist ein Kunststoffnetz und kann im Internet für jede Maschengröße und Maße bestellt werden. Besser wäre natürlich ein Netz aus einem natürlichen, plastikfreien Material. Der Tisch ist im Vergleich zu den normalen, schweren Profi-Tischen sehr günstig, er ist leicht zusammenzulegen und zu transportieren. Die Maschenweite von 2 × 2 cm lässt den meisten Nachschnitt und alle losen Teile einfach hindurchfallen. Auf der Netzbespannung können feine wie grobe Wollsorten gesichtet, sortiert und zusammengerollt werden.

Den Sortiertisch vielfältig nutzen

Auf dem Tisch kann gewaschene Wolle nicht nur getrocknet, sondern durch das Wolleschlagen mit Ruten auch aufgelockert und von Pflanzenteilen gereinigt werden.

Selbst gebauter Sortiertisch

Die Umrandung des Sortiertisches ist aus Kunstoffrohren, in die zur Stabilisierung Bambusstäbe eingeschoben sind. Das Netz wird an Stäben (z. B. Haselnussruten) aufgespannt, die mit Klettbändern an den Rohren befestigt sind. Alternativ kann das Netzt direkt mit Schnüren an den Rohren befestigt werden.

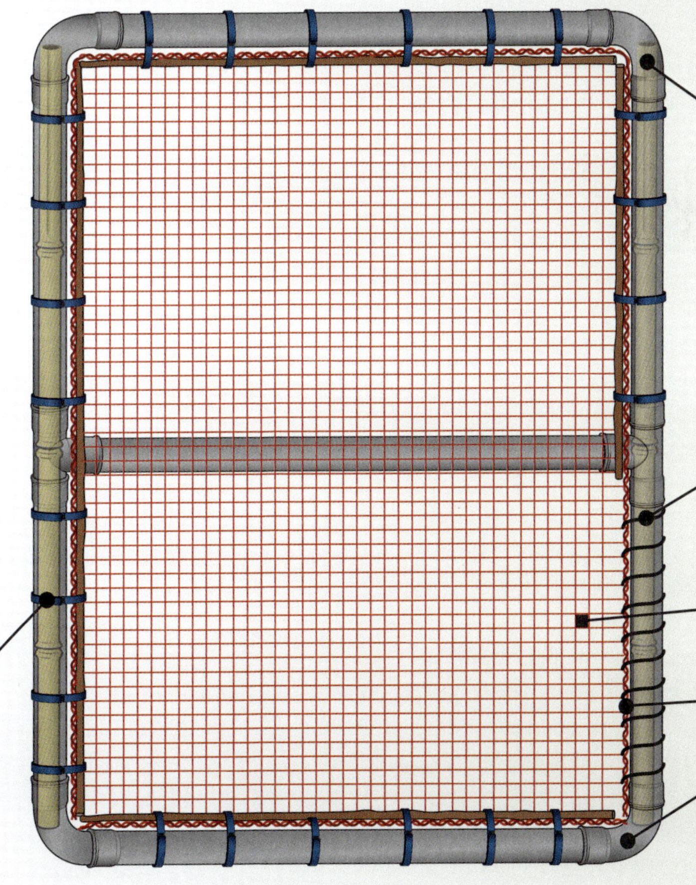

Praktisches Wissen, um ein Vlies zu klassifizieren und zu sortieren

Zwei Methoden zur Bewertung der Rohwolle können angewendet werden: Um die Vliese zu klassifizieren und sortieren, stehen die objektive und die subjektive Bewertung zur Verfügung.

Die objektive Bewertung

Die Wolle wird nach DIN-Norm untersucht. Faserproben werden von bestimmten Stellen im Vlies am lebenden Schaf oder aus den großen Wollballen entnommen. Für Mikron-Messungen eignet sich das Lanameter (Messung der Faserdicke). Messungen der Reißfestigkeit werden mit einem Materialprüfgerät gemacht.
Diese Untersuchungen und Messergebnisse braucht die Industrie, um Rohwolle zu taxieren und entsprechend verarbeiten zu können. Für den Züchter ist dieses Wissen ebenfalls nützlich, um die Wolle seiner Herde einschätzen zu können. Die Geräte sind sehr teuer, es gibt aber Institute, die solche Messungen für Halter gegen Bezahlung durchführen.

Die subjektive Bewertung

Das theoretische Wissen aus der Wollkunde und die praktischen Erfahrungen der Wollhandwerkerin sind eine wichtige Grundlage für die subjektive Bewertung. Bei dieser Bewertung werden die Gesamtheit und Einzelheiten der Vlieseigenschaften mithilfe unserer individuellen Sinne erfasst. Diese Eigenschaften sind: Zustand, Verschmutzungen, Schäden, Feinheit, Kräuselung, Gleichmäßigkeit, Beschaffenheit, Farbe, Glanz, Reinheit, Bauschigkeit, Glätte und Glanz, Vitalität sowie Stapellängen, Festigkeit und Elastizität. Diese Eigenschaften werden jeweils einzeln wie auch in ihrer Wirkung auf- und miteinander bewertet. Diese persönliche Methode hat den Vorteil, dass wir auf individuelle Gegebenheiten am Vlies projektbezogen eingehen können. Es ist die Methode, die am einfachsten von jeder Wollhandwerkerin angewendet werden kann. Die subjektive Bewertung wird auch in den nachfolgenden Schritten zum Klassifizieren und Sortieren angewendet.

So machen es die großen Wollproduzenten

Die Wollindustrie oder die Wolleinkäufer bestimmen mit ihren Ansprüchen die Klassifizierung und Sortierung der Wolle. Im Englischen wird diese Arbeit „*woolclassing*“ und „*woolhandling*“ genannt. Aufgabe der Woolclasser und Woolhandler ist es, mit ihrem Fachwissen die Vliese so zu bearbeiten, dass der Schafhalter die Wolle zum bestmöglichen Preis verkaufen kann.

Die Arbeitsteilung zwischen Woolclasser und Woolhandler

Der Woolclasser ist die verantwortliche Person, welche die Klassifizierung der Vliese vornimmt. Er bewertet die Vliese visuell und sensorisch um gut verkäufliche und einheitliche Vlieslinien zu klassifizieren. Die Woolhandler arbeiten dem Woolclasser zu: Sie nehmen den Scherern die geschorenen Vliese ab, ohne deren Arbeit zu stören, entfernen die schmutzigen Vliesränder (engl. *skirting*) und rollen den Rest zu einem engen Bündel zusammen um es dann auf einem Sortiertisch auszubreiten. Hier prüft der Woolclasser die Festigkeit und entscheidet, zu welcher Vlieslinie das Vlies gehört. Außerdem wird noch nach Feinheit, Ausbeute, Stärke, Farbe, Verschmutzungen durch Pflanzenteile und Länge klassifiziert (engl. *grading*). Schließlich sind die Woolhandler für die Verpackung zuständig und sorgen außerdem für Sauberkeit während des gesamten Prozesses von der Schur bis zur Verpackung. Kurz: Die Woolhandler übernehmen das gesamte Handling der Wolle. Der Woolclasser organisiert die einzelnen Arbeitsschritte seines Woolhandler-Teams. Das Klassifizieren erfolgt unmittelbar nach der Schur, während das Sortieren oft beim Verarbeiter stattfindet.

Der Unterschied von Klassifizieren und Sortieren

Letztlich sind die Arbeitsschritte bei der handwerklichen Verarbeitung von Wolle dieselben wie in der Industrie, sie lassen sich aber gut an die individuellen Bedürfnisse anpassen.

Das Klassifizieren

Das Klassifizieren ist der Arbeitsschritt, der vor dem Sortieren steht. Dabei wird das Vlies nach der Schaflandkarte (siehe Seite 201) in einzelne, größere Abteilungen geteilt. Diese Abteilungen fassen jeweils etwa eine Qualität zusammen und werden im nächsten Schritt, dem Sortieren, weiter verfeinert.

Das Sortieren

Nach dem Klassifizieren erfolgt das Sortieren. Die größeren Abteilungen werden zuerst auf Stapellängen, Festigkeit und Elastizität geprüft, um anschließend nach einer zweiten Schaflandkarte (siehe Seite 203) in z. B. feinere, projektbezogene Partien sortiert zu werden. Diese Partien können auch von mehreren Vliesen einer Rasse zu einer Partie oder Linie zusammengefasst werden.

Einfach Mischwolle

Was passiert, wenn bei einem Vlies nur die Schmutzwolle entfernt und der Rest unklassifiziert und unsortiert verarbeitet wird? Da alle Faserqualitäten von fein bis grob gemischt werden, wird das Garn ziemlich kratzig werden. Werden die richtigen Wollsorten gemischt, entsteht daraus ein tweedartiges Garn.

WOLLQUALITÄTEN AN VERSCHIEDENEN KÖRPERREGIONEN DES SCHAFES

Die Grundlagen beim Klassifizieren, dem Feststellen von Wolleigenschaften sowie dem Sortieren sind die verschiedenen Qualitäten, die sich je Körperregion am Schaf finden lassen. Dazu ist es wichtig, die Körperregionen benennen zu können.

Ein Vlies verstehen: Orientierung auf der Vliesoberfläche

Wie auf der Schaflandkarte (siehe Seite 201) zu sehen ist, haben die Stapel bei jedem Vlies eine bestimmte Wachstumsrichtung, auch Haarstrich genannt. Die Stapel des Vlieses bedecken das Schaf quasi wie die Dachziegel ein Dach. So wird Regen optimal über die Stapelspitzen abgeleitet.
Am ausgebreiteten Vlies ist nicht nur der Haarstrich oft gut zu erkennen, sondern auch die Unterschiedlichkeit und Ausprägung der Stapel, ihre Größe, die Haardicke und Dichte. Die Stapelausprägung ist jeweils typisch für die unterschiedlichen Körperregionen des Schafes und hilft bei der Zuweisung der Körperregionen am Vlies. Die Stapelunterschiede können aber durch die Einteilungen nur angedeutet werden, weil sie fließend sind.

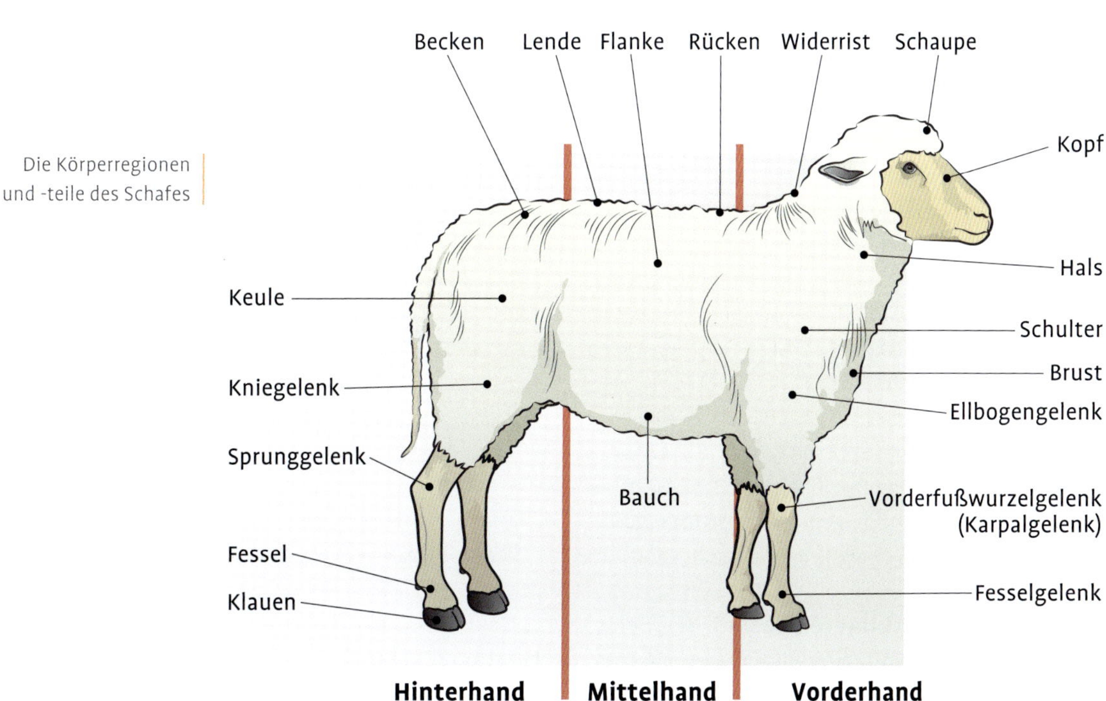

Die Körperregionen und -teile des Schafes

Die Vorderhand

Dazu gehören Ellbogen (Vorderschenkel), Schulter, Hals und Widerrist.

» **Ellbogengelenk (Vorderschenkel):** Die Stapel sind etwas weniger grob als beim Kniegelenk der Keule. An den Rändern Richtung Bauch finden sich manchmal kotverschmutzte Stapel.

» **Schulter:** Hier finden sich schöne und lange Stapel, sie gelten als der beste Teil vom Vlies. Zur Brust hin kann es wieder etwas mehr verschmutzt sein.

» **Hals und Widerrist:** Der Hals ist oft verfilzt und im oberen Bereich bis in den vorderen Rücken meist deutlich mit Futterresten verschmutzt. Das Fachwort für Futterreste im gesamten Vlies ist „eingefüttert". Der Bereich auf dem Widerrist wird, wenn er mit Futterresten eingefüttert ist, auch „Krähennest" genannt. Manchmal sind die Heureste tief ins Vlies eingedrungen und zusätzlich verfilzt.

Die Mittelhand

Dazu gehören die Lende, der Rücken, die Flanke und der Bauch.

» **Rücken:** Die Stapel auf dem vorderen Rücken sind meistens entlang der Wirbelsäule etwas bis deutlich kürzer. Bei einem offenen, mischwolligen und besonders bei einem langwolligen Vlies können die Stapel auch im Spitzenbereich aufklaffen und bis ins Innere auseinanderfallen. Durch Witterungseinfluss ist die Rückenwolle oft spröde. Die Rückenstapel müssen daher immer auf Festigkeit geprüft werden.

» **Lende:** Wie beim Rücken, aber nicht ganz so kurz und spröde.

» **Bauch:** Die Stapel sind in diesem Bereich kurz, zusammengedrückt und ungeordnet. Die Struktur ist grob, oft haarig und verschmutzt, weil das Schaf auf dieser Wolle liegt.

Die Hinterhand

Dazu gehören die Vliesbereiche des Beckens (der hintere Rücken), Keule, Knie- und Sprunggelenk (Hinterkeule), der Schwanz sowie die Region rund um den After.

» **Das Becken (der hintere Rücken):** Wie beim Rücken kann die Wolle beschädigt sein. Durch Farbabrieb vom Farbkissen des Deckgeschirrs kann dieser hintere Teil des Rückens zerdrückt und eingefärbt sein.

» **Keule, Knie- und Sprunggelenk (Hinterkeule):** Die Stapel sind hier deutlich weniger weich und werden Richtung Sprunggelenk auch gröber und länger. Die Randbereiche, die an die Afterregion grenzen, sind meistens mehr oder weniger stark mit Kot und Urin verschmutzt.

» **Der Schwanz sowie die Region rund um den After:** Auch hier ist die Wolle, besonders am Schwanz kürzer, grob und dick. Es finden sich Verschmutzungen mit Kot und Urin, manchmal sind die Stapel so sehr mit Kot beladen, dass sie dicke, schwere Klunker bilden.

DIE SCHAFLANDKARTE

Um die Zuordnung der Wollqualitäten an den Körperteilen zu vereinfachen, wurden die Qualitäten mit Zahlen belegt. 1 ist sehr gut, und je höher die Zahl ist, desto schlechter die Qualität. Diese Rangfolge wurde auf das Schema eines ausgebreiteten Vlieses aufgemalt.

Jedes wollproduzierende Land hat je nach Zeitepoche unterschiedliche Schaflandkarten. Sie werden an einem Schaf von der Seite gesehen oder beim abgeschorenen, ausgebreiteten Vlies eingezeichnet.

Woher kommt der Begriff „Schaflandkarte"?

Für die Schafbilder, auf denen die Qualitätsbereiche eingezeichnet sind, gibt es keinen eigenen Namen. Sie als „Schaflandkarte" zu beschreiben, passte am besten.

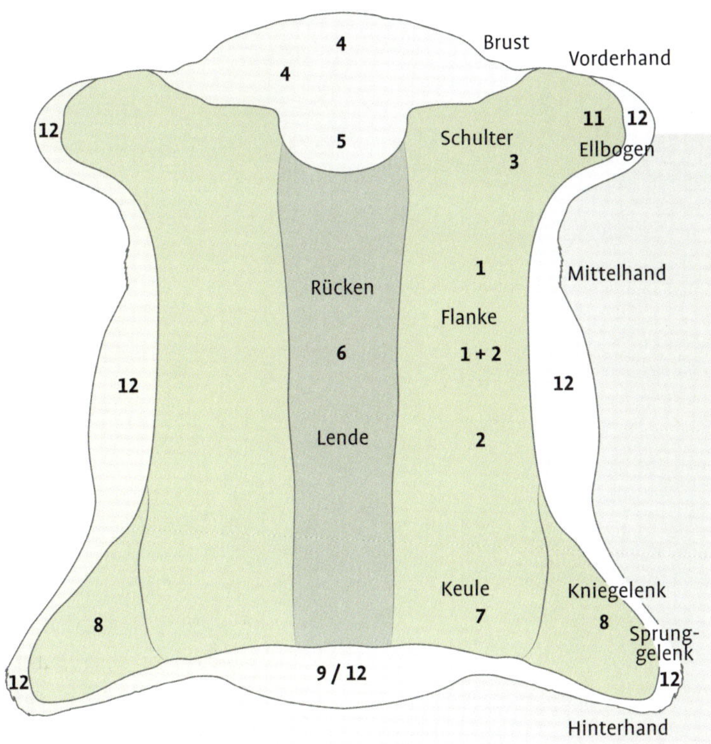

Schaflandkarte zur Klassifikation. Die Zahlen entsprechen denen auf der Schaflandkarte „Sortieren". Die hellgrauen Bereiche sind oft stark verschmutzt und werden zu Gebrauchsgarnen oder zu Gartenwolle. Der dunkelgraue Bereich ist oft durch Witterungseinfluss beschädigt und sollte auf Festigkeit geprüft werden.

VORGEHEN BEIM KLASSIFIZIEREN

Bevor das Vlies klassifiziert und anschließend sortiert werden kann, ist es wichtig, dass es möglichst – wie auf der Schaflandkarte zu sehen ist – flach auf dem Tisch ausgebreitet wird. Am ausgebreiteten Vlies können alle Vlies- und Stapelzustände beobachtet, befühlt und geprüft werden. Liegt das Vlies auf dem Tisch, kann man sich einen ersten Überblick verschaffen, wo und wie stark die Verschmutzungen sind.

Im zweiten Schritt gilt es, Kopf und Hinterteil zu finden. Es wird festgestellt, wo die Vorderhand mit dem Kopf und die Hinterhand mit dem Hintern sind. Durch diese markanten Vliesteile können die anderen Körperregionen meist leicht zugeordnet werden.

Bei den folgenden Arbeiten am Vlies werden Handschuhe gebraucht. Zuerst werden die verschmutzten Vliesränder rund um das Vlies entfernt, auf der Zeichnung hellgrau. Der Fachausdruck, der in Deutschland für das Entfernen von Kot- und Bauchwolle verwendet wird, ist „Besäumen" oder „Bereißen". Eventuell ist der Halsbereich nicht so stark eingefüttert oder verfilzt, sodass die Wolle noch brauchbar ist. Die restlichen Bereiche werden aufgeteilt wie in der Zeichnung. Bevor die aufgeteilte Wolle weiter sortiert wird, werden die Stapel geprüft.

Unzusammenhängende Vliese ausbreiten

Ist das Vlies von seiner gesamten Struktur her zu locker und unzusammenhängend, um wie eine Matte ausgebreitet zu werden, wird das Ausbreiten wie auf der Schaflandkarte vorgeschlagen natürlich nicht funktionieren. Die lockeren Vliesteile werden stattdessen einfach in der Fläche ausgebreitet, die Schurseite möglichst nach unten. Vielleicht lassen sich einige zusammenhängende Vliesteile aufgrund ihrer Stapelstruktur dem Kopf, den Schenkeln oder dem Hinterteil zuordnen.

Ein klassifiziertes Vlies, das übersichtlich in Körperteilbereiche zerteilt wurde.

Die Prüfung der Stapel

Um die Qualität der Wolle im Vlies an verschiedenen Körperteilen einschätzen zu können, stehen vier Verfahren zur Verfügung:

- Die Prüfung der Stapelfestigkeit
- Die Messung der Stapel, die etwas zur natürlichen und wahren Länge (siehe unten) aussagt
- Die Prüfung der Elastizität / Bauschkraft
- Die Waschprobe

Prüfung der Stapelfestigkeit

Sind Fasern geschädigt und reißen, wenn Zug auf den Stapel kommt, dann sagt die Position des Bruches am Stapel etwas über eine mögliche weitere Verarbeitbarkeit aus.

Eine Prüfung der Festigkeit empfiehlt sich besonders für die Rückenwolle. Die Fasern sehen oft gut aus, sind aber durch Witterungseinfluss geschädigt. Für die Prüfung wird ein etwa bleistiftdünner Stapel mit Zeigefinger und Daumen der beiden Hände an seinem Ende festgehalten und ruckartig auseinandergezogen, sodass er straff ist, aber nicht zerreißt. Jetzt mit dem Mittelfinger an dem gespannten Stapel zupfen. Der Klang sagt etwas über die Festigkeit aus. Je metallischer der Klang ist, desto fester die Fasern.

Wenn die Spitze bei der Prüfung abreißt, ist die Wolle dort durch das Wetter geschädigt. Bei Lamm- oder Erstschurvliesen kann das der Fall sein, weil die Faser sehr zart ist.

Liegt der Bruch in der Nähe der Schurseite, handelt es sich um den Fellwechselbereich, der an dieser Stelle nicht vollständig abgeschlossen ist. Die Fasern sind dort dünner und können bei der Prüfung reißen. Manchmal wird er nur durch eine Verfärbung angedeutet, und die Faser ist fest.

Ist der Bereich dagegen in der Mitte, der Stapel aber fest, kann er verarbeitet werden.

Möglicherweise ist die Struktur der ganzen Faser geschädigt, und sie reißt an jeder Stelle. Solche Wolle sollte man besser entsorgen.

Zerreißen die Stapel, entfallen die weiteren Prüfungen.

Natürliche und wahre Stapellänge

Die natürliche Stapellänge ist die Länge der Stapel im Vlies. Die wahre Länge ist die Länge der Faser im gestreckten, langgezogenen Zustand. Je elastischer der Stapel ist, desto mehr Unterschied besteht zwischen natürlicher und wahrer Länge.

Messung der Stapel
Für die Stapellängenmessung werden von verschiedenen Vliesbereichen einzelne Stapel aus dem Stapelverbund gezogen und an das Zentimetermaß gehalten. Wenn Stapel aus dem Vlies genommen werden, diese so nehmen, dass sie nicht langgezogen werden. Dadurch würde die natürliche Länge beeinflusst. Beim Messen wird zuerst die natürliche Länge und anschließend die wahre Länge gemessen. Beim Messen der wahren Länge wird der Stapel gezogen, bis er vollständig glatt ist. Im gespannten Zustand die Länge messen. Beide Werte notieren.

Stapelelastizität, Bauschkraft
Der Griff in die Wolle macht die Bauschkraft fühlbar. Zusätzlich zeigt der Unterschied zwischen natürlicher und wahrer Länge, wie elastisch der Stapel ist. Elastische Fasern lassen sich gut kardieren und im langen Auszug verspinnen. Sie ergeben weiche, elastische Streichgarne. Elastische Stapel ab einer wahren Länge von 7 cm sollten zu Kammgarn verarbeitet werden.

Die Waschprobe
Für die Waschprobe sind kleine Stapelgruppen oder eine Handvoll Wolle aussagekräftig. Die Probe wird idealerweise mit 35 bis 45 °C heißem Wasser durchgeführt. Die so gewaschenen Stapel zeigen die Wolle ohne Wachsschweiß. Zuvor raue Wolle kann sich weicher anfühlen; außerdem zeigt sich, ob das Wollwachs leicht -oder schwerlöslich ist. Außerdem zeigt die saubere Wolle ihre wahre Farbe.

Waschproben weiterverwenden

Aus einer Sammlung von Waschproben-Stapeln kann eine rassenkundliche Sammlung oder ein schönes Garn werden.

DAS SORTIEREN DES VLIESES

Für die abschließende Sortierung der klassifizierten Vliesteile stehen Schaflandkarten mit feineren Unterteilungen zur Verfügung. Es gibt sehr unterschiedliche Bewertungen, die zum Beispiel die Faserbandbreite spezieller Rassen oder die Vorlieben des Wollhandels und der Verarbeiter rund um die Welt zeigen. Von allen Rassen gibt es beim Merino die meisten unterschiedlichen Sortierungen.

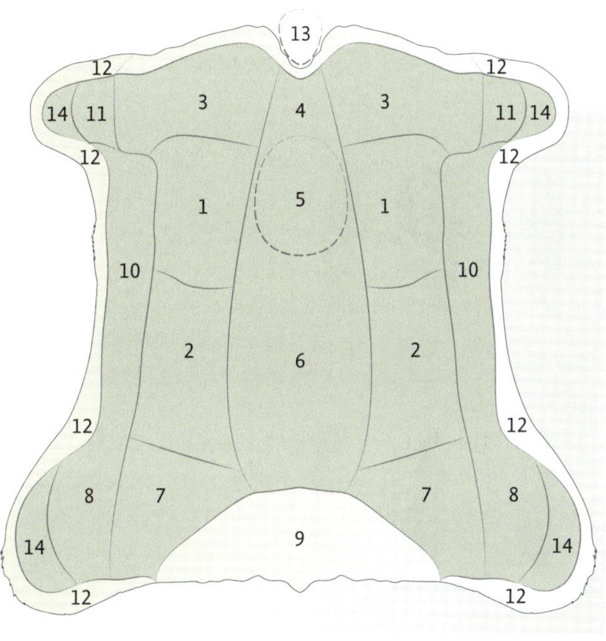

Schaflandkarte zur Sortierung des Vlieses in 14 Wollbewertungen. Je niedriger die Zahl, desto besser die Qualität.

Diese Qualitäten stehen für die Zahlen

1 **Schulter:** Beste Qualität: deutlich gleichmäßige Stapel, fein, dicht, lang
2 **Flanke:** Ähnlich Nr. 1, nur leicht gröber
3 **Brust, Übergang zu Hals mit Schulter:** kürzer, fein, ähnlich 2. Farbige Haare vom Kopf und Pflanzenteile möglich
4 **Nacken:** Kann mit Pflanzenteilen verschmutzt sein, Kurzhaare möglich
5 **Widerrist:** Fehlerhaft und unregelmäßig. Wegen der hier oft zu findenden Einfütterungen mit Pflanzenteilen „Krähennest“ genannt. Kurzhaare möglich

6 **Rücken:** Wie 5, aber weniger eingefüttert. Auf der Wirbelsäule Kurzhaare möglich

7 **Becken, Übergang zur Keule:** gröbere Wolle von 6 Richtung 8 gröber werdend

8 **Kniegelenk:** Wie 7, aber sehr grob, dickere Wolle z. T. auch schmutziger. Je nachdem, auf welcher Seite das Schaf sitzt, auch plattgedrückt. Kurzhaare möglich

9 **Hintern:** Grob, eher kurz, je nach Rasse auch lang, kann mit Urin und Kot beladene Klunker (zu großen rundlichen Formen verklebte Spitzen) haben. Kurzhaare möglich

10 **Bauch:** Kurz, zerdrückt, schmutzig, eher haarig

11 **Ellbogen:** Gröber, länger, oft schmutzig. Kurzhaare möglich

12 **Saum/Rand:** Kurz, meist schmutzig, filzig. Andere Bezeichnungen: Leisten, engl. skirts. Kurzhaare möglich

13 **Kopfwolle:** Nur bei bewolltem Kopf. Sehr kurz, Abfallwolle. Bei langwolligen Rassen eventuell verwendbar

14 **Die äußersten Enden von Keule und Ellbogen:** Etwas kürzer als 8 und 11. Kurzhaare möglich

- **Nachschnitt, engl. *Second cut*:** kurze Wollflocken, die entstehen, wenn bei der Schur Stapel nur halb angeschnitten und durch einen zweiten Zug vollständig abgeschoren werden. Ursachen: Unachtsamkeit, fehlende Schurtechnik, zu breite Scherkämme. Nachschnitte müssen vermieden werden, weil sie das Vliesgewicht mindern, die Verarbeitung erschweren und u. a. für Pilling verantwortlich sind.

Mögliche Bereiche mit Filz im Vlies

4 und 5 sowie anliegende Bereich von 3 neigen zum Verfilzen. Ausgeweitet zu 6.
Auch 7, 8, 9 und 14.
Manchmal auch 8, 10, 11, 14 und 12.

Verwendungsvorschläge für die sortierte Wolle

Nachdem das Vlies klassifiziert und geteilt wurde, können Sie überlegen, zu welchen Partien sie das Vlies sortieren möchten. Das kann projektabhängig sein, oder Sie können Vliesteile, die sich ähnlich sind, zu größeren Partien zusammenfassen. Die Gestaltung ist frei. Hier ein paar Vorschläge:

6 wenn beschädigt, 7, 8, 9 und 10, wenn sauber, 11, 14: zu groben Garnen verspinnbar. Für Gebrauchsgegenstände: Gartenschnur, Seile, Taschen, Teppiche

10 wenn verschmutzt, 12, 13, 14: Gartenwolle

3, 1, 2 ab 7 cm: Für Kammgarn geeignet. Kämmlinge kardieren

3, 1, 2, 6, wenn die Stapel fest sind, und 7 unter 7 cm: Kardieren und zu Streichgarn verspinnen. Ist die Wolle feiner oder noch grober, können sich die Verwendungsmöglichkeiten auch verschieben.

Industrielle Sortierung

Die industrielle Sortierung beim Verarbeiter verfeinert das, was bei der Klassifizierung zusammengestellt wurde. Dabei werden Partien, sogenannte Linien verschiedener Qualitäten, gebildet. Die Fasern einer Linie sollen möglichst gleichmäßig und einheitlich sein. Der Zweck ist, dass diese Partien einheitliche Verarbeitungseigenschaften haben. Die folgenden Eigenschaften werden berücksichtigt:

Rasse, gesamte Menge der klassifizierten Partie, Faserdurchmesser objektiv ermittelt, Festigkeit, Farbe, Länge, Reinwollgehalt, Weichheit, Zustand (saubere Ausbeute), Einfütterungen (engl. *vegetable matter* (VM)) und Nachschnitt, Position der Wachstumspause (engl. *Position of Break* (POB) (Fellwechsel)

Sonderfall mischwollige Vliese

Einem mischwolligen Vlies ist besondere Aufmerksamkeit zu geben, weil sich an bestimmten Körperteilen Kurz- und vermehrt Langhaare im Vlies befinden. Das sind Bereiche, an denen die Haut unmittelbar am darunterliegenden Knochen anliegt. Dies ist längs der Wirbelsäule, an den Schultern, an den Vliesrändern, der Vorder- und Hinterhand der Fall. Der Bereich am Widerrist, an Schultern und Wirbelsäule bildet das sogenannte Schulterkreuz. Besonders deutlich sind diese Ansammlungen als dunklere Bereiche auf der Schurseite von

grauen Vliesen zu sehen. In den Stapeln an diesen Stellen ist meistens weniger Unterwolle zu finden, die Langhaare sind dicker und neigen bei Böcken zur Mähnenbildung.
In Vliesen von Schafen, die einen partiellen Fellwechsel zeigen, finden sich an der Schurseite manchmal Ansammlungen von gelblichen, schwerlöslichen Wachsflocken, die sich in der Wäsche nicht auflösen.
Tipp zur Verarbeitung: Die Wolle vom Schulterkreuz und den Teilen, die besonders viel Kurz- und Langhaar zeigen, können kardiert und zu Gebrauchsgarn verarbeitet werden.

EIN VLIES SORTIEREN

Vlies auf dem Tisch vollständig ausbreiten. Die Schnitt- oder Schurseite zeigt nach unten.
Vorderhand mit Hals und Hinterhand mit Hintern bestimmen (bei unzusammenhängenden Vliesen, so gut es geht). Wenn Nachschnitt im Vlies ist, absammeln oder das Vlies auf dem Sortiertisch ausschütteln.
Eine Vliesnummer auf einem Schild zum Vlies legen. Das Vlies fotografieren und das gesamte Erscheinungsbild beschreiben.

Nachschnitt entfernen nach Frau-Holle-Art

Ein zusammenhängendes Vlies wie eine Bettdecke aufschütteln. Dazu die Ränder des Vlieses mit schnellen Bewegungen anheben und senken, um die Nachschnittflocken aus dem Vlies zu schütteln. So werden auch andere Verschmutzungen und Pflanzenteile sichtbar und können entfernt werden. Sind die Maschen der Netzbespannung groß genug, wird die Verschmutzung hindurchfallen.

Das Vlies bereißen und nach der Schaflandkarte zur Klassifizierung (Seite 201) klassifizieren und aufteilen.
Die Stapel prüfen und das Ergebnis in die Tabelle (Seite 196) eintragen.
Nach den Ergebnissen das Vlies weiter sortieren: Beschädigte und kranke Teile entfernen, Qualitäten sortieren (Schaflandkarte zur Sortierung Seite 203) und verpacken oder weiterverarbeiten.

Vliese praktisch einrollen

Zusammenhängende Vliese werden nach der Anleitung ab Seite 191 so zusammengerollt, dass die Struktur erhalten bleibt. So kann das Vlies für eine spätere Bearbeitung eingelagert werden. Wenn es verarbeitet wird, lässt es sich wieder ausrollen, und die Struktur bleibt erhalten. Besonders gut ist diese Methode für Vliese oder Vliesteile geeignet, die gekämmt oder getrennt werden sollen, weil es darauf ankommt, dass die Stapel möglichst klar erkennbar sind.

ABFALLWOLLE NUTZEN

Abfallwolle kann im Garten vielfältig verwendet werden und wird von Gartenfreunden gerne abgenommen. Über Kleinanzeigen-Portale oder das schwarze Brett im Supermarkt finden sich Abnehmer dafür. Tipp: Die Abfallwolle nach hellen und dunklen Farben getrennt sammeln, dann sieht der Mulch nicht so wild aus. Kreative legen Ornamente mit den unterschiedlichen Farbtönen in ihrem Garten.
Die Abfallwolle ist ein hervorragender Dünger, sie verbessert den Boden und eignet sich zum Mulchen. Mindestens 30 cm dick aufgebracht, kann sie den Bewuchs von Giersch zurückdrängen. Schon in dünneren Lagen hält sie den Boden feucht.
Als Dünger hat Schafwolle eine ähnliche Wirkung und Zusammensetzung wie Hornspäne. Die Nährstoffe werden langsam abgegeben. Schneller geht es, wenn pelletierte Wolle verwendet wird. Die Pellets sind auch unauffälliger als große Flocken von Abfallwolle.

ROHWOLLE WASCHEN UND TROCKNEN

Jedes Waschen und Trocknen der Wolle beansprucht die Fasern auf chemisch-physikalische Weise. Um Schäden zu vermeiden, ist es wichtig, die Auswirkungen auf die Wolle zu kennen.

Es ist zwar durchaus möglich, Rohwolle ungewaschen zu verarbeiten „so wie sie vom Schaf kommt". In der Regel wird man Rohwolle aber waschen und trocknen, bevor man sie weiterverarbeitet.

Sicherheitshinweise zum Waschen von Rohwolle

Außer der Faser sind im rohen Vlies auch Ausscheidungsprodukte wie Kot, Urin, Schweiß, Talg, eventuell auch Blut und Schleim von der Geburt der Lämmer enthalten. Es wird deshalb geraten, beim Umgang mit Rohwolle einen kochfesten Kittel, Handschuhe und einen Mund-Nasen-Schutz zu tragen. Während der Arbeit an den Vliesen nicht essen, trinken oder rauchen. Nach der Arbeit mit Rohwolle immer gründlich die Hände waschen. Niemals Rohwolle, Kleidung oder Geräte, die mit Rohwolle in Berührung gekommen sind, in andere Schafhaltungen bringen.

ROHWOLLE GEWASCHEN ODER UNGEWASCHEN VERARBEITEN?

Ein Thema, bei dem sich Wollhandwerkerinnen oft „in die Wolle kriegen", ist die Frage, ob Rohwolle ungewaschen oder gewaschen verarbeitbar ist. Die folgenden Erwägungen sollen Ihnen bei einer Entscheidung helfen.

Gedanken zur Verarbeitung von ungewaschener Rohwolle

Ungewaschene Wolle zu verarbeiten wird mit „ursprünglich, unbehandelt und natürlich" gleichgesetzt, weil …

- der natürliche Wollwachsschweiß der Rohwolle im Garn und in der Kleidung erhalten bleibt.
- sich die Rohwolle durch den klebenden Wollwachsschweiß gut und fließend verspinnen lässt; der Faden reißt nicht so schnell.
- die Inhaltsstoffe des Wachsschweißes als hautpflegend empfunden werden.
- das Wollwachs Garne und Wollkleidung wasserabweisend macht und der Faser guttut (rückfettend).

Andererseits hat die Verarbeitung ungewaschener Rohwolle negative Auswirkungen auf die Geräte, mit denen gearbeitet wird. Der Wachsschweiß greift durch seine Zusammensetzung die Geräte an: Er verfärbt hölzerne Geräteteile schmutzig dunkel, macht die Gummibeläge der Kardiergeräte spröde und führt an den Metallteilen durch den Salzgehalt des Schweißanteils zu Flugrost. Außerdem kann der Wachsschweiß zu verharzenden Ansammlungen an den Geräten führen.
Ein weiterer Nachteil ist die Tatsache, dass Pflanzenteile aus der rohen Faser nicht so leicht herausfallen, weil der Wachsschweiß wie ein Kleber wirkt, der Fremdstoffe bindet.
So sprechen einige gute Gründe für die Verarbeitung gewaschener Wolle:

- gewaschene Wolle ist hygienischer.
- nur gewaschene Wolle lässt sich färben und zu Kammgarnen verarbeiten.
- Arbeitsgeräte bleiben sauber und können in andere Länder mitgenommen werden, ohne sie zu desinfizieren.
- nur gewaschene Vliese lassen sich durch Lohnkardierer verarbeiten.

- gewaschene Wolle lässt sich beim Spinnen leichter und genauer ausziehen, sodass dünnere und glattere Garne möglich sind.
- bei der Bearbeitung fallen Pflanzenteile leichter heraus.

So ist das Verarbeiten ungewaschener Wolle möglich

Moderne Spinnräder sind oft an den Teilen, die mit der Rohwolle in Berührung kommen, aus Kunststoffen oder Edelstahl, sodass die Teile bei 45 °C abgewaschen werden können. Für die Verarbeitung ungewaschener Rohwolle sollten Wollsorten mit einen geringen Wachsschweißanteil gewählt werden. Bei zarter Lammwolle oder getrennter Unterwolle von einer Islandschaf-Herbstschur ist das der Fall. Eine Wäsche würde die zarte Faserstruktur zerstören, und die Filzgefahr ist bei dieser Wolle in der Flocke zu groß und unkontrollierbar.

Ein Kompromiss für Spinnerinnen

Die „Wollwäsche Nr. 1: kalte Wäsche" (siehe Seite 214), reinigt die Wolle von wasserlöslichem Schmutz und Wachsanteilen, belässt aber noch Wollwachs in der Faser. Sie stellt einen guten Kompromiss für Spinnerinnen dar, die gerne wachsige Fasern verspinnen möchten, aber den Schmutz aus dem Schweißanteil nicht mögen.

WOLLWÄSCHE IN DER VERGANGENHEIT

Das älteste Waschmittel ist Wasser, hinzu kommen mechanische Bewegung, Hitze und der Zusatz von Stoffen, die dem Wasser eine bessere Waschkraft geben. Daran hat sich bis heute nichts geändert. Die wichtigsten Reinigungsmittel vor der Zeit der modernen Waschmittel, die in Deutschland erst seit 1907 hergestellt werden, waren gefaulter Urin, Soda, Pottasche, Wascherden, Seifenkraut (*Saponaria officinalis*), Sand, Holzaschenlauge und aus Holzasche und Fett oder Öl hergestellte Schmierseife. Im alten Ägypten verwendete man ein Natriumhydrogencarbonat, Trona genannt. Die älteste Aufzeichnung von der Anwendung und Herstellung einer seifenähnlichen Masse, die aus Öl und der fünffachen Menge Holzasche hergestellt wurde, stammt von einer sumerischen Tontafel aus dem Jahr 2500 v. Chr. Die Tontafel beschreibt die Herstellung von Geweben, das Walken und Waschen von Stoffen aus Wolle.

Wollwäsche am Schaf

Noch bis in die 1950er Jahre wurde in Deutschland die Wollwäsche am lebenden Schaf durchgeführt. Dabei wurde Rücken- und Schwemmwäsche unterschieden. Zuerst wurden die Schafe eng gepfercht und mit Wasser durchnässt. Bis zur Hauptwäsche durften sie nicht abtrocken, weil die Wolle sonst hart wird. Dazu wurden sie für ca. sechs Stunden in einen engen, warmen Stall getrieben.
Für die Rückenwäsche wurden die Schafe in einer Sturzwäsche, bei der frisches Bachwasser von oben auf den Schafrücken geleitet wurde, von einer Person gewaschen. Die Schafe mussten danach langsam in einem sauberen, mit Stroh eingestreuten Stall trocknen. Zur Regeneration mussten sie danach gut gefüttert werden.
Bei der Schwemmwäsche mussten die Schafe mehrfach durch ein gestautes Gewässer schwimmen, bis sie sauber waren. Diese Wolle galt als weniger wertvoll, weil sich Trubstoffe in die Wolle setzten. Die rückengewaschene Wolle war hochwertiger. Für Tier und Mensch war diese Art der Wäsche sehr anstrengend, stressig und aufwendig. Außerdem war die Belastung der Gewässer sehr hoch. Mit dem sinkenden Wollpreis und der Verbesserung der industriellen Waschverfahren wurde dieses Verfahren aufgegeben. Heute ist es streng verboten, Rohwolle in Gewässern oder in deren unmittelbarer Nähe zu waschen.

WIE FUNKTIONIERT DAS WASCHEN?

Wer denkt, Wäschewaschen sei doch ein ganz einfacher Vorgang, der irrt: Tatsächlich wirken bei einer solchen Wäsche eine ganze Reihe mechanischer, physikalischer und chemischer Prozesse zusammen, und es muss ein Kompromiss erzielt werden zwischen dem Bedürfnis, jeglichen Schmutz wirksam zu entfernen, und der Schonung der Fasern. Beim Waschen von Wolle sind immer beteiligt:

- Wasser
- Schmutz
- Wolle
- Waschmittel
- Waschmaschine bzw. Handarbeit
- Wärmeenergie
- Zeit, Temperatur, Bewegung, Chemie!

Wie hart ist unser Leitungswasser?

Beim örtlichen Versorger kann die Wasserhärte erfragt werden. Um Wasserhärten selbst zu messen, werden Teststreifen oder die genauere Titrierlösung verwendet.

Grundlage der Wäsche: das Wasser

Bei der Wollwäsche ist auf die Verwendung von weichem Wasser, am besten Regenwasser, zu achten. Gemeint ist ein Wasser, das möglichst wenig härtebildende Ionen (u. a. Magnesium und Calcium) enthält. Denn je weniger dieser Härtebildner das Wasser enthält, desto weniger Seife muss zugegeben werden. Und je weniger Seife das Wasser enthält, desto weniger Kalkseife bildet sich. Das ist wichtig, weil Kalkseife die Wolle hart macht und schmierig-graue Ränder in Waschgefäßen hinterlässt.

Wenn kein Regenwasser zur Verfügung steht, muss zu hartes Leitungswasser durch Enthärten weich gemacht werden. Dazu sollte der Enthärter 15 Minuten einwirken.

Eine einfache Methode zum Enthärten ist das Kochen von Wasser. Dabei fällt die Carbonhärte zu 50 Prozent aus und setzt sich als Kalk am Topfboden ab. Das Wasser sollte dann vor Gebrauch gefiltert werden. Das Wasserkochen kann in den Waschprozess eingebunden werden, da ohnehin heißes Wasser zum Waschen und Spülen gebraucht wird. So ist der Energieverbrauch gerechtfertigt.

Für die große Wäsche vergangener Tage wurde das Wasser durch „Buchen“ weich gemacht. Dafür wurde ein feines Leinentuch, das Aschtuch, über einen Waschkessel gelegt. Darauf wurde gesiebte Buchenasche gestreut und mit Wasser übergossen.

Das klassische Mittel zum Enthärten ist Waschsoda. Für Wolle und Seide wirkt Pottasche oder Natron milder. Auch den Entkalker aus einem Waschmittel-Baukastensystem, können Sie abgestimmt auf die Wasserhärte verwenden.

Säuren wie Essig oder Zitronensäure eignen sich nicht zum Enthärten von Waschwasser, weil sie die Seifenwirkung aufheben. Die Säuren werden deshalb für das letzte Spülbad zum Neutralisieren von Seifenresten eingesetzt.

ENTHÄRTER, WASCHMITTEL UND ENTSPANNUNGSMITTEL UND IHRE DOSIERUNGEN

Geläufiger Name	Wissenschaftliche Bezeichnung	pH-Wert (10 gr./l)	Dosierung pro Liter	Fasern schonend am besten bei °C	Besonderes
Natron, Haushalts- oder Kaiser-Natron ägyptisch: Trona	Natriumhydrogencarbonat	8,5	10 gr	bis 45 °C	Ab 50 °C verändert Natron sich zu Soda. Mit höherem pH-Wert und verstärkter Wirkung. Absolut ungiftig, kann mit dem Abwasser entsorgt werden.
Pottasche	Kaliumkarbonat	11,5–12,5	10 gr.	bis 45 °C	Sicherheitsdatenblatt vor Verwendung lesen! Leicht Fischgiftig. Verändert sich ab 50° C zu Soda
Soda	Natriumkarbonat	1,5–13,5	0,6 bis 16 gr.	bis 45 °C	Wirkt für Pflanzenfasern am besten zwischen 50 bis 65 °C

Wie viel Wasser benötigt man für 100 Gramm Wolle?
Zum Waschen von 100 Gramm Rohwolle werden ca. 4–5 Liter Wasser benötigt.

Welche Arten von Schmutz gibt es?

Beim Waschen von Rohwolle haben wir es mit verschiedenen Arten von Schmutz zu tun:

» **Wasserlöslicher Schmutz:** Wollschweiß und wasserlösliche Wollwachsanteile, Zucker, Salze, Urin und Kot

» **Nicht wasserlöslicher, aber waschbarer Schmutz:** Fettschmutz, Öle, echtes Fett, wasserunlösliche Wollwachsanteile, Pigmentschmutz (Staub und Erde), Eiweißschmutz (Blut, Milch), Kohlenhydratschmutz (Stärke)

» **Nicht waschbarer Schmutz:** Schwer lösliche Wollwachsanteile, Gilb in der Wolle (für diese Schmutzarten werden Lösungsmittel wie Wasserstoffperoxid oder Terpentin gebraucht)

Die Wolle

Durch die Wäsche soll die Wolle möglichst weiß gewaschen werden, gleichzeitig sollen die Fasern geschont werden. Wolle als Eiweißfasern wird durch Kalkseife, Alkali, Hitze und direkte Sonneneinstrahlung geschädigt. Hier kommt es auf die Dosierung, die Temperatur, die Bewegung und die Dauer der Wäsche an.

Waschmittel

Das Waschmittel muss auf die Wasserhärte und die Temperatur abgestimmt sein. Traditionelle Waschmittel sind:

- Schmierseife, Kernseife
- Soda
- Haushaltsnatron
- Pottasche
- Pflanzen, die Saponine enthalten
- Wascherden

Natron als umweltfreundlicher Enthärter mit Waschwirkung wird von der Wolle deutlich besser vertragen als Kernseife und Soda. Moderne Waschmittel sollen die Wascharbeit erleichtern und die Umwelt sowie Geräte und Fasern schonen. Neben fertig gemischten Waschmitteln gibt es auch einheimische saponinhaltige Pflanzen, mit denen Wolle gewaschen werden kann.

Achtung, Sicherheitshinweis!

Saponine sind für Fische giftig! Sie sollten also auf keinen Fall in Gewässer geraten. Auch beim Menschen gilt: Kommen sie in die Blutbahn, lösen sie die roten Blutkörperchen auf.

Geräte, die für die Rohwollwäsche gebraucht werden, sollten nicht mehr für Lebensmittel verwendet werden. Kein Geschirr zum Abmessen und niemals Getränkeflaschen zum Aufbewahren und Dosieren verwenden. Einzige Ausnahme ist eine alte Nussmühle, die dann aber nicht mehr für Lebensmittel verwendet werden darf.

Und noch ein Hinweis: Saponinhaltige Pflanzen können weder den Härtegrad verändern noch stark verschmutzte Wolle reinigen.

WASCHEN MIT PFLANZEN

Für alle Pflanzenteile gilt: Je feiner sie zerkleinert werden, desto mehr Saponine werden freigesetzt. Die Pflanzen finden sich in Parks und Grünschnittsammelplätzen, können im Garten angebaut oder getrocknet gekauft werden.

Geräte, die gebraucht werden

Schneidunterlage, Hack- und Gemüsemesser, Messlöffel und -becher, Behälter mit Deckel, um die getrockneten Pflanzen und angerührten Waschmittel aufzubewahren. Eine ausrangierte, elektrische Nussmühle, die nur noch zum Zerkleinern von Waschpflanzen verwendet wird, hilft Pflanzenteile fein zu zerkleinern.

Saponinhaltige Pflanzen

» **Echtes Seifenkraut, Rote Seifenwurzel** (*Saponaria officinalis*): Nutzbare Teile sind die fingerdicken, außen roten Wurzelrhizomen oder die Blätter (sie sind aber schwächer in der Wirkung). Die Blätter werden zwischen Juli und August geerntet.

» **Hohes Schleierkraut, Weiße Seifenwurzel** (*Gypsophila paniculata*): Nutzbare Teile sind die Pfahlwurzeln. Die Wurzeln im Frühjahr oder zwischen September und Oktober ernten. Fein zerkleinern und im Schatten luftig trocknen.

Zubereitung eines Waschmittels aus Seifenwurzel

500 ml Wasser mit 100 g Seifenwurzel (Rote oder Weiße), in einem Topf erhitzen und eine halbe Stunde köcheln lassen. Dabei hin und wieder umrühren. Vom Herd nehmen und zwei Stunden ziehen lassen, dann pürieren und abseihen. Zum Schluss 200 ml Brennspiritus dazugeben, gut verrühren und abfüllen.

» **Rosskastanie** (*Aesculus hippocastanum*): Genutzt werden die geschälten, fein zerkleinerten Samen. Für ein Kilo Wolle werden acht Kastanien gebraucht. Die Kastanien in frischem Zustand schälen und die weißen Samen möglichst fein zerkleinern und trocken. So steht das Waschmittel das ganze Jahr zur Verfügung. Für eine Wäsche 3 EL getrocknetes Kastaniengranulat mit 300 ml Wasser aufgießen und nach acht Stunden abseihen.

» **Efeu** (*Hedera helix*): Genutzt werden Blätter und Stängel. Für ein Waschmittel werden pro Liter weichen Wassers 100 bis 200 g frische Pflanzenteile zerkleinert. Das Wasser zum Kochen bringen, die Pflanzenteile hineingeben und fünf Minuten kochen. Noch eine halbe Stunde ziehen lassen, abseihen, in eine Flasche gießen und sofort verschließen.

Mikroplastik vermeiden

Es lohnt sich, die Deklarationen von modernen Waschmitteln, besonders von ausländischen Wunder-Woll-Waschmitteln zu lesen, um solche mit Mikroplastik zu vermeiden. Dazu gehören auch die flüssigen Polymere, die nur sehr schwer biologisch abbaubar sind.

WASCHMITTEL UND IHRE DOSIERUNGEN

Waschmittelname	Form des Waschmittels, frisch oder getrocknet	Dosierung für 1 l Wasser
Echtes Seifenkraut (*Saponaria officinalis*)	Wurzeln, fein geschnitten	30 g Sud nach Rezept s. o.
Hohes Schleierkraut (*Gypsophila paniculata*)	Pfahlwurzel, fein geschnitten	30 g Sud nach Rezept s. o.
Efeu (*Hedera helix*)	Blätter, Stiele und Ranken	100 bis 200 g je l reichen für 1 kg Wolle. Sud nach Rezept s. o.
Rosskastanie (*Aesculus hippocastanum*)	Früchte ohne braune Schale, möglichst fein zerkleinert	300 ml Sud nach Rezept s. o.
Kernseife	gerieben	2,5 bis 4,5 g
Öko Wollwaschmittel		Siehe Deklaration des Herstellers
Öko Feinwaschmittel ohne Enzyme		1,5 g
Essig oder Zitronensäure zum Neutralisieren		30 ml oder 10 g

Abtrennung von Schmutz durch Tenside

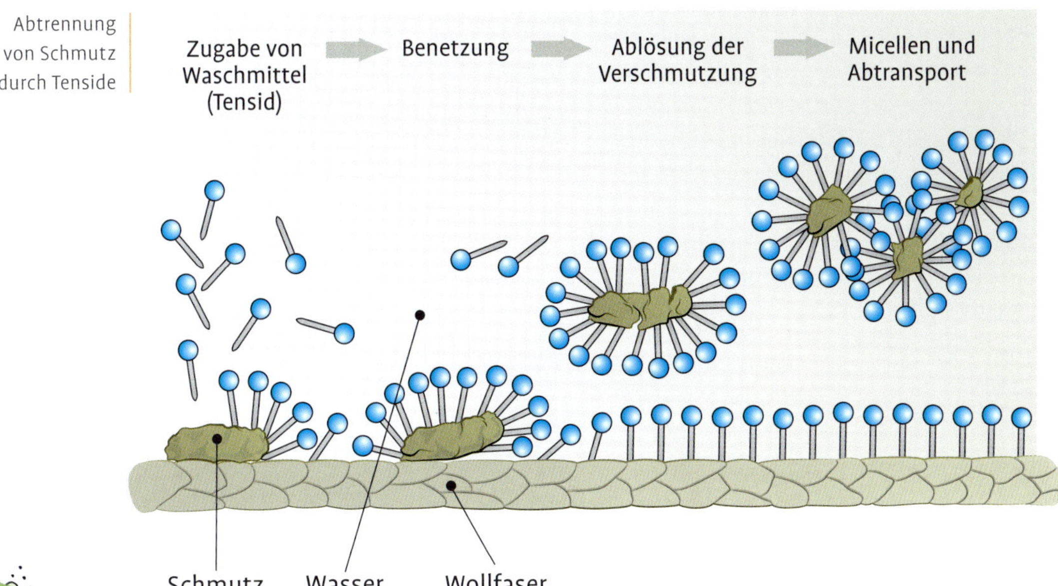

So funktionieren Tenside

Tenside sind die waschaktiven Substanzen in modernen Waschmitteln. Sie setzen die Oberflächenspannung des Wassers herab. Mit ihrer Hilfe können nicht wasserlösliche Verschmutzungen leichter gelöst werden. Der Trick liegt im Bau der Moleküle. Sie bestehen aus zwei Teilen, die sich gegenüber Wasser unterschiedlich verhalten. Ein Teil ist hydrophil (wasserliebend), einer hydrophob (wasserabweisend). Durch die geringere Oberflächenspannung kann das Wasser in die Zwischenräume der Fasern eindringen. Dort angekommen, löst es den Schmutz, und die Tensidmoleküle binden ihn.

Die industrielle Wollwäsche

Für Kammgarne werden die Fasern vor der Wäsche in großen Maschinen aufgelockert, gemischt und mit einer Seifenlösung bei 60 bis 70 °C gewaschen. Zusätzlich wird ein desinfizierendes Waschmittel verwendet. Nach dem Trocknen wird die Faser mit einer Schmälze (siehe Seite 230) behandelt. Fasern für Streichgarne werden nur aufgelockert, weil sie meistens vor dem Kardieren in der Flocke gefärbt werden. Das Schmälzen findet beim Manipulieren, dem Mischen der Fasern statt.

Für beide Wollsorten findet die Wäsche in einer Großwaschbatterie, dem sogenannten Leviathan statt. Sie bestehen aus mehreren hintereinander aufgebauten, riesigen Waschbottichen. Den Bottichen wird in abnehmender Konzentration Waschmittel zugesetzt. Die schwimmende Wolle wird durch mechanische Schwingrechen vorwärtsbewegt. Zwischen den Waschbottichen befinden sich Quetschwerke, die die Waschlauge aus der Wolle drücken. Die Waschbatterie hat eine ausgeklügelte Technik, die systematisch das Waschwasser reinigt und wieder in den Waschprozess zurückführt. Dabei wird u. a. das flüssige Rohwollwachs abgeschieden und gesammelt (es wird später verkauft). Im letzten Bottich werden Streichgarnfasern kalt und Kammgarnfasern warm gespült. Die Trocknung erfolgt mittels warmer Luft im fortlaufenden Betrieb. Enthalten die Streichgarnfasern noch zu viele Pflanzenteile, werden diese durch Karbonisation entfernt. Kammgarnwollen werden in der Regel nicht karbonisiert, weil beim Kämmen der Fasern Verunreinigungen aus der Wolle ausgekämmt werden.

Für 100 kg Rohwolle werden etwa 2,5–4,5 kg Seife und 0,6–1,6 kg Soda gebraucht.

Wollwäscheverfahren Duhamel – waschen im eigenen Wollwachsschweiß

Ein fast vergessenes Wollwaschverfahren nutzt die seifenartigen Inhaltsstoffe des Wollwachsschweißes zum Waschen. Charles Elysee Duhamel war ein französischer Erfinder, der in den 1920er Jahren die Methode der Wollwäsche im wolleigenen Wachsschweiß erfand und patentieren ließ. Sein Verfahren nutzte die Eigenschaft der Fettsäuren und wolleigenen Alkalien, in warmem Wasser eine leichte Seifenlösung zu bilden. So konnte bei den weiteren Waschgängen Waschmittel eingespart werden. Seine Methode konnte sich aber nicht durchsetzen.

Wie Seife entsteht

Seife entsteht grundsätzlich durch das Versieden von Fetten (auch gehärteten) mit Kali- oder Natronlauge. Kalilaugen, die aus Pottasche hergestellt werden, ergeben weiche Schmierseifen, Natronlaugen ergeben feste Stückseife. Durch die im Wollwachsschweiß enthaltenden freien Fettsäuren und Alkalien (Pottasche) sowie die Einwirkung von Wasser und Bewegung entsteht eine leichte Seife, die eine passable Reinigungswirkung hat.

Waschmaschine und Wascharbeit

Rohwolle in einer normalen Waschmaschine zu waschen ist riskant, denn die vertikalen Bewegungen bringen die Wolle eher zum Verfilzen als die horizontalen. Wolle sollte beim Waschen wegen der Verfilzungsgefahr stets vorsichtig bewegt werden. Die kleinsten professionellen Waschmaschinen haben eine horizontal drehende Waschtrommel. Ähnliches gilt für einfache „Campingwaschmaschinen".

Wolle für die Maschinenwäsche

Die Wolle einiger Rassen wie Shropshire oder Ostfriesisches Milchschaf filzen nicht und können in der Waschmaschine gewaschen werden.

WOLLMENGEN, GERÄTE UND ORTE FÜR DIE WOLLWÄSCHE

Eine Wollwäsche kann in der häuslichen Küche in einem kleinen Umfang genauso wie in einem größeren Rahmen für einige Kilo Wolle durchgeführt werden.

Die Praxis hat gezeigt, dass es für die die Wolle schonender ist, hintereinander kleinere Mengen zu waschen, als ein ganzes, großes Vlies auf einmal.

Die Vorteile sind:

- Die Struktur bleibt besser erhalten
- Es muss nicht so viel schwere, nasse Wolle bewegt und getrocknet werden
- Es ist übersichtlicher in Mengen von 100 Gramm zu waschen

Der ideale Platz für die Wollwäsche ist eine alte Waschküche mit funktionierendem Schornstein, an den ein Waschkessel angeschlossen werden kann. Alternativ kann der Waschkessel auch im Freien im Garten betrieben werden. Zum Erhitzen von Wasser können auch elektrische Einmachtöpfe und gasbetriebene Hockerkocher mit großen Töpfen dienen. Steht kein Garten zur Verfügung, kann auch auf dem Balkon, im Bad oder in der Küche gewaschen werden. Dann werden übersichtliche Portionen von 100 Gramm Wolle gewählt.

Die Tuchwäsche oder die sehr umweltfreundliche Wäsche mit Haushaltsnatron sind Methoden, die sehr gut in einem normalen Haushalt gemacht werden können.

Geräte

Aus der Zeit, als es noch keine modernen Waschmaschinen gab, sind einige nützliche Geräte erhalten geblieben, die für eine moderne Wollwäsche verwendet werden können: Zinkwannen, Untergestelle für eine angenehme Arbeitshöhe, Wäschestampfer und -paddel, Zangen und Standschleudern. Es macht großen Spaß, diese alten Geräte wieder zu verwenden. Sie haben sich bei vielen Rohwollwäschen bewährt und können natürlich den individuellen Vorlieben und den zur Verfügung stehenden Räumlichkeiten angepasst werden.

Ansonsten braucht man für die kleine Wäsche:

- Einen alten Kochtopf (3 bis 5 Liter)
- Zwei Schüsseln mit einem Sieb
- Eimer zum Transportieren der Wolle
- Eine Grillzange zum Greifen und Bewegen der Wolle im Topf
- Eine Waage, die 10-Gramm-Schritte wiegen kann
- Ein hitzefestes Thermometer

Zum Spülen der Wolle sollte ein Spülbecken zur Verfügung stehen, alternativ kann das auch im Bad in einer Schüssel, einer Duschtasse oder Badewanne gemacht werden.

Für die große Vlieswäsche braucht man:

» **Mindestens zwei Wannen**, die je 50 bis 100 l fassen. Das können Zinkwannen, Mörtelkübel oder Holzzuber sein. Eine flache Wanne ist besser als eine hohe, weil sich darin die Wollstruktur besser erhält. Die Wolle sollte sich immer frei im Wasser bewegen können, damit das Filzrisiko vermindert wird.

» **Ein Einlegegitter**, das den Boden der Wannen mit einem Abstand von ca. 5 cm bedeckt. So hat die Wolle Abstand zum Wannenboden und nimmt den Schmutz nicht wieder auf, der sich dort sammelt. **Stabile Untergestelle** aus Holz, auf die die Wannen gestellt werden, bringen diese auf eine angenehme Arbeitshöhe.

Waschlauge länger warm halten

Holzzuber halten die Wärme der Waschlauge länger. Den gleichen Effekt erzielen Sie, wenn zwei Wannen ineinander gestellt und der Zwischenraum mit Wolle isoliert wird.

Weitere nützliche Geräte

» **Eine Standschleuder** reduziert den Wasserverbrauch und erleichtert das Ausspülen der Wolle erheblich. Geschleuderte Wolle trocknet schneller.

» **Abtropfgitter:** Aus Holzrahmen, die mit verzinktem Drahtgeflecht bespannt wurden, oder Backwarenbehälter in Eurobox-Größe. Auch aus Weiden geflochtene Gitter oder alte Obsthorden eigenen sich.

» Ein paar alte **Betttücher** und Seihtücher aus Baumwolle oder Leinen

» Ein **Wäschestampfer** bewegt die Wolle durch das Einblasen von Luft

Kleingeräte

- Wäschezangen und -paddel
- Eine Waage für kleine Mengen (1 g)
- Eine digitale Kofferwaage, um größere Gewichte hängend zu wiegen
- Ein Messlöffelchensatz aus Edelstahl
- Gummihandschuhe
- Große und kleine Messbecher
- Ein Notizbuch mit wasserfestem Stift
- Mehrere, dicke Badelaken zum Vortrocknen der gewaschenen Wolle

Chemikalien

- Teststreifen oder Titrierlösung, um die Wasserhärte zu bestimmen
- Waschsoda oder ein anderer Enthärter
- Haushaltsnatron
- Pottasche
- Essig oder Zitronensäure
- Wollwaschmittel nach Wahl

DIE FÜNF WASCHMETHODEN

Die Wollwaschanleitungen bauen zum Teil aufeinander auf. Sie beginnen mit einer kalten Wassertemperatur von 17 bis maximal 21 °C und enden bei einer heißen Wollwäsche von bis zu 70 °C mit Waschmittel und mehren Spülgängen. Die Anleitungen können für sich als einzige Wäsche stehen oder in Kombination eingesetzt werden.

» **Wollwäsche Nr. 1:** kalte Wäsche für eine Wolle die noch Restwollwachs enthält, Vorwäsche für Nr. 4 und 5.

» **Wollwäsche Nr. 2:** Wollwäsche nach Duhamel für ein halbes, mittelgroßes Vlies, Vorwäsche für Nr. 4 und 5.

» **Wollwäsche Nr. 3:** Einfache Wäsche mit Haushaltsnatron, die für den kleinen Haushalt besonders gut geeignet ist.

» **Wollwäsche Nr. 4:** Abschließende Wäsche mit heißem Wasser und Waschmittel.

» **Wollwäsche Nr. 5:** Tuchwäsche, ein Verfahren für die Wäsche einzelner Stapel.

Ein Vlies im Haushalt waschen

Auch in einem normalen oder kleinen Haushalt kann ein ganzes Vlies gewaschen werden. Dazu, je nach Kapazität, das Vlies oder die sortierten Vliesfraktionen in handliche 100-Gramm-Portionen aufteilen und nach und nach waschen und trocknen. Die Geräte sind kleiner und die Mengen geringer. Dieses Vorgehen hat den Vorteil, dass die Wolle gezielter bearbeitet werden kann.

WOLLWÄSCHE NR. 1: KALTE WÄSCHE, UM RESTLICHES WOLLWACHS ZU ERHALTEN

Einweichvorwäsche für Nr. 4 und 5. Bei dieser Wäsche werden alle in kaltem Wasser löslichen Stoffe entfernt. Die Wolle wird aber noch einen Restgehalt an nicht wasserlöslichem Wollwachs in der Faser haben. Das Wasser für diese Wäsche sollte möglichst weich sein und eine Temperatur von 17 bis 30 °C haben.

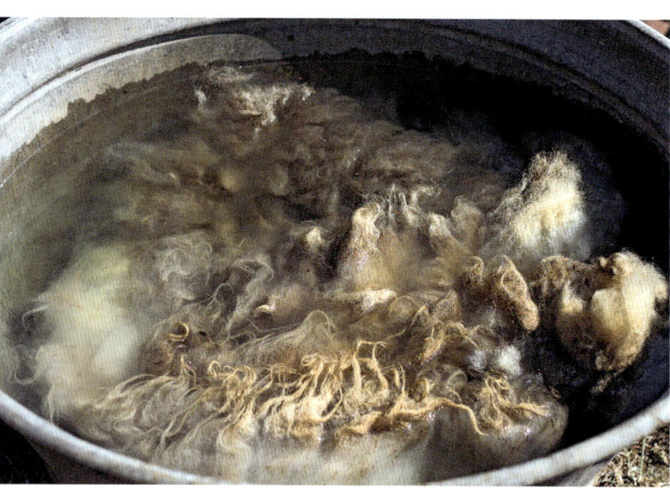

Wolle, die gerade ins Waschwasser gekommen ist; der Schmutz beginnt sich zu lösen.

» **Geräte:** Zwei Wannen, eine mit Gitterrost am Boden, Gummihandschuhe, Abtropfgitter, Gießkannen oder Eimer, um Wasser zu transportieren. Wäschepaddel. Optional und empfohlen: ein Wäschestampfer und eine Standschleuder.

» **Anleitung:** Etwa 50 l Wasser je Kilogramm Wolle in die Wanne mit dem Gitterrost gießen. Die Wolle soll nicht zu eng im Wasser liegen.

Die Wolle auf das Wasser legen und sich vollsaugen lassen, bis sie bedeckt ist. Das wird eine Weile dauern, da Wolle mit kaltem Wasser nur schwer benetzbar ist. Ab und zu bewegen, indem die Wolle mit dem Paddel hin und her geschoben oder mit einem Wäschestampfer vorsichtig bearbeitet wird. Die Wolle je nach Verschmutzung eine halbe Stunde bis einen Tag im Wasser lassen. Mit den Fingern können verschmutzte Stapelspitzen im Wasser sanft gerieben werden. Das öffnet die Spitzen und löst Verklebungen.

Ein Abtropfgitter auf die zweite Wanne legen und die nasse Wolle darauflegen. Anschließend die Wolle portionsweise ringförmig in die Trommel der Standschleuder legen, dann verteilt sie sich beim Schleudern besser und es gibt keine Unwucht; ausschleudern. Anschließend zum Trocken im Schatten auslegen.

» **Optional:** Die geschleuderte Wolle noch einmal waschen, falls sie noch nicht so sauber wie gewünscht ist. Das Waschwasser kann für die Wollwäsche Nr. 2 erwärmt und weiterverwendet werden. Experimentieren lohnt sich. Probieren Sie die Waschanleitung Nr. 1 mit verschiedenen Wasserhärten und Temperaturen unter 17 °C aus.

Düngen mit Wollwaschwasser

In einem schmutzigen Wollwaschwasser sind viele Nährstoffe enthalten, die Pflanzen düngen können. Mit Waschwasser ohne synthetische Waschmittel können Sie Ihren Garten düngen.

WOLLWÄSCHE NR. 2: WÄSCHE NACH DUHAMEL FÜR EIN HALBES MITTELGROSSES VLIES

Vorwäsche für Nr. 4 und 5. Das Verfahren kommt ohne Waschmittel aus, braucht aber weiches, 55 °C heißes Wasser, um zu funktionieren. Das Besondere ist, dass die Wollwachsschweiß-Lauge mehrfach verwendet wird und sich mit jedem Durchgang ihre Reinigungskraft verbessert.

» **Geräte:** Die Geräte sind für ein halbes mittelgroßes Vlies ausgelegt. Es ist auch möglich, das Verfahren im kleineren Maßstab, zum Beispiel mit Portionen von je 100 g, im normalen Haushalt auszuführen. Zwei Wannen mit entsprechendem Fassungsvermögen, alter Stieltopf, um die heiße Wachsschweißlauge umzufüllen, Abtropfgitter, ein Seihtuch, groß genug, dass es über die Wanne passt. Ein großer alter Kochtopf, ideal ist ein elektrischer Einmachtopf mit Thermostat, zum Erhitzen der Waschlauge, Gummihandschuhe als Hitzeschutz, Wäschezange und -stampfer, Kesselthermometer, ein Gitterrost, das den Boden der Wanne mit etwas Abstand bedeckt.

Bildung von wolleigenem Seifenschaum auf dem Waschwasser

Wasser filtern leicht gemacht

Klemmen Sie ein Seihtuch mithilfe von Leimzwingen am Rad des Abtropfgitters über der Wanne fest, dann rutscht das Tuch nicht in das Einweichwasser.

» **Anleitung:** 40 l kaltes Wasser in eine Wanne mit Gitterrost am Boden geben. Die zweite Wanne mit dem Abtropfgitter daneben stellen.
Die sortierte Wolle in die erste Wanne legen und unter Wasser drücken oder sich vollsaugen lassen.
Die Wolle mindestens zwei Stunden einweichen und dabei immer wieder vorsichtig mit dem Stampfer bewegen.
Danach die Wolle aus der Wanne nehmen und auf dem Gitter abtropfen lassen. Die Wolle in Portionen schleudern. Das ablaufende Wasser kommt wieder zum Einweichwasser. Das Einweichwasser aus der Wanne durch ein Tuch in einen großen alten Kochtopf filtern und auf 60 °C erwärmen.
Den Bodensatz aus der ersten Wanne ausspülen, er ergibt einen guten Gartendünger.
Das erhitzte Einweichwasser in die saubere Wanne geben und durch Zugabe von sauberem kaltem Wasser auf 55 °C einstellen.
Die ausgeschleuderte Wolle wieder ins heiße Einweichwasser legen. Ab und zu bewegen. Nach einiger Zeit sollte sich ein leichter Schaum auf der Oberfläche bilden. Es ist jedes Mal erstaunlich, wie die wolleigene Seife im Vlies entsteht.
Wenn das Wasser unter 40 °C abkühlt, die Wolle wieder herausnehmen und schleudern. Ist sie noch nicht so sauber wie gewünscht, das Einweichen in dem wieder erhitzten Waschwasser wiederholen.
Ist die Wolle sauber genug, kann sie in sauberem, je Spülgang kühler werdendem Wasser gespült werden. Nach jedem Spülen schleudern.

» **Optional:** Zum Abschluss kann die Wolle mit der Wollwäsche Nr. 3 oder 4 gewaschen werden. Diese Wäsche ist angebracht, wenn anschließend gefärbt werden soll. Je nach verbleibendem Wollwachsgehalt kann die Wolle auch ohne weitere Wäsche nach dem Trocknen verarbeitet werden.

WOLLWÄSCHE NR. 3: EINFACHE, WARME WÄSCHE MIT HAUSHALTSNATRON

Die Methode ist sehr einfach, weil durch den Zusatz von Natron keine weiteren Wäschen mit Waschmitteln nötig werden. Unbedingt darauf achten, dass die Zusätze am Ende gründlich ausgewaschen und die Wolle in Essig oder Zitronensäure neutralisiert wird. Die Wassertemperatur sollte zwischen 40 und 55 °C und maximal bei 60 °C liegen. Die Methode funktioniert mit weichem Wasser am besten.
Wassertemperatur und alkalische Zusätze wie Haushaltsnatron, Pottasche oder Soda, wirken auf die Wolle ein. Je höher die Temperatur und die Dauer der Wäsche, desto stärker wird die Wolle geschädigt. Soda wirkt am alkalischsten, während Pottasche und Natron milder wirken. Mit dieser Methode kann die zwei- bis dreifache Menge Wolle gewaschen werden. Probieren Sie aus, wie viel mit Ihrer Wolle geht.

Sicherheitshinweis Pottasche

Verordnung (EG) Nr. 1907/2006 (REACH), Sicherheitsdatenblatt: Achtung! Pottasche reizt Haut-, Augen- und Atemwege. Entsprechende Schutzkleidung tragen. Vor erneutem Tragen waschen. Schwach wassergefährdend. Nicht in der Nähe von Säuren lagern.

» **Geräte:** Ein großer alter Kochtopf (je nach Haushaltsgröße und Wollmenge die Topfgröße wählen), Holzzange, Sieb mit Schüssel, zweite Schüssel, Waage, Messbecher, Esslöffel.
» **Zusätze:** Natron oder Pottasche, Essig oder Zitronensäure zum Neutralisieren.
1 Liter Wasser mit Zimmertemperatur, in dem 10 g Haushaltsnatron aufgelöst werden, hat einen pH-Wert von 8,5. Der für Wolle beste pH-Wert liegt zwischen 4 und 6.
» **Anleitung:** In dem Topf genügend Wasser auf 55 °C erwärmen. 10 g Haushaltsnatron je Liter im Topf auflösen. Für 100 g Rohwolle werden 3–5 l Wasser gebraucht. Vorsichtig mit der Zange bewegen. Nicht länger als 3 Minuten in der Lösung lassen. Die Wäsche funktioniert auch bei 40–60 °C.Herausnehmen und in einer Standschleuder abschleudern. Die Schmutzlauge wieder in den Topf zurückgeben und erneut erwärmen.
Die Wolle spülen und schleudern, bis das Wasser nahezu klar ist. Im letzten Spülbad pro Liter 30 ml Essig oder 10 g Zitronensäure (Pulver) beigeben. Die getrocknete Wolle ist wunderbar weich ohne Reste von klebrigem Wollwachs.

WOLLWÄSCHE NR. 4: ABSCHLIESSENDE WÄSCHE MIT HEISSEM WASSER UND WASCHMITTEL

Diese Methode kann als Abschluss mit der Nr. 1 und 2 kombiniert werden. Die so gewaschene Wolle ist nahezu wachsfrei und kann von einem Lohnkardierer verarbeitet und für die Färberei verwendet werden.
Vor dem Kardieren muss entwachst werden. Die Maschinen der Lohnverarbeiter können nur Wolle verarbeiten, die sehr gut entwachst ist. Zu wachsige Fasern verkleben den Beschlag der Maschinen. Professionelle Wollwäschereien waschen die Wolle, damit sie hygienisch einwandfrei ist, mit einem desinfizierenden Waschmittel und einem Entwachser bei 70–90 °C. Das Kochen der Wolle bei 100 °C, um sie zu sterilisieren, ist unnötig und kann im Zusammenwirken mit Waschmitteln die Fasern schädigen.
» **Geräte:** Zwei Wannen, Eimer, Kasserolle oder ein großer Messbecher, um Waschlaugen anzurühren und heißes Wasser zu transportieren, wenn die Zapfstelle weiter weg ist. Abtropfgitter, Standschleuder, Wäschestampfer, Geräte zum Dosieren des Waschmittels.
» **Waschmittel:** Ökowaschmittel haben weniger umweltschädliche Zusätze, deshalb sind sie als erste Wahl zu empfehlen. Bio-Spülmittel, -Feinwaschmittel und -Wollwaschmittel, Haushaltsnatron, Pottasche (die gleichzeitig ein Enthärter ist) oder Stückseife sind geeignet. Für das abschließende Entspannungsbad einen einfachen Haushaltsessig oder Zitronensäure wählen.
» **Anleitung:** Die Wolle wird nach der Anleitung Nr. 1 oder 2 vorgewaschen. Gleich im Anschluss eine saubere Wanne mit 50 l mindestens 55 °C heißem Wasser füllen. Das Waschmittel dosieren

und in der Kasserolle mit heißem Wasser auflösen, sodass eine Lauge entsteht. Diese zum Waschwasser geben und umrühren. Die feuchte Wolle dazugeben und von Zeit zu Zeit mit dem Wäschestampfer oder dem Paddel bewegen. Nach 15 bis 20 Minuten die Wolle aus der Wanne nehmen und auf dem Abtropfgitter abtropfen lassen oder in der Standschleuder abschleudern. Die folgenden Spülbäder immer etwas kühler anmischen.

Spülen ist wichtig! Die Wolle muss solange gespült und ab geschleudert werden, bis das Wasser klar ist, um Schäden durch alkalische Waschmittelreste in den Fasern zu vermeiden. Durch den Wasserentzug beim Trocknen konzentriert sich sonst die alkalische Wirkung und greift die Fasern an. Dem letzten Spülbad etwas Essig oder Zitronensäure zusetzen. Zum Schluss die Wolle so trocken wie möglich schleudern und an der Luft trocknen.

WOLLWÄSCHE NR. 5: DIE TUCHWÄSCHE, EIN EINFACHES VERFAHREN FÜR DIE WÄSCHE EINZELNER STAPEL

Die Tuchwäsche dient dazu, sehr empfindliche Wolle und einzelne Stapel zu waschen. Die Stapelstruktur bleibt weitestgehend erhalten, und die Filzgefahr ist gemindert. Für das Kämmen oder Ausbürsten werden einzelne sehr saubere Stapel gebraucht. Diese Methode ist auch optimal für den kleinen Haushalt, vor allem für Rohwolle mit langen Stapeln ab ca. 7 cm, für getrennte Unterwolle und Langhaare. Dann kann die Tuchwäsche mit der Nr. 3 kombiniert werden. Dabei wird das Waschmittel weggelassen und durch Natron oder Pottasche ersetzt.

Werkzeuge für die Tuchwäsche: Leinentücher, Gummihandschuhe, Bio-Spülmittel

Ein Waschtuch nähen

Waschtücher für die Wollwäsche werden aus reiner Leinengaze, ca. 85 g/m², genäht. Der Stoff soll locker gewebt sein, damit der Schmutz nach außen dringen kann. Das Leinen hat die nötige Steifigkeit, um den Stapeln in der Wäsche genug Halt zu geben. Eventuell in der Wolle befindliche Kurzhaare bleiben in dem Leinen nicht so stark haften, wie das bei Baumwolle der Fall ist. Wäschenetze aus Plastik sind zu weich und geben Mikroplastik ab. Sackstoff aus Jute ist zu dick und verunreinigt mit feinen Fasern die Wolle.

Das Zuschnittmaß: 70 cm mal Stoffbreite, plus 1 bis 2 cm Nahtzugabe. Die offenen Schnittkanten säumen, das gibt zusätzlichen Halt. Ein Satz von zehn oder mehr Tüchern ist eine gute Grundlage, um eine Menge klar definierter Stapel zum Kämmen zu waschen.

» **Geräte:** Waschtücher, Bio-Spülmittel, eine flache, eine ausreichend breite, flache Wanne, heißes Wasser, hitzefeste Gummihandschuhe, Standschleuder, Eimer.

» **Arbeitsplatz:** Eine Arbeitsfläche von mindestens 70 × 100 cm in einer guten Arbeitshöhe. Ein Tuch wird längs zur Tischkante ausgebreitet

» **Das Abtrennen der Stapel aus dem rohen Vlies:** Von verschiedenen Vliesen werden die längsten und am deutlichsten gestapelten Bereiche ausgesucht. Aus diesen Vliesstücken werden die einzelnen Stapel so abgetrennt, dass die restliche Struktur erhalten bleibt. Dazu wird ein Stapel seitlich mit der Hand vom Stapelverband weggezogen, während die andere Hand den Stapelverband sichert. Um Zeit zu sparen, können die Stapel vor dem Belegen der Tücher erst mal in flachen Gefäßen gesammelt werden. Das Belegen geht dann viel schneller.

Stapel vereinzeln

Auslegen der Stapel und Einschlagen der langen Seiten

Einschlagen der langen Seiten und Aufrollen von der kurzen Seite her

Das Waschen der Rollen

» Das Belegen der Tücher: Die Stapel mit Abstand zueinander senkrecht (paralell) zu den langen Seiten (Längsseiten) auslegen. Einen ca. 10 cm breiten Rand zu den Seiten freilassen.
Ist das Tuch mit Stapeln belegt, die freigelassenen Längsseiten und eine kurze Seite nach innen einschlagen. Von dieser kurzen Seite her möglichst eng aufrollen. Das freigelassene Ende verschließt die Rolle und braucht nicht zugebunden oder befestigt werden. Die Rollen werden bei der Wäsche nicht stark bewegt, sodass sie geschlossen bleiben. Das Ende kann auch mit Sicherheitsnadeln verschlossen werden.

» Einweichen: Die Rollen mit 50 °C warmem Wasser bedeckt für ca. eine halbe Stunde einweichen. Hin und wieder bewegen und sanft kneten. Nach dieser Zeit die Rollen aus dem Wasser nehmen, ringförmig in die Standschleuder schichten und ausschleudern.

» Waschen: Zuerst eine flache Wanne, in die alle Rollen nebeneinander hineinpassen, mit weichem, 55 °C heißem Wasser füllen, sodass die Rollen gerade bedeckt wären. In das Wasser so viel Bio-Geschirrspülmittel geben und mit dem Wäschestampfer aufschäumen, dass viel Schaum entsteht. Die Rollen werden quasi mit Schaum gewaschen, der die Eigenschaft hat, viel Luft einzuschließen. Dadurch filzt die Wolle deutlich weniger.
Gummihandschuhe als Hitzeschutz anziehen, die Rollen hineinlegen und unterdrücken. Immer wieder die Rollen sachte in der Länge wie eine Ziehharmonika und in der Breite zusammendrücken. Der Vorgang ist in etwa vergleichbar mit dem Zusammendrücken eines Schwammes, um das Wasser herauszupressen, und der Eigenbewegung des Schwammes, der sich wieder ausbreitet, um neues Wasser aufzunehmen. Zwischendurch die Rollen immer ein paar Minuten ziehen lassen. Hat das Wasser eine Temperatur von 40 °C erreicht, die Rollen herausnehmen und ausschleudern. Das Waschwasser wegschütten und ein frisches Spülwasser mit 40 °C einlassen. Die nachfolgenden Spülgänge mit absteigender Temperatur so lange Spülen, bis das Wasser klar ist. Das letzte Spülbad mit Essig oder Zitronensäure bereiten und die Rollen ein letztes Mal spülen und anschließend so trocken wie möglich schleudern.

» Trocknen: Es gibt zwei Möglichkeiten die Stapel zu trocken und zu verarbeiten.

» Möglichkeit 1: Stapel gleich nach der Wäsche noch feucht verarbeiten. Voraussetzung ist, dass sie mit einer Standschleuder fast trocken geschleudert wurden. Dazu die Stapel aus den Rollen nehmen und in einer Schicht auf ein Tablett mit einem ca. 4 cm hohen Rand legen. Die Stapel mit einer Schmälze (siehe Seite 230) leicht besprühen, mit einem langen, breiten Spachtel wenden und ebenso die Rückseite besprühen. Die Schmälze verhindert eine statische Aufladung der Fasern beim

Stapel vor der Wäsche (oben) und nach der Wäsche (unten). Von links nach rechts, jeweils Mutterschafe: Jakobschaf, Walliser Landschaf, Merinofleischschaf, Gotland-Pelzschaf

Kämmen oder Ausbürsten. Die einzelnen Schichten mit einem Papier abdecken, sodass mehrere Schichten aufeinandergelegt werden können.

» **Möglichkeit 2:** Die Badehandtücher ausbreiten, die Rollen nacheinander auswickeln und die Stapel auf die Handtücher legen. Wird im Freien getrocknet, die Auslagen mit einem leichten Tuch gegen Verwehungen schützen. Die getrockneten Stapel in feste Behälter legen. Bewährt haben sich durchsichtige Euroboxen mit Deckel. Jede Stapellage mit Papier bedecken; so können mehrere Lagen übereinandergestapelt und auf Vorrat gelagert werden.

EINE UNGEWÖHNLICHE METHODE: DAS REINIGEN DURCH FAULENLASSEN DER WOLLE

Diese Art der Reinigung (engl. *suint fermentation*) macht sich den abbauenden Effekt von anaeroben Fäulnisbakterien zunutze, um Rohwolle zu reinigen. Bei Fäulnis von Reinigung zu sprechen, ist allerdings schon aufgrund des sich entwickelnden Geruchs problematisch. Es heißt, diese Methode wurde von neuseeländischen Farmern entwickelt, um größere Mengen nur wenig verschmutzter, leicht wachsiger Vliese zu reinigen.

Für diese spezielle Art der Reinigung lässt man ein Rohwollvlies in einem dunklen, undurchsichtigen, verschließbaren Behälter mit Regenwasser in der Sonnenwärme maximal eine Woche faulen. Die beste Jahreszeit für die Methode ist der Sommer. Die beteiligten Fäulnisbakterien ernähren sich von Stoffen wie Kot, Urin, Schweiß, Wollwachs, Erde und Schmutz usw., die im Vlies sind.

Sicherheitshinweis

In der Wärme des Wassers und unter Luftabschluss vermehren sich die Bakterien rasend schnell. Es ist möglich, dass Bakterienstämme dabei sind, die beim Menschen zu gesundheitlichen Problemen führen können. Bei den Reinigungsarbeiten mit Hilfe von Fäulnisbakterien sollten deshalb Gummihandschuhe, Schutzbrille und eine Maske getragen werden. Das gefaulte Wasser sollte auch nur stark verdünnt zum Düngen von Pflanzen verwendet werden, sein pH-Wert ist 8, was für Pflanzen zu basisch ist.

Der Dünger darf nicht auf Gemüse gegeben werden, das, wie Salat, direkt auf dem Boden wächst. Besser werden damit Stangenbohnen und Obstgehölze gedüngt, sodass der Dünger von der Pflanze erst verstoffwechselt wird, bevor er in die Nahrungskette gelangt.

Weil bei der Fäulnis brennbare Faulgase entstehen können, ist offenes Feuer und Rauchen bei der Arbeit zu vermeiden.

Wegen der starken Geruchsentwicklung und evtl. giftiger Gase lässt sich diese Methode nur im Außenbereich anwenden.

Hauptgründe, diese spezielle Methode anzuwenden

Die Methode gilt als …

- umweltfreundlicher, weil weniger Wasser und kein Waschmittel gebraucht wird. (Dabei wird leider vergessen, dass giftige Gase entstehen.)
- zeitsparender als die traditionellen Waschverfahren, weil die Bakterien die Wolle reinigen.
- schnell, denn damit kann in relativ kurzer Zeit eine größere Menge Rohwolle gereinigt werden.

- schonender, da durch niedrige Temperatur und wenig Bewegung die Filzgefahr vermindert wird.

ANLEITUNG FÜR EINE WOLLWÄSCHE DURCH FÄULNIS

Wenn ein großes Grundstück mit toleranten Nachbarn und Mitbewohnern zur Verfügung steht und Ihnen schlechte Gerüche nichts ausmachen, kann ein Versuch mit dieser ungewöhnlichen Reinigungsmethode gestartet werden.

» **Geräte:** Ein großer Behälter, in den ein Vlies oder Teile davon locker schwimmen können. Alternativ teilen Sie das Vlies, sodass es in kleinere Behälter passt. Der Behälter sollte aus Kunststoff sein. Eine dunkle Farbe ist von Vorteil, weil sich der Inhalt dann in der Sonne schneller aufwärmt. Ein Stück Plastikfolie, das auf die Wasseroberfläche und das Vlies darin gelegt werden kann. So wird der Eintritt von Luftsauerstoff weiter vermindert. Ein dicht schließender Deckel ist zwingend erforderlich, weil die Bakterien nur unter Luftabschluss, am besten bei 26 °C, arbeiten und der Geruch so größtenteils im Behälter bleibt. Ein großer Wäschesack macht die schwere nasse Wolle leichter handhabbar. Eine Wanne mit Abtropfgitter, um das faulige Wasser aufzufangen. Eine Standschleuder.

» **Material:** Für den ersten Ansatz brauchen Sie ein möglichst wachshaltiges, schmutziges Rohwollvlies und mindestens 26 °C warmes Regenwasser.

» **Das erste Vlies und weitere Vliese einlegen:** Das erste Vlies in einen Wäschesack füllen und in den Behälter legen. Mit dem warmen Wasser so weit begießen, dass es bedeckt ist und etwas schwimmt. Die Wasseroberfläche mit der Plastikfolie bedecken und mit dem Deckel verschließen. Das erste Vlies bleibt 5 bis 7 Tage in dem geschlossenen Behälter. Die Fäulnis funktioniert am besten bei wenig Temperaturschwankung ab 20 °C. Höhere Temperaturen bis 36 °C sind auch gut. Nach dieser Zeit das Vlies aus dem Bad holen und auf dem Abtropfgitter über einer zweiten Wanne abtropfen lassen. Die Flüssigkeit vom Einweichen auffangen und wieder in den Behälter zurückgießen.

Ein neues Vlies, das weniger wachsig ist, in die Flüssigkeit legen. Damit das Vlies wieder leicht schwimmt, evtl. etwas frisches, warmes Wasser nachfüllen und den Deckel fest schließen. Dieses Vlies und alle weiteren nur 2 bis 3 Tage lang einweichen.

» **Abschließende Arbeiten:** Das Vlies wie bei der Wäsche Nr. 2 behandeln. Nach dem Schleudern ausspülen, bis das Spülwasser klar ist. Dann ausgebreitet im Halbschatten vollständig trocknen lassen. Der Geruch soll verschwinden, wenn die Bakterien an der Luft absterben, das Vlies also absolut trocken ist. Die Wolle zum Abschluss wie bei Wollwäsche Nr. 3 mit Waschmittel waschen.
Sehr gut ausspülen und mit Säure neutralisieren. Die Schritte für jedes weitere Vlies wiederholen. Das Faulwasser wird mit jedem Vlies wirkungsvoller.

Allerlei Missverständnisse

Die Methode entfernt weder Wollwachs noch Pflanzenteile aus der Wolle. Das Vlies nicht länger als 7 Tage faulen lassen, da sonst die Schuppenschicht der Wolle angegriffen wird. Das Faulenlassen von Wolle hat nichts mit den sogenannten Effektiven Mikroorganismen (EM) zu tun.

DAS TROCKNEN DER WOLLE

Das Trocknen ist ebenso wichtig wie das Waschen. Auch hier lauern Gefahren, die die Faser beschädigen können. So müssen alle Waschmittel- und Enthärterreste vollständig ausgespült werden, wenn mit Soda, Pottasche oder Natron enthärtet oder entfettet oder die Wolle mit Waschmittel gewaschen wurde. Die Wolle nie in der vollen Sonne trocknen. Die Sonnenstrahlung trocknet die Fasern bis zur Beschädigung aus, macht sie strohig und fördert die Filzfähigkeit. Zu sehr ausgetrocknete Wolle kann sich in Wasser nicht wieder regenerieren. Um Seifenreste zu neutralisieren und die Fasern wieder in ein saures Milieu zu bringen, die Wolle unbedingt im letzten Spülgang mit Essig oder Zitronensäure behandeln.

Methoden, um die Wolle nach der Wäsche zu trocknen

Der ideale Trockenplatz liegt im Halbschatten, ist luftig und warm. Gut geeignet ist auch ein warmer Dach- oder Scheunenboden. Ist die Wolle noch schön zusammenhängend, kann sie auch aufgehängt werden.

Ist keine Standschleuder vorhanden, die Wolle zuerst in einem Netzbeutel abtropfen lassen. Anschließend portionsweise in einem großen Badehandtuch vortrocknen. Dazu das Handtuch auf den Boden oder einen Arbeitstisch legen, etwas nasse Wolle darauf dünn auslegen. Das Handtuch eng aufrollen und leicht kneten. Einige Minuten Feuchtigkeit ziehen lassen und wieder auswickeln. Nach einer beliebigen Methode fertig trocknen.

Die feuchte Wolle kann auf mit Tüchern bedeckten Wäscheständern, mit Drahtgeflecht beschlagenen Holzrahmen oder platzsparend in einem Kräuter-Trockennetz zum Aufhängen getrocknet werden. Auch der Sortiertisch eignet sich gut dazu.

Die Wolle während des Trocknens öfter wenden und aufschütteln.

Wolle nur vollständig getrocknet verpacken!

WOLLE AUFBEREITEN

Vor jeder Wollaufbereitung steht die Entscheidung, für welches Projekt die Fasern aufbereitet werden sollen. Die Aufbereitung hat nämlich unmittelbaren Einfluss auf die Gestalt und die Eigenschaften der Werkstücke. Für ein weiches, luftiges Garn ist eine andere Aufbereitung erforderlich als für ein Kammgarn oder ein Filzprojekt. Die grundlegenden Methoden der Aufbereitung sind das Aufschließen der gewaschenen Wolle durch Schlagen, Aufzupfen per Hand oder mit einem Picker, Kämmen, Ausbürsten sowie Kardieren.

Die Aufbereitung dient dazu, die Fasern für das Spinnen einfach und bestmöglich vorzubereiten und bestimmte Garneigenschaften zu erreichen, die wir uns für unsere Werkstücke wünschen. In der Regel werden kürzere Fasern für weiche, voluminöse Streichgarne direkt aus der Flocke gesponnen oder kardiert. Lange Fasern ab 7 (besser 10) cm für glatte, sehr dünne und reißfeste Kamm- und Faserrichtungsgarne werden gekämmt und/oder ausgebürstet. Für das Spinnen von Artyarn und das Filzen können alle Faser- und Aufbereitungsarten verwendet werden.

Wolle ohne Kardieren oder Kämmen verarbeiten

Natürlich kann auch direkt aus dem gewaschenen oder aufgezupften Vlies gesponnen werden. Damit kann unmittelbar auf die Eigenarten von Kräuselung und außergewöhnlichen Farbsituationen in der Wolle eingegangen werden. Besonders gut lassen sich so z. B. farblich abgesetzte Spitzen in Garnen hervorheben.

GESCHICHTE DER FASERAUFBEREITUNG

Die erste fasernlockernde Aufbereitung war sicher das Aufzupfen mit den Fingern. Dafür, dass bis zur Erfindung des Spinnrades mit Flügel und Tritt der größte Teil der Textilen aus mit der Handspindel gesponnenen Fäden gewebt wurde, ist beklagenswert wenig über die Herstellung von Textilien erhalten. Wie in der Vergangenheit Fasern aufgelockert und verarbeitet wurden, kann man anhand von archäologischen Funden, aus Schriften und

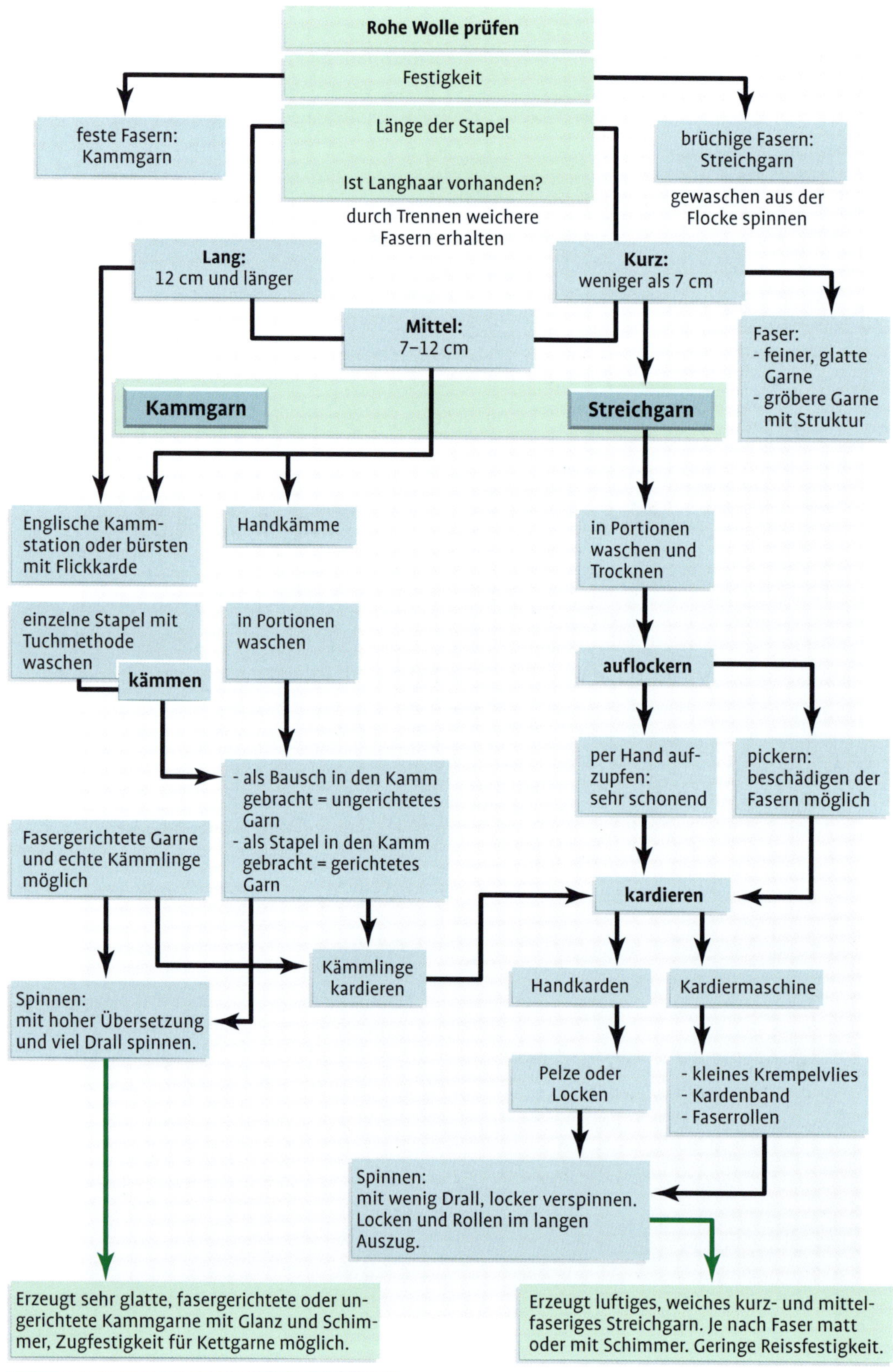

Händische Bearbeitungswege und Möglichkeiten der verschiedenen Wollarten zu Kamm- und Streichgarn

bildlichen Darstellungen nur vage rekonstruieren. Frühe Werkzeuge und Verfahren der Faseraufbereitung nach dem Waschen sowie dem Aufzupfen waren: Schlagen mit Ruten, Kardieren (griechische Antike, Bronze- und Eisenzeit) und Kämmen (Wikingerzeit, Eisenzeit).

In der **griechischen Antike** gibt die Komödie „Lysistrata" von Aristophanes Auskunft über die Wollbearbeitung. In der Komödie wird der Vorgang der Wollbearbeitung als Gleichnis benutzt.

Aus der **Wikingerzeit** sind relativ gut erhaltene Handkämme bekannt. Die damaligen Schafe wiesen noch einen deutlichen Fellwechsel auf. Die Wolle wurde schon beim Raufen in Unterwolle und Langhaar getrennt.

Aus der **Eisenzeit** ist aus dem Osthallstattkreis in Österreich die Verwendung des Spinnrichtungsmusters zur Erzeugung von feinen optischen Effekten im gewebten Stoff überliefert (Naturhistorisches Museum Wien, 75). Der Effekt entsteht, wenn s- und z-gesponnene Garne in Mustern gewebt werden, da sie das Licht unterschiedlich reflektieren. Voraussetzung für die Herstellung eines Stoffes mit Spinnrichtungsmuster ist das Kämmen. Nur aus gekämmten Wollfasern kann glattes Garn mit parallelen Fasern entstehen. Die Fadenstärken betrugen 0,2 bis 2,0 mm und wurden vom Gewicht des verwendeten Wirtels an der Handspindel bestimmt.

INDUSTRIELLE WOLLVERARBEITUNG

Bis zur industriellen Wollaufbereitung vergingen noch viele Jahrhunderte. Die Arbeitsschritte der Wollbearbeitung per Hand wurden nach und nach durch immer bessere Maschinen ersetzt. Die Art und Weise der großmassigen Aufbereitung kann als Anregung für die heute wieder praktizierten handwerklichen Wollverarbeitungstechniken dienen.

Bei der industriellen Wollverarbeitung steht die zu erzielende Garnart im Vordergrund. Die gesamte Bearbeitung wird darauf abgestimmt. Es werden, vereinfacht ausgedrückt, zwei Spinnverfahren angewendet: das Streichgarn-Spinnverfahren und das Kammgarn-Spinnverfahren.

Die auf diese beiden Arten in der Spinnerei erzeugten Garne unterscheiden sich darin, dass das Streichgarn rau und moosig, das Kammgarn glatt und dicht aussieht. Diese Wesensmerkmale liegen in der Verschiedenartigkeit der zum Einsatz kommenden Faserlängen und Rohstoffqualitäten sowie den beiden Bearbeitungs- und Verspinnungsarten begründet.

Die grundsätzliche Arbeitsweise für Streich- und Kammgarn ist das Mischen und Auflösen der Wolle bis zur Einzelfaser. Fasersortierungen mit bestimmten Eigenschaften werden nach der Schur zuerst vom Wollklassierer und danach vom Wollsortierer zusammengestellt.

Die Aufbereitung für beide Spinnverfahren beginnt mit dem Mischen, der Manipulation verschiedener Fasersortierungen, um bestimmte gleichbleibende Qualitäten, Spinn- und Garneigenschaften zu erreichen. Dazu werden die verschiedenen Fasern in Schichten zu einem Mischbett übereinandergelegt und mit einer Schmälze behandelt.

» **Verwendung einer Schmälze:** Damit gewaschene Wollfasern auf großen, industriellen Maschinen verarbeitet werden können, ist es erforderlich, dass die Fasern gut gleiten. Bei den einzelnen Verarbeitungsschritten auf den Maschinen wird eine sogenannte Schmälze eingesetzt. Es handelt sich dabei um eine Emulsion aus bestimmten Ölen, Wasser und chemischen Zusatzstoffen. Die Rezeptur ist so angelegt, dass weder Geräte noch Fasern Schaden nehmen. Bei der Kammgarn- und Streichgarnherstellung haben die Schmälzen unterschiedliche Zusammensetzungen und Aufgaben. Beide Verfahren sollen die Gleitfähigkeit der Fasern erhöhen sowie ein Zerreißen und die statische Aufladung verhindern. Eine Schmälze kann auch bei der handwerklichen Wollaufbereitung eingesetzt werden, sowohl zum Pickern und Kämmen als auch zum Kardieren und Spinnen. Das Rezept finden Sie auf Seite 230.

Anschließend kommen die Fasern in den Krempelwolf, um die unterschiedlichen Fasern zu mischen und aufzulockern. Es können mehrere Durchgänge nötig sein, bis die Fasern vollständig gemischt sind.

Je nach Spinnverfahren kommen die gemischten Fasern zur Weiterverarbeitung für die Herstellung von Streichgarn in einen Zwei- oder Dreikrempelsatz oder einen Kammwollkrempel.

INDUSTRIELLE WOLLVERARBEITUNG VON KAMM- UND STREICHGARN

Bemerkungen	Kammgarn-System	Streichgarn-System	Bemerkungen
Merino sind die typische Rasse für Kammgarne. Zucht, Haltung und Schur sind auf Wollqualität ausgerichtet.	Schafschur	Schafschur	Oft unsauber (Qualitätsverminderung)
Durch Fachleute	Klassifizieren im Betrieb des Schafhalters	Klassifizieren im Betrieb des Schafhalters	Entfällt in Deutschland meistens (Qualitätsverminderung)
	Als Rohwolle oder gewaschen in den Wollhandel	Als Rohwolle oder gewaschen in den Wollhandel	Auch direkter Ankauf beim Schafhalter möglich
Durch Fachleute	Sortieren im verarbeitenden Betrieb	Sortieren im verarbeitenden Betrieb	
	Rohwolle, auch Gerberwolle	Rohwolle, auch Gerberwolle	
Fachwort „Manipulieren“	Mischen	Mischen	
Abscheiden von Rohwollwachs	Waschen	Waschen	Abscheiden von Rohwollwachs Bei Bedarf Karbonisieren wegen zu vielen Pflanzenteilen in der Wolle (Unsaubere Haltung, Schur, kein klassifizieren)
	Trocknen	Trocknen	
Flaches Band wird zu Kreuzwickeln/Bobinen aufgewickelt	Kardieren Auf Kammwollkrempel. Ein flaches Kardenband entsteht	Mischen	Kämm-und Kardierabfälle sowie Reißwolle „XX“ hinzufügen
Parallelisieren Doppeln Strecken auch von hakenförmigen Fasern Mischen durch Zufügen von Kammzügen aus anderen Farben oder Materialien	Vorstrecken (engl. *gilling*) Zwei- bis viermal hintereinander	Kardieren Auf einem zwei- bis dreifachen Krempelsatz	
Entfernen von: • Nissen (winzige Faserklumpen) • Noils (kurze Fasern und Kämmabfälle) • Pflanzenteile Erzeugt: • Einen Kammzug (engl. *top*)	Kämmen	Florteiler am Ende des Feinspinnkrempel	Die Breite der Vorgarne richtet sich nach der zu erzeugenden Garnnummer „XX“
Vorgarne auf Kreuzwickeln/Bobinen	Vorgarn (engl. *roving*) herstellen	Vorgarn	Das Vorgarn ist vergleichbar mit den Roving aus der Kämmerei, nur ist es ungleichmäßiger
	Einfachgarn spinnen	Einfachgarn spinnen	
	Zwirnen	Zwirnen	
Dichte, glatte und sehr dünne Garne		**Weiche, luftige, rauere Garne**	

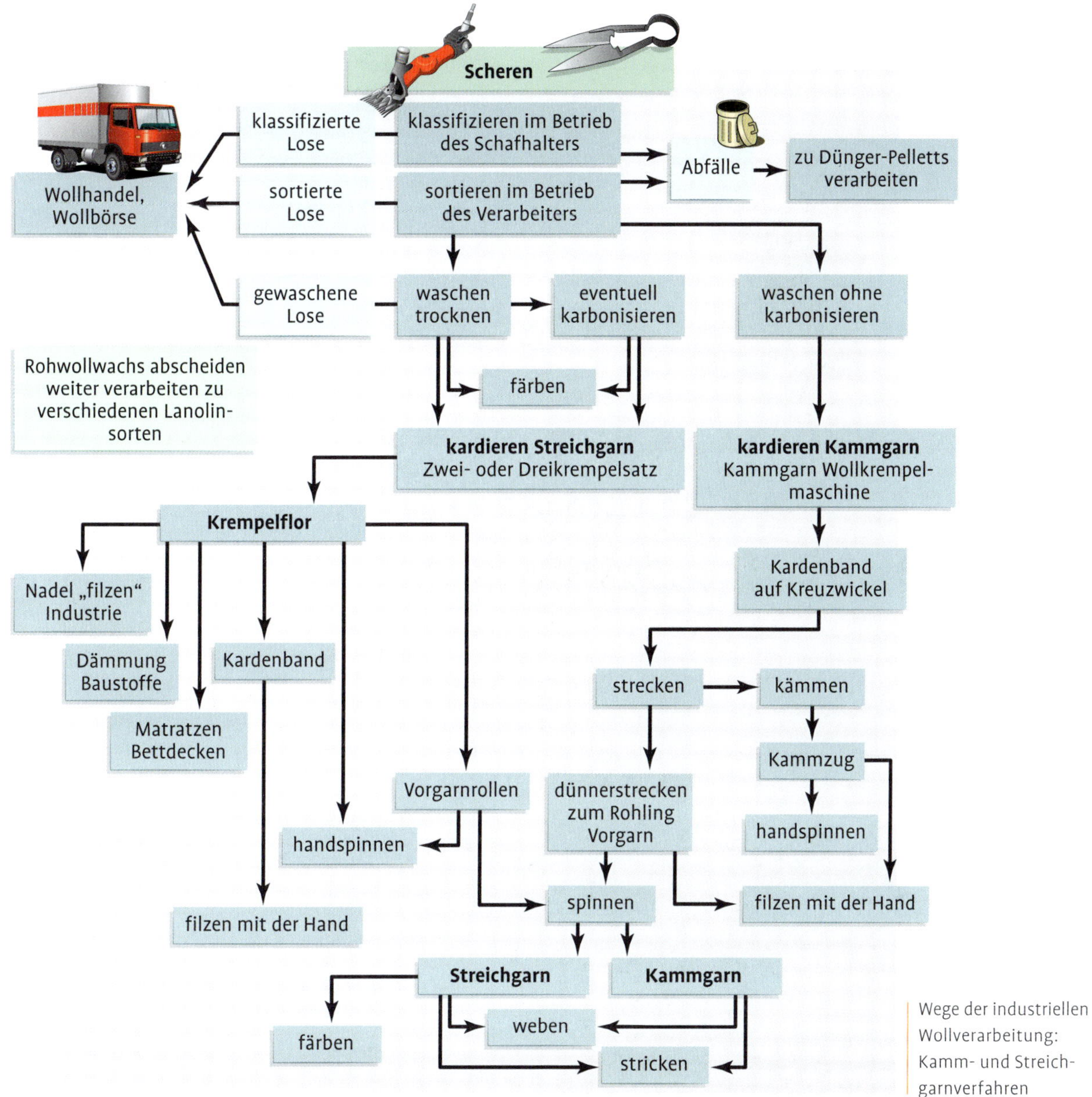

Wege der industriellen Wollverarbeitung: Kamm- und Streichgarnverfahren

Die Streichgarnverarbeitung

Bei der Verarbeitung zu Streichgarn werden kurze, lange, dicke und dünne Fasern sowie Kämmlinge aus der Kammgarnspinnerei genutzt. Auch Lumpen und Abfälle aus der gesamten Textilindustrie werden verwendet. Die Qualität der Erzeugnisse hängt in erster Linie von der Arbeit und Beschaffenheit der Krempelmaschinen ab. In der Praxis werden zwei bis drei verschiedene Streichgarnkrempel, die Krempelsätze, verwendet.
Diese riesigen Kardiermaschinen lösen die Wolle durch Parallelisieren, Wenden und erneutes Auseinanderreißen bis zur Einzelfaser auf. Dabei werden Unreinheiten entfernt. Nachdem die Wolle die Krempelsätze durchlaufen hat, wird ein dichter Flor oder Krempelvlies erzeugt. Im Feinspinnkrempel, dem dritten und letzten Krempelsatz, wird der Flor durch Riemchen in gleichmäßige Bändchen aufgeteilt. Die Riemchenbreite richtet sich nach der zu erzeugenden Vorgarnnummer. Sie beträgt etwa 12 bis 18 mm für Nm = 4 bis 6 und 7,5 bis 8 mm für Nm = 24 bis 30 (siehe Kapitel „Spinnen“, Kasten Seite 492). Die Faserbändchen werden im Nitschelwerk noch leicht gerollt und

zu Vorgarnrollen aufgewickelt. In einem Arbeitsgang können, je nach Riemenbreite, 15 bis 20 Vorgarnrollen erstellt werden. Die Erzeugnisse aus diesem Verfahren sind Krempelflor, Kardenband und Vorgarn. Streichgarne sind weich bis rau, haben viel Lufteinschluss und sind walkfähig.

Eine Devise des Tuchfabrikanten Kurt Müller (1929)

„Wenn das Krempeln nicht stimmt, stimmt überhaupt nichts mehr". Die Tuchfabrik Müller ist heute ein Museum mit aktiven Vorführungen der alten Maschinen. Im Internet sind mehrere sehr informative und kurzweilige Filme über die industrielle Wollverarbeitung, besonderes das Wolfen, Krempeln und Spinnen, zu sehen.

Die Kammgarnverarbeitung

Das Krempeln geschieht auf einem Kammwollkrempel, der die Wolle weniger intensiv bearbeitet als beim Streichgarn, weil Fehler und Mängel in den nachfolgenden Arbeitsgängen behoben werden. Das am Ende des Krempelvorganges auslaufende Faserband (engl. *sliver*) wird zu einem Kreuzwickel bzw. einer Bobine aufgewickelt.
In einem zweiten Arbeitsgang werden mehrere Kreuzwickel zusammengefasst, gedoppelt, wiederholt gestreckt sowie parallelisiert und wieder auf einen Kreuzwickel gewickelt. Anschließend wird das Faserband auf einem Flachkammstuhl ausgekämmt. Dabei werden zu kurze oder geknickte Fasern sowie kleinste Pflanzenteile entfernt. Am Ende liegen die Fasern alle in einer Richtung und sind absolut sauber. Der Kammzug, englisch „*top*", wird zu großen 22 kg schweren Wickeln, englisch „*bump*" genannt, gewickelt. Die Bumps werden nochmals zu einem Vorgarn (*roving*) gestreckt und in der Spinnerei zu Garnen gesponnen. Die Fasern, die bei diesem Verfahren entstehen, sind fein bis sehr fein mit einer Länge von 6 bis 16 cm. Erzeugnisse aus diesem Verfahren sind kreuzgewickeltes Krempelband, Kammzug, Vorgarne und Kammgarne. Eigenschaften der Kammgarne: sehr sauber, dünn, glatt, reißfest und daher für Kettfäden beim Weben geeignet.

Kleine und große wollverarbeitende Firmen

Die wenigen Kammgarnspinnereien in Deutschland sind ausschließlich große Firmen, die pro Arbeitsgang beträchtliche Mengen feinster Wolle und anderer Fasern auf modernen und hochtechnisierten Maschinen verarbeiten. Die Zwickauer Kammgarn GmbH z. B. verarbeitete 2020 noch 60 Prozent Schurwolle in ihrem Betrieb. Diese Art der Verarbeitung braucht Wolle, die gleichmäßig in Feinheit, Farbe und Struktur ist. Solche Wollen finden sich in der Qualität und Menge nur in Übersee, wo sie von den dortigen Merinos gewonnen werden.
Neben diesen sehr großen Firmen gibt es einige große, mittlere und kleine Betriebe in Deutschland, die zumeist mit älteren Maschinen oder sogenannten „Mini Mills" (Kleinstspinnanlagen) arbeiten. Sie erzeugen Krempelbänder auf Kreuzwicklern / Bobinen (die Vorstufe zum Kammzug), Kardenflor, Kardenbänder und Vorgarnrollen sowie Halbkammgarne und Streichgarne. Einige dieser Firmen bieten vermehrt auch die Verarbeitung von einheimischer Schafwolle in Lohnarbeit an. Das ist eine gute Möglichkeit für Schafhalter auch kleinerer Herden, die Wolle der eigenen Schafe verarbeiten zu lassen. Herausragend dafür geeignet sind die Kleinstspinnanlagen wie die Belfast Mini Mill, Ramella oder alte kleine Musterkrempel.

Kammzüge vom eigenen Schaf?

Der Traum vieler Schafhalter und Spinnerinnen: eigene Wolle zu Kammzügen verarbeiten zu lassen. In Deutschland gibt es noch Betriebe, die Kammzüge herstellen. Leider verarbeiten sie nur feine, einheitliche Merinowolle. Aber trösten Sie sich: Echte Kammzüge können ohnehin nur per Hand, dann aber von fast jeder Rasse hergestellt werden.

DAS KÄMMEN

Anfang des 19. Jahrhunderts war der Garnhunger der hauswirtschaftlichen Weber enorm. Die Garnparameter – meist sehr dünn und gleichmäßig – waren vom Auftraggeber festgelegt. Die eigene Fantasie in die Vorbereitung und Garngestaltung einfließen zu lassen, war unbekannt. Seit den 70er Jahren erfährt die handwerkliche Wollverarbeitung eine Renaissance.

Für die Bearbeitung von Wolle wurden und werden alte Geräte (wieder-)entdeckt und zu modernen Geräten weiterentwickelt. Wollhandwerkerinnen können heute aus einem großen, alten und modernen Wissensschatz schöpfen und nach ihren Vorlieben Werkstücke mit Wolle gestalten. Die moderne Wollverarbeitung ist ein Mix von Verfahren aus den traditionellen wollverarbeitenden Ländern wie Großbritannien, Neuseeland, USA, Skandinavien und Deutschland. Im Folgenden finden Sie Anleitungen für die gängigen Geräte und Verfahren wie Aufzupfen, Wolleschlagen, Pickern, Kämmen und Kardieren.

KÄMMEN MIT HANDKÄMMEN UND FLICKKARDEN

Das Kämmen steht vor dem Kardieren, weil beim Kämmen der Abfall aus den Kämmen, die sogenannten Kämmlinge, anfallen. Diese können beim Kardieren in Mischungen verwendet werden.
Beim Kämmen mit Handkämmen werden die Wollfasern parallelisiert und gleichzeitig von Krümeln, Pflanzenteilen, Nachschnitt, Kurzhaaren, Faserverwirrungen und anderen Verschmutzungen befreit. Sie lassen sich durch das Kämmen absolut sauber bekommen. Sogar eingefütterte Stapel werden absolut sauber; leichte Verfilzungen können zuerst mit der Flickkarde aufgelockert und dann gekämmt werden. Zugegebenermaßen ist die Herstellung von echten Kammzügen etwas aufwendiger, aber dafür werden Sie mit herrlichen, einzigartigen Garneigenschaften belohnt. Durch diese spezielle Bearbeitung und die nachfolgende Spinntechnik werden Garne erzeugt, die relativ wenig Luft enthalten und – je nach Ausgangsfaser – einen seidenartigen Fall und schönen Schimmer aufweisen. Gekämmte Fasern können zudem viel feiner ausgesponnen werden als kardierte, da weniger Fasern im Garnquerschnitt benötigt werden. Sie sind abhängig von der Faserlänge und dem Drall äußerst reißfest und hervorragend für alle Reliefstrickmuster geeignet. Damit können sogar Kettgarne für die Weberei gesponnen werden. Gewebe und Gestricke aus Kammgarn sind durch klare und gleichmäßige Oberflächen gekennzeichnet. Sie sind auch wunderbar für leichte, fließend-kühle Sommerbekleidung geeignet. Die Eigenschaften der Schuppenstruktur der Kutikula lassen sich in Faserrichtungsgarnen gezielt anwenden.

Geschichte der Wollkämmerei

Erste Abbildungen männlicher Wollkämmer sowie der Fund eines feinzinkigen Kammes in der Schweiz stammen aus dem 1. bis 2. Jahrhundert n. Chr. Aus Skandinavien, von den britischen Inseln und aus Deutschland sind aus der Wikingerzeit verschiedene Kämme belegt.
Das Kämmen ist viel älter als das Kardieren, weil erst um 1250 feine, starre Drähte für einen Handkardenbelag hergestellt werden konnten. Historische Kämme wurden aus Holz oder Geweih hergestellt. Sie waren mit ein- oder mehrreihigen langen Zinken aus Eisen bestückt, die im Winkel von etwa 80 Grad in den Griff eingelassen und manchmal im oberen Drittel zum Griff gebogen waren. Große Kämme konnten 2 bis 4 Kilo schwer sein. Während leichtere Kämme auch von Frauen verwendet wurden, war das gewerbliche Kämmen den Männern vorbehalten. Diese waren nicht in Zünften organisiert und zogen als Lohnkämmer durch das Land. Um 1860 setzte sich das von Samuel Lister erfundene mechanische Kämmgerät durch, das Gewerbe der Kämmer starb aus.

Das englische *Book of Trades* von 1815 beschreibt die Arbeitsweise: Die Wollkämmer arbeiteten jeder mit seiner eigenen Ausrüstung, üblicherweise zu viert. Zur Ausrüstung gehörten eine Bank, ein Ständer, Jenny genannt, um den Kamm in verschiedenen Arbeitspositionen zu halten, Körbe für die unbearbeitete und die gekämmte Wolle sowie für die Kämmlinge. Den Ofen, der in der Mitte stand, benutzten alle vier Kämmer. Jeder Kämmer verwendete abwechselnd vier Kämme. Während er mit zweien arbeitete, wurden die zwei anderen in dem Kohlenofen erwärmt. Das Erhitzen lässt die Kämme leichter durch die geschmälzte Wolle gleiten.
Der erhitzte Kamm wurde auf eine „Jenny" gesteckt. Das war ein Ständer, in dem der Kamm mit den Zinken nach oben oder zur Seite weisend arretiert werden konnte (siehe „Einstellung der Kämme und die zugehörigen Arbeitsweisen" Seite 238). Die Wolle wurde in den Kamm eingeschlagen, also mit einem gewissen Schwung in die Zinken gehängt, bis der Kamm etwa halb voll war. Nun wurde der Kamm so gedreht, dass die Zinken waagerecht standen. Mit dem zweiten, ebenfalls erhitzten Kamm, wurde, bei den Wollenden bzw. Spitzen beginnend, die Wolle ausgekämmt. Bei jeder Kammbewegung wurde weiter in Richtung der Zinken gearbeitet. Die Bewegung beschrieb einen großen Kreis. War die Wolle in den arbeitenden Kamm übertragen, wurde die Bewegung in eine seitliche, horizontal schwingende abgeänderte, die die Wolle wieder in den festen Kamm übertrug. Die Wolle wird auf diese Weise zwei- bis dreimal gekämmt. Am Schluss wird der stationäre Kamm wieder in eine senkrechte Stellung gedreht. Der gut gekämmte Wollbart wird mit den Händen abgezogen, bis die sehr kurzen Fasern und die Noils (kleine, flockige Wollansammlungen) sichtbar werden.
In der Zeit der professionellen Handspinner wurde das gekämmte Faserband erst zu einem Kammzug und dann zu einem Vorgarn verarbeitet. Ein Kammzug (engl. *top*) ist eine Sammlung von Faserbändern (engl. *slivers*), die in eine für die Lagerung und/oder den Transport geeignete Form gebracht wurden. Dies war notwendig, weil das Kämmen der Wolle ein eigenes Handwerk war und das Handspinnen ein anderes. Es war selten, dass ein Kämmer seine eigene Faser spann. Die Reste aus den Kämmen, die sogenannten Kämmlinge oder Noils, wurden an Kardierereien verkauft.

Moderne Geräte

Die schweren Kämme aus früheren Zeiten gehören glücklicherweise der Vergangenheit an. Heute gibt es eine Vielzahl von sehr unterschiedlichen Kämmen für feine und grobe Fasern. Peter Teal, ein englischer Autor und Spinngeräteentwickler, hat aus den schweren alten englischen Wollkämmen leichtere Kämme mit Kammstationen für die moderne Wollverarbeitung entwickelt.

Verschiedene moderne Kämme

DIE WERKZEUGE ZU KÄMMEN

Wollkämme werden traditionell eher im englischsprachigen Raum verwendet. Daher finden sich in diesen Ländern sehr viele Modelle und Variationen, die von kleinen Werkstätten hergestellt werden. Für die Herstellung von Faserbändern und Kammzügen stehen drei Gerätearten zur Verfügung. Sie werden mit jeweils unterschiedlichen Techniken gehandhabt. Damit können fasergerichtete und ungerichtete Faserbänder hergestellt werden.

Ungerichtete und gerichtete Fasern

„Gerichtete Fasern" bedeutet, bei jedem Arbeitsschritt darauf zu achten, dass die Stapelspitzen und Schnittenden in derselben Richtung liegen. Die erzeugten Faserbänder und Kammzüge sind als echte Kammzüge zu bezeichnen und ausschließlich per Hand herstellbar. Je nach Ausgangsmaterial können hochglänzende, sehr glatte, dichte, seidenartige Garne erzeugt werden.

„Ungerichtete Fasern" bedeutet, dass die Stapelspitzen und Schnittenden in Faserband und Kammzug durcheinander liegen. Industrielle Kammzüge sind aus ungerichteten Fasern gekämmt. Auch die traditionelle Technik der Handkämme wurde mit ungerichteten Fasern ausgeführt. Je nach Ausgangsmaterial können haarigere, steifere Garne erzeugt werden, die bei starkem Drall kratzig werden.

» **Flick- und Handkarde:** Mit dieser Technik lassen sich gerichtete Faserbänder erzeugen. Gearbeitet wird nur im Sitzen.

» **Englische Kammstationen mit Strecker (engl. *diz*):** Die traditionelle Technik erzeugt gerichtete Faserbänder. Gearbeitet wird im Stehen.

» **Freie Hand- oder Wikingerkämme:** Mit dieser traditionellen Technik sind ungerichtete Faserbänder und auch einfache gerichtete Faserbänder möglich. Gearbeitet wird im Stehen oder im Sitzen.

Sicherheitshinweis

Die Zinken aller Kämme, Flick- und Handkarden sind sehr spitz. Beim Arbeiten mit den Kämmen sind am besten enganliegende Kleidung, eine feste Schürze und Handschuhe zu tragen. Für die Bearbeitung mit Flickkarden auf dem Schoß ist eine Leder- oder feste glatte Leinenschürze von Vorteil. Kinder, Haustiere sowie Ablenkungen sind bei der Benutzung fernzuhalten. Kammstationen sollten immer sehr gut am Tisch befestigt werden und niemals unbeaufsichtigt stehen bleiben.

BEHANDLUNG DER FASERN VOR DEM KÄMMEN: DIE SCHMÄLZE

Für das Kämmen wird die Wolle nach dem Waschen und Trocknen mit einer Emulsion aus Wasser, Öl, Alkohol und ätherischen Ölen behandelt. Das erleichtert den Kämmprozess und verhindert eine statische Aufladung sowie eine Beschädigung der Fasern. Aufgeladene Fasern spreizen sich sonst in alle Richtungen und werden dadurch unkontrollierbar. Diese Mischungen heißen „Schmälze".
Eine Schmälze soll …

- sich gleichmäßig und fein auf der Wolle verteilen lassen
- der Wolle eine gute Gleitfähigkeit geben
- die Geräte nicht beschädigen
- bei der Lagerung der Wolle nicht verharzen
- sich gut auswaschen lassen

Neben einer klassischen Schmälze kann die Faser auch mit Wasser besprengt oder für eine halbe Stunde in ein feuchtes, warmes Handtuch gelegt werden. Der Wasseranteil verhindert ein statisches Aufladen der Wolle beim Kämmen. Der Ölanteil kann aus Olivenöl – am besten aus der 2. Pressung – Erdnuss-, Sesamöl, Needs Food Oil oder Ballistol bestehen. Der Alkohol dient zur

Konservierung, und das Lecithin emulgiert das Öl-Wasser-Gemisch. Ein paar Tropfen ätherisches Öl, z. B. aus mottenvertreibenden Pflanzen der Tabellen von Seite 88 und 89, geben der Schmälze einen nützlichen Nebeneffekt.

Rezept für eine Schmälze

- 30 ml Ethanol
- 3 Kapseln Lecithin (aus der Drogerie)
- 85 ml Wasser
- 110 ml Olivenöl oder anderes Öl
- ein paar Tropfen eines ätherischen Öles, z. B. Lavendel, Zirbelkiefer oder ähnliches

DIE FASERN FÜR DAS KÄMMEN

Ein Vlies mit mindestens 7, besser 10 cm Stapellänge sowie einer festen Elastizität der Stapel ist für die Bearbeitung mit Kämmen geeignet. Das Vlies darf auch ziemlich eingefüttert, leicht angefilzt und die Spitzen verklebt sein. Durch die Methode des Ausbürstens in Kombination mit dem Kämmen können solche Verschmutzungen entfernt werden. Tatsächlich gibt es keine andere händische Technik, um Wolle von feinen Pflanzenteilen zu befreien, als das Kämmen und Ausbürsten.
Um die empfindlichen Zinken der Kämme vor dem Verbiegen zu schützen, ist es angebracht, leichte Verfilzungen und verklebte Spitzen vorher mit einer Flickkarde zu öffnen.

Einige Hinweise zur Faserauswahl

Die Spinnerinnen, die die Spinn-, Strick- und Webmuster für dieses Buch angefertigt haben, sollten von jeder Schafrasse und Wollqualität ein Faserrichtungsgarn, ein Garn aus den Kämmlingen, aus der kardierten Wolle sowie aus der Flocke gesponnen herstellen. Es war eine echte Herausforderung, diese Vorgabe mit Fasern zu spinnen, denen normalerweise kein Kammgarn zugetraut wird. Die Ergebnisse sind sehr überraschend; Sie können sie im Rassenteil sehen. Diese Resultate dienen als Anregung, Fasern von Rassen mit misch- und schlichtwolligen, kratzigen Vliesen wie Herdwick, Berg- und Steinschafe, kurze Fasern wie Soay, getrennte Langhaare und Unterwolle, die Sie normalerweise nicht mit Kammgarnen verbinden würden, durchaus einmal fürs Kämmen zu verwenden. Die Erfahrungen, die Sie dabei sammeln werden, sind sehr nützlich. Die Garne waren überraschend schön und bieten sich auch bei vordergründig ungeeigneten Wollqualitäten für neue Verwendungsmöglichkeiten an.

Die Faserstruktur, ihre Bedeutung beim Kämmen und was sie im Garn bewirkt

Der spezielle Aufbau der Haarkutikula mit ihrer Schuppenstruktur trägt wesentlich zu den Garneigenschaften des Faserrichtungsgarnes bei. Während des Kämmens ist es wichtig, sich die Lage der Fasern bewusst zu machen, damit die Faserrichtung bei allen Arbeitsschritten wie Kämmen, Abziehen, Planken und Spinnen erhalten bleibt.

Tipp zum Planken

Um beim Planken mit der Faserrichtung im Band nicht durcheinanderzukommen, kann man sich eine Pappe unterlegen, auf der die gewünschte Pfeilrichtung aufgemalt ist, wie es auf Seite 245 zu sehen ist.

DIE VORBEREITUNG EINES VLIESES ODER VON VLIESTEILEN

Je nachdem, ob an einer Kammstation oder mit Handkämmen gearbeitet werden soll, muss das Vlies unterschiedlich vorbereitet werden. Für beide Bearbeitungsarten wird ausschließlich nach verschiedenen Methoden gewaschene Wolle verwendet.
Ein Vlies für die Kammstation wird schon vor der Wäsche in einzelne Stapel zerlegt und mittels der Tuchwäsche-Methode gewaschen, sodass die Faserrichtung der Stapel erhalten bleibt. Ein Vlies, das mit Handkämmen gekämmt werden soll, kann durch eine beliebige Methode gewaschen werden.

Faserrichtung und Garneigenschaft

Die Zeichnung zeigt, wie die Wollfasern ungefähr im Garn liegen. Durch die Schuppenstruktur und die Bewegung der Haare aneinander bewegen sich die Haare entweder in das Garn hinein oder hinaus. Die Schuppenstruktur der einzelnen Wollfasern hat Einfluss auf die Spinn- und Garneigenschaften. Die händische Bearbeitung unterscheidet sich grundlegend von den industriellen Verfahren, deren Faserrichtungen im Kammzug gemischt sind. Diese speziellen, fasergerichteten Garne können ausschließlich mit den händischen Kamm- und Flickkardenverfahren erzeugt werden.

Von der Schnittseite gesponnen

Nach dieser Methode lässt sich die Faser deutlich leichter gleitend und glatter verspinnen. Die Fasern im Garn werden maximal zusammengeschoben, was den Faden im Durchmesser kleiner macht. Rasseabhängig kommen Glanz und Schimmer optimal zur Geltung. Farben wirken kräftiger. In der Zeitschrift „*Spin Off*" schreibt Anne Merrow 2019, dass sich die Wollhaare, wenn sie von der Schnittseite her gesponnen werden, aus dem Garn herausarbeiten. Dies würde zu Pilling führen.

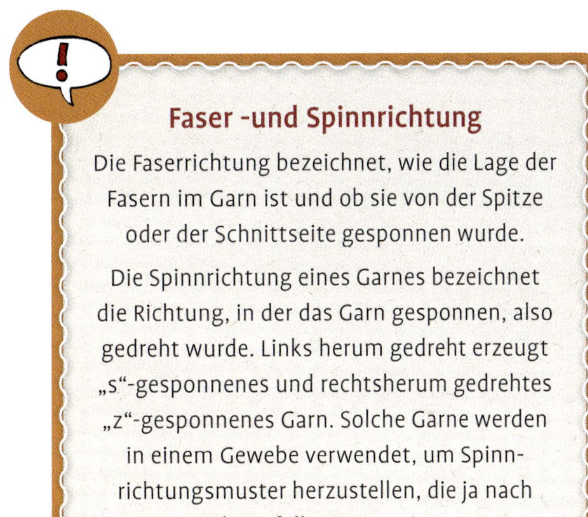

Faser -und Spinnrichtung

Die Faserrichtung bezeichnet, wie die Lage der Fasern im Garn ist und ob sie von der Spitze oder der Schnittseite gesponnen wurde.

Die Spinnrichtung eines Garnes bezeichnet die Richtung, in der das Garn gesponnen, also gedreht wurde. Links herum gedreht erzeugt „s"-gesponnenes und rechtsherum gedrehtes „z"-gesponnenes Garn. Solche Garne werden in einem Gewebe verwendet, um Spinnrichtungsmuster herzustellen, die ja nach Lichteinfall Muster zeigen.

Von der Spitze gesponnen

Margaret Stove berichtet davon, dass von der Spitze gesponnene Fasern sich ins Garn hineinziehen. So kann das Pilling vermieden werden. Bei dieser Spinnmethode gleiten die Fasern beim Spinnen fühlbar weniger gut aus dem Faservorrat. Das Garn wird nicht so glatt und dünn, sondern sieht sichtbar dicker und stumpfer aus. Es fühlt sich auch rauer an, fast wie Kunstfaser. Farben sind weniger kräftig, dafür sind farbige Faserspitzen im Garn deutlich sichtbar.

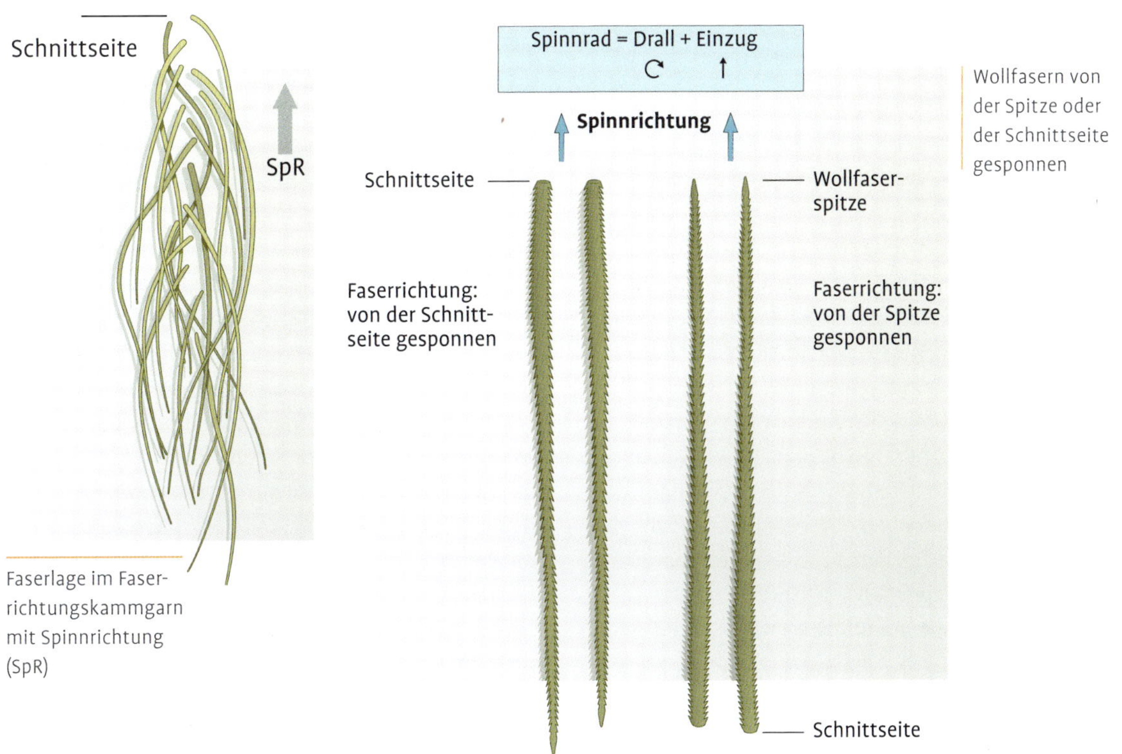

Faserlage im Faserrichtungskammgarn mit Spinnrichtung (SpR)

Wollfasern von der Spitze oder der Schnittseite gesponnen

Faserrichtungsgarn verstrickt:
Erstes und drittes Strickmuster (von links): Von der Schnittseite gesponnen. Zweites und viertes Strickmuster: Von der Spitze gesponnen. Die dunkle Wolle stammt von einer schwarzen Wensleydale-Erstschur. Die Faser hatte dunkelbraune Spitzen. Die helle Wolle stammt von einer Coburger-Fuchsschaf-Mutter.

Wenn möglich, bitte wenden!

Die sicht- und fühlbaren Garneigenschaften von fasergerichtetem Garn werden deutlich verbessert, wenn die Garne vor dem Zwirnen so umgespult werden, dass sie auch in der entsprechenden Faserrichtung verzwirnt werden. Das heißt, von der Schnittseite her gesponnen und verzwirnt oder von der Spitze.

KAMMGARNE OHNE KÄMME HERSTELLEN: DAS FASERRICHTUNGSGARN

Kammgarne können auch mit einfachen Werkzeugen und ohne Kämme hergestellt werden. Die Bearbeitung von einzelnen Stapeln mit Hilfe einer Flickkarde und eines Paares möglichst ungebogener Handkarden geht einen ganz anderen Weg, um feinste fasergerichtete Kammgarne herzustellen. Durch das Ausbürsten der einzelnen Stapel werden – wie beim Kämmen – kurze, verknotete Fasern, Verschmutzungen und leichte Verfilzungen entfernt. Je nach Faserlänge bleiben Kurzhaare im Stapel. Ein Kammzugband wird nicht gezogen, sondern die ausgebürsteten Stapel werden in die Handkarden eingelegt und direkt aus ihnen gesponnen.

EIN FASERRICHTUNGSGARN HERSTELLEN

Bei Faserrichtungsgarnen können die Eigenschaften der Schuppenstruktur der Wollfasern unmittelbar in Garnen und Gestrick erlebbar gemacht werden. Dies wird durch das Verspinnen der Wolle von der Schnittseite bzw. der Spitze erreicht. Für diese Technik eignen sich gewaschene kurze Fasern genauso wie die Langhaare verschiedener Rassen. Zu ihrer Herstellung werden anstatt einer Kammstation oder Handkämmen nur eine Flickkarde und ein Paar flache Handkarden benötigt. Es ist spannend, wie unterschiedlich die Garne ausfallen, wenn sie von der Schnittseite oder der Spitze versponnen werden.

» **Das Ziel:** Faserrichtungsgarne, von der Schnittseite und der Spitze gesponnen, haben bestimmte Eigenschaften, die gezielt hergestellt werden können.

» **Eigenschaften und Unterschiede der Garne:** Von der Schnittseite gesponnen und gezwirnt, erzeugt eine glatte Garnstruktur. Der Griff ist sehr glatt, kühl, weich. Die Garne haben einen fühlbaren Strich, ähnlich wie Samt. Sie sind seidig, fließend, enthalten wenig Luft und sind glatt. Glänzende Faseranteile kommen optimal zur Geltung.
Von der Faserspitze gesponnen und verzwirnt, erzeugt eine raue Garnstruktur. Der Griff ist rau, fast wie Schaumstoff. Die Garne sind stumpf, steif, dicker, warm, enthalten mehr Luft. Farbige Spitzen kommen optimal zur Geltung.

» **Benötigte Kenntnisse und Fertigkeiten:** Histologie der Wollfaser, besonders der Haarschuppen; Fasereigenschaften im Vliesverband (siehe Seite 55); Handhabung eines Waschtuchs (siehe Seite 217); Handhabung von Flick- und Handkarde (siehe Seite 256); gezielt dünn und dick spinnen sowie zwirnen (siehe Seite 235 und 479)

» **Werkzeuge und Arbeitsschutz:** Die Arbeitsweisen bei der Stapelvorbereitung für das Faserrichtungsgarn funktionieren auch mit einfachen Geräten. Der Schutz Ihrer Hände und Kleidung benötigt allerdings etwas Aufmerksamkeit. Die Stapel werden im Sitzen auf dem rechten Oberschenkel ausgebürstet. Weil die Zinken scharfkantig sind, ist ein Arbeitsschutz für den Schoß aus festem, glattem Stoff oder besser einem Stück Leder empfehlenswert. Bewährt hat sich ein Vorbinder aus glattem Leder. Die Benadelung

Die Werkzeuge für ein Faserrichtungsgarn: Flickkarde (Ashford), Handkarden mit abgeschraubtem Griff (Ashford), Handschuhe und rutschhemmende Matte und Arbeitsschutz für den Schoß

der Flickkarde ist scharf und kann zu Verletzungen an der die Fasern haltenden Hand führen. Mit einem dünnen Arbeitshandschuh lassen sich die Stapel besser festhalten, und die Finger sind vor Verletzungen durch scharfe Zinken und vor Blasen geschützt. Sorgen Sie außerdem für gutes Licht. Fasern von unterschiedlicher Farbe lassen sich am besten auf einem hellblauen oder kontrastierenden Hintergrund augenschonend erkennen.

» **Empfohlene Werkzeuge:** Die nach meiner Erfahrung am besten geeignete Flickkarde ist die langgriffige von Ashford. Sie ist aus unbehandeltem Holz und liegt durch den langen, gedrechselten Griff und den abgewinkelten, gerundeten Kopf sehr gut in der Hand.

Die Benadelung ist mit 72 Nadeln pro 2,54 cm genügend fein, um alle Fasern zu bearbeiten.

Die idealen Handkarden für diese Methode haben möglichst flache, ungebogene Flächen. Die Griffe sind nicht aufgesetzt, sondern mit den Flächen auf einer Ebene. Das Maß der benadelten Fläche soll ca. 20 × 11 cm messen. Da die mit Stapeln gefüllten Handkarden auf dem Schoß bzw. dem rechten oder linken Oberschenkel liegen, würden abstehende Griffe stören. Alternativ können die Griffe, z. B. bei den Ashford Handkarden, auch abgeschraubt werden. Die Benadelung soll möglichst nahe an die Ränder gehen. 72 Nadeln pro 2,5 cm sind geeignet, um die Stapel gut zu fixieren.

Außerdem brauchen Sie:

- eine kleine, rutschhemmende Matte, die unter die zu befüllende Handkarde gelegt werden kann. Diese liegt meist auf dem linken Oberschenkel und ist mit einer entsprechenden Unterlage sicherer.
- Zwei Behälter, um Abfall und Kämmlinge zu fassen
- Ein Spinnrad mit hoher Übersetzung ab 1:16, um sehr dünnes Garn herzustellen
- Mindestens zwei Spulen zum Spinnen, eine weitere zum Umspulen, um das Garn vor dem Verzwirnen zu wenden, sowie eine Spule zum Verzwirnen
- Den Arbeitsplatz vorbereiten
- Eine gute Lichtquelle aufstellen
- Einen in der Höhe zum Spinnrad passenden Stuhl ohne Armlehnen wählen
- Je einen Beistelltisch zur Linken und zur Rechten positionieren
- Auf den linken Tisch den Behälter mit den vorbereiteten Stapeln stellen
- Auf den rechten Tisch Handkarden und Flickkarde ablegen
- Rechts vom Stuhl, auf dem Boden, den Behälter für den Abfall aufstellen
- Rechts vom Spinnrad den Behälter für die Kämmlinge aufstellen

Eine alte, weit verbreitete Technik

Die Bearbeitung von Wolle auf Schoß und Knie hat Tradition und wurde schon im antiken Griechenland praktiziert. Eine Malerei auf einer antiken griechischen Keramik zeigt eine Frau, die möglicherweise ein Vorgarn auf ihrem rechten Knie herstellt. Dazu verwendet sie ein Epinetron aus Keramik. Die erhaltenen Epinetren sind ähnlich geformt wie ein mediterraner Dachziegel, also eine der Länge nach aufgeschnittene Röhre, die an einem Ende geschlossen ist und das Knie umschließt. Ein Epinetron war meistens mit einem leichten Reliefmuster auf der Oberseite geprägt und an den Seiten mit Szenen aus der Wollverarbeitung verziert. Die Wolle wurde mit den Händen gezogen und durch Rollen auf der Reliefﬂäche leicht verdichtet. Möglich sind auch Epinetren aus anderen, vergänglicheren Materialien wie Leder, Holz oder Filz. Die Malerei auf der Keramik weist darauf hin, dass die Wollvorbereitung schon immer auf dem Schoß betrieben wurde.

Die Arbeitsschritte

Die rutschhemmende Matte wird auf den linken Oberschenkel des von der (Leder-)Schürze geschützten Schoßes gelegt. Dies gibt der Handkarde deutlich mehr Halt beim Befüllen und bei der Faserbearbeitung.

Stapel einzeln oder in bearbeitbaren Büscheln, im Sitzen, auf dem rechten Oberschenkel ausbürsten. Das auf einem schützenden Untergrund zu machen, hat Vorteile: Die Arbeit im Sitzen auf dem Schoß ist entspannter für Schulterbereich und Rücken. Das Ausbürsten geht so schneller und genauer als beim freihändigen Arbeiten.

Ausgebürstet wird auf dem rechten Oberschenkel. Es lohnt sich, darunter einen Karton für die ausgebürsteten Krümel aufzustellen. Beim Bürsten fällt doch eine ansehnliche Menge Schmutz heraus.

Die Stapelspitzen werden zwischen Ring- und Mittelfinger der linken Hand eingeklemmt, während der Rest mit dem Daumen auf der Zeigefingerinnenseite fixiert wird. So haben Sie beim Bürsten den Stapel fest im Griff.

An der Schnittseite beginnend wird der Stapel bis zur Mitte ausgebürstet. Dann den Stapel wenden und von der Spitze beginnend wiederum zur Mitte bürsten. Die fertigen Stapel mit den Fingern zusammenstreichen.

Während des Ausbürstens kann es passieren, dass vergessen wird, welcher Teil der Faser die Spitze oder die Schnittseite ist. Dafür gibt es einen einfachen Test, um das festzustellen: Einfach einen gewaschenen Stapel zwischen Daumen und Zeigefinger nehmen und, wie auf der Zeichnung gezeigt, die mit leichtem Druck gefasste Wolle nach oben und unten reiben. Der Stapel wird sich aufgrund seiner Schuppenstruktur mit der Spitze in Richtung der Finger bewegen.

Je nachdem, von welcher Stapelseite gesponnen wird, die Stapel mit der Spitze oder der Schnittseite Richtung Griffkante in die Benadelung der Handkarde drücken. Dabei werden die Fasern etwas gespannt eingelegt.

Handhaltung der Stapel beim Ausbürsten

Spitze und Schnittseite an einem gewaschenen Stapel bestimmen

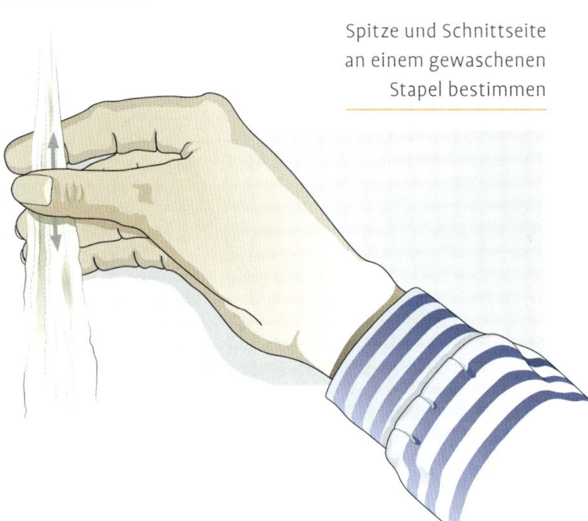

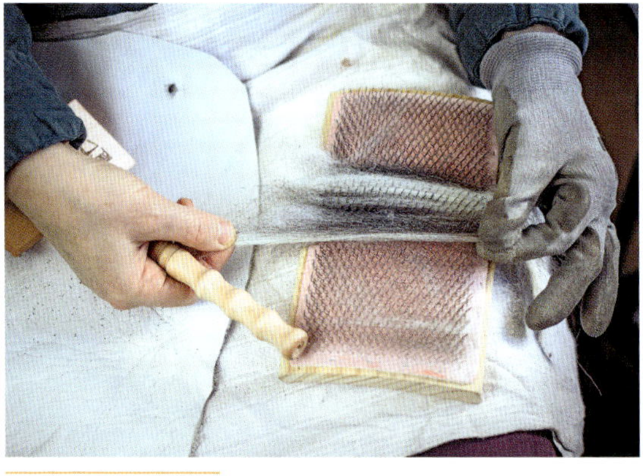

Einlegen der gebürsteten Stapel in die Handkarde. Hier wird von der Schnittseite aus gesponnen. Deshalb weisen die Stapelspitzen Richtung Griffkante.

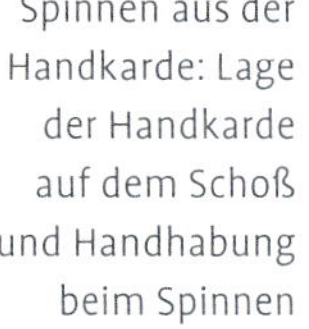

Spinnen aus der Handkarde: Lage der Handkarde auf dem Schoß und Handhabung beim Spinnen

Wenn das Kardenblatt gefüllt ist, wird das zweite Kardenblatt deckungsgleich in die erste Karde gedrückt. Dies sichert die Fasern gegen Verrutschen und Zusammenschieben beim Spinnen.
Die Fasern sind jetzt zwischen den beiden Handkarden gesichert wie der Belag bei einem belegten Brot. Der größte Teil der Stapel schaut an der Kante, die der Griffkante gegenüberliegt, aus der Karde heraus. Das Spinnen erfolgt nun direkt aus der Handkarde, die auf dem Schoß liegt. Mit der rechten Hand werden die Fasern beim Ausziehen unterstützt und festgehalten.
Mit dem Ausbürsten, Befüllen der Handkarde und Spinnen wird so lange fortgefahren, bis zwei oder drei Spulen gefüllt sind.

Verzwirnen von fasergerichtetem Garn

Beim Faserrichtungsgarn ist es wichtig, dass die Garne in der gleichen Richtung gezwirnt werden, in der sie versponnen wurden. Dazu ist es nötig, das Garn vor dem Zwirnen so umzuspulen, dass nur wenig weiterer Drall in das Garn gegeben wird. Die technisch beste Methode dafür ist die Verwendung eines Spindelrades oder eines modernen Spindelaufsatzes, der für die Spinnräder Michi von Schwarzenstein und Henkys gekauft werden kann. So kommt kein weiterer Drall in das Garn.
Tipp zum Verzwirnen: Der Zwirnständer (engl. *Lazy Kate*) soll zum Verzwirnen so weit wie möglich rechts oder links hinter dem Spinnrad aufgestellt werden. Auf dieser langen Strecke kann sich das

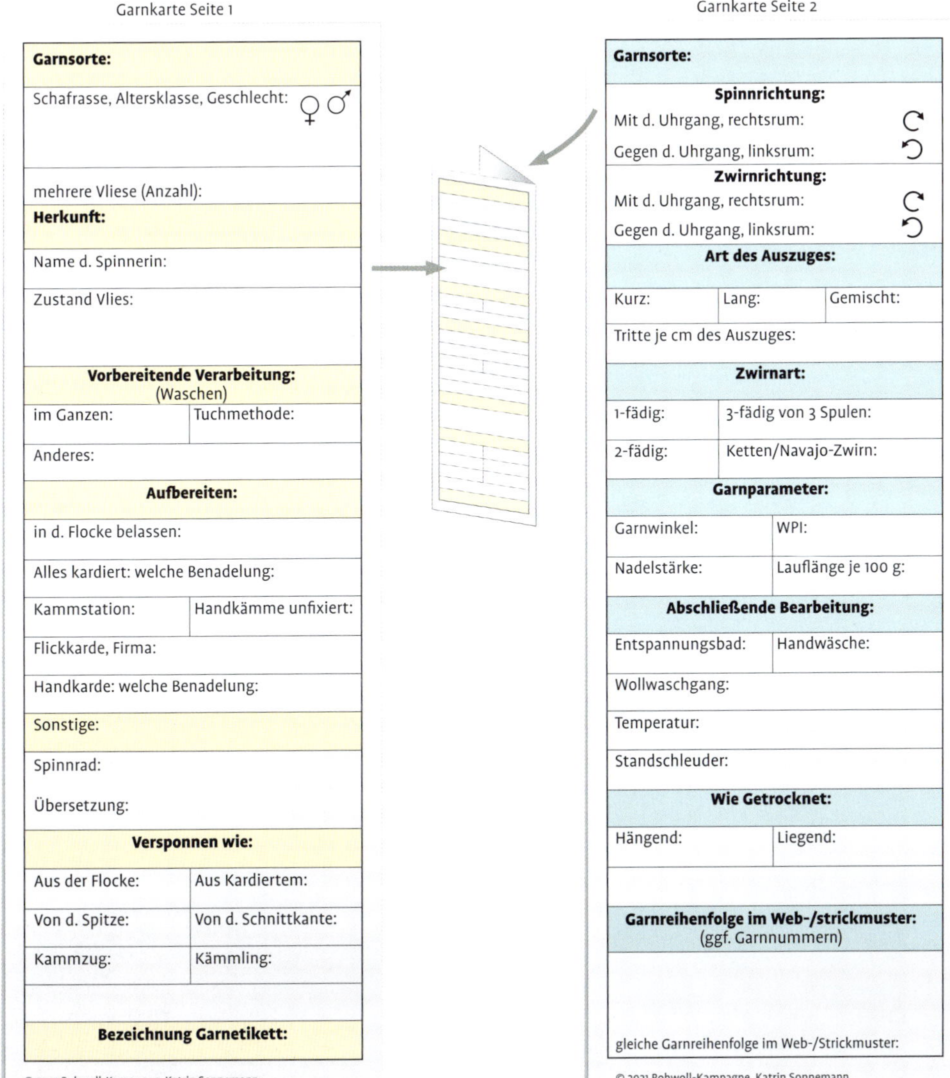

Garnkarte Seite 1

Garnsorte:	
Schafrasse, Altersklasse, Geschlecht: ♀ ♂	
mehrere Vliese (Anzahl):	
Herkunft:	
Name d. Spinnerin:	
Zustand Vlies:	
Vorbereitende Verarbeitung: (Waschen)	
im Ganzen:	Tuchmethode:
Anderes:	
Aufbereiten:	
in d. Flocke belassen:	
Alles kardiert: welche Benadelung:	
Kammstation:	Handkämme unfixiert:
Flickkarde, Firma:	
Handkarde: welche Benadelung:	
Sonstige:	
Spinnrad:	
Übersetzung:	
Versponnen wie:	
Aus der Flocke:	Aus Kardiertem:
Von d. Spitze:	Von d. Schnittkante:
Kammzug:	Kämmling:
Bezeichnung Garnetikett:	

Garnkarte Seite 2

Garnsorte:		
Spinnrichtung:		
Mit d. Uhrgang, rechtsrum: ↻		
Gegen d. Uhrgang, linksrum: ↺		
Zwirnrichtung:		
Mit d. Uhrgang, rechtsrum: ↻		
Gegen d. Uhrgang, linksrum: ↺		
Art des Auszuges:		
Kurz:	Lang:	Gemischt:
Tritte je cm des Auszuges:		
Zwirnart:		
1-fädig:	3-fädig von 3 Spulen:	
2-fädig:	Ketten/Navajo-Zwirn:	
Garnparameter:		
Garnwinkel:	WPI:	
Nadelstärke:	Lauflänge je 100 g:	
Abschließende Bearbeitung:		
Entspannungsbad:	Handwäsche:	
Wollwaschgang:		
Temperatur:		
Standschleuder:		
Wie Getrocknet:		
Hängend:	Liegend:	
Garnreihenfolge im Web-/strickmuster: (ggf. Garnnummern)		
gleiche Garnreihenfolge im Web-/Strickmuster:		

Garnkarte zur Dokumentation

Garn ungehindert in Spannung und Drall ausgleichen. Die Spulen sollen nur leicht gebremst ablaufen und nicht durch eine Draht-Öse, die manche Modelle haben, behindert werden. Wenn keine Fadenbremse vorhanden ist, kann eine Filzscheibe unter die Spulen auf die Dornen des Spulenhalters gesteckt werden.

Kein Kettenzwirnen!

Wichtig ist, dass beim Faserrichtungsgarn kein Ketten- auch Navajozwirnen (siehe Seite 440), angewendet wird, da dies den Faserrichtungseffekt im Garn zerstört.

Abschließende Arbeiten

Garne abhaspeln, abbinden, markieren und ins Entspannungsbad legen (siehe ab Seite 501). Die beiden Verfahren auf den Garnkarten (siehe Seite 235) dokumentieren.

Variationen

- Je ein Garn in unterschiedlicher Faserrichtung aus demselben Ausgangsmaterial spinnen. Daraus gestrickte und gewebte Muster herstellen
- Wolle verschiedener Rassen verwenden, auch solche Rassen und Fasern, die normalerweise nicht für Kammgarne verwendet werden: sehr kurze, raue oder lange Fasern
- Stapel von mischwolligen Rassen durch Ausbürsten trennen und die Fraktionen fasergerichtet verarbeiten
- Aus den unterschiedlichen Garnen etwas stricken und verwenden, um die Eigenschaften in den Werkstücken zu erforschen
- Welche Unterschiede zeigen sich? Pillen die Werkstücke unterschiedlich? Wie sehen sie aus? Glanz, Griff, Weichheit?

Markieren von Garnsträngen bei der Wäsche

Um Verwechselungen von Strängen nach dem Entspannungsbad zu vermeiden, hat es sich bewährt, diese mit einer waschfesten Markierung zu versehen. Dazu werden große Sicherheitsnadeln und Glasperlen, am besten Crowbeads, verwendet. Sie sind optisch und haptisch schön, frei von Kunststoffen und wiederverwendbar. Die Anzahl, Kombination und Farben der Markierungen werden in die Garnkarte eingetragen.

DIE ENGLISCHE KAMMSTATION MIT STRECKER

Ein Satz englischer Kämme besteht aus zwei identischen Kämmen und einer Kammstation sowie einem Gerät zum Geradebiegen der Zinken. Die Kammstationen sind durchdachte Halter aus Hartholz, die fest mit einer Grundplatte verbunden sind. Diese sind für Rechts- und LinkshänderInnen unterschiedlich angeordnet. Es gibt große und kleine englische Kammstationen. In diesem Halter kann ein Kamm in verschiedenen Arbeitspositionen sicher befestigt werden. Das Kämmen wird im Stehen ausgeführt.

Arbeitsplatz für die Kammstation. Gewaschene, vereinzelte Stapel, Sprühflasche mit Schmälze, am Tisch befestigte Kammstation und Waage zum Abwiegen der Wollmengen pro Kammfüllung

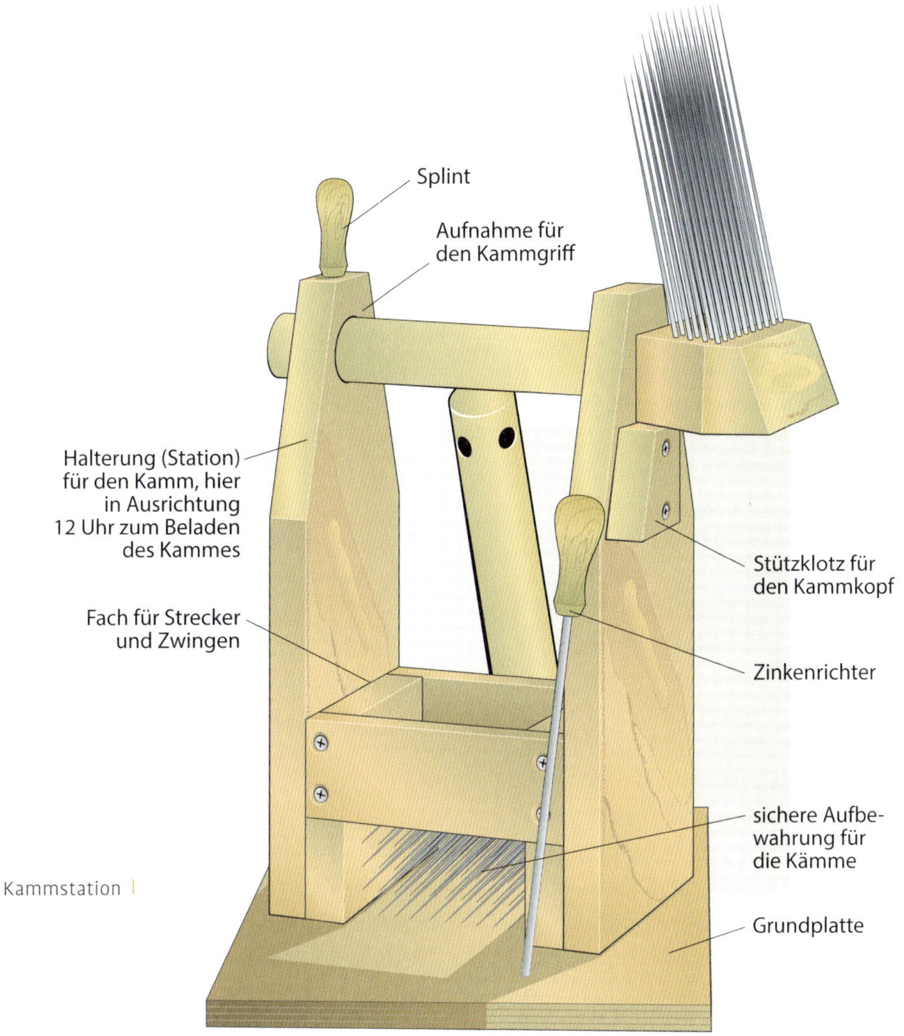

Kammstation

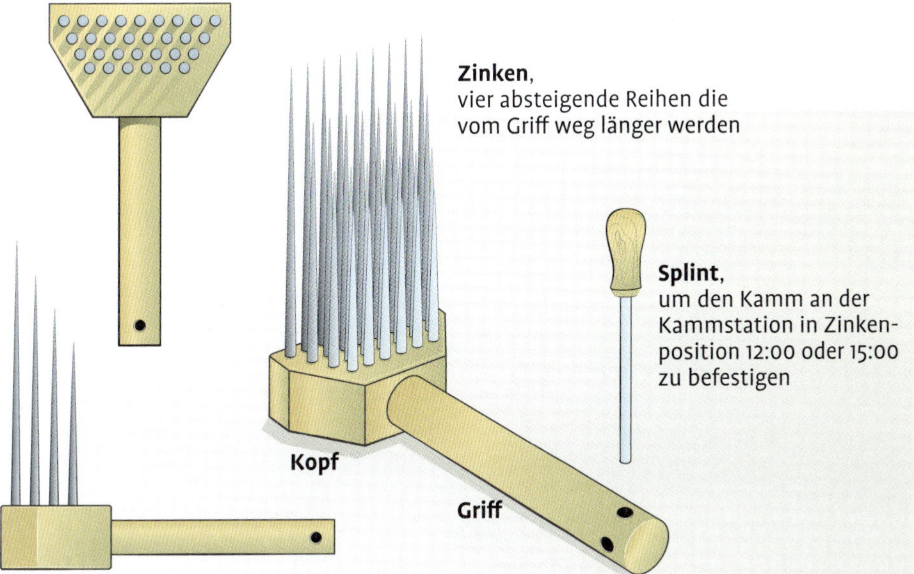

Einzelkamm, englischer Wollkamm nach Peter Teal

FASER- UND SCHMÄLZEN-MENGEN FÜR EINE GROSSE VIERREIHIGE ENGLISCHE KAMMSTATION

Faserbeladung	Menge der Schmälze	Kammkopf	Griff	Reihe 1	Reihe 2	Reihe 3	Reihe 4	Gewicht pro Kamm
20 g	6 ml	105 × 78 × 40 mm	20 × 3 cm	11 St. 160 × 3 mm	10 St. 150 × 3 mm	9 St. 140 × 3 mm	8 St. 13 × 3 mm	670 g

Moderne englische Kämme haben immer zwei oder vier Reihen lange, gerade und spitze gehärtete Zinken. Die Zinkenreihen sind versetzt angeordnet, zum Griff hin werden die Reihen und Zinkenlängen kürzer. Haben die englischen Kämme nur zwei Zinkenreihen, können sie auch ohne Station freihändig benutzt werden.
Genaues, uniformes Arbeiten in jeder Wollcharge ergibt ein sehr gleichmäßiges, wiederholbares Garn. Um das zu erreichen, werden die Fasermengen und Schmälzen von Peter Teal pro Kammbeladung genau abgewogen, gemessen und notiert.

Die Einstellung der Kämme und die dazugehörigen Arbeitsweisen

Mit einer Kammstation wird so gearbeitet, dass immer einer der beiden Kämme in der Station befestigt wird. Je nach Arbeitsschritt weisen die Zinken entweder nach oben oder zur Seite. Um die Stellungen einfach zu erklären, heißt die Stellung der Zinken nach oben die „12-Uhr-Stellung" und die zur Seite entweder „9 Uhr" für LinkshänderInnen oder „3 Uhr" für RechtshänderInnen. Eine große sowie eine kleine englische Kammstation nach dem Entwurf von Peter Teal wurde für Rechts- oder Linkshänderinnen von Wingham Wool Work Ltd. in England entwickelt.
In der 12-Uhr-Stellung werden Stapel in den Kamm geladen sowie Faserbänder abgezogen.
In der 03-Uhr- bzw. 9-Uhr-Stellung werden die Stapel entweder in der vertikalen Hack-Bewegung oder der horizontalen Schwing-Bewegung gekämmt.

Der Faserstrecker (engl. *diz*)

„*Diz*" ist das gebräuchliche Wort im Englischen für Strecker. Das Wort ist wahrscheinlich eine lokale Version von *disc* = Scheibe. Der Faserstrecker ist eine konkav gebogene Fläche, in deren Mitte ein oder mehrere Löcher in verschiedenen Durchmessern oder ein Schlitz gebohrt wurden. Die Faserstrecker dienen beim letzten Arbeitsgang dazu, die gekämmten Fasern vom Kamm zu einem Vorgarn abzuziehen. Mit einem Lochstrecker können Vorgarne

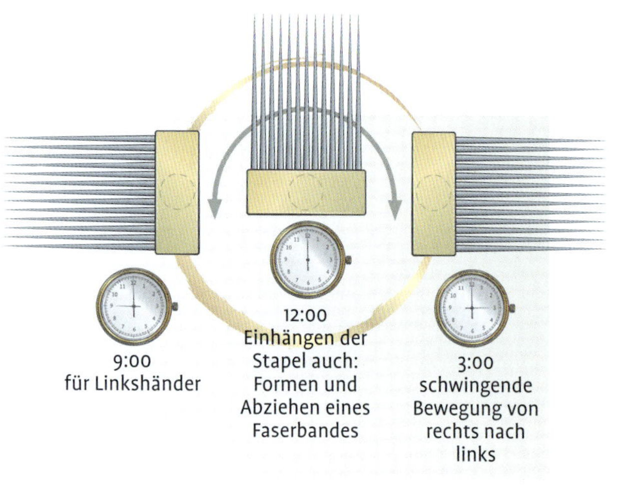

Die Ausrichtung des stationären Kammes:
12 Uhr, 3 Uhr (Rechtshänder) oder 9 Uhr (Linkshänder)

Tipp für Selbermacherinnen

Der klassische Strecker wurde aus Horn, meist dem von Kühen, gemacht und hat kein Loch, sondern einen Schlitz. Hörner von Mutterkühen sind dickwandiger als solche von Bullen. Hörner von Rindern aus wärmeren Gegenden sind dünnwandiger. Strecker lassen sich aber leicht aus Holz, dünnem Metall, Kunststoffen, Knöpfen und Muscheln herstellen, Hauptsache leicht und absolut glatt.

Verschiedene Strecker

je nach Lochdurchmesser in verschiedenen Stärken hergestellt werden. Mit Hilfe des Schlitzstreckers kann ein gleichmäßiges Band abgezogen werden.

Der ideale Strecker ist …

- leicht
- absolut glatt, sowohl an den Flächen als auch an den Loch- oder Schlitzbohrungen
- konkav, schüssel- oder trichterförmig gebogen: Diese Form beeinflusst die Dichte des Faserbandes beim Abziehen
- rund bis rundlich und gut ausbalanciert
- nicht mehr als 5 cm im Durchmesser groß
- höchstens 2 mm dick
- mit einem oder mehreren Löchern versehen, die zentral angeordnet sind
- mit Lochgrößen ausgestattet, welche 2 mm bis 5 mm Durchmesser haben. Das traditionelle Schlitzmaß beträgt 5 × 12 mm

Dünne Vorgarne mit Streckern herstellen

Mit fünf einzelnen Streckern mit je einem Loch in verschiedenen Größen können dünne Vorgarne gezogen werden. Wie die Stricknadelstärken betragen die Lochgrößen 5,0 mm, 3,5 mm, 3,0 mm, 2,5 mm und 2,0 mm. Je feiner das (Vor-)Garn werden soll, desto kleiner ist die zu verwendende Lochöffnung. Ein dünneres Vorgarn lässt sich leichter und genauer verspinnen.

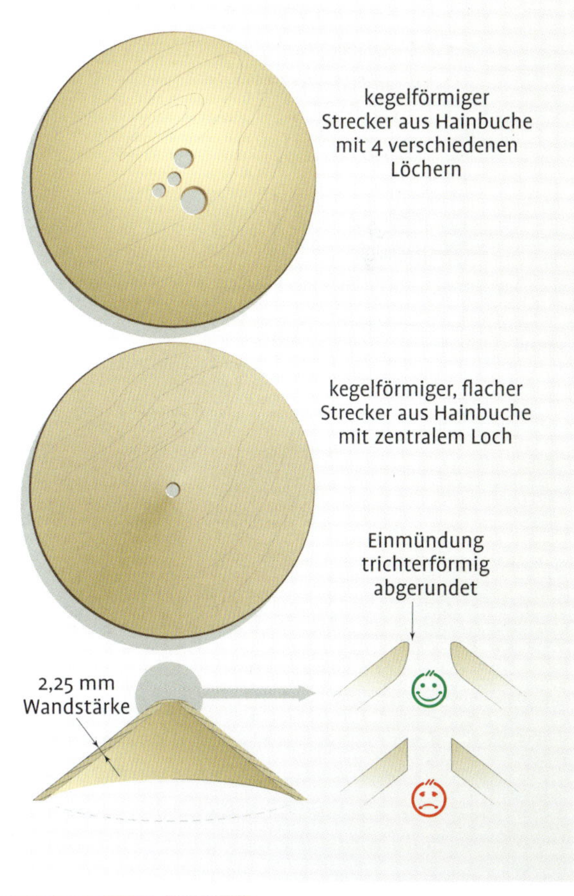

Strecker im Querschnitt und von oben in idealer Ausführung

Die Lochränder sollen auf der konkaven Seite gebrochen und trichterförmig sein, sodass sich das Band allmählich verjüngt.

DIE ALLGEMEINE HANDHALTUNG BEIM ABZIEHEN

Um ein gleichmäßiges, geordnetes Band mit parallel liegenden Fasern zu erhalten, ist die richtige Handhaltung beim Abziehen wichtig. Die Faser wird mit dem Daumen und Zeigefinger einer Hand von oben und unten gegriffen, während mit der unterhalb greifenden Hand von rechts und links zugefasst wird. Dieser Vorgang ist fortlaufend, indem Hand über Hand greifend ein Faserband aus dem Vorrat im Kamm gezogen wird.

Das Abziehen der Fasern mit den Händen und ohne Strecker: Hand- und Fingerhaltung

AUS- UND ABZIEHEN DER FASERN OHNE STRECKER MIT DEN HÄNDEN VOR DEM PLANKEN

Nach dem ersten Kämmen mit der englischen Kammstation folgt ein Abziehen eines Faserbandes ohne Strecker nur mit den Händen. Dieses erste Faserband wird zuerst geplankt, bevor es zum zweiten Mal gekämmt und abschließend mit einem Strecker/Diz zu einem Faserband abgezogen wird. Das erste Abziehen ist Teil des folgenden Plankens.

Vor dem Abziehen der Fasern vom stationären Kamm muss dieser auf die 12-Uhr-Stellung umgesteckt werden.

Der Faserbart wird nun locker, vom Kopf weg, in die Mitte der Zinken geschoben. Der lockere Sitz der Fasern lässt diese beim Aus- und Abziehen leichter gleiten.

Nun mit den Händen den Faserbart zu einem Spitzbart formen.

Die Spitze mit einer Hand greifen (Handhaltung siehe Foto links) und in halber Faserlänge vom Kamm weg in Richtung des Körpers ausziehen.

Mit der zweiten Hand über die erste an die obere Stapellängenhälfte greifen und wiederum zur gleichen Länge vom Kamm weg ausziehen. Die eine Hand greift immer über die andere, und die obere zieht immer ein kleines Stück Fasern aus dem Faserbart im Kamm.

Das Faserband soll sehr gleichmäßig sein.

Das Ausziehen wird so lange wiederholt, bis die Fasern schütter werden oder die mit kurzen Faserzusammenballungen vermischten Fasern in den Zinken sichtbar werden.

Die Faserreste, den sogenannten Kämmling, aus dem Kamm entfernen und aufheben.

Das Faserband, das Sie gezogen haben, hat am Anfang die längsten Fasern, während zum Ende des Bandes die Fasern kürzer sind. Um die Faserlängen innerhalb des Bandes auszugleichen wird das Band „geplankt". Das Planken wird in der Anleitung „Die Arbeitsweise mit der englischen Kammstation" auf Seite 245 beschrieben.

Sollte Ihnen beim Abziehen das Band reißen, so legen Sie es – unter Beachtung der Faserrichtung innerhalb des Bandes – auf den Tisch, auf dem geplankt wird.

ABZIEHEN EINES FASERBANDES MIT HILFE DES STRECKERS

Das Abziehen der Fasern mit einem Strecker kann, je nach Technik, ein loses oder ein komprimiertes Band ergeben. Nach dem zweiten Kämmen der geplankten Faserbänder wird dieses mit einem Strecker abgezogen.

Für diesen Arbeitsschritt wird ein Strecker mit Loch oder Schlitz und eine Einfädelhilfe gebraucht. Das kann ein winziger Haken, eine Häkelnadel oder ein schlaufenförmiger Einfädler sein.

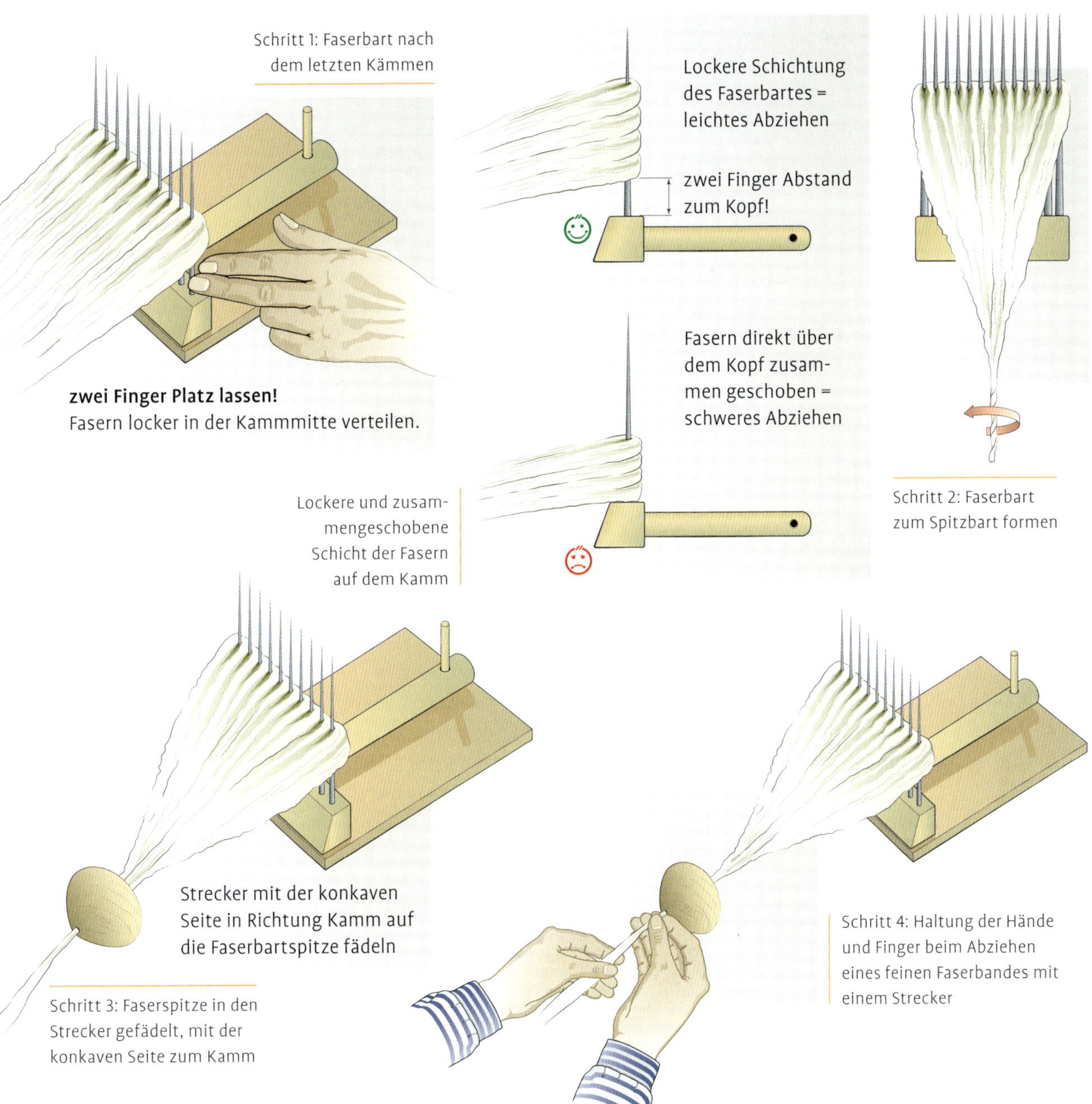

Schritt 1: Faserbart nach dem letzten Kämmen

Lockere und zusammengeschobene Schicht der Fasern auf dem Kamm

Schritt 2: Faserbart zum Spitzbart formen

Schritt 3: Faserspitze in den Strecker gefädelt, mit der konkaven Seite zum Kamm

Schritt 4: Haltung der Hände und Finger beim Abziehen eines feinen Faserbandes mit einem Strecker

Zum Abziehen wird der stationäre Kamm auf 12 Uhr umgestellt.
Die Fasern werden mit etwa zwei Zentimeter Abstand vom Kopf weg nach oben geschoben und auf der Mitte der Zinken locker verteilt. Diese lockere Anordnung erleichtert das Abziehen erheblich (Schritt 1).
Den Faserbart dann mit den Händen zu einem Spitzbart formen (Schritt 2). Die Spitze wird zur Hälfte der Stapellänge dünn ausgezogen, am Ende leicht verzwirbelt und in den Strecker gefädelt (Schritt 3). Beim fortlaufenden Abziehen wird die Faser etwa zur halben faserlänge ausgezogen, damit ein gleichmäßiges Faserband entsteht (Schritt 4).

» **Das lose Abziehen:** Beim losen Abziehen wird der Strecker auf der Spitze des Faserkegels geführt. Die Hand- und Fingerhaltung erfolgt gemäß der obigen Zeichnung. Zusätzlich schiebt die obere Hand den Strecker während des Abziehens nach oben. So entsteht ein feines, loses Faserband. Das Faserband wird so lange abgezogen, bis die Knötchen auf dem Kamm sichtbar werden.

» **Das komprimierte Abziehen:** Im Gegensatz zum losen Abziehen wird der Strecker beim komprimierten Faserband höher und tiefer in den Faserkegel geschoben, sodass die Fasern von der Öffnung im Strecker geführt und zusammengepresst werden. Mit dieser Methode kann die zugeführte Menge besser kontrolliert werden, sie macht die Arbeit aber auch schwerer, weil mehr Widerstand zu überwinden ist. Das so gezogene Band bekommt eine gleichmäßigere Dichte.

DIE ARBEITSWEISE MIT DER ENGLISCHEN KAMMSTATION

Diese Anleitung ist für die große englische Kammstation von Wingham Woolworks geschrieben, die von Peter Teal entwickelt wurden. In diesen Kamm passen pro Kämmvorgang 20 g Wolle.
Das vollständige, traditionelle Kämmen wird in drei Hauptarbeitsschritte unterteilt:

» **Das erste, ordnende Kämmen:** Das erste Band wird nur mit den Händen abgezogen. Durch Planken werden die Faserlängen im Band verteilt.

» **Das zweite, formende Kämmen:** Der Kammzug wird ein zweites Mal gekämmt.
Aus einer Kammladung wird mit einem Strecker (Diz) je nach Abzugsart ein komprimiertes oder loses Band abgezogen.

» **Das abschließende Formen eines Vorgarnes:** Aus dem abgezogenen Band wird mit einem Spindelrad oder einer Handspindel ein dünneres Vorgarn (engl. *roving*) geformt.

Vorbereitungen vor dem Kämmen

Traditionell werden englische Kämme vor ihrer Verwendung auf einem Kohleofen erwärmt, damit sie besser durch die geschmälzte Wolle gleiten und um die elektrostatische Aufladung der Wollfasern in zu trockener Luft zu verhindern. Der traditionelle Wollkämmer-Ofen zum Erwärmen der Kämme, wird *„Pot o' four"*, genannt. Der Name bezieht sich auf die Anzahl der Kämme, die in dem Ofen Platz hatten. Eine sichere Methode in heutiger Zeit ist das Erwärmen in heißem, aber nicht kochendem Wasser in einem hohen Topf, in dem die Zinken zur Hälfte eingetaucht werden.
Die Kammstation an einer Tischecke befestigen, wie auf Seite 246 gezeigt. Der Kopf des befestigten Kammes soll mit der Höhe Ihres Ellbogens übereinstimmen, wenn Sie stehen.
Beide Kämme im Wasser erhitzen. Während die Kämme heiß werden, 20-Gramm-Wollstapel abwiegen und mit der vorgesehenen Menge Schmälze besprühen.

Sicherheitshinweis

Der Topf muss sehr schwer sein, damit er nicht vom Gewicht der Kämme umgekippt wird. Achtung: Gefahr des Verbrühens! Ist der Topf zu leicht, kann ein in ein Tuch gewickelter Stein auf den Boden gelegt werden. Das Tuch schützt die Zinkenspitzen.

Das Beladen des stationären Kammes

Befestigen Sie einen der beiden Kämme in der Station, mit den Zinken auf 12 Uhr. Hängen Sie die vorbereiteten Stapel einen nach dem anderen gleichmäßig in Höhe und Breite relativ locker in den stationären Kamm ein. Das englische Fachwort für diese Tätigkeit ist *„lashing on"*. Das Schnittende der Stapel weist Richtung Griff und wird sanft in die Zinken gedrückt, während das Ende mit der Spitze frei hängt.

Was heißt *„lashing on"*?

Dieser Begriff bezeichnet ein flottes Einschlagen der Stapel in den Kamm. Die Bewegung ist eine saloppe, leicht schlagende, die aus dem Handgelenk ausgeführt wird. Diese Bewegung erfordert mehr Koordination, damit die Stapel mit einer Bewegung richtig im Kamm sitzen. Beachten Sie die erhöhte Verletzungsgefahr, weil die Hand den scharfen Zinken sehr nahekommt.

Sie sollten sich immer den Stand der Stapel vom Schaf bis zum Kamm vor Augen halten, damit sich die Ausrichtung der Faserrichtung im Kammzug nicht ändert.
Um den Stapeln genügend Halt beim Kämmen zu geben, sollten lange oder glattere Stapel etwa 1,5 cm über die hinterste Zinkenreihe herausragen.

Kürzere oder gekräuseltere Stapel finden auch in den ersten zwei bis drei Reihen genügend Halt. Der Kamm wird nur etwa zur Hälfte beladen. Die Beladung endet unten zwei bis drei Zentimeter über dem Kammkopf.
Zum Kämmen wird der stationäre Kamm auf 3 bzw. 9 Uhr gestellt.

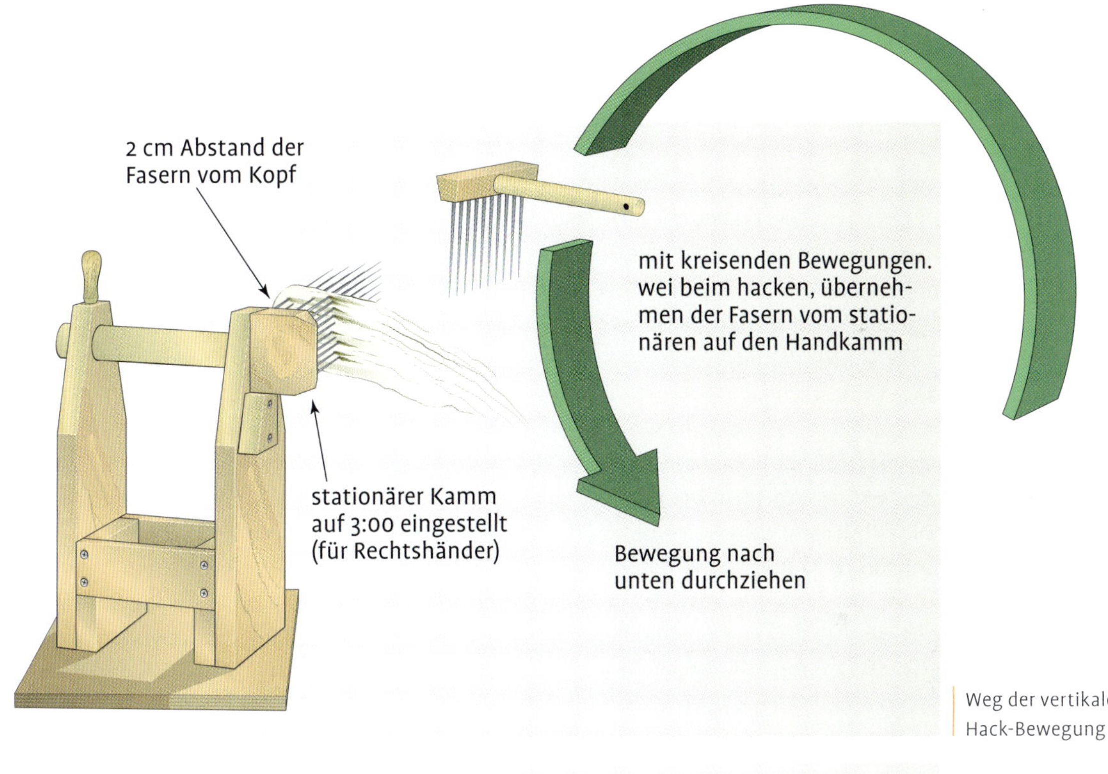

Weg der vertikalen Hack-Bewegung

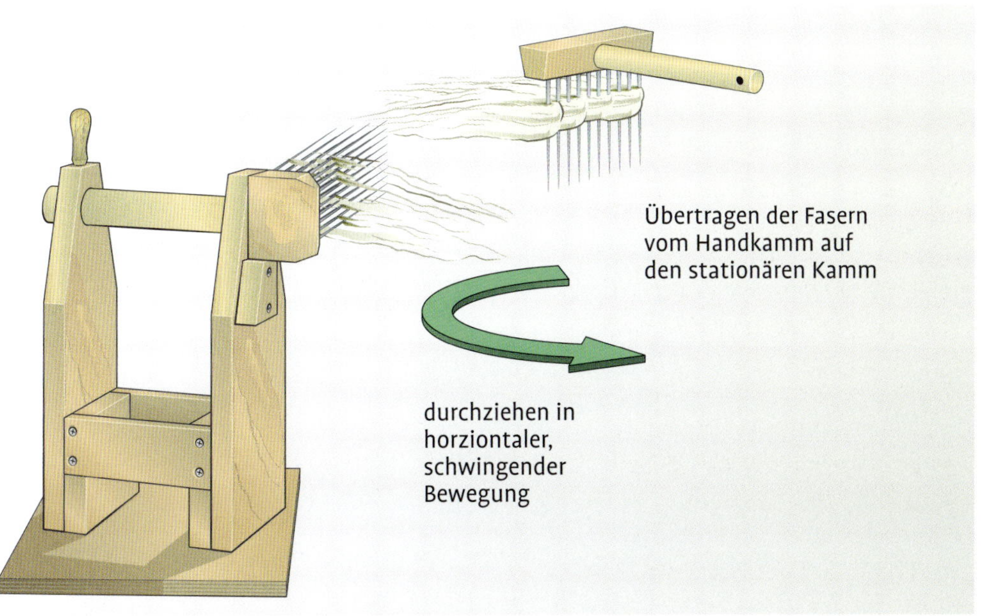

Weg der horizontalen Schwing-Bewegung

Die Bewegung des Handkammes
Das Kämmen teilt sich im Wesentlichen in zwei Bewegungen auf: eine vertikale, Schütteln oder Hacken (engl. *jigging* oder *chopping*) genannte Bewegung und eine horizontale Bewegung, das Schwingen (engl. *swinging*).

» **Die vertikale, hackende Bewegung:** Nun wird der Handkamm, der inzwischen heiß sein sollte, gegriffen und mit einer von oben kommenden langsamen Hackbewegung an den Spitzen der Stapel vorbeigeführt. Der Arm, der den Handkamm hält, vollführt dabei eine Kreisbewegung von oben nach unten. Der Handkamm wird mit jeder Bewegung dichter in den Faserbart eingetaucht, bis er fast alle Fasern aus dem stationären Kamm übernommen hat. Wenn der stationäre Kamm den größten Teil seiner Stapel verloren hat, beginnt der nächste Arbeitsschritt, das horizontale Schwingen.

» **Die horizontale, schwingende Bewegung:** Der stationäre Kamm bleibt in der 9- bzw. 3-Uhr-Stellung. Die Fasern auf dem Handkamm haben sich nun unmittelbar über dem Kopf zusammengedrückt. Sie werden vor dem nächsten Kämmen wieder etwas vom Kopf weg in die Mitte geschoben. In diesem zweiten Arbeitsschritt werden die Fasern auf dem Handkamm gekämmt. Dazu wird der Kamm horizontal in einer schwingenden Bewegung am stationären Kamm vorbeigeführt, wobei die Faserspitzen auf dem Handkamm mit den Zinken des stationären Kammes in Berührung kommen. Der schwingende Kamm wird bei jedem Durchgang näher an den stationären Kamm herangeführt. Der Handkamm wird bei jeder Bewegung horizontal am stationären Kamm vorbeigeführt, sodass die Fasern auf dem Handkamm bei jeder Bewegung Stück für Stück auf den stationären Kamm übertragen werden.

Ist der Großteil der Fasern wieder auf den festen Kamm übergegangen, wird wieder gelockert und mit dem vertikalen Hacken begonnen.

Diese Abfolge der Arbeitsbewegungen Hacken, Lockern und Schwingen wird solange wiederholt, bis die Fasern offen und entwirrt sind. Die Fasern sollen dann etwa wie ein Ziegenbart geformt sein. Wenn dieses Stadium erreicht ist und sich auf jedem Kamm etwa die gleiche Menge Fasern befindet, wird die Bearbeitung gestoppt.

Erstes Abziehen der Fasern per Hand
Den halb gefüllten Handkamm auf den Tisch legen und den stationären Kamm wieder auf 12 Uhr drehen. Den Faserbart vom Kopf weg nach oben in die Zinkenmitte schieben. Nun den Faserbart nur mit der Hand, ohne einen Strecker, nacheinander von beiden Kämmen abziehen, sodass ein sehr gleichmäßiges Band von etwa 5 cm Breite und 2 cm Dicke entsteht. Es macht nichts, wenn dieses Band reißt. Wenn das passiert, wird das Teilstück auf dem Tisch in der Faserrichtung abgelegt, in der es vom Kamm genommen wurde.

Planken: Auslegen des Bandes in ca. 1 m lange Stücke

Das Planken

Das Planken ist ein wichtiger Zwischenschritt, um die unterschiedlich langen Fasern im Faserband gleichmäßig zu verteilen.

Das ist notwendig, weil sich beim Abziehen alle längeren Fasern im ersten Teil konzentrieren, während die kürzeren Fasern zuletzt abgezogen werden. Dieses Nebeneinanderlegen (engl. *planking*) gleicht die Situation etwas aus.

Wenn es gelungen ist, die Kämme in einem durchgehenden Band zu entladen (abzuziehen), wird jedes Band nun in ca. 1 m lange Stücke geteilt und – unter Beachtung der Faserrichtung – zu einem Bündel auf den Tisch gelegt.

Die Fasern in den Bandstücken müssen alle in dieselbe Richtung fließen. So bleiben die speziellen Eigenschaften der Faserrichtung erhalten.

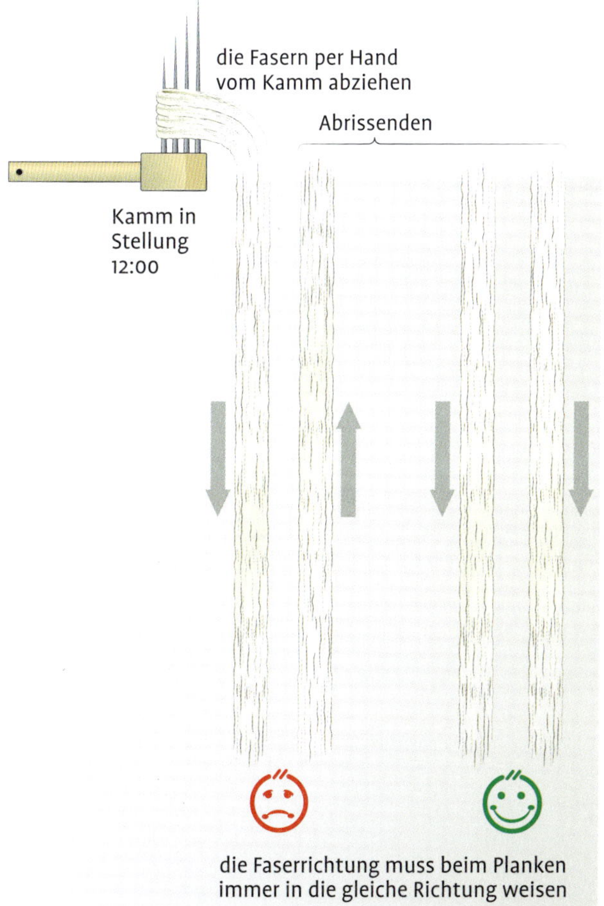

Richtungsänderung des Faserverlaufes beim Planken, wenn das Band mit Ende zu Ende (links) oder Ende zu abgetrenntem Ende der ersten Hälfte (rechts), ausgelegt wird.

Kämmlinge

Nach jedem Abziehen der Faserbänder sieht man in den Zinken der Kämme den Faserabfall, den sogenannten Kämmling. Ist der Kämmling zu sehen, ist das ein Zeichen dafür, dass genug Fasern abgezogen wurden. Der Kämmling besteht aus kleinen Flusen, Knötchen, Kurzhaaren und Pflanzenteilen. Er kann wegen enthaltener Pflanzenteile und Kurzhaare unbrauchbar zur weiteren Verarbeitung sein. War die Ausgangsfaser jedoch frei von unerwünschten Elementen, ist der Kämmling oft farblich interessant und deutlich weicher als die restliche Wolle. Daraus lassen sich schöne weiche Streichgarne und Mischungen kardieren. Bekannte Garne mit Kämmlingen sind Tweed-Garne. Der Kämmling macht etwa 5 Prozent des Vlieses aus.

Um den abgezogenen Faserstrang unter dem Kamm aufzufangen, wird ein Behältnis unter die Station auf den Boden gestellt. So bleibt das Faserband sauber und lässt sich sicher handhaben. Mit den Fasern aus dem zweiten Kamm wird ebenso verfahren.

Die Kämmlinge aus den Kämmen entfernen, danach die Kämme wieder für den nächsten Arbeitsgang ins heiße Wasser stellen.

Das zweite, formende Kämmen

Einen erhitzten Kamm wieder auf 12 Uhr in der Station befestigen. Die geplankten Bänder am oberen Ende, etwa 10 cm unterhalb der Spitze zusammenraffen und in eine Hand nehmen. Die Bänder in der Hand haben das Aussehen eines schönen, flauschigen Stutenschweifs. Nun werden mit der anderen Hand Büschel von ca. 17 bis 22 cm Länge vom Schweif abgezogen und in den stationären Kamm eingeschlagen. Dabei kann, wenn es schon beherrscht wird, die etwas schwungvollere

Bewegung aus dem Handgelenk angewendet werden („*lashing on*").
Die Enden der Büschel sollen hinten etwas über die Zinken herausragen, aber alle gleichlang sein und von allen Zinkenreihen gehalten werden. Wenn die Büschel hinten zu weit herausragen, kann dies durch Ziehen der Büschel nach vorn ausgeglichen werden. Der gesamte "Stutenschweif" wird in den stationären Kamm eingeladen.

Die geplankten, zusammengefassten Faserbänder, der „Stutenschweif" aus beiden Kämmen, werden für das zweite Durchkämmen in den Kamm eingeschlagen. Dabei wird die Faser von allen Zinkenreihen gehalten.

Vor dem Kämmen die eingeladenen Fasern 2 cm vom Kopf weg nach oben schieben.
Achtung! Die schon auf den beweglichen Handkamm übernommenen Fasern hängen vor den Zinken herunter. Sie können beim Hacken zwischen den Kämmen eingeklemmt und unkontrolliert gekämmt oder zusammengedrückt werden. Das passiert, wenn die Bewegung zu langsam und zaghaft war. Am Beginn der Hack-Bewegung sollten Sie eine Bewegung machen, als ob die herabhängenden Fasern nach oben, Richtung Kopf und Griff geschleudert werden sollen.
Wenn die Bewegung nicht auf Anhieb gelingt, können die Fasern auch vor jedem Eintauchen des Handkammes mit der linken Hand Richtung Kammkopf zurückgestreift werden.
Den stationären Kamm auf 3 Uhr drehen und die Fasern erneut mit dem Handkamm in vertikalen Hack-Bewegungen kämmen. Zuerst nur die Spitzen erfassen und mit jeder weiteren Bewegung Richtung Kamm vorarbeiten. Es macht nichts, wenn dabei größere Büschel abgekämmt werden. Falls sie nicht herunterfallen, werden sie in den nächsten Durchgängen gekämmt. Heruntergefallenes Material wieder in den stationären Kamm einschlagen. Dabei die Faserrichtung beachten.

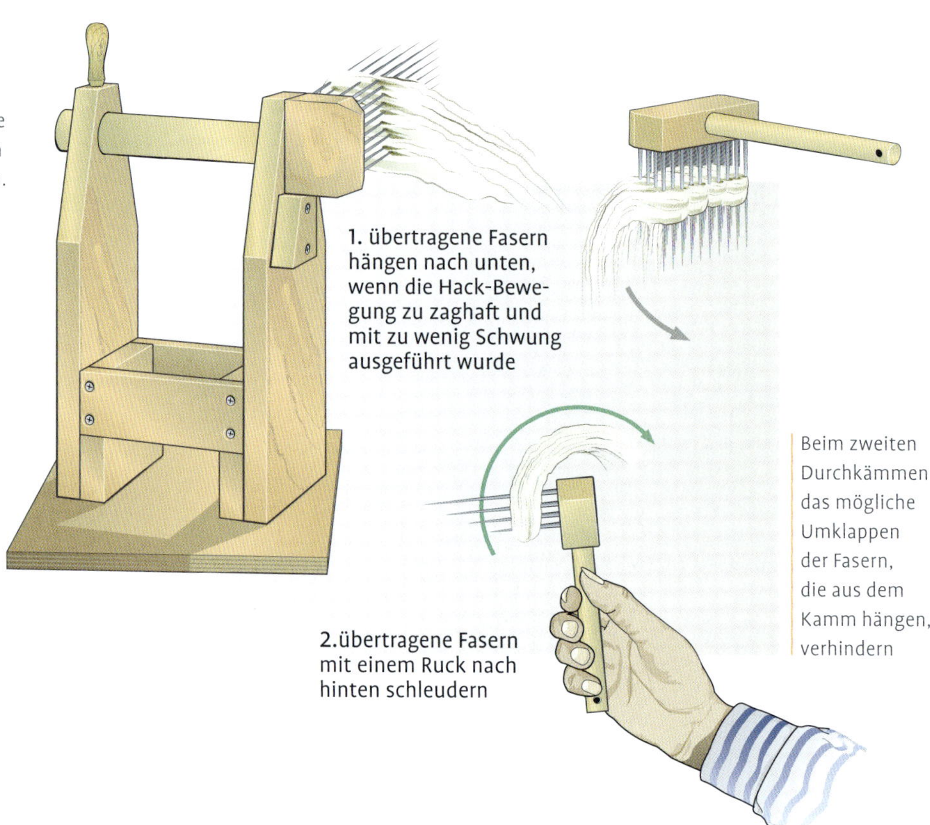

Beim zweiten Durchkämmen das mögliche Umklappen der Fasern, die aus dem Kamm hängen, verhindern

Ist der größte Teil der Fasern auf den Handkamm übertragen, wird mit der schwingenden Bewegung weitergekämmt. Die Fasern nun drei- bis viermal, zuerst mit hackender, dann schwingender Bewegung, von einem Kamm auf den anderen übertragen.
Wenn keine Verklumpungen mehr in den Fasern enthalten sind und sich auf beiden Kämmen etwa gleich viel Material befindet, wird das Kämmen beendet.
Den stationären Kamm auf 12 Uhr stellen, die Fasern wieder vom Kopf wegschieben und insgesamt etwas durch Verschieben lockern, damit das nachfolgende Abziehen des Faserbandes leichter geht.

Das Ausziehen des Faserbandes mit einem Strecker

Das Abziehen des Bandes beenden. Auf dem Kamm sind nur noch kurze Fasern zu sehen.

Abziehen eines Faserbandes mit dem Strecker
Mit zwei verschiedenen Techniken können ein komprimiertes oder ein loses Band abgezogen werden. Die Anleitung finden Sie ab Seite 241.
Die Ausgangsposition ist ein mit Fasern gefüllter Kamm, dessen Fasern mit den Händen zu einem kegelförmigen Faserbart geformt und auf dessen Spitze ein Strecker aufgezogen wurde.

Das zweite Planken: ein Kammzug entsteht
Nachdem das Band mit dem Strecker abgezogen wurde, wird es nochmals in der Mitte geteilt und in Faserrichtung aufeinandergelegt. Erst durch dieses erneute Planken entsteht ein Kammzug.

EIN VORGARN (ENGL. *ROVING*) HERSTELLEN

Es ist möglich, direkt vom Faserband oder Kammzug zu spinnen, aber es ist schwieriger, und das Garn wird haariger, als wenn das Band erst zu einem Vorgarn gedreht und dann gesponnen wird. Ein Vorgarn wird hergestellt, indem das Band nach dem zweiten Planken leicht eingedreht wird. Es gibt einige Möglichkeiten, aus dem Kammzug ein Vorgarn herzustellen: Das Faserband kann auf einem alten Spindelrad eingedreht werden, eine Methode, die zur Zeit der Wollkämmer angewendet wurde. Wer ein solches Rad besitzt, findet hier vielleicht eine neue Möglichkeit, damit zu arbeiten. Das Faserband wird mit einer Handspindel mit Haken oder einem Aststock (dem Vorgänger der Handspindel) per Hand zu einem Vorgarn gedreht. Der Vorteil dabei ist, dass Sie sich Aststock bzw. die Handspindel mit dem darauf aufgewickelten Vorgarn zum Spinnen auf den Schoß legen können.

Spinnrad zum Spindelrad umrüsten

Für einige moderne Spinnräder wie dem Michi von Schwarzenstein, den Rädern von Henkys, dem Spinnrad Traditional von Ashford und den Rädern von Majacraft und Henkys gibt es einen Spindelaufsatz, der für die Bandumwandlung zum Vorgarn genutzt werden kann.

Drehen eines Vorgarnes mit einem Spindelaufsatz oder einem Spindelrad, hier für das Spinnrad Michi von Schwarzenstein

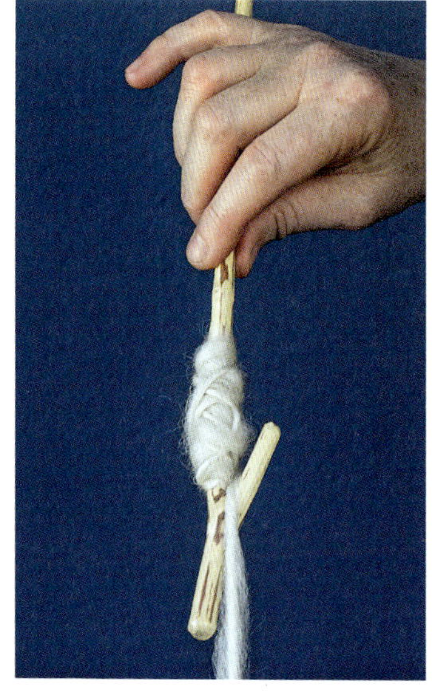

Drehen eines Vorgarnes ohne Spinnrad mit einer Aststockspindel

Die Spinnposition, bei der die Spindel, hier mit der kleinsten Spule des Spinnrades Michi von Schwarzenstein, mit dem Vorgarn auf dem Schoß liegt.

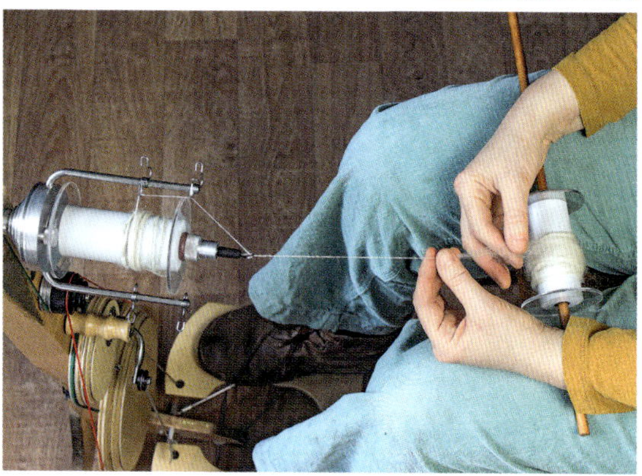

Vorgarn drehen mit der Handspindel oder dem Aststock

» **Benötigte Werkzeuge:** Ein fertig gedrehtes Vorgarn nimmt viel Platz ein, deshalb benötigen Sie eine Handspindel, eine dicke Stricknadel aus Holz oder einen Aststock von mindestens 35 bis 40 cm Länge.

Den Kammzug an dem Ende, das zuletzt vom Kamm abgezogen wurde, etwas dünner ausziehen und zum Befestigen einige Male um die Spinnachse wickeln. Den restlichen Kammzug locker in einen glatten Behälter legen, in dem er gut gleiten kann. Dann die Spindel mit Ihrer bevorzugten Hand entweder mit Daumen und Zeigefinger in der Hand oder im Sitzen auf dem Oberschenkel liegend drehen. Fassen Sie den Kammzug maximal in Armweite, damit der Drall nicht unkontrolliert in den restlichen Kammzug läuft. Stellen Sie etwas Spannung her, während Sie einen leichten Drall in den Kammzug einfließen lassen. Es soll so viel Drall eingebracht werden, dass die Fasern bei mäßiger Spannung nicht verrutschen. (vg. Teal 1976, 76). Ist genug Drall eingeflossen, die Spindel rechtwinklig zum Vorgarn stellen und dieses auf die Spindel aufwickeln.

Der Vorteil der Vorgarnherstellung mit Spindel oder Aststock ist der, dass direkt von der Spindel gesponnen werden kann, während das Vorgarn von einem Spindelrad meist erst umgespult werden muss. Das Vorgarn bleibt beim Spinnen von der Spindel bis zum letzten Zentimeter unter Spannung. Dadurch lassen sich die Fasern beim Spinnen gleichmäßiger und leichter ausziehen als bei einem entspannten Vorgarn ohne leichten Drall.

Auf die Richtung achten

Die Richtung, in die das Vorgarn verdreht wird, ist wichtig. Sie muss der Spinnrichtung entgegengesetzt sein, damit sich das Vorgarn beim Spinnen optimal ausziehen lässt.

KÄMMEN MIT HAND- ODER WIKINGERKÄMMEN

Handkämme werden in erster Linie frei, ohne feste Station, im Sitzen oder Stehen bedient. Es gibt auch Modelle, für die es eine einfache Station zur Befestigung am Tisch gibt, mit der meist nur die Position 12 Uhr eingestellt werden kann. Die Handkämme haben eine oder zwei Zinkenreihen, die gerade oder im oberen Teil Richtung Griff gebogen sein können. Die Zinken gibt es von sehr fein und engstehend bis gröber und weiterstehend. So können auch feinste und gröbere sowie kürzere Fasern verarbeitet werden. In der Regel werden auch mit den Handkämmen die Fasern nach dem ersten Kämmen geplankt und ein zweites Mal gekämmt. Es kann aber auch nach ersten Kämmen direkt aus dem Kamm gesponnen oder ein Band abgezogen werden. Ein Band mit Strecker kann nur mit einer Station abgezogen werden.

Da die Kämme relativ klein sind und auch ohne Station verwendet werden, können sie gut auf Reisen und für eher kleine Mengen oder feine, kürzere Wolle eingesetzt werden. Im Gegensatz zur englischen Kammstation, die in der Regel mit gerichteten einzelnen Stapeln beladen wird, verwendet man für die Handkämme meist ungerichtete, bauschige Wolle.

Wikingerkämme: vom Gräberfund zum modernen Handkamm

Die meisten Funde von Handkämmen stammen aus wikingerzeitlichen Frauengräbern, die in einigen nordeuropäischen Ländern ausgegraben wurden. Je nachdem, wie gut die Kämme erhalten sind, können Anordnung und Anzahl an der Fundstätte, Bauart, Abmaße, Zinkenreihen sowie Material- und Holzarten der Griffe bestimmt werden. Diese historischen Funde sind die Vorbilder der modernen Handkämme.

ANWENDUNG DER HAND- ODER WIKINGERKÄMME

Neben den Handkämmen (ein- oder zweireihig, ohne Station) brauchen Sie vorsortierte, bauschige, gewaschene und geschmälzte Wolle ab 6 cm Stapellänge, eine Schürze als Schutz, leichte Handschuhe und eine Schutzbrille. Außerdem sollten zwei Behälter bereitstehen, einer für die Kämmlinge und einer für die Kammzüge.

Sicherheitshinweis

Wie die Zinken der englischen Kammstation, können auch die der Handkämme sehr spitz sein. Die Kämme nie unbeaufsichtigt liegen lassen. Niemals mit den Zinken in 12-Uhr-Stellung ablegen. Immer vom Körper weg kämmen. Das Tragen von Schutzbrille und Handschuhen wird empfohlen.

Den Kamm mit Fasern beladen und kämmen

Einen Kamm mit der linken Hand im Untergriff greifen. Den Kamm in 12-Uhr-Stellung auf dem linken Oberschenkel auflegen, um ihn beim Beladen des Kammes zu stabilisieren.

Mit der rechten Hand einen großen Bausch Wolle nehmen. Den Wollbausch von oben in die Zinken des linken Kammes eintauchen, bis nach unten schieben und dann nach rechts wegziehen. Das Beladen so lange wiederholen, bis der Kamm etwa zur Hälfte locker beladen ist. Die restliche Wolle weglegen.

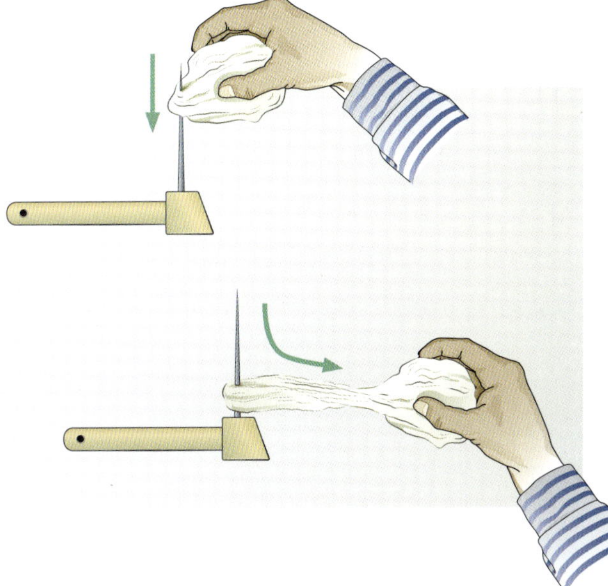

Kamm mit Untergriff festhalten und beladen. Fasern in den linken Kamm einschlagen.

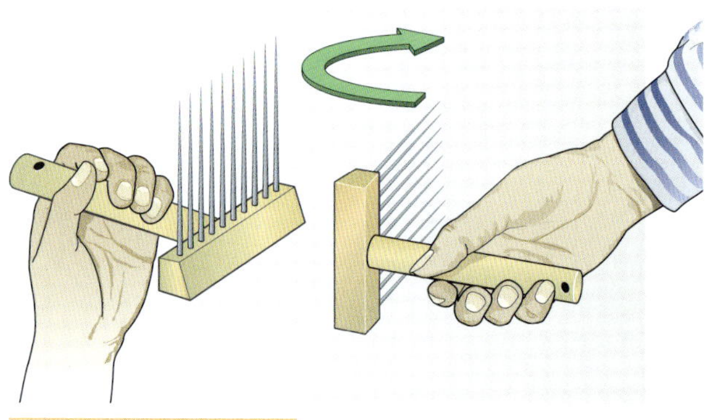

Die Haltung der Handkämme aus Sicht des Anwenders

Die Fasern im Kamm vom Kopf ein wenig in Richtung Zinkenspitzen nach oben schieben. Den rechten Kamm mit Obergriff festhalten, die Zinken weisen nach 3 Uhr und unbedingt vom Körper weg. Nun den rechten Kamm in die Faserspitzen eintauchen und nach vorne rechts in einer nach vorne geführten, horizontalen Kreisbewegung führen. Die Bewegung ist mit dem horizontalen Schwingen, das Sie bei der englischen Kammstation gelernt haben, vergleichbar.
Lassen sich keine Fasern mehr in den rechten Kamm übernehmen, die im linken Kamm zurückgebliebenen Kämmlinge entfernen.
Der rechte Kamm wird nun mit den Enden der Fasern, die sich in seinen Zinken befinden, in die leeren Zinken des linken Kammes getaucht und nach rechts weggezogen. Die Bewegung entspricht in etwa der vertikalen Hack-Bewegung, die Sie bei der englischen Kammstation kennengelernt haben. Die Bewegung so oft wiederholen, bis so viele Fasern wie möglich übertragen wurden. Das Hacken und Schwingen drei- bis viermal wiederholen. So werden die Fasern immer wieder von dem einen auf den anderen Kamm übertragen. Nach jedem Faserübertrag die verbliebenen Kämmlinge aus dem geleerten Kamm entfernen und sammeln. Die Kämmlinge können, wenn sie nicht zu verschmutzt sind, in kardierten Mischungen verwendet werden. Nach dem letzten Kämmen kann ein Faserband abgezogen oder direkt aus dem Kamm gesponnen werden.

Im Sitzen Kämmen

Nach dem Beladen kann auch wie folgt gekämmt werden: Der linke Kamm wird auf dem Schoß abgestützt, während der rechte in Bewegung ist. Es ist aber auch möglich, freihändig zu kämmen.

Das Faserband abziehen

Sind die Fasern gut durchgekämmt und keine Knötchen mehr zu sehen, den linken, gefüllten Kamm im Untergriff mit der linken Hand festhalten. Mit der rechten Hand die Fasern etwas vom Kopf nach oben schieben. Die Fasern sollen locker auf den Zinken sitzen.
Mit der rechten Hand den Faserbart an der Spitze greifen und Stück für Stück abziehen, bis die Fasern sehr kurz werden und der Kämmling sichtbar wird. Falls die Handkämme über eine Station verfügen, kann diese auch zum Abziehen der Fasern mit beiden Händen oder einem Strecker genutzt werden. Auch hier ist die Verteilung der Faserlängen innerhalb des Faserbandes ungleichmäßig. Die langen Fasern befinden sich am Anfang und die kurzen am Ende. Um dies auszugleichen, wird auch dieses Faserband geplankt.
Das Faserband in der Mitte teilen und aufeinanderlegen. Die Faserrichtung kann unbeachtet bleiben, da die Ausgangsfasern ungerichtet waren. Das Faserband kann nun mit den Händen gestreckt oder nochmals geteilt und aufeinandergelegt werden. So entsteht ein vierlagiger Kammzug.

Das zweite Kämmen und das Strecken zum Vorgarn

Das so geplankte Faserbüschel wird ein zweites Mal in den linken Kamm eingeschlagen und durchgekämmt. Zum Fertigstellen wird wieder ein Faserband abgezogen. Dieses Band kann vor dem Spinnen zu einem Vorgarn gestreckt und mit Aststock oder Spindelrad leicht verdreht werden. Zum Strecken per Hand wird das geplankte Faserband mit der einen Hand im Obergriff festgehalten und mit der anderen Hand vorsichtig, Stück für Stück, auseinandergezogen. So wird der Durchmesser des Kammzugs kleiner und das Vorgarn länger.

KARDIEREN UND PICKERN

Um gewaschene Wolle leichter und gezielter verarbeiten zu können, kann die Wolle kardiert werden. Unter Umständen können hier auch die Kämmlinge, die beim Kämmen von gewaschener Wolle zurückbleiben, mit verwendet werden.

Ob die Wolle direkt aus der Flocke – so wird die gewaschene, unbearbeitete Wolle genannt – weiterverarbeitet oder erst kardiert wird, hängt von den persönlichen Vorlieben und dem Projekt ab. Beide Verfahren haben ihre Vor- und Nachteile und ihren besonderen Reiz.

Das Spinnen direkt aus der Flocke kann zur Garngestaltung eingesetzt werden; so lassen sich Fasern mit unterschiedlich farbigen Stapelspitzen oder -bereichen im Garn zur Geltung bringen. Die Garne zeigen farbige Unterschiede und Akzente.

Das einmalige Einkardieren von besonders gekräuselten Stapeln ergibt interessante Kunstgarne. Wie Kunstgarne, englisch *artyarn*, hergestellt werden erfahren sie ab Seite 505.

Wird eine von Natur aus uneinheitlich gefärbte Wolle kardiert, hat sie danach einen einheitlichen Farbton. Es lohnt sich also, beide Methoden auszuprobieren und das Ergebnis zu vergleichen.

Weiterhin ist es durchaus lehrreich, einmal zu schauen, wie die Industrie die Fasern zum Kardieren behandelt und aufbereitet. Daraus lassen sich Möglichkeiten zur handwerklichen Bearbeitung ableiten. Besonders gelungen und einfach verständlich sind die Filme der Tuchfabrik Müller in Euskirchen.

Chemische Fasern

Die Herstellung von Viskosen aus pflanzlichen Ausgangsstoffen braucht viel Wasser und Energie und ist mit dem Einsatz von giftigen Chemikalien verbunden. Die Herstellung im Ausland ist oft problematisch, weil die Sicherheits- und Umweltauflagen dort weniger streng sind als in Europa. Chemiefasern werden aus Erdöl hergestellt und sondern während ihres Gebrauches und ihrer Reinigung Mikroplastik ab.

KARDIERFÄHIGE FASERN

Zum Kardieren eigenen sich alle Wollsorten, die zum Kämmen zu kurz sind. Auch die Kämmlinge, also jene Fasern, die nach dem Kämmen übrig bleiben, sind geeignet. Werden längere Faser kardiert, können die Garne etwas drahtig und kratzig sein. Zum Kardieren können aber auch Fasern pflanzlicher und chemischer Herkunft (mit)verwendet werden.

Außerdem können auch alle industriellen, vorgefertigten Fasern wie

- Karden- und Kammbänder
- Vorgarne
- Kammzüge
- Krempelflore

kardiert werden, letztlich also die unterschiedlichsten Fasern, solange der Kardenbelag und das Getriebe keinen Schaden nehmen.

Einige der gebräuchlichen Verfahren beim Kardieren der Wolle und das Ergebnis im Garn:

» **Ein ganzes, gewaschenes, unsortiertes Vlies kardieren:** Es werden weder grobe Wollbereiche noch lange oder beschädigte Fasern (z. B. vom Rücken) aussortiert. Dabei entstehen je nach Ausgangsmaterial meist eher grobe Garne.

» **Aussortierte, gewaschene Vliesteile, wie Schenkel, Bauch, Ränder kardieren:** Alles, was für das Kämmen zu kurz, aber von gesunder Stapelstuktur ist, wird kardiert. Je nach Weichheit und Spinntechnik können daraus weiche Garne entstehen.

» **Ein klassifiziertes, sortiertes Vlies kardieren:** Wenn das gesamte rohe Vlies vor dem Waschen klassifiziert und sortiert wurde und dabei Weichheiten, Stapellängen oder Vorlieben nach der Werkstückvorgabe beachtet werden, geben die Sortierungen die Qualität der Garne vor, die durch das gezielte Kardieren und Spinnen realisiert werden.

Grobes Material kardieren

Auch sehr grobes Material kann mit einer 46 tpi-Benadelung kardiert und dann zu Bindfäden, Seilen und Gebrauchsgegenständen verarbeitet werden.

Die Faserabfälle, die beim Kämmen und Ausbürsten in den Geräten zurückbleiben (sogenannte Kämmlinge, siehe Seite 54), können, wenn sie nicht zu grob oder verschmutzt sind, zu sehr weichen, fluffigen Garnen versponnen oder in Mischungen eingesetzt werden. Das ergibt, je nach Ausgangsfasern, tweedartige Effekte. Mit den verschiedensten Fasern können auch Fasermischungen z. B. für Artyarn hergestellt werden. Das Mischen wird im Kapitel „Spinnen" gezeigt. Verschiedene Herangehensweisen bei der Bearbeitung von Rohwolle und dem Kardieren haben also unmittelbaren Einfluss auf das Ergebnis. Es muss nicht immer der traditionelle oder gebräuchlichste Weg sein; versuchen Sie auch andere Verfahren, beschreiten Sie neue Wege.

Experimente beim Kardieren

Sehr experimentelle Kardiermaterialien sind alte Tonbänder, Pflanzenteile wie Moose, Flechten und Gras, Papier, Stofffetzen, Sariseide, Reißwolle und Kardierabfälle. Diese werden im Kapitel „Spinnen" ab Seite 468 vorgestellt.

VORBEREITENDE ARBEITSSCHRITTE VOR DEM KARDIEREN

Vor dem Kardieren muss die Wolle unbedingt aufgelockert werden. Die Kardiergeräte werden dadurch geschont, die Arbeit geht leichter, und das Ergebnis ist besser. Bei der handwerklichen Vorbereitung stehen verschiedene Möglichkeiten zur Verfügung. Ihr Ziel ist es, die Wolle ihrem strukturellen Wesen entsprechend in kurzer Zeit möglichst vorteilhaft und vollständig aufzulockern, sodass sie kardiert werden kann. Welche Methode für Ihre Wolle die beste ist, hängt davon ab, wie die Wolle strukturiert und beschaffen ist: Sind die Stapel locker, in sich verklebt oder sogar leicht angefilzt, wie es oft bei langwolligen Rassen vorkommt? Zum Öffnen können die Methoden auch kombiniert werden.

Das vollständige oder teilweise Aufzupfen kommt auch zur Anwendung, wenn einzelne Stapel für eine Einarbeitung in Filz- oder Spinnprojekte wie Artyarn aufgelockert werden. Die aufgelockerten Stapel können gut versponnen werden.

- Aufzupfen mit den Händen
- Öffnen mit der Flickkarde
- Schlagen der Wolle
- Pickern
- Hand- und Pultkarden mit einem groben Beschlag
- Handkarden mit feineren Beschlägen
- Kardiermaschinen mit groben, mittleren und feinen Beschlägen

AUFZUPFEN MIT DEN HÄNDEN

Das einfachste Werkzeug sind die Hände. Von allen auflockernden Methoden dauert diese Bearbeitung am längsten, ist aber für die Wolle die schonendste, weil sie ohne Beschädigungen, bestmöglich und gezielt auflockert werden kann.

» **Das Ziel:** Die natürliche Wollstruktur soll, dem Werkstück entsprechend, aufgelöst und bis zum Einzelstand der Fasern gelockert werden. Durch das Aufzupfen wird die Wolle gleichzeitig von unerwünschten Faserzuständen und Fremdkörpern gereinigt.

Pinzettengriff

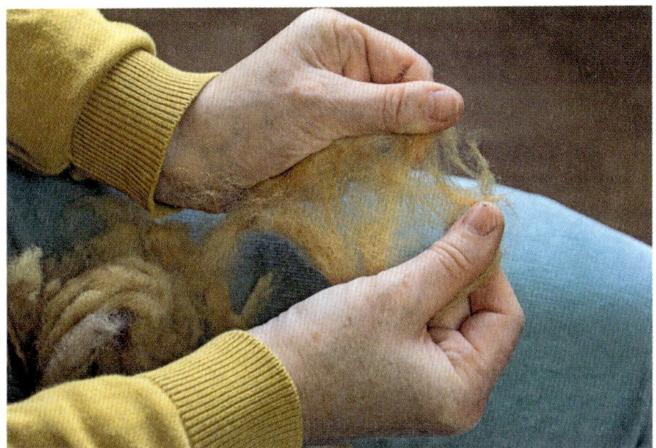

Flächengriff

Dazu gehören:

- zu kurze Fasern (Nachschnitte und angeschnittene Stapel)
- Verfilzungen
- Pflanzenteile
- Schafläuse, tote Insekten
- Kurzhaare

Verunreinigungen werden mit dem Pinzettengriff herausgesammelt.

» **Das Werkzeug:** Hände und Finger

» **Die Fasern:** gewaschene und getrocknete Wolle

» **Das Verfahren:** Das Aufzupfen mit den Händen wird vor dem Spinnen aus der Flocke zum Lockern der Stapel angewendet. Das Spinnen aus der Flocke wird auf der Seite 466 erklärt.

Etwa eine Handvoll Wolle vom Vorrat abreißen und vor dem Körper ablegen. Die Stapelspitzen weisen vom Körper weg. Die Beschaffenheit der Stapel verrät, wie sie aufzuzupfen sind: Kompakte bis leicht zusammengeklebte Stapel aus offenen Vliesen, wie sie bei den stark gekräuselten, lockigeren, langwolligen Rassen zu finden sind, werden zuerst mit dem Pinzettengriff der Länge nach geöffnet. Hier kann auch eine Flickkarde zum Einsatz kommen.

In einem zweiten Arbeitsgang können die Stapel nochmals mit dem Flächengriff zu einem schleierartigen Flor auseinandergezogen werden. Um ein optimales Ergebnis zu erreichen, werden die Stapel dabei zwischen dem Daumen und dem Daumenballen sowie den Fingern beider Hände eingeklemmt und zu einem Schleier auseinandergezogen. Auch eine Kombination von Pinzetten- und Schleiergriff ist denkbar.

Geschlossene, aber unverfilzte Wollstapel werden mit dem Flächengriff immer quer zur Faserrichtung leicht schräg nach oben auseinandergezogen. Quer zur Faser ist der Widerstand gering.

Sollen die Fasern nach dem Aufzupfen kardiert werden, bestimmt das Garnprojekt, wie stark sie gelockert und geöffnet werden müssen.

 DAS SCHLAGEN DER WOLLE

Diese Vorbereitungsart war im Mittelalter gebräuchlich. Der Nachname „Wollschläger" deutet auf diesen Beruf hin. Das Schlagen der gewaschenen Wolle ist heute noch in Asien und im Orient zu finden.

» **Das Ziel:** Die Wolle so weit aufzulockern und zu reinigen, dass sie kardiert werden kann.

» **Das Werkzeug:** Ruten oder Stöcke aus Haselnuss, Weiden oder Stahl. Die Wolle liegt auf einem Tuch auf dem Boden oder auf einem flachen Gestell, zum Beispiel einer alten Bettunterfederung aus Eisen. Hervorragend lässt sich die Wolle auf einem Sortiertisch bearbeiten, weil Verunreinigungen durch die Maschen der Tischflächenbespannung fallen können.

» **Die Fasern:** Alle unverfilzten Fasern und Wollsorten sind für das Schlagen geeignet, jedoch funktioniert es mit kürzeren Fasern besser.

» **Das Verfahren:** Die Wolle liegt auf einem Tuch am Boden oder auf einem Gitter- oder Netztisch. Beim Schlagen wird die Wolle aufgelockert, leichte Verfilzungen bleiben bestehen, aber Verschmutzungen fallen heraus.

Bei dem rhythmischen Schlagen fliegen die Wollstapel hoch oder bleiben an den Ruten haften, das macht aber nichts und gehört zum Verfahren. Besonders effektiv ist es, wenn mehrere Personen gleichzeitig auf die Wolle einschlagen.

Das Wolleschlagen in Aktion

Wolleschlagen: vorher (links) und nachher (rechts)

DAS PICKERN

Das Ziel: Die Wolle, möglichst ohne sie zu beschädigen, so aufzulockern, dass sie kardiert werden kann.

Die Geschichte: Schwing-Picker (französisch: *Cardeuse*), auf einer kurzen Bank montiert und mit Rädern versehen, wurden von Fahrenden, den Matelassiers (französisch: Sprich „Mat.la.sjer"), Ende des 19./Anfang des 20. Jahrhunderts zum Auflockern von Spinnwolle und Matratzenfüllungen aus Wolle direkt beim Kunden verwendet. Heute wie damals kann der Picker entweder auf einem Tisch oder auf einer standfesten Bank montiert werden. Auf der Bank wird rittlings gesessen, mit dem Körpergewicht das Gerät fixiert und die Wolle vor dem Körper in das Gerät gegeben. Um die gepickerte Wolle aufzufangen, wird ein Tuch oder ein Karton vor den Auswurf gelegt.

Das Werkzeug: Es gibt Kasten- und Schwing-Picker. Das Pickern funktioniert mit Hilfe von mechanischen, handbetriebenen Geräten aus Holz, die mit sehr spitzen, glatten und nicht zu dünnen Zinken bestückt sind. Die Zinken sind gruppenweise, in unterschiedliche Richtungen weisend, angeordnet. Stehen die Zinken zu eng, sind zu dünn oder sind nach dem Anspitzen nicht entgratet worden, werden die Fasern durch Zerreißen beschädigt. Eine Beschädigung kann auch durch eine zu niedrige Einstellung passieren.
Ein möglichst wollschonender Picker hat eher dickere, nicht zu spitze und glatte Zinken. Die Picker bestehen aus einem fest stehenden Teil, dem Schwingbett, und einem beweglichen Teil: der Schwinge. Anders als beim Kasten-Picker lässt sich der bewegliche Teil vom Schwing-Picker so verstellen, dass die Wolle möglichst schonend aufgeschlossen wird. Vor der Benutzung muss der Picker an einem feststehenden Tisch oder einer Bank unverrückbar befestigt werden. Eine Bank mit fest montiertem Picker ist sehr angenehm zu bedienen.
Ein sehr guter Picker mit Eingabeschutz- und -werkzeug wird von Classic Carder in Großbritannien gebaut.

Sicherheitshinweis

Die spitzen Zinken gepaart mit der mechanischen Schwingbewegung erhöhen die Verletzungsgefahr. Die Maschine niemals unbeaufsichtigt und ungesichert stehen lassen. Vor einer Benutzung unverrückbar an einem festen Tisch oder einer Bank befestigen. Offene Haare zusammenbinden und fest bedecken. Nur enganliegende Kleidung und unbedingt feste Handschuhe während der Benutzung tragen. Ablenkungen bei der Verwendung fernhalten. Nur Geräte verwenden, die einen Eingabeschutz und -schieber haben.

Die Fasern: Um ein Zerreißen der Wolle zu vermeiden oder zu verringern, sollten nur auf Festigkeit geprüfte Fasern bis 7 cm Länge gepickert werden. Um Schäden zu verringern, kann die Wolle zusätzlich mit einer Schmälze behandelt werden, so wie es in der professionellen Wollverarbeitung üblich ist (Rezept siehe Seite 230).

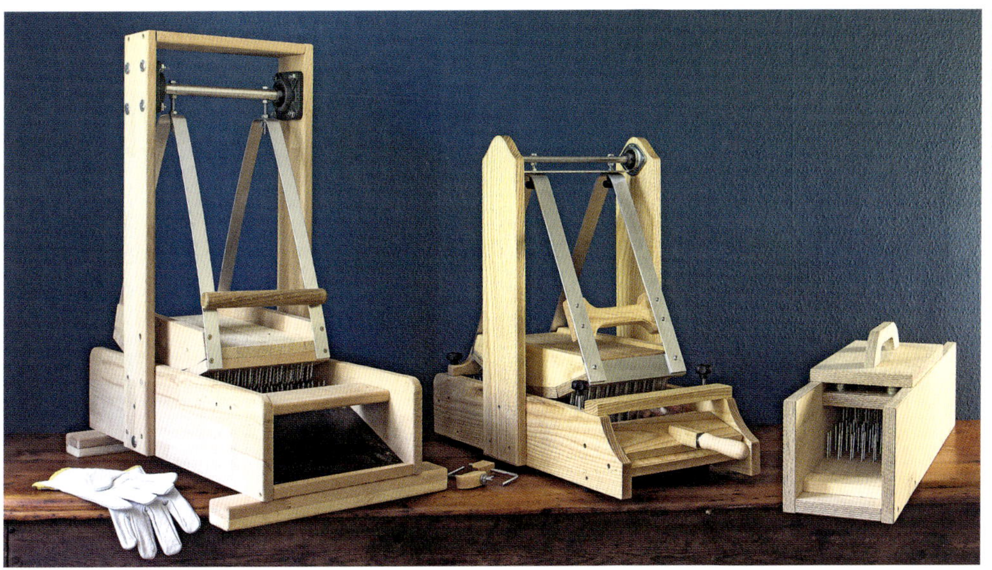

Geräte zum Pickern: Schwing-Picker (links: Eigenbau, Mitte: Classic Carder und rechts: Kastenpicker nach Bauplänen TheLlamaSanctuary)

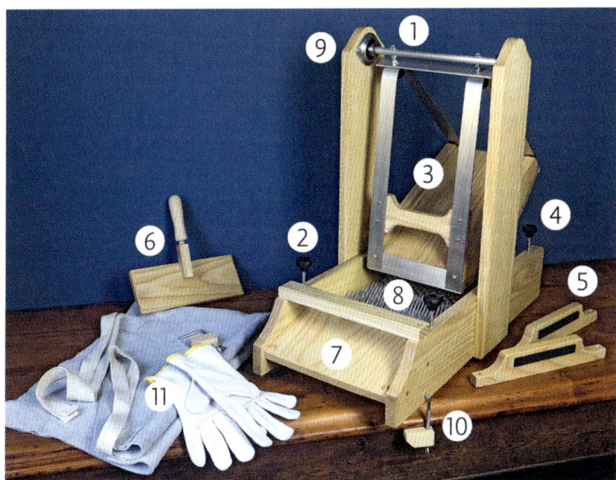

Ein sicherer Schwing-Picker:
1 Stellschraube verändert den Abstand von Schwinge zum Bett; **2** Schrauben für **5** Transportsicherung, vorne und hinten; **3** Holzgriff um die Schwinge zu bewegen; **4** Faserauswurf; **6** Fasereingabeschieber; **7** Fasereingabe; **8** Zähne aus Metall; **9** Aufhängung der Schwinge mit Kugellager; **10** Zwingen zum Befestigen des Pickers; **11** Schutzausrüstung: Lederhandschuhe und -schürze

Picker in Aktion

Wolle vor dem Pickern (links) und nach dem Pickern (rechts)

» **Das Verfahren (für RechtshänderInnen):** Die bewegliche Schwinge wird mit der linken Hand vor und zurück gegen den feststehenden Teil, das Schwingbett, bewegt. Die Wolle wird in kleinen Portionen mithilfe des Eingabeschiebers in das Innere des Pickers geschoben. Dort wird sie von den Zähnen der Schwinge erfasst und durch weitere Bewegungen zwischen den Zähnen von Schwinge und Bett in und durch die Maschine transportiert. Dabei wird sie im Idealfall auseinandergezogen und hinten aufgelockert ausgeworfen.

» **Das Ergebnis:** Die Wollstruktur wird mit jedem Durchgang weiter geöffnet. Leider werden dabei oft die Fasern beschädigt, wenn diese schon brüchig waren. Das Ergebnis sind kurze bis sehr kurze Fasern, die sich tot und strohig anfühlen können.

ÖFFNEN MIT DER FLICKKARDE

Das Öffnen der Stapel mit einer Flickkarde kann außer beim Kämmen auch bei der Vorbereitung vor dem Kardieren genutzt werden. Mit der Flickkarde werden verklebte Spitzen und Schnittenden sowie leichte Verfilzungen geöffnet.

» **Das Ziel:** Einzelne Stapel so vorbereiten, dass sie sofort verarbeitet oder kardiert werden können.

» **Das Werkzeug:** Handliche Flickkarden mit 72 Nadeln per Quadrat von 2,5 × 2,5 cm. Die langstielige von Ashford ist bestens geeignet.

» **Die Fasern:** Alle Faserarten und -längen sind geeignet, solange sie festhaltbar sind.

» **Das Verfahren:** Die zu bearbeitenden Stapel werden auf einer Unterlage, am praktischsten auf einem der beiden Oberschenkel, von der Spitze und der Schnittseite ausgebürstet. Der Vorteil, das auf einem festen, leicht nachgiebigen Untergrund anstatt in der Luft zu tun, liegt darin, dass alle Fasern gleichmäßig gebürstet werden und die Finger keiner Verletzungsgefahr ausgesetzt sind, wenn die Fasern an den scharfkantigen Benadelung vorbeigeführt werden. Ein Foto, wie einzelne Stapel auf dem Oberschenkel ausgebürstet werden, finden Sie auf Seite 234 oben links.

HAND-, TISCH- UND PULTKARDEN MIT EINEM GROBEN BESCHLAG

Pult-, Roll- und sehr grobe, große Handkarden wurden schon im 16. Jahrhundert verwendet. Die Pultkarden wurden als „Wollrössel" bezeichnet, weil die Karden am Ende einer Bank wie an einem schrägen Pult befestigt waren und der Kardierer rittlings auf der Bank saß. Die heute gebräuchlichen Geräte stammen aus den Anfängen der modernen Wollverarbeitung in den 1970er Jahren. Die Beschläge haben unterschiedlich feine Benadelungen pro 2,5 cm².

» **Das Ziel:** Die Wolle vor dem abschließenden Kardieren durch Vorkardieren aufzulockern.

» **Das Werkzeug:** Diese Sonderformen von Handkardiergeräten wurden von historischen Werkzeugen abgeleitet und von den Pionieren der modernen Wollverarbeitung neu interpretiert. Die Pult- und Tischkarden haben zwei Teile. Das feste Teil wird an einen Tisch befestigt, mit dem beweglichen wird gearbeitet.

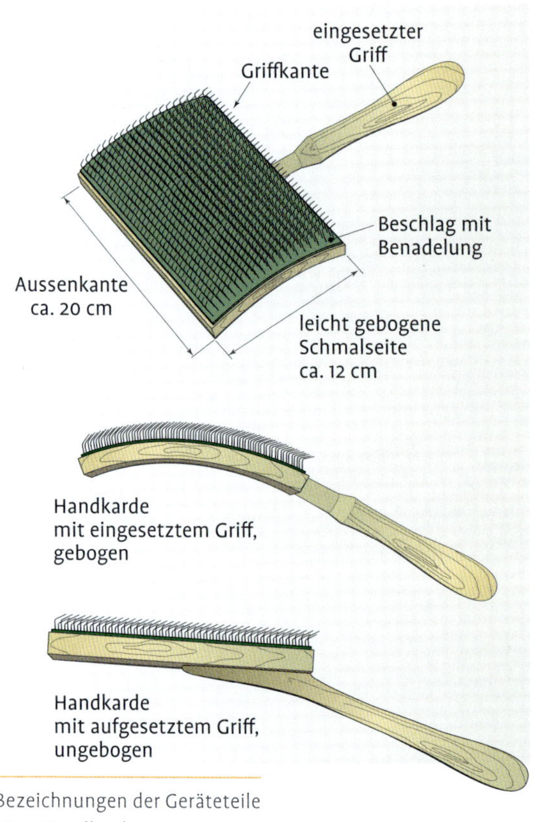

Bezeichnungen der Geräteteile einer Handkarde

» **Die Fasern:** Alle Fasern sind geeignet, sofern sie nicht zu verfilzt sind.

» **Das Verfahren:** Die so kardierten Fasern sind nicht so fein und exakt wie bei den Handkarden. Die Wolle kann aber optimal für die nachfolgende Bearbeitung mit Handkarden aufgelockert werden. Für die Bearbeitung braucht man mit Pult- und Tischkarden etwas weniger Kraft als beim Kardieren mit zwei Handkarden.

Der Tisch, auf dem die Geräte befestigt werden, muss sehr stabil sein. Ist das feststehende Element befestigt, werden nicht zu viele Fasern in das feststehende Element eingeschlagen. Die Fasern werden dabei als einzelne Stapel oder aus einem Bausch in den Beschlag gedrückt und gleich weggezogen. Den Wollbausch an der unteren Kante in die Benadelung eindrücken und nach unten Richtung Körper wegziehen. So die ganze Fläche Stück für Stück wie beim Dachdecken belegen.

Dann die bewegliche Handkarde mit beiden Händen fassen und an der unteren Kante mit dem Kardieren anfangen. Bei jedem Streich ein Stückchen nach oben wandern. Ist alles schön parallel,

Verschiedene Hand- und Tischkarden:
1 Karde, Tischmodell TK von Kircher Webgeräte
2 alte Handkarden aus Schweden, Hersteller unbekannt
3 Majacraft Handkarden 96 Nadeln per 2,54 cm²
4 Handkarden mit Lederbeschlag, 108 Nadeln per 2,54 cm²
5 Flickkarde Ashford, 72 Nadeln per 2,54 cm²
6 Handkarden HCL Ashford, 72 Nadeln per 2,54 cm²
7 Tischkarde, flach, altes Modell – Hersteller unbekannt

wird der Pelz aus dem Beschlag der feststehenden Karde mit der beweglichen abgenommen, indem die bewegliche Karde so gedreht wird, dass der Griff nach oben zeigt. Nun wird die bewegliche Karde über die Oberfläche des Pultes gezogen, sodass die Wolle aus dem Beschlag des Pultes gehoben wird. Die so erhaltenen Pelze können auf Handkarden oder einer Kardiermaschine fertig kardiert werden.

TRENNEN VON MISCHWOLLIGEN STAPELN

Eine besondere Form der Vorbereitung vor dem Kardieren oder Kämmen ist das Trennen von am besten ungewaschenen, mischwolligen Stapeln. Im ungewaschenen Zustand können manche Stapel von Schafrassen mit weniger Wollwachs deutlich leichter und genauer getrennt werden. Durch eine Wäsche kann es in der sehr weichen Unterwolle zu Verfilzungen kommen, außerdem wird die Stapelstruktur in Unordnung gebracht oder zerstört. Wollsorten mit mehr Wollwachs lassen sich oft weniger gut trennen. Diese sollten vorher schonend, aber wollwachslösend gewaschen werden. Mit der Technik des Trennens können auch aus mischwolligen Vliesen viel bessere Weichheiten oder feste Garne hergestellt werden, als wenn die ungetrennten Stapel im Ganzen kardiert werden. Besonders edel und weich ist die reine Unterwolle (UW/W), die sich auch aus der Wolle von sonst eher unbeliebten Rassen wie den Heidschnucken,

Mischwollige Vliese von Islandschafen

Island ist das Land, in dem das Trennen von mischwolligen Vliesen Tradition hat. In Island haben die Menschen den Wert von getrennten Wollarten und ihre Eigenschaften in Garnen schon vor langer Zeit erkannt. Aus der reinen Unterwolle (isländisch *þel*), die im Mikronbereich von feinster Merinowolle liegt, können sehr leichte, weiche und wärmende Garne gewonnen werden. Traditionell wurden diese zu Unterwäsche und Kleidung, die an der Haut getragen wurde, verarbeitet. Aus dem Langhaar (isländisch *tog*) lassen sich belastbare, aber doch wärmende Garne herstellen. Traditionell wurden daraus die Fersen von Socken, Bündchen und Ellbogenverstärkungen an Pullovern, Stopf- und Nähgarne, Arbeitshandschuhe und robuste Gewebe für Oberbekleidung hergestellt. In neuerer Zeit wird das traditionelle Trennen wiederentdeckt und erfreut sich unter Spinnerinnen großer Beliebtheit. Außer per Hand, kann Wolle mit LH und KH auch maschinell getrennt werden. Das vermag ein Modul der Kleinspinnanlage „Belfast Mini Mill“, die einen Faserseparator im Programm hat.

Krainer Steinschaf und Bergschafen finden und gewinnen lässt. Das Trennen ist quasi ein Enthaaren per Hand.

Durch das Trennen können die besonderen Fasern, aus denen sich ein mischwolliger Stapel zusammensetzt, gewonnen und separat verarbeitet werden. Der ideale mischwollige Stapel besteht aus dem Langhaar (LH) und der Unterwolle, also den reinen Wollfasern (W). In dieser Reinheit kommt er selten vor; meistens finden sich im Stapel noch Kurzhaare (KH) sowie Mischformen zwischen LH, KH und W, die sogenannten heterotypen Haararten. Die Kunst beim Trennen besteht darin, diese Haararten zu kennen und in einem Stapel zu erkennen, sodass von vornherein nur die Stapel ausgesucht werden, die LH und W in größter Reinheit aufweisen. Beim Trennen werden die Haararten erkannt und entsprechend aussortiert.

Verschiedene mischwollige Stapel, die getrennt werden können. **1** Graue gehörnte Heidschnucke; **2** Islandschaf; **3** Norsk Spaelsau; **4** Quessant; **5** Skudde; **6** Krainer Steinschaf; **7** Rhönschaf; **8** Braunes Bergschaf; **9** Rauwolliges Pommersches Landschaf

Getrennte mischwollige Fraktionen: **1** Langhaar (LH) **2** Kurzhaarähnliches Langhaar, mehr haarig (kLH) **3** Wolliges Langhaar, mehr wollig (wLH) **4** Unterwolle, rein (W) oder (UW)

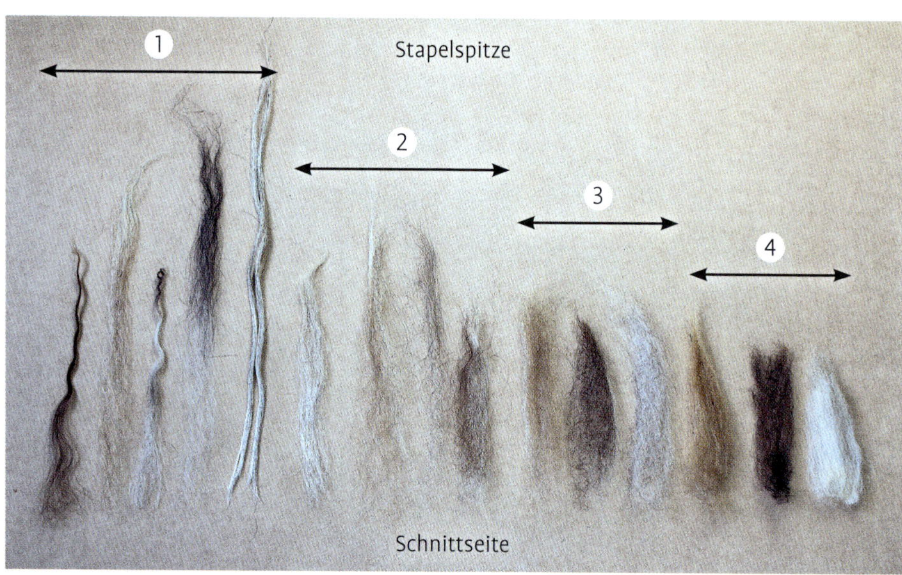

Trennen der verschiedenen Haararten

Um das Trennen zu lernen, ist ein Vlies von einer Moorschnucke oder dem Norsk Spaelsau gut geeignet. Diese Rassen haben meistens viele ziemlich reine Wollfasern (W), wenig KH und nicht zu harte LH. Weiße, schwarze und braune Vliese haben meist weniger Kurz- und Heterotype Haare als graue.

» **Das Ziel:** Möglichst reine Unterwolle (W) und LH ohne störende KH und heterotype Haararten zu gewinnen.

» **Die Fertigkeiten:** Wissen über die einzelnen Haararten, das im Abschnitt „Haar- und Wollformen im Vlies" (ab Seite 32) gesammelt wurde.

» **Das Werkzeug:** Um die Arbeit zu erleichtern, ist ein Sortiertisch von Vorteil. Für die abgeteilten Stapel wird eine flache Wanne oder ein Korb benötigt. Um die getrennten Fraktionen aufzunehmen, sind vier beschriftete Behälter nützlich. Beschriftung: A: Reine Unterwolle (W); B: W mit heterotypen und KH; C: Reine LH; D: LH mit Heterotypen. Wird das Trennen im Sitzen auf dem Schoß gemacht, ist eine helle Schürze gut. Die besten Ergebnisse werden mit den händischen Trennen erreicht. Dabei bleiben alle Haararten in ihrer Struktur am besten erhalten.

Je nachdem, welche Faserarten in welcher Technik verarbeitet werden, kann entweder mit den Händen oder einer Flickkarde getrennt werden. Ist besonders viel reine W im Vlies, kann diese zuerst per Hand von LH, KLH und WLH befreit werden. Die Unterwolle kann nochmals mit einer Flickkarde von beiden Seiten ausgebürstet werden. Ausgebürstete Haararten können kardiert oder mit Handkämmen weiter bearbeitet werden, weil die Fasern durch das Bürsten in ihrer Faserrichtung in Unordnung gebracht wurden. Aus dem LH und W können so fasergerichtete Kammgarne gesponnen werden.

» **Die Wolle:** Die Vliesteile zum Trennen dürfen nicht verfilzt sein. Die Haararten LH und W sollten deutlich unterscheidbar sein. Das Vlies sollte reichlich möglichst reine W haben. Ist die Wolle sehr wollwachshaltig, ist es besser, sie vor dem Trennen mit der Tuchmethode oder in kleinen Portionen mit der Waschanleitung Nr. 3 (Seite 216) zu waschen. Am besten ein paar rohe Stapel trennen und entscheiden, ob gewaschen werden sollte oder nicht.

» **Die Vorbereitung des Vlieses:** Das Vlies wird mit der Schurseite nach oben ausgebreitet, sodass zu erkennen ist, wo sich vermehrt KH befinden. Diese treten vermehrt längs der Wirbelsäule, am Schulterkreuz und an den Vliesrändern auf. Ein graues Vlies ist an diesen Stellen deutlich dunkler. Diese Vliesteile werden so entfernt, dass die verbleibende Vliesstruktur nicht oder möglichst wenig beeinträchtigt wird. Diese Vliesteile für eine spätere Verarbeitung aufheben.

Abtrennen der Stapel vom Vlies:
1 Moorschnucke, Aue
2 Norsk Spaelsau
3 Quessant
4 Rauwolliges Pommersches Landschaf

Nun wird das Vlies umgedreht, sodass die Schurseite nach unten zeigt und die Vliesoberfläche sichtbar ist. Wie bei der Tuchwäsche, die im Kapitel „Wolle waschen“ ab Seite 217 beschrieben ist, werden die einzelnen Stapel vorsichtig und strukturerhaltend abgerissen. Dazu hält eine Hand das Vlies fest, während mit der anderen Stapel für Stapel mit einer Bewegung zur Seite vom Stapelverband abgerissen wird. Die einzelnen Stapel werden in den flachen Behälter gelegt. Zur Unterscheidung der Stapel können die einzelnen Lagen mit Papier getrennt werden. Ist das gesamte Vlies in einzelne Stapel zerteilt, kann mit dem eigentlichen Trennen begonnen werden.

Nutzung von Vliesteilen mit KH-Fasertypen

Solche Vliesteile können im Ganzen kardiert, aber auch zu Fraktionen Nr. B und D getrennt werden. Daraus lassen sich feste Gebrauchsgarne wie Gartenschnüre und Seile herstellen.

» **Der Vorgang des Trennens:** Während eine Hand den Stapel festhält, wird mit der anderen Hand am Stapel gearbeitet. Ein Stapel wird aus dem Vorrat genommen und daraufhin betrachtet, ob durcheinandergeratene Haararten aus dem Stapel herausragen. Alle herausragenden Haararten herausziehen und in den Behälter D legen. Besondere Beachtung ist auf die Schnittseite zu legen, da hier eventuelle KH, die sich im Stapel befinden, sichtbar sind. Sind diese sehr kurz, können sie mit einer Flickkarde entfernt werden.
Tipp: Setzen Sie die Flickkarde beim Trennen ein. Kurze KH können mit einer Flickkarde aus dem Stapel ausgebürstet werden. Dazu den Stapel so fassen, dass LH und W festgehalten und nicht mit ausgebürstet werden können. Besteht der Stapel nur aus LH und W, kann mit der Flickkarde die W aus dem LH ausgebürstet werden. Dazu die LH an der Spitze fassen und die W vom Stapelende aus Richtung Schnittseite ausbürsten. Eine ähnliche Bearbeitung findet sich auch bei der Gewinnung von Stapeln, um Faserrichtungsgarn herzustellen. Die Anleitung dazu finden Sie ab Seite 232.
Sind keine störenden Haararten mehr vorhanden, wird die Unterwolle an ihrer Schnittseite, wo sie durch die Schur oft etwas zusammengedrückt ist, mit den Fingern beider Hände so weit auseinandergezogen und dadurch gelockert, dass die LH sich ohne großen Kraftaufwand aus dem Stapel ziehen lassen. Die ausgezogenen LH ordentlich ausgerichtet auf einen Haufen sammeln und in Bündeln in den Behälter C legen.

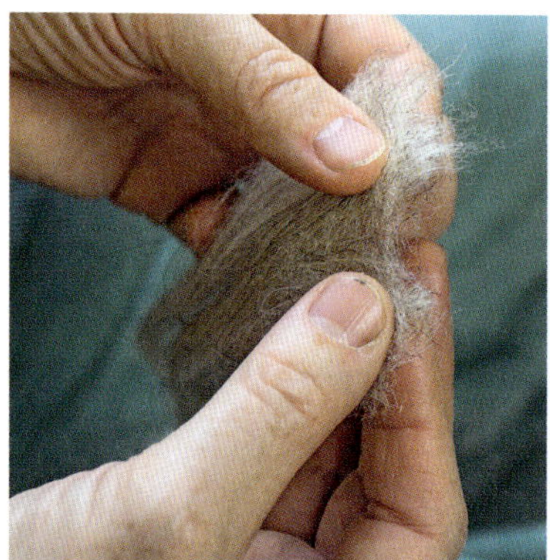

1 Auflockern der Schnittseite

2 Fassen von Spitze und Schnittseite

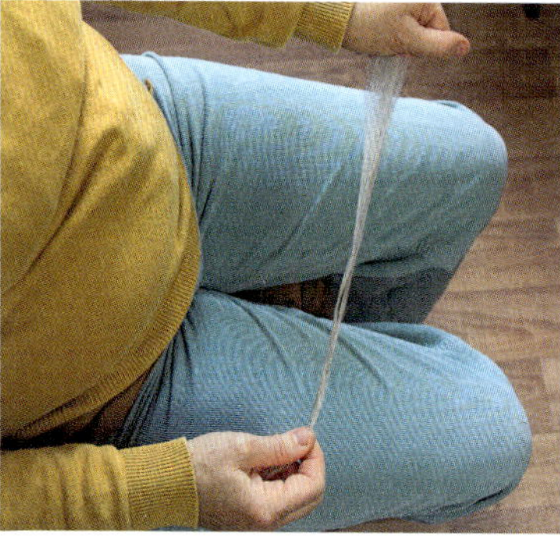

3 Zug aufbauen, die Haararten gleiten auseinander

4 Optische Prüfung, wenn heterotype Haare herausragen Schritt 3 wiederholen

Noch ein Bearbeitungstipp

Manchmal sind trotz vorheriger Auswahl der Vliesbereiche Stapel dabei, deren Unterwolle im Ganzen gröber ist, bei denen also die Haare als wLH (wollige Langhaare) anzusprechen sind. Diese gröberen Haare würden die Fraktion im Behälter A verunreinigen und werden deshalb in den Behälter B eingeordnet.

Nun betrachten wir die Spitzen der Unterwolle vor einem ruhigen, kontrastierenden Hintergrund. Vor diesen Hintergründen sind auch feinere Unterschiede der Haararten sichtbar.
Sie werden je nach Haarart erkennen, dass aus der feinhaarigen Masse der W einige etwas dickere Haare herausragen. Das sind heterotype, die in ihrer Struktur zwischen W und KH bzw. LH stehen. Auf alle Fälle würden sie das Garn kratziger machen, deshalb werden auch diese Haare herausgezogen und in den Behälter B gelegt. Eine weitere optische Kontrolle vor einem entsprechenden Hintergrund zeigt, ob noch weitere störende Haare vorhanden sind. Es kann sein, dass noch mehr grober aussehende Haararten leicht über der W herausschauen. Probieren Sie, diese ebenfalls herauszuziehen. Oft verändert sich der Stapel W dadurch noch erheblich zum Feineren.
Sieht schließlich die W einheitlich fein und gleichmäßig aus, wird sie in den Behälter A gelegt. Das Trennen ist nun abgeschlossen.
Je genauer die Haararten voneinander getrennt werden, desto feiner, weicher und reiner sind die Eigenschaften der gesponnenen Garne.

KARDIEREN – ZWEI METHODEN

Nachdem die Wolle und sonstige Fasern gut aufgelockert wurden, kann das Kardieren beginnen. Es kann mit der Hand oder maschinell erfolgen; den Wollhandwerkerinnen stehen verschiedene Formen von Handkarden und hand- oder strombetriebene Kardiermaschinen zur Verfügung.

Verschiedene Kardiermaschinen mit Handkurbelbetrieb: **1** Jumbo Wide Classic Carder von Classic Carder, GB. Trommelwechsel möglich, 72 und 96 Nadeln per 2,5 cm²; **2** Ashford Kardiermaschine superfein, 120 Nadeln per 2,5 cm². Übersetzungen: 6:1 und 4:1, Packerbürste; **3** Majacraft Kardiermaschine Fusion Engine, Übersetzung: 8:1, Trommelwechsel möglich: 72, 96 und 128 Nadeln per 2,5 cm². Für Rechts- und Linkshänder nutzbar. Echter Klingenbeschlag auf der Vorreißerwalze.

KARDIEREN MIT HANDKARDEN

Handkarden sind rechteckige, flache oder leicht bis stärker gebogene Bretter. In der Mitte einer Längsseite ist ein etwa 16 cm langer Griff angebracht. Die flache oder konkav gebogene Fläche des Brettes ist mit einem Kardierbelag beschlagen. Der Kardenbelag besteht aus einer flexiblen Matte aus Leder oder Gummi. In ihm sind, je nach Feinheit, hunderte scharfe, abgewinkelte Stahldrähte eingelassen. Von hinten ist der Belag mit Gewebe befestigt und verstärkt. Die Spitzen der Benadelung weisen immer in Richtung Griffkante. Es gibt den Beschlag in unterschiedlichen Feinheiten. Die Bezeichnungen der Feinheiten sind in Anzahl der Nadeln pro Quadrat von 2,5 × 2,5 cm angegeben. Gebräuchliche Benadelungen sind: grobe Benadelung 48, mittlere 72, 96 und feine 108 Nadeln per 2,5 cm. Je feiner die Benadelung, desto feinere Fasern können bearbeitet werden.
Mit Handkarden können kleinere Mengen Wolle kardiert werden. So können Fasern zu sogenannten Pelzen oder Locken kardiert werden. Die Menge, die verarbeitet werden kann, ist verglichen mit einer Kardiermaschine zwar gering, das Ergebnis ist mit der richtigen Technik jedoch präziser.
Ein kardierter Pelz ist zum Spinnen von Fäden im kurzen Auszug geeignet. Die Anleitungen sind für RechtshänderInnen beschrieben. Bevor die Anleitung umgesetzt werden kann, machen Sie sich am besten mit den grundlegenden Techniken zur Handhabung der Karden vertraut.

Der kardierte Pelz besteht aus zwei flachen, rechteckigen Faserflächen

Verschiedene Faserrollen, durch wenig Übung noch unterschiedlich groß

Der Unterschied von Pelz und Faserrolle

Der Pelz ist flach und besteht aus zwei Lagen, die am Ende des Kardiervorganges „Pelz kardieren“ entstehen.

Die Faserrolle ist rund bis leicht flach und entsteht aus einem Teil des Inhaltes einer Handkarde, indem sie durch eine bestimmte Ausstoßtechnik geformt wird.

KARDIEREN EINES PELZES MIT HANDKARDEN

(nach Hentschel 1949)

» **Das Ziel:** Ein kardiertes Faserstück, den Pelz (engl. *batt*), zu erhalten

» **Das Werkzeug:** Ein Stuhl ohne Armlehnen, aber mit Rückenlehne, empfohlen wird ein Lordosekissen für den Rücken und ein Beistelltisch als Ablage für den Faservorrat und die fertig kardierten Pelze. Eine Fußbank, um das linke Bein etwas zu erhöhen. Dadurch ist das rechte Bein den Bewegungen beim Kardieren nicht im Weg.

Ein festes, rechteckiges Kissen von ca. 8 bis 10 cm Dicke und 14 × 17 cm Größe. Es dient als Erhöhung der linken Karde und führt zu einer ergonomischeren Haltung beim Kardieren.
Ein paar Handkarden, gerade oder gebogen. Der Griff kann zum Kardieren von Pelz sowohl aufgesetzt als auch eingearbeitet sein. Benadelung je nach Faserfeinheit. Versuche habe gezeigt, dass das Kardieren mit 72 Nadeln per 2,5 cm am besten funktioniert. Je dichter die Benadelung, desto mehr Widerstand gibt es bei den einzelnen Arbeitsschritten.

Ergonomische Körperhaltung beim Kardieren

Anstatt das rechte Bein über das linke zu legen, wobei die Gefäße in der Kniekehle des oberen Beines gedrückt werden können, ist es besser, zur Erhöhung eines der Beine auf einer Fußbank abzustellen. Den Rücken gerade halten, anlehnen und den unteren Rücken mit einem Kissen unterstützen.

Ein stark abgewinkeltes Herunterbeugen des Kopfes, um die Arbeit auf dem Schoß zu beaufsichtigen, ist für die untere Halswirbelsäule und den Nacken schlecht. Dagegen hilft ein dickes, festes Kissen unter der Handkarde, die auf dem linken Oberschenkel liegt. Um dem Kissen Halt zu geben, kann es mit einem breiten Klettband am Oberschenkel befestigt werden.

Es ist wichtig, dass die linke von der rechten Karde unterschieden werden kann. Um nicht durcheinander zu kommen, kann eine Karde markiert werden. Dazu kann der Griff umwickelt, mit einem Band markiert oder bemalt werden. In früherer Zeit gab es Handkardenpaare, bei denen die linke Karde schwerer und manchmal der Griff etwas anders gestaltet war.

Das Einschlagen der Wolle in die Karde: Dachdecken mit Wolle

Die Fußbank links vor das linke Bein auf den Boden stellen. Das linke Bein auf der Fußbank abstellen. Die linke Karde wird auf den linken Oberschenkel gelegt, mit dem Griff nach links außen. Um die Wolle in die linke Karde einzuschlagen, wird die Karde mit der Daumenkante der linken Hand fixiert. Dazu wird die Hand auf den Beschlag, ganz nahe an der Griffkante gelegt. Die Finger der linken Hand sind dabei frei beweglich.
Mit der rechten Hand wird nun etwas von der locker gezupften Wolle genommen. Das Einschlagen der Wolle beginnt in einer der Ecken der Außenkante. Mithilfe der Daumenkante der linken Hand wird sie in die Benadelung gedrückt. Kurz nach dem Hineindrücken wird die Wolle nach rechts weggezogen, sodass etwas von der Wolle in der Benadelung hängen bleibt.

Aufgezupfte Wolle in die linke Handkarde einschlagen

Die Wolle soll so eingeschlagen werden, wie ein Dach gedeckt wird.

Die nächste Beladung findet nach gleicher Art direkt neben der Ersten statt. Die restliche Kardenfläche wird ebenso beladen, wobei jede Reihe die vorige überlappt, so wie ein Dach gedeckt wird. Die Karde soll weder über- noch unterfüllt sein. Die richtige Menge hängt von der Faser und der Erfahrung ab.

Handhabung und Technik beim Gebrauch von Handkarden

Beim Kardieren zeigen die Griffe jeweils in die entgegengesetzte Richtung. Die Benadelungen der beiden Karden sind einander zugewandt, während die Schmalseiten immer parallel zueinander liegen. Um zu kardieren, werden die Karden in entgegengesetzte Richtungen gezogen.

» **Obergriff und Untergriff:** Die linke Karde wird mit dem Untergriff festgehalten und die Rechte mit dem Obergriff. Zusätzlich kann die Karde mit dem Zeigefinger auf der Rückseite stabilisiert werden.

Beim Kardieren sollte man dieses Verkanten vermeiden.

Obergriff an der rechten Karde mit stabilisierendem Zeigefinger. Majacraft Handkarden, 96 Nadeln per 2,5 cm²

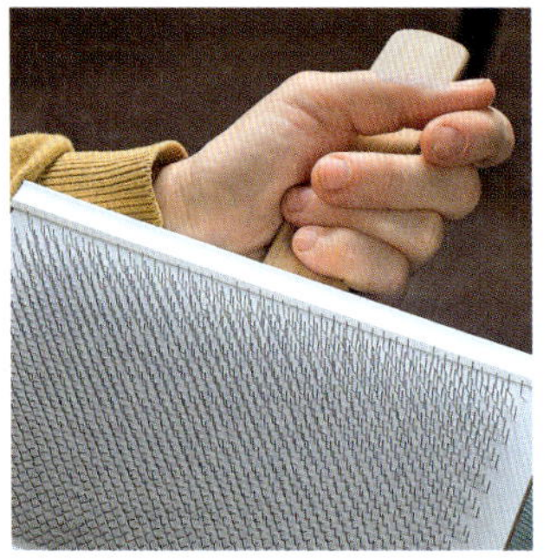

Untergriff an der linken Karde

Um die Wolle gleichmäßig zu kardieren, kann man die Karden zwischendurch auch versetzt bewegen.

Die Karden immer parallel auseinanderziehen. Ashford Studentenhandkarden HCLS, 72 Nadeln per 2,5 cm². Von der Autorin bemalt.

» **Bewegungstechnik der Karden:** Das Kardieren per Hand wird auch „Streich- oder Kniearbeit“ genannt. Die Bewegungen und der Druck, der beim Kardieren auf die Wolle in den Karden ausgeübt wird, sollen kräftig, aber mit Gefühl erfolgen. Die beiden Karden werden beim ersten Streichen so geführt, dass die Benadelung die oberste Schicht in der linken Karde nur ganz leicht berührt. Mit jedem folgenden Streichen wird die rechte Karde etwas tiefer geführt. Je tiefer man in die Benadelung kommt, desto mehr Kraft muss aufgewendet werden. Ein liebevolles Streicheln (vgl. Hentschel 1949) trifft den Charakter der Bewegung am besten.

» **Parallele und versetzte Bewegung der Karden in der Horizontalen:** Während des Kardierens müssen die Karden immer parallel auseinandergezogen werden. Werden sie schräg verkantet, erschwert das die Kardierbewegungen und kann Zinken verbiegen.

» **Die Bewegung der rechten Karde beim Kardieren eines Pelzes:** Den Griff der rechten Karde am Ende der Bewegung nicht nach oben ziehen, sondern die Flächen parallel führen.

» **Das vollständige Auseinanderstreichen der Karden:** Um ein optimales Öffnen der Wolle zu erzielen, muss der rechte Arm sich so weit nach rechts außen bewegen, dass sich die herausstehenden Faserenden in den beiden Karden vollständig voneinander gelöst haben. Wird die Bewegung kürzer ausgeführt, werden die herausschauenden Fasern umgefaltet und beim nächsten Strich unkontrolliert zusammengedrückt. Es macht mehr Striche nötig, sie wieder glatt und parallel zu streichen.

Der Arbeitsgang, um einen Pelz zu kardieren

Die Fasern sind in die linke Karde eingeschlagen; sie liegt, mit dem Untergriff fixiert, auf dem linken Oberschenkel. Die rechte Karde wird mit dem Obergriff festgehalten und mit dem ausgestreckten Finger auf der Rückseite stabilisiert.

» **Das erste Kardieren:** Der Griff der rechten Karde zeigt nach rechts außen, während der Griff der linken nach links außen zeigt. Die Benadelung beider Karden zeigen in die entgegengesetzte Richtung. Die rechte Karde wird nun mit ihrer Außenkante so über die Fläche der linken Karde gehalten, dass sie über der Mitte der Fläche schwebt. Sie wird nur so weit gesenkt, dass ihre Benadelung die Wolle in der linken Karde leicht berührt. Die Schmalseiten müssen bei allen Bewegungen genau parallel geführt werden.

Beim ersten Strich mit der rechten Hand nun die rechte Karde über die Linke hinwegziehen, während die linke Karde ruhig auf dem Oberschenkel liegen bleibt. Dabei übernimmt die Rechte einen Teil der Fasern aus der Linken.

Im zweiten Strich wird die rechte Karde, etwas weiter links, wieder über die linke geführt und dabei leicht tiefer in die Benadelung geführt, sodass die Nadeln sich so eben berühren.

Beim dritten Strich wird die Karde noch weiter nach links angesetzt und kräftig durch den Beschlag der linken Karde gezogen. Bei allen Bewegungen sollte keine Gewalt angewandt werden. Die Fasern sollten mit Gefühl kardiert werden. War die Wolle gut aufgezupft und richtig eingeschlagen, sind etwa fünf Striche nötig, um sie weitestgehend zu öffnen und zu glätten. Nun ist etwa die Hälfte der Fasern in die rechte Karde übertragen. Wenn das erreicht ist, wird nicht weitergearbeitet, sondern man beginnt einen neuen Arbeitsgang.

1 Karden in der Vertikalen parallel führen. Den Griff der rechten Karde am Ende der Bewegung nicht nach oben anheben.

2 Die rechte Karde so weit nach rechts außen führen, dass sich die Fasern an den Außenkanten vollständig voneinander lösen.

Wird die rechte Karde nicht weit genug nach außen geführt, werden die herausschauenden Fasern umgefaltet.

» **Das erste Übertragen von rechts nach links:** Die Karden wurden bisher so gehalten, dass die Griffe und Spitzen der Benadelung in die entgegengesetzte Richtung zeigten. Nun drehen wir sie so, dass Griffe und Benadelung in dieselbe Richtung zeigen. Die linke Handkarde muss so gedreht werden, dass die Außenkante der rechten Karde auf der Griffkante der linken aufgesetzt wird. Beide Griffe zeigen in die gleiche Richtung.
Mit einer schnellen Bewegung wird jetzt dicht über die Fläche der linken Karde hinweggestrichen. Dabei löst sich die Wolle aus der rechten Karde. Sie legt sich als lockere, durchkardierte Schicht auf die linke Karde, während die noch weniger geöffneten Fasern darunter liegen.

1 Erstes Durchstreichen

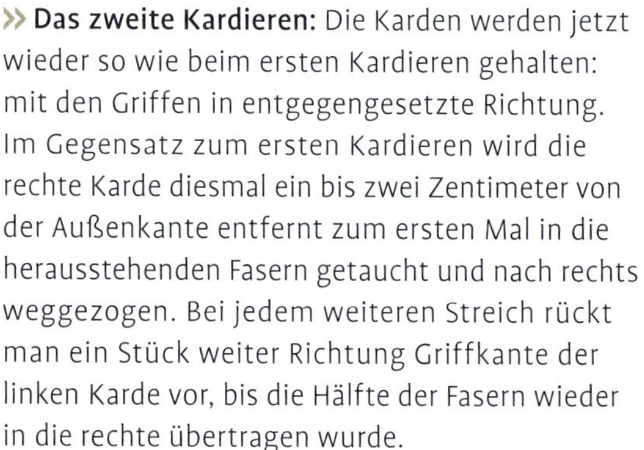

» **Das zweite Kardieren:** Die Karden werden jetzt wieder so wie beim ersten Kardieren gehalten: mit den Griffen in entgegengesetzte Richtung. Im Gegensatz zum ersten Kardieren wird die rechte Karde diesmal ein bis zwei Zentimeter von der Außenkante entfernt zum ersten Mal in die herausstehenden Fasern getaucht und nach rechts weggezogen. Bei jedem weiteren Streich rückt man ein Stück weiter Richtung Griffkante der linken Karde vor, bis die Hälfte der Fasern wieder in die rechte übertragen wurde.

» **Das zweite Übertragen von links nach rechts:** Die Karden werden wieder so gewendet, dass beide Griffe in die gleiche Richtung weisen. Jetzt wird die Außenkante der linken Karde auf die Griffkante der rechten aufgesetzt.
Die Fasern werden durch die gleiche Bewegung wie beim ersten Mal übertragen. Ist die linke Karde vollkommen frei von Fasern, so ist die Übertragung gelungen. Sind noch Fasern zurückgeblieben, macht das nichts, üben Sie einfach weiter.

» **Das dritte Kardieren:** Weil die übertragenen Fasern auf der rechten Karde nur eine geringe Haftung haben, wird beim ersten Streich nur die äußerste Kante dieser Fasern berührt. Werden gleich zu viele Fasern erfasst, können sich die nur locker auf der Karde sitzenden Fasern auf die linke Karde hinüberrollen und die schon gleichgerichteten Fasern verwirren. Damit wäre die vorhergehende Arbeit umsonst gewesen. Es wird wie

2 Ansatz zum Übertragen von rechts nach links

3 Die Wolle löst sich aus der rechten Karde.

4 Abgestreifte Wolle liegt als lockere Schicht auf der linken Karde.

5 Die Fasern sind gleichmäßig auf beide Karden verteilt.

6 Abstreifen des Pelzes

7 Der fertige Pelz

beim zweiten Kardieren gearbeitet, beim dem zuerst die geöffneten, parallel gerichteten Fasern von der rechten auf die linke Karde und gleich darauf die letzten noch nicht durchkardierten Fasern erfasst werden. Nach wenigen Strichen ist die Wolle gleichmäßig und parallel auf beide Karden verteilt.

Der Abschluss, das Abstreifen des Pelzes

Um die Fasern in den beiden Karden zu einem Pelz zu formen, werden unmittelbar hintereinander die Bewegungsabläufe für das Übertragen von rechts nach links und links nach rechts durchgeführt. Beide Karden sollen am Ende frei von Fasern sein. Der fertige Pelz besteht also aus zwei Faserflächen, die dicht aufeinander liegen und wie eine einheitliche Fläche aussehen. Sie werden zusammen versponnen.

DAS KARDIEREN VON FASERROLLEN

(nach Hentschel 1949)

Eine weitere Möglichkeit, die über das Kardieren von Pelzen hinausgeht, ist das Kardieren einer „Locke", einer etwa 30 cm langen Faserrolle (engl. *rolag*).

›› **Das Ziel:** Eine bis drei gleichmäßige Rollen aus einer Kardenbeladung herzustellen

›› **Das Werkzeug:** Für das Kardieren von Faserrollen sind Handkarden von Vorteil, die eine gewölbte Beschlagfläche von ca. 11 × 20 cm, eingelassene Griffe und eine Benadelung von 46, 72 oder 96 Nadeln per 2,5 cm² haben. Handkarden mit aufgesetzten Griffen sind ungeeignet. Probieren Sie aus, mit welcher Benadelung Sie am besten zurechtkommen.

›› **Die fertigen Fasern nutzen:** Die Faserrollen eignen sich hervorragend zum Spinnen im langen Auszug und/oder mit unterstützten Spindeln.

Die Arbeitsschritte

Das Kardieren von Faserrollen beginnt mit den fünf Arbeitsschritten zum Kardieren von Pelz:

- Erstes Kardieren
- Übertragen von rechts nach links
- Zweites Kardieren
- Übertragen von links nach rechts
- Drittes Kardieren

Die Wolle muss nach dem dritten Kardieren gleichmäßig gemischt, parallel gerichtet und auf beide Karden verteilt sein. Ist das nicht der Fall, müssen die Arbeitsschritte zwei bis fünf wiederholt werden. Erst danach beginnt das Kardieren der Faserrollen.

Um die Fasern optimal für das Formen der Faserrollen vorzubereiten, wird die Bewegung und Haltung der Hand beim Kardieren geändert.

Bisher wurden die Kardenflächen bis zum Ende des Streichens parallel zueinander geführt. In der ziehenden Bewegung jedes Striches wird der Griff der rechten Karde fließend angehoben. Die rechte Karde steht am Schluss jeder Bewegung etwa im 45°-Winkel zur linken Karde.

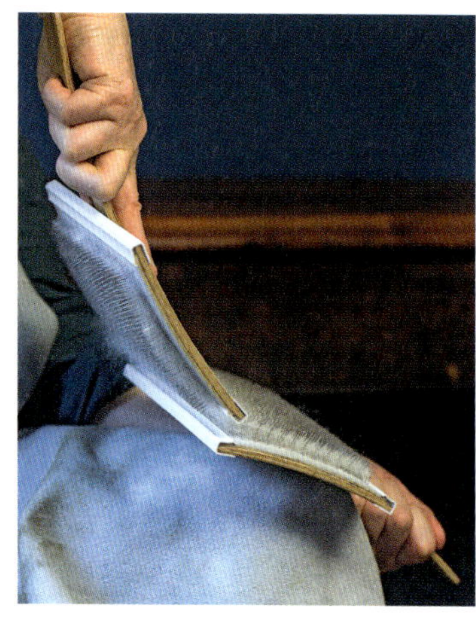

Das Anheben des Griffes der rechten Karde während des Streichens, hebt die Fasern aus der Linken heraus und überträgt sie in die rechte.

Die Handhaltung der linken Karde beim Abkippen

Das Abkippen der linken Karde ist effektiver und leichter zu handhaben, wenn der Griff im Obergriff gefasst wird. Besonders beim letzten Übertragen erleichtert der Obergriff diese Aktion erheblich. Probieren Sie aus, wie es für Sie am besten funktioniert.

Die Benadelung der rechten Karde greift nur mit den ersten zwei Zentimetern in die Benadelung der linken und übernimmt dabei Fasern in die rechte. Diese Bewegung wird so lange fortgeführt, bis keine Fasern mehr übernommen werden. Die restlichen Fasern werden durch das Übertragen von links nach rechts in die rechte Karde gebracht.
Der nächste Schritt ist die Vorbereitung, um eine Faserrolle zu formen. Dazu muss etwa ein Drittel bis die Hälfte der Fasern wieder in die linke Karde übertragen werden.

Die rechte, mit allen Fasern gefüllte Karde wird so gehalten, dass die Außenkante der leeren linken Karde den herausstehenden Faserbart mittig erfasst.
Bei jedem Streichen der rechten Karde wird der Griff der linken, über dem Oberschenkel als Drehpunkt, nach unten abgekippt. Dabei greifen nur die vorderen Beschlagreihen in die der rechten und übertragen so die Fasern in die linke.
Bei jedem folgenden Strich werden die Karden etwas mehr überlappt, sodass sich die linke Karde

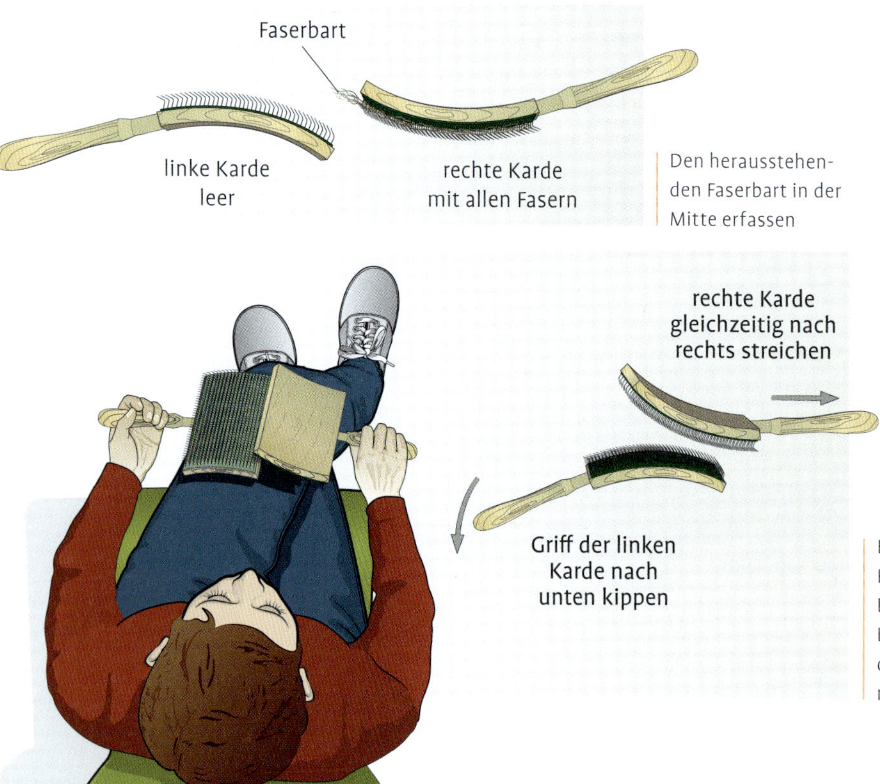

Den herausstehenden Faserbart in der Mitte erfassen

Bewegung der linken und rechten Karde aus der Perspektive eines Betrachters. Während der Griff der Linken nach unten abgekippt, wird die Rechte parallel geführt, nach rechts gezogen.

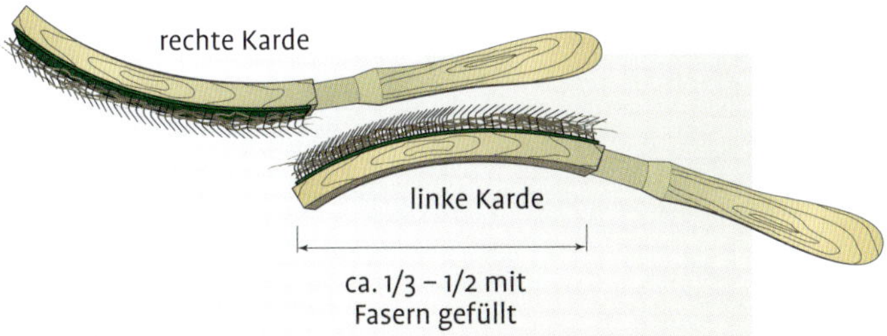

rechte Karde

linke Karde

ca. 1/3 – 1/2 mit Fasern gefüllt

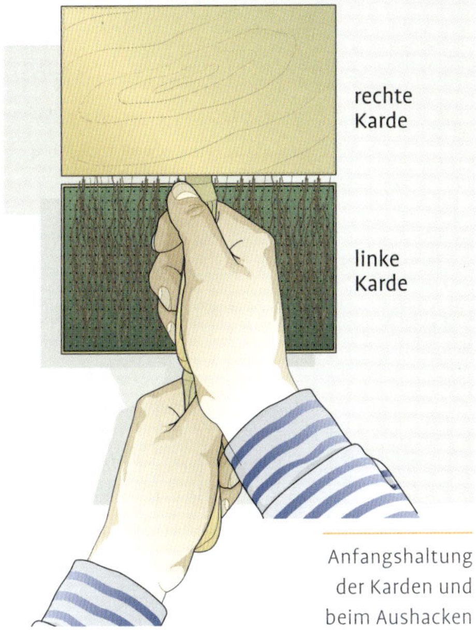

rechte Karde

linke Karde

Anfangshaltung der Karden und beim Aushacken

rechte Karde

linke Karde

linke Karde

Ansatz der Griffkante beim Aushacken

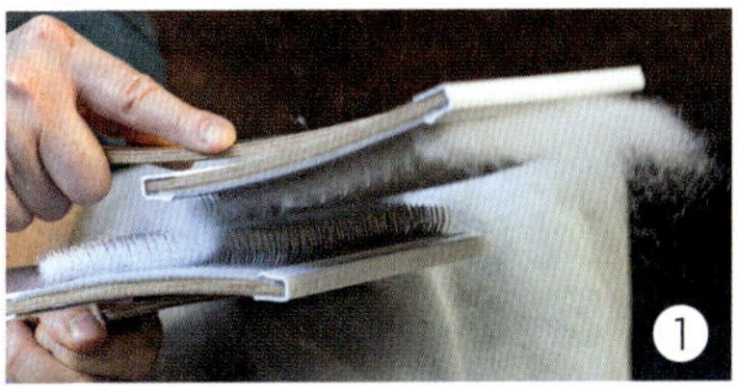

1 Die Faserrolle beginnt sich zu formen, indem im Belag kleine, hackende Bewegungen gemacht werden. Die rechte, obere Karde kann noch näher an die untere, linke heran.

2 Die Rolle beginnt sich zu bilden. Die rechte Karde wurde für das Foto abgehoben.

3 Die Rolle auf der Griffkante

4 Das Ausformen der Rolle zwischen den Karden

5 Die fertige Rolle

von der Außenkante her fortlaufend in Richtung Griffkante gleichmäßig mit Fasern füllt.
Um die Fasern weiterhin gut zu durchmischen, werden nach zwei abgekippten Strichen drei parallele Striche mit der rechten Karde über die ganze Fläche der linken ausgeführt.

Das Formen der Faserrolle durch Aushacken

Ist etwa ein Drittel der Fasern in die linke Karde übertragen, werden beide Karden so gedreht, dass ihre Griffe zum Körper zeigen. Die Beschlagseiten sind einander zugewendet. Die linke Karde liegt, mit der linken Hand gehalten, auf dem linken Knie, während die rechte vor der rechten gehalten wird, sodass ihre Griffkante an der Außenkante der linken anliegt.

» **Das Aushacken:** Mit dem Beschlag der rechten Griffkante wird an den beiden Ecken der Außenkante der linken Karde die Wolle etwas

ausgehackt. Anschließend wird die Griffkante der rechten Karde an der Außenkante der linken angesetzt. Mit sehr kleinen, kurzen, sich fast auf der Stelle bewegenden Hackbewegungen wird die Wolle aus dem Beschlag der Linken ausgehackt. Dabei wird die rechte Karde im Beschlag bewegt, um eine dichte kleine Rolle zu formen. Entfernt sich die Karde zu viel oder ist die Bewegung zu großzügig, formt sich die Rolle zu locker und rollt sich nicht richtig ein.
Ist das Aushacken beendet, befindet sich die ausgehackte Rolle, je nach Faserart, locker oder tiefer an bzw. in der Benadelung an der Griffkante der rechten Karde. Um die Rolle zu verdichten und auszuformen, kann sie mit wenig Druck zwischen der Benadelung beider Karden und unter Zuhilfenahme der Finger, vorsichtig gerollt werden.
Sind noch genug Fasern in der rechten Karde, werden diese entweder in die linke übertragen und ausgehackt oder direkt, ohne Übertragung ausgehackt. Eine Kardenfüllung reicht für zwei bis drei Faserrollen. Am Ende sollen beide Karden frei von Faserresten sein.

Lässt sich Wolle durch Kardieren reinigen?

Das Kardieren mit der Trommelkarde bzw. Kardiermaschine bewirkt, dass einige unerwünschte, verschmutzende Bestandteile aus der Wolle herausfallen. Dazu gehören lose kleinere Pflanzenteile, Krümel, Sand, Staub, feine Fasern. Große und klettenartige Pflanzenteile sowie Kurzhaare verbleiben in der Regel auch nach mehrmaligem Kardieren in der Wolle. Nur die mechanische Bearbeitung auf einem großen, industriellen Krempelsatz vermag mehr Pflanzenteile herauszuholen.

Industrielle Faseraufbereitungen, die kardiert werden können: **1** Krempelflor (Fraktion aus der Streichgarnherstellung); **2** Kammzug (Fraktion aus der Kammgarnherstellung), der aus vielen gekämmten Vorgarnbändern zusammengesetzt ist; **3** Vorgarn auf der Vorgarnrolle (Fraktion aus der Streichgarnherstellung); **4** Kardenband (Fraktion einer Kleinspinnanlage, um daraus Streichgarne zu spinnen oder die Bänder an Wollverarbeiterinnen zu verkaufen); **5** Kardierte Wolle im Kreuzwickel (Fraktion aus der Kammgarnherstellung); **6** Gekämmtes Vorgarnband (Fraktion aus der Kammgarnherstellung) auf Kone, engl. *Pencil Roving*; **7** Gewaschener, sonst unbearbeiteter Stapel

DAS KARDIEREN MIT KARDIERMASCHINEN

Eine Kardiermaschine, die mit einer Handkurbel oder Strom betrieben wird, macht es möglich, eine größere Menge Wolle schneller für das Filzen oder Spinnen vorzubereiten, als es mit Handkarden möglich wäre.

Kardierbare Fasern

Neben Schafwolle können auch andere tierische und pflanzliche Fasern wie Alpaka, Hund, Katze, Ziege (Mohair), Seide und Flachs, Hanf, Jute und Pflanzenviskosen wie Soja-, Bambus-, Rose- oder Algenviskosen kardiert werden. Sogar außergewöhnliche Materialien wie lockige Stapel von Wensleydale und ähnlichen Langwollern, Tonbänder, Stofffetzen, Glitzerfasern aus Kunststoffen und Pflanzenteile wie Moos, Heu oder getrocknete Blumen sind geeignet. Kunststofffasern lassen sich ebenfalls kardieren, sind aber aus Umweltschutzgründen problematisch. Das Mischen von Fasern für Artyarn wird ab Seite 468 beschrieben.

Welche Faserzubereitungen können hergestellt werden?

Alle Kardiermaschinen können zum Mischen von Farben und Strukturen sowie von verschiedenen tierischen und pflanzlichen Faserarten eingesetzt werden. Daraus lassen sich kleine Krempelflore (engl. *batts*), Kardenbänder (engl. *carded roving*), Faserrollen (engl. *faux rolags*) sowie Farbverläufe und Artyarn-Flore herstellen.

Kardiermaschinen

Kardiermaschinen für den häuslichen Gebrauch werden meistens mit einer Handkurbel betrieben. Größere Modelle sind teils elektrisch oder können mit Zusatzgeräten betrieben werden.
Die Kardiermaschinen haben eine Arbeitsbreite von 10 bis ca. 39 cm. Die große Trommel, Tambour genannt, hat je nach Hersteller unterschiedliche Durchmesser. Mit einer Kardiermaschine können je nach Arbeitsbreite, Tambourdurchmesser und Art des Kratzenbelages kleine bis mittlere Mengen gewaschener, vorgelockerter Wolle kardiert werden.

Fuchsschaf-Lammwolle mit einer Stapellänge von 7 cm in verschiedenen Aufbereitungsetappen beim Kardieren mit einer Maschine: **1** Gewaschene, sonst unbearbeitete Stapel; **2** Per Hand aufgezupfte Stapel; **3** Gepickerte Stapel (Schwing-Picker); **4** Einmal kardiert (72 Nadeln per 2,5 cm²); **5** Einmal kardiert und nochmals aufgezupft; **6** Dreimal kardiert (72 Nadeln per 2,5 cm²); **7** Dreimal Kardiert (128 Nadeln per 2,54 cm²); **8** Faserflor als Kardenband abgezogen; **9** Faserflor zur losen Faserrolle aufgerollt; **10** Faserflor aus gekaufter Merinowolle zur festen Rolle aufgerollt

Geräteteile einer Kardiermaschine (Ashford, von vorne und hinten): **1** Rahmen aus Holz; **2** Kurbelseite mit Kurbel; **3** Getriebeseite mit Getriebe innenliegend mit Zahnrädern oder außen mit Scheiben und Polyantriebsriemen. Eine Sonderbauweise ist mit Zahnrädern und Kettenantrieb ausgerüstet. **4** Tambour (Große Walze); **5** Zufuhrwalze/Vorreißer (kleine Walze); **6** Kratzenbelag; **7** Fasertisch; **8** Faserabweiser; **9** Löcher für die Zwingen; **10** Packerbürste; **11** Öffner Schiene; Zubehör: **12** Floröffner; **13** Reinigungsbürste/Flickkarde

Die Bauweise

Eine Kardiermaschine besteht in der Regel aus einem stabilen, lang-rechteckigen Holzrahmen, in dessen Innenbereich waagerecht zwei drehbare, verschieden große Walzen befestigt sind. Die kleinere Walze, die links neben der großen angebracht ist, heißt Zufuhr- bzw. Vorreißerwalze. Die große rechts davon heißt Tambour. Bei einer handbetriebenen Maschine können zwei, höchstens drei Walzen (engl. *triple carder*) verbaut werden. Die beiden Walzen entsprechen denen, die bei einem großen, industriellen Krempelsatz zu finden sind: Die kleine Walze übernimmt beim Kardieren die Funktionen der Zufuhrwalze, des Vorreißers sowie des Arbeiters. Die beiden Walzen sind mit gleichen oder unterschiedlichen Kratzenbelägen, ähnlich dem, der bei Handkarden verwendet wird, beschlagen. Der Vorreißer kann auch mit einem echten Klingenbeschlag versehen sein, wie er bei industriellen Krempelmaschinen verwendet wird. Das Kardierergebnis ist damit besser. Die Fasereingabe erfolgt auf dem Fasertisch, der sich links vor der Zufuhrwalze befindet. Zwischen diesen beiden Walzen geschieht die Hauptarbeit des Lösens, Mischens und Parallelisierens der Fasern. Meistens besteht der Fasertisch aus Holz, manchmal auch aus Blech. Der Fasertisch befindet sich meist auf einer Höhe mit dem unteren Rand der Walzen. Bei der Kardiermaschine Fusion Engine von Majacraft liegt die Eingabe über der Zufuhrwalze, was sich positiv auf das Kardierergebnis auswirkt. Besonders gut lässt sich die Maschine beladen, wenn der Fasertisch lang ist. Darauf lassen sich hervorragend die ausgewählten Fasern auflockern und zusammenstellen. Sie können so ohne Unterbrechung in die Maschine gezogen werden. Damit sich keine Fasern in den Walzenachsen festsetzen, sind an der Eingabe rechts und links vor den Zufuhrwalzen Faserabweiser angebracht.

Befestigung der Maschine

Für die Befestigung der Maschine muss der Arbeitstisch stabil sein. Sie wird mit kleinen Zwingen am Tisch, am besten an einer Tischecke, befestigt. Das gibt der Maschine einen optimalen Halt bei allen Arbeitsstationen.
Hat die Maschine auf dem Tisch einen festen Platz, so kann unter der Maschine, da, wo der Staub unter den Walzen herausfällt, eine Öffnung

Ergonomisches Kardieren

Damit Sie rückenschonend kardieren können, muss der Arbeitstisch, an dem Sie Ihre Kardiermaschine befestigen, die richtige Höhe haben. Um die richtige Arbeitshöhe festzustellen, ziehen Sie Ihre normalen Arbeitsschuhe an, winkeln die Arme im 90-Grad-Winkel ab und messen den Abstand zwischen Unterarm und Fußboden. Dieser Abstand minus 10 bis 15 cm ergibt die optimale Arbeitshöhe.

in die Tischplatte gesägt werden. Wird ein Kasten unter diese Öffnung gestellt, dann kann der Schmutz direkt in den Kasten fallen. Damit entfällt die regelmäßige Kontrolle des Tischbereiches unter der Maschine, wo sich der herausgefallene Schmutz ungesehen ansammelt und irgendwann wieder vom Tambour aufgenommen wird.

Die Kratzenbeläge

Bei einigen Modellen unterscheidet sich der Beschlag der kleinen und großen Walze. Der Beschlag der Zufuhrwalze kann auch aus einem Klingenbeschlag bestehen, der aus kurzen, gehärteten, sehr scharfen Drähten besteht. Das Kratzentuch, also die Schicht, in der die Benadelung steckt, ist in der Regel aus textilverstärktem Gummi in Rot, Blassblau oder Grau. Auf einem blassblauen oder grauen Belag lassen sich Faserunterschiede leichter erkennen als auf rotem Untergrund.

Die Beläge werden zumeist in den drei gängigen Benadelungsdichten mit 48, 72 , 96 und 104 Nadeln per 2,5 cm² geliefert. Je nach Nadeldichte lassen sich unterschiedliche Fasern bearbeiten:

» **46 Nadeln:** Vorkardieren, bei dem die aufgelockerten Fasern zum ersten und zweiten Mal kardiert werden. Kardieren von dicken, steifen, ungetrennten Faserarten und von wilden Mischungen

» **72 oder 96 Nadeln:** Mischen und Parallelisieren von vorkardierten Fasern mittlerer und feiner Stärke

» **104, 120 oder 128 Nadeln:** Sehr feine Fasern wie Alpaka, Angora, Seide. Lockern und Parallelisieren feiner Kammzüge, Kardieren von Mischungen, letztes Kardieren von Fasern.

Beim Tambour ist an der Stelle, an der der Anfang und das Ende des Kratzenbelages zusammentreffen, eine Öffnerschiene aus Metall oder Holz befestigt. Sie dient als Verbindung der beiden Belag-Enden sowie dem Schutz des Belages, wenn die kardierten Fasern entfernt werden. Bei den Kardiermaschinen von Majacraft und Classic Carder können die Benadelungen gewechselt werden.

Die Walzen und ihre Übersetzungen

Die beiden Walzen bewegen sich voneinander weg. Die Lage der Kurbel ist meistens für Rechtshänderinnen ausgelegt. Bei der Fusion Engine von Majacraft kann die Kurbel auf die andere Seite umgesetzt in umgekehrter Richtung betrieben werden. Bei einigen Modellen ist der Kurbelgriff einklappbar. Je nach Modell und Übersetzung dreht sich die kleine Walze langsamer als die große. Die Antriebe, die diese Übersetzungen herstellen, sind entweder an der der Kurbelseite gegenüberliegenden Längsseite außen oder im Inneren verbaut. Der Antrieb funktioniert über Zahnräder, Antriebsriemen oder Ketten.

Die äußere Bauweise der Übersetzungen wird durch Antriebsscheiben mit unterschiedlichen Durchmessern gewährleistet, die über Antriebsriemen aus Polycord verbunden sind. Bei den Ashford-Trommelkarden ist das der Fall. Beim Modell zwei Speed lassen sich zwei Übersetzungen wählen: 6:1, um gewaschene Wolle schneller zu kardieren, und 4:1, um bereits kardierte oder gekämmte Fasern zu Mischungen zu kardieren.

Eine zweite technische Lösung ist eine Übersetzung durch im Inneren verbaute Zahnräder, die ein echtes Getriebe darstellen. Dadurch erreicht die Fusion Engine von Majacraft eine Übersetzung von 1:8.

Ein eher seltenerer Antrieb ist der über Ketten und Zahnräder, der als sehr stabil und verschleißfest gilt.

Bei manchen Modellen können die Abstände der Walzen zueinander eingestellt werden.

Walzen richtig einstellen

Der richtige Abstand zwischen den Enden der Benadelung soll 0 bis 1 mm betragen. Bei der Ausrichtung der Walzen zueinander ist auf absolute Parallelität zu achten. Durch eine individuelle Einstellung können sehr feine, aber auch gröbere Fasern auf einer Maschine bearbeitet werden.

Die Packerbürste

Am hinteren Ende des Tambour oder zwischen Vorreißer und Tambour (Ashford Kardiermaschinen) haben einige Modelle eine Packerbürste aus Naturfasern oder Kunststoff. Diese kann am hinteren Rahmen angesteckt (Classic Carder) oder fest verbaut, aber schwenkbar sein (Majacraft Fusion Engine). Letztere sind praktisch, weil sie bei allen Arbeiten am Tambour einfach weggedreht werden können. Die Packerbürste glättet die Fasern und drückt sie tiefer in die Benadelung. So passen etwas mehr Fasern in den Beschlag. Zum Abnehmen des Faserflores muss die Bürste entfernt oder hochgeklappt werden.

Alternative zur Packerbürste

Mit einer breiten Buchfalzbürste kann nach jeder Fasereingabe über den Tambour gestrichen werden. So können Sie auch bei einem Gerät, das ohne diese praktische Bürste ausgerüstet ist, die Fasern in den Kratzenbelag drücken. Eine andere Möglichkeit, zu einer Packerbürste zu kommen, sind Ersatzbürsten, die es für einige Modelle gibt.

Floröffner und Flickkarde

Der Floröffner dient zum Öffnen des kardierten Faserflores entlang der Öffnerschiene. Er ist ähnlich einer stumpfen, längeren Ahle aus Metall gefertigt und mit einem Holzgriff versehen. In den USA sind auch Haken mit Griff in Gebrauch.
Die Flickkarde wird zum Reinigen beider Walzen verwendet. Ist die Flickkarde feiner benadelt, leicht und ergonomisch geformt, kann sie auch zum Ausbürsten von Stapeln vor dem Kardieren benutzt werden.

Vorsicht mit dem Öffner!

Restfasern aus der Benadelung niemals mit dem Öffner entfernen, das kann die Benadelung verbiegen. Um Reste zu entfernen, die die Reinigungsbürste nicht erfasst, eignen sich Stachelschweinborsten oder glatte, sehr spitze Holznadeln.

Beschlagschonendes Reinigen und Pflegen der Kardiermaschine

Mit einer gut gepflegten Kardiermaschine geht die Arbeit des Kardierens leichter und schneller. Das Ergebnis ist auch sauberer und gleichmäßiger. Diese Anlässe für eine Reinigung haben sich bewährt:

» **Farb- oder Faserwechsel:** Nach dem Kardieren einer Wollsorte oder Farbe werden beide Walzen mit der Flickkarde sauber gebürstet. Wenn verschiedene Wollsorten und Farben kardiert werden, ist es nützlich, von hell nach dunkel zu kardieren. Maschinen mit austauschbaren Walzen bieten die Möglichkeit, je eine Walze für dunkle und eine für helle Wolle zu haben.

Vor einer längeren Pause: Eine Reinigung vor jeder längeren Arbeitspause ist angeraten, weil Faserreste in der Maschine Wollungeziefer anlocken können. Dabei sollten auch solche Fasern beachtet werden, die sich an den Seiten der Walzen in den Achsen verfangen haben. Um alle Fasern zu finden, kann es nützlich sein, die Maschine komplett zu zerlegen.

» **Nach längerem Gebrauch:** Nach längerem, intensivem Gebrauch oder bei einem gebraucht gekauften Gerät kann es zur Pflege und Erhaltung betragen, wenn man das Gerät vollständig auseinanderbaut, reinigt, ggf. neu fettet und wieder zusammenbaut. Achtung! Die Kurbel und die Öffnerschiene müssen in entgegengesetzter Richtung wieder eingebaut werden. Der Knick der Benadelungen beider Walzen muss in die gleiche Richtung zeigen.

Zum Reinigen werden beide Walzen mit der Flickkarde immer in die Richtung der Benadelung gebürstet, also mit dem Strich. Das ist die Richtung, in der der Faserflor abgezogen wird. Anschließend sollte die Maschine nach den Angaben des Herstellers gefettet werden. Fett ist besser als Öl, weil Fett dort bleibt, wo es gebraucht wird, und nicht wegfließt wie Öl.

Zum Fetten von schwer zugänglichen Plätzen kann eine kleine Tube benutzt werden, wie sie Modelleisenbahner verwenden. Alternativ kann Fett auch in Einwegspritzen mit dicker, stumpfer Kanüle gefüllt werden.

Verbogene Benadelung kann man mit einem Druckbleistift ohne Mine wieder geradebiegen. Wird der Floröffner nicht gebraucht, kann er durch verschiedene Aufbewahrungslösungen, die meist außen an der Getriebeseite in den Rahmen angebracht sind, aufbewahrt werden. Ähnlich verfahren wird mit der Flickkarde.

Auswahl der Kardiermaschine

Welches Gerät Sie kaufen, hängt von Ihren Vorlieben, dem Umfang des Einsatzes sowie dem Platz, den größtenteils zu verarbeitenden Fasern und letztendlich auch vom Geldbeutel ab.

Wer eine Kardiermaschine haben möchte, aber den hohen Anschaffungspreis scheut, kann sich überlegen, ob die technische Ausrüstung und das handwerkliche Können vorhanden sind, um eine solche Maschine selbst zu bauen. Die Erfahrung hat aber gezeigt, dass der Aufwand an Material und Zeit doch so enorm ist, dass es am Ende kaum eine Ersparnis gegenüber einem Kauf gibt. Eher lohnt sich dann schon der Kauf einer gebrauchten Maschine aus vertrauenswürdiger Quelle.

Wer regelmäßig oder größere Mengen kardieren möchte, kann auf elektrische Kardiermaschinen für den Hausgebrauch zurückgreifen. Einige handbetriebenen Modelle lassen sich auch mit einem Zusatzmodul elektrisch betreiben. Die nächste Größe an Kardiermaschinen sind professionelle Klein- und Großgeräte oder Musterkarden, die mit Starkstrom betrieben werden müssen.

Erleichtern und verkürzen können Sie sich die Arbeit, wenn Sie Ihre sortierte Roh- oder gewaschene Wolle an einen professionellen Lohnkardierer schicken. Einige Betriebe bieten auch eine Wäsche an, während andere nur gewaschene Wolle annehmen. In vielen europäischen Ländern gibt es wieder solche kleinen Betriebe. Dort können, je nach Betrieb, Mengen ab 500 Gramm sortenrein oder in naturfarbenen bzw. bunten Mischungen kardiert werden. Die Betriebe können Kardenband, Krempelflor und Vorgarne herstellen. Eine Liste mit Lohnkardierereien finden Sie im Serviceteil ab Seite 539.

Bei den Kardiermaschinen gibt es von den jeweiligen Herstellerfirmen verschiedene Modelle und Ausführungen, je nachdem, welche Faserfeinheiten kardiert werden sollen und für welche Werkstücke die Fasern gedacht sind. Folgende Bauarten und technischen Eigenarten haben sich als praktisch erwiesen:

- Walzen mit unterschiedlich feinen Benadelungen zum Auswechseln
- Benadelung auf hellblauem oder grauem Gummi. Diese Farben lassen die Fasern besser erkennen als ein roter Untergrund.
- Eine aufsteckbare oder fest montierte, aber verstellbare Packerbürste aus Kunststoff oder noch besser aus Naturfaser
- Flickkarde, Floröffner und Packerbürste gehören zum Lieferumfang.
- Verschieden breite Walzen von ungefähr 10 bis 39 cm Breite
- Walzen mit einem größeren Durchmesser
- Kurbelgriff zum Einklappen oder Abnehmen
- Unterschiedliche, frei wählbare oder besonders hohe Übersetzungen
- Geschlossene Getriebe, die vor Wollfasern und Staub geschützt sind
- Geräte, die wahlweise an einer Tischecke oder an einer Tischseite befestigt werden können
- Geräte aus glattem, behandeltem Hartholz
- Geräte die, wahlweise auch über einen Keilriemen mit Strom betrieben werden können
- Möglichkeiten, den Floröffner und die Flickkarde platzsparend an der Kardiermaschine aufzubewahren

Arbeitsweise der Kardiermaschine

In ihrer Arbeitsweise orientieren sich die kleinen, handbetriebenen Kardiermaschinen im Wesentlichen an den großen industriellen Anlagen. Um ähnliche Ergebnisse wie bei industriell aufbereiteten Fasern zu erreichen, muss die Wolle mehrmals hintereinander kardiert und immer wieder von Hand vorgelockert und auseinandergezogen werden. Die verschiedenen, feiner werdenden Krempelsätze der Industrie können durch mehrere Kardiermaschinen mit immer feiner werdenden Benadelungen imitiert werden. Interessant sind in diesem Zusammenhang Kardiermaschinen, für die es austauschbare Tamboure mit unterschiedlich feinen Benadelungen gibt.

Nur gut vorbereitete Fasern kardieren

Um den Beschlag der meist teuren Maschinen zu schonen, wird geraten, ausschließlich gewaschene und vorher gelockerte Fasern zu kardieren.

Wie viel Wolle passt in eine Kardiermaschine? Einige Hersteller geben an, wie viel Gramm Wolle auf die große Trommel passt. Letztendlich wird die Menge aber durch die Verwendung einer Packerbürste und durch die Struktur und Kräuselung der Wolle bzw. der Fasern bestimmt. Ein gutes optisches Maß für eine optimale Befüllung der großen Walze ist, wenn etwa ein Drittel der Benadelung noch aus der Wolle herausragt. Eine Überfüllung erkennt man daran, dass Fasern an die kleine Walze abgegeben werden oder in flockenartigen Ansammlungen auf der Floroberfläche liegen. Wird die Walze überfüllt, leiden das Kardierergebnis und die Benadelung; außerdem wird das Kardieren dann wirklich mühsam.

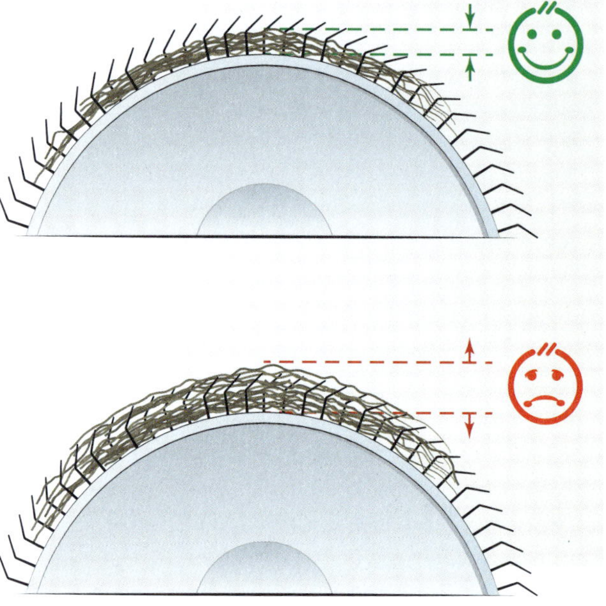

Die Benadelung der Kardiermaschine nur zu etwa zwei Dritteln befüllen (nach Ashford Handicrafts Ltd.)

Anleitungen zum Kardieren mit einer Kardiermaschine

Das Kardieren mit einer Kardiermaschine ist eine sehr kreative Angelegenheit. Mit ihr können einfarbige, sortenreine Wolle oder fantasievolle, bunte Mischungen kardiert werden. Neben kleineren Krempelfloren können auch Kardenbänder und Faserrollen hergestellt werden.

GRUNDSÄTZLICHE HANDHABUNG BEIM ERSTEN KARDIEREN

» **Das Ziel:** Die Handhabung zu erlernen, um einen ersten kardierten Faserflor herzustellen. Der Flor kann direkt versponnen oder später in Mischungen verwendet werden.

» **Die Fasern:** Gewaschene, vorgelockerte Wolle mit einer Stapellänge bis 7 Zentimeter. Längere Fasern gehen natürlich auch, lösen sich, je nach Faserart, evtl. etwas schwerer aus dem Beschlag.

» **Das Werkzeug:** eine Kardiermaschine, 46 bis 72 Nadeln per 2,5 cm, mit Flickkarde und Floröffner, in entsprechender Arbeitshöhe an einem Tisch befestigt. Optional eine Packerbürste

» **Das Verfahren:** Die vorgelockerten Fasern werden in kleinen Portionen nochmals geprüft, ob sie ausreichend gelockert sind. Ist das nicht der Fall, wer-

Kardiermaschine (Fusion Engine Majacraft) mit vorgezupfter Wolle auf der Fasereingabe

Das richtige Eingeben der Fasern in die Maschine

So sieht Wolle am Tambour aus, die ungenügend aufgelockert wurde.

den die Stapel schleierartig auseinandergezogen und flach ausgebreitet auf den Fasertisch gelegt. Verklebte Stapelspitzen oder Schnittseiten können mit einer Flickkarde geöffnet werden.
Die Walzen werden mit der rechten Hand) über die Handkurbel in Bewegung gebracht.
Die Fasern mit der linken Hand so weit in Richtung der Zufuhrwalze schieben, bis sie von dieser erfasst und zwischen die Walzen gezogen werden.
Die linke, eingebende Hand macht nur drei Dinge am Eingabetisch:

- Die Fasern so an den Vorreißer schieben, dass sie von der Benadelung erfasst werden.
- Die Fasern mit den Fingern auseinanderspreizen, besonders wenn es sich um Faserflorstücke handelt, die wiederholt kardiert werden sollen. So werden die Fasern gleichmäßiger eingegeben.
- Die Stelle der Eingabe bestimmen, an der die Fasern auf den Tambour kardiert werden.

Wird eine zu große Menge auf einmal oder ungenügend aufgelockerte Wolle eingegeben, kann die Maschine die Fasern nicht optimal auseinanderreißen. In der Benadelung vom Tambour erscheinen die Faseransammlungen dann wieder fast so, wie sie eingegeben wurden. Außerdem kann die Maschine kann Schaden nehmen durch eine Überlastung des Getriebes, weil mehr Kraft aufgewendet werden muss, oder durch ein Verbiegen der Benadelung.
Wird die Wolle auf dem Eingabetisch festgehalten, sodass der Vorreißer die Wolle aus der Hand ziehen muss, wickeln sich die Fasern um die Vorreißerwalze.
Die Drehgeschwindigkeit sollte mäßig schnell erfolgen, um den Fasern genug Zeit zum Lösen zu lassen. Der Zustand der Fasern wird die Schnelligkeit und das Ergebnis bestimmen.
Nach dem ersten Kardieren werden die Fasern auf der großen Walze noch etwas klumpig und streifig zusammenhaften. Um die Fasern noch mehr zu vereinzeln und zu parallelisieren, müssen die Fasern so oft kardiert werden, bis das Ergebnis zufriedenstellt. Vor jedem erneuten Kardieren müssen die Fasern von der großen Walze abgenommen und wieder aufgelockert werden.

DAS ABNEHMEN DER FASERN

» **Das Ziel:** Die kardierten Fasern als Faserflor von der großen Walze abnehmen

» **Das Werkzeug:** Ein Floröffner und eine Reinigungsbürste/Flickkarde

» **Das Verfahren:** Zuerst wird die Packerbürste je nach Befestigungsart entfernt oder von der großen Walze weggedreht, sodass ihre Borsten von der Oberfläche der Walze abgewandt sind. Wird das vergessen, behindert die Bürste das freie Drehen der großen Walze. Die Walze wird so gedreht, dass die Öffnerschiene nach oben weist und die Kurbel senkrecht nach unten. In der Regel liegt die Öffnerschiene immer der Kurbel entgegengesetzt.

Abnehmen des kardierten Faserflores

Abnehmen des Faserflores weiter fortgeschritten

» **Den Flor öffnen:** Während Sie an der Kurbelseite, also der Arbeitsseite, an der Maschine stehen, wird zum Öffnen der Floröffner am Ende der Öffnungsschiene auf der Getriebeseite, etwas von Ende entfernt, sehr flach in den Flor geschoben. Durch eine kleine, nach oben gezogene Bewegung wird ein erster Teil der Fasern angehoben und damit geöffnet.

Vorsicht mit Hebelwirkungen!

Bei Öffnerschienen aus Holz sollten Sie keinen Druck mit der Spitze des Floröffners auf die Schiene ausüben. Sie bekommt unschöne Löcher im Holz und platzt irgendwann in der Mitte auseinander. Wenn Sie einen Haken als Öffner verwenden, geht das Öffnen und Auseinanderziehen des Flors sehr viel einfacher, ohne viel Kraftaufwand und schonender für die Schiene. In den USA sind Haken (engl. *batt hook*) zum Öffnen gebräuchlicher als in Europa (Bezugsquellen siehe Serviceteil).

Ein kleines Stück Faserflor lässt sich viel leichter öffnen als ein größeres Stück, das mit steigender Fasermenge auch einen größeren Widerstand entgegensetzt. Nun den Öffner nach oben ziehen. Die Bewegung des Öffnens kann mit der linken Hand unterstützt werden, indem man die Spitze des Floröffner greift. Ist das erste Stück geöffnet, wird der restliche Flor genauso, Stück für Stück, geöffnet.

Den Rand benutzen

Je nach Hersteller besitzen die Walzen rechts und links einen erhöhten Rand. Dieser kann als Auflager für eine kraft- und schienenschonende Hebelbewegung genutzt werden.

» **Den Flor abziehen:** Ist der Flor entlang der ganzen Walzenbreite geöffnet, wird der Florteil, der rechts der Öffnungsschiene liegt, mit beiden Händen so gefasst, dass alle offenen Fasern gegriffen werden. Der ganze Faserflor wird dann langsam nach rechts aus der Benadelung gezogen. Je nachdem, wie Sie damit zurechtkommen, können beide Hände oder auch nur eine Hand zum Führen und Herausziehen des Flores verwendet werden. Der Tambour wird dabei stückweise in die entgegengesetzte Richtung gedreht. Dabei sollten Sie beobachten, ob vielleicht Fasern aus dem Flor zu sehr in der Benadelung haften.
Passiert das, können Sie das Abziehen mit der Handkante der linken Hand direkt am Flor, wo die Fasern aus der Benadelung herauskommen, durch leichtes Herausschieben Richtung Flor und Zugrichtung so unterstützen, dass auch diese Fasern aus der Benadelung gehoben werden. Alternativ kann diese Unterstützung auch mit der Flickkarde passieren.
Nun den Flor weiter aus der Benadelung ziehen, dabei eventuell noch einmal mit der Hand nachfassen und den restlichen Flor aus der Benadelung ziehen.

Zu viele Fasern in der Maschine?

Dass Sie zu viele Fasern in die Maschine gegeben haben, merken Sie dann, wenn die Öffnerschiene vom Tambour beim Zurückdrehen am Vorreißer vorbei muss. Dort befindet sich das etwas dickere, aufgebauschte Ende des Faserflores, das durch die Engstelle von Vorreißerwalze und Tambour muss. Sind zu viele Fasern eingegeben worden, muss man dort manchmal mit beiden Händen den Tambour samt Flor vorbeidrehen.

Meistens bleiben gegen Ende des Abziehens vermehrt Fasern in der Benadelung haften. Passiert das, können mit Hilfe der Flickkarde haftende Fasern aus der Benadelung geholt werden. Das muss aber vorsichtig geschehen, weil die Fasern des schon abgezogenen Flores leicht in der Benadelung der Flickkarde hängen bleiben und in Unordnung versetzt werden.
Der abgezogene Flor wird beiseitegelegt.

Andere Verfahren, um den Flor abzunehmen
Bei einer Benadelung bis 72 Nadeln per 2,5 cm kann vor jedem Kardieren ein Stück grober Leinentüll oder ein ähnlicher Stoff in die Benadelung des Tambour eingebracht werden. Das Gewebe wird so in die Benadelung des Tambour gedrückt, dass es glatt am Beschlaggrund anliegt. Der Flor lässt sich mit dem Gewebe zusammen rückstandslos und glatt abziehen. Der Nachteil ist, dass das Einbringen des Stoffes zeitaufwendig ist und dass dabei die Benadelung verbogen werden könnte.
Das Abziehen kann auch mit Hilfe eines festen Stücks Papier oder Stoff erfolgen. Dabei wird auf die Außenseite vom Flor Papier oder Stoff gelegt. Der Stoff muss so breit und lang sein wie der Tambour. Der Floranfang wird in den Stoff eingewickelt und der ganze Flor in den Stoff ein- und gleichzeitig vom Tambour abgewickelt.
Eine weitere Möglichkeit, ähnlich wie beim Abrollen der losen, weichen Faserrolle, ist mit Hilfe zweier Rundstäbe. Dabei wird der gesamte Flor ohne Zug locker abgerollt.

Die beiden letzteren Methoden ergeben sehr glatte, geordnete Faserflore.

DAS WIEDERHOLTE KARDIEREN – HERSTELLUNG EINES KREMPELFLORES

Nicht jede Wolle muss oder sollte maximal oft kardiert werden. Wollen mit farbigen oder strukturellen Besonderheiten – z. B. farbige Spitzen und Bereiche innerhalb der Stapel oder des gesamten Vlieses sowie besondere Kräuselungen – vermitteln diese am besten in einem Garn, wenn die Wolle weniger oder gar nicht kardiert wird. Je öfter eine Faser kardiert wird, desto gleichmäßiger in der Struktur und einheitlicher in der Farbe wirken die Fasern innerhalb des Faserflores. Ein daraus gesponnenes Garn wird einheitlicher. Um Faserflore zu erhalten, die maximal vereinzelt, gemischt und parallelisiert sind, sind mehrere Kardierdurchgänge erforderlich. Um die Wirkung von einzelnen Kardierdurchgängen im Garn sichtbar zu machen, wird vor jedem weiteren Kardierdurchgang eine Faserprobe genommen und zu einem mitteldicken, einfädigen oder 2-fach gezwirntem Garn versponnen. Damit können Sie die Auswirkungen der Durchmischung vergleichen. Einheitliche Faserflore können für sich verarbeitet oder als Grundlage für neue Mischungen verwendet werden. Die einzelnen Farben sind maximal kardiert, weshalb die neue Mischung sofort versponnen oder gefilzt werden kann. Einheitliche Faserflore können ihrerseits aus Farb- oder Strukturmischungen bestehen. Sie sind vergleichbar mit den Farbtöpfchen eines Malkastens.
» **Das Ziel:** Durch mehrmaliges Kardieren erhält man einen Faserflor mit maximal vereinzelten, parallelisierten und geglätteten Fasern.
» **Das Verfahren:** Der Faserflor aus der ersten oder allen vorangegangenen Kardier-Aktionen wird nochmals kardiert. Die schon kardierte Struktur muss wieder so aufgelöst werden, dass die grundsätzliche Parallelität der Fasern erhalten bleibt. Vor jedem weiteren Kardieren muss der Flor wieder zu einem sehr lockeren Faserschleier ausgebreitet werden. Dazu werden vom Faserflor der Länge nach schmale Streifen abgeteilt. Man greift an einer Schmalseite, nahe einer der Außenkanten, in den Flor und zieht einen Faserstreifen von oben nach rechts außen vom Flor ab.

Ein Musterbuch anlegen

Die Faser- und Arbeitsproben können Sie zur Entwicklung und Gestaltung von neuen Garnprojekten verwenden. Besonders aussagekräftig ist es, wenn aus den Garnen kleine Strick oder Webproben hergestellt werden. Notieren Sie Mengenangaben der Faserzutaten; auf diese Weise werden Ihre Mischungen reproduzierbar.

Dieser Streifen wird mit dem Flächengriff zu einem Schleier von der Breite des Eingabetisches der Kardiermaschine auseinandergezogen und sogleich in die Maschine gegeben. Mit dem restlichen Flor wird genauso verfahren.

Das Verfahren wird so oft wiederholt, bis die Struktur Ihren Wünschen entspricht.

Sie werden feststellen, dass der Faserflor bei manchen Wollsorten nach jedem Kardierdurchgang voluminöser wird. Das passiert, weil die einzelnen, mehr oder weniger gekräuselten Fasern immer mehr vereinzelt werden. Um den Fasern mehr Raum zu geben, kann der Faserflor geteilt und in zwei Portionen weiter kardiert werden. Die Einzelfasern finden so genügend Platz, um der Vereinzelung, Parallelisierung und Durchmischung zu folgen.

HERSTELLUNG EINES KARDENBANDES VON DER KARDIERMASCHINE

Neben einem Faserflor können die Fasern auch als Kardenband von der Kardiermaschine abgenommen werden.

Herstellung eines Kardenbandes: Der kardierte Faserflor wird als Band abgezogen. Hierzu wird die Technik des Faserband-Abziehens wie beim Kämmen (ab Seite 240) eingesetzt. Für das Abziehen sind längere Fasern vorteilhaft, weil diese sich besser abziehen lassen und nicht so schnell reißen.

» **Das Ziel:** ein möglichst gleichmäßiges Kardenband aus einer Walzenfüllung abziehen

» **Die Werkzeuge:** Floröffner, ein Fädelhaken und ein flacher Strecker (engl. *diz*) aus Holz, Horn oder Kunststoff. Metall oder Keramik sind hier ungeeignet, weil der Stecker sehr nah bis unmittelbar an der Benadelung verwendet wird und zu hartes Material die Zinken beschädigen kann. Um ein Band abzuziehen, ist eine Lochgröße ab 0,5 cm gut geeignet.

» **Wozu ist das Band verwendbar:** Durch das Abziehen eines Kardenbandes kann die Farbgebung eines Garnes beim Spinnen gestaltet werden. Ein Kardenband kann vor dem Spinnen noch zu einem Vorgarn gezogen werden, sodass es sich leichter verspinnen lässt.

» **Der Vorgang:** Die Ausgangsfasern liegen, fertig kardiert, in der Benadelung des Tambour. Die Öffnerschiene oben auf dem Tambour wäre zu sehen, wenn sie nicht mit Fasern bedeckt wäre.

Kann der Griff eingeklappt werden, stört er nicht, weil Sie beim Abziehen nahe an der Maschine stehen müssen, um die Bewegungen des Tambours zu kontrollieren.

Nun am Ende der Schiene an der Getriebeseite eine kleine Strecke des Faserflores von etwa 3 cm mit der Floröffner öffnen.

Der Beginn des Abziehens an der Getriebeseite hat den Vorteil, dass das fortlaufende Abziehen am entferntesten Punkt beginnt. Die Richtung des Zuges führt die Bewegung automatisch zum Körper hin Richtung Kurbelseite und damit in den Flor hinein. Wenn vorne mit dem Abziehen begonnen wurde, wird der Flor leicht zu dünn und reißt ab, weil die Bewegung des Abziehens eher in Richtung Kurbel-

Ein Kardenband wird vom Tambour abgezogen

seite führt und aus dem Flor hinauslenkt. Die rechts liegende Seite der geöffneten Faser mit den Fingern der Hand greifen, leicht nach rechts aus der Benadelung heben und in den Strecker einfädeln.

So macht's die Industrie: Kardenband und Kammzug

Kurze Wolle wird industriell zu Streichgarnen, lange zu Kammgarnen verarbeitet.
Das funktioniert so: Kurze oder lange Fasern werden auf einer industriellen Kardiermaschine, die aus bis zu drei großen Maschinen, den Krempelsätzen, bestehen kann, zu einem feinen, dünnen Flor kardiert. Ein Flor aus kurzen Fasern wird von der letzten Walze von einem Gerät, das Hacker heißt, in Sekundenschnelle abgehackt. Durch diese Art des Abstreifens entsteht ein hauchdünner Flor. Um Streichgarne herzustellen, werden mehrere Lagen Flor übereinandergelegt, in dünne Streifen geteilt und zu Streichgarn versponnen.

Um Kardenband herzustellen, wird der Flor zusammengefasst und zu einem „Band" mit rundlichem Durchmesser geformt. Eine Maschine versieht das Band mit einem leichten Drall und wickelt es in Schlaufen spiralförmig in hohen, zylindrischen Behältern, den Kannen, auf.

Aus langen Wollfasern werden Faserbänder für die Kammzugherstellung und Kammgarnspinnerei kardiert, nach dem Abhacken zu einem flachen, dünnen, schmalen Band zusammengefasst und zu einem Kreuzwickel/einer Bobine aufgewickelt. Ein Kreuzwickel ist immer die Vorstufe zu einem Kammzug. Diese Faserbänder werden laufend nebeneinandergelegt, dünner gezogen und wieder parallel gelegt. Auf Kämmstühlen werden alle zu kurzen Fasern ausgekämmt und die langen Fasern zu einem Band, dem Kammzug, vereint, nochmals parallelisiert und gestreckt. Am besten ist dieses Verfahren an gekauften Multicolor-Kammzügen zu sehen.

» **Koordination des Abziehens:** Mit dem Daumen und Zeigefinger der linken Hand wird der Strecker immer parallel und überwiegend sehr nah zur Tambouroberfläche geführt. Der Abstand variiert mit der Bewegung des Abziehens. Mit den restlichen Fingern der linken Hand wird der Tambour bewegt oder gestoppt, damit er nicht durch unkontrollierte Bewegungen in die falsche Richtung das Abziehen stört.
Während die linke Hand den Strecker hält, führt, zieht die rechte die Fasern immer direkt über dem Strecker aus dem Loch heraus. Durch den Abzug der Fasern durch das Loch in Richtung Faservorrat wird der Strecker zusätzlich bewegt. Dabei dürfen nicht zu viele Fasern auf einmal durch das Loch kommen, aber auch nicht zu wenig, weil das Band sonst reißt. Ziehen, Nachfassen, Strecker verschieben und wieder Ziehen bewirken, dass sich ein Band bildet, aber auch, dass der Strecker fortlaufend nach rechts gezogen und geführt wird. Es ist ein Zusammenspiel von Faserngreifen, Ziehen der Fasern und Führen des Streckers und des Tambours. Zum Anfang ist es keine leichte Sache, die verschiedenen Bewegungen zu koordinieren. Aber die Beschreibung in Worten ist viel komplizierter als die Bewegungen selbst.
Je nach Beschaffenheit der Fasern – glatt, rau, lang, kurz und gekräuselt oder gewellt – kann sich die Wolle beim Abziehen unterschiedlich verhalten. Bei Mischungen kann es sein, dass das Band unterschiedlich dick ist, zwischendurch abreißt oder dass Faserreste in der Tiefe zurückbleiben. Fasern einer Sorte lassen sich in der Regel zu einem gleichmäßigeren Band abziehen. Am Ende ist ein leicht verdichtetes Kardenband entstanden. Das fertige Band sollte bis zur weiteren Verarbeitung am besten zu einem lockeren Knäul aufgewickelt werden. Vor dem Spinnen kann das Band noch einmal mit den Händen zu einem noch dünneren Vorgarn vorgezogen werden.

Abziehen einer Faserrolle (engl. *rolag*) von der Kardiermaschine

Eine dritte Möglichkeit, die Fasern von der Kardiermaschine abzuziehen, ist die Herstellung einer Faserrolle. Es gibt zwei Verfahren, um festere und lockere Faserrollen zu erzeugen, je nachdem, ob Sie kürzere oder längere Fasern verarbeiten.

UNTERSCHIEDE ZWISCHEN PUNI, ROLAG, FAUX ROLAG (FAUXLAG) UND PSEUDO-ROLAG

Rollenart	Faser	Werkzeug zur Herstellung	Besonderes
Puni	Baumwolle	Handkarden für Baumwolle	
Rolag	Wolle bis sieben Zentimeter Stapellänge	Handkarden, siehe Seite 169. Ohne Zuhilfenahme von Stäben	Je nach Faserlänge luftig oder eng gewickelt
Faux rolag (fauxlag, falscher Rolag)	Aus fertig kardierten Kardenbändern und Kammzügen	Mischbrett (engl. *blending board*), Kardiermaschine, von Handkarden mit Stäben mehr oder weniger gestreckt und abgerollt	
Pseudo-Rolag (Faserrolle ohne Handkarden oder Kardiermaschine)	Wollstapel	Flickkarde zum Ausbürsten der Stapel, dünne Rundhölzer, um den ausgelegten Faserflor aufzuwickeln	Ausgebürstete Stapel auf einem Tisch nebeneinander überlappend auslegen. Eine zweite Reihe darunter überlappend auslegen. An der Längsseite mit Hilfe eines dünnen Rundholzes eng aufwickeln. Die Faserrolle zart rollen, um sie leicht zu verdichten. Die Stäbe nacheinander herausziehen.

HERSTELLUNG EINES FAUXLAG (FALSCHEM ROLAG) AUF DER KARDIERMASCHINE

Je nach Faserart und Befüllung des Tambour können mit dieser Methode etwa fünf lockere, luftige Rollen abgerollt werden.

» **Das Ziel:** einen gleichmäßig gerollten falschen Rolag erhalten

» **Die Werkzeuge:** Floröffner; je zwei glatte Holzstäbe in verschiedenen Durchmessern: z. B. 5 und 8 mm. Hauptsache, sie sind so glatt, dass sie sich leicht aus den fertigen Faserrollen ziehen lassen. Die Stäbe sollen so lang sein, wie der Tambour breit ist, plus einige Zentimeter, um die Stäbe rechts und links festhalten und drehen zu können. Zwei Türstopperkeile aus Gummi mit Metallbügel, um sie gut handhaben zu können. Die Keile dienen dazu, den Tambour im Rahmen während des Faserrollenziehens festzuklemmen.

» **Die Fasern:** Mindestens dreimal kardierte Flore und maximal aufgelockerte Fasern aller Art

» **Wozu verwendbar:** Spinnen im langen Auszug und für sehr dünne Garne; Vorgarn ziehen, Farbmischungen spinnen

» **Der Vorgang:** Die Kardiermaschine an einer frei zugänglichen Tischecke befestigen. Die Herstellung der Faserrollen erfolgt, während Sie die Schmalseite mit dem Tambour vor sich haben. Es ist wichtig, die Maschine gut mit den (meist mitgelieferten) Zwingen am Tisch zu befestigen, weil bei der Herstellung der Faserrollen einiges an Kraft auf die Maschine ausgeübt wird und sie dabei unverrückbar bleiben muss.

Die Packerbürste wird so eingestellt, dass sie beim Kardieren nur durch das obere Drittel der Zinken streicht. Die Fasern in der Benadelung bleiben auf diese Weise locker genug, dass sie beim Drehen, Ziehen und Abrollen leichter aus der Benadelung gleiten. Für die Herstellung der Faserrolle ist es wichtig, die Fasern möglichst gleichmäßig auf dem Tambour zu verteilen, sodass die Faserlage überall gleich dick ist. Je gleichmäßiger und glatter die Floroberfläche ist, desto glatter und schöner werden die Faserrollen.

Die Eingabe von Fasern wie Seide, Pflanzenfasern, Viskosen, Angelina (Glitzerfasern aus Kunststoff) sowie vorkardierten industriellen Kammzüge und Faseraufbereitungen kann auch direkt auf der Tambouroberfläche erfolgen. Der Vorteil ist, dass sich solche Fasern leichter gleichmäßig auf dem Tambour verteilen lassen. Solche Sonderfasern wickeln sich gerne um die Vorreißerwalze, was sich mit der direkten Eingabe auf dem Tambour vermeiden lässt.

Positionierung der Gummikeile bei der Kardiermaschine

Das erste Einklemmen des Faserbartes zwischen den Stäben

Nach eineinhalb Umdrehungen

» **Eingabe von Fasern direkt auf dem Tambour:** Die aufzubringenden Fasern werden mit der linken Hand gehalten, während mit der rechten Hand die Kurbel bedient wird. Die Linke hält das Ende des Kammzuges oder eines Streifens von einem Faserflor direkt auf die sich drehende Benadelung des Tambours. Zeige- und Mittelfinger drücken das Faserende leicht auf die vorbeigleitenden Spitzen der Benadelung, die mal mehr, mal weniger Fasern mitreißt. Dabei nicht zu stark drücken, um Verletzungen durch die scharfen Nadelenden zu vermeiden.

Die Benadelung soll nur zu zwei Drittel gefüllt werden. Ist das erreicht, wird die Packerbürste entfernt oder weggedreht.

Mit dem Floröffner den Flor öffnen. Den Tambour an beiden Seiten mit den Gummikeilen so verkeilen, dass er sich nicht mehr von selbst drehen kann. Dazu die Keile links von der Kurbel auf beiden Seiten des Tambours zwischen diesen und dem Rahmen stecken. Ist ein Stück Flor abgezogen und gewickelt, werden die Keile entfernt, der Tambour ein Stück weitergedreht und wieder verkeilt. So wird fortgefahren, bis alle Fasern abgerollt sind. Mit einem Paar gleicher Holzstäbe den Faserbart, der rechts von der Öffnerschiene liegt, auf seiner gesamten Länge zwischen den Stäben so einklemmen, dass nicht nur die äußersten Spitzen, sondern alle Fasern erfasst werden.

Ausziehen der Fasern vor dem Aufrollen

Fortgeschrittenes Rollen

Die Wickelrichtung

Ob zum Körper hin oder von ihm weg aufgewickelt wird, ist Ihnen überlassen. Wenn zu Ihnen hin gewickelt und gezogen wird, ist die Faser besser zu beobachten, wie sie sich auf die Rolle wickelt. Probieren Sie aus, mit welcher Richtung Sie am besten zurechtkommen.

Nach dem Einklemmen der Fasern mit den Stäben zwei Umdrehungen in Richtung zum Körper ausführen. Durch das zweifache Aufwickeln erhalten die ersten Fasern einen guten Halt beim Ziehen bzw. Strecken der folgenden Fasern.
Die Anwendung der Stäbe ist für beide Methoden des Rolle-Formens gleich. Mit wie viel oder wie wenig Zug das Ziehen und Aufwickeln geschieht, entscheidet darüber, ob es eine lockere, luftige oder eine kompaktere, feste Rolle wird.

» **Lockere, luftige Faserrolle aus langen Fasern:** Bei langen Fasern werden mit den Stäben die Fasern beim Aufwickeln aus der Benadelung herausgehoben und nach oben gezogen, um die Fasern vor dem Aufwickeln zu lockern. Dabei wird nur so viel gezogen, dass der Flor nicht zu dünn wird. Dieses Stück ausgezogener Flor wird nun ohne Zug eher locker auf die Stäbe gewickelt. Diesen Bewegungsablauf wiederholen, bis genug Flor auf der Rolle ist. Je nach Menge der kardierten Faser auf dem Tambour ist die erste Rolle nach vier bis sechs Umdrehungen fertig.
Die Rolle wird nun parallel nach oben gezogen, sodass sich die Fasern von denen im Tambour trennen. Ist der Widerstand stark, kann man abwechselnd die eine und die andere Stabseite hochziehen, damit sich die Fasern leichter trennen. Nach dem Abtrennen werden die Fasern von der Rolle abstehen. Um sie anzulegen, kann die Rollbewegung auf der nun freigewordenen Benadelung so wiederholt werden, dass sich die offenen Fasern um die Rolle legen. Dabei nur so viel Druck auf die Faserrolle ausüben, dass die Fasern angeschmiegt werden. So entsteht eine lockere, wenig gepresste Rolle, die sich auch leicht von den Stäben schieben lässt. Alternativ kann die Rolle in der Hand gedreht werden.

Das Abtrennen der Faserrolle durch Ausziehen, Schritt 1 (links) und Schritt 2 (rechts)

Fertigstellen durch Anschmiegen der abstehenden Fasern. Die Rolle wird auf der frei gewordenen Benadelung über dem Florende auf dem Tambour gerollt.

Fertigstellen durch anschmiegendes Rollen in der Hand. Abstehende Fasern werden dadurch in die Oberfläche der Rolle gestrichen.

Herausziehen der Stäbe

Zum Herausziehen der Stäbe erst den einen und dann den zweiten Stab aus der Rolle ziehen. Nun die Keile entfernen, den Tambour ein Stück weiterdrehen und wieder verkeilen. So fortfahren, bis der Tambour leer ist.

» **Kompaktere, festere Faserrolle aus kürzeren Fasern:** Im Gegensatz zum lockeren Wickeln der Faserrolle wird hier nach jeder Aufwickelbewegung die Wolle aus der Benadelung gezogen. Das Ziehen erfolgt parallel zur Tambouroberfläche mit so viel gleichmäßigem Zug, dass die Fasern zusammenbleiben und keine dünnen Stellen entstehen. Auch dabei kann, wenn die Fasern sich nur schwer ziehen lassen, mit kleinen, abwechselnden hochziehenden Bewegungen gearbeitet werden. Nach drei bis sechs Mal Ziehen und Wickeln oder sobald die Rolle genug Fasern aufgenommen hat, ist eine Rolle fertig. Wenn die Fasern unter Zug aufgewickelt werden, wird die Rolle glatter und fester. Das ist ideal für kürzere Fasern.

Immer schön locker bleiben!

Die dichtere Faserrolle nicht zu eng wickeln oder durch Rollen verdichten. Die Wolle kann dabei anfilzen und lässt sich beim Spinnen nicht gut aus der Rolle ziehen.

Fertiger Rolag

Wie aus Faserrollen gesponnen oder ein Vorgarn zum Spinnen im kurzen Auszug gezogen wird, wird in den Kapiteln „Spinnen“ (Seite 479) und „Kämmen“ (Seite 247) beschrieben.

Fasern mit der Kardiermaschine mischen

Mit einer Kardiermaschine können Mischungen aus verschiedenen Faserarten und Farben hergestellt werden. Eine Besonderheit ist ein echter Farbverlauf, bei dem jede Stufe der Mischung genau abgewogen und ineinanderkardiert wird. Das Mischen von Fasern auf Handkarden und Kardiermaschine wird im Kapitel „Spinnen“ ab Seite 468 beschrieben.

FILZEN

Wohl eine der ältesten Techniken zur Verarbeitung von Schafwolle ist das Filzen. Im Handwerk wird dafür die natürliche Neigung der Wolle zum Verfilzen gezielt genutzt, um feste, strapazierfähige Stoffe, Flächen oder ganze Gegenstände herzustellen. Hier ist Verfilzen ausdrücklich erwünscht!

FILZ UND FILZÄHNLICHE TEXTILIEN

Wenn man sich mit dem Begriff *Filz* beschäftigt, kommt man erst mal auf viele Begriffe, die vermeintlich dieses Textil beschreiben: Wollfilz, Walkfilz, Bastelfilz, Filztuch usw. Wie so oft findet man die Lösung in einer DIN-Norm. Die für die Definition von Filz zuständige Norm ist die DIN 61205. Sie definiert die unterschiedlichen Filzarten mit den dazugehörigen richtigen Bezeichnungen, und davon wird das nachfolgende Kapitel handeln.

Nach DIN 61205 ist Filz nicht einfach Filz, dazu ist die Welt der Textilien zu vielseitig. Filz wird dort in vier Bereiche unterschieden: den Walkfilz, den Nadelfilz und das Filztuch bzw. den Webfilz. Alle diese Textilien werden in diesem Kapitel behandelt, auch wenn sie unterschiedliche Gewichtung bekommen, weil Filztuch und Webfilz zu den industriellen Stoffen zählen und deshalb nur am Rande dem Thema dieses Buches entsprechen.

!

Übersicht nach DIN 61205

Walkfilze: Flächen- oder Körpergebilde aus filzfähigen Fasern, denen auch andere Fasern beigemischt sein können. Sie bestehen aus Faservliesen, die durch Einwirkung von Feuchtigkeit, Wärme, Druck und Bewegung verfestigt sind. Die Herstellung erfolgt ohne Zusatz von Bindemittel.

Nadelfilz: Entsteht durch wechselndes Einstechen und Ausziehen einer Vielzahl von Nadeln und Widerhaken in eine Fasermasse, wodurch die Fasern miteinander verfilzt, verknotet werden.

Webfilz: Entsteht durch Auflegen oder Anblasen von Tierhaaren an ein Wollgewebe mit anschießendem Filzen und Walken.

Filztuch: entsteht aus Gewebe von filzfähigen Fasern, das einem Filzprozess unterworfen wird.

WALKFILZ ODER „EINFACH FILZ“

Walkfilz wird üblicherweise einfach als Filz bezeichnet, und das soll im weiteren Verlauf dieses Kapitels ebenfalls so gehandhabt werden, da der Begriff Walkfilz zwar richtig, aber auf die Dauer verwirrend ist. Die im Kasten links aufgeführte Definition ist zwar eindeutig, für die Beschreibung dieses Textils aber nicht ausreichend, da noch viele Faktoren mit einfließen.

Hier also eine etwas detailliertere Beschreibung. Filz ist ein unauflöslicher Verbund tierischer Fasern, der mittels Wasser und Bewegung entstanden ist. Die Fasern sind dabei ungeordnet, dreidimensional miteinander verschlungen, die Bindung bleibt durch die physikalischen Eigenschaften der Wolle und nicht durch Bindemittel erhalten. Beim Filz handelt es sich um einen chaotischen Faserverbund, weil die Fasern in keiner Weise geordnet oder richtungsgleich liegen.

WOLLFILZ UND HAARFILZ

Es werden zwei grundsätzliche Filzarten unterschieden: der Wollfilz, der aus Schafwolle hergestellt wird, und der Haarfilz, der aus sonstigen tierischen Fasern besteht. Dazu zählen im Wesentlichen Alpaka, Kamel, Mohair, Angora.

Der Filz gehört textilwissenschaftlich zu den drei textilen Flächen (Gewebe, Gewirke, Vliese) und ist eine Sonderform der Vliese. Allerdings ist damit der handgearbeitete Filz nicht abschließend definiert. Handgefertigter Filz kann durchaus auch in voluminöser Form vorliegen und entspricht dann eben keiner textilen Fläche mehr. Trotzdem wird auch diese Erscheinungsform als Filz und damit als Vlies bezeichnet, auch wenn es sich nicht mehr um eine Fläche im eigentlichen Sinn handelt.

Wollfilz

Die Vielfalt der Gestaltungsmöglichkeiten und Wollsorten lassen den Filz sehr unterschiedlich erscheinen. Während sich mit feiner, langfaseriger Wolle sehr geschmeidige glatte Filze herstellen lassen, können dicke Filze aus grober Wolle zu standfesten, teilweise sehr haarigen, starren Objekten verarbeitet werden.

Die Bezeichnung Wollfilz scheint ein Pleonasmus zu sein, weil Filz ja schon das Material „Wolle" beschreibt. Leider ist das aber nicht so. Walkfilz besteht zwar per Definition aus Wolle, es sind aber Beimengungen anderer Fasern mit eingeschlossen, und es ist keine Mengenangabe definiert. Deshalb hat sich die Bezeichnung Wollfilz als Synonym etabliert, um auszudrücken, dass dieser Filz nur und ausschließlich aus Wolle besteht. Da aber Filze aus Kunstfaser immer Nadelfilze sind, würde auch die Bezeichnung Walkfilz schon eine gewisse Sicherheit bieten, wobei hier immer noch Beimengungen anderer Fasern möglich sind.

Allerdings handelt es sich bei der Bindungsart eines Gewebes nie um eine rechtlich verbindliche Kennzeichnung die auch die verwendeten Fasern mit einschließt. So muss ein Jeans, die als Stoff „Denim" angibt, längst nicht mehr aus reiner Baumwolle bestehen, auch hier sind längst synthetische Beimengungen üblich. Gesetzlich geregelt ist immer nur die Kennzeichnungspflicht für das verwendete Material, und das ist im Falle von Filz „Wolle". Und Wolle ist in der Textilkennzeichnung immer und ausschließlich geschorenes Haar von Schafen oder eine Mischung aus Schafwolle mit Tierhaaren bestimmter Gattungen. Siehe hierzu nachfolgenden Originalauszug aus dem Textilkennzeichnungsgesetz. Da eine Textilkennzeichnung für alle textilen Produkte vorgeschrieben ist, kann man sich in jedem Fall über die verwendeten Fasern informieren, auch wenn die Bezeichnung „Filz" nicht eindeutig auf Wolle hinweist.

Warum wird „Filz" auch als Synonym für Kumpanei und Korruption verwendet?

Wenn man die innere Struktur des Filzes ansieht, ist das nicht weiter verwunderlich: Filz ist vollkommen unsortiert und unordentlich, genau wie korrupte Strukturen nicht durchschaubar sind. Welche Fasern wohin führen und welche Verknotungen und Verwirrungen vorliegen, ist im Wollfilz genauso wenig nachvollziehbar wie in korrupten Gesellschaften und Organisationen. Genau wie diese hält Filz unauflöslich zusammen und kann nur durch Zerstörung wieder auseinandergelöst werden.

LISTE DER ZULÄSSIGEN BEZEICHNUNGEN FÜR TEXTILFASERN AUS TIERHAAREN

Nr	Bezeichnung	Herkunft
1	Wolle	Faser vom Fell des Schafes (*Ovis aries*) oder ein Gemisch aus Fasern von der Schafschur und aus Haaren der unter Nummer 2 genannten Tiere.
2	Alpaka, Lama, Kamel, Kaschmir, Mohair, Angora, Vikunja, Yak, Guanako, Kaschgora, Biber, Fischotter	Haare der Tiere: Alpaka, Lama, Kamel, Kaschmir, Mohair, Angora, Vikunja, Yak, Guanako, Kaschgoraziege, Biber, Fischotter.
3	Tierhaar	Haare von verschiedenen Tieren, soweit diese nicht unter den Nummern 1 und 2 genannt sind.

GESCHICHTE DES FILZENS

Die Anfänge des Filzens liegen im Dunkeln, viele Legenden ranken sich darum. Vielleicht ist Filzen die älteste textile Technik der Menschheit. Wann der Mensch genau den Filz oder das Filzen erfunden hat, wird wohl nie endgültig geklärt werden. Das liegt vor allem daran, dass Filz ein sehr vergängliches Material ist, das bei Ausgrabungen selten gefunden wird und dann auch nur als gepresste oder verdichtete Wollfasern identifiziert werden kann.

Es bleibt ohnehin fraglich, ob der Mensch das Filzen richtiggehend erfunden hat oder nur einen Prozess nachempfunden hat, den er im Alltag bereits beobachten konnte. Es ist anzunehmen, dass die ersten Wollschafe noch einen natürlichen Wollwechsel vollzogen, die Wolle also abfiel und von den Menschen gesammelt wurde. Diese Fasern verfilzten teilweise bereits am Tier, und auch bei der Verwendung der Wolle als Fütterungs- oder Polstermaterial stellten sich Verfilzungsprozesse automatisch ein. Es war also nur eine gute Beobachtungsgabe notwendig, um diesen Prozess zu erkennen und evtl. nachzuempfinden.

ALLERLEI LEGENDEN

Aus diesen Vorgängen speisen sich auch die überlieferten Legenden, nach denen das Filzen auf der Arche Noah entstanden sein soll. Die Schafe verloren in der warmen Arche ihre Wolle, und diese sammelte sich auf dem Boden, wo sie durch den Urin und das Getrampel der Schafe zu Filz wurde. Eine andere Legende besagt, dass der Heilige Clemens sich die Sandalen mit Wolle ausstopfte, um während der Flucht vor den Römern seine Füße zu schützen. Als er die Sandalen wieder auszog, war die Wolle zu festem Filz geworden. Diese Geschichte ist wohl auch der Grund, warum der Heilige Clemens zum Schutzpatron der Hutmacher ernannt wurde.
Beide Legenden zeigen eindrucksvoll, dass nicht jemand das Filzen erfunden hat, sondern dass es eher zufällig passiert ist. Vor diesem Hintergrund wird auch klar, dass bei vielen frühgeschichtlichen Funden nie wirklich gesagt werden kann, ob es sich um Filz handelt, der bewusst hergestellt wurde, oder um Filz, der zufällig entstanden ist. Ein gesponnener Faden oder ein gewebter Stoff entsteht nicht zufällig. Wenn irgendwo ein Fragment eines Garns gefunden wird, so kann man damit beweisen, dass die Menschen in diesem Zeitalter gesponnen haben. Wenn bei archäologischen Ausgrabungen Reste von vermeintlichem Filz zutage treten, so können sie nur als gepresstes Tierhaar definiert werden. Ob der Filz bewusst hergestellt und verwendet wurde, kann nicht bewiesen werden.

FRÜHE FUNDE

Da Filz als organisches Material leider schnell verrottet, sind nur wenige, teils sehr kleine Reste erhalten, die eine eindeutige Bestimmung schwer möglich machen. Die ersten eindeutigen Funde datieren ins Jahr 1800 v. Chr. und stammen aus Westchina. Es handelt sich um eindeutig als Filzmützen identifizierbare Objekte. Auch wenn häufig davon ausgegangen wird, dass sich das Filzen von der Mongolei, also Westchina aus nach Europa verbreitet hat, so lassen Funde aus den Hünengräbern Dänemarks darauf schließen, dass die Entwicklung parallel stattgefunden hat. Dort fanden sich ebenfalls mützenähnliche Objekte aus Filz.
Im Altai-Gebirge haben sich einige Objekte gut erhalten, da sie im Permafrostboden konserviert waren. So lassen sich bei mehreren Funden Filzmützen und Filzstrümpfe oder Filzstiefel finden. Diese sind mindestens 2500 Jahre alt und zeigen,

dass mindestens um 500 v. Chr. Filz zur Alltagskleidung gehörte.
Sehr interessant sind die Funde in der Wikingerstadt Haithabu bei Schleswig. Dort wurden zwar hauptsächlich Filzabschnitte gefunden, diese waren aber nicht nur sehr zahlreich, sie waren teilweise auch zweifarbig geschichtet. Die Archäologen schließen daraus, dass sich dort eine Produktionsstätte befunden haben muss und dass möglicherweise Teile einer farbigen Schicht weggeschnitten wurden, um Muster zu erzeugen. Da aber von den Filzprodukten dieser Produktionsstätte ausschließlich die Abschnitte gefunden wurden, lässt sich nur spekulieren, welche Art von Produkt und Muster dort hergestellt wurden. Filzabschnitte wurden auch im Schiffsbau als Dichtmaterial mit Teer getränkt weiterverarbeitet, die Wikinger hatten also die vielseitigen Einsatzmöglichkeiten von Filz erkannt.

FILZFUNDE AUS DEM MITTELALTER

Einer der neueren Funde, der als ältester gefundener Filzmantel ausgegeben wird, datiert in das 10. bis 12. Jahrhundert n. Chr. und wurde in einem Felsenspaltengrab in der Mongolei gefunden.
Wer sich aber die archaisch anmutenden Hirtenmäntel aus der Türkei, die sogenannten Kepeneks anschaut, kann sich kaum vorstellen, dass diese nicht schon deutlich älter sind. Auffallend ist auch, dass der gefundene Mantel, anders als die traditionellen Kepeneks, nicht an einem Stück gefilzt, sondern genäht wurde. Es ist deshalb zwar bestimmt richtig, dass der gefundene Mantel der älteste Fund eines Filzmantels ist, es ist aber kaum vorstellbar, dass nicht lange vorher mantelähnliche Kleidungsstücke gefertigt wurden.

Ein traditioneller Hirtenmantel aus der Türkei ist der gefilzte Kepenek.

Das Mittelalter bringt weitere Entwicklungen im Filzerhandwerk. So gehörten die Hutmacher, die sehr viel mit Filz arbeiteten, zu den ersten Handwerkszünften Deutschlands. Die ersten Filzermeister werden im 14. Jahrhundert erwähnt. In diese Zeit fallen auch einige Erfindungen wie z. B. der Fachboden, der zum Ausbreiten der Wollfasern diente.

Aus dem Mittelalter stammt auch noch so mancher Spruch, den man heute gar nicht mehr einordnen kann. So begegnet uns der englische Ausdruck *„mad as a hatter“* – verrückt wie ein Hutmacher – auch in dem Roman „Alice im Wunderland“ als verrückter Hutmacher. Der Begriff geht auf eine Berufskrankeit der Hutmacher zurück. Um bestimmte Haararten filzfähig zu machen, wurden Chemikalien wie Quecksilber und Arsen verwendet. Diese giftigen Stoffe führten zum sogenannten Hutmachersyndrom, das sich durch eine dauerhafte Nervenschädigung mit Zittern und Nachlassen der Gehirnleistung äußerte.

Die Hutmacher stellten die einzige eingetragene Zunft dar, die mit Filz arbeitete und Filz herstellte. Trotzdem wurde Filz damals auch zu anderen Zwecken verwendet. So findet sich ein Hinweis auf die alltägliche Verwendung von Filz an ungewöhnlicher Stelle, nämlich in der Hospitalordnung des Johanniterordens von 1181 (Teil 1, Abschnitt IV.): „Es wird bestimmt, dass jeder Kranke im Spital einen Pelz zum Anziehen hat und zwei Filzschuhe, um zur Verrichtung seiner Notdurft in eine abgesonderte Kammer hin- und zurückzugehen und eine kleine wollene Mütze.“ Wer diese Filzschuhe herstellte und wie sie ausgesehen haben, geht daraus leider nicht hervor. Da es zu dieser Zeit aber üblich war, dass man sich Alltagskleidung selbst fertigte, kann davon ausgegangen werden, dass die Filzschuhe in Heimarbeit von jedem selbst hergestellt wurden und nur in kleinen Tauschgeschäften gehandelt wurden. Ein offizielles Handwerk war damit vermutlich nicht verbunden.

Traditionelle russische Walenki (Filzstiefel) werden auch heute noch hergestellt.

EIN NEUER ALTER BERUF

In jedem Fall kann die Verwendung von Filz als Material bis ins späte Mittelalter und durch die Hutmacher bis in die Neuzeit nachgewiesen werden. Allerdings ist die Technik zumindest in Deutschland längere Zeit aus den Privathaushalten verschwunden und wurde erst im 20. Jahrhundert wieder als Handarbeit entdeckt.

Textilgestalter/in im Handwerk Fachrichtung Filzen

Berufstyp: Anerkannter Ausbildungsberuf

Ausbildungsart: Duale Ausbildung im Handwerk (geregelt durch Ausbildungsverordnung)

Ausbildungsdauer: 3 Jahre

Lernorte: Ausbildungsbetrieb und Berufsschule (duale Ausbildung)

Was macht man in diesem Beruf?
Textilgestalter/innen im Handwerk der Fachrichtung Filzen stellen Filze für Kleidungsstücke (z. B. Hüte oder Pantoffeln), Heimtextilien (z. B. Tischwäsche und Teppiche) oder technische Textilien (z. B. Dichtungen und Geräuschdämmungen) her. Dabei verarbeiten sie neben natürlichen Fasern wie Wolle oder anderen Tierhaaren auch Pflanzen- oder Chemiefasern, z. B. Polyamid oder Polyester. Die Entwürfe entwickeln und gestalten sie selbst, suchen Rohstoffe aus und stellen in zwei verschiedenen Verfahren die Produkte fertig. Durch meist mechanisches Filzen und Walken unter Einsatz von Wasserdampf und Seife beim Walk- oder Pressfilz oder mithilfe spezieller Filznadeln beim Nadelfilz durchdringen und verkeilen sich die Fasern der Rohstoffe. So entsteht ein festes textiles Flächengebilde. Über die Herstellung hinaus prüfen Textilgestalter/innen die Qualität von Rohstoffen und fertigen Produkten. Sie verkaufen die Erzeugnisse und beraten hierbei ihre Kunden bezüglich der Farbe, Form und Gestaltung der gewünschten Textilien.

Anders sah das in Russland und den skandinavischen Ländern aus. Dort wurde das Filzen durchgehend auch als Handarbeit zu Hause betrieben und lebte in den ländlichen Traditionen weiter. In Deutschland lebte das Filzen erst in den 80er Jahren des letzten Jahrhunderts wieder auf und entwickelte sich seither nicht nur zur heimischen Handarbeit, sondern zum hochwertigen Kunsthandwerk. Die lebhafte Filzerszene, die sich in den darauffolgenden Jahren entwickelte, betrieb einen regen Austausch und traf sich seit 1995 jährlich zur deutschsprachigen Filzbegegnung, was schließlich zur Gründung des Vereins Filznetzwerk e.V. führte. Den Bemühungen dieses Vereins war es auch zu verdanken, dass es im Jahre 2011 endlich gelungen ist, einen erlernbaren Handwerksberuf zuzulassen. Die Berufsbezeichnung ist allerdings etwas sperrig geraten und lautet: „Textilgestalter/in im Handwerk Fachrichtung Filzen“. Leider fiel die Entstehung dieses neuen Handwerksberufs ausgerechnet in eine Zeit, in der es Handwerksbetriebe, die einen Ausbildungsplatz anbieten könnten, wirtschaftlich sehr schwer hatten und gleichzeitig die Nachfrage nach Ausbildungsplätzen stark gesunken war. Es gibt deshalb aktuell nur sehr wenige Menschen, die diese Ausbildung absolvieren konnten. Trotzdem zeigt die Entwicklung deutlich, dass der Filz als Material und das Filzen als Handwerk wieder in der Gesellschaft angekommen sind und zumindest im Kunsthandwerk auch eine Zukunft haben.

FILZEN IM BEREICH BILDUNG UND PFLEGE

Das Filzen hat im letzten Jahrhundert nicht nur Einzug in die heimische Handarbeit gefunden, es wurde auch in der Kinder- und Jugendbildung und -erziehung entdeckt. Vor allem an den Waldorfschulen, später aber auch im privaten Bereich und an den staatlichen Schulen wird das Filzen zur kreativen und auch zur motorischen Bildung eingesetzt. Daraus abgeleitet und teilweise auf diese Erfahrungen zurückgreifend, entwickelte sich in den letzten Jahren dann auch eine zunehmende Bereitschaft, das Filzen in der Pflege und Beschäftigung von alten und zum Teil dementen Menschen einzusetzen.

ENTSTEHUNG VON FILZ

Die Besonderheiten der Wollfaser und die Anwesenheit von Feuchtigkeit sind wichtige Voraussetzungen um den Filzprozess möglich zu machen. Es gibt aber noch mehr Einflussfaktoren, nicht zuletzt die Zeit.

Wolle verfilzt, das ist ein alter Hut. Dass sie dabei steifer wird und deutlich schrumpft, ist ebenfalls bekannt: Jeder kennt Geschichten von eingelaufenen Pullovern oder Strümpfen. Interessanterweise macht sich aber selten jemand Gedanken darüber, was dabei passiert und warum. Die vordringliche Frage ist: Warum passiert das nur mit Wolle? Passiert es denn tatsächlich nur mit Wolle? Das ist gar nicht so einfach zu erklären, und lange wusste man es auch nicht genau.

FASERVORAUSSETZUNGEN

Die Definition von Walkfilz, der hier einfach als Filz bezeichnet wird, gibt schon vor, dass Filz aus Wolle besteht. Dass andere Naturfasern nicht so leicht filzen, legt den Schluss nahe, dass die Neigung zum Verfilzen an der Wollfaser selbst liegen muss. Man sollte sich also die Struktur und den genauen Aufbau dieser Faser genauer ansehen. Wie die Wolle insgesamt aufgebaut ist, wird im Kapitel „Wollkunde" (ab Seite 18) gezeigt. Für das Verständnis des Filzvorganges ist vor allem die Oberflächenstruktur entscheidend.

Wie in der Zeichnung zu sehen ist, befinden sich auf der Oberfläche der Faser Schuppenzellen, die die sogenannte Kutikula (lat. *cuticula*), also die oberste Schicht bilden. Der komplexe Aufbau der Wolle und der einzelnen Schuppenzellen macht es möglich, dass diese Schuppen beweglich sind. Je nach Temperatur, Feuchtigkeit und pH-Wert stellen sich die Schuppen auf oder legen sich wieder flach auf die Oberfläche der Faser. Ein vergleichbarer Prozess findet bei Tannenzapfen statt. Wenn es trocken ist, stellen sich die Schuppen des Zapfens auf, sodass die Samen fliegen können, bei Feuchtigkeit verschließen sie sich wieder. Bei der Wolle ist es aber gerade umgekehrt.
Eine genaue Betrachtung der einzelnen Schuppenzelle zeigt, dass sie selbst nochmals aus drei verschiedenen Schichten besteht, die diese Bewegung ermöglichen.
Für das Verständnis des Filzprozesses ist dabei wichtig zu wissen, dass Wolle vergleichsweise große Mengen Feuchtigkeit im Innern der Faser einlagern kann. Dabei stellen sich die Oberflächenschuppen auf. Wird die Faser wieder trocken, schließt sich die Oberfläche.

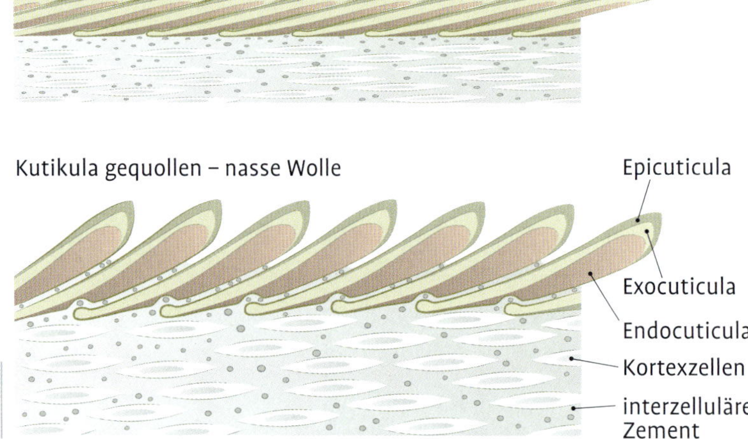

Schematische Darstellung der einzelnen Keratinschichten der Kutikulazellen

Dampf oder Nebel?

Wasserdampf ist der gasförmige Zustand des Wassers. Er ist unsichtbar. Umgangssprachlich wird zwar häufig der sichtbare Nebel über dem kochenden Wasser als Dampf bezeichnet, dabei handelt es sich aber bereits um kleine Tröpfchen, die in der Luft schweben, und nicht mehr um Dampf. Wenn also von Wasserdampf gesprochen wird, dann nur von der in der Luft gelösten Feuchtigkeit, deren Menge bei steigenden Temperaturen größer werden kann und üblicherweise als relative Luftfeuchtigkeit (in Prozent) angegeben wird. Auch bei einer Luftfeuchtigkeit von 100 Prozent ist die Feuchtigkeit und damit das in der Luft befindliche Wasser nicht zu sehen, es ist gasförmig. Bei einer Luftfeuchtigkeit von mehr als 100 Prozent kondensiert das Wasser, was als Nebel oder Kondenswasser auf Oberflächen wahrgenommen wird.

Allerdings ist Wolle bei mittleren Temperaturen und neutralem pH-Wert wasserabweisend, sodass sie das Wasser gar nicht erst aufnimmt. Flüssiges Wasser auf einer Wollfaser perlt ab, denn die oberste Keratinschicht der Schuppenzellen, die Epicuticula, ist absolut wasserundurchlässig. Lediglich Wasserdampf ist in der Lage, die Barriere der Wolle zu durchbrechen und bis in tiefer liegende Wollschichten vorzudringen. Der Wasserdampf dringt also durch die Kutikula in die Zwischenmembran bzw. bis in die Kernzone der Wolle vor und wird dort eingelagert.

FEUCHTIGKEIT

Erstaunlich ist dabei vor allem die Tatsache, dass Wolle sehr viel Wasserdampf aufnehmen kann, ohne dass sie sich nass anfühlt. Wird Wolle bei sehr geringer Luftfeuchtigkeit gelagert, so trocknet sie aus. Das reduziert ihr Gewicht. Wird sie anschließend eine gewisse Zeit bei hoher Luftfeuchtigkeit gelagert, so nimmt sie wieder Wasserdampf auf und wird schwerer. Der Unterschied beträgt bis zu 30 Prozent des Wollgewichts. 100 Gramm vollkommen trockene Wolle können also ein Gewicht von 130 Gramm haben, wenn sie längere Zeit bei hoher Luftfeuchtigkeit gelagert wird. Trotzdem bilden sich auch auf dieser „feuchten Wolle" bei Kontakt mit flüssigem Wasser Tröpfchen auf der Oberfläche. Das Wasser wird nicht von der Faser aufgenommen, die Wolle ist weiterhin hydrophob, also wasserabweisend. Erst ein weiteres Quellen der Wolle führt schließlich dazu, dass die Schuppen sich so weit aufgestellt haben, dass auch flüssiges Wasser in die Wolle eindringen kann: Die Wolle wird nass. Dabei stellen sich die Oberflächenschuppen noch weiter auf. Eine geringe Filzfähigkeit hat die Wolle bereits in mäßig gequollenem Zustand. Man braucht aber deutlich mehr Zeit, um die Fasern miteinander zu verfilzen. In vollständig nassem Zustand, wenn die Schuppen maximal abgespreizt sind, verfilzt sie bereitwilliger. Die Faser ist nicht nur deutlich rauer geworden, sie hat auch Widerhaken aufgestellt, die nur noch eine Bewegung in eine Richtung zulassen. Wird also eine Faser in eine Richtung verschoben, kann sie nicht mehr zurück.

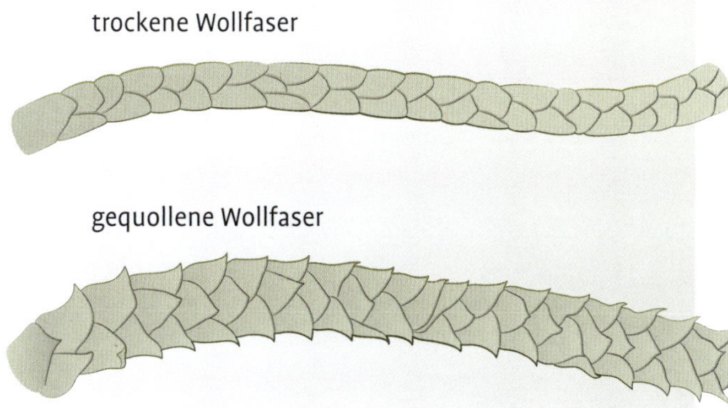

Stark vergrößerte Oberflächenstruktur der Wollfaser vor und nach dem Quellen

FASERTYP, SCHAFRASSE UND FILZFÄHIGKEIT

Außer der reinen Feuchtigkeit können auch andere Faktoren die Quellung der Faser begünstigen. Das wird später noch näher beleuchtet.
Je nach Fasertyp und Schafrasse unterscheiden sich die Form und Beschaffenheit der Oberflächenschuppen wesentlich und erklären damit auch die unterschiedliche Filzfähigkeit der einzelnen Wollsorten. So haben Langhaare, die sogenannten Grannen, sehr große Schuppen, die häufig das Haar weit umschließen und wesentlich unbeweglicher sind, als kleine Schuppen, die vor allem bei feinen Wollfasern zu finden sind. Aber auch sehr feine Wollfasern können so beschaffen sein, dass sie sich nicht verfilzen lassen. Da es nur mit sehr aufwendigen Oberflächenuntersuchungen möglich wäre, diese Eigenschaft festzustellen, werden bei jeder Wolle Filzversuche gemacht, um die Filzfähigkeit zu untersuchen. Man kann sich bei fast allen Schafrassen darauf verlassen, dass sich die Wolle einer Rasse beim Filzen immer gleich verhalten wird. Es gibt aber ein paar wenige Ausnahmen. Darauf wird im Einzelnen bei den einzelnen Schafrassen eingegangen. Sehr wenige Rassen haben eine nicht durchgängig gleiche Wollstruktur. Bei ihnen unterscheidet sich das Quellverhalten der Wolle von Tier zu Tier bzw. von Herde zu Herde, und dann bleibt keine andere Wahl, als jedes Vlies einzeln zu testen.

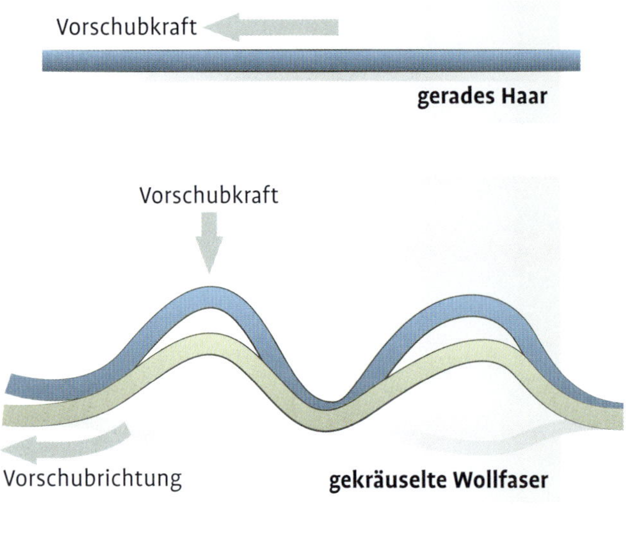

Vorschubmodell bei gerader und gewellter Faser

Was beim Filzen passiert

Die Oberflächenschuppung bewirkt zwar, dass sich die Fasern beim Filzen bzw. beim Walken unauflöslich miteinander verhaken, sie gibt aber noch keine Antwort darauf, wie sich die Faser während des Filzvorganges fortbewegt, um überhaupt zu der filzeigenen Verwirrung zu kommen. Es ist ja schlecht vorstellbar, dass sich eine gerade Faser in einem Wollstapel in gerader Linie fortbewegt. Bei Schub in Faserrichtung wird die Faser bestenfalls abknicken. Man kann sich das noch einigermaßen vorstellen, wenn man einen Filz knetet oder wirft. Der Prozess wird aber bei sehr vielen verschiedenen Bewegungsarten festgestellt, und das würde mit geraden Haaren und Fasern nicht funktionieren. Stellt man sich hingegen die Bewegung einer gewellten Faser vor, so ist zu erkennen, dass sich die Faser bei Druck auf einen Wellenberg entlang der Faserrichtung fortbewegen wird. In der einen Richtung kann die Faser bei Druckentlastung wieder in die Ursprungslage zurückkehren. In der anderen Richtung hingegen wird sie durch die aufgestellten Oberflächenschuppen daran gehindert. Dieser Vorgang wiederholt sich so oft, bis die Faser innerhalb des Gesamtverbundes so eingezwängt ist, dass sich die Wellenberge nicht mehr wesentlich zusammendrücken lassen, die Faser also eingesperrt ist. In diesem Zustand ist der Filz ausgefilzt.
Nach dem Trocknen der Wolle und des Filzes legen sich die Oberflächenschuppen wieder flach auf die Faseroberfläche, der Effekt der Widerhaken bleibt also nicht erhalten. Trotzdem hält der Filz auch nach dem Trocknen zusammen. Das ist vor allem darauf zurückzuführen, dass die Fasern sich durch den Vorschub vollkommen verknotet haben. Der Vorschub der Wolle hat in alle Richtungen und bei Tausenden Fasern stattgefunden. Diese bewegen sich während des Walkens vollkommen chaotisch durcheinander und wechseln bei einer Kollision mit anderen Fasern auch die Richtung. So entstehen richtiggehende Knoten, die nicht wieder lösbar sind.

PH-WERT, WASSER, SEIFE UND WÄRME

Wie eingangs beschrieben, muss die Wolle, um filzfähig zu werden, nass werden und aufquellen, die Oberflächenschuppen müssen sich also aufstellen. Um nun zu verstehen, wie die wasserabweisende Barriere der Wolle zu durchbrechen ist, bedarf es einiger physikalischer Grundbegriffe.

Wasser: Reines Wasser findet sich im Alltag so gut wie nicht, nur das käufliche destillierte Wasser kann als reines Wasser bezeichnet werden. Dem am nächsten kommt noch das Regenwasser, allerdings nimmt Regenwasser viel atmosphärischen Schmutz und Gase auf und wird dabei häufig sauer. In unserem Leitungswasser sind neben minimalen Verunreinigungen vor allem Mineralien gelöst. Je nach Menge dieser Mineralien (vor allem Calcium und Magnesium) spricht man von weichem oder hartem Wasser. Die Wasserhärte wird in °dH (Grad deutscher Härte) angegeben und bewegt sich in Deutschland zwischen 5 und 20 °dH. Der pH-Wert von Leitungswasser liegt bei 7–8,5, während Regenwasser einen pH-Wert von 5,5–5,7 hat und in Ausnahmefällen auch als sogenannter saurer Regen einen pH-Wert von 4,2–4,8 haben kann.

Wasserdampf: Darunter versteht man den gasförmigen Aggregatzustand des Wassers. Je nach Temperatur kann in der Luft mehr oder weniger gasförmiger Wasserdampf gelöst sein. Erst wenn es zur Übersättigung kommt (Luftfeuchtigkeit über 100 %) fühlt sich die Luft feucht an, und es bilden sich kleine Tröpfchen in der Luft. Je höher die Temperatur ist, desto mehr Wasserdampf kann in der Luft gelöst sein. Sinkt die Temperatur wieder, dann fällt das Wasser als sichtbares Kondensat aus (z. B. auf Scheiben und glatten Oberflächen).

pH-Wert: Der pH-Wert ist ein Begriff aus der Chemie und bezeichnet den sauren oder basischen Charakter einer Substanz in wässriger Lösung. Der Wert liegt zwischen 0 (sehr sauer) und 14 (extrem basisch), dabei ist der pH-Wert auch abhängig von der Verdünnung der Substanz. Wolle hat bei einem pH-Wert von ca. 4,5–5 eine optimale mechanische Belastbarkeit und liegt damit im leicht sauren Bereich. Der pH-Wert kann mit Indikatorpapier gemessen werden.

Seife: Zum Filzen wird häufig Seife verwendet. Bei Seife handelt es sich um eine basische Substanz, die die Oberflächenspannung des Wassers heruntersetzt und einen Schmierfilm bildet. Unterschieden werden Schmierseifen, Leimseifen und Kernseifen. Es handelt sich dabei um Unterschiede der Konsistenz und des Herstellungsverfahrens, nicht um Qualitätsunterschiede. Seifen sind immer ein chemisches Produkt aus Lauge und Fetten. Die Auswahl der verwendeten Fette kann die Eigenschaft einer Seife auf die Haut deutlich verändern, die Reaktion der Wolle wird damit nicht beeinflusst. Nur wenn Seifen extrem überfettet sind, was bei sehr pflegende Seifen der Fall ist, kann auf der Wolle ein „Fettfilm" zurückbleiben.

Tenside: Tenside können sowohl basisch als auch sauer sein. Es handelt sich dabei um Substanzen, die ebenfalls die Oberflächenspannung des Wassers herabsetzen und in der Lage sind, Dispersionen zwischen zwei Phasen zu ermöglichen oder als Lösungsvermittler zu wirken. Tenside begegnen uns in Flüssigwaschmitteln, Shampoos oder Reinigungsmitteln und können sowohl pflanzlichen als auch synthetischen Ursprung haben.

Säure: Säuren stehen uns im Alltag in verschiedener Form zur Verfügung. So können Säuren sehr harmlos und sogar essbar sein (z. B. Fruchtsäuren), aber auch extrem gefährlich. Der pH-Wert von Säuren liegt zwischen 6,9 und 0. Er gibt keine Auskunft über die Aggressivität einer Säure, sondern ist abhängig von der Verdünnung. Je mehr Wasser einer Säure zugefügt wird, umso höher wird der pH-Wert.

Tauchversuch in verschiedenen Milieus

Bislang wurde erläutert, dass Wolle zum Filzen nass werden muss, um aufzuquellen, und andererseits, dass die Wolle wasserabweisend ist und nur Wasserdampf diese Barriere zu durchbrechen vermag. Folglich wäre reines Wasser, das sich als **Wasserdampf** in der Faser einlagert, zum Filzen völlig ausreichend. Tatsächlich lässt sich das bei der Herstellung traditioneller Filzteppiche in Usbekistan oder Kirgistan auch genau so beobachten. Es wäre bei der Größe der Objekte schwer möglich, diese mit viel Wasser und womöglich Seife zu nässen und dann zu filzen: Die Teppiche würden wahnsinnig schwer, was die Bearbeitung erschweren würde. Zudem steht Wasser in diesen Gegenden nicht im Überfluss zur Verfügung, weshalb sich das anschließende Auswaschen noch schwieriger gestalten würde. Allerdings hat diese Methode einen entscheidenden Nachteil: Das Filzen dauert deutlich länger.

WANN QUILLT WOLLE?

Welche Maßnahmen geeignet sind, um die Wolle zum Quellen zu bringen, zeigt dieser Versuch. **Gewaschene, fettfreie Wolle** wird auf die Oberfläche verschieden temperierten Wassers gelegt. Ergebnis: Bei klarem Leitungswasser oder Regenwasser schwimmt die Wolle bei **Zimmertemperatur** oben. Sie wird nicht nass. Dies ändert sich, wenn Wolle in heißes Wasser gelegt wird. Bei einer **Temperatur von ca. 70 °C** geht die Wolle sofort unter. Das hat einerseits damit zu tun, dass die Oberflächenspannung des Wassers bei zunehmender Temperatur sinkt, andererseits, dass sich die Oberflächenschuppen der Wolle bei zunehmender Temperatur mehr aufstellen und das Wasser in die tieferen Schichten der Wolle vordringen kann: Die Wolle wird nass und sinkt.

Die gleiche Beobachtung lässt sich beim **Vergleich von reinem Wasser mit Seifenwasser** machen: Die Wolle geht im Seifenwasser unter und wird nass. Auch hier gilt, je wärmer das Seifenwasser, desto schneller versinkt die Wolle, und auch hier sind zwei Eigenschaften dafür verantwortlich. Die Seife reduziert die Oberflächenspannung des Wassers, und die Wolle gibt ihre hydrophobe Eigenschaft auf und quillt. Es ist allerdings eine erhebliche Konzentration an Seife erforderlich, um die Wolle spontan sinken zu lassen.

Der **Vergleich von Regenwasser und Leitungswasser mit Seife** zeigt außerdem, dass im Leitungswasser mehr Seife notwendig ist, um die Wolle versinken zu lassen. Außerdem sieht das Leitungswasser anders aus.

Im Versuch ist zu erkennen, dass die Seifenlauge, die mithilfe von Regenwasser hergestellt wurde, deutlich klarer erscheint als die mit Leitungswasser. Außerdem ist bei der Regenwasservariante deutliche Schaumbildung zu erkennen.

Beide Versuchsanordnungen haben die gleiche Temperatur und Seifenkonzentration. Einziger wesentlicher Unterschied: Im Leitungswasser befindet sich gelöster Kalk – also Kalziumcarbonat. Die Löslichkeit von Kalziumcarbonat im Wasser ist stark vom pH-Wert abhängig. Durch das Zufügen von Seife zum Wasser steigt der pH-Wert stark an, der Kalk fällt aus und verbindet sich sofort mit den Fettsäuren der Seife. Es bildet sich die sogenannte Kalkseife, ein grauer, schmieriger Stoff, der nur schwer löslich ist. Diese Reaktion hat also Seife „verbraucht", deshalb sind trotz gleich großer Anfangskonzentration weniger Seifenmoleküle im Wasser gelöst, und deshalb ist auch eine geringere Schaumbildung zu beobachten. Bis also das Wasser so weit mit Seife angereichert ist, dass die Wolle versinkt, ist deutlich mehr Seife notwendig. Das Ausfallen der Kalkseife wird durch hohe Temperaturen noch begünstigt. Je höher also die Temperatur des Filzwassers ist, desto mehr Kalkseife fällt aus. Bei kochendem Seifenwasser führt diese dann zu größeren weißen Flocken, die an der Oberfläche schwimmen und sich nicht wieder auflösen.

Interessant wird jetzt die Reaktion der Wolle auf **Lauge und Säure**, wenn die Oberflächenspannung des Wassers nicht herabgesetzt ist, also keine Tenside oder Seifen im Wasser sind. Im Versuch wird der pH-Wert mithilfe von Zitronensäure auf einen Wert von 1,5 heruntergesetzt und mithilfe von Natronlauge auf 9 erhöht. Der Tauchversuch zeigt keinerlei Unterschied: Die Wolle schwimmt. Auch das zwangsweise Untertauchen der Wolle bringt keinen Erfolg, die Wolle wird nicht nass.

Weiteren Aufschluss bringt dieser Versuch, wenn man dem Wasser außerdem ein **Tensid** zugibt. Dabei zeigen beide Anordnungen gleiches Verhalten: Die Wolle sinkt. Wenn man die Wolle in einen Behälter taucht, in dem nur das Tensid im Wasser ist, passiert dies ebenfalls. Mit diesem Versuch lässt sich sehr gut zeigen, dass der Zusatz einer waschaktiven Substanz, die die Oberflächenspannung des Wassers herabsetzt, auf jeden Fall dazu führt, dass die Wolle ihre hydrophobe Eigenschaft aufgibt und quillt. Die Erklärung liegt hier aber nicht in der Tatsache, dass das Wasser die wasserabweisende Schicht der Kutikula überwindet, sondern daran, dass das Wasser, das jetzt quasi dünnflüssiger ist, in die Zwischenräume der einzelnen Schuppenzellen eindringen kann. Man spricht hier von interzellarer Diffusion. Das Wasser dringt direkt in die unteren Faserschichten vor und bewirkt das Aufquellen der Schuppenzellen als Folge der Quellung des Faserstammes.
Abschließend lässt sich also feststellen, dass zwar faserchemisch sowohl stark alkalische als auch stark saure Flüssigkeiten das Quellen der Faser begünstigen, auf diese Weise ist dies aber weder nachweisbar noch ist es für die Herstellung handgefertigter Walkfilze relevant, weil dieser Einfluss sehr langsam Wirkung zeigt und sehr gering ausfällt.
Fazit: Für die praktische Anwendung ist die Reduzierung der Oberflächenspannung des Wassers entscheidend. Durch Zugabe von Seife oder Tensiden wird das Wasser quasi flüssiger und kann so zwischen den Schuppenzellen sofort in die unteren Schichten des Faserstammes vordringen. Das eingelagerte Wasser führt dann zum Aufquellen der Faser und zum Aufstellen der Oberflächenschuppen. Demnach ist es auch nicht wichtig, ob Seife oder andere waschaktive Substanzen verwendet werden.

Seife und Tenside als „Schmierstoffe“

Ein angenehmer Nebeneffekt aller waschaktiven Substanzen im Filzwasser ist, dass sie einen schmierigen Film auf der genässten Wolle hinterlassen. Dies lässt nicht nur die Hände leichter über die Wolle gleiten, ohne auf der Oberfläche Fasern zu verschieben, es reduziert auch die Reibung zwischen den einzelnen Fasern, die dann bereitwilliger gegeneinander verschoben werden können und sich so besser verwirren. Allerdings kann das auch zu viel werden. Zu viel Seife oder Waschtensid führt zu extremer Schaumbildung, die wieder als Puffer zwischen den einzelnen Fasern ein Verfilzen verhindert, weil die Fasern keinen Kontakt mehr zueinander haben und sich nicht ineinander verhaken können. Das richtige Maß ist also auch hier wichtig. Eine Filzlauge ist dann richtig dosiert, wenn die Wolle bereitwillig nass wird, sich aber beim Filzprozess nur wenig Schaumbildung zeigt.

In Wasser mit Zitronensäure (pH 1,5; links) und in Wasser mit Natronlauge (pH 9; rechts) geht Wolle bei Zimmertemperatur nicht unter.

Gibt man ein Tensid in die saure Lösung (links), in normales Wasser (Mitte) oder in die basische Lösung (rechts) geht die Wolle sofort unter.

ZEIT – EIN WICHTIGER FAKTOR

Wichtig für das physikalische Verständnis des Filzprozesses ist noch, dass all die oben beschriebenen Vorgänge einer Hysterese unterliegen, also verzögert ablaufen. Wenn man beobachtet, dass Wolle ab einer Temperatur von 70 °C im Wasser versinkt, dann hat sie die wasserabweisende Eigenschaft nicht schlagartig bei dieser Temperatur aufgegeben. Dieser Prozess lief allmählich ab und überschreitet im vorliegenden Versuch bei dieser Temperatur eine kritische Schwelle. Auch beim Abkühlen wird die Wolle nicht plötzlich bei 69 °C die Oberfläche verschließen, der Umkehrprozess läuft verzögert ab. Die Faser bleibt also noch eine ganze Zeit offen, obwohl die Temperatur bereits deutlich tiefer ist. Auch bei der Einwirkung anderer Einflüsse ist diese Reaktion zu beobachten. Wenn Seifenwasser auf die Wolle gegeben wird, dann wird diese nass, trotzdem wird sie nicht sofort komplett aufgequollen sein. Es dauert, bis die Faser in ihrer inneren Struktur reagiert hat. Es macht deshalb durchaus manchmal Sinn, Wolle einzuweichen und etwas Zeit verstreichen zu lassen, bis sie die maximale Spreizung der Schuppen erreicht hat. Umgekehrt bewirkt auch das Auswaschen der Seifenlauge und das Neutralisieren kein schlagartiges, vollkommenes Verschließen der Faseroberfläche. Deshalb sind letzte Filzprozesse auch nach dem Auswaschen bei noch feuchter Wolle möglich.

DER FILZPROZESS

Im vorigen Kapitel wurde verdeutlicht, welche Voraussetzungen erfüllt sein müssen, damit Wolle filzen kann. Nun bleiben noch der eigentliche Filzprozess und die Einflussfaktoren, die ihn ermöglichen oder begünstigen.

Grundsätzlich gilt: Ohne Bewegung kein Verfilzen. Wolle in egal welcher Form wird nicht von selbst verfilzen, auch wenn es sich um filzfähige Fasern handelt und selbst wenn diese gequollen sind. Erst die Bewegung macht daraus Filz. Dabei können ganz unterschiedliche Methoden zum Verfilzen führen.

FILZ AM SCHAF

Der natürlichste Filz findet sich jedes Frühjahr bei der Schur der Schafe. Die Wolle ist manchmal bereits direkt am Schaf verfilzt, scheinbar ohne jedes Zutun. Diese Beobachtung ist aber natürlich nicht richtig, es musste sehr viel passieren, bis die Wolle am Schaf verfilzte. Schafe, die noch zum Teil zu einem natürlichen Fellwechsel neigen, verlieren im Frühjahr bei der ersten Hitzewelle Teile der Wolle. Vor allem die dichte Unterwolle fällt aus, kann aber wegen der Langhaare nicht vom Tier abfallen. Die einzelnen losen Fasern der Unterwolle schweben jetzt also inmitten des Vlieses. Bei Regen und Nebel, aber auch durch die Feuchtigkeitsabgabe der Schafe, quellen diese Fasern und werden filzfähig. Allein durch die Bewegung der Schafe werden diese Fasern sich jetzt im Vlies bewegen und nach und nach verknoten und verfilzen. Vor allem bei mischwolligen Schafen können so sehr feste Filze entstehen.

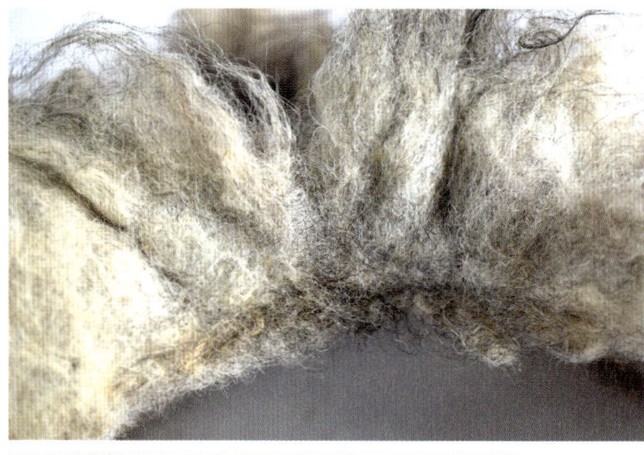

Vliesteil eines Steinschafes, geschnitten, deutlich zu erkennen die Verfilzung im Schnittbereich.

Vlies einer Skudde, das nach Lagerung im Vakuumbeutel allein durch den Wechsel von Quellen und Schrumpfen zu einem Ballen verfilzt ist.

FILZ BEIM LAGERN

Außerdem kann falsche Lagerung von Wolle zum Verfilzen führen. Wolle sollte locker und gut durchlüftet gelagert werden. Sowohl die Wolle als auch die Luft haben immer eine Restfeuchtigkeit, deren Sättigungsgrad sich mit der Temperatur verändert. Wenn Luft kalt wird, sinkt ihre Fähigkeit, Wasserdampf aufzunehmen, die Luftfeuchtigkeit steigt. Die Wolle wird diese quasi frei werdende Feuchtigkeit aufnehmen und quellen. Dabei stellen sich minimal die Oberflächenschuppen auf, die Faser wird krauser und minimal dicker. Bei umgekehrtem Prozess, also wenn die Temperaturen wieder steigen, wird die Wolle diese Feuchtigkeit wieder an die Luft abgeben, die Kräuselung wird wieder flacher, die Faser streckt sich. Temperaturschwankungen haben also ganz konkret eine Bewegung der Fasern zur Folge. Auch wenn es sich dabei um mikroskopisch kleine Bewegungen handelt, so kann es über einen längeren Zeitraum durchaus zum Verfilzen der Wolle kommen, wenn sie sehr dicht gelagert wird. Ein typisches Beispiel sind hier Vakuumsäcke, die im Freien bei hohen Temperaturschwankungen gelagert werden.

BEWUSSTES FILZEN

Bei der Herstellung von Filz werden die Bewegungen auf sehr unterschiedliche Weise bewusst herbeigeführt. Dabei ist sowohl die Größe der Bewegungen als auch die eingesetzte Kraft proportional zur Verdichtung der Fasern. Zu Beginn eines Filzprozesses liegen die Fasern zwar in loser Verwirrung übereinander, sie haben aber noch kaum Kontakt zueinander. Je nach Arbeitsweise findet der Kontakt bereits durch vollkommene Durchnässung der Fasern statt oder durch mechanischen Druck. Wird die Wolle vor dem Filzen vollkommen durchnässt, fällt sie in sich zusammen, sodass die Fasern dicht an dicht liegen.
Bei einsetzender Bewegung werden sich diese zügiger verfilzen, weil bereits wenig Zwischenraum zwischen den Fasern besteht. Wird die Wolle vor dem Verfilzen ausschließlich befeuchtet, sodass sie noch als lockerer Wollstapel erscheint, bedarf es hohen mechanischen Drucks, um den Kontakt herzustellen. In diesem Fall wird die Fläche meist zusammengerollt und durch Rollen verfilzt. Entscheidender Vorteil ist hier vor allem das deutlich geringere Gewicht des zu filzenden Objekts.
Gerade bei großen Filzflächen wie Teppichen oder Zeltbahnen wäre eine Bearbeitung eines vollkommen durchnässten Filzes unmöglich.

Der Vorfilz

Sobald sich die Fasern nicht mehr aus dem Filz herausziehen lassen, wird das entstandene Vlies Vorfilz genannt. Noch hat das Gewirk keine dauerhafte Haltbarkeit und keine ausreichende Festigkeit, die Fasern haben sich aber stellenweise und vor allem an der Oberfläche so weit verfilzt, dass keine vollständige Umkehr des Prozesses mehr möglich ist, ohne zumindest einzelne Fasern zu zerreißen. Die Wolle erscheint nicht mehr als lockere Ansammlung einzelner Fasern, sondern als zusammenhängendes Textil, das auch als solches bewegt und vorsichtig bearbeitet werden kann. Vorfilze dienen häufig als Ausgangsmaterial für gemusterte Filzobjekte. Daraus können aufwendige Muster und Ornamente geschnitten und weiterverarbeitet werden.

Das Walken

Wird der Vorfilz weiter bearbeitet, so wird zunehmend mehr Kraft erforderlich, um die Wollstruktur zu bewegen. Je dichter die Fasern zueinander liegen, desto langsamer schreitet der Prozess fort und desto schwieriger wird es, den Filz weiter zu verdichten. Dieser Vorgang wird beim handgefertigten Filz als „Walken" bezeichnet. Während dieses Prozesses schieben sich die Fasern immer weiter ineinander und verknoten sich zunehmend. Wie genau sich die Fasern in der Wollmenge bewegen, lässt sich aber nicht vorhersagen. Die Bewegung erfolgt zwar immer in Faserrichtung, allerdings lässt sich kaum beeinflussen, wie sich die Spitze der Faser im Filz verhält, und diese entscheidet letztlich, wohin die Faser wandern wird. Die Art, wie ein Filz gewalkt wird, kann aber darauf Einfluss nehmen, welche Fasern (abhängig von ihrer Lagerichtung) sich bewegen. Damit werden Form und Beschaffenheit eines Filzes beeinflusst. Wird ein Filz durch Kneten oder Werfen verdichtet, so wird der Kraftimpuls alle Fasern gleichermaßen erfassen. Die Verwirrung der Fasern wird eher dreidimensional erfolgen, der Filz wird in der Dicke zunehmen und erscheint in der flächigen Ausdehnung kleiner (größere Schrumpfung). Dabei entsteht oftmals eine unebene Oberfläche. Wird hingegen ein Filz ausschließlich durch Rei-

Traditionelle Filzteppichherstellung

ben und Rollen verdichtet, so verschieben sich die Fasern eher parallel zueinander, der Filz nimmt in der Dicke weniger zu, die Oberfläche wird ebener. Der Filz erscheint in der Fläche größer, schrumpft also flächig nicht so sehr. Letztendlich werden sich trotzdem viele Fasern über mehrere Ebenen bewegen und zur Durchmischung der einzelnen Lagen führen. Dies wird vor allem bei verschiedenfarbigen Lagen deutlich.
Je nach verwendeter Wolle und gearbeitetem Objekt kann Wolle ausgefilzt sein, eine weitere Verdichtung also unmöglich werden. Würde ein solcher Filz mithilfe von viel Hitze und Kraft weiter bearbeitet, so würden die Wollfasern im Filz zerreißen, die Wolle und damit auch der Filz würden zerstört. Bei handgefertigtem Filz ist dies jedoch kaum möglich.

Störfaktoren

Zu beachten ist beim Filzprozess das Verhalten verschiedener „Störfasern". Während filzende Wollfasern sich aktiv am Filzprozess beteiligen und miteinander verfilzen, befinden sich in der Wolle auch Haare, die nicht am Prozess beteiligt sind. Die meist langen Grannenhaare filzen üblicherweise nicht, sie schwimmen also nur mehr oder weniger störend in der Wollmenge mit. Bei geringem Grannenanteil werden diese einfach zwischen den Filzteilen verwirrt und liegen am Ende wellig zwischen den einzelnen Lagen und Fasern eingezwängt im Filz. Je größer der Anteil der Grannen allerdings wird, umso mehr können sie den Filzprozess stören. Das kann dazu führen, dass kein fester Filz mehr entstehen kann, weil der Anteil der filzenden Fasern zu gering wird, diese sich also nicht mehr zu einer zusammenhängenden Fläche verbinden können. Bei solchen Wollsorten mit hohem Anteil an Grannenhaaren ist es ratsam, die Unterwolle vorher von den Grannen zu trennen, um die übrig gebliebene Unterwolle zum Filzen zu verwenden. Das ist für größere Arbeiten unrentabel und wird deshalb auch nur versuchsweise oder in Ausnahmen für kleinere Objekte gemacht.
Ganz anders hingegen verhalten sich die Kurz- und Stichelhaare. Sie sind, wie der Name schon sagt, sehr kurz und meist extrem steif. Sie bleiben auch beim Befeuchten der Wolle steif, was dazu führt, dass sie auch im Filz gerade stehen bleiben. Sie stehen dann entweder ab und machen den Filz haarig oder filzen sogar durch, fallen also bereits beim Filzen aus dem Filz heraus. Diese Eigenschaft macht Kurzhaare beim Filzen extrem unangenehm. Einerseits weil sie die Arbeit behindern und andererseits, weil der Filz in fertigem Zustand sehr unangenehm stupft. Die Kurzhaare können zwar abrasiert oder abgeflammt werden, es werden sich beim Verwenden aber immer wieder einzelne Haare aus dem Filz herausarbeiten, die dann wieder stören. Viele Kurzhaare in der Wolle machen eine Wolle deshalb zwar nicht unfilzbar, aber sie machen den Filz haptisch unangenehm.

SCHRUMPFUNG

Grundsätzlich muss festgestellt werden, dass die Wolle beim Filzen nicht schrumpft. Die Wollfasern werden weder kleiner, noch weniger. Trotzdem kann aber beobachtet werden, dass ein Objekt, das in einer bestimmten Größe ausgelegt wird, nach dem Filzen deutlich kleiner geworden ist. Tatsächlich passiert Folgendes: Lose aufeinandergelegte Wollfasern bilden einen unverbundenen Stapel, in dessen Zwischenräume sehr viel Luft eingeschlossen ist. Wird die Wolle genässt, fällt sie buchstäblich in sich zusammen. Das Gewicht der nassen Wolle verdrängt die eingeschlossene Luft, die Fasern liegen deutlich dichter beieinander, der Wollstapel wirkt dünner. Gleichzeitig strecken sich die Fasern in die Länge, sie verlieren vorübergehend ihre natürliche Kräuselung und liegen flach. Das bewirkt bei einer ausgelegten Fläche, dass sie im ersten Moment größer wird: Man beobachtet Falten und Verwerfungen.
Beim Filzprozess, durch Reiben, Kneten oder Rollen, schieben sich nun die einzelnen Fasern ineinander, verknoten und verwinden sich, sodass der lose Verbund sich verdichtet und verfestigt. Dabei verkleinert sich die sichtbare Wollfläche, sie wird kleiner, sie schrumpft. Allerdings kann gleichzeitig beobachtet werden, dass der Filz dicker wird. Die Verknotung findet im dreidimensionalen Raum statt. Wenn man ein einzelnes Haar nachvollziehen könnte, so könnte man eine wellenförmige Einlagerung des Haares erkennen: Es liegt nicht mehr flach im Filz.

Absolute und relative Schrumpfung

Der Unterschied zwischen Ausgangsmaß und Endmaß wird als Schrumpfung bezeichnet. Mathematisch korrekt müsste zwischen der absoluten Schrumpfung und der relativen Schrumpfung unterschieden werden. Dabei gibt die absolute Schrumpfung einen Wert in cm an, die ein Objekt in eine Richtung während des Filzens geschrumpft ist. Zum Beispiel Ausgangsmaß 20 cm, Endmaß 12 cm, dann ist in diesem Fall die absolute Schrumpfung 8 cm. Dieser Wert gilt aber nur für diesen Fall und dieses Objekt und kann nicht auf andere übertragen werden.
Mithilfe von Arbeitsproben und der absoluten Schrumpfung wird die relative Schrumpfung berechnet, die dann als Schrumpfungsfaktor angegeben wird.
Wie groß die Schrumpfung ausfällt, hängt von verschiedenen Einflussfaktoren ab und muss individuell ermittelt werden.

Was das Schrumpfen beeinflusst

Wollsorte: Jede Wollrasse oder -sorte bildet einen ganz individuellen Filz. Manche neigen zu sehr offenen, lockeren Filzen, andere wiederum verfilzen zu stabilen, sehr dichten Filzen. Grundsätzlich gilt hier: Je dichter der fertige Filz, desto größer die anzunehmende Schrumpfung.
Faserlänge: Bei gleicher Wollrasse und Feinheit der Wolle lässt sich beobachten: Je länger die einzelnen Fasern sind, desto größer die Schrumpfung.
Filzdicke: Je dünner die Wolle ausgelegt wird, desto mehr wird der Filz schrumpfen. Extrem dünn ausgelegte Filze schrumpfen bis zu einem Schrumpfungsfaktor von 3, während ein sehr dicker Filz oft schon bei einem Schrumpfungsfaktor von 1,5 ausgefilzt ist.
Auslegeart und Bearbeitungsweise: Sie spielen eine weitere Rolle, was in Kapitel Auslegen und Walken näher erläutert wird.

Die Schrumpfprobe

Die genannten Faktoren verdeutlichen, dass die Schrumpfung nur experimentell ermittelt werden kann. Dazu wird eine sogenannte Schrumpfprobe erstellt. Es wird in definierter Größe und gewünschter Dicke Wolle ausgelegt und fertig gefilzt. Aus den Anfangs- und Endmaßen berechnet sich dann die Schrumpfung. Eine genaue Anleitung zur Erstellung einer Schrumpfprobe siehe Kapitel „Handfilz: die Grundformen" (Seite 337).
Über die Berechnung der Schrumpfung entbrennt regelmäßig eine Diskussion, weil die mathematische Vorgehensweise dazu variabel ist.
Deshalb sollten hier erst ein paar mathematische Zusammenhänge geklärt werden.
Die Schrumpfung ist proportional, das ist eine wichtige Voraussetzung, damit sie überhaupt berechnet werden kann. Ein Objekt gleicher Wolle und gleicher Dicke wird also in einer Größe von 20 cm zwar in absoluten Zahlen gemessen weniger schrumpfen als ein Objekt mit 100 cm Größe. Das Verhältnis wird aber proportional gleich sein. Wenn die Probe mit 20 cm um 10 Prozent kleiner

Vergleich ausgelegte Größe und fertiger Filz eines Hohlkörpers

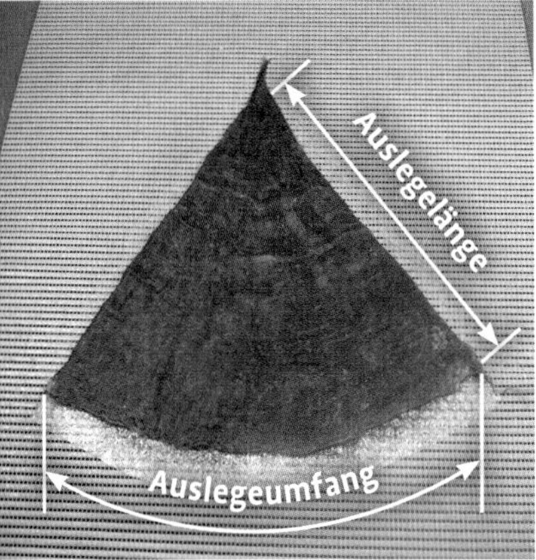

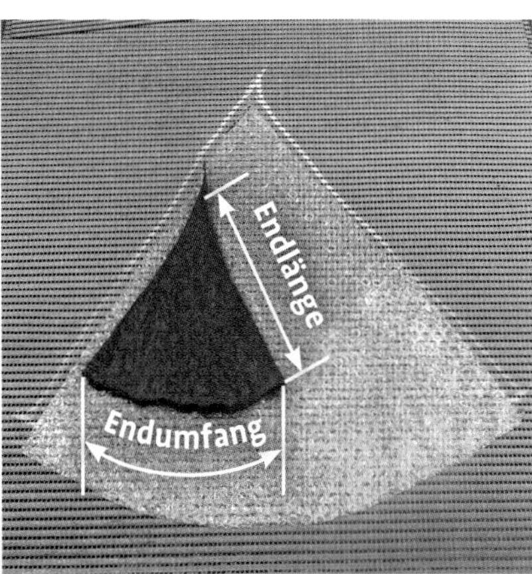

wird, am Ende also 18 cm groß ist, dann wird die Probe mit 100 cm ebenfalls 10 Prozent kleiner werden und eine Endgröße von 90 cm aufweisen. Schon hier wird deutlich, dass solche Prozesse gern in Prozent angegeben und berechnet werden. Ausgangsmaß ist immer das Maß des fertigen Objektes. Das wird vor allem dann klar, wenn Kleidung gefertigt wird. Da müssen immer die Maße des fertigen Objektes der Richtwert sein und der Berechnung zugrunde liegen.
Die Auslegemaße für den Filz sind dann also um X Prozent größer, als der fertige Filz am Ende sein muss. Im Extremfall kann dies aber mehr als doppelt so groß sein, und das verwirrt viele Menschen. Ein Berechnungsbeispiel kann das verdeutlichen.

Berechnung eines Filzprojekts

Eine Filzprobe für einen dünnen Schal hat ergeben, dass von 20 cm ausgelegter Wolle noch 9 cm Filz übrig geblieben sind.
Der fertige Schal soll 180 cm lang werden.

Auslegemaß Probe: LA = 20 cm

Endmaß Probe: LE = 9 cm

Sollmaß Schal: L = 180 cm

Mit dem Dreisatz lässt sich nun berechnen, dass man für 9 cm Filz 20 cm auslegen müsste, für 1 cm wären das dann 20 cm ÷ 9 cm, für 180 cm dann 20 ÷ 9 × 180 cm also 400 cm. Ein Schal mit einer Länge von 180 cm muss also auf eine Länge von 400 cm ausgelegt werden.

$$20\text{ cm} \rightarrow 9\text{ cm}$$

$$1\text{ cm} \rightarrow \frac{20\text{ cm}}{9\text{ cm}}$$

$$\text{Auslegemaß Schal} = \frac{LA}{LE} \times L = \frac{20}{9} \times 180 = 400\text{ cm}$$

Umgerechnet in Prozent heißt das:
180 cm Schal entspricht 100 Prozent, weil nur vom fertigen Maß ausgegangen werden kann.

$$180\text{ cm} \rightarrow 100\ \%$$

$$400\text{ cm} \rightarrow \frac{100}{180} \times 400 = 222\ \%$$

Der Filz ist also um 122 Prozent geschrumpft.

Dass der Filz über 100 Prozent schrumpft (im Beispiel um 122 Prozent), verwirrt viele Menschen, weil Werte über 100 Prozent in unserer Vorstellungswelt nicht vorkommen. Obwohl das bei der Berechnung von Steuern durchaus normal ist. So werden tagtäglich Waren mit einem Verkaufspreis von 119 Prozent gekauft, weil der Preis eigentlich 100 Prozent beträgt und 19 Prozent Mehrwertsteuer dazugerechnet werden. Trotzdem hat sich diese Berechnung nicht durchgesetzt und wurde durch den sogenannten Schrumpfungsfaktor ersetzt. Dieser hat zwar im Prinzip dasselbe Problem, es ist aber offenbar leichter vorstellbar. Dann ergibt sich für obiges Beispiel der folgende Faktor:

$$SF = \frac{20\text{ cm}}{9\text{ cm}} = 2{,}2$$

Der Schrumpfungsfaktor hat keine Maßeinheit, da es sich um einen reinen Multiplikator handelt. Mit diesem Multiplikator kann dann jedes beliebige Endmaß multipliziert werden, um das Auslegemaß zu ermitteln.
Bei Hohlkörperobjekten, die über eine Schablone gefilzt werden, verlaufen die Berechnungen identisch, zu berücksichtigen sind nur immer die Umfänge und nicht die Flächenmaße.

Berechnung Schrumpfungsfaktor

$$\frac{\text{Auslegemaß}}{\text{Endmaß}} = \text{Schrumpfungsfaktor}$$

Berechnung Auslegemaß

Auslegemaß = Endmaß × Schrumpfungsfaktor

EIGENSCHAFTEN VON FILZ

Dank der besonderen Eigenschaften von Filz ist er vielseitig einsetzbar: Für wetterfeste Kleidung, als Lärmschutz, gar als Polierscheiben. Die Eigenschaften eines Filzes leiten sich hauptsächlich vom Material ab.

In erster Linie hat Filz die Eigenschaften der verwendeten Wolle, die ausführlich im Kapitel „Wollkunde" (ab Seite 18) beschrieben sind. Darüber hinaus hat Filz sehr spezifische Eigenschaften, die über die der Wolle hinausgehen.

VERHALTEN GEGENÜBER FEUCHTIGKEIT UND WASSER

Filz zeigt, wie die Wolle, ein sehr vielschichtiges Verhalten gegenüber Feuchtigkeit und Wasser. Diese zwei Begriffe sind deshalb separat zu behandeln, weil sich die Wolle bei den beiden Aggregatzuständen von Wasser unterschiedlich verhält. Wolle ist extrem wasserabweisend. Regenwasser und Leitungswasser perlen von der Wolle ab, der Filz wird also nicht nass. Aus diesem Grunde eignet sich Filz hervorragend für wetterfeste Kleidung, Hüte und sogar für Straßenschuhe, eine Imprägnierung ist nicht notwendig. Dabei hält der Filz den Regen umso länger ab, je dichter er gefilzt ist. Ganz anders verhalten sich Wolle und Filz gegenüber der Luftfeuchtigkeit. Wolle nimmt über die Oberfläche Wasserdampf auf und lagert sie in den unteren Faserschichten ein. Die Wollfaser quillt dabei minimal auf, wird dicker und etwas länger, damit wird der Filz dichter.

Das Aufquellen der Faser hat dann wiederum zur Folge, dass der Filz noch widerstandsfähiger gegen flüssiges Wasser wird. Beim Einlagern von Wasserdampf wird außdem Wärme freigesetzt, der Filz heizt sich also auf. Trotzdem wird man in feuchtem oder gar nassem Filz oder anderer Wollkleidung nicht so leicht frieren, denn die Wolle gibt die eingelagerte Feuchtigkeit nicht wieder so schnell ab, es entsteht also keine Verdunstungskälte. Dafür ist wiederum die Oberflächenstruktur der Wolle verantwortlich. Da durch die oberste Keratinschicht der Oberflächenschuppen nur Wasserdampf entweichen kann, kann die Wolle die Feuchtigkeit auch nur wieder abgeben, wenn die umgebende Luft nicht gesättigt ist, also noch Wasserdampf aufnehmen kann. Dazu muss die umgebende Luft entweder deutlich wärmer werden oder deutlich trockener. Dann allerdings gibt die Wolle die Feuchtigkeit wieder ab. Dabei handelt es ich um

Eine kleine Menge gefärbtes Leitungswasser auf der Oberfläche eines Filzstückes. Der Tropfen perlt ab, der Filz wird nicht nass.

eine endotherme Reaktion, es wird also Wärme verbraucht, der Filz wird kühler. Damit lassen sich dann hervorragend Flaschenkühler herstellen, die die Verdunstungswärme nutzen, um die in der Flasche befindlichen Getränke zu kühlen.

ISOLATION GEGENÜBER WÄRME UND SCHALL

Die wärmeisolierende Eigenschaft des Filzes ist auf die im Filz eingeschlossene Luft zurückzuführen und deshalb stark abhängig von der Dicke des Materials. Je dicker der Filz, umso stärker die Wärmeisolation. Im Bekleidungssektor hat der Filz vor anderen Wolltextilien den entscheidenden Vorteil, dass das Gewirk deutlich dichter ist und deshalb nicht so schnell von Wind durchdrungen wird. Dadurch fühlen sich Kleidungsstücke aus Filz häufig wärmer an als z. B. gestrickte.
Wie alle porösen Stoffe, hat Filz außerdem eine hervorragende Isolationsfähigkeit gegen Schall. Dabei gilt, dass eine Schallwelle, die auf eine poröse oder weiche Oberfläche trifft, von dem porösen Material absorbiert wird. Wie stark der Filz den Schall dabei dämpft, hängt von der Dicke und Dichte des Filzes und der Frequenz des Schalls ab. Filze und Filzobjekte lassen sich deshalb auch als Lärmschutzobjekte oder als Trittschalldämmung in geschlossenen Räumen einsetzen. Diverse dreidimensionale Aufbauten können den Effekt noch verstärken; so lassen sich ästhetisch sehr ansprechende Lärmschutzobjekte aus Filz herstellen.

DRUCK- UND ZUGFESTIGKEIT (REISSFESTIGKEIT)

Unter Druck- und Zugfestigkeit versteht man den Kraftaufwand, der einen Stoff zum Zerreißen oder Zerstören durch Druck bringt. Druckfestigkeit ist schon bei starren Elementen extrem schwer festzustellen, weil die Zerstörung durch Druck mit dem bloßen Auge oft nicht sichtbar ist. Da der Filz immer in geringem Maße druckelastisch ist, nimmt er Druckbelastungen auf und dämmt diese durch seine Elastizität. Eine Zerstörung des Filzes durch Druck wird im Alltag nur durch punktuelle Druckbelastung zu beobachten sein.

Eine allgemeingültige Aussage über die Reißfestigkeit von Filz lässt sich in Zahlenwerten nicht treffen. Grundsätzlich sind auch diese Eigenschaften von der verwendeten Wolle und der Dicke des Filzes abhängig. Wichtig ist, dass der Filz im Vergleich zu anderen textilen Flächenwerkstoffen in alle Richtungen die gleiche Reißfestigkeit aufweist, da angenommen werden kann, dass in jede Richtung ungefähr gleich viele Fasern angeordnet sind. Die ungeordnete Struktur hat außerdem den Vorteil, dass Zugbelastungen durch quer und längs vorliegende Fasern abgelenkt werden, was die Zugfestigkeit gegenüber der reinen Wollfaser begünstigt.

KNITTEREIGENSCHAFTEN

Trockener Filz knittert nicht oder nur extrem wenig. Eine Falte in einen Filz zu bekommen, ist kaum möglich; selbst das Bügeleisen scheitert. Das ist vor allem auf die extreme Elastizität der Wollfasern zurückzuführen. Dagegen sind Falten, die in nassem Zustand in den Filz eingearbeitet wurden, nicht oder nur extrem schwer wieder entfernbar. Häufig wird Filz in nassem Zustand in Falten gelegt und so getrocknet. Diese Falten bleiben dann gut erhalten. Wenn allerdings so ein Filz durch hohe Luftfeuchtigkeit feucht wird, führt dies häufig dazu, dass die Falten sich etwas glätten, die Form wird weicher. Die Steifigkeit des Materials hat zur Folge, dass Filz im Vergleich zu anderen flächigen Textilien nicht locker fällt, sondern eher absteht, was bei Kleidung wenig beliebt ist und hohe Anforderungen an den verwendeten Schnitt stellt. Ein deutlich angenehmeres Verhalten zeigt hier der Nunofilz, also eine Mischung aus Gewebe und Filz, der zwar immer noch kaum zum Knittern neigt, aber ein schöneres Fallverhalten aufweist.

ELASTIZITÄT

Elastizität ist die Fähigkeit eines Stoffes, nach Zug- oder Druckbelastung wieder in den Ursprungszustand zurückzukehren. Die Elastizität ist dann überschritten, wenn eine Faser reißt bzw. nicht mehr vollständig in den Ursprungszustand zurückkehrt. Elastizität wird in der Materialkunde

in Prozent angegeben. Alles, was als bleibendes Verziehen wahrgenommen wird, ist also nicht Elastizität. Dabei müssen bei einem Verbundstoff wie dem Filz immer zwei Einflüsse berücksichtig werden: einerseits die Elastizität des Rohstoffs, in diesem Fall der Wollfaser; andererseits die Anordnung der Wollfasern im Filz selbst. Bei Druckbelastung wird dies am deutlichsten. Fasern, die in Wellenstruktur im Filz liegen, werden bei Druck nicht zerquetscht und auch nicht gestaucht, sondern nur flachgedrückt: Die Wellen werden flacher. Die Faser hat ein deutliches Bestreben, wieder in die Ursprungslage zurückzukehren. Auch bei Zugbelastung werden erst die Wellen flach gezogen und nicht die eigentliche Wollfaser. Wie weit sich ein Filz deshalb ziehen oder drücken lässt, hängt vor allem davon ab, wie dicht die einzelnen Fasern miteinander verflochten sind. Deshalb ist Filz grundsätzlich elastisch, die Werte unterscheiden sich aber sehr.
Charakteristisch für Filz ist dabei, dass die Elastizität in allen Richtungen gleich groß ist. Anders als bei Geweben, die immer in diagonaler Richtung elastischer sind als in Faserrichtung, wirkt sich die chaotische Faserstruktur des Filzes also auch auf die Elastizität aus. Egal, in welche Richtung der Filz gezogen wird, es werden immer etwa gleich viele Fasern in diese Richtung verlaufen beziehungsweise eben nicht.

ABRIEBFESTIGKEIT

Filzscheiben werden vielfach als Polierscheiben verwendet und halten das erstaunlich gut aus. Es handelt sich dabei zwar um industriell gefertigte Filze, die extrem dicht sind, trotzdem zeigt dies, dass Filz eine erstaunliche Abriebfestigkeit aufweist. Doch auch beim handgefertigten Filz ist entscheidend, dass der Filz ausgefilzt ist und die Oberfläche gut verdichtet wurde. Aus wenig verfestigten Filzen werden sich bei einer Reibbelastung einzelne Haare herausziehen, die sich dann mit anderen Faserspitzen zu kleinen Knötchen verbinden, dem sogenannten Pilling. Das ist aber auch eine Frage der verwendeten Wolle: Manche Wollrassen lassen sich nicht so fest verdichten, dass man diesen Effekt wirksam vermeiden könnte.

Andererseits lässt sich bei vielen Filzobjekten beobachten, dass sie sich mit der Zeit und bei gleichbleibender Belastung durchrubbeln. Filzschuhe bekommen Löcher, Teppiche werden dünn – das zeigt deutlich, dass Filz nur bedingt abriebfest ist. Vor allem bei punktuell starker Reibbelastung reißen oberflächlich einzelne Fasern, die sich dann aus dem Verbund lösen. Auch werden Wollfasern im Lauf der Zeit vor allem durch Sonneneinstrahlung spröde. Diese Fasern reißen dann noch schneller, was früher oder später zum Auflösen des Filzes führt. Dauerhaft lässt sich Abrieb von Filz also nicht verhindern.

BRENNBARKEIT UND HITZEBESTÄNDIGKEIT

Hitzebeständigkeit und Brennbarkeit des Filzes entsprechen der von Wolle. Filz brennt also nicht und ist bis mindestens 180 °C hitzebeständig. Bei höheren Temperaturen, vor allem bei längerer Einwirkung, wird die Wolle spröde und ist dann nur noch wenig mechanisch belastbar. Filz ist deshalb zwar als Hitzeabschirmung wunderbar geeignet, er sollte aber in heißem Zustand nicht bewegt werden und wird mit der Zeit brüchig.

Was heißt eigentlich „Wolle brennt nicht"?

Fast alle Materialien können verbrennen, man muss sie nur einem ausreichend heißen Feuer aussetzen. Brennen oder brennbar sein bedeutet, dass ein Stoff unter Beisein von Sauerstoff selbstständig weiterbrennt. Wenn man Wolle zu entzünden versucht, dann verkohlt sie zwar an dieser Stelle sofort, die Verbrennung setzt sich aber nicht fort, die Wolle brennt nicht. Die Erklärung liegt in der molekularen Zusammensetzung der Wolle.

DIE PRAXIS DER FILZHERSTELLUNG

Welche Wolle wähle ich für welches Werkstück? Wie bearbeite ich sie weiter? Welche Werkzeuge haben sich bewährt? Dieses Kapitel gibt einen guten Überblick über Materialien und Methoden des Filzens in Handarbeit.

Die Herstellung von Filz ist zwar nicht so alt wie die Menschheit, aber seit vielen Hundert Jahren gängiges Handwerk. Vor allem aber sind Filz und seine Herstellung auch geografisch weit verbreitet und in moderner Zeit neu entdeckt worden. Diese Verbreitung hat zur Folge, dass viele verschiedene Kulturen und Menschen viele verschiedene Verfahren und Hilfsmittel entwickelten, um diesen Werkstoff herzustellen.
Die globalisierte Informationsgesellschaft des 21. Jahrhunderts hat zur Verbreitung zahlreicher Herstellungsmöglichkeiten geführt, weshalb uns heute unzählige Hilfsmittel und Werkzeuge zur Produktion von handgefertigtem Filz zur Verfügung stehen. Manches davon mag ein vorübergehender Trend sein, andere Methoden haben sich lange bewährt und werden laufend weiterentwickelt. Dieses Kapitel soll solche Möglichkeiten aufführen und erläutern, erhebt aber keinen Anspruch auf Vollständigkeit.

AUSWAHL UND VORBEREITUNG DER WOLLE

Nicht nur die Wolle bringt unterschiedliche Eigenschaften mit, unterschiedliche Objekte stellen auch verschiedene Ansprüche an das Ausgangsmaterial. Dabei ist nicht nur die Feinheit der Wolle maßgebend, und es gilt auch nicht der einfache Grundsatz „Je feiner, desto besser". Vielmehr muss ganz genau abgewogen werden, welche Ansprüche an den Filz gestellt werden. Nicht zuletzt sind auch die Kosten ein Entscheidungskriterium, neben idealistischen Argumenten wie Regionalität, Tierschutz und Nachhaltigkeit.
Selbstverständlich werden Kleidungsstücke, die direkt auf der Haut getragen werden, bevorzugt aus sehr feiner Wolle hergestellt, aber schon bei Hausschuhen tritt diese Eigenschaft in den Hintergrund, wärmende Eigenschaften und Haltbarkeit werden wichtiger. Bei Raumtextilien ist unter Umständen die Feinheit und Haptik des Filzes vollkommen zweitrangig, und die Tragfähigkeit und Standfestigkeit sind entscheidend. Außerdem lassen sich aus günstiger heimischer Wolle sehr preisgünstige Filze herstellen, die den Ansprüchen an Sitzunterlagen und Teppichen vollkommen genügen. Andererseits spielt auch die Optik eine wichtige Rolle, und es ist vollkommen unwichtig, wenn die Locken in einem Vorhang oder einem Mantelkragen nicht so fein sind: Sie müssen „nur" schön aussehen.
Bei all dem geht es nicht nur um die Frage, welcher Schafrasse die Wolle entstammt. Wichtig ist auch, wie sie vorbereitet wurde. Wolle kann zwar bereits als Rohwolle verfilzt werden, es wird aber kaum möglich sein, einen sehr dünnen Filz aus Rohwolle zu fertigen, da es sehr schwierig ist, Rohwolle dünn und gleichmäßig auszulegen. Industriell gekämmte Wolle im Vlies ist üblicherweise sehr viel kurzfaseriger als Wolle im Kammzug. Da kurzfaserige Wolle aber einen sehr viel standfesteren Filz ergibt als solche mit längeren Fasern, spielt auch die Kämmart bei der Auswahl eine Rolle.

Die einzelnen Fasertypen und ihr Verhalten im Filz

Bei der Auswahl der geeigneten Wolle und der entsprechenden Schafrasse sind auch die Fasertypen entscheidend, die ein Vlies von Natur aus aufweist. Feinwollige Schafwolle besteht dabei nur aus Wollhaaren, eine Schlichtwolle besteht im Normalfall aus gleichmäßig langen Wollfasern, die nur mit wenigen Kurzhaaren, sogenannten Stichelhaaren, durchsetzt ist. Eine klassische Mischwolle besteht aus Wollhaaren, Stichelhaaren und Grannen. Jeder dieser Fasertypen verhält sich anders und beeinflusst die Art und Beschaffenheit des fertigen Filzes. Welche Schafrasse welche Wollart hervorbringt, wird im Kapitel Schafrassen genau beleuchtet, in der ab Seite 312 aufgeführten Liste findet sich eine kurze Zusammenfassung für den schnellen Überblick.

Wenn die Grannen und die Wollfasern sehr unterschiedlich lang sind, können die Grannen einfach aus dem gesamten Wollstapel gezogen werden, die übrig gebliebene Unterwolle lässt sich dann ohne weitere Störfasern weiterverarbeiten.

Wollfasern

Wollhaare sind die für den Filzprozess bedeutendste Faserart. Es handelt sich dabei üblicherweise um gekräuselte, feine Haare, die filzfähig sind und den Hauptbestandteil des Filzes ausmachen sollten. Schlichtwollige, feinwollige oder merinoartige Vliese bestehen nur oder überwiegend aus Wollhaaren. Bei manchen Wollsorten lässt sich die Unterwolle gut von den anderen Fasertypen teilen, das ist aber extrem aufwendig und nur theoretische eine gute Möglichkeit, Filzwolle ohne Störfasern herzustellen.

Grannen oder Langhaare

Langhaare oder Grannen sind meist sehr lang, häufig auch sehr dick und filzen oft schlecht oder gar nicht. Prominenteste Beispiele für nicht filzende Grannen sind die Heidschnucken und die Islandwolle. Diese Grannen sind dabei so extrem nicht filzend, dass sie noch nicht einmal in einem gefilzten Fell halten, sie werden unweigerlich ausfallen. Andere Grannen filzen wenigstens so weit, dass ein schönes Fell damit gefilzt werden kann, das später die Haare nicht verlieren wird. Es gibt aber durchaus auch Wollen, bei denen sich die Grannen wie Wollfasern verhalten und gut filzen. Bergschafwolle und Zackelschafwolle sind hier die bekanntesten Beispiele. Die Grannen sind

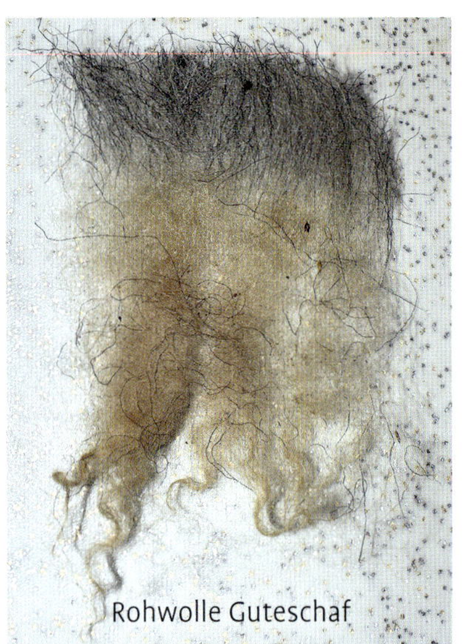

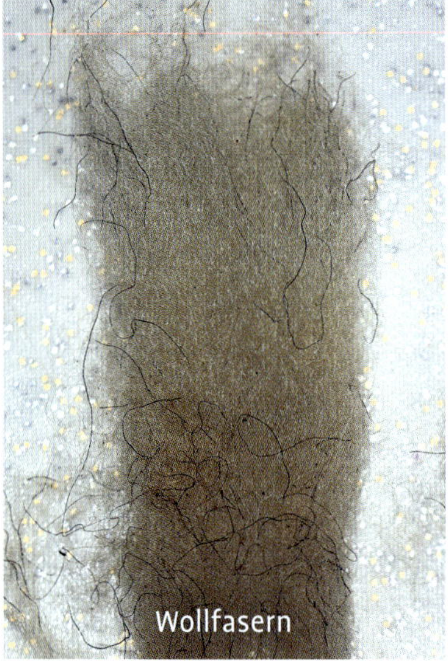

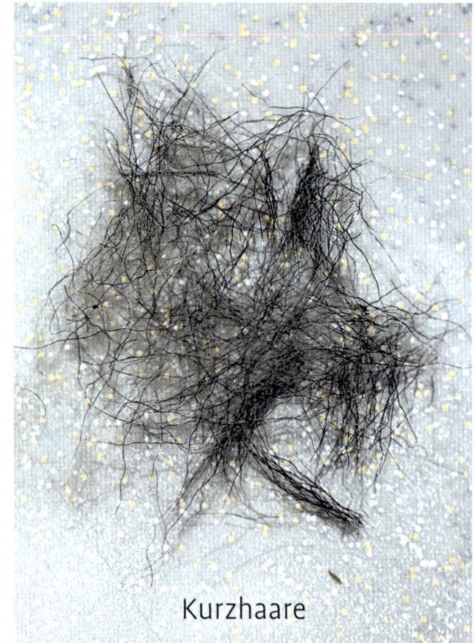

In seltenen Fällen sind die Kurzhaare so deutlich von den Wollfasern zu unterscheiden und können durch Herausziehen entfernt werden.

Grannenfilz |

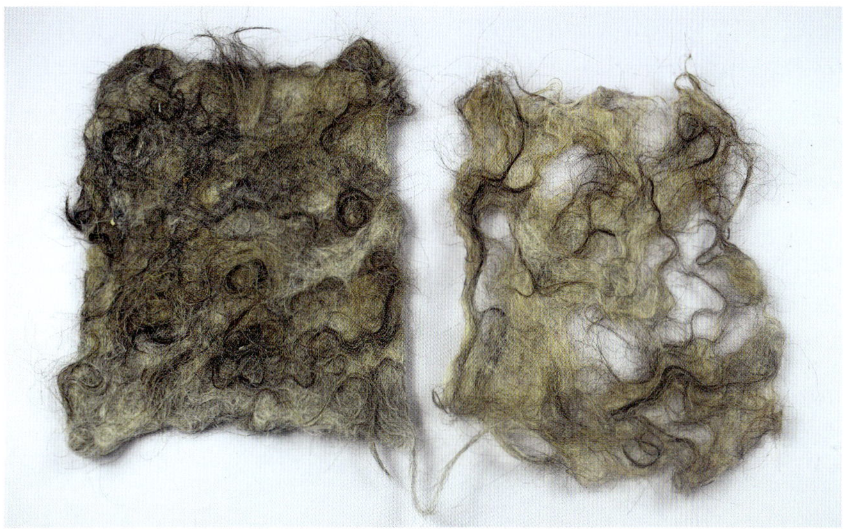

Stichelhaarfilz

lediglich etwas steifer und gerader, also weniger gekräuselt, was im Filz später zu sehen ist und den ganzen Filz etwas offener macht; die Oberfläche wirkt teilweise etwas haarig. Nicht filzende Störfasern wie die Grannenhaare neigen außerdem zu Schlaufenbildung und sind meist nicht sehr fest.

Stichelhaare oder Kurzhaare

Ganz anders verhalten sich die Stichelhaare, auch Kurzhaare genannt. Sie sind nicht zu verwechseln mit kurz geschnittenen Haaren, die bei der Schur entstanden sind. Stichelhaare sind kurze, dicke Markhaare, die eine Länge von 1 bis 3 cm haben und sich oft auch farblich absetzen. Vliese mit vielen Stichelhaaren empfindet man oft als sehr grob, obwohl die eigentliche Wolle gar nicht so grob ist. Kurzhaare filzen nicht, stören aber den Filzprozess selten, weil sie durch ihre geringe Länge beim Auslegen und Anfilzen selten auffallen. Erst beim Walken und beim fertigen Filz treten die Stichelhaare zutage und werden dann oft als sehr lästig empfunden, weil sie sich teilweise aus dem Filz herausarbeiten und dann auf der Arbeitsfläche und den Händen kleben und beim fertigen Filz oft herausstehen und dem Objekt eine eher stachlige Optik verleihen, was sich manchmal auch so anfühlt.

Nachschnitt

Anders als bei den Kurzhaaren handelt es sich beim Nachschnitt nicht um kurz gewachsene, sondern um kurz geschnittene Haare, also letztlich einen Schurfehler. Da dabei alle Fasertypen gleichermaßen abgeschnitten werden, handelt es sich um ein Fasergemisch, dessen Verhalten nicht verallgemeinert werden kann. Trotzdem sollten Nachschnitte, die meist nur wenige Millimeter lang sind, aussortiert werden, da sie den Filzprozess ungünstig beeinflussen können. Wird Wolle zur Vorbereitung gewaschen und gekämmt, so fallen diese Reste ohnehin beim Kämmen aus dem Vlies oder vermischen sich so in der Wolle, dass sie nicht mehr auffallen. Wenn allerdings mit Rohwolle gearbeitet wird, ergeben sich ein paar Probleme. Nicht nur, dass sich die kurzen Haare nicht gut auslegen lassen und zu unregelmäßigem Filz führen, sie fallen auch während des Filzprozesses oder aus dem fertigen Filz aus.

LISTE DER SCHAFRASSEN MIT FASEREIGENSCHAFTEN UND FASERMISCHUNG, DAZU FILZFÄHIGKEIT UND FILZEIGENSCHAFTEN DER WOLLE

Schafrasse	Fasertyp	Filzfähigkeit	Filzeigenschaften
Alpines Steinschaf	misch-/ schlichtwollig	sehr gut	sehr fester Filz
Bentheimer Landschaf	schlichtwollig	sehr gut	fester, strukturierter Filz
Bergschaf Braunes, Schwarzes, Weißes	schlichtwollig	sehr gut	fester Filz
Bluefaced Leicester	langwollig	sehr gut	feiner, strukturierter Filz
Brillenschaf	schlichtwollig	sehr gut	fester Filz
Charollais	kurzwollig	sehr schlecht	kein fester Filz
Coburger Fuchsschaf	schlichtwollig	träge, gut	fester Filz
Deutsches Karakulschaf	mischwollig	sehr gut	sehr fester Filz
Devon Longwool / Cornwall Longwool	langwollig	sehr gut	fester, strukturierter Filz
Drenthe Heideschaf	mischwollig	mäßig	mäßig fester Filz
Finnschaf	schlichtwollig	sehr gut	feiner, fester Filz
Gotländisches Pelzschaf	feinwollig	sehr gut	fester strukturierter Filz
Guteschaf, gehörntes Gotlandschaf	misch-/ schlichtwollig	sehr gut	sehr fester Filz
Heidschnucke	mischwollig	nicht geeignet	kein fester Filz
Herdwick-Schaf	mischwollig	mäßig	kein sehr fester Filz
Islandschaf	mischwollig	mäßig	mäßig fester Filz
Jakobschaf	schlichtwollig	träge, mäßig	mäßig fester Filz
Juraschaf	feinwollig	sehr schlecht	kein fester Filz
Krainer Steinschaf	mischwollig	sehr gut	sehr fester Filz
Leineschaf	schlichtwollig	sehr unterschiedlich	sehr unterschiedlich
Merinofleischschaf	feinwollig	träge, mäßig	kein fester Filz
Merinolandschaf	feinwollig	sehr gut	fester, glatter Filz
Merinolangwollschaf	feinwollig	träge, mäßig	kein fester Filz
Milchschaf	schlichtwollig	nicht geeignet	kein Filz
Moorschnucke, Weiße hornlose Heidschnucke	mischwollig	nicht geeignet	kein fester Filz
Norsk Spælsau	mischwollig	mäßig	kein fester Filz
Ostpreußische Skudde	mischwollig	mäßig	offener Filz
Ouessantschaf	mischwollig	gut	fester Filz

Schafrasse	Fasertyp	Filzfähigkeit	Filzeigenschaften
Rauwolliges Pommersches Landschaf	schlichtwollig	sehr unterschiedlich	sehr unterschiedlich
Rhönschaf	schlichtwollig	sehr unterschiedlich	sehr unterschiedlich
Romanov	mischwollig	sehr gut	sehr fester Filz
Schwarzköpfiges Fleischschaf	kurzwollig	träge mäßig	mäßig fester Filz
Shropshire-Schaf	kurzwollig	nicht geeignet	kein Filz
Soayschaf	kurzwollig	mäßig	mäßig fester Filz
Texel	Crossbreed-wolle	nicht geeignet	kein Filz
Ungarisches Zackelschaf	mischwollig	sehr gut	sehr fester Filz
Walachenschaf	mischwollig	sehr gut	sehr fester Filz
Waldschaf	mischwollig	gut	fester Filz
Walliser Landschaf	mischwollig	sehr gut	sehr fester Filz
Walliser Schwarznasenschaf	misch-/ schlichtwollig	sehr gut	sehr fester Filz
Wensleydale	langwollig	sehr gut	feiner, strukturierter Filz
Zwartbles-Schaf	kurzwollig	gut	fester Filz

Darreichungsformen von Wolle und ihre Verwendung

Entscheidend für die Verwendungsmöglichkeiten der Wolle ist zum einen die Schafrasse, zum anderen aber auch die Vorbereitung der Faser. Während ein sehr dicker Filz durchaus noch aus der ungewaschenen, gezupften Wolle gefertigt werden kann, wird ein dünner Filz aus feiner Wolle nur noch aus gut gewaschener, gekämmter Wolle gelingen. Je feiner die Wolle ist und je dünner der Filz werden soll, desto wichtiger ist die Vorbereitung der Faser. Die einzelnen Vorgehensweisen sind im Kapitel Wollkunde ausführlich beschrieben.
Im Handel wird Wolle in unterschiedlichen Darreichungsformen angeboten, üblicherweise als Vlieswolle, Kammzug oder Bandwolle oder als Kardenband. Das Wollvlies erscheint als flächige Fasermasse, während der Kammzug als dicker Faserstrang zu erkennen ist. Je nach Ausgangsmaterial wird beim Filzen unterschiedlich vorgegangen. Es gibt zwar keine starre Vorgabe, welche Form für welche Arbeiten geeignet oder ungeeignet wäre, aber natürlich gibt es Argumente für die eine oder andere Form, die als Entscheidungshilfe dienen können.

Rohwolle: ungewaschene und ungekämmte Wolle

Ungewaschene Wolle wird üblicherweise für dicke, grobe Filze verwendet, bei denen es nicht entscheidend auf Gleichmäßigkeit ankommt und die Ersparnis der Vorarbeiten einen wesentlichen Vorteil bietet. Das ist vor allem bei sehr großen Wollmengen der Fall, besonders wenn diese von Hand vorbereitet werden müssten. Auch die deutliche Wasserersparnis ist ein entscheidendes Argument. Andererseits wird die Wolle unter Umständen auch nach dem Filzen nicht vollständig sauber sein, oder die Wassermenge zum Säubern der Wolle fällt dann eben beim Filzen an.

Bei der traditionellen Herstellung von Zeltplanen in der Mongolei wird Rohwolle mit nur wenig Wasser verfilzt, die Wolle ist danach aber weder sauber, noch entfettet, was in diesem Fall zwar erwünscht ist, beim Gebrauch in mitteleuropäischen Haushalten aber sicher wenig Anklang fände. Allerdings dürfte die Rohwolle in Ländern wie der Mongolei durch das trockene Klima und die Haltungsbedingungen der Tiere deutlich sauberer sein, als man das in Europa kennt.

Zum Filzen von Filzfellen ist ungewaschene, ungekämmte Wolle unabdingbar. Die Wolle muss noch in ihrer ursprünglichen Lage vorliegen, und die Fasern sollten nicht durch vorheriges Waschen zur Flocke zusammengefallen sein. Beim Filzen von Flächen und groben Hohlkörpern ist es mindestens notwendig, die Rohwolle vor dem Auslegen zu zupfen oder zu kämmen, um sie gleichmäßig auslegen zu können. Auch das Peitschen (siehe unten) kann ausreichen, um die Fasern so weit zu lockern, dass sie gut gehandhabt werden können.

Wolle aus dem Woolpicker, aufgezupfte oder gepeitschte Wolle

Sowohl der Woolpicker als auch das Aufzupfen oder Peitschen von Wolle führen dazu, dass die Wolle in sehr lockeren Flocken vorliegt. Die Wolle hat dabei keine Faserrichtung und hat ihr Volumen vervielfacht. Schon sehr geringe Mengen erscheinen als voluminöser Berg, deshalb lässt sich so extrem aufgelockerte Wolle schlecht lagern und schon gar nicht einpacken, weil sie dann sofort wieder zusammengedrückt wird. Es ist dabei egal, ob sie vorher gewaschen wurde oder nicht.

Beim Zupfen und Pickern fällt viel Schmutz wie Einstreu, Staub und Erde aus der Wolle heraus, sodass sie anschließend deutlich sauberer ist. Das Pickern der Wolle hat darüber hinaus zur Folge, dass einige Fasern zerrissen werden, sie sind also deutlich kürzer, was sich später beim Filzen als sehr positiv herausstellen wird.

Diese Form des Ausgangsmaterials scheint auf den ersten Blick wenig attraktiv, weil der Wollberg schwer zu handhaben ist und auch weniger genau ausgelegt werden kann. Der Vorteil liegt hier aber genau in diesem großen Volumen. Je lockerer die Fasern zueinander liegen, umso größer wird auch der Unterschied der einzelnen Wolllagen, und deshalb fallen schon geringen Dickenunterschiede gut auf. Außerdem lässt sich Wolle, deren Fasern schon so extrem durcheinander liegen, leicht verfilzen, weil ein guter Teil der Verwirrung bereits gegeben ist. In vielen Gebieten Asiens werden Teppiche aus so gelockerter Rohwolle gefertigt. Diese Technik wird später noch einmal aufgegriffen.

Wolle aus dem Woolpicker ist extrem voluminös und hat keinerlei Faserrichtung.

Unterschiedliche Erscheinungsformen der Wolle, die fertig vorbereitet im Handel erhältlich sind. Neben der Darreichungsform Kammzug (links) oder Vlies/Krempelvlies (rechts) sollte noch die Schafrasse angegeben sein. Von links: Wensleydale Kammzug, Merino Kammzug, Bergschaf-Vlies, Merino-Vlies.

Gekämmte Wolle im Vlies oder Krempelvlies
Wolle im Vlies ist zwar eigentlich das frisch geschorene Vlies der Schafwolle, diese Bezeichnung hat sich aber für das Krempelvlies ebenfalls eingebürgert. Beide Bezeichnungen finden sich im Handel gleichermaßen. Wolle im Vlies oder Krempelvlies stellt sich als mehr oder wenig breite Faserfläche dar und kann in einzelne Lagen geteilt werden. Diese Darreichungsform wird gern für dicke und mitteldicke Objekte verwendet. Auch bei großflächigen Objekten hat die flächige Darreichungsform von Wolle entscheidende Vorteile. Im Krempelvlies liegen die Fasern nicht streng in eine Richtung, haben aber trotzdem eine Vorzugsrichtung, die allerdings oft schwer zu erkennen ist. Die Faserlänge der Vlieswolle ist meist deutlich kürzer als bei der Rohwolle oder der Wolle im Band. Ganz besonders bei voluminösen, skulpturalen Formen ist Vlieswolle durch ihre kürzeren Fasern sehr von Vorteil. Entscheidend ist hier aber die Auswahl einer kurzfaserigen Wolle und weniger die Art der Kämmung.

Wolle im Kammzug
Diese Darreichungsform hat üblicherweise die längsten Fasern, und diese liegen streng in eine Richtung. Sie lässt sich sehr viel gleichmäßiger auslegen, und die Schichtdicke lässt sich besser beeinflussen. Die längeren Fasern ergeben einen eher flexiblen, weniger standfesten Filz. Deshalb wird Kammzugwolle vorzugsweise für dünne, geschmeidige Filze eingesetzt. Die eindeutige Faserrichtung macht es möglich, diese genau zu beurteilen und zu beeinflussen und damit auch die spätere Schrumpfung und deren Richtung vorherzusagen. Bei passgenauen Objekten kann deshalb auch die Form und Größe besser geplant und eingehalten werden.
Selbstverständlich spricht nichts dagegen, auch dickwandige, große Objekte aus Kammzug herzustellen, diese Arbeitsweise verlangt aber deutlich mehr Zeit zum Auslegen der Wolle.

DAS AUSLEGEN DER WOLLE

Das Auslegen der Wolle hat ausschließlich zum Ziel, die Wolle in richtiger Menge auf die geplante Fläche auszubringen. Dabei wird sehr unterschiedlich vorgegangen, je nach Ausgangsmaterial. Um einen gleichmäßigen, in alle Richtungen gleich belastbaren Filz zu erhalten, müssen die Fasern nicht nur in der Menge, sondern auch in ihrer Lagerichtung gleichmäßig verteilt sein. Sie dürfen also nicht alle in eine Richtung weisen. Je ungeordneter die Fasern ausgelegt werden, desto leichter verwirren und verknoten sie sich anschließend, was den Filzprozess deutlich vereinfachen kann. Da die einzelnen Fasern immer in Faserrichtung wandern, kann der Filz auch nur in diese Richtung schrumpfen, wenn also mehr Fasern in eine Richtung liegen, dann wird der Filz auch in dieser Richtung mehr schrumpfen. Ein Verziehen des fertigen Objektes wäre also unvermeidbar. Diese Methode wird zwar in Einzelfällen absichtlich angewandt, um die Formgebung zu erleichtern, darauf wird hier aber nicht näher eingegangen. Darüber hinaus kann schon beim Auslegen der Wolle die Beschaffenheit und das Erscheinungsbild der Ränder wesentlich beeinflusst werden.

Auslegen von Rohwolle

Einige Wollsorten können problemlos ohne jegliche Vorbereitung verwendet werden. Dazu gehören vor allem die schlichtwolligen Vliese. Bei ausgeprägter Stapelbildung oder leichter Verfilzung sollte die Wolle aber mindestens aufgezupft werden. Anschließend wird eine Menge Wolle mit der einen Hand festgehalten und mit der anderen daraus ein Bündel Wolle herausgezogen und auf die Arbeitsfläche gelegt. Oder aber man nimmt eine lose Menge Wolle in die eine Hand, hält diese dicht auf die Arbeitsfläche, hält einige Fasern mit der zweiten Hand auf die Arbeitsfläche gedrückt und zieht die restliche Wolle, die mit der ersten Hand festgehalten wird, wieder weg. Die nächste Flocke wird dann so angebracht, dass sie die erste etwas überlappt. So entstehen keine Löcher, und die Fasern können sich gut miteinander verbinden. In beiden Fällen sind die Wollfasern zwar nicht streng fasergerichtet, trotzdem haben sie durch das Herausziehen eine Vorzugsrichtung, die sich später in einer Vorzugsschrumpfrichtung äußern würde. Deshalb sollten bei beiden Methoden mehrere Schichten in unterschiedlichen Richtungen ausgelegt oder die Faserrichtung durch entsprechendes Ablegen der Flocken variiert werden. Diese Technik kann als eine der ursprünglichsten Auslegetechniken bezeichnet werden und wird vielerorts heute noch praktiziert.

Auslegen von Wolle aus dem Woolpicker und von gezupfter oder gepeitschter Wolle

Ganz anders wird beim Auslegen bzw. Ausbreiten von Wolle aus dem Woolpicker oder gezupfter Wolle vorgegangen. Die Wolle liegt in extrem wattiger, luftiger Form vor und wird in großen Flocken möglichst locker vom Haufen abgenommen und auf die Arbeitsunterlage aufgebracht. Eine Art Rechen oder Federbesen aus Weidenruten oder sonstigen Materialien kann hier gute Dienste leisten. Der Trick dabei ist, dass die Wolle beim Handhaben möglichst nicht zusammengedrückt, sondern nur locker verteilt wird. Man braucht beim Ausbreiten der Wolle weder auf eine Faserrichtung zu achten, noch muss man die Wolle in mehreren Schichten auslegen. Wenn man beim Ablegen der Wollflocken darauf achtet, dass sich die einzelnen Flocken leicht überlappen und gegebenenfalls noch etwas ausgebreitet werden, dann entsteht eine sehr dicke Wollschicht, die aber nur wenig Wollmasse mit sich bringt und deshalb auch sehr gleichmäßig wird, obwohl die Wolle quasi nur auf die Fläche geworfen wird.

Diese beiden Methoden ermöglichen ein zügiges und einigermaßen gleichmäßiges Auslegen von Rohwolle, die zur Vorbereitung nur aufgezupft wurde. Die Fasern liegen nur tendenziell fasergerichtet, trotzdem sollten mehrere Schichten in unterschiedlichen Richtungen gelegt werden.

Auslegen von Wolle aus dem Woolpicker mit einem Federbesen

Beim Teilen eines fertig gekauften Krempelvlieses können sehr dünne Lagen abgetrennt werden, die aber nie vollständig gleich dick sind und meist zerreißen oder Löcher bekommen. Diese Unebenmäßigkeiten können aber leicht durch Aufpolstern mit kleineren Flocken ausgeglichen werden.

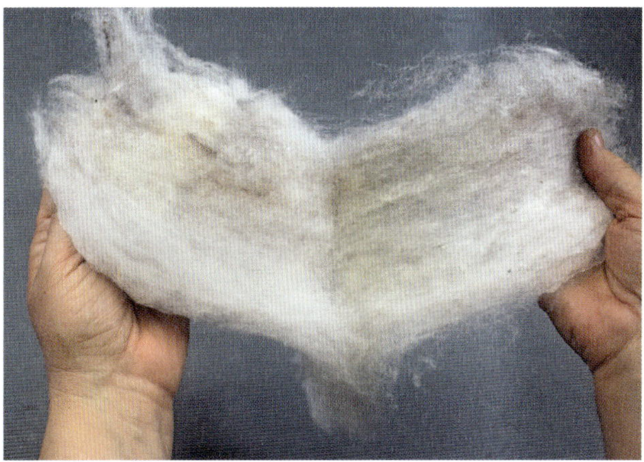

Auslegen von gekämmter Wolle im Vlies oder Krempelvlies

Fertig gewaschene und gekämmte Wolle im Vlies oder Krempelvlies kann ebenfalls auf die oben genannte Art und Weise ausgelegt werden. Da die Fasern in einem fertig gekämmten Vlies aber mehrheitlich in eine Richtung liegen, muss ein gekämmtes Wollvlies in mindestens zwei Lagen ausgelegt werden, um eine gleichmäßige Verteilung der Faserrichtungen zu erzielen. Wird die Wolle aus dem Vlies gezupft und in einzelnen Flocken ausgelegt, so hat das zur Folge, dass ein Teil der Verwirrung der Fasern wieder gelöst wird. Nach dem Kardieren lagen die Fasern bereits überlappend im Vlies, das Zupfen ist hier also eher kontraproduktiv. Einziger Vorteil ist, dass die Wolle gleichmäßiger ausgelegt und die Dicke der Lage besser kontrolliert werden kann.

Bei Vlieswolle ist es aber auch möglich, das Vlies nur in dünnere Lagen zu teilen und diese dann flächig auszulegen. Auch dabei ist darauf zu achten, dass die Lagen kreuzweise ausgelegt und etwaige dünnere Stellen mit einer zusätzlichen Lage aufgepolstert werden. Je dünner die einzelnen Schichten und je mehr verwendet werden, umso gleichmäßiger wird der Filz, weil sich Ungleichmäßigkeiten besser ausgleichen. Um ein gleichmäßiges Schrumpfen des Filzes sicherzustellen, muss unbedingt eine gerade Anzahl Lagen gewählt werden: Dann liegen immer gleich viele Lagen in eine Richtung.

Auslegen von gekämmter Wolle im Kammzug

Im Prinzip ist die Vorgehensweise beim Auslegen von Kammzug gleich wie bei der Rohwolle. Die Wolle wird in einzelnen Flocken dachziegelartig in Lagen ausgebracht. Die einzelnen Lagen liegen kreuzweise, es wird eine gerade Anzahl gewählt. Allerdings ist es bei keiner anderen Darreichungsform der Wolle möglich, so genau die Dicke der einzelnen Lagen und die Richtung der Fasern zu beeinflussen. Deshalb können mit Wolle im Kammzug viel dünnere Filze gefertigt werden, und auch die Dicke und Genauigkeit ist bei Kammzügen viel besser zu regulieren. Dazu ein paar Handhabungstipps:

Im Kammzug liegen alle Fasern parallel, und an der Spitze des Kammzuges enden immer nur einige wenige Fasern gleichzeitig. Wenn also beim

Ausziehen der Wolle nur die ersten paar Millimeter des Stranges festgehalten werden, dann werden auch nur wenige Fasern aus dem Strang herausgezogen. Je tiefer in den Strang gegriffen wird, umso mehr Fasern werden erfasst. Wichtig ist aber, dass wirklich alle Fasern dieser Grifftiefe festgehalten und herausgezogen werden, da sich bei fortlaufender Arbeit sonst eine Spitze bildet und ein flächiges Herausziehen der Fasern nicht mehr möglich ist.

Die Linien markieren hier unterschiedliche Grifftiefen beim Herausziehen der Fasern aus dem Kammzug. Zu erkennen ist, dass mehr Fasern erfasst werden, je tiefer gegriffen wird. Die Anzahl der Fasern je ausgelegter Wollflocke entscheiden über die Dicke der Lage und damit über die Dicke des fertigen Filzes.

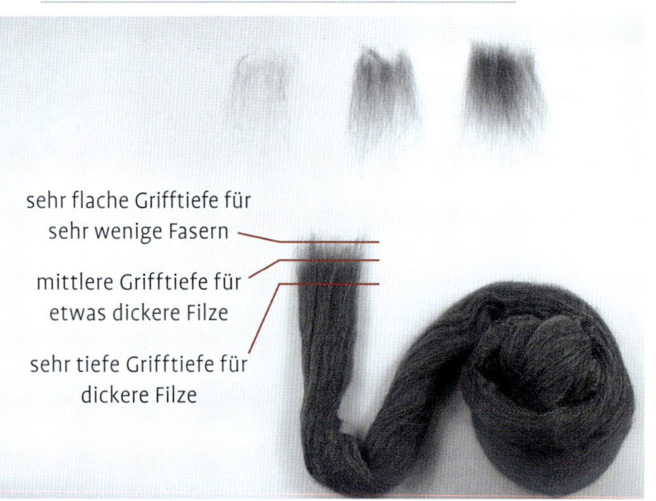

Die gesamte Breite des Kammzuges wird zwischen Handballen und Fingerspitzen eingeklemmt und aus dem Kammzug gezogen.

Durch formgenaues Auslegen der Fasern kann nicht nur die Form genau beeinflusst werden, vor allem bei Hohlkörpern ist eine definiertere Kante beim Umschlagen der Wolle möglich.

Abgesehen von der genauen Dickenregulierung besteht außerdem die Möglichkeit, die Wollfasern einer Arbeitsform genau anzupassen. Das ist vor allem dann vorteilhaft, wenn eine genaue Kante oder bei einem Hohlkörper eine genaue Form erzielt werden soll (siehe Fotos oben).

Fachen: Ausbreiten der Wolle mithilfe eines Fachbogens

Der Fachbogen ist heute quasi vollkommen verschwunden, war aber früher bei den Hutmachern ein Standardarbeitsgerät. Das hat auch damit zu tun, dass Wolle heute kaum noch in so fein gerissener Form verwendet wird. Auch arbeitet man hauptsächlich mit Schafwolle, die ursprünglich viel zu lange Fasern hat, um mithilfe des Fachbogens ausgebreitet werden zu können. Die sehr locker gepickerten oder von Hand gezupften Fasern werden auf einer sogenannten Fachtafel ausgebreitet und mithilfe des Fachbogens in feine Schwingungen gebracht. Den Fachbogen kann man sich wie einen Bogen vom „Pfeil und Bogen schießen“ vorstellen: eine biegsame Rute, die mit einer Sehne bespannt ist. Diese Sehne wird mit einem

Stock in Schwingungen versetzt und auf die Wolle aufgesetzt. Die Schwingungen wirbeln die Fasern auf und breiten sie so mit der Zeit gleichmäßig über die Arbeitsfläche aus. Der Vorteil liegt auf der Hand: Die Fasern werden optimal miteinander verwirrt und können sich anschließend sehr schnell verfilzen. Es genügt bereits leichter Druck, um eine lose zusammenhängende Fläche zu erhalten, die dann für weitere Bearbeitungsschritte von der Fachtafel genommen werden kann.

DAS BEFEUCHTEN UND QUELLEN DER WOLLE

Wie im Kapitel „Entstehung von Filz" ab Seite 294 beschrieben, muss die Wolle erst quellen, bevor sie filzfähig ist. Dazu muss sich in der Faser Wasser einlagern, sodass sich die Oberflächenschuppen aufstellen. Je nach geplantem Objekt und verwendeter Wolle haben sich verschiedene Möglichkeiten entwickelt, die unterschiedliche Vor- und Nachteile haben.

Befeuchten mit wenig sehr heißem Wasser ohne Zusätze

Wie bereits geschrieben, gibt Wolle bei sehr hohen Temperaturen ihre hydrophobe Eigenschaft auf und wird nass oder feucht. Will man also die Wolle filzbar machen, so reicht es theoretisch aus, die Wolle mit sehr heißem Wasser zu besprengen oder zu dämpfen. Dazu wird entweder kochendes Wasser über die Wolle gesprüht, oder die Wolle wird mit einem Dampfspender bedampft. In beiden Fällen ist es wichtig, dass die Temperatur mindestens so lange erhalten bleibt, bis die Wolle die Feuchtigkeit aufgenommen hat und gequollen ist. Das wird z. B. dadurch erreicht, dass die ausgelegte Wolle sofort nach dem Befeuchten zusammengerollt und gewalkt wird. Vorteile dieser Methode sind, dass das fertige Objekt nach dem Filzen nicht ausgewaschen werden muss, dass sehr wenig Wasser verbraucht wird und das Gesamtgewicht der Arbeit gering bleibt. Deshalb eignet sie sich auch bestens für große Objekte wie Teppiche. Der Nachteil ist allerdings, dass die Wolle nach wie vor sehr locker übereinander liegt und wenig Kontakt hat. Die Wolle verfestigt sich zu Beginn der Arbeiten deutlich langsamer als wenn sie bereits nach dem Befeuchten flach übereinander liegt. Auch wird die Oberfläche nicht so glatt und ebenmäßig.

Befeuchten mit Seifenlauge

Üblicherweise wird Filz mithilfe von Seifenlauge hergestellt. Dabei ist die Auswahl der verwendeten Seife nicht wirklich ausschlaggebend. Wie eingangs beschrieben, wird mit der Seife die wasserabweisende Eigenschaft der Wolle aufgelöst, was zur Befeuchtung der Wolle beiträgt. Die Oberflächenspannung des Wassers sinkt, sodass die Faser auch schon bei geringerer Temperatur quellen kann. Das Befeuchten der Wolle mit Seifenwasser hat außerdem den Vorteil, dass die Wolle schnell komplett nass wird und zusammenfällt. Die Luft wird also komplett aus der Wolle verdrängt und die Fasern liegen dicht an dicht übereinander. Das erleichtert den Filz- und Walkprozess erheblich. Beim Filzen mit Rohwolle werden die Fasern außerdem gewaschen, auch wenn Seife die Wolle nicht komplett entfetten kann. Ein weiterer, sehr wesentlicher Vorteil der Seife im Wasser ist die Gleitfähigkeit der Seifenlauge. Die Fasern gleiten quasi auf einem Schmierfilm, was den Prozess erleichtert und auch auf die Oberfläche eine sehr positive Wirkung hat, weil sich die Fasern flach anschmiegen. Außerdem kann mit niedrigeren Temperaturen gearbeitet werden, was beim Bearbeiten von Hand angenehmer ist. Und auch wenn bei längerer Bearbeitung das Werkstück kalt wird, kann der Filzprozess trotzdem fortschreiten. Nachteile dieser Methode sind natürlich der deutlich höhere Wasserverbrauch und das anschließend notwendige Ausspülen des fertigen Filzobjekts.

Die richtige Menge macht's

Die Menge der Seife im Wasser muss nicht genau dosiert werden, es gibt aber entscheidende Signale, die ein Zuviel oder Zuwenig anzeigen können. Zu viel Seife wird beim anfänglichen Filzen nicht stören, die Wolle wird schnell nass, und das vorsichtige Reiben über die Oberfläche gelingt sehr leicht, ohne dass sich die Fasern wesentlich verschieben. Allerdings bildet sich zwischen den Fasern beim Walken schnell ein Schaumpuffer, der den Kontakt der Fasern und damit den Filzprozess verhindert. Spätestens dann muss die Seife reduziert werden.

Zu wenig Seife führt anfänglich dazu, dass die Wolle langsamer nass wird und quillt, der Reibwiderstand bleibt ebenfalls höher, und die Bearbeitung wird schwerer. Wird ein Filz mit sehr wenig Seife fertiggestellt, so äußert sich das häufig in haarigen Oberflächen. Die Fasern haben sich zu Beginn des Filzprozesses nicht sauber auf der Oberfläche angelegt und hatten später keine Möglichkeit mehr, in den dichteren Filz einzudringen.

Wie Seife entsteht

Seife entsteht bei der chemischen Reaktion von Fett mit Lauge. Üblicherweise wird Natronlauge zur Verseifung fester Seifen verwendet, während für Schmierseifen Kalilauge verwendet wird. Je nach Herstellung und Bearbeitung werden zwei verschiedene Seifenarten unterscheiden: die sogenannte Leimseife und die Kernseife.

Beim Verseifen von Fetten mit Lauge entsteht der sogenannte Seifenleim. Wenn die Zutaten in genau abgemessenen Mengen gemischt werden und die Seife durch Lagerung fertig reift und trocknet, wird beim fertigen Seifenstück von Leimseife gesprochen. Wird die Seife durch Hitzezufuhr fertig gekocht und anschließend durch Zugabe von Salz von verbleibendem Wasser und nicht verseifbaren Bestandsteilen getrennt, entsteht der sogenannte Seifenkern. Die abgeschöpfte Seife wird dann in Form gebracht und ist sofort gebrauchsfertig. In diesem Fall ist von Kernseife die Rede.

Sonstige alkalische Tenside, Reinigungsmittel

Wie in Kapitel „Entstehung von Filz“ (Seite 297) dargelegt, können alle Substanzen, die die Oberflächenspannung des Wassers herabsetzen, das Quellen der Wolle begünstigen und deshalb als Zusatz zum Filzwasser verwendet werden. Im Handel sind diese Tenside meist nicht verfügbar; sie können nur in Apotheken oder bei Zulieferern zur Kosmetikherstellung erworben werden.
Man findet diese waschaktiven Substanzen vor allem in verschiedenen Haushaltsreinigern. Deshalb lassen sich grundsätzlich auch diese Haushaltsreiniger zum Filzen einsetzen. Allerdings enthalten sie häufig Zusätze, die im Reiniger zwar Sinn machen, beim Filzen aber nicht gebraucht werden. Starke fettlösende Tenside sind in Geschirrspülmitteln zwar unabdingbar, in der Filzlauge werden sie aber nicht benötigt, und letztendlich belasten sie nur die Haut und führen zu rissigen, trockenen Händen. Weitere Zusätze wie Duftstoffe, Konservierungsstoffe, Pflegezusätze, Glanzstoffe sind ebenfalls zum Filzen unnötig und belasten anschließend unnötigerweise das Abwasser. Wer die Möglichkeit hat, sich reine Tenside wie z. B. Betain zu beschaffen, kann diese vollkommen unbedenklich zum Filzen einsetzen. Die Einsatzkonzentration folgt dabei den gleichen Regeln wie bei der Seife und hat auch deren Vor- und Nachteile. Die Mengen sind sehr gering, da die reinen Tenside keinerlei Füllstoffe wie Gelbildner oder Lösungsvermittler haben. Die Verträglichkeit für die Haut ist abhängig vom gewählten Tensid und der persönlichen Konstitution.

Säure

Viele traditionelle Hutmacher filzen ausschließlich mit Säure. Der Filzlösung oder -flüssigkeit wird dann vorzugsweise Schwefelsäure zugesetzt. Das klingt ungewohnt, funktioniert aber bestens. Die Schwefelsäure greift die Wolle nicht an, begünstigt aber die Quellung der Wolle. Allerdings bleibt die Wolle spröde, und es entsteht kein Schmierfilm, auf dem die Fasern rutschen können. Die Arbeit ist deshalb anfangs etwas beschwerlicher, das Arbeiten mit Säure begünstigt aber das Walken sehr, weil die Wolle griffig bleibt und deshalb mehr Kraft auf den Filz übertragen werden kann. Für sehr dichte Filze ist Säure deshalb ein adäquates Mittel.

Im Handel erhältliche Zusätze: Was ist möglich und was ist sinnvoll?

Im Handel werden verschiedene Flüssigkeiten angeboten, die als Ersatz für Seife verwendet werden können und die den Filzprozess beschleunigen und erleichtern sollen. Grundsätzlich gilt zur Beurteilung solcher Zusätze, dass auch sie nicht zaubern können. Wolle filzt nicht durch die Beschaffenheit des Wassers, und selbst der pH-Wert hat nur einen begrenzten Einfluss auf die Filzgeschwindigkeit. Jeder Zusatz zur Filzlauge kann nur die Quellung der Wolle günstig beeinflussen und damit die Wolle filzfähig machen. Der eigentliche Prozess des Filzens wird damit nicht schneller vonstattengehen.

Außerdem sind Hinweise wie „muss nicht ausgewaschen werden“ kritisch zu hinterfragen. Einerseits ist der pH-Wert entscheidend, da die Wolle ihre ursprünglichen Eigenschaften nur bei einem annähernd neutralen oder leicht sauren pH-Wert zurückerhalten wird. Andererseits ist die wasserabweisende Eigenschaft der Wolle nicht gegeben, wenn Tenside auf der Wolle verbleiben, weil diese bei erneutem Kontakt mit Wasser sofort dessen Oberflächenspannung herabsetzen: Die Wolle wird nass.

Leider ist die Kennzeichnungspflicht für solche Mittel sehr mangelhaft, und die Inhaltsstoffe sind teilweise überhaupt nicht auszumachen, geschweige denn klassifiziert. Allerdings müssen die Sicherheitsdatenblätter der Produkte verfügbar sein und können gegebenenfalls angefordert werden. Daraus lässt sich dann z. B. erkennen, dass eine der bekanntesten Filzflüssigkeiten, die Turbo-Ergebnisse verspricht, auch „nur“ 25 Prozent anionische Tenside und 1 Prozent Betain als wirksame Bestandteile enthält, also auch nur die Wirkung dieser Tenside entfalten kann. Damit ist klar, dass diese Flüssigkeit unbedingt ausgewaschen werden muss. Man sollte sich also nicht von Werbeversprechen täuschen lassen und alle Produkte gründlich hinterfragen.

Sonstige Zusätze: traditionell und historisch

Interessant sind auch Berichte über Filzhilfsmittel, die uns vollkommen fremd scheinen. So berichtet Istvan Vidak von einem kurdischen Filzmeister, der seinem Filzwasser Hühnerei zusetzt, das er einen Tag vorher angerührt hat. Das Ei verändert den pH-Wert des Wassers kaum und hydrophiliert auch das Wasser nicht. Es bildet aber einen feinen Schmierfilm auf der Wolle, die offenbar das Gleiten der Fasern verbessert.

Im Mittelalter kamen in den Walkmühlen auch Zusätze wie Tonerde oder vergorener Urin zum Einsatz; beide sind aus naheliegenden Gründen nicht mehr üblich. Sie dienten hauptsächlich dazu, die Wolle griffig zu machen, um die Verdichtung zu begünstigen, mussten aber auch wieder intensiv ausgewaschen werden. In Mitteleuropa stellte dies kein Problem dar, weil Wasser ausreichend vorhanden war. So hat jede Zeit und jede Gegend ihre eigenen Mittel und Wege gefunden, Filz zu produzieren. Seife ist erst in der Neuzeit zum frei verfügbaren Produkt geworden und deshalb auch erst in neuerer Zeit ein Hilfsmittel zum Filzen geworden.

Werkzeuge zum Befeuchten

Wie nun das Wasser auf die Wolle ausgebracht wird, hängt weniger von der verwendeten Flüssigkeit, als mehr von der Größe und Feinheit der Arbeit ab. Dabei können viele mehr oder weniger spezialisierte Hilfsmittel eingesetzt werden. Traditionell wird heißes Wasser direkt aus dem Wasserkessel auf die Wolle aufgegossen.

Damit sich der Wasserstrahl verteilt, kann er über ein beliebiges Objekt gegossen werden. Das kann ein Sieb sein, ein schlichter Stock oder, sofern das Wasser nicht allzu heiß ist, die Hand. Das dient einfach nur dazu, dass der Wasserstrahl sich auf eine größere Fläche verteilt und auch seine Kraft verliert. In traditionellen Filzbetrieben Asiens kann auch beobachtet werden, dass das kochende Wasser nur mit einem Handfeger oder ähnlichem aufgespritzt wird. Das geht natürlich nur, wenn mit sehr wenig Wasser gearbeitet wird, zeigt aber auch, dass bereits wenig Feuchtigkeit zum Filzen ausreicht. Bei kleinen Objekten aus feiner Wolle, die schon bei dicken Tropfen verschoben würden, sollte man zu feineren Methoden greifen. Dazu bedient man sich dann verschiedener Spritzwerkzeuge, die oft im Haushalt vorhanden sind. Wassersprenger, die zum Bügeln gedacht sind, Zerstäuber zur Pflanzenpflege oder eine kleine Gießkanne sind Alltagsgegenstände, die bestens geeignet sind. Die bei vielen Filzerinnen und Filzern übliche Ballbrause stammt ursprünglich aus der Floristik und wurde als Filzhilfsmittel entdeckt. Der Vorteil der Ballbrause liegt im feinen Wasserstrahl und der automatischen Füllung. Die Ballbrause wird einfach zusammengedrückt und kopfüber in den

Seifenbehälter gestellt. Bis sie wieder gebraucht wird, hat sie sich mit Seifenwasser vollgesogen. Das ist vor allem beim Modellieren mit Wolle sehr von Vorteil.

Die meisten Werkzeuge, um Wolle zu befeuchten, finden sich in jedem Haushalt. Häufig wird zum Auftragen des Seifenwassers eine Ballbrause verwendet, die eine sehr feine und gleichmäßige Wasserverteilung ermöglicht.

FILZEN UND WALKEN: VERFESTIGEN DES FILZES

Nach dem Auslegen und Befeuchten der Wolle beginnt der eigentliche Filzprozess, der das Ziel hat, den Filz zu verdichten und haltbar zu machen. Noch liegen einfach nur feuchte Wollfasern übereinander, ohne Verbindung miteinander. Beim Prozess des Filzens und Walkens werden diese Fasern jetzt dazu gebracht, sich miteinander zu verflechten und zu verknoten, sodass ein unauflöslicher Verbund entsteht. Wie in der theoretischen Einführung beschrieben, werden dazu zwei wesentliche Fasereigenschaften genutzt: Erstens wird die Oberflächenschuppung dazu führen, dass sich eine Faser nicht mehr zurückbewegen kann, und zweitens werden die Kräuselungen der Faser durch Druck zusammengedrückt und der Faservorschub erzwungen.

Alle nachfolgenden Walkmethoden können je nach Objekt, Arbeitsfortschritt und persönlicher Vorliebe kombiniert werden. Jede Methode hat ihre eigenen Vor- und Nachteile.

Reiben

Vorsichtiges Reiben ist nach dem Auslegen meist die beste Methode, um die Wolle zum Verfilzen zu bringen. Hier wird häufig vom „Anfilzen" gesprochen. Zu Beginn verschieben sich dabei die Fasern an der Oberfläche soweit ineinander, dass sie locker zusammenhängen. Die Oberfläche fängt an zu verfilzen. Da die frisch ausgelegte Wolle aber noch sehr locker liegt und deshalb nur sehr vorsichtig gerieben werden kann, um die Fasern bzw. die Muster der Oberfläche nicht ungewollt zu verschieben, werden Abdeckhilfsmittel verwendet. Das können lockere Stoffe, Folien oder Matten aus verschiedenen Materialien sein. Die Möglichkeiten sind so vielfältig, dass sie hier nicht einzeln aufgezählt werden. Geeignet sind alle Materialien, die die ausgelegte Wolle flächig bedecken und sich beim Filzprozess nicht auflösen und nicht mit der Wolle verbinden. Bei den Anleitungen im Praxisteil werden einige dieser Hilfsmittel verwendet und dann auch einzeln vorgestellt.

Reiben ist aber nicht nur eine geeignete Methode, um die Wolle anzufilzen; auch beim Fertigstellen und schlussendlichen Ausformen wird es angewandt. Da der Filz dann schon fest verdichtet ist, wird mit viel Kraft und in gezielten Richtungen gerieben. Beim Ausformen eines Filzobjektes kommen dann auch häufig Walkhölzer zum Einsatz, da sie große Kraft übertragen und gleichmäßig auf die Fläche verteilen können und die Hände schonen. Beim kraftvollen Reiben sind üblicherweise keine Abdeckungen mehr über der Wolle, und es ist deshalb wichtig, dass noch genügend Seife auf der Oberfläche ist, um Knötchenbildung zu vermeiden.

⊕ Vorteile:

» Als erster Arbeitsschritt zum Verdichten der Wolle gut geeignet

» Gute Formgebung durch gerichtete Arbeitsweise

⊖ Nachteile:

» Zeitintensiv

» Hohe Oberflächenbelastung, deshalb Pillinggefahr

Rollen

Auch das Rollen ist eine geeignete Methode, die sofort nach dem Auslegen und Anfeuchten der Wolle angewandt werden kann, um den Filzprozess

einzuleiten. Vor allem bei großen, flächigen Objekten wird häufig auf das Anfilzen durch Reiben verzichtet und sofort gerollt. Dazu werden eine rollfähige Unterlage und evtl. eine Abdeckung für die Wolle sowie ein Rollkern benötigt.
Die Vorgehensweise ist dabei sehr unterschiedlich, vor allem bei großen Teppichen wird die Wolle auch nicht vollständig durchnässt, sondern nur angefeuchtet und dann fest zusammengerollt. Die Rolle muss dann zusammengebunden werden, um ein Lösen zu verhindern, weil sie sehr lange gerollt wird. Bei kleineren Objekten vor allem aus feiner Wolle, kann auf das Zusammenbinden verzichtet werden. Dann wird die Wolle vollständig durchnässt, sodass der Wollstapel zusammenfällt und dadurch bereits sehr viel dünner gerollt werden kann. Durch Hin-und-her-Rollen wird die Wolle im Inneren gegeneinander bewegt, die einzelnen Fasern schieben sich dabei ineinander, die Wolle verfilzt. Von Zeit zu Zeit wird die Rolle geöffnet, der Filz kontrolliert und evtl. von der Unterlage gelöst und dann in die Gegenrichtung zusammengerollt, um ein gleichmäßiges Schrumpfen zu erzielen. Bei sehr langen Objekten ist dies unter Umständen nicht möglich, dann sollte eine zweite Walkmethode angewendet werden, um ein gleichmäßiges Verfilzen zu erreichen und ein Verziehen des Objekts zu verhindern. Ist auch das nicht möglich (Zeltbahn), muss die ungleiche Schrumpfung beim Auslegen berücksichtigt werden.

⊕ Vorteile:

- » Bereits als erster Arbeitsschritt zur Verdichtung geeignet,
- » Effektiv auch bei großen Objekten
- » Geringe Oberflächenbelastung, deshalb keine Pillinggefahr

⊖ Nachteile:

- » Geringe Formgebungsmöglichkeiten
- » Hilfsmittel erforderlich

Kneten

Der große Unterschied des Knetens zu den beiden vorstehenden Methoden ist, dass es keine bestimmte Richtung hat. Der Filz wird in alle Richtungen gleichzeitig bewegt und damit auch gleichmäßig verdichtet. Allerdings ist diese Methode erst dann anwendbar, wenn sich die Wolle so weit verfilzt hat, dass sich die Fasern beim Kneten nicht wieder lösen. Der Vorgang erklärt sich im Grunde von selbst: Das angefilzte Werkstück wird zusammengenommen, sodass ein handlicher Ballen entsteht, und auf der Arbeitsfläche wie ein fester Teig geknetet. Dabei wird das Werkstück regelmäßig gedreht, um alle Teile gleichermaßen zu bearbeiten. Wichtig ist, dass es zwischendurch ausgebreitet wird, um zu verhindern, dass Falten zusammenfilzen, die sich dann nicht mehr lösen lassen. Häufig wird die Oberfläche des fertigen Filzes sehr unruhig, der Filz ähnelt einem zerknüllten Stück Papier, was auch als „zelluliter Filz" oder Orangenhautfilz bezeichnet wird.

⊕ Vorteile:

- » Sehr effektive Methode zum Verdichten von Filz
- » Keine Hilfsmittel erforderlich
- » Geringe Oberflächenbelastung, deshalb keine Pillinggefahr

⊖ Nachteile:

- » Nicht als Erstmethode einsetzbar
- » Keine Formgebungsmöglichkeiten
- » Unebener Filz

Werfen

Eine der effektivsten Walkmethoden ist sicherlich das Werfen. Auch diese Methode ist erst anwendbar, wenn sich die Wolle zum Teil schon verfestigt hat. Das zu walkende Objekt wird dabei von der Arbeitsfläche abgehoben und wieder zurückgeworfen. Der entstehende Impuls durchdringt das gesamte Werkstück und schiebt die Fasern ineinander. Je nach Größe des Objektes wird mit mehr oder weniger Wasser und mehr oder weniger Kraft gearbeitet. Vorrangig werden große Objekte am Ende des Walkvorganges geworfen. Dabei ist schon wegen des Zusatzgewichts mit wenig Wasser zu arbeiten. Gerade bei Teppichen und großen Behältern kann durch Werfen effektiv verdichtet werden. Bei kleinen Objekten kann von Werfen kaum die Rede sein, hier wird der Filz eher fallen gelassen. Dabei ist es sehr hilfreich, wenn das zusätzliche Wasser das Gewicht erhöht. Dann reicht es schon aus, das Filzstück auf die Arbeitsfläche fallen zu lassen, um eine Verdichtung zu erzielen. Auch beim Werfen ist es wichtig, das Werkstück immer wieder auszubreiten und etwaige Falten glatt zu streichen.

Vorteile:

- Sehr effektive Methode
- Keine Hilfsmittel erforderlich
- Geringe Oberflächenbelastung, deshalb keine Pillinggefahr

Nachteile:

- Nicht als Erstmethode einsetzbar
- Keine Formgebungsmöglichkeiten
- Gefahr von unebenem Filz

Arbeitsunterlagen und Rollhilfen

Filzen hatte immer etwas mit Feuchtigkeit und üblicherweise mit Lauge zu tun. Beide Elemente stellen hohe Ansprüche an die Beschaffenheit der Arbeitsunterlage. Einerseits, weil die ständige Feuchtigkeit natürlich die Oberfläche aufweicht, andererseits, weil Wasser mit Seife ein hervorragendes Lösungsmittel für viele Beschichtungen darstellt. Da es trotzdem unzählige Möglichkeiten für strapazierfähige Unterlagen gibt, hier nur die wichtigsten Eigenschaften.

Die Arbeitsunterlage fürs Filzen muss wasser- und laugebeständig, rutschfest und einigermaßen reißfest sein. Für das eigentliche Filzobjekt eignen sich viele flächige Unterlagen wie Bastmatten, Gummimatten, verschiedene Bodenbeläge und natürlich Folien. Auch Textilien, z. B. Handtücher, sind geeignet. Je nach gewünschter Bearbeitungsart sollte die Unterlage aufrollbar, wasserdurchlässig und nicht zu schwer sein.

Arbeitsunterlagen und Rollhilfen zum Filzen

Bastmatte: Seit längerer Zeit werden zum Filzen Bastmatten verwendet. Sie sind leicht, werden in nassem Zustand sehr weich und verbinden sich nicht mit dem Filz. Bastmatten können sehr leicht aufgerollt werden und halten lange. Allerdings werden sie nicht in kleinen Größen angeboten.

Bambusmatte: Abgesehen davon, dass Bambusmatten nicht knickbar sind und durch die gröbere Oberfläche die Filzoberfläche deutlich mehr belasten, sind sie ebenso gut aufrollbar, wasserdurchlässig und sehr haltbar.

Gummimatten: Feinriffelmatten oder andere Gummimatten eignen sich gut als Arbeitsunterlage, sind aber schwer und wasserundurchlässig. Sie eignen sich deshalb weniger zum Aufrollen des Objektes.

Bodenmatte: Diese Bodenbeläge werden gern in Feuchträumen und Saunen verwendet und als Meterware im Handel angeboten. Sie können gut eingerollt werden, sind wasserdurchlässig und im Vergleich zur Feinriffel-Gummimatte sehr leicht.

Luftpolsterfolie und andere Folien: Empfehlen sich deshalb nicht, weil sie bei mehrfacher Verwendung schnell spröde werden und dann Abfall sind, vor allem aber, weil das Wasser nicht ablaufen kann und deshalb die Wolle im Wasser schwimmt und sich beim Walken verschiebt.

Baumwolltücher und Planen: Sehr preisgünstig und in jedem Haushalt vorhanden sind Handtücher und Stoffe, die sehr gut als Filzunterlage und Roll-

Arbeitsunterlagen und Rollhilfen in unterschiedlichen Größen:
1 Feuchtraum-Bodenbelag
2 Luftpolsterfolie
3 Synthetik-Gaze Fliegengitter
4 Leinenstoff
5 Bastmatte
6 Schubladen-Einlage
7 Bambusmatte
8 Feinriffelmatte

matten verwendet werden können. Einziger Nachteil dabei ist, dass sich die Wolle mit vielen Textilien verbindet und darauf festfilzt. Je dichter der Stoff ist, umso schlechter filzt die Wolle fest, und bei sehr locker gewebten Stoffen hält die Wolle nicht und kann leicht abgezogen werden. Textile Arbeitsunterlagen sollten also entweder sehr offen gewebt sein, wie eine Gardine oder ein Mückennetz, oder sehr dicht und fest, z. B. Damast oder Leinen.

WERKZEUGE UND WALKHILFEN

Das Walken und Ausarbeiten der Form mit bloßen Händen ist teilweise sehr belastend. Dabei ist nicht nur die reine körperliche Anstrengung entscheidend; vor allem die Haut der Hände leidet durch die Reibung und ständige Feuchtigkeit. Im Laufe der Jahre haben sich deshalb verschiedene Filz- und Walkhilfen entwickelt, die die Kraftübertagung vereinfachen und die Hände schonen. Walkhilfen jeglicher Art werden vorzugsweise aus Holz gemacht und meist ohne Oberflächenversiegelung gelassen. Holz zeigt dabei eine erstaunliche Widerstandsfähigkeit gegen die Seifenlauge. Die Oberfläche wird bestenfalls etwas schmierig, trocknet aber wieder vollständig ab. Manche Walkhölzer sind mit Bootslack lackiert, der zwar eine gute Lebenszeit hat, irgendwann aber anfängt abzublättern.

Rollen

Rollenförmige Walkhölzer dienen vor allem zum Verfestigen von flächigen Filzen und zum Glätten der Oberfläche. Ihre Verwendung gleicht dem Ausrollen von Teig. Beim Rollen über die Filzfläche werden die Wellen der einzelnen Haare gestaucht, sodass der Vorschub im Filz vorangetrieben wird. Rollenförmige Walkhölzer können auch gut zum Glätten von Filz nach einem intensiven Walkvorgang verwendet werden. Der Vorteil von Walkrollen liegt vor allem in der geringen Reibung auf der Filzoberfläche; sie drücken und kneten den Flächenfilz. Zwischen Rolle und Filz findet keine Reibung statt. So wird die Oberfläche geschont und der Filz vor allem in der Tiefe bearbeitet.

Eine Walkrolle wird mit hohem Druck über eine Filzfläche bewegt, um diese zu glätten. Vor der Rolle bildet sich eine Art Welle, die den Filz verdichtet.

Eine kleine Auswahl von Walkhölzern unterschiedlicher Form und Größe mit vielen verschiedenen Einsatzmöglichkeiten

Einsatz einer Walkmaus zur Ausformung eines fast fertigen Filzobjektes über eine Holzform. Das Walkholz wird mit starkem Druck über die Filzoberfläche bewegt.

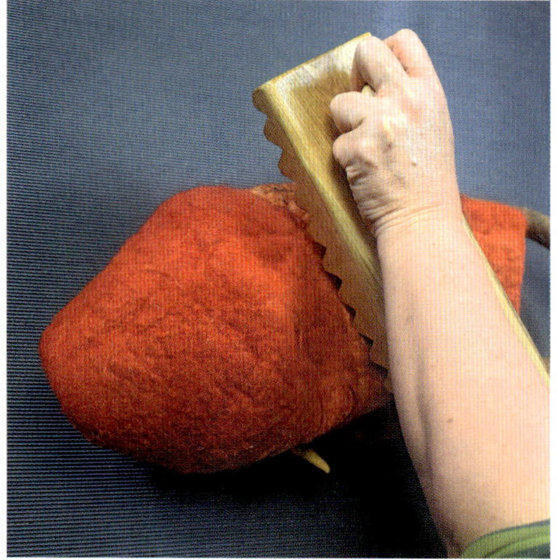

Ein sehr fest gewalktes Filzobjekt wird mithilfe einer Rollhilfe weiterbearbeitet. Es überträgt die Kraft auf die Rolle aus Filz und sorgt für den Vorschub der Rolle.

Ein Formholz wird in einem schmalen Hohlkörper unter Druck gedreht, um die Form auszuarbeiten. Mit bloßer Hand wäre diese Bearbeitung nicht möglich.

Walkmäuse und andere Einhandwalkhölzer

Der Begriff Walkmaus bezieht sich auf die Form des Walkholzes, weil es einer Computermaus gleicht. Einhändig zu bedienende Walkhölzer werden in verschiedensten Formen mit und ohne Griff angeboten. Sie werden vor allem als Hilfe beim Reiben über die Filzoberfläche verwendet und können beim Ausformen eines Filzes über eine Zusatzform gute Dienste leisten, um den Filz kräftig zu bearbeiten, ohne die Hände übermäßig zu strapazieren. Die Form des Holzes entscheidet über seine Einsatzmöglichkeiten.

Formhölzer

Eine weitere Gruppe der Walkhilfen bilden die Formhölzer, die ebenfalls in vielfältiger Weise angeboten werden. Sie werden zur Ausformung einzelner geometrischer Formen verwendet. Eine entscheidende Bedeutung kommt dabei den Hölzern zu, die für die Innenbearbeitung von Hohlkörpern geeignet sind. Vor allem kleinere Öffnungen und Wölbungen sind mithilfe von Walkhilfen teilweise besser zu bearbeiten. Auch Kanten von Objekten wie z. B. bei einer Hutkrempe können mit solchen Walkhölzern effektiv ausgeformt werden.

Rollhilfen

Einen Filz einzurollen und durch kräftiges Rollen zu walken, ist sehr effektiv. Bei zunehmender Verfestigung lässt sich der Filz während des Rollens aber nur noch wenig zusammendrücken, und der weitere Verdichtungsprozess verlangt mehr Kraft. Um diese Kraft auf den Filz zu übertragen, können Rollhilfen zum Einsatz kommen. Mithilfe dieser Walkhölzer kann das Gewicht der walkenden Person auf den Filz übertragen und dort perfekt verteilt werden. Die starke Riffelung sorgt für den Kneteffekt und den Vorschub der Rolle. Rollhilfen mit kleinen oder flacheren Riffelungen können auch direkt auf dem Filz angewandt werden; so können dann z. B. lange flache Objekte effektiv gerollt werden.

Rollhilfen aus dem Antikhandel

Rollhilfen muss man nicht neu kaufen. Schon im 17. Jahrhundert haben die Wäscherinnen solche Hölzer zum Mangeln verwendet. Mangelhölzer kann man jetzt günstig im Antikhandel kaufen, die Holzrolle gibt es dazu. Und mit denen wurde richtig viel gearbeitet, deshalb sind sie auch aus Hartholz und nicht unnötig dick. Früher war nicht alles besser, aber vieles praktischer.

Klopf- und Schlaghilfen

Ob nun mit einem Holzhammer oder einem Schlagholz: Klopfen und Schlagen von Filz ergeben vor allem dann Sinn, wenn ein Filz über eine harte Form ausgeformt werden soll und vorhergehende Bearbeitungsschritte Unebenheiten oder Falten hervorgebracht haben. Der gewaltsame Impuls kann Unebenheiten glätten, ohne den gesamten Filz zu verziehen, wie es beim Reiben der Fall wäre. Es tritt aber natürlich auch eine weitere Verdichtung ein. Vorsicht ist nur geboten bei Schlagbelastung auf Ecken und Kanten, da es zu extremen Druckbelastungen und damit zu Löchern im Filz kommen kann. Solange Schläge aber auf größerer Fläche ausgeführt werden, besteht diese Gefahr nicht.

Waschbrett

Als Reib- und Walkhilfe kann auch ein Waschbrett verwendet werden. Während Walkhölzer üblicherweise über den Filz bewegt werden, wird beim Waschbrett der Filz über das Waschbrett bewegt. Der Effekt, dass die unebene Oberfläche die Verdichtung des Filzes begünstigt, bleibt aber der Gleiche. Waschbretter sind im Unterschied zu den sonstigen Arbeitsflächen, die meist mit Gummimatten oder ähnlichen rutschfesten Belägen versehen sind, glatt, aber wellig. Die direkte Reibung auf die Filzoberfläche ist damit reduziert, die Wellung des Waschbrettes verursacht aber einen Impuls, der in die Tiefe des Filzes wirkt. Man kann das leicht nachvollziehen: Wenn man mit flacher Hand schnell über die Oberfläche des Waschbrettes rutscht, so fühlen sich die Wellen wie kleine Schläge auf der Handfläche an. Es entstehen Vibrationen, die den Filz verdichten, ohne die Filzoberfläche zu belasten.

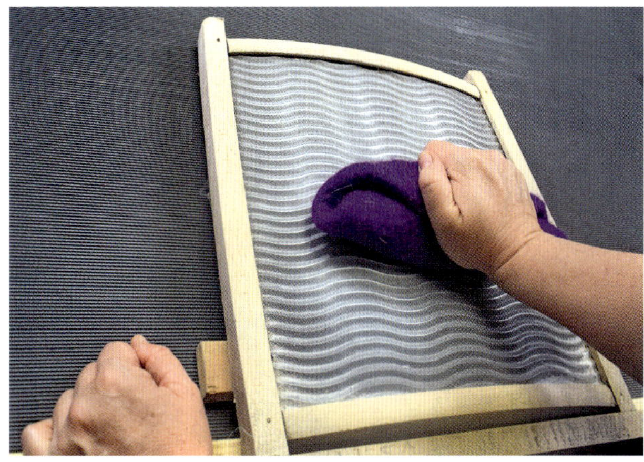

Filz wird zur weiteren Verdichtung mit hohem Druck über ein Waschbrett bewegt. Die Wellenform verursacht dabei Impulse in die Mitte des Filzes.

Schwingschleifer

Bei der Handfertigung von Filz ist der Einsatz von Maschinen nur sehr eingeschränkt möglich. Das liegt vor allem an den wenigen Entwicklungen in diesem Bereich. Außer einer Walkmaschine, die später noch beschrieben wird, wurden für den handgefertigten Filz keine Maschinen entwickelt und zum Kauf angeboten. Deshalb haben sich findige Handwerkerinnen bei den vorhandenen Handwerksmaschinen umgesehen, was sich für ihre Arbeit zweckentfremden ließe, und sind auf den Schwingschleifer gekommen. Er wird eigentlich eingesetzt, um Flächen mit Schleifpapier zu bearbeiten. Dabei macht der Fuß des Schwingschleifers eine sehr kleine, meist kreisförmige Bewegung mit hoher Frequenz, was als starkes Vibrieren wahrgenommen wird.

Um einen handelsüblichen Schwingschleifer zum Filzen verwenden zu können, sind ein paar kleine Umbauten notwendig. Bereits beim Kauf des Gerätes sollte darauf geachtet werden, dass es nicht über eine Staubabsaugung verfügt. Sie ist erstens nicht erforderlich und kann zweitens beim Einsatz mit Wasser schnell zu Schäden am Gerät führen.

Ein Abdichten der Absaugung führt aber zum Überhitzen der Maschine.
Die Schleiffläche des Schwingschleifers ist üblicherweise mit einer weichen, schaumstoffartigen Oberfläche versehen. Diese ist beim Filzen nicht hilfreich und meist auch nicht sehr strapazierfähig. Deshalb wird diese Fläche noch mit einem Aufbau versehen, der erstens die Fläche vergrößert und zweitens für die richtige Haptik sorgt. Bei der Arbeit sollte der Schwingschleifer die Wolle bewegen, ohne sie zu erfassen. Bewährt haben sich glatte Kunststoffoberflächen (wie von Styrodurplatten) oder nicht geriffelte Gummimatten. Um solche Aufbauten anzubringen, ist es meist erforderlich, den gesamten Schleifschuh abzumontieren und eine entsprechende Platte anzuschrauben.

Keine gute Idee

Der Schwingschleifer ist laut, schwer und gefährlich, dabei auch noch wenig effektiv. Ich kann nicht nachvollziehen, warum man sich das antun sollte. Aber wer's toll findet …

Bitte Vorsicht!

Ein handelsüblicher Schwingschleifer ist nicht für den Einsatz im Feuchtraum gemacht und dafür auch nicht abgesichert. Ein sicherer Einsatz zum Filzen ist nur mit äußerster Vorsicht und genügender Absicherung der Hauselektrik möglich. Schäden an der Maschine sind deshalb auch nicht über die Gewährleistung gedeckt.

Wichtig: Das Gerät ohne Staubabsaugeinrichtung verwenden!

Kein Wasser während der Arbeit mit dem Schwingschleifer nachgießen, da Tropfen ins Gehäuse eindringen und zu einem Kurzschluss führen könnten.

Nur feucht und nicht nass arbeiten, um das Aufwirbeln von Tröpfchen zu vermeiden.

Ausschließlich Geräte mit Schutzkontaktstecker einsetzen.

Die kleinen und feinen Bewegungen des Schwingschleifers erklären schon, dass sein Einsatz für die Oberflächengestaltung begrenzt ist. Beim Aufsetzen übertragen sich die feinen Schwingungen auf die Wolle, diese wird ebenfalls vibrieren und sich bei gleichzeitigem Druck von oben im Wollstapel weiterbewegen. Allerdings dämpft der Filz diese Vibrationen sehr stark, weshalb sie nicht tief eindringen können. Die Geräte sind aber üblicherweise sehr schwer, deshalb ist kein weiterer Druck von oben erforderlich. Wenn also mithilfe eines Schwingschleifers eine Oberfläche angefilzt werden soll, so kann er entweder nur einige Sekunden auf die Oberfläche aufgesetzt und ruhig stehengelassen werden, oder er wird mit langsamem Vorschub über den Filz geschoben.

Walkmaschinen

Ganz anders arbeiten Walkmaschinen, die einzige Maschinengattung, die direkt zur Herstellung von Filz entwickelt wurde. Auch wenn sie nicht unbedingt für den Hausgebrauch gedacht sind, so können sie kleineren Werkstätten und Manufakturen durchaus gute Dienste leisten.
Walkmaschinen arbeiten ähnlich wie Wäschemangeln mit Rollen und können einen Großteil der Walkarbeit übernehmen. Ausgelegte und angefilzte Werkstücke werden dabei in Tücher oder Bastmatten gewickelt und in die Maschine eingelegt. Diese rollt sie dann zwischen drei Rollen weiter und übt Druck auf den Filz aus, sodass die Wolle stetig gestaucht wird. Die Fasern werden wie beim Rollvorgang von Hand im Filz verschoben und verdichtet. Die Filzrolle wird dabei häufiger aus der Maschine genommen, das Werkstück kontrolliert und gegebenenfalls anders gefaltet wieder eingerollt und weitergewalkt. Die endgültige Ausformung erfolgt dann wieder von Hand.
Walkmaschinen eignen sich vor allem für flächige Objekte wie Sitzauflagen, Teppiche oder auch Schals. Komplizierte Hohlkörper lassen sich bereits nach kurzer Walkphase nicht mehr so dicht zusammenrollen, dass die Maschine noch ordentlich arbeiten könnte.

SCHABLONEN

Wie aus Wollfasern ein flächiger Filz entsteht, ist für die meisten Menschen noch vorstellbar oder leuchtet bei einfacher Erklärung schnell ein. Die Herstellung eines Hohlkörpers aus losen Wollfasern entspricht in der Vorgehensweise aber so wenig den allgemeinen Erfahrungen mit Textilien, dass sie sich nicht intuitiv erschließt. Textilien treten sonst als flächiges Stück Gewebe in Erscheinung, das in Stücke geschnitten und zusammengenäht wird. Auch das Stricken in eine fertige Form, wie beim Sockenstricken, ist noch allgemein bekannt. Dass aber lose Wollfasern so ausgebracht werden können, dass sie sich zu einem zusammenhängende Gewirk um einen Hohlraum herum verbinden, bedarf näherer Erklärung.
Wenn Wolle übereinandergelegt und verfilzt wird, entsteht zwangsläufig eine zusammenhängende Fläche unterschiedlicher Dicke. Wenn dies nicht geschehen soll, wird zwischen zwei Wolllagen eine Trennschicht eingelegt, die verhindert, dass die Lagen zusammenfilzen. Es entsteht ein Hohlraum. Da dieser Hohlraum der Form des eingelegten Materials entspricht, wird sie Schablone genannt. Diese Schablone kann eine einfache rechteckige Fläche sein aber auch komplexe zusammengesetzte Formen haben. Es geht bei der Schablone immer darum, die dreidimensionale Form, die ein fertiges Objekt haben soll, auf eine zweidimensionale Figur herunterzubrechen, um die Wolle um diese Schablone auslegen zu können. Anders, als man das vom Schneidern kennt, entspricht die Schablone aber nicht der fertigen Größe des Werkstücks, sondern ist deutlich größer, da der Filz während der Bearbeitung schrumpft. Bei dieser Schrumpfung können auch gewisse Formänderungen vorgenommen werden, weshalb die Schablone das Objekt nur quantitativ nachbildet, die genaue Form aber der Ausformung beim Walken überlässt.

Schablonenmaterial

Die Anforderungen an ein Schablonenmaterial sind auf den ersten Blick sehr einfach. Die Aufgabe der Schablone ist in erster Linie, eine Trennung zwischen zwei Wollschichten herzustellen; in zweiter Linie muss sie sich unkompliziert in verschiedene Formen bringen lassen. Das gilt für viele flächige Werkstoffe, weshalb sich auch viele Materialien grundsätzlich zur Herstellung einer Filzschablone eignen. Dass einige Materialien besser und andere schlechter geeignet sind, liegt dann an vermeintlich nebensächlichen Anforderungen, die sich oft erst im Lauf des Filzprozesses zeigen. Im Folgenden werden einige gängige Schablonenmaterialien und ihre wesentlichen Vor- und Nachteile aufgeführt. Diese Aufzählung erhebt keinen Anspruch auf Vollständigkeit.

Luftpolsterfolie

Eines der gängigsten Schablonenmaterialien ist die Luftpolsterfolie, die ursprünglich als Verpackungsmaterial entstanden ist und uns deshalb häufig auch als solches ins Haus flattert und dann

Verschiedene Schablonenmaterialien (von links nach rechts): Trittschalldämmung, Luftpolsterfolie, Gewebe, Filz

weiterverwendet werden kann. Andererseits kann sie auch in großen Rollen gekauft werden und ist deshalb auch für große Filzobjekte einsetzbar.

Vorteile:

- Der Kunststoff verbindet sich nicht mit der Wolle, durch die Blasen lässt sich die Folie gut im Filz tasten.
- Luftpolsterfolie ist leicht biegbar und kann auch bei dünnen Objekten lange im Filz verbleiben, ohne Schäden anzurichten.
- Die Oberfläche ist glatt, sodass das Rutschen des Filzes über die Folie gut gewährleistet ist.
- Die Folie ist preisgünstig, einigermaßen haltbar und kann deshalb auch mehrfach verwendet werden.

Nachteile:

- Es handelt sich um Kunststoff, der nach mehrfachem Gebrauch spröde wird und kaputt geht.
- Die Polsterbläschen zerplatzen häufig während des Walkens und füllen sich dann mit Seifenlauge, die nur noch sehr schlecht austrocknet.

Trittschalldämmung/Flächenschaumstoff

In den letzten Jahren hat sich auch die Trittschalldämmung als Schablonenmaterial etabliert. Ursprünglich als Dämmwerkstoff aus dem Hausbau bekannt, ist dieser Schaumstoff in unterschiedlichen Dicken und Preisklassen im Handel erhältlich.

Vorteile:

- Trittschalldämmung ist durch die Dicke von 3 bis 5 mm gut im Filz tastbar.
- Sie ist einfach in Form zu schneiden und leicht in Form zu bringen.
- Es gibt sie verhältnismäßig preisgünstig und in großen Größen zu kaufen.

Nachteile:

- Die Oberfläche ist rau, deshalb haftet der Filz auf dem Schaumstoff und kann nicht einfach verschoben werden, um etwaige Kanten zu bearbeiten.
- Das Material ist deutlich schlechter knickfähig und muss deshalb bei dünnen Filzobjekten schon früh entfernt werden, um Schäden zu vermeiden.
- Außerdem zerreißt Trittschalldämmung sehr leicht und ist deshalb weniger häufig wiederverwendbar.

Gewebe

Wenn hier von Gewebe im Allgemeinen die Rede ist, so soll dies zum Ausdruck bringen, dass das Material vollkommen zweitrangig ist. Wichtig ist nur die Tatsache, dass es sich um dicht gewebte Stoffe handeln muss, die sich nicht oder nur sehr schwer mit dem Filz verbinden. Meist kommt hier Damast oder dichtes Leinengewebe zum Einsatz, es eignen sich aber auch Gewebe aus Kunstfaser. Perfekt geeignet und hier auch in den praktischen Beispielen verwendet ist Baumwoll-Zeltplane. Dieses sehr dichte Baumwollgewebe verdichtet sich in nassem Zustand vollständig und ist auch in sehr großen Größen im Handel erhältlich.

Vorteile:

- Diese Form der Filzschablonen hat eigentlich nur einen wesentlichen Vorteil: Sie sind wirklich dauerhaft verwendbar und damit sehr ressourcenschonend.
- Sie sind außerdem die einzigen Schablonen, die nicht aus Kunststoff bestehen.
- Dünnere Stoffe sind gut biegbar und können deshalb lange im Objekt verbleiben, ohne Löcher zu reißen.

Nachteile:

- Die Arbeit mit Stoffschablonen hat einige Tücken. Der hohe Preis für textile Schablonen ist nicht immer ein Argument. Vor allem alte Bettwäsche, aber auch altes Leinen sind derzeit durchaus erschwinglich, weil sie aus Haushaltsauflösungen in großem Stil in den Handel gelangen.
- Wenn die Schablone wirklich mehrfach verwendet werden soll, so muss der Rand in geeigneter Form versäubert werden, um ein Ausfransen zu verhindern, was einen erheblichen Arbeitsaufwand bedeutet.
- Außerdem besteht auch bei sehr dichten Stoffen die Gefahr, dass sie sich, wie später beim Nunofilz noch beschrieben wird, mit dem Filz verbinden und buchstäblich festfilzen. Die Wolle muss also während des Prozesses immer wieder von der Schablone gelöst werden.

Filz

In der Mongolei wird als Unterlage zum Filzen von neuen Zeltplanen eine sogenannter Mutterfilz aus dünnen Filzplanen verwendet. So ein Mutterfilz kann durchaus auch als Schablonenmaterial verwendet werden.

Vorteile:

- Filz kann sehr dicht und auch in jeder beliebigen Form und Größe hergestellt werden.
- Wie bei Gewebe liegt aber der wesentliche Vorteil darin, dass er nicht aus Kunststoff besteht und extrem lange haltbar ist.

Nachteile:

- Filz ist im Vergleich extrem aufwendig herzustellen und hat die gleichen Nachteile wie Schablonen aus gewebtem Stoff.

Schablonengestaltung

In einfachen Fällen, wenn der fertige Hohlkörper nur eine geringe Höhe hat – wie eine flache Tasche, eine Kissenhülle oder Ähnliches –, bedarf es nur einer einfachen Schablone. Auch einfache runde Objekte können mit einer solchen Schablone verwirklicht werden. Um eine Schablone zu entwerfen, kann man sich den geplanten Hohlkörper als zusammengedrücktes Objekt vorstellen. Die Schablone ist dann nur noch um den entsprechenden Schrumpfungsfaktor in jede Richtung zu vergrößern.

Beispiel für eine einteilige flache Schablone

Es ist eine Tasche in Rechteckform mit einer Größe von

Breite: B = 25 cm

Höhe: H = 30 cm

geplant, und die Schrumpfprobe hat einen Schrumpfungsfaktor von

SF = 1,8

ergeben. Dann muss die Schablone die folgende Größe haben.

Schablonenbreite:

BS = B × SF = 25 cm × 1,8 = 45 cm

Schablonenhöhe:

HS = H × SF = 30 cm × 1,8 = 54 cm

Die Ecken werden abgerundet oder schräg angeschnitten, um sie besser handhaben zu können.

Beispiel für eine einteilige flache Schablone mit Tiefe

Soll der Behälter außerdem eine Tiefe haben, also nicht ganz flach sein, so muss auch dieses Maß bei der Schablone mit berücksichtigt werden. Bis zu einem Verhältnis von 1:3 zwischen Tiefe und Breite, macht diese einfache Schablone noch Sinn, danach muss eine andere Form der Schablone gewählt werden.

In unserem Beispiel soll der fertige Behälter eine Größe von 25 × 30 cm und eine Tiefe von 5 cm haben. Wenn jetzt so ein Hohlkörper flach auf den Tisch gelegt wird, so wird die Taschenbreite auf beiden Seiten um jeweils die Hälfte der Tiefe breiter. Um sich diese Maße bei der Berechnung besser vorstellen zu können, stellt man sich am besten nicht die Breite und Tiefe, sondern den gesamten Umfang der Tasche vor. Die Schablone bildet also nicht die Breite der Tasche ab, sondern die Hälfte des Umfangs. Dann lautet die Berechnung wie folgt:

Berechnung der Schablone

Umfang:

U = 2 × B + 2 × T = 2 × 25 cm + 2 × 5 cm = 60 cm

Für die Schablone wird dann der halbe Umfang mit dem Schrumpfungsfaktor multipliziert.

Schablonenbreite:

BS = ½ × U × SF = ½ × 60 cm × 1,8 = 54 cm

In der Höhe des Behälters schlägt sich die Tiefe allerdings nur einmal zur Hälfte nieder, da der obere Teil offen bleibt, dort also kein Filz benötigt wird.

Schablonenhöhe:

HS = (H + ½ × T) × SF = (30 + 2,5) × 1,8 = 58,5 cm

Hier ist es elementar wichtig, dass die unteren Ecken um jeweils die halbe Tiefe mal Schrumpfungsfaktor abgeschrägt werden, da sonst in den Ecken viel zu viel Material entsteht und eine saubere Ausformung der Ecken nicht mehr gelingt. Die Höhe der Schablone kann dabei deutlich länger gemacht werden, sodass sie später aus dem Filz herausragt und die Kante gut bearbeitet werden kann. Allerdings sollte man sich das errechnete

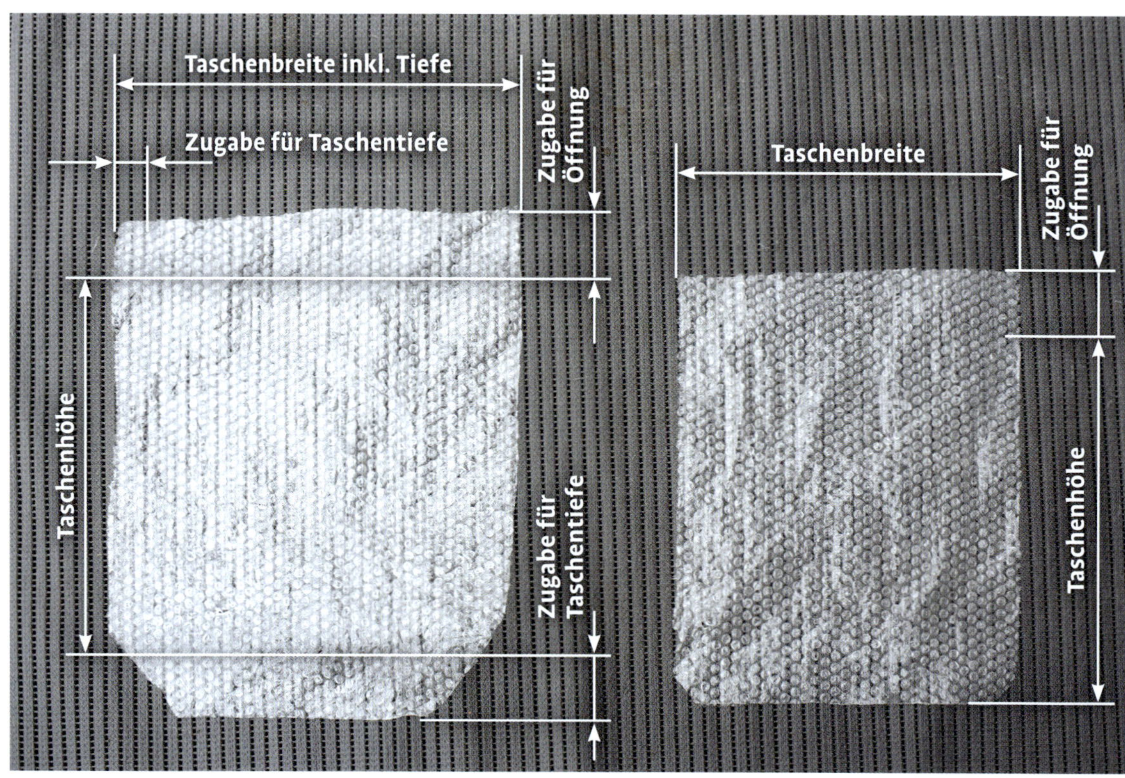

Flache Schablonen für Hohlkörper mit und ohne einberechnete Tiefe

Maß auf der Schablone kennzeichnen, um nicht zu viel Wolle auszulegen.

Mehrfachschablone

Häufig reicht eine einzelne Schablone für ein Objekt nicht aus. Stattdessen werden mehrere Schablonenteile verwendet und nach und nach eingearbeitet. Für eine Tasche mit Innenfach z. B. wird eine flache Schablone für den Taschenbehälter und eine kleinere für das Innenfach benötigt. Die Gestaltung und Berechnung der einzelnen Schablonenteile unterscheiden sich dabei nicht von der obigen Berechnung. Bei komplexen Gebilden können sehr viele Einzelschablonen übereinander und ineinander geschichtet werden. Die Einzelschablonen haben keine Verbindung miteinander und müssen deshalb auch nicht zusammengenäht oder -geklebt werden.

Mehrschichtige Schablone

Wird das Verhältnis von Breite zu gewünschter Tiefe größer als ca. 1:3, kann die Tiefe nicht mehr oder nur sehr schwer aus der Breite ausgeformt werden. Die Form müsste extrem verzogen werden, was nicht nur die genaue Planung der Größe erschwert. Bei der Ausformung entstehen meist auch Falten und Verwerfungen. Deshalb sind mehrschichtige Schablonen erforderlich.

Ein Filzobjekt, das über eine flache, einteilige Kreisschablone gefilzt wird, bildet keine Kugel, sondern ein elliptisches Gebilde.

Schon eine einfache hohle Kugel kann nicht mehr mit einer einfachen Kreisschablone verwirklicht werden, da die geometrischen Abmessungen nicht passen. Das gilt auch für viele andere geometrische Formen, deren Abwicklung sich nicht mehr einfach mit einer Fläche nachbilden lässt, z. B. ein Korb mit breitem Boden. Anhand der Kugelform soll hier die mehrschichtige Schablone erklärt werden, entsprechend lässt sich dieses Prinzip auf alle nachzubildenden Formen umsetzen.
Wenn eine Kugel gefilzt werden soll, z. B. als Lampenschirm, so gilt es, die gesamte Abwicklung der Kugel möglichst genau nachzubilden. Dabei ist zu beachten, dass der Umfang des Kreises sich wie der Umfang der Kugel berechnet.
Umfang ist gleich Pi (Kreiskonstante 3,14) mal Durchmesser des Kreises: $U = \pi \times D$
Für die Kugel gilt Gleiches, da jeder Schnitt durch die Kugel einen Kreis bildet. Diesen Umfang hat die Kugel in jeder beliebigen Richtung. Eine Kreisschablone kann dies aber nur im Umfang nachbilden, die Gegenseite hat nur einen Umfang von zweimal Durchmesser. Es fehlt also die Länge eines kompletten Kreisdurchmessers, den es im Zweifel aus dem Filz herauszuarbeiten gilt. Deshalb muss die Schablone in der zweiten Dimension erweitert werden. Würde jetzt der Kreis einfach verbreitert, also als Ellipse erscheinen, so bliebe die Differenz in der Höhe nach wie vor erhalten, und der Umfang würde sich noch verlängern. Die Erweiterung kann also nur mit einem zusätzlichen Stück Schablone bewerkstelligt werden. Dazu gibt es mehrere Möglichkeiten. Erstens kann einfach ein flaches Stück Schablone aufgesetzt werden. Dies stellt sich dann in seiner Form als Halbkreis dar. Oder aber der gesamte gedachte Umfang wird auf mehrere gleiche Schablonen aufgeteilt. Es entsteht dann eine sternförmige Schablone. Abhängig von der gewünschten sonstigen Gestaltung des Objekts kann die Schablone in drei, vier oder mehr Teile geteilt und in der Mitte sternförmig zusammengefügt werden.
Hinweis: Leider haben sich alle Kleber und Klebebänder, die zur Verbindung dieser einzelnen Schablonenteile eingesetzt werden könnten, als nicht seifenlaugenresistent herausgestellt. Es ist deshalb dringend zu empfehlen, die einzelnen Schablonenteile nicht zusammen zu kleben, sondern mit einer Naht zu verbinden.
In gleicher Weise können vielseitige Körper nachgebildet werden. Allerdings ist darauf zu achten, dass die Schablone noch gut zu handhaben ist. Bei Mehrfachüberlappungen kann es passieren, dass die Schablone nicht mehr mit Wolle belegt werden kann und dann evtl. mit einzelnen, nicht verbundenen Schablonenteilen oder sogar mit getrennten Filzobjekten gearbeitet werden muss.

Skizze Kugelschablone

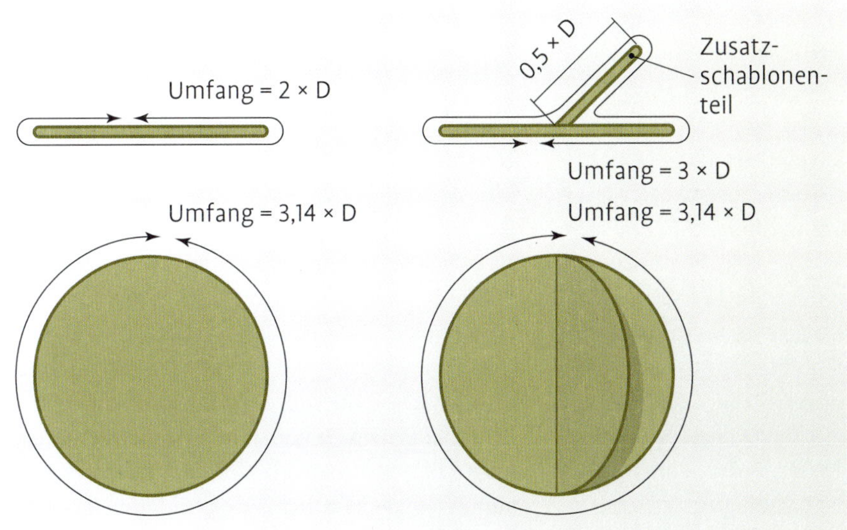

Die linke Skizze zeigt eine einfache Kreisschablone, deren Umfang zu wenig Material liefern würde, um eine Kugel nachzubilden. Bei der rechts dargestellten Schablone wird der Umfang um das fehlende Maß mit einer zusätzlichen Schablone erweitert.

AUSSPÜLEN

Wenn ein Filzwerkstück fertig bearbeitet worden ist, fühlt es sich häufig schon sehr trocken an, und die Form ist nach langer Arbeit endlich zufriedenstellend. Gerade dann fällt es häufig sehr schwer, das ganze Objekt noch einmal komplett ins Wasser zu tauchen, um die Seife auszuwaschen und eventuell noch eine Nachbehandlung vorzunehmen. Stellt sich die Frage: Warum muss das eigentlich sein?

Auswaschen der Seife

Wolle hat einen optimalen pH-Wert von 4,9, ist also leicht sauer. In diesem Zustand ist die Wolle optimal wasserabweisend, und die Oberflächenschuppen liegen flach auf der Oberfläche. In alkalischem Milieu, wie es mit dem Seifenwasser erzeugt wurde, bleiben die Oberflächenschuppen gespreizt, die Wolle bleibt rau. Diese Rauheit führt nicht nur dazu, dass die Wolle matt und glanzlos bleibt, sie macht die Wolle auch spröde. Außerdem werden die Seifenreste immer dazu führen, dass die Wolle schnell Wasser aufnimmt und nass wird. Das fertige Filzobjekt wird also wesentliche Eigenschaften der Wolle verlieren oder diese in geringerem Maße aufweisen.

Essigspülung

Trinkwasser hat allgemein einen neutralen bis schwach alkalischen pH-Wert zwischen 7,0 und 8,5. Das bedeutet, dass selbst bei sehr gründlichem Auswaschen der Wolle maximal ein pH-Wert von 7 erreicht werden kann, wenn nur mit Wasser ausgespült wird. Da aber ein optimaler Wert von 4,9 erreicht werden soll, muss das Spülwasser saurer gemacht werden. Das ist am einfachsten mit einem Schuss Essig zu erzielen. Allerdings ist auch hier auf die richtige Dosierung zu achten.
Reine Essigessenz hat einen pH-Wert von 2, die Wolle würde beim Spülen mit reiner Essigessenz also wieder aufquellen. Die richtige Verdünnung von Säure zur Erzielung eines bestimmten pH-Wertes ließe sich auch berechnen. Da aber Spülwasser im alltäglichen Gebrauch nicht abgemessen wird, reicht eine Näherungsrechnung, um sich ein Bild der entsprechenden Größenordnung zu machen, vollkommen aus. Es ist nämlich erstaunlich wenig Essig oder Essigessenz notwendig, um den pH-Wert des Wassers auf den gewünschten Wert zu senken:

Näherungsrechnung

Wenn ein pH-Wert von 4,5 erreicht werden soll, ist bei einem pH-Wert von 7 des Wassers eine Menge von 0,0001 mol/Liter der Essigsäure erforderlich. Bei einer Molmasse der reinen Essigsäure von 60g/mol entspricht das einer Menge Säure von 0,006 g je Liter Wasser. Essigessenz hat eine Konzentration von 25 Prozent, entsprechend muss vier Mal so viel Essigessenz verwendet werden. Also 0,024 g Essigessenz je Liter Wasser. Das sind wenige Tropfen. Hochgerechnet auf einen Eimer voll Wasser ist etwa ein Teelöffel Essigessenz notwendig, um den pH-Wert auf den gewünschten Wert zu senken. Je nachdem, wie viel Seife sich noch in der Wolle befindet, kann auch etwas mehr eingesetzt werden.

Das ist nur eine Näherungsrechnung, weil Leitungswasser einen unterschiedlichen pH-Wert hat. Außerdem ändert sich der pH-Wert bei „Überdosierung" nicht so schnell. Bei der zehnfachen Menge Essigsäure wird erst ein pH-Wert von 4 erreicht, die Wolle wird also trotzdem nicht geschädigt. Diese Rechnung soll nur eine Größenordnung vermitteln, wie viel Essig oder Essigessenz erforderlich ist.

Mottenschutz anbringen

Filzobjekte neigen, wie alle Wollprodukte, immer dann zum Mottenbefall, wenn sie nicht bewegt und verwendet werden. Daraus folgt, dass vor allem Einrichtungsgegenstände, Dekorationsobjekte und saisonale Kleidung betroffen sind und möglichst gegen Befall geschützt werden sollten. Einen wirksamen Mottenschutz anzubringen ist am einfachsten gleich nach der Herstellung möglich. Wie in Kapitel „Wollkunde" beschrieben, kann Wolle auch von anderen Schädlingen befallen werden, die Behandlung bleibt aber gleich.

Direkt ins letzte Spülwasser kann deshalb ein Duft gegeben werden, der von der Wolle bereitwillig aufgenommen wird. Allerdings haben alle Düfte die Angewohnheit, schnell zu verfliegen, deshalb bleibt auch der Schutz gegen Wollschädlinge nicht lange erhalten. Hier ist regelmäßige Nachbehandlung erforderlich.
Viel effektiver, weil langanhaltend, ist eine Behandlung mit Neemöl. Gängig sind Produkte, die das Neemöl in alkoholischer Lösung anbieten und die auf das fertige Objekt aufgesprüht werden. Das ist erst nach dem Trocknen sinnvoll und kann leicht auch nachbehandelt werden, weil der Filz dabei nicht nass wird. Der Alkohol verdampft rasch, und zurück bleibt das Neemöl, das auch schnell seinen eher unangenehmen Duft verliert, sodass nur die Wirkstoffe zurückbleiben. Diese wirken so lange, bis das Objekt gewaschen wird und das Neemöl damit ausgespült wird. Neemöl ist nicht giftig.

Gift gegen Motten?

Giftig sein bedeutet nach Wortdefinition „eine schädliche Wirkung entwickelnd". Demnach ist alles giftig, es ist nur eine Frage der Dosierung. Da Neemöl aber in der vorliegenden Einsatzkonzentration und Verwendung keine schädliche Wirkung auf den Menschen hat, kann es als unbedenklich betrachtet werden.

Die Wirkstoffe des Neemöls behindern den Stoffwechsel der Schädlingslarven, sodass sie nicht zu erwachsenen Tieren heranwachsen und sich folglich auch nicht vermehren können. Außerdem schmeckt es offenbar derart bitter, dass die Larven am gedeckten Tisch verhungern. Diese Wirkung entfaltet Neemöl aber bei allen Insekten, weshalb es immer nur gezielt eingesetzt werden sollte.

Eine Behandlung mit Neemöl kann aber auch beim Auswaschen direkt vorgenommen werden. Dazu kann eine wässrige Lösung mithilfe eines Emulgators hergestellt und in das letzte Spülwasser gegeben werden. Beim Durchkneten des Filzes setzt sich das Neemöl auf der Faser ab und bleibt haften. Auch hier bedarf es keiner übermäßigen Konzentration, sonst fühlt sich der Filz klebrig und fettig an. Leider sind diese Emulsionen ohne Konservierungsstoffe nicht sehr stabil und werden deshalb im Handel nicht angeboten. Im biologischen Pflanzenschutz sind aber Mischungen von Neemöl und Emulgator erhältlich, die dann nur noch mit Wasser angerührt und verdünnt werden müssen. Diese Emulsion ist deutlich günstiger als die alkoholische Lösung und kann ebenfalls aufgesprüht werden.

TROCKNEN

Wie oben beschrieben, muss Filz nach fertigem Filzprozess wieder gründlich ausgespült werden und ist danach erst mal wieder tropfnass. Auswringen verbietet sich schon deshalb, weil der Filz dabei extrem aus der Form ginge und ganz viel Formarbeit zunichte gemacht wäre. Das Wasser ersatzweise aus dem Objekt zu drücken ist zwar gut möglich, meist aber wenig effektiv, da der poröse Filz sehr gut Wasser aufnehmen kann. Deshalb empfehlen sich zwei Möglichkeiten, um den größten Teil des Wassers aus dem Filz zu bekommen.

Austropfen

Die einfachste Lösung ist, den Filz aufzuhängen und austropfen zu lassen. Das geht auch bei sehr großen Objekten. Der Filz ist, auch wenn er nass ist, soweit hydrophob, dass das Wasser nicht auf der Oberfläche haftet, es tropft sehr gut aus dem Filz heraus. Allerdings verzieht sich der Filz häufig beim Aufhängen, weshalb er wieder in Form gezogen werden muss, bevor er ganz trocken ist. Es wird also aufgehängt, bis nichts mehr tropft, dann in Form gezogen und erst dann endgültig getrocknet.

Schleudern

Eine zweite Möglichkeit, das überschüssige Wasser aus dem Filz zu bekommen, ist das Schleudern. Für kleine Objekte reicht schon eine handelsübliche Salatschleuder, größere werden bevorzugt in einer

Wäscheschleuder geschleudert. Das Schleudern in der Waschmaschine ist zwar ebenso möglich, die meisten Waschmaschinen haben aber mit einzelnen Objekten ein Problem, weil sie durch Gewichtssensoren feststellen, dass der Inhalt der Trommel nur einseitig verteilt ist und deshalb versuchen die vermeintliche Wäsche durch hin und her drehen der Trommel zu verteilen. Bei einzelnen, großen Objekten führt das dazu, dass der Schleudergang gar nicht erst einsetzt. Außerdem brauchen Waschmaschinen eine gefühlte Ewigkeit, bis der Schleudergang abgeschlossen ist. Eine einfache Wäscheschleuder ist da deutlich effektiver.

Wichtig beim Beladen der Schleuder ist, dass das Filzobjekt gleichmäßig in der Trommel verteilt ist, da eine Unwucht üblicherweise die ganze Trommel aus dem Gleichgewicht bringt und diese gegen den Rand der Schleuder schlägt. Bei manchen Filzobjekten ist es deshalb notwendig, ein Gegengewicht z. B. in Form eines feuchten Handtuchs mit in die Schleuder zu geben. Empfindliche Filze sollten außerdem im Kreis gelegt werden, sodass sie an die Wand der Trommel gepresst und nicht durch starke Fliehkräfte in der Mitte zerrissen werden. Ein fertiger Filz wird dabei zwar keinen Schaden nehmen, Vorfilze oder noch nicht fertige Objekte können aber durchaus beschädigt werden.

Abschließendes Durchtrocknen

Nach dem Austropfen oder Schleudern fühlt sich der Filz schon sehr trocken an, weil sich kaum noch Wasser zwischen den Fasern befindet. Allerdings ist die Wolle damit noch lange nicht trocken. Wichtig ist, dass das Filzobjekt jetzt in Form gebracht wird und alle ungewünschten Falten wieder herausgestrichen werden. Die Wolle ist auch noch gequollen, kleine Nacharbeiten sind also durchaus noch möglich. Auch wird der Filz bei intensiver Bearbeitung durchaus noch minimal schrumpfen, es können also noch Formgebungen vorgenommen werden.

Während des anschließenden Trocknungsvorganges geben die Wollfasern die eingelagerte Feuchtigkeit ab, die Quellung löst sich auf, die Faser schrumpft, und damit zieht sich auch der Filz enger. Das sind alles mikroskopische Ausmaße, sie führen aber dazu, dass der Filz anschließend wesentlich weniger verformbar ist. Während ein feuchter Filz noch verzogen werden kann, gelingt das bei einem trockenen Filz nicht oder deutlich weniger.

Falten, die jetzt absichtlich in den Filz gebracht und fixiert werden, lösen sich nach dem Trocknen nicht mehr. Das gilt allerdings immer nur so lange, bis der Filz wieder nass wird. Dazu kann bisweilen auch länger einwirkende Luftfeuchtigkeit ausreichen.

Der Hut wurde als einfacher Kegel gefilzt, die Falten in der Spitze sind nur durch Faltenlegung während der Trocknungsphase entstanden und nicht wirklich als Falte gefilzt.

HANDFILZ: DIE GRUNDFORMEN

Handgefertigter Filz setzt sich im Wesentlichen aus drei Grundformen zusammen, aus denen sich alle gängigen Filzobjekte herstellen lassen: Flächenfilz, Hohlkörperfilz und Vollkörperfilz.

Die ursprünglichste und einfachste Grundform des Filzes ist die Filzfläche. Sie ist gleichzeitig auch die gängige Erscheinungsform von Industriefilz, die dann durch Nähen, Nieten oder Kleben zu komplexeren Objekten verarbeitet werden kann. Im Handfilz und in der Hutmacherei findet sich die zweite Grundform, der sogenannte Hohlkörperfilz. Anders als bei anderen Textilien ist zur Herstellung eines Hohlkörpers keine Naht oder andere Verbindungstechnik notwendig: Hohlkörper jeder beliebigen Form und Komplexität lassen sich direkt aus der Wollfaser herstellen. Der Einsatz von Maschinen ist nur bedingt möglich. Auch heute noch ist bei der industriellen Herstellung von Hutstumpen viel Handarbeit notwendig.

Die dritte und wohl neueste Form des Filzes ist der Vollkörperfilz, den man in der einfachsten Erscheinungsform der Filzkugel kennt, der sich aber auch zur Herstellung aufwendiger Filzskulpturen eignet. Da diese Form des Filzes vor allem für Kunst, Schmuck und Dekorationszwecke verwendet wird, ist er wohl erst in neuerer Zeit entstanden.

Alle drei Formen sind in einer großen Vielseitigkeit herstellbar und weisen jeweils noch Übergangsformen auf, die die klare Trennung der drei Grundformen verschwimmen lassen.

FÜR ALLE FORMEN: PROBEFILZ ERSTELLEN

Probefilze werden zu unterschiedlichen Zwecken erstellt. Der häufigste ist die Ermittlung des Schrumpfungsfaktors einer bestimmten Wolle für ein bestimmtes Projekt. Doch auch zur grundsätzlichen Bewertung einer fremden Wolle oder der Wolle einer bestimmten Rasse ist es wichtig, eine Probe zu erstellen. Dabei unterscheiden sich die Vorgehensweisen. Wie im Abschnitt „Schrumpfung“ (ab Seite 303) bereits beschrieben, hängt die Schrumpfung neben der verwendeten Wolle auch von der Dicke des Filzes ab. Wenn also ein Filzobjekt geplant wird, muss erst eine gewünschte Dicke festgelegt und daraus die Schrumpfung ermittelt werden. Die nachfolgende Tabelle kann helfen, die gewünschte Filzdicke zu ermitteln.

Die einzelnen Spalten stehen dabei für:

Filzart: Grobe Einteilung der Filze in extrem fein bis extrem dick. Es handelt sich hier um frei erfundene Bezeichnungen, die keinem Standard und keiner Normung unterliegen.

Dicke in mm: Dieses Maß ist schwer zu ermitteln und unterliegt vor allem durch wulstige Ränder starken Messfehlern. Um eine zuverlässige Dicke messen zu können, kann entweder ein Stück aus dem Probefilz ausgeschnitten werden, oder es werden Messhilfsmittel verwendet. Dazu wird auf beide Seiten des Probestücks je eine Platte aus festem Material, Holz, Kunststoff oder Metall gelegt, die gesamte Dicke gemessen und dann die Dicke der Hilfsplatten wieder abgezogen. So verteilt sich erstens der Messdruck gleichmäßig, und zweitens werden die Ränder umgangen.

Objekt-Beispiel: Soll nur als Anhaltspunkt dienen, wofür diese Filzart verwendet werden kann.

Wollmenge in g/cm²: Diese Angabe bezieht sich auf den fertigen Filz und ist bei der Planung eines Filzobjekts eine wichtige Größe. Dabei lässt sich feststellen, dass bei gleichem Gewicht grobe Wollen einen dickeren Filz ergeben, der in der inneren Struktur zwar offener, insgesamt aber standfester wird. Das macht sich aber nur bei sehr genauer Messung und Berechnung bemerkbar und wird in der Tabelle nicht weiter berücksichtigt, da sie nur als Anhaltspunkt dienen soll.

HILFE ZUR ERMITTLUNG DER FILZDICKE

Filzart	Dicke in mm	Objekt-Beispiel	Wollmenge	
			g/cm²	g/m²
Extrem dünner, durchsichtiger Filz	0,5 mm	Lichtobjekte, Vorhänge	0,010	100
Sehr dünner Filz	1 mm	Schal, Kleidung	0,020	200
Dünner Filz	2 mm	Tischläufer, Beuteltaschen	0,050	500
Mittelfester Filz	3 mm	Taschen	0,070	700
Dicker, standfester Filz	5 mm	Teppiche, Körbe, Schuhe	0,150	1000
Sehr dicker Filz	10 mm	Dicke Teppiche, Sitzunterlagen	0,200	2000

Standardversuch festlegen

Wenn man eine Wolle nicht kennt und ihre Filzeigeschaften nicht voraussagen kann, dann kann die Materialmenge nur angenommen werden. Auch die Schrumpfung ist nicht bekannt, sondern soll mit der Probe ermittelt werden. Deshalb wird ein vergleichbarer Standardversuch festgelegt.
Probefilze werden in der Regel quadratisch hergestellt; das dient vor allem der Selbstkontrolle. Sollte am Ende des Filzprozesses eine quadratisch ausgelegte Probe nicht quadratisch sein, so liegen unweigerlich Fehler vor. Entweder wurden die Lagen nicht gleichmäßig aufgeteilt und es liegen mehr Fasern in eine Richtung, oder es wurde nicht gleichmäßig gearbeitet, sodass eine Richtung mehr geschrumpft ist als die andere. Bei einer rechteckigen Form ist dies nicht ohne Weiteres zu erkennen, ohne die Seitenverhältnisse zu berechnen.
Ein Probestück soll nicht zu groß sein, um die Arbeit zu minimieren, darf aber auch nicht zu klein gewählt werden, da sonst das Auslegen mit langen Fasern sehr schwierig wird.
Optimalerweise werden zwei verschieden dicke Proben erstellt, um Vergleichswerte zu erhalten. Das ist bei manchen Schafrassen elementar, weil diverse Störfasern zwar verhindern, dass ein dünner Filz hergestellt werden kann, die Wolle sich aber für dicke Filze trotzdem gut eignet.
Alle Proben im Kapitel „Schafrassen" sind deshalb nach folgender Vorgabe gemacht und beurteilt:
Auslegegröße: A = 20 × 20 cm
Materialmenge 1: m1 = 5 g
Materialmenge 2: m2 = 20 g

Nach Beendigung des Filzversuches werden dann die Endgrößen und das Endgewicht gemessen und die Schrumpfung bzw. die Materialmenge je cm² berechnet. Mit diesen Größen können dann Projekte geplant werden. Da hier mit Rohwolle gearbeitet wird, wird die Wollmenge unweigerlich abnehmen, da Schmutz und Wollfett ausgewaschen wird. Dies kann bis zu 20 Prozent des Gewichtes ausmachen.

Vorbereitung der Wolle

Da hier Rohwolle verwendet wird, muss die Wolle nicht vorbereitet werden. Es ist aber vor allem bei stark lockigen Wollsorten notwendig, die Wolle aufzukämmen, da sich sonst die einzelnen Fasern nur sehr schwer voneinander trennen lassen. Beim Kardieren lockern sich die Fasern, die gesamte Wollmenge wird deutlich voluminöser und lässt sich deshalb auch viel leichter auslegen.

Vorgehensweise

Die Wolle wird in 2 oder 4 über Kreuz liegende Schichten gleichmäßig ausgelegt. Bei der dünnen Probe mit wenig Wolle ist besondere Sorgfalt erforderlich. Dabei legt man die Wolle etwas über den angezeichneten Rand, um ihn später noch umklappen zu können. Als Faustformel kann hier als Maß etwa ein Drittel der Faserlänge angenommen werden.
Nach dem Nässen wird durch vorsichtiges Drücken mit der Handfläche oder einer Abdeckmatte die Luft aus der Wolle gedrückt, anschließend werden die Ränder umgeschlagen.

1 Stark lockige Rohwolle sollte vor dem Auslegen aufgezupft oder gekämmt werden. Sie erscheint danach deutlich voluminöser und lässt sich leichter auslegen.

3 Nach dem vollständigen Nässen werden die Ränder umgeschlagen, um eine definierte Kante zu bekommen.

2 Ausgelegte Rohwolle mit minimalem Überstand über die Markierung

4 Anfilzen und Rollen der Probefilze mit einer Rollhilfe, hier eine Antirutschmatte.

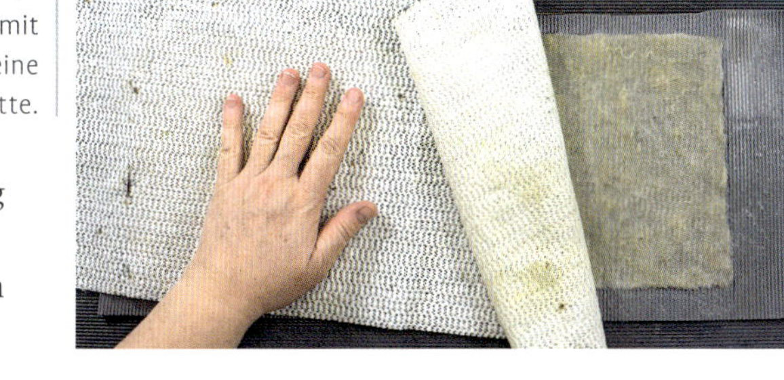

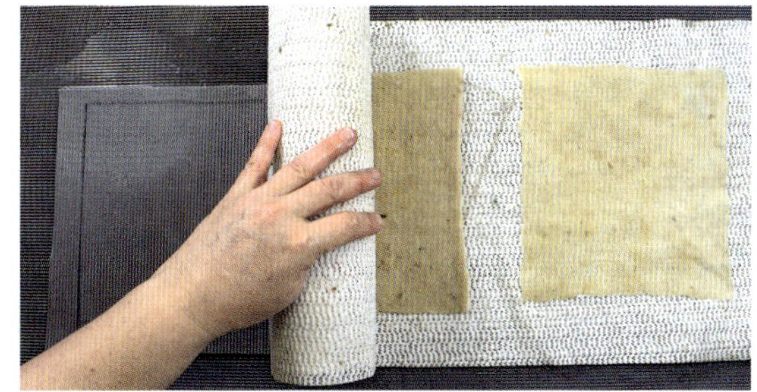

Zum Anfilzen der Flächen legt man eine Abdeckung über die ausgelegte und genässte Wolle und filzt die Probe durch vorsichtige, kreisende Bewegungen an. Wenn sich die Flächen etwas verfilzt haben (an der Oberfläche lassen sich keine Fasern mehr greifen) können beide Proben vorsichtig auf eine Rollunterlage gelegt und durch Rollen weiter verdichtet werden.

Dabei zeigt sich schon nach kurzer Zeit, dass die Proben einseitig schrumpfen. Das verdeutlicht das Filzverhalten in Bearbeitungsrichtung eindrücklich. Es ist deshalb notwendig, die Proben um 90 ° zu drehen, um sie auch in der Gegenrichtung bearbeiten zu können. Wenn eine gewisse Festigkeit erreicht ist und vor allem die Oberfläche verfilzt ist, kann man die Unterlage auch entfernen und direkt auf der Arbeitsfläche weiterarbeiten.

Alternativ können die Proben nach dem Anfilzen auch geknetet werden. Dabei schrumpft der Filz in alle Richtungen gleichermaßen, es besteht aber die Gefahr, dass der Filz eine unebene Oberfläche bekommt, und er wird üblicherweise stark verzogen. Deshalb muss der Filz auch hier immer wieder glattgestrichen und in Form gezogen werden.

Wenn sich, egal bei welcher Bearbeitungsform, einige Stellen weniger verfilzen und sich Wellen und Zipfel bilden, dann kann man dies durch gezieltes Bearbeiten in die entsprechende Richtung beheben. Dazu rollt oder reibt man in die gewünschte Schrumpfrichtung.

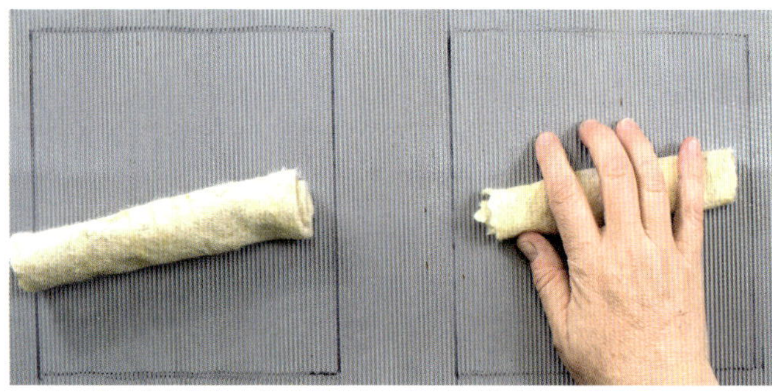

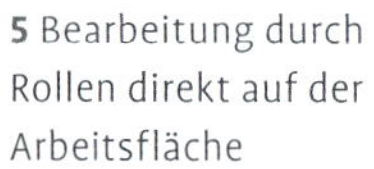

5 Bearbeitung durch Rollen direkt auf der Arbeitsfläche

6 Zipfel- und Wellenbildung werden durch Bearbeitung in die entsprechende Richtung behoben.

7 Fertiger Probefilz

Wenn die Filzproben auch bei längerer Bearbeitung nicht mehr schrumpfen, dann ist der Filz ausgefilzt und damit fertig. Jetzt wird der Filz ausgewaschen, überflüssiges Wasser herausgedrückt oder herausgeschleudert, in Form gezogen und getrocknet. Es empfiehlt sich, bei Rohwollfilz immer eine letzte Spülung mit saurem Wasser und eventuell sofort einen Mottenschutz vorzunehmen.

Fehler beim Probefilzen

Es mag nach dieser Beschreibung verwundern, dass die Probenerstellung eine echte Herausforderung ist. Es passieren sehr häufig folgende Fehler:

- Die ausgelegte Wolldicke entspricht nicht der späteren Dicke des geplanten Objekts. Es ist nicht leicht, eine Wolldicke festzulegen und diese dann auch beizubehalten. Ein zweites Stück ausgelegte und nicht gefilzte Wolle als Fühlprobe kann hier Abhilfe schaffen.
- Die Probe wird intensiver und fester gefilzt als das spätere Objekt. Eine Probe ist meist deutlich kleiner als das geplante Filzobjekt und deshalb sehr viel leichter zu bearbeiten und zu walken. Es ist deshalb nicht verwunderlich, dass die Probe fester gefilzt wird. Da hilft nur, sich an die gemessenen und berechneten Werte zu halten, auch wenn die Kräfte zwischenzeitlich schwinden.

FLÄCHENFILZ

Flächenfilz ist in unterschiedlichen Dicken und Feinheiten möglich und reicht von zentimeterdicken groben Flächen für z. B. Sitzunterlagen bis hin zu hauchzarten Gewirken aus feinster Wolle, die sich als Schals und Vorhänge verwenden lassen. Die Grundtechnik ist dabei zwar immer gleich, das verwendete Material und die gewünschte Filzdicke machen aber eine unterschiedliche Herangehensweise und Bearbeitung notwendig. Mit zwei extremen Beispielen, einer dicken Sitzunterlage und einem dünnen Tischläufer, soll hier verdeutlicht werden, welche Technik sich für welches Objekt eignet und was überhaupt möglich ist. Als Abwandlung wird noch ein Beispiel für eine gepolsterte Filzfläche gezeigt, diese eignet sich als Unterlage zum Nadelfilzen. Welches Material und welche Technik man am Ende selbst für ein geplantes Objekt wählt, ist aber vor allem eine Frage der persönlichen Vorlieben.

 ROBUSTE SITZUNTERLAGE

Einfache, dicke Filzflächen sind von kleinen Topfuntersetzern bis hin zu großen Teppichen in sehr vielen verschiedenen Größen und Beschaffenheiten denkbar. Eine sehr nützliche Variante stellt die Sitzunterlage dar, die bei vielen Outdooraktivitäten die kleine Pause zwischendurch erleichtert. Wenn sie dann noch praktisch zusammengebunden werden kann, hat sie auch Platz in jeder Tasche. Es wird also eine Sitzunterlage geplant, die eine ausreichende Größe hat und zusammengebunden werden kann. Je dicker der Filz ist, desto besser isoliert sie und schützt auch vor Feuchtigkeit. Wie im Kapitel „Handfilz: die Grundformen" (Seite 337) bereits beschrieben, wird die Dicke von Filz in Gramm je Quadratmeter oder Quadratzentimeter definiert. Wenn hier also ein sehr dicker Filz aus grober Wolle entstehen soll, so wird eine Menge von 2 kg je m² gewählt. Daraus lässt sich dann die benötigte Menge für die Filzfläche berechnen. Die Größe braucht nicht einer Stuhlfläche zu entsprechen, eine Größe von 25 × 30 cm reicht vollkommen aus.

Materialauswahl

Die Auswahl der Wolle beeinflusst neben der Bearbeitungszeit auch die Oberflächenerscheinung der fertigen Sitzunterlage und die erzielbare Festigkeit. So werden viele steife Stichelhaare später aus dem Filz herausragen und sich sehr unangenehm anfühlen. Viele lange Grannenhaare führen zu einem eher offenen, lockeren Filz, dessen Oberfläche anfällig ist und sich leicht aufrubbelt. Gleiches gilt für zu feine, kurzfaserige Wollen. Darüber hinaus sollte die Wolle bereitwillig und zügig filzen, da ein derart dicker Filz ohnehin schon viel Arbeitsaufwand und Kraft erfordert. Für dieses Beispiel wird Bergschafwolle verwendet. Im Beispiel ist die Wolle ungewaschen und ungekämmt. Es kann aber ebenso gut ein gewaschenes und gekämmtes Wollvlies aus dem Handel verwendet werden.

Planung

Endgröße:
$A = 25 \times 30\ cm = 0{,}25 \times 0{,}30\ m = 0{,}0750\ m^2$
Materialmenge:
$m = 0{,}075\ m^2 \times 2\ kg/m^2 = 0{,}150\ kg = 150\ g$

Wollvorbereitung

Vor allem dicke Filze eignen sich hervorragend zur Herstellung aus Rohwolle. Die Wolle braucht also gar nicht vorbereitet zu werden. Lediglich ein Aufzupfen kann sinnvoll sein, wenn die Wolle sich schlecht aus dem Vlies lösen lässt oder in auffälligen Stapeln vorliegt.

Arbeitsplatz

Rutschfeste, wasserfeste Unterlage, die sich zusammenrollen lässt. Zum Beispiel Bastmatte, Gummimatte oder Ähnliches, Wasser mit Seife, Sprühflasche zum Auftragen des Wassers.

Ein dicker Filz isoliert nicht nur gegen Kälte, er hält auch die Bodenfeuchtigkeit ab und polstert.

Größe festlegen

Um die gewünschte Endgröße von 25 × 30 cm zu erreichen, muss erst die Auslegegröße berechnet werden. Der Schrumpfungsfaktor kann entweder durch eine entsprechende Probe oder durch Erfahrung festgelegt werden. Die Schrumpfprobe hat hier einen Faktor von 1,5 ergeben. Daraus errechnet sich eine Auslegegröße von

B = 25 cm × 1,5 = 37,5 cm

L = 30 cm × 1,5 = 45 cm

Da die Sitzunterlage zusammengerollt und gebunden werden soll, kann man entsprechende Schnüre vorsehen, die aus einer andersfarbigen Wolle gemacht werden und zusätzlich als Verzierung der Oberfläche dienen.

Vorgehensweise

Auf den Arbeitsplatz wird die Kontur der Sitzunterlage aufgemalt. Das geschieht am besten mit Kreide oder Buntstift, da diese sich leicht auswaschen lassen. Man kann sich hier auch ein Muster vorzeichnen, das aber für die Vorgehensweise unerheblich ist. Außerdem werden noch ein paar Leinenfasern mit auf die Oberfläche der Sitzunterlage aufgelegt. Diese sind erst im Kapitel „Färben“ wieder von Bedeutung und werden hier erst einmal ignoriert.

Anschließend legt man die Wolle kreuzweise auf der Fläche aus. Es ist unbedingt darauf zu achten, dass die Wolle gleichmäßig ausgelegt ist und auch die Faserrichtungen gleichmäßig aufgeteilt sind. Es empfiehlt sich, mit den flachen Händen immer wieder über die Fläche zu fühlen, um Unebenheiten zu entdecken. In unserem Beispiel wird die gesamte Wollmenge auf vier Lagen aufgeteilt. Dabei werden die Fasern von zwei Lagen waagerecht und zwei senkrecht zur Tischvorderkante ausgelegt.

Jetzt kann man diesen gesamten Wollstapel nass machen. Im Wasser sollte bereits viel Seife gelöst sein, weil Rohwolle viel Seife braucht, um schnell nass zu werden, und weil damit auch schon ein großer Teil der Verschmutzung gelöst wird. Mithilfe einer Gaze oder Folie kann dann die Wolle zusammengedrückt werden. An den Kanten stellt man dann fest, dass die ausgelegte Wolle sich etwas gelängt hat und über den gezeichneten Rand hinaussteht. Das kommt uns sehr entgegen, da jetzt die äußersten Fasern umgeklappt werden können, sodass sich später ein schönerer Rand ergibt. So wird die Sitzunterlage auch gleichmäßig dick, ohne geschnitten zu werden.

Anschließend kann die Sitzunterlage gefilzt und gewalkt werden. Bei Rohwolle ist es meist vorteilhaft, die gesamte Arbeit einfach sofort zusammenzurollen und so zu verfestigen. Durch Hin-und-her-Rollen verfestigt sich der Filz im Inneren der Rolle zunehmend, was aber einige Zeit in Anspruch nimmt. Nach ein paar Minuten kann die Rolle geöffnet und das vorläufige Ergebnis überprüft werden. In diesem Zustand lassen sich Fehler noch beheben. Anschließend wird die Filzfläche um 90 ° gedreht und wieder zusammengerollt, bis

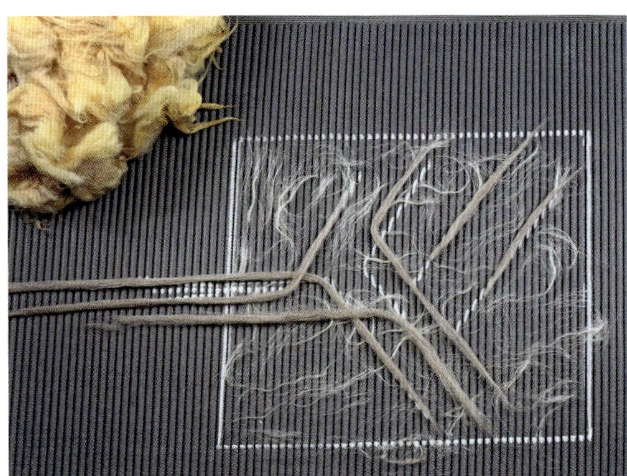

1 Aufgemalte Kontur mit fertig ausgelegter Verzierung aus Leinefasern und Schnur für den Verschluss zum auffilzen.

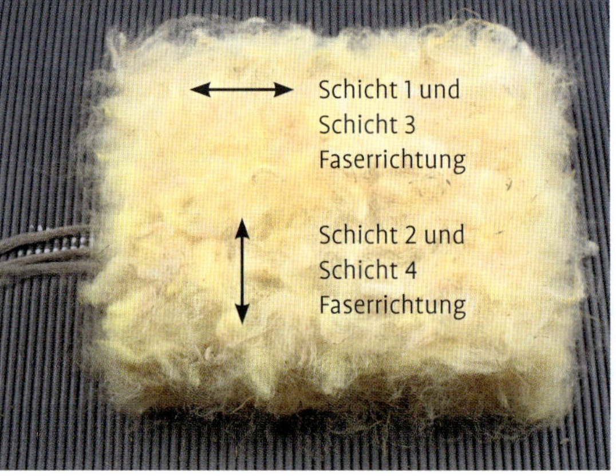

2 Fertig ausgelegte Wolle in insgesamt 4 Schichten. Die Schichten werden abwechselnd in unterschiedlichen Richtungen ausgelegt.

3 Nach dem Nässen werden die Kanten an allen vier Seiten umgeschlagen.

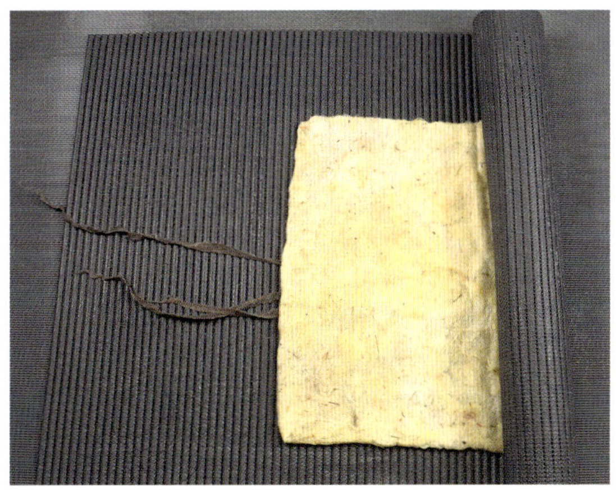

4 Die Sitzunterlage wird erst mit Arbeitsunterlage (Bild) und dann ohne rollend bearbeitet, um den Filz zu verdichten.

5 Fertig gewalkte Sitzunterlage mit geflochtenem Verschluss zum Zusammenrollen. Die aufgezeichnete Linie zeigt zum Vergleich die Auslegegröße an.

sie merklich anfängt zu schrumpfen. Dann kann man die Arbeitsunterlage auch weglassen und den Filz ohne Zwischenlage direkt bearbeiten.
Solche dicken Filze können zwar auch durch Kneten und Werfen verfestigt werden, meist führt dies aber zu einem sehr unregelmäßigen Ergebnis. Das liegt vor allem daran, dass Knicke, die beim ersten Werfen entstehen, sich nicht ändern und sich dann immer an der gleichen Stelle wieder bilden. Beim Kneten neigen solche Filze zu einer unebenen Oberfläche, diese wird im Kapitel „Filzfehler" noch näher behandelt. In einem noch weichen Zwischenstadium können Knicke und Unebenheiten aber noch sehr einfach geglättet werden. Dazu kann man eine Walkrolle verwenden. Sehr dicke Filze sind gegen Ende der Verdichtung nur noch schwer zu bearbeiten. Man neigt dazu, die Arbeit als fertig zu deklarieren, bevor die geplante Größe erreicht ist, und ärgert sich dann, wenn der Filz nicht passt oder weniger haltbar ist. Die Arbeit wird etwas leichter, wenn sehr heißes Wasser mit weniger Seife nachgegossen wird. Dann wird die Wolle wieder griffiger und schrumpft etwas leichter. Man sollte sich aber keinen Illusionen hingeben: Feste, dicke Filze sind schwere Arbeit. Es lohnt sich aber, die geplanten Maße und auch die Form durch entsprechende Bearbeitung genau einzuhalten. Der Filz wird es durch Haltbarkeit danken.
Nach Erreichen des Endmaßes muss die Sitzunterlage noch mit klarem Wasser ausgewaschen werden, bis keine Seifenlauge mehr in der Wolle ist. Eine Spülung mit Essigwasser kann Seifenreste neutralisieren und gibt der Faser wieder einen leicht sauren pH-Wert. Wichtig ist jetzt nur noch, dass möglichst viel Wasser herausgedrückt oder geschleudert wird, um den fertigen Filz zügig trocknen zu können. In noch feuchtem Zustand wird er in die endgültige Form gezogen und geglättet. Hier kann ein Walkholz wieder wertvolle Dienste leisten. Aus den aufgefilzten Schnüren formt man dann noch den Verschluss. Dazu verknotet man zwei Schnüre zu einer Schlaufe und fädelt auf die dritte einen Knopf. So kann die Sitzunterlage praktisch zusammengerollt und verschnürt werden.
Weiter geht es mit dieser Sitzunterlage im Kapitel „Färben" (Seite 533). Deshalb wurde sie auch noch extra mit fettlösendem Waschmittel gewaschen, um Wollfett und mögliche Restverschmutzungen auszuwaschen. Das ist nicht notwendig, wenn die Sitzunterlage nicht gefärbt werden soll.

GEPOLSTERTE NADELFILZUNTERLAGE

Ähnlich wie die Sitzunterlage kann man sich auch eine dicke, gepolsterte Arbeitsunterlage zum Nadelfilzen selbst filzen. Dazu legt man in die Mitte der Wollschichten eine sehr dicke Lage nicht filzfähiger oder schlecht filzender Wolle. Diese Wolle wird sich nur minimal mit den äußeren Schichten verbinden und in sich nur sehr wenig oder gar nicht verfilzen, dadurch bildet sich eine Polsterung. Für die mittlere Schicht sind Milchschafwolle, Texelwolle oder auch Shropshire-Wolle geeignet. Letztere verfilzt aber gar nicht und verbindet sich deshalb kaum mit den äußeren Wolllagen, weshalb die Gefahr besteht, dass sie eher wie ein ausgestopftes Kissen rundlich wird und nicht flächig bleibt.

Für eine gepolsterte Filzfläche wird eine dicke Schicht schlecht filzender Wolle gelegt, die dann als Polsterung dient und selbst nicht verfilzt.

Eine perfekte Arbeitsunterlage zum Nadelfilzen

Eine solche gefilzte Nadelfilzunterlage ist sehr haltbar, vor allem aber besteht sie nicht aus Kunststoff und wird nicht als Mikroplastik irgendwann im Abwasser landen. Fasern, die auf der Oberfläche haften, lassen sich gut abbürsten, und bei Bedarf lässt sich so eine Unterlage auch gut waschen. Wer sich mit dieser Technik eine Sitzunterlage filzen möchte, sollte sich darüber bewusst sein, dass es extrem schwer wird, eine so große Menge Wolle zu bewegen, um den Filz zu walken. Die nicht filzende Füllwolle verschluckt einen Großteil der Kraft, ohne dass der äußere Filz fester wird. Doch auch diese Arbeit wird durch den anschließenden Sitzkomfort und die Haltbarkeit belohnt.

ZARTER TISCHLÄUFER

Um einen dünnen, zarten Filz herzustellen, ist die Vorgehensweise prinzipiell genau die Gleiche, trotzdem gibt es wichtige Unterschiede zu berücksichtigen, und weil man außerdem am Beispiel Flächenfilz ganz viel über die Handhabung von Fasern lernen kann, entsteht hier gleich zwei Mal das gleiche Objekt, nur mit unterschiedlichen Methoden. Beim ersten Objekt wird die übliche und allgemein verbreitete Technik des Auslegens der Wolle angewandt, während das zweite eine wichtige Abwandlung mitbringt.

Materialauswahl und Vorbereitung

Es macht wenig Sinn, einen hauchzarten Filz aus grober Wolle herzustellen. Es muss sich also um eine feine bis sehr feine Wolle handeln, und es ist vorteilhaft, wenn sie eine etwas längere Faserlänge aufweist, denn dann bleibt der Filz flexibel. Gängigerweise greift man in so einem Fall zu feiner Merinowolle im Kammzug, und weil das doch etwas langweilig ist, wird im zweiten Beispiel Wensleydale-Wolle verwendet, die zwar nicht so weich, aber sehr viel dekorativer ist. Außerdem ist diese Wolle im Farbübergang gefärbt und soll komplett für den Tischläufer verwendet werden.

Arbeitsplatz

Am besten ist eine rutschfeste Unterlage, die zusammengerollt werden kann, z. B. eine Gummimatte oder Bastmatte. Jede Arbeitsplatte kommt bei langen Objekten bisweilen an ihre Grenzen. Bei dem kleineren Tischläufer mag sie noch aus-

Der fertige Läufer aus Wensleydale-Locken

1 In zwei überkreuzten Lagen sehr dünn ausgelegte Wolle

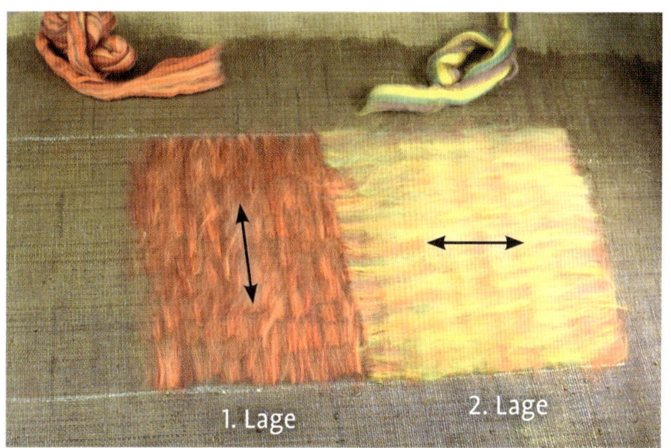

reichen, spätestens die Auslegelänge des zweiten Tischläufers wird grenzwertig. Es ist aber gar nicht notwendig, einen so großen Arbeitstisch zu haben. Man kann lange Filzobjekte auch bereits beim Auslegen zusammenrollen und sich nach und nach vorarbeiten.

Tischläufer aus Merinokammzug: Planung

Wie in den Grundlagen zur Filzherstellung erwähnt, schrumpft dünn ausgelegte Wolle sehr viel mehr als dick ausgelegte Wolle. Es muss also mit einem Schrumpfungsfaktor von 2 oder größer gerechnet werden. Bei sehr dünnen Filzen sollte immer ein Probefilz hergestellt werden, vor allem dann, wenn es sich um ein passgenaues Stück handelt.

Wenn also die Schrumpfprobe einen Schrumpfungsfaktor SF von 2 ergeben hat, berechnen sich die Auslegemaße wie folgt:

Endmaß soll 20 × 60 cm sein

Auslegemaß: B = SF × 20 cm = 2 × 20 cm = 40 cm

L = SF × 60 cm = 2 × 60 cm = 120 cm

Materialdicke für dünnen Filz: 0,02 g/cm²

Fläche: A = 20 cm × 60 cm = 1200 cm²

Materialmenge: m = 0,02 g/cm³ × 1200 cm² = 24 g

Vorgehensweise

Anders als Rohwolle oder Wolle im Vlies lässt sich Kammzugwolle sehr viel exakter und vor allem dünner auslegen. Es bedarf allerdings einiger Übung, um über eine größere Fläche hinweg die Auslegedicke immer gleich beizubehalten. Die einzelnen Lagen sind aber gut zu erkennen und können gut korrigiert werden. Im Beispiel werden zwei verschiedene Wollfarben verwendet, was in erster Linie der Darstellung dient, aber anschließend den positiven Effekt hat, dass der Tischläufer unterschiedliche Seiten haben wird.

Auf der Arbeitsfläche wird also die Auslegegröße angezeichnet und dann die Wolle in zwei zueinander senkrechte Richtungen ausgelegt.

Wenn beide Lagen über die gesamte Fläche ausgelegt sind, kann die Wolle befeuchtet werden. Bei so dünnen feinen Wollsorten und Wolllagen muss immer mit äußerster Vorsicht genässt werden, da die Wolle sonst weggeschwemmt oder zumindest durcheinandergebracht wird.

Die einzelnen Lagen werden durchsichtig; die obere, helle Wollschicht ist quasi nicht mehr zu erkennen. Erst wenn sich die Wolle verdichtet, wird die Farbe wieder sichtbar.

2 Genässte, sehr dünn ausgelegte Wolle scheint in nassem Zustand durchscheinend zu werden.

3 Bei dünnen Filzen treten häufig stark wellige Ränder auf. Sie können durch intensives Reiben in Kantenrichtung geglättet werden.

4 Zipfelbildung ist bei dünnen Filzen häufig zu beobachten; es handelt sich dabei um verminderte Schrumpfung in der Ecke. Auch Zipfel können durch zusätzliche Bearbeitung beseitigt werden.

5 Wellenbildung in der Ebene kann von unsauberem Auslegen oder ungleicher Schrumpfung herrühren. Diese Wellen können durch punktuelle Bearbeitung beseitigt werden.

Jetzt kann das gesamte Objekt ohne vorheriges Anfilzen zusammengerollt werden und wird nur durch Rollen in der Bastmatte gefilzt. Wichtig ist dabei, dass die Wolle gleichmäßig nass ist und ausreichend Seife im Wasser war, um eine haarige Oberfläche zu verhindern. Die Fasern legen sich dann sehr flach an und filzen gut fest.

Nach einiger Zeit kann man die Rolle vorsichtig öffnen und den Filz kontrollieren. Sollten sich besonders dünne Stellen oder gar Löcher zeigen, kann man vorsichtig Wolle nachlegen. Ansonsten einfach in die andere Richtung wieder aufrollen und weiterarbeiten. Nach weiteren fünf Minuten sollte der Tischläufer so weit verfestigt sein, dass er vorsichtig von der Arbeitsmatte abgenommen und z. B. durch Kneten oder vorsichtiges Werfen weitergewalkt werden kann. Zwischendurch sollte man den Tischläufer immer mal wieder ausbreiten und Falten glattstreichen, um fest fixierte Falten und Unebenheiten zu verhindern.

Leider werden sich beim Walken einige Formveränderungen ergeben, die unter Umständen so nicht gewünscht sind. So ist anzunehmen, dass der Rand nicht glatt und ebenmäßig wird. Natürlich kann man einfach zur Schere greifen und die Ränder zuschneiden, es gibt aber durchaus filzerische Möglichkeiten, den Rand zu glätten.

Ein **welliger Rand**, wie im Foto 3 zu sehen, kann einfach nachgefilzt werden. Meist haben sich am Rand einige Faserenden zusammengefilzt und den Rand minimal verdickt, dadurch schrumpft er nicht in gleicher Weise wie der Rest der Filzfläche. Es handelt sich dabei aber nicht um große Maßstäbe, sodass durch zusätzliches Reiben die Kante noch so weit verfilzt werden kann, dass sie gerade wird. Dazu hält man mit einer Hand die Mitte des Filzes sehr fest und reibt mit der zweiten intensiv über die Kante. Man muss auch dazu ein bisschen Geduld mitbringen, da auf diese Weise die gesamte Kante bearbeitet werden muss.

Zipfelbildung an den Ecken einer Filzfläche ist ebenfalls häufig zu beobachten (siehe Foto 4). Auch das hat damit zu tun, dass die Ecke noch weniger geschrumpft ist als der Rest. Deshalb kann

man diese Zipfel auch gut entfernen, indem man den Filz in Richtung des Zipfels zusammenrollt und intensiv bearbeitet. Auch Reiben in die entsprechende Richtung kann gute Erfolge bringen. Ebenfalls viel Geduld wird bei der Glättung von **Wellen** benötigt, die die Kante in der Fläche entwickelt (siehe Foto 5). Hier hilft neben der Schere ebenfalls ein Nachfilzen der Kante, immer vorausgesetzt, die Wolle wurde an der Kante auch akkurat ausgelegt. Wenn hier schon die Wolle sehr unterschiedliche Form und Dicke aufweist, dann wird man mit dieser Methode kaum eine glatte, ebene Kante erreichen können. Wenn aber die Kante ursprünglich glatt war, dann kann man das auch wieder durch Schrumpfung erreichen. Eine solche „Beule" wird dann zwischen zwei Fingern der einen Hand fixiert und mit der zweiten Hand gegen die Ausbeulung gerieben. Der Filz wird weiter schrumpfen, die Kante glättet sich.
Im Falle eines einfachen Tischläufers ist eine derart aufwendige Bearbeitung der Kanten nicht unbedingt notwendig. Da diese Kante nur geringer Belastung ausgesetzt sein wird, könnte man sie einfach auch abschneiden und durch leichtes Nachfilzen wieder schließen. Es gibt aber durchaus Fälle, in denen die Kante wegen der Gestaltung oder zu erwartenden starken Belastung, wie z. B. bei Jackenärmeln, nicht geschnitten werden sollte, und dann sollte man sich zu helfen wissen.

Eine zweite Möglichkeit ist immer auch der kreative Umgang mit einer Kante, mit der man diese aufwendige Bearbeitung umgehen kann und trotzdem ein zufriedenstellendes Ergebnis erzielt.

Planung: Tischläufer Wensleydale-Kammzug
Der zweite Tischläufer soll wesentlich länger, aber noch etwas dünner gelegt werden. Die Verwendung eines Wensleydale-Kammzugs, der im Farbverlauf gefärbt ist, stellt hier noch mal ganz andere Herausforderungen.
Länge: L = 150 cm
Breite: B = 25 cm
Materialmenge bei 0,01 g/cm²:
$m = L \times B \times 0{,}01\ g/cm^2$
$= 150\ cm \times 25\ cm \times 0{,}01\ g/cm^2 = 37{,}5\ g$
Es ergeben sich nun aber einige Probleme, die eine Vorgehensweise wie im vorigen Beispiel beschrieben ausschließen. Die Gesamtlänge, die ausgelegt werden muss, passt nicht mehr auf einen üblichen Arbeitstisch.
Die Auslegemaße sind
$L = 150\ cm \times SF = 150\ cm \times 2 = 300\ cm$
$B = 25\ cm \times SF = 25\ cm \times 2 = 50\ cm$
Außerdem muss hier zwingend in einer Lage gearbeitet werden, um den Farbübergang auch im Filz nicht zu verfälschen. Trotzdem müssen sich die Fasern natürlich kreuzen, um ein Verfilzen überhaupt möglich zu machen. Also hilft man sich hier

Wenn Wolle nur in einer Lage über Kreuz ausgelegt wird, dann überkreuzen sich bereits die einzelnen Wollflocken. Die gesamte Fläche setzt sich aus einzelnen, gekreuzten Wollflocken zusammen.

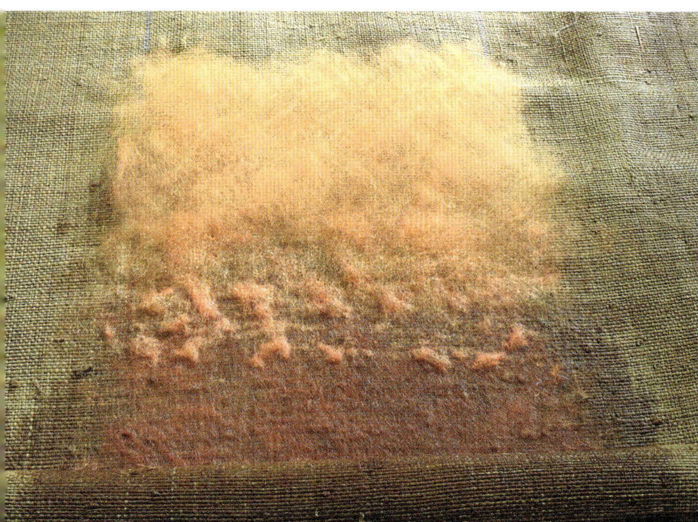

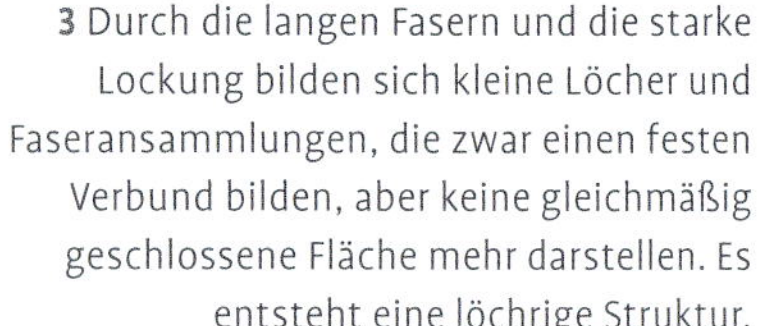

1 Die Wolle wird in nur einer Lage überkreuz ausgelegt und kann sofort befeuchtet und zusammengerollt werden. So kann auch auf einer relativ kurzen Arbeitsfläche ein langes Objekt realisiert werden.

2 Stark lockige Wolle kann ihre charakteristische Struktur am besten dann entwickeln, wenn der Filz möglichst bald aus der Rolle genommen und durch vorsichtiges Kneten und Werfen weitergewalkt wird.

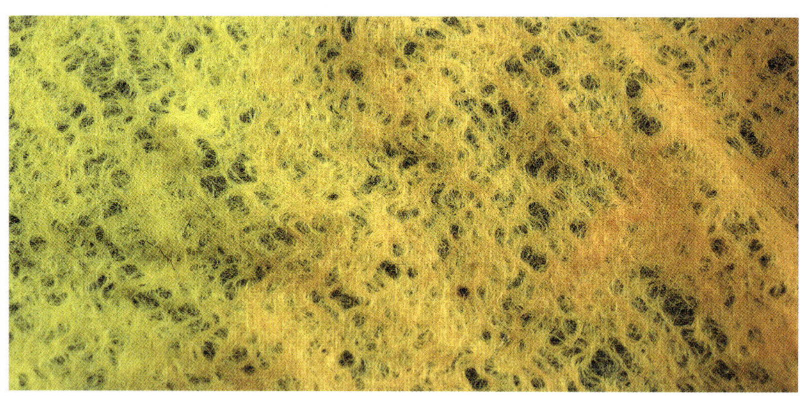

3 Durch die langen Fasern und die starke Lockung bilden sich kleine Löcher und Faseransammlungen, die zwar einen festen Verbund bilden, aber keine gleichmäßig geschlossene Fläche mehr darstellen. Es entsteht eine löchrige Struktur.

mit einer besonderen Auslegeweise, die aus nur einer überkreuzten Lage besteht. Gerade extrem lange Fasern lassen sich auf diese Weise sehr gut auslegen und sind außerdem auch dreidimensional schon mehr verwirrt, sodass sie leichter verfilzen. Die Wolle wird also jeweils ein Stück weit auf der Arbeitsunterlage ausgelegt, genässt und dann so weit zusammengerollt, dass der Ansatz noch sichtbar ist und die Wolle weiter angelegt werden kann. Bei den extrem langen Fasern der Wensleydale-Wolle sollten das aber schon ca. 10 cm sein.
Wenn das gesamte Werkstück ausgelegt ist, kann ohne weiteren Arbeitsschritt angefangen werden zu rollen. Man kann auch hier die Arbeit nach ein paar Minuten kontrollieren. Da aber keine Wolle mehr da ist (schon gar nicht in der richtigen Farbe), wäre eine Korrektur ohnehin nicht mehr möglich. Es kann also gleich so lange gerollt werden, bis der Filz sich ausreichend verdichtet hat, um von der Arbeitsfläche abgenommen werden zu können.

Extrem dünner Filz aus sehr langen und eher dicken Fasern wird nicht gleichmäßig verfilzen. Am Filzprozess sind insgesamt zu wenige Fasern beteiligt, als dass diese sich gleichmäßig und ohne Löcher verbinden könnten. Dazu kommt die extreme Lockung der Wensleydale-Wolle, die zwar beim Kämmen der Wolle verloren ging, sich jetzt aber wieder einstellt. Die einzelnen Fasern schlängeln sich buchstäblich durch den Filz. Wenn man diesen Effekt verhindern oder reduzieren möchte, so sollten auch solche Filze unbedingt nur gerollt werden, dann ist die Faser zumindest in einer Dimension gefangen und verfilzt eher gleichmäßig. Will man den Effekt aber nutzen und fördern, so empfiehlt es sich, den Filz so schnell als möglich aus der Rolle zu nehmen und durch vorsichtiges Werfen (hier eher ein Fallenlassen) weiterzufilzen. Allmählich schrumpft nicht nur der Filz, er bekommt auch immer mehr sehr gleichmäßig verteilte Löcher. So entsteht eine stark strukturierte Optik.

4 Durch Auseinanderziehen der Kante werden Wellen in horizontaler Richtung geglättet und in vertikaler Richtung vermehrt. So entsteht eine gleichmäßige Rüsche, die auf den äußersten Rand beschränkt ist.

Ein extrem dünner Filz aus sehr langen, lockigen Fasern wird aber auch bei sehr genauem Auslegen keine saubere Kante ergeben. Sie hat in alle Richtungen Wellen und Löcher, was auch mit intensiver Bearbeitung nur sehr schwer zu vermeiden wäre. Man kann aber auch aus der Not eine Tugend machen und diese Wellen kultivieren. Dazu wird immer ein kurzes Stück der Kante mit beiden Händen gegriffen und auseinandergezogen. So glätten sich horizontale Wellen, während sich die vertikalen Wellen durch die größere Länge vermehren und sich eine Art Rüsche bildet. Dieser Vorgang kann bereits während des Schrumpfens mehrfach und nach dem Auswaschen und Schleudern ein letztes Mal wiederholt werden.

HOHLKÖRPERFILZ

Taschen und Behälter, aber auch Hüte und Jacken: All diese Objekte sind als Hohlkörperfilz hergestellt. Die Gestaltung der Schablone entscheidet dabei wesentlich über das entstehende Objekt. Die Schablone kann aus einem oder mehreren Teilen bestehen oder als komplexe Form in mehreren Schichten vorliegen. Im Kapitel „Die Praxis der Filzherstellung“ wird die Gestaltung der Schablone ab Seite 329 detailliert beschrieben.

TASCHE MIT KLAPPE

Planung

Größe

Breite:	B = 20 cm
Höhe:	H = 25 cm zuzüglich Deckel
Tiefe:	T = 3 cm
Deckeltiefe:	Dt = 15 cm
Wolle:	Feine Merinowolle im Vlies gekämmt in verschiedenen Farben
Geplante Dicke:	0,05 g/cm²

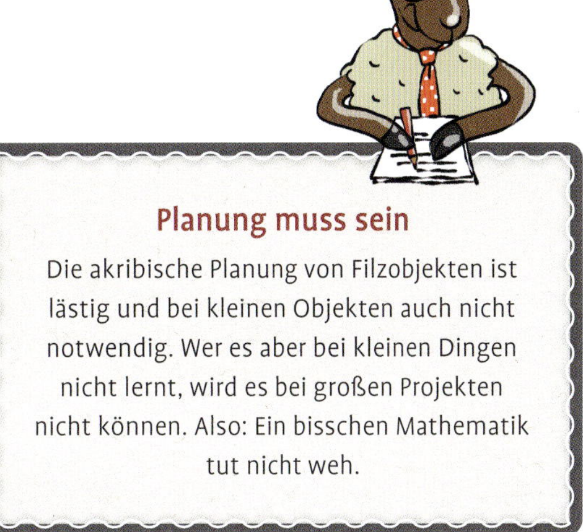

Planung muss sein

Die akribische Planung von Filzobjekten ist lästig und bei kleinen Objekten auch nicht notwendig. Wer es aber bei kleinen Dingen nicht lernt, wird es bei großen Projekten nicht können. Also: Ein bisschen Mathematik tut nicht weh.

Taschen sind beliebte Filzobjekte, an ihnen lässt sich das Prinzip des Hohlkörpers gut nachvollziehen.

Schablonenberechnung

Für eine Tasche mit geringer Tiefe ist eine einfache rechteckige Schablone vollkommen ausreichend. Die Tiefe der Tasche wird aber insofern berücksichtigt, als die Hälfte der Tiefe an jeder Seite dazugerechnet wird. Bei der Höhe ist sie nur einmal zu berücksichtigen, da die Tasche oben offenbleibt. In der Breite kommt dann zwei Mal die halbe Tiefe dazu, also 3 cm. Um das Prinzip besser verstehen zu können, kann man sich die Tasche flachgedrückt vorstellen. Die flach gedachte Tasche ist dann also 23 × 26,5 cm groß. Der Taschendeckel muss bei der Schablone nicht berücksichtigt werden, da er nicht hohl sein wird. Die unteren Ecken der Schablone werden etwas abgeschnitten, um eine Zipfelbildung im Bodenbereich zu verhindern und die Ausarbeitung der Seitentiefe zu erleichtern. Außerdem verlängert man die Schablone über den Bereich des Taschenbeutels hinaus, um den Rand an der Öffnung gut bearbeiten zu können.
Schrumpfungsfaktor aus der Schrumpfprobe:
$SF = 1{,}8$
Schablonenbreite:
$BS = B \times SF = 23 \times 1{,}8 = 41{,}4$ cm (42 cm)
Schablonenhöhe:
$HS = H \times SF = 26{,}5 \times 1{,}8 = 47{,}7$ cm (48 cm)
Die fertige Schablone aus Luftpolsterfolie ist im oberen Foto auf der nächsten Seite zu sehen.

Wollmenge

Die vereinfachte Flächenberechnung für die Tasche ergibt:
$A = 2 \times$ Fläche Taschenbeutel + Fläche Deckel
$A = 2 \times B \times H + B \times Dt = 2 \times 23 \times 26{,}5 + 20 \times 15$
$= 1219\ cm^2 + 300\ cm^2 = 1519\ cm^2$
Wollmenge:
$M = 1519\ cm^2 \times 0{,}05\ g/cm^2 =$ ca. 75 g

Vorgehensweise

Wie bei jedem Objekt, wird auch hier zuerst die Form der auszulegenden Wolle auf der Arbeitsunterlage vorgezeichnet. Die gesamte Tasche soll auf einmal ausgelegt werden, sie wird also während des Auslegens nicht gewendet. Das bedeutet, dass man die außen liegende Schicht Wolle, also die, die später zu sehen sein wird, als allererste Schicht legen muss. Hier wird nur eine dünne Schicht feiner Kammzug in verschiedenen Farben verwendet, um später eine Maserung auf dem Filz zu sehen. Diese Schicht ist im Vergleich zum Rest so gering, dass sie kaum Auswirkung auf die Wollmenge und die Schrumpfrichtung haben wird, man kann sie also sowohl in der Wollmenge als auch der Faserrichtung ignorieren.
Anschließend folgen die beiden überkreuz gelagerten Schichten Vlies. Da bei der unteren Lage bereits die Taschenklappe mitgelegt wird und auch die seitlichen Umschläge noch mitberücksichtigt werden müssen, werden für die Unterseite insgesamt etwas weniger als ¾ der Vlieswolle benutzt.
Zu beachten ist, dass die Taschenklappe schmaler ausgelegt wird, weil sie später nur die Taschenbreite abdecken muss. So erhält der Deckel bereits seine fertigen Maße, braucht nicht geschnitten zu werden und wird insgesamt stabiler.
Wenn man alle Schichten ausgelegt hat, kann man die Fläche nässen und mithilfe der Schablonenfolie im gesamten inneren Bereich anfilzen. Dazu wird die Schablone aufgelegt und mit der flachen Hand über die Schablone gestrichen. Dadurch wird die Wolle erst richtig nass, und es entweicht die Luft zwischen den Fasern. Der überstehende Rand sollte unbedingt trocken bleiben, da er sich noch mit den Wolllagen der oberen Taschenschicht verbinden muss. Jetzt sollten bereits die Ränder der Taschen-

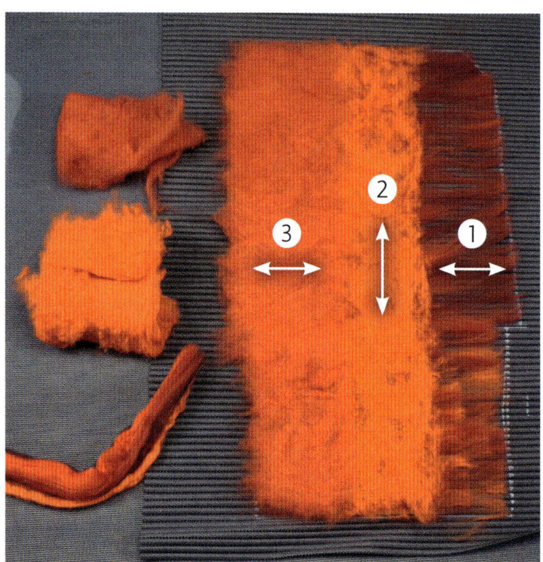

1 Die Wolle wird in drei Schichten ausgelegt, im Foto ist jeweils nur ein Teil der Schicht gelegt, um die Richtung kennzeichnen zu können. Es wird natürlich jeweils die gesamte Form ausgelegt.

2 Fertig ausgelegte und mithilfe der Schablone angefilzte Wolle der Taschenrückseite mit Deckel. Der umzuschlagende Rand im Beutelbereich bleibt trocken.

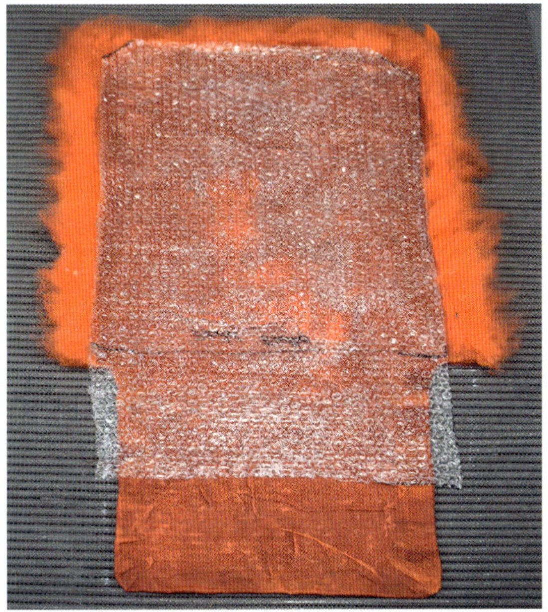

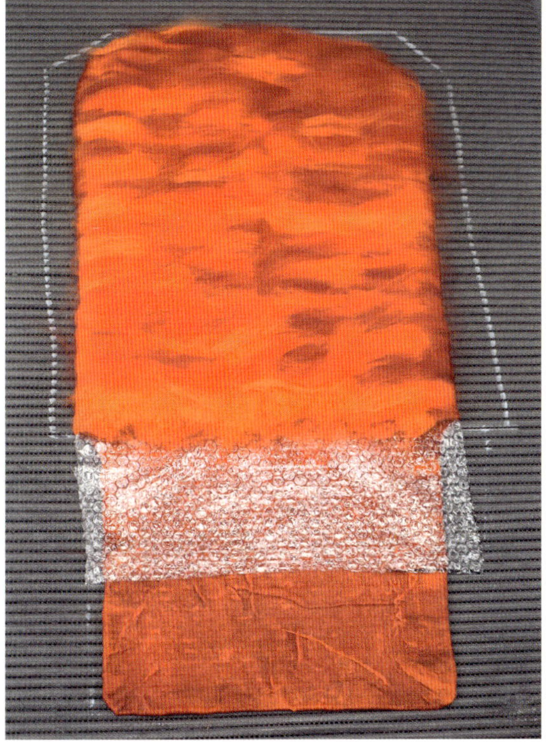

3 Vollständig ausgelegte Tasche ohne Extras. Die Wollschichten liegen in umgekehrter Reihenfolge wie bei der Unterseite. Zum Abschluss wurde die Verzierung aufgelegt.

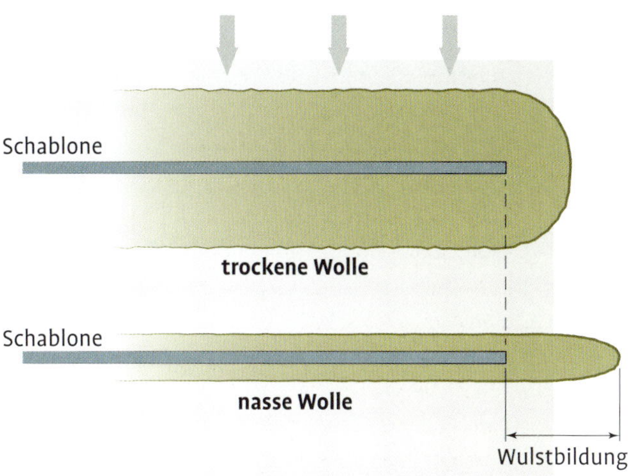

Wülste bilden sich bei Hohlkörpern unweigerlich, da die Dicke der Wolllagen im trockenen Zustand sehr viel größer ist als im nassen und gefilzten Zustand. Deshalb müssen Wülste in jedem Fall während der Bearbeitung beseitigt werden.

klappe bearbeitet werden. Dazu werden die spitz auslaufenden Fasern am Rand der ausgelegten Wolle umgeschlagen, um eine möglichst definierte, gerade Kante zu erreichen. Auf zu dünne Stellen kann man jetzt noch etwas Wolle auflegen. Anschließend wird auch der Rand des Taschenbeutels eingeklappt. Dabei muss darauf geachtet werden, dass die trockene Wolle wirklich bis an den Rand der Schablone eingeklappt wird; ansonsten entstehen extreme Wülste an der Knickkante. Aber die Skizze zeigt auch, dass sich ganz ohne einen Fehler bei der Verarbeitung zwangsläufig Wülste bilden. Die Wolle ist in trockenem Zustand deutlich voluminöser, als in nassem. Wenn jetzt die trockene Wolle genässt und zusammengedrückt wird, so wird sich bei Druck von oben diese Volumenänderung in einem Wulst außerhalb der Schablone ausbreiten. Dieses Problem kann behoben werden, es ist aber wichtig, sich um diese Kanten später noch mal intensiv zu kümmern, damit sich keine dauerhaften Wülste bilden.

Ein besonderes Augenmerk muss auch auf den unteren Ecken liegen. Wenn Wolle von zwei Seiten umgeklappt wird, dann ist direkt in der Ecke zu viel Wolle vorhanden. Diese darf auf keinen Fall übereinandergeschlagen werden, sonst entsteht eine extrem dicke Ecke, die sich erstens nicht mehr an die Form anschmiegen kann und zweitens wegen der Falte voraussichtlich nicht gut verfilzt. Man zieht also die Wolle etwas in Richtung

der Taschenmitte auseinander und verteilt sie so gleichmäßig. Kleinere Fältchen, die dabei entstehen, sind weiter kein Problem, sie werden beim Verfilzen egalisiert. Diese zusätzliche Wolle muss dann auch beim weiteren Auslegen der oberen Lage berücksichtigt werden.
Die Wollschichten der Taschenoberseite werden dann in umgekehrter Reihenfolge wie bei der Unterseite ausgelegt. Um jetzt auch dort eine gleichmäßige Dicke zu erreichen. sollte man noch einen wichtigen Punkt berücksichtigen: Ebenso wie die Ränder einer ausgelegten Fläche endet auch die Wolle an den umgeklappten Kanten der Tasche nicht abrupt, sondern läuft langsam aus. An der Schablonenkante ist noch die gesamte Dicke vorhanden, die dann die nächsten 5 cm zu Null ausläuft. Beim Auslegen der oberen Schicht wird dieser Umstand insofern berücksichtigt, als die erste Schicht, hier dunkeloranges Vlies, etwas kleiner ausgelegt wird als die nächste. Die letzte Schicht reicht dann bis zum Rand der Schablone. Die Deckschicht bildet hier wieder die Verzierung, diese kann frei gestaltet werden. Vor dem Auflegen von Zusatzteilen (hier die Knopfbänder) sollte die Vorderseite genässt und die Luft herausgedrückt werden.
Als kleines Extra und um zu zeigen, wie auf Filz abstehende Gestaltungsobjekte aufgefilzt werden können, werden hier die Befestigungsschnüre für den Knopf mit angefilzt. Dazu bereitet man Fransen vor, die man dann anfilzen kann. Ein Stück Kammzugwolle wird dazu in vier Stränge geteilt. Die entstandenen Stränge werden angefeuchtet und durch vorsichtiges Rollen etwas angefilzt,

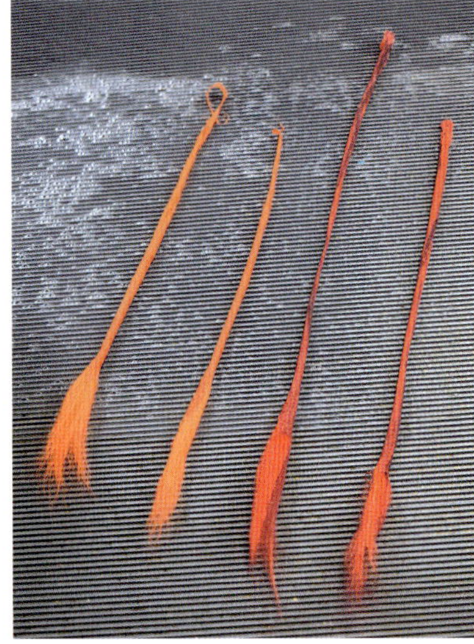

5 Durch Anfeuchten und vorsichtiges Rollen werden die Stränge zu feinen Filzschnüren vorgefilzt. Ein Ende bleibt dabei trocken und wird nicht bearbeitet.

4 Ein Strang Kammzugwolle wird in 4 Teile aufgeteilt. Die Länge ist etwas länger, als die fertigen Fransen sein sollen, weil auch diese noch schrumpfen werden.

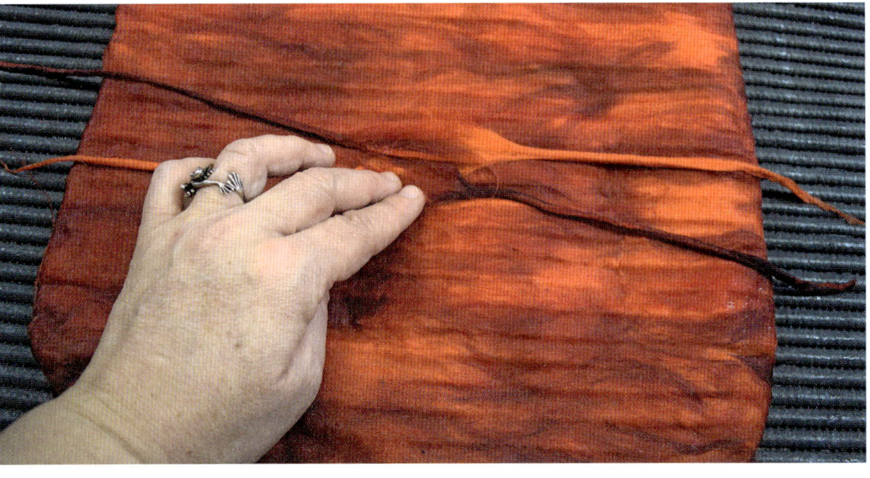

6 Auflegen der Filzschnüre auf die Taschenoberfläche; durch leichtes Andrücken werden die Spitzen nass, und die Fasern legen sich dicht auf die Oberfläche des bisherigen Filzes.

7 Der fertig ausgelegte und genässte Hohlkörper kann sofort zusammengerollt und durch Rollen verdichtet werden.

8 Der Filz ist noch sehr weich und deshalb können die Wülste durch vorsichtiges Reiben noch beseitigt werden.

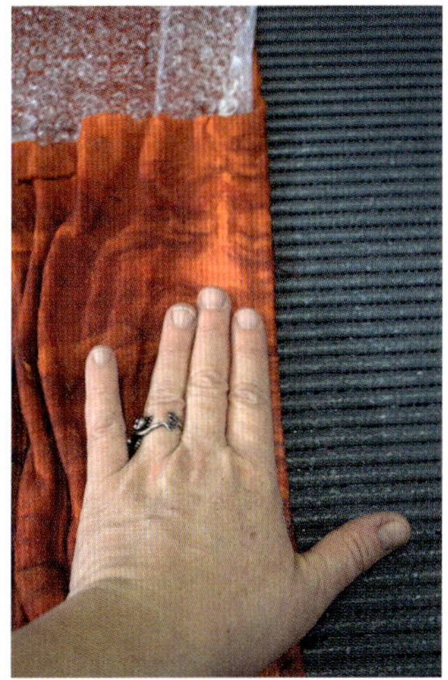

9 Das Loch für den Knopf wird bei noch nicht fertiger Tasche eingeschnitten.

ein Ende sollte dabei trocken bleiben. Dieses Anfilzen ist vor allem deshalb wichtig, weil sich die Schnüre dann nicht mehr so bereitwillig mit der Taschenoberfläche verbinden. Die vorbereiteten Filzschnüre legt man mit dem trockenen Ende auf die Taschenoberfläche und drückt sie leicht an. Jetzt ist die Tasche fertig ausgelegt und angefilzt, und der Verdichtungsprozess kann beginnen. Je nach persönlicher Vorliebe kann man zuerst noch mithilfe einer Abdeckung die gesamte Tasche vorsichtig reiben oder wie hier sofort einrollen und durch Rollen walken. Das sofortige Rollen spart erheblich Zeit, ist aber fehleranfälliger, weil sich beim ersten Aufrollen zwangsläufig Falten bilden und die Gefahr von Wulstbildung an den Außenkanten größer ist. Diese Fehlerquellen müssen bei der weiteren Bearbeitung berücksichtigt und kontrolliert werden.

Wenn also die Rolle nach ein paar Minuten kontinuierlichen Rollens wieder geöffnet wird, müssen Falten kontrolliert und eventuell vorsichtig glattgestrichen werden. Außerdem kontrolliert und bearbeitet man die Ränder. Dabei zeigt sich ein wesentlicher Vorteil des rutschigen Schablonenmaterials: Der noch sehr lockere Vorfilz kann problemlos über die Schablone geschoben werden, um die Ränder Stück für Stück nach oben zu befördern. Jetzt ist sehr schön der entstandene Wulst zu erkennen, den man vorsichtig glattstreichen kann. Dazu sollte zusätzlich Seife auf die Hände gegeben werden, damit sie gut über die Wolle rutschen können. Wenn die Kanten zufriedenstellend geglättet sind, wird der Filz wieder auf seine ursprüngliche Position zurückgeschoben, faltenfrei ausgebreitet und weiter gerollt. Die letzten Korrekturen kann man vornehmen, wenn etwa die Hälfte der Schrumpfung erfolgt ist.
Jetzt kann man das Loch für den späteren Knopf schneiden und eventuell die Kanten der Taschenöffnung noch einmal nacharbeiten. Auch sollte man jetzt noch ein letztes Mal die Kanten auf Wülste untersuchen und diese beseitigen. Dann kann die Tasche fertig gewalkt werden. Es wird auch keine Arbeitsunterlage mehr erforderlich sein, die einzelnen Schichten verbinden sich jetzt sicher nicht mehr, und deshalb kann auch die Schablone entnommen werden.

10 Zur endgültigen Ausformung der Tasche wird eine Gegenform gebaut. Hier kommen Holzbauklötze zum Einsatz, mit denen sich die Form genau nachbauen lässt.

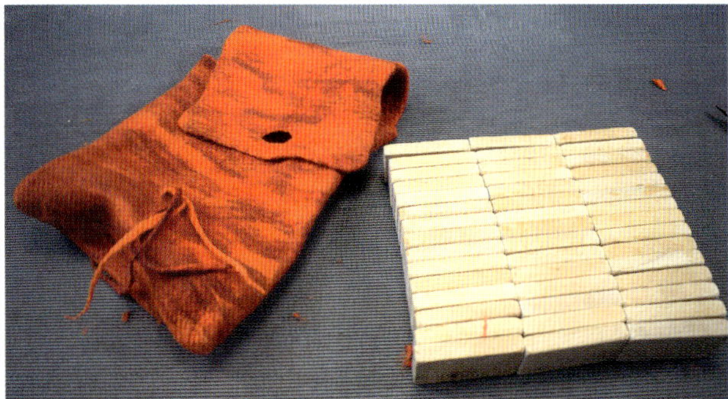

11 Die Ausarbeitung der Form bedarf einiger Kraft und deshalb können Walkhölzer gute Dienste leisten, um die Kanten auszuformen.

Erst jetzt wird die fertige Form der Tasche festgelegt und die Taschentiefe definiert. Diese Tiefe kann mit runden Rändern eher beutelartig ausgeformt werden oder wie hier im Beispiel mit klaren Kanten. Dann ist aber eine feste Form erforderlich. Eine Gegenform lässt sich aus allerlei Gegenständen bauen. Je fester diese Form ist, desto fester können die Flächen und Kanten bearbeitet werden und desto glatter und gerader werden sie. Bauklötze sind ein perfektes Formbaumaterial, weil flexibel einsetzbar und äußerst robust. Man formt die Tasche dann durch festes Reiben über die Flächen und Kanten entweder mit bloßer Hand oder mit Walkhölzern aus. Die Walkhölzer helfen einerseits, die Kraft auf eine größere Fläche zu verteilen, andererseits werden so die Hände geschont. Wenn man die Tasche fertig ausgeformt hat, muss sie noch mal von der Form herunter, ausgespült (mit pH-Ausgleich mit Essigwasser) und von überschüssigem Wasser befreit werden.
Der noch feuchte Filz wird dann wieder über die Form gezogen, die Falten werden glattgestrichen, und dann kann der Filz über der Form trocknen.

SPINDELTASCHE MIT GURT

Als Aufbewahrungstasche für eine Handspindel soll eine Art Röhre aus Filz mit Deckel und entsprechenden Befestigungsgurten entstehen. Die Röhre soll die Spindel aufnehmen, sie soll verschließbar sein und entweder an einem Gürtel am Gewand befestigt werden können oder mit einem Tragegurt über der Schulter getragen werden. Alles möglichst ohne Naht und zusätzliche Kurzwaren. Als zusätzliche Herausforderung wird diese Spindeltasche mit einer textilen Schablone und auf einer textilen Arbeitsunterlage gefertigt. Grundsätzlich bereitet das keine besonderen Schwierigkeiten, es bedarf aber einer vorsichtigeren Arbeitsweise.

Planung

Hohlkörper, ausgeführt als Röhre mit drei flachen Gurtschlaufen auf dem Umfang für einen ca. 3 cm breiten Filzgurt oder einen entsprechenden Gürtel.
Durchmesser Röhre: D = 10 cm
Länge Röhre: L = 25 cm
Deckel ausgeführt als separate flache Scheibe
Rand: H = 2 cm
Durchmesser: D = 10,5 cm
Umfangsgurt mit einer Länge von L = 32 cm und Breite B = 3 cm
Tragegurt mit zwei Schlaufen und einer Länge von L = 1,50 m

Wolle

Verwendete Wolle: selbst gewaschene Krainer Steinschafwolle, handkardiert mit der Trommelkarde. Ebenso kann man hier natürlich auch fertig kardierte Wolle im Vlies aus dem Handel verwenden; an der Vorgehensweise ändert sich nichts.
Da es vielen Menschen bei so komplexen Hohlkörpern schwerfällt, die Oberfläche korrekt zu berechnen, kann in diesen Fällen auch ein anderer Weg gewählt werden, um sich während des Filzprozesses zu orientieren. Dabei ist es aber vor allem mit wenig Filzerfahrung zwingend notwendig, eine oder mehrere Filzproben zu erstellen, um während der gesamten Arbeit eine gleichmäßige Dicke zu erhalten. Dann wird nämlich nicht die Gesamtmenge der Wolle berechnet, sondern eine erforderliche Anzahl von Schichten festgelegt, mit der die einzelnen Elemente gefertigt werden. Es muss auch klar sein, dass ganz ohne Filzerfah-

rung und ohne genaue Kenntnis der vorliegenden Wolle und des Schrumpfungsfaktors nur zufällig ein maßhaltiges, hochwertiges Objekt entstehen wird. Mit zunehmender Erfahrung werden sich viele Proben und Berechnungen erübrigen. Anfänger sollten immer sorgfältig planen und gegebenenfalls noch ein paar Filzproben erstellen.
Wenn also die Filzprobe ergeben hat, dass eine Anzahl von sechs Schichten bei einer Schrumpfung von 1,5 die gewünschte Filzdicke ergibt, dann kann das Objekt mit genau dieser Anzahl Schichten gelegt werden. Die Schichten müssen gleich dick gelegt werden wie bei der Probe. Dann muss nur noch genügend Wolle vorhanden sein, da nicht genau bekannt ist, wie viel Wolle benötigt wird.

Ein beliebtes Accessoire für Handspinnerinnen ist die Spindeltasche. Sie schützt wertvolle Spindeln vor Stößen und Umwelteinflüssen.

Schablone

Auch bei einem Hohlkörper dieser Form mit einem proportional kleinen Boden kann noch eine einfache Schablone verwendet werden. Diese berechnet sich dann wie folgt:

Durchmesser der Röhre: $D = 10$ cm

Umfang: $U = \mu \times D = \mu \times 10$ cm ≈ 30 cm

Schrumpfungsfaktor: $SF = 1{,}5$

Schablonenbreite: $BS = \frac{U}{2} \times SF = \frac{30}{2} + 1{,}5 = 22{,}5$ cm

Höhe der Röhre: $H = 25$ cm

Schablonenhöhe: $HS = H \times SF = 25$ cm $\times 1{,}5 = 37{,}5$ cm

Der Boden kann hier vereinfacht als halbkreisförmige Auswölbung der Bodenlinie ausgeführt werden. Das entspricht zwar nicht der wirklichen Form, die quantitative Vermehrung der Filzfläche reicht aber aus, um einen Boden auszuformen.

Vorgehensweise

Bei dicken Filzen muss viel und lange gewalkt werden, deshalb bietet es sich an, zwei Objekte gleichzeitig zu rollen, da sich der Aufwand so verringert. Aus diesem Grunde werden die beiden Hauptobjekte parallel gearbeitet, um sie gemeinsam walken zu können. Die Erklärungen der einzelnen Objekte erfolgen hier aber nacheinander.

Röhre der Spindeltasche

Begonnen wird mit dem eigentlichen Hohlkörper für die Spindeltasche. Dieser soll, wie beschrieben, am Umfang drei Gurtschlaufen bekommen. Einen sehr dickwandigen Hohlkörper während der Arbeit umzudrehen, ist zwar deutlich weniger fehleranfällig als bei einem dünnwandigen, trotzdem soll auch diese Röhre auf einmal ausgelegt werden. Das bedeutet in erster Linie, dass eine der drei geplanten Gurtschlaufen auf der Rückseite sofort angebracht werden muss. Also müssen zuerst die Vorbereitungen für die Gurtschlaufen getroffen werden. Bei den Gurtschlaufen handelt es sich um nichts anderes als um vorgefilzte Filzflächen mit losen, trockenen Enden. Dazu legt man vier Schichten Wolle auf eine Breite von 5 × 10 cm aus; dann werden die Ränder umgeschlagen und der mittlere Bereich jeder Schlaufe vorgefilzt. Die Enden bleiben trocken oder zumindest unverfilzt. Eine dieser Schlaufen wird dann auf der Arbeitsfläche in der Mitte des aufgezeichneten Schablonenumrisses

1 Drei Vorfilze für die Gurtschlaufen werden ausgelegt und angefilzt.

2 Eine der vorgefilzten Gurtschlaufen wird als erstes auf die Arbeitsfläche gelegt. Die genaue Lage wird vorher gekennzeichnet.

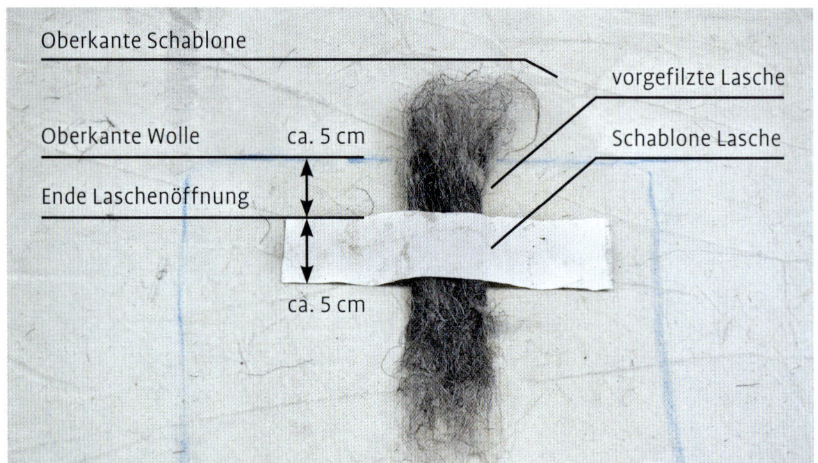

3 Erste Lage ausgelegte und genässte Wolle der Spindeltasche

4 Fertig ausgelegte Spindeltasche mit zwei Schlaufen auf der Vorderseite

mit einem Abstand von ca. 5 cm zum oberen Rand platziert. Ein kleines Stück Schablone schützt die Schlaufe vor dem Festfilzen. Darüber werden dann in gewohnter Weise die sechs Wollschichten kreuzweise ausgelegt, mit einem entsprechenden Überstand.

Nach dem Anfeuchten wird die Schablone aufgelegt und durch vorsichtiges Reiben die untere Lage leicht angefilzt. Nach dem Umklappen der Ränder können auch die oberen Wollschichten ausgelegt werden. Darauf bringt man dann auch die übrigen beiden Gurtschlaufen an und schützt sie durch jeweils ein kleinen Stück Schablone vor dem Verfilzen mit dem Untergrund. Wichtig ist, dass auch hier der richtige Abstand zum oberen Rand eingehalten wird.

Die fertig ausgelegte Tasche kann dann wie gewohnt verfestigt werden. Bei der Steinschafwolle werden während des Walkens viele Stichelhaare aus dem Filz herausfallen und die Arbeit behindern. Außerdem sollte man bei so dicken Filzen immer die Kanten im Blick haben, um Wülste zu vermeiden, diese können aber sehr gut flachgestrichen werden. Die Textilschablone wird so bald wie möglich aus dem Hohlkörper entfernt, da sie die Kantenbearbeitung erschwert und festfilzen könnte. Die Schablonenteile in den Gurtschlaufen hingegen werden auch später noch gut entfernbar sein.

Die Röhre wird gegen Ende der Bearbeitung sehr steif und ist nur noch schwer in Form zu bringen.

5 Nach dem ersten Verfestigen des Filzes wird die Schablone entfernt, und die Kanten werden nachbearbeitet, damit keine Wülste enstehen.

7 Der Deckel wird als scheibenförmiger Hohlkörper ausgelegt, und auch die untere Lage ist vollständig geschlossen.

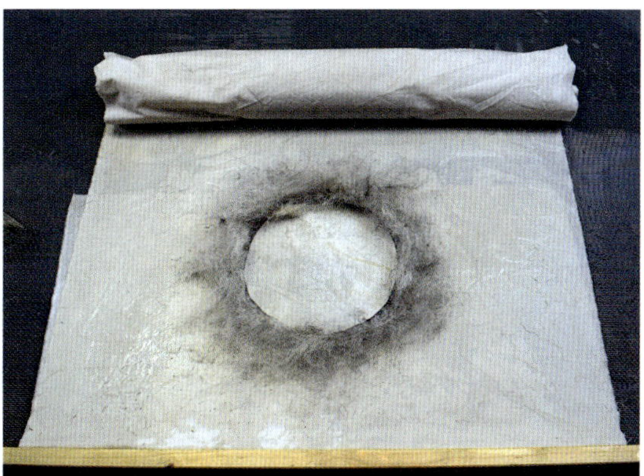

8 Vollständig ausgelegter Hohlkörper; die Wolle wird sorgfältig genässt, um die Konturen gut zu erkennen.

6 Zur endgültigen Ausformung wird eine Gegenform verwendet. Hier entspricht die Größe genau den Maßen einer Weinflasche, die sich gut eignet.

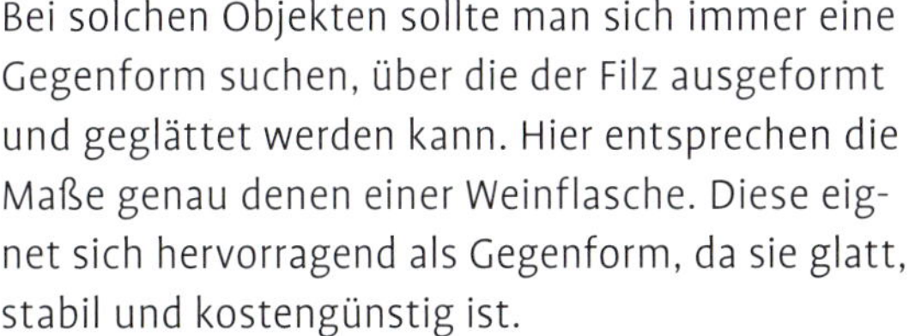

Bei solchen Objekten sollte man sich immer eine Gegenform suchen, über die der Filz ausgeformt und geglättet werden kann. Hier entsprechen die Maße genau denen einer Weinflasche. Diese eignet sich hervorragend als Gegenform, da sie glatt, stabil und kostengünstig ist.

Deckel der Spindeltasche

Parallel zur Röhre kann immer sofort auch der Deckel ausgelegt und mitgewalkt werden. Der Deckel besteht aus einem scheibenförmigen Hohlkörper, auf dessen Oberseite eine Schlaufe aufgefilzt wird und dessen Form während des Walkens entsprechend ausgearbeitet wird. Die Schlaufe auf der Deckeloberseite muss ständig daraufhin geprüft werden, dass sie nicht festfilzt.

9 Auf die Oberseite des Deckels wird eine Schlaufe aufgefilzt, um den Deckel gut handhaben zu können.

Wenn der Deckel bereits ein gutes Stück geschrumpft ist, kann man die Öffnung einschneiden. Diese sollte eine möglichst mittig sitzende Kreisöffnung sein, die aber genügend Material übriglässt, um die Kante auszuarbeiten. Die Kanten des Schnittes werden dann leicht nach außen

10 Die Öffnung des Deckels wird erst geschnitten, wenn der Filz gut verfestigt ist. Die Öffnung darf nicht zu groß sein, um noch genügend Material für den Rand zu haben.

12 Die Wolle wird in zwei Schichten, die sich überkreuzen ausgelegt. Um die Breite des Gurtes zu definieren und belastbare Kanten zu erhalten, wird die Wolle am Rand umgeschlagen.

11 Ausformen des Deckels über eine Dose; über dieser Form kann er nach dem Ausspülen auch trocknen.

13 An den Enden des Gurtes werden mithilfe einer Schablone Schlaufen eingearbeitet.

gezogen und so weiter gewalkt, bis das Endmaß fast erreicht ist. Um den Deckel endgültig in Form zu bringen, sollte man sich auch hier eine Gegenform zurechtlegen, die dem Endmaß des Durchmessers entspricht. Über dieser Form reibt man dann den Deckel in Form und kann ihn auch nach dem Auswaschen trocknen lassen.

Gurte für die Spindeltasche

Bei den Gurten handelt es sich nur um eine Spezialform der Filzfläche, die Besonderheit ist lediglich die Tatsache, dass ein Filzgurt häufig schmaler ist, als die Fasern der verwendeten Wolle lang sind und die Wolle dann entsprechend umgeschlagen werden muss. Das hat aber den positiven Effekt, dass die Kanten besonders belastbar werden und die Breite sehr gleichmäßig gestaltet werden kann.

Ein Filzgurt ist meist zu lang, um ihn an einem Stück auslegen zu können, deshalb wird nach und nach gearbeitet und das fertig ausgelegte Ende bereits in eine Rolle gewickelt. An den Enden arbeitet man eine Schlaufe ein, indem man den fertig ausgelegten Gurt mit umgeschlagenem Rand um ein Stück Schablone schlägt. Über die Nahtstelle wird dann noch eine dünne Schicht Wolle gelegt, um eine gute Verbindung zu schaffen.
Der Gurt wird dann, wie jede andere Filzfläche auch, durch Rollen angefilzt und anschließend durch Kneten und/oder Werfen weiter verdichtet. Ein Problem bei der Herstellung von Filzgurten ist, dass der Filz hauptsächlich in der Breite bearbeitet werden kann, weil das Aufrollen und Walken eines so schmalen Bandes meist nicht gut möglich sind. Um den Gurt auch in Längsrichtung gut bearbeiten

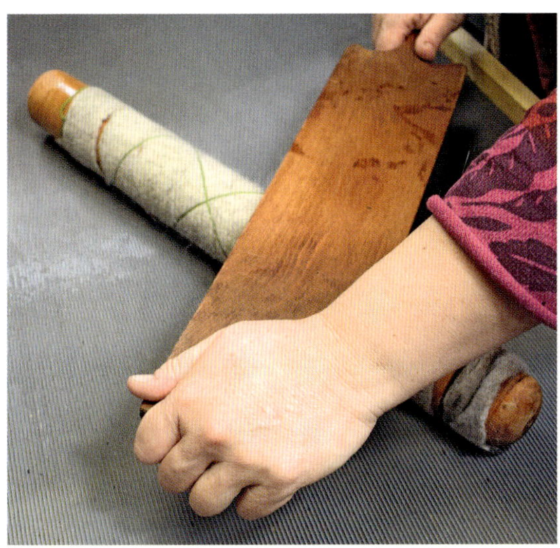

14 Zum Fertigwalken kann der Filzgurt auf ein Rundholz aufgewickelt und gerollt werden. Zusätzliche Kraft wird mit einem Mangelbrett übertragen.

zu können und vor allem die Oberfläche gut verdichten zu können, kann man den Gurt auf eine Holzrolle aufwickeln, mit einem Garn fixieren und dann rollen. Ein Mangelbrett hilft außerdem, mehr Kraft auf den Filz zu übertragen.
Als Umfangsgurt für die Spindeltasche wird ein zweites, kurzes Band gefilzt, das nur eine Länge von ca. 30 cm haben muss und keine Schlaufen an den Enden hat.
Dann sind alle Einzelteile der Spindeltasche gefilzt.

VOLLKÖRPERFILZ

So wie unterschiedliche Dicken von Filz hergestellt werden können, so kann auch an einem Objekt mit unterschiedlichen Filzdicken gearbeitet werden. Diese Dicke kann auch durch nach und nach aufgelegte Wollschichten entstehen, solange die darunter liegende noch in der Lage ist, die Fasern der oberen aufzunehmen und sich mit ihnen zu verbinden.
Beim Modellieren mit Wolle macht man sich genau diese Technik zunutze. Einzelne Wollschichten werden so lange übereinandergelegt und miteinander verfilzt, bis die gewünschte Form entsteht. Dabei hat allerdings die Form der Wolle in langen dünnen Fasern einen entscheidenden Nachteil: Aufgelegte Schichten werden sich immer mehr flächig ausdehnen, als in der Dicke. Deshalb muss man zu einigen Tricks greifen. Außerdem muss irgendwann die Oberfläche verfilzt werden, was ein Auflegen zusätzlicher Wolle unmöglich macht. Erst dann wird das Objekt fertig gefilzt und verdichtet. Das verändert aber noch mal extrem die Form und Ausdehnung des Objekts. Es gehört also ein wenig Erfahrung dazu, ein Filzobjekt in geplanter Form zu verwirklichen.
Das Modellieren mit Wolle kann man sich so ähnlich vorstellen wie das Modellieren mit Pappmaché und Zeitungspapier. Wenn nur Schnipsel von Papier übereinandergeklebt werden, wird zwangsläufig immer nur eine mehr oder weniger dicke Fläche entstehen. Erst der Einsatz von Papierbrei oder Papierkügelchen führt zu einem echten Aufbau des Objekts. Und so wie die Modellierung mit Papier irgendwann an ihre Stabilitätsgrenzen stößt und mit Unterkonstruktionen versehen werden muss, so wird auch beim Modellieren mit Wolle bei manchen Formen mit Unterkonstruktionen aus Draht gearbeitet, weil sehr dünne Elemente instabil sind und Unterstützung brauchen. Diese Technik kommt vor allem bei den Beinen von gefilzten Tieren zum Einsatz.
Anders als flächige Elemente, lassen sich modellierte Objekte üblicherweise nicht durch Kneten und Rollen verdichten. Der Walkvorgang muss hier allein durch Reiben und Drücken durchgeführt werden. Das macht schon deutlich, dass die Herstellung eines voluminösen Vollkörperfilzes eine zeitaufwendige Angelegenheit ist, die zudem viel Geduld erfordert. Trotzdem gilt auch hier, dass Filz nur dann strapazierfähig und standfest ist, wenn er möglichst intensiv verdichtet wurde. Weiche, unfertige Filze werden zwangsläufig die Form verlieren oder sich auflösen, wenn sie benutzt werden. Deshalb ist vor allem bei der Fertigung von Spielsachen auf gute Verarbeitung zu achten.
Für solche Arbeiten eignen sich grundsätzlich alle Wollsorten, die nicht zu lange brauchen, um anzufilzen, und einen standfesten Filz ergeben. Außerdem ist Wolle im Vlies im Normalfall deutlich kurzfaseriger und lässt sich deshalb leichter in die gewünschte Form bringen. Sehr kurzfaserige Wolle neigt allerdings dazu, dass sich die Oberfläche zu schnell schließt, was das Anfilzen weiterer Teile erschwert.

Große modellierte Objekte verschlingen eine erhebliche Menge Wolle. Um die Gesamtkosten in Grenzen zu halten, kann man für den Grundaufbau günstigere naturfarbene Wolle verwenden. Anders als bei flächigen Elementen arbeitet sich die Wolle nicht so intensiv durch die Deckschichten durch, sodass sie später weniger sichtbar oder fühlbar ist.

FILZKUGEL

Eine Filzkugel gehört mit zu den ersten Filzobjekten, die man selbst herstellt. Ob nun als Filzball oder als Schmuckkugel, jedem ist sie schon begegnet. Dabei ist die Herstellung einer Filzkugel keinesfalls ohne Stolpersteine. Die nachfolgende Filzkugel soll im Kapitel „Nadelfilzen" (Seite 388) als Basis für eine Dekorationskugel dienen und muss deshalb formstabil und auf der Oberfläche ohne Falten sein. Die Kugel wird später nicht mehr zu sehen sein, und auch die Feinheit der Faser spielt keine Rolle. Verwendet wird hier Wolle von der Walliser Schwarznase im Kardenband. Die Fasern sind nicht allzu lang und liegen nicht streng in einer Richtung. Ebenso praktisch wäre auch Vlieswolle einsetzbar. Nur ein langfaseriger Kammzug eignet sich nicht so gut für dieses Projekt.

Planung und Vorbereitung

Eine Kugel muss nicht groß geplant werden. Nur wenn mehrere gleich große Kugeln entstehen sollen, muss die Wollmenge je Kugel abgewogen werden. Es ist aber durchaus interessant, sich die Herstellung von mehreren gleich großen Kugeln vorzunehmen, um zu sehen, wie sehr auch eine Kugel währen des Filzprozesses schrumpft.

Vorgehensweise

Eine größere Kugel wird immer mit einer größeren Menge Wolle begonnen, die grob zu einer Kugel geformt und vollständig nass gemacht wird. Dabei sollte man das Wasser nicht wieder aus der Wolle ausdrücken, denn es hilft, die Kugel in Form zu halten. Trotzdem fällt die Wolle beim Nässen zusammen, es entstehen Falten und Verwerfungen. Auf dieses nasse Knäuel werden dann nach und nach Wollflocken aufgelegt und durch kreisende Bewegungen in der Hand oder auf der Arbeitsfläche angefilzt. Allerdings darf nicht zu lange gerollt werden, sonst werden die nächsten Schichten nicht mehr halten. Wenn auf diese Weise die gesamte Wolle aufgelegt wurde – die Kugel sollte jetzt keine Falten mehr haben –, wird der Filz verdichtet.

1 Grob geformte Wollkugel die nach dem Nassmachen Falten und Unebenheiten aufweist.

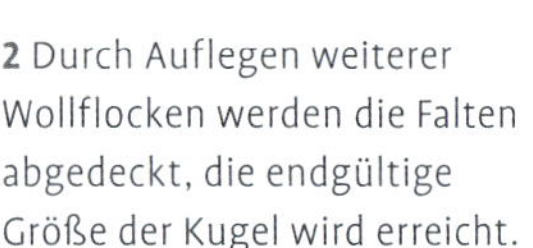

2 Durch Auflegen weiterer Wollflocken werden die Falten abgedeckt, die endgültige Größe der Kugel wird erreicht.

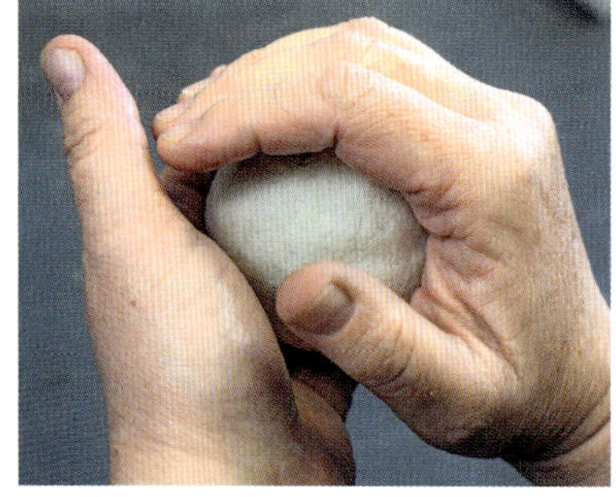

3 Vollständig geformte Kugel, die keine Falten und Verwerfungen mehr hat und noch deutlich größer ist als die geplante fertige Kugel.

4 Durch vorsichtiges Rollen zwischen den Händen wird die Kugel nach und nach verdichtet.

Dabei rollt man die Kugel erst sehr vorsichtig und mit wenig Druck zwischen den Händen und erhöht den Druck nach und nach, je nach Festigkeit der Kugel.
Fertig gewalkt ist eine Filzkugel dann, wenn sie die gewünschte Festigkeit erreicht hat. Um eine Filzkugel vollständig auszufilzen, ist extrem viel Kraft notwendig. Meist ist das nicht erforderlich. Die oberste Schicht muss strapazierfähig sein und dem Verwendungszweck entsprechen.
Die fertige Kugel wird wie jeder Filz ausgewaschen. Das Trocknen ohne Schleuder ist hier nicht ganz einfach, da sich sehr viel Wasser einlagert. Man kann sich behelfen, indem man die Kugel in einem Handtuch noch mal kräftig durchknetet. Dabei wird viel Wasser vom Handtuch aufgenommen.

GREIFLING FÜR KINDER

Wolle ist ein ausgezeichneter Werkstoff, um Spielzeug für Kleinkinder zu modellieren. Bei der Herstellung muss nur darauf geachtet werden, dass sich keine Kleinteile ablösen.
Haptisch ist Filz bei Kleinkindern sehr beliebt, und sie spielen gerne damit. Das Erscheinungsbild ist dabei vollkommen zweitrangig, da sie Formen ohnehin noch nicht zuordnen können. Es genügt also, ein abstraktes Objekt zu erstellen, das einigen Anforderungen genügt, um ein Kind zum Spielen zu animieren und die motorischen und sensorischen Fähigkeiten zu fördern. Das Kind sollte das Objekte an mehreren Stellen gut greifen können, es sollten auch größere Formen zum Ertasten vorhanden sein, und das Objekt sollte mehrere Farben haben. Bei der Planung ist es nützlich, das Objekt vorzuzeichnen.

Auch wenn sich die ursprüngliche Planung vom Endprodukt unterscheiden, eine Planung kann immer helfen, sich während der Arbeit zu orientieren.

Wolle

Eine Wollmenge festzulegen ist nicht erforderlich, es wird nach Gefühl und Gestaltung gearbeitet. Da es ein Kinderspielzeug werden soll, verwendet man am besten eine feine Merinowolle im Vlies. Für die Grundkonstruktion kommt naturfarbene Bergschafwolle zum Einsatz; diese wird das Spielzeug stabilisieren und reduziert den Preis.

Vorgehensweise

Die geplante Konstruktion wird modellhaft in einzelne geometrische Formen zerlegt, die vorgefertigt werden. Beim vorliegenden Spielzeug werden sechs kleinere Kugeln, zwei große Kugeln und ein möglichst fester Ring gebraucht. Diese werden so vorgefilzt, dass die Wolle zwar zusammengefallen und die Luft im Inneren der Wollstapel verdrängt ist, die einzelnen Fasern aber erst sehr locker miteinander verfilzt sind. Man taucht also eine Flocke Wolle in Wasser und wickelt daraus möglichst dichte Kugeln. Gegebenenfalls wird noch eine Schicht zusätzliche Wolle aufgelegt und nur sehr kurz gerollt. Ob diese Kugeln jetzt schon vollständig faltenfrei sind, ist unerheblich, sie dienen nur der Unterkonstruktion.

1 Die Einzelteile des Greiflings werden aus grober Wolle vorgeformt und nur kurz angefilzt, sodass sich die Deckwolle noch gut mit der Unterkonstruktion verbinden kann. Aus einer dicken Filzschnur, die an den Enden zusammengefilzt wird, entsteht der Ring.

2 Die Einzelteile geben bereits Aufschluss über die angestrebte Form des fertigen Objekts.

3 Zwei der vorgefertigten Kugeln sind mit farbiger Wolle ummantelt, die Wolle bleibt an der Verbundstelle trocken und lose, um eine spätere Verbindung zu ermöglichen.

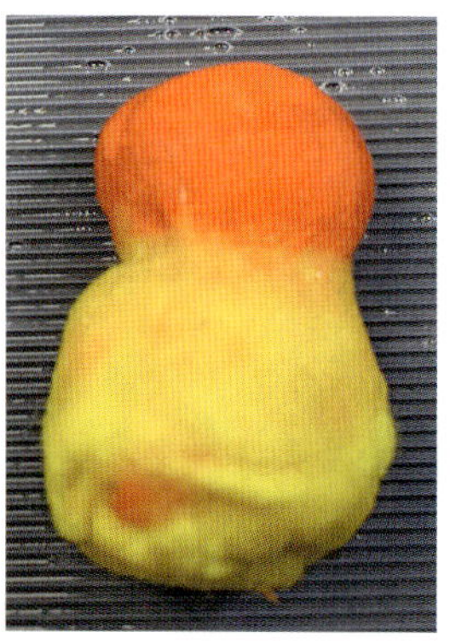

4 Die vorgefertigten Einzelteile werden nach und nach miteinander verbunden.

5 Die kleineren Einzelteile werden zum Schluss aufgefilzt.

Für den Ring wird zunächst eine Fläche von 20 cm Länge und einer Breite von ca. 12 bis 15cm gelegt, genässt und dann sehr dicht aufgewickelt. So entsteht ein relativ dichter Wollstrang, der bereits eine gewisse Festigkeit hat, ohne verfilzt zu sein. Die Enden bleiben wenn möglich trocken. Diese Wurst wird dann mit vorsichtigen Rollbewegungen etwas angefilzt. Anschließend führt man die Enden zusammen und verbindet sie mithilfe zusätzlicher Wollflocken, die über die Nahtstelle gelegt und angefilzt werden. Der Durchmesser des Ringes sollte dabei etwas kleiner gewählt werden als der fertige Durchmesser, da er sich bei der Arbeit eher ausdehnen wird.

Wenn alle Einzelteile vorgefertigt sind, wird das Gesamtobjekt zusammengefügt und verdichtet. Dabei ist das Prinzip immer dasselbe: Ein Stück der vorgefertigten Teile wird mit Wolle umschlossen, eine Seite der Deckschicht bleibt offen und die losen Fasern stehen ab. Mit diesem offenen Stück kann man das so vorbereitete Einzelteil dann auf das zweite Teil aufsetzen und durch vorsichtiges Reiben verbinden. Über die Nahtstelle legt man weitere Flocken und streicht sie mit Seifenwasser glatt. Das Seifenwasser dient hier zunächst eher als „Klebstoff". Das Wasser erhöht die Bindung zwischen den Wollfasern erheblich, sie kleben aneinander. Der eigentliche Filzprozess kommt erst später.

Da das Gesamtgewicht des Gebildes mit jedem Ansatzteil und dem darin befindlichen Wasser deutlich steigt, nimmt die Stabilität erst mal erheblich ab. Deshalb sollten alle Teile, die bereits als fertig ausgebildet gelten können, durch vorsichtiges Reiben an der Ansatzstelle so angefilzt werden, dass sie zusammenhalten. Anschließend kann das nächste Element befestigt werden.

In gleicher Weise alle Einzelteile anfügen und mit der Unterkonstruktion verbinden. Solange die Oberfläche noch nicht fest verfilzt ist, können

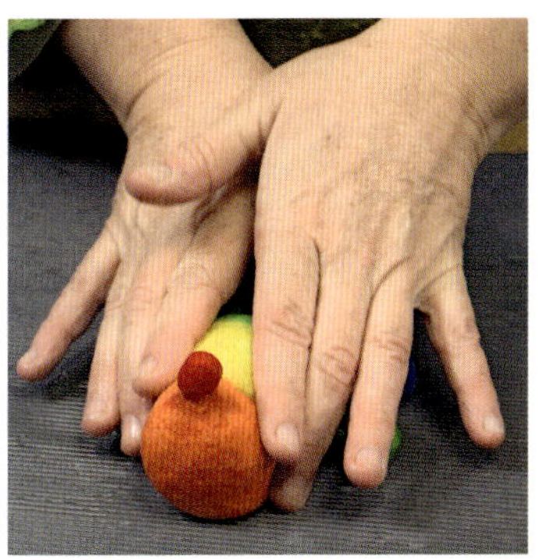

6 Ein modelliertes Werkstück kann zu Beginn nur durch vorsichtiges Reiben verdichtet werden. Die Oberfläche wird nach eingehender Bearbeitung das Gesamtobjekt zusammenhalten.

7 Die gesamte Oberfläche muss bearbeitet werden, um die Verfilzung der Oberfläche zu erreichen, sodass sich alle Einzelteile verbinden.

8 Bei einem Spielzeug sollte immer sichergestellt sein, dass die Wolle fest verfilzt ist und sich keine Teile mehr ablösen können. Deshalb sollte auch ein modelliertes Stück am Ende der Bearbeitung geknetet werden.

weitere Teile angebracht werden; die Materialdicke oder Ausdehnung kann durch Auflegen neuer Wollschichten erhöht werden.
Das fertig ausgelegte Stück sollte dann deutlich dicker ausgeführt sein, als das fertige Spielzeug gewünscht ist, da erst jetzt die Verdichtung der Wolle beginnt. Durch Reiben der gesamten Form mit steigendem Druck verfilzen die Wollfasern, und der Filz wird zunehmend stabiler.
Erst wenn sichergestellt ist, dass alle Einzelteile fest sitzen und die Einzelteile nicht mehr nachhaltig aus der Form gehen oder einzelne dünne Stellen aufreißen können, kann das ganze Objekt zusammengenommen und geknetet werden. Dabei kann es zu Faltenbildung kommen, diese sollte aber nicht mehr nachhaltig sein und kann in aller Regel wieder geglättet werden. Das Kneten sorgt dafür, dass die Wolle vollständig verfilzt und verfestigt ist. Bei einem Spielzeug ist dies von entscheidender Bedeutung. Nach Abschluss des Walkens wird das Spielzeug in Form gezogen und noch einmal kontrolliert, dann ausgewaschen und wie gewohnt getrocknet.

SONDERFORM FILZFELL

Im Grunde handelt es sich hier um eine Sonderform der Filzfläche. Lediglich die Oberflächenstruktur ist anders. Aber wie so oft liegt die Schwierigkeit im Detail. Wie die Probenerstellung im Kapiel „Schafrassen“ eindrucksvoll gezeigt hat, lassen sich mit jeder Wolle Filzfelle herstellen. Sogar absolut nicht filzende Wollsorten lassen sich zu einem Filzfell verarbeiten.
Filzfelle können auf sehr unterschiedliche Weise hergestellt werden. Das hat einerseits etwas mit der ausgewählten Wolle und deren Beschaffenheit zu tun, andererseits auch mit dem gewünschten Ergebnis. Je nach Vorgehensweise entstehen unterschiedliche Qualitäten und unterschiedliche Ergebnisse.

„Veggifelle“ gibt es nicht

Ein Fell, das aus geschorener Wolle hergestellt ist, ist ein Filzfell und kein Veggifell. Es ist nicht vegetabil und wird es auch nicht. Dass bei der Herstellung eines solchen Felles kein Tier gestorben ist, wird schon durch den Begriff Filzfell deutlich. Das Modewort „veggi“ hilft da nicht weiter.

Vor der eigentlichen Anleitung hier kurz die Vor- und Nachteile zweier extremer Möglichkeiten. Ein zusammenhängendes Wollvlies (oder Teile davon) kann einfach auf den Rücken gedreht werden, (Schnittfläche nach oben) die Wolle wird einigermaßen gleichmäßig ausgebreitet, etwaige Löcher werden zugeschoben, dichtere Stellen leicht auseinandergezogen. Die so entstandene gleichmäßige Fläche belegt man mit einer Schicht gut filzender Deckwolle. Das ist die schnellste, aber auch fehleranfälligste Methode. Es ist nicht sichergestellt, dass keine dichteren oder dünneren Stellen entstehen, die Form ist fest vorgegeben und kann auch farblich nicht variiert werden.

Die zweite Methode sieht so aus, dass man einzelne Wolllocken auf eine fertig ausgelegte Schicht gut filzender Wolle auflegt und dann filzt. Diese Methode ist aber extrem aufwendig und zeitraubend. Der Vorteil hier ist, dass sichergestellt werden kann, dass das Filzfell anschließend sehr gleichmäßig ist und alle Locken gut anfilzen. Auch kann man die Farbzusammenstellung und die Form sehr flexibel gestalten.

Fünf Gründe, warum man aus einem verfilzten Vlies kein Fell filzen sollte

Häufig werden bereits verfilzte Schurwollvliese zur Herstellung von „Veggifellen" angeboten, das ist aber aus verschiedenen Gründen nicht vorteilhaft.

- **Größe und Form sind nicht variabel**
  Ein bereits verfilztes Vlies muss genau so weiterverarbeitet werden, wie es ist. Nur mit der Schere kann die Form noch verändert und können zottige Ränder entfernt werden.
- **Trägerwolle hält nicht mehr**
  Um eine sicher geschlossene Schicht zu ermöglichen und die einzelnen Fellbereiche gut zu verfestigen, muss eine Trägerschicht Wolle aufgelegt werden. Auf stark verfilzten Bereichen hält diese Trägerschicht aber nicht mehr zuverlässig, es entstehen lose Stellen.
- **Verschmutzungen sind nicht oder nur schwer zu entfernen**
  Während sich aus lose zusammenhängenden Fasern Verschmutzungen im Lauf des Filzprozesses lösen, kommt es bei stark verfilzten Vliesen zum Einschluss solcher Verschmutzungen, die sich während des Filzprozesses nicht mehr herauslösen. Auch Einstreu und Einfütterungen sind meist nicht mehr entfernbar und stören die Haptik und Optik des fertigen Felles erheblich.
- **Schadwolle lässt sich nicht aussortieren**
  Fast alle Vliese weisen im Nacken und Rückenbereich fehlerhafte Wollpartien auf. Außerdem ist die Wolle dort oft nur wenig ansehnlich und würde im Normalfall aussortiert. Bei einem verfilzten Vlies ist dies nur mit der Schere möglich, die Ränder sind dann aber nicht mehr miteinander verfilzbar.
- **Ungleichmäßiges, unbequemes Fell**
  Da das Verfilzen eines Vlieses am Tier darauf zurückzuführen ist, dass ein teilweiser natürlicher saisonaler Fellwechsel stattgefunden hat, ist nicht gewährleistet, dass das Vlies gleichmäßig dick ist. Diese Unterschiede lassen sich nicht mehr ausgleichen, das Fell wird ungleichmäßig dick, hat teilweise Klumpen oder lichte Stellen. Bei einem Sitz- oder Liegefell ist das sehr unangenehm.

FILZFELL, METHODE 1: VLIES VOM GOTLÄNDISCHEN PELZSCHAF

Weil vor allem Filzfelle aus lockiger Wolle beliebt sind und sehr imposant aussehen, wird für dieses erste Fell ein zusammenhängendes Vlies eines Gotländischen Pelzschafes verwendet. Es ist im Nackenbereich und in der Bauchpartie teilweise

Ein wunderschöner Sitzplatz aus Vlies vom Gotländischem Pelzschaf

verfilzt, was aber leicht entfernt werden kann. Entfernt werden auch sämtliche stark verschmutzte Bereiche oder solche mit Schnittfehlern.
Der Rest des Vlieses kann nun in die Arbeitsfläche sortiert werden. Ein Teller mit Rand leistet bei einem Filzfell gute Dienste. Man kann die Wolle sehr formgenau ausgebreiten, und das Schmutzwasser wird aufgefangen und läuft nicht unkontrolliert über den Arbeitsplatz. In diesen Teller wird dann die Rohwolle so einsortiert, dass die einzelnen Locken möglichst dicht und senkrecht stehen und mit der Schnittfläche nach oben zeigen. Es ist darauf zu achten, dass das Vliesstück gleichmäßig verteilt ist, sich also keine lichten Stellen und auch keine Anhäufungen bilden. Durch Abtasten der Oberfläche mit der flachen Hand kann man das gut erfühlen.

1 Zusammenhängendes, aber nicht verfilztes Vlies eines gotländischen Pelzschafes

2 Ausgebreitetes und gleichmäßig verteiltes Vlies mit der Schnittseite nach oben

Auf diese Fläche aus senkrecht stehenden Haaren legt man dann zwei Schichten der Trägerwolle. Es sollte sich um eine gut filzende Wolle handeln, hier graubraune Bergschafwolle.
Anschließend kann das Fell genässt werden, indem man den gesamten Teller mit heißem Seifenwasser flutet. Wichtig ist, dass das Wasser von innen nach außen aufgetragen wird, da bei umgekehrter Richtung in der Mitte Luft eingeschlossen wird, die nur schwer entweichen kann.
Wenn das gesamte Werkstück im Wasser liegt, wird vorläufig nur die Deckschicht-Wolle auf die darunter liegenden Fellfasern aufgedrückt, sodass sie guten Kontakt haben und die Luft auch wirklich entfernt ist. Dann kann das Fell erst einmal ruhen. Das hat einerseits den Zweck, dass die Faser aufquellen kann, zweitens löst sich der Schmutz aus der Wolle deutlich leichter.
Bevor die Seifenlauge vollständig ausgekühlt ist, bearbeitet man die Rückseite, indem man mit der flachen Hand vorsichtig darüberstreicht und so die Wolle verfilzt. Diese Bewegung führt einerseits dazu, dass die Bergschafwolle verfilzt, andererseits werden die Wolllocken festgehalten, weil sie sich teilweise in die Trägerschicht einarbeiten. Nach und nach verfestigt sich das Fell, und das Wasser kann reduziert werden, um die Arbeit griffiger zu machen. Nach einer gewissen Zeit hat sich die Wolle so weit verfestigt, dass das Fell umgedreht werden kann und die Locken durch vorsichtiges Auszupfen gelockert werden können.

3 Graubraune Bergschafwolle in zwei gekreuzten Lagen dient als Trägerschicht über der Wolle des Gotländischen Pelzschafes.

4 Durch Reiben über die Oberfläche wird die Trägerschicht verfilzt und dadurch auch die Wolllocken festgehalten.

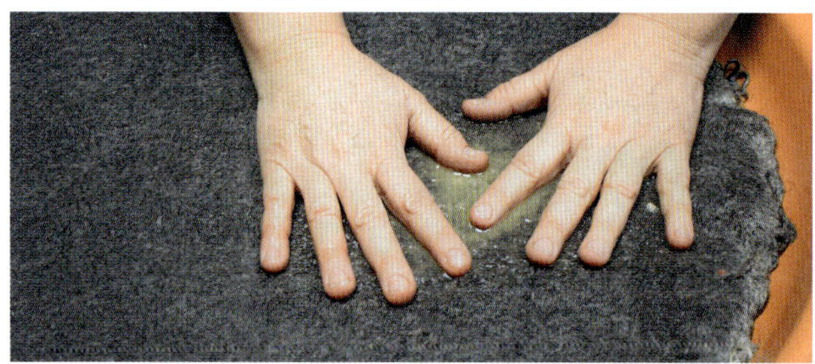

5 Das Filzfell wird durch kräftiges Kneten und Rollen gewalkt.

Anschließend kann man das Fell wie jede andere Filzfläche fertig walken, man muss nur darauf achten, dass die Locken immer wieder gelockert werden, um ein festes Verfilzen mit dem Untergrund zu vermeiden.

Bei Filzfellen bleibt die Schrumpfung deutlich hinter anderen Filzflächen zurück. Das hat vor allem damit zu tun, dass die senkrecht stehenden Fasern bereits sehr dicht aufgesetzt sind, sich zwischen die Trägerschicht schieben und dort zu einer Verdichtung in vertikaler Richtung führen, was eine horizontale Schrumpfung verringert.

Da Filzfelle im Normalfall aus ungewaschener Wolle hergestellt werden, muss das fertige Fell unbedingt noch nachgewaschen werden, um restliche Verschmutzungen zu lösen. Soll das Fell anschließend noch gefärbt werden, muss es mit einem fettlösenden Waschmittel gewaschen werden, da die Seife zwar Verschmutzung gut entfernt, am Wollfett aber meist scheitert. Nach dem Waschen und Schleudern oder Ausdrücken kann man das Fell in Form ziehen und kräftig schütteln. Das lockert die Wolllocken wieder auf und gibt dem Fell seine imposante Optik zurück.

FILZFELL, METHODE 1: SCHLICHTWOLLIGES VLIES

Bei der Schur von schlichtwolligen Schafrassen ergeben sich häufig zusammenhängende, nicht verfilzte Vliese. Diese eignen sich wie kein anderes zum Filzen von Fellen. Dabei haben vor allem die Rassen mit nicht filzender Wolle den entscheidenden Vorteil, dass sie auch bei intensiver Bearbeitung des Felles nicht verfilzen und außerordentlich standfest bleiben. Die Felle sind dann zwar weniger imposant als solche aus Lockenwolle oder von mischwolligen Rassen, sie sind aber an Standfestigkeit und Polstervermögen nicht zu übertreffen. Hier wurde ein Vlies vom Shropshire-Schaf gewählt, weil es nicht filzt, weil es schöne zusammenhängende Vliese bildet, eine Faserlänge von 5 bis 7 cm hat und unglaublich fluffig bleibt. Ähnliche Eigenschaften sind von Schwarzkopfschafen, Texelschafen oder Milchschafen zu erwarten. Diese haben aber zum Teil deutlich längere Fasern. Typisch für alle dichten schlichtwolligen Vliese ist die klare Abgrenzung der Verschmutzung auf die Spitzen der Fasern.

Die Rückseite ist häufig sehr sauber, aber vom Wollfett gelblich verfärbt. Die Wolle neigt zur Stapelbildung und muss durch vorsichtiges Aufzupfen etwas verteilt werden. Schnittfehler wie beispielsweise Nachschnitt müssen vor dem Filzen entfernt werden. Die Vorgehensweise ist ansonsten wie bei der ersten Anleitung. Wenn allerdings das Fell angefilzt ist und sich die Fellwolle nicht mehr vom Untergrund löst, kann ein solches Filzfell problemlos der Waschmaschine überantwortet werden. Wichtig sind dabei zwei Dinge: Wie in Abschnitt „Werkzeuge und Walkhilfen“ (ab Seite 325) beschrieben, muss sich das Fell in der Trommel noch bewegen können, Und es bedarf mindestens eines zweiten Objekts, das die Walkarbeit unterstützt. Dazu können einfach die verwendeten Handtücher mit in die Waschmaschine gesteckt werden. Ein Kurzwaschprogramm sollte ausreichen, um das Fell fertig zu filzen und den Schmutz zu entfernen. In den letzten Spülgang kann über das Weichspülerfach ein Teelöffel Essigessenz zugegeben werden, um den pH-Wert zu senken. Nach der Waschmaschinenabkürzung braucht das fertig gefilzte und ausgewaschene Fell nur noch in Form gezogen zu werden und kann dann trocknen.

Ein Filzfell aus schlichtwolligem Vlies ist sehr standfest und strapazierfähig.

1 Verschmutzungen beschränken sich bei sehr dichten schlichtwolligen Vliesen auf die Spitzen der Wolle.

2 Das ausgebreitete Vlies mit sehr gleichmäßig verteilten Fasern

3 Eine Trägerschicht aus gut filzender Wolle ist notwendig, da die gewählte Fellwolle aus Shropshire-Wolle nicht filzt und später nur von der Trägerschicht festgehalten wird.

4 Das Filzfell wird nur kurz angefilzt, bis beide Lagen sich verbunden haben, und kann dann in der Waschmaschine fertig gewalkt werden.

FILZFELL, METHODE 2: VERWENDUNG EINZELNER WOLLLOCKEN

Nicht immer hat man das Glück, schöne zusammenhängende Vliestücke zu bekommen. Außerdem ist die zuvor beschriebene Methode nur für einfarbige Felle und solche mit kürzeren Fasern anwendbar. Vor allem für Kleidungsstücke werden aber die langlockigen, feinen Wollsorten bevorzugt, die auf diese Weise nicht mehr zu bearbeiten sind.
Um den entscheidenden Vorteil dieser deutlich aufwendigeren Methode darstellen zu können, werden Locken verschiedener Länge und Farbe verwendet. Das ergibt vielseitige Gestaltungsmöglichkeiten in Form und Farbe des entstehenden Felles.

Wird ein Filzfell aus einzelnen Locken angefertigt, muss erst die Trägerwolle in gewünschter Form ausgelegt werden. Da hier ein Filzkragen hergestellt werden soll, der locker fällt und nicht steif wird, legt man hier nur zwei sehr dünne Lagen feine Merinowolle. Die Form gleicht einem breiten U, dessen Länge variabel gewählt werden kann. Als Schrumpfung wird nur 1,4 angenommen, da sich der Schrumpfungsfaktor bei so unterschiedlichen Fasern nur schwer ermitteln lässt. Dies ist ein typischer Fall, in dem unter Umständen doch die Schere zum Einsatz kommt, um den Kragen in die passende Form zu schneiden.

Ein Filzfell aus einzelnen Locken bietet viele Gestaltungsmöglichkeiten.

Wenn die Untergrundwolle ausgelegt ist, kommt es darauf an, die Wolllocken Stapel für Stapel so auf die Unterlage aufzusetzen, dass sie sich gegenseitig stützen, also nicht umfallen und eine gleichmäßige Dichte haben. Es dürfen keine Löcher entstehen. Dazu wird jeweils die Schnittfläche der Fasern so aufgefächert, dass eine Standfläche entsteht. Damit stellt man die Fasern auf die ausgelegte Wollschicht.
Beim anschließenden Befeuchten und Andrücken der ausgelegten Wolle ist darauf zu achten, dass die Locken senkrecht nach unten gedrückt werden. So bekommen sie einen noch festeren Kontakt mit der Trägerschicht. Wenn man versucht, die Locken zur Seite zu legen, kommt es häufig vor, dass sich die Standfläche vom Untergrund abhebt und dann parallel zur Unterlage liegt. Die Locken filzen dann zwar trotzdem fest, bekommen aber eine weniger voluminöse Optik. Zum

1 Lange Locken werden so umgeklappt, dass ihre Standfläche senkrecht auf der zuvor ausgelegten Untergrundwolle steht und sie durch die Spitzen gestützt werden.

3 Der fertig ausgelegte Lockenkragen

2 Nach und nach füllt sich die gesamte Form mit senkrecht stehenden Wolllocken, die Farbzusammensetzung ist frei gestaltbar.

4 Zum Anfilzen wird der fertig ausgelegte und angefeuchtete Lockenkragen zusammengerollt.

Anfilzen kann man den Kragen aber auch einfach zusammenrollen und vorsichtig rollen, bis sich die Locken mit dem Untergrund verbunden haben. Beim Walken muss anschließend wieder darauf geachtet werden, dass die einzelnen Locken nicht am Untergrund festfilzen, sondern lose bleiben. Sie können zwischen den einzelnen Roll- oder Walkarbeitsgängen immer wieder vorsichtig gelockert werden. Je nach Filzfreudigkeit der Locken muss das sehr regelmäßig erfolgen, denn sind die Locken erst mal festgefilzt, wird es schwer, sie wieder zu lösen.
Bevor der Lockenkragen vollständig gewalkt wird, muss die Größe noch einmal kontrolliert und gegebenenfalls durch Zurechtschneiden in Form gebracht werden. Dann kann man während des letzten Walkvorgangs auch die Kante noch einmal gut verfilzen und schließen.
Was für jedes Filzfell aus Rohwolle gilt, gilt erst recht für ein Kleidungsstück: Es muss unbedingt noch sorgfältig gewaschen werden, um die Verschmutzungen der Rohwolle und das Wollfett restlos zu entfernen.

SONDERFORM NUNOFILZ

Das Wort „Nuno“ kommt aus dem Japanischen und bedeutet Stoff oder Gewebe. Nunofilz hat aber nichts mit dem Filztuch zu tun, das durch Walken eines gewebten Wollstoffes entsteht. Vielmehr ist der handgefertigte Nunofilz eine Form des Webfilzes, der laut Definition „durch Auflegen oder Aufblasen von Wollfasern auf einen gewebten Stoff mit anschließendem Walken“ hergestellt wird.
Aus dem modernen Filz-Kunsthandwerk ist der Nunofilz nicht mehr wegzudenken. Vor allem in der Kleidungsherstellung stellt Nunofilz eine wichtige Sonderform des herkömmlichen reinen Wollfilzes dar.
Das Prinzip entspricht dem des Webfilzes. Es wird also Wolle auf einen gewebten Stoff aufgelegt und verfilzt. Während des Walkens wandern Wollfasern durch die Lücken im Gewebe und halten den Stoff fest. Da die Wolllagen, die auf den Stoff aufgelegt wurden, beim Verfilzen schrumpfen, sich also zusammenziehen, wird auch der festgehaltene Stoff zusammengeschoben und so gerafft. Es entsteht eine wellige, orangenhautähnliche Optik. Feine Wollfasern auf der Gewebeseite zeigen deutlich, wie die Wolle durch den Stoff geschoben wurde und sich zum Teil auch auf dieser Seite verfilzt hat. Es ist dabei vollkommen unerheblich, aus welchem Material das Gewebe besteht, und auch die Dicke ist variabel. Wichtig ist die richtige Kombination von Wolle und Gewebe. Bei sehr dicken Stoffen wird allerdings eine Grenze erreicht, an der die Wolle nicht mehr in der Lage ist, das Gewebe festzuhalten. Entweder findet gar keine Verbindung mehr statt, oder der Stoff löst sich beim Schrumpfen wieder vom Gewebe, weil er zu kleine Wellen bekommen müsste. Auch ein eher robustes Gewebe wie Leinen wird einer feinen Wolle zu viel Widerstand entgegensetzen, sodass sie ihn nicht durchdringen kann. Manche grobe Wolle wird zwar jeden Stoff durchdringen, es macht aber wenig Sinn, Seide mit Bergschafwolle zu belegen, da die Seide vollständig darin untergeht oder zumindest ihre feine Struktur und Haptik verliert.
Je nachdem, aus welchem Material das gewählte Gewebe besteht, können unterschiedliche Ergebnisse erzielt werden. Alle nicht filzenden Stoffe werden sich mit dem Filz verbinden, und da sie in ihrer ursprünglichen Größe bleiben, ergibt sich die typische wellige Oberfläche des Nunofilzes.
Bei sehr lose gewebten Stoffen aus nicht filzenden Fasern durchdringt die Wolle das Gewebe aber oft so intensiv, dass es gar nicht mehr zu erkennen ist. Außerdem werden solche Gewebe nur zusammengeschoben, es wird also nur das Gewebe selbst zusammengezogen, aber es bilden sich keine Wellen. Der Stoff liegt im fertigen Filz flach und ist teilweise nur noch als feine Struktur zu erkennen. Dieses Aussehen ist ganz typisch für Chiffon und Gaze.
Es stellt sich nun natürlich die Frage, warum man sich die Arbeit machen sollte, einen Stoff einzufilzen, wenn die Stabilität auch auf andere Weise zu erreichen ist. Bei der Entscheidung für Nunofilz geht es aber nicht um Stabilität oder Gestaltung: Nunofilz ist im Vergleich zu reinem Filz deutlich anschmiegsamer und biegsamer. Gerade bei Kleidungsstücken, die locker fallen sollen oder locker schwingend getragen werden (z. B. ein Schal), bietet sich Nunofilz an. Nunofilz mit Seide hat zudem ein höheres Gewicht je Fläche und fällt dadurch noch mal lockerer. Selbst Filze mit Leinengewebe als Basis zeigen diesen Effekt.

Nunofilz: die Probe

Planung fertiges Deckchen mit den Maßen
$L \times B = 20\ cm \times 20\ cm$
$A = L \times B = 20\ cm \times 20\ cm = 400\ cm^2$
Schrumpfungsfaktor angenommen mit SF = 2

Materialauswahl

Seidenpogé 5: 40 cm × 40 cm
Merinowolle im Kammzug 16 µm:
$0{,}015\ g/cm^2 \times 400 = 6\ g$

Hinweise zum Portionieren der Wolle

Bitte nicht anfangen, 6 g Wolle abzureißen und zu wiegen, das macht zu viel Wolle kaputt, weil man nämlich die letzten 10 cm eines Stranges nicht mehr vernünftig halten und damit auch nicht auszupfen kann. Besser ist es, die Wolle am Stück zu lassen. Man kann Wolle übrigens auch mit dem Maßband wiegen! Ein Kammzug ist meist auf 25 Gramm je Meter gekämmt, damit ergibt sich mit einfachem Dreisatz 100 cm geteilt durch 25 Gramm mal 6 Gramm: 24 cm vom Kammzug wiegen ca. 6 g. Diese 24 cm werden aber auch nicht abgerissen, sondern nur mit einem Band gekennzeichnet, dann bleibt alles an einem Stück. Da nicht alle Kammzüge gleich sind, lohnt es sich, vor dem Verarbeiten zu messen und zu wiegen.

Vorgehensweise

Auf die Arbeitsfläche wird der trockene Seidenpogé möglichst faltenfrei ausgebreitet. Darüber legt man dann in zwei sehr dünnen gekreuzten Lagen die Wolle aus und befeuchtet alles vorsichtig.
Bei Nunofilz sollte man nicht erst reiben, auch nicht mit einer Schutzfolie darüber, sondern das Material wird sofort in eine geeignete Unterlage eingerollt und rollend angefilzt. Dabei wandern die Wollfasern durch den Filz und teilweise durch das Gewebe und halten es fest.
Nach etwa zwei bis drei Minuten wird die Rolle vorsichtig geöffnet, das Werkstück wird um 90 ° gedreht und wieder gerollt. Diesen Vorgang wiederholt man, bis man eine deutliche Schrumpfung feststellt und die Seide fest auf der Wolle haftet. Dann kann – eventuell auch durch Kneten und vorsichtiges Werfen – weitergewalkt und fertiggestellt werden.

2 Über die Seide wurden zwei gekreuzte Lagen Wolle gelegt, die Wolle ragt etwas über die Seide hinaus.

1 Pogéseide ausgebreitet mit Merinowoll-Kammzug – die Materialmenge wurde durch ein Gummiband gekennzeichnet

3 Nach dem Anfeuchten wird Nunofilz sofort zusammengerollt und rollend angefilzt.

4 Beim fertig gewalkten Nunofilz zeigen sich die typische Raffung des Gewebes und einzelne Wollfasern, die auf der Seide wieder zusammengefilzt sind.

Nunofilz wird wie jeder andere Filz anschließend ausgewaschen, ausgedrückt oder geschleudert, in Form gezogen und getrocknet.
Die Waschmaschinenabkürzung ist bei Nunofilzobjekten äußerst effektiv, weil der dünne, sehr geschmeidige Filz sich in der Waschmaschine gut bewegen kann und deshalb gut schrumpft. Allerdings sind dünne Filze so einfach zu walken, dass das kaum notwendig ist. Außerdem muss das Stück gut angefilzt sein, um Fehler zu vermeiden, und dann ist ein Großteil der Arbeit schon getan.

ARMSTULPEN MIT LOCKENRAND

Die obige Probe hat den Schrumpfungsfaktor von 2 bestätigt, nun können Armstulpen geplant werden.

Verwendete Wolle: Merinowolle 19 µm
Seidenpogé 5
Locken vom Bluefaced Leicester, gewaschen
Armumfang am oberen Ende der Stulpen U = 22 cm
Stulpenlänge L = 18 cm

Schablonengröße
Schablonenbreite:
Halber Armumfang mal Schrumpfung
BS = U ÷ 2 × SF = 22 cm ÷ 2 × 2 = 22 cm
Schablonenlänge:
Stulpenlänge mal Schrumpfung
LS = L × SF = 18 cm × 2 = 36 cm

Die Schablonen werden deutlich länger geschnitten, weil dann die Öffnungen einfacher zu bearbeiten sind und auch die Locken noch Platz finden.

Größe der Pogéstücke
Die Größe der Seidenstücke entspricht der Schablone, nur dass die Seide auf beiden Seiten der Stulpen liegt und deshalb doppelt so breit sein muss. Also zwei Stücke Pogéseide à 44 × 36 cm.
Auch diese Arbeit soll wenn möglich während des Filzprozesses nicht umgedreht werden. Deshalb muss die genaue Reihenfolge der Lagen gut geplant und eingehalten werden. Vorteilhaft ist es, zwei gleiche Objekte auch gleichzeitig zu legen, dann ist besser gewährleistet, dass sie auch gleich werden. Die erste Seite wird sorgfältig genässt und die Schablone darübergelegt. Die Locken sollten dabei vollständig von der Folie bedeckt sein, damit sie nicht mit der zweiten Schicht zusammenfilzen. Durch vorsichtiges Reiben über die Schablone kann dafür gesorgt werden, dass sich keine Luft mehr zwischen Wolle und Seide befindet.

1 Material für die Nunofilzstulpen: Pogéseide, Kammzug-Merinowolle, Lockenwolle und Schablonenmaterial

2 Als erste Lage wird Wolle ausgelegt.

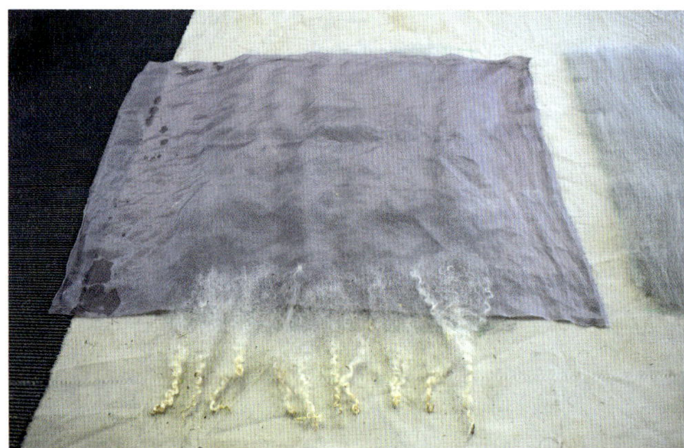

3 Über die Wolle kommt die Seide und darüber wiederum die Lockenwolle.

5 Über die Wolllocken der Oberseite wird die Seide zusammengefaltet.

4 Nach der Schablone folgen die verschiedenen Lagen in umgekehrter Reihenfolge – also zuerst die Locken.

6 Als letzte Lage wird auf der Oberseite die Merinowolle ausgelegt.

7 Zum Anfilzen sollten Nunofilzobjekte sofort zusammengerollt werden.

Jetzt legt man die Lagen der zweiten Seite in umgekehrter Reihenfolge aus. Also erst die Wolllocken, darüber wird die Seide zusammengefaltet. Die Kanten sollten sich dabei nur minimal überlappen. Darüber kommt dann die Doppellage Wolle. Wenn auch die zweite Stulpe ausgelegt ist, werden beide genässt, und die Arbeit kann zusammengerollt und gefilzt werden. Da es sich bei Stulpen um einen Hohlkörper handelt, auf dessen Kanten geachtet werden muss, muss die Rolle nach ein paar Minuten kontrolliert werden. Beim Umdrehen und damit beim Hochheben der Stulpen von der Arbeitsfläche muss bei der Baumwollplane besonders vorsichtig vorgegangen werden, da sich die Seide sonst eventuell wieder von der Wolle löst. Dann können die Stulpen auch durch Werfen (hier eher ein Fallenlassen) weitergewalkt werden. Bei Kleidungsstücken ist es elementar wichtig, dass der Filz möglichst ausgefilzt wird, das ist der beste Schutz vor Pilling und Ausleiern. Die Locken werden sich bei so intensiver Bearbeitung zu Dreadlocks verfilzen. Wenn das nicht gewünscht ist, sollten sie während des Walkens immer wieder auseinandergezogen werden. Im Notfall kann auch eine Karde benutzt werden. Dabei ist aber mit Vorsicht vorzugehen.

Der fertige Filz sollte eine gleichmäßige gekräuselte Struktur der Seide zeigen, die mit feinen Wollfasern durchzogen ist. Zum Trocknen können die fertigen Stulpen über runde Gegenstände gezogen werden, das verhindert Knicke und Falten. Mit diesen Stulpen geht es in der Anleitung „Partielle Färbung“ (ab Seite 529) weiter.

8 Wenn die Wolle anfängt zu schrumpfen, sind die ersten Kräuselungen der Seide zu beobachten.

9 Bei intensiver Bearbeitung verfilzen die Locken zu Dreadlocks, die entweder durch vorsichtiges Auseinanderziehen oder durch Aufkämmen wieder gelockert werden können.

TECHNIKEN ZUR OBERFLÄCHENGESTALTUNG

Die bisher gezeigten Grundformen des handgefertigten Filzes zeigen die grundsätzlichen Möglichkeiten, den Filz in Form und Größe zu gestalten. Ein Großteil der Gestaltungsmöglichkeiten, die den Filz so vielseitig machen, liegt aber in der reinen Oberflächenbeschaffenheit. Neben der farblichen Gestaltung bieten sich unzählige Möglichkeiten, die Oberfläche in Haptik, Struktur und dreidimensionaler Beschaffenheit zu beeinflussen. Die nachfolgenden Punkte geben einen groben Überblick über die Möglichkeiten, sind aber bei Weitem nicht vollständig.

Farbige Wollfasern und Fremdfasern – zweidimensionale Gestaltung

Jede Filzfläche lässt sich mit aufgelegter andersfarbiger Wolle verzieren. Wer mit etwas Feingefühl arbeitet, kann ganze Gemälde mit Wolle zeichnen. Bei der farblichen Gestaltung von Filz ist aber immer zu beachten, dass sich die Fasern beim Verfilzen ineinanderschieben und deshalb Farben aus den anderen Schichten nach oben wandern, sodass sich die Farbe und damit die Optik der Oberfläche verändert. Dieser Umstand kann zur Gestaltung genutzt werden, um Farben abzudunkeln oder Farbmischungen und Übergänge zu erzeugen.

Aber auch andere Fasern, egal aus welchem Material, werden im Filzprozess von den Wollfasern festgehalten und können zur Oberflächengestaltung genutzt werden. Dies hat nicht nur eine Auswirkung auf das Erscheinungsbild, es ändert auch die Oberflächenbeschaffenheit und Haptik des Filzes. So kann mit aufgelegten Seidenfasern ein feiner Glanz erzeugt werden, während Leinen- oder Hanffasern eine organisch strukturierte Oberfläche schaffen.

Da diese Fasern nicht am Filzprozess beteiligt sind, bilden sie auf der Oberfläche unterschiedliche Strukturen, was auf ihre unterschiedliche Faserdicke und Biegsamkeit zurückzuführen ist. Auch ändern sich die Eigenschaften des gesamten Filzes teilweise erheblich. Je mehr Fremdfasern mit der Wolle gemischt werden, desto lockerer wird der Filz, weil die Wollfasern weniger direkten Kontakt miteinander bekommen und sich deshalb nicht mehr so fest verbinden können.

Die Möglichkeiten zum Einfilzen auf der Oberfläche sind schier unbegrenzt. Neben textilen Fasern können auch Holzwolle, Schleierblätter und andere Objekte mit dünner, faseriger Struktur verwendet werden. Es sind nur zwei Grundvoraussetzungen zu erfüllen: Die Materialien müssen entweder dünn genug sein, um von der Faser umschlungen zu werden, oder porös genug, dass die Faser sie durchdringen kann. Außerdem sollten die Materialien eine gewisse Belastung durch Biegen und Reiben sowie Feuchtigkeit aushalten können, da sie sonst beim Walkprozess zerstört werden.

Nicht zuletzt können auch knapp unter der Oberfläche eingearbeitete Elemente die Oberflächenbeschaffenheit beeinflussen, wie hier im Beispiel eingefilztes Artyarn. Die dickeren, lockeren Stellen des Garns sind dabei noch in der Lage zu verfilzen und zu schrumpfen, während der Rest des Garns sich durch die starke Verzwirnung nicht mehr oder sehr viel langsamer verfilzt und in seiner Form erhalten bleibt. Wie Perlen auf einer Schnur schlängelt sich dann die Struktur durch den Filz.

Durch Einfilzen von Seidenfasern (Bild) oder Leinenfasern in die Oberfläche entstehen unterschiedliche Strukturen.

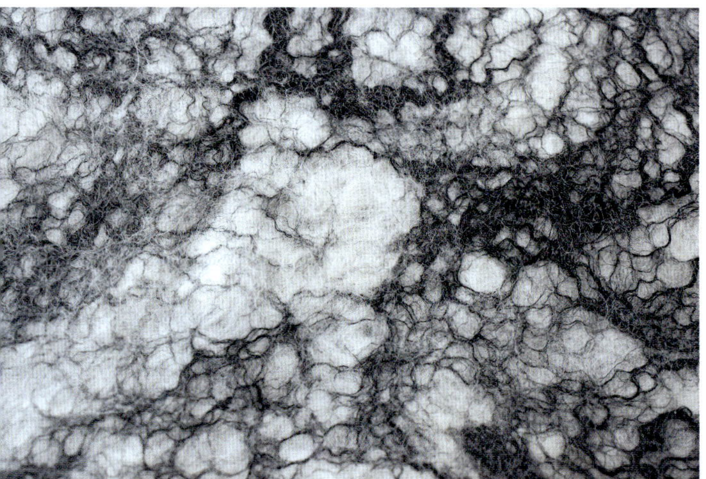

Erhöhung auf der Oberfläche durch Einfilzen einer vorgefilzten Kugel unter die oberste Wollage

Eingefilzte Garne und Schnüre führen zu Strukturen auf der Oberfläche des fertigen Filzes.

Erhöhte Oberflächenelemente

Wie in dem Abschnitt „Vollkörperfilz" (Seite 359) schon beschrieben, kann Filz in jede beliebige Form gebracht werden. Solche Formen kann man natürlich auch auf die Oberfläche eines flächigen Filzes auffilzen. Dabei handelt es sich nicht ausschließlich um reine Gestaltungsobjekte, auch funktionale Teile wie Zusatztaschen, Schlaufen und Henkel können so mit dem Filzobjekt verbunden werden. Dabei sind zwei unterschiedliche Methoden üblich. Zum einen können Verdickungen und Erhöhungen vorgefilzt und unter die letzte Wollschicht gelegt werden, dann haben sie keinen Einfluss auf die farbliche Gestaltung. Oder die einzelnen Elemente werden so vorgefilzt, dass an einer Seite die Fasern offen bleiben, und man setzt sie auf die letzte Wollschicht.

Vorgefilzte Spiralen werden als geschnittene Scheiben auf die Oberfläche gelegt und festgefilzt

Aussparende Oberflächenstrukturen

Sehr schöne Effekte lassen sich auch dadurch erzielen, dass Aussparungen auf der Oberfläche eingearbeitet werden. Diese Aussparungen macht man wie einen Hohlkörper, indem Schablonen zwischen die einzelnen Wollschichten gelegt werden, die später je nach Wunsch aufgeschnitten und ausgeformt werden. Vorsicht ist hier aber immer geboten: Wenn die verbleibende Wollschicht zu dünn ist, hat das negative Auswirkungen auf die Stabilität des Gesamtobjekts.

Durch Auflegen mehrerer Schablonenelemente mit je einer Deckschicht Wolle entstehen nach dem Aufschneiden vertiefende Strukturen.

Die sogenannte Schollentechnik wird mithilfe von dünnen Folienstreifen unter der obersten Wollschicht verwirklicht.

Wie Verwendung von Vorfilzen bietet vielfältige Möglichkeiten. So können Vorfilze in dreidimensionale Strukturen gelegt und nur an einzelnen Stellen auf das Filzobjekt aufgefilzt werden; dann können zum Beispiel Lamellen entstehen. Traditionell dienen Vorfilze aber vor allem zur farblichen Gestaltung, weil sie in akkurate Muster und Ornamente geschnitten werden können, was beim Auslegen mit reinen Wollfasern eher schwierig gelingt.

Gestaltung mit Vorfilz

Vorfilze sind Filze, deren Struktur noch nicht vollständig geschlossen ist. Sie bestehen also aus mehr oder weniger lose zusammenhängenden Wollfasern. Das jeweilige Filzstadium kann sehr unterschiedlich sein. Allgemein wird aber alles, was einem weiteren Filzprozess und damit einer weiteren Verdichtung unterzogen werden kann, als Vorfilz bezeichnet.

Im Handel sind sogenannte Vorfilzvliese in unterschiedlichen Farben und Dicken als Meterware erhältlich. Da sie aber vergleichsweise teuer sind und nicht viel Gestaltungsfreiheit bieten, lohnt es sich, den Vorfilz selbst herzustellen.

Dazu wird ein Flächenfilz in gewünschter Wollqualität, Dicke und Farbe hergestellt, nur dass der Walkprozess frühzeitig unterbrochen wird. Der Vorfilz sollte zur weiteren Verarbeitung trocken sein, da er sich dann besser verarbeiten lässt.

Vorfilz waschen

Wenn Vorfilz auf Vorrat hergestellt wird, muss die Seifenlauge ausgewaschen werden. Das ist bei sehr losem Vorfilz nicht einfach. Am besten gelingt es, wenn der Vorfilz in eine Matte eingewickelt und so lange mit klarem Wasser gespült wird, bis keine Seife mehr herausläuft. Auf diese Art geht der Vorfilz nicht aus der Form und kann anschließend gut aufbewahrt werden. Vorfilz lässt sich aber auch ohne Seife herstellen, dann wird die Wolle einfach mit reinem Wasserdampf oder sehr heißem Wasser befeuchtet.

Vorfilz lässt sich gut auf Vorrat herstellen, wenn mehrere Werkstücke geplant sind.

1 Fertig ausgelegte und angefeuchtete Vorfilze in berechneter Größe und Form

2 Die gefilzten Vorfilze werden auf die gewünschten Formen und Größen zugeschnitten. Mit einem Rollschneider sind Vorfilze sehr einfach zu schneiden.

SITZUNTERLAGEN MIT VORFILZ

Planung

Drei Sitzauflagen: Größe 40 × 40 cm
Wolle: Bergschaf Vlieswolle in vier verschiedenen Farben
Schrumpfung: 1,5
Auslegemaß: 60 × 60 cm
Farben und Mengen

- Grau: 330 g
- Gelb: 55 g
  (hier sind ca. 5 g Verschnitt eingerechnet)
- Hellgrün: 55 g
- Dunkelgrün: 55 g

Vorgehensweise

Zuerst werden die Vorfilze erstellt, indem man die farbige Wolle in zwei gleichmäßigen Schichten auf eine Fläche von 50 × 50 cm auslegt. Nach dem Anfeuchten sollten die Ränder umgeschlagen werden, das reduziert anschließend den Verschnitt und macht das maßgenaue Arbeiten leichter. Bei dieser Fläche ist ein Randabschnitt umlaufend von 1 cm eingerechnet und eine Vorfilzschrumpfung von ca. 5 Prozent. So entsteht eine verwendbare Vorfilzfläche von 45 × 45 cm.

Für den grauen Rahmen werden 200 g graue Wolle auf eine Fläche von 30 × 155 cm ausgelegt. Das ist hier nur ein Beispiel, es ist schlussendlich egal, wie die Fläche der grauen Wolle gewählt wird. Wichtig ist, dass am Ende eine Gesamtfläche entsteht, die in zwölf Streifen zu 50 × 7 cm geschnitten werden kann, incl. Vorfilzschrumpfung und Randabschnitt. Der Vorfilz wird wie eine normale Filzfläche mit Seifenwasser befeuchtet und in zwei Richtungen gerollt, bis die Flächen anfangen zu schrumpfen und ein gut zusammenhängendes Vlies bilden. Um zu verhindern, dass sich das spätere Objekt ungleichmäßig verzieht, muss darauf geachtet werden, dass auch der Vorfilz in beide Richtungen gleichmäßig geschrumpft ist. Im vorliegenden Fall kann das gut nachgemessen werden. Bei einer angenommenen Vorfilzschrumpfung von 5 Prozent sollten die Flächen ein Maß von 50 × 0,95 = 47,5 cm Kantenlänge haben. Der Vorfilz kann in einer Schleuder vom überschüssigen

Wasser befreit werden, wenn er nicht flächig auf den Boden der Schleuder gelegt, sondern am Rand ausgebreitet wird. Dann entstehen keine Beschädigungen an den noch losen Filzen. Andernfalls kann er einfach vorsichtig getrocknet werden. Die trockenen Vorfilzflächen können dann in die gewünschte Form geschnitten und auf der Arbeitsunterlage wieder zusammengesetzt werden. Dabei müssen die Einzelteile sehr dicht aneinandergefügt sein, um ein gutes Verfilzen zu gewährleisten. Die entstandenen Flächen belegt man dann mit zwei gekreuzten Lagen Bergschafwolle und befeuchtet diese mit Seifenlauge. Nach dem Andrücken der Deckwolle sind auch die Kanten des Vorfilzes wieder gut zu erkennen, und die Ränder können nach unten umgeschlagen werden. So entsteht eine fest zusammenhängende Fläche, die gefahrlos aufgerollt und gefilzt werden kann.

Die weitere Vorgehensweise unterscheidet sich kaum vom normalen Flächenfilz. Die Sitzunteragen werden zuerst in der Bastmatte gerollt, um eine gute Verbindung der Vorfilze mit der Deckschicht zu erreichen, und dann nach Belieben gewalkt. Im vorliegenden Beispiel ist sehr einfach zu erkennen, wann die einzelnen Filzschichten anfangen, sich zu verbinden. Es ist an einzelnen grauen Haaren auf der Oberseite zu sehen. Dann kann sich nichts mehr verschieben, und die Sitzunterlagen können kräftig fertig gewalkt werden.

4 Die Verbindung der Vorfilze mit der Trägerwolle ist gut an einzelnen grauen Fasern zu erkennen, die sich durch die farbigen Vorfilze arbeiten.

3 Die fertig zugeschnittenen Vorfilze werden auf der Arbeitsfläche ausgelegt, die Muster liegen spiegelverkehrt.

5 Einen sehr glatten, dichten Filz erreicht man durch kräftiges Rollen.

FEHLER UND MÄNGEL IM FILZ

Manchmal läuft nicht alles glatt, manch ein Missgeschick ergibt eine schöne Gestaltungsvariante. Aber was ist wirklich ein Fehler und was kann man dagegen tun?

Wenn von Filzfehlern die Rede ist, stellt sich immer auch die Frage: Wie soll denn ein Filz aussehen, was ist ein „fehlerfreier" Filz? Beim handgefertigten Filz ist diese Frage gar nicht so leicht zu beantworten, was vor allem daran liegt, dass viele vermeintliche Fehler auch als Gestaltungselement verwendet werden können. Ein feiner Schal, der absichtlich Löcher hat, ist nicht fehlerhaft. Wenn aber eine Filztasche eine dünne Stelle oder gar ein Loch hat, so ist das ein Fehler, weil sie ihre Bestimmung nicht mehr erfüllen kann.

LOSER FILZ: ZU WENIG VERDICHTET

Die meisten Fehler im Filz sind also abhängig vom Einsatz und der Gestaltung zu betrachten. Trotzdem macht es Sinn, ein paar Mängel ein wenig genauer zu beleuchten. Ein gravierender Fehler beim handgefertigten Filz ist immer mangelhafte Verdichtung der Fasern. Das liegt in den meisten Fällen an mangelndem Walken, der Filz ist nicht ausreichend geschrumpft, er ist also noch nicht fertig. Es kann aber auch an der verwendeten Wolle liegen: Schlecht filzende Wolle lässt sich auch bei größter Anstrengung nicht ausreichend verdichten, sodass kein fester Filz entstehen kann. Auch pflanzengefärbte Wolle kann diesen Effekt zeigen und ist dann zum Nassfilzen nicht mehr geeignet.
Das Problem an zu losem Filz ist vor allem, dass er nicht belastbar ist und bei Beanspruchung entweder die Form verliert oder sogar Löcher bekommt. Es kommt auch schon bald zu deutlichem Oberflächenpilling, weil so ein Filz nur sehr wenig Reibbelastung ertragen kann. Bei Gebrauchsgegenständen ist dies deshalb unter allen Umständen zu vermeiden, bei Dekorationsobjekten ist es unter Umständen hinnehmbar.

PILLING

Unter Pilling versteht man die Bildung von kleinen Faserkügelchen auf der Oberfläche von Textilien. Dieser Effekt ist auch bei Textilien zu beobachten, die nicht aus Wolle bestehen. Pilling ist also keine wollspezifische Eigenschaft und hat nichts mit der Filzfähigkeit der Wolle zu tun.
Pilling bildet sich auf Filz bei zwei verschiedenen Gelegenheiten. Zum einen kann es sich bereits beim Filzen selbst bilden, das deutet dann auf extreme Oberflächenbelastung beim Walken hin. Es kann also durch Reduzierung der Reibung verhindert oder verringert werden. Dazu wird entweder mehr Seife aufgetragen oder glattere Walkhilfen verwendet. Es kann aber durchaus sein, dass Filz gegen Ende der Bearbeitung durch extreme Reibung in Form gebracht werden muss. Es ist dann auch kontraproduktiv, die Reibung zu reduzieren. In diesem Fall muss die Bildung von Pilling in Kauf genommen werden. Allerdings lässt sich die Oberfläche durch Abrasieren sehr einfach wieder glätten.
Pilling kann sich aber auch beim Gebrauch von Filzgegenständen bilden, was dann auf schlechte Bearbeitung hinweisen kann. Allerdings verhalten sich die einzelnen Wollsorten sehr unterschiedlich, weshalb auch hier kein abschließendes Urteil gefällt werden kann. Richtig ist, dass geschlossene, ausgewalkte Filze deutlich weniger zu Pilling neigen, als offenporige lose Filze. Im Zweifel ist es aber vollkommen unerheblich, warum ein Filz zu Pilling neigt, wichtig ist die Frage, was dagegen getan werden kann.
Die naheliegendste Lösung – die Kügelchen abzuzupfen – ist auch die falscheste. Beim Abzupfen der Kügelchen werden weitere Fasern aus dem Filz herausgezogen, der Filz wird bei weiterer Verwendung eher mehr zu Pilling neigen als zuvor. Die richtige

Durch zu starke Reibung beim Filzen können sich auf der Oberfläche kleine Kügelchen bilden, dies nennt sich Pilling.

Lösung ist immer, die Kügelchen und damit auch die abstehenden Fasern abzurasieren. Das kann mit jedem handelsüblichen Rasierer erfolgen.

„ORANGENHAUT"-FILZ

Dieses Phänomen kennen fast alle Filzinteressierten, und es wird sehr unterschiedlich benannt. Häufig als „zelluliter" Filz oder knubbeliger Filz oder eben Orangenhautfilz bezeichnet, geht es um einen Filz, der eine sehr unebene, unregelmäßige Oberfläche aufweist.

Es handelt sich dabei nicht um einen klassischen Fehler oder Qualitätsmangel, trotzdem kann diese Erscheinung negative Auswirkungen auf die Verwendung eines solchen Objekts haben.

Orangenhautfilz entsteht vor allem dann, wenn ein Filz durch Werfen und Kneten gewalkt wird. Am auffälligsten tritt er bei der Waschmaschinenabkürzung auf, weil die Objekte dort nicht zwischendurch glattgestrichen werden, sodass sich die Falten sehr intensiv einarbeiten und nach der Behandlung in der Waschmaschine nicht mehr einfach ausgestrichen werden können. Bei genauer Betrachtung wird deutlich, dass es sich um eingefilzte kleine Falten und Verwerfungen handelt, die teilweise durch quer verfilzte Wollfasern zusammengehalten werden. Mischwollige Wollsorten neigen eher zu diesem Effekt als solche mit einheitlichen Fasern. Das liegt vor allem an der unterschiedlichen Filzgeschwindigkeit der einzelnen Fasertypen.

Wenn diese Oberfläche tatsächlich unveränderbar in den Filz eingewalkt ist und sich auch durch intensive Reibung nicht entfernen lässt, wird das abgesehen von der Optik keine negativen Auswirkungen auf den Gebrauch eines solchen Filzes haben. Wenn diese Orangenhaut aber darauf zurückzuführen ist, dass die Bearbeitung nicht abgeschlossen ist, die Falten also nicht herausgearbeitet wurden, dann kann es bei Belastung durchaus vorkommen, dass der Filz ausleiert, weil er durch die Glättung der Falten größer wird.

Abhilfe kann hier nur während des Filzprozesses geschaffen werden, indem darauf geachtet wird, dass die Falten gar nicht erst entstehen oder, wenn sie gewünscht sind, der Filz ausreichend gewalkt wurde, sodass er sich nicht mehr längt.

Bei unebenen Oberflächen im Filz handelt es sich um Verwerfungen und Falten, die beim Walken entstehen können. Diese Oberfläche wird sehr unterschiedlich bezeichnet: Orangenhautfilz – zelluliter Filz – Knubbelfilz.

UNGLEICH DICKER FILZ, DÜNNE STELLEN, LÖCHER

Auch diese Erscheinungen sind nur in Abhängigkeit von der Verwendung des Filzes ein Mangel und häufig als gestalterisches Mittel gewünscht. Ungleichmäßige Materialdicken sind immer darauf zurückzuführen, dass die Wolle bei Beginn der Arbeit nicht gleichmäßig ausgelegt wurde. Sie haben immer zur Folge, dass der Filz unterschiedlich belastbar ist. Damit ist auch schon beschrieben, wann aus diesem Phänomen ein Problem wird, nämlich immer dann, wenn Filz belastet wird. Vor allem bei Behältern können dünne Stellen zu Löchern und damit zum Verlust der Benutzbarkeit führen. Behoben werden können solche ungleichen Materialdicken später nicht mehr. Es ist unter Umständen möglich, entstandene Löcher durch aufwendiges Flicken des Filzes wieder zu beheben. Allerdings wird der Filz niemals seine ursprüngliche Belastbarkeit wiedererlangen.

FILZ HAART, VERLIERT FASERN

Jeder Filz verliert Fasern. Vor allem ein neues Filzobjekt wird immer einzelne kleine Fasern verlieren. Das liegt daran, dass sich beim Filzen einzelne Fasern nicht mit dem restlichen Gewirk verbinden und am Ende mehr oder weniger lose auf der Oberfläche liegen. Meist verliert sich das bereits beim Trocknen oder unmerklich in den ersten Tagen der Nutzung. Manche Objekte zeigen dieses Verhalten aber sehr intensiv und lange. Dann lohnt es sich, die Ursache genauer zu betrachten.
Haariger Filz wurde in den vorgestellten Kapiteln bereits mehrfach erwähnt und beschrieben und ist meist auf die Auswahl der Wolle zurückzuführen. Jede Wollsorte, die Stichelhaare aufweist, wird später haaren. Je mehr Kurzhaare die Ursprungswolle hat, desto mehr Haare kann der Filz verlieren. Das liegt an zwei Eigenschaften der Stichelhaare: Erstens sie filzen nicht. Diese Eigenschaft haben alle Stichelhaare, weil sie im Vlies dazu dienen, das Zusammenfallen der Wolle am Schaf zu verhindern. Sie sind also am Filzprozess nicht beteiligt und halten sich deshalb auch nicht im Filz. Lediglich das Verknoten mit anderen Fasern kann sie im Filz festhalten. Da sie aber sehr steif sind und keine Kräuselung aufweisen, wandern sie während des Walkens tendenziell immer nach außen. Das ist sehr einfach zu erklären. Die Wollfasern, die den Filzprozess vollziehen, verdichten sich und ziehen sich mit anderen Wollfasern zusammen. Die lose in diesem Fasergemisch schwimmenden Kurzhaare werden zwangsläufig nach außen verdrängt und treten dann vermehrt in den außen liegenden Schichten des Filzes auf. Dort können sie dann ausfallen, der Filz haart.
Anders als beim Pilling ist jetzt das Auszupfen sehr hilfreich, wenn auch sehr viel Arbeit. Stichelhaare, die weg sind, können nicht mehr ausfallen. Durch Aus- und Abbürsten kann viel verbessert werden.

PFLEGE VON FILZ

Damit die Freude an den Werkstücken lange hält, ist es wichtig einige Dinge über die Pflege des Filzes zu bedenken.

Filz wird zu Gebrauchsgegenständen verschiedenster Art verarbeitet und bedarf deshalb während seiner Lebensdauer einer gewissen Pflege, um ihn einerseits sauber zu halten, andererseits seine Lebenszeit so gut wie möglich zu verlängern oder zumindest nicht unnötig zu verkürzen. Die einzelnen Methoden müssen dem jeweiligen Objekt angepasst werden. Ein paar grundlegende Pflegehinweise können aber bei der Einschätzung hilfreich sein.

WASCHEN

Filz besteht aus Wolle, und die Eigenschaften der Fasern ändern sich auch durch den Filzprozess nicht. Deshalb gelten für das Waschen von Filz weitgehend dieselben Regeln, die für alle Produkte aus Wolle gelten. Sie sind im Kapitel „Wollkunde" ausführlich beschrieben.
Allerdings besteht beim Waschen von Wolle das Hauptproblem darin, dass sie bei zu starker Bewegung verfilzen könnte, weshalb Wolle normalerweise nur eingeweicht und nur sehr wenig bewegt wird. Filz hat in diesem Punkt den entscheidenden Vorteil, dass er bereits verfilzt ist. Selbst wenn der Filz nicht vollständig ausgefilzt, der Filzprozess nicht restlos beendet ist, lässt sich ein Fortschreiten des Verfilzens doch deutlich schwerer in Gang setzen. Anders als andere Produkte aus Wolle kann Filz also beim Waschen durchaus bewegt und geschrubbt werden. Ein Waschvorgang in der Waschmaschine mit normalem Waschprogramm sollte trotzdem vermieden werden, da die Waschprogramme teilweise sehr lange dauern und es dann doch noch zum weiteren Verfilzen kommen kann.
Vorsicht ist geboten, wenn der Filz nicht nur aus Wolle besteht. Häufig wird die Oberfläche des Filzes mit anderen Fasern oder Stoffen gestaltet (Nunofilz), sodass nicht nur die Eigenschaften der Wolle und des Filzes berücksichtigt werden müssen. Empfindliche Seidenstoffe sollten verständlicherweise nicht stark beansprucht werden.

Nicht wringen, gut ausspülen!

Die größte Gefahr beim Waschen von Filz ist, dass sich Filz in nassem Zustand verziehen lässt. Während trockener Filz seine Form auch bei hoher Belastung behält, lassen sich die nassen Fasern so weit gegeneinander bewegen, dass die Form sich verändert. Deshalb sollte Filz beim Waschen nicht gewrungen, sondern lediglich ausgedrückt werden, um starke Verformungen zu verhindern.
Wichtig ist außerdem, dass jegliches Waschmittel am Ende des Waschvorganges wieder aus der Wolle ausgespült wird und evtl. eine Anpassung des pH-Wertes vorgenommen wird (Seite 334). Das kann wie bei der Herstellung von Filz mit einer leicht sauren Spülung erfolgen. Wobei das bei einem geeigneten Waschmittel nicht notwendig sein sollte, da es bereits einen entsprechenden pH-Wert haben sollte.
Das Trocknen von Filz ist bereits bei der Herstellung von Filz im Abschnitt „Trocknen" (Seite 335) ausführlich beschrieben.

MOTTENSCHUTZ

Wenn Filz gewaschen wurde, ist üblicherweise auch der Mottenschutz, soweit das Objekt einen solchen hatte, verloren gegangen. Es bietet sich also an, nach dem Waschen wieder einen Mottenschutz vorzunehmen. Wie im Kapitel „Theorie der Filzherstellung/Ausspülen" (Seite 334) bereits beschrieben, bieten sich dazu verschiedene Möglichkeiten an.
Allerdings hilft gegen den Befall von Motten häufig schon das ausgiebige Lüften und Bewegen eines Filzobjektes. Bei Objekten, bei denen das möglich ist, reicht ein Lüften alle paar Wochen vollständig aus, um einen Befall mit Motten zu verhindern. Sollten schon Schädlinge im Filz sitzen und sich Fraßschäden zeigen, dann gibt es viele Methoden, um sie wieder loszuwerden. Wichtig ist immer, dass nicht die Motte an sich ein Problem darstellt,

sondern ihre Larven, also die Maden, die die Wolle als Nahrung verwenden. Die Larven selbst sind aber nicht sehr robust und meist schon nach einer normalen Wäsche nicht mehr am Leben. Schwieriger bekommt man die Motteneier los, da diese extrem widerstandsfähig sind und sowohl hohe als auch niedrige Temperaturen vertragen. Will man also die Eier abtöten, so muss das befallene Filzobjekt entweder ca. 30 Minuten einer Temperatur von über 70 °C – Backofen, Sauna oder Wasserbad – oder ein paar Tage einer extrem niedrigen Temperatur von minus 18 °C (Gefriertruhe) ausgesetzt werden.
Behandlungen mit Duftstoffen können Motten zwar bedingt abwehren, einen Befall aber nicht wieder beseitigen: Mottenlarven und Motteneier sind nicht empfindlich gegen Duftstoffe.
Eine Behandlung mit Neemöl zeigt aber auch bei bereits befallenen Objekten gute Wirkung und ist einfach durch Aufsprühen machbar.

Eine Flickstelle im Filz ist immer auffällig. „Visible Mending" ist eine gute Möglichkeit eine Flickstelle optisch ansprechend zu gestalten.

LICHTEMPFINDLICHKEIT REDUZIEREN

Wolle ist wie fast alle organischen Stoffe lichtempfindlich und wird bei längerer Einwirkung von Sonnenlicht spröde. In erster Linie wird aber die Farbe unter der Sonneneinstrahlung leiden und weniger die Festigkeit der Wolle selbst. Eine Behandlung von Wolle mit UV-Schutzlotionen und entsprechenden Waschmitteln kann diese Empfindlichkeit zwar reduzieren, im Normalfall wird aber die Lichtempfindlichkeit selten dazu führen, dass die Lebensdauer eines Filzobjektes wesentlich abnimmt.

FLICKEN VON FILZ

Wenn Filz durch Reibung lichte Stellen oder gar Löcher bekommt, so sind diese theoretisch wieder flickbar. Dazu wird der Filz um die Schadstelle herum mit einer Stahlbürste aufgeraut, neue Wolle wird aufgelegt und durch erneutes Reiben und Walken verfestigt. Dies kann tatsächlich Löcher wieder verschließen, die Stelle wird aber nie mehr so fest wie der umgebende Filz, weil der Rest des Objektes nicht schrumpfen kann und damit auch die eingefügte Wolle nicht mitschrumpft. Man kann also getrost darauf verzichten: Es ist viel Arbeit, und die geflickte Stelle hält nur bedingt einer Belastung stand. Wenn es nur darum geht, eine optische Verschönerung durch das Flicken zu erreichen, dann kann auf die Schadstelle auch Wolle mit der Filznadel aufgenadelt werden, was zumindest das Loch verschließt, aber auch nicht belastbar ist. Meist stellt man dann aber fest, dass die richtige Farbe nicht verfügbar ist, weil sich die Farbe des gebrauchten Objektes längst verändert hat.
„Visible Mending", also absichtlich auffälliges Flicken, kann hier eine Lösung darstellen, wenn man sehr an einem gefilzten Stück hängt und es auf keinen Fall aufgeben möchte.

TROCKENFILZEN ODER NADELFILZEN

Während das Filzen an sich eine der ältesten oder vielleicht gar die älteste textile Technik darstellt, ist das Nadelfilzen von Hand mit Sicherheit eine neuere Handarbeitstechnik, die sich vom Filzen in vielen Dingen unterscheidet.

Die Herstellung von Filz mithilfe von Nadeln wurde als industrielle Technik während der Industrialisierung entwickelt und erst in den 1980er Jahren als Handarbeit entdeckt. Seitdem haben sich auch auf dem Gebiet des Nadelfilzens neue Entwicklungen ergeben, und die Technik erfreut sich nach wie vor hoher Beliebtheit.

Trockenfilzen oder Nadelfilzen?

Der Begriff Trockenfilzen ist zwar weit verbreitet, die richtigere Bezeichnung ist aber Nadelfilzen, weil es den Vorgang eindeutiger beschreibt. Zentraler Unterschied zum Filzen ist nicht das Fehlen von Wasser, sondern die Verwendung der Filznadel.

Nadelfilzen lässt sich folgendermaßen definieren: Es ist eine Technik, bei der mithilfe einer Filznadel ein Faserverbund durch Verknoten entsteht. So ergibt sich ein filzähnliches Textil, das nicht ausschließlich aus Wollfasern bestehen muss, da sich auch andere textile Fasern mit der Filznadel verarbeiten lassen. Zum Verfilzen wird hier also nicht die spezifische Eigenschaft der Wollfaser genutzt, sondern es wird eine Zwangsverbindung hergestellt, indem die Fasern mechanisch ineinandergeschoben werden und sich dabei verschlingen und verknoten. Auch beim Nadelfilzen entsteht ein textiles Vlies, in dem die Fasern dreidimensional miteinander verschlungen sind. Es handelt sich um einen chaotischen Faserverbund, weil die Fasern nicht richtungsorientiert sind.

FASERVORAUSSETZUNGEN

Mit der Filznadel lassen sich alle textilen Fasern verarbeiten, die reißfest genug sind. Wollfasern eignen sich in jedem Fall, es lassen sich sogar die sonst nicht filzenden Grannenhaare einarbeiten, soweit sie nicht zu dick sind, um von der Filznadel erfasst zu werden. Außerdem dürfen die Fasern nicht zu kurz sein. Deshalb sind auch Wollsorten mit vielen Kurzhaaren eher ungeeignet.

Mit der Filznadel lassen sich auch solche Fasern zu einem festen Verbund verbinden, die sonst nicht filzen würden. **1** Alpakawolle; **2** Seidenfasern; **3** Heidschnuckengrannen; **4** Maulbeerseide; **5** Leinefasern; **6** Ramiefasern

FILZNADELN

Unabdingbares Hilfsmittel zum Nadelfilzen ist natürlich die Filznadel. Es handelt sich dabei um Stahlnadeln, die im vorderen Bereich eingearbeitete Widerhaken aufweisen. Diese Widerhaken sind nur mit der Lupe zu erkennen und so ausgerichtet, dass sie eine Faser beim Hineinstechen in ein Werkstück erfassen und mit sich ziehen. Beim Herausziehen der Nadel bleibt dieser Effekt aus, sodass die Nadel mühelos wieder aus dem Werkstück herausgleitet, ohne die Faser mitzuziehen.

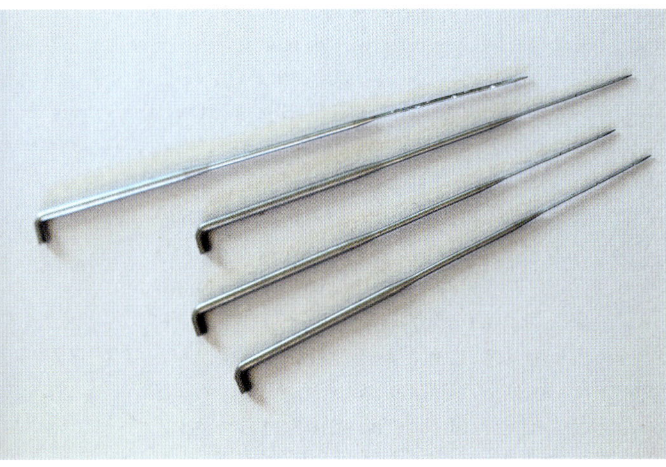

Filznadeln in unterschiedlichen Größen und Dicken. Die Unterschiede sind zum Teil mit bloßem Auge kaum zu erkennen.

Standardnadeln

Filznadeln werden in verschiedenen Stärken und Ausführungen angeboten und entweder mit Nummern benannt oder mit den Bezeichnungen fein, mittel, grob oder stark. Dabei bezieht sich diese Angabe auf die Dicke der Nadel und die Stärke der Widerhaken sowie die Länge der Filzspitze. Je gröber die Nadel, desto gröber auch die auszuführenden Arbeiten. Eine feine Nadel ist sehr dünn und weist sehr kleine Widerhaken in kleinem Abstand auf, dadurch ist sie nur zur Oberflächenbearbeitung sinnvoll. Eine starke Nadel hingegen wird vor allem zu Beginn einer Arbeit eingesetzt, solange das Gewirk noch sehr locker ist und erst grob vorgearbeitet wird. Je weiter der Arbeitsprozess fortgeschritten ist, desto schlechter wird so eine Nadel in das Werkstück eindringen können, was einerseits den Kraftaufwand erhöht und das Abbrechen der Nadel begünstigt, andererseits aber auch deutlich sichtbare Löcher auf der Oberfläche hinterlässt. Deshalb wird dann mit einer feineren Nadel weitergearbeitet. Die üblichen Filznadeln haben im vorderen Bereich einen dreieckigen Querschnitt; die Widerhaken befinden sich jeweils an den Ecken.

Sondernadeln

Neben den üblichen Filznadeln in den oben beschriebenen Größen finden sich im Handel verschiedene Sonderformen von Filznadeln.

Verchromte Filznadeln

Rostfrei beschichtete Filznadeln in unterschiedlichen Dicken sind vor allem dann interessant, wenn die Filznadel zum Ausarbeiten nass vorgefilzter Objekte zum Einsatz kommt. Die Seifenlauge auf dem Arbeitsplatz oder im Werkstück bringt übliche Filznadeln schnell zum Rosten, was anschließend unschöne Flecken auf dem Filzobjekt hinterlassen kann.

Sternnadeln

Auch sogenannte Sternnadeln werden in unterschiedlichen Stärken angeboten. Ihnen allen gemeinsam ist der sternförmige Querschnitt der Nadelspitze. Diese Querschnittsvergrößerung macht die Nadeln stabiler, was vor allem beim Arbeiten mit Kindern vorteilhaft sein kann. Allerdings bedarf es auch mehr Kraft, die Nadeln in das Werkstück zu schieben.

Reversnadel oder Umkehrnadel

Diese Nadeln sind nicht etwa dazu gedacht, die Arbeit wieder rückgängig zu machen: Das ist auch beim Nadelfilzen nicht möglich. Trotzdem ist eine Reversnadel dazu da, Fasern aus einem Werkstück herauszuziehen, statt sie hineinzuschieben. Diese spezielle Technik dient der Oberflächengestaltung eines fertigen oder fast fertigen Nadelfilzobjekts. Wenn ein Werkstück keine mehr oder weniger glatte Oberfläche haben, sondern mit einem feinen haarigen Fell überzogen sein soll, dann werden mit der Reversnadel aus dem fertigen Objekt wieder einzelne Fasern herausgezogen. Dabei wird die Festigkeit des Filzes nicht beeinträchtigt.

SONSTIGE HILFSMITTEL

Um mit der Filznadel arbeiten zu können, sind nicht unbedingt noch weitere Hilfsmittel erforderlich, manche können aber helfen, die Arbeit deutlich zu vereinfachen, oder sie zumindest bequemer zu machen. Allerdings haben sich inzwischen auch Hilfsmittel als ungeeignet oder unausgereift gezeigt und sind deshalb schon nach wenigen Jahren wieder vom Markt verschwunden.

Nadelhalter

Nadelhalter dienen einerseits zur besseren Handhabung der Filznadel, andererseits kann durch Mehrfachnadelhalter die Arbeit wesentlich beschleunigt werden.
Grundsätzlich liegen Nadelhalter durch den wesentlich dickeren Querschnitt besser in der Hand, und ein Abrutschen der Finger wird durch die ergonomische Form des Griffs verhindert. So kann die Nadel viel entspannter gehalten werden, und die Hand ermüdet nicht so schnell. Bei Mehrfachhaltern – es sind gleichzeitig bis zu zwölf Nadeln möglich – ist diese Eigenschaft besonders wichtig, da der Kraftaufwand nicht unerheblich ist. Natürlich steht hier aber die Beschleunigung der Arbeit im Vordergrund. Da der Arbeitsfortschritt einzig und allein durch die Anzahl der Stiche in das Werkstück erzielt wird, verringert sich die Arbeitszeit natürlich um ein Vielfaches, wenn gleichzeitig mehrere Nadeln eingestochen werden. Allerdings ist dabei streng darauf zu achten, dass die Nadeln gerade und parallel eingespannt sind, denn sonst brechen sie unweigerlich ab.
Sicherheitshalter haben außerdem eine Schutzhülle um die Nadeln, sodass die Nadeln erst dann aus dem Halter herausragen, wenn sie in das Werkstück eindringen. So wird die Verletzungsgefahr minimiert. Allerdings treten Verletzungen beim Nadelfilzen vor allem dann auf, wenn man durch das Werkstück hindurch in die haltende Hand sticht. Davor schützen auch Sicherheitsnadelhalter nicht.

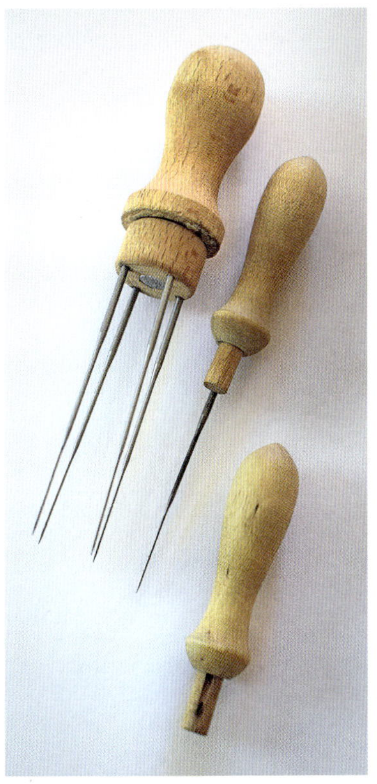

Filznadelhalter in verschiedenen Ausführungen

Arbeitsunterlagen

Je nach Filzprojekt lassen sich verschiedene Materialien als Unterlage zum Nadelfilzen einsetzen. Grundvoraussetzung ist immer, dass die Filznadel in den Untergrund eindringen kann, ohne abzubrechen. Außerdem wird eine Arbeitsunterlage beim Nadelfilzen durch die vielen Nadelstiche extrem belastet, sie sollte sich also auch nicht schnell auflösen. Es eignen sich deshalb vor allem Schaumstoffe verschiedener Art. Die Schaumstoffe sollten eine kleinporige Struktur haben, da sie dann wesentlich länger halten. Für kleine Arbeiten reicht ein haushaltsüblicher Schwamm, größere Objekte lassen sich auf einer Schaumstoffunterlage gut bearbeiten. Für dreidimensionale Objekte, die nicht direkt in die Unterlage genadelt werden, können auch festere Materialien wie Styropor verwendet werden. Allerdings ist der quietschende Ton beim Einstechen mit der Nadel sehr störend, und üblicherweise halten solche Materialien nicht sehr lange.
Wer auf Kunststoffe verzichten möchte, kann sich auch einen lockeren Filzuntergrund erstellen. Fertige Industriefilze sind meist zu dicht gearbeitet und eignen sich nicht. Man kann sich aber aus grober Wolle leicht selbst eine Unterlage filzen. Diese kann nach der Anleitung „Gepolsterte Nadelfilzunterlage“ (Seite 344) gemacht werden.

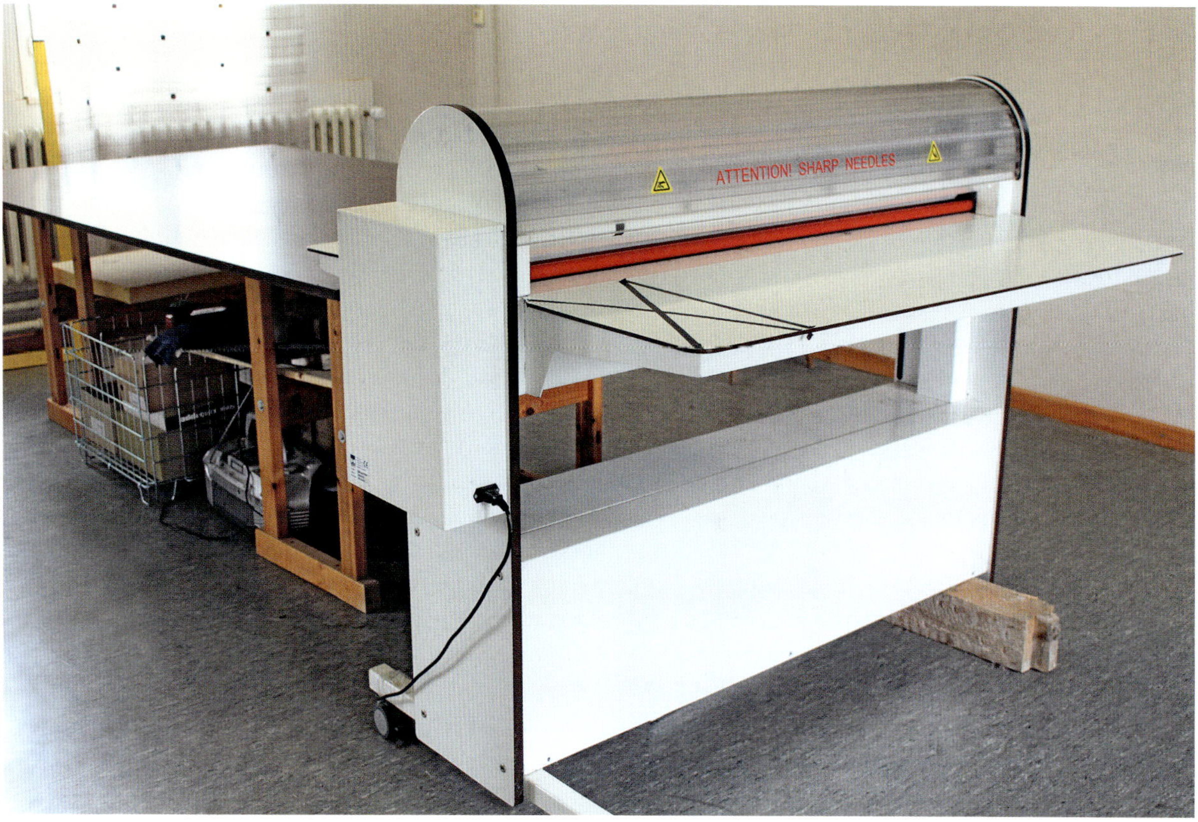

Nadelfilzmaschinen mit einer Arbeitsbreite von ca. 1,0 m eignen sich auch für kleinere Manufakturen.

NADELFILZMASCHINEN

Nadelfilzmaschinen werden vor allem in der Industrie zur Herstellung verschieden dichter Nadelfilze verwendet. Dabei stehen Hunderte oder Tausende Nadeln nebeneinander und können so größere Flächen erzeugen.

Für den Hausgebrauch werden außerdem Nadelfilzmaschinen mit nur einer Filznadel angeboten. Dabei sind zwei Ausführungen üblich: Einerseits zur reinen Oberflächenbearbeitung von flachen Textilien solche, die wie eine übliche Nähmaschine aussehen und dazu dienen, Oberflächenmuster und Reliefs ähnlich einer aufgenähten Applikation anzubringen. Die Bearbeitungsdicken sind dabei sehr begrenzt, man kann aber auch auf Textilien, die nicht aus Filz bestehen, Bilder und Muster aufnadeln.

Zur dreidimensionalen Herstellung von Nadelfilz gibt es Modelle im Handel, die jedoch häufig vergriffen sind. Gebrauchte Maschinen sind jedoch

Nadelfilzmaschine

erhältlich. Außerdem gibt es in diesem Bereich immer wieder vielversprechende Neuentwicklungen, es lohnt sich deshalb, die einschlägigen Plattformen nach Nadelfilzmaschinen zu durchsuchen. Ein gebraucht erhältliches Modell ist die „AddiQuick-Nadelfilzmaschine", die aus einem einfachen Griffstück mit nur einer Filznadel besteht und wie eine normale Filznadel zu handhaben ist. Lediglich die Einstechbewegung wird von der Maschine übernommen, und auch die Geschwindigkeit ist deutlich höher. Für die ambitionierte Nadelfilzerin ergeben sich hier wunderbare Möglichkeiten, den Nadelfilz schnell und formgenau zu modellieren. Leider hat sich aber gezeigt, dass die Maschine vergleichsweise laut und teilweise reparaturanfällig ist.

GRUNDTECHNIK DES NADELFILZENS

Die Technik des Nadelfilzens ist sehr viel einfacher nachzuvollziehen als die des Nassfilzens. Wenn man eine Filznadel genau betrachtet, stellt man im vorderen Bereich kleine Widerhaken fest, die aber nicht wie bei einer Harpune nach hinten zum Schaft zeigen, sondern zur Spitze hin. Je nach Größe und Feinheit der Filznadel handelt es ich um mehr oder weniger Widerhaken. Je feiner die Nadel, umso dünner die vordere Spitze und umso kleiner der Abstand zwischen den einzelnen Widerhaken. Diese Widerhaken sind elementar für den Filzvorgang verantwortlich.

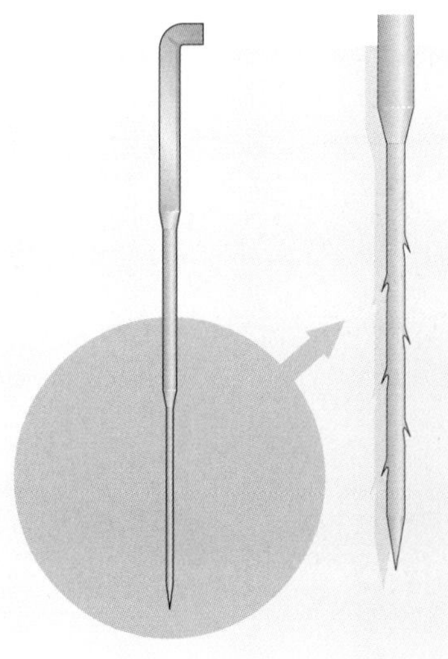

Im vorderen Bereich der Filznadel befinden sich Widerhaken, die die Wollfasern erfassen und in das Werkstück ziehen.

Die Widerhaken erfassen beim Einstechen in die Wollflocke einzelne Fasern und schieben sie nach unten in die Mitte der Wollmenge. Da die Widerhaken nur in eine Richtung weisen, werden die Fasern nicht wieder mit der Nadel herausgezogen, sondern verbleiben in der Mitte. Bei jedem Einstechen werden erneut Fasern in die Mitte geschoben und so zunehmend ein Verdichten der Wollmenge erzielt. Je dichter die Fasern zueinander liegen, umso dünner muss die Filznadel werden, um noch zwischen den einzelnen Haaren einzudringen und neue Fasern hineinzuschieben. Es ist zwar im Lauf der Arbeiten immer mehr Kraft erforderlich, die Nadeln sind aber so spitz, dass ohne Unterlass neue Wolle nachgelegt werden kann und zunehmend zur Umfangsvermehrung führt. Allerdings sind die einzelnen Fasern auf der Oberfläche des Objektes irgendwann so gespannt, dass ein weiteres Verfilzen nicht mehr zerstörungsfrei möglich ist. Bei erneutem Erfassen der einzelnen Faser würde diese entweder hinter der Einstichstelle wieder aus dem Filz herausgezogen oder abreißen.
Nadelfilzen gilt als reversibler Prozess; das stimmt aber nur bedingt. Sofern Fasern immer von einer Seite aus in eine Wollmenge gestochen werden, wird keine dauerhafte Verwirrung entstehen. Wenn sie allerdings, wie bei dreidimensionalen Objekten üblich, von vielen Seiten aus in die Mitte gezogen werden und weitere Fasern dazukommen, dann werden diese irgendwann so verflochten sein, dass der Prozess nicht mehr zerstörungsfrei umgekehrt werden kann.
Die Tatsache, dass eine feine Filznadel auch in dichten, nass gefilzten Filz eindringen kann, kann man sich zunutze machen, um auch auf nass gefilzte Objekte noch Einzelheiten aufzufilzen. Damit lassen sich die beiden Techniken wunderbar kombinierten. Allerdings sind aufgenadelte Details immer wieder entfernbar, da Nadelfilzen vor allem bei reiner Oberflächenbearbeitung immer reversibel ist und damit die Fasern auch wieder herausgezogen werden können. Dies kann man umgehen, wenn ein solches Kombiobjekt nass nachgefilzt wird. So kann eine dauerhafte Verbindung entstehen, vorausgesetzt, der Untergrundfilz kann noch so weit schrumpfen, dass er die aufgenadelten Fasern festhalten kann.

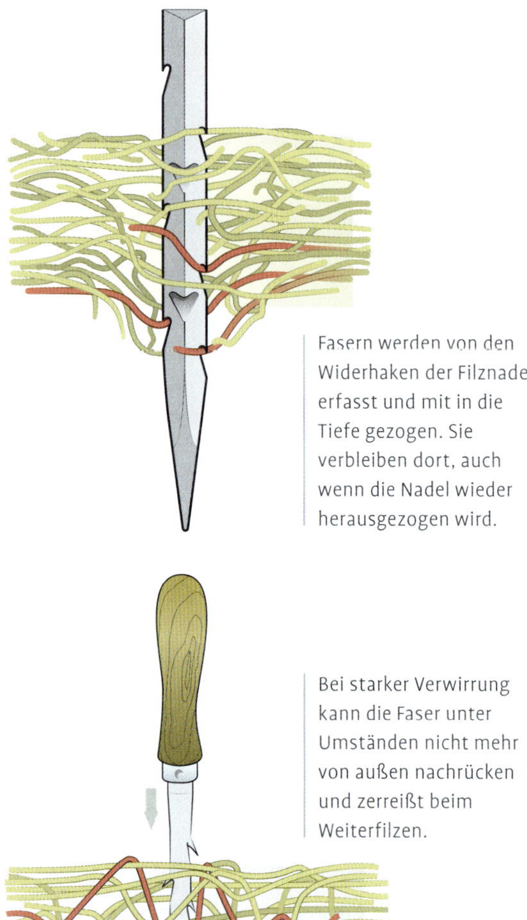

Fasern werden von den Widerhaken der Filznadel erfasst und mit in die Tiefe gezogen. Sie verbleiben dort, auch wenn die Nadel wieder herausgezogen wird.

Bei starker Verwirrung kann die Faser unter Umständen nicht mehr von außen nachrücken und zerreißt beim Weiterfilzen.

NADELFILZEN ZUR OBERFLÄCHENGESTALTUNG

Im Abschnitt „Filzkugel“ Seite 360 wurde eine Kugel nass gefilzt, die jetzt mithilfe der Filznadel zur Dekorationskugeln weiterverarbeitet wird. Der unbestrittene Vorteil des Nadelfilzens im Vergleich zum Nassfilzen ist die deutlich genauere Platzierung von Fasern. So können sehr akkurate und detailgenaue Muster und Oberflächen entstehen. Ein nass vorgefilztes Objekt wird bereits so dicht sein, dass eine dicke Filznadel gar nicht mehr oder zumindest nur noch mit hohem Kraftaufwand eindringen kann. Es muss also mit einer feinen Filznadel gearbeitet werden. Da hier ohnehin nur die Oberfläche bearbeitet werden soll, ist das auch durchaus ausreichend.

Die Vorgehensweise ist leicht zu verstehen. Man nimmt sich eine kleine Flocke Wolle, legt diese auf die vorgefilzte Filzkugel und sticht mit der Filznadel inmitten dieser Filzflocke in den Filz. Einzelne Fasern werden von der Nadel ergriffen und in die Mitte der Kugel gezogen. Es genügt vollständig, ein paar Millimeter in die Kugel einzustechen, die Fasern müssen nicht bis tief in den Filz gezogen werden. Jetzt wird immer wieder eingestochen, es werden immer neue Fasern erfasst und befestigt. Mit der Filznadel kann man dabei die einzelnen Fasern genau positionieren. Einfach die losen Fasern mit der Nadel an den gewünschten Ort schieben und einstechen.

Wenn eine Flocke Wolle festgefilzt ist, kann durch Nachlegen weiterer Flocken und Farben ein Muster entstehen. Man kann auch zuerst skizzenhaft das Muster mit einigen wenigen Fasern vorzeichnen und dann nach und nach ausformen. Da sich beim Nadelfilzen die Farben nicht vermischen, sind auch klare Farbabgrenzungen leicht zu verwirklichen. Nach und nach entsteht so das gewünschte Muster. Die Oberfläche weist dabei immer die charakteristischen Einstiche des Nadelfilzes auf. Dieses „Lochmuster“ wird reduziert, wenn die Einstichstellen dichter nebeneinander sitzen und zum Ende der Arbeit feiner ausgeführt werden. Dazu wird weniger tief in den Filz eingestochen.

Das fertige Muster zeigt deutlich, wie genau einzelne Fasern beim Nadelfilzen platziert werden können.

1 Eine lockere Flocke Wolle wird aufgelegt und mit der Filznadel fixiert.

2 Durch mehrmaliges Einstechen verbindet sich die Wolle zunehmend mit dem Untergrund.

3 Um das gewünschte Muster fortzuführen, wird weitere Wolle aufgelegt und mit der Filznadel fixiert.

Allerdings ist es ebenso gut möglich, dreidimensionale Muster und Einzelheiten aufzufilzen. Dazu können zum Beispiel kleine Kügelchen vorgeformt und dann mit der Kugel verbunden werden. Wichtig ist dabei, dass dreidimensionale Objekte nicht nur in Richtung der Kugelmitte, sondern auch in sich selbst verfestigt werden. Durch Auflegen und Anfilzen weiterer farbiger Wolle entsteht dann das gewünschte Muster.

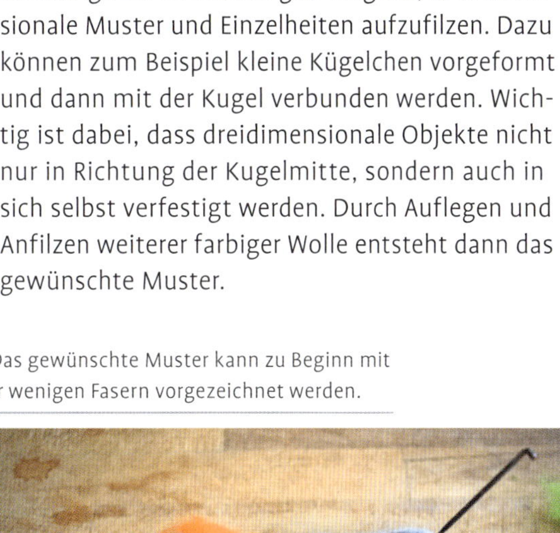

4 Das gewünschte Muster kann zu Beginn mit nur wenigen Fasern vorgezeichnet werden.

5 Nach und nach entsteht ein flächiges Muster auf der Kugel.

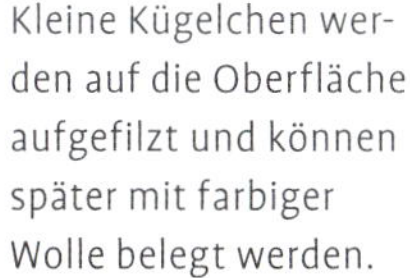

Kleine Kügelchen werden auf die Oberfläche aufgefilzt und können später mit farbiger Wolle belegt werden.

NADELFILZEN EINER DREIDIMENSIONALEN FIGUR

Wenn eine dreidimensionale Figur entstehen soll, ohne dass ein Kern vorgefilzt wurde, dann muss zwangsläufig mit den losen Fasern begonnen werden. Aus einer Menge Wolle wird durch häufiges Einstechen mit der Filznadel nach und nach ein Grundkörper erstellt. Hier im Beispiel beginnt man am besten mit dem Fuß des Pilzes und filzt erst die grobe Form, die nach und nach Kontur bekommt und sich dabei auch verfestigt. Auf die gleiche Weise fertigt man auch den Pilzhut vor.

Durch allmähliches Verfilzen loser Fasern entsteht eine dreidimensionale Figur, hier ein niedlicher Pilz.

Dabei muss die Fläche immer wieder von der Arbeitsunterlage abgelöst werden. Bei der Herstellung eines flächigen Elements, das zudem keine große Dicke hat, werden zwangsläufig Fasern durch das gesamte Objekt gezogen und dringen in die Unterlage ein. Man kann das Filzobjekt aber problemlos wieder ablösen.

Wenn beide Einzelteile eine gewisse Festigkeit und die grobe Form haben, können sie zusammengefügt werden. Dazu müssen unbedingt noch lose Fasern vorhanden sein. Man kann aber in die Schnittstelle auch einfach etwas lose Wolle legen und dann von beiden Seiten aus diese Wolle in die Verbindungsstelle schieben. Beim Pilz heißt das, dass von der Oberseite des Hutes durch diesen in den Fuß gestochen wird. Dabei werden Fasern aus dem Hut in den Fuß geschoben, und es entsteht

2 Nach und nach bildet sich die gewünschte Form heraus.

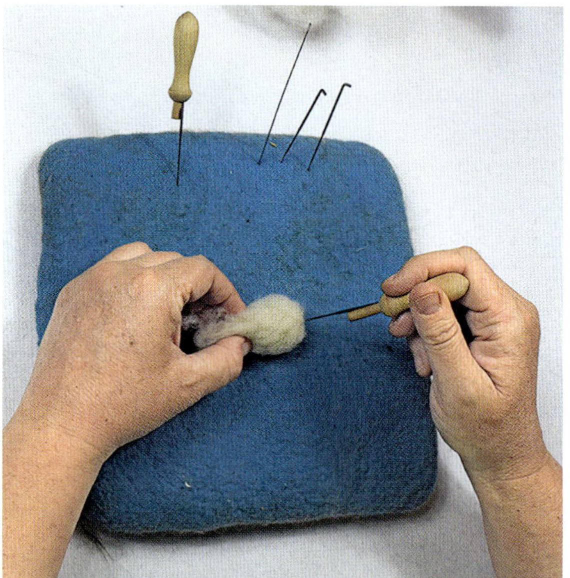

1 Eine Flocke lose Wolle wird durch mehrfaches Einstechen mit der Filznadel zunehmend verfestigt.

3 Der Pilzhut wird als Fläche vorgefertigt.

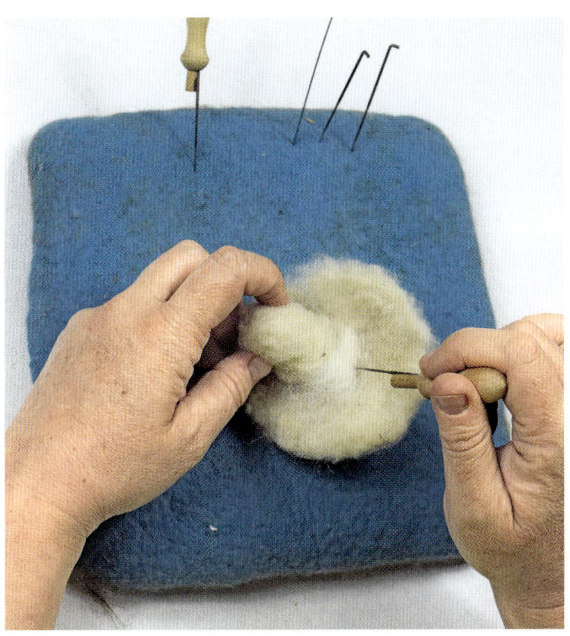

4 Lose aufgelegte Wolle hilft beim Verbinden der Einzelteile.

eine Verbindung. Es ist aber wichtig, dies auch von der Fußseite aus zu machen, um von dort aus Fasern in den Hut zu schieben. Man kann nur an den Rändern des Fußes durchstechen, das reicht aber, um eine Verbindung zu erzeugen.

Wenn die beiden Teile ausreichend verbunden sind, kann mit der Ausgestaltung des Pilzes begonnen werden. Die gesamte Konstruktion wird sich im Lauf des Prozesses noch wesentlich verdichten. Dabei würde der Pilz stark schrumpfen, sofern nicht zusätzliche Wolle aufgelegt würde. Man verwendet also die zusätzlich aufgelegte Wolle einerseits zur Gestaltung der Form und Farbe, andererseits auch zur weiteren Verdichtung des Objekts. Die einzelnen farbigen Wollflocken können zunächst grob platziert und mit nur wenigen Einstichen fixiert werden. Verfestigt werden sie dann nach und nach. Man hat dann auch immer noch die Möglichkeit, die Gestalt zu beeinflussen und z. B. Vertiefungen einzuarbeiten, wie hier die Fraßspuren auf dem Pilzhut.

Bei der Raupe (siehe nächste Seite), die später auf dem Pilz sitzen soll, kann man sich die Arbeit erleichtern, indem man die Kugeln für ihren Leib vorfertigt. Wolle wird dabei zu kleinen Kugeln gewickelt. Diese Kügelchen können schon recht fest sein und werden dann mit der farbigen Wolle in Form gebracht und miteinander verbunden.

5 Das Auflegen farbiger Wolle dient einerseits zur farblichen Ausgestaltung, aber auch zur zunehmenden Verfestigung des Objektes.

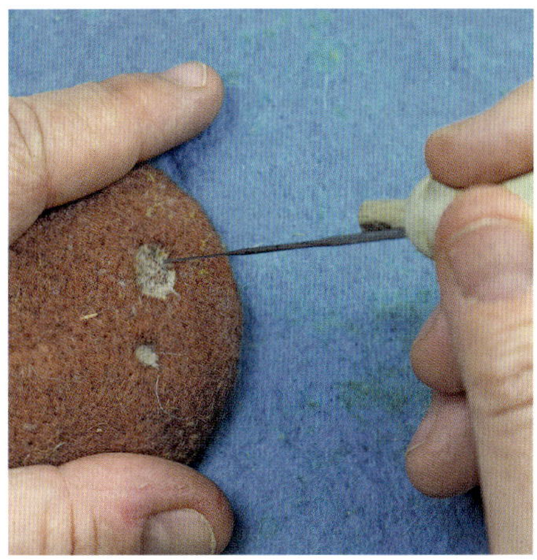

6 Durch mehrfaches Einstechen an einer bestimmten Stelle entstehen Vertiefungen.

Wenn alle Kügelchen aneinandergefügt und die Raupe mit zusätzlich aufgelegter Wolle ausgestaltet wurde, kann auch das Gesichtchen gestaltet werden. Es ist durchaus möglich, dass der Untergrund des Gesichts durch die vorgeformte Kugel bereits so fest ist, dass sich keine Vertiefungen für die Augen mehr ausformen lassen. In diesem Fall muss die Vertiefung durch Auflegen neuer Wolle im restlichen Gesichtsbereich erreicht werden. Da auch die Nase noch aufgesetzt wird, ist das gut möglich.

7 Zusammengewickelte Wolle als Unterkonstruktion für die Raupe

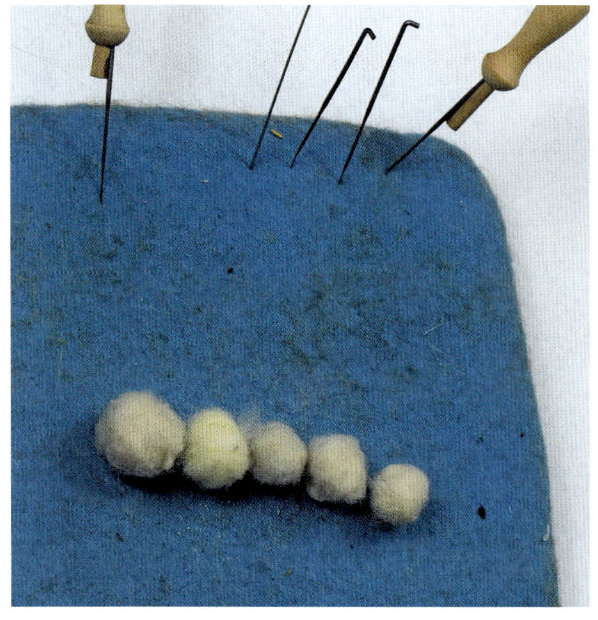

9 Zum Ausformen des Gesichts wird zusätzlich Wolle aufgelegt.

8 Durch Auflegen zusätzlicher Wolle werden die Einzelteile verbunden und die Form gestaltet.

Bei so einer kleinen Figur merkt man auch, wo die Grenzen des Nadelfilzens liegen. Die Fasern sind irgendwann zu grob, um feine Konturen auszuarbeiten.

Für den Untergrund des gesamten Objekts wird dann noch eine Grasfläche genadelt. Es handelt sich dabei wieder um ein flächiges Objekt, das während des Prozesses auf der Arbeitsunterlage festfilzt, man muss es also regelmäßig ablösen. Allerdings hat dieses Durchstechen einen sehr schönen Effekt. Wenn die Fläche mit verschiedenfarbiger Wolle aufgebaut wird, werden beim Durchstechen einzelne Fasern der innen liegenden Farbe durchgezogen und erscheinen als feine Punkte auf der Oberfläche. Dieses Farbspiel ergibt ein schönes Melange, das sehr lebendig wirkt. Auch bei einem flächigen Element ist es immens wichtig, die Fläche von beiden Seiten zu bearbeiten, sonst entsteht keine feste, dauerhafte Verwirrung der Fasern. Vor allem im Kantenbereich sollte sogar parallel zur Flächenausdehnung eingestochen werden, um eine feste Kante zu erhalten und die Form bestimmen zu können.

Wenn alle drei Einzelteile fertig sind, müssen sie noch zu einem Gesamtgebilde zusammengefügt werden. Das Problem ist jetzt, dass jedes Teil für sich fertig und damit stark verdichtet ist. Außerdem kann man nicht jede Schnittstelle in zwei Richtungen durchstechen. Trotzdem müssen die Nahtstellen fest vernadelt werden, damit das Gebilde zusammenhält. Da hilft nur, weitere Fasern aufzulegen und diese dann in die Nahtstelle zu verfilzen um eine dauerhafte Verbindung zu schaffen.

ANDERE WOLLSPEZIFISCHE, FILZÄHNLICHE TEXTILIEN

Neben dem klassischen Filz, der sich als chaotischer Faserverbund darstellt, haben sich im Laufe der Zeit viele verschiedene filzartige Textilien entwickelt.

Grundsätzlich machen sich alle filzartigen Textilien die Verfilzung der Wollfasern zu eigen, um den Stoff zu verdichten. Die entstehenden Stoffe verändern dabei ihre physikalischen Eigenschaften erheblich.
Diese Textilien müssen nicht ausschließlich aus Wolle bestehen. Wie beim Nunofilz werden teilweise Wollfasern auf Stoffe aufgebracht und verfilzt, die selbst nicht aus Wolle bestehen. Die Herstellung dieser filzähnlichen Textilien ist in der Gesamtheit deutlich aufwendiger als einfacher Filz. Die Eigenschaften der einzelnen Stoffe haben aber so große Vorteile vor allem in der Kleidungsproduktion, dass sich diese Textilien über viele Jahrhunderte entwickelt und gehalten haben.

GEWEBTE WALKSTOFFE

Bereits im Mittelalter wurden gewebte Stoffe anschließend unter großem Arbeitsaufwand verfilzt, um daraus regen- und winddichte Jacken und Mäntel zu fertigen. In Stampfbottichen wurde das gewebte Tuch unter Zugabe verschiedener Hilfsmittel, die das Quellen der Wolle begünstigten und damit den Filzprozess möglich machten, gestampft und geknetet. Da Seife ein sehr teures und eher seltenes Gut war, wurden Beimengungen wie Walkerde oder vergorener Urin zugesetzt. Erst im 12. Jahrhundert vereinfachte die Erfindung der Walkmühlen den Prozess. Die Techniken wurden bis heute zwar immer weiter verfeinert und vor allem automatisiert, die Stoffe an sich blieben aber erhalten und sind auch heute z. B. aus der Trachten- und Traditionsmode nicht wegzudenken.

LODEN

Als Grundlage für gewebte Walkstoffe dienen üblicherweise Wollstoffe mit Leinen- oder Köperbindung, die den Filzprozess begünstigen. Während im Mittelalter noch das Ausgangsmaterial als Loden bezeichnet wurde, was so viel wie „grobes Wollzeug" bedeutete, wird heute der gewalkte Stoff als Walkloden oder vereinfacht nur Loden bezeichnet. Als bekanntester Vertreter der Walkstoffe ist der Walk- oder Trachtenloden zu nennen, der neben dem irischen Ulstertuch vor allem für wetterfeste Jacken und Mäntel Verwendung findet und auch von modernen Modeschöpfern wiederentdeckt wird.
Die Vorzüge im Vergleich zum reinen Filz sind vor allem die deutlich höhere Elastizität und der angenehmere Fall von Walkstoffen. Durch das Walken haben die Gewebe nicht nur an Wind- und Wasserdichte gewonnen, sie haben gleichzeitig ihre Knitterneigung fast vollständig verloren. Leider ist aus der Bezeichnung Walkloden nicht immer zu erkennen, dass es sich um einen Stoff aus reiner Wolle handelt. Beimengungen von Kunstfasern sind heute auch hier an der Tagesordnung.

GESTRICKTE WALKSTOFFE ODER STRICKLODEN

Erst mit der Erfindung der Strickmaschinen, die gestrickte Stoffe deutlich günstiger machten, waren auch gewalkte Strickstoffe möglich. Heute sind sogenannte Strickloden häufig deutlich günstiger als Trachtenloden aus gewebten Stoffen. Ein Vorteil des Sticklodens ist seine höhere Elastizität.

Durch die Maschenstruktur, die schon den ungewalkten Stoff deutlich elastischer macht, bleibt auch der gewalkte Strickloden im Vergleich zu Filz und Trachtenloden anschmiegsamer.

HANDGEMACHTER WOLLWALK ODER STRICKFILZ

Interessanterweise erfreut sich eine dieser Walkstoffe heute auch in der Handarbeit wieder großer Beliebtheit. Was früher in der Waschmaschine mit handgestrickten Wollsocken versehentlich passierte, wurde inzwischen zur eigenständigen Handarbeit erhoben und von der Industrie bereitwillig beliefert. Dabei hat Strickfilz eigentlich nichts mit Filz zu tun: Anders als Filz ist dieses Textil nicht aus losen Fasern verfilzt, sondern hat eine durch die vorhergehenden Arbeitsschritte geordnete Faserstruktur und Richtung. Leider werden bei dieser Technik von beiden textilen Herstellungsverfahren die negativen Eigenschaften summiert und nicht die positiven. Ein Garn zu spinnen, danach zu verstricken und erst dann zu verfilzen ist deutlich mehr Arbeitsaufwand, als die Faser sofort zu filzen. Auch wenn die Garne industriell hergestellt wurden und der Arbeitsaufwand dafür nicht zählt, so bleibt doch der deutlich höhere Aufwand des Strickens. Man hat nach diesem Arbeitsschritt ein flexibles, elastisches Kleidungsstück, das sehr anschmiegsam und dehnbar ist und genau auf Maß gefertigt werden könnte. Wenn dieses Stück jetzt in der Waschmaschine – das ist der gängige Weg – verfilzt wird, dann wird dem gestrickten Strumpf vor allem diese Eigenschaft genommen. Er verliert also den größten Vorteil dieser aufwendigen Technik. Ein weiterer Nachteil ist, dass der Schrumpfungsgrad immer auch von der späteren Verfilzung abhängt, die je nach Waschgang und Bearbeitung sehr unterschiedlich sein kann. Natürlich kann man sich auch beim Strickfilzen einer Filzprobe bedienen, um die richtige Größe festzulegen. Da das eigentliche Verfilzen aber der Waschmaschine überlassen bleibt, kann diese Probe deutlich anders verfilzen als die späteren Socken, da sie in aller Regel kleiner ist und eine andere Form aufweist.
Der wichtigste Grund, warum sich diese Technik trotzdem so weit verbreitet hat, ist die einfache Tatsache, dass sehr viele Menschen stricken können, während sich das Filzen immer noch nicht verbreitet hat. Außerdem ist das Stricken eine angenehme Nebenbeschäftigung, die ohne Vorbereitung und ohne einen Arbeitsplatz auskommt. Wichtige Voraussetzung für Strickfilz ist immer, dass das Garn noch filzfähig ist. Wie bereits mehrfach beschrieben, muss dazu zunächst die Wollfaser filzfähig sein, was von der Rasse und der Vorbehandlung abhängt. Eine sogenannte „Superwash"-Ausstattung der Wolle schließt ein anschließendes Verfilzen aus. Außerdem wird stark verzwirnte Wolle nur sehr schlecht verfilzen, da die einzelnen Fasern streng im Garn gefangen sind und sich innerhalb dieses Verbundes nur noch schlecht bewegen können. Deshalb wird zum Strickfilzen in der Regel nicht verzwirntes Dochtgarn verwendet. Dabei ist die Dicke des Garns für das Verfilzen ebenso von Bedeutung wie die Auslegedicke beim Filzen.
Der nachfolgende Versuch soll den Verfilzungsprozess etwas verdeutlichen.

STRICKFILZ (PROBE)

Auch beim Strickfilzen ist es wichtig, zunächst herauszufinden, wie stark das fertig gestrickte Teil verfilzen wird und wie sehr es schrumpft, andernfalls kann ganz schnell viel Arbeit zunichte gemacht sein. Deshalb stellt man auch hier eine Filzprobe her. Der Schrumpfungsfaktor ist auch beim Verfilzen von Gestricktem sehr unterschiedlich und ist neben der Wollsorte und der Garnart vor allem vom Stricken selbst abhängig: Mit welcher Nadelstärke wurde gestrickt und vor allem wie fest sind die einzelnen Maschen. Ob ein gestricktes Muster Auswirkung auf den Schrumpfungsfaktor hat, kann auch an diesem Versuch abgeleitet werden. Typischerweise strickt man deshalb ein Probequadrat, das eine aussagekräftige Größe hat und möglichst alle Muster und Strickarten enthält, die später am geplanten Objekt auch vorkommen.
Material: Dochtgarn Gelb – Nadelstärke 5
Größe: Anschlag 40 Maschen; wie viele Reihen gestrickt werden, wird nach Maß entschieden. Es sollte ein Quadrat entstehen, weil dann die Maßveränderung in beiden Richtungen bereits auf einen Blick sichtbar wird.

Das Probestück ist fertig gestrickt, mit einigen eingestrickten Mustern, um beurteilen zu können, ob diese nach dem Filzen noch sichtbar sind.

Die Probe ist um den Faktor 1,4 geschrumpft, das gesamte Maschenbild ist verschwunden, und auch die eingestrickten Muster sind vollständig unsichtbar.

Das fertig gestrickte Stück wird dann bei 60 °C in der Waschmaschine im Normalwaschgang mitgewaschen. Wichtig ist, dass es mit ausreichend anderen Wäschestücken zusammen gewaschen wird, sodass ein Durchwalken gewährleistet ist. Wenn nur Strickfilz-Objekte gewaschen werden, dann müssen das mehrere sein und/oder es sollten Tennisbälle als Walkhilfen mit in die Maschine gelegt werden.

Nach Ablauf des Waschprogramms können die Teile entnommen und noch im feuchten Zustand in Form gezogen werden. Auch Strickfilz ist in feuchtem Zustand dehn- und formbar. Man sollte aber vorsichtig vorgehen, um das Stück nicht massiv zu verziehen, es soll schließlich eine realistische Aussage über den tatsächlichen Filzvorgang liefern und nicht in eine gewünschte Form gezwungen werden.
Durch Ausmessen des fertigen Probestückes ergeben sich in vorliegendem Beispiel nebenstehende Beobachtungen (Bild links).

Strickfilz muss nicht sein

Strickfilz mag als industrieller Strickloden ein sehr angenehmer und schöner Stoff sein. Als Handarbeit ist er für mich verlorene Zeit. Ich finde beide Grundtechniken, also das Stricken und das Filzen, top Handarbeiten, die top Ergebnisse liefern. Die Kombination ist für mich persönlich überflüssig.

SPINNEN

Der Ursprung der Spinnens liegt tief im Dunkel der Geschichte verborgen. Es zählt zu den ältesten Kulturtechniken der Menschheit. Über all die Jahrtausende hat die Spinnerei weder ihre Bedeutung noch ihren Zauber verloren. Heute spinnen computergesteuerte Maschinen die Garne für unsere Textilien, und doch begegnen uns auch Spindel und Spinnrad wieder – nicht nur im Märchen. Frauen erobern sich diese zutiefst weiblich geprägte Kunstfertigkeit zurück. So entstehen aus zarten Fasern einzigartige Garne, deren Lebendigkeit jedes maschinengesponnene Garn verblassen lässt.

DIE URSPRÜNGE DES SPINNENS

Textilien sind so sehr Teil unseres Lebens, dass wir kaum über ihre Entstehung nachdenken. Von der Socke bis zum Bettzeug, vom Sofabezug bis zum Werbebanner, egal ob Gewebe oder Maschenstoff: Am Anfang steht immer ein Faden! Viele Jahrtausende lang war jeder Meter dieser Garne handgesponnen. Erst mit der Industriellen Revolution verloren Spindel und Spinnrad ihre immense Bedeutung.

Die Wissenschaften öffnen Fenster in die ferne Vergangenheit – und in der Gegenwart wird dem alten Wissen wieder Leben eingehaucht: Auf Mittelaltermärkten und Museumsfesten, auf Kreativmessen und in Handarbeitsgruppen sieht man wieder tanzende Spindeln und schnurrende Spinnräder. Doch wie viel Wissen ist schon verloren gegangen? Was können Archäologie, Geschichtswissenschaft und Ethnologie uns über die Spinntechniken und über die Bedeutung der Spinnerei bei unseren Vorfahren erzählen?

DAS SPINNEN IN LITERATUR UND BILDENDER KUNST

Das Textilhandwerk war bis ins Zeitalter der industriellen Revolution von immenser wirtschaftlicher und gesellschaftlicher Bedeutung. In fast jedem Haushalt war es Teil der täglichen Arbeiten und daher allgegenwärtig. Man wusste, wie, woraus und mit welchem Arbeitsaufwand die eigene Kleidung entstanden war. Unzählige Sprichwörter und Redewendungen mit textilem Bezug, die wir

„Als Adam grub und Eva spann, wo war denn da der Edelmann?“ Deutsches Sprichwort aus der Zeit der Bauernkriege (15. bis 17. Jahrhundert)

heute noch nutzen, legen Zeugnis davon ab. Auch in der Malerei, der Bildhauerei, in der Literatur sowie in den Märchen, Sagen und Mythen vieler Kulturen erscheint das Spinnen. Häufig symbolisiert es Reinheit und Tugendhaftigkeit oder allgemein die weibliche Lebenswelt.

Das Spinnen in Sprichwörtern und Redewendungen

„Spinne am Morgen – Kummer und Sorgen." Diese Volksweisheit kennt auch heutzutage noch fast jeder. Aber warum sollte es Kummer und Sorgen bringen, wenn man morgens Besuch von einem harmlosen kleinen Krabbeltier hat? Warum sollte die Spinne eine Unglücksbotin sein? Die Antwort ist einfach: Sie ist es in keinster Weise! In dieser Redensart geht es nicht um Spinnentiere, sondern um das Spinnen, also um die Technik des Verdrehens von losen Fasern zu einem haltbaren Garn. Aber warum bringt nun das Spinnen am Morgen Kummer, und warum ist in der Fortsetzung dieser Redensart das Spinnen am Abend erquickend und labend? Das Sprichwort stammt aus einer Zeit, in der Menschen aus den ärmsten Bevölkerungsschichten Spinnen als Broterwerb betrieben und schon am Morgen damit beginnen mussten. Da es aber nur wenig Geld einbrachte, waren Sorgen und Nöte an der Tagesordnung. Wer dagegen ein ausreichendes Einkommen hatte, konnte sich abends in den Spinnstuben des Dorfes zum geselligen Beisammensein einfinden. Selbst bei den Damen der feinen Gesellschaft galt das Spinnen als schicklicher Zeitvertreib. Das Sprichwort wurde erst in jüngster Zeit vom Volksmund auf die Spinnentiere umgedeutet, als die Spinnerei ihre Bedeutung im Alltag der Menschen verloren hatte und niemand mehr den Sinn verstand.
„Du spinnst ja!", ist ein gängiger Ausruf, wenn jemand etwas Verrücktes sagt oder tut. Während es bei vielen Redewendungen offensichtlich ist, wie tatsächliche und übertragene Bedeutung zusammenhängen, gibt es in diesem Fall keine schlüssige Erklärung. Möglicherweise geht das Spinnen im Kopf auf den Klatsch und Tratsch in den Spinnstuben zurück. Vielleicht stammt es aber auch aus jener Zeit im 18. Jahrhundert, als Insassen sogenannter Irrenanstalten Zwangsarbeit am Spinnrad verrichten mussten (Claßen-Büttner 2009, 67–71).

Es gibt noch unzählige weitere Redewendungen und übertragene Wortbedeutungen, die belegen, wie allgegenwärtig die textilen Techniken früher im Alltagsleben waren: jemanden umgarnen, einen Gedanken weiterspinnen, der Leitfaden, Ideen verknüpfen, sich mit etwas verbinden, der rote Faden, verwoben, Netzwerke, das Beziehungsgeflecht, der Knoten ist geplatzt, jemandem einen Strick aus etwas drehen, Seemannsgarn spinnen, das Hirngespinst, alle Fäden laufen in jemandes Hand zusammen, spindeldürr, am seidenen Faden hängen, fadenscheinig, den Faden wiederaufnehmen, nach Strich und Faden, die Strippen ziehen, mir ist der Faden gerissen …

… und noch ein paar Redensarten rund ums Spinnen

Wenn Ihnen bei den Anleitungen zum Spinnen nicht „der Geduldsfaden reißen" sollte und Sie unterwegs den „Faden nicht verlieren", werden Sie sicherlich am Ende dieses Buches „den Dreh raus haben"!

Das Spinnen in Überlieferungen, Märchen und Mythen

Auch in alten Erzählungen werden textile Techniken häufig erwähnt und sind manchmal sogar tragendes Element der Geschichte. Das Spinnen steht dabei meist als Symbol für das Weibliche oder für Eigenschaften, die bei Frauen als erstrebenswert angesehen wurden: Fleiß, Pflichtbewusstsein, Tugendhaftigkeit und Keuschheit.
Die bekanntesten Spinnmärchen sind sicherlich „Frau Holle", „Rumpelstilzchen" und „Dornröschen". Das Spinnen steht hier symbolisch für die Reifeprüfung eines Mädchens auf dem Weg zur Frau. Moderne Märchenbücher werden aus Unkenntnis oft mit falschen Illustrationen versehen. So sieht man besonders bei Dornröschen immer

wieder Abbildungen von Spinnrädern, auch wenn hier ganz sicher mit einer Spindel gesponnen wurde. Es gibt bei den Gebrüdern Grimm noch weitere mit dem Spinnen verknüpfte Märchen, die heute aber weitgehend unbekannt sind, wie beispielsweise „Allerleirauh", „Die faule Spinnerin", „Die Nixe im Teich", „Die Schickerlinge" oder „Spindel, Weberschiffchen und Nadel" (Grimm 1812, 1819, 1837). Das Märchen „Von dem bösen Flachsspinnen", auch bekannt als „Die drei Spinnerinnen" ist im nordenglischen Raum mit dem Namen der mythischen Spinnerin Habetrot verknüpft. Thematisch ähnlich ist das italienische Märchen „Die sieben Schwarten".
Es gibt einige überlieferte Volkslieder über das Spinnen, die nicht nur in historischen Liedersammlungen, sondern auch im Internet zu finden sind, denn sie werden heute wieder gesungen und vorgetragen. Auch der „Chor der Mädchen" aus Wagners Fliegendem Holländer ist ein Spinnlied. Clemens Brentano schrieb ein Gedicht mit dem Titel „Der Spinnerin Nachtlied".
Mythen zur Spinnerei finden sich in den Überlieferungen vieler Kulturen. Oft waren Göttinnen und

So klingt's im Märchen

In dem Schloß steckte ein verrosteter Schlüssel, und als es umdrehte, sprang die Thüre auf, und saß da in einem kleinen Stübchen eine alte Frau, und spann emsig ihren Flachs. „Ei du altes Mütterchen," sprach die Königstochter, „was machst du da?" „Ich spinne," sagte die Alte, und nickte mit dem Kopf. „Wie das Ding so lustig herumspringt!" sprach das Mädchen, nahm die Spindel, und wollte auch spinnen. Kaum hatte sie aber die Spindel angerührt, so ging der Zauberspruch in Erfüllung, und sie stach sich damit.

In diesem Originaltext aus der dritten Auflage von Grimms Kinder- und Hausmärchen (Band 1, 1837) wird deutlich, dass bei Dornröschen mit einer Spindel und nicht am Spinnrad gesponnen wurde. Wer Spinnerfahrung hat, weiß, wie eine nicht perfekt ausgewuchtete Spindel beim Spinnen in der Luft „herumspringen" kann.

Halbgöttinnen des Spinnens kundig und gaben ihr Wissen an die Menschen weiter. So dankten die alten Ägypter der Göttin Isis für die Kunst des Spinnens; bei den Griechen führte man sie auf eine Gabe der Athene zurück. Bei den Navajo Nordamerikas wird die Spinnenfrau als Schöpfungsgöttin verehrt, die das gesamte Universum spann und webte und den Menschen diese Textiltechniken schenkte. Auch die Sagengestalt Frau Holle (Hulda oder Perchta) hat wahrscheinlich ihre Ursprünge in der Götterwelt, unter anderem wird sie mit der germanischen Göttin Frigg assoziiert.
In verschiedenen europäischen Kulturen kennt man drei Schicksalsgöttinnen, die den Lebens- oder Schicksalsfaden der Menschen spinnen, abmessen und eines Tages wieder durchtrennen. Bei den Griechen nennt man sie die Moiren, bei den Römern Parzen und in der nordischen Mythologie Nornen (Volkmann 2008, 11–106).

Stroh zu Gold spinnen: Illustration von Henry Justice Ford zum Märchen „Rumpelstilzchen" um 1889. Aus „The Blue Fairy Book" von Andrew Lang

Eine berühmte, tugendhafte Spinnerin um 600 v. Chr. war Tanaquil, die Frau des fünften römischen Königs. Ihre Spindel und ihr Rocken wurde nach ihrem Tod in einem Tempel ausgestellt, und ihr zu Ehren wurden traditionell in Rom bei Hochzeitszügen immer eine Spindel und ein Rocken hinter den Brautleuten hergetragen (Blisniewski 2009, 132f.).
Auch in der Bibel wird das Spinnen mehrfach erwähnt. So heißt es im Alten Testament: „Und alle Frauen, die diese Kunst verstanden, spannen mit ihren Händen und brachten das Garn, blauen und roten Purpur, Karmesin und feines Leinen. Und alle Frauen, die willig dazu waren und sich auf solche Arbeit verstanden, spannen Ziegenhaare“ (2. Mose 35,25f.). Im Lob der tüchtigen Frau (Sprüche Salomos 31,13.19) heißt es: „Sie geht mit Wolle und Flachs um und arbeitet gerne mit ihren Händen“, und: „Sie streckt ihre Hand nach dem Rocken, und ihre Finger fassen die Spindel“. Im Neuen Testament gibt es den Vergleich mit den Lilien sowohl bei Matthäus – „Und warum sorgt ihr euch um die Kleidung? Schaut die Lilien auf dem Feld an, wie sie wachsen: Sie arbeiten nicht, auch spinnen sie nicht“ (6,28) – als auch bei Lukas (12,27). In nicht-biblischen Evangelien wird berichtet, dass Maria schon als Kind Talent für Wollarbeiten hatte. Als Gottesmutter war sie von jeher Vorbild für alle christlichen Frauen, und die Textilarbeit wurde somit bis in die Neuzeit hinein zum Synonym für Tugendhaftigkeit. Auch bei Goethe und anderen Autoren seiner Zeit fand diese Symbolik noch Verwendung (Blisniewski 2009, 125–147).
Thomas Blisniewski (2009, 128) zitiert eine interessante Textpassage aus den Heiratsverträgen des Talmud: „Dies sind die Aufgaben, welche die Frau für ihren Mann tut: Sie mahlt, sie bäckt, sie wäscht, sie kocht, sie säugt ihr Kind, sie macht für ihn das Bett zurecht und schafft in Wolle. Wenn sie ihm eine Magd einbrachte, so mahlt, bäckt und wäscht sie nicht selber; wenn zwei, so kocht sie nicht selber und säugt ihr Kind nicht selber; wenn drei, so macht sie für ihn das Bett nicht selber zurecht und schafft nicht selber in Wolle; wenn vier, so kann sie im Lehnstuhl sitzen. Rabbi Elieser sagt: Sogar wenn sie ihm hundert Mägde eingebracht hätte, sollte er sie zwingen, in Wolle zu schaffen, denn Müßiggang führt zur Unzucht.“ In der jüdischen wie der christlichen patriarchalen Tradition wird aus Evas Sündenfall ein lasterhaftes Frauenbild abgeleitet, das anscheinend durch Spinnen und andere textile Arbeiten gebändigt werden kann.

Das Spinnen in der bildlichen Darstellung

Auch in der Kunst steht das Spinnen meist als Symbol für die Lebenswelt der Frauen, für weibliche Tugend und häuslichen Fleiß. Eher selten ging es darum, tatsächlich den eigentlichen Vorgang des Spinnens darzustellen, etwa um dessen ökonomische Bedeutung hervorzuheben oder den technischen Prozess zu erklären.
Schon im antiken Griechenland wurden Spinnerinnen in der Vasenmalerei abgebildet. Römerinnen wurden mit Spindel und Rocken und der Inschrift *lanam fecit* („sie hat Wolle gesponnen / verarbeitet“) auf ihren Grabsteinen verewigt (Cottica 2007). Wandmalereien in altägyptischen Gräbern zeigen Spinnerinnen, die sogar mit zwei Spindeln gleichzeitig arbeiteten.
In der christlich beeinflussten Malerei werden nicht nur die biblische Urmutter Eva und die Jungfrau Maria, sondern auch verschiedene Heilige mit Spindel oder Spinnrad dargestellt. Die spinnende Eva

Griechische, rotfigurige Keramik mit der Darstellung einer Spinnerin mit Spindel und Rocken (ca. 440 v. Chr.)

erscheint meist zusammen mit einem auf dem Feld arbeitenden Adam und steht für das harte Leben nach der Vertreibung aus dem Paradies (siehe Abbildung Seite 398). Die handarbeitende Maria dagegen symbolisiert Tugendhaftigkeit, Treue und Reinheit. Besonders Gemälde, in denen die Verkündigung oder Josephs Zweifel thematisiert werden, zeigen eine spinnende Maria, um ihre Unschuld zu betonen (Wyss 1973). Spindel oder Spinnrad sind auch die Attribute der Heiligen Elisabeth, da sie mit ihren Mägden Kleidung für die Armen und Bedürftigen herstellte (Blisniewski 2009). Die Heilige Neomadia von Poitou (französisch Néomaye) gilt als Patronin der Schäfer und trägt auf Darstellungen oft Rocken und Spindel bei sich. Die Heilige Gertrud wird als Spinnpatronin verehrt und mit einem Spinnrocken und Mäusen dargestellt. Der Teufel hatte sie in Versuchung geführt, indem er sich in eine Maus verwandelte und an ihr hochkletterte, um sie beim Spinnen zu stören. Doch sie vertrieb die Maus durch geduldiges Beten. An ihrem Tag, dem 17. März, ging in der Alpenregion früher die Spinnstubensaison zu Ende. So galt sie unter anderem auch als Frühlingsbotin und Heilige der Gärtner, Schutzpatronin der Katzen, und sie wurde gegen Mäuse- und Rattenplagen angerufen.

Die Heilige Elisabeth von Ungarn spinnt mit Spindel und Rocken für die Armen (Hans Burgkmair der Ältere, 1510).

Im 19. Jahrhundert gab es Künstler, die das soziale Elend von Frauen abbildeten, die sich mit Handarbeiten über Wasser halten mussten. Später begann man jedoch, mit dem Spinnen in erster Linie romantische Vorstellungen zu verbinden, wie die Beliebtheit von Postkartenmotiven mit Spinnstubenidyllen oder spinnenden Damen in Tracht zu Beginn des 20. Jahrhunderts zeigen.

Darstellung einer Spinnstube aus dem Jahr 1863.

DIE ÄLTESTEN ARCHÄOLOGISCHEN FUNDE

Unser Wissen über die Geschichte der textilen Techniken ist leider sehr begrenzt. Während sich ein steinerner Faustkeil fast unverändert über Jahrtausende im Boden erhält, verrotten pflanzliche und tierische Materialien normalerweise innerhalb kürzester Zeit. Textilfunde sind daher äußerst selten und immer besonderen Umständen zu verdanken, welche die für den Fäulnisprozess verantwortlichen Bakterien ausgebremst haben. Das passiert beispielsweise bei absoluter Trockenheit (Wüstenregionen), durch Einfrieren in Permafrostgebieten (Sibirien, Gletscher), bei Ablagerung unter Wasser ohne Sauerstoff (Gewässer, Moore, Grundwasser) oder im Kontaktbereich zu Metallen (giftige Metallsalze).

Egal, ob es nun Spinngeräte oder Textilien sind: Ein archäologischer Fund erzählt meist mehr, als man auf den ersten Blick erkennt. Man kann Rückschlüsse auf die verwendeten Techniken ziehen und die Funktionalität und den Wert der Objekte einschätzen. Die verwendeten Materialien, deren Qualität und deren Verarbeitung können Beziehungen zu fernen Ländern sichtbar machen, die soziale Stellung der ehemaligen Besitzer aufzeigen, wirtschaftliche und ökonomische Faktoren der Textilproduktion beleuchten und auch Hinweise auf religiöse oder kulturelle Bedeutungen liefern. Auch heute noch ist unsere Kleidung sehr viel mehr als nur eine schützende und wärmende Hülle für unseren Körper: Egal, was wir tragen oder nicht tragen, es ist immer eine bewusst oder unbewusst ausgesendete und wahrgenommene Botschaft.

Die Entstehung der textilen Techniken

Die früheste Art von Bekleidung im eiszeitlichen Europa bestand wahrscheinlich überwiegend aus Fellen und Leder. Da jedoch ein schlicht über die Schulter geworfenes Fell einen sich bewegenden Menschen kaum wärmt, musste man die Tierhäute auf irgendeine Art dichter um den Körper drapieren. Dabei halfen Fäden oder Schnüre, die aber nicht gesponnen sein mussten. Man verwendete Tiersehnen, Lederstreifen oder längere, flexible Pflanzenbestandteile (Claßen-Büttner 2009, 29–33).

Die ältesten gefundenen Knochennadeln sind etwa 40 000 Jahre alt. Vor ihrer Erfindung nähte man wahrscheinlich, indem man mit einer Ahle kleine Löcher ins Leder bohrte und die Fäden mit den Fingern oder einem dünneren Werkzeug hindurchdrückte. Doch nicht nur zum Nähen brauchte man Fäden, sondern auch zum Zusammenbinden von Vorräten oder Zeltstangen, für Tierfallen und (Trage-)Netze und auch zum Auffädeln von Perlen.

Aus einem großen Stück Tierhaut lässt sich eine relativ lange Schnur herstellen, indem man es spiralförmig zu einem schmalen Streifen schneidet und diesen zwischen den Händen rund rollt. Um längere Fäden zu erzeugen, mussten die Menschen Verbindungstechniken ersinnen. Die einfachste Idee ist, kurze Fadenstücke aneinanderzuknoten. Bei Lederstreifen, mit denen man seine Zeltstangen zusammenbinden will, mag das eine gute Lösung sein. Knoten in einem Nähgarn dagegen sind sehr unpraktisch, da sie nicht durch das Nadelöhr passen.

Eine knotenfreie Technik ist das Flechten. Hier werden drei oder mehr Fadenstränge wie beim Zopfflechten umeinandergewunden. Nähert sich einer der Stränge seinem Ende, wird ein neuer überlappend mit eingeflochten. Diese Technik ist allerdings zeitaufwendig, nur mit längeren Ausgangsfasern umsetzbar und der aus mindestens drei einzelnen Strängen bestehende geflochtene Faden ist meist nicht allzu fein.

Dünne, knotenfreie Fäden lassen sich herstellen, indem man Fasern umeinander verdreht. Dafür sind keine Werkzeuge nötig. Zur Stabilisierung können mehrere solcher Fäden miteinander verzwirnt werden. Der älteste tatsächliche Nachweis eines von Hand verdrillten Fadens stammt aus dem Abri du Maras, einer Neandertaler-Fundstelle im Südosten Frankreichs, und ist etwa 50 000 Jahre alt. Das Fadenstück haftete an einem Feuersteinabschlag und ist nur 6 Millimeter lang. Unter dem Mikroskop lässt sich erkennen, dass es sich um einen aus drei einzelnen Fäden zusammengedrehten Zwirn handelt (vgl. Hardy et al. 2020).

Aus den nachfolgenden Jahrtausenden gibt es indirekte Beweise für den Gebrauch verschiedener Textiltechniken: Von mehreren etwa 28 000 Jahre alten tschechischen Fundstellen sind Abdrücke in

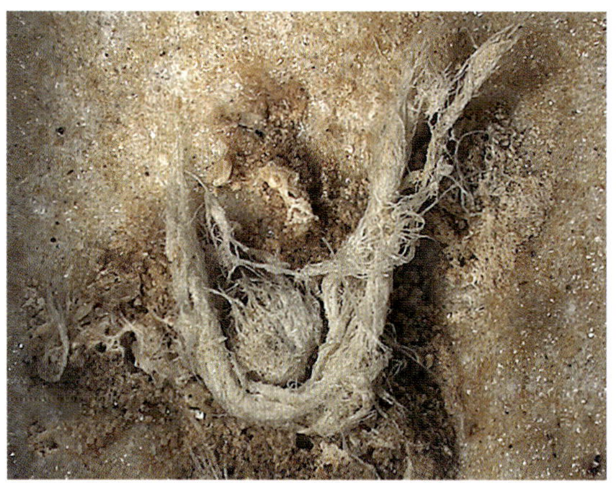

Der bisher älteste Faden der Welt: ein dreifach gezwirntes, nur 6 Millimeter langes Fragment aus dem Abri du Maras in Frankreich mit einem Alter von 40 000 bis 50 000 Jahren.

gebranntem Lehm überliefert. Diese zeigen nicht nur fein gedrillte Fäden aus pflanzlichen Materialien, sondern auch flächige textile Strukturen in über zehn verschiedenen Herstellungstechniken. Aus dieser von Archäologen Gravettien genannten Zeit gibt es zudem in weiten Teilen Europas Funde kleiner Frauen-Statuetten. Diese Figurinen sind überwiegend nackt dargestellt, tragen jedoch zum Teil mit Schnüren behängte Lendenschurze sowie Kopfbedeckungen, die auf die Verwendung textiler Techniken hindeuten.

Die etwa 25 000 Jahre alte Steinfigur der „Venus von Willendorf“ mit Kopfbedeckung

Der nächste tatsächliche Fund eines Textilfragments – wieder ein kleines aus drei Fäden gezwirntes Stück Schnur – wurde in der französischen Höhle Lascaux gefunden und auf ein Alter von etwa 17 000 Jahren geschätzt (Barber 1992). Erst ab der Jungsteinzeit gibt es auch größere flächige Textilfunde. Die ältesten stammen aus dem Nahen Osten und haben ein Alter von bis zu 10 000 Jahren (Claßen-Büttner 2009, 29–32).

VON DER HANDSPINDEL ZUM SPINNRAD

Es wird wohl für immer im Dunkel der Geschichte verborgen bleiben, ob die altsteinzeitlichen Schnurfunde von Hand gedreht oder schon mit einem einfachen Spinngerät gesponnen waren. Doch in der Jungsteinzeit ändert sich die Beweislage, denn vor mindestens 10 000 Jahren wurde im Nahen Osten aus der Kombination von Spinnstock und Spinngewicht ein geniales Werkzeug erfunden: die Handspindel. Diese besteht aus einem als Achse dienenden Stab, an dem als Schwungmasse ein sogenannter Wirtel befestigt ist. Lässt man die Spindel kreiselartig drehen, überträgt sie ihren Drall auf die mit ihr verbundenen Fasern und verdreht diese zu einem Faden.

Die Erfindung der Handspindel

Da der als Achse dienende Spindelstab fast immer aus Holz bestand, also einem organischen Material, sind Funde kompletter Spindeln sehr selten. Wesentlich häufiger findet man dagegen die Spinnwirtel. Diese bestanden zwar möglicherweise auch häufig aus Holz und sind längst verrottet, aber sie wurden auch aus anderen Materialen hergestellt, die sich glücklicherweise im Boden besser erhalten. Der überwiegende Teil der gefundenen Spinnwirtel besteht aus Ton, es gibt sie aber auch aus Stein, Knochen, Elfenbein, verschiedenen Metallen und Glas.

Spinnwirtelfunde sind die frühesten Nachweise für die Verwendung der Handspindel. Die ältesten stammen aus jungsteinzeitlichen Siedlungen in

Vollständig erhaltene jungsteinzeitliche Spindel aus der Pfahlbausiedlung Arbon Bleiche, um 3370 v. Chr.

Anatolien, im Irak und in Griechenland (Barber 1992, 51). Dort fanden sich auch weitere Hinweise auf textiles Handwerk wie beispielsweise Knochennadeln oder tönerne Webgewichte. Möglicherweise wurden zu dieser Zeit Bastfasern weiterhin von Hand verdrillt und man verwendete die Spindeln anschließend, um diese Vorfäden zu verzwirnen oder ihren Drall zu verstärken. Diese Technik wurde Jahrtausende später auf den Wänden ägyptischer Grabstätten bildlich festgehalten.
Auch in unseren Breiten finden sich Spinnwirtel in den archäologischen Ausgrabungen ab der Jungsteinzeit, also seit mehr als 7 000 Jahren. Meist werden sie im Bereich ehemaliger Siedlungen oder aber als Grabbeigabe in Frauenbestattungen geborgen. Es gibt Wirtel in unterschiedlichen Formen und Größen, manchmal schmucklos, manchmal verziert.
Während die Nutzung pflanzlicher Fasern seit der Steinzeit nachgewiesen ist, wurden tierische Fasern wahrscheinlich erst mit Beginn der Schafhaltung (siehe Seite 102) in größeren Mengen versponnen.

Als der Mensch lernte, Metalle zu verarbeiten (Bronze- und Eisenzeit), wurde diese Fertigkeit auch beim Spindelbau, vor allem zur Herstellung von Spindelhaken genutzt. Das Spinnen ist seit dieser Zeit auch von bildlichen Darstellungen bekannt. Diese zeigen, dass auch die Verwendung von Rocken (auch Wocken oder Kunkel genannt) zur Aufnahme der zu verspinnenden Fasern schon seit Jahrtausenden bekannt ist. Da ein Rocken oft nur ein einfacher Holzstab ist, sind diese Geräte im archäologischen Fundgut schwer zu identifizieren (Grömer 2010, 85).
Auch in frühen Schriftzeugnissen tritt das Spinnen in Erscheinung. Nicht erst in der griechischen und römischen Literatur, sondern schon in sumerischen Keilschriften wird das Spinnen erwähnt und sogar verschiedene Wollqualitäten unterschieden.
Viele Jahrtausende lang basierte – außer beim Filz – fast die gesamte Textilherstellung auf der Arbeit mit der Handspindel. Bekleidung und Gebrauchstextilien im kleinsten Bauernhaus und am prächtigsten Kaiserhof, Zelte und Segel, Uniformen oder Talare, Getreidesäcke wie auch durchscheinende Schleier – es waren einfache Spindeln, auf denen die dafür benötigten Garne gesponnen wurden. Und gesponnen haben fast immer die Frauen. Das bezeugen die Spindelfunde in Frauengräbern, die bildlichen Darstellungen weiblicher Spinnerinnen und auch die Beschreibungen in historischen Texten.
Die Handspindel ist nicht nur einfach herzustellen und gut zu transportieren, sondern auch ein derart optimales Spinnwerkzeug, dass sie selbst nach der Erfindung des Spinnrades nicht in Vergessenheit geriet. Noch heute wird in vielen Teilen der Welt für den Eigenbedarf mit der Handspindel gesponnen.

Die Erfindung des Spinnrads

Wo und wann genau das erste Spinnrad erfunden wurde ist unklar. Vermutlich entwickelten sich die ersten Spindelräder in China aus den dort schon vor über 2 000 Jahren zum Abwickeln von Seidenkokons verwendeten Spulrädern (zur Konstruktionsweise des Spindelrades und anderer Spinnräder siehe Seite 443). Auch in Indien gab es wahrscheinlich schon früh einfache Spindelräder mit Handantrieb, sogenannte Charkhas. Erst im Mittelalter gelangte diese Technik auch nach

Perle oder Wirtel?

Bei einem symmetrischen Fundobjekt mit Loch in der Mitte stellt sich immer die Frage, als was es genutzt wurde: als Wirtel, Schmuckperle oder Gewicht? Es gibt zu dieser Problematik eine Untersuchung von Liu (1978, 90 f.), der weltweit Perlen und Spinnwirtel verglichen hat. Generell kommt er zu dem Ergebnis, dass jede Perle mit einem zentral gelegenen, ausreichend dicken Loch für einen Spindelstab (im Schnitt 7–8 mm, minimal 3–4 mm), die einen Durchmesser von mehr als 2 cm hat, sehr wahrscheinlich eher als Spinnwirtel anzusprechen ist. Sehr kleine Spinnwirtel mit wenigen Gramm Gewicht fand er vorwiegend in Regionen, in denen die feine, kurzfaserige Baumwolle verarbeitet wurde. Die schwersten von Liu gefundenen Spinnwirtel wogen zwischen 140 und 150 Gramm.

Europa, vermutlich im Zusammenhang mit dem Import der immer beliebter werdenden Baumwolle. Während man im asiatischen Raum bei der Benutzung von Charkhas auch heute noch auf dem Boden sitzt, zeigen Abbildungen früher europäischer Spindelräder eine hohe Bauform auf vier Beinen, an denen man stehend arbeitete. Schriftlich erwähnt wurden Spinnräder in Mitteleuropa erstmals im 13. Jahrhundert. Interessant sind hier vor allem die Spinnrad-Verbote einiger Zünfte, beispielsweise in Venedig, Paris oder Speyer: Die am Spinnrad gesponnenen Garne waren zwar schneller produziert, aber auch von schlechterer Qualität als mit der Handspindel hergestellte Garne. Zudem gab es einen Grundsatz bei den Zünften, dass eine Arbeit, von der sich zwei Menschen ernähren können, nicht von einem gemacht werden solle. Dies bremste generell die Einführung neuer Erfindungen, welche eine schnellere Arbeitsweise ermöglicht hätten.
Das Spindelrad wurde schon im 15. Jahrhundert weiterentwickelt, indem man ihm den Spinnflügel hinzufügte. Während bei Handspindel und Spindelrad der Spinnprozess unterbrochen werden muss, um das Garn aufzuwickeln, ermöglicht der Flügel ein kontinuierliches Spinnen. Die älteste bekannte Darstellung eines Spinnrads mit Flügel stammt aus dem Jahr 1480 und befindet sich im Handbuch der Familie Waldburg-Wolfegg (Claßen-Büttner 2009, 44–47).
Erst im 16. oder 17. Jahrhundert wird dem Spinnrad auch der Fußantrieb hinzugefügt, wahrscheinlich inspiriert durch Drechsler, die das Prinzip von ihrer Drehbank übertrugen. Nun hatte man bei der Arbeit am Spinnrad beide Hände zur Bearbeitung der Wolle frei.
Während die frühen Räder vom Bautyp her Langräder waren (Seite 446), bei denen das Schwungrad eine breite Bandfelge besaß, erscheinen mit dem Fußantrieb im 17. Jahrhundert auch neue Bauformen. Abbildungen zeigen Bockräder und Räder mit Rahmengestell sowie die Konstruktion des Schwungrades mit einem festen Radkranz (Vogt 2008, 7–24).
Während auf dem Land das Spinnen von jeher als häusliche Nebentätigkeit betrieben wurde, entwickelte sich in den Städten ein spezialisiertes Textilhandwerk. Das Spinnen blieb dabei eine klassische Frauenarbeit, wohingegen in der Weberei und anderen Bereichen männliche Handwerker die Produktion übernahmen. Diese Veränderungen im Textilsektor begannen im Mittelalter und setzten sich in der frühen Neuzeit fort. Ganze Regionen spezialisierten sich auf die Leinen-, Baumwoll- oder Wollverarbeitung.

Diese Dame lässt sich vom Spinnen an ihrem Spindelrad ablenken (Frankreich, um 1300).

Das Spinnrad wurde in der Kolonialzeit auch in Teilen Amerikas, Australiens und Südafrikas eingeführt. In Mittel- und Südamerika konnte sich das Spinnrad nur schwer gegen die Handspindel durchsetzen, die hier bis heute in Gebrauch ist. In Nordamerika dagegen wurde es intensiv genutzt, und unzählige Patentanmeldungen zeugen von stetigen Versuchen, das Spinnrad weiter zu optimieren. Mit dem Hinzufügen von Fußantrieb und Spinnflügel hatte das Spinnrad jedoch seine grundlegende und bis heute genutzte Konstruktionsweise erreicht.

VON DER INDUSTRIELLEN REVOLUTION BIS ZUR MODERNEN HOBBYSPINNEREI

Im 18. Jahrhundert setzte mit dem Beginn der industriellen Revolution ein neues Zeitalter ein. Es war die Baumwollverarbeitung, die zur Grundlage für die Entstehung des ersten echten Industriezweiges wurde. Nachdem im Jahre 1733 John Kay den Webstuhl mit Schnellschützen erfunden hatte, stieg der Garnbedarf in der Weberei und spornte zur Erfindung schnellerer Spinnmaschinen an. Beispiele für die fortschreitende Mechanisierung des Spinnverfahrens sind die von James Hargreaves entwickelte Spinning Jenny oder die von Samuel Crompton gebaute Mule, die schon bis zu 400 gleichzeitig arbeitende Spindeln antrieb. Es gab mit Wasserkraft angetriebene Spinnmaschinen, und nach der Erfindung der Dampfmaschine 1781 durch James Watt wurde auch mit Dampfantrieb gesponnen (Claßen-Büttner 2009, S. 44–51).
Heute arbeitet die Industrie zumeist mit Varianten des 1831 in den USA entwickelten Ringspinnverfahrens oder des 1955 eingeführten Rotorspinnverfahrens. Die modernen Spinnverfahren benötigen eine gute Aufbereitung der Wolle. Kardierte oder gekämmte Faserbänder werden durch Streckmaschinen bis zur gewünschten Stärke verdünnt und je nach Verfahren zur sogenannten Lunte vorgesponnen. Es erfolgt eine Verdichtung und schließlich das Verdrehen der Fasern.
Die häusliche Handspinnerei verlor ab dem Ende des 18. Jahrhunderts ihre Bedeutung als Wirtschaftsfaktor. In ländlichen Regionen wurde jedoch weiterhin für den Eigenbedarf gesponnen. Die Damen der höheren Gesellschaftsschichten entdeckten das Spinnen als standesgemäßes Freizeitvergnügen. Dafür wurden filigrane Spinnräder aus edlen Hölzern und mit wertvollem Dekor gebaut. Für den Eigenbedarf wurde aber in der ländlichen Bevölkerung bis ins 19. und regional bis ins 20. Jahrhundert am Spinnrad und auch mit der Handspindel gesponnen. Die Handspindel war günstiger in der Anschaffung und dem Spinnrad beispielsweise beim Spinnen extrem feiner Garne überlegen. Qualitativ galt Spindelgarn lange Zeit bei den Webern als hochwertiger und wurde auch besser bezahlt als Spinnradgarn (Vogt 2008, 27–31).
Heute ist das Spinnen sowohl mit der Handspindel als auch mit dem Spinnrad als Hobby wieder beliebt. Vielerorts treffen sich Spinngruppen, es gibt Museumsfeste und Wollmärkte, auf denen gesponnen wird, in den sozialen Medien tauscht man sich zu allen Themen rund ums Spinnen aus, und Videoblogger zeigen alte und neue Techniken. Es gibt kleine Manufakturen, die im Nebenerwerb Spinnräder und Spindeln herstellen, aber auch einige größere Firmen, die vom Verkauf der Spinngeräte leben können. Viele moderne Spinnräder halten sich optisch an die historischen Vorbilder, sind aber kugelgelagert und mit modernen Details ausgestattet. Auf der anderen Seite gibt es sehr ausgefallene Modelle, die man manchmal erst auf den zweiten Blick als Spinnrad erkennt. Es gibt Reisespinnräder zum Zusammenklappen, fast vollständig aus Kunststoff bestehende Exemplare und motorbetriebene Elektrospinner, die nicht viel mehr sind als eine kleine Box mit Spule und Spinnflügel.

Modell einer Spinning Jenny aus dem Jahr 1891

Ausgefallene Spindelvarianten (von links nach rechts): Spindel „Moderna" (Jürgen Schönwolff) mit integrierter Spule, Elfenspindel (Christoph Nigg) mit Glaskugel und Takli (Ian Tate) aus einer durchbohrten Münze.

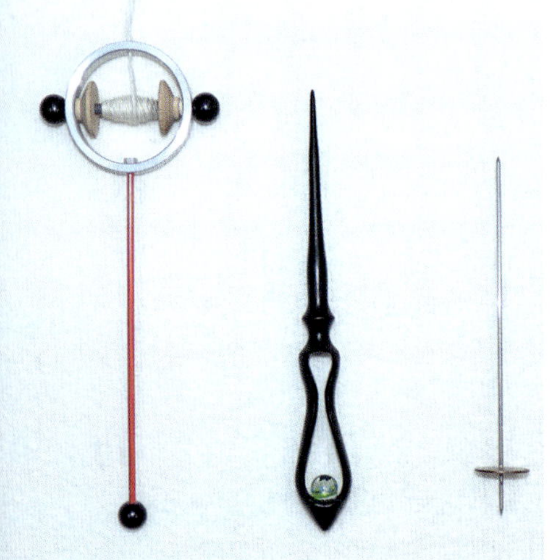

Eine bunte Auswahl unterschiedlichster Spinnradmodelle aus den letzten Jahrzehnten. So oder ähnlich könnten sie auf dem Treffen einer heutigen Spinngruppe zusammenkommen (von links nach rechts), hinten: bemaltes Rotterdam (Wernekinck), Klassik (Rayher), S 10 (Louet), Traditional (Ashford). Vorne: Joy (Ashford), Merino (Wollknoll), Aura (Majacraft).

Aber auch bei den Spindeln experimentieren die Designer heutzutage mit den unterschiedlichsten Materialien und Formen. Für einen Ausflug in den aktuellen Spindel- und Spinnradmarkt bildet die Bezugsquellenliste am Ende des Buches einen idealen Ausgangspunkt (siehe Seite 539).

In manchen Teilen der Welt wird auch heute noch aus wirtschaftlichen Gründen von Hand gesponnen. Gerade die Handspindel ist ein kostengünstig herzustellendes Werkzeug, mit dem man immer und überall arbeiten kann: im Sitzen, im Stehen und im Gehen, während man auf dem Markt auf Kundschaft wartet, beim Hüten einer Herde oder beim geselligen Zusammensein. Die gesponnenen Garne werden für den Eigenbedarf genutzt, außerdem gibt man mit der Spindel in der Hand ein schönes Fotomotiv für interessierte Touristen ab.

Was früher alltäglich war und auch in Europa in jedem Haushalt praktiziert wurde, ist heute für viele Menschen ein faszinierender Anblick. Das wie von Zauberhand entstehende feine Garn ruft ungläubiges Staunen und Bewunderung für die Fingerfertigkeit hervor. Auf Museumsfesten oder Mittelaltermärkten wird man als Spinnerin neugierig beäugt und kann so dazu beitragen, altes Wissen wiederzubeleben.

Nachdem die Schwächen unserer Wegwerfgesellschaft unübersehbar geworden sind, kommen billige und synthetische Produkte langsam aus der Mode. Handarbeit und Naturmaterialien werden wieder wertgeschätzt, und so mancher kann mit ursprünglichen Handarbeitstechniken wieder seinen Lebensunterhalt verdienen. Der gesellschaftliche Wandel gepaart mit dem Zauber des Spinnens, seinen beruhigenden, meditativen Bewegungsabläufen und dem beglückenden Gefühl, mit den eigenen Händen etwas zu erschaffen, tragen zur erneuten Ausbreitung des Spinnens bei.

GRUNDLAGEN DER SPINNTECHNIK UND VORÜBUNGEN

Wer das Spinnen erlernen möchte, braucht nur wenig theoretisches Grundwissen. In diesem Kapitel wird die Technik der Fadenbildung erläutert und praktisch ausprobiert. Es beantwortet die Fragen, wie aus losen Fasern ein festes Garn entsteht und auf welche Weise die verschiedenen Spinngeräte diesen Prozess unterstützen.

Laut Duden ist die Bedeutung des Verbs „spinnen“: „Fasern zu einem Faden drehen“. Andere Nachschlagewerke sprechen von der Verarbeitung von losen Fasern zu einem Faden, der Erzeugung eines Fadens durch Drallgebung oder definieren das Spinnen schlicht als die Herstellung eines Garns aus einzelnen Fasern. Das Verb „spinnen“ gab es schon im Mittelhochdeutschen. Es ist wahrscheinlich verwandt mit dem Wort spannen und bezeichnete den Prozess des Ausziehens und Streckens der Fasern, der dem Verdrehen vorausgeht.
In der Ethnologie oder Archäologie verwendet man die Verben „drillen“ oder „spleißen“ für die Herstellung eines Fadens ohne Zuhilfenahme von Werkzeugen. Dazu werden Fasern zwischen den bloßen Fingern oder zwischen der Handfläche und dem Oberschenkel, bzw. einer anderen Oberfläche, gerollt. Vom Spinnen spricht man dagegen erst, wenn die Drehbewegung nicht direkt von der Hand, sondern über einen in Bewegung versetzten Gegenstand in die Fasern übertragen wird. Auf dieser Definition von Spinnen – im Gegensatz zum Drillen oder Spleißen – basieren die nun folgenden technischen Ausführungen.

FASER, FADEN, GARN

Die einzelnen Haare des Wollkleides von Schafen werden in der textilen Fachsprache als Fasern bezeichnet. Wie sie aufgebaut sind, kann man im ersten Teil dieses Buches nachlesen (ab Seite 22). Sie gehören im Gegensatz zu den synthetischen Fasern in die Gruppe der natürlichen, und im Gegensatz zu den pflanzlichen in die Gruppe der tierischen Fasern. In Deutschland gibt es zu all diesen Gruppen und Bezeichnungen DIN-Normen, auf die an dieser Stelle für weitere Details und rechtlich verbindliche Definitionen verwiesen sein soll. Prinzipiell ist eine Faser ein lineares und im Verhältnis zu seiner Länge dünnes Gebilde, das eine gewisse Flexibilität besitzt. Sie kann endlos (synthetische Herstellung) oder längenbegrenzt sein. In Längsrichtung kann sie nur Zugkräfte aufnehmen, da sie sich unter Druckbelastung verbiegt. Diese Eigenschaften sind es, die Fasern verspinnbar und damit zur wichtigsten Grundlage der Textilherstellung machen.
Ein Faden besteht aus Fasern. Er kann theoretisch endlos sein, aber im allgemeinen Sprachgebrauch meint man damit meistens ein eher kürzeres, endliches Stück eines Garns bzw. einen Garnabschnitt.

Garn oder Faden?

In der Handspinnerei spricht man üblicherweise bei dem, was sich auf der Spule ansammelt, vom Garn. Sobald man jedoch eine Schere ansetzt, schneidet man ein Stück Faden ab.

Auch wenn man über den Verwendungszweck redet, spricht man meist vom Faden, z. B. Schuss- und Kettfaden beim Weben. Die Bezeichnung Garn verwendet man im Gegensatz dazu, wenn man längere Fadenmengen im Blick hat, z. B. Garnknäuel oder Nähgarn. Nach DIN 60900 ist Garn ganz allgemein ein Sammelbegriff für alle linienförmigen textilen Gebilde.

Was gibt den Fasern Halt?

Wie verbindet man nun eine Handvoll Fasern zu einem Faden? Da gibt es mehrere Möglichkeiten. Man könnte beispielsweise die einzelnen Fasern miteinander verknüpfen oder verflechten. Beides ist jedoch nur mit langen Fasern wie beispielsweise Baumbast praktikabel und zudem relativ zeitaufwendig.
Ein klassischer Faden entsteht, wenn überlappende Fasern miteinander verdreht werden. Durch die Biegung und ihre Oberflächenstruktur geben sie sich gegenseitig Halt. „Fasern + Drall = Faden" lautet die einfache Formel. Mit ausreichend Drall können so auch kurze und glatte Fasern zusammenhalten und einen stabilen Faden ergeben. Je länger die Fasern und je rauer deren Oberfläche, desto weniger Drall ist nötig.
Um den Faden zu verlängern, fügt man während des Arbeitsprozesses stetig am offenen Ende neue Fasern überlappend hinzu und setzt die Drehbewegung fort. Das sind die beiden grundsätzlichen Arbeitsschritte beim Spinnen: Fasern aus einem Faservorrat werden vorsichtig auseinandergezogen (auch: verstreckt oder verzogen), sodass sie einander noch ausreichend überlappen, und dann umeinander verdreht.
Lässt man ein frisch verdrehtes Fadenstück los, sodass es nicht mehr unter Spannung steht, dann dreht sich der Drall wieder hinaus. Die Fasern wollen in ihre ursprüngliche Form zurück. Dies kann man verhindern, indem man den Faden aufwickelt und ihn somit unter Spannung hält. In einem zweiten Schritt kann man zur endgültigen Stabilisierung zwei oder mehr Fäden entgegen der Spinnrichtung umeinander verdrehen. Diesen Vorgang bezeichnet man als Zwirnen (siehe ab Seite 482). Der Drall aus dem Spinnprozess und der gegenläufige Drall aus dem Zwirnprozess gleichen sich aus.

Eigenschaften eines Fadens

Ob ein Faden dick oder dünn, weich oder hart, reißfest oder zart ist, kann die Spinnerin durch unterschiedliche Faktoren beeinflussen. Diese sind vor allem die Auswahl und Vorbereitung der Fasern, die ausgezogene Fasermenge, die verwendete Spinntechnik, die Wahl der Spinnrichtung und die Stärke der Verdrehung, sowohl beim Spinnen als auch beim Zwirnen. Das Zustandekommen und die Auswirkungen der verschiedenen Garneigenschaften werden im Kapitel „Gezielt Spinnen" (ab Seite 464) unter die Lupe genommen.
Für die Vorübungen und Anleitungen zu den verschiedenen Spinntechniken ist es wichtig, die Spinnrichtung von Garnen erkennen zu können. Abhängig davon, in welche Richtung man eine Spindel oder den Flügel eines Rades drehen lässt, entsteht entweder ein s- oder ein z-gesponnenes Garn. Die Mittelteile der beiden Buchstaben s und z zeichnen dabei den Faserverlauf im Garn nach: Liegt das Garn senkrecht vor dem Betrachter, verlaufen die Fasern im Garn entweder von links oben nach rechts unten wie im Buchstaben s oder von rechts oben nach links unten wie im Buchstaben z. Ein s-gesponnenes Garn entsteht durch eine Drehung linksherum, also gegen den Uhrzeigersinn. Ein z-gesponnenes Garn ist im Uhrzeigersinn gedreht.

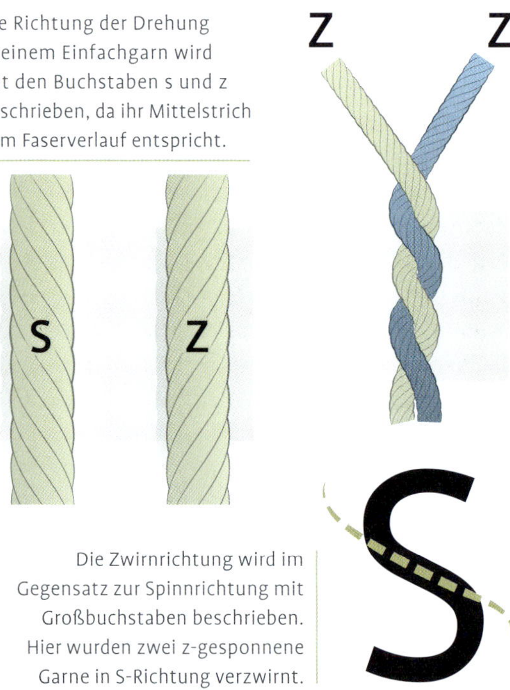

Die Richtung der Drehung in einem Einfachgarn wird mit den Buchstaben s und z beschrieben, da ihr Mittelstrich dem Faserverlauf entspricht.

Die Zwirnrichtung wird im Gegensatz zur Spinnrichtung mit Großbuchstaben beschrieben. Hier wurden zwei z-gesponnene Garne in S-Richtung verzwirnt.

Auf die gleiche Weise beschreibt man auch die Zwirnrichtung bei Mehrfachgarnen, die üblicherweise entgegengesetzt zur Spinnrichtung verläuft. In diesem Buch wird die Spinnrichtung mit einem kleinen s oder z, die Zwirnrichtung dagegen mit den Großbuchstaben S oder Z bezeichnet, wie es auch bei der Beschreibung von archäologischen Textilfunden üblich ist. Ein in S-Richtung verzwirntes Garn aus zwei z-gesponnenen Fäden wird als S2z oder Szz beschrieben. Zum Einfluss der Spinnrichtung auf die Verwendung des Garns zum Weben oder Stricken siehe Kapitel „Gezielt Spinnen" (ab Seite 474).

DAS TECHNISCHE GRUNDPRINZIP

Spindel, Spinnrad und auch die modernen Spinnmaschinen haben alle dieselbe Aufgabe: Sie übertragen Drall in lose oder vorgesponnene Fasern, die dadurch zu einem festen Garn verdreht werden. Das Grundprinzip ist bei allen Spinngeräten identisch, bei der technischen Umsetzung und ihrer praktischen Anwendung gibt es jedoch Unterschiede.

Die Spindel

Eine klassische Handspindel besteht aus einem länglichen Stab oder Schaft mit einem als Schwunggewicht dienenden Wirtel. Sie ist das älteste bekannte Gerät, welches auf dem Prinzip einer theoretisch unendlichen, gleichgerichteten Rotation basiert. Auf dieser Grundidee der kreisförmigen Drehbewegung eines Körpers um eine Rotationsachse bauen viele weitere historische Erfindungen auf. Die berühmteste ist sicherlich das Rad, das erst viele Jahrtausende später erfunden wurde (vgl. Bohnsack 2002, 34). In der Natur gibt es nur wenige Vorbilder für diese Bewegung (z. B. die Planetendrehung). In den meisten Fällen drehen sich Dinge nur bis zu einem bestimmten Punkt um eine Achse und bewegen sich anschließend wieder auf der gleichen Bahn zurück (z. B. Gelenke). Die Spindel ist ein Werkzeug zur schnellen Erzeugung von Drall. Mit ihr können in kürzerer Zeit mehr Fasern verdreht werden, als es durch einfaches Drillen mit der Hand möglich ist. Da der entstehende Faden mit der Spindel verbunden ist, überträgt sich die Drehbewegung der Spindel auf

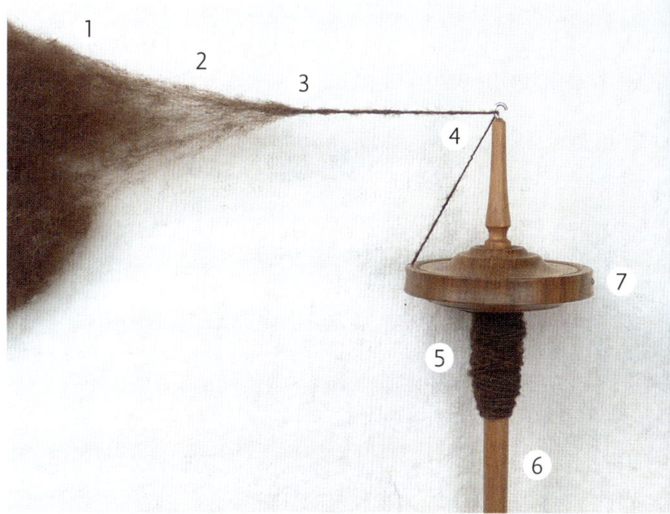

So wird die lose Wolle zum Faden: Die Spindel wird gedreht, der Faden nimmt die Drehung auf und leitet sie weiter in die aus dem Vorrat herausgezogenen Wollfasern. **1** Lose, ungeordnete Wollfasern; **2** Aus dem Vorrat herausgezogene, gestreckte Fasern; **3** Punkt, an dem die Fasern verdreht werden; **4** Faden aus verdrehten Fasern; **5** Aufgewickeltes, fertig gesponnenes Garn; **6** Spindelschaft; **7** Spinnwirtel

den Faden und im weiteren Verlauf in die losen Fasern. Dabei kann die Spindel entweder frei in der Luft hängen, in der Hand gehalten werden, sich wie ein Kreisel auf einer Unterlage drehen oder wie beim Spindelrad in eine Halterung oder ein Gerät eingesetzt sein (siehe ab Seite 443). Der Stab bildet die Achse der Drehbewegung. Er sollte gerade und stabil sein, um ein gleichmäßiges Drehen zu gewährleisten. Holz ist und war das gebräuchlichste Material. Es sind aber auch historische Spindelstäbe aus Knochen oder Metall bekannt. Bei den meisten Spindeltypen wird das fertig gesponnene Garn auf dem Spindelstab aufgewickelt, seltener auch auf dem Spinnwirtel. Der Wirtel wird auf den Stab aufgesteckt oder aus ihm herausgearbeitet. Er dient als Schwunggewicht, um die Drehung zu stabilisieren, und kann je nach Spindeltyp oben, unten oder zentral am Stab befestigt sein. Wirtel können aus den unterschiedlichsten Materialien hergestellt sein und verschiedene Formen haben. Häufig sind sie kugelig-kompakt oder scheibenförmig. Es gibt aber auch längliche oder kreuzförmige Wirtel. Um eine Unwucht zu vermeiden, muss er jedoch symmetrisch und zentral durchlocht sein.

Das Schema eines Spindelrades kann man an diesem modernen Modell (*Modica* von Jürgen Schönwolff) gut erkennen: Ein größeres Schwungrad treibt über einen Riemen eine querliegend gelagerte Spindel an. Der Riemen läuft über eine Verdickung des Spindelschafts. Der ursprüngliche Wirtel dient hier nur noch als Trennscheibe zwischen Achslagerung und dem Bereich, wo das Garn aufgewickelt wird.

Das Spinnrad

Während die Spindel direkt von der Hand in eine Drehbewegung versetzt wird, ist beim Spinnrad ein zusätzliches großes Schwungrad zwischengeschaltet, das von Hand oder Fuß angetrieben wird. Bei der ältesten Spinnradkonstruktion, dem sogenannten Spindelrad, findet das Verdrehen der Fasern an einer seitlich gelagerten Spindel statt. Neuere Spinnräder sind dagegen häufig mit einer Spinnflügelkonstruktion aus Spule und Flügel ausgestattet, die zeitgleiches Spinnen und Aufwickeln ermöglicht.

Der ursprüngliche Spinnwirtel dient bei Spindelrädern manchmal noch als Antriebsscheibe, welche über einen Antriebsriemen mit dem Schwungrad verbunden ist. Oft wird der Spindelschaft direkt über den Riemen angetrieben. Das Schwungrad hat in beiden Fällen einen deutlich größeren Durchmesser, sodass sich bei einer Umdrehung des Schwungrades die Spindel mehrfach und daher deutlich schneller dreht. Die technischen Details werden später erläutert (ab Seite 443).

Moderne Spinnmaschinen

Die frühen Spinnmaschinen der industriellen Revolution waren im Grunde Spinnräder, an denen eine Person mehrere Spindeln gleichzeitig bedienen konnte. Nach und nach wurden die Maschinen technisch verfeinert, erhielten immer mehr Spindeln und wurden irgendwann nicht mehr von Menschen, sondern mit Wasserkraft oder Dampfmaschinen angetrieben. In heutigen Spinnereien stehen riesige, computergesteuerte Spinnmaschinen, an denen unzählige Fäden gleichzeitig gesponnen werden. Aber das technische Grundprinzip der Fadenherstellung ist das gleiche geblieben: Fasern werden auseinandergezogen („verstreckt“) und dann umeinandergedreht.

ERSTE VORÜBUNGEN: FADENDRILLEN VON HAND UND MIT STÖCKCHEN

Ein Faden entsteht, wenn Fasern so auseinandergezogen werden, dass sie sich nur noch teilweise überlappen, und dann miteinander verdreht werden. Um die dafür notwendige Drehbewegung zu erzeugen, sind Werkzeuge wie Handspindel oder Spinnrad zwar praktisch, aber nicht unbedingt nötig. Ein Faden lässt sich ebenso mit bloßen Händen herstellen. Die Technik ist einfach, allerdings treten bei der praktischen Anwendung einige Probleme auf. Warum diese entstehen und wie

Vorübungen sind wichtig!

Bitte lassen Sie die Vorübungen nicht aus, bevor Sie sich an die Spindel oder das Spinnrad wagen. Diese Übungen vermitteln nicht nur ein praktisches Verständnis für die technischen Abläufe, sondern auch ein erstes Gefühl für die Fadenbildung mit Wolle. Das Erlernen des Spinnens mit der Spindel oder dem Rad wird Ihnen durch diese praktische Vorbereitung deutlich leichter fallen. Keine Angst, die Übungen sind nicht schwer und machen viel Spaß! Sie eignen sich zudem hervorragend, um Kindern das Spinnen näher zu bringen.

sie sich lösen lassen, sollen die nun folgenden Vorübungen vermitteln.

Materialien für die Vorübungen

Die Materialien für die Vorübungen sind leicht zu beschaffen und bis auf die Wolle vermutlich in den meisten Haushalten vorhanden. Man sollte allerdings nicht versuchen, Schafwolle durch Kosmetikwatte zu ersetzen: Diese besteht aus kurzen und glatten Baumwoll- oder Viskosefasern, die nicht für Anfänger geeignet sind.

Benötigt werden:

- Eine Handvoll ungesponnene Wolle, am besten nicht gekämmt, sondern gezupft oder kardiert.
- Ein 5–10 mm dicker Ast oder Stab von etwa 15–30 cm Länge, beispielsweise ein Ast aus dem Wald, ein Holzstab aus dem Baumarkt, ein unlackierter Bleistift oder Pinselstab, ein chinesisches Essstäbchen oder ein Spindelstab mit abnehmbarem Wirtel.
- Eventuell zusätzlich ein weiterer Stab mit Haken, egal ob angeschraubt oder hineingeschnitzt.
- Ein längliches Gewicht (Stein, Radiergummi, Knete, Kartoffel, Möhre oder kurzes, dickes Holzstück) sowie ein kurzer, spitzer Stab (Zahnstocher, aufgebogene Büroklammer oder Stecknadel).

Rechts- und Linkshänder

Um die Übungen für Rechts- wie für Linkshänder identisch zu formulieren, wird die Hand, in der man den Wollvorrat (oder später vielleicht einen Rocken) hält, als Wollhand bezeichnet. Die andere Hand, üblicherweise die bevorzugte oder dominante Hand, wird als Arbeitshand bezeichnet. Rechtshänder bevorzugen in den meisten Fällen, die unversponnene Wolle in der linken Hand zu halten und mit der rechten die meisten der Arbeitsschritte auszuführen.

FÄDEN VON HAND DRILLEN

Man hält eine faustgroße Menge Wolle in der Wollhand und ergreift mit Daumen und Zeigefinger der Arbeitshand einige Fasern. Dieses Faserbündel wird nun vorsichtig ein Stück weit herausgezogen, ohne es vom Wollvorrat abzureißen. Dabei legen sich die Fasern mehr oder weniger parallel nebeneinander. Diese Fasern werden nun zwischen den Fingern in eine Richtung gerollt, indem man Daumen und Zeigefinger gegeneinander verschiebt. Die Fasern verdrehen sich, und ein kleines Stückchen Faden entsteht.
Indem man sanft am Faden zieht, kommen weitere Fasern aus dem Wollvorrat hervor. Fügt man weiteren Drall hinzu, verlängert sich der Faden.

Sammelsurium von Dingen, die sich für die Vorübungen eignen. Gebraucht werden ein Stock, ein Stock mit Haken und ein Gewicht – wenn möglich weich, sodass man den angespitzten Stock hineinpieken kann.

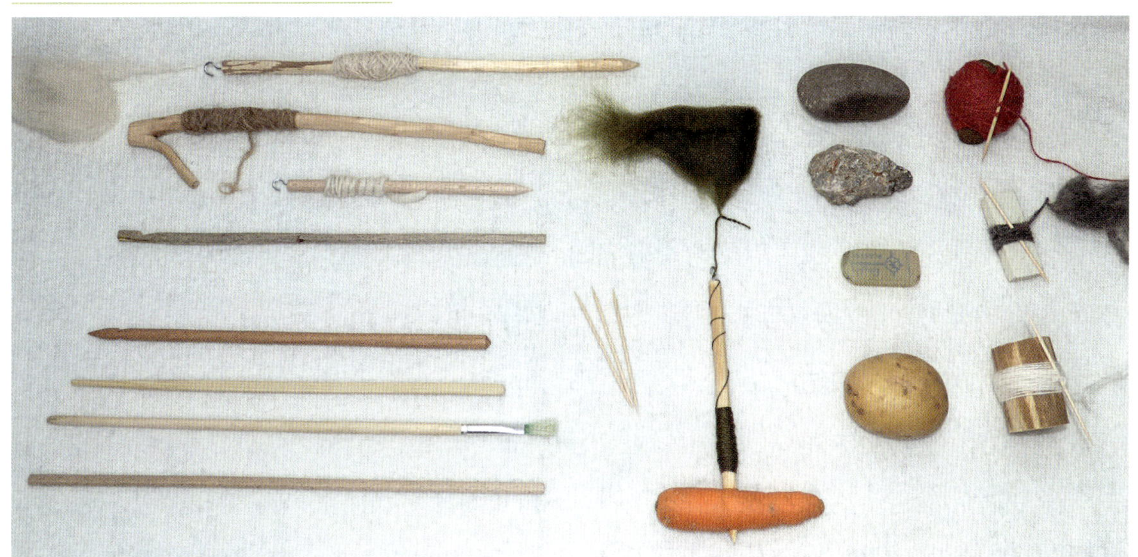

Wollfasern werden zwischen Daumen und Zeigefinger zu einem Faden verdrillt.

Damit der Faden sich nicht wieder aufdreht, wird er kurz mit dem Mittelfinger festgehalten, um Daumen und Zeigefinger wieder in Position zu bringen.

Die Schwierigkeit besteht darin, den schon verdrehten Faden niemals loszulassen, denn dann würde er sich sofort wieder auflösen. Dazu kann man den Faden kurz zwischen Mittel- und Zeigefinger fixieren, während der Daumen wieder in die Ausgangsposition für ein erneutes Rollen geht. Dann nimmt man den Fadenanfang wieder zwischen Daumen und Zeigefinger und rollt das nächste Stück herausgezogener Fasern zusammen. Mit ein wenig Übung gelingt es so, den Faden länger und länger werden zu lassen.

Dabei bleibt der Fadenanfang zwischen den Fingern stets die Zone, in welcher der Faden gerollt wird. Die Hände bewegen sich voneinander weg, während dazwischen der Faden wächst. Mit der Wollhand kann man steuern, welche Fasermenge beim Herausziehen in den entstehenden Faden eingerollt wird. Zieht sich zu viel Wolle aus der Hand, muss man den Vorrat etwas fester halten und stärker ausziehen, damit der Drall nicht zu tief in die losen Fasern eindringt. Wird der Faden dünner und droht zu reißen, hält man die Wolle lockerer, fügt mehr Drall hinzu und zieht langsamer aus.

Erreicht man eine Fadenlänge, bei der beide Arme voll ausgestreckt sind, stellt sich ein Problem: Das Ausziehen von Wolle ist nur möglich, solange der Faden weiterhin unter Spannung steht. Löst man die Spannung, beginnt der Faden sich zu verzwirnen – es bilden sich kleine zusammengerollte Würmchen. Um das zu verhindern, kann man den Faden aufwickeln. Um einen Stock gewickelt, dient dieser von Hand gedrillte Faden als Ausgangspunkt für die nächste Vorübung.

Hält man den Faden nicht unter Spannung, bilden sich kleine Zwirnwürmchen.

Handspinnen in aller Welt

Aus ethnologischen Berichten weiß man, dass das Fadendrillen von Hand noch bis in jüngste Zeit in vielen Regionen der Welt verbreitet war (z. B. Crowfoot 1931, 9; Montell 1941, 111–112). In Fachkreisen wird diese Technik auch als Spleißen bezeichnet, ein Begriff, der heute fast nur noch in der Seemannssprache für das Verbinden von Tau- oder Seilenden verwendet wird. Wird das Garn zur Stabilisierung anschließend nicht aufgewickelt, verzwirnt man es.

FÄDEN DREHEN MIT EINEM SPINNSTOCK

Als erstes Hilfsmittel kommt nun ein einfacher Stock oder Stab zum Einsatz. Auf ihm kann man den gedrehten Faden unter Spannung aufwickeln, um zu verhindern, dass er sich wieder auflöst. Allerdings muss nun entweder das Fasermaterial oder der Stock immer mitgedreht werden. Es gibt viele verschiedene Möglichkeiten, mit einem Spinnstock zu arbeiten, auch die Spinntechnik mit der in der Hand gehaltenen Spindel gehört dazu (siehe Abschnitt „Spindeltypen", Seite 422). Neben glatten Stöcken kann man auch solche mit Haken oder Astgabel verwenden. Die Herstellung von Fäden mit einfachen Spinnstöcken war noch bis ins letzte Jahrhundert in vielen Teilen der Welt bekannt. Fotos sowie Beschreibungen in der Literatur gibt es beispielsweise aus Skandinavien, der Slowakei und dem Sudan (Zajonc 2012, 110–120; Crowfoot 1931, 10–14; Barber 1991, 42).

Wer nicht die Geduld hat, alle Varianten auszuprobieren, der sollte sich auf die letzte konzentrieren und zumindest versuchen, das Spinnen mit dem Stock mit Haken zu meistern.

Variante 1: der Finger-Propeller

Um sich an die Technik des Stöckchenspinnens heranzutasten, drillt man zuerst ein kurzes Stück Faden von Hand und wickelt es mittig auf den Stock. Anschließend kann nun der Faden weiter verdreht werden, indem man den Stock mit den Fingerspitzen wie einen Propeller um seinen Mittelpunkt dreht – also dort, wo die Umwicklung liegt. Der Faden muss dabei immer leicht auf Spannung gehalten werden, um neue Fasern aus der Wollhand ziehen zu können. Diese Methode funktioniert zwar, ist jedoch mühselig und langsam.

Variante 2: der schräge Stock

Schneller kann man arbeiten, wenn man den Spinnstock seitlich dreht. Dazu wird der Faden von der Mitte aus mit zwei oder drei Umwicklungen bis zu einem Ende des Stocks geführt. Zwischen Stockspitze und den Fasern in der Wollhand sollten sich nur noch etwa zehn Zentimeter Faden spannen. Nun hält man den Stock am anderen Ende fest, richtet ihn schräg nach oben und dreht ihn zwischen den Fingern – dabei müssen die Drehrichtung des Fadens, der Umwicklung und des Stocks zueinander passen, sonst dreht man den Faden auf, oder die Umwicklung löst sich. Der Faden rutscht nun beim Drehen des Stocks immer wieder über dessen Spitze ab. So wird der Drall vom Stock in den Faden weitergeleitet. Nach einigen Umdrehungen kann man Stock und Wollhand vorsichtig voneinander wegbewegen, um weitere Wolle aus der Wollhand hervorzuziehen. Die Fasern werden durch den aufgebauten Drall direkt zu einem neuen Stück Faden verdreht. Ist der Faden irgendwann zu lang, um bequem weiterarbeiten zu können, wickelt man ihn mittig auf den Stock.

Die Handhaltung bei Variante 1 des Stöckchenspinnens: langsames, propellerartiges Drehen des Stabes mit der Umwicklung im Zentrum der Drehung.

Die Handhaltung bei Variante 2 des Stöckchenspinnens: Der Stab wird schräg gehalten und zwischen den Fingern gerollt. Der Faden rutscht bei jeder Umdrehung über die Spitze ab.

Handhaltung bei Variante 3 des Stöckchenspinnens: Zu Beginn werden einige Fasern an der Stabspitze festgehalten und durch Drehen der Hand um diese herumgewickelt, wobei sie sich kaum verdrehen. Das geschieht erst durch mehrmaliges Auf- und Abwickeln.

Variante 3: langsames Handkreisen

Eine andere Technik des Stöckchenspinnens funktioniert mehrphasig. Man klemmt zu Beginn mit dem Zeigefinger ein kleines Faserbündel am oberen Bereich des Stöckchens fest. Dann macht man mit dem Stab aus dem Handgelenk heraus oder mit dem ganzen Arm etwa fünf Drehbewegungen, bei denen sich Fasern aus dem Vorrat lösen und um die Stockspitze wickeln. Dabei sollte die Wollhand dicht am Stock gehalten werden, damit die Fasern nicht abreißen, denn das Faserbündel ist noch kaum verdreht und daher sehr empfindlich. Um diesem Faserbündel mehr Drall zu geben, wird es vorsichtig wieder abgewickelt, indem man es seitlich vom Stock abrollt und den Fadenanfang wieder mit dem Zeigefinger am Stab sichert. Achtung, der Faden darf nicht einfach von der Stabspitze heruntergezogen werden, dabei würde er wieder Drall verlieren. Der Stab muss sich beim Abwickeln mitdrehen! Der abgewickelte Faden wird dann erneut durch Drehen der Hand auf die Stabspitze gewickelt. Nun hat er schon mehr Drall und ist etwas stabiler. Dieses vorsichtige Auf- und wieder Abwickeln muss man so oft wiederholen, bis der Faden die gewünschte Festigkeit erreicht hat. Bei einem kurzen Fadenstück muss man das Aufwickeln und Abrollen meist drei oder vier Mal wiederholen. Danach bleibt das fertige erste Fadenstück auf der Stabspitze aufgewickelt, und man zieht mit einigen Umdrehungen neue Fasern aus dem Vorrat und wickelt sie auf. Auch für dieses neue Fadenstück muss man den Prozess des Auf- und Abwickelns mehrmals wiederholen. Bei dieser Technik werden also das Ausziehen der Wolle, das Verdrehen des Faserbündels und das Aufwickeln in getrennten Schritten ausgeführt, die zudem für jedes Fadenstück mehrfach wiederholt werden müssen.

Variante 4: schnelles Handkreisen

Eine schnellere Variante dieser Technik verzichtet auf das mehrfache Auf- und Abwickeln. Stattdessen wird während des Handkreisens der Stock in der Arbeitshand so locker gehalten, dass er sich mitdrehen kann, bzw. dass er vom Faden mitgedreht wird. Die Finger der Wollhand halten dabei den Punkt gut fest, an dem der Faden in die lose Wolle übergeht, damit der Drall dort nicht schon hineinläuft. Auf dem kurzen Fadenstück zwischen den beiden Händen sammelt sich durch die Drehbewegung viel Drall an. Man stoppt das Drehen, klemmt den Stab eventuell zwischen den Beinen fest und lässt den Drall in etwas neu herausgezogene Wolle laufen. Zum Ausziehen der Wolle können auch die Finger der Arbeitshand mit eingesetzt werden. Der entstandene Faden wird aufgewickelt und der Stock dann erneut in der Hand um sich selbst gedreht. Diese Technik lässt sich gut mit dickeren, kurzen Holzstäben ausführen. So werden zum Beispiel alte Spulen aus Maschinenspinnereien für diese Technik im Internet angeboten.

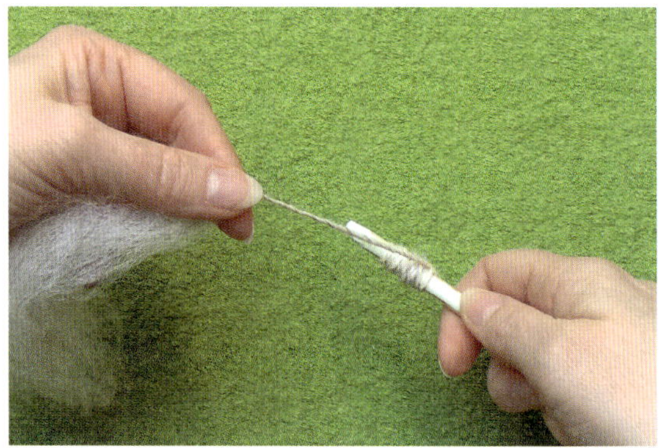

Handhaltung bei Variante 4 des Stöckchenspinnens: Der Stab liegt locker in der Hand und dreht sich mit, wenn der Faden um ihn herumgedreht wird. So wickelt dieser sich nicht auf, gewinnt aber Drall.

Handhaltung bei Variante 5 des Stöckchenspinnens: Um den Stab schneller zu drehen, kann er über den Oberschenkel gerollt werden (links). Das Stöckchenspinnen eignet sich gut, um Kindern das Spinnen näher zu bringen.

Variante 5: Stöckchenspinnen mit Haken
Man kann auch mit einem Stock arbeiten, der einen Haken oder eine Astgabel hat. Die Technik ist ähnlich wie bei Variante 2, hier wird der Faden allerdings durch den Haken festgehalten und rutscht beim Drehen des Stocks nicht fortwährend über dessen Spitze ab. Das beruhigt den Bewegungsablauf, der Drall wird aber trotzdem übertragen. Um das Drehen zu beschleunigen kann man den Stock statt zwischen den Fingern über den Oberschenkel rollen. Bei empfindlichen Fasern sollte man die Umwicklung im oberen Drittel des Stocks anlegen, damit diese nicht mit über das Bein gerollt und dabei verfilzt wird. Eine große Vereinfachung stellt der Stock mit Haken am Beginn der Arbeit dar. Denn statt zuerst einen Faden von Hand zu drehen und ihn dann als Anfangsfaden auf den Stock zu wickeln, kann man hier einfach den Haken in der losen Wolle einhaken und sofort beginnen. Das Stöckchenspinnen mit Haken eignet sich gut, um Kindern das Spinnen näher zu bringen.

FÄDEN MIT EINEM SCHWUNGGEWICHT VERSPINNEN

Mit dieser letzten Vorübung ist der Übergang zum echten Spinnen erreicht. Während man argumentieren kann, dass mit dem Stock im Grunde nur die Funktion der Hand erweitert wird, übernimmt nun ein sich frei bewegendes „Gerät“ das Verdrehen der Fasern. Dieses zugegebenermaßen recht einfache Gerät besteht aus einem möglichst symmetrischen Schwunggewicht, auf dem man einen Faden gut aufwickeln kann. Zudem wird ein kleines Stäbchen benötigt, um die Umwicklung zu fixieren.
Auch für das Spinnen mit einem Schwunggewicht wird ein längerer Faden durch Drillen von Hand hergestellt. Diesen wickelt man um die Mitte des Gewichts, bis sich noch etwa zehn Zentimeter Fadenlänge zwischen Umwicklung und loser Wolle spannen. Das Ende klemmt man mit einem durch die Umwicklung gesteckten kurzen Stäbchen fest. Dieses verläuft zuerst unter einigen Fäden, dann über dem Ende der Umwicklung, danach wieder unter einigen der aufgewickelten Fäden hindurch. Für eine gleichmäßige Rotation sollte der Bereich mit der Fixierung möglichst zentral liegen.
Mit der Wollhand hebt man nun das Schwunggewicht am Faden in die Luft. Dabei wird der Bereich,

Das Fixieren der aufgewickelten Wolle am Schwunggewicht mit Hilfe eines kleinen Stöckchens.

Das Schwunggewicht dreht sich frei in der Luft. Wer schon etwas Übung hat, kann auf das Abstoppen verzichten und zeitgleich neue Wolle ausziehen.

in dem der Faden in die lose Wolle übergeht, mit Daumen und Zeigefinger sorgsam festgehalten, damit er nicht abreißen kann. Das Gewicht beginnt nun von selbst sich zu drehen – allerdings in die falsche Richtung! Weil die Fasern wieder in ihre ursprüngliche Lage zurückwollen, dreht der Faden sich auf. Das Gewicht muss also gestoppt und dann in Gegenrichtung angedreht werden. Durch diese Drehung sammelt sich innerhalb weniger Sekunden viel Drall auf dem Fadenstück oberhalb des Gewichts.

Um sich auf den nächsten Schritt konzentrieren zu können, wird das Gewicht in der Übungsphase zunächst auf dem Bein abgesetzt. Nun ist es an der Zeit, einen der wichtigsten Begriffe der Spinnerei in der Praxis kennenzulernen, das sogenannte Faserdreieck.

Das Faserdreieck

Während des Spinnprozesses zieht die Arbeitshand immer wieder die für das nächste Fadenstück benötigte Wollmenge aus der Wollhand heraus. Diese herausgezogene Wolle zwischen beiden Händen bildet von oben betrachtet ein Dreieck aus Fasern. Natürlich gab es dieses Faserdreieck auch schon in den vorangegangenen Übungen, doch nun ist es an der Zeit, ihm mehr Aufmerksamkeit zu schenken. Hier entscheidet sich nämlich, wie dünn oder dick und vor allem wie gleichmäßig der zukünftige Faden sein wird.

Zwischen den beiden Händen sieht man das ausgezogene Faserdreieck. Hier entscheidet sich, wie viele Wollfasern in das nächste Fadenstück eingedreht werden.

Das Faserdreieck liegt bei dieser Spinnweise, dem sogenannten kurzen Auszug, immer zwischen den beiden Händen. Im Wechsel wird dabei an der Spitze sowie an der Unterkante des Dreiecks die Wolle mal zusammengedrückt und mal locker gehalten: Während die Arbeitshand die Spitze des Faserdreiecks fest zusammenhält, um neue Wolle aus dem Vorrat zu ziehen, hält die Wollhand an der Unterkante des Dreiecks die lose Wolle sanft zurück, damit nicht zu viele Fasern ausgezogen werden. Wenn anschließend die Spitze des Faserdreiecks vorsichtig losgelassen wird, damit der überschüssige Drall aus dem Faden hineinlaufen kann, drückt die Wollhand die Unterkante des Dreiecks zu, damit der Drall sich nur im ausgezogenen Bereich und nicht darüber hinaus ausbreitet.

Nachdem man ein oder mehrere Faserdreiecke mit dem gesammelten Drall des Fadens verdreht hat, wird das Schwunggewicht wieder angehoben und erneut in Drehung versetzt. Ist der gesponnene Faden irgendwann zu lang, wickelt man ihn auf und fixiert ihn erneut mit dem Stäbchen.

Das gleichmäßige Herausziehen der richtigen Fasermenge und das Kontrollieren des Dralls, der sich im ausgezogenen Faserdreieck verteilt, sind reine Übungssache! Solange man beim Ausziehen des Faserdreiecks noch unsicher ist, sollte man das Schwunggewicht nach jedem Drehen auf dem Schoß absetzen.

Für Fortgeschrittene: Mit genug Übung und einem ausladenden Spinngewicht – das für eine langsame, aber dafür lange Drehung sorgt – kann man auf das zwischenzeitliche Ablegen des Gewichts verzichten und es während des Spinnens ständig in Bewegung halten.

Mithilfe der bisherigen Vorübungen wurden nun alle grundlegenden Handbewegungen zum Spinnen mit dem kurzen Auszug trainiert (zum langen Auszug siehe ab Seite 436). Nun ist es an der Zeit, sich an das älteste und über Jahrtausende tradierte Spinngerät der Menschheitsgeschichte heranzuwagen. Denn durch die Verbindung von Spinnstock und Spinngewicht entstand ein perfektes Werkzeug: die Spindel!

In welche Richtung muss ich drehen?

Sowohl beim Spinnen mit einem Gewicht als auch mit der Handspindel kann man mit dem „Dreh-Test" jederzeit erkennen, in welche Richtung weitergesponnen werden muss: Lässt man Spindel oder Gewicht am gesponnenen Faden frei hängen, drehen sie sich von selbst in die falsche Richtung. Die Fasern wollen sich in ihre ursprüngliche Form zurückbewegen, wobei der Faden immer lockerer wird, bis er schließlich reißt. Also, bevor das passiert: Schnell wieder einen Stups in die richtige Drehrichtung geben!

HANDSPINDELN

Die Form der Handspindel folgt einem klassischen Grundschema. Dieses besteht aus einer stabförmigen Achse und einem symmetrischen Gewicht, welches die Drehbewegung der Achse stabilisiert. Das Gewicht kann dabei ein auf den Spindelstab gesteckter Wirtel sein oder auch durch eine Verdickung des Stabes entstehen.

Der Begriff Handspindel wird verwendet, um für die Handarbeit genutzte Spindeln von Maschinenspindeln zu unterscheiden. Andere Benennungen wie Kopf- oder Fußspindel und Fall- oder Standspindel beziehen sich auf ihre Gestalt oder die mit ihnen ausgeführte Spinnmethode. Diese Begriffe sowie einige spezielle Spindelformen werden in diesem Kapitel vorgestellt. Anschließend wird erklärt, wie man praktisch mit diesen Spindeln arbeitet.

SPINDELTYPEN

Die Bezeichnungen der unterschiedlichen Spindeltypen sind manchmal etwas verwirrend. Wie schon erwähnt, werden Spindeln für die Handspinnerei oft auch Handspindel genannt. Somit ist beispielsweise auch eine Fußspindel gleichzeitig eine Handspindel. Manche Spindelbezeichnungen beziehen sich auf ihre Bauform, andere auf ihre regionale Herkunft, wieder andere auf die Technik, mit der sie genutzt werden. Die folgenden Erklärungen sollen helfen, die Verwirrung aufzulösen.

Spindeln gibt es in verschiedenen Formen und Größen. Die Grundform besteht jedoch immer aus einem Stab als Achse mit einem Schwunggewicht in Form einer Verdickung des Stabes oder eines Wirtels.

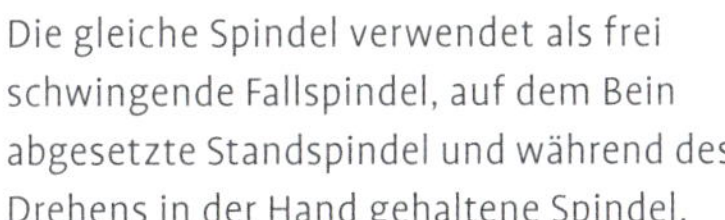

Die gleiche Spindel verwendet als frei schwingende Fallspindel, auf dem Bein abgesetzte Standspindel und während des Drehens in der Hand gehaltene Spindel.

Unterscheidung mit Blick auf die Spinntechnik

Im Grunde gibt es drei Möglichkeiten, wie sich eine Spindel beim Spinnen drehen kann: Frei am Faden schwingend in der Luft, wie ein Kreisel auf einer Unterlage oder beständig in der Hand gehalten. (Anleitungen zu diesen Techniken ab Seite 430). Eine vierte Variante ist die Lagerung der Spindelachse; dann ist sie jedoch meist schon Teil eines Spinnrades, des sogenannten Spindelrades (siehe Seite 443). Zudem gibt es spezielle Spindeln für das nach dem Spinnen folgende Zwirnen.

Fallspindeln

Eine Spindel, die sich frei in der Luft hängend dreht, bezeichnet man – unabhängig von ihrer Bauform – als Fallspindel (engl. *drop spindle*). Oft wird mit dieser Technik im Stehen gesponnen, damit man mehr Bewegungsfreiheit hat und der Faden länger ausgesponnen werden kann, bevor man zum Aufwickeln stoppen muss.
Bis auf den Moment, in dem die Spindel neu angedreht wird, sind immer beide Hände zum Spinnen frei. Weil außerdem das Gewicht der Spindel am Faden zieht, wird mit Fallspindeln meist im kurzen Auszug gesponnen.

Standspindeln

Standspindeln (engl. *supported spindles* – wörtlich übersetzt im Deutschen manchmal als „unterstützte Spindeln" bezeichnet) werden auf dem Boden, in einem speziellen Gefäß oder auf einer anderen Unterlage stehend gedreht. Man spinnt üblicherweise im Sitzen, obwohl es auch mobile Varianten gibt, beispielsweise mithilfe von am Gürtel befestigten Schalen. Bei dieser Technik zieht nicht das komplette Gewicht der Spindel am entstehenden Faden, sodass zarte Garne und kurze, glatte Fasern gut gesponnen werden können. Da meist eine Hand ununterbrochen die Spindel stützt oder führt, wird einhändig mit langem Auszug gesponnen.

Gehaltene Spindeln

Lässt man eine Spindel weder in der Luft noch aufgesetzt kreiseln, sondern hält sie während des Drehens fortwährend in der Hand, ähnelt das der Arbeit mit einem Spinnstöckchen. Auch bei dieser Technik zieht das Gewicht der Spindel nicht am Faden, sodass sie sich gut für feine Fasern und Garne eignet. Abhängig von der Art und Weise, wie man die Spindel hält, kann sowohl im Sitzen als auch im Stehen oder Gehen gearbeitet werden. Die Spindel kann mit den Fingern gedreht oder in der hohlen Hand im Kreis gewirbelt werden. Manche Spinnerinnen strecken dabei die Hand nach oben, andere richten die Spindel zur Seite oder in Richtung Boden.

Zwirnspindeln

Zum Verdrehen mehrerer Fäden werden manchmal schwerere Spindeln verwendet als zum Spinnen, oder es wird ein schwererer oder zusätzlicher Spinnwirtel verwendet. Große eiserne Spindeln beispielsweise, sogenannte Drahtspindeln, wurden in vielen Teilen Europas von Schuhmachern zum Zwirnen benutzt.

Schwere, große Spindeln zum Zwirnen: links zwei hölzerne Spindeln (38,5 cm / 171 g; 40 cm / 133 g), rechts eine metallene Schumacher-Zwirnspindel aus Griechenland (36 cm / 95 g).

Statt die zu verzwirnenden Fäden durch die Hand laufen zu lassen, werden sie in vielen Teilen der Welt über einen hoch gelegenen Haken oder einen Ring geführt, sodass beide Hände zum Andrehen der Spindel frei sind. Der Haken kann in die Zimmerdecke geschraubt (Siebenbürgen) oder wie bei den alten Ägyptern eine hoch gelegene Astgabel sein (Kimakowicz-Winnicki 1910, 59–64).

Unterscheidung mit Blick auf die Bauform

Bei den Bauformen unterscheidet man grob zwischen Spindeln mit und ohne Spinnwirtel. Je nach Sitz des Wirtels wird die Spindel anders bezeichnet. Auch die Form des Spinnwirtels sowie die Ausgestaltung des oberen Spindelendes beeinflussen den Spinnprozess.

Spindeln mit Spinnwirtel

Der auf den Spindelstab geschobene Spinnwirtel dient wie bei einem Kreisel zur Stabilisierung und Verlängerung der Drehbewegung. Auch die Drehgeschwindigkeit wird von ihm beeinflusst. Ein kompakter Wirtel dreht sich eher schnell und kurz, ein weit ausladender dagegen langsam und lang. Damit sich die Spindel gleichmäßig dreht und nicht ins Trudeln gerät, muss der Wirtel symmetrisch sein und die Lochung genau im Zentrum liegen. Die meisten Wirtel sind rund, tonnen- oder scheibenförmig, konisch oder doppelkonisch. Es gibt jedoch auch quadratische, längliche und kreuzförmige Wirtel.
Aufgrund der Erhaltungsbedingungen kennt man aus dem archäologischem Fundgut vor allem Spinnwirtel aus Ton, aber auch Holz, Knochen, Geweih, Glas, diverse Gesteine, Bernstein und unterschiedliche Metalle wurden verwendet. Heute sind vor allem Spindeln im Handel, bei denen sowohl der Stab als auch der Wirtel aus Holz bestehen. Neu hinzugekommen sind synthetische Materialien. So finden sich im Internet Bauanleitungen für Spindeln mit einer CD als Wirtel, und auch Spindeln aus dem 3D-Drucker kann man schon bekommen.

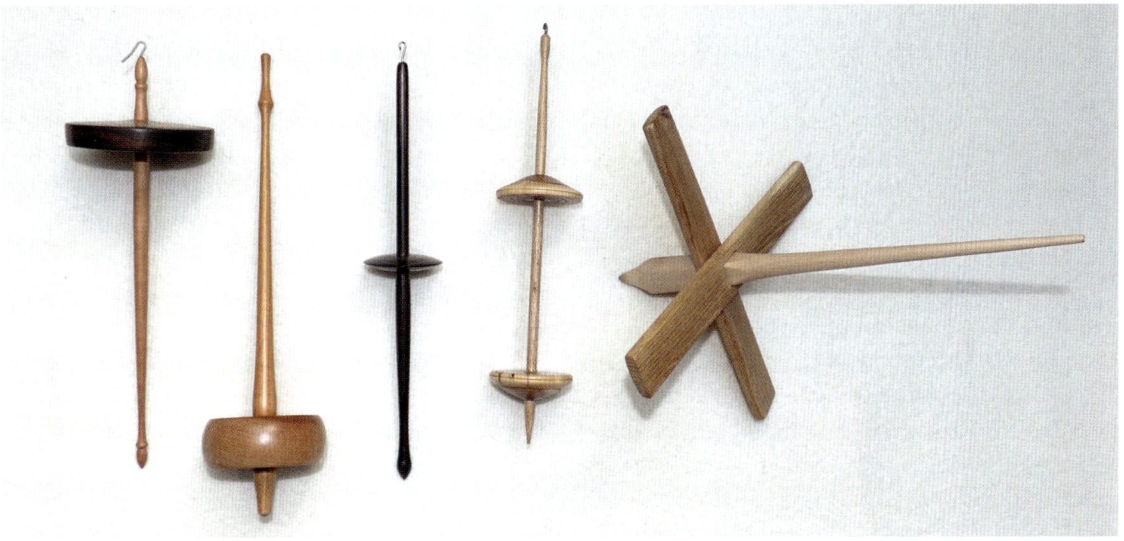

Von links nach rechts: Kopfspindel (24 cm / 30 g), Fußspindel (26 cm / 56 g), Spindel mit zentralem Wirtel (25 cm / 18 g), Doppelwirtelspindel (24 cm / 29 g), Kreuzspindel (27 cm / 76 g).

Das Gewicht des Spinnwirtels ist weniger wichtig, als man vermuten mag. In der Tendenz verwendet man leichte Wirtel eher, um feine Garne zu spinnen, schwere für dickeres Garn (Grömer 2005). Allerdings sind die Fertigkeiten der Spinnerin wichtiger als das Spindelgewicht. Eine schwere Spindel kann man zur Not immer als Standspindel nutzen, sodass ihr Gewicht dann weniger relevant ist. Mit einer federleichten Spindel wird jedoch auch eine begabte Spinnerin nur schwerlich ein grobes Teppichgarn zuwege bringen.

Eine Spindel mit dem Wirtel am oberen Ende bezeichnet man als Kopfspindel (engl. *high* oder *top whorl spindle*, eingedeutscht auch Hochwirtelspindel). Sitzt er am unteren Ende, spricht man von einer Fußspindel (engl. *low* oder *bottom whorl spindle*, eingedeutscht auch Tiefwirtelspindel). Eher selten wird der Wirtel in der Mitte des Spindelstabes angebracht. Außerdem gibt es Spindeln mit zwei Wirteln, von denen zumeist einer im oberen Drittel bzw. am oberen Ende und der zweite im unteren Drittel sitzt. Es kommt aber auch vor, dass zwei direkt übereinandersitzen. Bekannt ist die Verwendung von Doppelwirtelspindeln beispielsweise auf dem Balkan sowie in Italien und Spanien.

Fußspindeln sind seit Jahrtausenden die für Mitteleuropa typische Spindelform. Auch im klassischen Griechenland und bei den Römern wurde mit Fußspindeln gesponnen. Als Standspindeln werden sie bis heute in Afrika vor allem für Baumwolle verwendet. Auch in Nord- und Südamerika waren und sind vor allem Fußspindeln verbreitet.

Hübsch und praktisch: Aufwickeln auf der Kreuzspindel

Durch das Aufwickeln des gesponnenen Garns auf den Armen einer Kreuzspindel hat man direkt nach dem Spinnen ein fertiges Knäuel. Man kann nämlich den Spindelstab und dann die Arme des Kreuzes einfach herausziehen. Man wickelt immer unter einem und dann über zwei Armen des Kreuzes entlang. Besonders hübsch – bei mehrfarbigem Garn geradezu wie ein Mandala – wird das Knäuel, wenn man ganz eng am Spindelstab beginnt und die Fäden dann bis weit außen auf dem Kreuz immer dicht nebeneinander wickelt. Dann beginnt man wieder am Stab. Das entstehende Knäuel wird oben dicker als unten. Möchte man diese Schildkrötenpanzerform nicht, muss man zwischenzeitlich die Spindel umdrehen und dann von unten über zwei und unter einem Wickeln.

Abbildungen aus dem alten Ägypten zeigen dagegen immer Kopfspindeln. Im gesamten Nahen und Mittleren Osten waren und sind eher Kopfspindeln verbreitet. In Asien verwendet man mit regionalen Schwerpunkten und abhängig von der versponnenen Faser sowohl Kopfspindeln als auch Fußspindeln (Crowfoot 1931; Barber 1992, 51–65). Eine Sonderform stellt die Kreuzspindel dar, die nach einem ihrer Verbreitungsgebiete auch als türkische Spindel bezeichnet wird. Bei diesem Bautyp besteht der Wirtel aus zwei zentral gelochten Hölzern, die man kreuzförmig übereinanderlegt, bevor man den Schaft hindurchsteckt. In der schlichteren Ausführung sind es einfach zwei Stäbe, die gekreuzt und mit dem Fadenanfang an der Spindel befestigt werden. Das Kreuz sitzt häufig am unteren Spindelende; es dient auch zum Aufwickeln des fertigen Garns zu einem sofort nutzbaren Knäuel.

Spindeln ohne Spinnwirtel

Spindeltypen ohne Spinnwirtel werden oft als in der Hand gehaltene Spindeln oder als Standspindeln genutzt. Sie sind üblicherweise aus einem Stück gedrechselt oder geschnitzt, an den Enden spitz zulaufend und in der Mitte oder an einem Ende verdickt. Solche Spindeln gab und gibt es in vielen Teilen der Welt. Manchmal wird zu Beginn des Spinnprozesses ein Wirtel aufgesteckt. Sobald das aufgewickelte Garn jedoch selbst eine gewisse Schwungmasse gebildet hat, wird er wieder abgenommen.

Spindeln ohne Spindelstab

Ob man diese Spindeln, die nur aus einem Spinnwirtel bestehen, tatsächlich Spindel nennen darf oder nur Schwunggewicht, darüber sind die Meinungen geteilt. Hier wird beim Spinnen auf die zentrale Achse verzichtet und nur ein Gewicht frei schwingend angedreht. Auf diesem wird auch das fertige Garn aufgewickelt. Das kann ein einfacher Stein oder ein Holzstück sein (siehe Vorübungen ab Seite 412), in Zentralasien verwendet man gelegentlich kleine hölzerne Kreuze.

Das obere Spindelende

Unabhängig von der übrigen Gestalt einer Spindel ist die Ausarbeitung des oberen Spindelendes interessant. Sie beeinflusst, wie gleichmäßig sich die Spindel dreht, und auch den Aufwand, den man für das Fixieren des Fadens betreiben muss.
Bei einem geraden, spitz zulaufenden wie auch bei einem verdickten Ende muss zur Befestigung an der

Spindeln ohne Wirtel aus dem 19. und 20. Jahrhundert (von links nach rechts): zwei Spindeln aus Deutschland (22 cm / 10 g; 30 cm / 14 g), zwei aus Bulgarien (28 cm / 18 g; 30 cm / 20 g) und zwei aus Frankreich (32,5 cm / 74 g; 28,5 cm / 73 g).

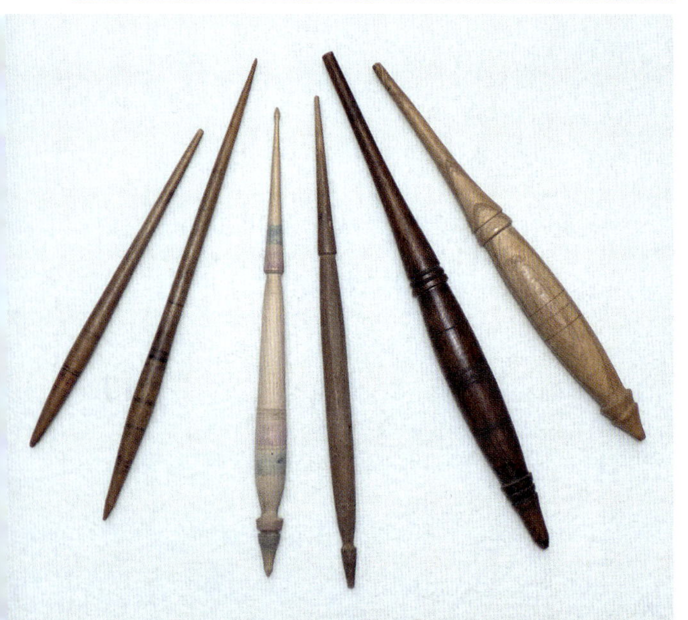

Kreuzförmige Spindel ohne Stab nach zentralasiatischem Vorbild.

Verschiedene obere Enden von Spindeln ohne und mit Haken, Kerben oder Verdickungen.

Spindelspitze immer ein halber Schlag, also eine gedrehte Schlinge, um den Schaft gelegt werden. Der Nachteil bei dieser Methode und ebenso beim Einhaken des Fadens in eine seitliche Kerbe ist, dass das Garn nicht vom Zentrum des Spindelstabes aus nach oben verläuft. Diese kleine Asymmetrie reicht oft schon, um eine Unwucht zu verursachen und die Spindel beim schnelleren Drehen ins Trudeln zu bringen. Bei einem in der Mitte des Spindelstabes angebrachten Haken oder einer Hohlkerbe, die den Faden durch das Stabzentrum leitet, treten diese Schwierigkeiten nicht auf. Bei Kopfspindeln ist immer ein Haken im Zentrum des oben sitzenden Wirtels oder an der Stabspitze angebracht.

Spindeltypen, die nach ihrer Herkunft benannt sind

Die Verwendung bestimmter Spindeltypen ist manchmal charakteristisch für bestimmte Regionen oder ethnische Gruppen. Unter deren Namen oder unter der einheimischen Bezeichnung sind diese Bauformen weltweit bekannt. Ein Beispiel sind die beliebten Kreuzspindeln, die häufig als türkische Spindeln bezeichnet werden. Dabei sind gerade in der Türkei viele unterschiedliche Spindeltypen im Gerbrauch. Und Kreuzspindeln kennt man aus unzähligen weiteren Regionen vorwiegend in Asien und Afrika.

Kreuzspindeln werden häufig als türkische Spindeln bezeichnet, obwohl sie auch in anderen Regionen der Welt verbreitet sind (von links nach rechts: 27 cm / 76 g; 22 cm / 21 g; 17 cm / 21 g).

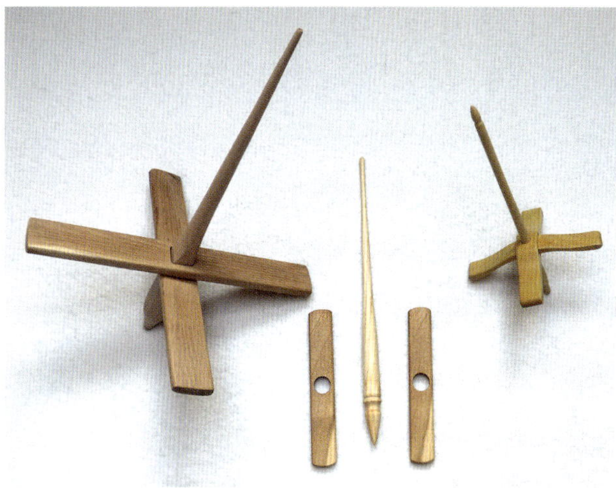

Die folgende Auswahl an Spindeltypen erhebt keinen Anspruch auf Vollständigkeit, sondern soll nur einen kleinen Einblick in die Vielfalt der traditionellen Formen geben.

Orenburg oder russische Spindel

Dieser wirtellose Spindeltyp wird meist als Stand- oder in der Hand gedrehte Spindel genutzt. Diese Spindeln sind übrigens nicht das Einzige, das nach der Stadt Orenburg benannt wurde. Sie ist auch namengebend für eine Ziegenrasse mit besonders feiner Unterwolle sowie für die feinen Spitzen-

Zwirnen mit der Orenburg-Spindel

Faszinierend ist auch die Orenburger Zwirntechnik: Zum Zwirnen werden ein Seiden- und ein Ziegenwollfaden gemeinsam auf eine Spindel gewickelt. Dann wird der Fadenanfang an einer Pappscheibe befestigt. Nun wickelt man ein Stück des doppelten Fadens von der Spindel ab, verzwirnt es durch Drehen der Spindel und wickelt es dann direkt auf der Pappscheibe zu einem Knäuel auf. Man zwirnt quasi rückwärts, sodass sich die Spindel dabei nicht füllt, sondern leert.

schals, die aus mit Seide verzwirnter Ziegenwolle gestrickt werden.
Russische Spindeln sind aus einem Stück gedrechselt, wobei an der unteren Spitze ein kleiner pilzförmiger Wirtel herausgearbeitet ist. Für das Spinnen der feinen Ziegenwollgarne wird die Spindel in einer kleinen Schale gedreht. Leichtere Exemplare werden zum Spinnen, schwerere zum Zwirnen genutzt (Khmeleva & Noble, 1998).

Akha

Die filigranen Spindeln der Akha, einer ethnischen Gruppe, die heute in Laos, Vietnam, Thailand und Myanmar lebt, haben den Wirtel in der Mitte des Spindelstabes. Sie werden in erster Linie zum Spinnen von Baumwolle verwendet, wobei man das Garn oberhalb des Wirtels aufwickelt. Dieser Spindeltyp wird meist als Fallspindel oder gehaltene Spindel genutzt.

Dealgan

Diese wirtellose Spindel aus Schottland hat eine sehr eigenwillige, kegelartige Form und ist am unteren Ende kreuzförmig geschlitzt. Durch diesen Schlitz führt man das Garn beim Fixieren an der Spindel. Am oberen Ende gibt es meist eine Verdickung, wo der Faden mit einem halben Schlag gesichert wird. Zum Andrehen greift man senkrecht von oben an die Spindelspitze, wobei der Faden zwischen Daumen und Zeigefinger läuft. Damit verhindert man, dass die Spindel beim Andrehen trudelt. Durch ihre Form ist die Dealgan auch ein perfekter Knäuelwickler. So kann man schon während des Spinnens ein formschönes Knäuel wickeln, das man am Schluss nur noch abstreifen muss. (Hatcher, A. & Kelly-Landry, B. 2021)

Tibetische Spindel

Dieser etwas schwammige Begriff meint meistens Standspindeln, die einen kegel- bis glockenförmigen Wirtel haben. Die Vorbilder dieser Wirtel stammen aus der Region in und um Tibet. Dort gibt es jedoch sehr unterschiedliche Formen von Standspindeln, und häufig wird auch mit Fallspindeln gesponnen.

Verschiedene Spindelformen, die unter dem Begriff „russische Spindeln" zusammengefasst werden (modern gedrechselt, Russland; von links nach rechts: 27 cm / 17 g; 24 cm / 14 g; 27 cm / 15 g; 26 cm / 21 g).

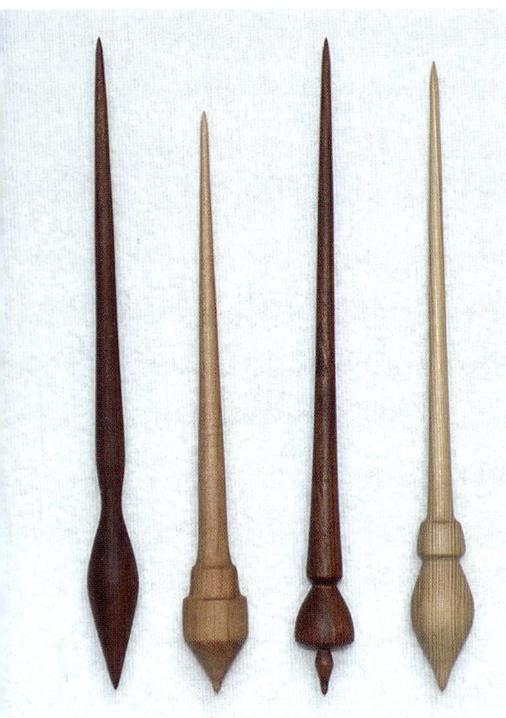

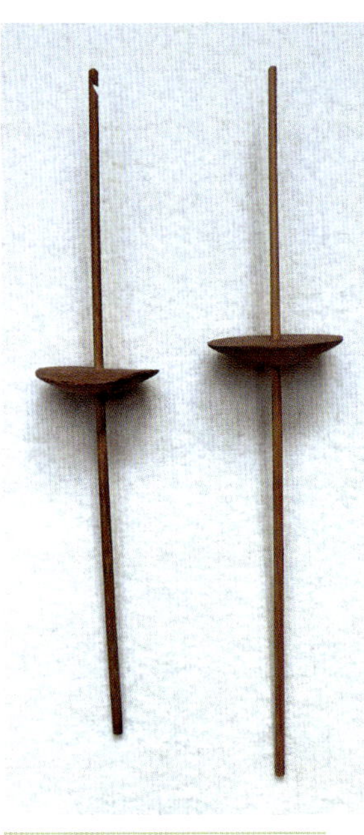

Akhaspindeln aus Thailand mit zentral gelegenem Wirtel (beide 13 g / 26 und 27 cm).

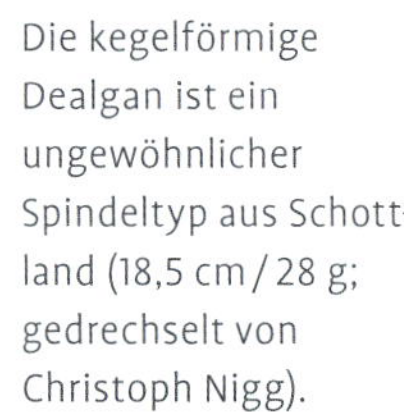

Die kegelförmige Dealgan ist ein ungewöhnlicher Spindeltyp aus Schottland (18,5 cm / 28 g; gedrechselt von Christoph Nigg).

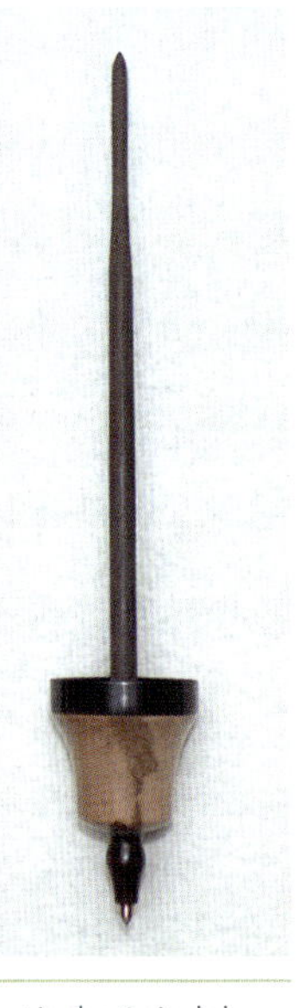

Tibetische Spindelform mit Metallspitze (28,5 cm / 37 g; gedrechselt von Ian Tate)

Die baskische Txoatile ist ein Spindeltyp mit sanduhrförmigem Querholz (Stab 13 cm, Querholz 11 cm und 4,5 cm Durchmesser, Gesamtgewicht 57 g; gedrechselt von Christoph Nigg).

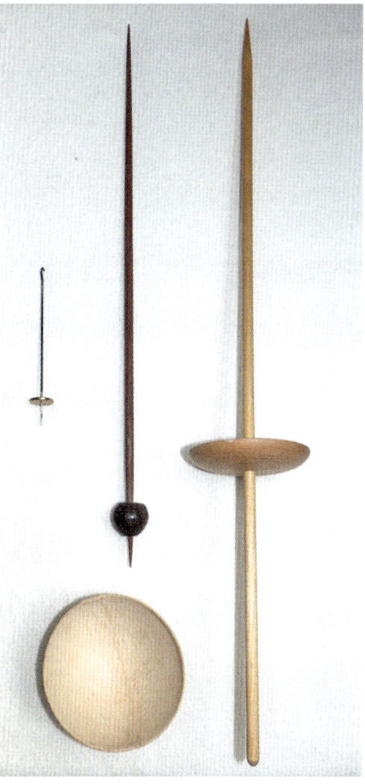

Zum Größenvergleich drei Standspindelvarianten gemeinsam auf einem Bild: eine zarte indische Takli aus Metall (18 cm / 17 g), eine mexikanische Malacate mit Keramikwirtel und Schale aus einer Kürbisfrucht (61 cm / 77 g) und der Gigant unter den Spindeln, eine hölzerne Navajo-Spindel (78 cm / 152 g; Firma Schacht).

Zweiteiliger Maya-Spinner, den man in der Hand drehen lässt (vom Vater der Autorin gefertigt).

Txoatile oder Txabilla

Hier handelt es sich um eine besondere Spindelform aus dem Baskenland mit einem sehr kurzen Spindelstab mit Haken und einem länglichen, nach außen hin dicker werdenden Holzwirtel. Ähnlich geformte Spindeln sind auch aus anderen Teilen der Welt, zum Beispiel China und der Mongolei bekannt. Hier wird ein hölzerner oder metallener Haken mittig in einen kurzen Knochen mit dicken Gelenkenden oder in ähnlich geformte Holzstücke gesteckt (Montell 1941, 112–115).

Navajo-Spindel

Diese etwa 70 bis 80 cm lange Standspindel ist der größte historisch belegte Spindeltyp. Die Navajospindel wurde und wird im Sitzen benutzt, wobei der Stab auf dem Boden steht und man ihn seitlich am Oberschenkel entlangrollt. In Amerika wird sie zum Spinnen dicker, unverzwirnter Garne für gewebte Decken oder Teppiche genutzt. Mit der gleichen Technik und zum Teil ähnlich langen Spindeln wurde auch im Sudan und in Ägypten gesponnen (Crowfoot 1931, Tafel 14 f.). Auch in Mexiko waren ähnlich lange Spindeln (Malacate) im Gebrauch, die auf dem Boden, in Keramik- oder Kürbisschalen gedreht wurden, allerdings mit der Hand, nicht am Oberschenkel entlang.

Takli

Diese kleine indische Standspindel mit Haken an der Spitze bestand früher meist aus Holz oder Bambus, später dann oft aus Metall. Neben dem Charkha-Spinnrad war auch sie tragendes Element von Gandhis politischem Widerstand. Sie wird traditionell zum Baumwollspinnen verwendet, eignet sich aber auch für andere feine und kurze Fasern.

Maya Spinner

Eine ungewöhnliche Spindelvariante ist das als Maya Spinner bekannte Spinngerät. Es besteht aus einem am Ende durchbohrten Brettchen sowie einem Stab, der dort hindurchpasst, aber am oberen Ende einen Riegel hat. Das gelochte Brettchen wird wie bei einer Ratsche gedreht, indem man mit dem Stab kreisende Bewegungen ausführt. Auf dem Brettchen ist der Faden aufgewickelt, sodass durch die Drehung der Drall auf das in der anderen Hand gehaltene Fasermaterial übertragen wird. Diese Spinntechnik ist leicht zu erlernen und wird oft zu zweit ausgeführt: Eine Person hält die Fasern und zieht sie aus, eine andere dreht und geht dabei rückwärts. Dieses Gerät war nicht nur bei den Maya in Gebrauch. Es war – zumeist eher in der Seilerei – auch in vielen anderen Teilen der

Welt bekannt, beispielsweise im alten Ägypten, in Spanien, Russland oder Nord-Amerika. Auch mit kleinen Varianten der noch im letzten Jahrhundert zum Aufwickeln von Wäscheleinen weit verbreiteten Wäschespindeln kann man mit der Technik des Maya Spinners spinnen (historische Fotos z. B. in Zajonc 2012, 117, 121 f.). Sie wurde eher für grobe Garne bzw. Seile benutzt, aber der Übergang zwischen Spinnerei und Seilerei ist mit Blick auf die Endprodukte ohnehin fließend.

Traditionelle Spindeln für jeden Zweck

Oft ist die Verwendung spezieller Spindeltypen traditionell überliefert. Crowfoot (1931, 13 f. und 31) berichtet von tunesischen Weberinnen, die zum Spinnen ihrer Schussgarne Fußspindeln, zum Spinnen ihrer Kettgarne aber Kopfspindeln benutzen. Von Frauen aus Jordanien berichtet sie, dass dort für das Verspinnen kurzer Ziegenhaare eine Spindel oder ein Spinnstock in der Hand gedreht wurde, für die eher langfaserige Schafwolle dagegen wurde mit abgesetzter oder frei schwingender Spindel gesponnen (Barber 1992, 43).

Moderne Spindeln

Für Sammler und historisch interessierte Spinnerinnen mag es interessant sein, sich im Internet nach alten Originalspindeln umzuschauen. Diese sind aber aufgrund ihres Alters oft verzogen, wurmstichig oder schadhaft. Wenn man tatsächlich praktisch spinnen will, ist man mit einem modernen Nachbau auf der sicheren Seite. Daher gibt es zum Abschluss dieses Kapitels eine kleine Spindelauswahl aus dem 21. Jahrhundert. Große Firmen bieten meist wenige Modelle an, die in großen Stückzahlen hergestellt werden. Die kleineren Spindelbauer fertigen dagegen meist Einzelstücke aus ausgewählten Hölzern oder auch Repliken nach historischen Vorbildern an. Im Anhang des Buchs findet sich eine Liste mit Bezugsquellen.

Moderne handgedrechselte Spindeln nach klassischen Vorbildern (von links nach rechts): Kopfspindel (27,5 cm / 22 g; Peter Locke), tibetische „Drachenspindel“ (21,5 cm / 26 g; Christoph Nigg), Akha-Spindel (25 cm / 18 g; Michael Matthes), russische Spindel (29 cm / 42 g; Ian Tate), Kopfspindel „Müllerin“ (24 cm / 24 g; Horst Hummel).

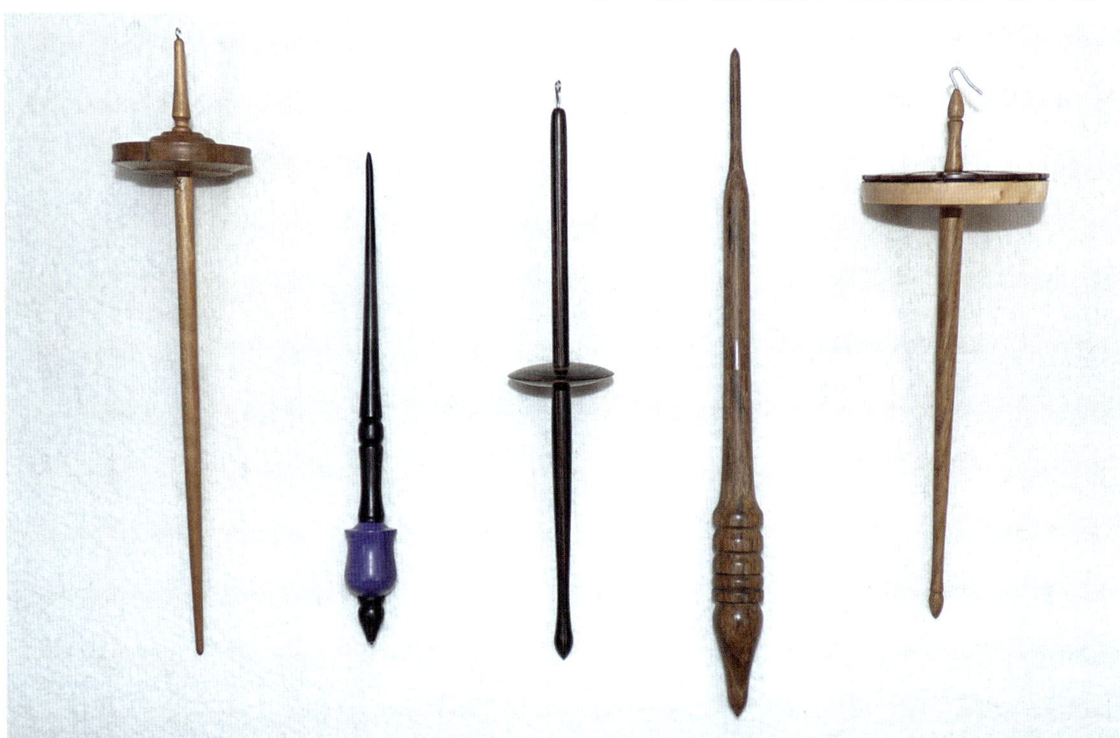

Vorsicht bei antiken Spindeln!

Historische Spindeln kann man im Internet über Etsy, Ebay und ähnliche Plattformen erstehen. Achtung bei „echten“ Spinnwirteln aus dem Mittelalter, der Römerzeit oder auch afrikanischer oder südamerikanischer Herkunft. Diese sind manchmal nicht echt, oder sie stammen aus Raubgrabungen, und man kann sich strafbar machen oder zumindest strafbare Handlungen unterstützen, wenn man sie erwirbt. Wer illegal an archäologischen Fundstätten gräbt, zerstört nicht nur unser kulturelles Erbe, sondern auch die Archive der Erdschichten, aus denen Archäologen Erkenntnisse über unsere Vergangenheit herauslesen können.

EINE SPINDEL SELBST BAUEN

Die Konstruktion einer Spindel ist denkbar einfach: Man kombiniert einen Stab als Achse mit einem Gewicht als Schwungmasse. Auch mit geringem handwerklichem Talent kann sich jeder eine einfache Spindel selbst bauen. Wer jedoch erst einmal vom Zauber dieser Handarbeit ergriffen ist, wird sich anschließend nur schwerlich der wunderschönen Maserung, der warmen Oberfläche und dem ruhigen Dahingleiten perfekt gedrechselter Spindeln entziehen können. Die Neugier verlockt dazu, auch verschiedene Formen und Materialien, historische und moderne Modelle auszuprobieren. Früher oder später liegt für jede Faser und jeden Garntyp eine Lieblingsspindel im Körbchen. So viel zur Warnung – es besteht Suchtpotenzial!

Das Foto soll als Inspiration dienen, welche Möglichkeiten es gibt, eine Spindel zu konstruieren. Statt der Holzscheibe aus dem Bastelzubehör reicht zu Beginn auch eine aufgespießte Kartoffel oder Ähnliches. Solch eine Obst- und Gemüse-Spindel kreiselt meist nicht sehr gleichmäßig, aber sie ist trotzdem voll funktionsfähig. Je mehr man darauf achtet, einen wirklich geraden Stock auszuwählen und an diesem ein möglichst symmetrisches Schwunggewicht zentral zu befestigen, desto ruhiger dreht sich die Spindel.

Für den Spindelstab eignen sich gerade gewachsene Naturhölzer, Rundstäbe aus dem Baumarkt oder Bastelladen, chinesische Essstäbchen oder Holzstricknadeln. Die Länge sollte zwischen 20 und 30 Zentimetern liegen. Das obere Ende kann man mit einem kleinen Haken aus dem Baumarkt versehen oder eine Kerbe hineinschnitzen. Über die Ästhetik einer Spindel mit Haken kann man streiten, aber die Befestigung des Garns ist mit Haken deutlich einfacher. Es ist nur wichtig, dass er genau mittig angebracht wird und dass auch der höchste Punkt der Krümmung zentral liegt. Will man die Spindel auch als Standspindel nutzen, sollte man das untere Ende anspitzen.

Als Spinnwirtel eignen sich alle symmetrischen Dinge, die man auf den Stab stecken kann: dicke Holzperlen, kleine Holzräder (5–7 cm Durchmesser) aus dem Bastelbedarf, selbst getöpferte Wirtel, CDs, Radiergummis, Obst und Gemüse. Der Fantasie sind hier keine Grenzen gesetzt. Falls der Wirtel nicht fest sitzt, kann man ihn mit kleinen Gummibändern sichern oder ein Büschel Wolle mit in das Loch stecken. Festkleben sollte man ihn nicht, denn so kann man seine Position verändern oder ihn nach dem Spinnen abnehmen, um die Spindel besser abwickeln zu können.

Einfache selbst gebaute Spindeln

Es ist hilfreich, wenn das Gesamtgewicht der Spindel zum Einstieg etwa zwischen 25 und 45 Gramm liegt. Leichtere Spindeln verwendet man zum Spinnen feinerer Garne, schwerere für dickes Garn oder zum Zwirnen. Das Spindelgewicht ist jedoch weniger wichtig als die Spinntechnik und die gute Vorbereitung der Spinnfasern.
Für eine Kreuzspindel aus Ästen braucht man vier kurze, gleich dicke Zweigstücke von etwa 15 cm Länge, ein etwas dickeres Aststück von etwa 25 cm Länge und stabiles Garn. Allerdings ist es bei dieser Konstruktion durch Unebenheiten der Äste und die in der Mitte auseinandergebogenen Kreuzarme nicht ganz einfach, die Spindelbestandteile nach dem Spinnen aus dem Knäuel herauszuziehen.

ANLEITUNG ZUM SPINNEN MIT DER HANDSPINDEL

Die bisherigen Vorübungen zur Fadenherstellung mit der bloßen Hand sowie mit einfachen Hilfsmitteln sind eine solide Ausgangsbasis für das Spinnen mit einer Spindel. Alle grundlegenden Bewegungen sind im Prinzip bekannt und werden in diesem Kapitel zu einem durchgängigen Bewegungsablauf verbunden.
Die Frage, ob für Anfänger eine Kopf- oder Fußspindel geeigneter ist, lässt sich nicht beantworten. Lernen kann man das Spinnen mit beiden gut. Wer auf Mittelaltermärkten oder Museumsfesten seine Spinnkünste zeigen möchte, sollte zu der in Mitteleuropa traditionellen Fußspindel greifen. Wer gerne schnell spinnen möchte, ist mit einer Kopfspindel besser beraten, außerdem ist ihre Handhabung etwas unkomplizierter. Das Ausziehen der Fasern ist beim kurzen Auszug für beide Spindeltypen identisch. Nur das Andrehen, Aufwickeln und Befestigen des Garns an der Spindel unterscheiden sich.
Egal, ob Kopf- oder Fußspindel, ob selbst gebaut oder gekauft – die Spindel sollte für den Einstieg weder zu fein und leicht noch zu klobig und schwer sein. Ein Gewicht zwischen 25 und 50 Gramm ist ein guter Ausgangswert. Idealerweise verwendet man zum Üben eine Handvoll kardierte (nicht gekämmte) Wolle mit mittlerer Faserlänge von acht bis zwölf Zentimetern. Fertig kardierte Wolle ist als Vlies oder Kardenband erhältlich. Beliebte Anfänger-Wollsorten im Handel sind Bluefaced Leicester, Coburger Fuchs oder Milchschaf (vgl. Abschnitt „Auswahl der Wolle“, Seite 464).

Wir alle spinnen auf unsere eigene Weise

Noch eine wichtige Vorbemerkung: Es gib nicht DIE eine richtige und anerkannte Methode zu spinnen. Wenn am Ende der Faden herauskommt, den Sie spinnen wollten, haben Sie alles richtig gemacht. Mit Optimierungen kann man sich auch nachträglich noch befassen. Bitte verstehen Sie diese Anleitungen also als Grundlage zur Entwicklung Ihres eigenen Spinnstils. Letztendlich spinnen wir doch sowieso alle auf unsere ganz eigene Weise, nicht wahr?

Manche Spinnerinnen bevorzugen es, im Stehen zu arbeiten, andere im Sitzen. Im Stand kann man einen längeren Faden spinnen, bevor man zum Aufwickeln unterbrechen muss, aber für Anfänger ist wahrscheinlich die sitzende Variante entspannter. In jedem Fall braucht man genug Platz, um die Arme ausstrecken zu können.
Es gibt unzählige Möglichkeiten, den Wollvorrat festzuhalten. Manche verwenden einen Rocken, klemmen sich die Wolle unter den Arm, wickeln sich Kammzug oder Kardenband um Handgelenk oder Arm, legen ein komplettes Vlies in ihren Schoß oder klemmen im Schneidersitz die Fasern zwischen den Füßen fest. Für den Anfang empfiehlt es sich, nur eine kleine Faserportion aus dem Vorrat zu zupfen und sie einfach in der Hand zu halten.

DIE VORBEREITUNG DER SPINDEL

Bevor es mit dem Spinnen losgeht, muss man den Faservorrat mit der Spindel verbinden. Bei Spindeltypen mit Haken zieht man dazu einfach mit diesem Haken eine kleine Portion Fasern aus der Wollhand hervor, ohne sie dabei ganz von der losen Wolle abzureißen. Dann dreht man die Spindel vorsichtig in der Hand und verdreht dabei die herausgezogenen Fasern zu einem ersten Stück Faden, an dem man die Spindel schon frei schwingen lassen kann.

Den richtigen Dreh raushaben

Wenn Sie noch sehr unsicher sind, können Sie das Drehen der Spindel erst einmal üben, ohne dabei zu spinnen. Knoten Sie dazu zwei oder drei Meter fertiges Garn an der Spindel fest, beispielsweise ein stabiles Baumwollhäkelgarn. Folgen Sie dann der Anleitung und behandeln sie dieses Garn, als wäre es ihr gesponnener Faden. Üben Sie so das Aufwickeln und wie man das Garn danach richtig an der Spindel befestigt, wie man die Spindel andreht und wie man sie in der Luft kreisen lässt.

Hat man eine Spindel ohne Haken, ist der Anfang etwas komplizierter. Man muss ein längeres Stück Faden von Hand drillen oder einen reißfesten Vor- oder Anspinnfaden an der Spindel befestigen. Dieser sollte mindestens doppelt so lang sein wie die Spindel. Die einfachste Variante ist ein am Spindelstab festgeknoteter Faden, in den man am anderen Ende eine Schlinge knotet. Eleganter ist ein zum Kreis geknoteter Faden, den man doppelt um den Stab legt, und durch sich selbst verschlingt. Dieser lässt sich nach dem Spinnen leicht wieder von der Spindel entfernen.

Dieser Anspinnfaden (Leitfaden) oder das von Hand gesponnene Stück muss nun so um die Spindel gewickelt werden, dass er sich nicht abrollen kann, wenn die Spindel am Faden hochgehoben wird. Nicht nur zu Beginn, sondern auch nach jedem Aufwickeln muss der Faden mit dieser Wickeltechnik wieder sicher an der Spindel fixiert werden. Die Fadenführung unterscheidet sich je nach Spindeltyp:

Bei Kopfspindeln ist der Verlauf relativ einfach. Das erste gesponnene Fadenstück wird unter dem Wirtel auf den Stab gewickelt. Dann führt man es um den Wirtel herum und hängt es wieder in den Haken an der Spindelspitze ein. Bei modernen, oberflächenbehandelten Spindeln ist der Rand des Wirtels oft sehr glatt, sodass der Faden um den Wirtel herumrutscht und sich das Garn wieder vom Stab abwickelt. Solche Kopfspindeln brauchen eine oder mehrere Kerben im Wirtelrand, wo das Garn einrasten kann. Sie lassen sich zur Not mit einer Nagelfeile nachträglich anbringen.

Bei Fußspindeln hat der Anspinnfaden einen längeren Befestigungsweg. Er startet von der Umwicklung oberhalb des Spinnwirtels und wird von dort aus unter dem Wirtel einmal um den Spindelstab gewunden. Dann wird er wieder um den Wirtelrand zurück zum Spindelstab geführt, wobei er sich einmal selbst überkreuzen sollte.

Mit dem Haken der Spindel wird ein kleines Faserbüschel herausgezogen und vorsichtig in einer Richtung verdreht.

Befestigungsvarianten für den Anspinnfaden: links geknoteter Faden mit Schlaufe an der Spitze, rechts große, um den Stab geschlungene Schlaufe.

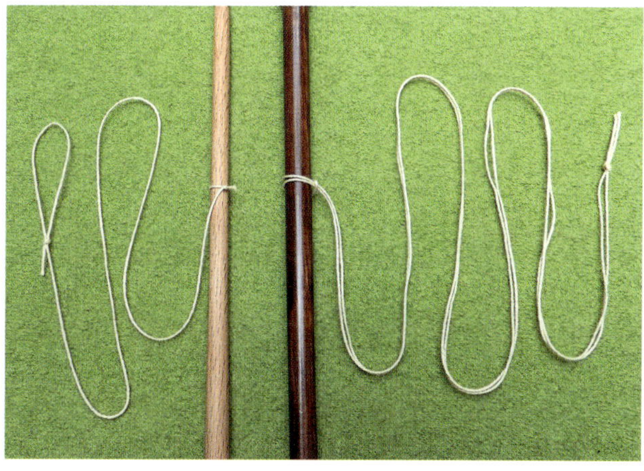

Bei sehr glatten Wirteln empfiehlt sich auch hier das Anbringen einer Kerbe. Nun wickelt man den Faden ein oder zweimal in Spinnrichtung um den Spindelstab. Besitzt die Fußspindel einen Haken oder eine tiefe Hohlkerbe, kann man den Faden einfach hindurchlegen. Endet der Spindelstab mit einer Spitze oder Verdickung, muss der Faden dort mit einer Schlinge befestigt werden, die auch „halber Schlag" genannt wird. Der halbe Schlag ist ein Fachbegriff aus der Knotenkunde und bezeichnet eine verdrehte Schlinge. Es erfordert ein wenig Übung, die Schlinge an der richtigen Stelle in den Faden zu legen, um sie dann kopfüber auf der Stabspitze zuzuziehen. Die Spindel sollte sich nun am Faden hochheben lassen, ohne dass er sich von der Spindel abwickelt.

Halber Schlag, leicht gemacht

Eine schnelle Technik für den halben Schlag ist diese: Wickeln Sie das Garn einmal um Ihren Daumen oder Zeigefinger. Setzen Sie die Fingerspitze kopfüber auf die Spindelspitze und lassen die Schlinge auf den Stab rutschen. Beim Wechsel vom Finger auf den Stab wird die Schlinge automatisch gekippt, sodass sie hält!

Verlauf des Anspinnfadens bei einer Fußspindel. Am oberen Ende der Fußspindel die Befestigung mit einem „halben Schlag".

Nun muss der Anspinnfaden mit der losen Wolle verbunden werden. Dazu zieht man ein kleines Faserbüschel aus der losen Wolle, führt es durch die Schlaufe am Ende des Anspinnfadens und klappt es wieder zurück auf den Faservorrat.
Die Stelle, wo die Verbindung von Anspinnfaden und loser Wolle entstehen soll, sichert man mit dem Daumen der Wollhand. Dann kann die Spindel am Faden hochgehoben werden.
Jetzt wird die Spindel in der Richtung angedreht, in der man auch den Anspinnfaden von Hand gedreht hat bzw. in der das gekaufte Garn gezwirnt ist. Bei einem schlingenförmigen Anspinnfaden ist jede Drehrichtung möglich. Nachdem die Spindel ein wenig gekreiselt hat, legt man sie auf dem Schoß ab oder klemmt sie zwischen die Knie. Jetzt lässt man den Drall vorsichtig in den Übergangsbereich zur losen Wolle laufen und zieht dabei sanft etwas Wolle aus. Die Fasern des aufgefächerten Fadenendes verhaken sich dabei automatisch mit Fasern aus der losen Wolle. Sobald genügend Drall in den Übergangsbereich geleitet wurde, ist die Verbindung fest, und man kann mit dem Spinnen beginnen.

DER SPINNPROZESS – DIE ANFÄNGERVARIANTE

Beim Spinnen mit der Handspindel gibt es zwei Haupttätigkeiten: das Drehen der Spindel und das Ausziehen der Wolle. Um beides in Ruhe üben und lernen zu können, sollte man zu Beginn diese Phasen getrennt durchführen und die Spindel während der Fadenbildung ruhen lassen.
Sobald die Spindel mit dem Wollvorrat fest verbunden ist, wird sie mit der Wollhand am Faden hochgehoben, sodass sie frei in der Luft hängt.

Die Verbindung zwischen loser Wolle und Anspinnfaden.

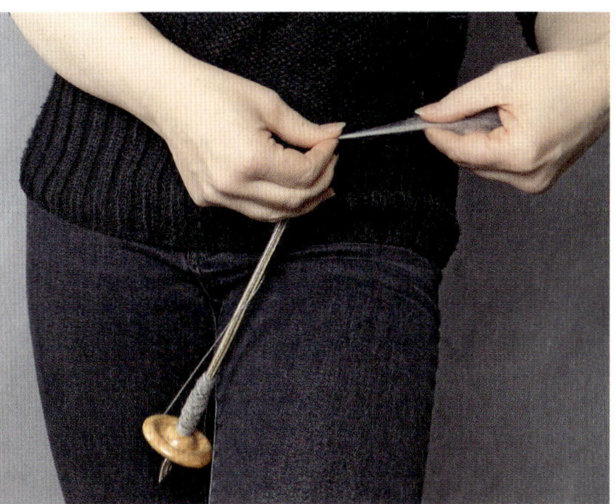

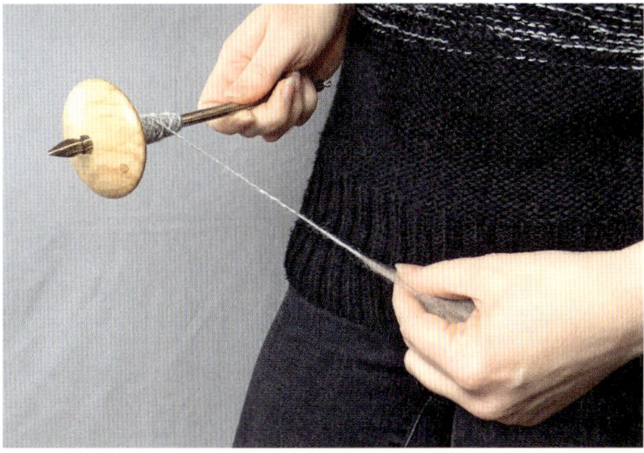

Die drei Arbeitsschritte beim unterbrochenen Spinnen: Das Andrehen der Spindel, das Ausziehen der Faserdreiecke, während die Spindel gestoppt ist, und das Aufwickeln des Fadens.

Je länger der Faden zwischen Wollhand und Spindel ist, desto mehr Drall kann er aufnehmen, und desto häufiger kann man die Spindel drehen. Zum Spinnen wird nun also die am Faden hängende Spindel wie ein Spielkreisel angedreht. Hat sich ausreichend Drall gesammelt (der Faden wird dabei immer fester, und es bilden sich kleine Zwirnwürmchen, wenn man ihn lockerlässt), wird die Spindel auf den Schoß gelegt oder zwischen den Beinen festgeklemmt. Jetzt beginnt wieder der schon in den Vorübungen beschriebene Prozess des Ausziehens eines Faserdreiecks zwischen den beiden Händen, in das man den Drall hineinlaufen lässt: Der Fadenanfang wird von der Wollhand an Daumen und Zeigefinger der Arbeitshand übergeben. Diese ziehen neue Wolle aus dem Vorrat, wobei sich die Hände voneinander entfernen. Zwischen Fadenanfang und loser Wolle bildet sich das Faserdreieck. Mit der Wollhand klemmt man das obere Ende des fertigen Faserdreiecks ab und löst dann an der Spitze des Faserdreiecks den Druck zwischen Daumen und Zeigefinger. Während der Drall vom Faden in die ausgezogene Wolle übergeht, gleiten die Finger (oder nur der Zeigefinger) der Arbeitshand am Faserdreieck entlang auf die Wollhand zu.

Je nachdem, wie viel Drall auf dem Garn war, kann man einige Male hintereinander ein Faserdreieck ausziehen, bevor man die Spindel erneut andrehen muss. Während man den Drall in das Faserdreieck laufen lässt, muss man den Faden zwischen Spindel und Wollhand stramm halten.

!

Immer in eine Richtung spinnen!

Man darf beim Spinnen niemals zwischendurch die Spinnrichtung wechseln. Der Faden würde dabei aufgedreht und sofort reißen. Lässt man die Spindel frei hängen, beginnt sie sich von selbst zu drehen, weil der Faden sich wieder aufdrehen will. Das ist natürlich nicht gewollt, aber so kann man herausfinden, welches die vorher verwendete Spinnrichtung war.

Nach einer Weile ist das gesponnene Garn so lang, dass man die Spindel zum Andrehen nicht mehr erreichen kann oder sie sogar den Boden berührt. Dann ist es an der Zeit, das Garn auf der Spindel aufzuwickeln. Dazu muss zuerst der Faden aus dem Haken oder von der Stabspitze gelöst und dann die Wicklung um den Wirtel herum abgewickelt werden. Bei Kopf und Fußspindeln baut man die Umwicklung üblicherweise dicht am Wirtel kegel- oder mandelförmig auf. Die Mandelform hat den Vorteil, dass man ab einer gewissen Dicke der Umwicklung darauf verzichten kann, den Faden zum Fixieren unter dem Wirtel entlangzuführen. Er rutscht nämlich auch dann nicht ab, wenn man die letzte Runde am unteren Ende der Umwicklung macht und von dort aus den Faden zur Spindelspitze führt. Hat die Spindel einen abnehmbaren Wirtel, darf die Umwicklung keinen Druck auf den Wirtel ausüben, sonst könnte er sich lösen. Bei modernen Spindeln ist der Wirtel oft fest mit dem Spindelstab verleimt. Früher war das unüblich, da man die Wirtel wechseln oder abnehmen wollte, je nachdem, was gerade gesponnen oder gezwirnt werden sollte. Bei wirtellosen Spindeln ist die mandelförmige Wicklung üblich. Die meisten Spinnerinnen legen die Umwicklungen parallel nebeneinander. Schneller lässt sich das Garn wickeln, wenn man schräg auf und ab wickelt – es sieht nur etwas „unordentlicher“ aus.

Trick: Zwischenwickeln!

Haben Sie ein langes Stück Faden gesponnen und wollen es aufwickeln, stören dabei oft die kleinen Zwirnwürmchen, die sich bilden, wenn das Garn nicht mehr unter Spannung ist. Um das zu vermeiden, kann man das fertige Fadenstück zuerst auf die Wollhand und dann von dort aus auf die Spindel wickeln. Halten Sie dazu den Faservorrat zwischen den mittleren drei Fingern und der Handfläche fest. Daumen und kleiner Finger werden abgespreizt. Mit kippenden Wackelbewegungen wickeln Sie nun den Faden in Form einer Acht um diese beiden Finger herum. Von dort aus lässt er sich dann leicht auf die Spindel wickeln.

Die spezielle Wickeltechnik um die Flügelarme einer Kreuzspindel herum, mit der man ein fertiges Knäuel von der Spindel abnehmen kann, ist auf Seite 423 im Kasten erklärt. Bei Spindeln mit geradem Schaft kann man vor dem Spinnen ein Blatt Papier um den Stab wickeln und dieses nach dem Spinnen mitsamt der Umwicklung abziehen. Diese nicht sehr stabilen Knäuel lassen sich auf Stricknadeln lagern und von dort aus verzwirnen oder weiterverarbeiten. Es gibt auch Spindeln, auf denen

Aufwickeln des fertigen Garns auf eine Spindel (von links nach rechts): Kopfspindeln mit paralleler und schräg überkreuzter Umwicklung, Fußspindel mit kegelförmiger Umwicklung, Fußspindel und wirtellose Spindel mit mandelförmiger Umwicklung, Kreuzspindel mit abziehbarem Knäuel.

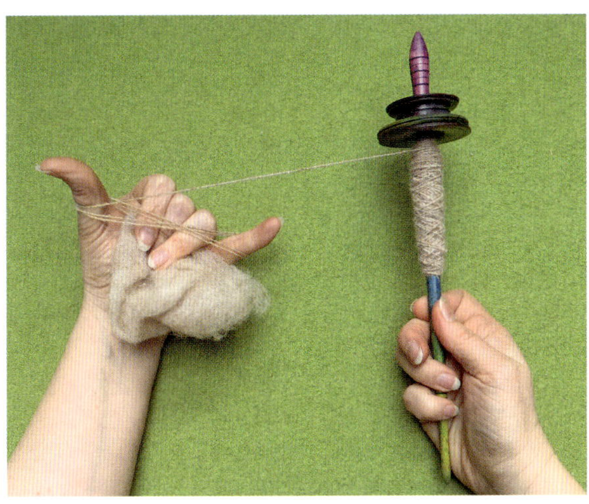

Das Aufwickeln des Garns auf der Spindel mit vorherigem Zwischenwickeln auf der Wollhand.

Ununterbrochenes Spinnen mit frei drehender Spindel, während gleichzeitig ein Faserdreieck ausgezogen wird.

kleine, abnehmbare Spulen stecken, auf die man das Garn schon während des Spinnens aufwickelt. Nach dem Aufwickeln befestigt man das letzte Stück des fertigen Garns wieder analog zum Verlauf des Anspinnfadens an der Spindel und kann weiterspinnen.

DIE FORTGESCHRITTENE VARIANTE

Während man beim Üben mit der Stop-and-go-Technik die Spindel zum Ausziehen der Faserdreiecke absetzt, machen geübte Spinnerinnen beides gleichzeitig. Die Zeit, während die Spindel sich in der Luft dreht, wird genutzt, um Faserdreiecke auszuziehen und den Drall hineinlaufen zu lassen. Zwischendurch muss die Spindel ständig neu angedreht werden.

Wenn man sich mit der Anfängervariante sicher fühlt, ist es an der Zeit das parallele Arbeiten einfach auszuprobieren. Dabei darf man die Spindel aber nicht aus den Augen lassen: Sobald sie keinen Schwung mehr hat, stoppt sie nicht nur, sondern beginnt sich in die Gegenrichtung zu drehen. Damit würde der Faden wieder an Drall verlieren und irgendwann reißen. Man bekommt schnell ein Gespür dafür, wie kräftig man die Spindel andrehen muss und wie viel Zeit man für das Ausziehen der Wolle hat, bis die Spindel neuen Schwung braucht. Die hier beschriebene Art zu spinnen, bei der man mit beiden Händen ein Faserdreieck auszieht, nennt man auch den kurzen Auszug. Dabei wird der Drall aus dem Faserdreieck herausgehalten, während man die Fasern auseinanderzieht. Spinnt man dagegen mit dem langen Auszug, läuft der Drall stetig in das Faserdreieck hinein, während ebenso stetig die Fasern ausgezogen werden.

KLASSISCHE SPINN-PROBLEME LÖSEN

Spinnen zu lernen ist kein Hexenwerk; die grundlegende Technik kann sich jeder innerhalb eines Tages aneignen. Es gibt jedoch einige klassische Probleme, über die Anfänger immer wieder stolpern.

Der Faden reißt: Es gibt verschiedene Gründe, warum der Faden nicht mehr in der Lage ist, das Gewicht der Spindel zu halten. Vielleicht ist die Stelle schlicht zu dünn und damit zu schwach. Vielleicht sind auch die Fasern noch nicht gut genug verdreht und können daher auseinandergleiten. Da sich bei einem unregelmäßigen Garn der Drall kaum in dicken Stellen ausbreitet, sondern sich vor allem in den dünneren Stellen konzentriert, kann der Faden hier auch so stark überdreht werden, dass er regelrecht bricht.

Reißt beim Ausziehen des Faserdreiecks der Faden, ist die Spinntechnik das Problem: im Wechsel zwischen beiden Händen muss die Wolle jeweils an der richtigen Stelle mit Daumen und Zeigefinger fest oder locker gehalten werden.

Die Verbindung zwischen dem abgerissenen, aufgefächerten Fadenende und der losen Wolle (zur besseren Erkennbarkeit wurden unterschiedliche Wollfarben verwendet).

Das Wiederanspinnen ist jedoch leicht zu lernen: Einfach die letzten zwei Zentimeter des abgerissenen Fadenendes auffächern und diesen Fächer in die lose Wolle hineinlegen. Wer mag, kann den Fächer auch zwischen zwei auseinandergezogene Lagen der Wolle legen. Dann kann man einfach vorsichtig weiterspinnen. Der Fächer zieht automatisch neue Fasern mit sich und verbindet sich so wieder mit dem Wollvorrat. Manche Spinnerinnen legen den Faden ohne Auffächern des Endes in die lose Wolle oder fügen seitlich neue lose Fasern an, um das alte Fadenende quasi zu umspinnen. Das funktioniert auch, ergibt aber einen weniger stabilen Übergang.

Die Fasern lassen sich schwer ausziehen: Ein klassischer Anfängerfehler ist es, die losen Fasern in der Wollhand viel zu fest zusammenzupressen. Das geschieht meist aus Angst, der Faden könnte abreißen. Doch wenn man beim Ausziehen des Faserdreiecks den Übergangspunkt zwischen Faden und loser Wolle mit der Arbeitshand gut festhält, kann während des Ausziehens nichts reißen, und man kann den Wollvorrat in der anderen Hand ganz locker halten. Am besten stellt man sich vor, die lose Wolle wäre ein kleines, zartes Küken. Es soll einem nicht entwischen, aber man will es auch nicht zerquetschen! Lässt sich auch locker gehaltene Wolle nicht ausziehen, ist sie verfilzt und man sollte die Faser wechseln.

Dicke und dünne Stellen wechseln sich ab: Gleichmäßiges Spinnen kommt mit der Zeit ganz von selbst. Man kann aber auch regulierend eingreifen: Gerät zu viel Wolle ins Faserdreieck, entsteht an dieser Stelle eine wulstförmige Verdickung. Will man diese im Nachhinein auflösen, legt man die Spindel ab und greift mit beiden Händen den Faden rechts und links des Wulstes. Entgegen der Spinnrichtung kann dieses Fadenstück dann etwas aufgedreht und auseinandergezogen werden. Der Abstand zwischen beiden Händen muss dabei mindestens so weit sein wie die durchschnittliche Faserlänge der versponnenen Wolle, damit keine einzelne Faser von beiden Händen gepackt wird. So können die Faserbündel sanft auseinandergleiten.
Zu dünne Stellen kann man nachträglich nicht reparieren. „Überspinnt" man sie mit weiteren Fasern, bleibt trotzdem eine Schwachstelle zurück. Wird der Faden zu dünn, sollte man ihn daher direkt an dieser Stelle abreißen und wie oben beschrieben neu anspinnen. Dieses neue Anspinnen sollte man sowieso im Schlaf beherrschen und daher zu Beginn so oft wie möglich üben.

SPINNEN MIT LANGEM AUSZUG

Durch das Eigengewicht besteht beim Spinnen mit einer Fallspindel immer Zug auf dem frisch gesponnenen Faden. Spinnt man sehr fein, mit sehr kurzen Fasern oder mit wenig Drall, kann dieser Zug den Faden zerreißen. Das vermeidet man, indem die Spindel nicht frei in der Luft hängend angedreht wird, sondern entweder in der Hand liegend oder auf einer Unterlage oder in einem speziellen Schüsselchen abgesetzt. Da eine Hand nun ständig die Spindel stützt, steht für das Ausziehen der Fasern nur die andere Hand zur Verfügung. Deshalb wird oft ein Rocken zur Hilfe genommen und der sogenannte lange Auszug genutzt. Dabei ist eine gute Vorbereitung der Fasern unumgänglich, denn Knötchen oder Verunreinigungen können während des Spinnens schlecht herausgezupft werden.
An dieser Stelle wird das Spinnen mit langem Auszug unter Verwendung einer Standspindel und eines fein kardierten Rolags gezeigt (zu den verschiedenen Aufbereitungsformen der losen

Wolle siehe Seite 467). Hat die Spindelspitze einen Haken, hängt man diesen einfach in ein Bündel loser Fasern ein und beginnt die Spindel zu drehen. Ist die Spindelspitze glatt, drillt man sich von Hand einen kurzen Anfangsfaden oder nutzt diese traditionelle Technik: Man feuchtet die Spindelspitze mit etwas Spucke an und klebt damit einige Fasern fest (das funktioniert am besten bei Spindeln, deren Oberfläche unbehandelt und etwas rau ist). Beim vorsichtigen Andrehen der Spindel kann man die Fasern zusätzlich mit den Fingern leicht andrücken, bis das erste Fadenstück sich um die Spitze wickelt.

Eine Standspindel dreht man üblicherweise in einem Schüsselchen. Manchmal kauft man es als Set zusammen mit der Spindel, man kann sich aber auch mit einer kleinen Porzellan-, Glas- oder Holzschüssel aus dem Haushalt helfen. Sie sollte nur einen runden Boden haben, damit die Spindel nicht „wegtanzen“ kann. Das Andrehen handhabt jede Spinnerin anders, aber im Prinzip funktioniert es wie bei einem Spielzeugkreisel. Die Arbeitshand bleibt immer an der Spindel. Oft wird ein Kreis mit Daumen und Zeigefinger gebildet, in dem die Spindel rotieren kann. Die Arbeitshand kann zudem leicht gegen den Faden drücken, um zu steuern, wie viel Drall in die Wolle weitergegeben wird.

Ist ein längerer Faden entstanden, kann man diesen mittig auf dem Spindelstab aufwickeln und das letzte Stück wieder in Richtung Spindelspitze führen. Lässt man die Spindel kreiseln, rutscht bei Modellen ohne Haken der Faden bei jeder Drehung über die Spindelspitze hinweg, wodurch der Drall weitergeleitet wird. Gibt es einen Haken, ist der Faden fixiert, aber der Drall wird ebenso übertragen. Parallel zum Drehen (oder auch nachdem die Spindel gestoppt wurde) zieht man die Hand mit dem Fasermaterial langsam von der Spindel weg. Dabei entsteht vor der Wollhand ein Faserdreieck, das stetig durch den Drall der kreiselnden Spindel verdreht wird. Die Kunst besteht darin, das Drehen und das Ausziehen in ein Gleichgewicht zu bringen, damit weder zu viel noch zu wenig Drall in das Faserdreieck eindringt. Bei zu viel Drall entstehen dicke Stellen im Garn, bei zu wenig wird es dünn oder reißt sogar.

Eine besonders große Standspindel ist die nordamerikanische Navajo-Spindel (siehe Seite 427). Ihre Spitze steht auf dem Boden, während ihr langer Schaft am Unter- oder Oberschenkel der sitzenden Spinnerin entlanggerollt wird. Die hier verwendete Variante des langen Auszugs funktioniert so: Nach jedem Aufwickeln wird sogleich ein langer, aber nur leicht verdrehter Faden ausgezogen. Dieser bekommt dann durch weiteres Drehen der Spindel zusätzlichen Drall, während die Spinnerin den Faden zum Teil ruckartig weiter streckt, um alle dickeren Stellen auszugleichen.

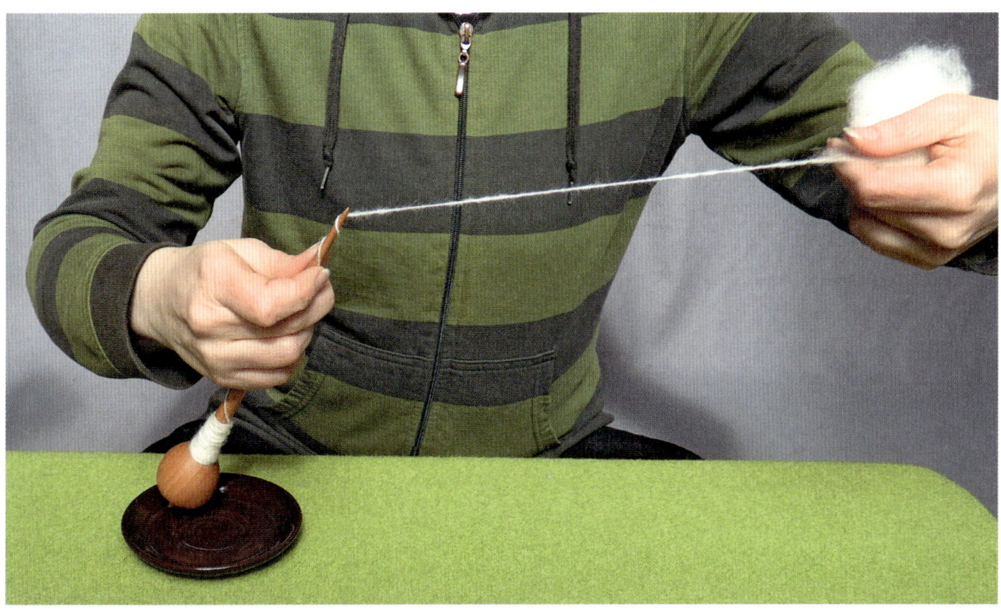

Spinnen im langen Auszug mit einer Standspindel

Trotz des ziehenden Spindelgewichts ist es auch mit einer Fallspindel möglich, mit langem Auszug zu arbeiten. Hier müssen sich jedoch wie beim kurzen Auszug beide Hände mit der Wolle befassen. Die Arbeitshand kontrolliert die Ausbreitung des Dralls und bremst den Zug der Spindel auf den Faden. Zudem gibt es einige Spinnvarianten, die irgendwo zwischen langem und kurzem Auszug liegen. In Kombination mit der gewählten Faseraufbereitung entstehen so Garne, die irgendwo zwischen Kamm- und Streichgarn liegen (siehe auch Seite 479).

Da das Spinnen mit der in der Hand gehaltenen Spindel wenig verbreitet ist, hier nur ein paar kurze Hinweise zur Handhabung: Hält man die Spindel nach unten gerichtet, ist die Verwendung eines Rockens üblich. Bei nach oben gehaltener Spindel liegt der Faservorrat im Schoß, vor der Spinnerin oder wird in der Hand gehalten. Eher langsam spinnt man, wenn die Spindel zwischen den Fingern gedreht wird, schneller ist die Variante, die Spindel zwischen den zum Kreis geschlossenen Fingern in der Hand rotieren zu lassen. Dabei dreht man die gesamte Hand, als wollte man ein Fähnchen kreisen lassen, nur dass man den Stab der Fahne dabei loslässt, sodass er in der Hand im Kreis rollt (siehe Foto auf Seite 421).

ZWIRNEN MIT DER HANDSPINDEL

Beim klassischen Zwirnen werden zwei oder mehr Garne entgegen der Spinnrichtung miteinander verdreht. Ein ausgeglichener Zwirn liegt glatt und dreht sich nicht mehr zu Würmchen zusammen, weil der Zwirndrall und der Drall der Einfachgarne sich gegenseitig neutralisieren. Ein Zwirn ist stabiler, reißfester und optisch gleichmäßiger als seine einzelnen Ausgangsgarne. Ausnahme sind Effektgarne (siehe Seite 510), die meist erst durch spezielle Zwirntechniken ihre außergewöhnliche Optik erhalten.

Weitere Details zum Zwirnen sowie die Anleitung zum Erstellen einer Zwirnprobe finden sich im Abschnitt über das Zwirnen am Spinnrad (ab Seite 482). Die folgende Anleitung zeigt die beim Spinnen mit der Spindel gängigste Variante des Verzwirnens zweier Einfachgarne.

KLASSISCHES ZWIRNEN

Man kann direkt von den Spindeln zwirnen, auf denen sich die Einfachgarne befinden. Damit diese sich gleichmäßig abrollen, gibt es fertige Spindelhalter zu kaufen, man kann jedoch auch selbst einen bauen: Ein Schuhkarton mit Schlitzen in den Wänden funktioniert genauso, wie die Spindeln einfach in Schüsseln zu legen oder in Einmachgläser zu stellen. Diese Konstruktionen sind auch hilfreich beim Abwickeln von Spindeln zum Haspeln oder Knäuelwickeln. Sind die zu verzwirnenden Garne schon zu Knäueln gewickelt, legt man auch diese in getrennte Gefäße. Damit die Garne sich nicht schon vorher verdrehen, sollte man sie gut getrennt halten, manche Spinnerinnen stellen sie hinter sich auf und lassen eines über die rechte und eines über die linke Schulter laufen.

Es geht aber auch einfacher: In vielen Teilen der Welt werden die zu verzwirnenden Garne zuerst zu einem gemeinsamen Knäuel gewickelt, von dem aus dann gezwirnt wird. Diese alte Tradition hat viele Vorteile und erleichtert das Zwirnen, denn man muss nicht zwei oder mehr aus verschiedenen Richtungen kommende Fäden koordinieren.

Hat man verschiedene Spindeln zur Auswahl, darf die Zwirnspindel schwerer sein als die Spindel, mit der man die Einfachgarne gesponnen hat.

Zu Beginn knotet man die Enden der zu verzwirnenden Garne aneinander, um den Haken der Zwirnspindel in den Knotenpunkt einzuhängen.

Mit Papierröllchen Arbeit sparen

Um sich das Abwickeln der Spindel zu ersparen, kann man ein Papierröllchen um den Spindelstab legen, es mit Klebeband fixieren und beim Spinnen das Garn darauf wickeln. Anschließend lässt sich das Papierröllchen mitsamt dem Garnkonus von der Spindel abziehen. Bei Spindeln mit Haken muss man dazu eventuell den Haken herausdrehen. Die gefüllten Röllchen kann man auf Stricknadeln lagern und von dort aus auch verzwirnen.

Zum Zwirnen eignen sich schwerere Spindeln wie diese Kopfspindel (Kromski). Die Ausgangsgarne sind in zwei Einmachgläsern gelagert, damit die Knäuel nicht umherspringen.

Bei einer Spindel ohne Haken schiebt man die Schlinge mit dem Knoten über den Spindelstab bis zum Wirtel, verdreht sie und fixiert das erste Stück Garn wie einen Anspinnfaden an der Spindel.
Lässt man die Spindel jetzt frei hängen, dreht sie sich automatisch in die Richtung, in der die Garne verzwirnt werden sollen, denn der Drall der Einzelfäden will sich entgegen der Spinnrichtung lösen. Anders als beim Spinnen dreht sich also eine Spindel, die man locker hängen lässt, beim Zwirnen in die richtige Richtung!
Nun gibt man der Spindel etwas mehr Drall. Dabei verzwirnen sich die Garne, die man zwischen unterschiedlichen Fingern der Wollhand hindurchgleiten lässt. Wie stark man zwirnt, hängt von verschiedenen Faktoren ab, die im Abschnitt über das Zwirnen am Spinnrad näher erläutert werden.
Zwirnen ist schneller als Spinnen, denn es muss keine Wolle ausgezogen werden, sondern die Garne gleiten nur durch die Wollhand, um sich dann zu verdrehen. Der Prozess des Aufwickelns auf die Spindel unterscheidet sich beim Spinnen und Zwirnen nicht.

ANDEN- UND NAVAJOZWIRNEN

Was tun, wenn man eine Spindel voll gesponnen hat, dann aber keine Wolle mehr übrig ist, um eine zweite Spindel zu füllen? Muss man aufs Zwirnen verzichten? Muss man das Garn der einen Spindel zu zwei getrennten Knäulen wickeln? Und wenn ein Wollstrang mit Farbverlauf gesponnen wurde, werden sich dann nicht unterschiedliche Farben beim Zwirnen umeinander legen und den Effekt des Farbverlaufs zerstören? Nicht unbedingt, denn es gibt Möglichkeiten, ein Garn mit sich selbst zu verzwirnen.

Andenzwirnen vom Handgelenk

Bei dieser Technik verzwirnt man ein Garn von beiden Enden her mit sich selbst. Das funktioniert im Prinzip auch mit einem passend gewickelten Knäuel (siehe Seite 488), aus dem man von innen und außen zeitgleich abwickeln kann. Der besondere Trick des Andenzwirnens besteht jedoch darin, sich das gesponnene Garn mit einer speziellen Technik zu einer Art Armband zu wickeln und von dort beide Enden miteinander zu verzwirnen (Franquemont 2015).
So funktioniert das Wickeln auf die Hand: Zuerst knotet man den Anfang des Garns am oberen Fingerglied des Daumens der Wollhand fest. Die Hand wird so gehalten, dass man die Handinnenfläche anschaut. Nun führt man den Faden hinter dem Mittelfinger entlang und folgt dann dem Wickelzyklus, wie er auf dem Foto auf der nächsten Seite zu sehen ist. Auf Höhe des Gelenks verläuft der Faden hinter der Hand entlang, und vorne wird er entweder von rechts oder von links unten kommend um den Mittelfinger geführt.
Hat man das Garn zu Ende gewickelt, zieht man den Mittelfinger aus der Schlinge heraus und schiebt die Umwicklung zum Handgelenk. Dann löst man den Knoten vom Daumen und verknotet beide Fadenenden miteinander. Im Bereich des Knotens wird nun der Spindelhaken eingehängt, bzw. ein erstes, von Hand verzwirntes Stück wie ein Anspinnfaden an der Spindel befestigt. Man hebt mit der Wollhand die Spindel am Faden hoch und sie beginnt sich von selbst in Zwirnrichtung zu drehen. Mit der Arbeitshand gibt man ihr mehr Schwung und lässt die Garne aus dem Armband nachrutschen, damit sie sich verzwirnen. Ist die

Beim Andenzwirnen locker bleiben!

Bevor es losgeht, eine Warnung: Wickeln Sie locker! Je mehr man auf die Hand wickelt, desto stärker wird die Hand eingeengt. Wenn man zu straff arbeitet, kann das zum Ende hin für den Mittelfinger schmerzhaft werden. Allerdings kann man zwischendurch jederzeit die Umwicklungen aufs Handgelenk schieben und dann auf den geleerten Finger weiterwickeln.

Spindel sehr leicht, werden die Garne nicht von selbst aus dem Strang am Handgelenk gezogen, sondern man muss mit der Arbeitshand etwas nachhelfen.

Vorsicht, der Garnstrang ums Handgelenk wurde beim Wickeln um den Mittelfinger nicht fest verschlungen, sondern die Runden sind nur übereinandergestapelt. Wenn man zu fest daran zieht, öffnet sich das Armband, und man hält einen gewöhnlichen Garnstrang in den Händen.

Diese Zwirntechnik funktioniert aber auch mit einem ineinander verschlungenen Strang: Dazu wickelt man einen kleinen Strang zwischen dem abgespreizten Daumen und dem kleinen Finger einer Hand. Er muss in der Mitte überkreuzt werden, sodass sich eine Acht bildet. Zum Schluss weitet man die Daumenschlinge so weit, dass die Hand hindurchpasst. Dieses Armband lässt sich nicht auseinanderziehen, doch auch aus ihm können beide Enden gleichzeitig abgewickelt und miteinander verzwirnt werden.

Navajo- oder Kettenzwirnen

Die zweite Technik zum Zwirnen mit nur einem Garn ist das Navajozwirnen. Es ist die optimale Technik, um den Farbverlauf eines Garns beim Zwirnen zu erhalten. Beim Navajozwirnen entsteht ein Dreifachgarn, da man den Faden zu einer langen Reihe um sich selbst verdrehter Luftmaschen verhäkelt. Sehr dünne oder nur leicht versponnene Fäden können beim Navajozwirnen reißen. Wer also schon beim Spinnen weiß, dass er mit dieser Technik zwirnen will, sollte mehr Drall auf das Garn geben, als er es normalerweise tun würde.

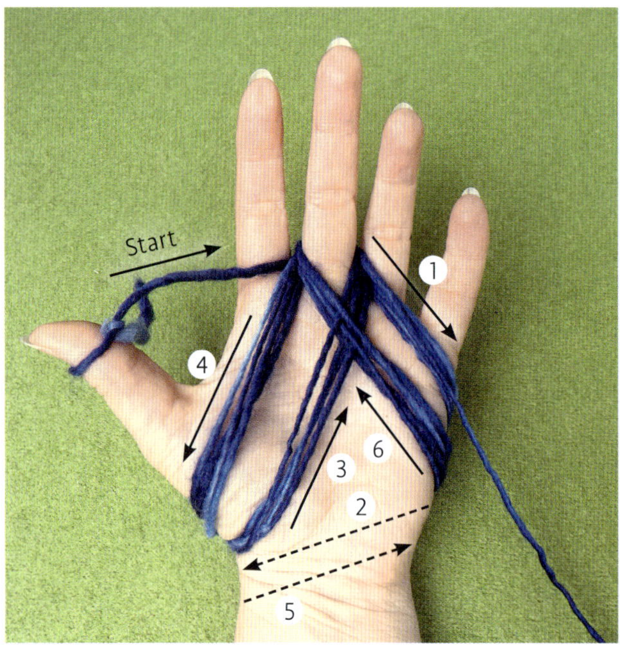

Der Fadenanfang wird am Daumen festgeknotet und hinter dem Mittelfinger entlanggeführt. Nun werden die Schritte 1 bis 6 immer wiederholt.

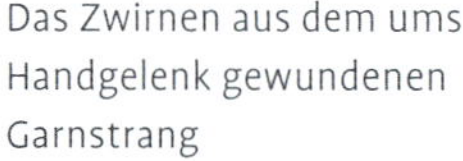
Das Zwirnen aus dem ums Handgelenk gewundenen Garnstrang

Am Spinnrad fällt das Navajozwirnen den meisten Spinnerinnen leichter, da man beide Hände frei hat. Die Technik wird im Kapitel zum Zwirnen am Spinnrad ausführlicher und mit Fotos erklärt (siehe Seite 488). Für geübte Spinnerinnen ist Navajozwirnen jedoch durchaus auch mit der Handspindel möglich. Zu empfehlen ist dafür eine Kopfspindel mit Haken.
Man beginnt den Zwirnprozess, indem man aus dem ersten Stück des gesponnenen Garns eine große Schlinge knotet und den Haken einhängt. Die Schlinge wird mit den Fingern der Wollhand aufgespreizt und der Zeigefinger der Arbeitshand greift wie ein Häkelhaken in die Schlinge und zieht das nächste Fadenstück zu einer neuen Schlinge hindurch. So entsteht eine Häkelmaschenreihe, die man durch Drehen der Spindel verzwirnt und dann aufwickelt. Immer wenn fertiger Zwirn auf die Spindel gewickelt werden muss, kann man die aktuelle Schlinge bis übers Handgelenk ziehen, damit sie sich nicht versehentlich schließt.

DER ROCKEN

Es gibt nicht viel Zubehör, das zusätzlich zu der Spindel genutzt wird. Da sind zum einen Schalen, Schüsseln oder ähnliche Gefäße zu nennen, in denen Standspindeln gedreht werden oder in denen Wasser zum Befeuchten der Finger (beim Flachsspinnen für geschmeidigeres Garn) oder Kalkpulver (beim Baumwollspinnen, damit die feinen Fasern nicht an den Fingern kleben) bereitgestellt wird. Das wichtigste Hilfsgerät beim Spinnen ist jedoch der Rocken, auch Wocken oder Kunkel genannt. An ihm wird das Spinngut befestigt, wenn man es nicht in der Hand halten will oder kann. Rocken sind im archäologischen Fundgut schwer zu identifizieren, da es sich oft um einfache Stäbe handelt. Ihre Verwendung ist durch Darstellungen jedoch schon aus vorchristlicher Zeit bekannt. Der Rocken wurde im Mittelalter zum Symbol für alles, was die weibliche Lebenswelt anging. Das Wort Kunkel als Vorsilbe bedeutete in der Rechtssprache einen Bezug zu weiblichen Erbfolgen oder Besitzverhältnissen. Der Rocken dient zur Aufnahme der Spinnfasern, damit beide Hände frei sind. Das ist hilfreich, wenn man während des Spinnens umherlaufen möchte oder nebenher noch eine Schafherde oder Kinder hütet. Beim Spinnen von Wolle braucht man nicht unbedingt einen Rocken, denn sie lässt sich auch gut direkt aus der Hand verspinnen oder als Band um das Handgelenk winden. Beim Flachsspinnen kann man jedoch kaum auf ihn verzichten, da die Fasern sehr lang sind und sich nur fein verspinnen lassen, wenn man sie aus einem geordneten Bündel herauszieht. Das Aufbinden

Der Rocken ist praktisch, wenn man unterwegs spinnt. Er erleichtert das Multitasking: Laufen, Herde hüten, Kinder beaufsichtigen und natürlich immer spinnen (britischer Holzschnitt, ca. 1851).

von Flachs- oder Hanffasern auf einen Rocken ist eine kleine Wissenschaft für sich (Baines 1977, 211 ff.; Hochberg 1980, 59–65).

Es gibt Rocken in unterschiedlichen Größen und Formen. Die größten Exemplare sind die freistehenden Standrocken. Sie haben einen Standfuß, manchmal auf mittlerer Höhe ein kleines Gefäß für Wasser und können größer sein als die Spinnerin. Sie werden beim Spinnen im Sitzen mit der Handspindel wie auch am Spinnrad benutzt.

Mittelgroße Rocken, manchmal auch Gürtelrocken genannt, sind meist etwas über armlang, brett- oder stabförmig und manchmal bemalt oder mit Schnitzmustern verziert. Sie können auf verschiedene Arten getragen oder gehalten werden, manchmal kann man sie auch am Spinnrad befestigen. Oft werden sie unter den Arm geklemmt oder in einem Gürtel oder einem speziellen Band festgesteckt. Die Sitzrocken, die in Nordeuropa und Russland verwendet werden, haben ein quer verlaufendes Brett, auf dem die Spinnerin sitzt. In dieses Brett wird seitlich der eigentliche Rocken eingesteckt.

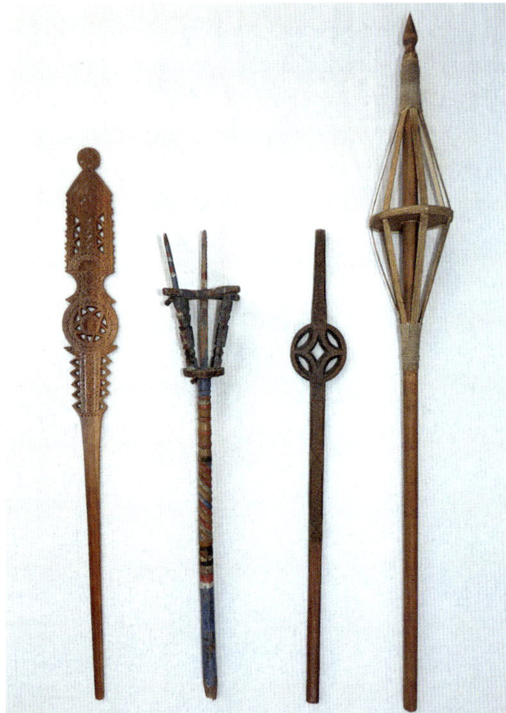

Sammlung verschiedener Gürtelrocken mit Längen zwischen 77 und 110 Zentimetern (von links nach rechts): flacher moderner Rocken aus Osteuropa (Souvenir für Touristen); bemalter Rocken aus Süddeutschland; stabförmiger, wahrscheinlich bulgarischer Rocken mit runder Schnitzerei; moderner Flachsrocken aus dem Rheinland mit Vorbildern aus Frankreich.

Kleinere Rocken, oft auch als Handkunkel bezeichnet, werden dauerhaft in der Hand gehalten, sodass diese dann nicht völlig frei zum Spinnen ist. Solche kleinen Rocken kennt man schon von Abbildungen aus dem alten Griechenland (siehe Abbildung Seite 401). Hier wurde ein von Hand gezogenes Vorgarn auf den Rocken gewickelt, um daraus ein feines, gleichmäßiges Garn zu spinnen (Claßen 2009, 35, 56 f.). Sogenannte Fingerkunkeln haben einen Ring am unteren Ende, durch den ein Finger gesteckt werden kann, um sie besser halten zu können. Sie sind seit der Römerzeit belegt.

Manche Rocken haben im oberen Bereich eine Art Gabel oder Krone mit Zacken oder auch ein Körbchen, um die Spinnfasern aufzunehmen. Dieses Körbchen kann aus am Stab befindlichen Ästen, aus Teilen des am Ende aufgespaltenen Stabes oder aus nachträglich befestigten Materialien gebildet werden. Andere Rocken sind stab- oder brettförmig und manchmal mit Schnitzereien oder Malereien verziert. Sie können Löcher oder Schlitze haben, um Bänder hindurchzuziehen, mit denen das Spinngut befestigt wird. Solche Bänder waren oft kunstvoll mit Sprüchen bestickt oder detailreich verziert. In Nordamerika befestigten verheiratete Frauen ihren Flachs mit einem grünen Band, unverheiratete mit einem roten (Leadbeater 1979, 18).

Fingerkunkel mit Ring für den kleinen Finger (23 cm) und einfacher Handrocken aus einer Astgabel (30 cm).

SPINNRADTYPEN UND DIE GRUNDTECHNIKEN DES SPINNENS

Welches Spinnrad passt zu mir? Was muss ich beachten? Wie fange ich an? In diesem Kapitel werden verschiedene Spinnradtypen vorgestellt sowie ihr Aufbau und ihre Funktionsweise erklärt. Im Praxisteil geht es um Auswahl und Pflege des eigenen Spinnrades und um das Erlernen der grundlegenden Spinntechnik.

Die primären Spinnradtypen sind das Spindelrad und das Flügelspinnrad. Beide kommen in den unterschiedlichsten Varianten und Bauformen vor. Wer die Grundtechniken des Spinnradspinnens beherrscht, wird jedoch mit jedem beliebigen Rad arbeiten können.

DAS SPINDELRAD

Der älteste bekannte und einfachste Spinnradtyp ist das sogenannte Hand- oder Spindelrad. Seine Entwicklung aus der Handspindel lässt sich gut nachvollziehen, denn es wird eine noch erkennbare Spindel waagerecht gelagert und über einen Antriebsriemen mit einem Schwungrad verbunden. Der Vorteil dieser Konstruktion gegenüber der Spindel besteht darin, dass durch das Drehen des großen Rades eine ununterbrochene, gleichmäßige und schnelle Drehbewegung der Spindel möglich ist.

Konstruktionsweise des Spindelrades

Ein klassisches Spindelrad ist sehr einfach aufgebaut. Es besteht aus einem Brett, das auf dem Boden liegend oder auf Beinen stehend die Basis bildet. Darauf ist das Schwungrad entweder zwischen zwei Pfosten oder seitlich an einem einzelnen Pfosten montiert. Daneben befindet sich eine horizontal gelagerte Spindel, deren Wirtel parallel zum Schwungrad ausgerichtet ist. Über den Wirtel oder den Spindelstab läuft ein Antriebsriemen, der ihn mit dem Schwungrad verbindet. Der Stab der Spindelachse steht an einer Seite weit hervor. Hier wird das Garn gesponnen und aufgewickelt.

Der Ursprung dieser Räder liegt im asiatischen Raum, möglicherweise in China oder Indien. Die durch Gandhi bekannt gewordenen, Charkha genannten Spindelräder haben keine Beine, sondern man arbeitet auf dem Boden sitzend. Das Schwungrad besteht bei diesen Spindelrädern typischerweise aus zwei Scheiben oder zwei Kreisen aus Speichen, zwischen denen im Zickzackmuster eine Schnur gespannt ist. Über dem von den Schnüren gebildeten Netz läuft der Antriebsriemen. Oft ist an der Achse eine Handkurbel angebracht. Zudem gibt es die auf Gandhis Betreiben hin entwickelten kleinen, zusammenklappbaren Book-Charkhas, eingedeutscht Buch-Charkhas.

Reich verziertes Charkha-Spindelrad aus Indien

Mahatma Gandhi spinnt an einer Charkha (Fotografie von 1929).

Die auf dem Boden sitzende Arbeitsweise ist für das mitteleuropäische Klima weniger geeignet, weshalb die frühen Spindelräder in unseren Breiten auf Beinen standen. Das Schwungrad hatte meist keine Kurbel, sondern wurde gedreht, indem man mit der Hand in die Speichen griff. Außen trug das Schwungrad eine breite Bandfelge, über die der Antriebsriemen verlief.

Die in Amerika heute noch in vielen Heimatmuseen präsentierten sogenannten *big wheels*, wie auch die in der europäischen Baumwollverarbeitung eingesetzten Spindelräder, hatten durch das extrem große Schwungrad eine hohe Übersetzung, sodass sie zum Verspinnen der kurzen Baumwollfasern besonders geeignet waren.

Spinnen am Spindelrad

Die Spinnerin steht oder sitzt vor der Längsseite des Spindelrades, sodass sie mit einer Hand das Schwungrad drehen und mit der anderen Hand die Fasern halten kann. Da eine Hand für den Antrieb gebraucht wird, muss das Spinnen mit nur einer Hand durchgeführt werden. Dies geht nur mit dem langen Auszug (siehe Seite 480).

Auf dem weit herausstehenden Spindelstab wird im Wechsel gesponnen und das gesponnene Garn aufgewickelt. Der Prozess an der Spindelspitze ist identisch mit demjenigen beim Spinnen mit einer Standspindel, nur das Aufwickeln des fertigen Garns verläuft anders: Hat man so viel Garn gesponnen, dass der Arm mit der Wollhand nicht weiter nach hinten ausgestreckt werden kann, stoppt man die Drehung. Während beim Spinnen der Faden schräg zur Spindelspitze gehalten wird, führt man zum Aufwickeln das Garn im rechten Winkel zum Spindelstab.

Beim Spindelrad muss die Spinnerin die richtige Balance finden zwischen der Drehgeschwindigkeit und dem Ausziehen der Fasern. Zieht sie zu schnell, reißt das Garn, da noch nicht genug Drall darin ist. Zieht sie zu langsam, werden vom Drall zu viele Fasern erfasst, und das Garn bekommt dicke Stellen bzw. wird ungleichmäßig. Da im Gegensatz zum Flügelspinnrad kein Zug auf den Faden ausgeübt wird, eignen sich Spindelräder besonders zum Verspinnen von kurzen Fasern (Claßen-Büttner 2009, 43, 61)

Die beiden großen Nachteile des Spindelrades – die ständigen Unterbrechungen durch den Wechsel zwischen Spinnen und Aufwickeln sowie die Tatsache, dass man nur eine Hand zur Verfügung hat, um Fasern und Drehung zu kontrollieren – wurden durch zwei Erfindung in den folgenden Jahrhunderten beseitigt: Spinnflügel und Fußantrieb.

Spinnen mit langem Auszug an einem modernen Spinnradmodell (Traditional mit Spulspindel, Ashford). Es lässt sich einfach vom Flügelspinnrad zum Spindelrad umbauen. Das Pedal sollte man beim Spinnen mit der Spindel nicht verwenden, sondern das Schwungrad von Hand drehen.

DAS FLÜGELSPINNRAD

Es gibt verschiedene Bautypen von Flügelspinnrädern, aber das Grundprinzip ist immer gleich: Ein großes Rad wird gedreht, um über einen Antriebsriemen ein kleineres Rad in höherem Tempo anzutreiben. Gab es beim Spindelrad noch eine erkennbare Spindel, die in Lagern gedreht wurde, ist es nun eine etwas kompliziertere Spinnflügelkonstruktion. Das kleine angetriebene Rad kann dabei entweder Teil des eigentlichen Flügels oder der sich im Zentrum befindenden Spule sein. Das große Schwungrad kann mit dem Fuß, aber auch von Hand angetrieben werden. Wie die einzelnen Bauteile des Spinnrades im Detail funktionieren, wird im Folgenden erklärt.

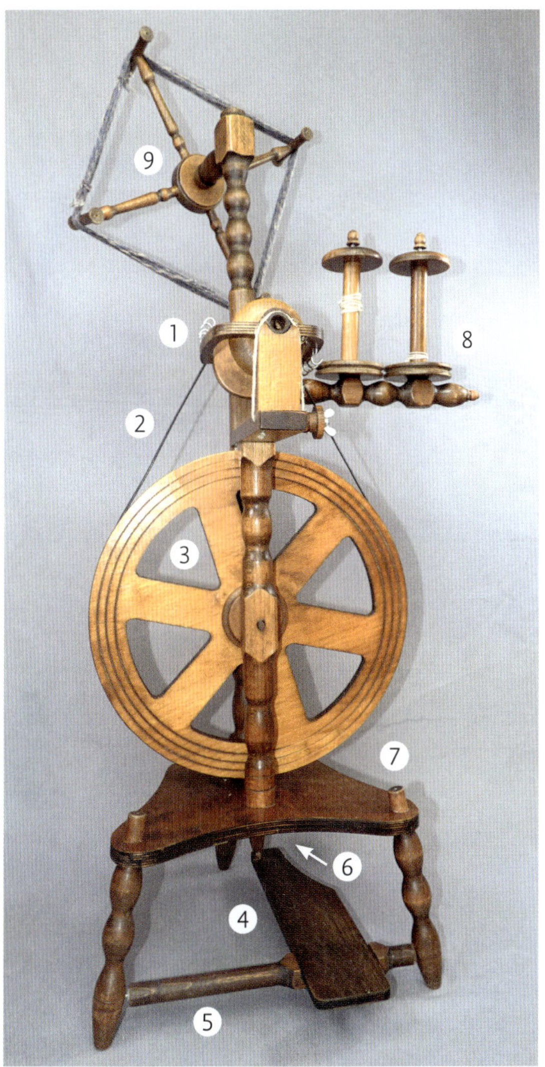

Das Grundgerüst

Ein großes Rad, das über einen Antriebsriemen mit einem kleinen Rad verbunden ist, findet sich in jedem klassischen Spinnrad. Wie diese beiden Räder zueinander angeordnet sind, ist nicht nur abhängig von praktischen Überlegungen, sondern auch von der regionalen und zeitlichen „Spinnradmode", dem verwendeten Baumaterial sowie der Fantasie und dem ästhetischen Empfinden des Spinnradbauers. Spinnradbau und -reparatur war über Jahrhunderte ein wichtiger Berufszweig. Drechsler fertigten Spinnräder als Meisterstücke an. Möglicherweise war die Tradition bestimmter Spinnradbauer, die „ihr" Rad über lange Jahre anboten, der Grund für die Entstehung von Regionaltypen. Auf alten Spinnstubenfotos sitzen oft alle Spinnerinnen am gleichen Radtypus (Vogt 2008, 40–43).
Während moderne Spinnräder oft einen sehr kreativ gestalteten Aufbau haben, kann man bei den historischen Rädern grob einige Bauarten unterscheiden. Entweder sind die beiden durch den Antriebsriemen verbundenen Räder eher horizontal nebeneinander angeordnet oder eher übereinander. Gelagert sind diese Räder meist entweder in einem Gestell aus Leisten oder Rundhölzern, oder sie haben eine Art Bank oder Tisch als Basis.
Weit verbreitet sind und waren schon immer Räder, bei denen Schwungrad und Flügel nebeneinander auf einem horizontal liegenden Brett bzw. einer Bank montiert sind. Dieser Bautyp wird auch Langrad oder Ziege genannt. Es handelt sich dabei um die ursprünglichste europäische Bauform, die schon für die frühen Spinnräder ohne Fußantrieb und Flügel verwendet wurde. Auf vielen Gemälden des 16. und 17. Jahrhunderts findet man das Langrad in einer dreibeinigen

Die Elemente eines Spinnrades (das Foto zeigt ein Bockspinnrad der Firma Rayher aus den Sechzigerjahren). Da viele Spinnräder mit englischen Anleitungen geliefert werden, sind in Klammern die jeweiligen Übersetzungen angegeben.
1 Spinnflügel (*flyer*) mit Spule (*bobbin*)
2 Antriebsriemen, Treibriemen (*drive band*)
3 Schwungrad, Antriebsrad (*drive wheel, main wheel, flywheel*)
4 Pedal, Fußtritt, Trittbrett (*treadle*)
5 Trittplattensteg (*treadle bar, treadle support*)
6 Knecht, Pleuelstange (*footman, pitman rod*)
7 Tisch (*stock, table, bed*)
8 Spulengestell, Spulenhalter (*lazy kate*)
9 Haspel (*skein winder, swift, reel*)

Variante. Meist hat es ein leicht schief liegendes Brett, manchmal auf der Seite der Flügelkonstruktion ein Loch zur Anbringung eines Rockens und mittig gelegen ein Fach, um eine zusätzliche Spule oder anderes Zubehör abzulegen.
Im Gegensatz dazu hat das vertikal orientierte sogenannte Bockrad meist nur einen kleinen, oft rundlichen Tisch als Basis, und die Spule mit dem Flügel ist oberhalb des Schwungrades angebracht. Während Langrad und Bockrad eine Art Bank oder Tisch als Grundgerüst haben, gibt es als dritten Typ noch Spinnräder, die nur in einem hölzernen Rahmengestell montiert sind. Schwungrad und Flügelkonstruktion können hier horizontal oder vertikal zueinander angebracht sein. Dieser Typ ist, ebenso wie das Bockrad, seit dem 17. Jahrhundert belegt. Eine für Frankreich typische Variante dieser Bauform ist ein Gestell auf einem dreieckigen Bodenrahmen.

Bei Lang- und Bockrädern ist oft ein Rocken integriert, bei den Rädern mit Rahmengestell werden zumeist getrennt stehende oder am Körper gehaltene Rocken verwendet.
Spinnräder bestanden und bestehen bis heute meist aus Holz. Für die Schwungradachse und den Spindelstab wurde Metall verwendet, für die Aufhängung des Spinnflügels und die Verbindung vom Pedal zum Knecht manchmal Leder. Aufwendigere Räder waren mit Elementen aus Knochen oder Elfenbein verziert. Im 18. Jahrhundert wurden für dekorative Spinnräder auch edle Hölzer wie Mahagoni verarbeitet. Bei den kleinen Tischspinnrädern des 18. Jahrhunderts gab es ganz aus Metall bestehende Exemplare. Auch im frühen 20. Jahrhundert

Beim Langrad sind Schwungrad und Spinnflügel nebeneinander angeordnet. Dieses historische Modell ist mit abnehmbarem Flachs- und Wollrocken ausgestattet.

Beim Bockrad sind Schwungrad und Spinnflügel übereinander angeordnet. Dieses historische Modell aus dem Rheinland hat einen abnehmbaren Flachsrocken und kann auch als Spulrad verwendet werden: rechts sitzt der Spinnflügel, links eine Spindel zum Auf- oder Abwickeln von Spulen.

Dieses historische Spinnrad hat ein Holzgestell als Grundgerüst. Eine Besonderheit ist die Ausrichtung des Pedals parallel zum Schwungrad. Zum Spinnrad gehört ein freistehender Rocken.

wurden Metallspinnräder gebaut, die aber keine edlen Luxusräder, sondern stabile „Arbeitstiere" darstellten. Heute gibt es sogar Spinnräder, die fast vollständig aus Kunststoff bestehen.
Um das große Schwungrad mit dem Fuß anzutreiben, wird es mit einem oder zwei Pedalen verbunden. Die beweglich gelagerte Pleuelstange, über die Pedal und Schwungrad miteinander verbunden sind, wird auch Knecht genannt. Die Schwungradachse ist zur Befestigung des Knechts oft mit einer C- oder S-förmig gebogenen Verlängerung versehen. Schwungräder gibt es in den verschiedensten Größen. Die meisten haben Speichen, es gibt jedoch auch Modelle aus einer durchgehenden Holzscheibe. Moderne Spinnräder haben oft wartungsfreie Kugellager. Die Felge ist auf historischen Abbildungen oft flach, glatt und aus dünnem Holz. Neuere Spinnräder haben dagegen eine massive Felge, in der sich eine oder mehrere Rillen zur Aufnahme des Antriebsriemens befinden.

Radgröße und Übersetzung

Die Übersetzung beschreibt das Größenverhältnis der beiden verbundenen Räder eines Spinnrads. Je größer der Unterschied im Durchmesser ist, desto höher ist die Übersetzung und desto schneller dreht sich die Antriebsscheibe von Spindel, Flügel oder Spule. Hat ein Spinnrad eine Übersetzung von 8:1, so bedeutet dies, dass eine Umdrehung des großen Rades acht Umdrehungen des kleinen Rades erzeugt. Die zweite Zahl ist immer eine Eins, mit welcher die eine Umdrehung des großen Schwungrades gemeint ist. Je größer die erste Zahl ist, desto höher ist die Übersetzung und desto schneller dreht sich das kleine Rad.
Die meisten modernen Spinnräder haben die Möglichkeit, die Übersetzung und damit die Spinngeschwindigkeit zu verändern. Dazu befinden sich im Schwungrad und/oder der Antriebsscheibe mehrere unterschiedlich tiefe Rillen, durch die der Antriebsriemen laufen kann. Das Prinzip ähnelt der Gangschaltung beim Fahrrad. Bei manchen Spinnrädern kann man die Übersetzung durch Verwendung von Spulen mit unterschiedlich großen Antriebsscheiben verändern. Alte Spinnräder haben oft nur eine einzige Übersetzung, sodass man die Spinngeschwindigkeit nur durch schnelleres oder langsameres Treten des Pedals beeinflussen kann. Wie man lernt, mit den verschiedenen Übersetzungen seines Spinnrades umzugehen, wird später noch erklärt.
Die sehr großen historischen Handräder hatten durch den starken Größenunterschied der beiden Räder eine hohe Spinngeschwindigkeit, die für das Spinnen kurzer Baumwollfasern von Vorteil war. Für den langfaserigen Flachs dagegen waren die langsameren Flügelspinnräder mit Fußantrieb und kleinem Schwungrad bestens geeignet. Wolle wurde an beiden Typen versponnen.
Die Antriebsriemen bestanden früher aus Leder, Darm, stabil verzwirntem Leinen, Woll- oder auch Baumwollschnüren. Heute werden meist synthetische Materialien verwendet. Wie man den Antriebsriemen wechselt, wird im Abschnitt über die Wartung von Spinnrädern (ab Seite 457) erklärt.

Welche Übersetzung hat mein Spinnrad?

Um die Übersetzung Ihres Spinnrades zu ermitteln, kleben Sie eine Markierung auf den äußeren Rand des Spulen- oder Flügelwirtels und zählen mit, wie oft die Markierung im Kreis herumläuft, während Sie das Schwungrad langsam einmal drehen.

Spinnflügel, Antrieb und Bremse

Was wir heute als typisches Spinnrad empfinden und was zur Standardausstattung jedes traditionellen Heimatmuseums gehört, ist das Spinnrad mit Fußantrieb und einer Spinnflügelkonstruktion. Der Spinnflügel wurde sogar noch vor dem Fußantrieb erfunden, denn er beseitigt ein lästiges Problem, das Spindelräder und Handspindel teilen: Zum Aufwickeln des Fadens muss der Spinnvorgang jedes Mal unterbrochen werden. Der Spinnflügel macht diese Unterbrechung überflüssig, denn Spinnen und Aufwickeln findet nun parallel statt.

Spinnflügel und Spule

Im Zentrum des Spinnflügels befindet sich ein als Achse dienender metallener Schaft, der zentral durch den Bogen des V- oder U-förmigen Flügels verläuft. Beide Teile sind fest miteinander verbunden. Eine auswechselbare Spule wird zwischen den beiden Armen des Flügels auf den Schaft gesteckt und kann sich dort frei drehen. Das vordere Schaftende ist üblicherweise hohl und bildet das sogenannte Einzugsloch, durch welches das Garn in den Flügel eingezogen und hinter dem Achslager durch ein Auge wieder freigegeben wird. Auf den Flügelarmen sind kleine Haken angebracht, bei modernen Spinnrädern manchmal auch eine verschiebbare Öse, sodass das Garn wechselnd an verschiedenen Stellen auf die Spule geführt werden kann.

Sind beide Antriebsscheiben, also von Flügel und Spule, über den Antriebsriemen mit dem Schwungrad verbunden, spricht man von doppel- oder zweifädigem Antrieb. Beim einfädigen Antrieb läuft dagegen der Riemen nur über eine Antriebsscheibe, entweder von Spule oder Flügel, während die andere mit einer Bremse versehen ist. Die Antriebsscheiben werden auch als Flügel- oder Spulenwirtel bezeichnet, was aber ihre Funktion nicht korrekt beschreibt.

Wie funktioniert nun diese Konstruktion? Durch die Drehung des Flügels wird der Drall erzeugt, mit dem die Fasern verdreht werden. Auf der zwischen den beiden Flügelarmen liegenden Spule wird das Garn aufgewickelt. Da das Garn durch das Einzugsloch sowie über einen der Flügelarme läuft, bevor es auf die Spule kommt, sind Flügel und Spule durch das Garn miteinander verbunden. Wegen dieser Verbindung dreht sich der Flügel mit, wenn der Riemen die Spule antreibt, oder die Spule dreht sich mit, wenn der Riemen den Flügel antreibt. Wird die Spule angetrieben, gibt es am Flügel eine Bremskonstruktion. Wird der Flügel angetrieben, kann man die Spule bremsen. Beim doppelfädigen Antrieb werden beide Antriebsscheiben unterschiedlich schnell gedreht. Wie der Antrieb genau funktioniert, ist im nachfolgenden Kapitel erklärt.

Die Spule

Eine Spule hat einen hohlen Kern, sodass sie auf die Achse des Spinnflügels geschoben werden kann. Sie muss sich frei drehen können, darf aber nicht auf der Achse hin und her rutschen. Falls das bei älteren Rädern der Fall ist, kann man eine Unterlegscheibe mit auf die Achse stecken. So vermeidet man auch, dass die Enden der Flügelarme zu nah an den Antriebsriemen geraten.

An mindestens einer Seite besitzt die Spule eine Antriebsscheibe mit Rille. Durch diese Rille läuft entweder der Antriebsriemen oder eine Bremsschnur. Bei Spulen, die an beiden Seiten Antriebsscheiben haben, ist manchmal der Durchmesser verschieden, sodass man durch ein Umdrehen der Spule die Übersetzung verändern kann. Manche Antriebsscheiben sind mit mehreren, verschieden tiefen Rillen versehen.

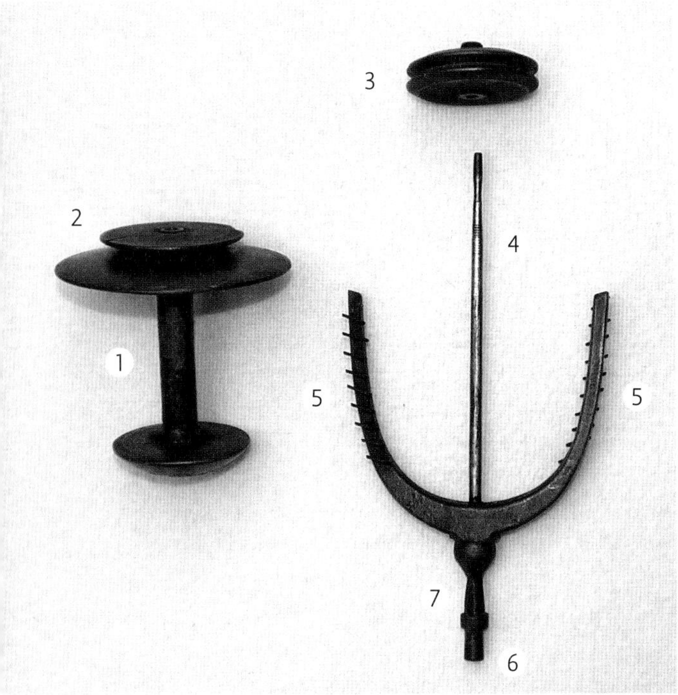

Spinnflügel und Spule eines historischen Spinnrades.
1 Spule (*bobbin*)
2 Antriebsscheibe der Spule (*bobbin whorl, bobbin pulley*)
3 Antriebsscheibe des Flügels (*flyer whorl, flyer pulley*)
4 Flügelachse (*flyer axle, flyer shaft*) mit Gewinde zum Aufschrauben der Antriebsscheibe
5 Flügelarme (*flyerarms*) mit Haken (*hooks*)
6 Einzugsloch (*orifice*) in der Spitze der hohlen Flügelachse
7 Auge für den Garnaustritt

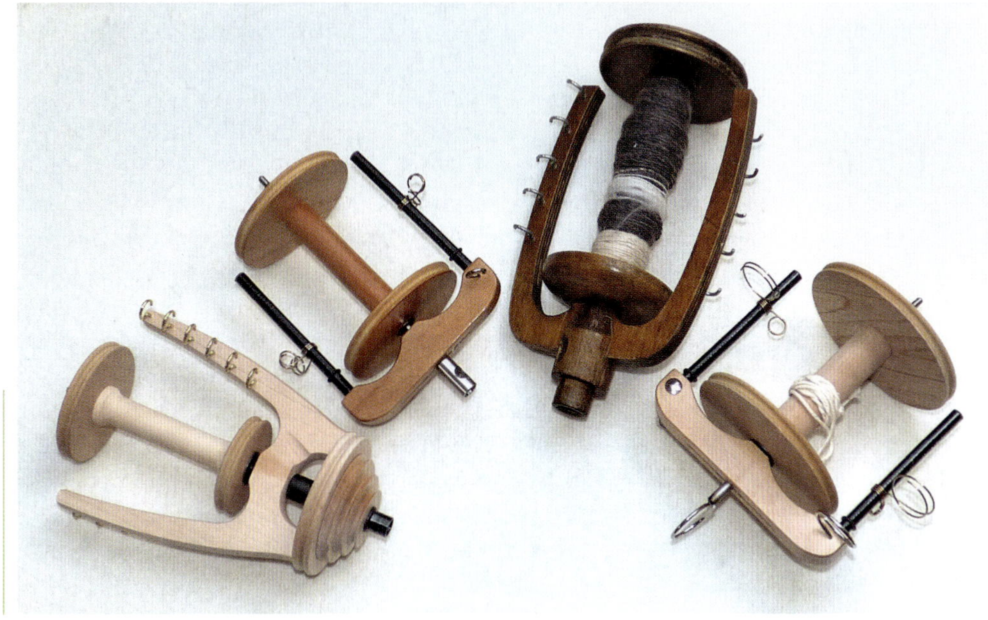

Verschiedene Spinnflügel mit Haken oder Ösen auf den Flügelarmen sowie verschiedenen Einzugslöchern oder vorgesetzten Drahtschlingen.

Wenn sich während des Spinnens die Spule füllt, wird die Umwicklung immer dicker. Am Beginn wird bei jeder Umdrehung der Spule weniger Garn aufgewickelt, als wenn die Spule schon sehr voll ist. Daher muss man während des Spinnens die Stärke des Einzugs immer wieder nachjustieren, je nach Spinnradtyp mit Flügel- oder Spulenbremse oder durch Veränderung der Riemenspannung. Täte man das nicht, hätte später gesponnenes Garn weniger Drall als zu Beginn gesponnenes, weil die gleiche Anzahl an Flügelumdrehungen sich auf einen längeren Garnabschnitt verteilt.

Flügelachse und Einzugsloch

Die Achse ist meistens in zwei aufrecht stehenden Schäften gelagert. Das gesponnene Garn muss daher vor dem vorderen Lager in den hohlen Schaft an der Spitze eingezogen werden, darf ihn aber erst dahinter, also zwischen den beiden Lagern, wieder verlassen, um dort über den Flügel bis zur Spule zu laufen. Die hohle Spitze der Flügelachse bildet das Einzugsloch. Hier wird das Garn vor dem Flügellager eingeleitet und dahinter durch ein Auge auf die Haken des Flügels geführt. So wird auch die Drehung des Flügels in die Fasern übertragen. Bei alten Spinnrädern ist dieses Einzugsloch selten größer als 5 mm, denn man spann vorwiegend feine Garne. Moderne Spinnräder, vor allem solche mit speziellen Effektgarn- oder Teppichgarnflügeln haben dagegen deutlich größere Einzugslöcher.

Spinnräder, bei denen die Achse nur einseitig, auf der Hinterseite des Flügels in einem Schaft gelagert ist, können auch eine Öse oder ähnliche Konstruktionen anstelle eines Einzugslochs haben.

Flügelarme

Die U- oder V-förmigen Flügelarme sind fest mit der Achse verbunden, drehen sich also im gleichen Tempo. Ihre Form und ihr Abstand zur Spule bestimmen mit, wie viel Garn auf den Spulen aufgewickelt werden kann. Damit das Garn nicht immer an derselben Stelle auf die Spule gewickelt wird, muss man es von Hand ab und zu auf einen anderen Haken des Flügels setzen oder die Öse verschieben. Es gibt auch Spinnflügel, bei denen sich die Öse von selbst hin und her bewegt und das Garn automatisch gleichmäßig auf der Spule verteilt. Bei alten Spinnrädern findet man manchmal nur eine Reihe Löcher auf dem Flügelarm anstelle von Haken. Hier wurde dann ein einzelner Stift oder eine Öse mit dem Faden versetzt, wenn man die Position des Aufwickelns verändern wollte. Bei Metallflügeln befinden sich meist Schlitze in den Flügelarmen. Daran, wie fein diese Schlitze bei alten Metallspinnrädern zumeist sind, kann man gut erkennen, welche Garnstärken (zumeist Flachs) an diesen Rädern gesponnen wurden.

Antrieb und Bremse

Bei Spindelrädern muss die Spindel über den Antriebsriemen einfach nur in Bewegung versetzt werden. Bei Rädern mit einer Spinnflügelkonstruktion ist die Technik etwas komplizierter, weil sich Flügel und Spule unterschiedlich schnell drehen müssen. Es gibt dazu die Möglichkeit des doppelfädigen Antriebs oder der Verwendung einer Spulen- bzw. Flügelbremse.

Doppelfädiger Antrieb

Der doppelfädige Antrieb (*double drive*) funktioniert traditionellerweise nicht mit zwei Antriebsriemen, sondern mit einem einzigen, der doppelt verläuft, wie eine in der Mitte zusammengefaltete Acht: Er führt einmal um die Antriebsscheibe des Flügels, dann um das Schwungrad, dann um die Antriebsscheibe der Spule und dann ein zweites Mal um das Schwungrad herum. Diese Räder haben normalerweise keine zusätzliche Bremse für Flügel oder Spule. Die Spannung des Riemens kann durch eine Stellschraube verändert werden. Meist bewegt man damit die gesamte Flügelhalterung hin und her, sodass sich der Abstand zum Schwungrad verändert. Lockert man die Riemenspannung, greift der Riemen weniger gut und rutscht zeitweise über die Antriebsscheibe der Spule, sodass sie sich dann langsamer dreht. Auf diese Weise lässt sich der Einzug regulieren, wenn die Spule voller wird. Weil Flügel- und Spulenwirtel unterschiedliche Durchmesser haben, drehen sie sich in unterschiedlichem Tempo und ermöglichen so das automatische Aufwickeln des Garns auf der Spule. Meist ist der Spulenwirtel kleiner, sodass er sich schneller dreht als der Flügel.

Mechanisch gesehen ist diese Art des Antriebs die anspruchsvollste von allen, aber im praktischen Einsatz beim Spinnen ist sie nicht schwieriger zu bedienen als der Antrieb mit Spulen- oder Flügelbremse. Auf doppelfädigen Rädern lassen sich problemlos alle gängigen Garnstärken und -arten spinnen. Neue Räder, die doppelfädig gebaut sind, lassen sich oft mit entsprechendem Zubehör auf einfädigen Antrieb umstellen. Es gibt auch moderne Spinnräder, wie das unten abgebildete Majacraft Aura, die tatsächlich mit zwei getrennten Riemen die Spule und den Flügel antreiben.

Historisches Spinnrad mit doppelfädigem Antrieb: Der Riemen läuft zweimal über das Schwungrad und jeweils einmal über die unterschiedlich großen Antriebsräder des Flügels und der Spule.

Die Flügelbremse

Bei diesem System läuft der Antriebsriemen nur über den mit einer Rille versehenen Rand der Spule und dreht diese dadurch (*single-drive bobbin-lead, Irish tension*). Treibt man ein flügelgebremstes Rad an, ohne zu spinnen, so dreht sich nur die Spule; der Flügel steht still. Erst der gesponnene Faden

Modernes doppelfädiges Rad (Majacraft Aura), bei dem Spule und Flügel über getrennte Riemen angetrieben werden.

verbindet die Spule mit dem Flügel, sodass sich dieser mitdreht. Damit das Garn auf die Spule gewickelt wird, verringert eine Bremsvorrichtung die Drehgeschwindigkeit des Flügels.
Die Flügelbremse hat meist die Form einer Schnur oder eines einfachen Bandes, das über die Achse des Flügels läuft und dessen Spannung mithilfe einer Stellschraube verändert werden kann. Bei älteren Rädern ist es oft ein über die verdickte Achse gelegtes Lederband in der Nähe des Einzugslochs, ansonsten gibt es ein Rädchen mit Rille, durch das der Bremsfaden läuft. Der einfache Antrieb mit Flügelbremse ist der am leichtesten herzustellende Bautyp und gilt auch als der älteste. Dieses Bremssystem ist einfach zu bedienen, dreht sich leichtgängig und hat einen eher kräftigen Einzug. Es lässt sich aber nicht so fein justieren wie spulengebremste Räder. Es wird heute gerne für Modelle verwendet, die speziell zum Spinnen von Artyarns, dickeren Einfachgarnen oder zum Zwirnen konstruiert wurden.

Die Spulenbremse

Im Gegensatz zur Flügelbremse wird bei diesem einfädigen Antriebssystem die Spule abgebremst und der Flügel durch den Antriebsriemen gedreht (single-drive flyer-lead, Scotch tension). Die Spulenbremse besteht bei den meisten modernen Spinnrädern aus einem elastischen Band oder einem Band mit Sprungfeder, das über die Spulenantriebsscheibe läuft. Je stärker man die Spule bremst, desto stärker ist auch der Einzug und desto weniger Zeit hat ein Garn, um sich zu verdrehen, bevor es auf die Spule gewickelt wird.
Die Spannung kann sehr genau eingestellt werden, sodass auch ein ganz sanfter Einzug zum Spinnen ultrafeiner Garne möglich ist. Aber auch dickere Garne können gut damit versponnen werden, sodass dieses System bei den meisten modernen Spinnrädern benutzt wird. Historische Spinnräder sind selten spulengebremst. Räder mit Spulenbremse sind auch gute Anfängerräder!

Besondere Bauformen historischer Spinnräder

Die traditionellen Grundformen des Spinnrads – Langrad, Bockrad und Räder mit Rahmen – dienten zu allen Zeiten als Basis für kreative Experimente von Spinnradbauern. Manchmal handelte es sich dabei um technische Feinheiten, manchmal um modische Ausschmückungen. Es gab kleine, gut transportable Spinnräder bis hin zu solchen, die fest in die Wand eines Hauses eingebaut waren. Spinnräder wurden der Gesellschaftsschicht angepasst, die sie benutzte. Hier wird eine kleine Auswahl dieser faszinierenden Spinnradtypen vorgestellt.

Flügelkonstruktion mit Flügelbremse: Der Riemen treibt die Spule an, während ein über der Flügelachse verlaufender, mit einer Schraube verstellbarer Lederstreifen zum Bremsen des Flügels dient (Louet S10).

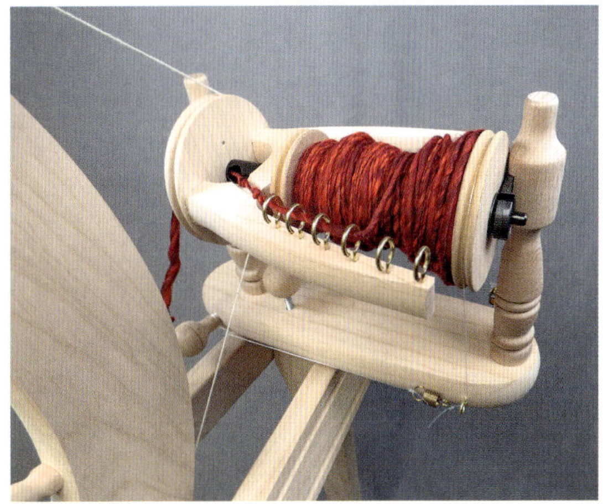

Flügelkonstruktion mit Spulenbremse: Der Riemen treibt die Antriebsscheibe des Flügels an. Die Spule wird durch einen regulierbaren Nylonfaden mit Sprungfeder gebremst (Ashford Traditional).

Zweiflüglige Spinnräder

Das Besondere an dieser Bauform sind die zwei Spinnflügel, die von nur einem Schwungrad angetrieben werden. Diesen auch Hochzeitsspinnrad genannten Typ gibt es sowohl mit horizontalem als auch mit vertikalem Aufbau. Es sind üblicherweise Flachsräder mit integrierten Rocken, die doppelfädig angetrieben werden. Wenn beide Spinnflügel eine eigene Stellschraube haben, um den Abstand zum Schwungrad zu verändern, wird jeder Flügel für sich doppelfädig angetrieben; wenn die Aufhängung beider Flügel über eine gemeinsame Stellschraube reguliert wird, gibt es einen gemeinsamen Riemen, der beide antreibt. Die meisten modernen Spinnerinnen können sich wahrscheinlich schwer vorstellen, zwei Garne gleichzeitig zu spinnen. Diese Räder sind vor allem im 17. und 18. Jahrhundert gebaut worden, in einer Zeit, in der man Baumwolle an den großen, von Hand angetriebenen Spindelrädern spann. Man empfand es daher als normal, einhändig spinnen zu können. Als nun der Fußantrieb der einen Hand ihre Arbeit abgenommen hatte, war der Gedanke nicht weit hergeholt, mit der zweiten Hand auch einen zweiten Faden zu spinnen. Schon Kinder mussten lernen, am einflügligen Rad sowohl mit rechts als auch mit links gleich gut zu spinnen, damit sie später am zweiflügligen Rad zwei Garne gleicher Qualität produzieren konnten.
Während in Europa diese Räder von einer Person bedient wurden, um die Produktivität zu steigern, lässt der in Amerika verbreitete Name *gossip wheel* (auch *lovers' wheel* oder *mother and daughter wheel*) vermuten, dass hier zwei Personen gemeinsam an solchen Rädern spannen (McFleat 2011).

Sogenanntes Hochzeitsspinnrad mit zwei Spinnflügeln (Deutschland)

Zweirädrige Spinnräder

Spinnräder mit zwei hintereinandergeschalteten Schwungrädern findet man vor allem auf dem Balkan häufig; sie sind auch als türkische Spinnräder bekannt. Sie werden von Hand angetriebenund haben meistens einen Spinnflügel. Es gibt auch aus anderen Teilen der Welt zweirädrige Spinnräder mit ganz unterschiedlichen Bauformen. Dadurch, dass das erste Schwungrad die kleine integrierte Antriebsscheibe eines zweiten Schwungrads dreht und erst dieses den Flügel oder die Spindel, erhöht sich die Übersetzung um ein Vielfaches.

Handgetriebenes Tischspinnrad mit zwei Schwungrädern (Balkan)

Filigranes Tischspinnrad aus dem 18. Jahrhundert (Frankreich)

Tischspinnräder

Als im Rokoko das Spinnen bei den Damen der feineren Gesellschaft in Mode kam, wurden passende Spinnräder entworfen. Ab 1700 baute man kleine, verspielte Spinnräder mit Handkurbel und ohne Beine. Man stellte sie zum Spinnen auf den Tisch oder nahm sie auf den Schoß, wie Gemälde aus dieser Zeit zeigen (Wissner 1969).
In Kanada wurden im 19. Jahrhundert Tischspinnräder patentiert, die seitlich an einem Tisch festgeklemmt wurden. Es handelt sich dabei um mit der Hand angedrehte Spindel- und Flügelräder ohne Antriebsriemen, deren Räder sich durch direkten Kontakt bewegen (Buxton 1992, 255–260; Kruse & Lenderman-Kruse 1998).

Gürtelspinnräder

Ab circa 1750 gab es sehr ungewöhnliche kleine Spinnräder, die man hinter dem Gürtel feststecken konnte. Eine kleine Kurbel trieb über Zahnräder den Spinnflügel an. Sie waren zum Spinnen feiner Garne gedacht, wie die winzigen Einzugslöcher zeigen. Es sind nicht viele Exemplare erhalten. Wahrscheinlich wurden diese Gürtelspinnräder von Uhrmachern hergestellt (Baines 1977; Asplundh 2001; Wissner 1969).

Big Wheels mit beweglicher Spindel

Vor allem in Nordamerika gab es viele Erfinder, die versuchten, die sogenannten *great* oder *big wheels*, die großen Spindelräder zum Baumwollspinnen, zu verbessern. Große Handräder mit beweglichem Spindelarm wurden Ende des 19. Jahrhundert entworfen, um im Sitzen spinnen zu können. Mit einem Pedal bewegt die Spinnerin den Spindelarm zum Ausziehen der Fasern von sich weg. Beim Lösen des Pedals schwingt der Spindelarm zurück, während das Garn aufgewickelt wird. Andere Konstruktionen lassen die Spindel auf zwei Metallstäben hin und zurück fahren (Buxton 1992, 218–250).

Charkha und Book Charkha

Die in Indien und Pakistan beheimatete Charkha ist ein ganz ursprüngliches Spindelrad. Es hat keine Beine und wird auf dem Boden sitzend benutzt. Auf einem Brett sind Spindel und Schwungrad montiert. Oft besteht das Schwungrad aus zwei Scheiben oder zwei Speichenrädern, zwischen denen im Zickzack verlaufende Schnüre gespannt sind. Über dieses Schnurbett läuft der Antriebsriemen. Seitlich ist zum Drehen des Rades meist ein Griff an der Achse befestigt. Die Spindel ist ein schlanker Metallstab, auf dem manchmal ein kleines Rad mit Rille für den Antriebsriemen sitzt. Es sind klassische Baumwollräder, aber in den gebirgigen, kühleren Gegenden Indiens wird auch Wolle auf ihnen gesponnen.
Die Book Charka wurde auf Initiative Gandhis hin entwickelt. Gandhi setzte sich nicht nur für den gewaltlosen Widerstand gegen Unterdrückung ein, sondern er propagierte auch die Rückkehr zu einem einfachen Leben. Das Spinnen symbolisierte für ihn beides: nicht nur das eigenhändige Herstellen von allem Lebensnotwendigen, sondern auch, sich der britischen Besatzung und der Textilindustrie entgegenzustellen. Spinnen war für Gandhi tägliche Routine und Meditation zugleich. Er ließ die einfache und Platz sparende Book Charkha entwerfen, um jedem zu ermöglichen, selbst ein Spinnrad zu bauen. Gandhi spann aber auch mit der Takli-Spindel und mit traditionellen Charkhas (Teal 2003). Bis heute zeigt die indische Flagge ein Rad, das den Schwungrädern der Charkha nachempfunden ist.

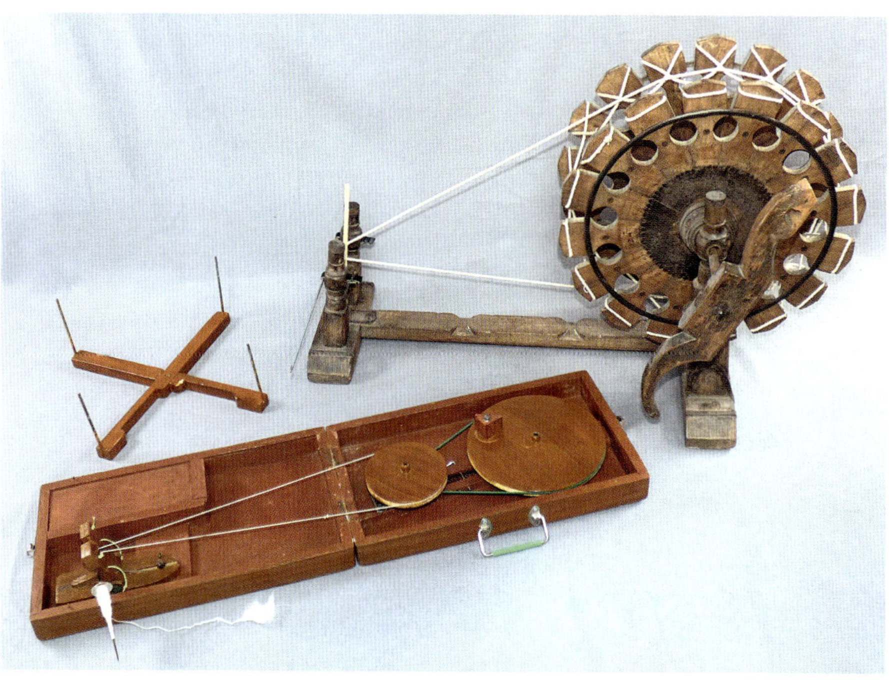

Traditionelle Charkha und moderne, zu einem kleinen Koffer zusammenklappbare Book Charkha mit Haspel

Weitere Bauformen
Die Liste ließe sich noch beliebig fortsetzen, beispielsweise mit norwegischen Doppelstockspinnrädern, mittelitalienischen Spinnrädern mit dreieckigem Rahmen, irischen Turmrädern, bei denen das Schwungrad über dem Flügel angebracht ist, filigranen und aufwendig dekorierten Boudoir-Spinnrädern, Metallspinnrädern, selbst gebauten Spinnrädern mit Nähmaschinenunterbau und so weiter. Auch das von Leonardo Da Vinci skizzierte Spinnrad ist eine interessante Konstruktion. Noch breiter wird das Formenspektrum, wenn man die modernen Spinnraddesigns hinzunimmt.

Spulräder sind keine Spinnräder

Manchmal entdeckt man auf Flohmärkten, bei Auktionen, auf historischen Gemälden oder in Museen sogenannte Spulräder, die fälschlicherweise als Spinnräder bezeichnet werden. Sie wurden verwendet, um bereits gesponnene Garne für die Weberei auf Spulen umzuspulen. Statt der Spinnflügelkonstruktion oder einer hervorstehenden Spindelspitze gibt es hier einen Spuldorn oder eine Achse, auf die Spulen aufgesteckt werden.

MODERNE SPINNRÄDER UND TIPPS ZUM SPINNRADKAUF

Ein Spinnrad zu kaufen ist immer ein spannendes Abenteuer. Manchmal ist es Liebe auf den ersten Blick, manchmal schleicht man jahrelang um ein spezielles Rad herum, bevor man sich entschließt, es endlich haben zu wollen. Egal, ob man mit einem günstigen Einsteigermodell anfangen will, ob man mit einem gebrauchten Rad liebäugelt oder ob man seine „Spinnradherde" um ein ganz besonderes Stück erweitern möchte: Man tut immer gut daran, sich vorher genau zu informieren. Im Anhang des Buches findet sich eine Bezugsquellenliste mit den wichtigsten internationalen Spinnradmarken, von denen fast alle in Deutschland Vertriebspartner haben. Zudem sind dort auch einheimische Tüftler und Holzhandwerker vertreten, die eigene Spinnräder und Zubehör herstellen und verkaufen.

Probieren geht über Studieren!

Bevor Sie ein Spinnrad kaufen, lohnt es sich, eine Spinngruppe, einen Händler oder einen Handarbeitsmarkt zu besuchen, wo man Spinnräder live sehen und ausprobieren kann. Manche Verkäufer bieten an, Spinnräder für einige Tage zum Testen auszuleihen. Vielleicht finden sich auch über Spinngruppen in den sozialen Medien hilfsbereite Spinnerinnen in Ihrer Umgebung? So haben Sie die Chance, unterschiedliche Modelle kennenzulernen.

Sich einen Überblick verschaffen

Einen guten Einstieg bieten die Internetseiten der großen internationalen Spinnradhersteller. Hier kann man ein erstes Gefühl für den Charakter der Räder bekommen und sich die technischen Daten, zu manchen Produkten sogar Videos anschauen. Manche Firmen halten sich eher an die klassischen Bauformen, andere haben moderne, teils kuriose Modelle im Programm. In Spinnradforen kann man Berichte von Spinnerinnen über bestimmte Räder lesen. Wer ein besonderes Rad etwas abseits vom Mainstream haben möchte, sollte sich bei den kleineren Spinnradbauern umsehen, wo jedes einzelne Spinnrad in liebevoller Handarbeit hergestellt wird.

Bevor man sich über die technischen Details Gedanken macht, sollte man einige grundsätzliche Fragen klären: Wo soll mein Spinnrad stehen, und wie viel Platz steht mir zur Verfügung? Wer keinen Ort hat, wo das Rad dauerhaft platziert werden kann, für den kommt vielleicht die Anschaffung eines Reisespinnrads in Frage – natürlich auch für Spinnerinnen, die viel unterwegs sind. Diese Modelle kann man platzsparend zusammenklappen und in einer passenden Tragetasche verstauen. Außerdem sollte man sich schlau machen, wie viel Zubehör es zu dem jeweiligen Modell gibt, beispielsweise Artyarn- oder Lace-Flügel.

Ein weiterer wesentlicher Punkt ist der Preis. Man sollte sich klar darüber sein, was man ausgeben will und kann. Die einfachsten neuen Spinnräder liegen preislich meist um die 300 Euro. Die Mittelklasse geht dann bis etwa 1500 Euro, und nach oben sind die Grenzen weitgehend offen. Im ganz oberen Preissegment handelt es sich dann oft um Einzelstücke von Kunsthandwerkern. Wer sich Spinnräder jenseits der 10 000 Euro anschauen will, sei auf die Homepage der US-amerikanischen Firma Golding verwiesen.

Die technischen Details

Egal, ob moderne Spinnräder optisch eher klassisch oder extravagant daherkommen, lassen sie sich anhand der grundlegenden technischen Details gruppieren. Das vereinfacht die Auswahl – sofern man weiß, was man will:

- Einfacher oder doppelter Fußtritt?
- Einfädig oder doppelfädig angetrieben?
- Welche Übersetzungen?
- Flügel- oder Spulenbremse?
- Spinnflügel mit Haken oder verschiebbarer Öse?
- Größe und Gewicht (für Transporte, Lagerung und für die Sitzhaltung relevant)?
- Zubehör und Extras (Transporttasche, zusammenklappbar, Rocken oder Haspel, lazy kate eingebaut oder separat, Jumbo- oder Highspeedflyer …)

Für den doppelten Fußtritt sprechen die gleichmäßige körperliche Beanspruchung, die etwas bessere Kontrolle des Schwungrades und die Möglichkeit, trotzdem nur eines der Pedale zu nutzen, falls man möchte. Dagegen sind Spinnräder mit nur einem Pedal meist günstiger in der Anschaffung, sehen traditioneller aus, und man kann sich leichter schräg zum Rad setzen, wenn man mal die Position wechseln will. Ein Zwischending ist das breite Fußbrett, auf dem man beide Füße abstellen kann. Letztendlich ist es Geschmackssache, und man sollte es einfach ausprobieren.

Bei fast allen modernen Spinnrädern kann man zwischen verschiedenen Übersetzungen wechseln. Das ist sinnvoll und hilft dabei, verschiedene Garntypen effizient zu spinnen. Bei manchen Radtypen ist der Wechsel einfach, bei anderen komplizierter. Welche Bremse man wählt und ob das Rad einfädig oder doppelfädig angetrieben wird, ist weniger wichtig, als zumeist angenommen wird. Bei allen Typen muss man zu Beginn lernen, wie man damit arbeitet, aber bei allen ist es kein Hexenwerk und nicht schwer zu verstehen. Alle sind gut, und wer die Grundlagen des Spinnens einmal erlernt hat, wird mit jedem Bautyp spinnen können.

Schwierigkeiten gibt es meist nur, wenn man versucht, auf einem alten Rad spinnen zu lernen, mit dem irgendetwas nicht stimmt.
Die großen Firmen haben wenige doppelfädige Räder im Angebot. Flügelbremsen werden fast nur noch in Spinnrädern mit großen, schweren Spulen verbaut. Verbreitet sind heute Spinnräder mit Spulenbremse. Sie sind einfach zu bauen, und der Einzug lässt sich fein einstellen.
Seit vielen Jahren gibt es auch für den Hobbybedarf elektrische Spinnräder zu kaufen. Die Bezeichnung „Rad“ ist etwas irreführend, denn sie bestehen üblicherweise aus einer kleinen Box, in der sich ein Motor verbirgt, mit einer darauf angebrachten Spinnflügelkonstruktion. Spinnen kann man mit ihnen allerdings genauso gut wie mit klassischen Rädern. Wer also beispielsweise Platz sparen muss oder aus körperlichen Gründen kein Spinnrad mit Fußantrieb bedienen kann, dem steht mit solch einem Gerät trotzdem die Möglichkeit offen, das Spinnen als Hobby zu genießen.

Die ungewöhnlichsten modernen Bauformen finden sich häufig bei den sogenannten Reisespinnrädern. Diese sind entweder sehr klein oder kompakt zusammenklappbar (von links nach rechts): Joy (Ashford), Sidekick (Schacht), S 40 „Hutschachtelspinnrad“ (Louet) und Michi (v. Schwarzenstein).

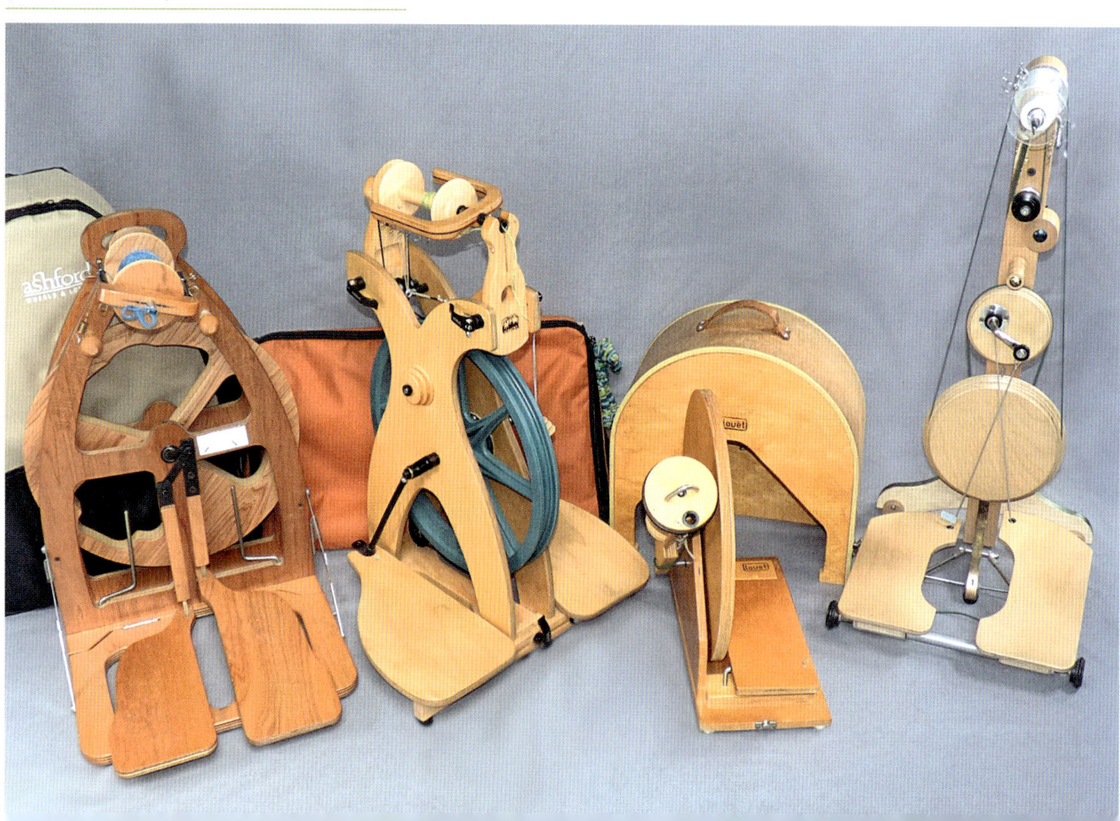

Anfängerräder

Spinnräder sind generell nicht billig. Wer in ein neues Spinnrad investiert, kann aber mit einem guten Wiederverkaufswert rechnen. Gepflegte Räder in den unteren und mittleren Preisklassen finden meist schnell einen neuen Besitzer. Manche Händler nehmen gebrauchte Räder in Zahlung, wenn man auf ein anderes Modell umsteigen will.
Mit einem historischen Spinnrad das Spinnen zu erlernen ist möglich, aber nicht unbedingt empfehlenswert – außer, man hat eine erfahrene Spinnerin zur Seite, die dafür sorgt, dass dieses Rad so schnurrt, wie es soll! Wer sich als Anfänger mit einem alten Rad herumärgern muss, das nicht richtig funktioniert, verliert schnell die Freude am Spinnen.
Einige Firmen bieten gezielt eines ihrer Spinnräder als Einsteigermodell an. Das sind meistens gute, solide Räder mit Spulenbremse, die einfach zu justieren und nicht allzu teuer sind. Da viele Spinnerinnen, nachdem sie Feuer gefangen haben, das Bedürfnis verspüren, sich ein edleres Modell zuzulegen, kann man diese Einsteigerspinnräder auch gut aus zweiter Hand bekommen.
Weit verbreitet als günstige Einsteigerräder sind beispielsweise das Kiwi von Ashford, das Fantasia von Kromski, das Merino von Wollknoll und das

Bliss von Woolmakers. Man kann aber genauso gut mit einem höherpreisigen Modell einsteigen.

Gebrauchte Spinnräder

Wenn man Glück hat, kann man wunderbare gebrauchte Spinnräder zu günstigen Preisen erstehen. Allerdings geht man immer ein gewisses Risiko ein, wenn man nicht die Möglichkeit hat, das Rad anzuschauen und zu testen. Oft standen die Räder lange in Kellern oder auf Dachböden und sind durch Feuchtigkeit und Temperaturschwankungen verzogen oder riechen muffig. Auch beim Transport reicht manchmal schon ein kleiner Stoß, und ein Spinnrad läuft nicht mehr rund. Meist ist das leicht zu beheben, aber man muss wissen, wie man das macht oder wen man fragen kann. Wer Spinnerfahrung hat, kann schnell erkennen, ob Flügel und Spule richtig funktionieren, und beim Treten spüren, ob sich das Rad gleichmäßig dreht. Auf die Aussagen und Versprechungen von nicht-spinnenden Verkäufern sollte man sich lieber nicht verlassen. Das Beste ist daher immer: hinfahren und ausprobieren!

Ein weiterer Punkt, auf den man achten sollte, ist das Zubehör. Es macht beispielsweise keinen Spaß, nur eine einzige Spule für sein Spinnrad zu haben. Bei älteren Modellen gibt es aber oft keine passenden Ersatzteile mehr zu kaufen, und man muss Ersatzspulen für viel Geld passend nachbauen lassen.

Bei historischen Rädern kommt zum Problem der Lagerungsschäden noch ein weiteres hinzu: Ist dieses Rad überhaupt zum Spinnen gebaut worden, oder ist es nur ein Deko-Rad fürs Wohnzimmer gewesen? Denn schon vor hundert Jahren wurden manche Spinnräder als reine Dekorationsobjekte gebaut.

Ein guter Hinweis, ob ein historisches Spinnrad tatsächlich früher einmal benutzt wurde, sind ein abgenutztes Pedal, schmierige Lager und das Vorhandensein von zusätzlichen Spulen. Allerdings sind viele dieser alten Stücke Flachsräder und zum Verspinnen von Wolle nur mäßig geeignet. Flachsräder haben meist eine kleine Übersetzung, kleine Spulen und ein kleines Einzugsloch, sodass sie sich besonders für feine Garne aus langen Fasern eignen. Flachsräder sind oft mit einem integrierten Spinnrocken ausgestattet.

WARTUNG UND PFLEGE EINES SPINNRADS

Spinnräder brauchen viel Liebe und auch ein wenig Pflege. Bei der Spinnradwartung geht es vor allem um das Ölen der beweglichen Teile sowie um das gelegentliche Wechseln des Antriebsriemens. Dabei gibt es einige Unterschiede zwischen modernen und historischen Rädern. Bei vielen Problemen, die plötzlich am Spinnrad auftreten, hilft eine Kombination aus Putzen und Ölen. Wollflusen, Wollwachs, ranziges Schmiermittel und kleine Mengen Staub an der falschen Stelle reichen oft schon, um Asymmetrien, Geräusche oder Bremsprobleme zu verursachen.

Wann und wo ölen?

Alte Spinnräder müssen regelmäßig geschmiert werden. Sie machen durch Quietschen, Knarzen oder zähes Drehverhalten auf sich aufmerksam, wenn sie sich vernachlässigt fühlen. Gereinigt und dann geölt oder gefettet werden bei alten Rädern alle Verbindungen, an denen sich etwas bewegt und Reibung entsteht. Gängige Stellen sind die Enden der Flügelachse, die Achse selbst (bevor eine neue Spule aufgesteckt wird), beide Enden der Schwungradachse, je nach Bautyp die Verbindung vom Pedal zum Knecht und zum Trittplattensteg sowie dessen Lager in den Beinen des Spinnrads. Bei modernen Rädern sollte man sich an die Anweisungen in der Bedienungsanleitung halten. Wartungsfreie Kugellager an modernen Spinnrädern darf man beispielsweise nicht ölen. Welches Öl oder Fett man verwendet, ist in Spinnkreisen ein viel diskutiertes Thema. Wichtig ist, dass man bei einem Schmiermittel bleibt und nicht mischt. Für die neuen Räder bieten die Hersteller häufig ein passendes Öl an, das man guten Gewissens verwenden kann und sollte. Gerade wenn Plastikteile mit verarbeitet sind, kann ein falsches Schmiermittel aber oft böse Folgen haben. Bei manchen Spinnradmodellen kann man sogar seine Garantieansprüche verlieren, wenn man ein anderes Schmiermittel verwendet als vom Hersteller vorgegeben.

Bei den älteren Spinnrädern hat man die Qual der Wahl. Manche greifen lieber zu dünnflüssigen Mitteln wie Ballistol, Nähmaschinen- oder Feinmechaniköl, die aber vom Holz schnell aufgesaugt werden und es möglicherweise aufquellen lassen, wenn es nicht schon gut durchtränkt ist. Andere verwenden zähere Mittel wie etwa Plastilube. Bei Vaseline scheiden sich dagegen die Geister: Die einen schwören drauf, die anderen raten davon ab. Für Lederverbindungen ist Vaseline aber gut geeignet. Vor dem Ölen sollte man das alte Öl entfernen und nachher überschüssige Reste wegwischen. Bitte nichts Essbares aus der Küche (Butter, Schmalz, Speiseöl) zum Schmieren verwenden, das riecht irgendwann ranzig und lockt überdies Ameisen an!

Wenn Schrauben knarzen, hilft Bienenwachs: Schraube rausdrehen, etwas Wachs dran und wieder reindrehen. Für Holzverbindungen und -lager werden klassischerweise Kerzenwachs (Stearin/ Paraffin, aber kein Bienenwachs!) oder Kernseife empfohlen.

Wie oft man ölen sollte, ist nicht pauschal zu beantworten. Manche Spinnerinnen ölen bei jedem Spulenwechsel, andere nur, wenn das Spinnrad sich bemerkbar macht. Reinigen und schmieren ist auf jeden Fall angesagt, wenn das Schwungrad schwergängig läuft, wenn die Spulen sich nicht ohne Widerstand um die Spindelachse drehen und natürlich, wenn irgendwo Geräusche auftauchen. Spinnräder, die sich durch eine falsche Lagerung (Feuchtigkeit, große Temperaturunterschiede) im Laufe der Jahre verzogen haben, bekommt man mit ein wenig Fett nicht wieder zum Laufen. Hier hilft nur noch der Spinnraddoktor. Solche Fachleute in der Nähe seines Wohnortes findet man am besten durch Nachfragen in Spinnradforen. Auch manche Spinnradbauer bieten Spinnradwartung an (siehe Bezugsquellenliste am Ende des Buchs).

Wechsel des Antriebsriemens

Der Antriebsriemen muss beim Spinnen immer etwas Spannung haben. Damit er nicht ausleiert, sollte man ihn nach Gebrauch vom Schwungrad losmachen. Ein ausgeleierter Riemen muss gekürzt oder ausgetauscht werden. Bei alten Spinnrädern werden Riemen aus Leder oder festem Garn verwendet, bei modernen Spinnrädern synthetische Materialien.

Hat man keinen alten Antriebsriemen mehr als Maßstab, muss man am Spinnrad Maß nehmen. Ist der Abstand zwischen Schwungrad und Flügel verstellbar, wird der geringstmögliche Abstand gewählt. Dann wickelt man den neuen Riemen um beide Räder und schneidet die Länge passend zurecht.

Riemen aus Polyurethan (PU) kann man bei Händlern mit Spinnradzubehör als Meterware bestellen. Um diese Riemen zur Schlinge zu schließen, wird das Material erhitzt und die angeschmolzenen Enden zusammengepresst. Das kann man zu Hause mit einem Feuerzeug oder noch besser einem Lötkolben machen (nicht direkt in die Flamme halten, es soll nur schmelzen, nicht brennen!). Wülste, die beim Zusammenpressen der Enden entstehen, kann man nachher mit einer feinen Schere entfernen. Ein ausgeleierter Riemen lässt sich kürzen, indem man ihn aufschneidet und neu zusammenschmilzt.

Um einen Riemen aus Garn oder Leder zu schließen, eignet sich ein flacher Kreuzknoten, bei dem man die Fadenenden zurückschneidet. Da Knoten aber den gleichmäßigen Lauf des Rades stören können, lassen viele Spinnerinnen die Riemenenden leicht überlappen und nähen sie zusammen oder umwickeln sie straff mit Nähgarn und fixieren die Umwicklung mit Klebstoff.

SPINNEN MIT DEM SPINNRAD: DIE GRUNDTECHNIKEN

Diese Anleitung erklärt das Spinnen im kurzen Auszug für Spinnräder mit Fußantrieb und Spinnflügel. Wie man mit handbetriebenen Spindelrädern oder der Spinntechnik des langen Auszugs arbeitet, ist im anschließenden Kapitel beschrieben. Dort erfährt man auch, wie man gezielt dick oder dünn, weich oder hart, flauschig oder glatt spinnen kann. Jetzt soll es aber erst einmal nur um die Grundtechniken und die Arbeitsweise mit dem Spinnrad gehen.

Das Einstellen des Spinnrades

Abhängig von der Bauart und dem Antriebssystem eines Rades kann man durch verschiedene Einstellungen den Spinnprozess beeinflussen. Das sind im Wesentlichen die Spannung des Antriebsriemens, die Wahl der Übersetzung und der Zug der Bremse. Zu neu gekauften Spinnrädern bekommt man normalerweise eine Anleitung, in der die verschiedenen Einstellungsmöglichkeiten erklärt sind.

» **Die Spannung des Antriebsriemens:** Er verläuft beim einfädigen Antrieb über das Schwungrad und je nach Bauart über die Spule oder den Flügel. Wenn er aufgezogen ist, sollte er so straff sein, dass er nicht durch die Rillen rutscht, sondern das Rad immer mitbewegt.

Beim zweifädigen Antrieb wird der Riemen zweimal über das Schwungrad und je einmal über die Antriebsscheibe der Spule und des Flügels gespannt. Der Abstand zwischen dem Schwungrad und den Wirteln lässt sich meist durch eine Spannschraube verstellen. Bei geringstmöglichem Abstand sollte der Riemen so locker sein, dass sich Flügel und Spule nicht drehen, wenn man das Schwungrad antreibt. Vergrößert man den Abstand, beginnen sie sich mitzudrehen. Man kann es hören, wenn der Riemen anfängt zu greifen. Zu Beginn geschieht das ruckartig und stückchenweise. Der Abstand sollte nun so weit vergrößert werden, dass der Flügel oder die Spule dauerhaft mitgedreht wird, ohne dass es ruckelt. In dieser Einstellung zieht das Rad das Garn nur ganz sanft ein.

» **Der Einzug bzw. die Bremse:** Wie stark oder wie schwach die Wolle eingezogen wird, reguliert man beim einfädigen Antrieb durch die Bremse. Ist sie völlig offen, zieht das Spinnrad das Garn gar nicht ein, sondern es wird nur immer weiter verdreht. Je fester man die Bremse anzieht, desto stärker ist der Zug auf das Garn und desto schneller wird es aufgewickelt.

» **Die Übersetzung:** Die Spinngeschwindigkeit bestimmt man grundsätzlich mit den eigenen Füßen. Je schneller man tritt, desto schneller dreht sich das Schwungrad. Besitzt das Spinnrad die Möglichkeit, zwischen verschiedenen Übersetzungen zu wechseln, kann man einstellen, ob bei einer Fußbewegung mehr oder weniger Umdrehungen der Spule oder des Flügels erfolgen sollen. So kann man ein Spinntempo einstellen, bei dem die Koordination von Hand- und Fußbewegungen am angenehmsten ist.

» **Der Spulenwechsel:** Um die Spule zu wechseln, muss man den Spinnflügel herausnehmen. Das funktioniert bei jedem Spinnrad anders, ist aber auch ohne Bedienungsanleitung nicht schwer herauszufinden. Normalerweise muss man dazu Antriebsriemen und Bremse lösen, und dann den Spinnflügel mit der Spule aus dem Lager bzw. den Lagern heben oder drehen.

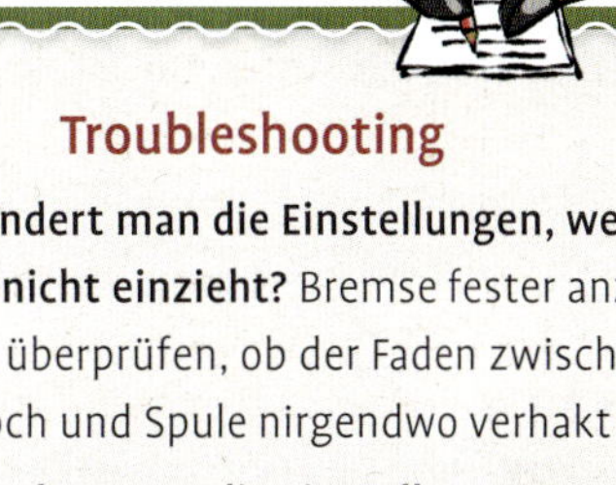

Troubleshooting

Wie verändert man die Einstellungen, wenn das Garn nicht einzieht? Bremse fester anziehen und überprüfen, ob der Faden zwischen Einzugsloch und Spule nirgendwo verhakt ist.

Wie verändert man die Einstellungen, wenn das Garn zu schnell einzieht oder sogar reißt? Bremse lockern und überprüfen, ob Spule und Flügel sich leichtgängig drehen. Garn im Zickzack über den Flügel führen. Langsamer treten und eine kleinere Übersetzung helfen zwar auch, aber dann wird das Garn nicht genug verdreht und es reißt schneller.

Vorbereitung zum Spinnen

Durch die Vorübungen und das Spinnen mit der Handspindel ist der grundsätzliche Spinnprozess und der Umgang mit der Wolle schon bekannt. Völlig neu ist allerdings die zeitgleiche Bedienung eines Pedals. Daher sollte man zu Beginn erst einmal das Treten üben, ohne dabei direkt Fasern verspinnen zu wollen. Klassische Spinnräder haben ein schmales Pedal, das mit nur einem Fuß bedient wird. Viele moderne Modelle haben einen Doppeltritt mit zwei sich gegenläufig bewegenden Pedalen oder ein breites Pedal, auf dem beide Füße abgestellt werden können. Das einzelne Pedal zu bedienen erfordert etwas mehr Feingefühl als der Doppeltritt.

Um sich mit der Tritttechnik vertraut zu machen, sollte man sich mindestens eine halbe Stunde Zeit nehmen. Man dreht von Hand das Schwungrad so weit, bis das Pedal, bzw. eines der beiden Pedale, ganz oben steht. Dann wird mit dem Fuß das

Pedal vorne heruntergedrückt. Das Antriebsrad beginnt sich zu drehen und bewegt dabei das Pedal (oder die Pedale) automatisch mit. Diese Bewegung darf man nicht abbremsen, sondern muss sie mit dem Fuß aufnehmen.

Bei einem Spinnrad mit Doppeltritt hebt sich das andere Pedal, während sich das getretene senkt. Ist das andere Pedal ganz oben angekommen, wird es mit dem anderen Fuß heruntergedrückt, während sich das erste wieder hebt. Für diese Wechselbewegung bekommt man schnell ein Gefühl.

Etwas schwieriger ist es bei einem Spinnrad mit nur einem Pedal. Hier muss man ein Gefühl dafür entwickeln, wann das Pedal nach dem ersten Herunterdrücken wieder zum höchsten Punkt zurückgekommen ist. Sobald man spürt, dass das Pedal beginnt, sich wieder zu senken, ist der Zeitpunkt gekommen erneut mit dem Fuß Druck auszuüben, um dem Rad neuen Schwung zu geben. Erreicht es diesen höchsten Punkt nach dem ersten Treten nicht, hatte man zu wenig Schwung, und das große Rad hat keine ganze Runde machen können. Das darf nicht passieren, denn es würde sich beim nächsten Treten in die entgegengesetzte Richtung zurückdrehen. Wenn das während des Spinnens passiert, gibt es Garnchaos auf dem Spinnflügel!

In der ersten halben Stunde geht es also darum, die Koordination von Fuß und Spinnrad einzuüben. Hohes Tempo ist dabei nicht wichtig. Eher gilt es zu versuchen das Tempo zu variieren und immer wieder auch sehr langsam zu spinnen, ohne dass das Rad stoppt oder gar seine Drehrichtung wechselt. Auch das Abstoppen und wieder neu Starten muss geübt werden. Um beim erneuten Starten nicht versehentlich das Antriebsrad in die falsche Richtung zu drehen, empfiehlt es sich, den ersten Schwung immer direkt mit der Hand aufs Rad zu geben.

Die Bewegung der Füße muss in Fleisch und Blut übergehen, bis man nicht mehr darüber nachdenkt und es ganz automatisch passiert. Wenn man nebenher ein Buch lesen oder eine Nachricht auf dem Smartphone tippen kann, ist es Zeit für den nächsten Schritt.

Die meisten Spinnerinnen entwickeln mit der Zeit eine Wohlfühl-Tretgeschwindigkeit. Wer dann in der Lage ist, mit den unterschiedlichen Übersetzungen seines Rades zu arbeiten, kann immer sein Lieblingstempo beibehalten und trotzdem in unterschiedlichen Geschwindigkeiten spinnen. Eine Übungsreihe dazu findet sich im Abschnitt „Die Garndicke“.

Das Anspinnen

Zum Anspinnen muss man einen stabilen Leit- oder Anspinnfaden (*leader*) an der Spule befestigen und bis zum Einzugsloch führen. Diesen kann man entweder an der Spule festknoten oder als Schlaufe um das Spulenzentrum schlingen. Der Faden muss festsitzen, damit er sich aufwickelt, wenn die Spule sich dreht. Er wird durch die Öse oder unter den Haken an einer Seite des Flügels entlang gelegt und mit Hilfe eines Einzugshakens (im Notfall tut es auch eine aufgebogene Büroklammer) durch das Einzugsloch nach vorne herausgezogen. Der Anspinnfaden sollte so lang sein, dass er mindestens 15 cm aus dem Einzugsloch heraushängt.

Bevor es um das tatsächliche Anspinnen geht, folgt hier eine weitere Vorübung, die man mit einem verlängerten Anspinnfaden machen kann.

Vorübung mit Probefaden

Um erste Erfahrungen zu sammeln, wie es sich anfühlt, wenn das Spinnrad das Garn einzieht, nimmt man einen extralangen Anspinnfaden von drei bis fünf Metern Länge. Der Faden wird genau wie ein Anspinnfaden an der Spule befestigt, über den Flügel geführt und vorne aus dem Einzugsloch komplett herausgezogen.

Nun hält man den Faden mit der Arbeitshand fest, löst die Bremse und beginnt zu treten. Zuerst wird der Faden gar nicht oder kaum eingezogen und aufgewickelt. Durch die Drehung des Flügels wird aber Drall auf den Faden geleitet. Nun zieht man Stück für Stück die Bremse stärker an (bei doppelfädigem Antrieb erhöht man die Riemenspannung), um zu spüren, wie sich dabei der Einzug erhöht. Diesen Vorgang kann man ein paarmal wiederholen. Dabei übt man das richtige Einfädeln und bekommt ein Gefühl dafür, wie der Faden eingezogen wird.

Der Fadenverlauf von Probe- oder Anspinnfaden mit der Verbindung zur losen Wolle

Zum Anspinnen sollte die Bremse so eingestellt sein, dass der Anspinnfaden sanft eingezogen wird. Passiert gar nichts, muss die Bremse stärker angezogen werden. Wird einem der Faden dagegen aus der Hand gerissen, muss die Bremse gelockert werden. Analog muss bei doppelfädigem Antrieb die Spannung des Antriebsriemens verändert werden. Der Anspinnfaden wird nun, wie bei der Handspindel beschrieben, mit der losen Wolle verbunden, indem man das Ende auffächert und in die Fasern legt, bzw. beim doppelten Anspinnfaden ein kleines Faserbüschel hervorzieht und durch die Schlinge legt. Der Übergangsbereich muss beim Anspinnen zwischen Daumen und Zeigefinger der Arbeitshand gut festgehalten werden. Man beginnt nun zu treten, wodurch sich Drall auf dem Anspinnfaden sammelt. Dann stoppt man das Treten und zieht zwischen Arbeitshand und Wollhand ein erstes Faserdreieck heraus. Sobald man den Übergangsbereich an der Spitze des Faserdreiecks loslässt, läuft der Drall hinein und verbindet so den Anspinnfaden mit der losen Wolle. Damit ist das Anspinnen vollbracht. Wenn man einmal weiß, wie es funktioniert, braucht man auch das Treten nicht mehr zu unterbrechen.

DIE ANFÄNGERVARIANTE: DER KURZE AUSZUG

Die beiden unterschiedlichen Spinntechniken langer und kurzer Auszug wurden schon im Handspindelkapitel erklärt. Auch für das Spinnrad ist der kurze Auszug der einfachere Einstieg. Er unterscheidet sich bis auf die Position der Hände nicht vom Spinnen mit der Handspindel. Auch hier wird ein Faserdreieck ausgezogen, und man lässt den Drall anschließend dort hineinlaufen. Nur kommt der Drall hier nicht von einer sich drehenden Spindel, sondern von einem sich drehenden Spinnflügel. Außerdem wird der Zug auf das Garn nicht vom Spindelgewicht, sondern durch die Einstellung des Spinnrades bestimmt. Für alle, die das Spinnen mit der Spindel übersprungen haben, wird auch das Ausziehen des Faserdreiecks in dieser Anleitung noch mal erklärt.

Es ist wichtig, zu Beginn langsam, ruhig und gleichmäßig zu treten. Wenn es mit dem Ausziehen der Fasern nicht gleich klappt, wird man schnell hektisch und beginnt, ohne es zu merken, mit dem Fuß „Gas“ zu geben – was alle Probleme verschlimmert!

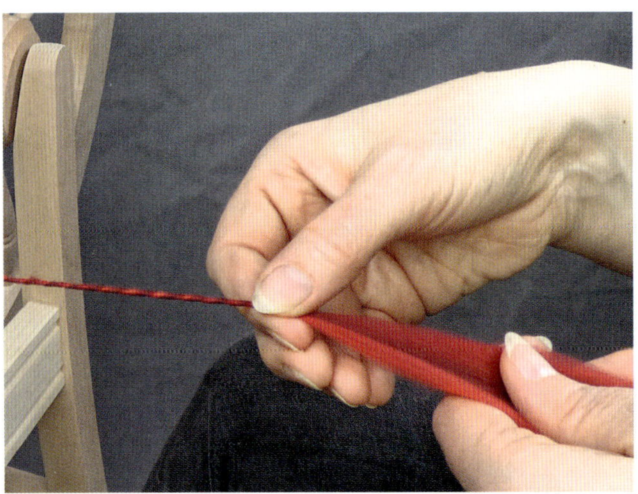

Die Fasern werden in der leicht geöffneten Wollhand gehalten, die Spitze des Faserdreiecks ist während des Ausziehens zwischen den Fingern der Arbeitshand fixiert.

Der Drall läuft ins Faserdreieck, während die leicht geöffneten Finger über das sich verdrehende Faserdreieck zurück in Richtung Wollhand gleiten.

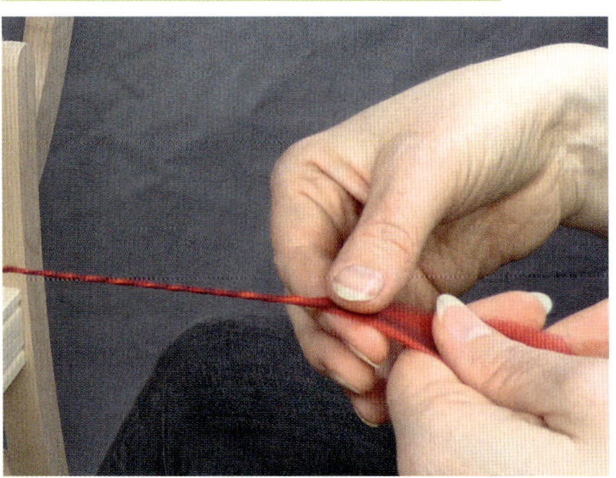

Die Fotos zeigen die einzelnen Schritte: Während man langsam tritt, zieht man mit der Arbeitshand vorsichtig ein Faserdreieck aus der losen Wolle. Dabei drücken Daumen und Zeigefinger der Arbeitshand den Übergang an der Spitze des Dreiecks fest zu, während die Wollhand leicht geöffnet ist, um ein Herausziehen der Fasern zu ermöglichen. Manche Spinnerinnen bewegen hierbei eher die Arbeitshand mit der Spitze des Faserdreiecks in Richtung Spinnrad, andere ziehen eher die Wollhand vom Spinnrad weg.

Wenn man sich unsicher ist und noch kein Gespür dafür hat, wie weit man die Fasern im Faserdreieck ausziehen soll, kann man etwa die Hälfte bis zwei Drittel der Faserlänge als Anhaltspunkt nehmen. Dann gleitet man mit Daumen und Zeigefinger von der Spitze des Faserdreiecks in Richtung Wollhand. Die Wollhand drückt währenddessen die Wolle leicht zusammen, damit der Drall nur das Faserdreieck verdreht und nicht in die losen Fasern läuft. Ist man dicht an der Wollhand angekommen, packen Daumen und Zeigefinger wieder fest zu und ziehen ein neues Faserdreieck hervor. Dabei bewegt sich die Arbeitshand auf das Spinnrad zu, und so darf gleichzeitig fertiges Garn durch das Einzugsloch ins Spinnrad gleiten.

Diese Schritte wiederholen sich nun ständig. Die Kunst besteht darin, einen gleichmäßigen Rhythmus zwischen den Fuß- und Handbewegungen zu finden, sodass das entstehende Garn einheitlich dick ist und weder zu viel noch zu wenig Drall bekommt. Unregelmäßig dickes Garn ist aber am Anfang ganz normal. Das verbessert sich im Laufe der Zeit von selbst. Spinnerinnen nennen Anfängergarne gerne „schwangere Regenwürmer“, weil sie zwischen dünnen und dicken Stellen hin und her pendeln. Die Garne werden gleichmäßiger, sobald die Fingerspitzen ein Gefühl für das Faserdreieck bekommen und man lernt, immer die gleiche Fasermenge über die gleiche Strecke auszuziehen. Um dabei immer die gleiche Menge Drall ins Garn zu geben, hilft es mitzuzählen: Wie viele Faserdreiecke ziehe ich pro Fußtritt aus? Da der Durchmesser des Garnkonus immer weiter anwächst, verlängert sich mit der Zeit die Garnlänge, die pro Umrundung der Spule eingezogen wird. Um das auszugleichen, muss man bei voller werdender Spule die Bremse etwas lösen.

Was tun bei dicken Stellen im Garn?

Lässt man versehentlich den Drall über das Faserdreieck hinaus bis in die Zone hineinlaufen, in der die Wolle noch nicht ausgezogen wurde, entstehen im Garn dickere Stellen. Wenn das passiert, sollte man das Spinnrad anhalten, den Faden mit ausreichend Abstand rechts und links der dicken Stelle festhalten und den Bereich entgegen der Spinnrichtung aufdrehen. Sobald die Drehung aus dem Fadenstück heraus ist, kann man es vorsichtig verstrecken und die Beule auf diese Weise ausdünnen.

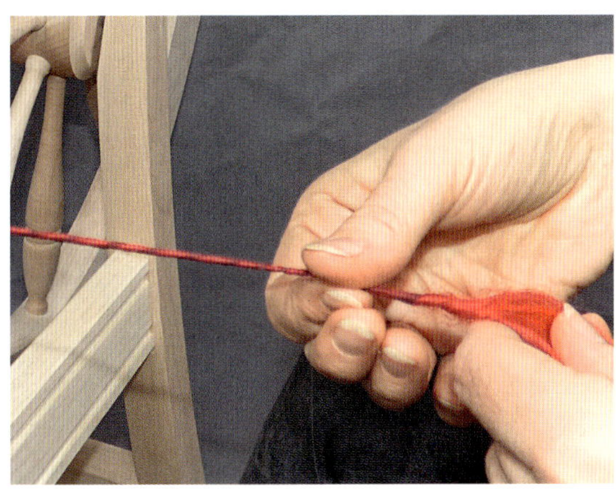

So bitte nicht! Der Drall ist hinter den Fingern der Arbeitshand in die noch nicht zum Faserdreieck ausgezogene Wolle hineingelaufen – so entstehen dicke Stellen im Garn, denn die Wolle lässt sich nun nicht mehr dünn ausziehen.

Was tun bei gerissenem Faden?

Wenn der Faden reißt, ist das kein Drama. Er lässt sich leicht wieder anspinnen, indem man das Ende des Garns wie den Anfangsfaden auffächert. Diesen Fächer legt man in die lose Wolle und drückt ihn beim Weiterspinnen ein wenig fest (den schon verdrehten, gerissenen Teil zupft man vorher raus). Man kann den Fächer auch wie bei einem Sandwich zwischen zwei Wollschichten legen. Bei der Bildung des nächsten Faserdreiecks sollte man die Wolle ein wenig vorsichtiger aus der Wollhand herausziehen, aber im Prinzip halten sich die Wollfasern mit ihrer rauen Oberflächenstruktur aneinander fest, und im Bereich des Fächers werden automatisch neue Fasern in den Faden hineingezogen.

Die Körperhaltung

Meist schon im Laufe der ersten Woche klappt das Spinnen so gut, dass man nicht mehr hundertprozentig auf den Spinnprozess konzentriert sein muss. Spätestens wenn man so weit ist, dass man sich nebenher unterhalten kann, sollte man sich mit seiner Körperhaltung befassen. Es ist wichtig, sich immer wieder selbst zu beobachten und gegebenenfalls zu korrigieren. Spinnen kann wunderbar meditativ und entspannend sein – allerdings nicht, wenn man dabei verkrampft sitzt! Für die richtige Haltung beim Spinnen ist es wichtig, die optimale Sitzgelegenheit zu finden: Man sollte sich weder weit zum Einzugsloch hinunterbeugen, noch die Beine in unangenehmen Winkeln bewegen müssen. Ein guter Stuhl sollte eine entspannte, aufrechte Sitzhaltung unterstützen. Eventuell hilft ein keilförmiges Kissen.

Um eine gute Sitzhaltung zu finden, sollte man sich an seinem Spinnrad von einer ganz krummen, gebeugten bis in eine nach hinten gebogene Position und wieder zurück bewegen. An irgendeinem Punkt in der Nähe einer aufrechten Position ist der Rücken am entspanntesten. Diese Position fühlt sich unter Umständen (noch) nicht natürlich an, weil wir häufig gewohnt sind, im Sitzen zusammenzusacken. Um über einen längeren Zeitraum schmerzfrei arbeiten zu können, sollte man aber versuchen, diese Position beizubehalten. Der Kopf sollte dabei nicht stark nach vorne abknicken. Ebenfalls wichtig sind regelmäßige Pausen, in denen man herumläuft und sich anderweitig bewegt – und dies nicht erst, wenn man schon Schmerzen hat. Dehnübungen sind auch hilfreich. Unser Körper ist nicht dafür gemacht, den ganzen Tag zu sitzen.

Schmerzen in den Händen können durch einen häufigeren Wechsel der Tätigkeiten und Bewegungsabläufe gemildert werden. Beispielsweise indem man zwischendurch neue Wollportionen kardiert oder kämmt oder zum Stricken oder Häkeln wechselt. Wenn es vor allem die einseitige Belastung ist, die Probleme bereitet, kann man üben, Wollhand und Arbeitshand zu vertauschen. So trainiert man auch seine andere Gehirnhälfte und gehört vielleicht eines Tages zu den wenigen Spinnerinnen, die beidhändig an einem Hochzeitsspinnrad spinnen können!

Liegen die Probleme bei den Füßen, kann man abwechseln: Bei einpedaligen Rädern tritt man mal mit rechts und mal mit links, und auch ein Rad mit Doppeltritt lässt sich einfüßig antreiben. Viele Spinnerinnen lieben es, barfuß zu spinnen. Gerade bei schwergängigen Spinnrädern ist es jedoch oft angenehmer, Schuhe zu tragen.

GEZIELT SPINNEN UND ZWIRNEN

Sich einfach der Wolle hinzugeben und ganz aus dem Bauch heraus drauflos zu spinnen, macht unglaublich viel Spaß und ist geradezu meditativ. Oft hat man das Gefühl, spüren zu können, wie die Wolle am besten gesponnen werden möchte. Doch nicht immer ist das dabei entstehende Garn am Ende so, wie man es sich vorgestellt hat. Will man Einfluss auf das Ergebnis nehmen, muss man lernen, seine Spinntechnik zu kontrollieren und anzupassen.

Die Auswahl der Wolle, ihre Aufbereitung, ihre Farbe, die Spinntechnik, die Zwirntechnik und natürlich auch die Fingerfertigkeit der Spinnerin beeinflussen die Eigenschaften des entstehenden Garns. Der magische Ort, an dem die Fasern sich in ein Garn verwandeln, ist das Faserdreieck. Hier entscheidet sich, wie viele Fasern und wie viel Drall hineingelangt, wie gleichmäßig die Fasern ausgezogen werden und zum Teil auch, wie die Fasern innerhalb des Garns orientiert sind. Alle diese Garneigenschaften lassen sich messen und dokumentieren, was ein gezieltes Arbeiten deutlich vereinfacht.
Im vorangegangenen Kapitel beschreibt die erste Anleitung den kurzen Auszug. Diese Technik wird üblicherweise für Kammgarne benutzt, die eine eher glatte und feste Struktur haben. Im Gegensatz dazu gibt es den langen Auszug, welcher zumeist für Streichgarne verwendet wird, die eher luftig und weich sind. Abhängig von der Faseraufbereitung und der Ausführung der Techniken gibt es jedoch einen breiten Übergangsbereich zwischen diesen beiden Garntypen. Ganz aus der Reihe tanzen die Effektgarne, für die weitere spezielle Techniken Anwendung finden. Ihnen ist ein eigenes Kapitel am Ende des Buches gewidmet.

DIE AUSWAHL UND VORBEREITUNG DER WOLLE

Genau wie beim Filzen hängt auch beim Spinnen vieles von der Wahl der richtigen Wolle ab. Wer für ein gefilztes Sitzkissen oder einen gewebten Teppich mit hochfeiner Merinowolle arbeitet, wird wahrscheinlich nicht sehr lange Freude an seinem Werk haben, da es sich schnell abnutzt. Wer aber für einen Nunofilzschal oder ein filigran gestricktes Spitzen-Halstuch mit Heidschnuckenwolle arbeitet, wird ebenso wenig glücklich mit dem Ergebnis sein, denn niemand möchte sich steife, kratzende Stoffe um den Hals wickeln.

Wolle für Anfänger

Schafwolle ist in jedem Fall die optimale Faser, um das Spinnen zu erlernen. Baumwollfasern sind schwieriger zu verspinnen, weil sie glatt und kurz sind, Flachs dagegen ist grober und langfaserig. Die aus kleinen, sich überlappenden Schüppchen bestehende äußere Schicht der Wollfasern ist nicht nur der Grund für die Filzeigenschaften von Wolle, sondern hilft auch beim Spinnen. Wie kleine Widerhaken verkeilen sich die Schüppchen ineinander und geben dem Garn so mehr Stabilität. Außerdem hat Wolle viele wunderbare Eigenschaften und Besonderheiten (siehe Kapitel „Wollkunde“ ab Seite 18).
Die meisten Anfänger fühlen sich mit kardierten Fasern wohler als mit gekämmten. In einem Kammzug sind die Fasern parallel angeordnet. So gleiten sie leichter aneinander vorbei, und die Gefahr ist größer, dass der Faden reißt oder die Wolle im Faserdreieck auseinanderrutscht. Bei kardierter Wolle im Band oder Vlies sind die Fasern nur ausgebürstet bzw. aufgelockert und wenig parallel ausgerichtet. So halten sie sich beim Ausziehen des Faserdreiecks eher aneinander fest. Details zu den unterschiedlichen Faseraufbereitungen finden sich im Kasten auf Seite 467.

Was tun, wenn sich die Wolle schwer ausziehen lässt?

Die Wolle lässt sich beim Spinnen schwer ausziehen? Wenn man nicht tatsächlich eine verfilzte Wolle erwischt hat (das passiert manchmal beim falschen Waschen oder Färben), liegt das meist an diesen beiden typischen Anfängerfehlern: Der Wollvorrat wird zu fest umklammert und der Abstand zwischen Wollhand und Arbeitshand ist zu gering. Um die Wolle aus der Wollhand herausziehen zu können, darf man den Wollvorrat trotz der Nervosität während der ersten Spinnversuche nicht zusammenpressen. Zudem müssen beide Hände mindestens so weit voneinander entfernt sein wie die durchschnittliche Faserlänge der verwendeten Wolle. Sonst zieht man nicht die Fasern auseinander, sondern versucht sie in der Mitte durchzureißen – was bei einem so stabilen Material wie Wolle nur mit Gewalt funktionieren kann.

Welche Schafrasse?

Oft kauft man aus Gewohnheit immer wieder die Wolle, mit der man seine ersten erfolgreichen Spinnversuche gemacht hat. Aber um neue Erfahrungen zu sammeln, sollte man ab und zu mutig sein und sich in Abenteuer mit anderen Fasern stürzen. Bei der Auswahl kann man sich im Kapitel über die Schafrassen Informationen und Inspiration suchen. Hier noch mal kurz die wichtigsten Eigenschaften der Wollfasern und ihr Einfluss auf die Spinnbarkeit zusammengefasst:

» **Faserlänge:** Je nach Schafrasse variiert die Länge der Wollfasern zwischen wenigen Zentimetern bis hin zu weit über 30 Zentimetern. Gute Einsteigerwolle hat eine Faserlänge von 8 bis 10 cm. Kurzfaserige Wollsorten wie beispielsweise die Wolle von Suffolk-, Southdown- oder Shetland-Schafen sollte man kardieren und mit viel Drall und wenig Zug verspinnen. Standspindeln, Spinnräder mit hoher Übersetzung und Spinnen mit langem Auszug sind empfehlenswert.
Langfaserige Wolle ist schwierig zu kardieren. Sind die Fasern kräftig genug, ist sie aber wunderbar zum Kämmen. Bei sehr langen Fasern muss man zum Ausziehen des Faserdreiecks die Hände weiter als gewohnt auseinanderhalten.
Auch wer eine Wolle mit schönem Glanz sucht, sollte sich bei den Langwollen umschauen. Besonders Bluefaced Leicester ist beliebt, weil sie weich ist und von den meisten Menschen gut auf der Haut vertragen wird. Weitere glänzende Langwollsorten sind Wensleydale und Romney.

» **Kräuselung:** Neben den Schüppchen an der Faseroberfläche verhilft auch die Kräuselung der Wolle dem Garn zu mehr innerem Zusammenhalt. Außerdem isolieren gekräuselte Fasern durch die Lufteinschlüsse besser als glatte, und sie machen die Garne elastischer. Manche Wollsorten – vor allem die feinen – sind stark gekräuselt, andere kaum. Da die Fasern beim Spinnen immer gestreckt werden, muss man einkalkulieren, dass diese Garne oder aus ihnen hergestellte Textilien stärker einlaufen. Auch in gekauften Kammzügen sind die Fasern durch die Verarbeitung schon stark gestreckt. Um ihnen ihre Kräuselung wiederzugeben, hilft ein warmes Entspannungsbad. Manche Spinnerinnen bemühen sich, die Drallstärke ihres Garns der Kräuselung anzupassen, sodass auf gleicher Strecke die Anzahl der Wellen in den Fasern der Anzahl der Garndrehungen entspricht.

» **Feinheit:** Feinheitsgrade unter 22 Mikrometer (Mikron), wie bei feiner oder ultrafeiner Merinowolle, wachsen nicht auf Schafrücken in unseren Breiten. Diese Wolle wird aus Übersee importiert. Aufgrund ihrer Weichheit ist Merino bei Handspinnern die meistgekaufte Spinnfaser. Durch die starke Kräuselung der Fasern sind die entstehenden Garne sehr elastisch, durch die kurze Stapellänge jedoch auch empfindlich und leicht filzend. Für Sockengarne werden synthetische Fasern oder Seide untergemischt, um die Haltbarkeit zu erhöhen.
Die Feinheitsgrade der meisten einheimischen Wollsorten liegen eher im mittelfeinen bis groben Bereich. Sie eignen sich vor allem für Oberbekleidung wie Jacken, Westen oder Pullover, die wenig

Hautkontakt haben, sowie für Puschen, Tischläufer, Sitzkissen und ähnliches. Will man Pullis, Mützen, Handschuhe oder Socken aus europäischer Wolle herstellen, sollte man Schafrassen mit mittelfeiner, stichelhaarfreier Wolle auswählen, wie beispielsweise Bluefaced Leicester, Charollais, Merinofleisch- und Merinolandschaf. Für rustikale Teppiche aus dickem Garn kann man dagegen auch die ganz groben Wollen wie etwa von Heidschnucken, Steinschafen oder den meisten Landschafrassen verwenden.
Wenn sich beim Tragen eines Kleidungsstücks herausstellt, dass die Wolle doch zu kratzig ist, hilft vielleicht einer dieser Tricks: Für mindestens einen Tag in den Gefrierschrank legen oder mit Essigwasser, Weichspüler oder Babyshampoo spülen.

Aus der Flocke, kardiert oder gekämmt?

Wer Rohwolle von eigenen Schafen oder direkt vom Schäfer beziehen kann, wird sie vielleicht direkt aus der Flocke verspinnen. Wer im Handel Wolle kauft, bekommt fertig gewaschene, möglicherweise gefärbte und zudem meist kardierte (Kardenband, Vlies) oder gekämmte Wolle (Kammzug) geliefert. Wer selbst kardieren oder kämmen will, muss sich dafür zusätzliche Geräte anschaffen und natürlich mehr Zeit investieren. Details zum Verarbeiten von Rohwolle finden sich im ersten Teil dieses Buches. Anleitungen zum Kardieren und Kämmen für spezielle Farb- oder Fasermischungen folgen im Anschluss an dieses Kapitel.
„Aus der Flocke spinnen“ bedeutet, gewaschene oder ungewaschene Wolle in der Form, wie sie vom Schafrücken geschoren wurde, direkt zu verspinnen. Man nimmt dazu eine kleine Handvoll Wolle und zupft die Fasern vor dem Spinnen mit der Hand so weit auseinander, dass sich aus ihnen ein halbwegs gleichmäßiges Faserdreieck ausziehen lässt. Da sich aber auf diese Weise nicht alle Knoten oder verfilzten Stellen vollständig entfernen lassen, sind aus der Flocke gesponnene Garne meist etwas ungleichmäßig.
Beim **Kardieren** werden die Fasern aufgelockert, entknotet und gesäubert. Da in Vliesen und Kardenbändern die Fasern kreuz und quer liegen, ist viel Platz für Luft zwischen den Fasern, und die Garne werden weich, warm und fluffig – vor allem, wenn man sie als klassisches Streichgarn mit langem Auszug spinnt. Im kurzen Auszug gesponnen sind sie immer noch recht weich und etwas ungleichmäßiger als Garne aus einem Kammzug.
Beim Kämmen werden die Fasern parallel angeordnet und kurze Fasern entfernt. Aus dem Kammzug gesponnene Garne sind daher glatt, kühl und gleichmäßig – besonders, wenn sie als klassische Kammgarne mit kurzem Auszug

Zum Spinnen aufbereitete Wolle: maschinell kardiertes, eingerolltes Vlies (braun); maschinell hergestelltes Kardenband (weiß); mit Trommelkarde kardiertes Vlies, mit Handkarden erstellter Rolag sowie aus handkardiertem Vlies gezogenes Kardenband (Grüntöne); maschinell hergestellter Kammzug (orange); von Hand gezogener Kammzug (Rot-Gelbtöne); gefärbte Wensleydale-Locken.

Die wichtigsten Faseraufbereitungen

Dies ist eine Übersicht der wichtigsten Bezeichnungen der im Handel erhältlichen Faseraufbereitungen. Die englischen Bezeichnungen sind in Klammern mit angegeben, manchmal aber existiert kein deutsches Wort.

Vlies (*batt*): Diese Matten aus kardierten Fasern sind vor allem zum Filzen beliebt. Industriell hergestellte Vliese können sehr groß sein, handkardierte Vliese entsprechen der Rollengröße der verwendeten Trommelkarde. Die Fasern liegen weitgehend ungeordnet im Vlies bzw. sind nur tendenziell in Kardierrichtung angeordnet. Man kann zur Spinnvorbereitung das Vlies quer oder längs zur Kardierrichtung in mehrere Streifen reißen (quer ergibt ein flauschigeres Garn) oder im Zickzackmuster zu einem langen Streifen zerteilen und diesen dann wie Kardenband verspinnen. Die Vliesstreifen können auch in die Breite gezogen zu einer Art Rolag (siehe dort) aufgerollt werden. Man kann ein Vlies komplett aufrollen und die Rolle von einem Ende her direkt verspinnen, sie von Hand in Längsrichtung verstrecken oder durch eine Diz zu einem dünnen Kardenband ziehen. Vliese mit ausgefallenen Fasermischungen nennt man auch *artbatts* und verwendet sie zum Spinnen von Effektgarnen.

Kammzug (*top*): Ein handgekämmter und mit der Faserspitze voran durch eine Diz ausgezogener Kammzug ist das traditionelle Ausgangsmaterial für ein klassisches Kammgarn. Bei einem maschinell hergestellten Kammzug liegen die Fasern zwar auch parallel, aber manche mit der Spitze, andere mit der Schnittseite voran. Daher werden die Garne nicht ganz so glatt wie ein Faserrichtungsgarn. Einen gekauften Kammzug sollte man zum Spinnen in schmalere Streifen aufteilen, sonst muss man über die Spitze des Kammzuges hin und her spinnen. Man sollte einen Kammzug aber nicht so weit zerteilen, dass die Streifen nur noch so dick sind wie das Garn, das man daraus spinnen will. Dann hat man nämlich kein Arbeitsmaterial mehr, um Faserdreiecke auszuziehen, und man hat kaum noch Einfluss auf die Eigenschaften des Garns. Luftiger werden Garne aus Kammzug, wenn man aus dem Faserbogen bzw. aus der Falte spinnt (siehe Anleitung Seite 482). Kammzüge sollte man vor dem Spinnen oder Zerteilen ein wenig aufschütteln, da sie oft durch die Lagerung sehr stark komprimiert wurden. Manchmal lässt sich durch die Faserausrichtung beim industriellen Kämmen ein Kammzug vom einen Ende her besser ausziehen als vom anderen, das sollte man vor dem Spinnen ausprobieren.

Kardenband (*roving/sliver*): Diese kardierten Wollbänder werden aus Vliesen herausgezogen, wodurch die Fasern etwas stärker geordnet liegen als im Vlies. Es lässt sich nicht so gut durch Teilen in schmalere Streifen zerlegen wie ein Kammzug. Will man trotzdem ein dünneres Band als Ausgangsmaterial zum Spinnen haben, so kann man das Kardenband strecken oder verziehen. Dazu lockert man es durch Schütteln auf und zieht es dann abschnittsweise sanft von Hand in die Länge oder benutzt eine Diz. Im Englischen bezeichnet man dünne Kardenbänder als *sliver*.

Rolag: Für diese englische Bezeichnung gibt es kein adäquates deutsches Wort. Rolags sind eingerollte kleine Vliese oder Vliesstücke, die man mit Handkarden oder auf einem Kardierbrett (*blending board*) erstellt. Traditionell werden sie mit langem Auszug von einem Ende des Rolags her versponnen, und die Garne werden locker, flauschig und warm. Als falsche Rolags (*fauxlags*) bezeichnet man Faserrollen, für die einfach ein fertiges Vlies oder in die Breite gezogene Kardenbänder und Kammzüge eingerollt wurden. Punis sind feine, meist um ein oder zwei Stöckchen straff gerollte Rolags, die üblicherweise aus Baumwolle oder anderen sehr feinen Fasern hergestellt werden.

Flocken: Flocken sind aus (eventuell gewaschener) Rohwolle von Hand auseinandergezupfte Stapel oder Vliespartien, die man direkt aus der Hand verspinnt.

Locken (*locks*): Ganz besonders schöne Wolllocken kann man auch einzeln kaufen, beispielsweise von Wensleydale oder Gotlandschafen. Sie werden für besondere Effekte eingesponnen oder eingefilzt.

Vorgarn: Vorgarn ist ein zumeist maschinell ganz dünn ausgezogenes Kardenband, das man ohne Verziehen verspinnt; industrielle Spinnmaschinen arbeiten damit.

gesponnen werden. Da die Fasern eng beieinander liegen, kommt die Farbe der Wolle intensiver hervor als bei Streichgarnen. Mit langem Auszug gesponnen, werden Garne aus Kammzug etwas weicher und lockerer.
Während es kommerziell kardierte oder gekämmte Wolle überall im Handel gibt, bekommt man über DIY-Plattformen auch von Hand kardierte Rolags oder Vliese (die bei ausgefallenen Mischungen auch Artbatts genannt werden) sowie andere Spezialitäten.

Spinnfertige Wolle kaufen

Das Thema Rohwolle wurde im ersten Teil des Buches ausführlich behandelt. Was aber, wenn ich auf dem Wollmarkt oder im Handel spinnfertig vorbereitete Wolle kaufe? Das Wichtigste ist, nie zu vergessen, dass auch diese Wolle ursprünglich von einem Schafrücken kommt! Es lohnt sich, von jeder Wolle, die man je gekauft hat, eine gut beschriftete, kleine Probe aufzuheben, denn nichts kann das Fühlen der Wolle mit den eigenen Händen ersetzen. Wie fühlt sich ultrafeiner Merinokammzug von Händler XY an? Wie ist die Stapellänge beim Kardenband von Händler YZ? Nicht immer bekommt man beim Onlinekauf Micronangaben und Informationen zur Stapellänge. Einige Händler bieten allerdings Probierpakete und Farbmusterkarten mit Wollpröbchen an.
Auf Wollmärkten oder in Geschäften verliebt man sich meist zuerst in die traumhaften Farben. Aber das sollte nicht das einzige Auswahlkriterium sein. Um mehr über die Wolle herauszufinden, kann man – nachdem man um Erlaubnis gefragt hat – ein paar Fasern herausziehen, um zu sehen, wie lang sie sind. Wie ist ihr Glanz, wie ist ihre Kräuselung? Wonach riecht die Wolle? Schlecht gefärbte Wolle riecht manchmal noch chemisch und hinterlässt beim Reiben Farbspuren an den Fingern. Wer einen Schal aus der Wolle stricken will, sollte die Weichheit nicht nur mit den Händen fühlen, sondern auch mit der empfindlicheren Haut am Hals.

KARDIEREN UND KÄMMEN FÜR FARB- UND FASERMISCHUNGEN

Die Technik zum Kämmen und Kardieren von Rohwolle wurde im ersten Teil des Buches ausführlich erklärt, unter anderem auch die spezielle Vorgehensweise, wenn man ein Faserrichtungsgarn spinnen will (siehe Seite 232). Hier geht es nun nicht um die grundsätzliche Technik, sondern um das gezielte Mischen von verschiedenen Fasern und Farben.
Mehrfarbige Garne müssen nicht zwingend aus mehrfarbig gefärbten Kammzügen oder Vliesen

Aus zwei unterschiedlichen Grüntönen (Kammzüge hinten) im gleichen Verhältnis auf Kämmen (rechts) und Karden (links) gemischte und versponnene Faserbänder.

entstehen. Ohne weitere Vorbereitung kann man auch Wollportionen in verschiedenen Farben einfach nacheinander aus der Wollhand verspinnen. Wer sich aber dieses Stückwerk ersparen oder die Farben intensiver vermischen möchte, der wird Freude an der Anschaffung eigener Karden oder Kämme haben.

Mischen unterschiedlicher Faserarten

Warum sollte man unterschiedliche Faserarten mischen wollen? Dafür gibt es viele gute Gründe! Beispielsweise kann man sehr kurzstapelige Fasern mit längeren mischen und so das Spinnen erleichtern. Man kann die Haltbarkeit erhöhen, indem man stabilere Fasern untermischt. Man kann die Farbe, die Weichheit, den Griff oder den Glanz verändern. Nicht nur verschiedene Schafwollen, sondern auch andere tierische, pflanzliche oder synthetische Fasern können mit eingearbeitet werden. Für Effektgarne bietet das Kardieren wilder Fasermischungen ungeahnte Möglichkeiten. Manche Anbieter versprechen, mit ihren Kardiermaschinen könne man alle Faserfeinheiten und -längen kardieren. Sehr lange und sehr kurze Fasern stellen aber in jedem Fall eine Herausforderung dar. Die Fasern langwolliger Rassen wie etwa Wensleydale eignen sich eher fürs Kämmen als fürs Kardieren, und man sollte sie mit kurzem Auszug verspinnen. Kurzfaserige Wolle wie etwa Down lässt sich nur schwerlich kämmen, kann aber beim Kardieren mit längeren Fasern gemischt werden.

Mischen von Farben

Wenn man beim Kämmen oder Kardieren zu viele verschiedene Farben zu stark miteinander vermischt, bleibt an Ende oft nur eine traurige graubraune Melange übrig. Um das zu verhindern, ist es wichtig, sich ein wenig mit der Farbenlehre und dem Farbkreis zu befassen (siehe Kapitel „Färben“ ab Seite 523).
Die härtesten Farbübergänge in einem Garn erreicht man, wenn man Wolle in klaren Farben wählt und sie abwechselnd aus dem Schoß verspinnt. Weichere Übergänge ergeben sich, wenn die Farben zwar zusammen gekämmt oder kardiert werden, man sie dabei aber nebeneinander platziert, sodass nur in den Übergängen eine Vermischung stattfindet. Mischt man stärker, erhält man melierte Garne. Durch intensives Mischen auf Kämmen oder Karden kann man Farben gezielt abdunkeln oder aufhellen und Farbtöne verändern, beispielsweise aus einem Gelb ein Orange machen. Im Grunde würde es reichen, sich Wolle in schwarz und weiß sowie den Grundfarben zu kaufen. Fast jeden anderen Farbton kann man daraus nach den Gesetzen der Farbenlehre selbst mischen.

Kardieren

Informationen zu Kardiergeräten findet sich ab Seite 257. Während die kleinen Flickkarden eher zum Säubern von Kardiergeräten oder zum Öffnen einzelner Locken oder Flocken gedacht sind, eignen sich Handkarden und Trommelkarden (Kardiermaschinen) ganz hervorragend zum Mischen von Fasern. Kardierbretter dagegen sind gar nicht zum Kardieren, sondern speziell für das Mischen konstruiert worden, weshalb die englische Bezeichnung *blending board* besser passt.
Wie fein die Bezahnung sein sollte, hängt von den zu mischenden Fasern ab. Wenn man Merinowolle oder exotischere feine Fasern wie Alpaka, Kaschmir oder Hundehaare verarbeiten will, eignet sich eine feine Bezahnung. Baumwollfasern sind so kurz, dass sie sich mit vielen Kardiermaschinen pur kaum verarbeiten lassen, aber gemischt mit längeren Fasern entstehen wunderbare, gut verspinnbare Vliese. Verarbeitet man eher gröbere Wolle, will dicke Vliese haben oder macht Artbatts mit gröberen Bestandteilen wie Stoffschnipseln oder ähnlichem, nimmt man Kardiermaschinen mit gröberem Belag. Für sehr lange Fasern sind kleinere Trommelkarden nicht geeignet, weil die Fasern sich ganz herumwickeln und dann kaum wieder ablösen lassen.
Beim Kardieren muss man vorher überlegen, wie stark die Vermischung sein soll. Sollen die einzelnen Farben oder Faserarten, wie zum Beispiel gekräuselte Locken, gut erkennbar bleiben, reicht oft schon ein Durchgang – weniger ist hier meist mehr! Will man eine melierte Spinnwolle oder eine Farbe im Ganzen verändern, sind mehrere Durchgänge notwendig.
Abhängig von der gewünschten Mischung werden die Handkarden abschnittsweise oder durcheinander mit den zu mischenden Fasern bestückt. Nach der gewünschten Anzahl an Kardierrunden kann

Beim Kardieren mit einer Trommelkarde (hier ein Gerät der Firma Ashford) kann man Farben vermischen, muss es aber nicht, wie dieses Regenbogenvlies mit parallel liegenden Farbstreifen zeigt.

man die Fasern als Vlies von der Karde abnehmen, sie mit einer Diz zu einem Kardenband ziehen (siehe Kasten Seite 472) oder aber die kardierten Fasern zu Rolags rollen.

Man kann den Rolag aus dem abgenommenen Vlies von Hand rollen, die Rückseite der anderen Karde zum Einrollen verwenden oder aber die überstehenden Fasern wie beim Blending board (siehe unten) zwischen zwei Holzstäbchen klemmen und über die Karde rollen. Wenn man die Rolags seitlich, also von einer der kurzen Seiten her rollt, sind die Fasern im Rolag etwas stärker in Spinnrichtung angeordnet. Ein aus einem Ende dieses Rolags gesponnenes Garn tendiert damit leicht in Richtung Kammgarn.

Mit Handkarden richtig kardieren

Die Haken der oberen Karde werden beim Kardieren niemals tief durch die Haken der unteren Karde gezogen. Das macht nicht nur fiese Geräusche, sondern auch Muskelkater in den Armen! Das Ausbürsten findet nur an der Oberfläche und mit den hervorstehenden Fasern statt. Nur wenn man die Fasern von einer Karde auf die andere übernimmt, greifen die Haken tief ineinander. Dabei macht man mehrere wippende Handbewegungen und hebt die Fasern streifenweise vom unteren bis zum oberen Rand der Karde heraus.

Wenn man ein Vlies kardiert, werden die Fasern zwar nicht parallel angeordnet wie beim Kämmen, aber doch merklich in der Drehrichtung der Maschine ausgerichtet. Darauf muss man achten, wenn man das Vlies zum Spinnen vorbereitet. Reißt man Streifen in Kardierrichtung (was einfacher geht), bekommt man mehr parallele Fasern ins Garn, als beim Reißen quer zur Kardierrichtung. Abhängig davon, wie man das Vlies nach dem Abnehmen verspinnen will, muss man sich also vorher überlegen, in welcher Verteilung man die Farben aufbringt. Analog zu einem Garntagebuch (siehe Seite 489) kann man auch ein Kardiertagebuch führen, um zu dokumentieren, wie man die Vliese aufbaut und was nachher dabei herauskommt.

Auf einem Blending board werden unterschiedlich gefärbten Fasern nach Belieben verteilt und mit einer Bürste oder Flickkarde in den Belag hineingedrückt, um Platz für weitere Fasern zu schaffen. Es erfolgt kein mehrfaches Vermischen, sondern die Fasern werden direkt zu einem Rolag gerollt. Dazu werden am unteren Ende des Bretts die hervorstehenden Fasern aus dem Belag gezogen und zwischen zwei Holzstäbe geklemmt. Dann wickelt man die Fasern um die Stäbe, zieht sie mit den Stäben auf ganzer Breite etwas weiter hervor, wickelt erneut und kann mit diesem Wechsel von Herausziehen und Aufrollen einen oder mehrere Rolags vom Blending board abziehen. Man zieht die Stäbe einzeln aus der Wolle. Oft ist das mühsam, denn diese Rolags sind straffer gewickelt als die von Handkarden gerollten.

Das mit Handkarden aus verschiedenen Rot- bis Gelbtönen gemischte Vlies wird von Hand zu einem Rolag gerollt.

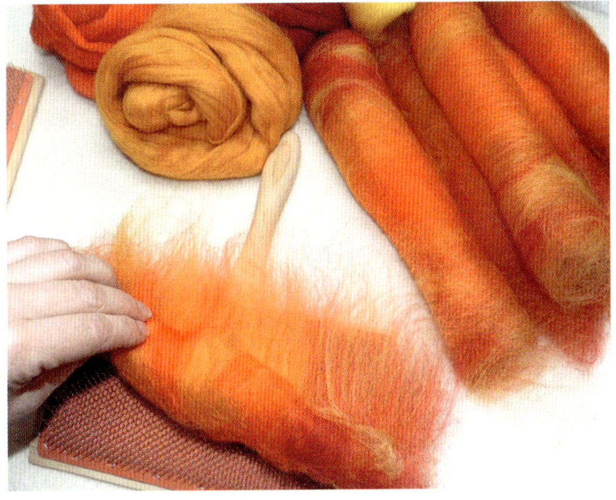

Abziehen eines Rolags aus Merinowolle in verschiedenen Blautönen und weißen Wensleydale-Locken vom Blending board (Majacraft).

Artyarnbatts: Kardieren für Effektgarne

Während das Kardieren von Rohwolle eher dazu dient, sie zu zähmen und ihr etwas von ihrer Wildheit zu nehmen, ist es beim Kardieren von Vliesen zum Artyarn-Spinnen genau umgekehrt: Je wilder es wird, desto besser! Hier werden unterschiedlichste Fasern und Materialien gemischt, um ein kreatives Chaos zu erzeugen. Beim Spinnen erst gibt die Spinnerin diesem Chaos wieder Struktur und gestaltet das Farbenspiel, die Textur und die letztendliche Form des Garns.

Kardiert man Vliese für Artyarns, werden häufig nicht nur die „üblichen" Fasern miteinander gemischt, sondern auch andere Materialien eingearbeitet. Hier kann man gut upcyceln und Schnipsel von Restgarnen oder Stoffen sowie beim Kämmen oder Kardieren übrig gebliebene Fasern mit einarbeiten. Auch Glitter wird neuerdings gerne einkardiert. Glitzerndes und Glänzendes übt schon seit Urzeiten einen großen Reiz auf uns Menschen aus (ja, auf Frauen *und* Männer!). Doch sollte man nicht vergessen, dass Glitzer fast immer Plastik bedeutet. Wann immer man synthetische Fasern in Wolle einkardiert, macht man aus einem biologisch abbaubaren Naturprodukt ein nie wieder zu trennendes Gemisch mit Plastik. Es gibt jedoch Alternativen: Genau wie man Bio-Wolle aus kontrolliert biologischer Haltung beziehen kann, gibt es auch abbaubares Nylon (aus Rhizinusöl) und ähnliche experimentelle Fasern.

Kämmen

Beim Kämmen werden die Fasern stärker parallelisiert als beim Kardieren. Wer also Wolle für ein Kammgarn mischen will, sollte auf Wollkämme oder eine Kammstation zurückgreifen. Der generelle Umgang mit Kämmen zum parallelen Ausrichten der Fasern ist im ersten Teil des Buches für Rohwolle erklärt. Kämme kann man aber natürlich auch nutzen, um spezielle Farb- und Fasermischungen herzustellen.

Während beim Kardieren fast alles geht, erzielt man beim Kämmen die besten Ergebnisse, wenn man darauf achtet, Fasern mit etwa gleicher Länge zu mischen. Die Kämme können mit unverarbeiteter Wolle, mit gekämmten und auch mit kardierten Fasern beladen werden.

Wem es aber nicht ums Kämmen geht, sondern nur ums Mischen, der kann die Kämme als reinen Faserparkplatz nutzen, um von dort mit der Diz die Fasern zu einem Band abzuziehen. Dabei ist dann auch die Faserlänge nicht von Bedeutung. Arbeitet man mit einer breiten Kammstation, verteilt man einfach Stapel der zu mischenden Fasern auf die Zinken des Kammes und zieht dann von Hand oder mit einer Diz ein Faserband ab. Will man eine stärkere Durchmischung der Fasern oder Farben, kann man mit einem kleinen Kamm die Fasern portionsweise abziehen und dann erneut auf dem großen Kamm verteilen. Manche Spinnerinnen spinnen sogar direkt vom Kamm.

Verwendung einer Diz

Dieses einfache Gerät wird im Deutschen manchmal „Strecker“ genannt. Geläufiger ist aber auch bei uns die englische Bezeichnung *diz* oder *dizz*, die sich aus dem Wort *disc* entwickelt hat. Es bezeichnet eine gelochte Scheibe, durch die man Fasern hindurchzieht, um sie zu einem Band zu verstrecken. Man kann damit nicht nur selbst gekämmte oder selbst kardierte Fasern dizzen, sondern auch gekaufte Wollvliese und -bänder vorziehen, um sie zum Verspinnen schlanker zu machen.

Eine Diz muss man nicht zwingend kaufen, es eignen sich auch gelochte Pappkarten, dicke Knöpfe, Muscheln mit Bohrloch, Schmuckstücke oder Messkärtchen für Stricknadelgrößen.

Das Ausziehen mit der Diz funktioniert so: Ein erstes, feines Faserbündel durch das Loch ziehen (dabei kann eine Einfädelhilfe für Nähnadeln hilfreich sein), die Fasern dicht hinter der Diz greifen und zusammen mit der Diz nach hinten ziehen, sodass davor die Fasern auseinandergestreckt und ausgedünnt werden. Dann die Diz über den ausgedünnten Bereich nach vorne schieben, bis man Widerstand spürt. Die Fasern wieder dicht hinter der Diz packen und die davor liegenden Fasern erneut auseinanderziehen. Der Rhythmus zum Merken lautet: (Fasern direkt hinter der Diz) packen, (Fasern vor der Diz) ausziehen, (Diz) vorschieben!

Um zu vermeiden, dass am Ende allzu viele Fasern als Rest auf dem Kamm zurückbleiben, sollte man beim Beladen des Kammes immer nur mit den Faserspitzen durch die Zinken streifen, sodass sich kaum Wolle hinter ihnen befindet.
Will man einen geplanten Farbverlauf zusammenstellen, ordnet man die Farben nebeneinander auf dem langen Kamm an und macht sich gegebenenfalls eine Skizze davon, um den Vorgang wiederholen zu können. Dann nimmt man mit der Diz in einem Zug von links nach rechts die Fasern vom Kamm ab, wobei das abgenommene Band so dick sein sollte, dass man sich wirklich nur seitlich vorarbeiten und die Diz nicht noch rauf und runter bewegen muss. In die Länge verstrecken kann man den Kammzug im Anschluss immer noch.
Arbeitet man mit kleinen Kämmen, werden die zu mischenden Fasern abwechselnd in Lagen auf einen Kamm geladen. Entweder zieht man auch hier direkt mit einer Diz ein Faserband ab, oder man mischt vorher durch Kämmen: Mit dem leeren Kamm kämmt man quer im 90-Grad-Winkel die Fasern vom ersten Kamm herunter. Man beginnt an der Spitze des Faserbüschels und arbeitet sich immer näher an den ersten Kamm heran. Am Schluss bleiben kürzere Fasern auf dem Kamm zurück. Man sollte nicht versuchen, diese einzukämmen, sondern sie beiseite legen und fürs Kardieren aufheben. Wenn die Fasern noch stärker gemischt werden sollen, kann man sie nochmals auf den anderen Kamm „hinüberkämmen“.

Grüntöne wurden durch einmaliges Kämmen gemischt und werden nun mit einer Diz von der beladenen Kammstation zu einem Kammzug abgezogen.

Inspirationen zum Mischen mit Karden und Kämmen

Viele Dinge eignen sich als Diz – solange das Loch die gewünschte Größe hat. Hier wird ein Vlies direkt von der Trommelkarde (Majacraft Fusion Engine) mit einer Knopf-Diz zu einem Kardenband gezogen. Da man zum Dizzen einen gewissen Widerstand braucht, zieht es sich einfacher von der Trommel als von einem losen Vlies.

Farben mischen: Mit Handkarden (Kromski) und wenigen Kardiergängen wurde ein kleiner Farbkreis aus den Grundfarben Blau, Rot und Gelb gemischt.

Ein bunt kardiertes Vlies kann man nicht nur zu einem wilden Garn verspinnen, sondern auch wunderbar filzen!

Unterschiedliche Farbtöne können nebeneinander, also fast ungemischt in ein Vlies kardiert werden – wie auf der Walze der Trommelkarde zu sehen. Sie können aber auch durch das Kardieren vermischt werden, wie hier mit den Handkarden geschehen. Der obere Rolag wurde nur leicht durch einmaliges, der untere intensiv durch viermaliges Kardieren dreier übereinander liegender Farbschichten gemischt.

DIE SPINNRICHTUNG

Im Kapitel zur Spinntechnik (ab Seite 410) ist erklärt, wie man die Drehrichtung beim gesponnenen oder gezwirnten Garn unterscheidet. Ein s-gesponnenes Garn entsteht, wenn man eine Spindel oder den Flügel eines Spinnrades gegen den Uhrzeigersinn dreht – für das große Schwungrad gilt das allerdings nur, wenn der Antriebsfaden nicht überkreuzt verläuft! Dagegen erzeugt eine Drehung im Uhrzeigersinn ein z-gesponnenes Garn. Da sich die Spinnrichtung auf die praktische Verwendung eines Garns auswirken kann, sollte man auch diesen Punkt bei der Planung eines Spinnprojekts berücksichtigen. Beim Weben wird die Drehung eines Garns kaum verändert, am ehesten noch beim Auf- und Abwickeln der Spule des Webschiffchens. Durch einen Wechsel von Garnen, die bis auf die Spinn- oder Zwirnrichtung identisch sind, lassen sich interessante Webmuster erzeugen, die schon in vorchristlicher Zeit verwendet wurden.

Hier wurde in einem Streifenmuster s- und z-gesponnenes Singlegarn aus der Wolle vom Coburger Fuchsschaf verwebt. Es entsteht ein eigentümliches Muster, das die Augen irritiert, da man es nicht richtig fixieren kann.

Stricken, Häkeln, Nadelbinden, Sticken und Nähen dagegen sind Handarbeitstechniken, bei denen abhängig von der mit Hand und Nadel ausgeführten Bewegung das Garn durchaus stärker gedreht werden kann. Mal öffnet diese Bewegung das Garn, mal dreht sie es enger zusammen. Das kann Einfluss auf die Struktur, die Optik und den Arbeitsvorgang haben. Wer also beim Handarbeiten öfter Probleme mit aufgedrehten oder hart werdenden Garnen hat, sollte einmal statt der im Handel üblichen S-gezwirnten Garne sein Glück mit einem Z-gezwirnten Garn versuchen.
Allerdings ist dieser Effekt stark abhängig von der persönlichen Arbeitsweise, beispielsweise, ob man amerikanisch oder kontinental strickt. Gerade beim Häkeln schwören viele, dass Z-gezwirntes Garn besser aussieht und die Stiche besser definiert sind, weil es sich nicht aufdreht. Es erhöht sich allerdings auch die Gefahr, dass sich das fertige Stück verzieht.

Spinnrichtung international

In der Archäologie ist die Spinnrichtung ein viel diskutiertes Thema. Manchmal sind Spinnrichtungen regionaltypisch – so wurde Flachs im alten Ägypten fast immer in s-Richtung gesponnen. In Europa dagegen war das Spinnen in z-Richtung üblicher. Das mag mit Fasereigenschaften zusammenhängen, oder auch mit der verwendeten Spinntechnik: In Ägypten wurde die Spindel über den Oberschenkel gerollt, in Europa zwischen den Fingern angedreht. Da auch früher schon mehr Menschen rechtshändig waren, ergeben sich dadurch möglicherweise die bevorzugten Spinnrichtungen (Barber 1992, 65–68).
Dass man sich der Bedeutung der Spinnrichtung bewusst war, zeigen Gewebefunde, bei denen ein optisches Muster durch einen Wechsel von s- und z-gesponnenen Garnen erzeugt wurde (Barber 1992, 179 f.).

DER DRALL

Ob ein Garn locker oder fest ist, hängt in erster Linie davon ab, wie stark die Fasern miteinander verdreht sind, also wie viel Drall sie beim Spinnen bekommen haben. Bei einem Garn mit viel Drall sind die Fasern eng umeinandergeschlungen,

Diese frisch versponnene und verstrickte Bergschafwolle zeigt, wie der Drall eines Garns fertige Stoffe verziehen kann: Links ein Gestrick aus einem s-gesponnenen Einfachgarn, rechts aus einem z-gesponnenen Einfachgarn, mittig aus einem ausgeglichenen Zwirn (S-gezwirnt aus zwei z-gesponnenen Garnen).

und es ist glatt und fest. Ein schwach verdrehtes Garn ist dagegen weich, locker, und zwischen den Fasern ist mehr Platz für isolierende Hohlräume. Durch die Drehung ändert sich die Lage der Fasern innerhalb des Garns. Liegen sie bei wenig Drall noch eher parallel zum Garnverlauf, vergrößert sich der Winkel, je stärker das Garn versponnen wird. Gleichzeitig wird das Garn kürzer. Bei Kammgarn ist dieser Effekt besonders deutlich zu erkennen. Für einen gleichmäßigen Drall über die ganze Lauflänge ist es wichtig, sowohl beim Spinnen als auch beim Zwirnen einen festen Rhythmus zu finden. Dabei hilft es, mitzuzählen: Wenn man beispielsweise alle zwei Fußtritte ein Faserdreieck auszieht und dieses immer die gleiche Länge und Dicke hat, sind die Chancen hoch, dass man ein vom Anfang bis zum Ende einheitliches Garn spinnt. Allerdings darf man nicht vergessen, bei voller werdender Spule die Bremse nachzustellen. Drall reduzieren kann man durch langsameres Treten, Einstellung einer kleineren Übersetzung oder indem man das Garn schneller auf die Spule wickeln lässt (schnelleres Ausziehen der Faserdreiecke, Zug der Bremse erhöhen). Bei zu wenig Drall – ein häufig reißender Faden ist ein Symptom hierfür – kann man die Faserdreiecke langsamer ausziehen, den Zug der Bremse verringern oder eine höhere Übersetzung wählen.

Um Drall und Garndicke während des Spinnens gelegentlich zu kontrollieren, helfen das Aus-

Garne korrigieren und optimieren

Ein mit zu viel oder zu wenig Drall gesponnenes oder gezwirntes Garn lässt sich leicht korrigieren: Jagen Sie es einfach noch mal durchs Spinnrad auf eine frische Spule! Für mehr Drall spinnt man in der gleichen Richtung wie beim ersten Mal, in Gegenrichtung nimmt man Drall weg. Aber Achtung: Ein Garn, das schon länger auf einer Spule ruht, macht vielleicht nur den Eindruck, es hätte zu wenig Drall! Man kann schlafenden Drall durch Waschen oder Dämpfen wachküssen (dazu später mehr).

zählen der tpi (*twists per inch*, Umdrehungen pro Zoll = 2,54 cm) sowie WPI- und Winkel-Schablonen. Wie man solche Schablonen erstellt und mit ihnen umgeht, wird im Abschnitt „Messen und Dokumentieren“ (siehe Seite 489) erklärt.
Man kann die Drallstärke auch mathematisch bestimmen: Wenn das Spinnrad eine Übersetzung von 10:1 hat, bedeutet einmal treten eine Umdrehung des Schwungrades und damit zehn Umdrehungen des Flügels. Diese bedeuten damit auch zehn Umdrehungen für das Garn. Beim Ausziehen der Fasern kann man beeinflussen, auf welche Garnstrecke diese zehn Umdrehungen verteilt werden. Zieht man beispielsweise nur einen Inch/Zoll aus (also etwa 2,5 cm), hat man ein Garn mit 10 tpi, zieht man zwei Inch aus, hat das Garn 5 tpi.
Wenn man also im Voraus planen möchte, wie viele Umdrehungen pro Zentimeter, Dezimeter oder Zoll ins Garn sollen, muss man die Übersetzung kennen, seine Fußbewegungen zählen und – vielleicht mit einem Lineal auf dem Schoß – die Fasern in der passenden Länge ausziehen.

Drall verändert sich

Achtung, der Drall kann sich auch nach dem Spinnen oder Zwirnen noch verändern, nämlich bei der Weiterverarbeitung! Und das sogar schon beim Abwickeln von Spule, Spindel oder Knäuel: Zieht man das Garn nach oben weg oder beim Knäuel aus der Mitte heraus, wird Drall hinzugefügt oder weggenommen. Das passiert nicht, wenn man seitlich abrollt. Um sich das besser vorstellen zu können, hilft das Klopapierrollen-Experiment: Stellt man die Rolle auf eine der geraden Seiten und zieht das Papier nach oben weg, verdreht es sich deutlich erkennbar! Zieht man das Papier seitlich ab und die Rolle kann sich dabei im Halter drehen, bleibt es glatt.

GARNDICKE UND ÜBERSETZUNG DES SPINNRADS

Gesponnene Garne können hauchdünn oder mehr als fingerdick sein. Der wichtigste Faktor ist dabei die Menge der Fasern, die zeitgleich miteinander verdreht werden. Aber auch die Aufbereitung der Fasern spielt eine Rolle, denn Garn aus einem Kammzug enthält weniger geknickte Fasern und Lufteinschlüsse als Garn aus kardierter Wolle. Daher bleibt es schlanker, vor allem, wenn man mit kurzem Auszug spinnt. Einfluss hat zudem die Stärke des Dralls, da er die Fasern zusammenpresst. Während Anfängergarne meist aussehen wie die viel zitierten „schwangeren Regenwürmer“, wird mit wachsender Erfahrung das Erscheinungsbild der Garne gleichmäßiger. Dass man für ein dickes Garn mehr Fasern in das Faserdreieck ziehen muss als für ein dünnes, ist offensichtlich. Zusätzlich hilft die richtige Einstellung der Übersetzung (siehe Seite 459). Generell gilt: Für das Spinnen dünner Garne sollte man eine hohe Übersetzung wählen, für dicke Garne eine niedrige. Gibt es keine Möglichkeit, die Übersetzung des Spinnrades zu verändern, muss man die Spinntechnik anpassen. Da dünne Garne mehr Drall brauchen, wird pro ausgezogenem Faserdreieck häufiger das

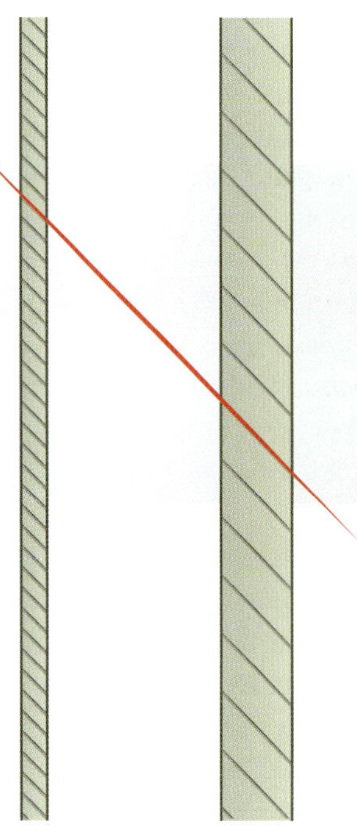

Bei gleichem Faserwinkel hat ein dünnes Garn mehr Drall als ein dickes Garn.

Der Faden wird über den Spinnflügel im Zickzack geführt, um den Einzug zusätzlich zu verringern.

Pedal getreten. Der Einzug sollte nur leicht sein. Für dicke Garne muss man nicht nur mehr Fasern ausziehen, sondern auch langsamer treten, also weniger Drall hinzugeben. Je dicker das Garn, desto kräftiger darf der Einzug sein.
Gerade das Spinnen von feinen Garnen ist manchmal schwierig, wenn bei einem alten Spinnrad keine Möglichkeit besteht, die Übersetzung zu verändern, oder wenn sich der Einzug schlecht regulieren lässt. Hier gibt es einen guten Tipp: Um den Einzug sanft zu verringern kann man den Faden im Zick-Zack einmal oder mehrfach über die Haken beider Flügel führen. Hat der gegenüberliegende Flügel keine Haken oder diese liegen auf der falschen Seite, kann man den Faden einmal um den gegenüberliegenden Flügelarm selbst wickeln. Dieser Trick funktioniert aber nur, solange nicht allzu viel Garn auf der Spule ist, sonst schleift der Faden an der Umwicklung.

ÜBUNGEN ZUR GARNDICKE UND ZUM UMGANG MIT DER ÜBERSETZUNG

Diese Übungsreihe hilft, das eigene Spinnrad besser kennenzulernen und herauszufinden, mit welcher Übersetzung man am besten welche Garndicke spinnt. Zur Dokumentation werden Notizen und Spinnproben erstellt.
Man sollte eine Wolle wählen, mit der man schon Erfahrung hat. Gesponnen wird am besten mit kurzem Auszug, man kann aber zusätzlich eine zweite Reihe mit langem Auszug durchführen. Spinnrhythmus und Tempo bleiben immer gleich. Es ändert sich nur die eingestellte Übersetzung und die ausgezogene Wollmenge. In jeder Einstellung spinnt man eine Weile und zieht zwischendurch für eine Probe etwas Garn wieder von der Spule, faltet es mittig zusammen, sodass es sich zu einem Zwirn verdreht, und befestigt diesen an den entsprechenden Notizen.
Hat ein Spinnrad sowohl am Schwungrad als auch am Flügel- oder Spulenwirtel Rillen mit unterschiedlichen Durchmessern, ist es meist nicht möglich, alle Kombinationen zu verwenden.

In der Seitenansicht sieht man die Rillen in Schwungrad und Antriebsscheibe eines Ashford Joy. Durch Versetzen des Riemens verändert man die Übersetzung und damit die Drehgeschwindigkeit.

Wenn man am Schwungrad die Rille ganz rechts und am Wirtel die Rille ganz links wählt, steht der Antriebsriemen oft so schief, dass er zurückspringt.

Einspinnen

Um zu Beginn einen geeigneten Spinnrhythmus zu finden, stellt man eine mittlere Übersetzung ein und spinnt erst mal einfach drauflos. Sobald man ein angenehmes Tempo gefunden hat und ein schönes Garn dabei herauskommt, notiert man sich diesen Rhythmus und die Einstellungen des Rades. Ein Beispiel: Mittlere Rille Schwungrad / große Spulenscheibe / Bremse locker / 3× mit rechtem Fuß treten und dabei einmal Fasern ausziehen / Länge des ausgezogenen Faserdreiecks ca. 10 cm (zum Abmessen evtl. ein Lineal auf den Oberschenkel legen). Dann reißt man einen halben Meter Garn ab, knickt es mittig, lässt es sich verzwirnen und befestigt die Probe an den Notizen.

Notizen und Zwirnproben der Übungsreihe zur Übersetzung

Dünner spinnen

Zum dünneren Spinnen braucht man weniger Fasern, aber mehr Drall. Da der Spinnrhythmus beibehalten werden soll, erhöht man nun die Übersetzung, damit sich das Rad schneller, also häufiger pro Fußtritt dreht. Abhängig von der Bauart des Spinnrades kann man dazu entweder am Schwungrad eine Rille mit größerem Umfang verwenden oder am Flügel bzw. der Spule eine kleinere Antriebsscheibe wählen. Eventuell muss man auch die Bremse etwas lockern, damit das Garn nicht aus der Hand gezogen wird, bevor es den geplanten Drall aufgenommen hat. Die Geschwindigkeit beim Ausziehen des Faserdreiecks verändert sich nicht, der Rhythmus bleibt gleich. Fühlt sich das Garn hart an, dann hat es zu viel Drall und muss entweder noch dünner ausgezogen werden, oder man zieht die Bremse etwas an, damit es schneller aufgewickelt wird.

So kann man sich Schritt für Schritt bis zur größtmöglichen Übersetzung hinarbeiten und dabei immer dünnere Garne produzieren. Für jedes Garn notiert man die Einstellungen und bewahrt eine Zwirnprobe auf.

Dicker spinnen

Ist man mit der größten Übersetzung und dem feinstmöglichen Garn fertig, startet man wieder bei der mittleren Einstellung des Spinnrades und arbeitet sich dann zu niedrigeren Übersetzungen vor, um immer dicker werdende Garne zu spinnen. Dicke Garne brauchen weniger Drall, aber man muss größere Fasermengen ins Faserdreieck ziehen. Wird das Garn zu langsam auf die Spule gewickelt und bekommt zu viel Drall, muss man die Bremse etwas anziehen.

LANGER UND KURZER AUSZUG, STREICHGARN UND KAMMGARN, FLAUSCHIG UND GLATT

Die meisten Spinnanfänger lernen zunächst den kurzen Auszug (Seite 430 und 461). Diese Technik eignet sich prinzipiell sowohl für kardierte als auch für gekämmte Wolle. Traditionell wird allerdings das sogenannte Kammgarn (*worsted yarn*) im kurzen Auszug gesponnen. Wie der Name vermuten lässt, werden Kammgarne aus gekämmter Wolle gesponnen und enthalten durch die stark parallelisierten Fasern wenig Raum für Lufteinschlüsse. Das macht sie zu glatten, festen und kühlen Garnen. Früher war gekämmte Wolle meist für die stabilen Kettfäden beim Weben vorgesehen, kardierte dagegen für den weicheren Schussfaden.

Beim kurzen Auszug gibt es einen stetigen Wechsel zwischen dem Verziehen und Verdrehen der Fasern. Beide Hände sind an diesem Prozess beteiligt. Während der Garnbildung wird es mit den Fingern der Arbeitshand zusätzlich geglättet. Im Gegensatz dazu ist beim Spinnen mit dem langen Auszug eine Hand allein für die Garnbildung verantwortlich. Die andere Hand kann den Prozess unterstützen, wenn sie nicht zum Andrehen der Spindel oder des Rades benötigt wird. Klassischerweise arbeitet man für den langen Auszug mit kardierter Wolle. Die entstehenden Garne tragen die Bezeichnung Streichgarn (*woolen yarn*). Wie man die hierzu nötige Balance zwischen dem parallelen Ausziehen und dem Verdrehen herstellt, erklärt die folgende Anleitung.

Kardierte Fasern spann man früher üblicherweise mit langem und gekämmte mit kurzem Auszug. Heutzutage steht es der Handspinnerin, die nicht zum Broterwerb ihre Wolle nach Vorgabe spinnen und abliefern muss, frei, alle Methoden für alle Faseraufbereitungen zu verwenden und Garne unterschiedlichster Art herzustellen. Kamm- und Streichgarn sind dabei die beiden Enden eines breiten Spektrums unterschiedlichster Garne. So werden mit kurzem Auszug versponnene Kammzüge zu glänzenden und glatten Garnen, mit langem Auszug fallen sie leichter und luftiger aus.

Kammgarn und Streichgarn in der Textilindustrie

In der Industrie werden für Kammgarne Fasern von mindestens 60 Millimetern, meist aber über 100 Millimetern Länge verwendet, für härtere Kammgarne sogar über 125 Millimeter. Die ausgekämmten kurzen Fasern werden in der Streichgarnspinnerei weiterverarbeitet.

Nahaufnahme eines Kammgarns (links) und eines Streichgarns (rechts), beide aus Merinowolle und mit einer Handspindel gesponnen.

Kardierte Fasern ergeben mit langem Auszug versponnen leichte, weiche und gut isolierende Garne. Verspinnt man sie mit kurzem Auszug, werden sie fester und haltbarer. Manchmal nennt man Garne, die nicht nach dem klassischen Schema versponnen wurden, Halbstreich- oder Halbkammgarne. Unter Handspinnerinnen sind das jedoch keine fest definierten Begriffe. In der Industrie werden Halbkammgarne mit den Maschinen der Kammgarnspinnerei hergestellt, allerdings aus kardierter, nicht aus gekämmter Wolle.
Durch die offene Struktur mit vielen Lufteinschlüssen erscheinen die Farben in Streichgarnen pasteliger und heller. Beim Kammgarn liegen die Fasern kompakter, daher sind die Farben dunkler, glänzender und leuchtender. Gestrickte Maschen werden von einem wolligen Streichgarn komplett geschlossen, wohingegen beim glatten Kammgarn noch der Wind hindurchwehen kann. Gestrickte Muster sind bei Kammgarnen gut definiert, verschwimmen dagegen mit Streichgarnen leicht.

ANLEITUNG FÜR DEN LANGEN AUSZUG

Während beim kurzen Auszug das Faserdreieck zwischen den Händen gebildet wird, arbeitet man beim klassischen langen Auszug nur mit einer Hand. Die Wollhand zieht die Fasern aus, wobei der Gegenzug vom Spinnrad kommt. Das Faserdreieck liegt vor der Wollhand und wächst stetig am offenen Ende, während es an der Spitze stetig zu Garn verdreht wird. Weil es nicht so stark gestreckt wird wie das Faserdreieck im kurzen Auszug, liegen die Fasern im Garn deutlich ungeordneter. Die andere Hand ist frei, um die Spindel zu drehen, das Schwungrad eines Spinnrades anzutreiben oder den Spinnprozess sanft zu unterstützen.
Wenn man die Technik einmal beherrscht, ist sie schneller als der kurze Auszug. Die entstehenden Garne sind weich, warm, leicht und luftig. Um den langen Auszug zu üben, sind sorgfältig kardierte, lockere Fasern das beste Ausgangsmaterial. Wer nur Kammzug zur Verfügung hat, sollte für mehr Weichheit die am Ende des Kapitels erklärte Variante des Spinnens aus dem Faserbogen ausprobieren.
Den langen Auszug verwendet man klassischerweise beim Spinnen mit der Standspindel sowie bei der in der Hand gedrehten Spindel (siehe Seite 436). Auch am Spindelrad spinnt man mit langem Auszug über die Spitze der angetriebenen Spindel. Zwischendurch muss man das Rad stoppen, um den Faden aufzuwickeln. Auch am Flügelspinnrad kann man diese Auszugstechnik verwenden, ohne jedoch dabei zum Aufwickeln unterbrechen zu müssen.

Der lange Auszug am Flügelspinnrad

Die Vorbereitung des Spinnrades und das Anspinnen unterscheiden sich nicht vom kurzen Auszug. Am besten wählt man eine hohe Übersetzung und einen sanften Einzug.
Zum Spinnen tritt man langsam und führt gleichzeitig die Wollhand vorsichtig nach hinten, sodass die Wolle ausgezogen wird. Die Arbeitshand muss eigentlich nichts tun, kann aber unterstützend an den Faden gelegt werden oder ihn ab und zu festhalten, um die Ausbreitung des Dralls etwas zu steuern. Die Kunst besteht darin, die Hand im passenden Tempo zum Drehen des Rades zurückzu-

ziehen. Der Drall muss immer in ein Faserdreieck hineinlaufen können, das nie – durch zu schnelles Ausziehen – zu dünn wird, aber auch nicht – durch zu langsames Ausziehen – immer dicker wird. Ist der Arm auf ganzer Länge nach hinten gestreckt, kann man bei Bedarf noch eine Weile weiter treten, um mehr Drall auf das Garn zu bringen. Dann führt man die Wollhand in Richtung Einzugsloch und lässt den Faden in einer gleichmäßigen, nicht zu schnellen Bewegung ins Spinnrad laufen. Danach zieht man wieder neue Wolle aus.

Während man beim Spindelrad die Hand immer weiter nach hinten ziehen muss, weil Ausziehen und Aufwickeln getrennte Prozesse sind, ist das beim Flügelspinnrad nicht zwingend nötig. Wenn man es schafft, den richtigen Rhythmus zu finden, muss man die Wollhand nicht mehr bewegen: Dazu müssen der Auszug (aus der Wollhand) und der Einzug (ins Spinnrad) perfekt synchronisiert sein. Allerdings hat das lange Ausziehen der Wolle nach hinten einen Vorteil, den man bei dieser Technik verliert: Der Drall kann sich über ein längeres Garnstück gleichmäßig verteilen.

Ähnlich wie bei der Spindel gibt es auch für das Spinnrad verschiedene Varianten und Übergangstechniken, die irgendwo zwischen langem und kurzem Auszug liegen. So kann man zwar den Drall parallel zum Ausziehen in die Fasern laufen lassen, dabei aber trotzdem den frisch entstandenen Faden mit den Fingern der Arbeitshand glatt streichen oder strecken. Auch kann die Arbeitshand immer eingreifen, wenn zu viel Drall auf dem Weg ins Faserdreieck ist, und die Spitze des Faserdreiecks kurzzeitig zudrücken oder dicke Stellen auseinanderziehen.

Bei gerissenem Faden muss man das Fadenende nicht unbedingt wie beim kurzen Auszug auffächern, sondern kann einfach die letzten 10 bis 20 Zentimeter in den Wollvorrat legen und weiter ausziehen. Das fluffige Garn verbindet sich von selbst wieder mit den losen Fasern.

Beim Spinnen mit langem Auszug am Flügelspinnrad wird die Arbeitshand nicht gebraucht.

Spinnen aus dem Faserbogen

Diese Technik wird auch als Spinnen aus der Falte bezeichnet (wörtliche Übersetzung des Englischen *spinning from the fold*). Sie ist eine Variante des langen Auszugs und ermöglicht es, auch aus Kammzügen weiche und voluminöse Garne zu spinnen. Sie ist für Spinnrad und Spindel gleichermaßen geeignet.

Man zerteilt den Kammzug in etwa stapellange Stücke, legt einen davon bogenförmig über den Rücken des Zeigefingers der Wollhand und zieht zum Spinnen die Fasern über die Fingerspitze seitlich aus der Mitte des Faserbogens heraus.

Die Fasern liegen durch diese Spinntechnik bogenförmig im Garn, und diese Biegung erzeugt luftige Stellen. Außerdem zeigen bei dieser Technik fast alle Faserenden in eine Richtung. Daher sind aus dem Faserbogen gesponnene Garne auch zum Sticken besonders geeignet (Gibson-Roberts 2006, 117). Dazu sollten sie so in die Nadel gefädelt werden, dass man nicht „gegen den Strich" arbeitet, sondern die Faserenden beim Sticken glattgestrichen werden. Auch beim Stricken oder Weben sollte man auf den „Strich" des Garns achten.

ZWIRNEN

Beim Zwirnen werden Einfachgarne zu einem Mehrfachgarn verdreht. Es gibt dem Garn nicht nur Stärke und Stabilität, sondern neutralisiert auch den Drall der Ausgangsgarne. Durch das Zwirnen entgegen der Spinnrichtung gibt es innerhalb des Garnes Drall sowohl im als auch gegen den Uhrzeigersinn. Diese beiden gleichen sich aus. Die Drehrichtung in einem Zwirn wird mit den Großbuchstaben S und Z beschrieben (siehe Seite 410).

Während ein Einfachgarn im Querschnitt betrachtet rund ist, sind gezwirnte Zweifachgarne das nicht. Die zwei umeinander verdrehten Fäden bilden im Querschnitt immer eher ein Oval, was dem Strick- oder Webbild eine gewisse Unruhe verleiht. Dieser Effekt ist besonders bei Zwirnen mit starkem Drall sichtbar, bei weichem Garn dagegen weniger. Gekaufte Strickgarne bestehen üblicherweise aus drei oder mehr Einzelfäden. Je mehr es sind, desto runder wird der Garnquerschnitt. Dadurch wird die Oberfläche von Textilien einheitlicher, und die Garne neigen weniger zu Pilling.

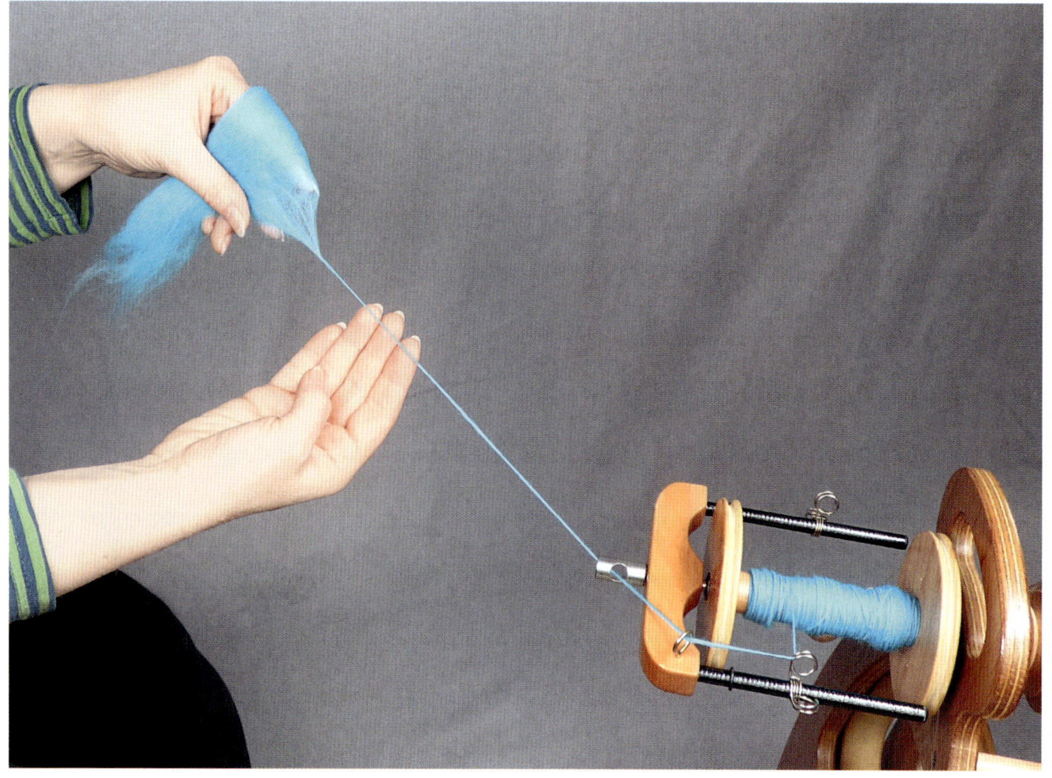

Verspinnen von Kammzug aus dem Faserbogen über die Spitze des Zeigefingers

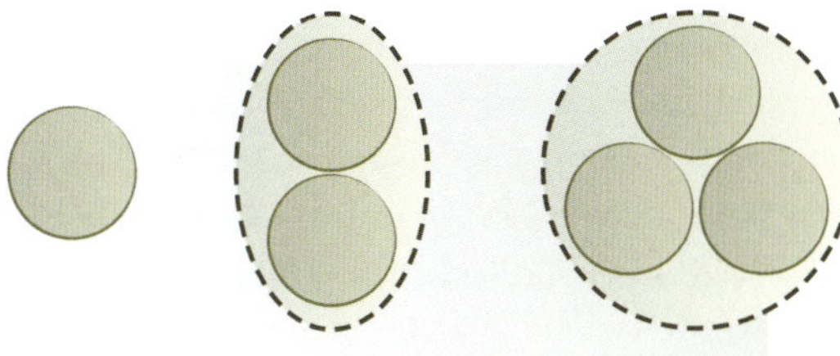

Schematische Darstellung der Garnquerschnitte von Einzelgarn, Zweifachzwirn und Dreifachzwirn

Pilling nervt!

Unter Pilling versteht man die Bildung von Wollfusseln und -kügelchen an der Oberfläche von Textilien. Diese sollte man niemals auszupfen, weil dabei weitere Fasern aus dem Stoff an die Oberfläche gezogen werden. Stattdessen sollte man sie vorsichtig abschneiden oder rasieren! Pilling tritt immer dann auf, wenn sich Fasern aus dem Stoff herauslösen und durch Reibung verfilzen.

Bei ungleicher Faserlänge im Garn, unregelmäßig ausgezogenen Fasern oder brüchiger Wolle arbeiten sich kurze oder lockere Fasern leichter aus dem Garn heraus und können Pilling fördern. Generell sind Zwirne weniger anfällig für Pilling als Singles und stärker verdrehte Garne weniger als lockere. Ebenso verhält es sich bei locker und fest Gestricktem.

Zwirnen oder nicht?

Einfachgarne, oft auch bei uns mit dem englischen Wort *single* bezeichnet, sind von Natur aus niemals ausgeglichen. In ihrem Inneren gibt es nur Drall in einer Richtung. Da die Fasern in ihre natürliche Form zurückstreben, steckt viel ungebändigte Energie in solchen Singles. Trotzdem gibt es gute Gründe, für manche Projekte Einfachgarn zu verwenden, beispielsweise wenn man das Garn verfilzen will, wenn es ultrafein sein soll oder auch besonders dick und flauschig.

Einfachgarn wird üblicherweise mit wenig Drall gesponnen. Es ist aus diesem Grunde nicht sehr reißfest, aber warm, luftig und weich. Durch den Drall neigt Gestricktes aus Einfachgarn dazu, sich zu verziehen. Beim Weben tritt der Effekt weniger stark in Erscheinung. Dickere Singles sind unter dem Namen Dochtgarn im Handel und werden gerne zum Herstellen von Strickfilzen verwendet (siehe Seite 394).

Nach dem Spinnen kann man den Drall vorübergehend fixieren oder blocken, um das Garn besser verarbeiten zu können. Dazu feuchtet man den Garnstrang mit warmem Wasser an oder dämpft ihn und lässt ihn dann unter Spannung trocknen.

Aus einem weißen Bergschafvlies mit einkardierten Garnresten entstanden diese zwei frisch gesponnenen Stränge: rechts ein entspannt liegender, ausgeglichener Zweifachzwirn und links ein Einfachgarn, das sich durch den Drall extrem verdreht.

Zwirntechniken

Es gibt zwei Varianten beim Zwirnen. Die erste ist die gängige und auch industriell genutzte Zwirntechnik, bei der zwei oder mehr Garne miteinander verdreht werden. Die zweite, fast ausschließlich von Handspinnerinnen verwendete Technik, verzwirnt ein einzelnes Garn mit sich selbst. Dazu kann man entweder Anfang und Ende eines fertigen Garns miteinander verzwirnen oder eine um sich selbst verdrehte Luftmaschenkette herstellen.

Die klassische Zwirntechnik

Die meisten Handspinnerinnen benutzen die folgende Technik zum Herstellen ihrer Zweifachzwirne: Sie halbieren ihren Faservorrat, verspinnen jeweils eine Hälfte auf eine Spule (oder Spindel), und verzwirnen von den beiden Spulen die Garne entgegen der Spinnrichtung auf eine dritte Spule. Wer nicht genug Spulen hat, wickelt die Einfachgarne zu Knäueln und zwirnt daraus. Da man beim Zwirnen deutlich schneller arbeiten kann als beim Spinnen, wählt man am Spinnrad eine höhere Übersetzung und stärkeren Einzug.

Durch das entgegengesetzte Verdrehen verlieren die Einzelgarne einen Teil ihres Dralls. Sie öffnen sich leicht und werden lockerer und voluminöser. Das muss man beim Spinnen einkalkulieren und den Garnen etwas mehr Drall geben, als sie nachher im Zwirn haben sollen.

Lässt man ein frisch gesponnenes Einfachgarn locker hängen, verdreht es sich mit sich selbst zu einem Zwirn (oder zu mehreren kleinen Zwirnwürmchen). In diesen Zwirnstücken ist dokumentiert, wie stark der Drall für einen ausgeglichenen Zwirn sein muss. Daher sollte man zu Beginn des Spinnens eine Zwirnprobe machen und aufbewahren (siehe Kasten). Da für einen gleichmäßigen Zwirn die beiden Einzelgarne möglichst gleich dick und mit gleich viel Drall gesponnen sein sollten, macht man beim Spinnen zwischendurch immer wieder Zwirnproben und vergleicht diese mit der ersten Probe.

Natürlich kann man auch gezielt mit mehr oder weniger Drall zwirnen. Während ausgeglichene Garne beim Stricken oder Weben eine gleichmäßige, ruhige Optik ergeben, haben über- oder unterdrehte Zwirne eine auffälligere Textur. Für Effektgarne wird manchmal sogar in Spinnrichtung gezwirnt, was eine sehr unruhige Struktur erzeugt. Ein Garn muss also nicht ausgeglichen sein, um „gut" zu sein. Trotzdem sollte man es nicht dem Zufall überlassen, sondern selbst entscheiden, wie ein Zwirn am Ende ausfällt.

Man kann auch von einem schon länger gelagerten Garn, in dem der Drall sich gesetzt hat, nachträglich eine Zwirnprobe nehmen. Dazu erstellt man wie beschrieben die Probe aus dem Garn, diese muss aber anschließend warm gewaschen oder gedämpft werden, um den eingeschlafenen Drall aufzuwecken. Erst nach dem Trocknen ist die gesamte Spannung zurückgekehrt.

Alternativ zur Zwirnprobe kann man mit der Lupe einen Blick auf das Garn werfen: Der Zwirnwinkel stimmt, wenn die Fasern in den Einzelgarnen parallel zum Fadenverlauf des Zwirns ausgerichtet sind. Pauschal kann man sagen: Ein ausbalancierter Zwirn sollte etwa zwei Drittel des Dralls haben, den die zu verzwirnenden Singles bekommen haben. Um das beim Spinnen praktisch umzusetzen, zählt man die Drehungen auf einer festgelegten Strecke. Neben der Messung des Winkels ist auch die Angabe der tpi (*twists per inch*; siehe Seite 493) üblich. Haben also die Singles 9 tpi, sollte der Zwirn 6 tpi haben. Auch wenn der Drall schläft, der Faserverlauf im Garn und die Anzahl der Drehungen sind immer sichtbar – wenn auch nicht in jedem Garn gut zu erkennen.

Will man ein weiches Strickgarn herstellen, darf etwas weniger Drall im Zwirn sein. Wenn man gerne besonders leuchtende Farben oder gut erkennbare Strick- und Häkelmuster haben möchte, darf es etwas mehr Drall sein. Auch für mehr

Zwirnprobe während des Spinnens

Eine Zwirnprobe sollte immer ganz frisch, also während des Spinnens genommen werden. Dazu greifen Sie bitte direkt an der Spule das Garn, ziehen etwa eine halbe Armlänge von der Spule herunter, falten es in der Mitte und streichen ein paar Mal über das gefaltete Garn, während sich die beiden Hälften verzwirnen. Gefällt Ihnen der Zwirn nicht, spinnen Sie mit mehr oder weniger Drall weiter und machen erneute Proben, bis das gewünschte Ergebnis erreicht ist. Dann reißen Sie die Zwirnprobe ab, knoten das offene Ende zu und bewahren sie auf. So kann man damit beim Spinnen regelmäßig vergleichen, ob eine aktuelle Zwirnprobe (die man aber nicht herausreißen muss) immer noch genauso aussieht wie diese erste, denn manchmal verändert man unbemerkt seinen Spinnrhythmus.

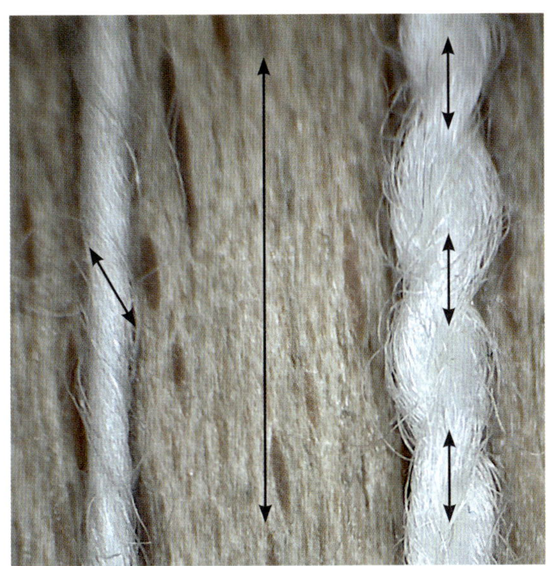

Ein Einfachgarn und eine ausgeglichene Zwirnprobe aus diesem Garn mit der Lupe betrachtet: Im Einfachgarn ist der Faserverlauf schräg, im Zwirn stehen durch den spiraligen Verlauf die einzelnen Fasern parallel zum Garnverlauf (von oben im oberen Bogenbereich betrachtet).

Ein Cablégarn (links) und ein aus einem dicken und einem dünnen Faden gezwirntes Garn (rechts).

Stabilität etwa bei Sockengarnen oder Kettgarnen ist zusätzlicher Drall sinnvoll.

Je mehr Einfachgarne man miteinander verzwirnt, desto stabiler wird das entstehende Garn. Industriell gefertigtes Sockengarn gibt es beispielsweise 4-, 6- oder 8-fädig. Bei Handspinnerinnen ist die verbreitetste Variante das Zusammenzwirnen von zwei Garnen, denn jede zusätzlich gesponnene Spule ist natürlich ein zeitlicher Mehraufwand. Wenn man ein besonders haltbares Garn herstellen will, lohnt es sich aber, diese Zeit zu investieren.

Cablégarne (engl. *cables*) sind verzwirnte Zwirne. Diese Technik wird auch für Stahlseile und Drähte verwendet, wie sie beim Brückenbau oder in Autoreifen verarbeitet werden. Um ein Cablé zu spinnen, werden beispielsweise vier z-gesponnene Garne zu zwei deutlich überdrehten S-Zwirnen verzwirnt und diese beiden dann nochmals in Z-Richtung verzwirnt. Solche Garne eignen sich unter anderem für Socken, da sie extrem haltbar und reißfest sind.

 ZWIRNEN AM SPINNRAD

Zur Vorbereitung muss man sicherstellen, dass die zu verzwirnenden Garne gut abgewickelt werden können und dabei nicht durcheinandergeraten. Dabei hilft ein – im Optimalfall gebremster – Spulenhalter (*lazy kate*). Ungebremste Spulenhalter kann man mit einer provisorischen Bremse versehen, etwa mit Hutgummiband. So steht das Garn beim Zwirnen unter Spannung, bildet keine Zwirnwürmchen (siehe Seite 511, Foto 4) und kann nicht durcheinandergeraten, indem es sich im Voraus abwickelt. Verzwirnt man zum Knäuel gewickelte Garne, kann man diese in getrennte Gefäße legen. Egal, ob man von Knäueln, Spindeln oder Spulen zwirnt: Es ist immer gut, die Ausgangsgarne mit ein wenig Abstand hinter sich aufzustellen. So kann sich deren Drall vor dem Verzwirnen noch gleichmäßig verteilen. Alle zu verzwirnenden Garne sollten unter gleicher Spannung gehalten werden. Hält man eines stramm und das andere windet sich locker darum, kann das zwar auch schön aussehen, ist aber kein gleichmäßiger Zwirn, sondern fällt dann unter die Rubrik Effektgarne (siehe Seite 505).

Garne beim Zwirnen immer abrollen!

Achtung: Wenn man beim Zwirnen die Garne nicht von Knäuel, Spule oder Spindel abrollt, sondern diese still stehen und man das Garn zur Spitze hin abzieht, bekommt es zusätzlichen Drall oder verliert welchen!

Ein gebremster Spulenhalter (Kromski mit Spinnrad Sonata) hält die Garne auf Spannung und verhindert so Zwirnwürmchen und Garnchaos beim Zwirnen.

Die Anfänge der zu verzwirnenden Garne werden gemeinsam am Anspinnfaden befestigt. Dann setzt man Spinnrad oder Spindel in Bewegung und verdreht die Garne entgegen ihrer Spinnrichtung. Die Einfachgarne sollten dabei zwischen verschiedenen Fingern der Wollhand hindurchgleiten, damit sie sich nicht schon vorher umeinanderdrehen. Die Wollhand wird nicht bewegt. Daumen und Zeigefinger der Arbeitshand gleiten mit dem Punkt, wo sich die Fäden verzwirnen, in Richtung Wollhand. Eventuell legt man auch einen Finger in die Gabelung. Hat das verzwirnte Garn genug Drall, führt man es ins Einzugsloch hinein und zieht dabei gleichzeitig unverzwirntes Garn aus der Wollhand. Der eigentliche Zwirnprozess ist also sehr einfach. Es gilt nur darauf zu achten, dass man seinen Rhythmus beibehält und der Zwirn den gleichen Drall hat wie die Zwirnprobe. Wie lang die verzwirnte Strecke bei wie vielen Fußtritten sein muss, um den gewünschten Drall zu erreichen, sollte man sich zu Beginn notieren, falls man das Zwirnen unterbrechen muss: z. B. x-mal getreten, während man einmal die Strecke zwischen Wollhand und Einzugsloch verzwirnt. Man muss nicht unbedingt die ganze Zeit beim Zwirnen mitzählen, aber es hilft, um zu Beginn in den richtigen Rhythmus zu kommen.
Auch wenn die Ausgangsgarne vor dem Zwirnen nur kurz auf den Spulen aufgewickelt waren, kann sich trotzdem ein Teil ihres Dralls schon gesetzt haben. Dann wird der entstehende Zwirn trotz

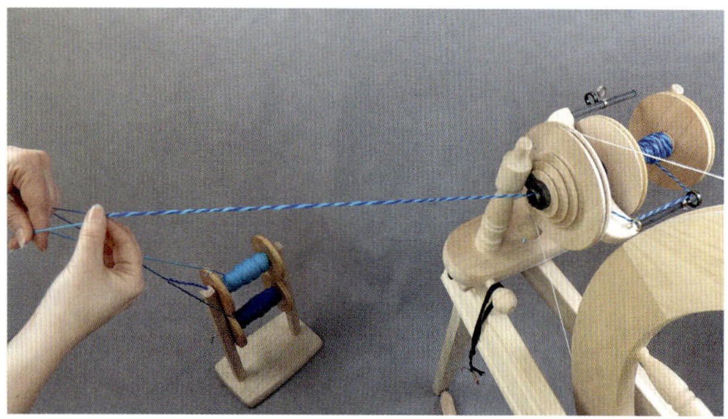

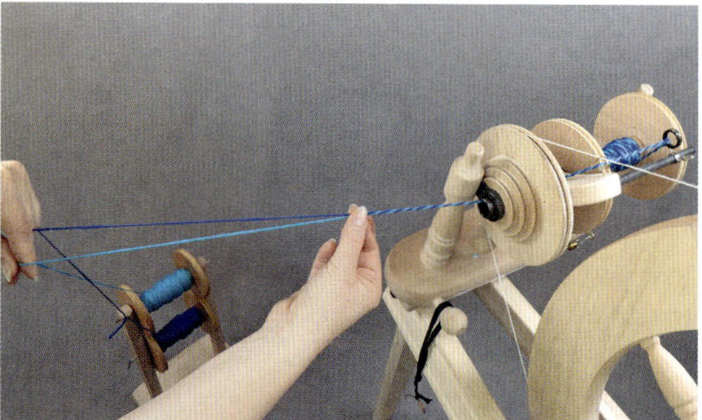

Die Handhaltung beim Zwirnen am Spinnrad: Die zu verzwirnenden Garne werden zwischen verschiedenen Fingern der Wollhand hindurchgeleitet. Daumen und Zeigefinger der Arbeitshand kontrollieren den Punkt, an dem die Fäden sich treffen. Die Finger gleiten zwischen Rad und Spinnerin hin und her, wobei sie fest zugreifen, wenn sie das fertig verzwirnte Garn in Richtung Einzugsloch schieben, damit es sich aufwickelt. Beim Zurückziehen erlauben die Finger dem Drall langsam in die beiden Fäden überzugehen, damit sie sich verzwirnen.

Ein S-gezwirntes Garn mit unterschiedlich viel Drall verzwirnt: links ein unterdrehter (der Strang verdreht sich in Drehrichtung des Zwirns), mittig ein ausgeglichener und rechts ein überdrehter Zwirn (der Strang verdreht sich in Z-Richtung entgegen der Drehrichtung des Zwirns).

gleicher Anzahl an Drehungen zuerst nicht so ausgeglichen wirken wie die Zwirnprobe, und sich möglicherweise sogar verdrehen. Durch ein Entspannungsbad nach dem Zwirnen wird der schlafende Drall jedoch aufwachen. Nach dem Trocknen wird der Zwirn so aussehen, wie er sollte. Hat man tatsächlich mit zu viel oder zu wenig Drall gezwirnt, kann man den Zwirn einfach noch ein zweites Mal durchs Spinnrad schicken. Dabei fügt man entweder zusätzlichen Drall hinzu oder nimmt wieder etwas Drall heraus. Das Gleiche kann man natürlich auch mit den Einfachgarnen machen, wenn sie nicht genug oder zu viel Drall haben, um den gewünschten Zwirn zu erhalten. Reißt einer der Fäden beim Zwirnen, muss man keine unschönen Knoten ins Garn machen. Da Wolle gut filzt, kann man die beiden Enden wieder zusammenfilzen, indem man die letzten zwei bis drei Zentimeter auffächert, die beiden Fächer ineinanderlegt und mit etwas Speichel oder Wasser zwischen den Handflächen zusammenrollt.
Ist am Ende auf der einen Spule noch viel Garn übrig, die andere aber schon leer, kann man das restliche Garn von beiden Enden her weiter verzwirnen, wie im nächsten Kapitel beschrieben.

Zwirnen mit einem Garn

Um ein Garn mit sich selbst zu verzwirnen, gibt es zwei verbreitete Methoden: Entweder, man zwirnt Fadenanfang und Fadenende eines Garns zusammen und endet in dessen Mitte, oder man erstellt einen sogenannten Kettzwirn, bei dem aus dem Garn eine Luftmaschenreihe gebildet und um sich selbst verdreht wird. Beide Techniken sind schon für die Handspindel erklärt worden, daher folgen hier nur noch einige Ergänzungen zur Handhabung beim Spinnrad.
Um von beiden Enden eines Garns zu zwirnen, kann es nicht auf der Spule bleiben, denn Garnanfang und -ende müssen mit dem Anspinnfaden verbunden werden. Man wickelt es entweder zum Andenzwirnen auf die Hand (siehe Seite 439) oder aber zu einem Knäuel, der sich von innen und außen parallel abwickeln lässt (siehe Seite 499). Während des Zwirnens kann man dieses Knäuel direkt in der Hand halten, auf einen Stab stecken oder in ein Gefäß legen, damit es nicht umherspringt. Beim Herausziehen aus dem Knäuel verliert der innere Faden etwas an Drall, der äußere gewinnt Drall hinzu oder umgekehrt. Das hängt von der Spinnrichtung ab. Aber der Effekt ist nicht sehr stark.

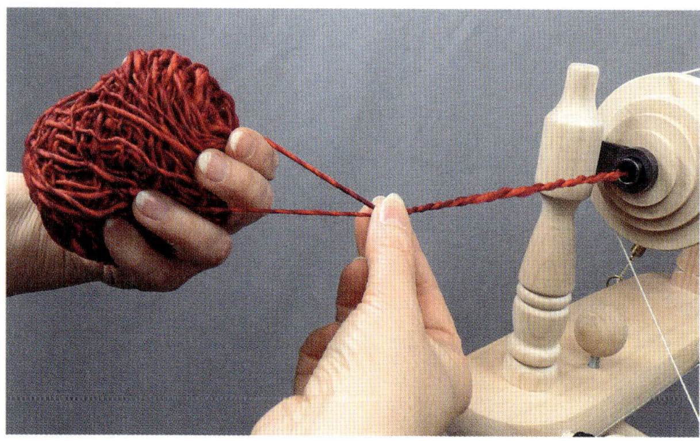

Zwirnen aus einem Knäuel, das von innen und außen abgewickelt werden kann

Auch die Technik des Navajo- oder Kettenzwirnens wurde schon im Handspindel-Kapitel vorgestellt. Am Spinnrad fällt das Erstellen der Luftmaschenreihe vielen Spinnerinnen leichter, weil man hier beide Hände frei hat. Es entstehen Dreifachzwirne mit charakteristischen Maschenbogen im Garn, die manchmal als kleine Verdickungen auffallen. Praktisch geht man so vor: Das Garn wird mit dem Anspinnfaden verbunden. In den Anfangsbereich legt oder knotet man eine große Schlaufe und holt wie beim Häkeln das nächste Stück Garn hindurch. So erhält man die zweite Schlinge. Diese wird nun von Daumen und Mittelfinger der Wollhand offengehalten. Daumen und Zeigefinger der Arbeitshand klemmen den Übergangsbereich zwischen den beiden Schlingen ab, damit der Drall nicht in die offengehaltene Schlinge laufen kann, wenn man nun beginnt, in Zwirnrichtung (also entgegen der Spinnrichtung) zu treten. Ein Finger der Wollhand zieht nun das nächste Fadenstück durch die offengehaltene Schlinge. Die Hand zieht sich dabei aus der alten Schlinge und hält die dabei entstehende neue Schlinge offen. Daumen und Zeigefinger der Arbeitshand gleiten auf die Wollhand zu bis zu dem Punkt, wo die letzten beiden Schlingen sich treffen. Dabei kann der Drall die alte Schlinge verdrehen.
Um das Durchziehen des Fadens zu erleichtern, kann man ihn mit dem kleinen Finger der Arbeits- oder Wollhand (je nachdem, wo die Spule steht, von welcher der Faden abgerollt wird) führen und ihn auch dem greifenden Finger anreichen. Wie groß die Schlingen sind, ist Geschmackssache, in der Tendenz sind Größen zwischen Tennis- und Handballdurchmesser üblich. Man kann durch Anpassung der Schlingengröße Farbübergänge steuern.
Die Wollhand muss sich kaum bewegen, denn die Schlinge wird vor allem dadurch großgezogen, dass die Arbeitshand das verzwirnte Garnstück in Richtung Einzugsloch führt. Natürlich kann man alternativ auch mit der Wollhand die Schlinge nach hinten ausziehen, während die Arbeitshand in der Nähe des Einzugslochs bleibt. Manche Spinnerinnen tauschen Woll- und Arbeitshand komplett, und auch welche Finger zum Offenhalten und Herausziehen der Schlinge genutzt werden, ist nicht in Stein gemeißelt. Gerade bei dieser Technik gibt es sehr viele individuelle Varianten, weil sie nicht ganz einfach umzusetzen ist und jede für sich selbst ausprobieren muss, was am besten funktioniert.

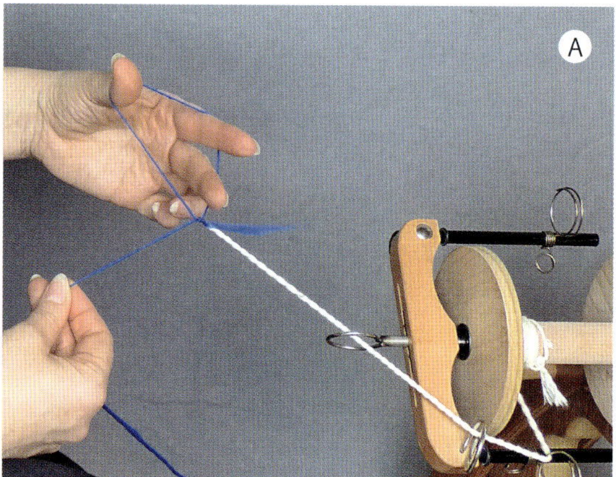

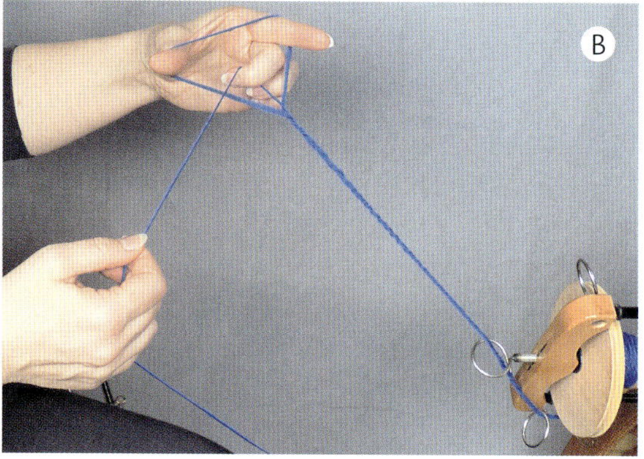

A: Die Verbindung mit Anspinnfaden unter Bildung einer ersten Schlinge zum Navajo- oder Kettenzwirnen.
B: Es gibt unterschiedliche Vorlieben, mit welchen Fingern während des Zwirnens die alte Schlinge offen gehalten und die neue Schlinge hindurchgezogen wird.

MESSEN UND DOKUMENTIEREN

Gerade für Anfänger ist es nicht nur hilfreich, sondern auch spannend, die wichtigsten Eigenschaften der gesponnenen Garne zu dokumentieren. So lernt man im Laufe der Zeit ganz von selbst, wie man welches Garn spinnt. In einem Garntagebuch kann man später nachlesen, mit welchen Techniken man bestimmte Effekte erzielt hat, oder darin herumstöbern, um sich für aktuelle Projekte inspirieren zu lassen.

Ein Garntagebuch anlegen

Will man ein spezielles Garn spinnen und hat durch Experimente herausgefunden, mit welchen Einstellungen es gesponnen werden kann, dann sollte man alle wichtigen Informationen sowie eine Probe des Garns direkt dokumentieren. Dazu kann man ein Buch oder einen Ordner anlegen. Es empfiehlt sich, möglichst festes Papier auszuwählen, beispielsweise großformatige Karteikarten, damit man Garnproben sicher daran befestigen kann. Für jedes Garn wird eine eigene Karte oder Seite angelegt. Hier hält man die wichtigsten Eigenschaften des Garns, die verwendeten Techniken und Geräte sowie alle Einstellungen des Spinnrades fest. Um die Garn- und Zwirnproben zu befestigen, kann man Schlitze ins Papier schneiden und sie darin festklemmen, Löcher hineinstanzen und die Garnproben festknoten oder sie mit Klebestreifen oder Tackernadeln fixieren. Karteikarten kann man in einem Ordner abheften, in eine Kiste stellen oder an einer Ecke lochen und einen Metallring oder Garn hindurchziehen. Notizbücher mit festem Papier und Ringbindung, beispielsweise Skizzenbücher aus dem Künstlerbedarf, funktionieren ebenfalls gut.

Je nach Vorliebe kann man Informationen zu verschiedenen Punkten festhalten:

- Datum / laufende Nummer
- Versponnene Faser (eventuell plus Färbung, Faservorbereitung, Bezugsquelle ...)
- Verwendetes Rad / Spindel
- Gewicht
- Länge / Lauflänge auf 100 Gramm
- Garnstärke (wpi oder metrisch)
- Drallstärke (Winkel oder tpi)
- Spinnrichtung (s / z)
- Zwirnrichtung (S / Z) und Anzahl der verzwirnten Fäden
- Nachbehandlung des Garns
- Platz für weitere Notizen zur Faservorbereitung, zum Spinnprozess, zum fertigen Garn, zur Weiterverarbeitung

Zusätzlich kann man ein Etikett mit den wichtigsten Informationen oder der laufenden Nummer am fertigen Garnstrang oder Knäuel befestigen.

Nützliche Utensilien zum Dokumentieren von Garnen: Haspel, Waage, wpi/tpi-Messschablone, Winkelmesser, Karteikarten und Notizblätter etc.

Ermitteln von Länge, Garnstärke und Drall

Für die Umsetzung der meisten Strick- und Häkelanleitungen ist ein spezielles Garn vorgegeben. Auf der Banderole finden sich bei kommerziellen Garnen meist Informationen zu Gewicht, Lauflänge und Garnstärke. Diese Angaben sind gute Anhaltspunkte, um ein vergleichbares Garn nachspinnen zu können. Da besonders die Beschreibung der Garnstärke abhängig vom Herkunftsland sehr unterschiedlich ausfallen kann, findet sich in der Tabelle am Ende des Kapitels eine Gegenüberstellung verschiedener Systeme, um sie besser vergleichen zu können.

Für die eigene Dokumentation verwenden die meisten Spinnerinnen neben Gewicht und Lauflänge die aus dem englischsprachigen Raum übernommene Angabe der Garnstärke in *wraps per inch* (wpi, Umwicklungen pro Inch/Zoll). Dazu wickelt man ein Garn locker um ein Lineal, eine markierte Klopapierrolle oder eine spezielle wpi-Schablone, bis die Umwicklung eine Breite von einem Inch (2,54 Zentimeter) hat. Dann wird gezählt, wie viele Umwicklungen diese zweieinhalb Zentimeter abdecken. Bei 14 Umwicklungen beträgt der wpi also 14. Allerdings ist dieser Wert nicht sehr genau, denn manche Spinnerinnen wickeln straffer oder lockerer als andere, sodass sich das Garn bei ihnen öfter oder weniger oft herumwickeln lässt. Man sollte versuchen, gerade so fest zu wickeln, dass sich die Runden gleichmäßig parallel nebeneinanderlegen, ohne Wellen zu werfen. Der wpi-Wert ist also kein exaktes Maß, sondern eher ein Richtwert. Er eignet sich weniger zum Vergleich mit den Angaben anderer Spinnerinnen als für die Kontrolle der eigenen Garne. Man sollte daher mit unterschiedlichen Garnproben üben, um sich eine gleichbleibende Wickeltechnik anzugewöhnen.

Für das Garntagebuch ist es sinnvoll, den wpi-Wert sowohl vom Einfachgarn wie auch vom Zwirn festzuhalten, denn abhängig vom Drall entspricht der Wert des Zwirns nur selten der Hälfte des Einfachgarns. Durch das Zwirnen entgegen der Spinnrichtung öffnen sich die Einfachgarne ein wenig, da sie Drall verlieren. So wird ein lockerer Zwirn oft voluminöser als erwartet.

Man kann sich eine wpi-Schablone selbst basteln, indem man aus einem Stück Pappe oder einer Karteikarte am Rand ein Rechteck von 2,54 Zentimetern Länge ausschneidet und dann die Garne innerhalb dieser Aussparung aufwickelt. Es gibt auch fertige Schablonen aus Holz im Handel.

Wer nicht wickeln möchte, kann wpi-Karten mit aufgedruckten schwarzen Balken in verschiedener Dicke verwenden. Man legt sein Garn darüber und ermittelt durch Vergleichen den wpi-Wert.

Verschiedene wpi-Schablonen mit einer Aussparung von einem Inch zum Ermitteln eines Vergleichswerts für den Garndurchmesser.

Die folgende Tabelle vergleicht verschiedene gängige Angaben für Garnstärken. Achtung: Alle Angaben sind nur als Näherungswerte zu betrachten, sie schwanken von Hersteller zu Hersteller.

MASSE VERSCHIEDENER GARNSTÄRKEN

wpi	Stricknadelstärke (S) / Häkelnadelstärke (H) in mm (deutsches metrisches System)	Stricknadelstärke USA	Lauflänge auf 100 g	US Yarn weights (Garnknäuelsymbol mit Nummer auf Banderole)	UK / AUS	Handelsübliche Namen	Geeignet für
25 und mehr	S 1,5–2,5 mm H 1,5–2,5 mm	0–2	Über 600 m	0 Lace	1–3 PLY	Nähgarn, Filetgarn, Lacegarn, Thread, Laceweight, Ultra Fine, Cobweb, Baby weight	Spitzentücher und Filetarbeiten
14–25	S 2,5–3,5 mm H 2,25–3,5 mm	1–3	400 – 500 m	1 Super Fine, Fingering	3–4 PLY	Sockengarn, Superfine, Fingering, Baby, Sock, DK	leichte Tücher, dünne Kleidungsstücke
12–18	S 3,0–4,5 mm H 3,5–4,5 mm	3–5	300–400 m	2 Fine	5 PLY	Fine, Sport, Light DK	Sportgarn Socken, Jacken, Pullover
11–15	S 4,0–5,5 mm H 4,5–5,5 mm	5–7	240–300 m	3 Light	8 PLY	DK (double knitted), Light Worsted	Pullover
9–12	S 4,5–6,5 mm H 5,5–6,5 mm	7–9	120–240 m	4 Medium	10 PLY	Worsted, Aran, Afghan	Pullover
6–10	S 5,5–8 mm H 6,5–9 mm	9–11	100–120 m	5 Bulky	12 PLY	Chunky, Bulky, Craft, Rug	kuschelig-warme Schals und Mützen
6 und weniger	S 8,5 mm und größer H 9 mm und größer	11–...	Unter 100 m	6 Super Bulky	14 PLY und mehr	Super Bulky, Roving	Spezielle Projekte
4 und weniger	S über 12 mm H über 15 mm		Unter 100 m	7 Jumbo		Roving, Jumbo	Neu seit 2014

Andere Maßeinheiten

Wem die Angabe der wpi zu ungenau ist, der kann alternativ die in Deutschland bis 1969 verwendete Metrische Nummer (Nm) oder die neue Maßeinheit Tex ermitteln. Das lohnt sich unter Umständen, wenn man seine Garne nicht nur für den Eigenbedarf spinnt, sondern auch verkaufen will. Nm 1 bedeutet, dass ein Meter Wolle ein Gramm wiegt. Dagegen ist 1 tex = 1 Gramm pro 1000 Meter.

Gewicht und Länge lassen sich mit Waage und Haspel ermitteln. Bei der Haspel zählt man dazu die aufgewickelten Runden – entweder während des Wickelns oder danach. Wenn beispielsweise die Haspel einen Umfang von 80 Zentimetern hat und man 160 Runden wickelt, ergibt das 128 Meter. Die Lauflänge wird üblicherweise pro 100 Gramm angegeben. Würden die 128 Meter 50 Gramm wiegen, wäre die Lauflängenangabe 256 Meter auf 100 Gramm (Anleitung zur Benutzung der Haspel siehe ab Seite 496).

Um die Stärke des Dralls, also der Garndrehung zu bestimmen, kann man den Winkel ermitteln, den die Fasern oder die verzwirnten Einzelfäden zum Verlauf des Garns einnehmen. Je stärker der Drall, desto größer der Winkel. Als Hilfsmittel dazu kauft oder erstellt man eine Schablone, auf der Linien mit den jeweiligen Winkelangaben stehen (nach links für die s- und nach rechts für die z-Drehung). Auf der 0°-Linie legt man das Garn auf und verschiebt es parallel, um die Winkellinien mit dem Faser- oder Einzelfadenverlauf zu vergleichen. Bei Einfachgarnen aus Kammzug ist das meist besser zu erkennen als bei Garnen aus kardierten Fasern, bei Zwirn besser als bei Einfachgarn. Im Zweifel misst man nicht das Einfachgarn selbst, sondern eine daraus gedrehte Zwirnprobe.

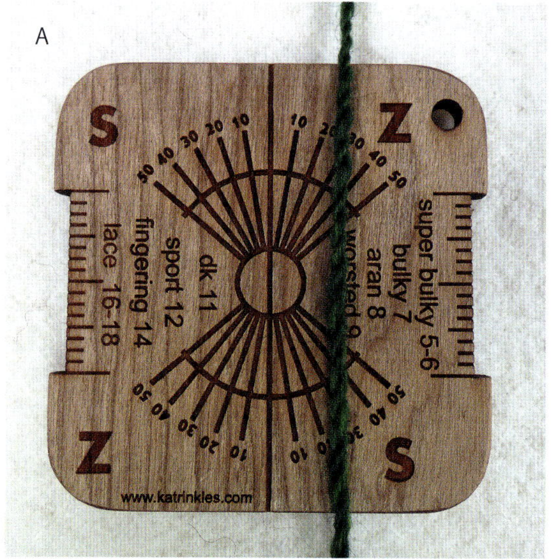

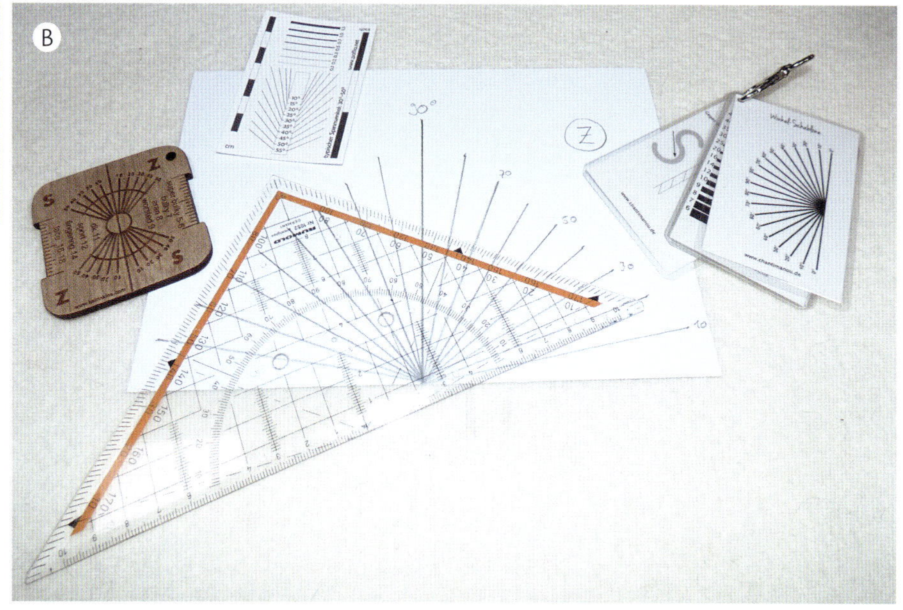

A: Das Garn wird parallel zur 90°-Linie verschoben, bis man den passenden Winkel der Fasern oder der Garne des Zwirns findet. Hier beträgt der Winkel 40° in Z-Richtung.
B: Verschiedene Schablonen, um den Drallwinkel zu bestimmen.

Bestimmung der Umdrehungen pro Inch/Zoll (tpi) durch Zählen der Garnbogen bei einem Zwirn. Dieses Garn hat sieben tpi.

Solch einen Winkelmesser kann man auch während des Spinnens einsetzen: Hält man ihn ans Garn kann man zwischendurch immer wieder überprüfen, ob man noch mit dem gleichen Drall spinnt wie zu Beginn. Außerdem kann man schon fürs Zwirnen planen und den Winkel der Zwirnprobe ausmessen und notieren.
Eine weitere Methode, den Drall zu messen, ist die Ermittlung des tpi-Werts (twists per inch, Umdrehungen pro Inch/Zoll). Das kann man gut mit Hilfe der wpi-Schablone durchführen: Man legt die Schablone an das Garn und zählt die Umdrehungen auf einen Inch. Bei Singles oder flauschigen und unregelmäßigen Garnen ist die Anzahl der Umdrehungen oft schwer zu ermitteln. Bei einem Zwirn kann man dagegen gut die seitlichen Bogen zählen. Mit diesem Wert kann man nur Garne ähnlicher Dicke vergleichen, denn für den gleichen Winkel – und für ausreichend Stabilität – braucht ein dünnes Garn viel mehr Umdrehungen als ein dickes.

GARNEIGENSCHAFTEN UND FARBVERLAUF PLANEN

In Strick-, Häkel- oder Webanleitungen sind meist konkrete Garne bestimmter Firmen vorgegeben. Um ein vergleichbares Garn selbst zu spinnen, hilft es, viel darüber herauszufinden: Faserart, Lauflänge, Garnstärke, Drall, ist es glatt und fest oder weich und flauschig, aus wie vielen Einzelgarnen ist es gezwirnt, gibt es weitere Besonderheiten? Dann gilt es zu entscheiden, wie detailgenau man dieses Garn nacharbeiten möchte. Auch für eigene Projekte lohnt es sich, vorher zu überlegen, wie ein passendes Garn beschaffen sein muss.
Die Hinweise aus den letzten Abschnitten zusammen mit einem gut geführten Garntagebuch stellen eine solide Ausgangsbasis dar, um ganz gezielt ein Garn mit gewünschter Dicke, Haptik und Stabilität zu spinnen. Trotzdem wird man nicht drum herumkommen, ein wenig zu experimentieren, bis das Garn allen Anforderungen entspricht.

Die Garneigenschaften

Streich- und Kammgarn liegen an zwei entgegengesetzten Enden einer breiten Skala. Dazwischen liegen viele Möglichkeiten für Garne, die mehr oder weniger Eigenschaften des einen oder des anderen Garntyps haben. Während Streichgarne eine einheitlichere, weichere Textiloberfläche erzeugen, sieht man beim Kammgarn die Struktur deutlicher, so sind beispielsweise Strickmuster oder die Öffnungen in Spitzenmustern klarer zu erkennen. Auch die Farben erscheinen bei Kammgarnen leuchtender und glänzender, weil die Fasern kompakter liegen. Streichgarne dagegen haben eher gedeckte oder pastellige Farbtöne, wirken aufgrund der vielen Lufteinschlüsse aber auch dunkler. All diese Effekte und vor allem auch Stabilität und Festigkeit werden zusätzlich durch die Stärke des Dralls beeinflusst.

Farbplanung

Einige Basisinformationen zur Farbenlehre sowie eine Einführung zum Färben von Wolle finden sich im Kapitel „Färben" (siehc Scitc 518). Zum Mischen verschiedenfarbiger Wolle finden sich Anleitungen im Abschnitt „Mischen von Farben" (siehe Seite 469). An dieser Stelle soll es daher nicht ums Färben oder Mischen gehen, sondern um die Farbauswahl und -reihenfolge für mehrfarbige Projekte.

Generell kann man sich merken, dass man für eine harmonische Ausstrahlung Farben wählen sollte, die im Farbkreis nebeneinander liegen (siehe Seite 524). Als Kontrast oder Akzent kann man eventuell eine Farbe von der gegenüberliegenden Seite hinzunehmen. Zu viele verschiedene Farben und vor allem solche, die im Farbkreis einander gegenüber liegen, ergeben bei starker Vermischung statt leuchtender Farbenpracht ein tristes graubraun dominiertes Einerlei. Unvermischt wirken sie nebeneinander oft sehr unruhig.

Eine einfache und wunderbar funktionierende Methode zur Farbauswahl ist, sich von Bildern inspirieren zu lassen. Wenn man in Zeitschriften

Beispiel für ein von einem Kalenderbild inspiriertes Artyarn-Projekt: Mit Schwarz wurde ein einfaches Single mit viel Drall gesponnen; als zweites entstand mit schwarzen, grünen und orangefarbenen Highlights ein Flammengarn aus handkardierten Rolags. Beim Zwirnen wurde das schwarze Garn straffer gehalten, das bunte seitlich zugeführt und an den orangefarbenen Stellen zu Spiralen zusammengeschoben.

Fraktalspinnen

Weil der Begriff immer mal wieder durch die Spinnerinnenwelt geistert, eine kurze Erklärung zum sogenannten „Fraktalspinnen“: Es wurde erstmals in einem Artikel der Zeitschrift Spin Off (Laidman 2007) beschrieben. Ursprünglich geht es bei den sogenannten Fraktalen um Mathematik und Geometrie. Dieses Hintergrundwissen braucht man aber nicht, denn praktisch will man beim Fraktalspinnen bloß aus einem gestreiften Kammzug kein „langweiliges“ gestreiftes Strickstück herstellen, sondern es sollen zusätzlich interessante Farbblöcke und -verläufe ins Muster kommen. Dazu teilt man den Kammzug. Die eine Hälfte verspinnt man normal. Die zweite Hälfte zerteilt man in drei oder vier kleinere Streifen, merkt sich, wo vorne ist (am besten an den vorderen Enden einen Knoten reinschlingen) und verspinnt diese nacheinander auf eine zweite Spule. Dann verzwirnt man beide Spulen ganz normal. Alternativ spinnt man alles hintereinander auf eine Spule und verzwirnt dann aus einem hohl gewickelten Knäuel beide Garnenden miteinander.

oder auf Kalenderblättern Fotos mit stimmungsvollen Farbkombinationen sieht, wählt man Fasern in den dort zusammen vorkommenden Farben für sein Projekt. Wer nicht selbst Farben kombinieren will, kann mehrfarbige Kammzüge oder handgefärbte Faserzöpfe kaufen, bei denen man auf den ersten Blick sieht, wie die Farben harmonieren. Dann gilt es zu überlegen, wie man die einzelnen Farben im fertigen Projekt sehen soll: In Streifen, in speziellen Mustern oder meliert? Dementsprechend muss man die Reihenfolge beim Spinnen und Zwirnen festlegen. Auf die Auswirkungen der Farbverteilung durch Strick- und Webtechniken kann an dieser Stelle nicht eingegangen werden.

Die Farbfolge erhalten

Bei Einfachgarnen und Garnen, die durch Kettenzwirnen entstehen, bleibt die Farbfolge aus dem Spinnprozess erhalten. Will man beim „normalen“ Zwirnen von zwei oder mehr Einzelfäden die Farbfolge erhalten, muss man versuchen, auf alle Spulen gleiche Mengen in gleicher Farbreihenfolge zu spinnen. Das gelingt am besten, wenn man den Faserstrang oder das Vlies möglichst exakt in zwei oder mehr gleichgroße Streifen teilt und diese auf die einzelnen Spulen spinnt. Trotzdem treffen dabei im Zwirn die Farbwechsel selten genau aufeinander. Im Idealfall gibt es nur leichte Versätze, die einen schönen, gleitenden Farbübergang erzeugen. Für abruptere Übergänge muss man den Zwirnprozess an diesen Stellen stoppen und einen der Fäden so weit kürzen, bis auch dort der Farbübergang erreicht ist. Die entstandenen Enden filzt man durch Auffächern und Rollen zwischen den Handflächen wieder zusammen.

Melierte Garne

Für ein stark meliertes Garn kann man die Farben zusammenkardieren oder -kämmen. Für ein leicht meliertes Garn kann man einen bunten Kammzug zerteilen und dann die Portionen im Wechsel einmal vom oberen und einmal vom unteren Kammzugende beginnend auf die unterschiedlichen Spulen spinnen. So werden im Zwirn manchmal die gleichen Farben, meistens jedoch zwei verschiedene Farben zusammentreffen.

Der Weg zum Traumgarn

Das Fazit dieses Kapitels ist: Für das Garn ihrer Träume muss eine Spinnerin zuerst gut nachdenken und dann Kämm- oder Kardier-, Spinn- und auch Zwirnproben erstellen – und das Ganze möglichst detailliert dokumentieren. Der Prozess mag aufwendig erscheinen, aber der Zugewinn an Erfahrung und Wissen ist enorm. Außerdem erhöht sich die Chance deutlich, am Ende tatsächlich das Garn in Händen zu halten, das man sich gewünscht hat. Aber wer weiß? Selbst wenn das Garn doch anders ausgefallen ist als erwartet, ist es möglicherweise noch viel schöner, als man es sich vorgestellt hatte! In jedem Fall sollte man sich nie die Freude am Spinnen durch zu verbissenes Planen verderben lassen.

NACH DEM SPINNEN

Ist ein Garn fertig gesponnen, wartet es auf der Spule oder Spindel auf die nächsten Schritte. Bevor man mit dem Stricken, Häkeln, Nadelbinden, Weben oder Ähnlichem beginnt, gibt es einige Zwischenschritte, die dem Garn guttun und die Weiterverarbeitung erleichtern. Die wichtigsten davon sind das Aufwickeln zu Strängen, Knäueln oder auf Webspulen, das Waschen oder Dämpfen, eventuell das Spannen und natürlich auch das Färben, dessen grundlegende Techniken im Kapitel „Färben" (ab Seite 518) erläutert werden.

HASPELN UND WICKELN

Ein frisch gesponnenes Einfachgarn wird normalerweise nicht direkt von der Spule oder Spindel zu einem Stoff weiterverarbeitet. Der Umgang mit dem Garn ist schwierig, wenn man nicht zuerst den Drall bändigt. Die beste Methode hierzu ist das Zwirnen (Seite 438 und 482). Durch langes Lagern oder aber Anfeuchten und Trocknen unter Spannung kann man den Drall eines unverzwirnten Garns jedoch „einschlafen lassen" oder blocken. In diesem Zustand lässt es sich einfacher verarbeiten. Der Drall kehrt allerdings zurück, sobald das Garn feucht wird. Zum Blocken, Färben, Ausmessen oder anderen Nachbehandlungen werden Garne meist zu Strängen gehaspelt.

Das Haspeln

Der Begriff „Haspeln" ist den meisten Menschen heute nur noch durch das sprichwörtliche „sich verhaspeln" bekannt. Haspeln bedeutet jedoch ursprünglich das Aufwickeln eines Garns zu einem Strang. Im Gegensatz zum eng gewickelten Knäuel ist im Strang das Garn in große Runden gelegt.

Einen Strang kann man auch über dem Arm oder einer Stuhllehne wickeln. Geräte, die extra zu diesem Zweck gebaut werden, nennt man Haspel. Es gibt kleine Handhaspeln, die auch bei uns unter dem englischen Namen *niddy-noddy* bekannt sind, sowie große radförmige Haspeln, die frei stehen oder die man an einem Tisch oder am Spinnrad befestigen kann. Schirmhaspeln zum Aufspannen und andere Haspeln mit verstellbarem Umfang sind meist eher zum Ab- als zum Aufwickeln von Strängen gedacht.

Haspeln mit festem Umfang dienen nicht nur dem Wickeln, sondern auch dem Abmessen des Garns. Jede Umwicklung hat eine bestimmte Länge, und so muss man diese nur addieren, um die Gesamtlänge zu erhalten. Bei einfachen Haspeln muss man selbst mitzählen und aufpassen, dass man sich nicht „verhaspelt". Es gibt jedoch auch Haspeln, die zu diesem Zweck ein integriertes Zählwerk haben. Manche Haspeln machen bei jeder Umdrehung ein knackendes Geräusch, um das Zählen zu vereinfachen. Eine weitere Redewendung kommt von dieser Technik, nämlich der „alte Knacker". Heute denkt man dabei zumeist an knackende Knochen, doch ursprünglich kommt es vom Knacken der Haspel. Garne auf Stränge zu wickeln war früher nämlich eine Arbeit, die auch alte Menschen mit schwacher Seh- oder Körperkraft noch ausführen konnten. Während die älteren Frauen weiterhin spannen, blieb für die Männer nur der Job als alter Knacker. Heute gibt es (tatsächlich!) auch Apps fürs Handy, die beim Zählen helfen können.

HASPELN AUF DEM ARM ODER EINEM EINFACHEN HILFSMITTEL

Hat man keine professionelle Haspel, kann man einen Strang über dem Arm, einem Stuhlrücken, zwei Tischbeinen oder Ähnlichem wickeln. Beim Arm wickelt man um den abgeknickten Ellbogen nach oben und dann zwischen Daumen und Zeigefinger hindurch wieder nach unten.

Verwendung einer Handhaspel

Eine Handhaspel besteht aus einem Stab, an dessen oberem und unterem Ende je ein Querstab angebracht ist. Diese beiden Stäbe stehen meist

Große Rad- oder Standhaspel mit „Knack-Funktion“ sowie zwei Handhaspeln

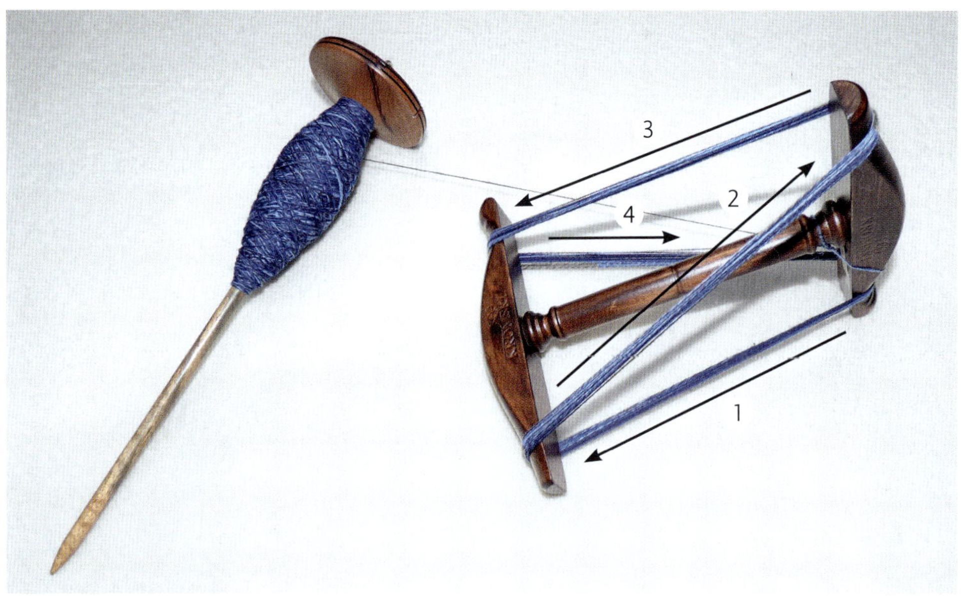

Abhaspeln des Garns von einer Spindel auf eine Handhaspel

nicht parallel, sondern quer zueinander und bilden vier Arme, über die das Garn gewickelt wird. Misst man den Abstand vom Ende eines Arms zum Armende eines gegenüberliegenden Querstabes und multipliziert ihn mit vier, erhält man den Umfang seiner Haspel.

Um einen Strang zu wickeln, knotet man den Garnanfang am Mittelstab fest. Dann beginnt man im immer gleichen Rhythmus zu wickeln: zuerst über einen ersten, beliebigen Arm, dann ohne Überkreuzen über den zweiten Arm am gegenüberliegenden Ende, über den dritten Arm wieder am ersten Querstab und über den letzten freien Arm am zweiten Querstab. Dann beginnt man wieder beim ersten Arm. Eine Hand hält dabei die ganze Zeit die Handhaspel in der Mitte des zentralen Stabes fest. Sie kippt die Haspel hin und her, während die andere Hand das Garn von der Spule auf die Querarme wickelt.

Verwendung einer großen Haspel

Zur Verwendung einer größeren Haspel muss eigentlich nichts Spezielles erklärt werden, da man einfach nur die Haspel dreht und dabei das Garn von Spule oder Spindel abrollt und im Kreis um die Arme der Haspel wickelt. Wichtig ist, den Garnanfang so zu sichern, dass man ihn nachher gut wiederfinden kann, da Anfang und Ende des Garns benutzt werden, um den Strang mit einem Knoten zu sichern.

Den Strang sichern

Ist das Garn fertig aufgehaspelt, sichert man den Strang mit Knoten gegen Garnwirrwarr. Die einfachste Variante ist, Garnanfang und Garnende einmal umeinander zu schlingen und dann um den Strang zu knoten. Um zumindest zwei Stellen im Strang zu fixieren, macht man an gegenüberliegenden Seiten des Stranges jeweils mit Garnanfang und Garnende einen Knoten. Manche Spinnerinnen bevorzugen Knoten, die sich durch einfaches Ziehen am Ende wieder öffnen lassen, andere wählen feste Knoten und schneiden sie später mit der Schere wieder auf. Soll der Strang noch gewaschen oder gefärbt werden, kann man zum Abbinden die Garnenden in Form einer (mehrfachen) Acht durch den Strang hindurchwinden, sodass er in kleine Stränge unterteilt wird. Eventuell kann man bei langen Strängen mit zusätzlichen Fäden weitere Stellen abbinden, wenn man ein Verfilzen oder Verknoten befürchtet. Zum Färben darf man den Strang nur locker abbinden, damit die Farbe das Garn überall ganz durchdringen kann.

Ist der Strang gesichert, kann man ihn von der Haspel abnehmen. Zum Lagern verdreht man den Strang zopfartig zu einer Docke. Man greift hierzu mit beiden Händen in den Strang, spannt ihn auf und dreht dann mit einer Hand Kreise, sodass sich der Strang eng verzwirnt. Am Ende steckt man zur Sicherung der Verdrehung ein Strangende durch

Handhaspeln, Garnstränge und aus Strängen gedrehte Docken

das andere hindurch. Hierbei wird der Strang automatisch in der Mitte gefaltet und verdreht sich nochmals um sich selbst.

Welche Haspel für welchen Zweck?

Vor der Anschaffung einer Haspel sollten Sie überlegen, wozu genau Sie diese verwenden wollen. Zum Abwickeln von Strängen zu Knäueln kann man eine platzsparend zusammenfaltbare Schirmhaspel wählen. Um Wolle von Spindel oder Spinnrad zu Strängen zu wickeln, sollte man in eine stabile Holzhaspel investieren, denn oft drückt das Garn die Haspel zusammen. Wenn es bei Ihnen nur um kleine Mengen geht und Sie räumlich flexibel sein wollen, ist eine Handhaspel das geeignete Werkzeug. Für größere Mengen lohnt die Anschaffung einer Standhaspel. Am stabilsten sind große Radhaspeln, bei denen auch antike Exemplare oft noch gute Dienste leisten.

WICKELTECHNIKEN FÜR KNÄUEL

Das Garn kann direkt von einer Spule oder Spindel, aber auch aus einem Garnstrang zu einem Knäuel gewickelt werden. Damit im Garnstrang kein Wirrwarr entsteht, kann man zum Aufspannen des Strangs eine auf jede Stranggröße anpassbare Schirmhaspel oder die Arme eines freundlichen Menschen zu Hilfe nehmen. Manche Spinnerinnen setzen sich den Strang auch auf ihre Fußspitzen oder hängen ihn um eine passende Stuhllehne. Die einfachsten Knäuel werden als Kugel gewickelt, in dem man ein paar Schlingen um die Finger wickelt und diesen kleinen Strang als Kern zum weiteren Aufwickeln benutzt. Um den Anfang des Aufwickelns zu erleichtern, dienten aber von jeher auch verschiedenste Gegenstände als sogenannte Knäuelseele: Nussschalen, zerknülltes Papier, Holzstücke oder auch intensiv riechende Pflanzen zum Mottenschutz.
Praktischer sind aber Knäuel, die innen hohl sind, da man sie um einen später herausgezogenen Kern gewickelt hat. Solche Knäuel kann man nicht nur von außen, sondern auch von innen heraus

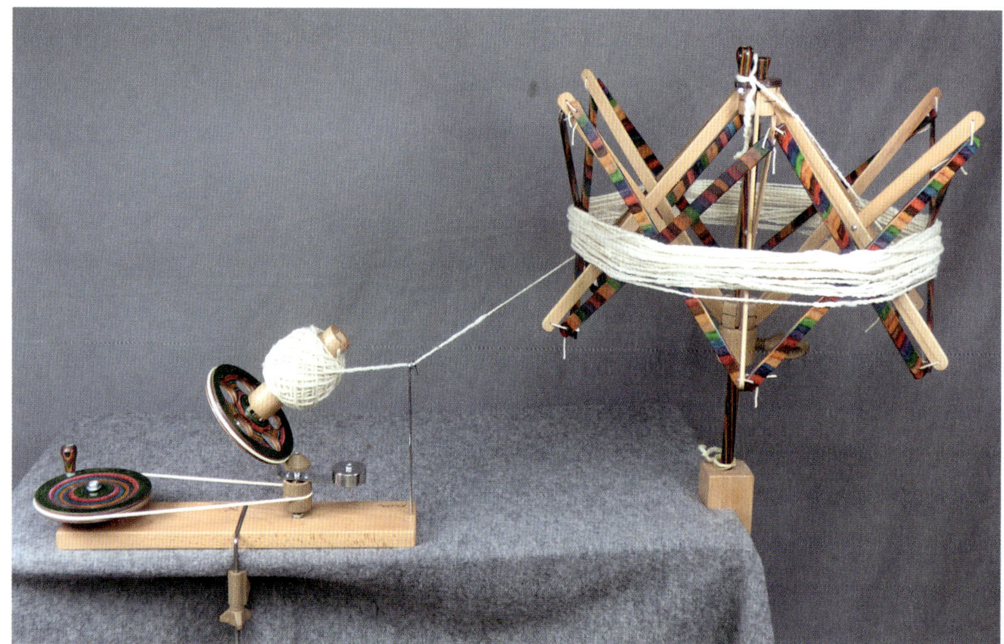

Abwickeln eines Stranges mit Hilfe einer verstellbaren Schirmhaspel auf einen Knäuelwickler (hier ein Gerät von KnitPro)

Methoden zum Knäuelwickeln: massiver Knäuelwickler aus Holz (hinten links), schlichter Knäuelwickler aus Plastik (hinten rechts), ohne Hilfsmittel von Hand gewickeltes Knäuel (vorne links), Knäuel auf Nøstepinne (mittig) und auf Papprolle gewickelt (rechts).

abwickeln (engl. *center pull ball*). Als Kern zum Umwickeln eignet sich vieles aus dem Haushalt, vom Besenstiel bis zur leeren Küchenrolle. Schön gedrechselte Holzstäbe zum Knäuelwickeln, die natürlich deutlich angenehmer in der Hand liegen, sind unter dem skandinavischen Namen Nøstepinne (deutsch: Wickeldorn) im Handel. Hat man viel Garn zu wickeln lohnen sich professionelle Knäuelwickler mit Kurbel, wie das oben abgebildete Gerät von KnitPro. Diese Geräte wickeln sehr gleichmäßige tonnenförmige Knäuel. Beim Kauf dieser Knäuelwickler erhält man je nach Modell eine passende Bedienungsanleitung. Daher soll an dieser Stelle nur die Wickeltechnik von Hand vorgestellt werden.

Manche Wickeldorne haben einen Schlitz zum Einklemmen oder Festknoten des Garnanfangs, man kann ihn aber auch am Griffende festknoten, in der Hand halten oder bei der Küchenrolle in einen Schlitz stecken, den man in die Pappe

Die Wickeltechnik mit einem Wickeldorn: diagonal von unten nach oben und nach jeder Umwicklung den Stab ein klein wenig drehen.

schneidet. Der Garnanfang wird mittig in der oberen Hälfte des Stabes ein paar Runden eng nebeneinanderliegend um den Stab gewickelt. Dann beginnt man leicht schräg zu wickeln, immer vom unteren Ende der Umwicklung zum oberen Ende und wieder zurück. Bei jeder Umwicklung dreht man zudem den Wickeldorn ein wenig in der Hand, entgegen der Wickelrichtung. So baut sich langsam ein Knäuel auf. Am Ende zieht man den Dorn aus dem Knäuel, löst den Garnanfang vom Stab und verstaut ihn im Inneren des Knäuels. Man sollte nicht zu straff wickeln, denn es tut dem Garn nicht gut, unter ständiger Spannung gelagert zu werden. Mit solchen Knäueln kann man auch Andenzwirnen: Statt aus einem Armband verzwirnt man aus dem Knäuel heraus Garnende und Garnanfang miteinander.

WASCHEN, DÄMPFEN UND SPANNEN

Hat man ungewaschene Rohwolle versponnen und will das fertige Garn waschen, richtet man sich bei Wassertemperatur und Waschzusätzen nach den Angaben im Kapitel „Rohwolle waschen".
Aber auch wenn man beim Spinnen mit sauberer, gewaschener Wolle gearbeitet hat, sollte man dem Garn nach Spinnen und Zwirnen zumindest ein kurzes Entspannungsbad in warmem Wasser mit einem Schuss Wollwaschmittel gönnen. Dabei kann der Drall sich gleichmäßig verteilen, und die Fasern bauschen ein wenig auf (bei Streichgarn mehr als bei Kammgarn), wodurch sich das Garn weicher anfühlt und lebendiger aussieht. Manche Spinnerinnen bevorzugen statt dem Bad eine Behandlung mit Wasserdampf, entweder über einem Topf mit kochendem Wasser oder mit dem Dampfbügeleisen. Der Effekt ist ähnlich.
Um die Gefahr des Verfilzens zu umgehen, sollte das Garn im Wasser so wenig wie möglich bewegt werden. Wer ein besonders stabiles Garn wünscht, kann natürlich den Strang bewusst etwas durchkneten, um die Fasern leicht zu verfilzen. Zum schnelleren Trocknen kann man die Feuchtigkeit mit Handtüchern heraussaugen. Manche Spinnerinnen schleudern ihr Garn auch von Hand – optimalerweise im Freien – oder ziehen mit beiden Armen den Strang ruckartig auseinander, sodass das Wasser herausspritzt. Beide Möglichkeiten strecken das Garn und helfen, den Drall zu verteilen. Zum Trocknen sollte man es anschließend locker aufhängen.
Im Optimalfall ist der gezwirnte Garnstrang nach dem Waschen und Trocknen ausgeglichen. Aber was tun, wenn nicht? Die beste Methode, um das zu korrigieren, besteht darin, den Zwirn noch mal durchs Spinnrad zu schicken und dabei entweder fehlenden Drall hinzuzufügen oder überschüssigen wegzunehmen. Danach gönnt man dem Strang ein erneutes Bad.
Wer mit einem nicht ausgeglichenen Garn arbeiten will oder muss (Einfachgarn beispielsweise kann nie ausgeglichen sein), kann den Strang mit einem Gewicht beschwert im gestreckten Zustand trocknen lassen. Das Garn verliert dabei allerdings etwas an Elastizität und Lebendigkeit.

Das Prinzip ist ähnlich wie beim Blocken von Strickstücken. Arbeitet man nicht mit extremer Hitze und starkem Zug (was die Faserstruktur verändern und der Wolle einen Teil ihrer natürlichen Eigenschaften nehmen würde), ist der Drall jedoch nur vorübergehend stillgelegt und nicht dauerhaft fixiert. Manchmal versuchen Spinnanfänger durch Trocknen unter Spannung Zwirnfehler zu verstecken. Mit den daraus entstehenden Strickstücken wird aber niemand glücklich, denn schon hohe Luftfeuchtigkeit kann ausreichen, um den Drall wiederzubeleben und das Gestrick zu verziehen.

Stressabbau für die Wolle: Die beiden fertigen Probestränge dürfen ins Entspannungsbad.

Drei gleiche Probestränge eines frisch gesponnenen und frisch gehaspelten Einfachgarns aus Bergschafwolle: links frisch von der Haspel abgenommen, die beiden anderen gewaschen, der mittlere dann unbeschwert zum Trocknen aufgehängt, der rechte mit einem zusätzlichen Gewicht von 300 Gramm.

VOM FADEN ZUM STOFF

Der gesponnene Faden ist das Ausgangsmaterial für fast alle bekannten stoffbildenden Techniken. Die große Ausnahme – das Filzen – lernen Sie in diesem Buch ausführlich kennen. Im Detail auch auf alle anderen bekannten oder zumindest gängigen Textiltechniken einzugehen, würde den Rahmen dieses Buches sprengen. Ein kurzer schematischer Überblick soll jedoch zeigen, auf welche Weise man Stoffe erzeugen kann, und dazu inspirieren, das eine oder andere auszuprobieren – denn mit gesponnenem Garn kann man viel mehr machen als nur Socken stricken!

Die Namensgebung bei den Textiltechniken ist sehr diffus und von regionalen Traditionen abhängig. Selbst Standardwerke zur Systematik verwenden unterschiedliche Bezeichnungen und beziehen sich dabei mal auf den Herstellungsprozess, mal auf die Struktur des fertigen Stoffes. Grundlegend für den deutschsprachigen Raum und auch für dieses Kapitel ist die Systematik von Annemarie Seiler-Baldinger (1991).

Die Gesamtheit der garnbasierten Textiltechniken lässt sich grob unterteilen in solche, die mit einem einzigen, fortlaufenden Faden hergestellt werden (z. B. das Stricken), und solche, die aus mehreren Fadensystemen gebildet werden (z. B. Kett- und Schussfadensystem beim Weben).

Einfadentechniken

Stoffe, die aus einem einzigen Fadensystem entstanden sind, nennt man auch Maschenstoffe. Dabei ist die Masche definiert als der Bereich des Fadenverlaufs, der sich unter Beibehaltung derselben Technik immer wieder identisch wiederholt. Je nachdem, ob man in Reihen (also hin und her) oder in Touren (also kreis- oder spiralförmig) arbeitet, sind die Maschen deckungsgleich oder spiegelbildlich.

Bei den Maschenstoffen unterscheidet man wiederum zwei Gruppen, abhängig davon, ob mit einem fortlaufenden Faden von begrenzter Länge oder mit einem fortlaufenden Faden von beliebiger (also theoretisch unendlicher) Länge gearbeitet wird. Beides sind Techniken, die sich mit einfachen Werkzeugen wie Nadeln, Stäbchen und Haken oder auch ganz ohne Werkzeuge herstellen lassen. Die heute bekanntesten Maschenstofftechniken gehören der zweiten Gruppe an: das Stricken und Häkeln. Zur ersten Gruppe gehören eher selten verwendete Techniken aus den Bereichen Einhängen, Verschlingen und Verknoten. Auch die Sprangtechnik gehört hierher, bei der ein gespannter Kettfaden mit sich selbst verflochten wird.

Häkeln und Stricken

Bei diesen beiden Techniken kann man direkt vom Knäuel arbeiten, also mit einem quasi unendlichen Faden. Hier wird die neue Masche immer aus dem Teil des Fadens gebildet, der direkt an die zuletzt gebildete Masche anschließt. Dafür werden üblicherweise Haken oder Stäbchen (Nadeln) benutzt. Historisch betrachtet sind beide Techniken eher jung. Während das Stricken wahrscheinlich gegen Ende des ersten Jahrtausends nach Christus im arabischen Raum entstand und im Mittelalter nach Europa gebracht wurde, ist das flächige Häkeln eine junge Erfindung. Es sind bisher keine gehäkelten Textilien bekannt, die nachweislich vor dem Jahr 1800 entstanden sind.

Einhängen

Bei dieser Technik arbeitet man mit dem Fadenende voran, sodass immer der ganze Arbeitsfaden durch die Masche gezogen werden muss. Mit Einhängetechniken kann man beispielsweise Netze oder Hängematten herstellen. Die Maschen sind hier so groß, dass ein langer Faden auf ein Schiffchen oder eine Netznadel gewickelt und durch jede Masche geschoben werden kann.

Verschlingen oder Nadelbinden

Die meisten Varianten des Verschlingens werden heute unter dem Begriff Nadelbinden zusammengefasst. Nadelgebundene Textilien sind historisch betrachtet die Vorgänger der Gestricke. Beide Techniken erzeugen sehr elastische Stoffe, die beispielsweise für Socken, Handschuhe oder Mützen praktisch sind. Technisch betrachtet gibt es jedoch Unterschiede. Während die Maschen beim Stricken mit einem Endlosfaden gebildet werden und sich aufribbeln, wenn man am offenen Fadenende zieht, würden sich die beim Nadelbinden gebildeten Schlingen dagegen zu einem Knoten zusammenziehen. Für diese Fadenführung muss man mit einer Nadel mit Öhr arbeiten. Bei jedem Stich wird der komplette Faden durch die Verschlingungen gezogen. Der Arbeitsfaden darf also nicht zu lang sein und muss stetig neu angesetzt werden (Claßen-Büttner 2012).

Verknoten

Knoten entstehen durch das Zuziehen von geeigneten Verschlingungen. Meist gebraucht man sie zum sicheren Fixieren eines Fadens, sie können jedoch auch stoffbildend eingesetzt werden, etwa bei Netzen. Occhi oder Nadelspitzen sind bekannte Techniken, die auf einer Kombination von Verschlingen und Verknoten basieren.

Sprang

Die schon aus vorgeschichtlicher Zeit bekannte Sprangtechnik gehört zu den Einfadentechniken, obwohl hier wie beim Weben eine Kette aus parallelen Fäden aufgespannt wird. Die gespannten Kettfäden verdreht oder verkreuzt man miteinander, wobei netzartige, elastische Stoffe entstehen.

Mehrfadentechniken

Bei der Stoffbildung mit mehreren Fadensystemen differenziert man zum einen anhand der Anzahl der miteinander verarbeiteten Fadensysteme, zum anderen danach, ob die Systeme passiv oder aktiv sind. Die bekannteste Technik ist sicherlich das Weben.

Flechten

Beim echten Flechten wird mit zwei oder mehr aktiven Fadensystemen gearbeitet (alle Fäden werden bewegt), beim Halbflechten dagegen mit einem aktiven und einem passiven (um das passive Fadensystem wird herumgearbeitet, es wird nicht bewegt). Die Elemente werden dabei miteinander verkreuzt. Es gibt viele unterschiedliche Flechttechniken, wie zum Beispiel randparalleles und diagonales Flechten, Zwirnflechten, Bandflechten oder Schlauchflechten. Heute kennt man diese Arbeiten vor allem aus der Korbmacherei.

Kettenstoffverfahren

Die sogenannten Kettenstoffverfahren zeichnen sich dadurch aus, dass sie alle mit einer Kette arbeiten, also einem in einem Rahmen aufgespannten und fixierten Fadensystem. In den meisten Fällen ist die Kette passiv, manchmal werden ihre Fäden aber auch aktiv miteinander verdreht oder verkreuzt. Der Eintrag oder Schuss, also das zweite, stets aktive Fadensystem, kann auf verschiedene Weise um die Kettfäden herumgeführt oder mit ihnen verbunden werden, beispielsweise durch Flechten, Wickeln oder Knoten. Außer einer Möglichkeit zur Befestigung des Kettfadens braucht man keine Geräte. Der Eintrag in die passive Kette geschieht von Hand, es gibt keine Einrichtung zur automatischen Öffnung eines Faches wie beim Weben.

Weben

Alle bislang gezeigten stoffbildenden Techniken haben gemeinsam, dass die Bindungen zwischen den Fadenteilen einzeln erzeugt werden. So wird z. B. beim Stricken jede Masche und bei den Kettenstoffen jede Bindung einzeln von Hand hergestellt. Beim echten Weben dagegen entsteht in jedem Arbeitsgang eine komplette Reihe an Bindungen auf einmal. Die Erfindung der mechanischen Fachbildung stellt eine enorme Rationalisierung und Beschleunigung im Bereich der Stoffbildung dar. Beim Handweben erzeugt man die Fächer üblicherweise durch Litzen oder Webgitter. Mit ihrer Hilfe kann man automatisch zwischen zwei oder mehr Fächern wechseln. Je nachdem, auf welche Weise und in welchen Abständen sich die Fäden im fertigen Stoff kreuzen, unterscheidet man verschiedene Webbindungen. Das Auf und Ab über die Kettfäden mit einem Holzschiffchen, das wir in der Grundschule als Weben kennengelernt haben, ist aufgrund der fehlenden Fachbildung technisch gesehen kein echtes Weben, sondern gehört zu den Kettenstoffverfahren.
Eine Sonderform ist das Brettchenweben. Dabei werden die Kettfäden durch kleine Brettchen geführt, die zwei oder mehr Löcher haben können. Hier ist auch die Kette aktiv, denn die Kettfäden werden durch das Verdrehen der Brettchen verzwirnt.

In verschiedenen Einfadentechniken hergestellte Stoffe: gestrickt (dunkelblau), nadelgebunden (hellblau) und gesprangt (schwarz-weiß).

In verschiedenen Mehrfadentechniken hergestellte Stoffe: Geflecht aus Palmblättern (hellbraun), Gewebe (schwarz-weiß) und brettchengewebte Borte.

EFFEKTGARNE ODER ARTYARNS

Da der englische Begriff *artyarn* auch bei uns ähnlich gebräuchlich ist wie der deutsche Begriff Effektgarn, werden in diesem Buch beide Bezeichnungen synonym verwendet. Man versteht darunter alle kreativ gesponnenen und gezwirnten Garne, die optisch und haptisch deutlich aus dem alltäglichen Angebot der Strick- und Webgarne herausstechen.

Die Informationen aus den vorherigen Kapiteln ermöglichen es, ganz gezielt Garne für Projekte oder konkrete Anleitungen herzustellen. Natürlich kann man auch jederzeit einfach drauflosspinnen. Manchmal hält man eine Wolle in der Hand und spürt einfach, wie diese Fasern gerne versponnen werden möchten. Dieses Spinngefühl sollte man sich nicht entgehen lassen. Hinterher ist immer noch genug Zeit, sich ein Projekt zu überlegen, für das man dieses Garn dann verwenden kann.

Wer jedoch gerne mal gänzlich aus den Konventionen des traditionellen Spinnens ausbrechen möchte, dem sei das Spinnen von Effektgarnen ans Herz gelegt. Hier ist alles erlaubt und nichts verboten: dicke Stellen, dünne Stellen, verdrehte Zwirnwürmchen mitten im Garn, Fasern aller Arten quer durcheinander, kreative Zwirntechniken, eingesponnene Locken, Federn, Perlen, Garn- und Stoffreste, (Seiden-)Papierstreifen oder was auch immer einem in die Finger gerät. Häufig arbeitet man dabei mit handkardierten, kunterbunten Vliesen als Basis (siehe Seite 468). Und selbst wenn es nachher völlig untauglich ist, um verstrickt zu werden – ein Kunstwerk ist es in jedem Fall! Und einfilzen, einweben oder irgendwo draufkleben lässt sich wirklich fast jedes Garn.

Auch Effektgarne kann man natürlich nach genauen Anleitungen spinnen. Wer aber sich selbst, die Fasern und sein Spinngerät besser kennenlernen will, sollte mutig sein und nur mit einer groben Idee im Hinterkopf ans Werk gehen. So entstehen die kreativsten Garne, und so macht man die zum wahren Lernen unerlässlichen Fehler. Die folgenden Erklärungen zum Spinnen der berühmtesten Effektgarnvariationen sollen daher nur als Inspirationsquelle betrachtet werden. Zu Kunstwerken werden diese Garne erst, wenn man ihnen die eigene ganz persönliche Note hinzufügt! Artyarns werden manchmal zum Stricken verrückter Schals und Mützen verwendet, selten auch für größere Projekte. Oft dienen sie als Highlight, um konventionelle Handarbeiten aufzupeppen.

Die meisten Artyarn-Techniken lassen sich am Spinnrad leichter umsetzen als mit der Spindel. Da die Garne oft recht dick sind, sollte man mit großen Spulen arbeiten und wenn vorhanden einen speziellen Jumbo- oder Artyarn-Flügel mit großen Haken oder verschiebbarer Öse sowie mit großem Einzugsloch benutzen. Wenn die gebogenen Haken am Spinnflügel bei dickem Garn Probleme bereiten, kann man sie durch L-förmige Haken aus dem Baumarkt ersetzen. Bei manchen Spinnrädern ist der Flügel nur am hinteren Ende gelagert und steht vorne frei. Diese Räder brauchen

Für Artyarn konzipierter Spinnflügel mit großer Spule, spiralförmigem Haken an der Vorderseite und verschiebbaren Ösen auf den Flügelarmen (Aura Majacraft).

Beispiele für die Verwendung von Artyarns.
1 Mit Gotlandlöckchengarn aufgehübschter alter Filzhut, weißer Cowl mit einzelnen Artyarn-Reihen (Roswitha Muth), Cowl aus dick-dünn gesponnener Merinowolle und ein Cowl mit passenden Stulpen.
2 Ponchoartiger Cowl mit Fransen aus diversen Flammengarnen und Dick-Dünn-Zwirnen, vorwiegend Merino-Wolle.
3 Kurzmantel aus Garnen mit Alpaka, Merino, Seide, Mohair und mit einer Umrandung aus einem handgesponnenen Coilgarn mit Wensleydale-Locken (Sabina Hengstermann, wolllust-in-maschen.de).
4 Upcycling: Vase und Sparbüchse aus mit Effektgarnen beklebter Flasche und Blechdose.

kein den Garndurchmesser limitierendes Einzugsloch, sondern ihre Artyarn-Flügel sind mit einem Haken oder einer Öse an der Vorderseite ausgestattet. Ihr Funktionsprinzip ähnelt an dieser Stelle dann den Spindelrädern.

Für das Spinnen extra wilder Artyarns empfiehlt es sich, auch extra wilde Fasermischungen vorzubereiten. Wer selbst keine Vliese kardieren kann oder will, hat die Möglichkeit, im Internet handkardierte „*artyarn batts*" zu kaufen. Man muss jedoch nicht unbedingt die eingeplanten Fasern vorher zusammenkardieren oder -kämmen, sondern kann sie auch während des Spinnens in der Wollhand hinzufügen. Das verkompliziert allerdings den Spinnprozess und führt manchmal zu unschönen oder instabilen Übergängen, wenn man nicht sorgfältig arbeitet.

SPINNTECHNIKEN FÜR BESONDERE EFFEKTE

Die besonderen Eigenschaften vieler Artyarns treten erst durch den Zwirnprozess so richtig ins Rampenlicht. Die Seele dieser Garne liegt jedoch in den einzelnen Singles. Diese können ganz klassisch gesponnen oder aber auch durch eine der folgenden Methoden mit gewissen Extras ausgestattet sein.

Eine allgemeine Vorbemerkung zum Spinnen von Effektgarnen ist die Empfehlung, möglichst langsam zu arbeiten, also am Rad eine niedrige Übersetzung einzustellen und außerdem langsam zu treten. Wenn man Spaß am Spinnen dieser kreativen Garne gefunden hat, lohnt sich die Anschaffung eines speziellen Artyarn-Flügels für das Spinnrad in jedem Fall. Aber für erste Experimente ist das nicht unbedingt nötig.

FLAMMENGARN

Für Flammengarne (engl. *slub yarns*) spinnt man grundsätzlich mit kurzem Auszug in „normaler" Dicke, zieht aber gelegentlich aus dem Garnvorrat größere Faserportionen hervor, die nicht verstreckt werden. Die dabei entstehenden dicken Stellen (Flammen) haben deutlich weniger Drall. Wenn das Garn stabil sein muss, sollten daher die Flammen relativ kurz gehalten werden. Die dünnen Garnstrecken können dagegen beliebig lang sein. Verspinnt man ein Artyarn-Vlies zu einem Flammengarn, so empfiehlt es sich, dicke Stellen immer dann zu bilden, wenn im Vlies auffällige Farben oder Fasern auftauchen. Ein dick gespon-

Ein Flammengarn entsteht, wenn ab und zu besonders dicke Faserdreiecke ausgezogen werden. Dieses Spinnrad (Ashford Country Spinner) ist für extradickes Spinnen konzipiert, beispielsweise für Teppichgarn.

nenes Flammengarn eignet sich wunderbar, um daraus kuschelige Schals oder Mützen zu stricken. Flammengarn kann man effektvoll mit anderem Garn verzwirnen (siehe folgendes Kapitel). Zwei Flammengarne miteinander zu verzwirnen, ist nicht zu empfehlen, denn es lässt sich nur schlecht vermeiden, dass zwei Flammen aufeinandertreffen und dabei extrem dicke Stellen bilden.

DINGE EINSPINNEN

Statt aus der Spinnwolle gelegentlich dicke Stellen herauszuarbeiten, kann man auch in einer kontrastierenden Farbe kleine Wollflöckchen einspinnen. Kardiert man diese Flocken vorher mit in ein Vlies, mischen sie sich farblich etwas unter, sind aber dafür später fest eingesponnen. Sie fallen im Garn mehr auf, wenn man sie während des Spinnprozesses in ein ausgezogenes Faserdreieck legt und dann mit einspinnt. Sie werden dabei nicht oder nur wenig mit verzogen. Hier kann man wunderbar den „Ausschuss" verarbeiten, der beim Kardieren auf der kleinen Walze hängen geblieben ist, oder auch in Stücke geschnittene Restgarne. Bei großen Flocken muss man den Spinnprozess eventuell kurz unterbrechen, um sie tief in das Faserdreieck, bzw. einmal ganz hindurchzustecken. So sind sie später gut im Garn verankert.

Naturbelassene oder gefärbte Wolllocken mit einspinnen: Hierbei wird nur das untere Ende mit einer Flickkarde ein wenig geöffnet und dieses dann eingesponnen. Den lockigen Teil lässt man lose heraushängen. Die Locken (z. B. von Wensleydale- oder Gotlandschafen) sollten nicht rechtwinklig abstehen, sondern schräg nach hinten eingesponnen werden. Das erleichtert ihren Weg durch das Einzugsloch!

Garnreste kann man in Stücke schneiden und längs oder als kleine Büschel quer ins Garn eindrehen.

Schmetterlinge: Zarte Stoffstückchen, die mittig etwas zusammengedrückt eingesponnen werden, schauen wie Schmetterlingsflügel an beiden Seiten des Garns heraus. Aber auch nicht-textile Objekte wie Perlen, Schmuckanhänger, Federn und noch viel verrücktere Dinge lassen sich einspinnen. Allerdings müssen sie sicher im Garn fixiert werden. Man sollte zum Einspinnen von Dingen aller Art die dünneren Stellen des Garns bevorzugen, denn hier sammelt sich mehr Drall, der alles gut festhält. Durch Perlen kann man vor dem Spinnen mit einer Nadel jeweils einen kleinen Strang Wolle ziehen, der dann auf beiden Seiten der Perle gut ins Garn eingesponnen wird. Man kann die Perlen auch auf einen Faden fädeln, den man beilaufen lässt (siehe die nächste Anleitung).

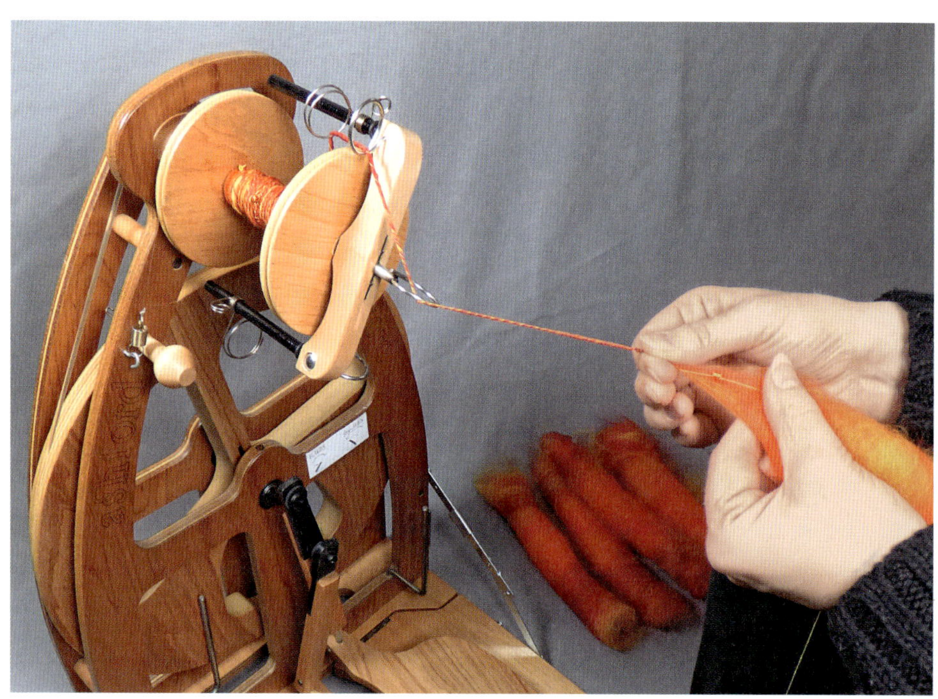

Hier wurden Perlen aus einer zerrissenen Kette auf ein Nähgarn gefädelt. Während das Nähgarn stetig mit eingesponnen wird, schiebt man ab und zu eine Perle hoch in die Wolle, um sie mit ins Garn zu spinnen.

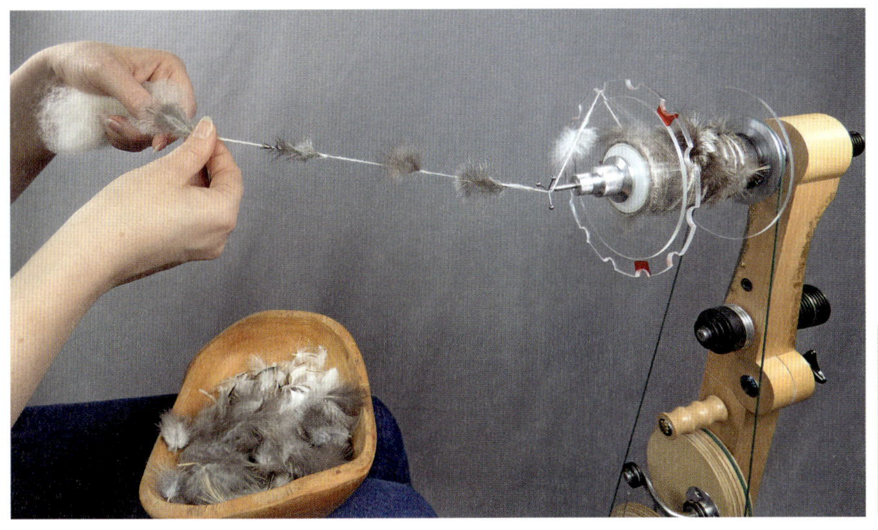

Mit speziellem Zubehör wird dieses moderne Flügelspinnrad (Michi, v. Schwarzenstein) zum Spindelrad umgebaut. So können empfindliche Artyarns wie hier mit Federn versponnen werden, da der Einzug durch Haken oder Ösen wegfällt.

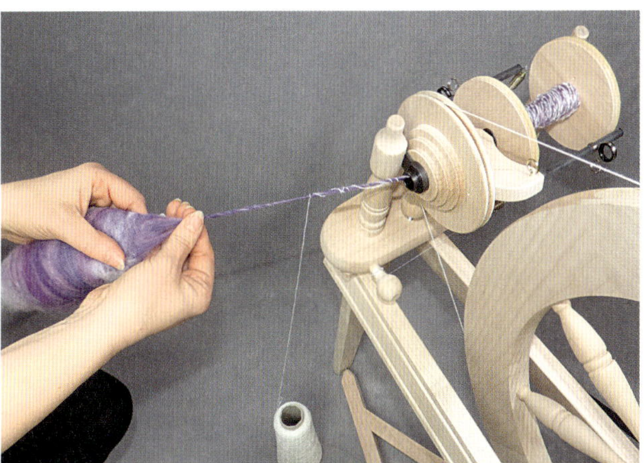

Ein handkardiertes Artyarn-Vlies wird zusammen mit einem industriellen Konengarn als Begleitfaden versponnen.

SPINNEN MIT BEGLEITFADEN

Bei dieser Technik lässt man während des ganz normalen Spinnens einen dünnen Faden mitlaufen (engl. *auto-wrap*). Er wird zu Beginn mit am Anspinnfaden befestigt und ringelt sich während des Arbeitens ganz von selbst locker um das fertige Garn. Hier wird nicht gezwirnt, sondern der Faden läuft schon beim Spinnen in Spinnrichtung mit, und man erhält am Ende ein Einfachgarn, das aber aus zwei Elementen besteht. Manche Spinnerinnen lassen den Begleitfaden frei laufen, andere führen ihn mit der Arbeitshand. Der Begleitfaden darf erst nach dem Verdrehen des Faserdreiecks mit dem Garn zusammentreffen. Gerät er mit ins Faserdreieck, wird er eingesponnen und verschwindet im Garn, anstatt sich außen herumzuschlängeln. Aber auch dieser Effekt kann natürlich gewollt sein. Auf den ersten und letzten Zentimetern des Garns sollte man in jedem Fall so arbeiten, um den Faden sicher mit dem Garn zu verbinden.

Will man den Begleitfaden nicht durch die Arbeitshand, sondern ganz frei laufen lassen, positioniert man ihn zwischen sich und dem Spinnrad. Meist wird er sich erst in der Nähe des Einzugslochs um das Garn wickeln und dabei vor und zurück springen. Es ist nicht immer leicht, den Impuls zu unterdrücken, führend einzugreifen. Wenn die Garne sich im Einzugsloch verknubbeln, hilft es, die Hände niedriger zu halten. Wenn das Garn „bergauf" ins Spinnrad läuft, dann wickelt sich der Begleitfaden weiter unten um das Garn. Als Begleitfaden eignet sich jedes dünne Garn bis hin zu einfachem Nähgarn. Es sollte sich mit wenig Widerstand von der Spule oder dem Knäuel abwickeln können. Lässt man das gesponnene Garn gleichmäßig ins Einzugsloch laufen, wickelt sich auch der Begleitfaden gleichmäßig um das Garn. Verändert man Geschwindigkeit oder Garndicke, wird er mal gestreckter, mal enger gewickelt.

ÜBERDREHTE EINFACHGARNE VERZWIRNEN

Man kann ein Garn mit so viel Drall verspinnen, dass es sich doppelt in sich selbst verdreht und anschließend wie ein Spiralzwirn aussieht. Solche Garne sind sehr hart und steif. Sie sind nicht ganz einfach zu spinnen, ergeben aber schöne Schnüre für Dekozwecke, zum Geschenkeeinpacken oder für Schmuck. Man muss sehr konzentriert arbeiten,

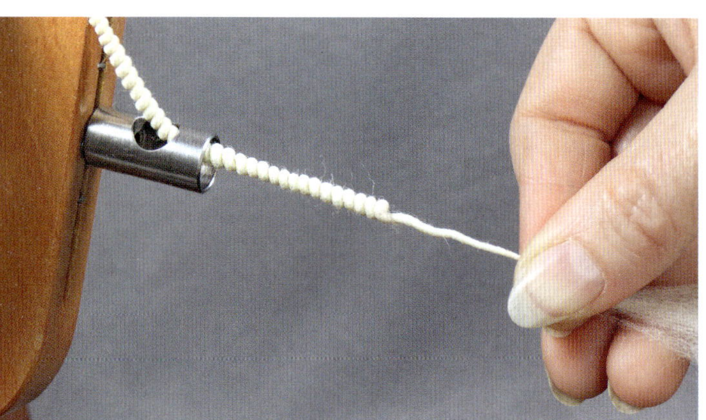

Dieses Garn wird so sehr überdreht, dass es sich zu einer Spirale verdreht.

Verschiedene Varianten gezwirnter Effektgarne.

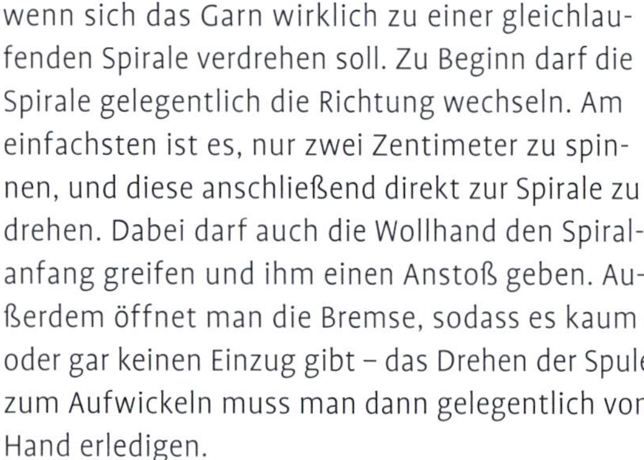

wenn sich das Garn wirklich zu einer gleichlaufenden Spirale verdrehen soll. Zu Beginn darf die Spirale gelegentlich die Richtung wechseln. Am einfachsten ist es, nur zwei Zentimeter zu spinnen, und diese anschließend direkt zur Spirale zu drehen. Dabei darf auch die Wollhand den Spiralanfang greifen und ihm einen Anstoß geben. Außerdem öffnet man die Bremse, sodass es kaum oder gar keinen Einzug gibt – das Drehen der Spule zum Aufwickeln muss man dann gelegentlich von Hand erledigen.

Braucht man nur kurze Garnstücke, verzwirnt man diese am besten sofort zwischen den ausgestreckten Armen mit sich selbst. Das Verzwirnen von zwei Spulen ist wegen des starken Dralls eine Herausforderung. Es hilft, die Spulen einige Tage ruhen zu lassen, bevor man zwirnt.

ZWIRNTECHNIKEN FÜR ARTYARNS

Die aufregendsten Effekte bei Artyarns entstehen durch das Verzwirnen. Es lohnt sich, vorher an kleinen Proben auszuprobieren, wie die Mischung von Farben und Formen im fertigen Zwirn aussehen wird. Je stärker Farben gemischt werden, desto mehr verlieren sie ihre Leuchtkraft und können in einem langweiligen Farbbrei untergehen.

Bei allen Zwirnvariationen sollte man das erste und letzte Stück der Garne „normal" zwirnen, bevor man mit der Artyarn-Technik einsetzt. So erhalten die Garne stabile Enden. Wenn man schon weiß, dass man mit dem Garn etwas Spezielles stricken will, kann das normal gezwirnte Stück so lang sein, dass es zum Anschlagen der ersten Reihe(n) reicht. Spinnräder mit kleinem Flügel oder Einzugsloch sind manchmal mit einem dicken Artyarnzwirn überfordert. Dann muss man unter Umständen das Garn zwischendurch von Hand auf die Spule wickeln, weil es an den Engpässen stecken bleibt und sich von selbst nicht einzieht.

Will man keine Vermischung mit einem anderen Garn, kann man auch mit der Kettmaschentechnik (Navajozwirnen) den Faden mit sich selbst verzwirnen, etwa zum Stabilisieren eines Flammengarns (siehe Seite 507).

UNTERSCHIEDLICH DICKE GARNE MITEINANDER VERZWIRNEN

Ein dickes Garn mit einem dünnen zu verzwirnen, ergibt immer auffällige Effekte. Man kann hier mit einfachsten Mitteln viele Variationen gestalten, indem man entweder das eine oder das andere Garn straffer hält und zudem die Winkel verändert, in denen die Garne sich treffen. So wickelt sich entweder das dünnere stärker um das dickere oder umgekehrt und dominiert dadurch farblich das Garn. Auch ein Wechsel zwischen diesen beiden Varianten sorgt für ein sehr lebendiges Zwirnergebnis. Diese Technik geht irgendwann über ins Spiralzwirnen.

GARN MIT ZWIRNWÜRMCHEN

Bei dieser Technik wird ein überdrehtes Garn oder Flammengarn mit einem straff gehaltenen, sta-

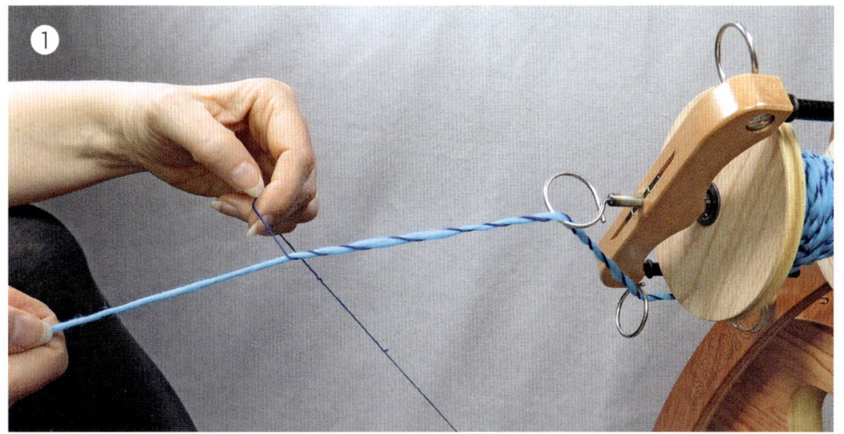

Dickes und dünnes Garn wird miteinander verzwirnt. Die Optik ist unterschiedlich, abhängig davon, ob beide Garne im gleichen Winkel (**2**), ob das dünne gerade und das dicke seitlich abgewinkelt (**3**) oder das dicke gerade und das dünne von der Seite (**1**) zugeführt werden.

Für ein Effektgarn mit Zwirnwürmchen (**4**) wird eines der Garne straff gehalten, während das andere beim Verzwirnen so locker hängt, dass die sich bildenden Würmchen mit eingezwirnt werden.

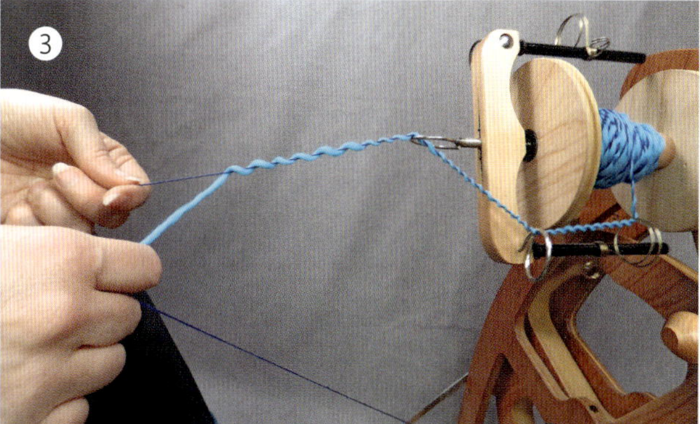

bilen Faden verzwirnt. Im locker gehaltenen Garn entstehen automatisch – vor allem an den dünnen Stellen – Zwirnwürmchen, welche beim Zwirnen nicht glattgezogen werden. Das lockere Garn sollte außerdem in einem leicht schrägen Winkel zum straffen gehalten werden. Mit Flammengarn sind die Effekte besonders auffällig, aber natürlich kann man auch jedes andere Garn verwenden, das genug Drall hat, um ausreichend Würmchen zu bilden. Das zweite, straffer gehaltene Garn im Zwirn muss vor allen Dingen stabil sein.

MEHRFACHZWIRNE

Zwirnt man mehr als zwei Garne zusammen, entstehen Mehrfachzwirne, die schnell sehr dick werden können. Es sind viele Effekte möglich, indem man die Eigenschaften, Spinnrichtungen und Farbmischungen verschiedener Einzelgarne kombiniert. Sogenannte Cablégarne entstehen, wenn man Zwirne miteinander verzwirnt. Kettzwirne sind Dreifachzwirne, die entstehen, wenn Kettmaschenreihen um sich selbst verdreht werden.

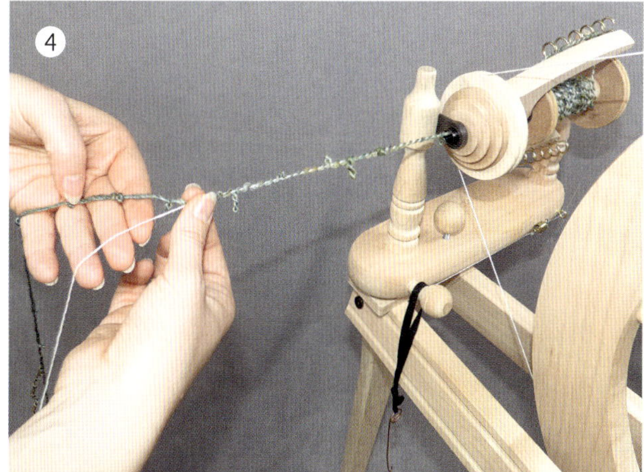

Von links nach rechts jeweils ein feiner und ein dicker Zweifachzwirn, Dreifachzwirn und Vierfachzwirn sowie dunkelblaue, kettgezwirnte Garne.

Kurze Anleitung für Bouclé-Garn

Hier die Spinnanleitung für das Bouclé-Garn als „mathematische" Formel zusammengefasst:
Kerngarn (s) + Wickelgarn (z) = Vorzwirn (S)
Vorzwirn (S) + Bindegarn (s) = Bouclézwirn (Z)

Bouclé-Garn

Auch ein flauschiger Klassiker wie das Bouclé-Garn ist ein Mehrfachzwirn. Es besteht aus drei Elementen: einem stabilen Kerngarn, einem flauschigen Wickelgarn und einem feinen Bindegarn. Das Wickelgarn bildet die typischen Schlaufen, mit dem Bindegarn werden diese dann fixiert. Bei einer etwas komplizierteren Technik wie dieser lohnt es sich, schon vorher in seinem Garntagebuch zu notieren, welche Faser und welches Garn wann und in welcher Richtung versponnen oder verzwirnt wird. Grundsätzlich werden Kern- und Bindegarn s-gesponnen, das Wickelgarn in z-Richtung – es geht aber genauso gut andersherum. Anschließend werden Kern- und Wickelgarn S-gezwirnt, und dieser erste Zwirn wird mit dem Bindegarn Z-gezwirnt – oder genau andersherum. Dies sind die Arbeitsschritte im Detail:
Das Kerngarn, auch Seele genannt, wird dünn s-gesponnen, beispielsweise aus Merinowolle. Man kann auch kommerzielles Näh- oder Konengarn benutzen.
Das Wickelgarn wird mit viel Drall z-gesponnen, oft dünn, aber auch dicker oder dick-dünn im Wechsel ist möglich. Es besteht klassischerweise aus Mohair, aber auch feste Wolle wie Wensleydale funktioniert gut. Weiche Wolle wie Merino macht eher Buckel statt der gewünschten Schlingen. Dieses Garn bestimmt den größten Teil des optischen Gesamteindrucks.
Das Bindegarn sollte dünn sein und farblich identisch oder dunkler als das Wickelgarn. Es wird s-gesponnen. Man kann auch mit Näh- oder Konengarn arbeiten oder einfach das gleiche Garn wie für die Seele verwenden.
Für den Vorzwirn werden Kern- und Wickelgarn S-gezwirnt. Das s-gesponnene Kerngarn wird dabei fester, das z-gesponnene Wickelgarn verliert dagegen Drall. Das Wickelgarn wird locker gehalten und von der Seite etwas schräg zugeführt. Zusätzlich wird es alle paar Zentimeter auf dem Kerngarn zusammengeschoben, wodurch sich die klassischen Schlaufen bilden.

Der erste Zwirngang zum Erstellen eines Bouclé-Garns: Das Kerngarn wird stramm gehalten, das Wickelgarn aus Wensleydale-Locken von der Seite locker darauf gezwirnt. Dabei wird es immer wieder auf dem Kerngarn zusammengeschoben, um die typischen Schlingen zu bilden.

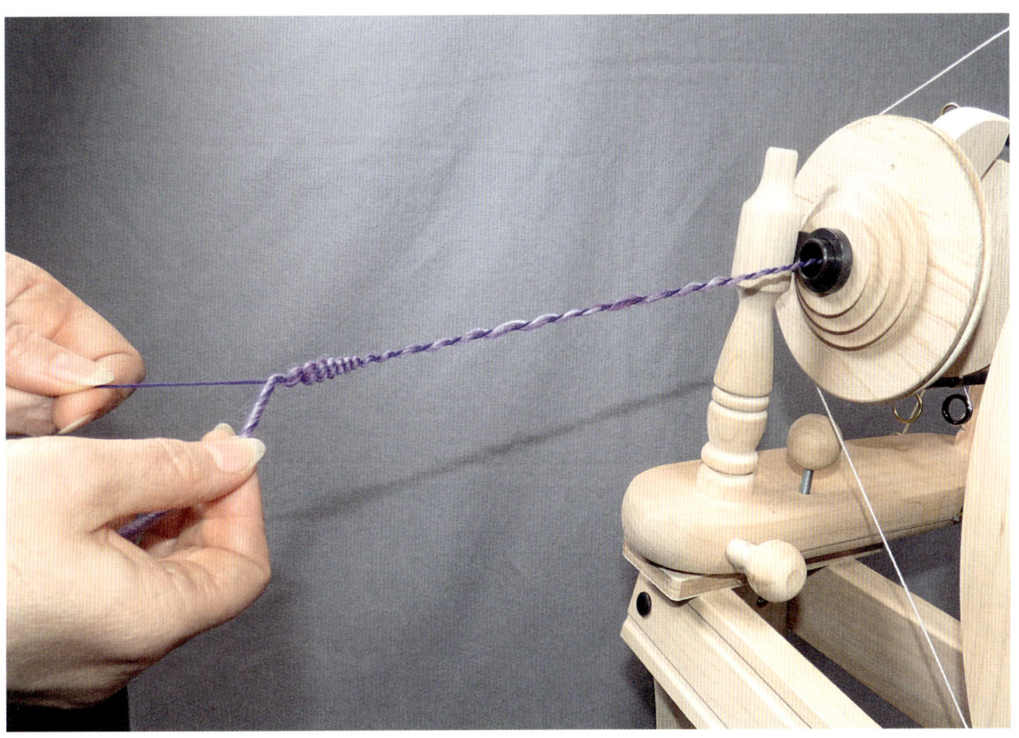

Spiralen wickeln sich um ein Garn, wenn man das andere im rechten Winkel dazu hält.

Der eigentliche Bouclé-Zwirn entsteht in einem weiteren Zwirnprozess aus dem Vorzwirn und dem Bindegarn in Z-Richtung. Lässt man beide im gleichen Winkel aufeinander zulaufen, bildet sich ein eher ausgeglichener Zwirn. Lässt man den Vorzwirn gerade auf das Einzugsloch zulaufen und hält das Bindegarn etwas schräg dazu, umwickelt dieser den Zwirn. Beides ist möglich. Man sollte langsam arbeiten, sodass man noch die Möglichkeit hat, die Schlingen zu verschieben, bevor das Bindegarn deren Position fixiert. Diese Fixierung ist notwendig, damit sich die Schlingen bei der Weiterverarbeitung nicht zusammenschieben. Mit solch einem Bindegarn kann man übrigens auch jedes andere Garn nachträglich noch verzwirnen, beispielsweise um eingesponnene Extras besser zu sichern.

SPIRALEN ZWIRNEN

Im Englischen bezeichnet man die kleinen spiralförmigen Verdickungen als *coils* oder *beehive coils*. Die grundlegende Technik dabei ist, ein Garn beim Zwirnen ganz gerade ins Einzugsloch laufen zu lassen, das andere jedoch fast im rechten Winkel dazu zu halten, sodass es sich um das erste Garn herumwickelt.

Das Kerngarn sollte sehr stabil und mit viel Drall gesponnen sein bzw. selbst schon ein Zwirn sein. Es wird abhängig von der Anzahl und Größe der Spiralen stark in Gegenrichtung gedreht und könnte sonst reißen (siehe auch Corespinning). Das äußere Garn sollte dicker als das Kerngarn sein. Je dicker, desto schneller bauen sich die Spiralen daraus auf. Gerne wird Flammengarn verwendet, wobei nur aus den Flammen Spiralen gebildet werden.

Beim Zwirnen hält man an den Stellen, wo Spiralen entstehen sollen, das äußere Garn senkrecht zum anderen. Das schräg gehaltene umwickelt den Kern nun so dicht, dass dieser nicht mehr zu sehen ist. Um die Spiralen zusätzlich aufzubauschen oder unbedeckte Kerngarnstellen zu verbergen, kann man auch den Zwirnprozess kurz stoppen und die Umwicklung mit den Fingern zusammenschieben.

Statt Spiralen kann man auch kleine Knubbel (engl. *granny stacks*) bilden, indem man das Garn nicht parallel nebeneinander auf den Kern wickelt, sondern es über einem kurzen Abschnitt des Kerngarns mehrmals hin und her bewegt, sodass es sich selbst überkreuzt. Das ergibt festere, unregelmäßigere Verdickungen als bei den Spiralen.

CORESPINNING

Für das völlige Umspinnen eines Kernfadens, der sogenannten Seele, mit einem anderen Faden oder mit losen Fasern hat sich auch bei uns der englische Begriff *corespinning* eingebürgert. Die deutsche Version Kernspinnen klingt irgendwie nach Krankenhaus, Seelenspinnen dagegen etwas esoterisch. Die wichtigsten Punkte, die es bei dieser Technik zu beachten gilt: Das Kerngarn sollte ein dünner, stabiler Zwirn sein und viel Drall haben. Umwickelt man den Kern mit losen Fasern, sollten diese locker kardiert und nicht zu glatt sein. Umwickelt man mit Garn, braucht man davon wesentlich mehr als vom Kerngarn. Verwendet man zum Umwickeln des Kerns ein anderes Garn, entstehen dabei im Grunde ununterbrochen die bei der vorherigen Technik beschriebenen Spiralen. Umwickelt man dagegen den Kern mit losen Fasern, braucht es etwas mehr Übung und Fingerfertigkeit, denn die Fasern müssen

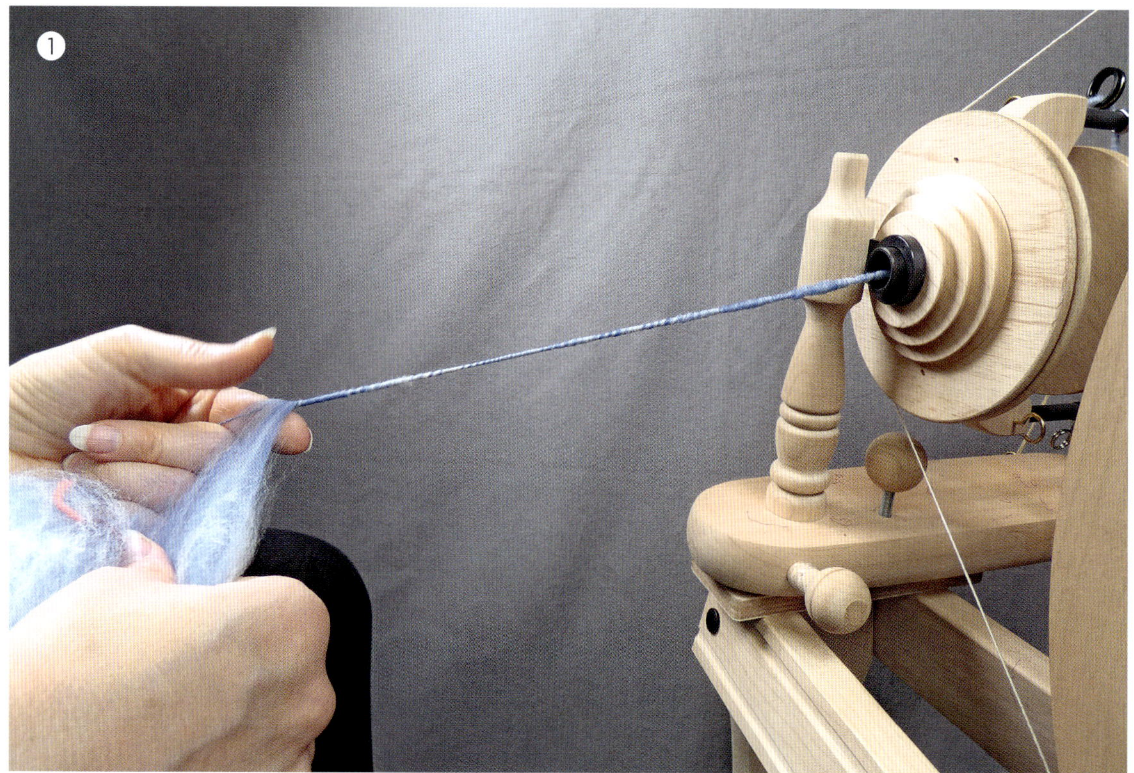

Corespinnen mit einem kommerziellen Mohairgarn als Kern und einem handkardierten Vlies (**1**) oder einem Flammengarn (**2**) als Umwicklung.

entweder schon in gewünschter Dicke vorverzogen sein, oder man muss während des Umwickelns parallel die Fasern ausziehen – und zwar nicht nach hinten, sondern zur Seite! Das Garn bzw. der Faserstrang zum Umwickeln sollte nicht zu schmal sein, weil dann mehr Umdrehungen nötig sind und das Kerngarn stärker belastet wird. Anfang und Ende dieser Garne sollten immer mit einem Knoten gesichert werden, damit sich Seele und Umwicklung nicht trennen.

Weil das Kerngarn sehr haltbar sein muss, kommen vor allem Zwirne in Frage. Da der Kern völlig umhüllt wird, kann man hier auch ungeliebte Garnreste aufbrauchen. Wie genau das ideale Kerngarn aussieht, darüber wird viel diskutiert. Die einen bevorzugen stabile Baumwollhäkel- oder Kunstfasergarne, die anderen lieben Wolle, viele schwören auf kommerzielles Mohairgarn, weil es dünn, aber auch haltbar ist und die Umwicklung deshalb gut daran haftet.

Egal ob gekauft oder handgesponnen, es hilft, das Kerngarn zur Vorbereitung noch einmal durchs Spinnrad zu jagen, um ihm zusätzlichen Drall zu geben. Da das Kerngarn beim Zwirnen viel langsamer aufgebraucht wird als das umwickelnde Material (bei Garnumwicklung meist noch langsamer als bei Fasern) bekommt es sehr viel Gegendrall ab. Es passiert schneller als man denkt, dass der ganze Drall aus dem Kern herausgedreht wird und er sich sogar in Gegenrichtung verdreht. Corespun-Garne sind selten perfekt ausgeglichen, weil man nur mit Glück die ursprüngliche Verzwirnung des Kerngarns exakt wiederherstellt. Das macht sie aber sehr lebendig und ausdrucksstark.

Was die praktische Umsetzung angeht, sollte man vor allem langsam spinnen und die ersten Zentimeter des Garns ganz normal verzwirnen. Dann lässt man das Kerngarn gerade auf das Einzugsloch zulaufen und hält die umwickelnden Fasern (oder das Garn) fast rechtwinklig dazu. Die Fasern müssen dabei automatisch ausgezogen werden – wie beim Spinnen mit langem Auszug – und wickeln sich langsam um den Kern herum. Führt man die Fasern dicht am Kern, wird die Umwicklung straffer, hält man mehr Abstand, wird die Umwicklung lockerer und weicher. Das Umwickeln findet im Optimalfall mit gleichbleibendem Abstand relativ dicht vorm Einzugsloch statt, nicht im Schoß. Eventuell kann man mit den Fingerspitzen den Bereich, in dem das Umwickeln stattfindet, unterstützen. Umwickelt man mit einem anderen Garn, schiebt man dieses alle paar Zentimeter über dem Kerngarn zusammen, dann gibt es keine Lücken und die Umwicklung ist definierter zu erkennen. Arbeitet man mit Flammengarn, sollte man die dicken Flammen zwischen den Fingern etwas in Spinnrichtung zusammendrehen, bevor sie sich um die Seele wickeln. Sonst ist praktisch kein Drall in ihnen, und statt dicker Spiralen gibt es eher bauschige Knubbel.

Varianten beim Corespinning

- Die umwickelnden Fasern oder Garne können auch Flammen oder Noppen enthalten.
- Interessante Effekte ergeben sich, wenn man einen elastischen Faden als Kern verwendet und ihn während des Spinnens leicht dehnt.
- Es lassen sich auch ganze Locken beim Umwickeln mit einarbeiten.
- Sariseide, ein aus geschredderten indischen Saris hergestelltes Recycling-Material, lässt sich auch zum Umhüllen eines Kerns verwenden.
- Man kann auch ohne Kern corespinnen: Dazu zieht man beim Spinnen die Fasern im rechten Winkel zur Seite statt nach hinten aus. Die Arbeitshand arbeitet dabei quasi im langen Auszug, und die Wollhand gibt von der Seite die Fasern in ganz kleinen Mengen hinzu. Es braucht eine Weile, bis man den Dreh heraus hat, aber das fertige Single wird aussehen, als wäre es um einen Kern gesponnen.

WIRE-CORESPINNING

Beim Wire-Corespinnen wird als Kern ein Draht verwendet. Mit solchen bunt umsponnenen Drähten lassen sich die verrücktesten Projekte realisieren, denn das Garn behält jede Form, in die man es biegt! Der Unterschied zum normalen Corespinnen besteht darin, dass ein Draht keinen Drall verträgt. Damit er nicht bricht, muss sich der gesamte Drahtvorrat immer mitdrehen! Das gelingt, indem er aufgewickelt wird (zum Beispiel auf einer Spule, einer Papprolle oder einer Spindel) und während des Umwickelns frei vor dem Einzugsloch herunterhängen und sich mitdrehen kann, wenn man das Spinnrad antreibt.

Damit der Draht nicht bricht, kann sich die Drahtspule während des Zwirnens ständig mitdrehen. Die kardierte Wolle wickelt sich dabei um ihn herum.

Aus Draht und Garn wird ein Wire-Coregarn, das sich in jede gewünschte Form biegen lässt.

Bei dieser Technik muss man wirklich langsam arbeiten und bei den meisten Spinnrädern dickere Drähte auch von Hand auf die Spule drehen. Der Anspinnfaden sollte durch einen Anspinndraht ersetzt werden. Als Kern eignen sich Drähte mit verschiedener Dicke, je nach Anwendungszweck. Feiner Draht zwischen 0,2 und 0,3 Millimetern ist noch sehr flexibel und leicht zu umspinnen aber er hält sich nur bedingt in der Form, in welche man ihn biegt. Optimal sind 0,4 bis 0,6 Millimeter. Wagt man sich über 1,0 Millimeter, wird der Draht so steif, dass er nur noch schwer zu umspinnen ist. Während des Spinnens liegt der Draht locker in der Handfläche oder über den Fingern und darf nie festgehalten werden! Die Wickeltechnik ist genau die gleiche wie beim normalen Corespinnen. Der Draht sollte aber eng und fest umwickelt werden. Zum Schluss müssen die Drahtenden umgebogen und verdreht werden, damit sich die Umwicklung nicht ablösen kann. Man kann das Garn mit warmer Seifenlauge sanft überfilzen, um es haltbarer zu machen.

Drähte kann man mit losen Fasern, Singles aller Arten und auch mit Zwirnen umwickeln. Bei Singles muss man darauf achten, sie mit viel Drall zu spinnen, da sich bei den vielen Umwicklungen ein großer Teil davon wieder herausdreht.

Wire-Coregarne kann man verflechten, verstricken oder verhäkeln. Man kann Hüte, Kränze, Sträuße und Pflanzengestecke damit dekorieren. Es lassen sich Schmuck oder kleine Kunstwerke daraus anfertigen. Der Fantasie und Kreativität sind keine Grenzen gesetzt.

EIN WORT ZUM SCHLUSS

Mit diesem abschließenden Ausflug in die wilde Welt der Effektgarne möchte ich mich von Ihnen verabschieden. Ich hoffe, es ist mir gelungen, Sie neugierig auf das Spinnen zu machen und meine Faszination für diese uralte Handarbeitstechnik mit Ihnen zu teilen.

Auch wenn man für Spinngeräte viel Geld ausgeben kann – ein Einstieg in die Spinnerei ist auch völlig kostenlos möglich: Ein paar Wollflocken aus dem Zaun einer Schafweide, ein Spinnstöckchen oder eine selbst gebaute Spindel, und schon können die ersten eigenen Fäden entstehen. Eine weitere Besonderheit des Spinnens: Es verbindet Menschen miteinander, denn schon seit Urzeiten

Wire-Coregarne haben eine ganz besondere Optik, die sie unverwechselbar machen. Durch den Drahtkern lassen sie sich zu Schmuck wie Armreifen und Fingerringen biegen.

spann man nicht nur die Fasern gemeinsam, sondern dazu auch Geschichten und soziale Netzwerke. Spinnen kann therapeutisch eingesetzt werden. In der Öffentlichkeit ruft es immer reges Interesse hervor und weckt bei Senioren gelegentlich Kindheitserinnerungen. Schon Kindergartenkinder kann man für das Stöckchenspinnen begeistern – während sie nebenher den alten Spinnmärchen lauschen. Das Arbeiten mit Wolle fördert die Kreativität, ist wunderbar entspannend, und der Rhythmus beim Spinnen hat meditativen Charakter. Vielleicht enthalten diese Werte die tiefere Bedeutung hinter der märchenhaften Fähigkeit, Stroh zu Gold zu spinnen? Um alles Gesagte in wenigen Worten zusammenzufassen: Spinnen macht einfach glücklich!

FÄRBEN

Nun wird es bunt! Auch wenn die verschiedenen natürlichen Vliesfarben ihren Charme haben: manchmal tut Farbe doch gut und wertet die selbst gemachten Werkstücke auf. Die Welt der Farben gibt den kreativen Möglichkeiten mit Wolle noch einmal eine ganz andere Dimension.

GESCHICHTE

Farben haben Menschen schon seit Urzeiten fasziniert. Dinge selbst zu färben hat eine lange Tradition. Zwar ist das Färben von Garnen und Stoffen bis zurück ins Altertum nachweisbar, die Kenntnisse stammen aber alle von archäologischen Funden aus Gräbern und Siedlungen, die keinen Rückschluss auf die Färbermethoden zulassen, und auch die Farbergebnisse sind durch die Lagerung im Erdreich teils stark verfremdet.

Zuverlässige Quellen über Färbemethoden und Färbedrogen finden sich in der klassischen Antike des Mittelmeerraums und in China. Vor allem ägyptische Funde beweisen die Verwendung verschiedener Pflanzen zum Färben von Stoffen und Garnen.

FÄRBEREI IN EUROPA

Im Mittelalter bildeten sich in Europa erste Färberzünfte – die Färberei wurde professionalisiert. Die Entwicklung der Färberei und der Farben im europäischen Mittelalter ist dabei aus verschiedenen Gründen interessant. Farbe war damals sehr viel mehr als modischer Schmuck: Mithilfe von Farben wurde der Stand und die Wirtschaftskraft einer Person deutlich gemacht, und es gab strenge Regeln, wer sich welcher Farbe bedienen durfte. Teilweise war das natürlich auf die Kosten einer bestimmten Färbung zurückzuführen, teilweise wurden aber auch bestimmte Farben oder Farbkombinationen vorgeschrieben, um Personen und Personengruppen kenntlich zu machen. So war Purpur dem Kaiser und König vorbehalten, was einerseits etwas mit der teuren Herstellung des Farbtons zu tun hatte, anderseits aber auch ein Herrschaftszeichen war und von keiner anderen Person, egal wie reich, getragen werden durfte. Der Adel durfte sich der exklusiven Farben wie Rot, Orange, Blau und Grün bedienen, die ebenfalls sehr kostspielig waren. Für das Bürgertum und die Bauern waren die einfachen Farben wie Ocker, Oliv und Braun vorgesehen, die teils selbst mit einheimischen Kräutern gefärbt wurden oder einfach von der Naturfarbe der Fasern stammten. Erst im Spätmittelalter, mit zunehmender Verarmung des Adels und einer gesellschaftlichen Aufwertung des Bürgertums, wurden diese Regeln aufgeweicht und schließlich aufgegeben. Farbe konnte jetzt jeder tragen, der sie sich leisten konnte. Da aber viele Farbstoffe teuer über die Seidenstraße aus Fernost und später aus der neuen Welt importiert werden mussten, blieben farbige Stoffe lange ein kostbares Gut.
Dabei gehörten die Färber nicht zu den angesehenen Handwerkerzünften: Das Färbehandwerk galt als unrein und wurde schon wegen der entstehenden Gerüche an den Stadtrand verlagert. Da zum Färben auch viel Wasser gebraucht wurde, fanden sich die Färberviertel meist in der Nähe der städtischen Fließgewässer. In vielen Städten gibt es heute noch die Färbergasse, Färberstrasse oder ähnliche Bezeichnungen.
Bis in die frühe Neuzeit änderte sich an den Färbeverfahren und Farbstoffen nicht viel; erst die Entdeckung der synthetischen Farbstoffe revolutionierte die Textilfarben. Dabei war die Entdeckung des ersten synthetischen Farbstoffes ein reiner Zufall. Der Brite Henry Perkin entdeckte bei der Synthese des Teerbestandteils Anilin, das er zur Chininherstellung nutzen wollte, einen violetten Farbstoff, der einen Stoff dauerhaft färbte, ohne auszubleichen. Diese Methode führte später zu weiteren Farbstoffen und schließlich zu den heute bekannten synthetischen Textilfarbstoffen. Allerdings entwickelten sich inzwischen viele verschiedene Farbfamilien, die sich chemisch stark unterscheiden und ganz unterschiedlich erzeugt und verwendet werden.
Heute sind neben den industriellen Verfahren auch Farbstoffe und Pigmente für den Hausgebrauch im Handel erhältlich, die den Einsatz in kleinen Mengen ermöglichen. Leider täuscht dies häufig darüber hinweg, dass Farbpigmente fast immer stark giftig sind und der Einsatz nie vollkommen unbedenklich ist. Dieser Umstand

und das zunehmende Unweltbewusstsein führten im Jahr 1992 schließlich zur Gründung der Oeko-Tex-Gemeinschaft, die das Oeko-Tex-Standard 100-Prüfsiegel einführte und bis heute führt bzw. weiterentwickelt. Das Standard-100-by-Oeko-Tex-Zertifikat dokumentiert die Einhaltung ökologischer Qualitätsstandards gegenüber dem Endverbraucher, aber auch gegenüber nachgelagerten Produktionsebenen.

Neben den synthetischen Farbstoffen, die sehr einfach zu handhaben sind, hat sich bis heute das Färben mit Pflanzen und Naturmaterialien erhalten und wird vor allem im Hobby und Kunsthandwerk noch vielfach betrieben.

Darstellung einer Färberwerkstatt aus dem 19. Jahrhundert

METHODEN UND ANFORDERUNGEN

Bei der Färbung von Textilien werden mehrere grundsätzliche Methoden unterschieden. Außerdem sollte man sich über die grundsätzlichen Anforderungen an die Farbe im Klaren sein.

Die anzuwendende Methode ist vor allem eine Frage des verwendeten Farbstoffs und der zu färbenden Faser. Als weitere wichtige Vorüberlegung stellt sich dann die Frage, welchen Anforderungen die Färbung entsprechen muss.

FÄRBEMETHODEN

Um den Rahmen dieses Buchs nicht zu sprengen, werden hier nur die für Wolle relevanten Färbeverfahren erläutert: Direktfärbung und Entwicklungsfärbung. Zu letzterer Methode zählt auch die für Pflanzenfärbung von Wolle wichtige Beizenfärbung.

Direktfärbung

Unter Direktfärbung werden Färbeverfahren verstanden, bei denen der Farbstoff in Wasser gelöst ist und direkt auf die Faser aufzieht. Die Farbstoffe haften dabei durch unterschiedliche physikalische Kräfte an der Faser. Bei der substanziellen Direktfärbung wirken ausschließlich intermolekulare Anziehungskräfte, die sogenannten Van-der-Waals-Wechselwirkungen. Deshalb sind solche Färbungen meist nicht waschecht.
Proteinfasern wie Wolle und Seide werden allerdings mit der ionischen Direktfärbung gefärbt. Dabei gehen die Moleküle der Faserproteine eine Ionenbindung mit den Molekülen der Farbstoffe ein, die Farbstoffe haften deutlich besser an der Faser.

Entwicklungsfärbung

Diese Methode, Entwicklungsfärbung oder Reaktionsfärbung genannt, kommt in ihrer Reinform vor allem bei Cellulosefasern zum Einsatz und spielt bei der Färbung von Wolle nur in abgewandelter Form eine wichtige Rolle. Interessant ist dabei, dass der Farbstoff erst durch die Reaktion zweier Komponenten auf der Faser entsteht. Dabei wird im ersten Schritt eine der Farbstoffkomponenten auf die Faser aufgetragen und getrocknet, bevor die Faser mit der zweiten Komponente behandelt wird, wodurch der Farbstoff entsteht.

Küpenfärbung

Eine abgewandelte Form der Entwicklungsfärbung stellt die Küpenfärbung dar, bei der der Farbstoff erst durch chemische Reaktion wasserlöslich gemacht wird und dann auf die Faser aufzieht. Wichtigster Vertreter dieser Farbstoffe ist Indigo, der in seiner Reinform nicht in Wasser gelöst werden kann und deshalb mit Reaktionsmitteln wie z. B. Natriumdithionit zur Löslichkeit gebracht wird und erst auf der Faser wieder mit Sauerstoff reagiert, sodass er seine blaue Farbe zurückerhält.

Beizenfärbung

Die Beizenfärbung, die bei der Pflanzenfärbung von Wolle die Hauptrolle spielt, ist eine Sonderform der Entwicklungsfärbung. Die Faser wird dabei mit einer Beize vorbehandelt, und erst dann wird der Farbstoff aufgebracht. Meist handelt es sich dabei um metallsalzhaltige Lösungen; die Fasern nehmen die Metallsalze auf und lagern sie ein. Die Farbstoffmoleküle binden sich bei der anschließenden Färbung an diese Salze, was die Färbung besonders haltbar macht.

ANFORDERUNGEN AN DIE FÄRBUNG

Wenn man sich über Färbemethoden, Färbemittel und Farbstoffe Gedanken macht, muss erst die Frage beantwortet werden: Welche Anforderungen muss eine Farbe bzw. eine Färbung überhaupt erfüllen?

Typisches Erscheinungsbild einer Indigoküpe mit ölig metallisch glänzender Oberfläche; die Flüssigkeit darunter ist gelb-grün.

Beständigkeit der Farben

Drei wesentliche Einflussfaktoren können die Beständigkeit der Farbe beeinflussen und dienen als Indikatoren, die die Qualität einer Farbe bzw. einer Färbung definieren: Waschfestigkeit, Lichtechtheit und Abriebfestigkeit.

Waschfestigkeit: Farbstoffe, die gut wasserlöslich sind, waschen sich aus den Textilien schnell wieder aus, die Farbe verblasst. Aber auch moderne Waschmittel führen vor allem bei Pflanzenfarbstoffen häufig zu schnellem Verwaschen, weshalb für pflanzengefärbte Textilien milde Waschmittel angeraten sind.

Lichtechtheit: Im Grunde wird fast jede Farbe von Licht, vor allem von UV-Licht, angegriffen und ausgebleicht. Es ist lediglich eine Frage der Geschwindigkeit, ob man von Lichtechtheit reden kann. Synthetische Farbstoffe sind meist sehr gut lichtecht, während einige Pflanzenfärbungen hier deutliche Schwächen aufweisen.

Abriebfestigkeit: In aller Regel sind Farbstoffe auf Textilien sehr gut abriebfest, manche haben aber auch hier Schwächen. Der Indigo, den wir auch heute noch auf sehr vielen Textilien finden, haftet nur sehr schwach auf der Faser und wird beim Waschen und bei Gebrauch abgerieben, was zu den typischen Gebrauchsspuren z. B. einer Jeans führt.

Farbe und Mischbereiche

Erstes Ziel bei der Färbung eines Textils ist natürlich die Farbe. In diesem Zusammenhang stellt sich aber zunächst die Frage, was Farbe überhaupt ist. Physikalisch betrachtet ist Farbe das Fehlen von Licht eines speziellen Spektrums. Bei der Farbe Rot beispielsweise wird vom Gegenstand das gelbe und blaue Licht komplett verschluckt und nur das rote zum Betrachter zurückgeworfen: Das Objekt erscheint rot. Im praktischen Erleben spielt diese Beobachtung zwar keine Rolle, bei der Planung einer Farbe bzw. einer Färbung kann sie aber durchaus relevant sein.

Die synthetischen Farbstoffe sind sehr einfach zu handhaben, weil sie wie im Baukastensystem Farbpigmente anbieten, die zwar nicht einer Farbstofffamilie angehören, aber miteinander mischbar sind, wie man es bereits seit der Grundschule vom Malkasten kennt. Der auf Seite 524 aufgeführte Farbkreis macht die Zusammenhänge der einzelnen Farben und ihrer Mischungen noch einmal deutlich. Wesentlich komplizierter wird die Farbmischung allerdings, wenn wir die Pflanzenfarbstoffe betrachten. Hier fehlen reine Farben fast vollständig, was eine Mischung entsprechend schwieriger macht. Außerdem unterscheidet sich die Verarbeitung der einzelnen Pflanzenteile und Farbgeber so elementar, dass sie oft nicht zusammen auf eine Faser aufgebracht werden können, sodass ganze Bereiche im Farbspektrum nicht oder nur sehr schwer erreichbar sind.

Dabei haben wir bislang nur die reinen Regenbogenfarben betrachtet, die aber sehr selten überhaupt gewünscht sind. Viel häufiger kommen gedeckte oder abgedunkelte Farbtöne vor, und auch die Pastelltöne spielen eine wesentliche Rolle. Auch hier bieten die synthetischen Farbstoffe meist einfache Lösungen. Abgedunkelte Farbtöne sind durch eine Beimischung von Schwarz und gedeckte Töne mit einem kleinen Anteil an braunen Pigmenten einfach zu verwirklichen. Bei den Pastelltönen bedarf es einiger Erfahrung, um die Farben gleichmäßig, aber nicht deckend auf eine Faser aufzuziehen.
Die Pflanzenfarben stellen deutlich höhere Anforderungen an das Verständnis von Farben und ihren Entwicklungen. Da z. B. gar kein schwarzes Pigment in der Pflanzenfärberei zur Verfügung steht, müssen zum Abdunkeln von Farben andere Wege beschritten werden. Gedeckte Töne mit einem Brauneinschlag hingegen sind sozusagen ein Heimspiel für die Pflanzenfarben; manchmal muss nur eine Weiterentwicklung vorgenommen werden.

Ausgehend von den drei Grundfarben – Gelb, Rot, Blau – ergeben sich durch Mischung alle Farben des Lichtspektrums.

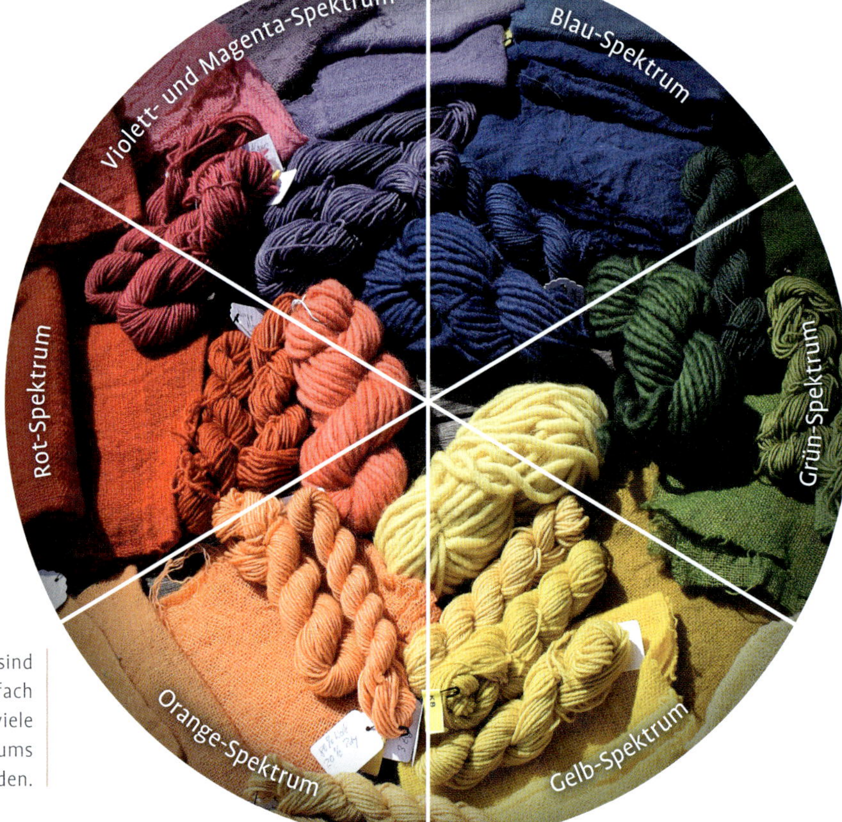

Bei Pflanzenfarben sind Farbmischungen nicht einfach herzustellen, es können aber viele Bereiche des Lichtspektrums abgedeckt werden.

FÄRBEN MIT SYNTHETISCHEN FARBEN

Die mit Sicherheit einfachste Färbemethode ist die mit den handelsüblichen synthetischen Farbpigmenten. Dabei handelt es sich um künstlich hergestellte Farbstoffe, die im sauren Milieu auf die Faser aufgezogen werden. Man spricht deshalb häufig auch von Säurefarben.

Neben der einfachen Handhabung ist vor allem die leichte Mischbarkeit ein wesentlicher Vorteil der Säurefarben im Vergleich zu Pflanzenfärbungen. Die Pigmente entstammen zwar nicht den gleichen Farbfamilien, können aber untereinander problemlos gemischt werden. Man kann sich also wie im Farbkasten Mischfarben zusammenstellen und einfach nach Gewichtsanteil mischen.
Da diese Farbstoffe aber allesamt giftig sind, sollten sie mit Bedacht und vor allem genau dosiert eingesetzt werden.

ANLEITUNG ZUM FÄRBEN MIT SÄUREFARBEN

Der Einfachheit halber wird hier auf die chemischen Vorgänge bei der Färbung mit Säurefarben nicht genauer eingegangen, zumal die einzelnen Fabrikate selten ihre chemischen Zusammensetzungen preisgeben. Die prinzipielle Vorgehensweise ist aber immer gleich; die genauen Dosierungen sollten der Anleitung der einzelnen Farbstoffe entnommen werden.

Vorbereitung des Färbeguts

Zu Beginn jeder Färbung muss erst das Färbegut vorbereitet werden. Damit die Farbe optimal auf der Faser haften kann, muss die Faser vollkommen sauber und entfettet sein. Es ist für die Färbung unerheblich, ob die Faser lose oder in verarbeitetem Zustand gefärbt wird. Bei der Färbung von losen Fasern muss aber sehr viel sorgfältiger vorgegangen werden als z. B. bei der Färbung eines Garnes oder eines fertigen Filzes. Außerdem ist vor allem bei einem fertigen Filz davon auszugehen, dass die Farbe ohnehin nicht bis in tiefere Schichten des Filzes vordringen wird; die Menge des Farbpigments kann also deutlich reduziert werden.

Ausrüstungsgegenstände zum Färben mit Säurefarben. Vor allem Gefäße aus Edelstahl oder Glas sind gut geeignet, da sie die Farbe nicht aufnehmen und sich leicht reinigen lassen.

Materialien und Werkzeuge

Neben der zu färbenden Wolle ist natürlich der Farbstoff in gewünschter Menge erforderlich, dazu eine Säure, um die Färbeflüssigkeit in einen sauren Zustand zu überführen. In der Regel wird Essig- oder Zitronensäure verwendet. Die Menge der Säure ist dabei von der verwendeten Wassermenge abhängig, da hier nicht die Wollmenge entscheidend ist, sondern der pH-Wert des Färbewassers. Dieser sollte bei 4–4,5 liegen. Dazu sind etwa 7,5 ml reine Essigsäure oder ca. 1 g Zitronensäuregries je Liter Wasser erforderlich. Wie immer gilt auch hier: „Viel hilft nicht viel." Man sollte sich also an die Vorgaben halten und nicht überdosieren.

Zur Färbung sind außerdem folgende Ausrüstungsgegenstände notwendig:

» **Färbetopf:** Dieser sollte neben dem Färbegut so viel Wasser aufnehmen können, dass das Färbegut untertauchen und noch vorsichtig umgerührt werden kann.

» **Wärmequelle:** Eine handelsübliche Herdplatte reicht für kleinere Mengen gut aus, bei größeren Mengen kann auch ein Einkochkessel verwendet werden.

» **Behälter:** Es sollten verschiedene Behälter zur Verfügung stehen, um die Wolle einzuweichen, die Farbe anzurühren und evtl. die Wolle auskühlen und ausspülen zu können.

» **Waage:** Je nach Wollmenge sind evtl. sogar zwei Waagen erforderlich. Einmal muss die Wollmenge gewogen werden (dafür braucht man eine Waage mit entsprechender Kapazität) und zum anderen die Farbpigmente (dafür braucht man eine Waage mit entsprechender Empfindlichkeit). Um reproduzierbare Farbergebnisse erzielen zu können, ist zum Abwiegen der Farbpulver eine Wiegegenauigkeit von 0,1 g angeraten. Dabei ist bei der Auswahl der Waage gut auf die Angaben zu achten: Anzeigengenauigkeit ist nicht gleich Wiegegenauigkeit. Nur wenn die Waage eine garantierte Wiegegenauigkeit von 0,1 g hat, kann man sich im gesamten Wiegebereich auch auf dieses Maß verlassen. Edelmetallwagen, wie sie beim Goldschmied verwendet werden, sind gut geeignet und durchaus erschwinglich.

» **Handschuhe:** Da die Farbstoffe nicht nur die Haut verfärben können, sondern auch Giftstoffe abgeben, sollten beim Färben grundsätzlich Handschuhe getragen werden.

» **Atemschutzmaske:** Zur eigenen Sicherheit ist auch eine Atemschutzmaske zu empfehlen. Das Einatmen der feinen Farbstoffstäube kann gesundheitsschädlich sein.

» **Rührwerkzeuge:** Zum Dosieren der Farbstoffe und zum Umrühren der Färbeflüssigkeit sollten passende Löffel und Rührer vorbereitet werden.

VORGEHENSWEISE FÜR EINE GLEICHMÄSSIGE FÄRBUNG

Die Vorgehensweise ist bei allen handelsüblichen Säurefarben gleich oder sehr ähnlich. Sie unterscheiden sich zwar in der empfohlenen Menge der Farbpigmente und des erforderlichen pH-Wertes der Färbeflüssigkeit. Die Abweichungen sind aber marginal, deshalb kann diese Anleitung unabhängig vom Fabrikat angewendet werden.

Um die richtige Menge der erforderlichen Pigmente festlegen zu können, muss das trockene Färbegut gewogen und die gewünschte Farbtiefe festgelegt werden. Soll die Farbe kräftig werden, ist mehr Farbpulver erforderlich als bei Pastelltönen. Je nach gewünschter Farbtiefe ist eine Gesamtmenge von 0,5–2 g Pigment je 100 g Wolle erforderlich. Da die Farbstoffe miteinander gemischt werden können, wird also erst die Gesamtmenge festgelegt und

Abwiegen des trockenen Färbeguts, hier nur eine Probe von 10 g Garn

Einweichen des Färbegutes in angesäuertem Wasser. Das Färbegut muss vollständig untertauchen.

Farbpigment genau abwiegen, bei 10 g Wolle eine Farbmenge von 0,2 g für eine intensive Färbung, aufgeteilt in 80 % Gelb und 20 % Blau. Die Aufteilung kann nur geschätzt werden, weil die Waage für so kleine Mengen nicht geeignet ist.

Das Pigment in etwas Essigwasser auflösen. Jetzt ist auch die Farbe gut zu erkennen.

diese dann auf die einzelnen Farben, die bei der Färbung eingesetzt werden sollen, aufgeteilt. So erreicht man z. B. ein helles Grün mit einer Farbmischung aus 80 % Gelb und 20 % Blau. Für 100 g Wolle würde man demnach 1 g Farbstoff benötigen und dazu 0,8 g gelbes und 0,2 g blaues Pigment abwiegen.

Vor dem Färben wird das Färbegut in angesäuertem Wasser eingeweicht, um es zu durchfeuchten. Empfohlen wird für das Einweichwasser ein pH-Wert von 4. Dieser pH-Wert wird auch beim Färbewasser eingestellt.

Für eine möglichst gleichmäßige Färbung muss gewährleistet werden, dass sich der Farbstoff vollständig gelöst hat, keine Klumpen bildet und gut vermischt ist. Dazu wird das abgewogene Pulver in einem kleinen Gefäß mit Essigwasser angerührt. Wenn sich alles gelöst hat, wird diese Flüssigkeit dem Färbewasser zugesetzt und gut umgerührt. Erst jetzt kann die Wolle hineingelegt werden. Das alles geschieht in kaltem oder lauwarmem Wasser.

Jetzt kann man alles langsam erhitzen und die Temperatur allmählich auf 80 bis 90 °C steigern. Die Temperatur sollte 95 °C nicht übersteigen, da bei kochender Flüssigkeit die Wolle Schaden nehmen kann. Die Temperatur wird dann 20 bis 30 Minuten gehalten. In dieser Zeit zieht die Farbe auf die Wolle auf und wird fixiert. Anschließend lässt man alles abkühlen und entnimmt dann die Wolle.

Auch wenn die Flüssigkeit bei gut dosierter Farbe nach der Färbung wieder klar ist, sollte die Wolle trotzdem vorsichtig ausgewaschen werden, schon deshalb, weil sich dann auch wieder ein günstigerer pH-Wert einstellt.

Die Farbe ist auf die Wolle aufgezogen, das Wasser ist wieder klar.

Die Wolle wird in das noch kalte bzw. lauwarme Färbewasser eingelegt und dann langsam erhitzt.

Fertig gefärbte und getrocknete Wolle

Partielle oder fleckige Färbung

Es gibt unzählige Möglichkeiten, einen Wollstrang oder ein fertiges Objekt partiell oder fleckig zu färben, allerdings kann man dabei auch viele Fehler machen. Zwei der wichtigsten und häufigsten Fehler sollen hier kurz vorgestellt werden, da sie leicht zu vermeiden sind.

Zu viel Farbpigment: Farbpigmente sind teuer und vor allem giftig. Sie gehören deshalb nicht ins Abwasser. Bei partieller oder unregelmäßiger Färbung kann die Gesamtmenge des Farbstoffs sehr schlecht vorherbestimmt und gewogen werden, deshalb bleibt oft Farbe im Färbewasser zurück. Diese sollte mit einer weiteren Färbung oder einem Reststück Wolle oder Seide aus dem Wasser entfernt werden, um sie nicht im Abwasser entsorgen zu müssen.

Temperaturschock für die Wolle: Färbegut kann auch partiell gefärbt werden, indem es nur teilweise in ein Färbewasser getaucht wird. Wenn das Färbewasser dann aber schon heiß ist, bekommt die Wolle einen Temperaturschock, und es kann leicht passieren, dass sie stumpf oder spröde wird. Wenn also die Wolle nur teilweise gefärbt werden soll, so muss sie trotzdem langsam erhitzt werden. Wahlweise kann auch das Einweichwasser langsam erhitzt und dann die heiße Wolle ins heiße Färbebad getaucht werden. Dann entsteht kein Temperaturschock.

MARMORIERTE FLECKIGE FÄRBUNG

Man sollte meinen, dass es nicht schwer sein kann, fleckig zu färben, da es bei wenig Sorgfalt ohnehin passiert. Geplante Flecken in gleichmäßiger Verteilung und guter Maserung sind allerdings gar nicht so leicht herzustellen. Die Vorgehensweise selbst ist sehr einfach, es bedarf aber einiger Erfahrung, wenn das Ergebnis auch den Vorstellungen entsprechen soll.

Anders als bei der gleichmäßigen Färbung wird das Färbegut in die vorbereitete Flüssigkeit ohne Farbpigmente eingelegt und zunächst langsam erhitzt. Wenn die Färbetemperatur fast erreicht ist, tropft man die vorbereitete, gelöste Farbe auf das Färbegut. Die Farbe wird sich in der Flüssigkeit etwas verteilen und nur partiell auf die Wolle aufziehen, es entstehen Flecken. Es können gleichzeitig verschiedene Farben verwendet werden, dann entstehen unterschiedliche farbige Flecken und in den Zwischenbereichen ein Mischton. Vorsichtiges Umrühren kann den Effekt weicher machen, sodass sich die einzelnen Farben mehr oder weniger stark vermischen. Wenn alle Farbe auf das Färbegut aufgezogen ist, muss unbedingt auch hier eine Fixierzeit von 20 bis 30 Minuten eingehalten werden, in der das gesamte Färbegut in der Färbeflüssigkeit bleibt und die Temperatur auf 80 bis 90 °C gehalten wird.

PARTIELLE FÄRBUNG

Die partielle Färbung ist vor allem von der Sockenwolle bekannt, bei der sich alle paar Zentimeter die Farben abwechseln. Dabei wird ein Strang Wolle jeweils nur ein paar Zentimeter weit in eine Färbeflüssigkeit getaucht und dieser Vorgang mit verschiedenen Farben so lange wiederholt, bis der gesamte Strang durchgefärbt ist. Das Prinzip wird hier am Beispiel der Armstulpen aus dem Filzteil (siehe Seite 371) gezeigt.

Durch Abwiegen des Färbegutes wird die benötigte Gesamtmenge des Farbstoffs ermittelt. Man rechnet für eine deckende Färbung ca. 2 g Pigment je 100 g Wolle. Die Stulpen haben ein Gesamtgewicht von 27,8 g, also etwa 30 g. Es wird also eine Pigmentmenge von 0,6 g angenommen. Da die Stulpen im ersten Arbeitsschritt nur zur Hälfte gefärbt werden sollen, wiegt man eine Menge von

Erst werden die fertigen, trockenen Armstulpen gewogen.

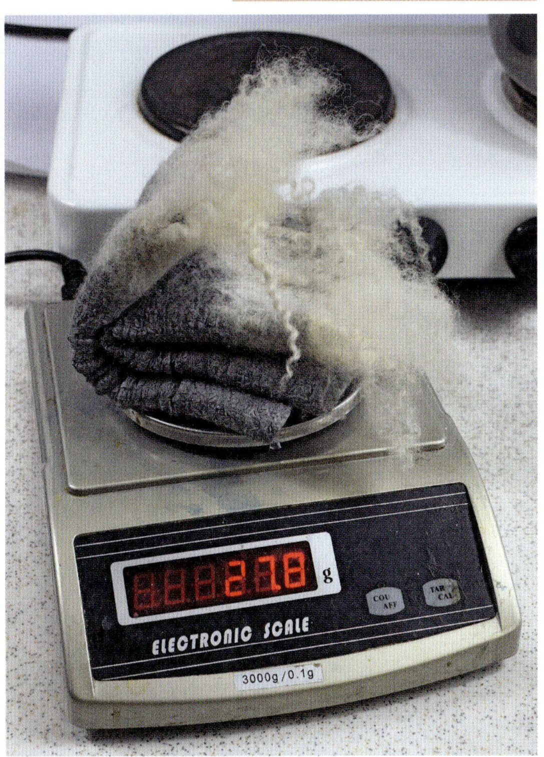

Genau abgewogenes Farbpulver wird in angesäuertes Wasser eingerührt.

0,3 g Farbpulver der ersten Farbe ab und rührt sie in angesäuertes Wasser ein.
Währenddessen werden die Stulpen ebenfalls in Essigwasser eingeweicht, und ein größerer Behälter mit angesäuertem Wasser wird auf die Wärmequelle gestellt. In dieses Wasser wird dann die Farbmischung eingerührt. Wenn sich die Farbe gleichmäßig verteilt hat und sichergestellt ist, dass sich keine Farbklümpchen mehr in der Flüssigkeit befinden, werden die Stulpen mit den Locken voraus in die Flüssigkeit getaucht und durch Abknicken in dieser Lage fixiert.

Die Armstulpen hängen zur Hälfte in der Färbeflüssigkeit, der Knick sichert sie vor dem vollständigen Eintauchen.

Wenn auch die zweite Menge Pigment ganz von der Faser aufgenommen wurde, können die Stulpen vollständig untergetaucht werden. Durch Halten der Temperatur wird die Farbe fixiert.

Jetzt kann die Flüssigkeit langsam erhitzt werden. Die Wolle und die Seide nehmen dabei langsam die Farbe auf, die Flüssigkeit wird zunehmend klar. Im ersten Färbegang muss die Temperatur noch nicht über die gesamte Fixierzeit gehalten werden; dies kann im zweiten Färbeschritt geschehen. Nach dem Abkühlen der Flüssigkeit können die Stulpen entnommen und zur Seite gelegt werden. Im gleichen sauren Färbebad wird dann die zweite Menge Pigment aufgelöst und auf die gleiche Weise die zweite Hälfte der Stulpen gefärbt. Hat man die Farbe gut dosiert, wird das Wasser wieder klar, und die Stulpen können für die Zeit der Fixierung ganz eingetaucht werden. Dazu wird die Temperatur für 20 bis 30 Minuten auf 80 bis 85 °C gehalten. Nach dem Färben werden die Stulpen ausgewaschen und getrocknet; erst dann ist das Farbergebnis eindeutig zu erkennen.

Erst nach dem Ausspülen und Trocknen ist das Farbergebnis richtig zu erkennen.

FÄRBEN MIT NATURFARBEN

Das Färben mit Naturfarben hat mit dem Färben mit synthetischen Farbstoffen nur den Begriff „Färben" gemeinsam, die Vorgehensweise und die Prinzipien sind vollkommen anders.

Es ist in diesem Rahmen auch keinesfalls möglich, das Thema erschöpfend zu behandeln. Deshalb werden hier nur zwei prinzipielle Vorgehensweisen erklärt. Da jede Färbedroge und damit jede Farbe anders zu behandeln ist, sollte weiterführende Literatur zu Rate gezogen werden.

EINTEILUNG DER FÄRBEVERFAHREN

Je nach eingesetzter Färbedroge werden verschiedene Methoden zur Färbung eingesetzt. Die wichtigsten sind:

Heißfärbung: Dies ist wohl die häufigste Methode. Die Pflanzenteile werden zur Gewinnung des Farbstoffes ausgekocht, und auch die anschließende Färbung findet unter Hitzezufuhr statt. Die Wolle muss meist vorgebeizt werden.

Kaltfärbung: Hitzeempfindliche Farbstoffe können bei niedrigen Temperaturen oder sogar kalt auf die Faser aufgezogen werden. Diese Färbungen brauchen meist mehr Zeit und sind häufig nicht besonders beständig. Die Faser muss auch hier vorgebeizt werden. Einzig bei sehr stark gerbstoffhaltigen Färbedrogen wie z. B. Walnussschalen kann ohne jede Vorbehandlung kalt gefärbt werden.

Kontaktfärbung: Von Kontaktfärbung spricht man immer dann, wenn sich die Fasern gleichzeitig mit der Färbedroge im Farbbad befinden. Diese Methode kann bei sehr vielen Pflanzen angewandt werden, hat aber meiste einen deutlich höheren Reinigungsaufwand zur Folge. Vorteil ist das meist intensivere Farbergebnis.

Küpenfärbung: Farbstoffe, die in Wasser nicht löslich sind und sich deshalb nicht auf eine Faser aufziehen lassen, werden durch Reduktion in einen löslichen Zustand versetzt. Die Färberflüssigkeit nennt sich dann Küpe. Das bekannteste Beispiel einer Küpenfärbung ist Indigo. Bei der Küpenfärbung müssen die Fasern nicht vorgebeizt werden.

VOR DEM FÄRBEN STEHT DAS BEIZEN

Zur Färbung mit fast allen Pflanzenfarben muss die Wolle vorgebeizt werden. Die Beize besteht dabei aus verschiedenen Metallsalzen, die in Wasser gelöst werden.

Faservorbereitung

Wie bei allen Färbeverfahren müssen auch hier die Fasern immer sauber und vollständig entfettet sein. Außerdem muss das Trockengewicht ermittelt werden, bevor die Wolle in klarem Wasser eingeweicht und vollständig durchnässt wird. Das ist wichtig, weil die Wolle sonst später in der Beize oder der Farbe nicht sofort nass wird und die Gefahr besteht, dass sowohl die Beize als auch die Farbe ungleichmäßig auf die Wolle aufzieht.

Was passiert beim Beizen?

Im Grunde passiert beim Beizen nichts anderes, als dass sich Metallionen an der Faseroberfläche anlagern, die ihrerseits wieder als Bindeglied für die Farbstoffe dienen. Es sind zwei verschiedene Methoden üblich.

Heißbeizen: Dabei werden die Metallsalze in einer größeren Menge Wasser gelöst, und die Wolle wird darin über eine Stunde lang bei Temperaturen knapp unterhalb des Siedepunktes eingelegt.

Kaltbeizen: Aluminiumtriformiatbeize, auch Tonerdebeize genannt, ist eine Alternative zur Alaunbeize und kann kalt angewandt werden, was die Faser und den Energieverbrauch schont. Die Ergebnisse sind durchaus vergleichbar.

Beizmittel

Bei den Beizmitteln handelt es sich immer um Metallsalze, also um chemische Verbindungen eines Metalls mit einer Säure, die in Wasser gelöst werden. Bekannteste Beizmittel sind:

- Alaun (systematischer Name: Kaliumaluminiumsulfat-Dodecahydrat, Summenformel: $KAl(SO_4)_2 \cdot 12\,H_2O$)
- Eisenvitriol (systematischer Name: Eisen(II)sulfat-Heptahydrath, Summenformel: $FeSO_4 \cdot 7\,H_2O$

Weitere Beizmittel sind Chromkali (Kaliumbichromat), Kupfersalz (Kupfervitriol), Zinnsalz (Zinnchlorid). Diese sind aber alle hochgiftig und werden deshalb hier nicht behandelt. Eine Entsorgung dieser Metallsalze über das Haushaltsabwasser ist außerdem verboten; es ist deshalb dringend davon abzuraten, sie zum Färben einzusetzen.

Kein Färben ohne Chemie

Wer behauptet, Färben mit Pflanzen sei Färben ohne Chemie oder ohne Gift, liegt leider falsch. Erstens sind schon die Pflanzen nicht grundsätzlich unbedenklich, und das Färben mit Naturfarben ist ebenfalls ein chemischer Prozess. Die Beizmittel sind allesamt chemisch erzeugte Substanzen. Auch selbst gemachtes Eisensulfat ist chemisch erzeugt.

Hilfsstoffe

Der Beize werden bei einigen Rezepten noch weitere Stoffe zugesetzt, die aber nur als Hilfsstoffe zu bezeichnen sind und nicht als eigentliche Beize. Trotzdem können sie das Farbergebnis deutlich beeinflussen.

- Weinstein, auch Weinsteinrahm genannt (systematischer Name: Kaliumhydrogentartrat oder Kaliumbitartrat) ist ein Salz der Weinsäure
- Essigsäure (systematischer Name: Ethansäure) ist in haushaltsüblichem Essig oder Essigessenz enthalten.

Vorgehensweise beim Beizen

Beim Beizen werden die erforderliche Menge Metallsalz und die Hilfsstoffe in einer ausreichend großen Menge Wasser in Lösung gebracht, die Wolle wird hinzugegeben und das Ganze dann langsam auf 90 bis 95 °C erhitzt. Die Beize sollte nicht sprudelnd kochen, da sonst die Wolle geschädigt wird. Diese Temperatur wird etwa eine Stunde lang gehalten, anschließend lässt man alles abkühlen und entnimmt dann die Wolle. Das Färbegut wird nicht ausgewaschen, sondern nur getrocknet oder unmittelbar weitergefärbt. Es kann durchaus auf Vorrat gebeizt werden; vorgebeizte Wolle kann nach dem Trocknen bedenkenlos gelagert werden.

HEISSFÄRBEN MIT PFLANZENTEILEN

In der Regel gilt für Färbungen mit Pflanzenteilen wie Blätter, Rinde, Wurzel stets die gleiche oder ähnliche Vorgehensweise: Die Pflanzenteile werden möglichst fein zerkleinert; anschließend wird der Farbstoff in reichlich Wasser gelöst. Dazu wird die Färbedroge meist eine Stunde gekocht, manchmal aber auch nur leicht erwärmt oder längere Zeit stehen gelassen. Getrocknete Färbedrogen, vor allem getrocknete Wurzeln und Rinden, sollten vorher einige Stunden eingeweicht werden. Beim Auskochen des Farbstoffes muss unbedingt auf die Besonderheiten der Färbedroge und des Farbstoffes geachtet werden. So sollten manche nicht wirklich sprudelnd gekocht werden, da die Farbstoffe hitzeempfindlich sind und bei Temperaturen über z. B. 80 °C zerfallen oder sich verändern. Es kann deshalb nötig sein, ein Lösungsmittel wie z. B. Alkohol zuzusetzen, um auch bei niedrigen Temperaturen den Farbstoff lösen zu können. Einzelheiten hierzu entnimmt man dem jeweiligen Rezept.

Die Flüssigkeit mit gelöstem Farbstoff und eventuell Zusatzstoffen nennt sich Färbeflotte. Diese lässt man nach dem Auskochen oder Lösen des Farbstoffes abkühlen und legt die gebeizte, nasse Wolle hinein. Anschließend wird alles wieder auf eine Temperatur knapp unter dem Siedepunkt erhitzt und die Temperatur eine Stunde lang gehalten. Auch hier ist unbedingt auf eventuell hitzeempfindliche Farbstoffe zu achten und die Färbetemperatur entsprechend anzupassen.

FÄRBEN MIT KRAPPWURZEL

Ein bewährtes Rezept, wie es in vielen Quellen zu finden ist, sieht in der Kurzversion wie folgt aus:
Beizen: 15 % Alaun – 6 g Weinsteinrahm, eine Stunde.
Farbe: 100 % Krappwurzel gemahlen, über Nacht einweichen und dann die Färbeflotte mit viel Wasser auffüllen.
Färben: Kontaktfärbung bei 65 bis 70 °C, eine Stunde, anschließend trocknen, dann ausspülen.
Ausführlicher bedeutet das dann:
Beizen: Die Wolle wird mit 15 g Alaun und 6 g Weinsteinrahm je 100 g Wolle eine Stunde lang gekocht.
Farbe: Man weicht 100 g Krappwurzel je 100 g Wolle über Nacht in ausreichend Wasser ein und löst damit den Farbstoff. Die eingeweichte Krappwurzel wird dann ohne weitere Vorbehandlung der Farbflotte zugesetzt.

Färben: Bei Krapp empfiehlt sich für ein intensiveres Farbergebnis eine Kontaktfärbung, die Färbedroge bleibt also während des Färbens in der Flotte. Leider muss dieser Farbbrei später auch wieder von der Faser runter, was die Reinigung sehr aufwendig macht; das Ergebnis ist es aber wert. Geschnittene Krappwurzel kann auch in ein Färbetuch eingebunden werden und als Farbbeutel in der Flotte verbleiben, bei gemahlener Wurzel müsste das Tuch sehr dicht sein, sodass sich wiederum kein Farbstoff lösen würde, und außerdem färbt das Tuch mit und nimmt Farbstoff weg. Wer also ein intensives Farbergebnis mit Krappwurzel erzielen möchte, sollte den Aufwand des Reinigens nach der Kontaktfärbung in Kauf nehmen.

Sitzunterlage aus dem Kapitel „Filzen" (Seite 341), gefärbt mit Krappwurzel

Bei fertig gefilzten Objekten ist ein ausreichend großer Topf erforderlich, damit die Stücke nicht geknickt werden müssen. Außerdem ist ein Kessel, der die Temperatur automatisch regelt, sehr vorteilhaft.

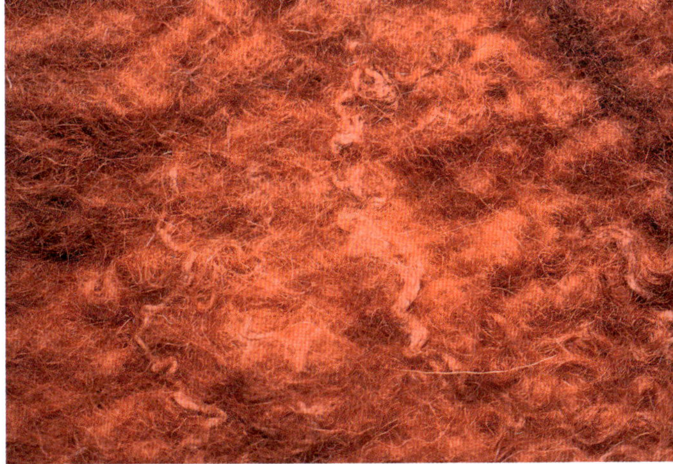

In der Detailaufnahme ist zu erkennen, dass die Leinenfasern ebenfalls gefärbt sind. Die Farbe erscheint etwas heller, sie hat nicht so viel Farbstoff aufgenommen wie die Wollfasern.

Die Wolle wird dann in der Flotte auf eine Temperatur von 65 bis 70 °C erhitzt und eine Stunde lang gefärbt. Das Färbegut wird anschließend entnommen und erst getrocknet, um die Anbindung des Farbstoffes an die Wolle bzw. die Metallionen aus der Beizung abzuschließen. Danach wird die Wolle ausgewaschen, um überschüssige Farbe zu lösen. Das Trocknen vor dem Auswaschen hat den zusätzlichen Vorteil, dass das Krappwurzelpulver einfacher von der Faser geschüttelt werden kann und der Rest dann beim Ausspülen ausgewaschen wird.
Bei unserer Sitzunterlage aus dem Kapitel Filzen zeigt sich, dass die aufgelegten Leinenfasern ebenfalls die Farbe aufnehmen. Anders als bei den Säurefarben, die sich ausschließlich zur Färbung von Eiweißfasern eignen, können mit Pflanzenfarben auch Zellulosefasern gefärbt werden. Bei Zellulosefasern empfiehlt sich aber eine zusätzliche Vorbehandlung mit Gerbstoff, der die Anlagerung der Farbstoffe begünstigt.

KÜPENFÄRBUNG

Küpenfärbungen sind uns eigentlich nur noch von der Indigofärbung geläufig, diese hat sich aber bis in die Moderne gehalten und wird selbst bei der industriellen Färbung von Jeansstoff immer noch eingesetzt. Der Farbstoff Indigo kommt in verschiedenen Pflanzen vor und kann mit verschiedenen Methoden aus der Pflanze gelöst werden. Er ist aber nicht wasserlöslich und wird deshalb durch chemische Reduktion (Entziehen von Sauerstoff) in einen wasserlöslichen Zustand überführt. Die Lösung ist dann allerdings nicht mehr blau, sondern gelb bis grünlich. In diesem Zustand lassen sich Fasern sehr einfach färben, und sie müssen weder vor- noch nachbehandelt werden. Indigofärbung gehört also zu den Direktfärbungen. Das Färbegut wird nur in die fertige Küpe getaucht, nimmt den Farbstoff auf und kann wieder entnommen werden. Durch die Reaktion mit dem Luftsauerstoff wird der Farbstoff erstens wieder blau und zweitens wieder wasserunlöslich. Man mag es kaum glauben, aber Indigofärbungen sind sehr waschecht. Der Eindruck, dass sich der Farbstoff auswäscht, trügt. Allerdings haftet der Farbstoff nur vergleichsweise schwach an der Faser und kann abgerieben werden. Die Farbe der Jeans geht also nicht durch Waschen, sondern durch Reibung verloren.

Mit zunehmender Oxidation entwickelt sich der fertige Farbton. Die Wolle muss zunächst getrocknet und erst dann ausgewaschen werden.

Unmittelbar nach dem Entnehmen des Färbegutes aus der Küpe erscheint es noch in Gelb, fängt aber sofort an zu oxidieren und wird folglich blau.

FARBMISCHUNGEN BEI PFLANZENFARBEN

Anders als bei den synthetischen Farbstoffen lassen sich Pflanzenfarben nur selten mischen. Die einzelnen Farben liegen auch nie in reiner Form vor, sodass die Mischung deutlich schwieriger würde. Einzelne Mischungen sind möglich und bekannt; so lässt sich Krappwurzel, die ein eher ins Orange neigendes Rot ergibt, mit dem eher violetten Rot der Cochenille zu einem eindeutigen Rot mischen, bei der Verarbeitung ist aber genau auf die Reihenfolge und die Temperatur zu achten. Erst wird die Cochenille ausgekocht, weil sich der Farbstoff nur bei hohen Temperaturen löst, dann kommt die Krappwurzel dazu, und es wird nur noch bei 70 °C gefärbt.

Teilweise unterscheiden sich die Färbeverfahren aber derart, dass keine gemeinsame Färbung mehr denkbar ist. Dann kommen Überfärbungen in Frage. Auch dabei ist die Reihenfolge den einzelnen Farbstoffen anzupassen. So kann eine Gelbfärbung mit Birkenblättern oder Resede mit Krapp überfärbt und damit ein Orange erzeugt werden. Dreht man die Reihenfolge um, so geht der Farbstoff des Krapp durch die hohe Temperatur bei der Gelbfärbung kaputt, und es wird nur ein bräunliches Terrakotta daraus.

Unkomplizierter ist da die Überfärbung mit Indigo, da der Farbstoff auf allen Untergründen haftet und da keine große Hitze erforderlich ist. Deshalb sind grüne Farbtöne leicht durch eine Überfärbung von vorhergegangenen gelben Färbungen möglich. Die Dosierung des Indigos ist allerdings nicht ganz einfach und bedarf einiger Übung.

EINIGE BEISPIELE FÜR PFLANZENFARBEN

Die nachstehende Tabelle ist nur ein kleiner Auszug aus möglichen Färbedrogen mit möglichen Ergebnissen. Durch Veränderung der Rezepte, Temperatur, Beize und Lösungsmittel können aus manchen Pflanzen auch andere Farben gewonnen werden.

Farbe	Färbedroge	Behandlung	Besonderheit	Haltbarkeit
Blau	Indigo aus verschiedenen Pflanzen: Indigopflanze, Färber-Waid, Färber-Knöterich	Küpe		Nicht besonders abriebfest
Blau/Violett	Blauholz	Beizen		Nicht besonders lichtecht
Violett	Alkanna in Alkohol gelöst	Beizen	Maximal 70 °C	
Rot/Pink	Cochenille	Beizen		Gut
Rot/Rostrot	Krappwurzel	Beizen	Maximal 70 °C	Gut
Orange	Rotsandelholz	Beizen		Gut
Orange/Terrakotta	Henna	Hilfsstoff Zitronensäure	Niedrige Temperatur	Gut
Gelb	Verschiedene Blätter: Birke, Brennnessel, Färber-Wau (Resede)	Beizen		Gut
Grün/Oliv	Verschiedene Blätter: Birke, Brennnessel, Färber-Wau (Resede)	Weiterentwicklung mit Eisen(II)Sulfit		Gut
Blaugrün	Ritterspornblüten	Beizen		Wenig lichtecht
Grün	Gelbfärbung mit Indigo überfärbt	Überfärbung	Reihenfolge beachten	Gut
Braun	Walnussschalen	Kontaktfärbung	Sehr einfach	Gut
Anthrazit	Alkanna	Beizen	Hilfsstoff Essig	Gut

SERVICE

ZUM WEITERLESEN

Wollkunde

Gotthold, G. · Loeffler, K. (2008): **Anatomie und Physiologie der Haustiere.** Verlag Eugen Ulmer.

Kauschuss, S. (2015): **Schafe scheren.** Verlag Eugen Ulmer.

Rahmann, G. (2010): **Ökologische Schaf- und Ziegenhaltung.** Institut für Ökologischen Landbau.

Reumuth, H. · Doehner, H. (1964): **Wollkunde.** Verlag Paul Parey.

Rieder, H. (2017): **Schafe halten.** Verlag Eugen Ulmer.

Stanislaus, v. K. (2016): **Schafe in Koppel- und Hütehaltung.** Verlag Eugen Ulmer.

Zahn, H. (1997): **Chemie und Aufbau der Wolle.** Chemie unserer Zeit, 31. Jahrgang.

Wollverarbeitung

Fournier, N. u. J. (1995): **In Sheep's Clothing, a Handspinners Guide to Wool.** Interweave

Grömer, K. (2010): **Prähistorische Textilkunst in Mitteleuropa**. Verlag des Naturhistorischen Museums.

Guggani, C. (2002): **Textilverarbeitung in der griechisch-römischen Antike.**

Hentschel, K. (1975): **Wolle spinnen mit Herz und Hand.** Webe mit Verlag.

Nowak, M. · Forkel, G. (1989): **Wolle vom Schaf.** Verlag Eugen Ulmer.

Smith, B. (2014): **The Spinners Book of Fleece.** Storey Publishing.

Teal, P. (1976): **Hand Woolcombing and Spinning.** Blandford Press.

Videos zur Wollverarbeitung

Kämmen mit einer englischen Kammstation von Amanda Hannaford: Woolcombing Part 1–4: https://www.youtube.com/watch?v=gcYY1xF-JvY&t=4s

Industrielles Krempeln und Spinnen: Wege der Wolle Teil 1–2: https://www.youtube.com/watch?v=dlDY453Xn5U

Spinnen

Baines, P. (1977): **Spinning Wheels, Spinners and Spinning.** B T Bratsford Limited.

Boggs, J. (2011): **Spin Art. Mastering the Craft of Spinning Textured Yarn.** Interweave Press LLC.

Buchanan, R. · Raven, L. · Robson, D. (Hrsg.) (2000): **A Handspindle Treasury.** Interweave Press.

Claßen-Büttner, U. (2009): **Spinnst Du? Na klar!** Books on Demand.

Mackenzie, J. (2009): **The intentional spinner.** Interweave.

Filzen und Färben

Bauer, I · Mattmüller-Maier, R. (2020): **Kleidung filzen.** Maro Verlag.

Bujak, B. (2006): **Filz, was ist das?** Verlag eigene Bücher.

Bujak, B. (2004): **Im Filz getragen.** Verlag eigene Bücher.

Bujak, B. (2005): **Vom Filz behütet.** Verlag eigene Bücher.

Fischer, D. (2006): **Naturfarben auf Wolle und Seide.** Books on Demand.

Pieper, A. (2012): **Der große neue Filzen Kompaktkurs.** Christopherus Verlag.

Schächter-Heil, S. (2019): **Filzen, 100 kleine und große Projekte.** Leopold Stocker Verlag.

Zeitschriften und Newsletter

Mit Spinnrad und Spindel (Zeitschrift der Handspinngilde e.V.)

Ply: plymagazine.com

Spin Off: spinoffmagazine.com

Filzfun: filzfun.de

Schafzucht: schafzucht.de

Newsletter The Spinning Wheel Sleuth: spwhsl.com

ALLES FÜR WOLLHANDWERKERINNEN

Ashford
ashford.co.nz
Wolle, Geräte zur Wollverarbeitung, zum Filzen und zum Spinnen

Golden Fleece Carders
gfcarders.com
Wollverarbeitungsgeräte

Classic Carder
classiccarder.com
Kardiermaschienen

Craft Art Design
kardieren.de
Wollverarbeitungsgeräte

Das Handspindelhaus
handspindeln.de
Handspindeln

Das Wollschaf
das-wollschaf.de
Wolle, Geräte zur Wollverarbeitung, zum Filzen und zum Spinnen

Die Eckern-Förderer
dieeckern-foerderer.de
Spinnräder, Kardiermaschienen

Dieroff Wollkonzert
wollkonzert.eu
Wolle, Geräte zur Wollverarbeitung, zum Filzen und Spinnen

Filzrausch
filzrausch.de
Wolle, Geräte zur Wollverarbeitung, zum Filzen und Spinnen

Mostviertler Filzwerkstatt
filzwerkstatt.net
Wolle, Filzzubehör

Finkhof Schäfereigenossenschaft
finkhof.de
Wolle, Zubehör

Echt Michele
echt-michele.de
Wolle, Zubehör

Handspindelwerkstatt
handspindel.ch
Handspindeln

Handwerksprodukte der Lebensgemeinschaft e.V.
handwerksprodukte.de
Wolle, Textilprodukte

Henkys
spinnrad-henkys.de
Spinnräder, Zubehör

Hof Kornrade
wollfaser.de
Wolle, Zubehör

Holzwolly, Christoph Nigg
holzwolly.blogspot.com
Spindeln

Ian Tate
thewoodemporium.co.uk
Handspindeln

JR Holztechnik
flechtweiden.de
Spinnräder, Zubehör

Kerpener Spinnstube
kerpener-spinnstube.de
Wolle, Spinnräder, Zubehör

Kette und Schuss
ketteundschuss.de
Wolle, Spinnräder, Zubehör

Kircher Webgeräte
holzkircher.de
Spinnräder, Spindeln und Karden

KnitArt
knitart.net
Wolle, Spinnräder, Spindeln, Kardiermaschienen

KnitPro
knitpro.eu
Garnwickler, Zubehör

Kromski & Sons
kromski.com
Spinnräder, Spindeln, Zubehör

Locwool
locwool.de
Süddeutsche Schafwolle

Louët
louet.nl
Spinnräder, Karden, Kämme

Majacraft
majacraft.co.nz
Spinnräder, Geräte zur Wollverarbeitung, Zubehör

Martinasloveforwool
martinasloveforwool.de
Wolle, Handspindeln

Matthias Paulitz
mp-inspiration-holz.de
Spinnräder, Spindeln

Michael Matthes
spindelstübchen.com
Handspindeln

Öztaler Schafwollzentrum
schafwollzentrum.tirol
Wolle, Krempelvlies

Pallia
pallia.net
Wolle, historische Spindeln

Pure Wol
purewol.de
Rohwolle nach Gewicht

Peter Locke
wolle-online.com
Handspindeln

Regenbogenwolle
regenbogenwolle.de
Wolle, Handspindeln

Rohwoll-Kampagne
rohwoll-kampagne.de
Rohwolle, einzelne Vliese

Schacht
schachtspindle.com
Spinnräder, Spindeln, Zubehör

Seehawer Naturfasern e.K.
naturfasern.eu
Wolle, Geräte zur Wollverarbeitung, zum Filzen und Spinnen, Färbemittel

Sidispinnt
sidispinnt.ch
Wolle, Handspindeln, Zubehör

Spinnstuuv Bergedorf
spinnstuuv-bergedorf.de
Handspindeln, Rohwolle waschen und kardieren

Spinolution
spinolution.com
Spinnräder, Zubehör

Spycher-Handwerk AG
spycher-handwerk.ch
Wolle zum Filzen und Spinnen, Spinnräder, Zubehör

Stahl & Wolle
stahlundwolle.jimdofree.com
Spinnräder

Stoklasa
e-stoklasa.de
Kurzwaren

Trolle und Wolle
trolle-und-wolle.de
Wolle, Zubehör

v. Schwarzenstein Spinning Wheels
schwarzenstein-spinningwheels.de
Spinnräder, Zubehör

Valkyrie
store.valkyriesupply.com
Handkämme, Handspindeln, Hakle

Karderei Vögelesmühle
voegelesmuehle.de
Lohnkrempeln

Waldwolle
waldwolle.de
Wolle, Spinnräder, Spindeln, Karden, Kämme, Zubehör

Wallmonte
www.wallmonte.de
Spinnräder, Zubehör

Walther
walther-spinnrad.de
Spinnräder, Zubehör

Wasserwolle
wasserwolle.de
Wolle

Wiesensalat Wolltruhe
wiesensalat-wolltruhe.de
Wolle, Spinnräder, Spindeln, Zubehör

Wollewelle
wollewelle.de
Wolle, Zubehör

Wollhandwerk
wollhandwerk.at
Wolle, Spinnräder, Spindeln, Geräte zur Wollverarbeitung

Woll-Keulen
woll-keulen.de
Wolle, Geräte zur Wollverarbeitung, zum Filzen und Spinnen

Wollkämmerei Ahr-Eifel
wollkämmerei-ahr-eifel.de
Wolle, Wolle waschen, kardieren und färben

Wollkämmerei Godosar
wollkaemmerei-godosar.de
Wolle, Wolle waschen und kardieren

Wollknoll
wollknoll.eu
Wolle, Spinnräder, Zubehör

Wolllust
wolllust-schurwollversand.de
Wolle, Zubehör

Wollschaf
das-wollschaf.de
Wolle, Spinnräder, Spindeln

Wollschaaarf
wollschaaarf.com
Wolle, Wolle waschen und kardieren

Wollspinnerei Vetsch
wollspinnerei.ch
Wolle, Wolle waschen, kardieren, färben

Wollversand Eischer
wollmeister.de
Wolle

Wollwerk im BT
wollwerkimbt.de
Wolle, Woll- und Färbemanufaktur

Wollwolff
wollwolff.de
Spinnräder, Spindeln, Karden, Kämme, Zubehör

Wollzeit
wollzeit.com
Steppdecken und Teppiche

Woolandwheel
woolandwheel.de
Spinnräder, Zubehör

Woolmakers
woolmakers.com
Spinnräder, Kardiermaschinen

DIESES PROJEKT WURDE UNTERSTÜTZT VON:

1934 gründete Walter Ashford die Firma Ashford Handicrafts Ltd. Heute ist Ashford einer der weltweit führenden Hersteller für hochwertige Spinnräder, Webrahmen und Ausstattung rund um das Wollhandwerk. Unsere Spinnräder, Webrahmen und Kardiermaschinen sind das Ergebnis von über 85 Jahren Erfahrung und Entwicklung. Sie sollen einfach in der Bedienung sein und es soll Spaß machen, mit ihnen zu arbeiten. In unserer Wollspinnerei in Neuseeland gewinnen und fertigen wir Vliese und Fasern höchster Qualität. Wir freuen uns, dass unsere Produkte überall auf der Welt geschätzt werden. Die Liebe zur zum Wollhandwerk verbindet uns weltweit.

Majacraft ist eine Familienunternehmen aus Neuseeland. Seit den 1980er Jahren bauen wir innovative Spinnräder und Werkzeuge zur Wollverarbeitung. Unser Fokus liegt auf hochwertigen Geräten, die toll aussehen und hervorragend arbeiten. Wir entwickeln Spinnräder und Wollverarbeitungswerkzeuge, die einfach zu handhaben sind und es der Handwerkerin ermöglichen, ihrer Kreativität freien Lauf zu lassen. Besonders stolz sind wir auf unseren Kundenservice und die persönliche Beziehung zu unseren Kunden. Wir wollen Werkzeuge erschaffen, die der künstlerischen Gestaltung keine Grenzen setzen und an denen viele Generationen Freude haben.

KnitPro ist eine führende Marke für Strick- und Häkelnadeln und weiteren Produkten für die Verarbeitung von Garnen. Es ist uns eine Ehre, Handwerkerinnen nun seit über 15 Jahren und in über 80 Ländern zu unterstützen. Alle unsere Produkte bieten wir in unterschiedlichen Materialien an, um mit allen Garntypen arbeiten zu können. Von geschmeidigen Metallen bis hin zu warmem Bambus und Holz: bei uns finden Sie die Strick- oder Häkelnadel, die sich in Ihren Händen einfach perfekt anfühlt.

DIE AUTORINNEN

Margit Röhm

Kapitel Schafrassen, Filzen und Färben

Nach einem bewegten Berufsleben im Maschinenbau entdeckte Margit Röhm während Ihrer Familienzeit das Filzen und den Werkstoff Wolle. Bald entwickelte sich dieses Hobby zur Leidenschaft und beruflichen Alternative. Nach der Teilnahme an Kunsthandwerkermärkten und Ausstellungen folgten Dozententätigkeiten auf dem Spezialgebiet „gefilzte Handpuppen".
Darüber hinaus engagiert sie sich seit vielen Jahren im Filznetzwerk e.V..
Als erste Vorsitzende des Filznetzwerk e.V. setzt sich für die Entwicklung und Förderung des handgefertigten Wollfilzes ein.
Aktuell ist Margit Röhm mit Ihren einzigartigen Handpuppen und tierischen Behältern auf Kunsthandwerkermärkten und im Internet zu sehen. Außerdem schreibt sie die Artikelserie „Schaf und Wolle" sowie weitere Fachartikel für die Zeitschrift FilzFUN und das Filznetzwerk e.V..

Katrin Sonnemann

Kapitel Wollkunde und Rohwolle verarbeiten

Katrin Sonnemann, geb. 1964, wuchs in Berlin-Reinickendorf auf. Nach einer Lehre als Friedhofsgärtnerin arbeitete sie in verschiedenen Gartenprojekten. 1991 erfüllte sie sich in Rheinland-Pfalz den Traum vom einfachen Landleben als Selbstversorgerin. Mit der Zucht Coburger Fuchsschafe begann Ihre Liebe zur Wollverarbeitung. In dieser Zeit sammelte sie viele Erfahrungen im Färben, Spinnen und Filzen und verkaufte ihre selbstgemachten Wollprodukte auch auf Märkten. 2005 gab sie das Landleben auf, aber die Wolle lies sie nicht mehr los. Sie ist in der Handspinngilde e.V. aktiv und gründete gemeinsam mit einer Freundin die Spinngruppe „Wollbergwerk". 2017 gründete sie die Rohwoll-Kampagne, einen fairen Handel mit einheimischer Rohwolle. Außerdem vermittelt sie praktisches und theoretisches Wissen rund um die Schafwolle. Mit ihrem Mann lebt sie an der Mittelmosel und hat zwei erwachsene Kinder.

Ulrike Claßen-Büttner

Kapitel Spinnen

Ulrike Claßen-Büttner, Jahrgang 1973, wuchs im Siegerland auf. Sie absolvierte eine Ausbildung zur Pharmazeutisch-Technischen Assistentin und arbeitete mehrere Jahre in einer Apotheke. Dann erfüllte sie sich ihren Traum und studierte Archäologie in Köln.
Seitdem ist sie beruflich in vielen Bereichen tätig: Museumspädagogik, Konzeption und Realisation von Ausstellungen, Workshops zu textilen Themen (Spinnen, Filzen, Nadelbinden, Sprang, Flechten), Erstellung von Webseiten und Drucksachen, redaktionelle Arbeiten, künstlerische Aktionen und Kunsthandwerkermärkte.
Zudem publiziert sie Bücher zu textilen und anderen interessanten Themen. Mit ihrem Mann und zwei Kindern lebt sie im Oberbergischen Wiehl.

HERZLICHEN DANK!

Margit Röhm dankt:

Dass wir in unserem Haus keinen Staubmagneten brauchen, liegt nicht daran, dass hier nicht in jeder Ecke Wolle und Fasern herumliegen, sondern an der Toleranz meiner Familie. Das Zitat einer meiner Töchter „Mama, hast du im Wohnzimmer gefilzt oder ein Schaf geschoren?“, zeigt deutlich, wie sehr sich mein Beruf in unseren Alltag gefressen hat und wie präsent er selbst im Wohnraum geworden ist. Ich möchte mich deshalb in erster Linie bei meiner Familie bedanken, dass sie das alles mitgetragen haben. Selbst in Zeiten des Lockdown, in der das Kunsthandwerk zur wahrhaft brotlosen Kunst wurde, hatte mein Mann nie Zweifel, dass das der richtige Weg ist.
Bedanken möchte ich mich auch bei all den Kolleginnen, mit denen ich in den letzten Jahren im Austausch stand und die wesentlich zu meiner Weiterentwicklung beigetragen haben. Nicht zuletzt bedanke ich mich bei Bruno Bujack (†) der sich auf einzigartige Weise mit der Theorie des Werkstoffes Filz und der Wolle auseinandergesetzt hat. Seine Bücher sind ein wahrer Schatz für alle, die den Filz und das Filzen wahrhaft verstehen wollen.
Bedanken möchte ich mich aber auch beim Team des Ulmer Verlages und bei unseren Lektorinnen, sie sind es letztlich, die dieses Buch möglich machen und am Ende zum Erfolg führen werden.
Und was wir niemals vergessen sollten: Danke an unsere Wolllieferanten, die Schafe. Ihre Wolle ist es schließlich, die wir verarbeiten, die mit ihren einzigartigen Eigenschaften den Filz erst möglich macht. Und danke an alle Schäfer, Schafhalter und Schafzüchter, die in schwierigen Zeiten seltene Schafrassen erhalten, auch wenn sie nicht wirtschaftlich optimal sind.

Katrin Sonnemann dankt:

Besonders danke ich meinem Mann Sammy für seine Unterstützung bei meinen vielfältigen Wollaktionen, dem Korrekturlesen, besonders herausragend ist, dass er mich die ganze Zeit so lecker bekocht hat.
Dankbar bin ich auch den Spinnerinnen, die die Muster aus der Wolle von 46 Schafrassen hergestellt haben: Susanne Aerni, Susanne Appelt, Gudrun Bednarek, Ursula Biermann, Christine Deckert, Dörte Elmer, Michaela Erdmann, Heike Ewald, Silvia Hillemeyer, Karin Hohrein, Janine Imhof, Friederike Feld, Ina Flothmann, Johanna Fürst, Ute Grunwald, Karin Hanawitsch, Claudia Heinze-Schäfer, Constanze Kendelbacher, Irene Müller, Sandra Linsel, Heike Madeleine, Claudia Pirsch, Elke Rommel, Angelika Schmidt, Claudia Schmidt, Martina Schmitz, Hedwig Schneider, Sylvia Seidemann, Maya Siska, Jessy Steinborn, Anja Thalmeier, Andrea Wagner-Neumann, Ulrike Wend, Gundula Wünsche und Juliette Zschage. Herzlichen Dank, dass ihr mit eurem Einsatz diese Arbeit zum Erfolg gebracht habt.
Ich danke meiner Spinngruppe „Wollbergwerk“, die dabei geholfen haben die Muster in eine einheitliche Form zu bringen. Ich danke Martina Schmitz und Ute Grunwald für das Korrekturlesen.
Vielen Dank für die guten Preise für Handkämme von Valkyrie, dem Picker von Classic Carder und dem kostenlosen zur Verfügung stellen von Spulenständer und Spindelaufsatz für das Michi von Herrn von Schwarzenstein. Kircher Webgeräte danke ich für die Pultkarde sowie der Schäfereigenossenschaft Finkhof für die Fasern.
Besonderen Dank spreche ich unseren Sponsoren von Ashford und Majacraft aus. Ohne ihr großzügiges Zurverfügungstellen von hochwertigen Geräten wäre das Buch nicht so vielfältig geworden.
Vielen Dank für die fachliche Begleitung von Dr. Carola Schäfer, Dr. Gunhild Kun, Kathrin Toepfer bei der Wollkunde, die Fachdurchsicht durch Dr. Martina Lackhoff, die fotografische Begleitung durch Schug-Design.
Dank gilt dem Ulmer Verlag mit Lisa Seibel und Helen Haas, die dieses Buch möglich gemacht haben.

Ulrike Claßen-Büttner dankt:

Ich danke meiner Familie für ihre Unterstützung, ihre Geduld und das großzügige Ignorieren der durch das Haus schwebenden Wollflocken. Meine Tochter Zora tritt inzwischen schon in meine Fußstapfen und bringt Freundinnen das Spinnen bei. Mein Sohn Bela bevorzugt das Stöckchenspinnen, übt aber auch schon am Spinnrad. Meinem Mann

Erich danke ich für die Hilfe beim Fotografieren sowie fürs Korrekturlesen.
Durch das Manuskript gearbeitet haben sich auch Gisela Schulte-Dornberg und Heliane Keller, die nicht nur ihre kostbare Zeit geopfert haben, sondern mich zudem mit ihren guten Ideen vorangebracht haben. Herzlichen Dank!
Dankbar bin ich auch meiner oberbergischen Spinngruppe „Spinngewebe", die mich mit Inspirationen und Leihgaben für Fotos versorgt hat. Auch die „Handspinngilde e.V." hat mich mit Leihgeräten unterstützt und ist ein wichtiger Ankerpunkt in der deutschsprachigen Spinngemeinschaft.

Den Firmen Ashford und Majacraft danke ich für die zur Verfügung gestellten Spinnräder und Materialien, ebenso den Firmen KnitPro und Kromski. Lieben Dank auch an die Spindelbauer Horst Hummel, Peter Locke, Christoph Nigg, Jürgen Schönwolff und Ian Tate.
Es war inspirierend Teil dieses Autorenteams zu sein und ich bedanke mich herzlich bei meinen Mitautorinnen für die gute Zusammenarbeit. Ulrike Strerath Bolz danke ich für das hervorragende Lektorat. Mein letzter Dank gilt mit Lisa Seibel und Helen Haas – den beiden guten Seelen dieses Buchprojekts, die es mit viel Geduld für den Ulmer Verlag koordiniert und betreut haben.

ZUM NACHSCHLAGEN

Bildquellen

Buchcover: Alle Fotos von Susanne Schug mit Ausnahme von o. re.: Cordula Kelle-Dingel/CoKeDi-Photographie.

Kapitel Wollkunde: Alle Fotos von Susanne Schug mit Ausnahme von: Frank Hecker: S. 84 li., 84 re., 86 re. // Cordula Kelle-Dingel/CoKeDi-Photographie: S. 21, 28, 99 // Shutterstock.com: Ilya Images: S. 86 li.; JohannesS: S. 32; Menno Schaefer: S. 87; JorgeOrtiz_1976: S. 85 o., 85 u. // Katrin Sonnemann: S. 33, 63, 71, 74, 75, 77 o., 77 u. // Fridhelm Volk und Regina Kuhn: S. 37 li.

Kapitel Schafrassen: Alle Fotos der Verarbeitungsproben von Susanne Schug. Alle Schaffotos von Cordula Kelle-Dingel/CoKeDi-Photographie mit Ausnahme von: mauritius images: S. 126, 130, 132, 154, 166, 170, 172, 178, 180, 182 // Shutterstock.com: Islavicek: S. 136; Kersti Lindstrom: S. 128; Nevada31: S. 137 // Zoonar: © Jens Schmitz: S. 114 re.; Manfred Ruckszio: S. 160.

Kapitel Rohwolle verarbeiten: Alle Fotos von Susanne Schug mit Ausnahme von Katrin Sonnemann: 218 re. u.

Kapitel Filzen und Färben: Alle Fotos von Margit Röhm mit Ausnahme von: Jessica von der Fecht: S. 386 u. // mauritius images: S. 521 // Susanne Schug: S. 286/287, 518/519 // Shutterstock.com: burakguralp: S. 291; Carpetner: S. 292 // Ursula Streit: S. 302 // Wollwerk: S. 386 o.

Kapitel Spinnen: Alle Fotos von Ulrike Claßen-Büttner mit Ausnahme von: Henry Justice Ford (https://commons.wikimedia.org/wiki/File:Rumpelstiltskin.jpg), „Rumpelstiltskin", als gemeinfrei gekennzeichnet, Details auf Wikimedia Commons: https://commons.wikimedia.org/wiki/Template:PD-US): S. 400 // akg-images|British Library: S. 406 // bpk|The Metropolitan Museum of Art: S. 401 // bpk|The Trustees of the British Museum: S. 441 // bpk|Kupferstichkabinett, SMB|Dietmar Katz: S. 402 o. // mauritius images: S. 402 u., 407 // nature.com/Scientific Reports volume 10, Article number: 4889 (2020)/(b) 3D Hirox photo of cord fragment (Hirox: C2RMF, N. Mélard): S. 404 o. // Susanne Schug: S. 396/397 // Shutterstock.com: Dan Shachar: S. 404 u. // Speculum Humanae Salvationis um 1360 (http://tudigit.ulb.tu-darmstadt.de/show/Hs-2505/0009): S. 398. //Spindel mit Spinnwirtel und Faden aus Baumbast von der Fundstelle Salwiese Arbon-Bleiche (Schweiz, Gemeinde Arbon), Amt für Archäologie Thurgau, www.archaeologie.tg.ch: S. 405.

Einleitung und Service: Ulrike Claßen-Büttner: S. 13 // Cordula Kelle-Dingel/CoKeDi-Photographie: S. (1), 2/3, (4/5), 8, 11, 536/537 // Elvira Eberhardt: S. 7 // Martina Fischer: S. 10, 15 // Karin Hanawitsch: S. 16 // Susanne Schug: S. 6. Autorenfotos S. 541 von privat.

Die **Zeichnungen** fertigte Helmuth Flubacher nach Vorlagen der Literatur und der Autorinnen. Vorlage S. 20 mit freundlicher Genehmigung von Frank Gorter; Vorlage S. 276 mit freundlicher Genehmigung von Ashford Handicrafts Ltd. Mit Ausnahme von S. 524: Margit Röhm.

Die 5 freundlichen **Kastenschafe** rief Susanne Dinkel ins Leben. Das **Wollknäul-Icon** stammt von Antje Warnecke.

Literaturverzeichnis

Einleitung

Grömer, K.: Prähistorische Textilkunst in Mitteleuropa. Wien 2010

Holzner, W.: Von Schafen, Hirten und warmer Wolle

Lechner, E.: Das Buch von den Schafen in Tirol

Lehmann, P. J.: Die Kleidung, unsere zweite Haut

Novak, M. & G. Forkel: Wolle vom Schaf

Stadler, R.: Die Tracht der frühkeltischen Frau

Gesellschaft zur Erhaltung alter und gefährdeter Haustierrassen (g-e-h.de)

International Wool and Textile Organization (iwto.org)

Schafrassen

Ryder, M.L.: Sheep & Man. Duckworth 1983

Robson, D. & C. Ekairius: The Fleece & Fiber Sourcebook. North Adams 2011

schafe-sind-toll.com

g-e-h.de

schafzucht-niedersachsen.de

romanov-vom-aartal.de/unsere-tiere.html

Wollkunde

Bohm, J.: Die Schafzucht nach ihrem jetzigen rationellen Standpunkt., Erster Teil: Die Wollkunde, Berlin 1873

Carter, H.B.: The hair follicle group in sheep. Animal Breed. Res. Abstr. 23, No. 2, 101–116, 1955

https://csiropedia.csiro.au/bioclip-biological-wool-harvesting/ (recherchiert am 22.05.2021)

Fournier, N. & J.: In Sheep's Clothing – A Handspinner's Guide to Wool, Interweave press LLC, 1995.

Frölich, G. Spöttel, W. & Tänzer, E.: Wollkunde. In: Technologie der Textilfasern. Springer Verlag, Heidelberg 1929

Gotthold, G.& Loeffler, K.: Anatomie und Physiologie der Haustiere. Ulmer Verlag, Stuttgart 2008

Henning, H.: Feinheit, Länge und Kräuselung in ihren Beziehungen zur Qualität. Z. ges. Textilind. 62,2, 1961

Khan, M. J., Abbas, A., Ayaz, M., Naeem, M., Akhter, M. S., & Soomro, M. H.: Factors affecting wool quality and quantity in sheep. African Journal of Biotechnology, 11(73), 13761-13766, 2012

Kauschuss, S.: Schafe scheren. Ulmer Verlag, Stuttgart 2015

König, H.E. & Liebich, H-G.: Anatomie der Haustiere. Stuttgart 2019

Kun, G.: Beiträge zur Charakterisierung und Verwendung der Mischwollen von Ostpreußischen Skudden und Rauwolligen Pommerschen Landschafen. Justus-Liebig-Universität, Gießen 1995

Giehl, W.: Untersuchungen zur enzymatischen Bleiche von kanariengelber Wolle während der Rohwollwäsche und Charakterisierung der Wollproteine nach Einwirkung von Enzymen, Rheinisch-Westfälischen Technischen Hochschule Aachen, 2003

Horio, M., Kondo, T., Sekimoto, K. & Teramoto, A.: Bilateralstruktur der Wolle. Zeitschrift für Naturforschung B, vol. 15, no. 6, 1960, pp. 343–345

https://www.innovations-report.de/html/berichte/studien-analysen/forscher-finden-locken-gen- (recherchiert am 07.06.2021)

https://iwto.org/wool-supply-chain/wool-testing/ (recherchiert am 07.06.2021)

Hatcher, S.: Fibre Medullation, Micron, Marketing and Management. 2002.

https://www.landwirtschaftskammer.de/landwirtschaft/tiergesundheit/hgd/kriebelmuecken.htm (recherchiert am 01.06.2021)

https://www.nadis.org.uk/disease-a-z/sheep/itchy-sheep/ (recherchiert am 22.05.2021)

Naturhistorisches Museum Wien: Handwerkstechniken – von der Faser zum Stoff. Verlag nhm Wien, 2013

Reumuth, H. & Doehner, H.: Wollkunde. Parey Verlag, Berlin 1964

Ritter, R. & Tomopulos, K.: Neue Wege zum Nachweis der bilateralen Struktur der Schafwolle. Naturwissenschaften (46) 7:234-235. 1959

Salomon, F.-V. & Geyer, H.: Anatomie für die Tiermedizin, Stuttgart 2015

Singha, K. & M.: Fiber Crimp Distribution in Nonwoven Structure. 2013. https://www.semanticscholar.org/paper/Fiber-Crimp-Distribution-in Nonwoven-Structure-Singha-Singha/7bcbe089e31afb5bc7002cb51824031505d6572d

Thome, S.: Untersuchungen zur Sorption von Innenraum-Luftschadstoffen durch Wolle. Rheinisch-Westfälische Technische Hochschule Aachen, 2006

https://www.umweltbundesamt.de/sites/default/files/medien/377/dokumente/haaranalyse.pdf (recherchiert am 06.06.2021)

Van Wyk, C.M., 2012, Wool research in South Africa conducted under the auspices of the Department of Agriculture. Part 1 – 1920–1950

Von Korn, Stanislaus: Schafe in Koppel- und Hütehaltung. Ulmer Verlag, Stuttgart 2016

Waßmuth, R: Untersuchung zur Wollleistung Thüringer Schafrassen, Thüringer Ministerium für Landwirtschaft, Naturschutz und Umwelt, 2006

Wildmann, A.B.: Die Mikroskopie der tierischen Textilfasern. Wool Ind. Res. Ass., Torridon Headingley, Leeds 1954

Winkelmann, J. & Ganter, M.: Farbatlas Schaf- und Ziegenkrankheiten. Ulmer Verlag, Stuttgart 2008

Wool Science Review: Wollfett II. Wool Science Review Nr. 7, 1951

https://www.woolmark.com/industry/use-wool/processing-innovations/total-easy-wool-care/ (recherchiert am 05.06.2021)

https://www.woolwise.com/history/publications/the-wool-press/october-1997/2-crimp-how-important-is-it-in-modern-wool/

Wortmann, F.-J.: Thermo- und hydroplastische Eigenschaften von Wollfasern. Forschungsberichte des Landes Nordrhein-Westfalen, vol 3245. VS Verlag für Sozialwissenschaften, Wiesbaden 1992

Xetma/Vollenweider, Maschinen für die Textilindustrie, https://www.xetma.com/DaSi_202002/plush-touch.html (recherchiert am 06.06.2021)

Zahn, H.: Neues über den Feinbau von Textilfasern. Lenzinger Berichte, Heft 60. 1986

Zahn, H., Wortmann, F.-J. & Höcker, H.: Chemie und Aufbau der Wolle. Chemie in unserer Zeit, 31: 280–290, 1997

Zahn, H., Wortmann, F.-J., Wortmann, G., Schäfer, K., Hoffmann R. & Finsch, R.: Wool. In: Ullmann's encyclopedia of industrial chemistry, Wiley-VCH Verlag, Weinheim 2012

Wollverarbeitung

Duhamel du Monceau, H. L.:Die Tuchmacherkunst, vornehmlich in feinen Tüchern. Deutschland, Kanter, 1766

Frölich, G. Spöttel, W. & Tänzer, E.: Wollkunde. In: Technologie der Textilfasern. Springer Verlag, Heidelberg 1929

Hentschel, K.: Wolle spinnen mit Herz und Hand. Webe mit Verlag Winterbach, 1975 (Nachdruck der Ausgabe von 1949)

Good, L.: Learning to spin lace at Margaret Stoves Knee. Spinn Off Magazine, Nov. 13, 2015

Gugganig, C.: Textilverarbeitung in der griechisch-römischen Antike. Grin 2002. https://www.grin.com/document/86334 (recherchiert am 19.11.2021)

Häckh, R.: Der Schafscherer kommt. 2013. https://www.berufsschaefer.de/content/185/66/schaefer-geschichten (recherchiert am 04.07.2021)

Hannaford, Amanda, 2008, Woolcombing Part 1 bis 4

Jehle, V.: Analyse der Faservereinzelung im Kardierprozeß zur Vermeidung einer Faserschädigung. Universität Stuttgart 2002

Merrow, A. Which end first? Spinning from the lock. Spin Off Magazine, Jul. 25, 2019

Nowak, M. & Forkel, G.: Wolle vom Schaf. Ulmer Verlag, Stuttgart 1989

Strittmatter, K., Geschichte zur Zucht des Merinofleischschafes, 2011. http://www.schaefereigeschichte.de/index.php/vortraege/18-geschichte-zur-zucht-des-merinofleischschafes (recherchiert am 04.07.2021)

Entwicklung der Schafbestände in Deutschland, https://refubium.fu-berlin.de/bitstream/handle/fub188/9502/3_kap3.pdf (recherchiert am 04.07.2021)

Teal, P.: Hand Woolcombing and Spinning. Poole, Dorset 1976

Zahn, H.: Neues über den Feinbau von Textilfasern. Lenzinger Berichte, Heft 60. 1986

Filzen und Färben

Bujack, B. Filz was ist das. Verlag eigener Bücher, 2006

Fischer, D.: Naturfarben auf Wolle und Seide. Books on Demand, 2006

Frölich, G. Spöttel, W. & Tänzer, E.: Wollkunde. In: Technologie der Textilfasern. Springer Verlag, Heidelberg 1929

Hospitalordnung des Johanniterordens von 1181. Zitiert aus: Geschichte der Diakonie in Quellen: Von den biblischen Ursprüngen bis zum 18. Jahrhundert. Deutschland: Vandenhoeck & Ruprecht, 2019

Robson D. & Ekarius C.: Fleece & Fiber Sourcebook. Storey Publishing, LLC 2011

Schiecke, H.E.: Wolle als textiler Rohstoff. Schiele & Schön, 1979

Sjöberg, D.P.: Filzen – Alte Tradition modernes Handwerk. Haupt Verlag, Bern 2004

Quellen Internet:

https://berufe-dieser-welt.de/hutmacher

Textilkennzeichnung: https://palundu.de/rechtshinweise-und-hilfe/21-rechtsschutz/produktspeziefische-angaben-fuer-shopbetreiber/63-allgemeine-regeln-der-textilkennzeichnung

pH-Mischungsverhältnis: http://www.kappenberg.com/akminilabor/apps/phrechner.html

Definition Filz: DIN 61205

Spinnen

Asplundh, J.: The search for the Elusive Girdle Wheel. The Spinning Wheel Sleuth 33 (2001), 2 f.

Baines, P.: Spinning Wheels, Spinners and Spinning. London 1977

Barber, E.J.W.: Prehistoric Textiles. The Development of Cloth in the Neolithic and Bronze Ages. Princeton 1991

Blisniewski, T.: Frauen, die den Faden in der Hand halten. Handarbeitende Damen, Bürgersmädchen und Landfrauen von Rubens bis Hopper. München 2009

Boeger, L.: Intertwined. The Art of Handspun Yarn, Modern Patterns, and Creative Spinning. Beverly 2008

Boggs, J.: Spin Art. Mastering the Craft of Spinning Textured Yarn. Loveland 2011

Bohnsack, A.: Spinnen und Weben. Bramscher Schriften Band 3. Bramsche 2002

Buchanan, R./ Raven, L./ Robson, D. (Hrsg.): A Handspindle Treasury, 20 Years of Spinning Wisdom from Spin-Off Magazine. Loveland 2000

Buxton, J.: Selected Canadian Spinning Wheels in Perspective, An Analytical Approach. Mercury Series History Division Paper No. 30. Canadian Museum of Civilization, Hull, Quebec 1992

Claßen-Büttner, U.: Spinnst Du? Na klar! Geschichte, Technik und Bedeutung des Spinnens von der Handspindel über das Spinnrad bis zu den Spinnmaschinen der Industriellen Revolution. Books on Demand, Norderstedt 2009

Claßen-Büttner, U.: Nadelbinden – Was ist denn das? Geschichte und Technik einer fast vergessenen Handarbeit. Books on Demand, Norderstedt 2012

Cottica, D.: Spinning in the Roman World: from Everyday Craft to Metaphor of Destiny. In: Gillis, C. und M.-L.B. Nosch (Hrsg.): Ancient Textiles. Production, Craft and Society. Conference on Ancient Textiles 2007, S. 220–228.

Crowfoot, G.M.: Methods of Hand Spinning in Egypt and the Sudan. Bankfield Museum Notes, Second Series No.12, Halifax 1931 (Reprint Yorkshire1974)

Cummer, J.W.: The Double Flyer Spinning Wheel. The Spinning Wheel Sleuth 6 (1994), S. 2 f.

Franquemont, A.: Some Andean Plying Techniques (Or Are They?). Spin Off summer 2015, S. 35–40

Gibson-Roberts, P.: Spinning in the Old Way. Fort Collins, Colorado, 2006

Grimm, Brüder (1812, 1819, 1837): Kinder- und Hausmärchen, Realschulbuchhandlung. Internetveröffentlichung in: https://de.wikisource.org/wiki/Kinder-_und_Hausm%C3%A4rchen (abgerufen am 16.04.2021)

Grömer, K.: Prähistorische Textilkunst in Mitteleuropa. Geschichte des Handwerkes und der Kleidung vor den Römern. Wien 2010

Grömer, K.: Efficiency and technique – Experiments with original spindle whorls. In: Bichler, P. et al.: "Hallstatt Textiles" Technical Analysis, Scientific Investigation and Experiments on Iron Age Texiles. British Archaeological Reports, International Series 2005, S. 107–116

Hardy, B. L., M.-H. Moncel, C. Kerfant, M. Lebon, L. Bellot-Gurlet & N. Mélard: Direct evidence of Neanderthal fibre technology and its cognitive and behavioral implications. Internetveröffentlichung in: https://www.nature.com/articles/s41598-020-61839-w (Informationen abgerufen am 24.09.2020)

Hatcher, A. & B. Kelly-Landry: The Settlers of Cape Breton. Spin Off winter 2021, S. 46–52

Hochberg, B.: Spin Span Spun – Fact and Folklore for Spinners. Eigenverlag 1979

Hochberg, B.: Handspinner's Handbook. Eigenverlag 1980

Khmeleva, A.& C.R. Noble: The Spinners' Story behind Russia's renowned shawls: The goats and the Spinning of Orenburg. Spin Off winter 1998, S. 80–85

Kimakowicz-Winnicki, M.v.: Spinn- und Webwerkzeuge. Entwicklung und Anwendung in vorgeschichtlicher Zeit Europas. Würzburg 1910

Kruse, D. & J. Lenderman-Kruse: Tabletop Patented Spinning Wheels. The Spinning Wheel Sleuth 19 (1998), S. 2–5.

Laidman, J.: The Fractal Stripe: One Method for Controlling the Striping of Painted Roving. Spin Off summer 2007, S. 80–84

Leadbeater, E.: Spinning and Spinning Wheels. Shire Album 43 (1979)

Liu, R.K.: Spindle Whorls Part I: Some Comments and Speculations. The Bead Journal 3 (1978), S. 87–103

Mackenzie, J.: The intentional spinner. A holistic approach to making yarn. Loveland 2009

McFleat, K.: Double-flyer spinning wheels. YarnMaker 8 (2011), S. 30 f.

McFleat, K.: Double-flyer Spinning Wheel continued. YarnMaker 10 (2012), S. 15 ff.

Montell, G.: Spinning Tools and Spinning Methods in Asia. In: Sylvan, G.: Woollen Textiles of the Lou-Lan People, Reports from the Scientific Expedition to the North-Western Provinces of China under the Leadership of Dr. Sven Hedin, VII. Archaeology 2, SDI Publications, Stockholm 1941 (2001, S. 109–127.

Moreno, J.: Garne selbst spinnen. Stuttgart 2016

Reeve, J.: The Ashford Book of Handspinning. The Art of Making Beautiful Yarn. Ashburton 2009

Seiler-Baldinger, A.: Systematik der Textilen Techniken. Basler Beiträge zur Ethnologie, Band 32. Basel 1991

Teal, P.: Gandhian Book Charkha – An Appreciation. The Spinning Wheel Sleuth 39 (2003), S. 2 ff.

Universität Innsbruck: Spindeltypologie. Internetveröffentlichung in: https://www.uibk.ac.at/urgeschichte/projekte_forschung/abt/spindeltypologie/index.html.de (abgerufen am 17.04.2021)

Vogt, S.: Geschichte und Bedeutung des Spinnrads in Europa. Aachen 2008

Volkmann, H.: Purpurfäden und Zauberschiffchen. Spinnen und Weben in Märchen und Mythen. Göttingen 2008

Winterbottom, R.: Twist – The heart of Spinning. Part two: Ply Twist – And Why Ply Anyway? YarnMaker 12 (2012), S. 18 f.

Wissner, A.: Damenspinnräder im 18. Jahrhundert. In: Die BASF (1969), S. 192 ff.

Wyss, R. L.: Die Handarbeiten der Maria. Eine ikonographische Studie unter Berücksichtigung der textilen Techniken. In: Stettler, M. & M. Lemberg (Hrsg.): Artes Minores. Dank an Werner Abegg. Bern 1973

Zajonc, J.: Premeny Vlakna. Trnava 2012

Impressum

Die in diesem Buch enthaltenen Empfehlungen und Angaben sind von den Autorinnen mit größter Sorgfalt zusammengestellt und geprüft worden. Eine Garantie für die Richtigkeit der Angaben kann aber nicht gegeben werden. Autorinnen und Verlag übernehmen keine Haftung für Schäden und Unfälle. Bitte setzen Sie bei der Anwendung der in diesem Buch enthaltenen Empfehlungen Ihr persönliches Urteilsvermögen ein.

Der Verlag Eugen Ulmer ist nicht verantwortlich für die Inhalte der im Buch genannten Websites.

Anmerkung zur Schreibweise (Gendering):
Gendergerechtigkeit und Inklusion sind bei uns gelebte Praxis – bei der Auswahl unserer Themen, bei der Recherchearbeit, in der Gestaltung. Unsere Texte meinen alle. Damit unsere Inhalte jedoch gut lesbar bleiben, verzichten wir in diesem Werk auf die jeweilige Mehrfachnennung oder Anpassung der Schreibweise bestimmter Bezeichnungen an die weibliche, männliche oder diverse Form.

Bibliografische Information der Deutschen Nationalbibliothek
Die Deutsche Nationalbibliothek verzeichnet diese Publikation in der Deutschen Nationalbibliografie; detaillierte bibliografische Daten sind im Internet über http://dnb.d-nb.de abrufbar.

Wollgrasweg 41
70599 Stuttgart (Hohenheim)
E-Mail: info@ulmer.de
Internet: www.ulmer.de

Projektleitung: Lisa Seibel, Helen Haas
Lektorat: Ulrike Strerath-Bolz, Sabine Drobik
Fachlektorat Kapitel Wollkunde: Dr. Martina Lackhoff
Herstellung: Isabell Scherrieble
Umschlaggestaltung, Layout und Satz: Antje Warnecke, nordendesign.de
Reproduktion: time:ray, Jettingen
Druck und Bindung: Livonia Print, Riga
Printed in Latvia

ISBN 978-3-8186-1484-3

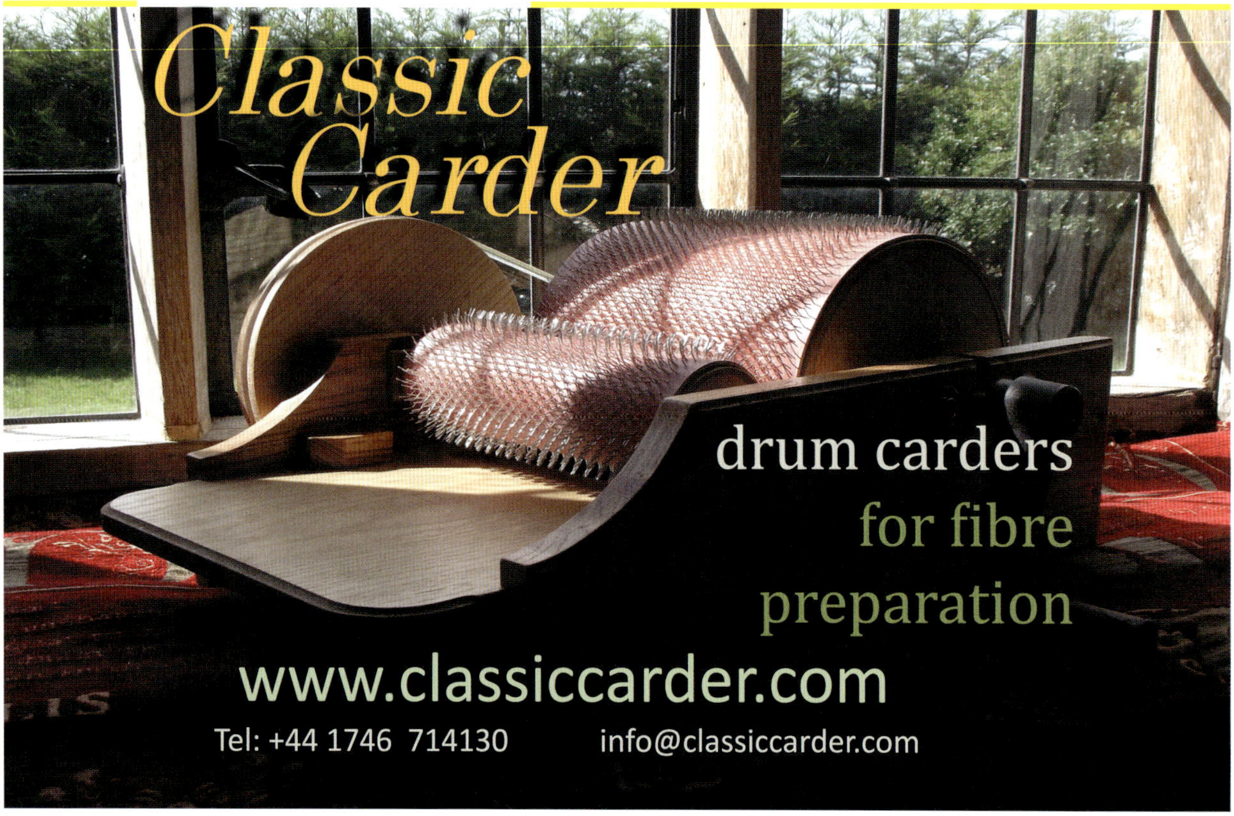
Classic Carder
drum carders
for fibre
preparation
www.classiccarder.com
Tel: +44 1746 714130
info@classiccarder.com

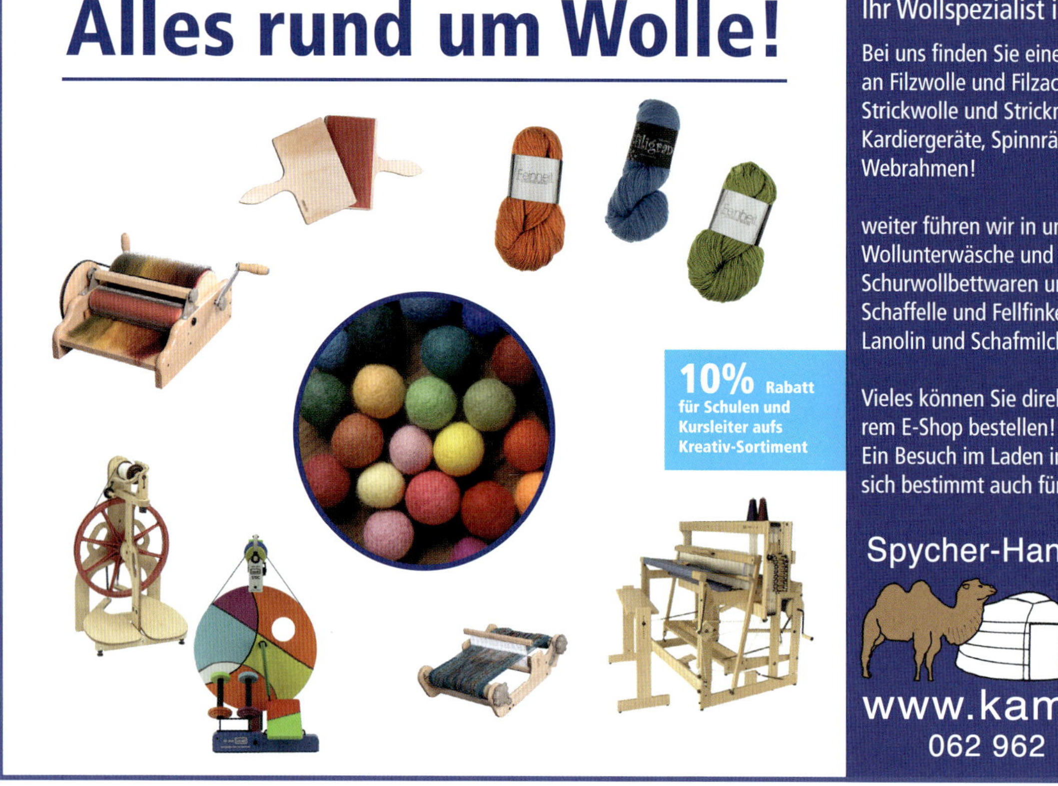

Alles rund um Wolle!
10% Rabatt für Schulen und Kursleiter aufs Kreativ-Sortiment
Ihr Wollspezialist in der Schweiz!
Bei uns finden Sie eine grosse Auswahl an Filzwolle und Filzaccessoires, Strickwolle und Stricknadeln, Kardiergeräte, Spinnräder und Webrahmen!
weiter führen wir in unserem Sortiment Wollunterwäsche und Naturfaserkleider, Schurwollbettwaren und Matratzen, Schaffelle und Fellfinken, Lanolin und Schafmilch Pflegeprodukte
Vieles können Sie direkt online in unserem E-Shop bestellen!
Ein Besuch im Laden in Huttwil lohnt sich bestimmt auch für Sie.
Spycher-Handwerk AG
Huttwil
www.kamele.ch
062 962 11 52

Wollknoll
In der Filzschule Oberrot finden vielfältige Kurse zum Filzen, Färben, Spinnen, Weben und kreativen Gestalten statt. Fordern Sie gerne unser Kursprogramm an.
Wollknoll bietet Ihnen alles rund ums Spinnen, Färben, Filzen, Stricken, Weben, Nähen & mehr! Fordern Sie unseren kostenlosen Produktkatalog an oder stöbern Sie in unserem umfassenden Sortiment online unter www.wollknoll.de
Wolle und viel mehr
Wollknoll GmbH · Forsthausstraße 7 · 74420 Oberrot-Neuhausen · 0 79 77 / 91 02 93